HANDBUCH
DER MINERALCHEMIE

HANDBUCH

DER

MINERALCHEMIE

bearbeitet von

Prof. Dr. G. d'Achiardi-Pisa, Dr.-Ing. R. Amberg-Pittsburgh, Dr. F. R. von Arlt-Wien, Geh.-Rat Prof. Dr. M. Bauer-Marburg, Prof. Dr. E. Baur-Zürich, Prof. Dr. F. Becke-Wien, Dr. E. Berdel-Grenzhausen, Prof. Dr. F. Berwerth-Wien, Prof. Dr. G. Bruni-Padua, Hofrat Prof. Dr. F. W. Dafert-Wien, Priv.-Doz. Dr. E. Dittler-Wien, Prof. Dr. M. Dittrich-Heidelberg †, Hofrat Prof. Dr. E. Donath-Brünn, Hofrat Prof. Dr. C. Doelter-Wien, Prof. Dr. L. Duparc-Genf, Betriebsleiter Dr.-Ing. K. Eisenreich-Schindlerswerk bei Bockau i. Sa., Priv.-Doz. Dr. K. Endell-Halensee-Berlin, Prof. Dr. A. von Fersmann-Moskau, Prof. Dr. G. Flink-Stockholm, Dr. R. von Görgey-Wien, Priv.-Doz. Dr. B. Gossner-München, Prof. Dr. W. Heinisch-Brünn, Priv.-Doz. Dr. Henglein-Karlsruhe, Dr. K. Herold-Wien, Dr. M. Herschkowitsch-Jena, Priv.-Doz. Dr. A. Himmelbauer-Wien, Dr. H. C. Holtz-Genf, Prof. Dr. O. Hönigschmid-Prag, Prof. Dr. P. Jannasch-Heidelberg, Priv.-Doz. Dr. A. Kailan-Wien, Prof. Dr. E. Kaiser-Gießen, Prof Dr. J. Koenigsberger-Freiburg i. Br., Priv.-Doz. Dr. St. Kreutz-Krakau, Prof. Dr. A. Lacroix-Paris, Dr. H. Leitmeier-Wien, R. E. Liesegang-Frankfurt a. M., Geh.-Rat Prof. Dr. G. Linck-Jena, Obercustos Dr. J. Loczka-Budapest †, Dr. R. Mauzelius-Stockholm, Prof. Dr. W. Meigen-Freiburg i. Br., Prof. Dr. St. Meyer-Wien, Priv.-Doz. Dr. L. Moser-Wien, Prof. Dr. R. Nacken-Leipzig, Prof. Dr. R. Nasini-Pisa, Dir. Dr. K. Peters-Oranienburg-Berlin, Hofrat Prof. Dr. R. Pribram-Wien, Prof. Dr. G. T. Prior-London, Prof. Dr. K. Redlich-Prag, Dr. R. Rieke-Charlottenburg, Priv.-Doz. Dr. A. Ritzel-Jena, Prof. Dr. J. Samojloff-Moskau, Prof. Dr. R. Scharizer-Graz, Dr. M. Seebach-Leipzig, Prof. Dr. Hj. Sjögren-Stockholm, Prof. Dr. F. Slavík-Prag, Prof. Dr. E. Sommerfeldt-Aachen, Prof. Dr. H. Stremme-Berlin, Dr. St. J. Thugutt-Warschau, Prof. Dr. St. Tolloczko-Lemberg, Hofrat Prof. Dr. G. v. Tschermak-Wien, Prof. Dr. P. v. Tschirwinsky-Nowo-Tcherkassk, Dr. R. Vogel-Göttingen, Prof. Dr. J. H. L. Vogt-Trondhjem, Prof. Dr. R. Wegscheider-Wien, Prof. Dr. F. Zambonini-Palermo, Dr. E. Zschimmer-Jena

herausgegeben

mit Unterstützung der K. Akademie der Wissenschaften in Wien

von

HOFRAT PROF. DR. C. DOELTER

Vorstand des Mineralogischen Instituts an der Universität Wien

VIER BÄNDE

MIT VIELEN ABBILDUNGEN, TABELLEN, DIAGRAMMEN UND TAFELN

SPRINGER-VERLAG BERLIN HEIDELBERG GMBH

1914

HANDBUCH
DER
MINERALCHEMIE

Unter Mitwirkung von zahlreichen Fachgenossen
herausgegeben
mit Unterstützung der K. Akademie der Wissenschaften in Wien

von

HOFRAT PROF. DR. C. DOELTER
Vorstand des Mineralogischen Instituts an der Universität Wien

BAND II

Erste Hälfte
Silicate

MIT 37 ABBILDUNGEN UND 3 TAFELN

SPRINGER-VERLAG BERLIN HEIDELBERG GMBH
1914

Softcover reprint of the hardcover 1st edition 1914
Originally published by Theodor Steinkopff Dresden und Leipzig in 1914

ISBN 978-3-642-49575-5 ISBN 978-3-642-49866-4 (eBook)
DOI 10.1007/978-3-642-49866-4

VORWORT.

Der vorliegende Band schließt sich seinem Inhalt nach unmittelbar an den ersten Band an und enthält zunächst einige allgemeine Aufsätze über Silicate, dann aber die Einzeldarstellung der Silicate. Bei dem großen Umfang des Stoffes erwies sich eine Teilung in zwei Hälften notwendig. Der vorliegende Halbband enthält die Silicate ein- und zweiwertiger Elemente, während der zweite die Silicate drei- und mehrwertiger Elemente, dann auch die komplexen Alumo-Ferri- und Borosilicate enthalten soll.

Herrn Professor P. v. Tschirwinsky bin ich für die Mitteilung zahlreicher Analysen aus russischen, wenig verbreiteten Zeitschriften besonders zu Dank verpflichtet.

Die Nachträge, sowie das Druckfehlerverzeichnis werden am Ende des zweiten Halbbandes folgen; für Mitteilung solcher werden Verleger und Herausgeber dankbar sein.

Wien, Mitte März 1914.

C. DOELTER.

Inhaltsverzeichnis.

Über den Zusammenhang der physikalischen, besonders der optischen Eigenschaften mit der chemischen Zusammensetzung der Silicate.

Von **F. Becke** (Wien).

Keine Mineralgruppe hat eine so große Bedeutung als Gesteinsgemengteile wie die Silicate; und da die Erkennung des Mineralbestandes vornehmlich durch das Mikroskop an Dünnschliffen erfolgt, sind es vor allem die optischen Eigenschaften, die als diagnostische Merkmale Verwendung finden.

Die Verwertung der optischen Merkmale für diese Zwecke ist daher auch in den letzten Jahrzehnten außerordentlich vervollkommnet worden. Dabei ist man zu immer exakteren Untersuchungsmethoden vorgeschritten und damit hat sich gerade bei dieser Gruppe von Mineralien ein immer dringenderes Bedürfnis herausgestellt, Gesetzmäßigkeiten zu finden, zwischen den der Untersuchung und Messung zugänglichen optischen Eigenschaften und der chemischen Zusammensetzung der Silicate. Dieser Zustand der Dinge mag es rechtfertigen, daß in einem der chemischen Kenntnis der Minerale gewidmeten Werk ein Kapitel eingeschaltet wird, das den bisher aufgefundenen Gesetzmäßigkeiten zwischen chemischer Zusammensetzung und physikalischen Eigenschaften im allgemeinen und optischen Eigenschaften im besonderen gewidmet ist.

Gladstonesche Regel.

Nach T. P. Dale und J. H. Gladstone ist der Quotient des um 1 verminderten Brechungsexponenten durch die Dichte in verschiedenen Zuständen desselben Körpers konstant.[1]) Dieser Quotient $(N-1):\delta$ heißt das spezifische Brechungsvermögen. Das spezifische Brechungsvermögen bleibt auch in Gemischen und selbst in chemischen Verbindungen erhalten, so daß man das spezifische Brechungsvermögen einer Mischung aus dem spezifischen Brechungsvermögen der Bestandteile und ihrem Gewichtsverhältnis in der Mischung nach der Mischungsregel berechnen kann.

Multipliziert man das spezifische Brechungsvermögen mit dem Molekulargewicht der betreffenden Verbindung, so erhält man eine Größe, die Molekularrefraktion oder auch Refraktionsäquivalent genannt wird.

$$R = \frac{N-1}{\delta} . M .$$

[1]) T. P. Dale und J. H. Gladstone, On the Influence of Temperature on the Refraktion of Light, Phil. Trans. **148**, 887 (1858).

Name	N	δ	M	Formel	SiO_2	TiO_2	ZrO_2	Al_2O_3	Fe_2O_3	CaO	MgO	K_2O	Na_2O	H_2O	R
Quarz	1,547	2,65	60,4	SiO_2	12,5	—	—	—	—	—	—	—	—	—	12,5
Tridymit . . .	1,478	2,30	60,4	SiO_2	12,5	—	—	—	—	—	—	—	—	—	12,5
Kieselglas . .	1,459	2,2	60,4	SiO_2	12,6	—	—	—	—	—	—	—	—	—	12,6
Rutil	2,711	4,25	80,1	TiO_2	—	32,2	—	—	—	—	—	—	—	—	32,2
Anatas . . .	2,537	3,87	80,1	TiO_2	—	31,8	—	—	—	—	—	—	—	—	31,8
Brookit . . .	2,637	3,88	80,1	TiO_2	—	33,8	—	—	—	—	—	—	—	—	33,8
Zirkon α . . .	1,94	4,64	183,0	SiO_2ZrO_2	12,6	—	24,5	—	—	—	—	—	—	—	37,1
Zirkon β . . .	1,85	4,21	183,0	SiO_2ZrO_2	12,5	—	24,4	—	—	—	—	—	—	—	36,9
Korund . . .	1,766	3,95	102,2	Al_2O_3	—	—	—	19,8	—	—	—	—	—	—	19,8
Eisenglanz . .	3,08	5,29	159,8	Fe_2O_3	—	—	—	—	62,8	—	—	—	—	—	62,8
Spinell . . .	1,718	3,60	142,6	$Al_2O_3 . MgO$	—	—	—	20,6	—	—	7,8	—	—	—	28,4
Brucit	1,567	2,39	58,4	$MgO . H_2O$	—	—	—	—	—	—	7,8	—	—	6,0	13,8
Periklas . . .	1,66	3,67	40,4	MgO	—	—	—	—	—	—	7,3	—	—	—	7,3
Wasser . . .	1,333	1,00	18,0	H_2O	—	—	—	—	—	—	—	—	—	6,0	6,0
Eis	1,309	0,92	18,0	H_2O	—	—	—	—	—	—	—	—	—	6,0	6,0
Wollastonit . .	1,627	2,88	116,5	$CaO . SiO_2$	12,6	—	—	—	—	12,7	—	—	—	—	25,3
Grossular . .	1,744	3,47	451,7	$3CaO . Al_2O_3 . 3SiO_2$	12,6	—	—	20,9	—	12,7	—	—	—	—	96,8
Anorthit . . .	1,582	2,76	279,1	$CaO . Al_2O_3 . 2SiO_2$	12,6	—	—	20,9	—	12,7	—	—	—	—	58,8
Albit	1,535	2,62	526,7	$Na_2O . Al_2O_3 . 6SiO_2$	12,6	—	—	20,9	—	—	—	—	11,0	—	107,5
Adular . . .	1,523	2,57	558,9	$K_2O . Al_2O_3 . 6SiO_2$	12,6	—	—	20,9	—	—	—	17,2	—	—	113,7
Demantoid . .	1,889	3,83	509,3	$3CaO . Fe_2O_3 . 3SiO_2$	12,6	—	—	—	42,3	12,7	—	—	—	—	118,2
Diopsid . . .	1,683	3,30	217,3	$MgO . CaO . 2SiO_2$	12,6	—	—	—	—	12,7	7,1	—	—	—	45,0
Disthen . . .	1,723	3,60	162,6	$Al_2O_3 . SiO_2$	12,2	—	—	20,4	—	—	—	—	—	—	32,6
Andalusit . .	1,638	3,18	162,6	$Al_2O_3 . SiO_2$	12,2	—	—	20,4	—	—	—	—	—	—	32,6
Sillimanit . .	1,666	3,24	162,6	$Al_2O_3 . SiO_2$	12,5	—	—	20,9	—	—	—	—	—	—	33,4
					12,5	32,6	24,4	20,7	42 ?	12,7	7,5	17,2	11,0	6,0	

Besteht eine Verbindung mit dem Molekulargewicht M aus a_1 Molekeln eines Körpers mit dem Molekulargewicht M_1, a_2 Molekeln eines zweiten Bestandteiles mit dem Molekulargewicht M_2 usw. und sind die Refraktionsäquivalente dieser Bestandteile R_1, R_2 usf., so ist das Refraktionsäquivalent der Verbindung R gleich $a_1 R_1 + a_2 R_2 + \ldots$ Und es läßt sich sonach der Brechungsexponent der Verbindung vorausberechnen. Die Gültigkeit dieser Regel ist nur eine angenäherte. Auf die theoretische Seite der Frage einzugehen, ist hier nicht der Ort.

Für kristallisierte Körper entsteht eine Komplikation dadurch, daß der Brechungsexponent mit der Schwingungsrichtung variiert. Man kann nur einen Durchschnittsexponenten in die Rechnung einführen und nimmt bei einachsigen Kristallen den Ausdruck $(2N_\omega + N_\varepsilon):3$ bei zweiachsigen $(N_\alpha + N_\beta + N_\gamma):3$ als Durchschnittsexponenten.

E. Mallard[1]) hat die Gladstonesche Regel auf Minerale angewendet. Später hat E. A. Wülfing[2]) diese Regel weiter geprüft, und in einer Tabelle die Grundlagen für die Berechnung der Refraktionsäquivalente der Grundverbindungen der wichtigsten gesteinbildenden Mineralien zusammengestellt, welche hier mit einigen Kürzungen reproduziert wird (s. S. 2).

Versucht man mit Hilfe dieser Tabelle den Durchschnittsquotienten einiger darin nicht aufgenommener Silicate zu berechnen, so bekommt man stets eine gewisse Annäherung; doch sind die Abweichungen in vielen Fällen zu groß, als daß sie sich durch Fehler bei der Bestimmung der in die Formel eingehenden Größen erklären ließen. Das Brechungsvermögen ist keine rein additive Eigenschaft, sondern offenbar konstitutiven Einflüssen ausgesetzt, deren nähere Verfolgung vielleicht — ähnlich wie bei den Kohlenstoffverbindungen — Einblicke in die Konstitution der Silicate gewähren wird. In der Tabelle äußern sie sich in den merklichen Unterschieden der Werte R für polymorphe Modifikationen derselben Verbindung.

Klinozoisit, $H_2O.4CaO.3Al_2O_3.6SiO_2$, Molekulargewicht 910,8, $\delta = 3{,}365$, $N_\alpha = 1{,}7124$, $N_\beta = 1{,}7138$, $N_\beta = 1{,}7175$, $N = 1{,}7146$ für Na-Licht nach einer noch nicht publizierten Untersuchung von J. Kehldorfer an dem eisenärmsten bisher untersuchten Klinozoisit von der Schwarzenstein-Alpe im Zillertal. Nach der Tabelle von E. A. Wülfing ergibt sich $R = 193{,}9$, und hieraus $N = 1{,}7164$ in ziemlich guter Übereinstimmung mit der Beobachtung.

Zoisit, Formel und Molekulargewicht gleich Klinozoisit; $\delta = 3{,}36$, $R = 1{,}702$ (E. A. Wülfing, Physiographie). Aus $R = 193{,}9$ ergibt sich $N = 1{,}7153$.[3])

Forsterit, $2MgO.SiO_2$, $M = 141{,}1$, $\delta = 3{,}243$. R berechnet sich nach E. A. Wülfings Tabelle = 27,5, hieraus $N = 1{,}631$. Die Beobachtung ergibt $N_\beta = 1{,}659$.

Nephelin, $Na_2O.Al_2O_3.2SiO_2$, $M = 285{,}0$, $\delta = 2{,}56$. $R = 56{,}7$ hieraus $N = 1{,}509$. Beobachtung $N = 1{,}540$. Unter Berücksichtigung des gewöhnlich vorhandenen Kaligehaltes (K : Na = 1 : 4) ergäbe sich $M = 291$, $R = 57{,}9$ und hieraus $N = 1{,}510$. Die Übereinstimmung wird etwas, aber nicht viel besser.

[1]) E. Mallard, Traite de cristallographie II, 474 (1884).

[2]) E. A. Wülfing, Mikr. Physiographie der petrographisch wichtigen Mineralien I, 1. H., 282 (1904).

[3]) E. A. Wülfing gibt $\delta = 3{,}31$; dies würde eine genaue Übereinstimmung geben, nämlich $N = 1{,}699$; aber diese Zahl für δ ist wohl zu niedrig.

Leucit, $K_2O . Al_2O_3 . 4SiO_2$, $M = 438$, $\delta = 2{,}48$, aus der Tabelle ergibt sich $R = 87{,}9$ und hieraus $N = 1{,}498$. Die Beobachtung ergibt $N = 1{,}508$.

Jadeit, $Na_2O . Al_2O_3 . 4SiO_2$, $M = 405{,}8$, $\delta = 3{,}34$. R aus der Tabelle $= 81{,}7$ und hieraus N berechnet 1,672, beobachtet 1,654.

Eine viel bessere Übereinstimmung zeigte sich bei natürlichen Gesteinsgläsern.[1]) Hier handelt es sich nicht um Verbindungen mit stöchiometrischer Formel, sondern um Mischungen von schwankender Zusammensetzung. Um die Tabelle von E. A. Wülfing anzuwenden, welche bloß Refraktionsäquivalente anführt, muß die Formel entsprechend umgemodelt werden. Bezeichnet man mit $q_1\ q_2 \ldots$ die Molekularquotienten, die man erhält, wenn man die Gewichtsprozente der Analyse $p_1\ p_2 \ldots$ durch die entsprechenden Molekulargewichte $M_1\ M_2 \ldots$ dividiert, sind ferner $R_1\ R_2 \ldots$ die Refraktionsäquivalente der Tabelle, so findet man:

$$N = 1 + \delta \frac{R_1 q_1 + R_2 q_2 + \ldots}{100}.$$

Nach dieser Formel hat M. Stark a. a. O. die Brechungsquotienten aus der Analyse einer Anzahl von Gesteinsgläsern berechnet und eine gute Übereinstimmung mit dem beobachteten Brechungsexponenten gefunden.

	N berechnet	N beobachet
1. Obsidian, Obsidian Cliff. Yellowstone Park[2])	1,487	1,486
2. Obsidian, Liparische Inseln (Mittel)[3]) . . .	1,490	1,489
3. Peles Haar, Hawaii[4])	1,591	1,594

Die Refraktionsäquivalente sind dabei der Tabelle in H. Rosenbusch, Mikroskop. Physiologie, 3. Aufl. (Stuttgart 1892) 158 entnommen.

Die größte Abweichung findet sich beim stark Fe-haltigen Basaltglas von Hawaii, wie überhaupt die Übereinstimmung der berechneten und beobachteten N-Werte um so geringer wird, je mehr die schweren Metalle in die Silicatformel eintreten.

Die optischen Eigenschaften isomorpher Mischungen.

Am eingehendsten wurden die gesetzmäßigen Änderungen untersucht, die sich bei isomorphen Mischungen an den optischen Eigenschaften erkennen lassen. Das allgemeine Resultat aller dieser Untersuchungen ist, daß in lückenlosen Mischungsreihen kontinuierliche Änderungen der optischen Eigenschaften (sowie aller übrigen physikalischen Eigenschaften, namentlich des spezifischen Gewichts) nachgewiesen werden können. Dies ist deshalb von praktischer Wichtigkeit, weil durch Umkehrung der Beziehung aus der oftmals leichter ermittelbaren optischen Eigenschaft auf die Zusammensetzung der Mischung geschlossen werden kann. Wichtige Gesetzmäßigkeiten, betreffend den feineren Bau von Mischkristallen, konnten nur auf diesem Wege erkannt werden, da die optische Untersuchung noch an sehr kleinen Teilen der Kristalle möglich ist.

Die Untersuchungen erstreckten sich daher auch in erster Linie auf solche Eigenschaften, die leicht zu ermitteln sind, wie Auslöschungsschiefen, Achsen-

---

[1]) M. Stark, Tsch. min. Mit. **23**, 536 (1904).
[2]) N. S. Washington, Chemical Analyses of Igneous Rocks (Washington 1903) 149.
[3]) A. Bergeat, Die Äolischen Inseln, Abh. Bayr. Ak. **20**, 263 (1900).
[4]) E. Cohen, N. JB. Min. etc. 1880, II, 41.

winkel, Stärke der Doppelbrechung. Seltener schon auf die Brechungsexponenten, Dispersion, Absorption usw.

Die tesseralen Kristalle mit ihrem einheitlichen Brechungsexponenten fallen ganz in den Geltungsbereich des Gladstoneschen Gesetzes. Auch bei den einachsigen Körpern, sowie bei den rhombischen Kristallen, lassen sich alle Änderungen durch dieses Gesetz darstellen, obzwar nur wenige Anwendungen auf Silicate gemacht wurden, denn hier sind die Schwingungsrichtungen vorgeschrieben und fix.

Bei monoklinen und triklinen Kristallen entstehen Komplikationen durch die verschiedene Orientierung der Endglieder.

Wenn auch in zahlreichen isomorphen Mischungsreihen die kontinuierliche Änderung der optischen Erscheinungen mit dem Mischungsverhältnis erkannt ist, liegen doch nur wenig ernsthafte Versuche vor, jene Abhängigkeit quantitativ empirisch zu erfassen, und noch weniger Versuche, theoretisch die Eigenschaften der Mischungen aus denen der Endglieder und dem Mischungsverhältnis abzuleiten.

Kalk–Natron–Feldspate (Plagioklase).

Am eingehendsten erforscht und auch theoretisch verfolgt, ist der Zusammenhang chemischer Mischung und optischer Eigenschaften in der Gruppe der triklinen Kalk–Natron–Feldspate oder Plagioklase.

Durch eine berühmt gewordene Abhandlung hatte G. Tschermak[1]) der Ansicht zum Durchbruch verholfen, daß sich die triklinen Kalk–Natron–Feldspate so verhalten, als ob sie Gemische der in annähernd reinem Zustande in der Natur vorkommenden und isomorphen Endglieder Albit $NaAlSi_3O_8$ und Anorthit $CaAl_2Si_2O_8$ wären. Mit dieser Annahme ließ sich auch das spezifische Gewicht der Zwischenglieder aus dem spezifischen Gewicht von Albit und Anorthit und ihrem Mengenverhältnis berechnen und die Übereinstimmung dieser berechneten Zahlen mit der Erfahrung nachweisen.

Daß auch die kristallographischen Elemente der Mischkristalle in dieser Reihe sich gesetzmäßig mit dem Mengenverhältnis der Endglieder ändern, ist zwar noch nicht in allen Stücken nachgewiesen, aber durch die Untersuchungen G. vom Raths sehr wahrscheinlich gemacht;[2]) hiernach ändert sich die Lage der Verwachsungsfläche der Zwillinge nach der *b*-Achse (Periklinzwillinge) gesetzmäßig mit der Zusammensetzung und deutet einen allmählichen Übergang von einem Endglied zum anderen an. Der Winkel, welchen die Trace der Verwachsungsebene des Periklinzwillings auf der Fläche *M* (010) mit der Trace von *P* (001) einschließt, ist nämlich[3]) bei

Albit	$+22—13^0$
Oligoklasalbit	$+ 9—7^0$
Oligoklas	$+ 5—3^0$
Andesin	$+ 1^0$
Labrador	$- 1—2^0$
Bytownit	$- 9—10^0$
Anorthit	$-14—18^0$

[1]) G. Tschermak, Die Feldspatgruppe, Sitzber. Wiener Ak. **50**, 566 (1864).

[2]) G. vom Rath, Über die Zwillingsverwachsung der triklinen Feldspate nach dem sogenannten Periklingesetze und über eine darauf gegründete Untersuchung derselben. Monatsber. Berliner Ak. 1876.

[3]) Nach der Tabelle von Max Schuster, Tsch. min. Mit. **3**, 280 (1880).

Die ersten Untersuchungen über die optische Orientierung der Plagioklase lieferte A. Des Cloizeaux.[1]) Doch schienen diese Untersuchungen keinen gesetzmäßigen Gang der Erscheinungen aufzuzeigen. M. Schuster[2]) gelang dann der Nachweis, daß die Auslöschungsschiefen auf den Spaltflächen *M* (010) und *P* (001), die Orientierung der Achsenebenen, die Position der Achsen selbst und deren Dispersion eine stetige Änderung erfahren, wenn man vom Albit durch die verschiedenen Mischungen zum reinen Anorthit fortschreitet; und dieser Satz hat durch die nachfolgenden Einzeluntersuchungen zahlreicher Forscher nur Bestätigungen erfahren.

M. Schuster hat nur die Auslöschungsrichtungen auf *M* und *P* in ihrer Abhängigkeit vom Mischungsverhältnis zahlenmäßig verfolgt. Zur Darstellung benutzt er ein Koordinatensystem. Die Abszisse stellt die Zahl der Molekularprozente Anorthitsubstanz in der Mischung dar (Albit 0, Anorthit 100). Als Ordinaten trägt er die Winkel der Auslöschungsrichtung mit der kristallographischen *a*-Achse (Trace von *M* auf *P*, Trace von *P* auf *M*) auf. Die so erhaltene empirische Kurve suchte er durch eine Potenzreihe darzustellen, wobei y die (im Uhrzeigersinn +, gegen den Uhrzeigersinn − genommene) Auslöschungsschiefe, x die Molekularprozente Anorthit in der Mischung bedeutet. Die vier Konstanten $A\ B\ C\ D$ wurden so gewählt, daß die Kurve der y sich möglichst den Beobachtungen anschließt. Seine Formeln sind:

$$\text{für } P\text{:}\quad y = 5 - 0{,}1752\,x + 0{,}001457\,x^2 - 0{,}00003905\,x^3,$$
$$\text{für } M\text{:}\quad y = 20 - 0{,}5062\,x + 0{,}008121\,x^2 - 0{,}00007483\,x^3.$$

In den nächsten 15 Jahren wurde die Kenntnis der optischen Orientierung der Plagioklase durch eine große Reihe wichtiger Untersuchungen gefördert,[3]) so daß A. Michel-Lévy[4]) 1894 die Resultate in einer vortrefflichen Publikation zusammenfassen konnte, welcher 1896 und 1904 ein 2. und 3. Heft nachfolgten, die hauptsächlich praktische Zwecke der Plagioklasbestimmung in Dünnschliffen erörterten. Die Angaben von A. Michel-Lévy wurden in der Folge noch wesentlich verbessert,[5]) so daß die Reihe der Plagioklase jetzt zu den empirisch am genauesten bekannten isomorphen Reihen gehört.

Neben der experimentellen Erforschung der tatsächlichen Verhältnisse entwickelte sich alsbald auch das Streben nach theoretischer Ableitung der optischen Eigenschaften der Mischlinge aus der Orientierung der Endglieder und ihrem Mengenverhältnis.

---

[1]) A. Des Cloizeaux, Ann. chim. phys. [5] **4**, 429 (1875).

[2]) M. M. Schuster, Über die optische Orientierung der Plagioklase. Tsch. min. Mit. **3**, 117 (1880).

[3]) Unter diesen sind die wichtigsten: A. Des Cloizeaux, Ann. chim. phys. [5] **9**, 433 (1876). — Bull. Soc. min. **6**, 89 (1883). — Oligoclases und Andésine (Tours 1884). — F. Fouqué, Bull. Soc. min. **17**, 306 (1894). — E. v. Fedorow, Z. Kryst. **22**, 257 (1894); **26**, 225 (1895); **27**, 337 (1896); **29**, 604 (1898).

[4]) A. Michel-Lévy, Étude sur la détermination des feldspaths dans les plaques minces. Paris I, 1894; II, 1896; III, 1904.

[5]) F. Becke, Tsch. min. Mit. **19**, 321 (1900); **20**, 56 (1900); Sitzber. Wiener Ak. **108**, 434 (1899); Denkschr. Wiener Ak. **75**, 97 (1906). — O. Grosspietsch, Tsch. min. Mit. **27**, 353 (1908). — F. Klein, Sitzber. Berliner Ak. **19**, 346 (1899). — W. Luczizky, Tsch. min. Mit. **24**, 191 (1905). — H. Tertsch, Tsch. min. Mit. **22**, 159 (1903). — C. Viola, Z. Kryst. **30**, 436 (1899); **31**, 484 (1899); **32**, 113, 318 (1900); Tsch. min. Mit. **19**, 243 (1900). — E. A. Wülfing, Z. Kryst. **36**, 407 (1902). — Rosenbusch-Wülfing, Mikroskopische Physiographie der petrogr. wichtigen Mineralien II, 342, 343, Taf. XVIII, XX (1905).

Den ersten und wichtigsten Schritt tat bald nach dem Erscheinen der Arbeit von M. Schuster E. Mallard,[1]) indem er den Weg zeigte, wie man die optischen Eigenschaften eines Pakets von dünnen doppelbrechenden Lamellen aus der Orientierung und dem Maß der Doppelbrechung der einzelnen Lamellen und ihrer Zahl berechnen könne. Die Theorie E. Mallards geht von der Annahme aus, daß dünne Lamellen der Endglieder, deren Dicke klein ist gegen die Wellenlänge des Lichtes, den Mischkristall aufbauen. In Betracht kommt außer der Lage der Auslöschungsrichtung der Endglieder der Unterschied der Brechungsexponenten der beiden Wellen, welche, senkrecht zueinander polarisiert, die betrachteten Lamellen normal durchsetzen; b_1 und b_2 seien diese Differenzen für Albit und Anorthit; ferner φ der Winkel, den die gleichnamigen Auslöschungsrichtungen in Albit und Anorthit miteinander einschließen. Der Winkel δ, den die gleichnamige Auslöschungsrichtung in der Mischung mit der des Albit einschließt, berechnet sich dann nach der Formel:

$$\cot 2\delta = -\frac{m_1}{m_2} \cdot \frac{b_1}{b_2} \frac{1}{\sin 2\varphi} - \cot 2\varphi,$$

$\frac{m_1}{m_2}$ ist das Mengenverhältnis von Albit und Anorthit. Dieses Verhältnis sollte eigentlich das Verhältnis der Summen der Dicken der Albit- und Anorthitlamellen ausdrücken, wofür bei der Ähnlichkeit des Molekularvolums von Albit und Anorthit ohne merklichen Fehler das Verhältnis der Molekularprozente gesetzt werden kann.

E. Mallard prüfte die empirische Kurve M. Schusters in der Art, daß er in der linearen Gleichung für $\cot 2\delta$ den damals unbekannten Faktor $\frac{b_1}{b_2}$ durch Einsetzen des Wertes δ eines Mischungsgliedes (Labrador) ermittelte; er fand, daß die lineare Beziehung für die übrigen Glieder der Reihe sich ziemlich gut bestätigen ließ. Dies veranlaßte M. Schuster[2]) zu einer Revision seiner empirischen Kurven, die er dem theoretischen Ergebnis E. Mallards anpaßte.

Die Berechnung E. Mallards stützt sich auf eine allgemeine Hypothese. Danach ist die Aufgabe aus den Indexellipsoiden[3]) der Endglieder, die nach Orientierung und Dimensionen gegeben sind, das Indexellipsoid des Mischkristalls abzuleiten. Ist für eine bestimmte Richtung ϱ der Radiusvektor des Ellipsoids der Mischung, ϱ_1 und ϱ_2 die in dieselbe Richtung fallenden Radienvektoren der Ellipsoide der Endglieder, m_1 und m_2 die Mengen derselben im Mischling, wobei $m_1 + m_2 = 1$ vorausgesetzt wird, so soll die Beziehung gelten:

$$\varrho = m_1 \varrho_1 + m_2 \varrho_2.$$

Diese Formulierung liefert nur dann angenähert ein Ellipsoid für die Mischung, wenn die Doppelbrechung der Endglieder schwach ist. Nach

[1]) E. Mallard, Sur l'isomorphisme des feldspaths tricliniques. Bull. Soc. min. 4, 96 (1881).

[2]) M. Schuster, Bemerkungen zu E. Mallards Abhandlung „Sur l'isomorphisme des feldspaths tricliniques". Nachtrag zur optischen Orientierung der Plagioklase. Tsch. min. Mit. 5, 189 (1882).

[3]) Das ist jenes dreiachsige Ellipsoid, dessen drei Halbachsen den drei Hauptbrechungsexponenten $\alpha\beta\gamma$ des zweiachsigen Kristalls entsprechen und dessen auf die Richtungen der Symmetrieachsen des Ellipsoids bezogene Gleichung lautet:

$$\frac{x^2}{\alpha^2} + \frac{y^2}{\beta^2} + \frac{z^2}{\gamma^2} = 1.$$

E. Mallard soll diese Formulierung der Vorstellung angepaßt sein, daß die Mischung aus kleinen aber endlichen Teilen (Lamellen) der Endglieder aufgebaut ist.

Geht man von der Vorstellung aus, daß die Mischung eine innigere ist (feste Lösung), so würden als Bezugsflächen die Fresnelschen Ovaloide[1]) zu nehmen sein, und der Ansatz würde lauten:

$$\varrho^2 = m_1\, \varrho_1{}^2 + m_2\, \varrho_2{}^2.$$

F. Pockels hat in einer Abhandlung,[2]) die der Prüfung der optischen Eigenschaften isomorpher Mischungen überhaupt gewidmet war, darauf hingewiesen, daß die beiden Formeln zu verschiedenen vorausberechneten Auslöschungsschiefen führen, konnte aber bei dem Mangel ausreichender Kenntnis der Endglieder und Mischlingsplagioklase zu keinem entscheidenden Urteil kommen, welche Theorie die Erscheinungen besser wiedergibt.

Einen wichtigen Schritt nach vorwärts machte die theoretische Behandlung dieser Fragen durch eine Untersuchung von A. Michel-Lévy.[3]) Sein Ausgangspunkt ist die Erfahrungstatsache, daß die optischen Achsen B der Plagioklase in der stereographischen Projektion sich ungefähr längs der Isopolarisationskurve[4]) aufreihen, welche die Achsen B von Anorthit und Albit verbindet, das ist die Kurve, die alle jene Pole umfaßt, in denen die Schnittellipsen am Indexellipsoid von Albit und Anorthit ihre längeren und kürzeren Achsen wechselweise parallel haben. In diesen Schnitten haben Albit und Anorthit parallele Auslöschungsrichtungen, aber die Schwingungsrichtung der rascheren Welle im Albit fällt mit der der langsameren Welle im Anorthit zusammen und umgekehrt.

Innerhalb der Isopolarisationskurve wird die optische Achse einer Plagioklasmischung mit dem Mengenverhältnis von Albit und Anorthit m_1 und m_2 ($m_1 + m_2 = 1$) dort liegen, wo die Exzentrizität der Schnittellipse der Indikatrix von Albit durch die entgegengesetzte des Anorthits aufgehoben, die Resultierende also ein Kreisschnitt an der Indikatrix des Plagioklases wird. Bezeichnet man die Brechungsexponenten der beiden in der betrachteten Richtung fortschreitenden Wellen im Albit mit $\gamma_1{}'$ und $\alpha_1{}'$, im Anorthit mit $\gamma_2{}'$ und $\alpha_2{}'$, so müssen für diesen Pol die Differenzen $\gamma_1{}' - \alpha_1{}'$ und $\gamma_2{}' - \alpha_2{}'$ verkehrt proportional sein den Mengenverhältnissen[5]) m_1 und m_2, also

$$\frac{m_1}{m_2} = \frac{\gamma_2{}' - \alpha_2{}'}{\gamma_1{}' - \alpha_1{}'}.$$

---

[1]) Das ist die Fußpunktfläche des Fresnelschen Ellipsoids mit den Halbachsen $\frac{1}{\alpha}, \frac{1}{\beta}, \frac{1}{\gamma}$, welche den Lichtgeschwindigkeiten proportional sind.

[2]) F. Pockels, Über die Berechnung der optischen Eigenschaften isomorpher Mischungen aus denjenigen der gemischten reinen Substanzen. N. JB. Min. etc. Beil.-Bd. **8**, 117 (1893). Siehe auch Ann. d. Phys. **37**, 144 (1889).

[3]) A. Michel-Lévy, Recherches des axes optiques dans un mineral pouvant être considéré comme un mélange de deux minéraux determinés. Application aux plagioclases et la vérification de la loi de Tschermak, Bull. Soc. min. **18**, 79 (1895).

[4]) Der Name wurde von G. Wulff eingeführt, der ein einfaches graphisches Verfahren erfand, die Isopolarisationskurven zu finden, wenn die Achsenpositionen der sich mischenden Körper gegeben sind: Untersuchungen im Gebiete der optischen Eigenschaften isomorpher Kristalle. Z. Kryst. **36**, 1 (1902).

[5]) Nach G. Wulff kann es keinem Zweifel unterliegen, daß das Mengenverhältnis der Endglieder hier nach Volumteilen anzugeben ist. Da die Molekularvolumina von Albit und Anorthit sich um weniger als 1% unterscheiden, ist es erlaubt, statt der Volumteile Molekularprozente zu benutzen (l. c.).

Die Größen $\gamma_1' - \alpha_1'$ und $\gamma_2' - \alpha_2'$ lassen sich für jeden Punkt der Isopolarisationskurve vorausrechnen, wenn Brechungsexponenten und Orientierung der Endglieder bekannt sind. Man kann daher den Ort der optischen Achse für jedes beliebige Mischungsverhältnis vorausrechnen.

Die Hypothese von A. Michel-Lévy beruht auf der Formel $\varrho = m_1 \varrho_1 + m_2 \varrho_2$. Man kann die Rechnung auch mit der Formel $\varrho^2 = m_1 \varrho_1^2 + m_2 \varrho_2^2$ führen. Die Achsenbahn (die Isopolarisationskurve) bleibt in beiden Fällen die gleiche, da die Schnittellipsen des Ellipsoids und die Schnittovale des Ovaloids die gleiche Orientierung haben. Nur der Ausdruck für das Maß der Doppelbrechung wird ein etwas anderer. Für dasselbe Mischungsverhältnis geben die beiden Formeln eine etwas verschiedene Lage der optischen Achse innerhalb der Isopolarisationskurve.

Diese Rechnungen hat F. Becke[1]) für eine Reihe von Plagioklasen ausgeführt. Er geht aus von einer kritischen Zusammenstellung eigener und fremder Beobachtungen der optischen Eigenschaften bekannter Plagioklase.

Die Orientierung der optischen Achsen, der wahre Winkel der optischen Achsen die Auslöschungsschiefen auf den Flächen *P* (001), *M* (010) und im Schnitt senkrecht zu *M* und *P* oder zur kristallographischen Achse *a*, endlich die Brechungsexponenten sind in den folgenden Tabellen zusammengestellt.

Die chemische Zusammensetzung ist durch die Molekularprozente Anorthitsubstanz angegeben. Die Genauigkeit dieser Daten ist nicht gleich. Der

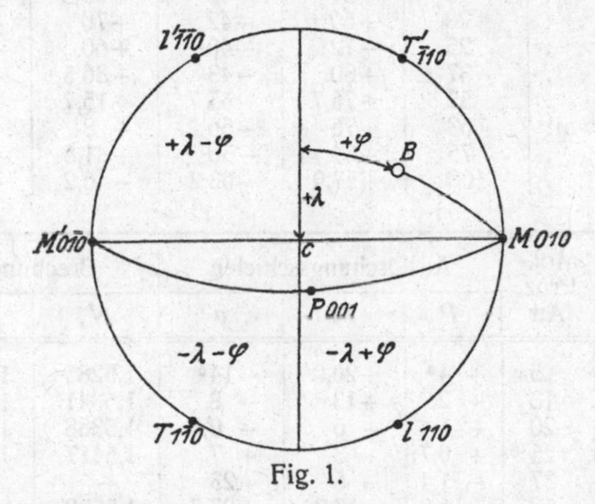

Fig. 1.

Anorthitgehalt von 5 und 7 ist nicht bekannt, sondern erschlossen. Der Anorthitgehalt von 1 ist wahrscheinlich zu groß angenommen. Genauer sind die neueren Ergebnisse von O. Grosspietsch.[2]) Der Anorthitgehalt von 9

---

[1]) F. Becke, Tsch. min. Mit. **25**, 1 (1906) u. Denkschr. Wiener Ak. **75**, 97 (1906).

[2]) O. Grosspietsch, Kristallform und optische Orientierung des Albits von Morro Velho und Grönland [Tsch. min. Mit. **27**, 353 (1908)], erhielt folgende Resultate:

Morro Velho, Brasilien:
- Mol.-Proz.: Ab 98,4, An 0,4, Or 1,2.
- A φ $-48{,}1^\circ$, λ $+64{,}3^\circ$, B φ $-47{,}9^\circ$, λ $-77{,}8^\circ$, $2V_\gamma$ $78^\circ 32'$.
- Auslöschungsschiefen: M $+19{,}9^\circ$, P $+3{,}9^\circ$, $\perp MP$ $-14{,}6^\circ$.
- Brechungsexponenten: N_α 1,52825, N_β 1,53245, N_γ 1,53872.

Grönland:
- Mol.-Proz.: Ab 99,5, An 0,5.
- A φ $-49{,}1^\circ$, λ $+64{,}2^\circ$, B φ $-47{,}8^\circ$, λ $-76{,}5^\circ$, $2V_\gamma$ $77^\circ 18'$.
- Auslöschungsschiefen: M $+20{,}3^\circ$, P $+3{,}6^\circ$, $\perp MP$ $-14{,}9^\circ$.
- Brechungsexponenten: N_α 1,52825, N_β 1,53233, N_γ 1,53864.

ist wahrscheinlich etwas kleiner als 100. Der von 6 ist nicht an den optisch untersuchten Stücken ermittelt. Ziemlich genau ist der von 2, 3 und 4, wo sich die optische Untersuchung auf analysiertes Material bezieht.

Was die Genauigkeit der optischen Orientierung anbelangt, so sind Nr. 2, 3, 4, 6, 9 sehr genau bestimmt; der Fehler in der Lage der optischen Achse dürfte 1° nicht erreichen; 1 und 8 sind etwas weniger genau; 5 und 7 sind erheblich weniger genau, da sie nur aus Dünnschliffbeobachtungen, nicht an orientierten Präparaten abgeleitet wurden.

Die Bedeutung der zur Fixierung der Achse benutzten Winkel λ und φ ergibt sich aus Fig. 1. Die Messungen beziehen sich bei den Brechungsexponenten auf Na-Licht (mit Ausnahme von 8, die sich auf weißes Tageslicht beziehen). Die Positionsmessungen und Auslöschungsschiefen beziehen sich auf weißes Tageslicht.

Tabelle der optischen Orientierung der Plagioklase.

Nr.		Mol.-Proz. An	A		B		$2V_\gamma$
			λ	φ	λ	φ	
1	Albit	5	+64,7°	−49,5°	−78,8°	−47,9°	78°
2	Oligoklasalbit . .	13	+67	−46	+85,5	+47,5	85,5
3	Oligoklas . . .	20	+69	−42	+70	+44	94
4	Oligoklas . . .	25	+72	−40	+60	+41	99
5	Andesin	37	+80	−43	+36,5	+38,5	90
6	Labrador	52	+76,7	−55,7	+15,7	+35	75
7	Labrador-Bytownit	63	+76	−56	+ 8	+23	82
8	Bytownit	75	+64	−56	+ 1,8	+12,7	94
9	Anorthit	100	+57,9	−63,2	− 6,2	−2,6	103,5

Nr.		Mol.-Proz. An	Auslöschungsschiefen			Brechungsexponenten		
			P	M	a	N_α	N_β	N_γ
1	Albit . . .	5	+ 4°	+20,0°	−14°	1,5285	1,5321	1,5387
2	Oligoklasalbit	13	+ 2	+13	− 8	1,5341	1,5381	1,5431
3	Oligoklas . .	20	+ 1	+ 6	− 0,5	1,5388	1,5428	1,5463
4	Oligoklas . .	25	+ 0,7	+ 3	+ 7	1,5417	1,5458	1,5490
5	Andesin . .	37	− 1,4	− 6	+23	—	—	—
6	Labrador . .	52	− 6,0	−17,3	+27,7	1,5553	1,5583	1,5632
7	Labr.-Bytownit	63	−10	−22	+35	—	—	—
8	Bytownit . .	75	−18	−31	+38	1,564	1,569	1,573
9	Anorthit . .	100	−40,1	−37,6	+45	1,57556	1,58348	1,58849

F. Becke prüfte an der Hand der Erfahrung die von E. Mallard und F. Pockels aufgestellten Theorien und zeigte, daß jede die Erscheinungen mit einer gewissen Annäherung darstellt, daß die beiden Theorien untereinander weniger differieren als die Erfahrung von beiden abweicht, daß selbst, wenn man die minder genau bekannten Glieder beiseite läßt (5 und 7 obiger Tabelle), noch immer in den Achsenpositionen und in den Auslöschungsschiefen Differenzen auftreten, die die möglichen Versuchsfehler bedeutend überwiegen. Er schließt daraus, daß die Voraussetzungen der Theorie (unverändertes Eingehen der Endglieder in die Mischung) nicht strenge erfüllt sind, daß durch die Anpassung der miteinander verwachsenden Teile der Endglieder, mag man sich darunter nun direkt Molekel oder kleine homogene Partien der Endglieder vorstellen, nach Volumen und Kristallwinkeln Spannungen eintreten, die sich optisch durch die Abweichungen zu erkennen geben.

Von dem gesamten Zahlenmaterial sollen hier nur die Winkel der optischen Achsen und die Auslöschungsschiefen nach der Theorie von F. Pockels angegeben und mit der Erfahrung verglichen werden.

Nr.		Mol.-Proz. An	Winkel $2V_\gamma$		Auslöschungsschiefe					
					P		*M*		*a*	
			beob.	ber.	beob.	ber.	beob.	ber.	beob.	ber.
1	Albit . . .	5	78°	—	+ 3,2°	—	+19,8°	—	−14°	—
2	Oligoklasalbit	13	85,5	80,5°	+ 2,0	+ 2,1°	+13	+17°	− 8	−10,4°
3	Oligoklas . .	20	94	81	+ 1,0	+ 0,8	+ 6	+13,8	− 0,5	− 6,4
4	Oligoklas . .	25	99	80,6	+ 0,7	0	+ 3	+11	+ 7	− 2,7
5	Andesin . .	37	90	77,8	− 1,4	− 2,7	− 5,5	− 2,2	+23	+ 8,3
6	Labrador . .	52	75	75,5	− 6	− 7,7	−17,3	−11,9	+27,7	+23,4
7	Labr.-Bytownit	63	82	78,5	−10	−12,9	−22	−21,5	+35	+31,9
8	Bytownit . .	75	94	88,0	−18	−20,5	−31	−29,3	+38	+38,1
9	Anorthit . .	100	103,5	—	−40,0	—	−37,6	—	+45	—

Die neuen Bestimmungen von O. Grosspietsch an sehr reinen Albiten lassen vermuten, daß der Anorthitgehalt des Albits von Amelia etwas zu hoch angenommen wurde. Es sollten alle Rechnungen mit diesen neuen Werten wiederholt werden; jedoch wird diese Aufgabe zweckmäßig erst aufgenommen werden, wenn auch das andere Endglied, der Anorthit, exakter bestimmt ist. Man verfügt noch nicht über eine genaue optische Untersuchung an einem analysierten Material von Anorthit.

Kali-Natron-Feldspate.

Isomorphe Mischungen von Kalifeldspat mit vorherrschendem Natronfeldspat und meist sehr kleinen Anteilen von Kalkfeldspat wurden zuerst von H. Förstner[1]) als Natronorthoklas beschrieben, später als Anorthoklas oder Anorthose bezeichnet. Sie haben ein niedrigeres spezifisches Gewicht als Albit, höheres als Adular; die Auslöschungsschiefen auf *P* (001) sind meist sehr klein, die auf *M* (010) liegen zwischen der des Orthoklases (+5°) und des Albits (+20°). Die Brechungsexponenten schwanken zwischen denen von Orthoklas und Albit, der Winkel der optischen Achsen ist meist wesentlich kleiner als bei Adular. Eine gesetzmäßige Änderung der optischen Größen vom Mengenverhältnis von K- und Na-Feldspat läßt sich nach den Beobachtungen von F. Fouqué,[2]) C. Riva[3]) und G. de Lorenzo[4]) vermuten, doch ist die Reihe noch nicht genauer geprüft worden.

Die homogenen Mischungen sind nur in vulkanischen Gesteinen gefunden worden. In den Tiefengesteinen treten an die Stelle Parallelverwachsungen wirklichen Kalifeldspats mit Albit-Lamellen oder -Spindeln, die bei submikro-

[1]) H. Förstner, Z. Kryst. **1**, 547 (1877); **8**, 125 (1883).
[2]) F. Fouqué, Bull. Soc. min. **17**, 397 (1894).
[3]) C. Riva, R. Acc. d. Linc. **9** [II] 170, 206 (1900).
[4]) G. de Lorenzo u. C. Riva, Mem. Acc. Napoli **10**, 1 (1901).

skopischer Ausbildung Kryptoperthit (Brögger), bei mikroskopischer Auflösbarkeit Mikroperthit (Becke), bei gröberer Struktur Perthit genannt werden.

Mischungen von Anorthit und Kalifeldspat hat E. Dittler experimentell hergestellt, und optische Änderungen ähnlich jenen in der Plagioklasreihe nachgewiesen.[1])

Kali–Baryt-Feldspate.

Auch bei den isomorphen Mischungen von Kalifeldspat und Barytfeldspat, Celsian $BaAl_2Si_2O_8$, hat J. E. Strandmark[2]) gesetzmäßige Änderungen der optischen Eigenschaften nachgewiesen, die von ihm und F. Becke[3]) auch nach ihrer Übereinstimmung mit der Theorie untersucht wurden. Auch hier zeigen sich Abweichungen der durch die Erfahrung festgelegten Verhältnisse gegen die Theorie, die sich insbesondere darin äußern, daß die optischen Achsen der Zwischenglieder aus den Isopolarisationskurven der Endglieder Celsian und Adular um beträchtliche Beträge heraustreten, ferner dadurch, daß die bei den isomorphen Mischungen beobachteten Brechungsexponenten höher sind, als sie nach der Rechnung aus den Endgliedern sein sollten.

Skapolithgruppe.

Die tetragonal kristallisierenden Silicate der Skapolithgruppe wurden von G. Tschermak[4]) im wesentlichen als isomorphe Mischungen von zwei Endgliedern erkannt:

Mejonit (*Me*) $Ca_4Al_6Si_6O_{25}$,
Marialith (*Ma*) $Na_4Al_3Si_9O_{24}Cl$.

Mit dem Mengenverhältnis der zwei Endglieder ändert sich, wie A. Himmelbauer[5]) in einer sorgfältigen Untersuchung dargetan hat, gesetzmäßig das spezifische Gewicht bzw. das Molekularvolum, das kristallographische Achsenverhältnis $a:c$, die topischen Parameter χ und ω, die Brechungsexponenten N_ε und N_ω, sowie deren Differenz, die Größe der Doppelbrechung. Aus der Eintragung der betreffenden Größen in ein Koordinatennetz, in welchem die Abszisse, die Molekularprozente Marialithsubstanz der Mischung, die Ordinate die betreffende Größe darstellt, leitet A. Himmelbauer für alle untersuchten Größen lineare Beziehungen auf graphischem Wege ab und findet so durch Extrapolation die für die in reinem Zustande unbekannten Endglieder charakteristischen Größen.

In bezug auf das Molekularvolum und die Dichte der Endglieder ergibt sich:

	Molekulargewicht	Molekularvolum	Dichte
Mejonit	893,5	317,4	2,815
Marialith	848,6	331,5	2,560

---

[1]) E. Dittler, Über die Darstellung kalihaltiger basischer Plagioklase, Tsch. min. Mit. **29**, 273 (1910).

[2]) J. E. Strandmark, Bidrag till könnedomen om Celsian och andra Barytfältspater. Geol. Fören. Förhandl. **25**, 289 (1903); **26**, 97 (1904).

[3]) F. Becke, Tsch. min. Mit. **25**, 38 (1906).

[4]) G. Tschermak, Die Skapolithgrnppe, Sitzber. Wiener Ak. **88**, Abt. I, 1142 (1883).

[5]) A. Himmelbauer, Zur Kenntnis der Skapolithgruppe. Sitzber. Wiener Ak. **119**, Abt. I, 115 (1910).

Auch die zur Berechnung der Geraden verwendeten neueren und besseren Bestimmungen lassen die gesuchte Beziehung mit keiner großen Genauigkeit erkennen, denn während der Unterschied im Molekularvolum bloß 14 Einheiten, d. i. ungefähr 4,4 % des kleineren Wertes beträgt, sind die Abweichungen der Einzelbeobachtungen von der theoretischen Geraden bis zu $2^1/_2$ Einheiten groß, das ist allerdings nur etwa 1 % des mittleren Molekularvolums aber nahezu 20 % oder $^1/_5$ der ganzen Differenz.

Besser ist die Übereinstimmung bei den topischen Parametern, und dem Achsenverhältnis. Folgende Tabelle mag das illustrieren.

	Mol.-Proz.	Beobachtet			Berechnet		
	Ma	χ	ω	*c*	χ	ω	*c*
Mejonit	0	—	—	—	8,974	3,941	0,4392
Mejonit Vesuv	4	8,978	3,945	0,4394	8,978	3,945	0,4394
Mejonit Laach	23	8,985	3,971	0,4420	8,995	3,964	0,441
Skapolith Grass Lake . .	31	9,005	3,968	0,4407	9,003	3,972	0,442
Skapolith Arendal . . .	54	9,033	3,984	0,4410	9,024	3,994	0,443
Marialith Pianura . . .	85	9,039	4,031	0,4460	9,053	4,025	0,445
Marialith	100	—	—	—	9,067	4,040	0,4456

Die optischen Verhältnisse werden durch folgende Zahlen illustriert, sie beziehen sich alle auf gelbes Licht von der Wellenlänge 0,6 μ, nahezu entsprechend dem Na-Licht.

	Mol.-Proz.	Beobachtet			Berechnet		
	Ma	N_ω	N_ε	$N_\omega - N_\varepsilon$	N_ω	N_ε	$N_\omega - N_\varepsilon$
Mejonit	0	—	—	—	1,5965	1,5570	0,0394
Mejonit Vesuv . . .	4	1,58968	1,55638	0,03330	1,5942	1,5563	0,0379
Skapolith Grass Lake	31	1,58284	1,55120	0,03164	1,5790	1,5513	0,0277
Skapolith Bolken . .	32	1,58534	1,55641	0,02893	1,5784	1,5511	0,0273
Skapolith Arendal .	54	1,56645	1,54642	0,02003	1,5660	1,5465	0,0195
Skapolith Gouverneur	55	1,56062	1,54402	0,01660	1,5655	1,5463	0,0192
Couzeranit	72	1,55536	1,54288	0,01248	1,5559	1,5430	0,0129
Marialith Pianura .	85	1,54630	1,53949	0,00681	1,5485	1,5404	0,0081
Marialith	100	—	—	—	1,5395	1,5375	0,0020

Sodalithgruppe.

Die mannigfaltig gemischte isomorphe Gruppe enthält ein in ziemlicher Reinheit auftretendes Endglied, den Sodalith. Dieser hat die niedrigste Lichtbrechung. Die Beimischung eines SO_4-haltigen Gliedes mit Na allein (Nosean) oder mit Na und Ca (Hauyn) bewirkt Erhöhung des Brechungsexponenten, die aber auch bisher zahlenmäßig nicht verfolgt worden ist.

Sodalith $3\,NaAlSiO_4 . NaCl$ $N_{Na} = 1{,}4827-1{,}4868$
Nosean $3\,NaAlSiO_4 . Na_2SO_4$ $N_{Na} = 1{,}4950$
Hauyn $3\,NaAlSiO_4 . CaSO_4$ $N_{Na} = 1{,}4961-1{,}5038$.

Die Zahlen für δ gehen damit parallel, sind aber durch die Menge der Einschlüsse gestört.

Topas.

Beim Topas ist eine fluorhaltige Verbindung $Al_2F_2SiO_4$ mit einer hydroxylhaltigen $Al_2(OH)_2SiO_4$ gemischt und es zeigt sich eine Abhängigkeit der Brechungsexponenten und des Winkels der optischen Achsen vom Mengenverhältnis des fluorhaltigen und des hydroxylhaltigen Endgliedes der isomorphen Mischungsreihe. Die an der letzteren Verbindung reicheren Mischungen haben größere Brechungsexponenten, kleinere Doppelbrechung, und kleineren Winkel der optischen Achsen $2E$. Die hydroxylreicheren Mischungen sind außerdem vielfach mit optischen Anomalien behaftet; deutlicher Aufbau aus Anwachspyramiden, Sektorenteilung, schiefe Auslöschung auf (001) sind häufige Erscheinungen. Diese Beziehungen wurden von S. L. Penfield und J. C. Minor genauer studiert.[1] Sie geben folgende Tabelle:

Topas von	$2E$ (Gelb)	δ	Fluor	Wasser
Thomas Range	125° 53′	3,565	20,37	0,19
Nathrop, Kolorado	125 51	3,567	20,42	0,29
Tenagari, Japan	120 59	3,565	19,50	0,57
Aduntschilon, Sibirien	118 46	3,562	19,24	0,58
San Luis, Mexiko	118 17	3,575	19,53	0,80
Schneckenstein, Sachsen . . .	114 28	3,555	18,50	0,93
Stoneham Maine	113 50	3,560	18,56	0,98
Minas geraes, Brasilien	84 28	3,532	15,48	2,45

Mit dem Wassergehalt nehmen die Brechungsexponenten zu, die Doppelbrechung ab:

	N_α	N_β	N_γ	$N_\gamma - N_\alpha$
Thomas Range	1,6072	1,6104	1,6176	0,0104
Minas geraes	1,6294	1,6308	1,6375	0,0081

Eudialytgruppe.

Zusammensetzung $R_3''R_4'ZrSi_7O_{21}$; $R'' =$ Ca mit Fe, Mn und CeOH; $R' =$ Na, H wenig K.

In dieser Gruppe von Silicozirkoniaten unterscheidet man nach W. Ramsay[2]) zwei Arten: den Eudialyt, der etwas reicher an Kieselsäure und Natron und den Eukolit, der reicher an Cer-Metallen und Manganoxydul ist.

Der Eudialyt hat etwas niedrigere Brechungsexponenten und positiven Charakter der Doppelbrechung; Eukolit höhere Lichtbrechung und negativen Charakter der Doppelbrechung. Es gibt auch Eudialyte (von Lujaur Urt, Kola), die keinen merklichen Unterschied zwischen N_ω und N_ε erkennen lassen.

Turmalingruppe.

Die Turmaline sind isomorphe Mischungen zahlreicher Verbindungen, welche sich auf folgende zwei Hauptverbindungen zurückführen lassen: $H_8Na_4Al_{16}B_6Si_{12}O_{63}$ und $H_8Mg_{12}Al_{10}B_6Si_{12}O_{63}$. Na wird durch K und Li, Mg durch Fe und Mn ersetzt, selten Al durch Cr. E. A. Wülfing hat am ein-

[1]) S. L. Penfield u. J. C. Minor, Z. Kryst. **23**, 321 (1894).
[2]) W. Ramsay, Fennia III, Nr. 7, 42 (1890).

gehendsten den Zusammenhang der optischen Eigenschaften mit der Mischung studiert[1]) und unterscheidet drei Hauptgruppen:

Lithionreiche Turmaline mit niedrigster Doppelbrechung und mittleren Brechungsexponenten;

Magnesiareiche Turmaline mit mittlerer Doppelbrechung und niedrigsten Brechungsexponenten;

Eisenreiche Turmaline mit höchster Doppelbrechung und höchsten Brechungsexponenten.

Bei letzteren kann man blauschwarze und grünschwarze unterscheiden. E. A. Wülfing[2]) gibt folgende Tabelle:

	ω_{Na}	ε_{Na}	$\omega - \varepsilon_{Na}$	δ
Li-Turmalin . . .	1,6406—1,6507	1,6199—1,6257	0,0172—0,0211	3,007—3,134
Mg-Turmalin . . .	1,6315—1,6536	1,6123—1,6290	0,0192—0,0246	3,036—3,104
Fe-Turmalin, blau .	1,6517—1,6664	1,6281—1,6368	0,0236—0,0299	3,140—3,212
Fe-Turmalin, grün .	1,6531—1,6854	1,6270—1,6515	0,0260—0,0339	3,122—3,220

Quantitative Abhängigkeit nachzuweisen, ist bisher nicht versucht worden, dürfte auch bei der Mannigfaltigkeit der Mischungen und der Geringfügigkeit der optischen Variation schwer nachzuweisen sein.

Granatgruppe.

Bei der so starkem Wechsel der Mischungen unterworfenen Granatgruppe zeigen die vorhandenen Angaben wohl den Einfluß der chemischen Zusammensetzung an, doch ist bis jetzt kein Versuch gemacht worden, den Zusammenhang ziffermäßig darzustellen.

Grossular (vorherrschend $Ca_3Al_2Si_3O_{12}$) zeigt den niedrigsten Brechungsexponenten bei mäßiger Dispersion; $\delta = 3{,}4—3{,}6$.

Pyrop (vorherrschend $Mg_3Al_2Si_3O_{12}$). Der Brechungsexponent etwas höher (Einfluß des nie fehlenden Fe-Gehaltes), die Dispersion etwas schwächer als bei Grossular; $\delta = 3{,}7—3{,}8$.

Almandin (vorherrschend $Fe_3Al_2Si_3O_{12}$) und Spessartin (vorwiegend $Mn_3Al_2Si_3O_{12}$) zeigen höhere Lichtbrechung und stärkere Dispersion; $\delta = 4{,}1—4{,}3$.

Kalk-Eisengranat (Demantoid, Melanit, Andradit, vorherrschend $Ca_3Fe_2'''Si_3O_{12}$, oft Ti-haltig) zeigen die höchsten Brechungsexponenten und die stärkste Dispersion; $\delta = 3{,}8—4{,}1$.

Uwarowit ($Ca_3Cr_2Si_3O_{12}$), immer mit merklichen Mengen Grossularsubstanz gemischt, zeigt Werte, die zwischen Almandin und Melanit stehen; $\delta = 3{,}4$.

Melilithgruppe.

Diese Gruppe von tetragonalen Silicaten ist in der Natur durch das verhältnismäßig seltene Kontaktmineral Gehlenit, ferner durch den in kieselsäurearmen Erstarrungsgesteinen vorkommenden Melilith vertreten. Dazu

[1]) E. A. Wülfing, Über einige kristallographische Konstanten des Turmalins und ihre Abhängigkeit von seiner Zusammensetzung. Programm zur 82. Jahresfeier der kgl. württemberg. landw. Akademie Hohenheim (Stuttgart 1900).

[2]) E. A. Wülfing in Rosenbusch, Physiographie, 4. Aufl., I, 2, 17 (1905).

kommen die tonerdeärmeren Schlackenkristalle, die den Namen Akermanit erhielten, und von J. H. L. Vogt am eingehendsten untersucht wurden.[1]) Der Genannte faßt die ganze Gruppe als isomorphe Mischungsreihe der beiden Endglieder:

Akermanit $R_4''Si_3O_{10}$ $R'' = Ca$ untergeordnet Mg, Fe optisch +

und

Gehlenit $R_3''R_2'''Si_2O_{10}$ $R''' = Al$ untergeordnet Fe optisch –

wogegen allerdings G. Bodländer[2]) Einwendungen erhoben hat. Die Mittelglieder nach J. H. L. Vogts Auffassung (Melilith) werden zum Teil isotrop durch Kompensation der + und – Endglieder. Mit der Kompensation ist starke Dispersion der Doppelbrechung verbunden, was zu anomalen, teils übernormalen (bei den –), teils unternormalen (bei den +) Interferenzfarben führt. Nach J. H. L. Vogt sind Mischungen von 0—30% Gehlenitsubstanz positiv, mit 40% isotrop für mittlere Wellenlängen, gehlenitreichere negativ. Der Einfluß der Vertretung von R'' durch Ca, Mg, Fe, von R''' durch Al und Fe ist noch wenig bekannt.

Aus optischen Untersuchungen erkannte C. Hlawatsch,[3]) daß der Eintritt von Fe und Mg qualitativ so wirkt, wie der Eintritt des Gehlenitsilicats, d. h. negativen Charakter der Doppelbrechung bedingt, wobei aber ein Minimum der Doppelbrechung im Gelb vorhanden ist.

Olivingruppe.

In der Olivingruppe spielen die Verbindungen Mg_2SiO_4 und Fe_2SiO_4 die Hauptrolle. Beide treten in der Natur annähernd rein auf (Forsterit und Fayalit). S. L. Penfield und E. F. Forbes[4]) haben den gesetzmäßigen Zusammenhang des Winkels der optischen Achsen mit dem Gehalt an FeO zuerst dargestellt. M. Stark[5]) hat die Umrechnung auf Molekularprozente Mg_2SiO_4 und Fe_2SiO_4 durchgeführt und einige weitere Fälle herangezogen. Er gibt als Abszisse Molekularprozente Fayalitsubstanz, als Ordinate den wahren Winkel der optischen Achsen um die negative Mittellinie. Zuletzt hat Helge Backlund[6]) die Frage neuerlich studiert und wichtiges Material namentlich in bezug auf Brechungsexponenten beigebracht. Für die Reihe von 0 bis 33 Mol.-Proz. Fe_2SiO_4 zeigt sich ein recht regelmäßiger Gang der Brechungsexponenten. Das Endglied der Reihe, Fayalit, kann noch nicht als sicher gestellt gelten; bei Hortonolith stimmt die Analyse nicht sehr gut mit der Olivinformel (Überschuß von SiO_2), ferner ist ein Gehalt von $4^1/_2$% MnO vorhanden, und der Einfuß des Mn_2SiO_4 kann derzeit noch nicht beurteilt werden.

[1]) J. H. L. Vogt, Beiträge zur Kenntnis der Gesetze der Mineralbildung in Schmelzmassen und in den neovulkanischen Ergußgesteinen (Kristiania 1892), 69. — N. JB. Min. etc. 1892, II, 73. — Z. Kryst. **21**, 170 (1893).

[2]) G. Bodländer, N. JB. Min. etc. 1892, I, 53; 1893, I, 15.

[3]) C. Hlawatsch, Bestimmung der Doppelbrechung für verschiedene Farben an einigen Mineralien, Tsch. min. Mit. **23**, 414 (1904).

[4]) S. L. Penfield u. E. F. Forbes, Über Fayalit von Rockport Mass. und über die optischen Eigenschaften der Chrysolith-Fayalitgruppe und den Monticellit. Z. Kryst. **26**, 143 (1886).

[5]) M. Stark, Zusammenhang des Winkels der optischen Achsen mit dem Verhältnis von Forsterit- und Fayalitsilicat beim Olivin. Tsch. min. Mit. **23**, 451 (1904).

[6]) Helge Backlund, Über die Olivingruppe. Travaux du Musée Géologique Pierre le Grand, Acad. Imp. St. Petersburg **3**, 77 (1909).

Helge Backlund findet auch die Änderung von $2V$ nicht sehr regelmäßig, doch ist zu berücksichtigen, daß seine $2V$-Werte aus den Brechungsexponenten berechnet sind, und von den in einigen Fällen beobachteten nicht unbeträchtlich abweichen. Die beobachteten $2V$ Helge Backlunds weichen von der Kurve M. Starks nicht sehr stark ab.

Die Kurve M. Starks wird hier durch folgende Tabelle ersetzt:

	Mol.-Proz. Fe_2SiO_4	$2V_\alpha$
Forsterit	2	94°
	10	91
	20	87,5
	30	83
	50	74
	60	69
	70	63,5
	90	52,5
Fayalit	95,5?	49,5

Aus der Tabelle Helge Backlunds gebe ich folgenden Auszug (die Bestimmungen beziehen sich auf Na-Licht und sind mit C. E. Abbes Kristallrefraktometer meist mit verkleinerndem Fernrohr gewonnen).

Vorkommen	Mol.-Proz. $(Fe, Mn)_2SiO_4$	N_α	N_β	N_γ	$N_\gamma - N_\alpha$
Forsterit, Ural	0,12?	1,6361	1,6519	1,6698	0,0337
„ Somma[1])	2,20	1,6386	1,6544	1,6719	0,0323
Olivin, Wind Matrey	7,36	1,6507	1,6669	1,6856	0,0349
„ Kosakov	9,48	1,6526	1,6691	1,6884	0,0358
„ Kapfenstein	9,57	1,6533	1,6705	1,6887	0,0354
„ Vesuv I[1])	9,88	1,6548	1,6719	1,6919	0,0371
„ Pallaseisen	12,48	1,6562	1,6726	1,6921	0,0359
„ Kammerbühl	15,42	1,6649	1,6830	1,7015	0,0366
„ Vesuv II	17,25	1,6674	1,6862	1,7053	0,0379
„ Itkul (Glinkit)	19,85	1,6694	1,6878	1,7067	0,0373
„ Skurruvaselv[1])	22,53	1,6775	1,6974	1,7163	0,0388
Hyalosiderit, Limburg[1])	33,92	—	1,727(6)	1,742(6)	—
Hortonolith[2])	67,45	1,7684	1,7915	1,8031	0,0347
Fayalit Rockport	98,40?	1,8236	1,8642	1,8736	0,0500

Bisher wurde kein Versuch gemacht die empirisch ermittelte Gesetzmäßigkeit theoretisch abzuleiten.

Pyroxengruppe.

Rhombische Pyroxene.

Beim rhombischen Pyroxen (wesentlich $MgSiO_3$ und $FeSiO_3$ in isomorpher Mischung) hat G. Tschermak[3]) nachgewiesen, daß in der Bronzitreihe mit Zunahme des Eisengehaltes der positive Achsenwinkel größer werde, wobei

[1]) Optische Untersuchung nicht an chemisch geprüftem Material.
[2]) MnO zu FeO gerechnet.
[3]) G. Tschermak, Über Pyroxen und Amphibol. Tsch. min. Mit. 1872, 17.

aber noch zu berücksichtigen bleibt, daß der Tonerdegehalt, der Grad der Zersetzung usw. ebenfalls Einfluß nehmen.

Von J. Mrha[1]) sind die brauchbaren Daten aus der Literatur zusammengestellt und zur Konstruktion einer Kurve benutzt worden. Seine Tabelle sei hier mitgeteilt.

Fundort	Molekularprozente		$2V_\gamma$
	$FeSiO_3+MnSiO_3$	$MgSiO_3$	
Zdjarberg, Mähren	4,1	95,9	69° 42′
Leiperville, Pennsylvanien	8,2	91,7	79° 4′
Fiskernäs, Grönland	8,6	91,4	82° appr.
Kapfenstein, Steiermark[2])	10,1	89,9	83° 34′
Kupferberg, Bayern	10,6	89,4	79° 40′
Kraubat, Steiermark	14,8	85,1	90° 5′
Lauterbach, Hessen	16	84	94° 18′
Ujordlersuak, Grönland	17,3	82,7	85° 24′
Farsund, Norwegen	24,6	75,4	98° 14′
Bodenmais, Bayern	31,8	69,1	103° 53′
Aranyer Berg, Ungarn	32,4	67,6	108° 5′
Paul-Insel, Labrador	37,1	62,9	107°
Mont Dore, Auvergne	53	47	128° 36′

Auf die Dispersion ist in dieser Tabelle keine Rücksicht genommen. Ein Versuch, die empirische Kurve J. Mrhas theoretisch aus den Endgliedern der bekannten Reihe zu rechnen, ist bisher nicht gemacht worden.

Monokline Pyroxene.

Die monoklinen Pyroxene zeigen ziemlich große Unterschiede in den optischen Eigenschaften und in vielen Fällen ist zu erkennen, daß diese Veränderlichkeit mit den wechselnden Mengenverhältnissen der isomorphen Grundverbindungen gesetzmäßig zusammenhängt. Aber dieser Zusammenhang ist ein verwickelter, da die Pyroxene nicht eine einfache Mischungreihe, sondern sehr mannigfaltige Mischungen darbieten, wobei ein Teil der Grundverbindungen überhaupt nicht mit Sicherheit erkannt ist.

Namentlich die gemeinen Augite sind solche komplizierten Mischungen, und hier ist es noch nicht gelungen, das Gesetz festzulegen, nach dem die optische Orientierung von der chemischen Mischung abhängt.

Am genauesten — weil am einfachsten — ist die Diopsidreihe bekannt; die Mischungen der Grenzglieder $MgCaSi_2O_6$ und $FeCaSi_2O_6$. Die Reihe, welche irgend ein Glied der Diopsidreihe mit dem Ägirin $Na\overset{III}{Fe}Si_2O_6$ verknüpft, ist zwar in ihren Grundzügen erkannt, doch fehlt es an der quantitativen Festlegung (Ägirin–Augitreihe).

In neuester Zeit ist noch eine fernere Reihe hinzugekommen, die Enstatit-Augitreihe, welche durch Mischung eines Gliedes der Diopsidreihe mit der monoklinen Modifikation der Verbindung $Mg_2Si_2O_6$ zustande kommt.

[1]) J. Mrha, Beitrag zur Kenntnis des Kelyphit. Anhang. Tsch. min. Mit. **19**, 140 (1899).

[2]) J. Schiller, Über den Gabbro aus dem Flysch bei Višegrad, Bosnien. Tsch. min. Mit. **24**, 316 (1905); in der Tabelle von J. Mrha noch nicht vorhanden.

Diopsidreihe.

In der grundlegenden Arbeit über Pyroxen und Amphibol zeigte G. Tschermak,[1]) daß in der Diopsidreihe mit der Zunahme des Eisengehaltes die Auslöschungsschiefe $c\gamma$ und die Größe des wahren Achsenwinkels um die positive Mittellinie zunimmt.[2])

Diopsid, Ala . . .	$c\gamma = 38^0 54'$	$2V = 58^0 59'$
Kokkolith, Arendal .	40 22	58 38
Diopsid, Nordmarken .	46 45	60 0
Hedenbergit, Tunaberg	45 56	62 32

Die Zusammensetzung der optisch untersuchten Vorkommen war nicht bekannt, und es wurde die Zunahme des Hedenbergitsilicats nur durch die Zunahme der Färbung erschlossen.

Nachdem J. Wiik,[3]) G. Flink,[4]) F. Herwig,[5]) C. Doelter,[6]) die Frage weiter verfolgt hatten, stellte E. A. Wülfing[7]) die vorhandenen Gesetzmäßigkeiten fest. Unter Vernachlässigung der in kleinen Mengen vorhandenen Verbindungen (Überschuß von $MgSiO_3$ und $FeSiO_3$ über die Diopsidformel, Gehalt an Al_2O_3, Fe_2O_3), sowie durch Vereinigung nahestehender Glieder zu einem Mittelwert erhält er folgende Tabelle (die optischen Daten beziehen sich auf Na-Licht).

	Mol.-Proz.		$c\gamma$	$2V$	N_α	N_β	N_γ
	$CaMgSi_2O_6$	$CaFeSi_2O_6$					
Diopsid . . .	91	9	$39^0 6^1/_2'$	$58^0 43'$	1,6710	1,6780	1,7000
	37	63	44 42	60 28	1,6986	1,7057	1,7271
Hedenbergit	10	90	47 10	59 52	1,7320	1,7366	1,7506

Aus diesen Daten, die E. A. Wülfing nicht für ausreichend hält, um das Gesetz für die ganze Reihe abzuleiten, berechnet E. A. Wülfing für das reine Fe-freie Diopsidsilicat:

$CaMgSi_2O_6$ $c\gamma = 37^0 50'$, $2V = 58^0 40'$, $N_\alpha = 1,6685$, $N_\beta = 1,6755$, $N_\gamma = 1,6980$.

In der ganzen Reihe ist der Winkel $c\gamma$ für Rot größer als für Violett, die Dispersion der Achsen $\varrho > v$, so daß die auf (100) austretende Achse stärker dispergiert ist als die auf (001) austretende. Bei dem sesquioxydhaltigen Pyroxen von Renfrew (und überhaupt bei gesteinsbildenden gemeinen Augiten) ist die Dispersion $c\gamma$ $\varrho < v$, und die obere Achse B stärker dispergiert als die untere, $2V$ für Rot größer als für Violett.[8])

Für Ägirin $NaFeSi_2O_6$ ist derselbe nach vorne gewendete Winkel $c\gamma$ für

[1]) G. Tschermak, Über Pyroxen und Amphibol. Tsch. min. Mit. 1871, 17.
[2]) G. Tschermak gibt den Winkel zwischen der Normalen der Querfläche und der optischen Elastizitätsachse c an; in der heute üblichen Bezeichnung sind die Komplemente der von ihm angegebenen Winkel die jetzt gewöhnlich angeführten Größen $c\gamma$.
[3]) J. Wiik, Finska Vetensk. Soc. Förhdl. **24**, 33 (1882) und **25**, 123 (1883).
[4]) G. Flink, Z. Kryst. **11**, 485 (1886).
[5]) F. Herwig, Programm des Gymnasiums in Saarbrücken 1884.
[6]) C. Doelter, N. JB. Min. etc. 1885, I, 43.
[7]) E. A. Wülfing, Beiträge zur Kenntnis der Pyroxenfamilie (Heidelberg 1891).
[8]) E. A. Wülfing, Tsch. min. Mit. **15**, 29 (1895).

Rot kleiner als für Grün, und der 90° überschreitende Winkel $2V$ um γ für Rot kleiner als für Grün.

Zwischen Diopsid und gemeinem Augit einerseits, Ägirin anderseits existieren isomorphe Mischungsreihen, welche durch Zunahme des Winkels $c\gamma$ von 40° bis über 90°, Verstärkung der Doppelbrechung und vermehrte Intensität der Grünfärbung ausgezeichnet und in alkalireichen Erstarrungsgesteinen verbreitet sind. Sehr häufig bilden Glieder dieser Reihe mit stetig zunehmendem Ägiringehalt die äußersten Hüllen der Gesteinspyroxene. Diopsid–Ägirinreihe,[1]) Ägirin–Augitreihe.[2]) Untersuchungen über den Zusammenhang dieser optischen Änderungen mit der Menge des eintretenden Ägirinsilicats sind noch nicht ausgeführt worden.

Enstatitaugit.

Nachdem H. Rosenbusch[3]) schon früher das Vorhandensein von kalkarmen monoklinen Pyroxenen mit kleinem Winkel der optischen Achsen, lichter Färbung, polysynthetischer Zwillingsstreifung nach (001) betont hatte, zeigte W. Wahl[4]) in einer ausführlichen Untersuchung, daß solche Pyroxene in Diabasen, in Basalten, Gabbros und Meteoriten eine große Verbreitung haben; sie sind chemisch Mischungen von einem Glied der Diopsidreihe mit einem kalkfreien monoklinen Pyroxen der Reihe $MgSiO_3$—$FeSiO_3$. Diese letzteren Verbindungen sind öfter bei synthetischen Versuchen aus dem Schmelzfluß in monokliner Form erhalten worden; am ausführlichsten wurde die Magnesiaverbindung von amerikanischen Forschern behandelt.[5])

Nach W. Wahl ist für diese Enstatitaugite charakteristisch, daß mit Zunahme der kalkfreien Komponente der Winkel der optischen Achsen kleiner, schließlich gleich Null wird, worauf die Achsen in einer zur Symmetrieebene senkrechten Ebene auseinanderweichen. Gleichzeitig wird die Auslöschungsschiefe $c\gamma$ kleiner als bei dem Glied der Diopsidreihe, welches das kalkhaltige Endglied der Mischungsreihe repräsentiert, und die Doppelbrechung wird niedriger.

Der exakte Zusammenhang der Achsenpositionen, Auslöschungsschiefen, Brechungsindizes mit dem Mischungsverhältnis der vier Endglieder $CaMgSi_2O_6$, $CaFeSi_2O_6$, $Mg_2Si_2O_6$, $Fe_2Si_2O_6$ ist noch nicht so aufgehellt, daß er sich zahlenmäßig festlegen ließe. Doch ist zu bemerken, daß die Änderungen sich in groben Zügen durch die von A. Michel-Lévy vorgeschlagene Konstruktion der Isopolarisationskurven darstellen lassen.

Amphibolgruppe.

Rhombische Amphibole.

Aus einer Zusammenstellung von H. Rosenbusch[6]) ergibt sich, daß das wechselnde Verhältnis von $FeSiO_3$ zu $MgSiO_3$ ähnlich wie bei der Bronzit-

---

[1]) W. C. Brögger, Z. Kryst. **16**, II, 305, 337, 659 (1890).

[2]) H. Rosenbusch, Mikroskop. Physiographie I, 3. Aufl. 537.

[3]) H. Rosenbusch, Mikroskop. Physiographie. 4. Aufl. **1**, 2, 206 (1905).

[4]) W. Wahl, Die Enstatitaugite. Min. Mit. **26**, 1 (1907).

[5]) E. T. Allen, F. E. Wright, J. K. Clement, Minerals of the composition $MgSiO_3$; a case of Tetramorphism. Am. Journ. **22**, 385 (1906). Die kristallographischen und optischen Angaben waren fehlerhaft und wurden später verbessert. Hiernach ist:
Ebene der optischen Achsen normal zu (010); $c\gamma = 21{,}8°$; $2V_\gamma$ = groß;
$\gamma = 1{,}658 \pm 0{,}003$; $\beta = 1{,}652 \pm 0{,}003$; $\alpha = 1{,}647 \pm 0{,}003$; $\gamma - \alpha = 0{,}01$.

[6]) H. Rosenbusch, Mikroskop. Physiographie. 4. Aufl. **1**, 153 (1905).

reihe mit einer Änderung des Winkels der optischen Achsen verbunden ist; doch sind hier die Fe-reichen Mischungen optisch + ($c = \gamma$ = I. Mittellinie). Der Einfluß der oft in großer Menge vorhandenen Tonerde (Gedrit) läßt sich aus den vorliegenden Beobachtungen noch nicht erkennen. Und auch eine quantitative Beziehung zwischen Mengenverhältnis der Mg- und Fe-Verbindung und Achsenwinkel ist nicht ableitbar.

Monokline Amphibole.

Strahlsteinreihe.

In der grundlegenden Arbeit von G. Tschermak über Pyroxen und Amphibol[1]) wurde bereits festgestellt, daß durch Hinzutreten des Strahlsteinsilicats $CaFe_3Si_4O_{12}$ zum Tremolitsilicat $CaMg_3Si_4O_{12}$ der Winkel der optischen Achsen um α verkleinert wird. Diese Beziehung wird auch durch die neueren Untersuchungen bestätigt und daneben auch ein Ansteigen der Brechungsexponenten mit zunehmendem Eisengehalt nachgewiesen. St. Kreutz[2]) weist nach, daß hierbei γ langsamer steigt, als die anderen Brechungsexponenten, daher eine Abnahme der Doppelbrechung. Die Dispersion des Brechungsexponenten β steigt bei zunehmendem Eisengehalt. Die Dispersion der Doppelbrechung ($\gamma - \alpha$) ist $v > \varrho$ und ziemlich klein. Die Achse A ist in der ganzen Reihe wenig dispergiert (d. i. die mit c den größeren Winkel einschließende Achse), Achse B ist stärker dispergiert.

Beim Tremolit zeigt Achse A $v \geqq \varrho$ um α, B $\varrho > v$.
„ Strahlstein „ „ A $\varrho > v$ „ α, B $\varrho > v$.
Dispersion von $2V$ $\varrho > v$ um α.

	$c\gamma$	$2V_\alpha$	β	$\gamma - \alpha$	δ	CaO	MgO	FeO
Tremolit	15,5°	79° 38′	1,6155	0,0272	2,980	12,95%	23,97%	0,61%
Aktinolith, Zillertal I	16,5	79 49	1,6297	0,0297	3,044	12,41	21,74	5,26
„ „ II	17	75 56	1,6365	0,0264	3,061	Dunkler, Fe-reicher		
„ Arendal .	18	—	—	—	—	Noch dunkler		

Die optischen Angaben beziehen sich auf Na-Licht. Zur Ableitung quantitativer Beziehungen sind die Angaben nicht zahlreich genug.

Tremolit–Pargasit-Reihe.

In dieser Reihe tritt zu den Silicaten der Tremolit–Strahlsteinreihe hauptsächlich die im Pargasit stark hervortretende Verbindung $CaMg_2Al_2Si_3O_{12}$. Leider treten außer dieser Verbindung und dem Tremolitsilicat $CaMg_3Si_4O_{12}$ nicht nur verschiedene Fe″ und Fe‴, sondern auch alkalihaltige Glieder hinzu. St. Kreutz hat eine Anzahl hierher gehöriger Glieder chemisch und optisch untersucht und den Einfluß der Pargasitverbindung in der Weise studiert, daß er aus der Analyse berechnete:

A. die Gewichtsprozente Pargasitsilicat $CaMg_2Al_2Si_3O_{12}$.
B. „ „ Tremolitsilicat $CaMg_3Si_4O_{12}$.
C. „ „ des Restes, der sich auf verschiedene, zum Teil Fe- und alkalienhaltige Glieder verteilt.

[1]) G. Tschermak, Tsch. min. Mit. 1871, 17.
[2]) St. Kreutz, Sitzber. Wiener Ak. **117**, 1. Abt., 875 (1908).

	A	B	C	$c\gamma$	β	$\gamma - \alpha$	$2V_\alpha$
Tremolit, Schweiz . .	5,42	78,06	16,25	15° 25′	1,6155	0,0272	79° 38′
Tremolit, Gouverneur	5,01	83,05	11,94	16 39	1,6133	0,0248	81 33
Tremolit, Russel . .	8,76	72,25	18,48	19 31	1,6134	0,0227	86 14
Pargasit, Pargas . .	44,24	42,64	13,76	26 41	1,6205	0,0195	121 9
Pargasit, Grenville .	48,00	40,28	11,98	27 34	1,6180	0,0190	128 5

Beim Pargasit ist die Dispersion der Achse A $v > \varrho$ deutlich, B $\varrho \gtreqless v$ um die Mittellinie α. Die Dispersion der Doppelbrechung ist sehr gering. Die Einwirkung des Pargasitsilicats zeigt sich in Vergrößerung der Auslöschungsschiefe, Zunahme des Achsenwinkels $2V$ um α, Abnahme der Doppelbrechung ganz deutlich, doch ist ein quantitatives Gesetz aus den bisherigen Beobachtungen nicht ableitbar.

Ebensowenig kann gegenwärtig für die Reihe der gemeinen Hornblenden, Soretit, Syntagmatit, basaltische Hornblenden, Barkevikit usw. ein bestimmtes Gesetz für den Zusammenhang der komplizierten Mischungen mit der optischen Orientierung formuliert werden.

Gastaldit-Glaukophan-Riebeckit.

In der Reihe der Al-, Fe‴- und Na-haltenden Hornblenden ist eine Andeutung gegeben über stetige Änderungen der optischen Eigenschaften, die hauptsächlich durch die Änderung des Verhältnisses der Verbindungen $Na_2Al_2Si_4O_{12}$ (Glaukophansilicat) und $Na_2Fe'''_2Si_4O_{12}$ (Riebeckitsilicat) bedingt sind. Diese Reihe ist jetzt noch unvollkommen bekannt, G. Murgoci[1]) hat sie am ausführlichsten behandelt, C. Hlawatsch hat mehrere wichtige Glieder der Reihe untersucht. Große Schwierigkeiten macht hier die Komplikation der Mischungen, da außer den genannten Verbindungen auch noch die Metasilicate von Mg, Fe″, untergeordnet auch das von Ca vorhanden sind; ferner sind auch Na-freie Silicate, die Al oder Fe‴ enthalten, nicht ausgeschlossen.

Immerhin scheint qualitativ eine Reihe nachgewiesen zu sein, die mit dem Gastaldit beginnt, der am reichsten ist an dem Glaukophansilicat $Na_2Al_2Si_4O_{12}$. Er besitzt eine Orientierung, die sich vom Strahlstein wesentlich durch den kleinen Winkel $c\gamma$ unterscheidet.

Verfolgt man zunächst die Veränderungen, die durch zunehmende Ersetzung von Al_2O_3 durch Fe_2O_3 (also gleichbleibenden Na-Gehalt vorausgesetzt), durch Ersatz des Glaukophansilicats durch Riebeckitsilicat, bedingt werden, so wird der Winkel der optischen Achsen kleiner, schließlich gleich Null, dann weichen bei normalsymmetrischer Achsenlage die Achsen auseinander, indem β und γ ihre Bedeutung wechseln ($b = \gamma$).

Während bis hierher die Änderungen sich Schritt für Schritt verfolgen lassen, sind die weiteren Mittelglieder bis zum Riebeckit etwas zweifelhaft, nicht zum wenigsten, weil das Endglied, der Riebeckit, selbst keineswegs in seiner Orientierung sicher erkannt ist. Die vorhandenen Angaben lauten zwar dahin, daß beim Riebeckit eine Mittellinie α nahe der Vertikalachse liege, und die Ebene der optischen Achsen parallel der Symmetrieebene sei; allein diese Angaben sind unsicher. Es sind wohl dabei die noch keineswegs geklärten

[1]) G. Murgoci, Contribution to the Classification of the Amphiboles. Univ. of California Publications, Bull. of the Dep. of Geology **4**, 359 (1906).

Abweichungen von den normalen optisch zweiachsigen Kristallen nicht berücksichtigt, die zufolge der sehr starken Absorption beim Riebeckit eintreten und die z. B. das Zustandekommen einer normalen Interferenzfigur in Schnitten senkrecht zu den Achsen verhindern.

Würde man die gewöhnlich gemachten Angaben (Achsenebene 010, $2V$ ziemlich groß, Winkel $c\alpha$ sehr klein) zugrunde legen, so ließen die Isopolarisationskurven folgendes vermuten: Nachdem die Achsen in der Richtung senkrecht zur Symmetrieebene auseinandergewichen, müßte bei weiterer Zunahme des Riebeckitsilicates die Lage der Achsenebene sich stark ändern, so daß sie aus der Querlage sich mehr und mehr aufrichtet, gleichzeitig würde der Winkel der optischen Achsen, nachdem er um α ein Maximum erreicht hat, wieder kleiner werden, die optischen Achsen würden sich an einer Stelle der Medianzone, die sich innerhalb des spitzen Winkels β befindet, wieder vereinigen, und sodann unter Kleinerwerden des Winkels $c\alpha$ wieder in der Symmetrieebene auseinanderweichen.

Die weitere Erörterung dieser Zwischenglieder muß wohl unterbleiben, bis genauere Untersuchungsresultate über den Riebeckit und die ihm nahestehenden Mittelglieder unter Berücksichtigung der Modifikation der Doppelbrechungsgesetze durch die enorm starke Absorption gewisser Schwingungsrichtungen vorliegen.

Ob die Reihe von Hornblenden, die W. C. Brögger[1]) unter dem Namen Katophorit beschreibt, die zwischen Barkevikit und Arfvedsonit stehen und sich durch steigende Auslöschungsschiefe $c\gamma$ zwischen diese beiden Endglieder einschalten, mit der eben besprochenen Reihe parallel laufen, müssen weitere Untersuchungen klarstellen.

Zoisit.

Der rhombisch kristallisierende Zoisit $HCa_2Al_3Si_3O_{13}$ mit kleiner Beimischung der analogen Verbindung $HCa_2Fe_3Si_3O_{13}$ zeigt zweierlei Orientierung der Ebene der optischen Achsen. Stets ist γ erste Mittellinie und normal auf (100). Die Ebene der optischen Achsen ist bald parallel (010), mit starker Dispersion des Achsenwinkels $\varrho < v$ und mit indigoblauen (übernormalen) Interferenzfarben auf Schnitten parallel (100); bald parallel (001), mit Dispersion der Achsen $\varrho > v$ von geringerer Stärke und unternormalen Interferenzfarben in Schnitten parallel (100). Häufig finden sich beide Orientierungen am selben Kristall in Feldern von variabler Abgrenzung. In manchen Fällen zeigt sich Felderteilung gesetzmäßig mit dem Aufbau aus Anwachspyramiden verknüpft: Die Anwachspyramiden der Prismenflächen und der Terminalflächen zeigen dann Achsenebene parallel (001), die Anwachspyramiden der (010) Achsenebene parallel (010) oder es zeigt sich durchgehends Achsenebene (010) und in der Anwachspyramide von (010) größerer, in der Anwachspyramide der Prismen- und Terminalflächen kleinerer Winkel der optischen Achsen. Die Größe des Achsenwinkels schwankt außerordentlich und erreicht nach beiden Richtungen bisweilen $2V = 60^0$.

Diese Verhältnisse deutete G. Tschermak als Zwillingsverwachsung nach Flächen der Zone [100], die unter 45^0 gegen (001) und (010) geneigt sind, was aber dem gesetzmäßigen Wechsel der Dispersion nicht gerecht wird.

[1]) W. C. Brögger, Die Eruptivgesteine des Kristianiagebietes I, 32 (1894).

P. Termier, welcher Zoisite auffand, die ausschließlich Achsenebene (001) zeigten, nahm zwei polymorphe Modifikationen, Zoisit α [Achsenebene (010)] und Zoisit β [Achsenebene (001)], an, die in manchen Vorkommen miteinander parallel verwachsen vorkommen sollten.

Die einfachste Erklärung der Erscheinung bietet die Annahme, daß der Aluminiumzoisit die Orientierung des Zoisits α (Termier) besitzt [Achsenebene parallel (010)] und daß durch Beimischung des im reinen Zustand unbekannten Eisenzoisits erst Verkleinerung des Achsenwinkels bis zur Einachsigkeit, sodann Auseinanderweichen der Achsen in der Ebene (001) bewirkt wird.

Die folgende Tabelle macht dieses Verhalten wahrscheinlich:

	Al_2O_3	Fe_2O_3	Mol.-Proz. Al-Zoisit	Mol.-Proz. Fe-Zoisit	Achsenebene
Zoisit, Bobbio[1] . . .	30,15	4,60	91	9	(001)
„ Gornergletscher[2]	32,48	2,78	95	5	(001) vorwiegend (010) untergeord.
„ Ducktown[3] . .	32,89	0,91	98	2	(001) untergeord. (010) vorwiegend
„ Mt. Pelvas[4] . .	31,73	0,37	99	1	(001) ganz unterg. (010) fast allein

Die starke Änderung der Achsenlage bei relativ kleinen Änderungen des Mischungsverhältnisses erklärt sich durch die sehr schwache Doppelbrechung des Zoisits; und insbesondere durch den Umstand, daß offenbar der Al-Zoisit vielmal schwächer doppelbrechend ist, als das unbekannte Fe-haltige Endglied.

Die Brechungsexponenten sind nicht mit genügender Genauigkeit an analysiertem Material bestimmt, als daß man ihre Änderung mit dem Mischungsverhältnis verfolgen könnte.

Epidot.

Es ist das Verdienst von Forbes,[5]) zuerst auf die starken Unterschiede aufmerksam gemacht zu haben, die bei dieser isomorphen Reihe an den optischen Eigenschaften in Zusammenhang mit dem Ersatz von Al_2O_3 durch Fe_2O_3 in der Formel $HCa_2Al_3Si_3O_{13}$ zu konstatieren sind. E. Weinschenk[6]) hat die Frage dann durch Untersuchung der eisenarmen Epidote (Klinozoisit) aus den Alpen in größerem Umfang studiert. Die gesetzmäßige Änderung im Achsenwinkel, Auslöschungsschiefe, Stärke der Doppelbrechung und Höhe der Doppelbrechung mit der Zunahme des Eisenepidots in der Mischung zahlenmäßig darzustellen, hat er vermieden, da die meisten Epidote sehr inhomogen sind, und nicht nur schichtenweise, sondern auch in den Anwachspyramiden der Kristallflächen recht verschiedene Mischungen am selben Kristall auftreten.[7])

[1]) P. Termier, Bull. Soc. min. **21**, 148 (1898).
[2]) E. Weinschenk, Z. Kryst. **26**, 156, 335 (1896).
[3]) G. Tschermak u. L. Sipöcz, Sitzber. Wiener Ak. **82**, 141 (1880).
[4]) P. Termier, Bull. Soc. min. **23**, 50 (1900).
[5]) Forbes, Am. Journ. Sc. 1896, 26. — Z. Kryst. **26**, 138 (1896).
[6]) E. Weinschenk, Z. Kryst. **26**, 166 (1896).
[7]) Siehe insbesondere M. Bauer, N. JB. Min. etc. 1880, 2 und W. Ramsay ebenda 1893, 1.

Folgende Zusammenstellung zeigt den Gang der optischen Erscheinungen an.

1. Klinozoisit, Schwarzensteinalpe J. Kehldorfer (unveröffentlichte Beobachtung ausgeführt im min. Institut der Universität Wien), sehr lichte Kristalle; $\delta = 3{,}365$ steht dem reinen Klinozoisit am nächsten.
2. Klinozoisit, Goslerwand, E. Weinschenk (l. c.), Al_2O_3 32,57, Fe_2O_3 1,68; $\delta = 3{,}37$; 3 Mol.-Proz. Eisenepidot.
3. Roter Klinozoisit, Ochsner, E. Weinschenk (l. c.), Al_2O_3 31,74, Fe_2O_3 3,52; $\delta = 3{,}399$; 6 Mol.-Proz. Eisenepidot.
4. Epidot von Huntington, Forbes (l. c.), Al_2O_3 29,59, Fe_2O_3 5,67; $\delta = 3{,}367$; 11 Mol.-Proz. Eisenepidot.
5. Grüner Epidot, Zillertal, Forbes (l. c.), Al_2O_3 28,46, Fe_2O_3 6,97; $\delta = ?$; 14 Mol.-Proz. Eisenepidot.
6. Epidot, Pfarrerb, Zöptau (unveröff. Beobachtung von J. Kehldorfer, Analyse von Karoline Ludwig), Al_2O_3 26,11, Fe_2O_3 9,67; $\delta = 3{,}440$; 19 Mol.-Proz. Eisenepidot.
7. Grüner Epidot, Notodden, Olaf Andersen,[1]) Al_2O_3 25,46, Fe_2O_3 12,03; $\delta = 3{,}386$; 23 Mol.-Proz. Eisenepidot.
8. Pistazit, Knappenwand, Sulzbachtal; opt. Untersuchung von C. Klein.[2]) Analyse von E. Ludwig, Al_2O_3 22,63, Fe_2O_3 14,02; 28 Mol.-Proz. Eisenepidot.
9. Pistazit, Schwarze Wand, E. Weinschenk (l. c.), Al_2O_3 23,51, Fe_2O_3 13,92; 27 Mol.-Proz. Eisenepidot; $\delta = ?$
10. Pistazit, Rauhbeerstein, Zöptau (unveröff. Beob. von J. Kehldorfer). Analyse von C. Schlemmer,[3]) Al_2O_3 18,88, Fe_2O_3 17,25; 37 Mol.-Proz. Eisenepidot.

Alle optischen Angaben beziehen sich auf Na-Licht, wo nichts anderes angegeben.

	Mol.-Proz. Eisenepidot	$c\alpha$	$2V_\alpha$	N_α	N_β	N_γ	$N_\gamma - N_\alpha$
1	0	−11° 34′	114° 40′	1,7124	1,7138	1,7175	0,0051
2	3	− 2	98 20	1,7176	1,7195	1,7232	0,0056
3	6	0	90 0	1,7238	1,7291	1,7243	0,0105
4	11	− 2 9	90 32	1,714	1,716	1,724	0,008
5	14	—	87 46	1,720	1,7244	1,7344	0,0144
6	19	+ 1 25	79 55	1,7228	1,7413	1,7533	0,0305
7	23	+ 4 29 (?)	73 39	—	1,7532	—	0,035
8	28	+ 2 40	73 26	—	1,7575	—	0,0372
9	27	—	73 30	1,7336	1,7593	1,7710	0,0374
10	37	+ 4 10	68 46	1,7260	1,7620	1,7796	0,0536

Ein Versuch, aus den extremsten Gliedern die Orientierung der mittleren abzuleiten, ergab eine recht mäßige Übereinstimmung. Die rasche Änderung der Achsenlage und Auslöschungsrichtung bei den extremen Klinozoisiten ist

---

[1]) Olaf Andersen, On Epidote and other minerals from pegmatite veins in granulite at Notodden, Telemarken, Norway, Archiv for Math. og Naturvidensk. **31**, Nr. 15 (1911).

[2]) C. Klein, N. JB. Min. etc. 1874, 1. — E. Ludwig, Tsch. min. Mit. **4**, 159 (1882). Das von C. Klein untersuchte Material ist nicht analysiert. Die zitierte Analyse dürfte die Zusammensetzung am besten repräsentieren.

[3]) C. Schlemmer, Tsch. min. Mit. 1872, 258.

Folge der schwachen Doppelbrechung des Fe-freien Endgliedes. Am meisten geeignet zur Bestimmung ist die Stärke der Doppelbrechung.

Vesuvian.

Am Vesuvian zeigt der Charakter der Doppelbrechung Schwanken zwischen positiv und negativ, es gibt auch Vesuviane, die für eine bestimmte Spektralfarbe isotrop, für das rote Ende des Spektrums negativ, für das violette positiv sind. Bei den Vesuvianen mit negativer Doppelbrechung ist sie für Rot größer als für Violett; diese haben unternormale Farben; die optisch positiven zeigen übernormale Interferenzfarben. Bei den für eine Spektralfarbe isotropen kommen ganz abnorme Interferenzfarben vor.

Das spricht für Mischung positiver und negativer Endglieder. Positiv sind manche fluorfreie Vesuviane. Fluorreiche sind negativ. Wahrscheinlich ist auch das Eintreten von Fe von bestimmten Änderungen begleitet, doch ist ein exakt angebbares Gesetz noch nicht gefunden.[1])

Chloritgruppe.

Die wichtigste Reihe dieser Gruppe (Orthochlorite) ist durch G. Tschermak[2]) als isomorphe Mischung von $H_4Mg_3Si_2O_9$ (Sp Serpentin) und $H_4Mg_2Al_2SiO_9$ (At Amesit) erkannt. Mg kann durch Fe″ und Al zum Teil durch Fe‴ ersetzt sein. Der Blätterserpentin, Antigorit, das eine Endglied der Reihe, ist optisch negativ, Amesit optisch positiv, die erste Mittellinie immer genau oder annähernd senkrecht zur Spaltfläche (001) der pseudotrigonalen Kristalle. In der Reihe der Mischungen schließt sich der Pennin an den Antigorit, darauf folgen mit steigendem Amesitgehalt: Klinochlor, Prochlorit, Korundophilit, Amesit. Beim Pennin sind optisch negative und positive Vorkommen bekannt; die folgenden Glieder sind positiv; jedoch wird die Regelmäßigkeit der Erscheinungen durch den wechselnden Eisengehalt in einer bisher nicht genauer erforschten Weise beeinträchtigt. Mit der negativen Doppelbrechung sind übernormale, mit der positiven Doppelbrechung unternormale Polarisationsfarben verbunden; erstere verraten, daß bei — Doppelbrechung $\gamma - \alpha$ für $v > \varrho$; bei + Doppelbrechung ist $\gamma - \alpha$ für $v < \varrho$.

Die Lichtbrechung ist bei Antigorit am niedrigsten ($\beta = 1{,}570$) und steigt mit Eintritt der Amesitsubstanz (Pennin $\beta = 1{,}575$, Klinochlor $\beta = 1{,}588$).

Andeutungen von Änderungen optischer Eigenschaften durch Eintritt isomorpher Mischungen sind noch bei vielen Silicatgruppen zu bemerken, aber bisher noch nicht genauer verfolgt worden. Insbesondere in der Reihe der Zeolithe sind noch solche Beziehungen zu vermuten, z. B. Chabasit, Apophyllit, bei welchen Zeichenwechsel der Doppelbrechung vorkommt. Die Untersuchung wird hier sehr erschwert durch die optischen Anomalien, durch die Änderungen, die an den optischen Eigenschaften durch Änderung des Wassergehaltes herbeigeführt werden.

---

[1]) C. Hlawatsch, Bestimmung der Doppelbrechung für verschiedene Farben an einigen Mineralien. Tsch. min. Mit. **21**, 107 (1902). — C. Klein, Sitzber. Berliner Ak. **19**, 653 (1904).

[2]) G. Tschermak, Sitzber. Wiener Ak. **99**, I, 174 (1890) und **100**, I, 29 (1891).

Paragenesis der natürlichen Kieselsäuremineralien.

Von **J. Koenigsberger** (Freiburg i. Br.).

Die Mineralien bauen in verschiedener Mischung die Eruptiv- und Sedimentgesteine auf. Außerdem finden sie sich schön kristallisiert in mehr oder minder großen Hohlräumen der Gesteine. Diese Vorkommen, deren Studium eigentlich die Mineralogie ausmacht, sollen hier behandelt werden. Doch ist kein scharfer Unterschied gegen die Gesteinsmineralien vorhanden; wie bei allen Einteilungen, die wir versuchen, um uns die Beschreibung der Natur zu erleichtern, müssen hier künstliche Unterscheidungen gemacht werden, die in der Natur nicht vorhanden sind. So bilden die oft schön kristallisierten Kontaktmineralien, wie Cordierit, Andalusit usw., ferner die Mineralien der Pegmatite einen Übergang zu den eigentlichen Gesteinsmineralien. Andererseits kennen wir Gesteine, die fast nur aus einem Mineral bestehen, wie manche Quarzite, Anorthosite, Steinsalz-, Schmirgel-, Graphit-, Schwefellager u. a., die in wenig mächtigen Vorkommen auch geradeso gut als Mineralien bezeichnet werden können.

Um die Paragenesis darzustellen, wollen wir eine umfassende genetische Einteilung zugrunde legen; ausführlicher soll aber nur das behandelt werden, was auf das gestellte Thema, die Paragenesis der kristallisierten Silicate Bezug hat.[1]) Die Einteilung soll genetisch sein und vor allem das Vorkommen in der Natur berücksichtigen. Nur rein physikalisch-chemische Bedingungen einer Klassifikation zugrunde zu legen, würde jetzt noch zu viele unsichere Annahmen erfordern und der mineralogischen Wissenschaft, die von den Vorkommen in der Natur ausgegangen und eine exakte erklärende Beschreibung der Natur geblieben ist, nicht entsprechen. In mancher Hinsicht lehnt sich das hier skizzierte System an das der Erzlagerstätten an. Es ist wohl der erste Versuch, eine paragenetische Klassifikation der Silicatmineralien eingehender durchzuführen, dem sicherlich viele Mängel anhaften, und in dem auch dem Verfasser manches nur provisorisch erscheint.

I. Protogene Mineralbildungen gleichzeitig mit der Erstarrung des Eruptivgeteins.

1. Auskristallisieren aus dem Schmelzfluß (protomagmatisch) im Gestein.

[1]) Die folgenden Ausführungen mußten mit Rücksicht auf den zur Verfügung stehenden Raum äußerst kurz ausfallen. Die Paragenese und Sukzession der Mineralien, speziell der Silicate, ist ein Gebiet an Umfang der Systematik der Erzlagerstätten zu vergleichen. Der Verf. hofft in einiger Zeit die Paragenesis der Mineralien in einem Buch (im Verlage von Theodor Steinkopff, Dresden) darzustellen. — Die Literatur zählt nach vielen hunderten von Schriften; die bedeutendsten Mineralogen und Geologen haben Beobachtungen über das Vorkommen der Mineralien angestellt und veröffentlicht. Hier konnten ihre grundlegenden Wahrnehmungen und Schlüsse kaum gestreift werden; es wurde nur versucht, eine Einführung in dies Gebiet zu geben. Daher sind alle Autornamen im Text weggelassen; in der Literatur sind die wichtigsten Schriften aufgezählt, doch ohne Anspruch auf Vollständigkeit. Was der Verf. selbst beobachtet hat, und wo er Grund zu haben glaubt, abweichende Ansichten hinsichtlich bekannter Vorkommen zu äußern, konnte ebenfalls nicht besonders hervorgehoben werden.

Trotz dieser Kürzungen wurde doch der ursprünglich festgesetzte Raum überschritten, und ich bin Herrn C. Doelter und dem Verleger Herrn Theodor Steinkopff zu Dank verpflichtet, dies erlaubt zu haben.

2. Mineralbildungen in Hohlräumen der Eruptiva (protopneumatolytisch)
   a) In Tiefengesteinen und deren pegmatitischen Differentiationen,
   b) in Ganggesteinen,
   c) in Ergußgesteinen.
3. Mineralbildung am Kontakt der Eruptiva (Protokontakt),
   a) wesentlich Schmelzflußbildungen (protokontaktmagmatisch),
      α) endogen,
      β) exogen,
   b) wesentlich Produkte der Pneumatolyse (protokontaktpneumatolytisch).

II. Epigenetische Mineralbildungen, die noch mit der Erstarrung des Eruptivgesteins zusammenhängen (epigenetischer Kontakt).
1. In Erzgängen (epigenetisch-mineralisch),
2. in Fumarolen (epigenetisch-fumarolar),
3. in Thermen (epigenetisch-thermal).

III. Protogene Mineralbildungen gleichzeitig mit der Entstehung der Sedimentgesteine (protosedimentär).
1. Gleichmäßig im Gestein verteilt,
2. in Konkretionen.

IV. Epigenetisch-dynamometamorphe Mineralbildungen (nach Entstehung des Gesteins durch tektonische Vorgänge bedingt).
1. im Gestein,
2. in Klüften des Gesteins (alpine Formation).

V. Epigenetisch-meteorisch.

I. Protogene Mineralbildungen gleichzeitig mit der Erstarrung des Eruptivgesteins.

1. Protomagmatische Mineralbildungen.

Die Mineralien, die durch Auskristallisation aus dem Schmelzfluß im Gestein entstanden sind, wurden von C. Doelter im Band I besonders behandelt.

2. Protopneumatolytische Mineralbildungen.

Etwa ein Viertel aller kristallisierten Mineralien, die Hälfte bis drei Viertel aller Silicate, kommen in dieser Gruppe vor. Sie sind demgemäß reichlich in den mineralogischen Sammlungen vertreten und bilden etwa ein Viertel bis ein Drittel des Bestandes derselben.

a) In Tiefengesteinen.

Bei der Erstarrung von Tiefengesteinen bildeten sich mehr oder minder ausgedehnte Differentiationen des Magmas, bei denen das Wasser, mit den Mineralisatoren (Kohlensäure-, Bor-, Fluor-, Lithium-, Beryll- usw. Verbindungen) und auch teilweise die Schwermetalle in einzelne Gesteinsräume gedrängt wurden. Die Umgebung dieser Räume kristallisiert zuletzt, wobei eine mehr oder minder scharfe Scheidung der basischen und sauren Bestandteile und eine pegmatitische Struktur eintritt. Der Wasserdampf wird bei der Erstarrung aus dem Magmarest ausgetrieben, und nimmt, durch Zusammendrängung immer mehr verdichtet, die meisten Mineralisatoren sowie auch andere Gesteinskomponenten in sich auf. Schließlich sammelt sich der Rest in Hohlräumen an, deren Durchmesser von über 10 m bis zu unter 0,1 mm variieren kann. Mit sinkender Temperatur fand durch chemische Wechselwirkung von Kieselsäure-, Kohlensäure-, Flußsäure- usw. Ionen und zum Teil durch abnehmende Löslichkeit bei sinkender Temperatur eine Ausscheidung mit ganz bestimmter Sukzession und Paragenesis statt. Diese primären Konzentrationsräume sind die Gesteinsdrusen, die Fundpunkte der schön kristallisierten und seltenen Mineralien. Die Ansammlung des Wassers und der Mineralisatoren tritt in Tiefengesteinslakkolithen in der Nähe des Daches, aber durchaus nicht immer an der höchsten Stelle ein (z. B. Nordmarkit, Kristiania). Mit zunehmender Tiefe nimmt die Zahl der Drusen ab (Granit, Epprechtstein, Fichtelgebirge). Je langsamer die Gesteine erstarren, um so ausgedehnter sind meist die Differentiationen, die schließlich zu pegmatitischen Linsen oder Pegmatitgängen führen, wobei der flüssige Magmarest auf Spalten entweichen kann. In sauren Gesteinen sind die Ansammlungen von Wasser und Mineralisatoren häufig, in basischen Tiefengesteinen selten.

α) In Graniten. Die Drusen in Graniten umfassen die reichste Paragenesis von Silicaten verschiedener Klassen. Was zunächst das Vorkommen anbelangt, so vollzieht sich ein allmählicher Übergang von der einfach miarolithischen Struktur mit mikroskopischen Hohlräumen zu den Pegmatitlinsen mit metergroßen Kristalldrusen. Wir können mit Rücksicht auf den Umfang dieser Arbeit nur einige Beispiele herausgreifen.

1. Die Granite von Baveno und Alzo zeigen deutlich, wie die Differentiation unter dem Einfluß der auf einen kleinen Raum zu größerer Dichte zusammengedrängten Mineralisatoren einsetzt. Im Granitsteinbruch bei Alzo sieht man den zuerst feinkörnig erstarrten basischen Teil, der hauptsächlich Biotitglimmer, kalkreichen Plagioklas, Erze usw. enthält, und den pegmatitischen grobkörnigen Teil, der die Drusen umgibt, mit Quarz und Orthoklas in schriftgranitischer Verwachsung und Natronplagioklas. Je näher am Hohlraum, um so ausgeprägter ist die pegmatitische Struktur; die Orthoklaskristalle nehmen bedeutende Dimensionen an. Der Übergang zu den eigentlichen Drusenmineralien ist kein scharfer, sondern ganz allmählich. Ebenso wahrscheinlich wie die Zeolithe, Fluorit, Calcit, Absatz aus der wäßrigen Lösung im Drusenraum sind, ist der unterste Orthoklas aus dem Schmelzfluß kristallisiert; doch läßt sich für den Quarz, der etwa das Mittelglied bildet, nicht angeben, welcher Teil aus Schmelzfluß und welcher aus Lösung kristallisierte. Die jetzige äußere Begrenzung entspricht natürlich der tiefsten Temperatur. Der innere Bau vermag zuweilen auch darüber Aufschluß zu geben, ob er bei tieferer Temperatur entstanden ist. Wahrscheinlich verliert aber die Unterscheidung zwischen Magma und Lösung ihre Berechtigung; das aufgenommene Wasser und die Mineralisatoren bedingen wohl eine Temperaturerniedrigung der Schmelze, die mit steigender Wassermenge in eine Lösung übergeht. Damit parallel geht, was noch wesentlicher, Leichtflüssigkeit und rasche Kristallisation, vielleicht bedingt durch eine Depolymerisation der Moleküle in der wasserhaltigen Schmelze.

Ähnlich wie die Paragenesis in den oberitalienischen Graniten ist sie in andern Graniten, im Fichtelgebirge (Bayern), in Striegau (Oberschlesien). Wir können hier nicht einmal die wichtigsten Fundstellen, die über die Granite der ganzen Erde verbreitet sind, aufzählen.

Die pegmatitische Differentiation ist verschieden stark. An manchen Stellen ist eine Scheidung des basischen vom sauren Teil, wie man sie bei Baveno sieht, nicht zustande gekommen. Wir sehen die Drusen von Zonen umgeben, deren Zusammensetzung von der des Granits nicht verschieden ist, die sich nur durch Korngröße und pegmatitische Struktur davon unterscheiden. Andererseits ist bisweilen eine größere Menge Mineralisatoren mitkondensiert. Das umgebende Drusengestein ist dann ein pegmatitischer Turmalinaplit, der sich in Längsstreifen und Linsen anordnet.

Die basischen Bestandteile sind in feinkörnigem Mikrogranit in der Umgebung ausgeschieden.

Die Paragenesis der Mineralien ist wechselnd. Je nach der Menge der Mineralisatoren überwiegen die Bor-, Fluor-, Beryll-, Lithium-Mineralien, oder fehlen auch ganz.

Auf beistehendem Schema ist die Sukzession, wie sie bei den meisten Granitdrusen etwa gültig ist, für die häufigeren Mineralien angegeben. Die Temperaturen sind nur hypothetisch; es ist nicht möglich, hier auf eine nähere

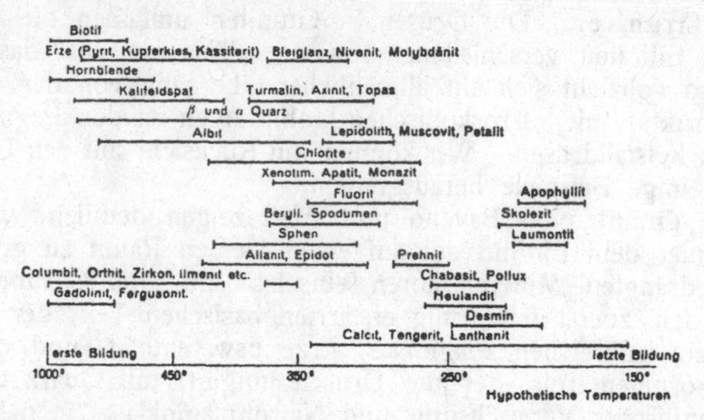

Fig. 2. Paragenesis einiger Silicate, Quarz usw. in Granitdrusen.

Begründung der Annahmen einzugehen. In diesen Diagramme (Fig. 2) ist oft die Ausscheidungsdauer eines Minerals durch eine sehr lange Linie gegeben. Das hat folgende Ursachen: Bei manchen Mineralien ist die Ausscheidung an sich langsam; die Löslichkeit bzw. der betreffende chemische Prozeß oder das chemische Gleichgewicht, welches das Mineral zur Ausscheidung bringt, hängt nur wenig von der Temperatur ab, so bei Sphen, auch bei Albit. Bei anderen dagegen ist die Ausdehnung des Kristallisationsintervalls nur bei großen Mengen vorhanden, so bei Chlorit. Ferner kann bei geringen Mengen entweder die Ausscheidung erst später, so bei Apatit und Chlorit, oder auch nur früher erfolgen, so z. B. bei Turmalin. Häufig spielen auch noch andere Einflüsse mit. So zeigt Calcit keine erkennbare Regelmäßigkeit. Hier sollte nur ein erster Versuch einer allgemeinen Darstellung gemacht werden. Hervorzuheben ist, daß in der Hauptmasse der meisten Granite Drusen und pegmatitische Bildungen fehlen.

2. Am oberen, schwer zugänglichen Ende des gewaltigen Granitsteinbruchs von Baveno kann man sehen, wie die pegmatitische Differentiation, die in der Tiefe nur im kleinen stattfindet, anfängt sich auszudehnen. Eine größere längliche pegmatitische Linse, umgeben von basischen feinen Schlieren lagert

im normalen Granit. In dem Pegmatit liegen die Mineraldrusen mit derselben Paragenesis und Sukzession, wie früher angegeben.

Ausgedehnter sind die pegmatitischen Ausscheidungen in dem den Alkaligranit nahestehenden Granit von Florissant und Pikes Peak in Colorado; in diesen finden sich Drusen. Hier tritt der Orthoklas hauptsächlich als Mikroklin auf, Quarz als Rauchquarz; es erscheinen Verbindungen seltener Erden, wie Xenotim, Tysonit u. a.; im übrigen ist Paragenesis und Sukzession die durch das Diagramm *A* dargestellte.

Die Pegmatite im Granit des Monte Capanne auf Elba sind schon eigentliche zusammenhängende Gänge. Doch deutet auf ihre Entstehung während der Erstarrung des Granites die unregelmäßige Scheiben- und Linsenform. Die Drusen kommen selten, meist in der Mitte der Gänge vor. Daß Kassiterit dort auftritt, weist auf den Übergang dieser pegmatitisch-magmatischen Ausscheidungen, die überwiegend Silicate enthalten, zu den pneumatolytischen Zinnerzlagerstätten und zu den magmatischen Erzlagerstätten überhaupt. Eine scharfe Trennung zwischen den beiden Haupttypen, Silicatpegmatit und magmatischer Erzgang, ist in der Natur nicht vorhanden; doch ist der Übergang da, wo beide gleichzeitig vorhanden sind, wie z. B. in Schweden, ein sehr rascher, ähnlich wie zwischen Tiefengestein und Ergußgestein, oder Tiefengestein und Ganggestein, so daß eine Unterscheidung berechtigt ist.

Fig. 3. Schema eines Pegmatitlinsenganges (Alkalikalkgranit).
A Mikrogranitische Randzone.
Gl Biotit oder Muscovitglimmer.
D Drusen.
B Hauptmasse Quarz-Orthoklas.

3. Aus dem Gesteinsmagma, aus dem sie sich differenziert haben, treten nur große Pegmatitgänge aus, wie man solche z. B. in Südnorwegen und Schweden findet.

Es ist dort nicht immer leicht, den Zusammenhang zwischen Nebengestein und Pegmatiten zu verstehen; das hängt auch sehr von der Ansicht über die Entstehung mancher Gneise des „Urfjelds" in Norwegen ab. Ein Beispiel, bei dem der Pegmatitgang auf der einen Seite sicher in einem fremden Nebengestein, Diorit, verläuft, bietet Ytterby. Die eigenartige Differentiation im Pegmatit selbst sieht man sehr gut an kleineren Pegmatitgängen am Ende des Vansjö bei Moss, Norwegen. Sie ist schematisch auf Fig. 3 dargestellt.

Das Salband der Granitpegmatite ist häufig mikrogranitisch, dann folgt an beiden Seiten salisch-saures Magma, Quarz-Orthoklas in schriftgranitischer Verwachsung mit bisweilen 5 m langen Kristallen von Orthoklas und saurem Plagioklas. Gegen die Mitte hin sind große Biotit- und seltener Muscovittafeln ausgeschieden. Dort sind dann vereinzelt Drusen. In der Drusennähe sind die Gesteinsmineralien schön kristallisiert; sie sind häufig ganz idiomorph gegen den die Drusenwandungen bildenden Quarz und die anderen Mineralien. Es muß also ein Temperaturintervall zwischen beiden liegen. Der Hohlraum ist bisweilen teilweise von Calcit und Zeolithen erfüllt.

Die Liste der sämtlichen in den Pegmatiten der Alkalikalkgranite vorkommenden Mineralien würde über eine Druckseite erfordern, die wichtigsten sind auf dem früheren Schema (Fig. 2) dargestellt.

Bei den Pegmatiten läßt sich die Unterscheidung zwischen Gesteinsmineralien und Drusenmineralien kaum mehr durchführen. Die den Pegmatit bildenden Mineralien sind groß und häufig von kristallographischen Flächen begrenzt. Andererseits sind die eigentlichen Mineraldrusen oder Hohlräume relativ äußerst selten und sehr klein. Wo Drusen in Pegmatiten vorkommen, finden wir in ihnen stets die auf Wasser und Dämpfe weisenden, zuletzt auskristallisierenden Mineralien, wie Beryll, Parisit, Calcit, Quarz, Fluorit, Bertrandit, Apophyllit usw. Bisweilen überwiegt ein pneumatolytisches Mineral wie Turmalin, Yttrofluorit und andere in der Gangmasse.

Weit selbständiger sind die granitischen Pegmatitvorkommen auf Madagaskar. Beachtenswert ist, daß diese Pegmatite dort als selbständige Gänge sehr wechselnder Mächtigkeit meist parallel der Schichtung in Cipolin, Quarzit usw. eindringen und diese kontaktmetamorph verändern. Sie bestehen aus Quarz-Orthoklas, Muscovit, Lepidolith, saurem Plagioklas und akzessorisch Beryll, Turmalin, Rauchquarz, Triphan, Spessartin usw. Äußerst selten sind kleine Drusenräume, deren Wandungen dann teilweise von idiomorphem, klarem Beryll und Turmalin gebildet werden. Wie selten die Drusen sind, erkennt man aus dem Wert der beiden letzteren Mineralien, die klar als Edelsteine angesehen werden. Es gelten dieselben physikalisch-chemischen Betrachtungen wie auf S. 29. Ähnlich den Pegmatiten von Madagaskar und wie diese schon zu den Alkaligraniten hinüberleitend sind die Pegmatite und ihr Mineralvorkommen von Maine in New England U. S. A., Haddam Neck in Connecticut U. S. A., Barringer Hill Llano Co. Texas, und vielleicht auch die Granitpegmatite von Miass im Ural.

Ganz analog ist das Bild, das uns die Mineralvorkommen in den Alkaligraniten zeigen. Man findet jeden Übergang von der Granitdruse bis zum ziemlich selbständigen Pegmatitgang. Als Beispiel seien die Mineralvorkommen des Riebeckit-Ägirin-Granits von Quincy Mass. U. S. A. angeführt. Die pegmatitische Masse besteht aus Schriftgranit mit Ägirin und Riebeckit. Um die Drusen und an deren Wandung findet man (2) Quarz, auch Rauchquarz, (1) Albit, (1) Mikroklin, (1) Zirkon, (1) Ägirin, (1) Riebeckit, (3) Parisit, (4) Fluorit, (2) Ilmenit, Wulfenit. Die Füllmasse der Hohlräume ist (5) Calcit und (5) Krokydolit, der dem Asbestvorkommen in den Hornblendegesteinen entspricht.

β) Die Mineralvorkommen der gewöhnlichen Syenite können weder an Reichtum noch an Größe oder Häufigkeit mit denen der Granite verglichen werden. Meist sind es kleine Drusen in einem miarolithischen Gesteine, so im Plauenschen Grunde bei Dresden, die Wandungen bestehen aus Sphen, Orthoklas, Epidot. Calcit, Desmin, Laumontit sitzen auf diesen.

Reicher sind die Drusen der Alkalisyenite, z. B. des Nordmarkits am Tonsenplads bei Kristiania, (1) Orthit, (1) Sphen, (2) Orthoklas, (1) Amphibol, (3) Quarz, auch (2) Diopsid, (2) Apatit; von Erzen: (2) Pyrit, (2) Magnetkies, (2) Bleiglanz, dann (4) Calcit, (4) Harmotom, (4) Heulandit. Die Sukzession ist nicht ganz konstant, aber angenähert durch die Zahlen ausgedrückt. Die Erze sind häufiger als in Granitdrusen.

γ) Zu den reichsten Mineralvorkommen gehören die Drusen und Pegmatite der Alkali- und Eläolithsyenite; ein großer Teil der in den letzten Jahrzehnten entdeckten Mineralien stammt aus den Eläolithsyeniten.

Die Vorkommen von Langesundfjord in Südnorwegen, vom Ilmengebirge bei Miass im Ural, von Haliburton und Bancroft in Ontario (Kanada), Iglaiko und Kangerdluasuk in Grönland, von der Halbinsel Kola zeichnen sich durch die Mannigfaltigkeit seltener Mineralien aus. Wir wollen die gemeinsamen Züge in Figur und Schema zum Ausdruck bringen. Fig. 4 zeigt die Art des Mineralvorkommens. Die pegmatitische Struktur und Differentiation kann, ähnlich wie bei Granit I. a. *α*. 1, nur auf die Umgebung einer kleiner Druse

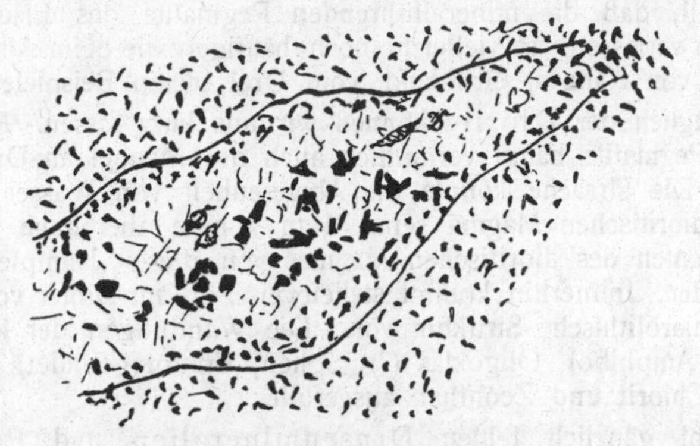

Fig. 4. Schema des Eläolithsyenit-Pegmatits mit Drusen (*D*).
Der Pegmatit ist aus dem Syenit, der ihn umgiebt, differenziert.
Die dunklen Gemengteile sind schwarz gezeichnet.

beschränkt sein; diese Fälle sind ziemlich selten bekannt, weil dann die Mineralien auch klein sind und das Sammeln nicht verlohnen.

Weit häufiger ist (*α*. 1 beim Granit entsprechend) ein linsen- bis gangförmiger Pegmatit im Eläolithsyenit. Man findet dann teils Gänge, die in das schon erstarrte Gestein hineinreichen und scharf von ihm geschieden sind, teils tiefer, wo der Gang durch Differentiation aus dem Magma entstanden ist, einen Übergang zwischen Pegmatit und Tiefengestein. Der Entstehungsort

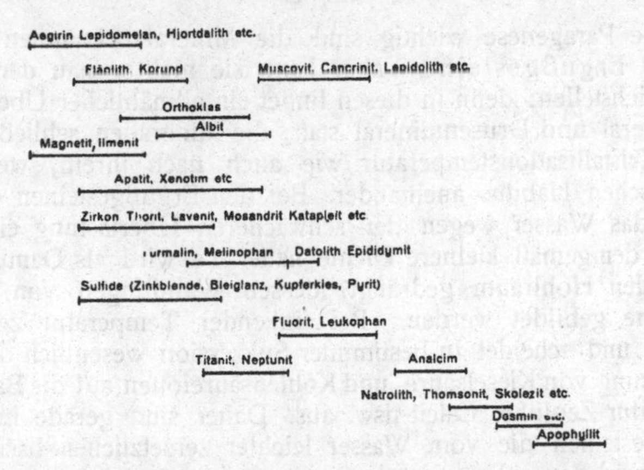

Fig. 5. Sukzessionsschema der Mineralien in den Pegmatit-Drusenbildungen des Eläolithsyenits.

mit dem allmählichen Übergang kann von dem Gangende 1 m oder 1000 m entfernt sein; die Erscheinung ist im Prinzip die gleiche.

Die Sukzession ist durch ein Schema (Fig. 5) ausgedrückt, das eine Art Mittelwert der verschiedenen Vorkommen gibt. Auf dem Schema sind Mineralien vereinigt, die zusammen vielleicht gar nicht vorkommen können, wie Leukophan und Melinophan oder Apatit und Ilmenit usw. Doch ist es mit Rücksicht auf den Raum nicht möglich, die einzelnen Vorkommen getrennt zu behandeln.

Der Fall, daß die mineralführenden Pegmatite des Eläolithsyenits das Muttergestein verlassen, ist vielleicht noch häufiger wie beim Alkaligranit. Die Vorkommen von Kanada, Grönland, vom Ural bieten Beispiele hierfür.

δ) Bezüglich der Diorite können wir uns kurz fassen. Mit dem Fehlen dioritischer Pegmatite hängt vermutlich auch der Mangel an Drusenbildungen zusammen. Die Ursache könnte die Abwesenheit von Wasser und Mineralisatoren im dioritischen Magma sein. Man könnte aber auch vermuten, daß die Komponenten des dioritischen Magmas von diesen Dämpfen weniger beeinflußt werden. Immerhin kommt stellenweise, so im Diorit von Schriesheim in Baden, miarolithische Struktur vor. Die Wandungen der kleinen Drusen werden von Amphibol, Oligoklas (?), Sphen, Epidot gebildet, der Hohlraum von Calcit, Chlorit und Zeolithen ausgefüllt.

ε) Wohl gänzlich fehlen Drusenmineralien und Pegmatite bei Gabbro, Essexit, Shonkinit, Theralit, Missourit, Ijolit, Peridotit und Pyroxenit. Dagegen unterliegen diese Gesteine leicht Veränderungen, und wir finden in ihnen schöne epigenetische Mineralien, die später behandelt werden.

b) Ganggesteine.

Auch in den Ganggesteinen fehlen zumeist, soweit mir bekannt, Drusen. Nur die Aplite zeigen Übergänge zu den Pegmatiten und alsdann auch Drusen, die von demselben Typus sind wie die früher besprochenen.

c) Ergußgesteine.

Für die Paragenese wichtig sind die Mineralvorkommen in den Hohlräumen der Ergußgesteine. Man kann sie nicht genau denen der Tiefengesteine gleichstellen; denn in diesen findet ein allmählicher Übergang zwischen Gesteinsmineral und Drusenmineral statt; die Mineralien schließen sich sowohl nach der Kristallisationstemperatur wie auch nach ihrem, wenn man sagen darf, chemischen Habitus aneinander. Bei den Ergußgesteinen fehlt der Übergang, weil das Wasser wegen der schwächeren Überlastung einen geringeren Druck und demgemäß kleinere Dichte hatte. Es wird als Dampf von geringer Dichte in den Hohlraum gedrängt, dessen Wandungen von dem erstarrten Ergußgesteine gebildet werden. Bei sinkender Temperatur zersetzt es diese Wandungen und scheidet in bestimmter Sukzession wesentlich durch chemische Wechselwirkung von Kieselsäure- und Kohlensäureionen auf die Basen bei sinkender Temperatur Zeolithe, Calcit usw. aus. Daher sind gerade im Gegensatz zu den Tiefengesteinen die vom Wasser leichter zersetzlichen basischen Gesteine am mineralreichsten, die sauren Quarzporphyre am ärmsten. Andererseits zeigen daher nur die letzteren noch einige Verwandtschaft mit Mineralbildungen in den Tiefengesteinen.

α) Von den Quarztrachyten und Quarzporphyren haben die Drusen mit Topas, Granat, Sanidin in Rhyolithen am ehesten Verwandtschaft zu den Granitdrusen. Die Drusen sind oft langgezogen und können als Lithophysen bezeichnet werden. Ein gutes Beispiel sind die Lithophysen im Rhyolith von

Nathrop (Colorado U. S. A.), vgl. Fig. 6. Das Wasser und die Mineralisatoren haben auf große Strecken eine weitgehende primäre Entglasung des Quarztrachyts bewirkt.

In den Gesteinspartien, die Drusen enthalten, kommen die Drusenmineralien Granat, Quarz, Topas und Sanidin auch im Gestein ziemlich gut ausgebildet vor. Die Sukzession ist nicht ganz sicher festzustellen, am größten und zuerst ist meist der Spessartit auskristallisiert, dann Topas, schließlich als letzter Quarz; Sanidin ist sehr klein. Die Hohlräume sind, verglichen mit der Masse der Drusenmineralien, groß, absolut genommen viel kleiner als in sauren Tiefengesteinen.

Fig. 6. Topasklüfte in Quarztrachyt von Nathrop (Colorado).

Geringer ist der Einfluß der Mineralisatoren auf das Gestein in den eigentlichen Lithophysen. Zwar ist die Umgebung der Kammern auch zum großen Teil entglast, doch reicht das Glas bisweilen ganz nahe an den Hohlraum.

Die Mineralien sind meist sehr klein. Man findet z. B. in den Lithophysen des Obsidians an der Obsidian Cliff Yellowstone Park U. S. A. und des Obsidians von der Valle di Muria auf Lipari (Italien) Fayalit (1), Quarz (2), Tridymit (2), Eisenglanz (3), seltener Granat (2) und Topas (2). Die Lithophysen stehen mineralogisch zwischen den oben erwähnten Rhyolithdrusen und den im folgenden besprochenen Andesitdrusen.

β) Die Trachyte haben wohl interessante Einsprenglinge als Gesteinsmineralien, aber wenig eigentliche Mineralklüfte, in denen fast nur Sanidin und selten Sphen vorkommt. Reicher sind die Alkalitrachyte; in den Blasenräumen des Sodalithtrachyts z. B. der phlegräischen Felder findet man Sodalith, Sanidin, Augit, Olivin, auch Hauyn, Titanit, Biotit, Magnetit u. a., alle in recht kleinen Kristallen, nur Sodalith und Sanidin sind zuweilen groß.

γ) Die Phonolithe enthalten größere Klüfte und demgemäß Mineralien. Als Beispiel seien das Vorkommen im Phonolith von Oberbergen am Kaiserstuhl beschrieben. Auf Fig. 7 sieht man eine größere Ader, die sich mehrfach zu Drusen erweitert. Das ist ein häufiger Fall. Die Drusen ordnen sich vielfach in Ebenen oder Flächen an; der Durchschnitt senkrecht gibt dann Linien oder Adern. Man bemerkt um die helle Ader, die von Zeolithen erfüllt ist, randlich schwache dunkle Zonen, die sie umgeben. Das sind Zersetzungszonen. Das Wasser, aus dem die Zeolithe sich absetzten, hat das Ergußgestein auf eine größere Strecke hinein umgewandelt.

Es besteht ein Hiatus zwischen der Erstarrung des Ergußgesteins und der Calcit–Zeolithbildung in den Drusenräumen, nicht wie bei den Tiefengesteinen ein allmählicher Übergang. Es kommt flüssiges dichtes Wasser erst bei der tieferen Temperatur mit Gesteinsmineralien in Berührung, die dann relativ zu Wasser nicht stabil sind.

Die Ursache des Hiatus liegt, wie schon früher besprochen, in dem geringen Druck und damit der geringen Dichte des Wassers bei den hohen Temperaturen, und dies hängt wieder mit der geringeren überlastenden Gesteinsmasse zusammen. Dagegen glaube ich nicht, daß die Zeolith- oder Calcitbildung in den Ergußgesteinen einer gesonderten späteren pneumatolytischen Periode entspricht. Das Wasser hätte kaum in die oft ringsum festgeschlossenen Blasenräume eindringen können.

An den Wandungen sitzt meist Natrolith (1), innen Calcit (2), Baryt (2), recht selten Apophyllit (2) und Cölestin (2), ganz selten sind die Kalkzeolithe der Alpen, wie Desmin, Chabasit, Heulandit. Besondere Erwähnung verdienen die Analcimphonolithe, die zum Teil allerdings als Tuffe gedeutet werden können, z. B. von der Endhalde im Kaiserstuhl, der ähnlich wie der Analcimbasalt der Isole Cyclope bei Catania, in den Hohlräumen große wasserhelle Analcimkristalle birgt. In diesen Gesteinen hat das Wasser schon bei der Verfestigung des Gesteins selbst Zeolithbildung hervorgerufen. Der Analcim ist der einzige Zeolith, der als primäres Gesteinsmineral auftritt. Wie auch die künstlichen Synthesen zeigen, ist er sehr stabil, solange nur Wasser und keine Mineralisatoren zugegen sind.

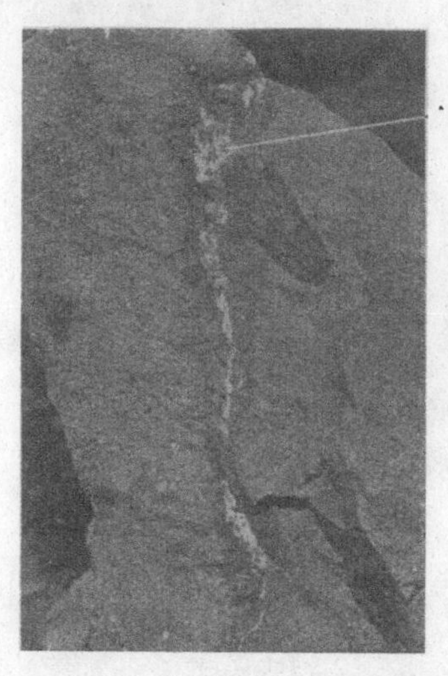

Helle zeolith. Adern, worin stellenweise größere Drusen in dunkler Zone.

—

Durch die Verwitterung hebt sich die dunkle Zone schärfer vom normalen Phonolith ab als wenn das Gestein ganz frisch ist (bis zu 8 Tagen alt).

Block

Fig. 7. Phonolith von Oberbergen. 1. Steinbruch im Dorf.

Die Dacite können übergangen werden.

δ) Die Andesite schließen sich ihrer Mineralparagenese nach zum Teil an die Liparite und Trachyte an.

Man kann hier und bei den Basalten zwei Typen hinsichtlich der Mineralparagenese unterscheiden: 1. den Typus des dichten Effusivgesteins, Andesit und Basalt, der zum Teil neovulkanisch ist; 2. den Typus der meist holokristallinen, häufig Einsprenglinge aufweisenden, mehr körnigen Effusivgesteine. Diese letzteren wurden früher etwa als Melaphyre bezeichnet, und H. Rosenbusch hat sie vom Standpunkt der chemischen Klassifikation aus mit den chemisch gleich zusammengesetzten des Typus I vereinigt. Es scheint mir, daß der Typus 2 weniger eine sekundäre Metamorphose im Lauf der geologischen Perioden erlitten hat,[1]) sondern vielmehr primär durch Mineralisatoren beeinflußt wurde.

---

[1] Eine solche hat natürlich häufig außerdem stattgehabt.

δ 1. In Drusen von **Andesit** auf Strombolicchio (Sizilien) oder Cerro San Cristobal (Pachuca, Mexiko) findet man Hornblende (1), Magnetit (1), Fassait (2), Hypersthen (2), Tridymit (3) und sehr selten Cristobalit (3). Die Labradorporphyrite führen Epidot, Chlorit, Calcit.

Die **Basaltdrusen** und -adern sind durch die Zeolith- und Calcitvorkommen berühmt. Daß auch hier primäre Ursachen und nicht spätere, etwa meteorische, Einflüsse die Blasen- und Zeolithbildung bewirken, sieht man z. B. an einem Basaltstrom an der Talisker Bay auf Skye (Schottland), wo der Drusenbasalt schlierenförmig in den blasenfreien Basalt eindringt. Die Mineralfundorte dieser Gesteine sind wie diese selbst über die ganze Erde verteilt. Island, Skye, Faröer, Nova Scotia, Poonah, die Umgebung des Ätna haben die schönsten Mineralien geliefert. Das Vorkommen langgezogener Drusen oder Adern ist durch beistehende Photographie (Fig. 8) des berühmten Zeolithvorkommens von Old Kilpatrick in Schottland illustriert.

Fig. 8. Bowling Station Quarry (Old Kilpatrick). Große Zeolithdrusen.

Die Sukzession ist etwa durch folgende Darstellung veranschaulicht, wobei auch hier eine Generalisierung und Schematisierung vorgenommen wurde (Fig. 9). Quarz, Chlorit sind recht selten, auch Calcit ist nicht häufig. Das hängt mit der spärlichen Menge von Mineralisatoren spez. Kohlensäure zusammen. Diese reichte nur hin, um einen Teil des Ätzkalks als Calciumcarbonat zu binden; sie genügte nicht, um erhebliche Kieselsäuremengen als

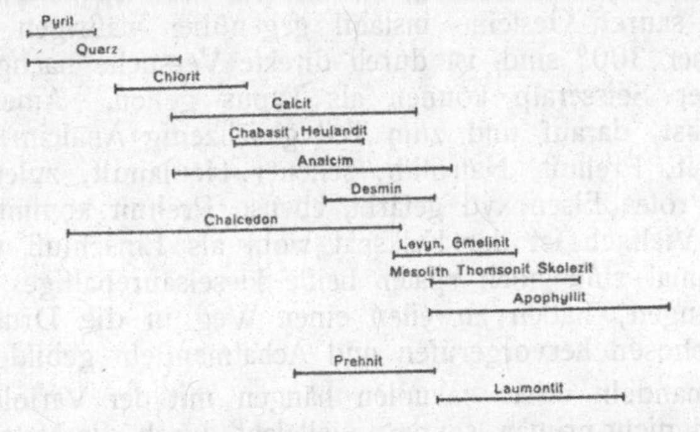

Fig. 9. Sukzession und Paragenesis einiger Mineralien in den Hohlräumen der Basalte.

Quarz auszufällen. Gemäß der basischen Natur des Gesteins ist übrigens freie Kieselsäure auch als Chalcedon in den Basaltmineralien nicht häufig.

Die Menge der Mineralien im Verhältnis zum Hohlraum ist sehr verschieden; manchmal ist derselbe von schlecht kristallisierten dichten, strahligen, blätterigen Massen ganz erfüllt. Die Basaltdrusen können bisweilen sehr groß sein und, wie z. B. das berühmte Doppelspatvorkommen von Helgustadir auf Island, gewaltige Mengen klaren Kalkspats enthalten. Vielleicht ist übrigens letzterer manchmal nicht aus Lösung, sondern aus umkristallisierten Kalksteineinschlüssen entstanden.

Den Zeolithfundorten der Basalte nahe verwandt sind die der Palagonite.

δ 2. In den melaphyrischen Abarten der Andesite und Basalte ist die Mineralparagenese durch die Häufigkeit freier Kieselsäure als Achat, Chalcedon, Quarz gekennzeichnet. Das Gestein wurde hier primär auf große Entfernung hin zersetzt und die Kieselsäure konzentriert.

In den Mandeln des Navit im Nahetal und in denen von Salto Grande im Uruguayfluß ist die Sukzession nicht eindeutig zu bestimmen. Zwar bilden Quarz (häufig als Amethyst), Chalcedon und Achat stets die erste an den Wandungen ausgeschiedene Masse, Calcit, Apophyllit, die letzten Mineralien, doch scheint, wie schon aus den oft deutlich sichtbaren Zufuhrkanälen folgt, manchmal von außen während der Ausscheidung neue Lösung nachgeflossen zu sein, seltener auch später, wodurch dann Pseudomorphosen entstanden. Rings um die Achatmandeln ist das Gestein etwas zersetzt; die in den Blasenräumen konzentrierte Lösung hatte auch die Wandungen des erstarrenden Gesteins angegriffen. Verwandt sind Mineralien im Basalt von Weitendorf in Steiermark. Zuerst Chalcedon, dann Aragonit, wieder Chalcedon und Quarz, Calcit, dann zuweilen ein drittes Mal Chalcedon; ob diese Sukzession einen einmaligen Absatz darstellt, oder auf Eindringen neuer Lösung beruht, ist schwer zu entscheiden.

η) Zu den Basalten gehören chemisch die Augitporphyre des Monzoni in Südtirol, und paragenetisch zeigen sie durch das Vorwiegen der Zeolithe, der chemischen Beziehung entsprechend die Verwandtschaft zu den Basalten. Sehr deutlich sieht man um die Druse eine mehr oder minder ausgedehnte Zersetzungszone des Melaphyr; diese ist wohl primär, weil die Blasenräume jedenfalls primär da waren, und höchstwahrscheinlich deren Mineralfüllung und somit auch die Lösung, aus der sie auskristallisierten. Daß aber alle nicht ganz sauren Gesteine instabil gegenüber wäßrigen Lösungen bei Temperaturen über 300° sind, ist durch direkte Versuche nachgewiesen. Die Fundorte auf der Seisseralp können als Typus gelten. Amethyst sitzt der Wandung zunächst, darauf und zum Teil gleichzeitig Analcim, Calcit, dann Datolith, Chabasit, Prehnit, Natrolith, seltener Heulandit, zuletzt Apophyllit. Heulandit durch rotes Eisenoxyd gefärbt, ebenso Prehnit kommt häufig allein gesondert vor. Vielfach ist der Kalkspat wohl als Einschluß umkristallisiert worden. Manchmal sind noch später heiße kieselsäurehaltige Lösungen auf Spalten aufgedrungen, haben zuweilen einen Weg in die Drusen gefunden, dort Pseudomorphosen hervorgerufen und Achatmandeln gebildet.

ε) Diabasmandeln oder -vakuolen hängen mit der Variolenbildung zusammen; sie sind nicht primär, sondern vielleicht durch die Metamorphose bei der Gneisintrusion (so z. B. sicher im Fichtelgebirge) hervorgerufen.

η) Pikrite, Trachydolerite und Tephrite sind in ihren nicht gerade häufigen Mineralbildungen den Basalten verwandt. Die Leucitgesteine, Nephelin-, Melilithgesteine zeigen Leucit, Hauyn usw. wesentlich als Einsprenglinge und primäre Gesteinsmineralien, sind also dort behandelt.

Mineralreich sind die zahlreichen Blasenräume der Limburgite, z. B. gerade an der Limburg am Kaiserstuhl in Baden. Dies extrem basische Gestein ist durch Wasser besonders leicht zersetzlich. Blasen und Adern, die sich hell hervorheben (vgl. Fig. 10), durchsetzen das ganze Gestein; sie führen Aragonit, Calcit, Nontronit, Magnesit (dicht), Hyalith, Faujasit, Philippsit, Hyalosiderit.

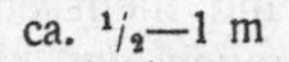

Fig. 10. Unterer Limburgitstrom unter der Ruine Limburg. Blasenräume mit Kalkspat, Hyalith, Aragonit, Philippsit.

Die lamprophyrischen Ergußgesteine scheinen weder leicht angreifbar zu sein, noch größere Blasenräume zu enthalten.

3. Protokontakt-Mineralbildungen.

a) Die protokontaktmagmatischen Mineralien, z. B. α) die endogenen Cordieriteinschlüsse des Glimmerandesits von Cabo de Gata, die β) exogenen Andalusite in den silurischen Schiefern von St. Brigitte in der Bretagne oder die Staurolithe in den Glimmerschiefern von Baud (Bretagne) gehören zu den Gesteinsmineralien; über diese werde ich bei Andalusit besonders berichten.

Einen Übergang zu der folgenden Klasse der protokontaktpneumatolytischen Mineralien bilden γ) die Kontaktmineralien im Kalk; denn diese sind zum Teil in Hohlräumen auskristallisiert. Man kann annehmen, daß sie von etwa 900° abwärts teils in Kohlensäure teils namentlich bei tiefer Temperatur in Wasser auskristallisiert sind. Auch spielt wieder die chemische Wechselwirkung oder Massenwirkung von Kieselsäure und Kohlensäure eine wesentliche Rolle bei der Ausfällung. Die Hohlräume könnten aber nur durch Lösungen oder Gase offen gehalten sein. Von den zahlreichen derartigen Vorkommen seien nur zwei, das von Schelingen im Kaiserstuhl (Baden), in welchem die Hohlräume fast verschwinden, und die des Fassatales in Südtirol, erwähnt. Die Schelinger Kalksteinscholle, eingeschlossen in den Tephrit, enthält Biotit, Magnesioferrit, Apatit, Forsterit, Quarz, Rutil, Koppit und Dysanalyt. Sie sind Produkte der Umkristallisation, und nicht einer chemischen Reaktion zwischen Kalk und Silicaten. — Die Mineralien der kleineren Triaskalkschollen im Monzonit des Monzoni, z. B. im Toal della Foja, ragen in Drusen hinein: Fassait-Augit, Spinell, Vesuvian, Gehlenit, Monticellit, Granat, sind die ersten Mineralien, darauf folgt Brandisit, dann Kalkspat. Ein Teil dieser Mineralien entspricht einer Reaktion zwischen dem Eruptivmagma und dem Kalk. Der Monticellit, und in geringerem Maß der Fassait, waren dann gegenüber der Lösung in den Hohlräumen bei sinkender Temperatur nicht mehr beständig. — Die Skapolithvorkommen von Pargas in Finnland und die von Dipyr in den Pyrrhenäen sind mineralärmer.

Zu dieser Klasse gehören ferner Lagerstätten sulfidischer und oxydischer Erze. Traversella, Franklin Furnace, Broken Hill u. a. sind auch durch ihren Reichtum an kristallisierten Silicaten und Erzen berühmt. Erwähnt sei Anorthit, Albit, Tremolit, Diopsid, Staurolith, Granat, Epidot, Vesuvian, Wollastonit, Titanit, Skapolith, Turmalin, Topas.

b) Protokontaktpneumatolytische Mineralbildungen. Die unter a) behandelten Kontaktlagerstätten sind mit den eigentlich protokontaktpneumatolytischen durch Übergänge kontinuierlich verbunden.

α) Die endogene wie exogene Cassiteritparagenese ist zum Teil primär, meist aber wohl etwas später sekundär entstanden; es ist schwer zu sagen, ob sie zu den Gesteinsmineralien zu rechnen ist. Turmalin, Quarz, Cassiterit, Muscovit, Albit, Orthoklas, Wolframit, Columbit, Topas, Chlorit und andere sind auf Spalten, in kleinen Drusen kristallisiert. Das ganze Gestein ist meist metamorphosiert, die Granite und Gneise in Greisen verwandelt. Die Spaltenauskleidungen sind bisweilen so mächtig, daß sie eine Art pegmatitischer Gänge bilden.

Der Kryolith „pegmatit" von Ivigtut in Grönland gehört ebenfalls hierher. Von Silicaten kommen in ihm, entsprechend dem hohen Fluorgehalt, nur die stabilsten, Quarz und Orthoklas, vor. Die Temperaturen können wir wohl von 900° an abwärts annehmen, als Flußmittel, und bei sinkender Temperatur als Lösungsmittel haben Wasser, dampfförmige Bor-, Fluorverbindungen sowie Kohlensäure gewirkt.

Hierher gehören auch die Kaolintaschen, die Quarz, Turmalin, Kaolin führen, z. B. im Granit von Trehudreth bei Bodmin, Cornwallis.

β) Die exogenen, primären, pneumatolytischen Kontaktbildungen sind durch die Fülle schöner Mineralien und interessanter Pseudomorphosen berühmt. Die Kalkeinschlüsse im Leucittephrit der Somma des Vesuvs führen in den Wandungen von kleinen Drusen, Biotit, Augit, *α*-Wollastonit, *β*-Leucit, Forsterit, Humit; an der Wandung schön kristallisiert sitzen Anorthit, Mejonit, Mizzonit, Sanidin, Hessonit, Vesuvian, Melilith, Sarkolith, Nephelin, Sodalith, Hauyn, Calcit, Sanidin, Apatit. Hier ist die fumarolische Pneumatolyse mit Cl und S für den Mineralcharakter bestimmend.

In den Kalkkontakten von Norwegen überwiegt der Einfluß von Lösungen, die Erze, wie Bleiglanz, Zinkblende u. a., Bor- und Fluorverbindungen enthielten. Die Metamorphose am Hörtekollen bei Sylling in Südnorwegen u. a. a. O. erzeugte im Kalk Vesuvian, Diopsid, Epidot, Hornblende und lokal Helvin, Fluorit, Molybdänglanz, Zinkblende, Magnetit, *α*-Quarz, Feldspate, Wollastonit, Pyroxen,

Amphibol, Granat, Helvin, Turmalin, Epidot, Orthit, Biotit, Apatit, Calcit. Auch Axinit kommt häufig, z. B. auch in Tremore bei Bodmin, Cornwallis als pneumatolytisches Kontaktmineral in Kalk an Granit, zugleich mit Granat, Hedenbergit, Idokras, Epidot, Aktinolith, Flußspat, Turmalin, Zinkblende vor.

Viele berühmte Erzlagerstätten gehören hierher, die von Clifton-Morenzi in Arizona usw.

Auf die anderen Gesteine haben pneumatolytische Dämpfe weniger Einfluß. Selten sind so gründliche Umwandlungen wie die des Schiefers vom Schneckenstein bei Auerbach in Sachsen, der durch Bor- und Kieselsäurelösungen in einen Quarz–Topasfels verwandelt wurde, dessen Parallelstruktur vielfach erhalten blieb, der aber doch von Hohlräumen durchzogen ist. In diesen findet man Topas, α-Quarz, Apatit, selten Turmalin; Fluorit, Cassiterit, Kupferlasur. Der Drusenraum ist häufig mit Steinmark erfüllt. Hier hat die Reaktionstemperatur unter 600° gelegen.

Zu Mineralbildungen, die im Gefolge von Gneisgranitintrusion statthatten, gehören die im Marmor von Wunsiedeln. Wir finden im Gestein wie in Hohlräumen α-Quarz, Kalkspat, Dolomit, Fluorit, Pyrit, Hornblende. Nach meiner Ansicht liegt eine Umkristallisation zum Teil unter Mitwirkung von Wasser bei etwa 500° vor. Auch die Mineralbildungen in den zu Serpentinen und Amphibolschiefern durch Gneisgranitintrusion umgewandelten basischen Eruptiva gehören hierher. Wir finden z. B. bei Zöbtau im Serpentin Quarz mit Asbest, Sphen, Chabasit, im Schwarzwald Epidot, Prehnit usw. Ähnlich findet man z. B. im Gneis von Kuttenberg, offenbar auch in Zusammenhang mit der Gneisgranitintrusion, eine Mineralassoziation in kleinen Klüften.

Zu den epigenetischen Kontaktbildungen hinüber leitet die Skapolithisierung des Gabbro, z. B. bei Oedegaarden in Norwegen, mit Skapolith, Hornblende, Biotit und auch Calcit, Quarz. Damit sind eng verbunden die Apatitgänge in und an basischen Gesteinen, speziell Gabbro, in Norwegen und Kanada mit Apatit, Rutil, Ilmenit, Pyrrhotit, Enstatit, Hornblende, Biotit, Skapolith, Quarz, Titanit, Calcit, Turmalin, Prehnit, vielen Erzen usw.

Zu den exogenen Kontaktbildungen gehört vielleicht auch das Vorkommen von Natrolith, Neptunit, Benitoid, Ägirin, Albit, Calcit in San Benito Co. Kalifornien. Die Drusen liegen in Schiefereinschlüssen eines Gesteines, das aus Peridotit in Serpentin umgewandelt wurde. Ihre Entstehungszeit fällt höchstwahrscheinlich mit dieser Umwandlung zusammen. Ob die Metamorphose, die aus Sedimenten und basischen Tiefengesteinen die kristallinen Schiefer der Franciscoserie gebildet hat, auf Teleintrusions- oder auf rein tektonischen Vorgängen beruht, ist unentschieden.

II. Epigenetische Kontaktbildungen.

1. In Erzgängen (epigenetisch-mineralisch).

Zu den epigenetischen Kontaktbildungen gehört eine große Klasse der Erzlagerstätten, die wegen ihrer technischen Bedeutung am besten bekannt und am eingehendsten studiert ist. Wir können hierauf nicht näher eingehen, sondern verweisen auf die in der Literatur genannten Lehr- und Handbücher dieses Gebietes. Hier seien nur die Mineralbildungen näher besprochen, welche wegen ihrer Erzarmut weniger Beachtung gefunden haben, für den Theoretiker aber interessant sind. Die längere Zeitdauer, die zwischen der epigenetischen Mineralbildung und der Intrusion liegt, bedingt an sich schon eine niedrigere Anfangstemperatur. Ein wichtiger Unterschied gegenüber der unter I. aufgeführten Mineralbildung ist, daß die epigenetischen Bildungen nicht auf einem einmaligen Vorgang bei stetig sinkender Tempertur beruhen, sondern daß hier aus der Tiefe Lösungen nachdrangen, die einen stetigen Mineralabsatz durch Abkühlung und chemische Ausfällung zur Folge hatten. Daher haben die epigenetischen Mineralien im allgemeinen keine bestimmte Paragenesis und Sukzession. Nur die Teufenunterschiede sind der Sukzession in Drusen analog.

Ausgesprochen epigenetisch ist die nach der Granitintrusion durch Magnesiasilicatlösung erfolgte Gesteins- und Mineralumwandlung in Talkstein bei Göpfersgrün im Fichtelgebirge (Bayern). Zwischen Granit, Phyllit und Kalk sind längs der Grenzflächen die Verdrängungspseudomorphosen ausgebildet. Nicht nur die Gesteine, sondern auch die im Protokontakt gebildeten Mineraldrusen, die meist Quarz, selten Fluorit, ferner im Kalk auch Dolomit enthielten, sind jetzt alle in Talk umgewandelt. Hier ist die Neubildung im wesentlichen bei einer Temperatur in einer längere Zeit nachfließenden Lösung erfolgt. Diese versiegte, und was nicht umgewandelt war, wie in einigen Drusen die untere Hälfte der Quarzkristalle, blieb erhalten.

In den epigenetischen Erzgängen findet man ausgezeichnet kristallisierte Silicate, es sei hier nur an Andreasberg, Guanajuato, Gustavsberg, Alston, Bourg d'Oisans erinnert. Man findet α-Quarz, Orthoklas, Titanit, Rutil, Calcit, Fluorit, Epidot, Muscovit, Diopsid, Albit, Turmalin, Topas, Baryt, Dolomit, Siderit, Chlorit u. a. Uranglimmer tritt allein auf Klüften auf.

Charakteristisch für die verhältnismäßig niedere Temperatur von etwa 550° abwärts sind die Umwandlung des Nebengesteins, die Zersetzung der Plagioklase und des Biotits und die Quarz-, Epidot-, Sericitbildung. Dadurch nähern sich diese Vorkommnisse dem alpinen Mineraltypus.

Zwischen dieser und der folgenden Gruppe stehen die z. T. an der Oberfläche noch auftretenden Mineralbildungen der Quecksilbererzgruppe. Verhältnismäßig niedrige Temperatur bei der Auskristallisation ist für sie charakteristisch. Wasser von großer Dichte ist das Lösungsmittel. Steamboat Springs in Nevada führt neben Zinnober noch Pyrit, Markasit, α-Quarz, Calcit.

2. Epigenetisch-fumarolisch.

Es sind meist Oberflächenbildungen von verhältnismäßig geringer praktischer Bedeutung. Bei dem pneumatolytischen Kontakt von Ergußgesteinen werden auf Spalten an und in diesen Gesteinen die Mineralien der Fumarolen gebildet. Man beobachtet kurze Zeit während und nach der Eruption an Stellen, wo die Hitze am größten ist, hauptsächlich Chloride, wie NH_4Cl, Kupfer-, Bleichloride, ferner die wohl durch Gesteinszersetzung entstandenen Eisen-, Aluminium-, Magnesium-, Natrium-, Kaliumchloride und die auf Wechselwirkung beruhenden Oxyde wie Eisenglanz. Verhältnismäßig lang dauert die Abgabe von SO_2, H_2S-Dämpfen, wobei β-Schwefel, Selen, Arsen-, Bleisulfide und durch Gesteinszersetzung Gips sowie Kieselsäure abgesetzt werden. Fig. 11 zeigt die durch Dämpfe gebildeten Schwefelröhren und die oberflächliche Gesteinsumwandlung auf Vulcano, Sizilien.

Zur letzten Phase gehören die Borsäure- und Flußsäure- und namentlich Kohlensäuredämpfe und die festen Produkte ihrer Einwirkung auf das Gestein.

Noch unsicher ist der Ursprung der Wasserdämpfe, des nicht häufig auftretenden Wasserstoffs und Methan. Sie sind vielleicht teilweise meteorischen Ursprungs.

Alle Dämpfe haben geringe Dichte, und die Mineralbildung ist eine Kondensation, zum Teil stammen die Stoffe aus der Tiefe, zum kleineren Teil findet eine chemische Reaktion da statt, wo sie vorbeistreichen.

Getrennt von dieser eigentlichen Fumarolentätigkeit sind die Verkieselungsprozesse, hervorgerufen durch aufsteigende Lösungen von Alkalisilicat, ohne CO_2 und SO_2, die sonst SiO_2 ausfällen würden. Erst an der Oberfläche, wo die Luft oder organische Substanzen, z. B. Bäume, die verwittern, Humus-

Fig. 11. Weg am Piano delle fumarole, Volcano 1908.

säure oder Kohlensäure abgeben, wird Kieselsäure gefällt. Wo die Temperatur hoch und genügend freie Säuren vorhanden waren, hat sich wasserfreier Chalcedon ausgeschieden. So entstanden die „versteinerten Wälder“ am Bir el Fahme bei Kairo, bei Holbrook in Arizona. — Bei niedriger Temperatur unter 100^0 und wenn die Verdunstung gegenüber der Ausfällung überwiegt, setzt sich das wasserhaltige Kieselsäuregel als Sinter, Opal usw. ab. An der Quelle La Tacita (Cerro de los humaredos, Sierra San Andrès, Mexiko) geht an Baumstämmen der Prozeß heute in der Natur vor sich. Meist setzt sich die wasserhaltige Kieselsäure am Ende der Gesteinsspalten, wo die Lösung überfließt und sich ausbreitet, als Gel ab und zwar häufig als Kieselsinter (von dem Algensinter abgesehen) so am Upper Geysir Basin im Yellowstonepark, am Arcangelo auf Santorin. Mehr im durchtränkten Gestein durch langsame Verdunstung und Abkühlung entstand Opal, z. B. Hacienda Esperanza, S. Juan del Rio, Queretaro in Mexiko. (Der Hyalith findet sich meist im Blasenraum basischer Gesteine: 1. im Limburgit des Kaiserstuhls und ist keine eigentliche thermale Oberflächenbildung.) Hierher gehören auch die Neubildungen von Opal, Giobertit, Epsomit, Melanterit usw. im Serpentin von Susaki bei Korinth durch H_2S, CO_2, H_2O führende Fumarolen.

Besonders erwähnenswert sind die Mineralbildungen in den vielleicht auch durch regionale Fumarolentätigkeit entstandenen, mit Kalk welchsellagernden und gleichzeitig mit ihm abgesetzten Schwefelflözen Siziliens. Aragonit (1), Cölestin, Calcit (2), α-Schwefel, α-Quarz, Gips (2), Melanophlogit werden in Drusen des Schwefels der Gionagrube bei Roccalmuto in Sizilien gefunden. Hierbei mag wohl aus chemischen und geologischen Gründen in bestimmten Schichten der Absatz stattgefunden haben. Allerdings sind diese Fragen keineswegs geklärt. — Hierher gehören wohl auch die Cölestin, Gips, Schwefel führenden Schichten von Michigan; der Schwefel mag teilweise sekundär durch Reduktion von Sulfaten mit Bitumen gebildet sein. Die beiden letztgenannten Prozesse, die Silifizierung und Sulfurierung, bilden den Übergang zur folgenden Gruppe.

3. Epigenetisch-thermal.

Wir müssen die lokalen und regionalen Bildungen unterscheiden. Die ersteren sind gut studiert und leicht deutbar; sie stehen häufig in nachweisbarem Zusammenhang mit Erzgängen, und sind vielfach sicher als die zeitlich und örtlichen letzten Zeichen solcher aufzufassen. Berühmt ist die Therme von Plombières mit 70°, die jetzt noch Fluorverbindungen und Alkalisilicate enthält. Sie hat Quarz, Jaspis, Fluorit, Eisenglanz, Baryt, Halloysit abgesetzt. Besonders interessant ist die Wirkung auf den Kalkzement und die Ziegelsteine aus römischer Zeit; Apophyllit, Chabasit, Harmotom, Opal, Aragonit, Calcit, Fluorit u. a. sind dort entstanden. Noch weit mehr sekundär und eher zu den künstlichen Mineralbildungen sind die an Bronzeröhren in Bourbonne-les-Bains entstandenen Chalkosin, Chalkopyrit, Philippsit, Tetraedrit, Cuprit, Atacamit, Chrysokoll zu rechnen.

Noch bei weit niedrigeren Temperaturen als 70° scheinen sich Mineralien aus dem sehr kohlensäurereichen Mineralwasser von Rohitsch-Sauerbrunn in Steiermark abgesetzt zu haben. Neben Aragonit (der sich z. B. auch im Bergwerk von Schwaz bei 25° jetzt bildet) findet man in Rohitsch Quarz und Calcit; ob letztere sich bei der jetzigen Quellentemperatur von 10° gebildet haben, ist allerdings noch zweifelhaft.

Aragonit ist namentlich bei etwas höherer Temperatur (40°) ein fast regelmäßiger Absatz von Thermen aus Kalkgebirgen. Es ist gelungen, viele der in den Thermen vorkommenden Mineralien auf synthetischem Wege bei ähnlichen Temperaturen zu erhalten, so auch Quarz, Aragonit.

Die regionalen thermalen Bildungen sind wohl kaum von einem Teil der diagenetischen Bildungen zu trennen; es ist nur ein gradueller Temperaturunterschied zwischen beiden. Solche Bildungen finden wir namentlich im Zechstein und in bestimmten Horizonten der süd- und mitteldeutschen Trias.

Meist war es wohl Thermalwasser, das an vielen Stellen zutage trat, Hohlräume im Gestein schaffte und z. T. wieder ausfüllte. So findet man im Buntsandstein bei Waldshut in Baden in einem bestimmten Horizont Drusenräume mit Carneol als Unterlage, auf dem (1) α-Quarz bisweilen als Amethyst, (2) Calcit, (2) Baryt, (2) Fluorit, (2) Dolomit, (2) Bleiglanz,

Kupferkies, Markasit sitzen. Manchmal ist eine deutliche Sukzession vorhanden. Oberhalb dieses Horizontes im Wellendolomit findet man ebenfalls als regionale viele 100 qkm sich erstreckende Bildung eine Bleiglanzbank. Hier mögen vielleicht dieselben Thermen, die im Sandstein die Drusen ausfüllten, in das Meer gemündet und dort den Bleiglanz im Kalkstein abgesetzt haben. Die Verkieselung vieler Fossilien im Muschelkalk in Südbaden beruht vermutlich auf ähnlichen Ursachen. Die Thermalwässer selbst mögen ursprünglich vielleicht nur Fluor- und Schwefelverbindungen enthalten haben, und die weiteren Vorgänge beruhten dann hauptsächlich auf chemischen Umsetzungen im Gestein, ähnlich wie bei Plombières. Ein berühmtes Beispiel für Thermen, die in einem begrenzten Meeresbecken mündeten, sind höchstwahrscheinlich die Mansfelder Kupferschiefer.

Doch sind das Fragen, für deren Lösung eine genaue Untersuchung der geologischen Momente ebenso wichtig ist, wie physikalisch-chemische Experimente, und die noch offen sind. Vielfach z. B. bei den Cölestinbildungen in den Fossilien am Mokattam bei Kairo kann man kaum entscheiden, ob hier eine einfache Umsetzung im Meereswasser stattgefunden hat oder ob anderweitig Stoffe zugeführt wurden. So haben wir auch hier einen allmählichen Übergang zu der folgenden Abteilung.

III. Protogene Mineralbildungen gleichzeitig mit der Entstehung der Sedimentgesteine.

1. Gleichmäßig im Gestein verteilt.

Sowohl die Mineralien, die das Sedimentgestein z. T. bilden, wie die in Höhlungen desselben vorkommenden Kristalle gehören hierher. Sie sind aber an anderer Stelle behandelt. Die Salzlagerstätten hat F. Rinne geschildert.

Zu dieser Abteilung zählen auch die Anhydritvorkommen, die Calcitkristalle in Hohlräumen der Fossilien, die Bohnerze, Sumpferze, Gipse, Dolomite usw.

2. In Konkretionen.

Die als Konkretionen oder auch in Einzelkristallen auftretenden Mineralien, wie z. B. Markasit, seien nur kurz erwähnt. Einige sind gleichzeitig mit, andere vermutlich nach der Absetzung der Sedimente entstanden.

IV. Epigenetisch-dynamometamorphe Mineralbildungen.

(Alpiner Mineraltypus.)

Chemisch in der Natur der Lösungsmittel, aber nicht genetisch und geologisch, stehen die alpinen Mineralbildungen den epigenetischen Mineralbildungen nahe. Sie sind bei verhältnismäßig niederer Temperatur entstanden; aus der Tiefe ist Wasser und Kohlensäure, vielleicht mit etwas Chlor aufgedrungen. Der wesentliche Unterschied besteht darin, daß sie stets nur Mineralien enthalten, deren chemischer Bestand durch Lateralsekretion aus dem Nachbargestein entnommen ist, daß ferner ihre Bildung nicht mit direkt nachweisbaren Intrusionen von Tiefengesteinen zusammenhängt, und daß ferner die Mineralbildungen nicht auf Gängen längs bestimmter Zonen erfolgten, sondern die Mineralklüfte auf viele 100 cbkm Gestein ziemlich gleichmäßig verteilt und voneinander getrennt sind. Ein weiterer fundamentaler Unterschied ist der, daß die alpinen Mineralklüfte eine klare eindeutige Sukzession besitzen und zwar wesentlich unabhängig vom Gestein und fast dieselbe wie die der späteren Drusenmineralien (unter 500°) (Abschnitt I), während diese bei den epigenetischen Bildungen fehlt.

Man kann drei Unterabteilungen unterscheiden, die Kluftmineralien der sauren Gesteine (Eruptiva und kristalline Schiefer), der basischen Gesteine und der Sedimente, spez. Kalksteine und Dolomite. Gemeinsam ist allen außer den obenerwähnten Eigenschaften noch die längliche Gestalt der Hohlräume, die deutliche oft sehr starke Zersetzung des Gesteines um die Klüfte. Parallel gehen die bekannten dynametamorphen Neubildungen von Epidot, Quarz, Albit, Orthoklas, Muscovit, Chlorit usw. im Gestein, auf die wir hier nicht eingehen wollen.

Am häufigsten und reichhaltigsten sind diese Mineralvorkommen in den Alpen von dem Dauphiné im Westen bis zum Ankogl im Osten; aber wohl auch Vorkommen in den Vereinigten Staaten wie die in kristallinen Schiefern von Alexander Co., N.-Carolina und in der Tátra auf Paß Rohatka in Granit. Ob die Quarze in Kalkstein von Herkimer Co., New York und die in kalkigen Zwischenflözen des Anthrazit bei Ystrad, Cardiff, England, hierher oder zu den exogenen Fernkontakten zu stellen sind oder auf lokaler Wärmeentwicklung beruhen, ist unsicher.

a) In sauren Gesteinen.

Für alle sauren Gesteine ist das einen großen Teil der Klüfte ausfüllende helle Quarzband charakteristisch.

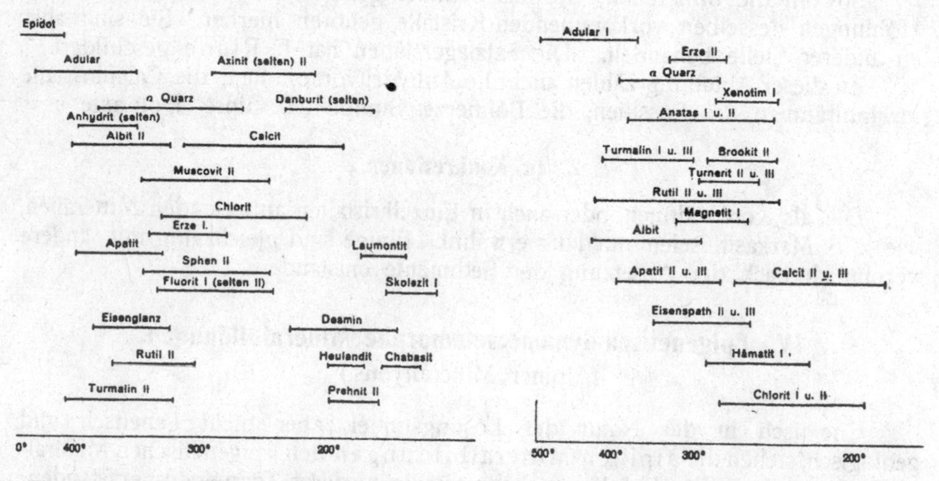

Fig. 12. Paragenesis der alpinen Kluftmineralien in Graniten und Orthogneisen (Typen I u. II).

Fig. 13. Paragenesis der Kluftmineralien in Glimmerschiefer I, Sericitschiefer, Chloritschiefer II, Sericitschiefer III.

α) Die verschiedenen Granite und Orthogneise haben — was möglicherweise auch mit der Stärke des Metamorphismus derselben zusammenhängen mag — etwas verschiedene Mineralparagenese. Auf dem beifolgenden Diagramme Fig. 12 ist die Paragenesis von Aare, Montblanc usw. Granit, Urserengneis usw.

mit I, die von Gotthard-, Tessiner, Zillertal-Gneisgraniten und Glimmergneisen mit II bezeichnet. Zu bemerken ist, daß Apatit und Eisenglanz, ferner Muscovit und Fluorit sich gegenseitig auszuschließen scheinen. Im übrigen gilt das

Fig. 14. Kristallhöhle in Anatas, Quarz, Schiefer (Sericit selten Rutil Brookit).

S. 30 ff. Gesagte. Ein charakteristischer Fundort von I ist am Tiefengletscher, Furka, Schweiz, von II Floitenturm, Zillertal, Tirol und an der Fibbia, Gotthard, Schweiz.

β) Die Glimmerschiefer und Glimmergneise I und Sericitgneise, Sericitschiefer II und Sericitphyllite III zeigen gewisse Ähnlichkeit in ihrer Mineralassoziation (vgl. Schema Fig 13); namentlich fällt das Vorwiegen der Titanoxyde auf, die vermutlich in diesen Paragesteinen ursprünglich als sehr feine Dachschiefernadeln (Rutil) im Gestein zersprengt waren.

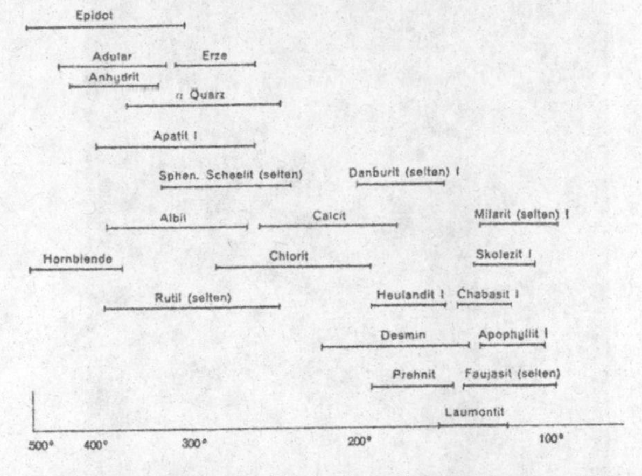

Fig. 15. Paragenesis der Kluftmineralien in Syenit und Diorit II.

Charakteristische Fundorte von I sind am Kollergraben im Binnental, Schweiz, an der Grieswiesalp in der Rauris, Österreich; von II im Grieserntal im Maderanertal, Schweiz, ferner bei Le Puys bei St. Cristophe, Dauphiné und von III am Rhein bei Sedrun, Schweiz. Fig. 14 zeigt ein Vorkommen des Typus II mit dem für alle sauren Gesteine charakteristischen Quarzband.

γ) Syenit I und Diorit II bilden in ihren Mineralassoziationen den Übergang zu den basischen Gesteinen. Zu den Syeniten seien auch ihre aplitischen und lamprorhyrischen Ganggesteine gerechnet. Typische Mineralfundorte von I in der ersten Muotta des Gletscher von V. Giuf bei Sedrun, Schweiz, von II im Ruseinertobel, Disentis, Schweiz.

Die Amphibolite haben dieselben Assoziationen wie die Diorite II. Die Paragenesis ist in Fig. 15 dargestellt.

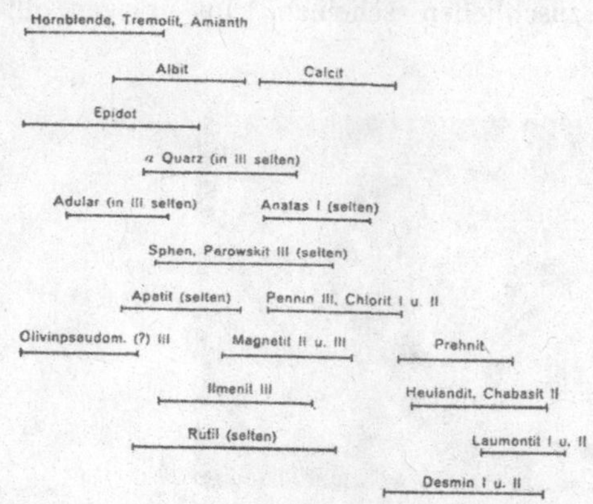

Fig. 16. Paragenesis der alpinen Mineralien für Grünschiefer, Peridotite, Hornblendeschiefer, Chloritschiefer I, Gabbro II, Serpentin III.

b) In basischen Gesteinen.

Das Fehlen des Quarzbandes unterscheidet sie sofort von den Vorkommen der sauren Gesteine.

α) Gabbro, Peridotit, Serpentin, Lavezstein, Hornblendeschiefer, Grünschiefer, Tremolaschiefer usw. haben sehr verwandte Mineralassoziationen, die auf beifolgendem Diagramm Fig. 16 dargestellt sind.

Fig. 17. Sphen-Albitort im Ofenstein Maigelsgletscher. Wand des Grats gegen V. Cornera. Aug. 1903.

Im Serpentin ist z. B. der Fundort am Wälschen Ofen, Binnental, Schweiz, gelegen, im Hornblendeschiefer der vom Teiftal, Ried, Uri, Schweiz. Sie sind durch reichliches Auftreten von Amianth ausgezeichnet und stehen wohl in Zusammenhang mit der Genesis der Asbestlager im Gestein. Die Vorkommen in Serpentin-Lavezstein sind durch Fig. 17 erläutert; auf der Kluft findet man Albit, Sphen, Quarz usw. Von Fundstellen im Grünschiefer ist die berühmte an der Knappenwand, Untersulzbachtal, Salzburg zu erwähnen.

Im metamorphen Gabbro liegen die Fundstellen am Drun bei Sedrun, Schweiz. Daß die im Serpentin vorkommenden Olivinpseudomorphosen in Klüften zufällige mit dem Serpentin metamorphosierte primäre Gesteinsmineralien sind, ist zweifelhaft. Alle die oben genannten Gesteine (mit Ausnahme der Tremolaschiefer) sind durch Übergänge miteinander verbunden.

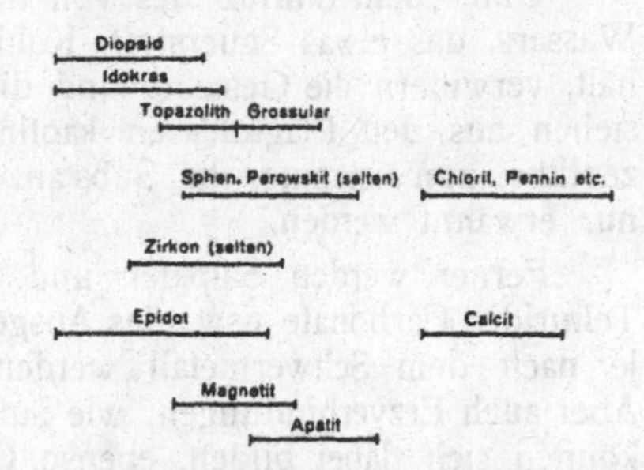

Fig. 18. Paragenesis einiger Mineralien aus den alpinen Klüften in Kontaktschollen und -zonen an Serpentinen.

β) Besonders schön sind die Mineralien in Klüften von Kalkkontaktschollen in den basischen Gesteinen, spez. den Serpentinen. Die bekannten Fundstellen der Rymfischwängi bei Zermatt, Schweiz und der Testa Ciarva bei Ala, Piemont, der Schwarzen Wand, Groß-Venediger, Salzburg, Österreich, gehören in diese Gruppe, ebensowohl die im Chloritschiefer am Wildkreuzjoch bei Pfitsch, Tirol (vgl. Schema Fig. 18).

c) In Kalken und Dolomiten.

Die Kalke und Dolomite wurden dynamometamorph umkristallisiert und lokal in grobkörnige Marmore verwandelt. Die Beimengungen kristallisierten dann prächtig zum Teil in kleinen Hohlräumen aus. Der Dolomit vom Passo Cadonighino, Campolungo, Tessin, Schweiz, führt hauptsächlich Tremolit, Phlogopit, Pyrit, und lokal noch Turmalin, Korund, Diaspor, Fluorit, Quarz, Orthoklas usw. Hiermit verwandt sind vielleicht die Schmirgellagerstätten auf Naxos. Der Dolomit vom Imfeld im Binnental, Schweiz, enthält neben schönen Dolomitkristallen Calcit, Zinkblende, Baryt, Pyrit, Bleiglanz, Jordanit, Muscovit, Auripigment, Realgar, Rutil, Quarz, Turmalin, Dufrenoysit, Hyalophan, Rathit, Tremolit, Talk, Phlogopit, Proustit, Baumhauerit, Seligmannit, Hutchisonit usw. Die Mehrzahl der Dolomite der Alpen führt in Klüften meist nur Dolomit, sehr selten noch Rutil und Pyrit, und noch weniger häufig Phlogopit, Turmalin, Adular.

Die Kalke bestimmter Horizonte der Zentralalpen, z. B. an der Oltschialp bei Brienz, Schweiz, haben stellenweise große Höhlungen, die mit Kalkspat- und Flußspatkristallen erfüllt sind. Man wird den Fluorit wohl einem primären Flußspatgehalt der betreffenden Schicht zuschreiben können. Dieser mag seinerseits auf den früher erörterten thermalen Einflüssen beruhen.

Allenthalben in den Alpen findet man im Kalk Höhlungen mit kleinen Calcitkristallen. Daß diese nicht etwa durch meteorisches Wasser entstanden sind, beweist ihr Fehlen in tektonisch ungestörten oder von Thermen freien Gegenden.

Zu den epigenetisch-regionalen Umbildungen, die vielleicht auch mit späteren tektonischen Störungen zusammenhängen, gehören möglicherweise die Entglasung mancher Quarzporphyre, z. B. bei Dossenheim, Heidelberg (Baden).

V. Epigenetisch-meteorische Bildungen.

Unter dem Einfluß des von der Oberfläche nach unten dringenden kalten Wassers, das etwas Sauerstoff, Kohlensäure, oft Humussäuren usw. gelöst enthält, verwittern die Gesteine und die in ihnen befindlichen Mineralien. Es entstehen aus den Plagioklasen kaolinähnliche Substanzen und die sog. Bodenzeolithe, zumeist amorphe Substanzen. Die Bildungen von Laterit usw. können nur erwähnt werden.

Ferner werden Salpeter und Salze gelöst und abgesetzt. Die Sulfide, Telluride, Carbonate usw. des Ausgehenden der Erzgänge werden zersetzt und je nach dem Schwermetall werden daraus Oxyde oder Elemente entstehen. Aber auch Erzverbindungen, wie Sulfate und Carbonate des Kupfers, Bleis usw. können sich dabei bilden, ebenso Chloride, Phosphate usw., schließlich durch Wechselwirkung sogar wieder Sulfide. Die Silicatbildungen wie Chrysokoll, Kieselzinkerz usw. beruhen eher auf einer letzten thermalen Einwirkung; dasselbe gilt wohl für die sogenannte Umkristallisation des Sandsteins und viele Gipsbildungen.

Anhang.

Die synthetischen Mineralien mit der natürlichen Paragenesis verglichen.

Hier seien nur kurz einige Anhaltspunkte für die Entstehungsbedingungen und Kristallisationstemperaturen der natürlichen Mineralien aus den Experimenten im Laboratorium gegeben. Die Gesteinsmineralien und Mineralien der Salzlagerstätten scheiden als nicht zum Thema gehörig aus.[1]) Ebenso sollen die Synthesen und Hochöfenprodukte, die sich auf die Protokontaktmineralien und einen Teil der protokontaktpneumatolytischen Bildungen beziehen, hier nicht erörtert werden. — Für manche Mineralien gibt der sogenannte Stabilitätsbereich eine obere Temperaturgrenze ihrer Bildung. So haben Le Chatelier[2]) die optische und dilatometrische, O. Mügge[3]) die kristallographische Veränderung des Quarzes bei 575° festgestellt, F. E. Wright[4]) und E. S. Larsen haben ausgedehnte Versuche an Quarzen verschiedener Vorkommen ausgeführt. Aus diesen und anderen Versuchen folgt, daß der Quarz in der pegmatitischen Grundmasse über 575°, der in den protopneumatolytischen Drusen mit freien Enden kristallisierte allenthalben unter 575° entstand. Auch viele Quarze der Gruppe II Protokontakt sind unter 575° auskristallisiert, ebenso wie sämtliche der Gruppen III und IV. Ähnliche Betrachtungen, wie F. E. Wright und E. S. Larsen sie für Quarz angestellt haben, gelten für Leucit; unregelmäßige Zwillingsbildungen im Innern deuten auf primäre Entstehung der β-Form über 560°; die meisten Leucite scheinen ursprünglich der β-Form anzugehören, und daher ist Leucit als Drusenmineral sehr selten.

---

[1]) Aus diesem Grunde können die petrographisch grundlegenden Experimente und Betrachtungen von A. Michel-Lévy und F. Fouqué, von J. Morozewicz, von C. Doelter, von A. L. Day, E. T. Allen, F. E. Wright, von J. H. L. Vogt u. a. hier nicht verwertet werden.

[2]) Le Chatelier, C. R. **108**, 97 und 1047 (1889).

[3]) O. Mügge, N. JB. Min. etc. 1907, 181.

[4]) F. E. Wright und E. S. Larsen, Am. Journ. **27**, 421 (1910).

Der Schwefel fumarolischer Entstehung an der Oberfläche (Gruppe III) ist meist aus monoklinem umgewandelt, der (über 100°) hohen Temperatur der Fumarolendämpfe entsprechend. Der Schwefel in der Tiefe hingegen ist rhombisch, so bei den regionalen Schwefellagern; dies mag sehr wesentlich durch den Druck bedingt sein, doch kann dieser kaum über 200 Atmosphären betragen haben, und daher müssen wohl die mit dem rhombischen Schwefel gleichzeitigen oder späteren Mineralien (vgl. S. 44) unter 150° auskristallisiert sein. — Dieselben Betrachtungen wie für Leucit gelten für den natürlichen Tridymit, der stets als β-Form[1]) über 170° und für Cristobalit, der als β-Form über 175°[1]) entstanden sein muß.

Sehr wichtig sind ferner die optischen Anomalien bei Granat. Es ist kaum zweifelhaft, daß die Mineralien sich über der Temperatur, bei der die optischen Anomalien bzw. die sie bedingenden Spannungen verschwinden, gebildet haben müssen. Das gilt für Granat, Vesuvian usw.; leider weiß man über die betreffenden Temperaturen wenig. Relativ scharf ist der Existenzbereich des Markasits begrenzt, der sich bei 250°[2]) ziemlich rasch in Pyrit umwandelt. Ob aber Pyrit stets über 250° entstanden sein muß, ist unsicher, er scheint jedenfalls unter 250° stabil zu sein. Bei Calcit und Aragonit steht wohl so viel fest, daß bei höherer Temperatur nur Calcit stabil ist. Eisenglanz α, wie er in der Natur vorkommt, muß wohl unter 650°[2]) entstanden sein. Sehr wesentlich ist auch häufig der Einfluß der Lösungsgenossen bzw. geringer Beimengungen, so namentlich bei den drei Titanoxyden: ein Eisengehalt begünstigt die Bildung des Rutils, ein Magnesiagehalt vielleicht die des Anatas. Für die Erze ergeben sich aus der Messung des elektrischen Leitvermögens verschiedene Temperaturgrenzen, worauf wir aber hier nicht eingehen können.

Eine wichtige Grenze könnten auch die sogenannten Schmelz- oder besser Glasungstemperaturen der Mineralien geben, bei denen sie aus dem festen kristallisierten Zustand in den amorphen übergehen, was am besten aus dem Verschwinden der Doppelbrechung ersichtlich ist. Diese Temperatur hängt aber, worauf C. Doelter aufmerksam gemacht hat, sehr von der Korngröße ab (vgl. Bd. I, S. 642). Dies bedingt, daß diese Temperaturen, falls sie als Maximaltemperaturen der Kristallisation gelten sollen, bisher zu hoch bestimmt worden sind. Für Spodumen haben K. Endell und R. Rieke[3]) die Glasungstemperatur an feinem Pulver zu etwa 950° gemessen. Für Quarz und Orthoklas dürften K. Endell und R. Rieke die entsprechenden Temperaturen etwa bei 1200° bzw. 1150° liegen. Es ist aber kaum zweifelhaft, daß diese Temperatur für manche Silicate noch erheblich tiefer liegt.

Weit unsicherer als die Schlüsse aus den Umwandlungstemperaturen sind die aus den Stabilitätsfeldern der Mineralien, wenn die Temperaturen unter 1000° liegen, es sich also um Lösungen handelt; und dies ist wohl bei fast allen Mineralien der vier hier behandelten Gruppen der Fall (mit Ausnahme eines Teils der Protokontaktmineralien). Nach der Ansicht von E. Baur,[4]) der Versuche mit sehr hoch konzentrierten wäßrigen Lösungen bei etwa 520° anstellte, könnte man Stabilitätsdiagramme, z. B. für Quarz, Orthoklas und Alkalialuminat,

[1]) E. Mallard, Bull. Soc. min. **13**, 169 und 175 (1890).
[2]) J. Koenigsberger und O. Reichenheim, N. JB. Min. etc. II, 20 (1906) und O. Mügge, N. JB. Min. etc. Bl.-Bd. **32**, 491 (1911).
[3]) K. Endell u. R. Rieke, Z. anorg. Chem. **74**, 33 (1912).
[4]) E. Baur, Z. f. phys. Chem. **42**, 567 (1903).

aufstellen. Nach der Ansicht und den Versuchen von W. J. Müller und dem Verf.[1]) ist das im allgemeinen nicht möglich. Vielmehr ist nach unserer Ansicht bei Temperaturen unter 1000° in erster Linie die Anwesenheit sogenannter Mineralisatoren entscheidend. Die Mineralisatoren begünstigen die Entstehung der stabilen Formen. Diese Mineralisatoren, insbesondere Kohlensäure, sind meist nicht Katalysatoren, sondern wirken direkt chemisch auf das Gleichgewicht. Die Quarzausscheidung ist im wesentlichen wohl, wie sich auch aus den zahlreichen schönen Versuchen von G. Spezia[2]) und aus unseren Beobachtungen ergibt, durch das sich verschiebende Gleichgewicht zwischen Kieselsäure, Kohlensäure bzw. Borsäure usw. und den Alkali- bzw. Aluminiumhydroxyden bedingt. Die wesentliche Eigenschaft der Mineralisatoren ist vermutlich leicht bewegliche Säureionen, die keine Komplexe oder Kolloide bilden, zu enthalten, so $\ddot{C}O_3$, $\dot{F}l$, $\dddot{B}O_3$, $\dot{C}l$ usw. Sind diese Mineralisatoren da, so finden wir zwischen 1000° und 350° Quarz,[1]) sonst Tridymit.[2]) Unter 250° Quarz, oder sonst (mit wenig und ohne Mineralisatoren) Opal, Chalcedon usw.[1 u. 3]) Daher in den Ergußgesteinen, in denen, wie hervorgehoben, wegen mangelnder Überlastung, der CO_2-Druck und dadurch die Dichte nur klein sein konnte, Quarz selten, meist nur mit Topas usw. vorkommt, dagegen häufig Chalcedon, Opal, Tridymit usw.

Ähnliches gilt qualitativ in wäßriger Lösung für Augit (Fassait, instabil) und Hornblende, Orthoklas (stabil) und Leucit bzw. Kalianalcim[1]) (instabil).

Die instabile Modifikation ist, wenn wasserfrei, meist die bei höherer Temperatur stabile, sonst ein Hydrat bzw. Zeolith, der nur bei tieferer Temperatur stabil ist, oder ein Kolloid.[3])

Die Kalknatronplagioklase sind aus wäßriger Lösung nicht synthetisch erhalten worden: sie werden aber von ihr zersetzt. Der reine Natronplagioklas, Albit, ist erhältlich. Dazu stimmt auch durchaus das Vorkommen in der Natur. Nicht stabil in wäßriger Lösung sind ferner fast alle Silicate in basischen und femischen Gesteinen, wie z. B. die Biotit-, Olivin-, Augitgruppe.

Hinsichtlich Orthoklas, Albit und Quarz weisen die Vorkommen in der Natur wie die Synthesen auf niedrige Minimaltemperaturen: für Orthoklas und Albit 320°,[4]) für Quarz nach P. Quensel 100°.[5]) Im allgemeinen geben die Synthesen nur einen möglichen Weg; wir wissen aber nicht mit Sicherheit, was der Vorgang in der Natur war. Daher wurde darauf verzichtet, die gelungenen Synthesen der einzelnen Mineralien, die selbstverständlich sehr wichtig sind und die Anregung zu allen späteren Versuchen gegeben haben, hier anzuführen, zumal dies in den betreffenden Einzelartikeln geschieht.

Wir glauben, daß in den meisten Fällen in der Natur säurehaltiges Wasser als Dampf von mehr oder minder großer Dichte die Mineralien in den Hohlräumen gelöst enthielt und abgeschieden hat. Die Säureionen waren die Ionen der Kohlensäure, Borsäure, Flußsäure usw. Also dürften in den meisten Fällen nur Synthesen aus wäßrigen Lösungen

---

[1]) J. Königsberger und W. J. Müller, ZB. Min. etc. 1906, 339, 353, sowie neuere noch nicht publizierte Versuche.

[2]) G. Spezia, Atti R. Acc. Torino **40**, 254 (1905); **41**, 158 (1906); **44** (Nov. 1908) u. a.

[3]) Vgl. F. Cornu und H. Leitmeier, Koll.-Zeitschr. **4**, 288 (1909).

[4]) Noch nicht publizierte Versuche von W. J. Müller und dem Verf.

[5]) P. Quensel, ZB. Min. etc. 1906, 733.

der Natur entsprechen. (Es ist hier von Gesteinsmineralien abgesehen, für die das nicht gilt.) Hierzu kommen als seltenere Fälle die Wirkung wasserarmer Dämpfe, wie sie z. B. oft in den Fumarolen zutage treten.

Die Bildungsmöglichkeiten der Zeolithe und der mit ihnen vergesellschafteten Mineralien sind weniger zahlreich. Unzweifelhaft muß das Wasser hierbei eine wesentliche Rolle gespielt haben. Die Gleichgewichte und die Stabilitätsbedingungen sind insbesondere von J. Lemberg[1]) und C. Doelter[2]) untersucht und erörtert worden. Den weitesten Existenzbereich hat, wie die Natur und das Experiment[3]) zeigt, wohl Analcim, etwa von mindestens 500° bis 180°. Vielleicht entspricht erst bei sehr hoher Temperatur seine Kristallform den optischen Eigenschaften. Für die Zeolithbildung ist das Vorhandensein von Kalk und Natron wesentlich, reine Kalizeolithe bilden sich kaum und fehlen demgemäß auch fast völlig in der Natur.[4])

Natrolith hat nach C. Doelter einen engeren Temperaturbereich von etwa 180° an abwärts. Damit stimmt auch, daß der in der Natur etwa gleichzeitige Apophyllit von L. Wöhler[5]) bei 180° umkristallisiert werden konnte. Auch Levyn und ein philippsitähnlicher Zeolith sind von H. Sainte Claire Deville[6]) bei etwa 200° erhalten worden. Man wird den Existenzbereich der meisten Zeolithe von etwa 220°—130° ansetzen können, wobei angenähert die Regel von F. Cornu gilt, daß die Zeolithe mit zunehmendem Wassergehalt bei abnehmender Temperatur einander folgen, genauer, es nimmt der Molekularquotient des Wassers zu der Summe der übrigen Molekularquotienten zu. Die Daten für die Zeolithe geben wertvolle Anhaltspunkte für den mit ihnen gleichzeitigen Calcit und die andern Mineralien.

Literatur,

betreffend Paragenese der Silicate und des Quarzes.

A. Werke allgemeiner Art.

Die Lehrbücher und Handbücher der Mineralogie behandeln die Mineralparagenese meist kürzer; nur C. Hintze hat in seinem Handbuch der Mineralogie (Leipzig 1897—1912) bei jedem Mineral die Paragenese, soweit sie in der Literatur angegeben, mitgeteilt. Die Lehr- und Handbücher über Erzlagerstätten und nutzbare Mineralien erörtern naturgemäß die Paragenese der Silicate und des Quarzes nur nebenbei oder gar nicht und sind dementsprechend auch hier nur kurz erwähnt; auch in dem bis jetzt erschienenen Teil der wichtigsten Lagerstätten der „Nicht-Erze" von O. Stutzer sind sie nicht eingehender berücksichtigt. — In den meisten Schriften von G. vom Rath, von A. Lacroix sind Bemerkungen über Mineralparagenese enthalten. Sie bilden eine Grundlage für die Darlegungen im Texte, aber nur die wichtigsten sind im folgenden angegeben, da der dem Verf. zur Verfügung gestellte Raum

[1]) J. Lemberg, Z. Dtsch. geol. Ges. 993 (1885); 578 (1887).

[2]) Vgl. die Zusammenfassung C. Doelters, Tsch. min. Mit. **25**, 80 (1906); dort auch weitere Literatur.

[3]) de Schulten, Bull. Soc. min. **5**, 150 (1880). — G. Friedel, Bull. Soc. min. **19**, 14 und 95 (1896) und **21**, 5 (1898).

[4]) Noch nicht publizierte Versuche von W. J. Müller und dem Verf.

[5]) L. Wöhler, Ann. chem. pharm. **65**, 80 (1847).

[6]) H. Sainte Claire Deville, C. R. **54**, 324 (1862).

schon überschritten war. Schriften vor 1840 sind im allgemeinen nicht aufgeführt. Von Publikationen, die in Zeitschriften erschienen sind, ist nur ein Auszug aus den oft recht langen Überschriften gegeben.

A. Breithaupt, Die Paragenesis der Mineralien (Freiberg 1849).
J. R. Blum, Die Pseudomorphosen des Mineralreichs (Stuttgart 1843). Nachträge 1847, 1852, 1863, 1879.
G. Bischof, Lehrb. der chem. u. phys. Geologie. 2. Aufl. (Bonn 1863—1871).
O. Volger, Studien zur Entwicklungsgeschichte d. Mineralien (Zürich 1854).
O. Volger, Entwicklungsgesch. d. Talkglimmerfamilie (Zürich 1855).
J. Roth, Allgemeine u. chem. Geologie. 3 Bde. (Berlin 1879—1887).
F. Fouque et Michel Levy, Synthese des mineraux et des roches (Paris 1882).
C. Doelter, Allgemeine chemische Mineralogie (Leipzig 1890).
St. Meunier, Les Methodes de synthèse en mineralogie (Paris 1891).
P. Groth, Führer durch die Mineraliensammlung des Bayrischen Staates (München 1891).
R. Brauns, Chemische Mineralogie (Leipzig 1896).
C. Doelter, Physikalisch-chemische Mineralogie (Leipzig 1905).
W. H. Emmons, Genetic Classification of minerals. Econ. Geol. **3**, 611 (1908).
W. Lindgren, Ore deposition etc. Econ. Geol. **2**, 105 (1907).
G. vom Rath, Mineralog. Mitteilungen, vgl. W. Bruhns u. K. Busz, Sach- u. Ortsverzeichnis zu den min. u. geol. Arbeiten von G. vom Rath (Leipzig 1893).
A. Lacroix, vgl. hauptsächlich Bull. soc. min. und C. R. von 1888 ab.

Lehre von den Erzlagerstätten,
worin die Paragenesis der Silicate erwähnt wird.

R. Beck, Lehre von den Erzlagerstätten (Berlin 1903).
F. Beyschlag, P. Krusch, J. H. L. Vogt, Lagerstätten d. nutzbaren Mineralien u. Gesteine (Stuttgart 1909/10/12).
J. F. Kemp, The ore deposits of the United States and Canada (New York 1900).
E. de Fuchs et H. de Launay, Traite des gites mineraux et métallifères. 2. Bd. (Paris 1893).
E. Pošepny, Die Genesis der Erzlagerstätten (Wien 1895).
A. W. Stelzner u. A. Bergeat, Erzlagerstätten (Leipzig 1904/06).

B. Spezielle Literatur.

Die speziell Paragenese der Mineralien behandelnden Bücher beschreiben entweder die Mineralien und ihr Vorkommen in einem bestimmten politisch oder geographisch abgegrenzten Gebiet (I), oder die Paragenese bestimmter Vorkommen (II). Es ist unmöglich, die Literatur vollständig oder auch nur zum größeren Teil anzuführen. Die ältere geologische und petrographische Literatur bis etwa 1840 enthält sehr viele mineralparagenetische Angaben. Ich habe mich mit einer Auswahl begnügen müssen, vermutlich sind mir manche wichtige Arbeiten entgangen. Für die Mineralien der Erzlagerstätten ist die Literatur nicht angeführt, da hierüber in den betreffenden Handbüchern Näheres zu finden ist.

I.

C. Leonhard, Topographische Mineralogie (Heidelberg 1843).
J. R. Blum, Pseudomorphosen des Mineralreichs (Stuttgart 1843—1852).

Deutschland.

H. Traube, Die Minerale Schlesiens (Breslau 1888).
E. Schulze, Lithia hercynica [Harz] (Leipzig 1895).
O. Luedecke, Die Minerale des Harzes (Berlin 1896).
A. Frenzel, Miner. Lexikon d. Kgr. Sachsen (Leipzig 1874).
G. Leonhard, Mineralien Badens. 3. Aufl. (Frankfurt 1870).
A. Knop, Der Kaiserstuhl im Breisgau (Leipzig 1892).
Th. Haege, Mineralien d. Siegerlandes usw. (Jena 1888).

F. v. Sandberger, Übersicht der Mineralien Unterfrankens usw. (1892).
Alb. Schmidt, Tabell. Übersicht d. Miner. im Fichtelgebirge u. Steinwald (Bayreuth-Wunsiedel 1903).
W. Bruhns, Nutzbare Miner. usw. im Deutschen Reich (Berlin 1906).
A. Putch, Mineralien d. Eifel u. angrenz. Gebiete (Aachen 1905).

Österreich.

V. v. Zepharovich, Mineralogisches Lexikon des Kaisertums Österreich. Bd. III, herausg. von F. Becke (Wien 1859—1893).
Hatle, Minerale Steiermarks (Graz 1885).
K. Schirmeisen, System. Verzeichnis mährisch-schlesischer Mineralien usw. (Brünn 1903).
F. Slavík, Zur Mineralogie Mährens. ZB. Min. etc. 1904, 303.
A. Sigmund, Die Minerale Niederösterreichs (Wien 1908).
V. Neuwirth, Wichtigste Mineralvork. im Gebiet des Hohen Gesenkes (1900).
H. Commenda, Übersicht der Mineralien Oberösterreichs (1886).
H. Höfer, Mineralien Kärntens (Klagenfurt 1870).
A. Brunlechner, Mineralien d. Herzogt. Kärnten (Klagenfurt 1884).
H. von Köchel, Die Mineralien d. Herzogt. Salzburg (Wien 1859).
E. Fugger, Mineralien d. Herzogt. Salzburg (Salzburg 1878).
W. Voss, Mineralien d. Herzogt. Krain (Laibach 1895).
F. Berwerth u. F. Wachter, Mineralien d. Rauris (Wien 1898).
L. Liebener u. J. Vorhauser, Mineralien Tirols (1852).
C. Doelter (Monzoni), Tsch. min. Mit. **17**, 176 (1875); **19**, 67 (1877). — J. k. k. geol. R.A. 1875, Heft 2.
G. vom Rath (Monzoni), Z. Dtsch. geol. Ges. **27**, 372 (1875).
F. Becke (Zillertal, Floiten), Tsch. min. Mit. **23**, 84 (1904).
F. von Richthofen, Geogn. Beschreib. von Predazzo usw. 1860.
M. Toth, Mineralien Ungarns (Budapest 1882) (ungar.).

Schweiz.

A. Kenngott, Die Mineralien der Schweiz usw. (Leipzig 1866).
L. Lavizzari, Escursioni nel Canton Ticino (Lugano 1863).

Italien.

A. d'Achiardi, Mineralogia della Toscana (Pisa 1872/73).
G. vom Rath, Geogn.-min. Fragmente aus Italien. Sitzber. niederrh. Ges. (Bonn 1867—1873).
L. Fantappié, Minerali nuovi etc. regione cimina. 1899.

Spanien.

S. Calderon u. C. A. Tenne, Mineralfundstätten der iberischen Halbinsel (Berlin 1902).
S. Calderon, Los minerales de Espana. 2. Bd. (Madrid 1911).

Frankreich.

A. Lacroix, Minéralogie de la France et de ses colonies (Paris 1893—1910).

Großbritannien.

J. H. Collins, Mineralogy of Cornwall and Devon (London 1876).
Greg and Letsome, Manual of the Mineralogy of Gr. Britain and Ireland (London 1858).
M. F. Heddle, The Mineralogy of Scotland. Ed. by Goodschild (Edinburgh 1901).

Skandinavien und Arktik.

G. Flink, Beiträge z. Miner. Schwedens. Ark. Kemi, Miner. Geol. **3**, Nr. 11 (1908).
Hj. Sjögren, Contributions to Swedish Miner. (Upsala 1892—1893).
O. B. Boeggild, Mineralogia Groenlandica (Kopenhagen 1905).
G. Flink in Meddelser von Grönland (Kopenhagen).
Die Abhandlungen im Guide du Congrès géologique internat. (Stockholm 1910).

Rußland und Balkan.

G. Rose, Miner-geogn. Reise nach dem Ural usw. (Berlin 1837—42); Guide du Congres geol. internat. St. Petersburg.
N. v. Kokscharow, Materialien zur Mineralogie Rußlands (St. Petersburg 1853—1891).
S. P. Popoff, Materialien zur Mineralogie der Krim. Bull. des. Natur. de Moscou 1907; ferner in Abhandlungen im Guide du VII. Congr. geol. intern. St. Petersburg 1897.
G. Zlatarski, Mineralien v. Bulgarien (in bulgar. Sprache) (1882).
A. Cordella, La Grece sous le rapport geolog. et mineralogique (Paris 1878).

Asien.

E. Tietze, Mineralreichtümer Persiens (Wien 1879).
A. H. Schindler, Über die Mineralreichtümer Persiens usw. (1881).
J. Mouchkétoff, Les richesses minérales du Turkestan russe (Paris 1878).

Ceylon und Indien.

F. Grünling, Mineralvorkommen v. Ceylon. Z. Kryst. **33**, 209 (1900).
A. C. Dixon, Rocks and minerals of Ceylon. Journ. Roy. Asiat. Soc., Ceylon Branche, **6**, Nr. 22 (1880).
F. R. Mallet, Mineralogy (Manual of the Geology of India Part. IV) (Kalkutta 1887).
A. Frenzel, Mineralogisches aus dem Ostindischen Archipel, Tsch. min. Mit. **3**, 289 (Leipzig 1880).

Japan.

Ts. Wada, Minerals of Japan. Engl. von T. Ogawa (Tokio 1904).
K. Jimbo, Notes of the minerals of Japan (Tokio 1899).

Süd-Amerika.

Domeyko, Mineralogia (Chile, Bolivien, Peru, Argentinien) (Santiago 1879—1884).
G. Bodenbender, Minerales etc. Rep. Argentina (Cordoba 1899).
G. Raimondi, Mineraux du Pérou. Trad. f. Martinet (Paris 1878).
E. Hussak, Contrib. mineralogicas etc. (Saõ Paulo 1890).

Vereinigte Staaten.

L. C. Beck, Mineralogy of the State of New York (Albany 1842).
G. F. Kunz, American gems and precious stones (Washington 1883 u. New York 1890).
L. W. Hobbs, Contrib. Min. Wisconsin. Bull. Univ. Wisc. Science, Ser. **1**, 109 (1895).
F. A. Genth, On the mineralogy of Pennsylvania (Harrisburg 1875—1876).
F. A. Genth, Miner. North Carolina Bull. geol. Surv. U.S. 74 (Washington 1891); California Mines and minerals publ. by the Californ. Miners Assoc. (S. Francisco 1899).
G. P. Merill, The non-metallic minerals etc. (New York 1904).
Die weitere Literatur ist hauptsächlich in den Veröffentlichungen des Geol. Surv. U.S. Washington enthalten.

Kanada.

G. Chr. Hoffmann, Minerals occurring in Canada. Geol. Surv. of Canada Ann. Rep. 1888/89 (Ottawa 1893).
W. H. Merritt, The minerals of Ontario (1888).
Die weitere Literatur ist hauptsächlich in den Veröffentlichungen des Geological Survey of Canada enthalten.

Australien.

A. Liversidge, The minerals of New South Wales (London 1884).
A. Liversidge, New Zealand minerals Otagi Museum (Dunedin 1877).

Afrika.

Höhnel, Rosiwal, Toula, Suess, Beiträge zur geol. u. miner. Kenntnis d. östl. Afrika (Wien 1891).

II.

Protopneumatolytische Vorkommen.

a) und b) Tiefengesteine und Ganggesteine.

1. Granit (jeweils Alkali- und Alkalikalkreihe).

S. L. Penfield, Mt. Antero, Colorado. Am. Journ. Sc. **40**, 488 (1890).
H. H. Bowman, Mineralvork. Haddam Neck. Conn., Z. Kryst. **37**, 98 (1902).
A. Schwantke, Drusenmineralien des Granits von Striegau (Leipzig 1896).
W. C. Brögger, Mineralien der Südnorwegischen Pegmatitgänge I (Kristiania 1906).
J. W. H. Adams, Pegmatitgänge in S. Piero in Campo auf Elba, Z. prakt. Geol. **17**, 499 (1909).
Fr. Molinari. Granit v. Baveno, Atti Soc. Ital. sc. nat. **28** (1885).
G. Struever, Granit v. Baveno, Atti R. Acc. Torino (1866).
E. Tacconi, Granit v. Monte Orfano, Atti R. Acc. Lincei [5] **2**, 355 (1903).
V. Dürrfeld, Drusen min. Waldsteingranit, Fichtelgebirge, Z. Kryst. **46**, 3 (1909).
W. E. Hidden, Mineral researches Llano Co. Texas, Amer. Journ. Sc. [4] **19**, 432 (1905).
L. Duparc, M. Wunder, R. Sabot, Mineraux Pegmatites Antsirabé à Madagascar (Genève 1910).
A. Lacroix, Matériaux mineraux Madagascar (Paris 1902—1903).
Ch. Warren and Ch. Palache, Pegmatite Riebeckite-Aegirite Granite, Quincy Mass. Proc. Am. Ac. A. Sc. **47**, 125 (1911) und Z. Kryst. **49**, 332 (1911).
J. Nordenskjöld, Pegmatit von Ytterby, Bull. Geol. Inst. Upsala **10** (1911).
Th. Vogt, Yttrofluorit in Pegmatit, nördl. Norwegen. ZB. Min. etc. 1911, 373.
E. S. Bastin, Pegmatites of Maine. Bull. geol. Surv. U.S. Nr. 445 (1911).
F. L. Hess, Minerals etc. Baringer Hill, Bull. geol. Surv. U.S. Nr. 340 (1908).
G. Linck, Pegmatite des Veltlin, Jenaer Zt. f. Nat. **33**, 315 (1899).
K. Vrba, Pegmatit Pisek, Böhmen. Acad. Sc. Fr. Jos. Prag 1895 und Z. Kryst. **24**, 112 (1895).
F. Kovař u. F. Slavík, Pegmatit Groß-Meseritsch, Verh. k. k. geol. R.A. 347 (1900).
O. Tenow, Albitpegmatite Stripasen Westmannland, Bull. of the geol. Inst. Upsala **5**[II], 267 (1901).
J. Knett, Pegmatitgänge Karlsbad, ZB. Min. etc. 1903, 292.
A. Lacroix, Pegmatite von Madagascar, Bull. Soc. min. 1902, 25 u. 85.
M. Weber, Pegmatite Lithiongranit, Z. Kryst. **37**, 433 (1903).
Thürach, Granit Spessart, Geogn. Jahresh. Kassel **5**, 72 (1893).

2. Syenit.

W. C. Brögger, Miner. Syenitpegmatitgänge Südnorwegens, Z. Kryst. **16**, 2 (1890).
E. Zschau, Mineral Syenit Plauenscher Grund, (Dresden 1857) und N. JB. Min. etc. 1852, 652.
F. Zambonini, Syenit von Biella, Z. Kryst. **40**, 206 (1905).
V. Ussing, Mineral. im grönländischen Nephelinsyenit Meddelser om Groenland **14** (Kopenhagen 1894).
Fr. D. Adams u. A. E. Barlow, Geological Survey of Canada. Memoirs 6. Haliburton and Bancroft Arcas (Ottawa 1910).
F. H. Holland, Korundpegmatit, Nephelinsyenit Sivamalaiberg, Indien, Mem. Geol. Surv. India **30**, 205 (1900).

Diorite usw. Diabas.

R. Brauns, Albit usw. in Diabas b. Marburg, N. JB. Min. etc. 1892, I, 1.

c) Ergußgesteine.

Wh. Cross, Topas und Granat in Rhyolith. Nathrop, Am. Journ. Sc. [3] **31**, 432 (1886).
Wh. Cross, Bull. geol. Surv. U.S., **20**, 81 (1885).
J. P. Iddings, Lithophysae etc. of acid lavas (esp. Yellowstone Nat. Park), Am. Journ. Science **30**, 58 (1885).
F. Cornu, Zeolithe böhm. Mittelgeb. Tsch. min. Mit. **22**, 370 (1903).

A. Bergeat, Äolische Inseln, Abh. Münch. Akad. **20**, Abt. 1 (1899).
J. Koenigsberger, Strombolicchio, Cerro. S. Cristobal, N. JB. Min. etc. Bl.-Bd. **32**, 101 (1911).
F. v. Richthofen, Bildung und Umbildung einiger Mineralien in Süd-Tirol, K. Ak. Wiss. Wien **27**, 293 (1857).
C. Doelter, Geolog. Bau, Gesteine, Miner., Monzoni Tirol, J. k. k. geol. R.A. **25**, 207 (1875).
J. Noeggerath, Achat-Mandeln in den Melaphyren. Ges. Abhdlg. III, 1. Abt. 147 (Wien 1849).
F. Gonnard, Zeolithe Puy de Dôme etc., Bull. Soc. min. **15**, 28 (1892).
H. Leitmeier, Basalt von Weitendorf, N. JB. Min. etc. Bl.-Bd. **27**, 219 (1909).
A. Lacroix, Mineralien im Andesit von Thera, C. R. 27. Dez 1897.
F. Gonnard, Zeolithe in Gesteinen v. Palagonia, Sizilien, Bull. Soc. min. **29**, 283 (1906).
A. Harker, The tertiary igneous rocks of Skye, (Glasgow 1904), 42 ff.
R. Görgey, Beitrag zur topographischen Mineralogie der Faröer, N. JB. Min. etc. Bl.-Bd. **29**, 269 (1910).
J. Deprat, Zeolithe Basalt Montzesta Sardinien, Bull. Soc. min. **31**, 181 (1908).
J. G. Goodchild, Naturgesch. schottischer Zeolithe, Trans. geol. Soc. Glasgow **12**, Suppl. 1903.
A. Pelikan, Gesteine mit primärem Analcim, Entstehung d. Zeolithe, Tsch. min. Mit. **25**, 113 (1906).
A. Himmelbauer, Paragenesis der Zeolithe aus den Melaphyren Südtirols, Mitt. Nat. Ver. Univ. Wien **8**, 89 (1910).
F. Slavík, Min. Quarzporphyre Kozakovberg, Z. Kryst. **36**, 203 (1902).
R. Hinterlechner, Drusen, Nephelintephrit, Verh. k. k. geol. R.A. **50**, 469 (1900).
E. Weinschenk, Drusen, Trachyt, Puzzuoli, Z. Kryst. **37**, 442 (1903).
S. P. Popoff, Drusen, Andesit, Krim, Refer. in N. JB. Min. etc. **2**, 32 (1904).
A. Schwantke, Mandeln, Anamesit, Vogelsberg, N. JB. Min. etc. 1905, 142.
G. A. Kenngott, Achatmandeln in d. Melaphyren nam. Theiss, Tirol (1850).
C. W. Gümbel, Chalcedonmandel Uruguay, Sitzber. Bayr. Ak. 1880, II, 241.
E. Streng, Einige Mineralien in Blasenräumen v. Basalten, N. JB. Min. etc. 1874, 561.
Leuze, Kalkspate im Basalttuff der Owener Bölle, Stuttgart, Württ. nat. Jahresh. 1880, 74.
P. Tripke, Die schlesischen Basalte u. ihre Mineralien, 1878.
A. E. Fersmann, Zeolithe Melaphyre Simferopol Krim. Trav. Mus. Pierre l. Gr. Ac. Imp. Petersb. **2**, 103 (1908).

I. Protokontakt (endogen und exogen).

A. Osann, Z. Dtsch. geol. Ges. **40**, 699 (1888) (Cordierit, Cabo de Gata).
G. vom Rath, Pogg. Ann. **152**, 40 (1874) (Cordierit, Laacher See).
R. Brauns, Die kristallinen Schiefer des Laacher Seegebiets und ihre Umwandlung zu Sanidinit (Stuttgart 1911).
A. Stelzner, Miner. körnigen Kalkes Argentiniens, Tsch. min. Mit. **4**, 230 (1873).
F. v. Tchihatcheff, Körnige Kalke von Auerbach-Hochstädten usw., Abh. hess. geol. L. I, Heft 4 (Darmstadt 1888).
A. Lacroix, Contact Ariège Pyrenäen, Bull. Soc. min. **24**, 14.
V. M. Goldschmidt, Die Kontaktmetamorphose im Kristianiagebiet, Videnskap. Scrift. Nr. 1 (Kristiania 1911).
G. Barrow and H. H. Thomas, Metam. Mineralien in Kalk, Cornwallis, Min. Mag. **15**, 113 (1908).
A. St. Warren, Kontakt an Granit, Am. Journ. **11**, 369 (1901).
B. Mierisch, Auswurfsblöcke des Mte. Somma, Tsch. min. Mit. **8**, 113 (1887).
A. Scacchi, Katalog der vesuvischen Mineralien, N. JB. Min. etc. II, 123 (1888).
M. Bradley, Warwickit, Orange Co. New York, Am. Journ. **27**, 179 (1909).
O. Mügge, Axinit in Diabas, ZB. Min. etc. 529 (1910).
K. Coomara-Swámy, Glimmerfels in Granit, Quat. Journ. geol. Soc. **57**, 185 (1901).
B. Lindemann, Kontaktmarmor, N. JB. Min. etc. Bl.-Bd. **19**, 220 (1904).
K. Coomara-Swámy, Krist. Kalke Ceylon, Z. Kryst. **39**, 82 (1902).
G. Munteanu-Murgoci, Granat-Vesuvianfels und Kluftmineralien, Rumänien, Ref. Z. Kryst. **36**, 649 (1902).
C. Hlawatsch, Contakt Monzonit Predazzo, Tsch. min. Mit. **22**, 502 (1903).

M. Bauer, Rubin usw., Kalk, Birma, Indien, N. JB. Min. etc. II, 197 (1896).
W. H. Hobbs, Kristallis. Mineral. aus dem „galena limestone“ von Wisconsin und Illinois. Z. Kryst. **25**, 272 und **26**, 678.
J. Vogt, Skapolithisation d. Gabbro, Oedegaarden, Norwegen, Z. prakt. Geol. 1895, 456.
G. D. Louderback und W. C. Blasdale, Benitoidfundort, Univ. of California Public. **5**, 331 (1909).
G. d Achiardi, Mineralien aus Marmor von Carrara, Atti Soc. Tosc. Sc. nat. **21**, 49, 236 (1905); **22**, 94 (1906).
K. Vrba, Gneis von Kuttenberg, Ref. in N. JB. Min. etc. I, 401 (1903). (Pegmatit. Fernwirkung pneumatolyt.)
F. Slavík, Serpentinkontakt Gr. Meseritsch, Böhmen. Akad. Fr. Jos. Prag 1903, 20.
V. Neuwirth, Zöptau, Verh. nat. G. Böhmen **39**, 198 (1900/01).
G. Flink, Tremolit in Dolomit Banar Rumän., Z. Kryst. **36**, 201 (1902).
B. K. Emerson, Korund usw. in Glimmerschiefer, Connecticut, Am. Journ. **14**, 234 (1902).
M. Bauer, Dolom. Marmore Birma. N. JB. Min. etc. 1896, II, 197.

II. Epigenetische Kontaktbildungen.

1. Mineralisch (in Erzgängen).

Die sehr umfangreiche Literatur ist in den anfangs zitierten Werken gegeben.

2. Fumarolar.

Aus der zahlreichen Literatur seit 1800 sind nur einige Untersuchungen erwähnt, in denen man die weiteren Hinweise findet. Man vgl. auch besonders die Literatur bei G. Mercalli, Vulcani attivi etc. (Milano, Hoepli 1907).

A. Brun, Recherches modernes sur le volcanisme. Rev. des Sciences **21**, 51 (1900).
A. Lacroix, L'éruption du Vésuve 1906. Rev. des Sciences **17**, 923 (1906).
O. Silvestri, Sull esplosione eccentrica dell'Etna del marzo 1883 (Catania).
F. Fouqué, Santorin et ses eruptions (Paris 1879).
Ch. St. Claire Deville, Bull. Soc. géol. 1856.
R. Bunsen, Über den inneren Zusammenhang usw. pseudovulkan. Ersch. Islands. Ges. Werke **3**, 38 (1904), aus Ann. d. Chem. **52**, 1, 97, 169.
A. Lacroix, L'action de fumerolles volcaniques sulfurées sur la serpentine. C. R. 8. mars 1897.
A. Lacroix, Minér. fumerolles Vésuve. Bull. Soc. min. **31**, 218 (1908).
E. H. Kraus u. W. F. Hunt, Sulphur and Celestite at Maybee, Michigan. Am. Journ. **21**, 237 (1906).
G. Spezia, Giacim. solfi-feri Sicilia (Torino 1892).
[Nicht epigenetisch nach O. Stutzer, Z. Dtsch. geol. Ges. 1911, 8.]
Th. Glanglaud, Pneumatolyt. thermal. Gravenoire Auvergne. Bull. Soc. géol. **12**, 145 (1901).

3. Epigenetisch-thermal.

a) Lokal.

A. Daubrée, Formation contemporaine des minéraux dans la source thermale de Bourbonne-les-Bains (Paris 1876).
A. Daubrée, Source thermale de Plombières. Bull. Soc. géol. **16**, 562 (1859).
H. Leitmeier, Absätze des Mineralwassers von Rohitsch-Sauerbrunn in Steiermark. Z. Kryst. **47**, 104 (1909).
F. Rinne, Andesit, Dacit, thermal. N. Celebes. Z. Dtsch. geol. Ges. **52**, 327 (1900).

b) Regional-diagenetisch.

K. Andrée, Flußspat in Sedimenten usw. Tsch. min. Mit. **28**, 535 (1909).
F. F. Graeff, Min. Drusenräume im Buntsandstein, Waldshut. Z. Kryst. **15**, 376 (1889).
W. Clemm, Verkieselung von Kalksteinen in Baden. Diss. (Freiburg i. B. 1909).
R. S. Bassler, Bildung von Geoden Silific. von Fossilien. Proc. U. S. Nat. Mus. Washington **35**, 133 (1905).
F. Gonnard, Quarz d. bitumin. Kalkstein, Limagne. Bull. Soc. min. **29**, 362 (1906).
F. Cornu, Fluorit regional Teplitzer Therme. Tsch. min. Mit. **25**, 234 (1906).

J. E. Hibsch, Tertiäre Fluoritgänge Böhmens. Tsch. min. Mit. **25**, 483 (1906).
P. Samoyloff, Baryt usw. in Ammonit Kislowodsk. Z. Kryst. **36**, 179 (1902).
F. Cornu, Hyalith in Erdbrandgesteinen. Tsch. min. Mit. **25**, 235 (1906).
G. B. Trener, Barytvork. Judikarien, Trient. Jahrb. k. k. Geol. R. **58**, 387 (1908).
P. Termier, Coelestin Djebel Berina. Bull. Soc. min. **25** (1902).

4. Epigenetisch-meteorisch.

G. A. Daubrée, Décomposition chimique par action mécanique, Bull. Soc. géol. (2) **24**, 421 (1867).
J. M. v. Bemmelen, Z. anorg. Chem. **22**, 313 (1900).
K. Endell, N. JB. Min. etc. Bl.-Bd. **31**, 1 (1911).
E. C. Sullivan, Interaction between minerals and water solution with special reference to geologic phenomena, Bull. geol. Surv. U.S., Nr. 312 (1907).
F. Cornu und H. Leitmeier, Über analoge Beziehungen zwischen den Mineralen der Opal-, Chalcedon-, der Stilpnosiderit-, Hämatit- und Psilomelanreihe, Koll.-Z. **4**, 285 (1909).

III. Protogene Mineralbildungen in Sedimenten
(zum Teil zu II. 3b überleitend).

A. Lacroix, Gyps von Paris etc. Nouv. Archive du Museum **9**, 201 (1897).
Werner, Pyrit und Markasit in Lettenkohle, Württ. nat. Jahrb. 1869, 133.
J. Samojloff, Barytkonkretion Juraton, Flußbett des Ichma, Z. Kryst. **36**, 172 (1902).
A. Dahms, Markasit in Bernsteinerde, Z. Kryst. **24**, 631 (1894).
C. A. Tenne, Markasit in Kalk, Hannover, Dtsch. geol. Ges. **37**, 537 (1885).
P. v. Jeremějew, Markasit, Ton, St. Peterburg, Z. Kryst. **24**, 502 (1894).
A. v. Lasaulx, Pyrit, Kulmsandstein Magdeburg, Niederrh. geol. Ges. Bonn 1883, 75.

IV. Epigenetisch-dynamometamorphe (alpine) Mineralbildungen.

H. B. de Saussure, Voyages dans les alpes (Neuchâtel 1779).
F. Lusser, Mineralfdorte. Schweiz. Zentralalpen. Schweiz. Denkschr. I. **1**, 149 (1829).
Chr. Lardy, Mineralfdorte. Schweiz. Zentralalpen. Schweiz. Denkschr. I. **2**, 200 (1833).
G. vom Rath, Geogn.-miner. Beob. im Quellgebiet d. Rheins. Z. Dtsch. geol. Ges. **14**, 369 (1892).
F. M. Stapff, Geol. Tabellen u. Durchschnitte v. Gotthardtunnel (Bern 1874/79).
L. Mrazec u. L. Duparc, Epidot, Rauchquarz, Montblanc. Arch. sc. phys. Genève **11**, 611 (1903).
P. Groth, Minerallagerstätten des Dauphiné. Sitzber. Bayr. Ak. **15**, 371 (1886).
E. Weinschenk, Minerallagerstätten, Groß-Venediger. Z. Kryst. **26**, 337 (1896).
J. Koenigsberger, Minerallagerstätten, Biotitprotogin, Aarmassiv. N. JB. Min. etc. Bl.-Bd. **14**, 43 (1901).
J. Koenigsberger, Minerallagerstätten, Tessinermassiv. N. JB. Min. etc. Bl.-Bd. **26**, 488 (1908).
J. Koenigsberger, Geolog. u. mineralog. Karte des Aarmassivs u. Erläuterungen (Freiburg i. B. 1910).
L. Desbuissons, La vallée de Binn (Lausanne 1909).
H. Baumhauer, Mineralien des Binnentals. Bull. Murith. Soc. sc. Valais (Sion 1905).
E. v. Fellenberg, Mineral. Westl. Aarmassiv. Beitr. z. geol. Karte d. Schweiz, Lief. 21 (Bern 1893).
F. Wiser, N. JB. Min. etc. 1835—1870.
G. Piolti, Sull'origine della magnesite di Casellette [Val di Susa] (Torino 1897).
G. Seligmann, Danburit Scopi etc. Verh. Nat. Ver. Rheinl. **40**, 100 (1883).
A. Lacroix, Glacier de la Meige (N. A.). C. R. **122**, 1429 (1896).
Th. Engelmann, Dolomit d. Binnentals v. Campolungo (Bern 1877).
E. Weinschenk, Dolomit. Ridnaun. Tsch. min. Mit. **21**, 72 (1903).
J. Struever, Alatal, N. JB. Min. etc. 1871, 341; 1888, II, 35; 1891, I, 1.
J. Struever, Min. Kalk, Gneis, Beura Ossola, R. Acc. d. Linc. **6** (1890).
Hessenberg, Pfitsch. Min. Notiz. **11** (1873).

L. Michel, Min. Tone Nyon, Bull. Soc. min. **15**, 27 (1892).
H. Wichmann, Schwarzkopf Fusch, Tsch. min. Mit. **8**, 338 (1897).
O. Pohl, Anatas, Turnerit Prägratten. Tsch. min. Mit. **21**, 472 (1903).
F. Berwerth, Gneis, Ankogl, Oberkärnten, Tsch. min. Mit. **20**, 356 (1901).
E. Weinschenk, Bemerkenswerte Minerallagerstätten d. Westalpen, Z. Kryst. **32**, 261 (1899).
J. Morozewicz, Miner. Tátragebirge Kosmos, **34**, 580 (1909) Lwow.
W. E. Hidden (Alexander Co. New York), Am. Journ. **21**, 159 (1881).
G. vom Rath (dass.) Z. Kryst. **10**, 487 (1885).
H. Bross, Dossenheimer Quarzporphyr, Jahresh. Verein Naturk. Württemberg, **66**, 64 (1910).
A. Himmelbauer, Mineralvork. von Niederösterreich, N. JB. Min. etc. 1911, 397.

Konstitution der Silicate.

Von **C. Doelter** (Wien).

Viele Arbeiten über diesen Gegenstand liegen vor, ohne daß wir bisher zu einem befriedigenden Resultate gelangt wären. Dieser im allgemeinen wenig günstige Erfolg erklärt sich aus den zahlreichen nicht geringen Schwierigkeiten, welche sich der Erkenntnis der chemischen Konstitution entgegenstellen, die z. T. in der schweren Zersetzbarkeit und in der Unlöslichkeit der Silicate, dann aber andererseits auch in den Schwierigkeiten des Experimentes überhaupt liegen. Obgleich nicht gerade wenig Experimentaluntersuchungen vorliegen, so ist doch ihr Resultat verhältnismäßig kein sehr großes, was vielleicht auch darin liegen mag, daß diese Untersuchungen nicht immer systematische waren. Jedenfalls sind derlei Arbeiten im Vergleiche mit analogen Untersuchungen anderer Gruppen weit zeitraubender und weniger Erfolg versprechende, so daß auch die Zahl der sich mit solchen beschäftigenden Forscher keine gerade bedeutende ist. Nicht geringe Schwierigkeiten gibt aber auch die Deutung der Versuchsresultate, wie auch die Untersuchung der erzielten Substitutionsprodukte.

Im allgemeinen ist im Anfang die Theorie den systematischen Untersuchungen vorausgeeilt, aber gerade diese ersten Theorien waren, wie begreiflich, auf zu unsicheren Boden gestellt, um zu Resultaten führen zu können.

Geschichtlicher Überblick.

Es soll unten besonders auf die neueren Ansichten eingegangen werden. J. Berzelius, J. W. Döbereiner und Smithson hatten nahezu gleichzeitig im Jahre 1811 dem Gedanken Ausdruck gegeben, daß die Silicate Salze einer Kieselsäure seien. Man betrachtete als Kieselsäure das Siliciumoxyd und dachte auch bereits für die Alumosilicate an Doppelsalze (Siliciumoxyd wurde übrigens damals und auch noch durch längere Zeit später nicht SiO_2 sondern SiO_3 geschrieben).

Eine Umwälzung der Ansichten fand durch A. Laurent[1]) statt, welcher nicht mehr eine, sondern mehrere Kieselsäuren unterschied. E. Frémy[2]) fand

[1]) A. Laurent, C. R. **23**, 1055 (1846).
[2]) E. Frémy, C. R. **40**, 1149 (1856).

die Existenz der Zinnsäuren, durch welche die Annahme der Polykieselsäuren eine große Stütze fand.

Diesen schlossen sich die wichtigen Arbeiten von A. Wurtz[1]) über die Kieselsäureester an, welche der Verfasser als ein Bindeglied zwischen organischer und anorganischer Chemie bezeichnete.

Während schon E. Frémy verschiedene Zinnsäuren nachgewiesen hatte, war durch die Arbeiten von A. Wurtz die Möglichkeit der Polykieselsäuren gegeben, während man bisher nur eine Kieselsäure gekannt hatte. Ähnliche Ansichten äußert Sterry Hunt. Weitere Arbeiten, welche jedoch zum größten Teil die bestehenden Ansichten weiter entwickelten, sind die von Golowinski, Ödling und A. Streng. F. Weltzien,[2]) welcher auf den Polykieselsäuren basiert, schloß sich der Typentheorie an. Es seien noch die Namen von Schiff, Lawrow, Städeler genannt.

Die Unterscheidung des Konstitutionswassers von dem Kristallwasser, auf welche namentlich A. Damour[3]) und Bödeker,[4]) dann auch A. Laurent[5]) sowie C. F. Rammelsberg[6]) aufmerksam machten, war sehr wichtig; doch war diese Unterscheidung oft einigermaßen willkürlich, wodurch der Hypothese viel Spielraum gegeben war.

Durch die Feldspatarbeit von G. Tschermak[7]) wurde ein sehr großer Fortschritt ermöglicht, denn viele Silicate mit komplizierten Formeln erschienen nun einfach zusammengesetzt. Die Anwendung der Mischungstheorie schuf ganz neue Gesichtspunkte. Ihre Anwendung auf Pyroxene, Skapolithe, Glimmer, Chlorite und andere komplizierte Gruppen ermöglichte eine einfachere Anschauung.

Unermüdlich suchte C. F. Rammelsberg durch zahlreiche Analysen Licht in die verworrenen Verhältnisse zu bringen. Allerdings hielt er zum Teil an den alten Ansichten von J. Berzelius fest, weshalb er nur eine Kieselsäure annimmt; von der Metakieselsäure ausgehend, unterscheidet er Bisilicate und Trisilicate.

Für die wichtige Gruppe der Alumosilicate vertrat C. F. Rammelsberg die Ansicht, daß sie Doppelverbindungen darstellen, bestehend aus einem einfachen Silicat, $RSiO_3$ und einem Alumosilicat, z. B. $Al_2Si_3O_9$. C. F. Rammelsberg suchte derart die komplexen Silicate in einfache aufzulösen, wobei er jedoch stets auch die isomorphen Mischungen in ihre Komponenten aufzulösen bestrebt war.

Bisher hatte man nur wenig Strukturformeln aufzustellen sich bemüht; durch die Fortschritte der organischen Chemie angeeifert, traten dann die Bestrebungen, Konstitutionsformeln herauszufinden, häufiger auf. K. Haushofer[8]) stellte bereits 1874 für alle wichtigeren Silicate Strukturformeln auf, welche jedoch, da sie auf keiner Grundlage beruhten, weniger Wert haben konnten, obgleich er bereits die Umwandlungs- und Zersetzungsprozesse heranzog.

---

[1]) A. Wurtz, Ann. chim. et phys. **69**, 369 (1863). — Leçons de philos. chim. Paris (1864).

[2]) F. Weltzien, Syst. Übersicht d. Silicate (Gießen 1864).

[3]) A. Damour, C. R. **40**, 942 (1855).

[4]) Bödeker, Natürl. Silicate (Göttingen 1857).

[5]) A. Laurent, Ann. chim. et phys. **21**, 54 (1847).

[6]) C. F. Rammelsberg, Zeitschr. Dtsch. geol. Ges. **21**, 115 (1869).

[7]) G. Tschermak, Sitzber. Wiener Ak. 1864, 566; 1869, 145.

[8]) H. Haushofer, Konstit. d. natürl. Silicate (Braunschweig 1874).

Seine Formeln zeichnen sich übrigens durch große Kompliziertheit aus. Die Strukturformeln von V. Wartha[1]) und von Safaršik[2]) sind an die der organischen Chemie angepaßt.

Weitere Versuche unternahm V. Goldschmidt,[3]) wodurch manche neue Gesichtspunkte eröffnet wurden.

Andere Arbeiten beschäftigen sich insbesondere mit den Alumosilicaten, und mit der Rolle des Aluminiums in den Silicaten. Während früher Al_2O_3 als Basis allein betrachtet wurde, haben doch mehrere Forscher frühzeitig erkannt, daß infolge der amphoteren Stellung des Aluminiums, die Tonerde auch als Säure wirken könnte; namentlich waren es Bonsdorff[4]) sowie Th. Scheerer,[5]) welche diese Ansicht aufstellten, obgleich schon früher gelegentlich diese Meinung ausgesprochen wurde. D. A. Brauns[6]) hat sie in einer zu wenig gewürdigten Schrift entwickelt und auch V. Wartha hat sie verfochten.

J. Lemberg, welcher niemals für seine Versuche Formeln gab und nicht einmal seine Reaktionen durch solche darstellte, hat jedenfalls sehr viel dazu beigetragen, die Konstitution der Silicate zu klären; der experimentelle Weg ist von nun an wichtiger als der rein theoretische geworden. Diesen verfolgten St. J. Thugutt, F. W. Clarke und seine Mitarbeiter E. Schneider und G. Steiger.[7]) Leider sind die Schwierigkeiten, welche sich der experimentellen Erforschung entgegenstellen, zu groß, um ein rasches Resultat zu ermöglichen.

In theoretischer Hinsicht sind noch die Ansichten von P. Groth[8]) anzuführen, sowie auch die Arbeit von W. Vernadsky[9]) über die Struktur der Silicate; letztere wird hier noch ausführlich zu behandeln sein, da ihr eine wichtige Hypothese zugrunde liegt, nämlich daß die Tonerde an die Kieselsäure gebunden sei.

Ich erwähne noch die Namen L. Bombicci, W. Pufall, C. Simmonds, R. Gans, F. Zambonini, auf welche später zurückzukommen sein wird.

Vor ganz kurzer Zeit, während des Niederschreibens dieses Aufsatzes, erschien ein sehr ausführliches Werk über Silicate von W. Asch und D. Asch,[10]) welches einen vortrefflichen Überblick auf die bisherigen Forschungen gewährt und welches eine neue originelle Strukturtheorie bringt. Wenn auch gegen diese sich vielfach Widerspruch erheben dürfte, so muß anerkannt werden, daß sowohl durch sachgemäße Kritik älterer, stark hypothetischer Ansichten, als auch durch vielfache Anregungen dem Werke eine gewisse Bedeutung zukommt, um so mehr als auch die Literatur sehr gut benützt wurde, dann aber auch die vorliegenden experimentellen Arbeiten als Basis der Theorie angenommen wurden.

---

[1]) V. Wartha, Liebigs Ann. d. Chem. **162**, 330 (1873).
[2]) Safaršik, Abh. böhm. Ak. [6], 7 (1874).
[3]) V. Goldschmidt, Z. Kryst. **18**, 25 (1889).
[4]) Bonsdorff, Ann. chim. et phys. **20**, 28 (1822).
[5]) Th. Scheerer, Pogg. Ann. **70**, 545 (1847).
[6]) D. A. Brauns, Habilit.-Schrift, (Halle 1874).
[7]) G. Steiger, Literatur siehe S. 87.
[8]) P. Groth, Tabellar. Übers. d. Miner. (Braunschweig 1898).
[9]) W. Vernadsky, Z. Kryst. **34**, 37 (1901).
[10]) W. Asch u. D. Asch, Die Silicate in chem. u. techn. Beziehung (Berlin 1911).

Hilfsmittel zur Erkennung der Konstitution der Silicate.

Außer der rein theoretischen Betrachtung, welche natürlich sehr hypothetisch ist, haben wir insbesondere den experimentellen Weg zu unserer Verfügung. Leider ist dieser ein recht beschränkter, da der in der organischen Chemie übliche Weg des Ersatzes einzelner Atome oder Atomgruppen hier nur in ganz wenig Fällen anwendbar ist. Die Zerlegung ist eben in den meisten Fällen eine zu vollständige und kann meistens nicht beliebig reguliert werden.

Zur teilweisen Zerlegung, um den Bau kennen zu lernen, stehen uns zur Verfügung die Behandlung mit Gasen, welche eine teilweise Zersetzung liefern können, die mit Säuren, ferner auch mit verdünnten Lösungen, welche am besten geeignet sind, Substitutionsprodukte zu erhalten, oder in einzelnen Fällen auch mit konzentrierten Metallsalzlösungen. Endlich steht uns noch der trockene Weg der Erhitzung in Gasen bei sehr hoher Temperatur oder auch im Schmelzflusse zur Verfügung oder die Umwandlungen im Schmelzflusse.

Alle diese Untersuchungsmethoden haben aber gewisse Nachteile und die erhaltenen Resultate müssen daher, was ihre Verwertbarkeit anbelangt, manche Bedenken hervorrufen.

Der nasse Weg wird im allgemeinen vorzuziehen sein, aber auch hier müssen die Schlüsse auf die Konstitution mit großer Vorsicht gezogen werden. Man kann vom theoretischen Standpunkte aus durch Isolierung der Säuren am ehesten Schlüsse auf die vorhandenen Salze ziehen und es wäre hier die von G. Tschermak angewandte Methode jedenfalls vom theoretischen Standpunkt die am meisten Erfolg versprechende. Diese ist jedoch heute noch in der Entwicklung begriffen und es muß erst die mögliche Genauigkeit festgestellt werden, ehe sich eine definitive Anschauung entwickeln läßt, auch sind noch spezielle Untersuchungen notwendig um festzustellen, ob der isolierten Säure in der Verbindung wirklich diese entspricht (vgl. S. 82).

Weiter ist es wichtig, durch Zersetzung herausgeschälte Kerne (wie bei den Arbeiten von J. Thugutt[1]) zu erkennen. Wie wir sehen werden, gelang es ihm bei einer Reihe von Silicaten, ein Silicat $R_2Al_2Si_3O_{10}$ als Rest nachzuweisen, während meistens Alkalialuminat in Lösung ging. Auch andere Forscher haben Untersuchungen ausgeführt, die zur Aufstellung von Kernen führten, welche allerdings nicht immer übereinstimmende waren. Es tritt nun die Frage auf, ob wir berechtigt sind, solche isolierte Silicate als in der ursprünglichen Verbindung vorhanden zu betrachten. Wenngleich dies jedenfalls Wahrscheinlichkeit besitzt, so kommt hier doch noch ein anderes Moment in Betracht, nämlich die Stabilität der Verbindungen, welche wieder von einem anderen Faktor abhängig ist, nämlich von der Temperatur, bei welcher die Zersetzung vor sich gegangen ist. Durch meine synthetischen Versuche der Zeolithbildung,[2]) im Zusammenhange mit anderen ähnlichen Versuchen, dürfte es nachgewiesen sein, daß sich aus Lösungen, welche z. B. Natrium, Aluminium und Kieselsäure nebst Wasser enthalten, je nach der Temperatur entweder Natrolith oder Analcim bildet. So haben verschiedene Experimentatoren Analcim stets bei Temperaturen von zirka 180° an aufwärts erhalten. Dagegen bildet sich der Natrolith bei Temperaturen unterhalb dieser. Wenn also J. Thugutt stets Natrolith als Zersetzungsprodukt erhielt, so kann dies z. T. wenigstens

[1]) St. J. Thugutt, N. JB. Min. etc. Beil.-Bd. **10**, 554 (1891).
[2]) C. Doelter, Tsch. min. Mit. **25**, 78 (1906).

auch damit im Zusammenhange stehen, daß bei seinen Versuchstemperaturen die Stabilität dieses Silicats größer war als die anderer Natrium-Aluminiumsilicate. Daher müßten diese Versuche noch durch solche bei höherer Temperatur ergänzt und versucht werden, ob bei solchen sich nicht etwa Analcim bildet.

Sehr wichtig sind die Pseudomorphosen; wenn sich jedoch aus diesen bisher nicht so viele Schlüsse ziehen ließen, so hängt dies wieder damit zusammen, daß wir nur die Anfangsprodukte und die Endprodukte der Reaktionen, nicht aber die Reagenzien kennen und auch etwaige Zwischenreaktionen, die in vielen, ja wohl in den meisten Fällen eingetreten sind, uns entgehen.

Im allgemeinen kann man aus den vorhandenen Experimentaluntersuchungen, wie auch aus den Pseudomorphosen immerhin den Schluß ziehen, daß die experimentell erhaltenen Verbindungen, z. B. in den früher erwähnten Fällen, das Natrolithsilicat die stabile Verbindung ist, und aus der Stabilität lassen sich weitere Schlüsse ziehen. Nur ist es notwendig, bei verschiedenen Temperaturen Versuchsreihen auszuführen, denn die Stabilität hängt ja z. T. von dieser ab.

Daß der Satz von der Abhängigkeit der erhaltenen Reaktionsprodukte von der Temperatur richtig ist, wird auch durch die Versuche bei hoher Temperatur bewiesen, namentlich jenen, bei denen es sich um Ausscheidung aus Schmelzfluß handelt. Es wäre aber unrichtig, diese überhaupt nicht bei den Fragen, welche die Konstitution der Mineralien betreffen, zu berücksichtigen; gewisse Schlüsse lassen sich aus der Stabilität im Schmelzfluß ziehen; nur muß man hier noch die Kristallisationsfähigkeit berücksichtigen, nämlich den Umstand, daß manche Silicate infolge zu geringen Kristallisationsvermögens, auch wenn sie stabil wären, nicht kristallisieren können.

Meiner Ansicht nach müssen beide Versuchsmöglichkeiten, sowohl auf nassem Wege, wie auch aus Schmelzfluß berücksichtigt werden, schon deshalb, weil ein prinzipieller Unterschied zwischen Schmelzen und Lösungen überhaupt nicht besteht. Im Schmelzfluß finden nun Reaktionen statt, welche zur Bildung gewisser stabiler Mineralien führen, so ergibt der Granat, wenn er kalkhaltig ist Anorthit ($CaAl_2Si_2O_8$), der Albit ($NaAlSi_3O_8$) Nephelin, der Talk Enstatit usw. (vgl. S. 99); diese Reaktionen im Schmelzfluß ergeben auch für die Konstitution der betreffenden Silicate Beziehungen, welche verwertbar sind.

Ferner ist die Umsetzung von Silicaten wichtig, wie Glimmer, Hornblende, Leucit und anderer bei hoher Temperatur unter dem Einfluß von Gasen, wie F, Cl; sie zeigen ebenfalls Konstitutionsverwandtschaften an, wie die Bildung von Leucit aus Kaliglimmer, von Biotit (Magnesiaglimmer) aus Hornblende, Meionit aus Augit, von Spinell aus Augit und andere (vgl. Bd. I, S. 698).

Auch andere Zersetzungen in Gasen, wie sie von F. W. Clarke und G. Steiger,[1]) von P. Silber[2]) u. a. ausgeführt wurden, sind wichtig.

Im ganzen sind die von uns bisher geübten Methoden noch keine sehr zahlreichen und sind daher auch die erzielten Resultate keine besonders günstigen. Es müßten, um die einschlägigen Fragen zu lösen, wohl neue Methoden ersonnen und umfassende Versuchsreihen durchgeführt werden.

---

[1]) F. W. Clarke und G. Steiger, Am. Journ. chem. **9**, 11, 345 (1900); **13**, 27, 343 (1902). — Z. anorg. Chem. **29**, 338 (1902).

[2]) P. Silber, Ber. Dtsch. Chem. Ges. **14**, 941 (1885).

Zusammensetzung von Silicaten aus isomorphen Komponenten.

Namentlich seit der Erklärung der verschiedenen Plagioklase als Mischkristalle zweier Komponenten, Albit und Anorthit durch G. Tschermak wurde der Versuch, auch andere komplexe Silicate auf analoge Weise als Mischkristalle zweier oder mehrerer Komponenten zu erklären, von verschiedenen Seiten unternommen.

Dabei müssen aber jene Fälle unterschieden werden, bei welchen eine vollkommene Analogie mit den Feldspaten, nämlich die Kenntnis der Komponenten selbst vorlag, und solche, bei welchen die Komponenten unbekannt waren und nur aus den Mischungen konstruiert werden konnten. Erstere Fälle sind nicht sehr zahlreich. Wir können in diese Kategorie einreihen die Diopsidgruppe, einen Teil der Granate, die Olivine.

In anderen Fällen, wie bei den Pyroxenen, Amphibolen, Glimmern, Skapolithen u. a., war oft nur ein Glied, also eine Komponente bekannt und die zweite mußte aus den Analysen erst konstruiert werden. Noch komplizierter gestaltete sich die Aufgabe, wenn drei oder mehr Komponenten wie z. B. bei den Pyroxenen angenommen werden mußten oder gar dann, wenn der Fall vorlag, daß keine der Komponenten isoliert werden konnte wie z. B. bei den Turmalinen.

Daraus ist ersichtlich, daß die Frage, welche bei den Feldspaten sehr einfach lag, in anderen Fällen, wie bei den zuletztgenannten Gruppen, äußerst kompliziert und deren Lösung immer mehr hypothetisch wurde. Wenn daher in den einfachen Fällen eine einfache und eindeutige Beantwortung erfolgen konnte, war dies bereits bei den Pyroxenen beispielsweise nicht mehr der Fall und in noch komplizierteren Gruppen, wie bei den Turmalinen waren viele Deutungen möglich.

Allgemeines über Isomorphie. — Wir müssen hier eine Abschweifung auf das Gebiet der Isomorphie machen und diesen Begriff präzisieren. Ursprünglich war man der Ansicht, daß Isomorphie nur durch das Vorkommen von sog. vikariierenden Elementen zustande kommen könnte, so daß auch nur bei ganz analoger Formel Isomorphie denkbar war. Schon aus dem Vergleiche von Stoffen, welche wie die Feldspate unzweifelhaft isomorph waren, geht jedoch hervor, daß Isomorphie auch in anderen Fällen möglich ist. Immerhin war aber die Anschauung, daß Isomorphie bei nicht analoger Formel unmöglich sei, derart eingewurzelt, daß G. Tschermak (dessen Feldspattheorie ja anfangs heftigen Anfechtungen ausgesetzt war, welche z. T. darin begründet waren, daß eine analoge Formel bei den Feldspaten $CaAl_2Si_2O_8$ und $Na_2Al_2Si_6O_{16}$ nicht vorlag) zur besseren Anschauung der Isomorphie sich veranlaßt sah, die Analogie durch Verdoppelung der Formel von $CaAl_2Si_2O_8$ hervortreten zu lassen. Seither haben wir die Erfahrung gemacht, daß Isomorphie auch in Fällen möglich ist, wo eine solche Analogie nicht in dem Maße vorlag, wie in den vor fünfzig Jahren bekannten Fällen. Freilich stellte noch im Jahre 1890 A. Arzruni die beiden Silicate Albit und Anorthit nicht zu den isomorphen, sondern zu den morphotropen Verbindungen.

Wir sind wohl berechtigt, aus dem Tatsachenmaterial den Schluß zu ziehen, daß insbesondere isomorphe Mischkristalle nicht nur bei Verbindungen möglich sind, deren Formelanalogie ganz klar ist, sondern auch in Fällen, in denen eine solche nicht vorliegt.[1])

[1]) C. F. Rammelsberg, N. JB. Min. etc. 1884, II, 67.

Wir unterscheiden heute verschiedene Grade der Isomorphie, wobei bei geringerer Verwandtschaft eine Mischbarkeit auch ohne vollständige Analogie möglich erscheint.

Mischbarkeit. Das Vorkommen jener Verbindungen, welche man als massenisomorphe bezeichnet hat, wie z. B. die komplexen borowolframsauren Salze, dann die anomalen Mischkristalle, bei welchen eine Analogie der Formel nicht mehr eintrifft, zeigt, daß wenn sich zwar Mischkristalle leichter und öfter bilden, wo Stoffe sich mischen, die eine ähnliche chemische Konstitution besitzen, doch auch Fälle denkbar sind, in welchen Mischkristalle solcher Komponenten entstehen, die nur eine geringere chemische Ähnlichkeit in ihren Formeln aufweisen. Besonders zeigt uns dies das Studium der festen Lösungen. Nach den neueren Forschungen zu urteilen, sind nicht nur in der Natur feste Lösungen sehr verbreitet, sondern insbesondere die synthetischen Arbeiten haben uns gezeigt, daß Stoffe feste Lösungen bilden können, welche keine Formelanalogie aufweisen.

Schon W. Brügelmann[1]) hatte zu beweisen versucht, daß sehr verschiedene Verbindungen zusammen kristallisieren können. Wenn auch viele seiner Versuche nicht exakt waren, so dürfte doch die Ablehnung seiner Anschauungen, welche zum Teil deshalb erfolgte, weil damals die Ansicht, daß nur analoge Stoffe zusammen zu kristallisieren imstande seien, eine allgemeine war, nicht ganz begründet gewesen sein. Die vielen später erfolgten Versuche zeigten dann, daß solche feste Lösungen möglich seien. Ein sehr gutes Beispiel ist der Nephelin, welcher nach der Formel $NaAlSiO_4$ in der Natur nicht vorkommt und der nur bei Zusatz von Leucitsilicat $KAlSi_2O_6$ stabil erscheint.[2])

Solche kalisilicathaltige Nepheline habe ich[3]) bereits im Jahre 1886 dargestellt, es sind feste Lösungen von Leucitsilicat in vorherrschendem Nephelinsilicat. Neuerdings zeigten A. Day und Mitarbeiter,[4]) daß der Akermanit $4CaO.3SiO_2$ nur dann stabil wird, wenn ihm kleinere Mengen von CaO und MgO beigemengt werden. Auch in einer anderen Klasse von Verbindungen, den Sulfiden, zeigt der Magnetkies FeS im reinen Zustande keine Stabilität, sondern nur wenn er kleinere Mengen von S in fester Lösung enthält, und der in der Natur vorkommende Magnetkies hat dementsprechend die Formel $Fe_{11}S_{12}$.

Insbesondere durch die in den letzten Jahren ausgeführten synthetischen Arbeiten wurde die allgemeine Verbreitung von Mischkristallen bekannt, welche ein Silicat aufweisen, das ein anderes nicht analoges zweites Silicat oder sogar ein Oxyd, wenigstens in kleineren Mengen in fester Lösung aufzunehmen imstande ist. Ich verweise in dieser Hinsicht auf die Arbeiten von R. Wallace,[5]) von N. V. Kultascheff,[6]) von H. van Klooster[7]) (s. Bd. I, S. 749 ff.).

[1]) W. Brügelmann, Über Kristallisation (Leipzig 1886); vgl. auch Chem. ZB. 1882 und 1883.
[2]) Nach J. Thugutt wäre statt dieses Silicats $K_2Al_2Si_3O_{10}$ vorhanden, was ja auch möglich wäre.
[3]) C. Doelter, Z. Kryst. **9**, 321 (1884).
[4]) A. Day, Tsch. min. Mit. **26**, 169 (1907).
[5]) R. Wallace, Z. anorg. Chem. **63**, 3 (1908).
[6]) N. V. Kultascheff, vgl. Bd. I, 750.
[7]) H. van Klooster, Z. anorg. Chem. **69**, 135 (1910).

Man hat sogar die Ansicht ausgesprochen, daß ein Silicat wie $CaSiO_3$ imstande sei, $CaCl_3$ und CaF_2 in fester Lösung aufzunehmen, ebenso $MnSiO_3$ Schwefel, was, solange es sich nicht um größere Mengen handelt, nicht unmöglich erscheint.[1]) Dann wäre auch auf die zahlreichen isodimorphen Mischungen hinzuweisen; so kann Diopsid $CaMgSi_2O_6$ größere Mengen von $MgSiO_3$ in fester Lösung aufnehmen, und dieser Fall ist kein vereinzelter (s. Bd. I, S. 785).

Wenn nun solche feste Lösungen von Stoffen, die keine Analogie der Formel oder nur eine geringe zeigen, möglich sind, so kann man nicht mehr behaupten, daß zur Erklärung von Silicaten mit komplizierter Formel nur solche Verbindungen heranzuziehen seien, welche analoge Formel besitzen, wenn dies auch weitaus der häufigere Fall sein mag.

Mischkristalle von Verbindungen, bei welchen die Summe der Valenzen die gleiche ist. — Wenn gegenwärtig aus dem Beispiele der Feldspate, die ja chemisch nicht analog genannt werden können, da ja der Anorthit als Orthosilicat, der Albit als saures Silicat gedeutet wird, sich zeigt, daß genaue Formelübereinstimmung nicht unbedingt notwendig ist, so glaubte doch, wie schon erwähnt, der Begründer der Feldspattheorie, G. Tschermak, die damals notwendig erscheinende Analogie durch Verdoppelung der Formel hervortreten lassen zu müssen und darauf hinzuweisen, daß durch diese Verdoppelung die Summe der Valenzen bei beiden Feldspatkomponenten dieselbe ist. In der Folge hat man stets in jenen Fällen, in welchen man als Mischungskomponenten hypothetische Silicate wie bei Pyroxenen, Amphibolen, Glimmern, Chloriten und Skapolithen, um nur die wichtigeren Gruppen zu nennen, aufzustellen gezwungen war, ausschließlich solche Silicate als Komponenten angenommen, bei welchen diese Bedingung der gleichen Valenzsumme erfüllt war.

Es bedeutete nun gegenüber der älteren Anschauung einen beträchtlichen Fortschritt, daß statt der Vertretung von nur isomorphen Elementen auch die durch Atomgruppen möglich erschien; später nahm man jedoch auch die Vertretung von solchen Atomgruppen an, welche nicht eine solche greifbare Analogie der Formel, wie die von G. Tschermak aufgestellten, zeigten, sondern man machte die weitere Hypothese, daß auch Vertretung von Atomgruppen, die eine oder zwei freie Valenzen enthielten, möglich sei. So nimmt P. Groth[2]) bei manchen Silicaten eine Gruppe Al—OH an, ferner wurde auch die Gruppe H—O als einwertige Gruppe als Vertreterin einwertiger Metalle eingeführt, ebenso die Gruppe B—O und andere.

Solche Vertretungen sind nun allerdings nicht unmöglich, in manchen Fällen sogar wahrscheinlich, aber es ist doch im allgemeinen durch die Annahme, daß isomorphe Mischungen nur solcher Komponenten möglich seien, welche gleiche Valenzsummen aufweisen, eine Hypothese eingeführt, deren Notwendigkeit nicht begründet erschiene, wenn sich die immerhin wahrscheinliche Ansicht bewahrheitet, daß feste Lösungen auch in anderen Fällen möglich sind. Das experimentelle Material ist heute noch nicht so groß, daß man mit Sicherheit die Behauptung aufstellen könnte, daß viele Silicate aus Komponenten bestehen, welche überhaupt keine solche vollkommene Analogie der Formel zeigen, aber sie ist wahrscheinlicher geworden. Zur Prüfung der Frage, wie weit man berechtigt ist, hypothetische Komponenten aufzustellen, welche die

[1]) A. Woloskow, Ann. d. l'Inst. polytechn. St. Pétersbourg **15**, 421 (1911).
[2]) P. Groth, Tabell. Übersicht der Mineralien (Braunschweig 1898).

gleiche Valenzsumme aufweisen, steht uns, namentlich soweit es sich um Silicate handelt, die aus Schmelzfluß herstellbar sind, das Experiment zu Gebote.

Die Zusammensetzung der Tonerde-Augite. — Während C. F. Rammelsberg[1]) die Tonerde-Augite als Mischungen von $CaMgSi_2O_6$ mit Al_2O_3 erklärte, was nach den damaligen Anschauungen sehr unwahrscheinlich erschien, stellte G. Tschermak die plausiblere Ansicht auf, daß die Komponenten $CaMgSi_2O_6$ und $MgAl_2SiO_6$ seien. Nach den heutigen Ansichten erscheint die Rammelsbergsche Ansicht nicht mehr so unwahrscheinlich wie damals. Die Tschermaksche Ansicht verlangt, daß in den Pyroxenanalysen stets der Gehalt an Mg größer sei als in $CaMgSi_2O_6$, also daß Mg > Ca sei.

Die Frage, ob die Pyroxene Mischungen von Diopsid mit Al_2O_3 und Fe_2O_3 sind oder ob diese letzteren Oxyde nicht als feste Lösungen, sondern in Silicaten wie $MgAl_2SiO_6$ enthalten sind, läßt sich sowohl auf analytischem als auf synthetischem Wege lösen. Wenn die erste Hypothese die richtige ist, so muß in allen Analysen die Mg Menge größer sein als die Menge des Ca. Nachdem schon G. Tschermak,[2]) welcher diese Ansicht zuerst vertreten hat, darauf hingewiesen hat, daß bei vielen Pyroxenen Ca < Mg sei, habe ich[3]) eine größere Anzahl von Pyroxenanalysen ausgeführt, um die genannte Hypothese zu prüfen. Ich kam zu derselben Ansicht wie G. Tschermak, mußte aber noch andere Silicate annehmen. Im weiteren Verlaufe meiner Untersuchungen[4]) stellte es sich heraus, daß die Ansicht nur dann mit den Tatsachen in Einklang steht, wenn man eine große Anzahl von Silicaten annimmt, welche selbständig nicht in der Natur vorkommen, nämlich:

$$MgAl_2SiO_6$$
$$MgFe_2SiO_6,$$
$$CaAl_2SiO_6,$$
$$CaFe_2SiO_6,$$
$$FeFe_2SiO_6.$$

Insbesondere die natronhaltigen Pyroxene nötigen, wenn wir sie durch die genannte Hypothese erklären wollen, zu einer beträchtlichen Komplikation. Im ganzen kann man sagen, daß durch die Analysen die genannte Ansicht zwar immerhin erklärlich erscheint, daß jedoch dies nur möglich ist unter Annahme einer großen Anzahl derartiger isomorpher hypothetischer Silicate. Wenn trotzdem die meisten Forscher sich dieser Tschermakschen, von mir weiter entwickelten Ansicht angeschlossen haben, so war für sie wie auch für mich der Hauptgrund in der Unwahrscheinlichkeit der Rammelsbergschen Hypothese gelegen, da man ja zu jener Zeit eine Mischbarkeit eines Silicats mit einem Oxyd als unmöglich hielt.

Darüber belehren uns jedoch viele Schmelzversuche, daß solche Mischungen möglich sind. So gelang es R. Wallace,[5]) nicht-isomorphe Oxyde, wie Na_2O und Al_2O_3 zusammen zu schmelzen und Mischkristalle zu erhalten. Nephelin ($NaAlSiO_4$) kann nach ihm bis zu 50% $NaAlO_2$ aufnehmen. Ebenso nimmt

---

[1]) C. F. Rammelsberg, Mineralchemie (Leipzig 1875) u. N. JB. Min. etc. 1884, II, 67.
[2]) G. Tschermak, Min. Mitt. Beil. Jahrb. k. k. geol. R.A. 1871, 1.
[3]) C. Doelter, Min. Mitt. Beil. Jahrb. k. k. geol. R.A. 1877, 279 und Tsch. min. Mit. **1**, 49; **2**, 193 (1879).
[4]) C. Doelter, Tsch. min. Mit. **3**, 450 (1881).
[5]) R. Wallace, Z. anorg. Chem. **63**, 1 (1909).

Natriumsilicat bis zu 19,7 % SiO_2 auf. N. Kultascheff[1]) hatte nur die Grenze von 6,5 % gefunden. R. Wallace stellte auch Sillimanite (Al_2SiO_5) mit schwankendem Gehalt an Al_2O_3 her. Auch E. S. Shepherd und G. Rankin[2]) fanden, daß Korund (Al_2O_3) mit kleineren Mengen von Sillimanit Mischkristalle bilden kann. [Vgl. auch H. W. Footes und W. M. Bradleys Ansicht über Nephelin.[3])]

Nach H. van Klooster[4]) kann Li_2SiO_3 bis 20,3 % SiO_2 aufnehmen. Andere Fälle wurden früher angeführt. Ebenso kann ein Doppelsalz wie $CaMgSi_2O_6$ in fester Lösung $CaSiO_3$ oder $MgSiO_3$ aufnehmen, wie aus den Arbeiten von E. T. Allen und W. P. White[5]) sowie jenen von J. H. L. Vogt[6]) oder von G. Zinke[7]) hervorgeht. Demnach erscheint die Hypothese von C. F. Rammelsberg nicht mehr unmöglich.

Solche feste Lösungen sind nicht-isomorphe Mischkristalle im strengeren Sinne, man darf aber die Tonerde oder Kieselsäure nicht als Verunreinigung ansehen.

Ein besserer Weg als der der Berechnung der Analysen, welcher wegen der vielen hypothetischen Silicate, die bei der Berechnung beizuziehen sind, schwierig ist, ist der synthetische. Es ist nun versucht worden, das Silicat $MgAl_2SiO_6$ darzustellen. Versuche, welche ich[8]) unternahm, zeigten, daß es allerdings gelingt, Mischungen von Diopsid mit $MgAl_2SiO_6$ und $MgFe_2SiO_6$ darzustellen; immerhin wäre noch der Einwand möglich, daß es sich um eine feste Lösung von Diopsidsilicat und $MgSiO_3$ mit Al_2O_3 und Fe_2O_3 handelt.

Die Frage wurde auch von J. Morozewicz[9]) synthetisch zu lösen versucht, welcher sich, wie ich, zu der Ansicht bekennt, daß das Silicat $MgAl_2SiO_6$ existenzfähig ist, da er Mischkristalle mit diesem Silicat und Diopsid herstellen konnte und zwar bis zu einem Gehalte von 73 % $MgAl_2SiO_6$; damit ist also die Möglichkeit der Existenz von Mischungen des Diopsids mit diesem Silicat gegeben.

Es wurden dann in meinem Laboratorium noch weitere Versuche ausgeführt, wobei sich herausstellte, daß eines der hypothetischen Silicate, nämlich $CaAl_2SiO_6$, nicht ganz kristallisiert, also nicht stabil ist; auch $MgAl_2SiO_6$ scheint für sich allein nicht stabil zu sein. Dies würde allerdings nicht beweisen, daß die genannten Silicate in Mischung mit dem Diopsidsilicat nicht existenzfähig wären, denn auch in der Natur scheint nur die Mischung mit vorwiegendem Diopsid stabil zu sein, da ja nur solche Pyroxene vorkommen, in welchen das Silicat $CaMgSi_2O_6$ bedeutend vorwiegt. Darin stimmen Beobachtung und Experiment überein.

Um die äußerst verwickelte Frage zu lösen, wurden systematische Versuche unternommen, um die Aufnehmungsfähigkeit des Al_2O_3 durch Diopsid zu bestimmen; es ergab sich, daß vom Diopsid bis zu einem Prozentsatz von ungefähr 30 %, Al_2O_3 wie auch Fe_2O_3 aufgenommen werden kann. Ebenso

[1]) N. Kultascheff, Z. anorg. Chem. **35**, 187 (1903).
[2]) E. S. Shepherd u. G. Rankin, Am. Journ. **28**, 293 (1909); Z. anorg. Chem. **68**, 370 (1910).
[3]) H. W. Foote u. W. M. Bradley, Am. Journ. **31**, 25 (1911).
[4]) H. van Klooster, Z. anorg. Chem. **69**, 135 (1910).
[5]) E. T. Allen u. W. P. White, Am. Journ. **29**, 1 (1909).
[6]) J. H. L. Vogt, Tsch. min. Mit. **24**, 482 (1905).
[7]) G. Zinke, Unveröffentlichte Mitteilung.
[8]) C. Doelter, N. JB. Min. etc. 1884, II, 51.
[9]) J. Morozewicz, Tsch. min. Mit. **18**, 1 (1899).

kann auch $MgSiO_3$ Tonerde in diesem Verhältnis aufnehmen und eine feste Lösung bilden. Das reine Silicat $MgAl_2SiO_6$ synthetisch herzustellen gelang nicht. Dieses Silicat entspricht chemisch ungefähr dem wasserfreien Prismatin, dessen Zusammensetzung jedoch nicht ganz feststeht.

Auf dem Wege der Sinterung erhielt E. Dittler aus einer Mischung von MgO, Al_2O_3, SiO_2 rhombische Prismen mit Doma, welche optisch zweiachsig, positiv sind, Brechungsquotient $\gamma' = 1{,}649$, also nicht viel verschieden von dem des Enstatits (1,665). Vielleicht bildet sich ein tonerdehaltiger Enstatit. Geschmolzen gibt dieselbe Mischung Glas, in welchem viele Spinelle und zwillingslamellierte, gerade auslöschende Nadeln liegen, mit γ' in der Längsrichtung, wie bei Pyroxen.

Die Synthesen führen also zu dem Resultat, daß Diopsid sich sowohl mit einem Silicat $MgAl_2SiO_6$ mischen kann, als auch mit Al_2O_3 bzw. Fe_2O_3. Man wird in solchen Fällen, wie in den bisher betrachteten, eine Entscheidung nicht mit Sicherheit treffen können, und nur jener Hypothese den Vorzug geben, welche die einfachste ist. Wenn nun die Aufnahmefähigkeit der Sesquioxyde durch das Diopsidsilicat feststellbar ist, so wäre diese Ansicht die wahrscheinlichere.

Jedenfalls wird man sich zwar nach wie vor zu der Ansicht bekennen müssen, daß solche Verbindungen sich leichter mischen, welche ähnlich konstituiert sind, ohne deshalb nur solche Komponenten für möglich zu halten, bei welchen die Summe der Wertigkeit der Atome gleich sein muß. Jedenfalls sollte man nicht als Basis der Annahmen die Analysenberechnungen allein nehmen, namentlich wenn mehr als zwei Komponenten vorhanden sind, weil dann die Berechnung zu viel Freiheiten zuläßt und eine solche Berechnung nicht mehr eindeutig sein kann.

Das Kapitel der festen Lösungen erfährt eine wichtige Bereicherung durch Arbeiten von Grandjean,[1]) welchem es nicht nur gelang, verschiedene schwere Stoffe, wie Quecksilber, Kalomel, auch Jod- und Bromdämpfe, von Zeolithen adsorbieren zu lassen (vgl. S. 94), sondern welcher auch die Adsorption von Jod durch Mikrosommit, also einem wasserfreien Silicat, experimentell durchführte; Grandjean ist der Ansicht, daß die Chloride, Sulfate, Carbonate, welche die Silicate der Nephelin- und Sodalithgruppe enthalten, ebenfalls „parasitische" Stoffe sind. Wäre dies richtig, so hätte man eine wesentliche Vereinfachung der betreffenden Formeln zu erwarten. Jedenfalls zeigt diese Arbeit, daß man die Mineralien dieser Gruppe nicht als atomistische Verbindungen ansehen kann.[1])

Kristallographisch-chemische Beziehungen.

Für die Theorie der Silicate, ihre Konstitution betreffend, sind auch die kristallographischen Beziehungen von Wichtigkeit, weil sie z. B. Isomorphie andeuten können. Allerdings hat man mitunter, um die kristallographischen Beziehungen besser hervortreten zu lassen, d. h. um Isomorphie oder Morphotropie nachzuweisen, den chemischen Formeln etwas Zwang angetan, weil man noch zu sehr zu der Vorstellung neigte, daß nur Körper mit analogen Formeln solche Beziehungen aufweisen können.

---

[1]) Grandjean, Bull. Soc. min. **33**, 31 (1910).

Derartige Arbeiten, in welchen die kristallographischen Ähnlichkeiten durch entsprechend analoge chemische Konstitution erklärt werden, sind namentlich die von W. C. Brögger und H. Bäckström, dann von F. J. Wiik, während eine neulich erschienene Arbeit von F. Löwinson-Lessing auf einer anderen Basis beruht.

W. C. Brögger und H. Bäckström[1]) betrachten die Granate und reihen dieser Gruppe eine Anzahl von Silicaten an, welche regulär kristallisieren. Die regulären Silicate sind nach ihnen (mit Ausnahme des Faujasits) durchweg Orthosilicate. Im weiteren Sinne gehören zur Granatgruppe die tetraedrischen Silicate mit analogen Konstitutionsformeln: Eulytin $Bi_4(SiO_4)_3$, Zunyit $[((OH)_9.F_2.Cl)Al_8].Al_2(SiO_4)_3$, Danalith $R_2S.Be_3(SiO_4)_3$, Helvin $R_2Mn_2SBe_2(SiO_4)_3$. Hierauf folgen die eigentlichen Granate, zu denen auch Sodalith und Hauyn gehören. Ersterer, $Na_4.(Al.Cl).Al_2(SiO_4)_3$, ist ähnlich wie die Granate konstituiert. Bei Hauyn wird eine Atomgruppe $NaSO_4$ angenommen, welche an Al gebunden ist und das Cl im Sodalith vertritt. Die Ultramarinformel wird geschrieben $Na_4[Al.(Na.S_3)].Al_2(SiO_4)_3$.

Diese Theorie beruht also darauf, daß das Al des Granat ($\overset{II}{R}_3Al_2Si_3O_{12}$) durch Be im Helvin ersetzt wird, während im Sodalith R durch Al.Cl ersetzt wird usw. Es wird also der Versuch gemacht, die kristallographischen Ähnlichkeiten durch analoge Konstitutionsformeln zu erklären.

Eine größere Arbeit über die kristallochemische Theorie der Silicate stammt von F. J. Wiik,[2]) in welcher auch Strukturformeln, welche mit den kristallographischen Verhältnissen in Einklang zu bringen versucht werden, gegeben wurden. F. J. Wiik nimmt jedoch z. T. auch Molekularverbindungen an. Er will besonders die Ähnlichkeit der Mineralien in kristallographischer Hinsicht mit den chemischen Formeln in Einklang bringen. So haben die kristallographisch ähnlichen Silicate, welche nachstehend angeführt werden, auch durch folgende Formeln Ähnlichkeit:

Prehnit $H_2Ca_2Al_2Si_3O_{12}$, Euklas $H_2Be_2Al_2Si_2O_{10}$,
Datolith $H_2Ca_2B_2Si_2O_{10}$ Zoisit $H_2Ca_2Al_2Si_2O_{10} + 2CaAl_2Si_2O_8$,
Homilit $FeCa_2B_2Si_2O_{10}$, Epidot $H_2Ca_2(Al, Fe)_2Si_2O_{10} + 2CaAl_2Si_2O_8$,
Gadolinit $FeBe_2Y_2Si_2O_{10}$, Orthit $H_2(Ca, Fe)_2(Al_2, Ce_2, Fe_2)Si_2O_{10} + 2CaAl_2Si_2O_8$.

Auch zwischen Lievrit und Epidot kann die kristallographisch-chemische Beziehung in der Formel zum Ausdruck gebracht werden. Ferner haben die Silicate: Danburit, Leukophan, Melinophan und Skapolith darin chemische Ähnlichkeit, daß in allen ein Kern: $Ca\overset{III}{R}_2Si_2O_8$ vorhanden ist, an welchen sich im Leukophan, Melinophan und Skapolith noch die Moleküle $CaSi_2O_5$ bzw. $CaSiO_3$ anschließen. Dabei wird allerdings eine Vertretung von Al_2 durch Be_3 angenommen.

F. Löwinson-Lessing[3]) hat diejenigen Fälle im Auge, in welchen ein Silicat betrachtet wird, das mit einem anderen Salze verbunden ist oder überhaupt mit einem Nichtsilicat (z. B. Wasser). Er schließt an Ssurawitch an, nach welchem wasserhaltige Verbindungen im Vergleich zu den betreffenden wasserfreien Verbindungen eine niedrigere Symmetrie zeigen, und zeigt, daß

[1]) W. C. Brögger u. H. Bäckström, Z. Kryst. **18**, 211 (1891).
[2]) F. J. Wiik, Z. Kryst. **23**, 394 (1894).
[3]) F. Löwinson-Lessing, ZB. Min. etc. 1911, 440.

Mineralien, welche aus einer silicatischen Verbindung und einer nicht silicatischen bestehen, eine höhere Kristallsymmetrie besitzen als das betreffende einfache Silicat. So wird in der Nephelingruppe durch Angliederung der Moleküle: $NaCl$, $CaSO_4$, Na_2SO_4, Na_2S die Symmetrie vergrößert, da die Sodalithe regulär sind. Helvin, welcher das Orthosilicat $(Fe, Mn)_2SiO_4$ enthält, wird statt rhombisch, wie das reine Silicat, regulär. Weitere Beispiele sind Melinophan: $2BeSiO_3 . Ca_2SiO_4 . NaF$, dann Leukophan u. a.

F. Löwinson-Lessing stellt den Satz auf: Im Gegensatz zu dem Hinzutreten des Wassers oder der Bildung der Doppelsalze, welche die Symmetrie erniedrigen, wird bei Hinzutreten eines Salzes zu einem Silicat das so gebildete komplexe Silicat höhere Symmetrie besitzen.

Falls sich die Sätze von Ssurawitch und von F. Löwinson-Lessing als allgemeine Gesetzmäßigkeiten bestätigen würden, so könnte man durch derartige Vergleiche auf die Konstitution von Silicaten rückschließen.

Abgesehen von den kristallographisch-chemischen Beziehungen, welche jedenfalls in vielen Fällen von Wichtigkeit sind, lassen sich oft die optischen Eigenschaften ebenfalls verwerten; als Beispiel möchte ich anführen die Topasgruppe, für welche lange Zeit behauptet wurde, daß kein Wasser vorkommt. S. L. Penfield hat nun einen kleinen Wassergehalt gefunden, welcher mit den älteren Untersuchungen im Widerspruch steht; die optischen Eigenschaften ändern sich aber, wie in dem Artikel über Zusammenhang zwischen optischen Eigenschaften und chemischen von F. Becke ausgeführt wurde, gerade mit dem Hydroxylgehalte der Topase, ebenso wie auch bei Apophyllit mit dem Fluorgehalte; dies deutet auf feste Lösungen.

Schlüsse aus den Schmelzkurven.

Nimmt man das Schmelzdiagramm eines Systems aus zwei Komponenten auf, so werden sich Verbindungen dieser durch Maxima in der Kurve kundgeben. Ist dagegen eine feste Lösung vorhanden, so muß ihr Schmelzpunkt auf der Schmelzkurve liegen. Ein Doppelsalz, welches keine feste Lösung ist, würde sich auch auf erstere Weise zeigen müssen, weil sein Schmelzpunkt nicht auf der Kurve der festen Lösungen zu liegen käme. Dies erfordert natürlich sehr genaue Bestimmungen der Schmelzpunkte, was aber bei Silicaten, wie wir gesehen haben (vgl. Bd. I, S. 628ff), nicht immer möglich ist, da infolge geringer Schmelzgeschwindigkeit der Schmelzpunkt durch ein Schmelzintervall vertreten sein kann. Wenn jedoch eine genaue Bestimmung der Schmelzpunkte durchführbar ist, so müssen sich Verbindungen auf der Schmelzkurve merklich machen.

Allerdings kann es Fälle geben, wo eine in der Natur vorkommende Verbindung künstlich nicht herstellbar ist, sei es, daß sie schlecht kristallisiert oder aber, daß sie in reinem Zustand nicht stabil ist, wie A. Day und Mitarbeiter[1]) an dem Beispiel des Akermanits gezeigt haben, welcher nur bei Zusatz von MgO und FeO kristallisiert. Auch den reinen Gehlenit konnten E. S. Shepherd und G. Rankin bei ihren Untersuchungen[2]) nicht darstellen. Dagegen fanden sie in dem System $CaO–Al_2O_3–SiO_2$ ein Silicat $2CaO . Al_2O_3 . SiO_2$,

[1]) A. Day, Tsch. min. Mit. **26**, 265 (1907). — Vgl. Bd. I, S. 751.

[2]) E. S. Shepherd u. G. Rankin, Journ. Ind. and Eng. Chem. **3**, 211 (1911); Z. anorg. Ch. **71**, 19 (1911).

welches schon früher von O. Boudouard[1]) hergestellt worden war, das aber in der Natur fehlt.

Immerhin haben wir darin ein Mittel, um in gewissen Fällen zu unterscheiden, ob eine feste Lösung vorliegt oder nicht.

Die Rolle des Wassers in den Silicaten.

Seit langer Zeit unterscheidet man in Silicaten, wie in anderen Salzen, Konstitutionswasser und Kristallwasser. Praktisch ist ja die Unterscheidung nicht immer leicht, doch trifft dies auch bei anderen Verbindungen zu. In manchen Fällen, insbesondere bei den Zeolithen, haben wir jedoch einen Wassergehalt, welcher weder zu dem einen noch zu dem anderen zu zählen ist; es ist wahrscheinlich adsorbiertes Wasser, welches nach den Untersuchungen von G. Friedel[2]) u. a. durch Alkohol, Schwefelkohlenstoff, Benzol und andere flüchtige Stoffe ersetzt werden kann. E. Sommerfeldt[3]) hat gezeigt, daß der zweite Hauptsatz der mechanischen Wärmetheorie auf die Zeolithe nicht anwendbar ist. Ich halte die Konstitutionsformeln, welche für diese Verbindungen gegeben wurden, wobei das Wasser, welches meistens nur zum kleinen Teil Konstitutionswasser und zum größten, wie erwähnt, wahrscheinlich Adsorptionswasser ist, trotzdem gänzlich als zur Konstitution der Verbindung gehörig betrachtet wurde, als im Grunde unrichtige.

Es ist daher in den Silicaten nur jenes Wasser in die Formel einzubeziehen, welches mit Sicherheit als Konstitutionswasser bezeichnet werden kann. Man nimmt gewöhnlich diesen Wasseranteil als Hydroxyl HO in der Formel an, was wohl auch richtig sein dürfte, wenn wir vielleicht absehen von jenem komplizierteren Falle der fluorhaltigen Silicate, bei welchem die Entscheidung nicht immer so einfach liegt. Da HO eine freie Valenz zeigt, so wird meistens dasselbe als einwertig in die Formel eingeführt, was wohl vielfach zutreffen dürfte, wenn auch nicht immer.

Leider ist gerade die praktische Unmöglichkeit, das Kristallwasser von dem Konstitutionswasser zu sondern, eine Quelle größter Unsicherheit für die Konstitutionsformeln der Silicate. Die Unterscheidung ist oft ganz willkürlich; denn eine solche Willkür liegt darin, daß man Wasser, welches nicht bei 110^0 oder 150^0 entweicht, als Konstitutionswasser bezeichnet, und Konstitutionswasser darf man nur dann annehmen, wenn bei Erhitzung gleichzeitig die Verbindung zerstört wird. Oft wird mit großer Willkür vorgegangen, und ein Teil des Wassers als Kristallwasser, ein anderer als Konstitutionswasser angenommen, nur weil ein Teil bei höherer Temperatur entweicht.

Bezüglich des Wassers liegen also nicht geringe praktische Schwierigkeiten vor um zu entscheiden, ob Konstitutionswasser vorliegt oder Kristallwasser. Selbst in einfachen Fällen, wie beim Zinksilicat (H_2ZnSiO_4), sind die Ansichten, ob Kristall- oder Konstitutionswasser vorliegt, geteilt.

Dort, wo wie in vielen Fällen beide Arten von Wasser vorkommen, ist die Schwierigkeit noch größer, so daß sich allgemeine Regeln nicht geben lassen.

Aber selbst das adsorbierte Wasser ist nicht so einfach von dem Kristallwasser zu unterscheiden, wie man ursprünglich annahm. Noch vor kurzem

---

[1]) O. Boudouard, C. R. **144**, 1047 (1907).
[2]) G. Friedel, vgl. S. 93.
[3]) E. Sommerfeldt, Habil.-Schrift (Tübingen 1902); ZB. Min. etc. 1903, 752.

war für diese Unterscheidung die Entwässerungskurve maßgebend. Hydrate zeigen bei bestimmten Temperaturen einen in multipeln Proportionen ausdrückbaren Verlust an Wasser und die verschiedenen Hydrate lassen sich durch die Formeln:

$$RSiO_3 . H_2O, \quad RSiO_3 . 2H_2O \quad usw.$$

beispielsweise ausdrücken; die Kurve Temperatur–Wassergehalt läßt sich durch eine Treppenkurve ausdrücken. Bei Adsorptionswasser erhält man dagegen einen allmählichen Wasserverlust und die Kurve zeigt keine Sprünge, sondern verläuft regelmäßig ohne Knickpunkt. Dies hat man bei Gelen und bei Zeolithen beobachtet. Auch das gelöste Wasser kommt in Betracht (vgl. F. Zambonini.)[1]

Nach neuen Forschungen von G. Tschermak scheint jedoch dieser theoretische Verlauf nicht allgemein so stattzufinden und müßten unsere Ansichten hierin modifiziert werden.

Aus all diesem geht hervor, daß wir gerade bei wasserhaltigen Verbindungen nicht leicht in der Lage sind, die Natur des Wassers zu erkennen, und infolgedessen bewegen sich unsere Spekulationen bei solchen Verbindungen häufig auf hypothetischem Boden.

Rolle des Chlors und des Fluors.

Nicht geringe Schwierigkeiten bereitet die Erklärung des Vorkommens dieser Elemente in den Silicaten. Man muß dabei zwei Fälle unterscheiden. In dem ersten ist das Cl oder das F nur in sehr kleinen Mengen vorhanden wie in Glimmern, Skapolithen und man hat hier, vielleicht nicht mit Unrecht, vermutet, daß sie dann als Vertreter des Sauerstoffs auftreten, wobei jedoch in den speziellen Fällen verschiedene Ansichten geäußert wurden. Auch in einem wichtigen Falle, nämlich dem des Topases, hat man eine isomorphe Vertretung des Silicats Al_2SiO_5 durch das analoge Fluorsilicat Al_2SiF_{10} angenommen, während andere wieder an eine Bindung mit HO denken.

In anderen Fällen wie bei Sodalith, kann man sich denken, daß eine Molekülverbindung eines Silicats mit einem Fluorid, hier NaCl, vorliegen könnte; W. Vernadsky nimmt an, daß Fluor oder Chlor wie auch Wasser als „Additionsprodukt" gebunden sei (vgl. S. 77).

In einigen neueren Arbeiten, wie in jener von B. Karandeeff,[2] wurde durch Schmelzversuche der Beweis zu führen gesucht, daß z. B. $CaSiO_3$ mit $CaCl_2$ oder auch mit CaF_2 Mischkristalle zu bilden imstande sein soll. Durch Nachversuche von R. Balló, sowie von F. Tursky, welche auf meine Veranlassung ausgeführt wurden, hat sich ergeben, daß hier teilweise ein Irrtum vorliegt, da bei jenen Schmelzversuchen sich zumeist keine feste Lösung von CaF_2 oder von $CaCl_2$ in $CaSiO_3$ bildete, sondern beide Komponenten sich gesondert ausschieden; wenigstens in merklichen Mengen kann dies nicht der Fall sein, bei kleinen Mengen ist es aber nicht ausgeschlossen, daß dies zuträfe. Man muß allerdings von der Ansicht, daß F und Cl in großen Mengen als feste Lösungen im Silicat sich vorfinden, abgehen.

[1] F. Zambonini, Atti. R. Acc. Napoli **14**, (1908).
[2] B. Karandeeff, Z. anorg. Chem. **68**, 188 (1910).

Die Alumosilicate.

Bei den Alumosilicaten haben wir bedeutend größere Erklärungsschwierigkeiten, wie bei den einfachen Silicaten, welche sich auf die Rolle des Al beziehen. Folgende Möglichkeiten liegen vor[1]):

I. Aluminium spielt die Rolle der anderen Elemente, also etwa wie Ca, Mg, Na.

II. Es sind zwei Silicate vorhanden, etwa ein Silicat von Na, Mg, Ca usw., dann ein selbständiges Alumosilicat, wobei man sich also eine Molekülverbindung oder ein Doppelsalz zu denken hätte.

III. Endlich kann man sich auch denken, daß eine Doppelverbindung eines Silicats vorliegen könnte, nämlich eines einfachen Silicats von Na, Ca, Mg und eines Aluminats solcher Metalle.

IV. Die Silicate, welche neben Ca, Mg, Na und analogen Elementen noch Al enthalten, sind Salze komplexer Säuren, welche Al und Si enthalten.

Die unter I. geäußerte Ansicht hat heute viele Anhänger. Wir haben uns dabei zu denken, daß Al ebenso mit Si und mit O verbunden ist wie die ein- und die zweiwertigen Metalle. Auf dieser Annahme basieren die meisten Konstitutionsformeln, z. B. die von P. Groth, welcher sich in vielen Fällen in der Atomgruppe AlO, Al enger an O gebunden denkt; ebenso teilen F. W. Clarke und W. C. Brögger diese Ansicht.

II. Diese Hypothese kann entweder so formuliert werden, wie es J. Berzelius getan, welcher die Alumosilicate als echte Doppelsalze auffaßte, oder als Molekularverbindungen. Die Annahme von Doppelsalzen, die auch zum Teil von C. F. Rammelsberg geteilt wird, hat heute wenig Anhänger, obgleich unzweifelhafte Doppelsalze unter den Silicaten existieren; aber einer Verallgemeinerung dieser Annahme auf die zahlreichen Alumosilicate stehen doch gewichtige Bedenken entgegen. So die Abspaltung von SiO_2; auch sind die Kieselsäuren, welche sich aus denselben ergeben, hypothetisch; ferner sind die als Doppelverbindungen angenommenen Salze von verschiedener Basizität, was sehr unwahrscheinlich ist. Bei manchen Alumosilicaten erscheint die Hypothese überhaupt undurchführbar, z. B. bei dem Silicat $MgO . Al_2O_3 . SiO_2$ oder bei Margarit [vgl. W. u. D. Asch,[2]) S. 89]. Abgesehen davon ist der Begriff und das Wesen der Doppelsalze noch zu unklar, um bei so zahlreichen Vorkommen in Betracht gezogen werden zu können. Weitere Einwürfe siehe in dem erwähnten Werke von W. u. D. Asch.

Hierher gehört auch die analoge Hypothese, wonach diese Silicate Molekülverbindungen wären. Im einzelnen stimmen jedoch diejenigen Forscher, welche diese Ansicht vertreten, nicht in allem überein.

V. Goldschmidt[3]) gab Formeln, welche sich der Typentheorie bei organischen Stoffen nähern. Der allgemeine Typus wäre

$$n SiO_2 + p H ,$$

worin unter H zu verstehen wäre: Kristallwasser, KF im Apophyllit, NaCl im Sodalith; auch RSO_4, SiO_2 können als derartige Nebenmoleküle auftreten. Hierin

---

[1]) Vgl. auch bei W. u. D. Asch die Literatur. Die Silicate in chem. u. technischer Hinsicht (Berlin 1911).

[2]) W. u. D. Asch, l. c.

[3]) V. Goldschmidt, Z. Kryst. **17**, 31 (1890).

weicht er wohl nur wenig von den anderwärts ausgesprochenen Ansichten ab. Mehr ist dies jedoch der Fall, wenn in Alumosilicaten, wie Albit, die Gruppen

$$\overset{I}{R}Al_2 \text{ und } Si_n$$

angenommen werden. So ist Albit

$$\left.\begin{array}{l}\left.\begin{array}{c}Na_2Al_2\\Si_2\end{array}\right\}O_8\\Si_2\\\left.\begin{array}{c}Si_2\\Si_2\end{array}\right\}O_8\end{array}\right\} = \left.\begin{array}{c}ASi_2\\Si_4\end{array}\right\} = NS;$$

$$\text{Nephelin ist } \left.\begin{array}{c}Na_2Al_2\\Si_2\end{array}\right\}O_8; \quad \text{Kaolin ist } \left.\begin{array}{c}H_2Al_2\\Si_2\end{array}\right\}O_8 + 2H_2O.$$

Für diese Annahmen gibt es keine unmittelbaren Beweise, wenn sie auch als unrichtig nicht nachzuweisen sind.

Auch D. A. Brauns[1]) hat eine Silicattheorie auf Grund von Molekularverbindungen aufgestellt. Er vergleicht die Silicate mit Alaunen und bezeichnet sie als Doppelsalze; so stellt er eine Reihe

$$K_2SiO_3 . Al_2Si_3O_9$$

auf, zu denen der Leucit und Beryll gerechnet wird. Daneben werden Verbindungen

$$R_2SiO_4 + Al_2Si_3O_{12}$$

aufgestellt, zu welchen Nephelin, Sodalith gehören.

Glimmer ist

$$\overset{I}{R}_6Si_3O_9 + Al_2Si_3O_{12}.$$

Weitere Versuche sind auch von L. Bombicci[2]) gemacht worden.

Ich möchte unterscheiden zwischen den Fällen, wo ein Beweis für die Zusammensetzung aus selbständigen Molekülen geführt werden kann, und solchen, bei welchen diese Hypothese auf unsicherer Grundlage zurückgeführt werden kann. So sprechen mancherlei Umstände dafür, daß Chondrodit, wie dies z. B. E. Mallard ausführte, eine Molekularverbindung ist.

Ebenso dürften Sodalith und Hauyn, vielleicht auch die meisten Zeolithe Molekularverbindungen sein, indem sie zerlegbar sind in einen Feldspatkern und Kieselsäure. Auch die Granate können vielleicht als Doppelverbindungen angesehen werden, da sie sich im Schmelzfluß in zwei einfachere Silicate zerlegen lassen. Das berechtigt zwar noch nicht, ganz allgemein die Alumosilicate für Molekularverbindungen zu erklären, und etwa den Orthoklas zu zerlegen in

$$\begin{aligned}KAlSi_3O_8 &= KAlSiO_4 + 2SiO_2\\ &= KAlSi_2O_6 + SiO_2.\end{aligned}$$

Dafür müssen bestimmte Reaktionen als Beweise anzuführen sein und es wird im allgemeinen schwer halten, solche zu finden.

Eine gewisse Wahrscheinlichkeit spricht bei solchen Verbindungen für molekulare Bindung, welche nicht aus Silicat, sondern aus einem solchen und einem anderen Salz bestehen, wie z. B. der Cancrinit, der aus einem Silicat

---

[1]) D. A. Brauns, Habilitationsschrift (Halle 1874).
[2]) L. Bombicci, Teoria d. assoz. appl. const. silicati (Bologna 1868).

und einem Carbonat besteht, oder bei Sodalith und den früher erwähnten Silicaten (Näheres siehe S. 84).

III. Eine andere Hypothese ist jene, nach welcher wir die Alumosilicate als Mischungen von Silicaten einfacherer Konstitution mit Aluminaten zu betrachten haben, wobei man sich sowohl isomorphe Mischungen oder besser Doppelsalze dieser denken kann. Für diese Auffassung sprechen manche Synthesen, bei welchen aus Silicat + Aluminat ein Alumosilicat sich bildet. Diese Reaktion kann sich sowohl im Schmelzfluß als auch in wäßriger Lösung vollziehen; als Beispiel für letzteren Vorgang kann die Analcimbildung aus Natriumsilicat und Natriumaluminat gelten, sowie einige z. B. von E. Baur[1]) ausgeführte Synthesen, bei welchen Natriumaluminat der Ausgangspunkt war.

Für feste Lösungen könnte man sich aber nur dort entscheiden, wo sich eine Alumosilicatreihe bildet, bei der das Aluminat und das Silicat in wechselnden Verhältnissen vorkommen würden, was jedoch zumeist nicht der Fall ist. Man wird daher eher an Doppelsalze denken. Es dürfte in manchen Fällen diese Annahme nicht von der Hand zu weisen sein und die Verfolgung dieses Themas könnte immerhin einigen Erfolg versprechen. Bei manchen Spaltungen von Alumosilicaten bilden sich in der Tat Aluminate, so z. B. aus dem Glimmerkern Spinell, wie W. Vernadsky[2]) und J. Morozewicz[3]) nachgewiesen haben. Ferner ist die Abscheidung von Aluminiumhydraten bei der Einwirkung von Wasser oder von Carbonatlösungen auf Alumosilicate durch St. Thugutt nachgewiesen.

W. Vernadsky schließt aus verschiedenen Reaktionen, daß bei der Zerstörung der Alumosilicate sich Aluminate und nicht Silicate bilden; nach seiner Ansicht, welche unten ausführlicher besprochen werden soll, sind die Hydroxylgruppen nicht an die Siliciumatome, sondern an die Aluminiumatome gebunden. Die genannten Reaktionen liessen sich jedoch auch anders deuten (vgl. S. 81).

Diese Hypothese dürfte daher immerhin einige Beachtung verdienen, sie ist jedoch von der Möglichkeit, welche vorhin besprochen wurde, in gewissem Maße abhängig, nämlich ob Doppelsalze dieser Art überhaupt möglich sind. Allerdings kann die Konstitution aller Alumosilicate nicht so gedeutet werden; für $KAlSi_3O_8$ (Orthoklas) paßt sie nicht, da wir hier außer dem Kaliumaluminat noch freie SiO_2 annehmen müßten; wir kommen dann zu den früher angegebenen Schwierigkeiten.

Möglich wäre jedoch die genannte Annahme für einige Fälle, wo bei der Zersetzung nur Aluminat oder Tonerde entsteht.

IV. Wir gelangen jetzt zu der Annahme, welche in der letzten Zeit insbesondere von W. Vernadsky näher begründet und verteidigt wurde, daß eine komplexe Alumokieselsäure existiert. Der erste, welcher sie in dieser Form aufgestellt hat, dürfte W. Gibbs gewesen sein, während schon Bonsdorff, Th. Scherer u. a. zu dem Schlusse gekommen waren, daß Aluminium in den Silicaten sauren Charakter habe. Denselben Gedankengang hatten auch D. A. Brauns, sowie V. Wartha.

---

[1]) E. Baur, Z. f. phys. Chem. **52**, 567 (1903).
[2]) W. Vernadsky, Z. Kryst. l. c.
[3]) J. Morozewicz, l. c.

Jedenfalls gebührt W. Vernadsky das Verdienst, auf den prinzipiellen Unterschied zwischen den einfach zusammengesetzten Silicaten und den komplexen Alumosilicaten aufmerksam gemacht zu haben. Alumosilicate sind nach ihm als Anhydride, Hydrate, Salze von komplexen Säuren zu betrachten.

Hypothese einer Tonkieselsäure.

Diese besonders zu berücksichtigende Theorie ist oben angeführt worden. Sie setzt voraus, daß es eine komplexe Säure gibt, die Alumokieselsäure, welche bei Vertretung des Wasserstoffs durch ein- oder zweiwertige Metalle die Silicate ergibt, welche wir als Alumosilicate bezeichnen.

In neuerer Zeit war es namentlich W. Vernadsky,[1] welcher sie näher zu begründen versuchte. Er macht darauf aufmerksam, daß man nicht die Al-freien Silicate mit den Al-haltigen zusammenwerfen darf. Einfache Silicate können streng als Salze und komplizierte Additionsprodukte von Salzen angesehen werden, während die Versuche, auch Alumosilicate bekannten Kieselsäuren zuzuweisen, nach ihm als mißlungen anzusehen sind, da die meisten als Salze komplizierter Polykieselsäuren betrachtet werden müßten. Die Natur der Tonerde ist zweideutig, sie kann sowohl als Säure, welche Salze, die Aluminate bildet, als auch als schwache Basis angesehen werden. Al_2O_3 darf nicht als Analogon von MgO, ZnO usw. gelten.

Die Verbindungen von Aluminiumoxyd und Phosphorsäure, Oxalsäure, Salzsäure usw. haben einen eigenartigen Charakter und zeigen viele Eigenschaften von sog. komplexen Säuren. Es ist wahrscheinlich, daß die Alumosilicate als Anhydride, Hydrate, Salze von komplexen Alumokieselsäuren zu betrachten sind.

W. Vernadsky führt namentlich mehrere Reaktionen als Beweise gegen die basische Natur der Tonerde in Alumosilicaten an; W. Vernadsky unterscheidet 1. Alumosilicate und 2. Additionsprodukte zu jenen. Die allgemeine Formel derselben schreibt W. Vernadsky

$$m\,MO \, . \, n\,Al_2O_3 \, . \, p\,SiO_2,$$

wobei er bemerkt, daß die Beziehungen zwischen m, n, p sehr beständig und regelmäßig sind. Dabei ist immer $m = n$. Wo dies etwa nicht zutrifft, haben wir es mit Additionsprodukten zu tun. Das Verhältnis zwischen SiO_2 und Al_2O_3 ist sehr einfach. Wenn $m = n = 1$ ist, dann ist $p = 1, 2, 4, 6, 8, 10, 12$. Nach ihren Umwandlungen sind die Salze von der Formel: $R_2Al_2SiO_6$ ganz verschieden von allen anderen. Diese erste Gruppe ist die mit Chloritkern, alle anderen sind die mit Glimmerkern. Beide gehen niemals ineinander über. Dagegen gehen alle Silicate mit Glimmerkern leicht ineinander über; bei der Verwitterung geben sie Tone, was bei den Silicaten mit Chloritkern niemals der Fall ist. Der Übergang von Silicaten mit Glimmerkern in solche mit Chloritkern kann nur durch Additionsprodukte von besonderer Struktur geschehen. Eine merkwürdige Eigenschaft besitzen die Chromsilicate, wenn sie in isomorpher Mischung mit Alumosilicaten sich befinden; Chromsilicate mit Chloritkern sind rot oder rosa, die mit Glimmerkern sind grün. Die Struktur dieser Gruppen hat Ähnlichkeit mit Aluminaten. Der Aluminatcharakter ist viel ausgesprochener als der Silicatcharakter. Die Hydroxyl-

[1] W. Vernadsky, Z. Kryst. **34**, 50 (1901).

gruppen sind mit den Al-Atomen der Alumosilicate verbunden, jedoch bilden diese Al-Atome einen sehr beständigen Kern mit Si-Atomen. Nur schwer kann dieser Kern zerstört werden, was auch bei den natürlichen Zersetzungen zutrifft. Die Beständigkeit des Kerns ist charakteristisch für cyklische Verbindungen.

Für diese beiden Kerne stellt W. Vernadsky[1]) folgende Strukturformeln auf:

```
                           OH
                           |
        OH                 Al
        |                /    \
        Al              O      O
      / | \             |      |
     O  |  O         O=Si      Si=O
      \ | /             |      |
        Si              O      O
      / | \              \    /
     O  |  O               Al
      \ | /                |
        Al                 OH
        |
        OH
```

Chloritkern 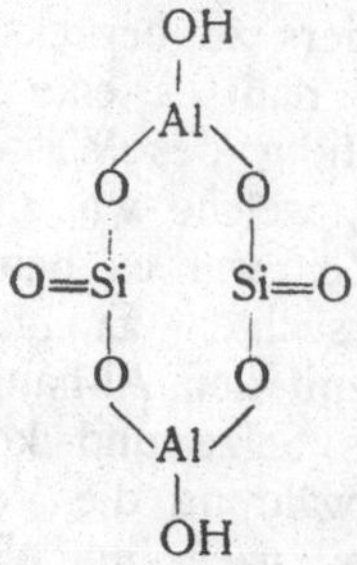   Glimmerkern

Die beiden Kerne unterscheiden sich durch die Stellung der Si-Atome, wodurch der Chloritkern mit den Orthosilicaten, der Glimmerkern mit den Metasilicaten Ähnlichkeit hat; sie unterscheiden sich jedoch beide von diesen durch die Stellung ihrer Hydroxylgruppen und durch die kettenartige Natur des Chloritkerns.

Zu den Alumosilicaten mit Chloritkern gehören u. a. Pennin, Klinochlor, Prochlorit, Thuringit, Cronstedtit, Vermiculit, dann die Melilithgruppe.

Zu den Alumosilicaten mit Glimmerkern gehören: Glimmer, Feldspate. In anderen Fällen haben wir es mit Additionsprodukten zu tun, z. B. bei der Nephelingruppe, der Hauyngruppe (Ultramarin). Beispiele von Additionsprodukten sind auch die Granate und der Epidot, sie enthalten den Glimmerkern. Wichtig sind besonders die Tone, sie sind Additionsprodukte zu der Glimmersäure. Was nun die einfachen Aluminiumsilicate anbelangt, so sind sie zum Chloritkern gehörig.

Die beiden Gruppen unterscheiden sich namentlich durch die Struktur des Kernes, im Chloritkern findet sich keine doppelte Bindung bei den Si-Atomen. Die Silicate dieser Gruppe sind zu wenig untersucht. Das Silicat $R_2Al_2SiO_6$ spielt hier eine Hauptrolle. Für die Existenz dieses Silicats, welches auch, wie wir gesehen haben, aus den Pyroxenanalysen gerechnet wurde (vgl. S. 69), haben wir noch keinen sicheren Beweis und wäre vor allem dieser zu erbringen. Die allgemeine Formel dieser Silicate wäre nach W. Vernadsky:

$$m\, R_2Al_2SiO_6 \,.\, A,$$

worin *A* ein Additionsprodukt bedeutet.

Zu den Silicaten mit Glimmerkern gehören auch die Feldspate; jene Silicate sind sehr verbreitet. Es gibt viele Additionsprodukte; die allgemeine Formel ist

$$m\, R_2Al_2Si_{2+n}O_{2n+1} \,.\, A.$$

---

[1]) W. Vernadsky, l. c. und Bull. Acad. St. Petersbourg 3, 1183 (1909).

Die Verbindungen werden durch das Additionsprodukt (*A*) chromatisch; wenn das Additionsprodukt weiß ist, zeigt es ein Absorptionsspektrum. Hierher gehören die Ultramarine, Granate, Cancrinit. Die Formel der Granate ist nach W. Vernadsky $R_2Al_2Si_3O_8 . R_2SiO_4$, was mit meinen älteren Versuchen[1]) übereinstimmt.

Diese Hypothese, mit welcher wir uns noch später zu beschäftigen haben werden, wird von vielen anderen Forschern als Ausgangspunkt angenommen, so von K. Zulkowski, von W. Pukall, R. Gans; ich verweise noch auf die Ausführungen S. 88.

W. und D. Asch[2]) machen darauf aufmerksam, daß durch die Hypothese komplexer Säuren eine Reihe von Reaktionen verständlich werde, welche sonst nicht erklärlich sind, so die Abspaltung von SiO_2, die der Abspaltung komplexer Anhydride entspricht, dann der gleichzeitige Gehalt an SiO_2 und Al_2O_3 in den Reaktionsprodukten der Alumosilicate und der Übergang der einen Alumosilicate in die anderen, sowie der genetische Zusammenhang derselben und der Übergang der meisten in gewisse stabile Verbindungen, endlich der Säurecharakter der Alumosilicate.

Dagegen machen die genannten Forscher auch eine Reihe von Einwänden.

Ferner sind nach W. und D. Asch Tatsachen vorhanden, die darauf hinweisen, daß die Kieselsäure, sobald sie mit Al verbunden ist, sich chemisch anders verhalte als in den tonerdefreien Silicaten und daß sie im Sinne W. Ostwalds als „komplexe" zu betrachten sind, so die Verdrängung der SiO_2 aus ihren Salzen durch Wolframsäureanhydrid,[3]) dann die Tatsache, daß bei Einwirkung der Hydrate der Alumosilicate auf Carbonate bei hohen Temperaturen an Stelle des CO_2 ein Rest auftritt, der neben SiO_2, Al_2O_3 enthält.

Kaolin zeigt den Charakter einer Säure und zerstört die Haloidsalze KJ, KBr unter Bildung von salzartigen Alumosilicaten. Die Substitutionsreaktionen der Alumosilicate, bei welchen der Alumokieselkern nicht zerstört wird, lassen sich nach W. Vernadsky auf das Schema

$$MX + M_1AlS = M_1X + MAlS$$

zurückführen, wo X ein Säureanhydrid, M, M_1 verschiedene Metalle und AlS den Aluminiumkieselkern darstellt.

W. und D. Asch, welche eine Anzahl von Tatsachen anführen, die für die Existenz einer Alumokieselsäure sprechen, führen jedoch auch einige Einwände gegen dieselbe an. So hat P. G. Silber[4]) bei der Zersetzung des Nephelins ($NaAlSiO_4$) durch Chlorwasserstoff festgestellt, daß nur ein Drittel des Na (auch gegen Silberlösung) abgegeben wird, während der Natriumrest unverändert bleibt. Ferner verhalten sich die Aluminiumatome chemischen Agenzien gegenüber nicht immer gleich, und hat J. Thugutt festgestellt, daß aus dem Nephelinhydrat

$$4(Na_2O . Al_2O_3 . 2SiO_2) . 5H_2O$$

nach genügend langer Digestion mit 2% Kaliumcarbonatlösung nur der dritte Teil der Tonerde in Lösung geht, während ein Kaliumnatrolith

$$K_2O . Al_2O_3 . 3SiO_2 . H_2O$$

---

[1]) C. Doelter u. E. Hussak, N. JB. Min. etc. 1884, I, 18.

[2]) W. u. D. Asch, l. c.

[3]) P. Hautefeuille, Bull. Soc. min. 1, 3 (1878); vgl. auch S. 144.

[4]) P. G. Silber, Ber. Dtsch. Chem. Ges. **14**, 941 (1881).

zurückbleibt. Ähnliches trifft nach St. J. Thugutt bei künstlichen Sodalithen, sowie bei Kaolin ein (vgl. S. 83).

Weniger stichhaltig sind die anderen von W. und D. Asch gemachten Einwürfe.

Überblicken wir die bisher erörterten Ansichten, so muß betont werden, daß allerdings wohl keine allen Tatsachen gerecht zu werden scheint. Es muß jedoch hervorgehoben werden, daß das Tatsachenmaterial noch kein genügendes ist, um eine definitive Theorie, oder wenigstens eine solche, die dem heutigen Standpunkt der Wissenschaft entsprechen würde, aufzustellen. Es ist ja wahrscheinlich, daß wir bei fortschreitendem Experimentieren zu besser fundierten Anschauungen kommen dürften. Die bisherigen Ansichten sind zum Teil rein hypothetische ohne genügenden experimentellen Befund, zum Teil dienten zu ihrer Begründung die allerdings zahlreichen und auch einwandfreien Versuche von J. Lemberg, welche jedoch nur zum kleineren Teil zum Zwecke der Erkennung der chemischen Konstitution ausgeführt waren. Von den Versuchen F. Clarkes werden manche, da sie speziell zur Untersuchung der chemischen Konstitution ausgeführt wurden, gut brauchbar sein, sie sind aber noch nicht zahlreich genug. Besonders die sonst sehr plausiblen Ansichten von W. Vernadsky sind zu wenig experimentell geprüft worden, und gerade diese Hypothese würde weiter zu verfolgen sein. Die Pseudomorphosen können uns in dieser Hinsicht weniger vorwärts bringen, dagegen wären derartige Vorgänge experimentell zu verfolgen und besonders künstliche Pseudomorphosen quantitativ zu studieren.

Einen anderen Weg, der viel versprechend ist, hat G. Tschermak betreten und er kann vielleicht für die Grundfrage der Konstitution der Silicate, nämlich ob es Polykieselsäuren gibt, entscheidend werden. Wenn nun auch seine Methodik wenig Anklang bei den Chemikern gefunden hat, so haben seine Untersuchungen doch gezeigt, daß man aus Silicaten physikalisch verschiedene Kieselsäuren gewinnen kann, und das berechtigt wohl auch zu dem Schluß, daß es verschiedene Kieselsäuren geben kann.

Diese zu isolieren, ist jedenfalls von größter Bedeutung. Die Hauptfrage liegt allerdings bei den Alumosilicaten, es handelt sich hier darum, ob die Tonerde als ein säurebildender Bestandteil aufzufassen ist oder ob Al sich so verhält wie Na, Mg, Ca usw. Diese Frage ist auch in gewisser Hinsicht unabhängig von der Frage nach der Zusammensetzung der Polykieselsäuren, es sei denn, daß es gelingt, durch deren Kenntnis allein, die Alumosilicate zu erklären, in welchem Falle dann die früher erörterte Frage, ob das Aluminium den ein- oder zweiwertigen Metallen gleichzusetzen ist, zu bejahen wäre.

Nach den jetzt vorhandenen Daten möchte ich mich zu der Ansicht bekennen, daß die Alumosilicate nicht mit den übrigen zusammenzuwerfen seien, da viele Tatsachen dafür sprechen, daß z. B. die Tone sauren Charakter besitzen; so scheint gegenwärtig die von W. Vernadsky vertretene Ansicht, daß in den Alumosilicaten Kerne existieren, doch eine zum weiteren Studium gut brauchbare Hypothese zu bilden, wenngleich bei dem noch unvollständigen Tatsachenmaterial ein abschließendes Urteil nicht gefällt werden kann.

Bei der Einteilung der Silicate wurde in diesem Werke der genannten Anschauung Rechnung getragen und daher zuerst die einfachen Silicate und gesondert die Alumosilicate behandelt.

Die Ansichten St. J. Thugutts über Alumosilicate.

St. J. Thugutt,[1]) welchem wir eine große Zahl von Experimentaluntersuchungen nach der Methode von J. Lemberg verdanken (vgl. S. 63), hat den Nachweis in manchen Fällen geführt, daß in den Alumosilicaten dem einen Teil der Tonerde in den Silicaten: Nephelin, Sodalith und Kaolin eine abweichende Rolle zukommt, als dem anderen Teil. Aus den Versuchen von J. Lemberg hatte sich dies nicht ergeben, da bei seinen Versuchen sich stets nur ein Austausch bzw. eine Abspaltung der starken Basen, ein Austritt oder eine Addition von Kieselsäure herstellen ließ, während die Tonerde, an Kieselsäure in bestimmten Verhältnissen gebunden, sich analog einem sehr beständigen Radikal verhielt. Den Ausgangspunkt der Untersuchung bildeten die Silicate der Sodalithgruppe. J. Thugutt, welcher die Mineralien genau chemisch erforscht hat, ist dabei zu dem Resultate gelangt, daß in denselben das Alumosilicat $Na_2Al_2Si_3O_{10}$ und ein Natriumsalz (Chlorid, Sulfat, Carbonat) zu einem Molekül vereinigt sind. Schon J. Lemberg hatte nachgewiesen, daß die Glieder der Sodalithreihe als Abkömmlinge eines Natronnephelinhydrats von der Zusammensetzung $4(Na_2Al_2Si_2O_8) . 5H_2O$ aufzufassen sind.

J. Thugutt hat dann nachgewiesen, daß im Natronnephelinhydrat $4(Na_2Al_2Si_2O_8) . 5H_2O$ ein Drittel Natron sich anders verhält als der Rest. Dieses eine Drittel wird leicht an gasförmige Salzsäure abgegeben und kann auch, wie die Experimente von P. G. Silber zeigen, gegen Silbermetall ausgetauscht werden. Ferner spielt auch die Tonerde in dieser Verbindung eine zweifache Rolle. Das in Form von Natriumaluminat abspaltbare Drittel hat ausgesprochenen Säurecharakter; wie sich der Rest verhält, läßt sich nicht bestimmt sagen, wahrscheinlich ist er als Alumokieselsäure vorhanden.

Man muß daher J. Thugutt zufolge die Verbindung schreiben:

$$4(2Na_2Al_2Si_3O_{10} . Na_2Al_2O_4) . 15H_2O.$$

Durch destilliertes Wasser wird bei Erhitzung durch 296 Stunden aus demselben Natrolith und Natriumaluminat gebildet.

Auch der von J. Thugutt dargestellte künstliche Natronanorthit $Na_2Al_2Si_2O_8$ läßt bei analogen Versuchen mit 2%iger Kaliumcarbonatlösung nur ein Drittel seines Natriums sowie des Aluminiums in Form von Aluminat in Lösung gehen, während Kaliumnatrolith zurückbleibt.

Auch der Kaliumnephelin ($KAlSiO_4$), der übereinstimmend mit dem Kaliglimmer zusammengesetzt ist, zeigt, daß beide Mineralien gleich konstituiert sind, also beide ein Drittel Tonerde und Alkali anders gebunden enthalten, wie die übrigen zwei Drittel. Beide sind folgendermaßen konstituiert:

$$\text{Glimmer: } K_2H_2Al_4Si_6O_{20} . H_2Al_2O_4$$
$$\text{Kalinephelin: } 2(K_2Al_2Si_3O_{10}) . K_2Al_2O_4.$$

Dadurch erklärt sich auch der wechselnde Kieselsäuregehalt der Glimmer. Für das saure Endglied des Kaliglimmers ergibt sich die Formel:

$$R_2Al_2Si_3O_{10},$$

für das basische Endglied:

$$2(R_2Al_2Si_2O_{10}) . R_2Al_2O_4,$$

[1]) St. J. Thugutt, N. JB. Min. etc. Beil.-Bd. 9, 555 (1894).

wobei unter R K oder H zu verstehen ist. Alle haben den gemeinschaftlichen Komplex $R_2Al_2Si_3O_{10}$. Die intermediären Glieder lassen sich von dem basischen Endglied durch teilweise Abspaltung von $RAlO_2$ ableiten. Das Verhältnis von K:H ist 1:1 bzw. 1:2. Die Formeln der Endglieder sind daher:

$$KHAl_2Si_3O_{10},$$
$$K_2H_4Al_6Si_9O_{30},$$
$$K_3HAl_4Si_6O_{20} \cdot H_2Al_2O_4,$$
$$K_2H_2Al_4Si_6O_{20} \cdot H_2Al_2O_4.$$

Auch im Sodalith ist die Gruppe mit Natriumaluminat vorhanden, seine Formel wäre nach Thugutt zu verdreifachen und lautet:

$$8(NaAlSiO_4) \cdot 4(Na_2Al_2O_4) \cdot 8NaCl.$$

Bei Sulfatsodalith (Hauyn) ist statt NaCl zu setzen Na_2SO_4. Dem Sodalith gegenüber verhält sich Wasser ebenso wie Natronnephelinhydrat. Innerhalb der Sodalithgruppe existieren Metamerien.

Was den Nephelin anbelangt, so geht er bei der Behandlung mit Kaliumcarbonatlösung in Kaliumnatrolith unter Austritt von $NaAlO_2$ über. Auf Grund seiner Versuche gibt Thugutt dem Nephelin die Formel

$$8(Na_2Al_2Si_3O_{10}) \cdot 4(Na_2Al_2O_4) \cdot 3(K_2Al_2Si_3O_{10}),$$

welche eine dem Sodalith sehr ähnliche ist. Nephelin ist ein Sodalith, in welchem das NaCl durch Kalinatrolith ersetzt ist. Gegenüber der älteren Ansicht von C. F. Rammelsberg,[1]) daß Nephelin aus $NaAlSiO_4$ und dem Leucitsilicat zusammengesetzt sei, welche Annahme auch durch meine Synthesen gestützt wird,[2]) da man feste Lösungen beider bis zu einer gewissen Grenze herstellen kann, glaubt St. J. Thugutt aus den Analysen, welche vorliegen, den Schluß ziehen zu können, daß der Kieselsäurerest nicht ausreicht, um mit dem vorhandenen Kali Leucit bilden zu können. Es sei hier noch auf die neueren Synthesen von R. Wallace verwiesen und bemerkt, daß die Analysen allein nicht maßgebend sein können, weil Nephelin selten frisch ist. (Vgl. auch die soeben erschienene Schrift von H. W. Foote und W. M. Bradley,[3]) sowie den Aufsatz von W. T. Schaller.)[4]) Die verschiedenen Ansichten werden später bei „Nephelin" besprochen.

Dem Kaolin gibt St. J. Thugutt auf Grund seines Verhaltens, da auch er ein Drittel Tonerde auf andere Art gebunden enthält als die übrigen zwei Drittel, die Konstition

$$2(H_2Al_2Si_3O_{10}) \cdot (H_2Al_2O_4) \cdot 3H_2O.$$

Ebenso wird dem Sanidin die Konstitutionsformel

$$2(K_2Al_2Si_3O_{10}) \cdot (K_2Al_2O_4) \cdot 12SiO_2$$

zugeschrieben. Den Natrolith betrachtet Thugutt als ein Salz der Tonkieselsäure

$$H_2Al_2Si_3O_{10} \cdot nH_2O,$$

[1]) C. F. Rammelsberg, Mineralchemie, 5.
[2]) C. Doelter, Z. Kryst. **9**, 555 (1884).
[3]) H. W. Foote u. W. M. Bradley, Am. Journ. **31**, 25 (1911).
[4]) W. T. Schaller, Z. Kryst. **59**, 343 (1912).

welche seiner Ansicht nach in der Natur frei als Pyrophillit oder Razumoffskyn auftritt. Ebenso wäre der Leucit das Kaliumsalz einer sehr beständigen Tonkieselsäure $HAlSi_2O_6 . n H_2O$, welche in der Natur frei als Anauxit $HAlSi_2O_6 . H_2O$ auftritt, während J. Lemberg sich Leucit und Analcim ähnlich den Feldspaten, aus zwei Endgliedern, einem basischen $RAlSiO_4$ und einem sauren $RAlSi_3O_8$, ähnlich wie es A. Streng[1]) für den Chabasit bestehend dachte.

Die eben ausführlich besprochenen Anschauungen Thugutts sind allerdings keine in allen Punkten überzeugenden, und man kann manche seiner Silicate, wie z. B. die Glimmer, besonders auch den Nephelin, vielleicht leichter als feste Lösungen erklären; sie besitzen jedoch eine große Bedeutung, indem gezeigt wurde, daß ein Teil des Natriums, bzw. des Kaliums, sowie auch der Tonerde sich anders verhält, wie der Rest, und es ist die Annahme, daß Aluminat leicht aus den betreffenden Silicaten abgespalten werden kann, von großer Wichtigkeit. Die allerdings noch immer hypothetische Ansicht, daß eine Tonkieselsäure, die sich auch frei in der Natur findet, existiert, wird durch seine Experimentaluntersuchungen bedeutend gestützt.

Ansichten über die Tonmineralien.

In neuester Zeit ist es allerdings durch die Untersuchungen von J. Stremme[2]) nicht unwahrscheinlich geworden, daß manche Tonmineralien, welche J. Thugutt als Tonkieselsäuren auffaßt, vielleicht auch eine andere Deutung erfahren könnten.

Schon P. Groth[3]) machte 1889 die Annahme, daß die Tone lockere Verbindungen von amorpher Kieselsäure mit amorpher Tonerde seien. Seither haben die Mineralgele eine große Bedeutung erlangt, wir sehen manche Silicate, welche früher als kryptokristallin betrachtet wurden, nunmehr als Gele an, also nicht, wie früher als Verbindungen mit festem Wassergehalt. So ist auch von Shinzo Kazai[4]) behauptet worden, es seien die Tone kolloide Verbindungen eines Tonerdesilicats $Al_2O_3 . 3SiO_2 . H_2O$, welche mit mechanisch mitgerissener Tonerde und Kieselsäure verunreinigt seien.

Dagegen hat allerdings J. Stremme Einwürfe[5]) gemacht. Es ist jedoch von Thugutt[6]) die Ansicht J. Stremmes, daß jene Tonmineralien Gelgemenge von Kieselsäuregel mit Tonerdegel seien, angegriffen worden. Er macht auch darauf aufmerksam, daß die Möglichkeit, Hydrogele von beliebigem SiO_2- und Al_2O_3-Gehalt darzustellen, nicht der Existenz bestimmter chemischer Verbindungen, z. B. vom Typus des Orthosilicats $H_2Al_2Si_2O_8$ widerspricht. Er wendet sich gegen die Ansicht, als seien Allophan, Halloysit und Montmorillonit Gemenge von Tonerdehydrogel mit Kieselsäuregel. Kolloider Zustand und chemische Individualität sind ganz gut vereinbar; auch hat er in den genannten Mineralien durch Färbeversuche die Abwesenheit freier Tonerde gezeigt.[7]) Vor ganz kurzer Zeit hat H. Stremme den Nachweis geführt, daß Kaolin kein Gel ist

[1]) A. Streng, Ber. Oberhess. Ges. Naturkunde **16**, 74 (1879).
[2]) J. Stremme, ZB. Min. etc. 1908, 622, 662.
[3]) P. Groth, Tabell. Übers. 3. Aufl. 1889, 102.
[4]) Shinzo Kazai, Inaug.-Dissert. (München 1896).
[5]) J. Stremme, ZB. Min. etc. 1908, l. c.
[6]) St. J. Thugutt, ZB. Min. etc. 1912, 35.
[7]) Vgl. auch J. Weyberg, ZB. Min. etc. 1905, 138.

und in seiner Zusammensetzung der Tonkieselsäure $2H_2O.Al_2O_3.2SiO_2$ entspricht.[1])

Die Frage, ob jene Tonmineralien chemische Individuen sind oder nicht, ist für unsere theoretischen Ansichten von fundamentaler Wichtigkeit, da ja gerade diese, wie wir auch noch später bei Besprechung der Theorie von W. und D. Asch sehen werden, eine Stütze für die Ansicht bilden, daß es eine Tonkieselsäure gibt.

Leider kann gegenwärtig eine Entscheidung nicht gefällt werden, wenn auch die Möglichkeit zugegeben werden muß, daß es kolloide Aluminium-Siliciumverbindungen im Sinne von St. J. Thugutt geben kann, welche Säurecharakter besitzen können. Daß Veruneinigungen bei den natürlichen Gelen vorkommen, würde dem nicht widersprechen. Es fehlt uns jedoch das nötige Analysenmaterial bei den Tonmineralien, um die Frage definitiv lösen zu können.

Wenn wir die Ansichten von P. P. v. Weimarn[2]) berücksichtigen, nach welchen der kolloide Zustand sich nicht prinzipiell von dem kristallinen unterscheidet, so werden wir auch nicht von vornherein aus dem Gelcharakter eine chemische Verbindung ausschließen dürfen.

Ähnliche Betrachtungen gelten für die von G. Tschermak vermittelst einer eigenen Methode gefundenen Kieselsäuren. (Eine eingehende Schilderung dieser Methode und den aus den gefundenen Resultaten erlaubten Schlüssen wird später gegeben werden). Jedenfalls können wir auch hier sagen, daß der kolloide Zustand die Möglichkeit von bestimmt definierbaren Verbindungen nicht ausschließt. Eine andere Frage ist es allerdings, ob diese Kieselsäuren in den betreffenden Silicaten auch als solche vorhanden sind; denn eine Abspaltung von Wasser während des gewöhnlich bei erhöhter Temperatur vor sich gehenden Abscheidungsprozesses der Kieselsäure wäre möglich.

Ganz sicher können wir zwar nicht behaupten, daß einem durch Zersetzung gewonnenen Hydrat auch in der wasserfreien Verbindung eine analoge Säure entspricht. Wenn jedoch die durch Zersetzung gewonnene Säure in allen ähnlichen Fällen dieselbe ist, und wenn außerdem aus ihrer Formel durch Ersatz von Metallatomen ohne Zwang die Formel der Verbindung resultiert, so ist man zu dem Schluß berechtigt, daß das isolierte Säurehydrat die Konstitution des Salzes ergibt.

Bei Silicaten, welche Tonerde enthalten, tritt jedoch in allen Fällen die weitere Frage auf, ob man berechtigt ist, ohne weiteres das Aluminium als Ersatz von Wasserstoff- oder Metallatomen betrachten zu dürfen. Diese Frage wird, wie aus den bereits angeführten Ansichten der kompetenten Forscher hervorgeht, sehr verschiedentlich beantwortet.

Die Ansichten von F. W. Clarke.

F. W. Clarke hat zahlreiche Untersuchungen an aluminiumfreien wie auch an aluminiumhaltigen Silicaten ausgeführt, wobei er die Silicate besonders durch Salzsäure zersetzte und den auf diese Art abgespaltenen Teil mit dem unzersetzten Rest verglich.

---

[1]) H. Stremme, Fortschr. d. Miner. etc. **2**, 127 (1912).
[2]) P. P. v. Weimarn, Dispersoid-Chemie (Dresden 1911).

Schon früher hat er eine Theorie der Konstitution der Silicate gegeben. F. W. Clarke hat bei der Aufstellung seiner Konstitutionsformeln keinen grundlegenden Unterschied zwischen einfach zusammengesetzten Silicaten ohne Aluminium und den Alumosilicaten gemacht; so kann Al an OH oder SiO_4, und SiO_4 sowohl an Al als auch an $NaAl_2$ gebunden sein. Er ist jedoch bei den Experimentaluntersuchungen an Glimmern und Chloriten, welche er gemeinsam mit G. Steiger[1]) und zum Teil mit E. A. Schneider[2]) machte, doch zu dem Resultate gelangt, daß in den genannten Silicaten die Gruppe

$$RAlO_2$$

zu unterscheiden ist. Diese Gruppe ist an $RSiO_4$ gebunden. So ist z. B. der Clintonit: $AlO_2\overset{II}{R}.SiO_4.H_3 + (AlO_2\overset{II}{R})_4SiO_4$. Die Gruppe $\overset{II}{R}AlO_2$ kann gedacht werden als $-\overset{II}{R}-O-Al=O$, oder

$$-Al\langle{}^{O}_{O}\rangle R.$$

Bereits früher hatte F. W. Clarke[3]) für einfachere Silicate, z. B. Topas, Eukryptit ($LiAlSiO_4$), Kaolin und Ultramarin und andere Konstitutionsformeln gegeben. Er geht dabei von mehreren (drei, vier und fünf) Molekülen SiO_4 aus, welche einerseits an Al manchmal auch an Atomgruppen AlO_2, andererseits an Metallatome und H-Atome gebunden sind, oder an Atomgruppen.

Auch in anderen Abhandlungen,[4]) z. B. der mit G. Steiger ausgeführten Untersuchung, wird meistens ein Kern von SiO_4, welcher mit Aluminium einerseits, mit Alkalimetallen andererseits verbunden ist, angenommen. Bei Leucit und bei Analcim soll ein Molekül SiO_4 neben zwei Molekülen Si_3O_8 vorkommen, welche an Atome von K und Na, zum Teil an solche von Al gebunden sind. Die Formeln gestalten sich ziemlich kompliziert.

Wertvolle Untersuchungen hat G. Steiger[5]) geliefert, indem er Silbernitrat und Thalliumnitrat auf einige natürliche Silicate einwirken ließ, während er in einer früheren Untersuchungsreihe die Einwirkung von NH_4Cl auf Alkali- und Erdalkalisilicate versucht hatte.

Bei Analcim bildete sich folgende Reaktion:

$$NaAlSi_2O_6.H_2O + AgNO_3 = AgAlSi_2O_6.H_2O + NaNO_3.$$

Das Thalliumsalz ergab ein wasserfreies Produkt mit 24 Thalliumoxyd, 23 Tonerde und 100 SiO_2, also einen Thalliumleucit. Leucit ergab dasselbe Molekül wie bei Analcim.

Aus Natrolith, Skolecit und Mesolith ergaben sich mit Silbersalz bzw. Thalliumsalz die Verbindungen:

$$R_2Al_2Si_3O_{10}.2H_2O \qquad Tl_2Al_2Si_3O_{10}$$
$$R_2Al_2Si_3O_{10}.H_2O \qquad R_2Al_2Si_3O_{10}.H_2O$$

---

1) F. W. Clarke u. G. Steiger, Am. Chem. Journ. [9] **8**, 245 (1899); **9**, 117 u. 345 (1900); **13**, 28 (1902).

2) F. W. Clarke u. E. A. Schneider, Z. Kryst. **18**, 390 und **19**, 466 (1891).

3) F. W. Clarke, Am. Chem. Journ. [2] **10**, 1 (1888). — Bull. geol. Surv. U.S. **125**, 1 (1895).

4) F. W. Clarke u. G. Steiger, Am. Chem. Journ. **8**, 245 (1899).

5) G. Steiger, Bull. geol. Surv. U.S. 1895, N. 262, 751.

G. Steiger schließt daraus, daß diese drei Silicate sich aus der Formel $R_2Al_2Si_3O_{10} . H_2O$ ableiten lassen.

Während durch frühere Untersuchungen, wie die von J. Thugutt, von P. Silber u. a. nachgewiesen wurde, daß ein Teil des Aluminiums und auch der Alkalimetalle sich bei gewissen Zersetzungen anders verhält, wie der Rest dieser Elemente, hat C. Simmonds[1]) durch Versuche, welche bei hoher Temperatur, bei Rotglut, ausgeführt worden sind, nachgewiesen, daß in einer Reihe von Silicaten bei Erhitzung im Wasserstoffstrom sich nicht der ganze Sauerstoff gleich verhält, sondern, daß ein Teil der Sauerstoffatome sich anders verhält. Wahrscheinlich ist ein Teil der O-Atome mit dem Metall direkt verbunden. Er leitet daraus Strukturformeln ab, z. B. für Orthosilicate:

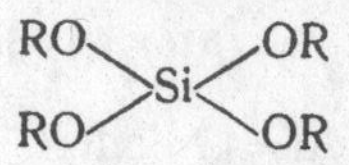

Al_2O_3 und SiO_2 können sich in Silicaten, z. B. in der Chloritgruppe nach Molekülen ersetzen.

Die folgenden Forscher gingen nicht stets von den natürlichen Silicaten, sondern auch von künstlichen Silicaten, welche zum Teil nicht den in der Natur vorkommenden entsprechen, aus.

K. Zulkowski,[2]) welcher die technisch verwertbaren Silicate (Glas, Zement u. a.) untersuchte, ist der Ansicht, daß sowohl Kieselsäure wie auch Tonerde in ihren Verbindungen hauptsächlich als Metaverbindungen auftreten, während nach ihm die Orthosilicate selten sind. Dies entspricht jedoch, soweit es sich um natürliche Silicate handelt, nicht den Tatsachen, da Orthosilicate häufig vorkommen. Er glaubt, daß bei der Betrachtung der Konstitution auch von den Tonerdehydraten auszugehen wäre.

R. Gans[3]) kam zu anderen Resultaten; er hat sich mit den Zeolithen befaßt, welche er in Tonerdedoppelsilicate und Aluminatsilicate einteilt. Die letztere Gruppe halten die Alkalien und alkalischen Erden an die Tonerde gebunden, während in den anderen diese wahrscheinlich an die Kieselsäure gebunden ist. Bezüglich der Bindung der Tonerde an die Kieselsäure ist es wahrscheinlich, daß ein Hydroxylwasserstoff des Kieselsäurehydrats durch Gruppen $Al\begin{pmatrix}ONa\\OH\end{pmatrix}$ oder $Al(OH)_2$ ersetzt sei. Ersteres findet bei den Aluminatsilicaten, letzteres bei den Tonerdesilicaten statt. Es existiert noch eine dritte Gruppe, zu welcher Natrolith und Analcim gehören, in welchen vielleicht die Tonerde mit der Kieselsäure dreifach gebunden ist und die Basen an beide gebunden sind.[4])

W. Pukall,[5]) welcher eine Reihe einfacher Silicate durch Einwirkung von Natriumsilicatlösung auf verdünnte Lösungen von Metallsalzen dargestellt hat, hat auch ein wasserhaltiges Aluminiumsilicat von der Formel $Na_2O . Al_2O_3 . 2SiO_2 . 2H_2O$ dargestellt. Er verwendete Natriummetasilicat und Natriumaluminat und bekam ein Produkt, welches sich in Natriumhydroxyd löste. Filtriert man

[1]) C. Simmonds, Journ. Chem. Soc. **83**, 1449 (1903). — Ref. Z. Kryst. **41**, 393 (1906). — Auch Journ. Chem. Soc. **85**, 681 (1904).

[2]) K. Zulkowski, Chem. Industrie, 1899, N. 13, 280; siehe auch Sitzber. Wiener Ak. **109**, 851 (1900).

[3]) R. Gans, J. preuß. geol. L.A. **20**, 179 (1905); **27**, 63 (1906).

[4]) Vgl. J. Singer, S. 94.

[5]) W. Pukall, Ber. Dtsch. Chem. Ges. **43**, 2095 (1910).

die Lösung durch ein Tonfilter und erwärmt, so bildet sich ein kristallinischer Niederschlag von der erwähnten Zusammensetzung. Er schließt aus seinen Versuchen, daß, wo Kieselsäure und Tonerde unter dem Einfluß sehr konzentrierten und überschüssigen heißen Alkalis zusammenkommen, als Endprodukt eine Verbindung entsteht, welche 1 Mol. SiO_2, 1 Mol. Al_2O_3, 1 Mol. des Alkalioxyds und 2 Mol. H_2O enthält.

W. Pukall schließt aus den Versuchen auf die Existenz einer Aluminiumkieselsäure: $2H_2O . Al_2O_3 . 2SiO_2$, für welche er eine Strukturformel gibt. Diese Säure stimmt nach H. Stremme[1]) mit der Zusammensetzung des Kaolins überein.

Gegen die Strukturformel W. Pukalls wendet sich W. Manchot,[2]) welcher der Ansicht ist, daß diese Formel mit unseren bisherigen Erfahrungen über Silicate nicht vereinbar sei. Dadurch wird jedoch der Wert der synthetischen Darstellung des betreffenden Silicats nicht geschmälert.

Die Hexit-Pentit-Theorie.

Vor ganz kurzer Zeit erschien ein Werk von W. Asch und D. Asch,[3]) in welchem nach kritischer Besprechung der bisherigen Theorien, aus welcher hervorgeht (wobei man allerdings den Verfassern des Werkes im allgemeinen zustimmen wird), daß keine der bisher verfochtenen Anschauungen allen Erfordernissen einer wahrscheinlichen Theorie gerecht wird, eine durchaus neue Ansicht aufgestellt wird.

W. Asch und D. Asch knüpfen an die schon früher von W. Vernadsky geäußerte Idee an, daß die Alumosilicate cyklische Verbindungen seien und kommen offenbar durch Übertragung der Theorien der organischen Chemie, welche sich dort als richtig erwiesen haben, zu der Ansicht, daß auch in den Alumosilicaten ringförmige Kerne vorhanden sind. Da sie, wohl nicht mit Unrecht, von der ja schon früher ausgesprochenen Ansicht ausgehen, daß die Alumosilicate nicht, wie viele meinen, mit den anderen Silicaten, welche tonerdefrei sind, zusammengeworfen werden dürfen, indem sie auch einen innigen Zusammenhang zwischen Al und Si annehmen, so unterscheiden sie Siliciumringe, wobei an die Siliciumatome O-Atome und OH-Atome gekettet sind, dann auch analoge Aluminiumringe. Die Alumosilicate würden nach ihrer Ansicht aus der abwechselnden Verkettung von Siliciumringen und Aluminiumringen bestehen.

Dabei werden zweierlei Si-Ringe und auch zweierlei Al-Ringe unterschieden.

Die Ringe mit Si-Atomen werden, je nachdem sechs oder fünf Siliciumatome vorhanden sind, als Hexite und als Pentite bezeichnet. Wir wollen auf die Konstitution dieser Hexite und Pentite näher eingehen, obgleich vorausgeschickt werden möge, daß die gewiß sehr geistreichen Ausführungen doch auf stark hypothetischer Grundlage beruhen.

Die strukturchemische Deutung der komplexen Kieselaluminiumsäuren unter Zugrundelegung der Hexit–Pentithypothese des Siliciums und Aluminiums durch W. Asch und D. Asch. — Die er-

[1]) H. Stremme, Fortschr. d. Min. (Jena 1912).
[2]) W. Manchot, Ber. Dtsch. Chem. Ges. **43**, 2603 (1910).
[3]) W. u. D. Asch, Die Silicate in chemischer u. technischer Beziehung (Berlin 1911).

wähnten Hexite und Pentite liefern die Bausteine für die zusammengesetzten Säuren und zwar nach bestimmten Regeln, welche ich nach den Ausführungen von W. Asch und D. Asch[1]) wiedergebe:

1. Die Hydrohexite bzw. -Pentite des Aluminiums verbinden sich mit jenen des Siliciums oder umgekehrt, indem sich die in je zwei benachbarten Stellungen dieser Ringe befindenden Hydroxylgruppen die Elemente des Wassers abspalten, wobei auch die zwei anderen an jenen Stellungen im Siliciumringe befindlichen OH-Gruppen ihre H-Atome in Form von H_2O abgeben.

Je ein Hydroaluminiumhexit kann sich mit je einem, zwei oder im Maximum drei Hydrohexiten bzw. -pentiten des Siliciums unter Abspaltung von Wasser verbinden und umgekehrt. Die Hydropentite können sich höchstens mit je zwei Hexiten verbinden.

2. Es können sich nur solche Typen bilden, bei welchen die Bausteine absolut symmetrisch verteilt sind. Diese Typen können nur in der Mitte, nicht aber an den Enden zwei gleiche Radikale desselben Elements besitzen, aber auch nur in der Mitte können im Maximum zwei gleiche Radikale desselben Stoffes enthalten sein. Es ergeben sich demnach mehrere Typen, auf Grund deren eine große Anzahl (17) von Strukturschemata ableitbar sind.

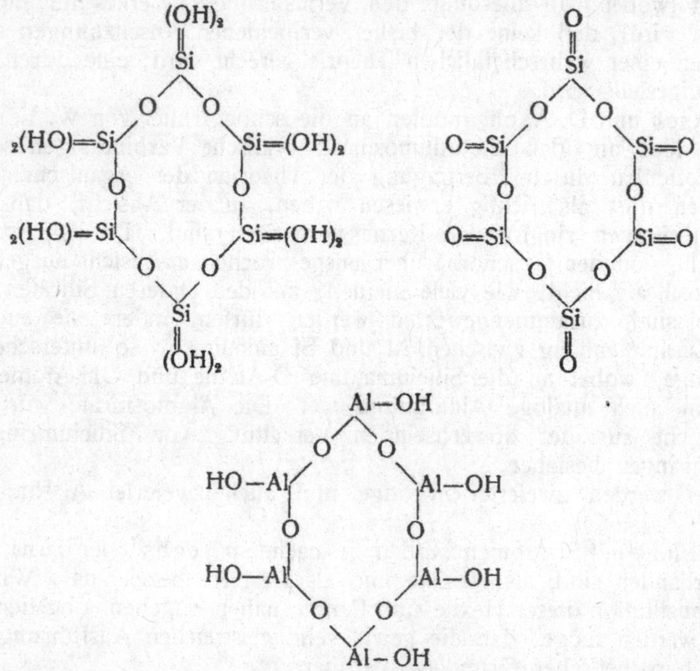

$(OH)_2$
Si
O O
$_2(HO)=Si$ $Si=(OH)_2$
O O
$_2(HO)=Si$ $Si=(OH)_2$
O O
Si
$(OH)_2$

O
Si
O O
O=Si Si=O
O O
O=Si Si=O
O O
Si
O

Al—OH
O O
HO—Al Al—OH
O O
HO—Al Al—OH
O O
Al—OH

Schemata für Hexit.

Kritische Bemerkungen über die Hexit–Pentittheorie. — Überblickt man die von W. Asch und D. Asch geäußerten Ansichten, so wird man eine große Ähnlichkeit mit der Theorie des Benzolringes nicht verkennen. Statt der CH-Gruppen treten hier SiO-Gruppen ein oder bei den analogen Aluminium-

[1]) W. Asch u. D. Asch, l. c. 34.

verbindungen Al—OH, und ein Unterschied wäre nur darin, daß in den jeweiligen Formeln zwischen den Si=O-Gruppen noch sechs Atome von O eingelagert sind. Auch Pentitkerne haben wir ja in der organischen Chemie wie z. B. beim Pyridin.

Die Prüfung der Aschschen Hypothese gestaltet sich jedoch ganz anders schwierig, wie bei den Ringen der organischen Chemie, wo wir in der Lage sind, einzelne Atome oder einfache Atomgruppen, wie CH durch andere Atomgruppen zu ersetzen und hier, bei der Prüfung der Theorie ist der Vorgang naturgemäß unvergleichlich schwieriger, als bei den Kohlenstoffverbindungen. Wir können bei letzteren schrittweise vorgehen, z. B. den Ersatz der CH-Gruppen durch COOH-Gruppen, durch $C.CH_3$- oder durch NO_2-Gruppen, wie auch durch ein einzelnes Element genau erforschen und Substitutionen ausführen, welche bei Silicaten nur in ganz vereinzelten Fällen möglich gewesen sind.

Es besteht eben zwischen Silicaten und den Kohlenstoffverbindungen ein fundamentaler Unterschied, der sich namentlich in folgendem äußert:

Die Silicate sind ableitbar von Säuren, in welchen sich Wasserstoff durch die einzelnen Metalle vertreten läßt, wie z. B. H durch Na oder Ca durch Mg, bei welchen jedoch meistens, wenn Si angegriffen wird, eine vollständige Zersetzung eintritt, so daß es nicht möglich ist, schrittweise ein Atom Si oder eine der vermeintlichen Si=O-Gruppen durch eine andere zu ersetzen. Es gelingt dann nicht wie beim Benzolring, allmählich Atomgruppen zu ersetzen, sondern es tritt dann eine radikale Zerstörung der ganzen Verbindung ein, welche eine weitere Prüfung unmöglich macht.

Die bei den in Frage kommenden organischen Verbindungen zahlreich vorkommenden Fälle von Isomerien scheinen bei Silicaten selten, was einen wesentlichen Unterschied bedingt. Man kann sogar behaupten, daß solche Isomerien zwar nicht ganz fehlen, aber doch sich wenigstens auf wenige Fälle beschränken, wie z. B. bei der Sodalithgruppe, der Andalusitgruppe Al_2SiO_5, wo sie übrigens auch noch z. T. zweifelhaft sind.

Versuchsreihen, welche Substitutionen ergeben würden, wie sie in der Benzolreihe vorkommen, sind nur in ganz geringem Maße vorhanden, so daß zur Prüfung dieser, wie auch anderer ähnlicher Hypothesen noch nicht, wie ja schon eingangs hervorgehoben wurde, das nötige Tatsachenmaterial vorliegt, um eine kritische Prüfung vorzunehmen. Die Versuche J. Lembergs, auf welche sich der Verfasser beruft, sind ja auch schon von anderen Forschern diskutiert worden, wobei diese zu Deutungen, die von jenen Aschs gänzlich verschieden sind, gelangt sind.

Es müßten wohl vor allem neue ad hoc gemachte Versuchsreihen vorliegen, um das Zutreffen der Ringhypothese zu prüfen. Die Deutung der Versuche J. Lembergs, auf welche sich die Hexit–Pentithypothese stützt, kann also eine verschiedene sein und wir haben kein sicheres Mittel, um eine Entscheidung zu treffen.

Die hier in Betracht kommende Hypothese stützt sich, wie auch jene von W. Vernadsky[1]) auf die engere Bindung des Siliciums und des Aluminiums, d. h. auf die Existenz einer komplexen Tonkieselsäure. Wenn nun auch diese Hypothese durch manche Tatsachen wahrscheinlich erscheint, so müßte doch diese Vorfrage erledigt sein, um die Konstitution der Alumosilicate erkennen

[1]) W. Vernadsky, l. c. siehe S. 79.

zu lassen. Aber selbst, wenn wir diese als definitiv gelöst betrachten würden, so können wir fast mit derselben Wahrscheinlichkeit die Ansicht W. Vernadskys annehmen, welcher sich ja auch auf experimentelles Material beruft. Kurz, die Beweise, welche in dem Werke von W. Asch und D. Asch angeführt sind, erscheinen nicht als derart zwingende, daß wir uns veranlaßt sehen würden, diese Lösung auch nur als wahrscheinlich zu betrachten.

Es lassen sich aber dann gegen die genannte Theorie, wenn sie auch bestechend wirkt, weitere Detaileinwände anführen. Ich halte es durch zahlreiche Untersuchungen, sowohl analytischer, als auch synthetischer Natur mit Sicherheit für nachgewiesen, daß viele Mineralien mit komplizierter Formel aus isomorphen Mischungen bestehen, oder als feste Lösungen aufzufassen sind. Diese, von vielen Forschern angenommene, so einfache Deutung wird von den Urhebern der Hexit-Pentithypothese verworfen, was einen Rückschritt bedeutet. So versuchen sie mit ihrer Theorie die Formel des Andesins zu erklären, welchen sie als eine einheitliche Verbindung betrachten und auch durch ihre Hypothese erklären wollen. Dies zeigt, daß man durch eine solche Annahme alles zu erklären imstande ist, weil eben zu viel Freiheiten bei dieser Erklärung in Anwendung kommen.

Ferrisilicate und Borsilicate.

Die Isomorphie von Al_2O_3 mit Fe_2O_3 und auch mit B_2O_3 läßt es als wahrscheinlich scheinen, daß in vielen Fällen die Tonerde durch Eisenoxyd vertreten werden kann und ebenso auch durch Borsesquioxyd. Für Eisenoxyd tritt häufig der Fall ein, daß ein Teil der Tonerde durch das isomorphe Fe_2O_3 vertreten wird; ich erinnere an die Pyroxene, an Epidot, an die Granate und viele andere Silicatgruppen.

Ferner haben wir auch einzelne Silicate, in welchen kein Aluminium vorkommt, die aber Eisenoxyd in ähnlicher Art enthalten, wie die Alumosilicate Tonerde führen. Zu diesen gehört beispielsweise der Lievrit, der Akmit, der Melanit und einige seltenere Silicate. In einigen dieser Fälle, wie bei Melanit und Akmit, existiert stets ein Parallelsilicat, in welchem statt der Tonerde Eisenoxyd vorhanden ist oder umgekehrt. Dies zeigt wohl, daß die Annahme berechtigt ist, daß Fe_2O_3 und Al_2O_3 eine analoge Stellung einnehmen. Allerdings fehlt das Analogon in den Mineralien der Tongruppe, bei welchen jedoch auch ein Eisengehalt als Vertreter des Tonerdegehaltes vorkommen kann.

Ähnlich wie Eisenoxyd kommt in manchen Silicatgruppen ein Gehalt an Mangansesquioxyd, oder auch an Chromoxyd vor. Im Uwarowit, dem Chromgranat, spielt offenbar das Cr_2O_3 dieselbe Rolle wie in den anderen Granaten das Aluminiumsesquioxyd oder das Eisenoxyd und, da auch in anderen Mineralien, wie in der Spinellgruppe, Cr_2O_3, Fe_2O_3 und Al_2O_3 sich vertreten, so dürfte dies wohl auch in den Silicaten zutreffen. In künstlichen Zeolithen gelang es F. Singer, Al_2O_3 durch Fe_2O_3 und B_2O_3, nicht aber durch Cr_2O_3 zu ersetzen.

Borsilicate. Schwieriger als in den soeben besprochenen Fällen gestaltet sich die Theorie der Borsilicate; es gibt gewiß eine Anzahl solcher Silicate, in welchen Bor als gänzlicher oder teilweiser Vertreter des Aluminiums angesehen werden kann. Wir können dann das, was von der Rolle des Aluminiums gesagt wurde, auf das Bor anwenden. Nehmen wir die Existenz einer Tonkieselsäure, die ja einigermaßen wahrscheinlich ist, an, so sprechen die Analogien für eine ähnlich zusammengesetzte Borkieselsäure. S. L. Penfield und H. W. Foote haben eine solche im Turmalin angenommen; nun ist allerdings gerade dieses Mineral so kompliziert zusammengesetzt, daß die Zusammensetzung der betreffenden Säure nicht leicht zu erforschen sein wird und bleibt daher die von den Genannten berechnete Säure $Si_4O_{19}(B.OH)_2Al_3H_2$ einigermaßen unsicher.[1])

Leichter gestaltet sich die Sache bei einfacheren Borsilicaten, wie im Danburit, in welchem das Verhältnis von Si : B = 1 ist. Auch im Homilit haben wir dasselbe Verhältnis und auch im Datolith, wie die Formeln dieser drei Verbindungen zeigen.

Im Cappelenit ist es 1 : 2; im Howlith ($H_5Ca_2B_5SiO_{14}$) dagegen 1 : 5; im Axinit 1 : 1.

Vergleichen wir nun das Verhältnis von Al : Si in den Alumosilicaten mit dem Verhältnis von B : Si in den Borsilicaten, so ergibt sich folgendes:

Al : Si	B : Si
1 : 1	1 : 1
1 : 2	2 : 1
2 : 3	2 : 7
1 : 3	1 : 4
8 : 1	5 : 1

Daraus würde hervorgehen, daß ein Teil der Alumosilicate dasselbe Verhältnis zeigt, wie die Borsilicate, daß auch noch solche Arten existieren, bei welchen die Menge von Si ein Mehrfaches der Menge an Al ist, daß jedoch andererseits nur ganz selten Alumosilicate existieren, in denen die Zahl der Al-Atome größer ist als die der Si-Atome. In dieser Hinsicht zeigt sich also ein gewisser Unterschied der beiden Arten von Verbindungen.

So wie man für Aluminium die Gruppe Al.OH angenommen hat, was F. Clarke, P. Groth[2]) u. a. tun, so haben diese Autoren auch die Gruppe B.OH angenommen, für welche Hypothese allerdings ein Beweis nicht erbracht werden kann, wenn auch die Möglichkeit nicht geleugnet werden soll. Aber auch P. Groth hat für den Howlith angenommen, daß hier Borsäure neben Kieselsäure in einer Doppelverbindung als Säure zu fungieren vermag.

Die Konstitution der Zeolithe.

W. u. D. Asch[3]) stützen sich bei ihren Ausführungen auch auf die Rolle des Wassers und verwenden bei ihrem Beweismaterial auch die Wasser enthaltenden Zeolithe. Nun sind aber gerade diese Verbindungen solche, welche, wie wir mit einiger Sicherheit behaupten können, keine reinen Atomverbindungen sein können. Allerdings sind schon früher manche Forscher diesen, meiner Ansicht nach irrtümlichen Weg gewandelt.

---

[1]) S. L. Penfield u. H. W. Foote, Am. chem. Journ. [4] **7**, 97; Z. Kryst. **31**, 315 (1899).
[2]) P. Groth, l. c.
[3]) W. u. D. Asch, l. c. S. 89.

Die Zeolithe dürften, wie ich glaube, nach den Forschungen von G. Friedel[1]) und neuerdings besonders auch von Grandjean[2]) nicht als reine Atomverbindungen betrachtet werden, sondern hier wird die zuerst von G. Tschermak ausgesprochene Hypothese, welche, nachdem sie von mir experimentell geprüft wurde, sehr an Wahrscheinlichkeit gewonnen hat,[3]) in Betracht kommen. Nach dieser bestehen die meisten Zeolithe aus einem Feldspatkern und einer Kieselsäure (Meta- oder Ortho-Kieselsäure), welch letztere Wasser zu adsorbieren imstande ist.

Jedenfalls sind die Zeolithe, wie aus den Untersuchungen von G. Friedel, G. Tammann,[4]) F. Rinne[5]) u. a. hervorgeht, Silicate, in welchen das ganze oder wenigstens ein Teil des Wassers Adsorptionswasser ist, welches nicht chemisch gebunden ist, sondern das je nach der Dampftension in verschiedenen Mengen vorhanden ist, und welches auch durch andere flüchtige Stoffe (wie Schwefelkohlenstoff, Äther, Benzol), Jod, ja auch durch Quecksilber oder Kalomel ersetzbar ist. Es ist daher viel naheliegender, die Zeolithe nicht als reine Atomverbindungen aufzufassen. In keinem Falle ist es gestattet, das Wasser als Konstitutionswasser in die Formel aufzunehmen und unter dieser Annahme das Hydroxyl als an Si- oder Al-Atome gebunden anzunehmen.

F. Singer,[6]) welcher eine große Zahl von Zeolithen dargestellt hat, die zum größten Teil kristallisiert waren, ist es gelungen, eine ungemein große Zahl von zeolithartigen Körpern darzustellen, welche auch für die Frage nach der Konstitution der Silicate Interesse bieten, obgleich seine Untersuchungen vorwiegend für technische Zwecke dienen sollten. Er zersetzte zur Darstellung künstlicher Zeolithe Natrontonerdesilicatschmelzen durch Wasser. Dabei erhielt er Zeolithe, in welchen der Kieselsäuregehalt beliebig wechselte. Leider fehlt bei seinen Arbeiten die mikroskopische Untersuchung auf Homogenität, so daß nicht nachgewiesen ist, ob homogene kristallisierte Zeolithe vorlagen oder nur Gemenge.

Ferner ist ihm gelungen, das Al_2O_3 durch analoge Sesquioxyde zu ersetzen, namentlich durch V_2O_5, B_2O_3, ferner durch Fe_2O_3, Mn_2O_3; dagegen ließen sich Chromzeolithe nicht herstellen; ebenso ersetzte er das Natrium durch andere Metalle. Es wäre natürlich von größter Wichtigkeit, wenn es sichergestellt wäre, daß es Silicate gibt, bei welchen sich die Kieselsäure als Additionsprodukt erweisen würde.

Der gegenwärtige Standpunkt der Konstitutionsfrage.

Ich will nun, nachdem im vorhergehenden die früheren Anschauungen wiedergegeben worden sind, dazu übergehen, die heute geltenden Ansichten zu schildern und auch meine eigenen Ansichten zu geben. Dabei muß aber gleich betont werden, daß auch heute die Anschauungen sehr stark voneinander abweichen und da wir im allgemeinen nicht vor gefestigten Theorien stehen,

---

[1]) G. Friedel, Bull. Soc. min. **19**, 94 (1896); **26**, 178 (1903).
[2]) F. Grandjean, Bull. Soc. min. **33**, 5 (1910); C. R. **149**, 866 (1909).
[3]) C. Doelter, N. JB. Min. etc. 1890, I, 118.
[4]) G. Tammann, Z. f. phys. Chem. **27**, 327 (1898).
[5]) F. Rinne, N. JB. Min. etc. 1897, II, 30.
[6]) F. Singer, Inaug.-Diss. (Berlin 1910).

weil ein fortwährender Wechsel dieser eintritt, und die Ansichten noch im Werden begriffen sind, es sich mehr um ein Momentbild handeln kann, wie wir uns gegenwärtig die Konstitution der Silicate vorstellen. Daß dieses Bild jedoch in fortwährender Veränderung begriffen ist, wird uns nicht wundern können, da es ja von den veränderlichen Anschauungen in der anorganischen Chemie abhängig ist. Auch können wir hier zumeist nicht jene Methoden anwenden, welche sonst in der Chemie zu günstigen Resultaten geführt haben, so daß alles weit mehr hypothetisch ist. Die Analogieschlüsse, auf welche wir angewiesen sind, können recht trügerische sein. Wir können in manchen Fällen mehrere Strukturformeln aufstellen, von denen oft keine als feststehend betrachtet werden darf, sondern für die nur mehr oder weniger große Wahrscheinlichkeit vorliegt.

Insbesondere die Alumosilicate, welche in so sehr verschiedener Weise aufgefaßt werden können, bereiten uns außerordentliche Schwierigkeiten, die gegenwärtig geradezu als unüberwindbare bezeichnet werden müssen.

Als Ausgangspunkt unserer Ansichten möchte ich den Satz aufstellen, daß sehr viele Silicate feste Lösungen sind, und zwar nicht ausschließlich von ganz analoger Zusammensetzung. Jedenfalls wird durch die Zerlegung komplexer Silicate in einfachere Komponenten die Konstitution derselben bedeutend vereinfacht.

Vorerst müssen wir uns über die Fragestellung im klaren sein. Wir müssen diejenigen Silicate, welche als selbständige mit Sicherheit erkannt werden können, von jenen trennen, welche als ein physikalisches Gemenge einfacherer Silicate erkannt werden können. Solange wir nicht wußten, daß es isomorphe Mischkristalle auch unter den Mineralien geben kann, war die Frage weit komplizierter als heute, wo wir wissen, daß viele Silicate nichts anderes sind als Gemenge mehrerer Komponenten. Heute wird es nur wenige Forscher geben, die sich etwa das Problem stellen würden, welches die Konstitution des Labradorits ist, da wir ja wissen, daß dieser, wie viele andere Silicate aus zwei Komponenten besteht.

Die Auflösung sehr komplexer Silicate in ihre Komponenten, wobei wir nicht immer nur zwei, sondern oft mehrere Komponenten in Betracht ziehen müssen, ist eine Art Vorfrage, welche wir zu lösen haben, ehe wir an die Hauptfrage nach der Konstitution dieser Komponenten zu schreiten haben.

Die Silicate haben die Eigenschaft, in vielen Fällen feste Lösungen nicht nur mit analog konstituierten Silicaten zu bilden, sondern sie können auch einfache Oxyde, wie Al_2O_3 oder SiO_2, auch CaO, MgO aufnehmen. Es läßt sich nicht immer bestimmen, ob hier einfach feste Lösungen vorliegen, was in einzelnen Fällen sehr wahrscheinlich ist (wie in dem Falle des $CaSiO_3$, welches SiO_2 aufnehmen kann und homogene Kristalle dieser Zusammensetzung bildet, die sich in ihren kristallographischen und optischen Eigenschaften sehr dem Metacalciumsilicat nähern) oder ob nicht in manchen Fällen Additionsprodukte aus Silicat und Oxyd entstehen (vgl. S. 79).

Diese Tatsachen zeigen, daß aus den Analysen nicht ohne weiteres der Formel nach analoge Silicate berechnet werden dürfen, sondern dies ist nur dann gestattet, wenn, wie bei den Feldspaten und ähnlichen Fällen, die Existenz dieser Komponenten wirklich nachgewiesen werden kann. Diese Tatsache, daß Natrium- und Calcium-, vermutlich auch andere Silicate, nicht ausschließlich analog zusammengesetzte Verbindungen, sei es als feste Lösungen, sei es in anderen Fällen als Additionsprodukte, aufnehmen, erschwert die Deutung der Analysen bedeutend.

Auch die Experimente, welche auf der partiellen Zersetzung von Silicaten durch Säuren, Wasser und verdünnten Salzlösungen beruhen, führen nicht immer zum Ziele, da sie nicht immer zur Abspaltung des Additionsproduktes führen, sondern sich, wie bei den Versuchen von St. J. Thugutt,[1]) das bei der jeweiligen Temperatur stabilste Produkt bildet.

Daraus geht auch hervor, daß umfassende Versuchsreihen notwendig sind, um zu beweisen, daß es sich nicht um solche feste Lösungen oder Additionsprodukte handelt.

Ferner bin ich der Ansicht, daß nicht, wie dies früher ziemlich allgemein der Fall war, nur eine Kieselsäure anzunehmen ist, und alle übrigen Silicate als saure oder basische Salze dieser aufzufassen sind, sondern daß es mehrere Kieselsäuren geben kann, deren Natur jedoch vorläufig schwierig festzustellen ist, da die experimentell gewonnenen Kieselsäuren im unzersetzten Silicat vielleicht auch eine andere Zusammensetzung haben könnten; jedoch ist auch die Isolierung dieser Polykieselsäuren von großem Wert. Solange wir jedoch nicht sicher wissen, ob nicht in Analogie mit komplexen Wolfram- und Molybdänsäuren auch komplexe Alumokieselsäuren möglich sind, können wir auch durch diese Isolierung keinen ausschließlichen Anhaltspunkt zur Beurteilung der Konstitution erlangen.

Auch die Auffassung der Silicate als Molekülverbindungen ist noch theoretisch zu wenig gefestigt, um diese unbedingt als Basis zur weiteren Erkenntnis nehmen zu können.[2]) So kommen wir wieder zu dem Schlusse, daß gegenwärtig alle Theorien auf hypothetischer Basis beruhen. Das wird uns allerdings nicht abhalten, diese Theorien zu verfolgen, da wir auch auf diesem Wege, wenn wir auch starke Bedenken gegen diese verschiedenen Hypothesen hegen, immerhin zu einem Fortschritt gelangen und sogar negative Resultate von Wert sein können.

Gegenwärtig können wir infolge der früher geäußerten Schwierigkeiten gerade bei einer Anzahl von Silicaten, welche sich sonst sehr gut zur Auflösung der strittigen Fragen eignen würden, experimentelle Untersuchungen wegen der vorkommenden Komplikationen nicht mit Aussicht auf Erfolg ausführen.

Daher eignen sich, solange wir auf dem jetzigen, noch so unvollkommenen Stande der Forschung stehen, mehr einfachere Silicate zu den genannten Zwecken. Jedenfalls werden wir jedoch die einfachen Silicate, wie jene vom Typus

$$\overset{II}{R}SiO_3, \quad \overset{II}{R}_2SiO_4,$$

deren Konstitution geringe Schwierigkeiten bietet, gesondert von den komplexen Silicaten betrachten und auch die chlor- und fluorhaltigen, ferner die wasserhaltigen, dann natürlich auch die borhaltigen besonders zu betrachten haben.

Wir werden mit den ganz einfach zusammengesetzten beginnen und die Silicate im allgemeinen zu diesem Zwecke in folgende Abteilungen abtrennen:

---

[1]) St. J. Thugutt, l. c.

[2]) Vgl. S. 83.

1. Einfache wasserfreie Silicate.[1])
2. Wasserhaltige tonerdefreie Silicate.
3. Einfache Alumosilicate.
4. Komplexe wasserfreie Alumosilicate.
5. Komplexe wasserhaltige Alumosilicate.
6. Silicate mit Eisenoxyd.
7. Borsilicate.

Hieran reihen sich die Verbindungen an, welche außer Kieselsäure noch eine andere Säure enthalten: Schwefelsäure, Kohlensäure, Titansäure, Zirkonsäure usw.

Einfach zusammengesetzte Silicate.

Obgleich eine solche Unterabteilung vielleicht manchem nicht genügend definiert erscheint, so folge ich doch darin W. Vernadsky,[2]) welcher darunter die in der Natur häufigen Ortho- und Metasilicate versteht. Da jedoch die Möglichkeit vorliegt, daß noch weitere Al-freie Polysilicate vorkommen, so wären auch diese hier einzureihen.

Nach W. Vernadsky[2]) u. a. sind die Strukturformeln für diese folgende:

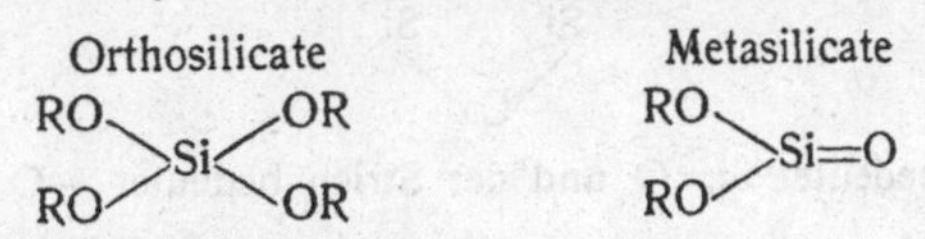

wobei R ein einwertiges Metall ist.

P. Groth[3]) schreibt diese Säuren:

Hier besteht also keine wesentliche Schwierigkeit.

W. Vernadsky unterscheidet jedoch außer diesen Silicaten noch die Additionsverbindungen der Orthokieselsäure; er gibt ihnen die Formel:

$$n\overset{\mathrm{I}}{R}_4SiO_4 \cdot mA,$$

dabei wiegt hier das einfache Orthosilicat gegenüber dem Additionsprodukt A bedeutend vor. Hierzu rechnet er fluorhaltige Silicate, dann den Serpentin, Kieselzink, die Noumeïtgruppe, Chrysokollgruppe. Wir können alle Silicate, welche Cl, F, S usw. enthalten auch als Molekülverbindungen betrachten; jedenfalls ist es gut, sie besonders zu behandeln.

Vielleicht könnten wir von der Aufstellung dieser besonderen Gruppe absehen, weil sich dieselbe zum Teil unter die anderen Abteilungen einreihen läßt, während ein anderer Teil wasserhaltige Silicate sind, wie der Serpentin, Noumeït, Chrysokoll. Bei diesen letztgenannten ist die Erklärung etwas schwieriger, da sie, zum Teil Gele sind (wenigstens der letztere), bei welchen das Wasser daher kein Konstitutionswasser, sondern Adsorptionswasser ist. Jedenfalls bedürfen sie noch einer näheren Untersuchung. Für den Serpentin

[1]) Die wenigen chlor- und fluorhaltigen Silicate werden bei 1, 3 und 4 behandelt.
[2]) W. Vernadsky, l. c.
[3]) P. Groth, Tabellar. Übers. usw. (Braunschweig 1898).

hat S. Hillebrand[1]) die Ableitung aus einer besonderen Säure, der Serpentinsäure $H_4Si_2O_6$, aufgestellt. Nach derselben ist der Serpentin $H_2(MgOH)_6Si_4O_{12}$, während Chrysokoll $H_4(MgOH)_4(MgO.Mg)Si_4O_{13}$ wäre; beide sind $H_8Mg_6Si_4O_{18}$ und demnach isomer.

Metasilicate. Für diese hat W. Vernadsky eine kettenartige Verbindung behauptet.

Charakteristisch ist für die Metakieselsäure die Gruppe:

$$O{=}Si{<}$$

Die Metasilicate haben eine zweifache Bindung der Si-Atome; die Orthosilicate eine einfache Bindung der Si-Atome.

Für die Metasilicate, z. B. für das Calciummetasilicat, hat G. Tschermak[2]) eine ringförmige Anordnung vorgeschlagen, die wohl anschaulicher und richtiger sein dürfte als die W. Vernadskys, nämlich:

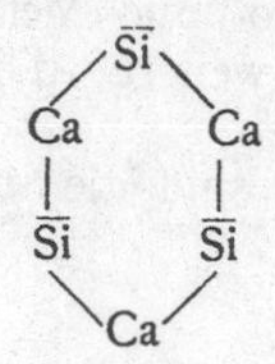

$\bar{Si}$ bedeutet Si=O und der Strich bedeutet —O—

Im flüssigen Zustand tritt keine Polymerisation ein und ist daher für diesen die Formel $CaSiO_3$. Dagegen fand G. Tschermak für Pektolith und Wollastonit ein anderes Verhalten und er nimmt eine Polykieselsäure von der Formel $H_6Si_3O_9$ an.

Sehr wichtig wäre es, wenn sich die Ansicht G. Tschermaks bestätigen würde, daß im Olivin keine Orthosäure, sondern eine Metakieselsäure vorhanden ist; dann könnte man allerdings auch behaupten, daß er kein Orthosilicat, sondern ein basisches Salz der Metakieselsäure wäre. Aber letztere Ansicht ist vom heutigen Standpunkt vielleicht nicht ganz aufrecht zu halten; früher ging man ja nur von dieser Kieselsäure aus, und alle Silicate waren neutrale, basische oder saure Salze derselben, während wir jetzt mit mehr Recht mehrere Kieselsäuren annehmen.

Man könnte aber, vorausgesetzt, daß im Olivin Metakieselsäure enthalten ist, auch die Hypothese aufstellen, daß hier ein Additionsprodukt im Sinne von W. Vernadsky vorläge:

$$Mg_2SiO_4 = MgSiO_3 . MgO .$$

Solche Additionsprodukte sind ja möglich und sie erleichtern unsere Ansichten zur Erklärung. In manchen Fällen sind allerdings die Additionsprodukte in Form von festen Lösungen vorhanden.

Dies läßt sich allerdings zumeist nur für die im Schmelzfluß entstehenden Verbindungen nachweisen, während es für die aus wäßrigen Lösungen entstehenden schwerer zu erweisen ist, wenn auch dafür Wahrscheinlichkeit vorliegt Doch können uns die Pseudomorphosen darüber Aufschlüsse geben; Der Nephelin geht in der Natur in Natrolith über, was, wenn man die Formeln

[1]) S. Hillebrand, Sitzber. Wiener Ak. **115**, 698 (1906).
[2]) G. Tschermak, Sitzber. Wiener Ak. **115**, 228 (1906).

vergleicht, als Addition deutbar ist. Umgekehrt gibt Natrolith im Schmelzfluß Nephelin und SiO_2.

Man kann zahlreiche feste Lösungen von Silicaten mit SiO_2 darstellen. So gelang es mir sogar, die Verbindung $CaSiO_3$ mit 13% SiO_2 darzustellen, deren Eigenschaften wenigstens in optischer Hinsicht ähnliche wie die von $CaSiO_3$ waren.

Sehr wichtig sind Talk und Serpentin; bezüglich dieser so einfachen Silicate herrscht indessen trotzdem keine Übereinstimmung. F. W. Clarke und E. A. Schneider[1]) haben experimentelle Untersuchungen an denselben ausgeführt und mit trockener und mit wäßriger Salzsäure erhitzt. Bezüglich der Untersuchung mit Chlorwasserstoffgas hat jedoch R. Brauns[2]) gerechtfertigte Bedenken geäußert.

F. W. Clarke und E. A. Schneider kommen zu dem Resultate, daß sich Talk entweder als ein saures Metasilicat $Mg_3H_2(SiO_3)_4$ oder als basisches Salz einer hypothetischen Säure $H_2Si_2O_5$ deuten ließe, doch spricht die Stabilität des Talkes gegen HCl gegen letztere Ansicht. Sodalösung extrahiert aus Talk 15,36% SiO_2, entsprechend der Formel:

$$Mg_3H_2(SiO_3)_4 = 3(MgSiO_3) + SiO_2 . H_2O .$$

Durch diese Reaktion erscheint die Ansicht von F. W. Clarke und E. A. Schneider, daß ein saures Metasilicat vorliege, gerechtfertigt. Ich betrachte auf Grund dieser Versuche den Talk als ein Metasilicat plus Kieselsäure.

Es wäre von Interesse, zu erfahren, ob es möglich wäre, auf synthetischem Wege diese Addition zu erreichen. Umgekehrt zeigte sich mir bei einem Versuch der Umschmelzung eine Umwandlung in Enstatit.

Nach T. G. Bonney und C. Raisin[3]) bildet sich der Antigorit (glimmerartige Varietät des Serpentins) aus Augit. Serpentin enthält nach S. Hillebrand[4]) eine eigene Serpentinsäure $H_8Si_4O_{12}$. F. W. Clarke u. E. A. Schneider[5]) schrieben die Formel des Serpentins:

$$H_3(MgOH)Mg_2(SiO_4)_2 \quad \text{oder} \quad Mg_2H_3Si_2O_8(MgOH).$$

Erwähnt sei, daß schon G. A. Daubrée[6]) durch Umschmelzung des Serpentins Olivin plus Enstatit erhielt. Auf Grund dieses Versuches wäre Serpentin eine Angliederungsverbindung von Metasilicat und Orthosilicat, doch liegt eine weitere experimentelle Basis dieser sonst plausiblen Ansicht nicht vor. W. Vernadsky betrachtet den Serpentin als $Mg_2SiO_4 . nA$ (vgl. S. 97). Er wendet gegen die früher erwähnten Zersetzungsversuche ein, daß durch sie kein verschiedener Charakter der Magnesiumatome nachgewiesen wurde, wie auch R. Brauns hervorhebt. Dagegen scheint es vielleicht berechtigt, aus dem Versuche G. A. Daubrées, welcher zu wenig gewürdigt worden ist, einen verschiedenen Charakter der Si-Atome anzunehmen. Auch seine Entstehung, sowohl aus Pyroxen als auch aus Olivin, rechtfertigt die Ansicht, daß hier eine Anlagerung von Orthosilicat und Metasilicat vorliegt. Die früher er-

[1]) F. W. Clarke u. E. A. Schneider, Am. Journ. **46**, 303, 405 (1890).
[2]) R. Brauns, Z. anorg. Chem. **8**, 348 (1895).
[3]) T. G. Bonney u. C. Raisin, Quart. J. Geol. Soc. **61**, 690 (1905).
[4]) S. Hillebrand, Sitzber. Wiener Ak. **115**, 697 (1906).
[5]) F. W. Clarke u. E. A. Schneider, Z. Kryst. **18**, 395 (1891).
[6]) G. A. Daubrée, C. R. **62**, 661 (1866).

wähnte, aus Serpentin isolierte Säure müßte dann in die zwei Kieselsäuren zerlegbar sein?

Die Frage, wie Serpentin, Talk konstituiert sind, läßt sich, wenn wir dabei an Strukturformeln denken, nicht leicht lösen, da allerdings solche, und zwar mehrere, aufstellbar sind, jedoch eine Wahl zwischen den möglichen Strukturformeln nicht getroffen werden kann. Es wäre nur zu entscheiden, ob reine Atomverbindungen, oder ob Additions- bzw. Anlagerungsverbindungen vorliegen. Letztere Annahme erscheint jedenfalls die einfachere, und da sie eine gewisse Wahrscheinlichkeit hat, so halte ich sie auch für die am wenigsten hypothetische.

Erwähnt sei noch, daß auch W. Vernadsky eine Strukturformel für Serpentin gegeben hat.

Orthosilicate.

Trotzdem hier ein sehr einfacher Fall vorliegt, so sind die Ansichten über die Konstitutionsformel nicht übereinstimmend. Die Ansicht W. Vernadskys über die Orthokieselsäure wurde bereits früher erwähnt, er schreibt sie:

$$\begin{array}{c} OR \\ | \\ RO{-}Si{-}OR \\ | \\ OR \end{array}$$

W. Vernadsky[1]) nimmt für eine Reihe von Orthosilicaten eine Zusammensetzung aus m-Molekülen R_4SiO_4 und einem Additionsprodukt an, von welchem eine kleinere Zahl von Molekülen an jene gebunden sein soll.

P. Groth[2]) gibt dem Olivin die Formel:

$$Si\begin{array}{l} <\begin{array}{l} O \\ O \end{array}>Mg \\ <\begin{array}{l} O \\ O \end{array}>Mg \end{array}$$

S. Hillebrand[3]) gibt die Formel:

$$(MgOMg)_2Si_2O_6 \quad \text{oder} \quad \begin{array}{c} Mg{-}\overline{Si}{-}Mg \\ Mg{-}Si{-}Mg \\ \\ Mg{-}\overline{Si}{-}Mg \\ Mg{-}\underline{Si}{-}Mg \end{array}$$

Der Strich — bedeutet ein Atom O; $\overline{Si}$ bzw. $\underline{Si}$ bedeutet Si=O.

Diese beruht auf der Ansicht von G. Tschermak, welcher aus Olivin nicht die Orthokieselsäure, sondern Metakieselsäure isolierte. Bekanntlich scheidet sich aus diesem Mineral nicht eine gallertartige Kieselsäure, sondern eine pulvrige Kieselsäure ab.

---

[1]) W. Vernadsky, l. c., 46.
[2]) P. Groth, l. c., 103.
[3]) S. Hillebrand, Sitzber. Wiener Ak. **115**, 697 (1906).

Alumosilicate.

Es wurde bereits ausgeführt, daß, wegen der amphoteren Stellung der Tonerde, die Ansichten bezüglich der Bindung der Tonerde wenig gefestigt sind. Al kann entweder mit Si verbunden sein, wenn eine Tonkieselsäure existiert, oder es kann ein Aluminatkern vorkommen, also eine engere Bindung des Al an Metalle; endlich wäre auch noch die Möglichkeit gegeben, daß ein Teil des Al an Si, ein anderer an die Metalle K, Na, Ca, Mg gebunden ist. Weniger wahrscheinlich erscheint mir die Ansicht, daß das Aluminium als einfacher Vertreter der eben genannten Metalle bzw. des Wasserstoffs gedacht werden müsse.

Von den Alumosilicaten ist ein Teil sicher nichts anderes als feste Lösungen von einfacher zusammengesetzten Silicaten. So sind außer den triklinen Feldspaten, für welche ja die Mischungstheorie schon längst angenommen ist, wohl auch die Glimmer, Skapolithe, Chlorite, Granate und andere isomorphe Mischungen, teils mit bekannten, in der Natur vorkommenden Komponenten, teils mit Komponenten, die nur aus den Analysen berechnet werden können, in welchem Falle die Unsicherheit dann allerdings bezüglich ihrer Zusammensetzung wächst. Diese Unsicherheit ist noch größer, wo wir nicht ähnlich zusammengesetzte Komponenten, sondern bei denen wir feste Lösungen annehmen können, die ganz verschiedene Zusammensetzung haben können (vgl. S. 67). Daß auch solche existieren, zeigen die synthetischen Versuche. Sehen wir von diesen Silicaten ab, und betrachten wir nur diejenigen, bei welchen diese Hypothese nicht zutrifft. so haben wir entweder nur Atomverbindungen, oder nach A. Werner Komplexe.

Es tritt nun die Frage auf, ob auch die einfacher zusammengesetzten Alumosilicate, wie $NaAlSiO_4$ und $\overset{I}{R}_2AlSi_2O_6$ ebenfalls weitere Komplexe sind, oder ob sie von einer Säure derivieren, welche Ortho- oder Meta- oder eine andere Polykieselsäure sein kann, in der der Wasserstoff z. T. durch ein Metall, wie K, Na, Ca oder auch durch Al, Fe vertreten ist. Diese Frage ist jetzt noch unentschieden.

Bezüglich der Alumosilicate stellt W. Vernadsky den Satz auf, daß das Verhältnis zwischen den Hydroxylgruppen (bzw. den Metallgruppen) und der Tonerdegruppe immer konstant, dagegen zwischen diesen ersteren und der Kieselsäuregruppe schwankend ist; er geht dabei von der Formel

$$m RO . n Al_2O_3 . p SiO_2$$

aus; wo jenes Verhalten nicht gleich ist, was allerdings auch vorkommt, (siehe die Tabelle S. 106), erklärt sie W. Vernadsky durch Additionsprodukte.

W. Vernadsky macht auch darauf aufmerksam, daß bei verschiedenen Reaktionen das Verhältnis von RO zu Al_2O_3 unverändert bleibt, dagegen die SiO_2-Moleküle sich abspalten oder anlagern.

Bei den Alumosilicaten ist allerdings das Verhältnis R : Al in vielen Fällen gleich 1; manche Fälle, in welchen Abweichungen stattfinden, ließen sich wohl durch feste Lösungen u. dgl. erklären. Es gibt aber doch Fälle, wo eine große Abweichung von jener Regel stattfindet, so bei Gehlenit, Milarit, Lawsonit.

Granat ließe sich gut als ein aus $\overset{I}{R}_2Al_2Si_2O_8 + R_2SiO_4$ bestehendes Silicat erklären, wofür nicht nur meine Experimente (vgl. Bd. I S. 697), sondern auch die von J. Morozewicz,[1]) dann die Arbeiten von H. Bäckström u. W. C. Brögger[2]) sprechen würden. Auch manche Synthesen sprechen dafür, daß das Silicat $\overset{I}{R}_2Al_2Si_2O_8$ in ihnen enthalten ist, auch können sie in das Nephelin- oder Glimmersilicat übergehen. Die Verwandtschaft mit Chlorit kann verschieden gedeutet werden.

Auch den Ausführungen von W. und D. Asch liegt zum Teil die Idee zugrunde, daß jene Silicate, welche nicht ganz einfache Verbindungen sind, also die Alumosilicate, Additions-, oder im Sinne A. Werners Anlagerungsverbindungen sind. Es sei auch auf die geringe elektrolytische Dissoziation der Silicatlösungen hingewiesen, welche darauf hindeutet, daß es sich nicht um einfache Salze handelt.

So werden wir außer dem Wasser, den Chloridmolekülen im Sodalith, dem Carbonat im Cancrinit, welche Additionsprodukte sind, auch Anlagerungen zwischen Silicat und Aluminat, von Silicat und Kieselsäure für möglich erachten. Ob nun diese Anlagerungen einfach so erfolgen, daß die Nebenmoleküle: Aluminat, Tonerde, Chlorid, Carbonat, Kieselsäure usw. durch Nebenvalenzen an das Hauptsilicat gekettet sind, läßt sich vorläufig nicht entscheiden. Es zeigt die hier wiederholt besprochene Eigenschaft der Silicate, feste Lösungen zu bilden, die Möglichkeit, auch Molekularverbindungen zu bilden.

Anlagerungsverbindungen. — Es ist sehr wahrscheinlich, daß viele Silicate von komplexer Zusammensetzung, teils aus festen Lösungen, teils aus Molekülverbindungen aufgebaut sind. Es ist unwahrscheinlich, daß die Silicate solche komplexe Atomverbindungen sind, wie sie von manchen Autoren, z. B. K. Haushofer, angenommen worden sind. Auch das Vorkommen von komplexen Atomgruppen ist unwahrscheinlich, sofern sie nicht durch bestimmte chemische Reaktionen begründet sind. Ich halte daher die Auflösung komplexer Formeln in einfache durch Angliederung für richtiger.

Über Molekülformeln sind unsere Anschauungen jetzt auch wesentlich andere als früher. So machte P. Groth[3]) gegenüber der Formel des Sodaliths als Silicat + NaCl den Einwurf, daß dann in der Lösung des Minerals das Chlornatriummolekül ausscheiden müßte. Nach den heutigen Vorstellungen kann dieser Einwurf nicht mehr stichhaltig sein, denn auch in fester Lösung, welche wir als physikalische Gemenge auffassen, würde NaCl nicht unbedingt in Lösung zu gehen brauchen, noch viel weniger in einer Verbindung, in welcher wir uns das Nebenmolekül durch eine Nebenvalenz gebunden denken; nur bei mechanischen Mischungen würde die genannte Bedingung eintreten müssen. Wir können uns daher recht gut denken, daß NaCl an ein Silicat gebunden ist, und ein wesentlicher Unterschied zwischen rein atomistischer Verbindung und einer Molekular- oder Angliederungsverbindung ist auch kaum mehr vorhanden. Ebenso ist eine Angliederung eines Aluminats an ein Silicatmolekül in diesem Sinne denkbar, wie sie z. B. in den Thuguttschen Formeln (vgl. S. 83) zum Ausdruck gelangt.

Bei derartigen Anlagerungsverbindungen hat man es mit Verbindungen zu tun, die durch Zusammentritt zweier ähnlicher Salze entstehen, welche eine Bindung durch chemische Affinität in der Form von Nebenvalenzen zeigen.

---

[1]) J. Morozewicz, Tsch. min. Mit. **18**, 1 (1899).
[2]) H. Bäckström u. W. C. Brögger, Z. Kryst. **18**, 209 (1891).
[3]) P. Groth, Übersicht usw. (Braunschweig 1898).

So schreibt A. Werner z. B.

$$\left[\begin{array}{c}HO \\ HO \\ HO\end{array}\right]\!\!>\!Al\!<\!\begin{array}{c}OH \\ \\ OH\end{array}\!>Ba.$$

Ich verweise auch auf das von A. Werner angeführte Platinchlorid.

Bei Alumosilicaten ist bei Besprechung der Struktur häufig der amphotere Charakter der Tonerde vernachlässigt worden. In saurer Lösung bildet sie nach A. Werner[1]) Aquosalze

$$MOH + HX = (MOH_2)X,$$

in alkalischer Lösung Hydroxosalze

$$MOH + O\begin{matrix}H \\ K\end{matrix} = \left(M<\begin{matrix}OH \\ OH\end{matrix}\right)K.$$

Analogie der Silicate mit Molybdaten und Wolframaten. — Ähnlich wie Silicate scheinen sich Molybdate und Vanadate, vielleicht auch Verbindungen von Phosphaten mit Molybdaten zu verhalten (vgl. darüber die Arbeiten von Friedheim.[2])

Ch. de Marignac[3]) hat komplexe Silico–Wolframsäuren dargestellt, sowie auch deren Salze. Diese erinnern zum Teil an die Verbindungen von Kieselsäure und Tonerde.

Bei W. und D. Asch[4]) findet sich eine ausführliche Aufzeichnung der verschiedenen komplexen Verbindungen des Wolframs. Sie unterscheiden eine große Zahl von Verbindungen des Wolframs mit Molybdän, Bor, Silicium, Phosphor, Aluminium. Manche dieser Verbindungen ähneln sehr unseren Alumosilicaten. So bei den Molybdaten die Parmentiersche Verbindung[5])

$$K_2O . Al_2O_3 . 10 MoO_3 . 15 H_2O,$$

oder die von D. Klein dargestellten:

$$2 BaO . B_2O_3 . 11 WO_3 . 16 H_2O$$
$$2 K_2O . 2 H_2O . 12 WO_3 . 16 H_2O$$
$$4 K_2O . B_2O_3 . 12 WO_3 . 21 H_2O,$$

oder die von Ch. de Marignac hergestellten Säuren

$$4 H_2O . 12 WO_3 . SiO_2$$
$$8 H_2O . 20 WO_3 . 2 SiO_2$$

und deren Salze. Im Ardennit dürfte ein ähnlicher Typus vorliegen, wie bei den komplexen Molybdänvanadaten. Diese sind, wie W. und D. Asch mit Recht hervorheben, Analoga der Alumosilicate, so die Salze

$$6 Na_2O . 3 V_2O_5 . 6 WO_3$$
$$2 R_2O . V_2O_5 . 4 WO_3$$

und ähnliche. Die genannten Autoren verwerten jene Analogien für ihre Hexit–Pentittheorie.

---

[1]) A. Werner, l. c. 234.

[2]) Friedheim, Ber. Dtsch. Chem. Ges. **23**, 1510 (1891); siehe auch F. Uhlfers, Journ. prakt. Chem. **76**, 143 (1907).

[3]) Ch. de Marignac, C. R. **55**, 888 (1862).

[4]) W. u. D. Asch, l. c.

[5]) F. Parmentier, C. R. **55**, 888 (1862).

Wenn eine Tonkieselsäure (vgl. S. 80) existiert, so werden wir in bezug auf ihre Konstitution wohl an ähnliche Verhältnisse wie bei der Kieselwolframsäure denken können, welche A. Werner schreibt:

$$[Si(O.WO_3.WO_3)_6]H_8.$$

A. Werner schreibt Molybdänsalze als Additionsprodukte von Molybdat mit Molybdänsäureanhydrid. A. Werner faßt das Ammoniummolybdat $(NH_4)_6Mo_7O_{24} + 24H_2O$ als Orthomolybdat auf, dessen sechs Sauerstoffatome je ein Molekül Mo angelagert haben:

$$(MoO_6)R_6 + 6MoO_3.$$

Die Perwolframate

$$R_6W_7O_{24}$$

werden geschrieben:

$$(WO_6)R_6.6WO_3.$$

Die Bildung dieser Salze deutet A. Werner dadurch, daß Säureanhydridmoleküle sich an Salze oder Säuren anlagern, ein Vorgang, welcher wohl bei Silicaten insofern empfehlenswert erscheint, als dadurch komplizierte Formeln vereinfacht werden. Wir haben daher, auch in Übereinstimmung mit W. Vernadsky, Additionsprodukte aus einfachen Orthosilicaten + SiO_2. Wir können aber auch Additionsprodukte annehmen, wobei sich an einfache Ortho- oder Metasilicate Aluminate oder Al_2O_3 anlagern.

Ebenso können wir auch Aluminiumsilicate schreiben:

Nephelin . . . . . $NaAlSiO_4 = Na(SiO_4)Al$
Jadeit und Analcimsilicat $NaAlSi_2O_6 = Na(SiO_4)SiO_2.Al$
Anorthit. . . . . . $CaAl_2Si_2O_8 = Ca(SiO_4)_2Al_2$
Albit . . . . $NaAlSi_3O_8 = Na(SiO_4)(SiO_2)_2Al$.

Basische Silicate wären dagegen Silicate mit Überschuß von Al_2C_3.

Isomerien. — Von den Alumosilicaten läßt sich sagen, daß, da sie zumeist eine kompliziertere Zusammensetzung haben, ihre Bildungsweise wenig Aufschluß über ihre Konstitution gibt. Schwierig ist auch die Erkenntnis der Isomerien, auf welche erst in neuester Zeit das Augenmerk gerichtet wurde, da man früher überhaupt an solche nicht dachte. Sie werden sich besonders als Koordinationsisomerien und als Polymerien, namentlich aber als letztere zeigen. Die anderen Arten von Isomerie (vgl. A. Werner, l. c. S. 251) werden wenig in Betracht kommen.

J. Thugutt[1]) hat auf Metamerien in der Sodalithreihe aufmerksam gemacht, von denen er drei unterscheidet. P. Groth nimmt eine solche bei Andalusit und Disthen an, welche aber problematisch ist; jedenfalls steht Silimanit nur im Verhältnis der Polymorphie zu jenen (vgl. C. Doelter, Über Löslichkeit von Disthen und Andalusit).[2])

Neulich haben W. und D. Asch[3]) Isomeriefälle erörtert und dabei zweierlei Arten unterschieden.

Wahrscheinlich scheinen mir Polymerieerscheinungen, wie sie A. Werner nach G. Tammann bei Phosphaten annimmt; häufiger dürften Koordinations-

[1]) J. Thugutt, N. JB. Min. etc. Beil.-Bd. **9**, 581 (1894).
[2]) Ebenda, 1894 II, 265.
[3]) W. u. D. Asch, l. c. 65.

isomerien sein. A. Werner unterscheidet bei isomeren Salzen der Kieselwolframsäure und der Wolframkieselsäure Strukturisomerien, vielleicht kommt derlei bei Silicaten vor. Sehr wichtig wären Leitfähigkeitsmessungen von Silicatlösungen.

Kerne. — In vielen der neueren Arbeiten über Konstitutionsformeln von Silicaten wird angenommen, daß ein Kern, ein einfaches Alumosilicat existiert, an welchen sich entweder ein zweites, oder SiO_2, oder ein Aluminat anlagert. Leider läßt sich über die Natur des Kernes nicht immer etwas Sicheres aussagen; man kann ein einfaches Alumoorthosilicat oder Alumometasilicat annehmen, was mir am wahrscheinlichsten erschiene, oder bereits komplexere Alumosilicate, wie den hypothetischen Glimmer- oder Chloritkern W. Vernadskys, oder den aus den Experimentaluntersuchungen von J. Thugutt sich ergebenden Kern:

$$R_2Al_2Si_3O_{10},$$

welcher vielleicht wäre:

$$R_2[Al(SiO_4)]_2 . SiO_2 .$$

W. Vernadsky[1]) nimmt vom theoretischen Standpunkte auch außer dem Glimmerkern noch einen Chloritkern an (vgl. S. 80). Ich möchte ihm darin zustimmen, doch vermag ich über den im Chlorit vorhandenen Silicatkern mangels experimenteller Untersuchungen vorläufig nichts auszusagen. Der Chlorit hat eben eine ziemlich verwickelte Konstitution, so daß er sich vielleicht weniger als die früher genannten Silicate zur Erschließung der chemischen Konstitution der Silicate eignet, wenigstens solange nicht mehr Experimentaluntersuchungen über ihn vorliegen.

Um Einblick in die Konstitution der Silicate zu erlangen, ist es jedenfalls vorteilhaft, solche Silicate zu wählen, welche einfach zusammengesetzt sind, wie Anorthit, Analcim, Leucit, Muscovit, Albit, abgesehen von jenen, die kein Aluminium enthalten, wie Serpentin, Olivin, Diopsid, Talk usw., welche übrigens so einfach zusammengesetzt sind, daß wir schon heute über ihre Konstitution begründete Hypothesen machen können. Der Schwerpunkt der Frage liegt aber in den Alumosilicaten, von welchen mir die früher genannten als besonders geeignet erscheinen, wobei allerdings die Möglichkeit der experimentellen Untersuchung auch von der leichteren Zersetzbarkeit Lösungen gegenüber abhängig ist.

Im folgenden seien die Atomverhältnisse der wichtigeren Silicattypen zusammengestellt:

	$\overset{I}{R}$	Al	Si	O
Nephelin	1	1	1	4
Anorthit	1	1	1	4
Leucit	1	1	2	6
Muscovit	1	1	1	4
Albit	1	1	3	8
Petalit	1	1	4	10
Epidot	5	3	3	13

[1]) W. Vernadsky, Z. Kryst. **34**, 37 (1901).

Sapphirin . . .	10	12	2	27
Milarit	3	1	6	15
Gehlenit	6	2	2	10
Granat	6	2	3	12
Euklas	3	1	3	5
Lawsonit	3	1	1	5
Beryll	3	1	3	9 ?
Biotit	6	2	3	12
Amesit	8	2	1	9

Die Analysen des Sapphirins, Amesits und des Berylls sind nicht sichere. Bei Silicaten, welche kein Metall neben Aluminium aufweisen, ist das Verhältnis:

$$Al:Si = 1:1 \quad \text{oder} \quad 1:2 \quad \text{oder} \quad 2:1.$$

Man kann bei Silicaten folgende Klassen unterscheiden:

1. Das häufigste Verhältnis R:Al:Si ist 1:1:1, dann folgt 1:1:2, welches in ungemein vielen Silicaten wiederkehrt. Seltener ist das Verhältnis 1:1:3, auch 3:1:3 ist selten. Dann folgt 3:1:1, und Ausnahmen sind wohl die ganz seltenen Verhältniszahlen: 3:1:6, dann 6:2:3.

Granat kann wohl, was nicht unwahrscheinlich ist, ein komplexes Silicat sein. Der abnorm zusammengesetzte Petalit, $LiAlSi_4O_{10}$, ist überhaupt wegen Mangels ganz genauer Analysen unsicher, und dasselbe behaupte ich auch vom Beryll, da die Bestimmung des Berylliums sehr schwierig ist, so daß man leicht zu viel Beryllium bekommen kann. Daher ist das Verhältnis vielleicht 1:1:3, wie im Albit. Es bleiben dann die Proportionen:

1:1:1, 1:1:2, 3:1:1, 3:1:6, 1:1:3, 3:1:3, 6:2:3, 8:2:1.

Man kann diese zerlegen in solche, die zwischen 1:1:1 und 1:1:2 liegen, und solche, die weniger Al enthalten zwischen 3:1:6 und 6:2:3.

Ganz merkwürdige Zahlen würden die Chlorite ergeben, wenn man sie nicht in isomorphe Komponenten zerlegt; so zeigt dann der Pennin (nach der Formel von P. Groth[1]) das Verhältnis 23:2:4, was wohl schon die Notwendigkeit der Zerlegung in Komponenten zeigt.

Vergleicht man jedoch die wichtigeren Silicattypen nicht nur dem Zahlenverhältnisse nach, sondern berücksichtigt man auch die Natur des Metalles, so findet man, daß das Metall (abgesehen vom Aluminium) in sauren Silicaten (welche mehr Säure enthalten als einem Metasilicat entspricht) nicht beliebig ist. In diesen haben wir nur K, Na und Li, in den Alumometasilicaten haben wir Ca, Mg, Fe, Mn, seltener Na oder K, ausnahmsweise kommt, wie in $NaAlSiO_4$ auch in einem Orthosilicat noch Na vor. In sauren Silicaten kommen weder Ca noch Mg vor. Nehmen wir jetzt die basischen Silicate vor, so fehlt hier K, Na, Li. Wir haben nur Mg, Ca, Fe, Mn und auch Be. Diejenigen Silicate, welche am meisten Basis enthalten, bei welchen das Verhältnis R:Si größer ist als 3:1, sind die Magnesiasilicate. Demnach neigen die Magnesium-Aluminiumsilicate zu größerer Basizität. Saure Silicate gibt es unter ihnen nicht.[2])

Wenn die Silicate nur durch die Säure in der Konstitution sich unterscheiden würden, so wäre kein Grund dazu vorhanden, daß nicht auch basische Na oder K-Silicate vorkommen, oder daß umgekehrt saure Silicate Mg und Ca

[1]) P. Groth, l. c. 134.
[2]) Es lassen sich auch saure Silicate mit Mg, Fe, Ca nicht herstellen.

enthalten sollten. Wahrscheinlich hängt dies damit zusammen, daß MgO, CaO stabiler sind als Na_2O, K_2O, Li_2O, d. h. diese können als Additionsprodukte nicht existieren, was bei den anderen der Fall ist. Es zeigt dieses Verhalten, daß es nicht unwahrscheinlich ist, daß die basischen Salze zusammengesetzt sind aus einem Meta- bzw. Orthosilicat plus Basishydrat, eventuell Basisanhydrid, und dies spricht für die Ansicht, daß wir es mit Additionsprodukten zu tun haben. Auch die Tendenz zur Aluminatbildung scheint bei Ca und Mg größer zu sein, wie bei den anderen genannten Metallen.

Es gibt unzweifelhaft eine Anzahl von Silicaten, denen das Silicat $\overset{\mathrm{I}}{R}_2Al_2Si_2O_8$ zugrunde liegt, und welche aus diesem plus Kieselsäure bestehen. In Tonen, welche allerdings ihrem Wesen nach noch nicht genügend aufgeklärt sind, solange wir nicht wissen, ob nicht zum Teil auch mechanische Mischungen von Gelen vorliegen, haben wir ebenfalls das erwähnte Silicat, wobei R = H ist.

Einige Silicate, nämlich die früher erwähnten, in welchen das Verhältnis von R:Al größer ist wie 1, lassen sich aber nicht so deuten. Es gibt nun sicher solche Silicate, in denen das Verhältnis von R:Al nicht konstant ist. Einige zeigen 2:1; oder 3:1, der Amesit sogar 8:2. Das sind also basische Silicate mit Überschuß von RO. Soll man diese als basische Salze auffassen, oder, wie bei Olivin, wenn wir ihn als Metasilicat auffassen (nach den Untersuchungen G. Tschermaks) als Metasilicat mit einem Additionsprodukt von MgO?

Diese Silicate, welche zwar selten sind, würden nach der einen oder der anderen Hypothese zu erklären sein. W. Vernadsky nimmt noch das Silicat RAl_2SiO_6 zu Hilfe, dessen Existenz jedoch selbst im Pyroxen nicht sicher ist. Er erklärt dadurch die Zusammensetzung der Chlorite. Vielleicht ist es richtiger, hier einen Aluminatkern anzunehmen (vgl. S. 83).

Die Chloritgruppe. — Einer der am schwersten zu enträtselnden Fälle ist der der Chloritgruppe, über welche sehr divergierende Ansichten geäußert wurden. Am besten befriedigt wohl die Ansicht, daß es sich hier um isomorphe Mischungen handelt. G. Tschermak[1]) hat eine Anzahl von Silicaten als Mischungsglieder aufgestellt. Nach seiner Ansicht sind die Komponenten das Amesitsilicat und das Serpentinsilicat. Beide sind sehr basische Silicate, deren Mischungen wohl die variable Zusammensetzung der Chlorite erklären können, ohne daß dafür ein sicherer Beweis geliefert wird, immerhin stimmen die Analysen mit dieser Annahme.

Das Amesitsilicat zeigt das seltene Verhältnis R:Al:Si = 8:2:1, hat also einen Überschuß von Basis. Es ist eine Verbindung von Magnesiummetasilicat mit Magnesiumaluminat plus Wasser, oder von Magnesiumaluminat mit H_6SiO_5, wobei H zum Teil durch Mg ersetzt wird.

W. Vernadsky[2]) bedient sich bei der Erklärung der Chlorite des Tschermakschen Pyroxensilicats $MgAl_2SiO_6$. Clarke[3]) hat große Verdienste um die Erforschung der Chlorite, da er zahlreiche Versuche ausgeführt hat. Aus ihren Versuchen schlossen F. Clarke und E. A. Schneider, daß die Formel des Ripidoliths sich durch $R_2(SiO_4)_2\overset{\mathrm{I}}{R}_2$ darstellen läßt, welche der Olivinformel entspricht.

In den Konstitutionsformeln, welche Clarke gegeben hat, wird jedoch die

[1]) G. Tschermak, Sitzber. Wiener Ak. **99**, 174 (1890); **100**, 29 (1891).
[2]) W. Vernadsky, l. c.
[3]) F. Clarke, Am. Journ. **43**, 190 (1892). — Z. Kryst. **23**, 515 (1894).

Hypothese gemacht, daß Atomgruppen MgOH, Al . 2(OH) existieren, welche natürlich darin nicht sicher nachweisbar sind.

Das Tschermaksche Amesitsilicat wird von F. Clarke u. E. A. Schneider[1]) nicht als $H_2(MgOH)_2Al_2SiO_7$, sondern als $OMg_2(AlH_2O_2)_2SiO_4$ aufgefaßt.

Die Amesitsubstanz der Chloritreihe wäre das basische Äquivalent des Clintonitmoleküls der Glimmergruppe. Glimmer und Chlorite bilden zwei parallele Reihen:

	Glimmer	Chlorite	
Normales Orthosilicat	$Al_4(SiO_4)_3$	$Mg_4(SiO_4)_2$	
Muscovit	$\overset{I}{R}_3Al_3(SiO_4)_3$	$\overset{I}{R}_2Mg_3 . (SiO_4)_2$	(Aphrosiderit)
Biotit	$\overset{I}{R}_6Al_2(SiO_4)_3$	$\overset{I}{R}_4Mg_2(SiO_4)_2$	(Orthochlorite)
Phlogopit	$\overset{I}{R}_9Al(SiO_4)_3$	$\overset{I}{R}_6Mg(SiO_4)_2$	(Orthochlorite)
Clintonit	$Al{<}^{O}_{O}{>}\overset{II}{R}$, $Al{-}SiO_4{\equiv}\overset{II}{R}_2$	$O{<}^{Mg}_{Mg}{>}SiO_4 = \overset{I}{R}_2$	(Amesit).

W. und D. Asch[2]) schließen aus den Formeln der Orthochlorite auf 15 Typen, welchen sie die Formeln geben:

$$mMO . 2(3R_2O_3 . 10SiO_2) . nH_2O$$
$$mMO . 2(3R_2O_3 . 12SiO_2) . nH_2O$$
$$mMO . 2(3R_2O_3 . 15SiO_2) . nH_2O$$
$$mMO . 2(3R_2O_3 . 18SiO_2) . nH_2O$$
$$mMO . 5(5R_2O_3 . 6SiO_2) . nH_2O$$
$$mMO . 2(5R_2O_3 . 12SiO_2) . nH_2O$$
$$mMO . 2(5R_2O_3 . 18SiO_2) . nH_2O$$
$$mMO . 2(5R_2O_3 . 22SiO_2) . nH_2O$$
$$mMO . 2(6R_2O_3 . 6SiO_2) . nH_2O$$
$$mMO . 2(6R_2O_3 . 10SiO_2) . nH_2O$$
$$mMO . 2(6R_2O_3 . 12SiO_2) . nH_2O$$
$$mMO . 2(6R_2O_3 . 16SiO_2) . nH_2O$$
$$mMO . 2(6R_2O_3 . 18SiO_2) . nH_2O$$
$$mMO . 2(8R_2O_3 . 12SiO_2) . nH_2O$$
$$mMO . 2(9R_2O_3 . 12SiO_2) . nH_2O.$$

Der Amesit, welcher ganz selbständig nicht existiert, da er stets etwas Serpentinsilicat beigemengt hat, dürfte, vorausgesetzt, daß seine empirische Formel

$$H_4Mg_2Al_2SiO_9$$

ist, sich zerlegen lassen in ein Aluminat, und ein wasserhaltiges Magnesiummetasilicat, nach der Formel:

$$MgAl_2O_4 . MgSiO_3 . (H_2O)_2 .$$

Das Serpentinsilicat: $H_4Mg_3Si_2O_9$ kann wieder betrachtet werden als $MgSiO_3 . Si(OH)_4(MgO)_2$ oder $Mg_2SiO_4 . MgSiO_3(H_2O)_2$.

[Eine ähnliche Calciumverbindung, wie Talk, ist der Apophyllit, dessen Formel $CaSiO_3 . SiO(OH)_2$ ist. Daß das Silicat $CaSiO_3$ mit SiO_2 als feste Lösung homogen kristallisiert, wurde bereits früher erwähnt (s. S. 99)].

[1]) F. Clarke u. E. A. Schneider, Am. Journ. **42**, 242 (1895). — Z. Kryst. **23**, 518 (1894).
[2]) W. u. D. Asch, l. c. 342.

Dabei ist jedoch zu berücksichtigen, daß auch das Silicat $MgAl_2SiO_6$ von anderen, z. B. von W. Vernadsky, für die Chlorite herangezogen wird, welches in festen Lösungen existenzfähig ist. Ich habe eine Reihe von Schmelzversuchen mit Chlorit, Talk, Serpentin ausgeführt, welche zeigen, daß hier das Metasilicat $MgSiO_3$, Enstatit den Kern bildet. Solche Versuche können natürlich nicht als Beweise für die Konstitution angesehen werden, sie besitzen jedoch insofern eine Wichtigkeit, als man doch daraus auf die Stabilität etwa vorhandener Verbindungen schließen kann. Bei der Behandlung mit Lösungen bildet sich schließlich auch nur die unter den gegebenen Verhältnissen stabile Verbindung.

Wichtig ist die von G. Friedel und Grandjean[1]) durchgeführte Synthese des Chlorits, bei welcher das Ausgangsmaterial Augit war, welcher neben Spinell ein chloritartiges Mineral ergab, als der Pyroxen bei 550° mit einer Lösung von Natriumaluminat behandelt wurde. Sie weist auf einen genetischen Zusammenhang von Chlorit, Spinell und Pyroxen hin.

Die Theorie, daß in den Alumosilicaten das Aluminat als Kern vorhanden sei, findet in mehreren Tatsachen Unterstützung.

Aus Schmelzflüssen scheidet sich mitunter Spinell oder eine ähnlich zusammengesetzte Verbindung aus, wodurch die Annahme eines Säurecharakters der Tonerde bewiesen wird. Ferner haben wir ja in vielen Fällen eine Abspaltung von Aluminat bei Behandlung der Alumosilicate mit Wasser oder verdünnten Salzlösungen. Hierbei können sie Tonerdehydrate bilden. Auch bei Abspaltung mancher Alumosilicate bei höheren Temperaturen bilden sich Aluminate.

Nach Sv. Arrhenius steigt bei hoher Temperatur die Azidität des Wassers, so daß er annimmt, daß dann Wasser die Kieselsäure verdrängen kann. Nach J. Koenigsberger und W. J. Müller[2]) steigt jedoch auch die Azidität der Kieselsäure bei hoher Temperatur bedeutend, bei niedrigeren ist Kieselsäure eine schwache Säure. Wichtig wäre es, zu erfahren, ob z. B. $Al_2O_3 . SiO_2$ als Silicat aufgefaßt werden muß, ferner ob nicht in manchen Silicaten eine Bindung zwischen Silicat und Aluminat besteht, besonders in solchen, die nur bei niedrigeren Temperaturen stabil sind.

Vergleich der Siliciumverbindungen mit den Kohlenstoffverbindungen. — Man hat manchmal die Konstitution der Silicate durch Vergleich mit den Kohlenstoffverbindungen zu lösen gesucht; viele Strukturformeln lehnen sich an jene der organischen Chemie an; so sind auch die Strukturformeln von W. und D. Asch dem Benzolring nachgeahmt. Da C und Si im periodischen System einander so nahe stehen, so ist dies einigermaßen berechtigt. Da die einschlägigen Verbindungen des Kohlenstoffs keine Salze sind, so wäre auch zu erwägen, ob der Salzcharakter der Silicate so ausgeprägt ist, wie gewöhnlich angenommen wird.

Den Theorien von W. und D. Asch liegt die oben erwähnte Anschauung zugrunde, daß es sich bei Silicaten weniger um die Säure handelt, als um Anlagerungen von Al- und solchen von Si-Oxyd; eine Anlehnung an die organische Chemie bei den Konstitutionsfragen wäre jedenfalls nicht ohne Wert, doch sind bisher solche „Kerne" oder „Ringe" nicht mit Sicherheit nachweisbar gewesen.

[1]) G. Friedel u. Grandjean, Bull. Soc. min. **32**, 150 (1909).
[2]) J. Koenigsberger u. W. J. Müller, ZB. Min. etc. 1906, 360.

Die natürlichen Kieselsäureverbindungen.

Analysenmethoden von Quarz, Chalcedon, Opal.

Von **M. Dittrich** (Heidelberg).

Hauptbestandteile: SiO_2, H_2O.

Kieselsäure. Die Bestimmung erfolgt nach Aufschluß der Substanz mit Natriumcarbonat, wie Bd. I, S. 565 angegeben.

Wasser. Dasselbe kann durch Ermittelung des Glühverlustes bestimmt werden.

An dieser Stelle seien die Abänderungen nachgetragen, welche Verfasser mit W. Eitel[1]) an den Methoden ausgearbeitet hat, welche gestatten, das Wasser in Absorptionsapparaten aufzufangen (siehe Bd. I, S. 591 u. ff.).

Zu 1.: Statt des bisher angewendeten Kaliglasrohres, welches leicht springt und nur ein mäßiges Erhitzen gestattet, verwendet man besser ein Rohr aus geschmolzenem Bergkristall; dieses gestattet Erhitzen mit vollster Gebläseflamme und noch stärker bis gegen 1200°. Das Rohr (Fig. 19) besitzt eine Länge von 40 cm und eine innere Weite von 12 mm bei 0,5 mm Wandstärke. Auf der einen Seite ist dasselbe konisch ausgezogen und darüber ist das Wasserabsorptionsrohr aufgeschliffen; die Zuführung der trockenen Luft erfolgt ebenfalls durch ein in das Quarzrohr eingeschliffenes Röhrenstück aus geschmolzenem Bergkristall, welches an seinem Ende dem Durchmesser des Erhitzungsrohres entsprechend erweitert ist (Gummistopfen geben, infolge der hohen im Innern des Rohres herrschenden Temperatur, Wasser ab und Glasschliffstücke zersprengen infolge ihres größeren Ausdehnungskoeffizienten das Quarzglasrohr).

Die Befestigung der Schliffstücke an dem Erhitzungsrohr geschieht durch Messingspiralfedern, welche durch Häkchen, die an dem Rohr und den Schliffstücken angebracht sind, gehalten werden. Zur Trocknung muß die Luft ein Trockensystem passieren, welches aus einer zu einem Drittel mit konzentrierter Schwefelsäure gefüllten, mit Glasschliff versehenen Waschflasche und zwei U-Röhren besteht, die letzteren sind mit Bimsstein oder Glaswolle beschickt und mit konzentrierter Schwefelsäure durchfeuchtet; alle Glasteile sind untereinander durch Glasschliffstücke mit Metallfedern verbunden.

Zur Erzeugung des Luftstromes wird, da ein Aspirator sich nicht bewährt und die Lufttrocknung durch den eben beschriebenen Apparat nicht genügt, ein mit Schwefelsäure gefüllter Luftgasometer verwendet. Dieser besteht aus zwei Kugeln von ca. 3 Liter Inhalt, welche durch ein weites Rohr miteinander in Verbindung stehen, und von denen die eine etwas oberhalb der anderen gelagert ist. An der tieferen Kugel ist ein seitliches Ansatzrohr mit einem Dreiwegehahn angeschmolzen, welches die Verbindung mit dem oben er-

[1]) M. Dittrich und W. Eitel, Über Verbesserungen der Ludwig-Sipöczschen Wasserbestimmungsmethode in Silicaten. Sitzber. Heidelberger Ak., Stiftung Heinrich Lanz, naturw.-math. Kl. Jahrg. 1911, 21. Abh.; und M. Dittrich und W. Eitel, Über die Bestimmung des Wassers und der Kohlensäure in Mineralien und Gesteinen durch direktes Erhitzen in Röhren aus geschmolzenem Bergkristall. Ebendaselbst, Jahrg. 1912, 2. Abh.

wähnten Trockenapparate bzw. mit der Luftzuführung herstellt. Der Apparat ist auf Ringen, mit Ausschnitten und Gummiunterlagen, auf einem Stativ montiert, welches der Vorsicht wegen noch in einen großen emaillierten Topf gestellt wird. Nach Füllung der unteren Kugeln mit ca. 5 kg konzentrierter reiner Schwefelsäure wird mit Hilfe einer Fahrradluftpumpe in die untere Kugel Luft eingepreßt, welche noch durch ein vorgeschaltetes längeres mit Ätzkalistücken beschicktes U-Rohr geleitet, und dadurch gleichzeitig von Kohlensäure befreit wird. Durch das Einpressen der Luft steigt die Säure in die höher gelegene Kugel, und die in der unteren Kugel ziemlich komprimierte Luft wird, besonders bei längerem Stehenlassen über der Säure, intensiv vorgetrocknet; die vollständige Trocknung versieht dann der oben erwähnte Trockenapparat. Zur Verbindung des Trockenapparats mit dem Schwefelsäuregasometer einerseits und dem Quarzglasrohr anderseits werden dickwandige Gummischläuche benutzt und beide Apparate vor der strahlenden Hitze durch Asbestschirme geschützt. Zur genauen Regelung der Geschwindigkeit des Luftstromes dienen eingeschaltete Schraubenquetschhähne.

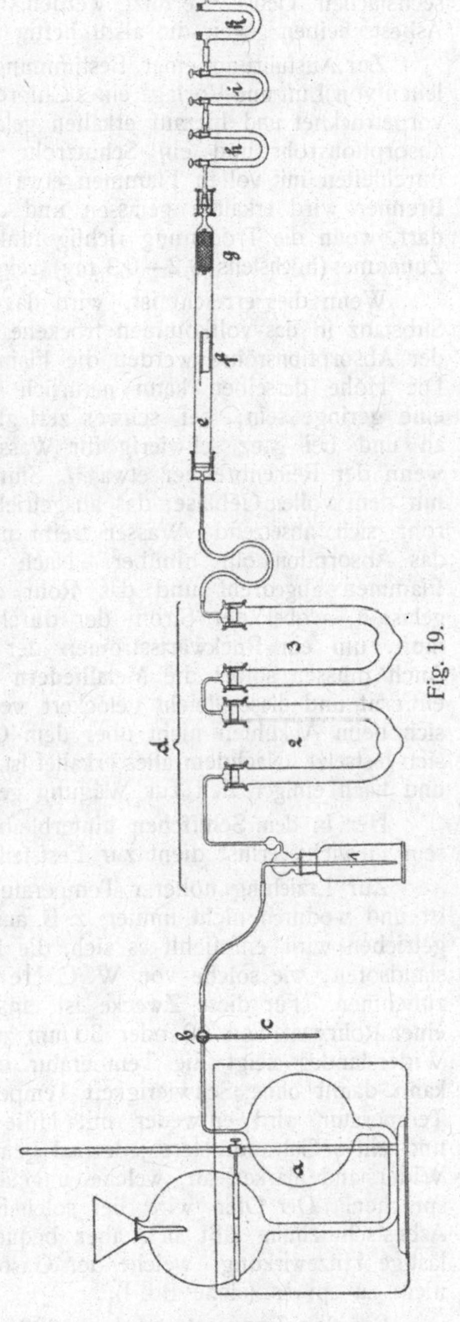
Fig. 19.

Zum Zurückhalten von Chlor, Schwefel usw. wird, bei größeren Mengen derselben, in das Erhitzungsrohr kurz vor dem konischen Ende eine zwischen Quarzwolle liegende Schicht eines Gemisches von durch schwaches Erhitzen im Porzellantiegel von Wasser und Kohlensäure befreitem Bleioxyd oder Bleisuperoxyd gegeben, welche während des Versuches mit einer kleinen darunter gestellten Flamme erwärmt werden; sind nur kleinere Mengen solcher flüchtigen Anteile zu erwarten, so bewährte sich auch eine etwa 6 cm lange Silberspirale aus engmaschigem Drahtnetz.

Das Erhitzen der Substanz erfolgt in einem kleinen Platinschiffchen von 6 cm Länge und etwa 2—3 g Fassungsvermögen. Das Rohr liegt ohne weitere

Unterlage auf einem kleinen Verbrennungsofen und kann mit einem aus 7 Bunsenbrennern bestehenden Reihenbrenner und auch mit einem kräftigen sechsfachen Gebläse erhitzt werden. Die Enden des Rohres können durch Asbestscheiben gegen die allzu heftig strahlende Hitze geschützt werden.

Zur Ausführung einer Bestimmung wird das Rohr zunächst unter Durchleiten von Luft und Vorlage eines Chlorcalciumschutzrohres mit kleinen Flammen vorgetrocknet und hierauf erkalten gelassen. Nun wird ein gewogenes Wasserabsorptionsrohr und ein Schutzrohr vorgelegt und von neuem unter Luftdurchleiten mit vollen Flammen etwa $^1/_2$ Stunde erhitzt. Nach Abdrehen der Brenner wird erkalten gelassen und das Absorptionsrohr gewogen; dasselbe darf, wenn die Trocknung richtig funktioniert, keine oder eine ganz geringe Zunahme (höchstens 0,2—0,3 mg) zeigen.

Wenn dies erreicht ist, wird das Schiffchen mit der darin abgewogenen Substanz in das vollkommen trockene Rohr hineingeschoben und nach Vorlage der Absorptionsröhre werden die Flammen unter dem Schiffchen angezündet. Die Höhe derselben kann natürlich bei leicht zersetzlichen Substanzen nur eine geringe sein; bei schwer zerlegbaren wendet man die vollen Flammen an und bei ganz schwierig ihr Wasser abgebenden Substanzen erhitzt man, wenn der Reihenbrenner etwa $^1/_2$ Stunde gewirkt hat, nach 5—10 Minuten mit dem vollen Gebläse; das ausgetriebene und etwa schon in dem Erhitzungsrohr sich absetzende Wasser treibt man mit Hilfe einer kleinen Flamme in das Absorptionsrohr hinüber. Nach erfolgter Erhitzung werden sofort die Flammen abgedreht und das Rohr durch Gegenblasen von Luft abkühlen gelassen, wobei der Strom der durchgeleiteten Luft etwas verstärkt werden muß, um ein Rückwärtsströmen der sich abkühlenden Luft zu vermeiden. Auch müssen sofort die Metallfedern an der Schiffstelle am Absorptionsrohr entfernt und dieses leicht gelockert werden, damit das stark ausgedehnte Glas sich beim Abkühlen nicht über dem Quarzglas zusammenzieht und dadurch sich festsetzt. Nachdem alles erkaltet ist, wird das Absorptionsrohr abgenommen und nach einiger Zeit zur Wägung gebracht.

Der in dem Schiffchen hinterbleibende Rückstand wird ebenfalls gewogen; sein Gewichtsverlust dient zur Feststellung des Glühverlustes.

Zur Erzielung höherer Temperaturen, als mit dem Gasgebläse möglich ist und wodurch nicht immer, z. B. aus Hornblende, das gesamte Wasser ausgetrieben wird, empfiehlt es sich, die Erhitzung mit einem elektrischen Widerstandsofen, wie solche von W. C. Heraeus in Hanau zu erhalten sind, vorzunehmen. Für diese Zwecke ist ein Röhrenofen von 20 cm Rohrlänge und einer Rohrweite von 20 oder 30 mm zu empfehlen. Bei Einschalten des vollen Widerstandes steigt die Temperatur in etwa $^1/_4$ Stunde auf 900^0 und man kann damit ohne Schwierigkeit Temperaturen bis über 1300^0 erzielen. Die Temperatur wird entweder mit Hilfe eines eingeschalteten Thermoelements und eines Galvanometers jedesmal gemessen, oder man bringt sich an dem Widerstand Marken an, welche ungefähr den gemessenen Temperaturen entsprechen. Der Ofen wird bei solchen Versuchen ziemlich warm, die dicke Asbestschutzhülle läßt sich aber bequem noch mit der Hand anfassen, eine lästige Hitzewirkung, welche der Gasofen oder das Gasgebläse verbreiten, ist nicht zu spüren (siehe Bd. I).

Bei den Temperaturen bis 1000^0 wird das Quarzglasrohr nur wenig angegriffen, dagegen entglast es unter Umwandlung in Tridymit beim Erhitzen auf über 1200°, was ein Brüchigwerden der Röhren zur Folge hat. Es muß deshalb öfters der schadhaft gewordene mittlere Teil der Röhre durch ein neues Stück ersetzt werden.

Neuerdings kommt für solche hohen Temperaturen (bis 1400°) ein Rohr aus Platiniridium mit angeschweißten Nickelenden zur Anwendung.

Zu 3. Verbesserungen der Sipöczschen Methode. Hier wurde ebenfalls ein Quarzglasrohr benutzt und als Schmelzmittel trockenes Natriumcarbonat.

Das Quarzglasrohr besitzt eine Länge von 45 cm, einen Durchmesser von 22 mm und 0,5 mm Wandstärke, es ist ähnlich wie das oben beschriebene Rohr an dem einen Ende zur bequemen Anbringung des Absorptionsrohres

Fig. 20. Verbesserte Wasserbedienungsmethode nach L. Sipöcz.
Einleitungsrohr. *e* Quarzglasrohr. *f* Platinschiffchen. *g* Platinhülle.

konisch ausgezogen, während die Zuleitungsröhre für die trockene Luft, ebenfalls von Quarzglas, an ihrem Ende dem Durchmesser des Quarzrohres entsprechend erweitert, in das Quarzrohr eingeschliffen ist (Fig. 20).

Die Befestigung der Schliffstücke an der Absorptionsröhre und dem Quarzrohr geschieht wie oben beschrieben durch Messingspiralfedern, ebenso erfolgt die Erhitzung der Röhre wieder auf einem kleinen Verbrennungsofen mit einem aus 7 Bunsenbrennern bestehenden Reihenbrenner, dessen Hitze schließlich durch ein 6 faches Gebläse verstärkt werden konnte. Noch vorteilhafter wendet man einen elektrischen Widerstandsofen an, den man erst etwa $^1/_2$ Stunde auf 900° und später $^1/_4$ Stunde auf 1000° erhitzt.

Zur Aufnahme der Substanz und des Schmelzmittels wird, wie dies bereits L. Sipöcz getan hatte, ein Platinschiffchen mit übergreifendem Deckel von 12 cm Länge verwendet. Zum Schutze gegen Überfließen der Schmelze oder Umkippen des Schiffchens umgibt man dasselbe zweckmäßig mit einer an dem Quarzrohr innen anliegenden Hülle aus dünnem Platinblech, welche durch angelötete Versteifungen aus Platiniridiumdraht gegen Verbiegungen gut geschützt ist.

An Stelle des hygroskopischen Natrium-Kaliumcarbonats wird ferner reines Natriumcarbonat verwendet; dasselbe läßt sich leicht wasserfrei erhalten und nimmt auch beim Liegen kaum Feuchtigkeit aus der Luft auf. Es besitzt einen wesentlich höheren Schmelzpunkt als das Natrium-Kaliumcarbonat und wirkt infolgedessen viel energischer aufschließend ein. Das für die Versuche zu verwendende Natriumcarbonat muß vorher in einem Platintiegel im Luftbad (Nickelbecher nach P. Jannasch, welcher mit Asbest überdeckt ist) $2^1/_2$—3 Stunden auf 270—300° erhitzt werden, dann ist es wasserfrei und nicht mehr hygroskopisch.

Für die Trocknung der Luft wird der gleiche Apparat wie oben verwendet.

Die Ausführung einer Wasserbestimmung nach der so abgeänderten Ludwig-Sipöczschen Methode gestaltet sich nun folgendermaßen: Zunächst wird die für etwa zwei Bestimmungen ausreichende Menge des zum Aufschluß dienenden Natriumcarbonats, ca. 12 g, im Platintiegel auf dem Nickelluftbad bei 270—300° 3 Stunden lang getrocknet. Währenddessen füllt man mittels der Pumpe das Schwefelsäuregasometer mit Luft und läßt dieselbe in Berührung mit der Säure stehen; sodann wird das Quarzglasrohr unter Durchleiten eines mäßig starken Luftstromes mit kleinen Flammen zum Vortrocknen erhitzt und schließlich unter weiterem Durchleiten von Luft nach Abstellen der Flammen und Verschluß mit einem Chlorcaliumschutzrohr etwas abkühlen gelassen. Wenn die Soda trocken ist, wiegt man die Substanz im Wägeglas ab, gibt sie in einen Porzellantiegel und vermischt sie dort gründlich mit ca. 2—2½ g Soda unter Umrühren mit einem Platinspatel oder Glasstäbchen. Alsdann verteilt man das Gemisch auf dem Boden des vorher ausgeglühten Platinschiffchens, spült mit wenig Natriumcarbonat den Porzellantiegel nach und gibt dann alles auf das Gemisch im Schiffchen. Oben auf die Mischung schüttet man noch 1—2 g Soda, so daß im ganzen etwa auf 1 g Substanz 5½—6 g Natriumcarbonat kommen. Das so beschickte Schiffchen wird mit dem Deckel verschlossen in die Platinhülse eingeführt und mit dieser in die Mitte der Röhre eingeschoben. Nach Verschluß des Rohres und Ansetzen des Absorptions- und Schutzrohres wird die Stelle mit dem Schiffchen zunächst mit dem 7fachen Reihenbrenner ½ Stunde lang unter Durchleiten eines langsamen Luftstromes erhitzt und gleichzeitig die Schamottekacheln des Ofens zum Zusammenhalten der Hitze aufgelegt. Das schon bei dieser Temperatur ausgetriebene Wasser setzt sich zuerst in dem ausgezogenen Ende des Rohres an, von wo es sich, wie auch von der Schliffstelle mit einer heißen Kachel in das Absorptionsrohr leicht übertreiben läßt. Nach ½ Stunde, wenn alles in voller Rotglut ist, wird, während die Bunsenbrenner weiterbrennen, die Stelle mit dem Schiffchen noch etwa 5—10 Minuten mit dem oben beschriebenen 6fachen Gebläsebrenner so stark wie möglich erhitzt. Dann werden Gebläse und Bunsenflammen ausgelöscht und das Rohr durch Gegenblasen von Luft abkühlen gelassen, wobei der Strom der durchgeleiteten Luft etwas verstärkt werden muß, um ein Rückwärtsströmen der sich abkühlenden Luft zu vermeiden. Auch müssen sofort die Metallfedern an der Schliffstelle am Absorptionsrohr entfernt und dieses leicht gelockert werden, damit das stark au gedehnte Glas sich beim Abkühlen nicht über das Quarzglas zusammenzieht und dadurch sich festsetzt. Nachdem alles erkaltet ist, wird das Absorptionsrohr abgenommen und nach einiger Zeit zur Wägung gebracht. Die in dem Platinschiffchen verbliebene Aufschlußschmelze ist stets gut durchgeschmolzen und leicht löslich in Salzsäure. Ein Übertreten der Schmelze aus dem Schiffchen auf die Platinblechhülse ist nur in Ausnahmefällen zu beobachten; die nach dieser Methode erhaltenen Zahlen sind sehr genau.

Statt der Gasheizung läßt sich auch hier ein elektrischer Widerstandsofen mit Vorteil verwenden. Die Beschickung des Schiffchens und der Quarzglasröhre erfolgt wie früher beschrieben. Man schaltet anfangs den vollen Widerstand ein und erreicht dadurch in etwa 20 Minuten eine Temperatur von 850—900°; dabei sintert die Soda mit dem Gesteinspulver zusammen. Nach etwa ¼ Stunde geht man etwa in 10—15 Minuten auf 1000—1050°; bei dieser Temperatur schmilzt die Soda vollständig und der Aufschluß der Substanz erfolgt.

Siliciumdioxyd (SiO_2).

Von **C. Doelter** (Wien).

(Hierzu Taf. I.)

Das Siliciumdioxyd oder Anhydrid der Kieselsäure (bzw. der Kieselsäuren) hat die Formel SiO_2 und kommt in der Natur in drei Kristallarten oder festen Phasen vor; auch künstlich hat man keine weiteren Kieselsäureanhydride darstellen können.

Die drei Kristallarten sind: Quarz, Tridymit und Cristobalit. Jede dieser Phasen zeigt jedoch zwei weitere Modifikationen, welche optisch unterscheidbar sind, indem bei bestimmten Temperaturen sich eine optische Umwandlung vollzieht, so daß, wenn wir diese Modifikationen auch als Kristallarten rechnen würden, im ganzen sechs Kristallarten vorhanden wären. Da die drei letztgenannten Arten nur bei hoher Temperatur existenzfähig sind, und bei Temperaturermäßigung sich wieder in die ursprünglichen Arten zurückverwandeln, kennen wir in der Natur nur die drei genannten Mineralien.

Der Chalcedon, welcher dem Quarz zuzurechnen ist, stellt eine eigene Varietät des Quarzes vor, die durch gewisse morphologische und durch ihre Aggregationsart bedingte physikalische Eigenschaften gekennzeichnet ist, auch genetisch verschieden ist und daher besonders zu betrachten sein wird.

Quarz geht bei der Temperatur von 800°, wie genaue Messungen von A. Day[1]) und Mitarbeitern beweisen, in Tridymit oder Cristobalit über. Es kann jedoch der genannte Umwandlungspunkt überschritten werden, so daß bestehender Quarz auch bei hoher Temperatur existenzfähig ist, während er umgekehrt auch bei niederen Temperaturen sich bilden kann. Wir haben daher einen ähnlichen Fall wie bei Calciumcarbonat oder bei Kohlenstoff, was häufig als Pseudogleichgewicht bezeichnet wird; man kann auch sagen, daß ein gemeinsames Existenzgebiet existiert, wobei die metastabile Form neben der stabilen vorkommt.

Während bisher angenommen wurde, daß sich Quarz bei Temperaturerhöhung in Tridymit bei ca. 900° umwandelt, haben A. Day und Mitarbeiter diese Umwandlung eingehend untersucht, wobei sie den Umwandlungspunkt mit 800° bestimmten. Kurze Zeit darauf fanden jedoch F. E. Wright und E. S. Larsen,[2]) daß sich nicht Tridymit, sondern Cristobalit bei der Umwandlung des Quarzes bilden soll und E. S. Shepherd und G. A. Rankin[3]) erklären ebenfalls, daß über 800° der Cristobalit die stabile Phase sei. Da andere Untersuchungen über diesen Gegenstand nicht existieren, so läßt sich daher nicht sagen, wo das Stabilitätsfeld des Tridymits wäre. Nach K. Endell[4]) bildet sich Cristobalit aus Quarzglas zwischen 1200—1400°. Vgl. auch P. J. Holmquist.[5])

---

[1]) A. Day, Tsch. min. Mit. **27**, 169 (1907).

[2]) F. E. Wright u. E. S. Larsen, Am. Journ. **27**, 421 (1909); Z. anorg. Chem. **68**, 341 (1910).

[3]) E. S. Shepherd u. G. A. Rankin, Z. anorg. Chem. **71**, 22 (1901).

[4]) K. Endell, St. u. Eisen 1912 Nr. 10, 2.

[5]) P. J. Holmquist, Geol. Fören Förh. 1911, 245.

Über das Verhältnis des Quarzes zu Tridymit äußerten sich J. Königsberger und O. Reichenheim[1]) dahin, daß die Umwandlung von Quarz in Tridymit monotrop ist; reversibel wird sie, wenn man einen chemischen Prozeß zu Hilfe nimmt. SiO_2 scheidet sich bei langsamer Abkühlung zwischen 200 und 420° als Quarz aus, durch langes Erhitzen wird dieser in Tridymit umgewandelt. Bei 110° wird letzterer durch Natriumcarbonat gelöst, aus welcher Lösung wieder Quarz gewonnen werden kann. Sie sind der Ansicht, daß beide vielleicht im Verhältnis der chemischen Isomerie sein können.

K. Endell[2]) bemerkt daß die Umwandlung sehr träge verläuft und bei 1450° keine Veränderung von größeren Quarzschichten bemerkbar war.

J. Königsberger[3]) hat jedoch nachgewiesen, daß Quarz in einer Lava, welche sicher über 1000° erhitzt war, unverändert blieb; andererseits geben A. L. Day und E. S. Shepherd an, daß ein Quarzkristall bei 1400° noch keine Veränderung zeigte. Aus Beobachtungen von A. Lacroix schließt J. Königsberger, daß Quarz auch über 800° stabil ist.

Nach J. Königsberger kann die Umwandlung in β-Quarz ein Temperaturmaß abgeben, die in Tridymit (Cristobalit) jedoch nicht, da Quarz sicher über 800, vielleicht bis 1050° existenzfähig ist.

Die zwei Modifikationen des Quarzes. Quarz zeigt bei 570° nach H. Le Chatelier, bei 575° nach F. E. Wright und E. S. Larsen, eine Umwandlung, welche sich in Veränderung der optischen Eigenschaften äußert (vgl. S. 129). Nach O. Mügge ist die gewöhnliche Modifikation, der α-Quarz, welcher bei geringer Temperatur stabil ist, trapezoedrisch-tetartoedrisch, während die zweite Art (β-Quarz) gleichfalls hexagonal (bzw. trigonal), jedoch trapezoedrisch-hemiedrisch ist. Die Achsenverhältnisse beider sind identisch. Wurde ein Quarz auf höhere Temperaturen als 575° erhitzt, so trägt er Kennzeichen an sich, die durch weitere, geeignete Behandlung zum Vorschein gebracht werden können. Man ist nach F. E. Wright und E. S. Larsen in der Lage, aus diesen Kennzeichen die α-Modifikation von der β-Art zu unterscheiden.[4])

Allerdings darf nicht vergessen werden, daß Umwandlungspunkte häufig überschritten werden können.

Bei der genannten Temperatur ändern sich auch andere Eigenschaften wie die Zirkularpolarisation, dann tritt auch eine Dilatation auf, wie H. Le Chatelier zuerst nachwies,[5]) doch ist sie nach K. Endell[2]) nicht meßbar.

Dagegen konnte in der elektrischen Leitfähigkeit, wahrscheinlich weil sie bei niederen Temperaturen sehr gering ist, kein Unterschied beobachtet werden.

Auffallend ist die bei manchen Experimenten, wie jenen von E. Baur, von J. Königsberger und W. Müller, beobachtete Tridymitbildung bei ziemlich niederer Temperatur. Auch R. Bruhns erhielt Tridymit durch Einwirkung von Flußsäure auf Kaliumfeldspatpulver bei 300°.[6]) Daraus geht hervor, daß der

---

[1]) J. Königsberger u. O. Reichenheim, N. JB. Min. etc. 1906 II, 45.
[2]) K. Endell, St. u. Eisen 1912 Nr. 10, 2.
[3]) J. Königsberger, N. JB. Min. etc. Beil.-Bd. **32**, 101 (1911).
[4]) F. E. Wright u. E. S. Larsen, Am. Journ. **27**, 421 (1909); Z. anorg. Chem. **68**, 338 (1910).
[5]) H. Le Chatelier, C. R. **109**, 264 (1889).
[6]) Siehe die Literatur bei Tridymit.

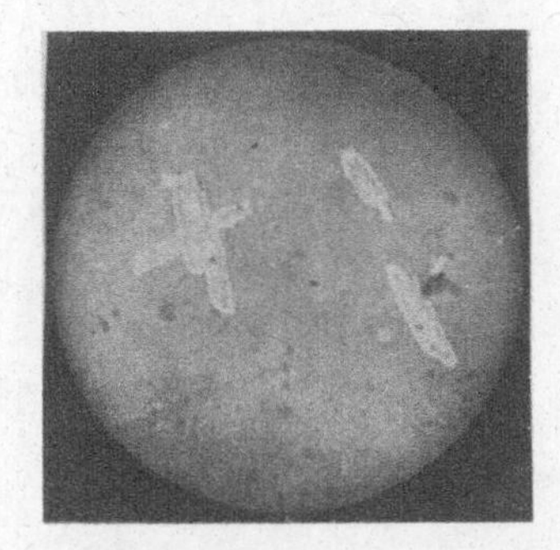

Quarzverwachsungen,
dargestellt von J. Königsberger.

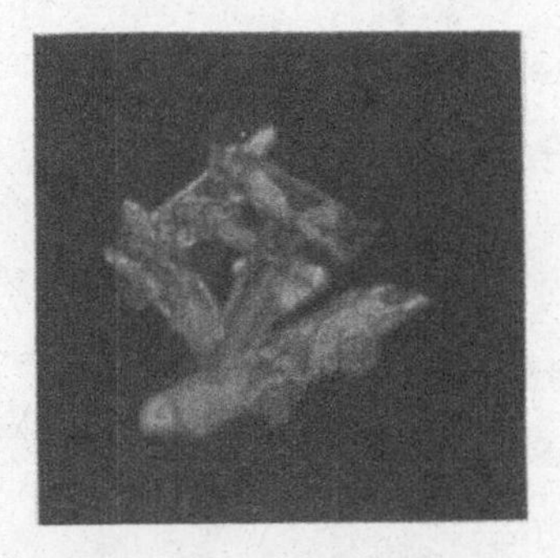

Quarz mit etwas Anorthoklas,
dargestellt von J. Königsberger.
ca. 40fach vergr.

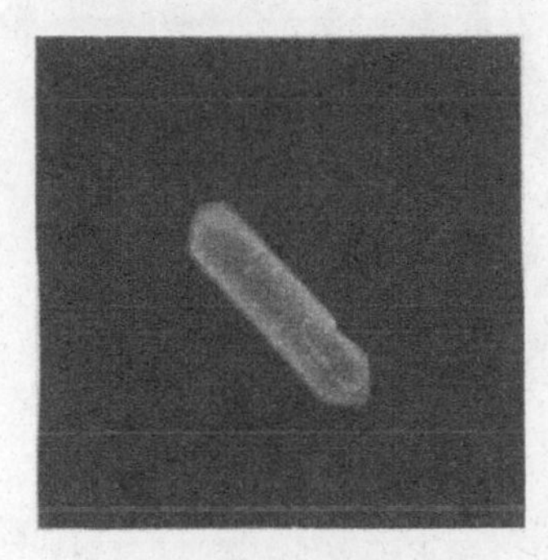

Quarz, zweispitzig
mit Flüssigkeitseinschluß,
nach J. Königsberger.

Kleine Quarzaggregate,
dargestellt von J. Königsberger.
ca. 40fach vergr.

Künstlicher Quarz
von G. Spezia.

Künstlicher Quarz,
dargestellt von G. Spezia.

Verlag von THEODOR STEINKOPFF Dresden und Leipzig.

von F. E. Wright und E. S. Larsen mit 800° bestimmte Umwandlungspunkt des Quarzes in Tridymit nicht der Punkt ist, unter welchem Tridymit nicht mehr existenzfähig ist. Wir haben hier wie in manchen anderen Fällen einen Beweis dafür, daß die betreffenden Verbindungen weit unter dem optisch ermittelten Umwandlungspunkte zur Ausscheidung gelangen können, so daß für die Genesis diesem Umwandlungspunkte keine Bedeutung zukommt, da er in beiderseitigem Sinne überschritten werden kann.

Daraus geht hervor, daß schon bei niederer Temperatur Tridymit wenigstens metastabil ist. In der Natur ist zwar kein Beispiel für Tridymitbildung aus wäßrigen Lösungen, welche den erwähnten Versuchsbedingungen entsprechen würden, bekannt geworden, dagegen beobachtete G. A. Daubrée[1]) bei noch viel niedrigerer Temperatur Tridymitbildung, nämlich in den Wasserleitungsröhren von Plombières; da die Temperatur der Therme 73° ist, so ist die Entstehung hier besonders merkwürdig.

Eine besondere Kristallart des Siliciumdioxyds, der von F. Maskelyne aufgefundene Asmanit, erwies sich später als Tridymit.

Verschiedenheiten der Kieselsäurearten in physikalischer Hinsicht. Eine Zusammenstellung der Dichten ergibt für die drei Kristallarten und die amorphe Kieselsäure ungefähr:

Quarz	Tridymit	Cristobalit	Opal	Quarzglas [2])
2,65	2,31	2,3	2,2	2,2

H. Le Chatelier[3]) hat die Dilatation der Quarzvarietäten bei der Erhitzung erforscht und fand, daß Quarz, Tridymit, und Chalcedon eine plötzliche Ausdehnung erfahren, während dies bei amorpher Kieselsäure nicht der Fall ist.

Nach E. Mallard[4]) sind Cristobalit und Tridymit bei den höchsten Temperaturen beständig, während Quarz und auch Opal und Chalcedon bei höheren nicht mehr existenzfähig sind.

E. Mallard unterscheidet zwei Familien des SiO_2, die eine (Quarz, Chalcedon) ist bei niederer Temperatur stabil und zeigt eine Dichte von ungefähr 2,6, während die zweite (Tridymit, Cristobalit) bei hoher Temperatur stabil ist und eine Dichte von 2,3 hat.

E. Mallard[4]) hat auch gefunden, daß zwischen den Parametern des Quarzes und des Tridymits eine Beziehung existiert, da, wenn man den Parameter der Hauptachse des Tridymits mit $^2/_3$ multipliziert, man nahezu dieselben Zahlen wie für Quarz bekommt.

Mit dem Verhältnis des Cristobalits zum Quarz und namentlich zu Tridymit haben sich E. Mallard und besonders auch J. Beckenkamp[5]) beschäftigt. Mallard hält den Cristobalit für ein aus Tridymitlamellen aufgebautes Mineral. Beckenkamp kommt 1901 zu dem Schlusse, daß Tridymit und Cristobalit identisch seien, und zwar regulär-tetartoedrisch, doch sind noch zwei andere Erklärungsarten möglich. Die Formen der beiden Kristallarten, sowie des

[1]) G. A. Daubrée, Études synth. d. géol. expérim. (Paris 1878), 175.
[2]) F. A. Schulze, Ann. d. Phys. **14**, 386 (1904).
[3]) H. Le Chatelier, C. R. **111**, 225 (1891).
[4]) E. Mallard, Bull. Soc. min. **23**, 177 (1891); C. R. **110**, 964 (1890).
[5]) J. Beckenkamp, Z. Kryst. **34**, 587 (1901); **42**, 450 (1907).

Quarzes führen ein gemeinsames rektanguläres Raumgitter. Nach Beckenkamp dürfte eine umkehrbare Umwandlung zwischen Tridymit und Cristobalit zu entdecken sein, während ein durch Temperaturerhöhung hervorgebrachtes Zerfallen der Cristobalitgruppe in ihre Bestandteile, in die Tridymitgruppe, in der Umwandlung Brookit–Rutil ein Analogon hätte.

Wegen der Isomorphie von Si, Ti, Zr und des Verhaltens von Cristobalit und Tridymit bei höherer Temperatur hält Beckenkamp es für wahrscheinlich, daß eine dem Rutil entsprechende tetragonale Form des SiO_2 mit einem Wert der Hauptachse zwischen 0,563 und 0,577 möglich ist.

Eine sowohl von Quarz als auch von Tridymit etwas abweichende Modifikation des Siliciumdioxyds erhielt E. H. Benrath[1]) bei Entglasungsversuchen von kalk- und natronhaltigen Gläsern; er hielt sie für Quarz. J. Morozewicz[2]) hat diese Versuche wiederholt und erhielt weiße, ziemlich große, prismatische Kriställchen mit abgeschmolzenen Enden, welche gut entwickelte pinakoidale Spaltbarkeit, gerade Auslöschung, weiße Interferenzfarben und negativen optischen Charakter zeigten. Alle diese Eigenschaften stimmen mit einem Schmelzprodukt überein, welches schon früher F. Fouqué und A. Michel-Lévy[3]) beschrieben hatten und als besondere Modifikation der wasserfreien Kieselsäure betrachten. Möglicherweise liegt hier Cristobalit vor.

Quarz (SiO_2).

Trapezoedrisch-tetartoedrisch. $a:c = 1:1,09997$ (nach Kupffer).

Varietäten: Bergkristall, Iris, Morion, Rauchquarz, Rauchtopas, Goldtopas, Citrin, Prasem, Amethyst, Rosenquarz, Milchquarz, Fettquarz, Sternquarz, Stinkquarz, Zellquarz, Eisenkiesel, Saphirquarz (Siderit).

Analysenmethode des Quarzes. Für diese siehe Bd. I unter Analytische Methoden von M. Dittrich, dann S. 110.

Analysen.

	1.	2.	3.	4.	5.
(MgO) . .	Spur	Spur	0,43	—	Spur
(CaO) . .	"	"	0,57	—	0,46
(MnO) . .	"	0,25		—	—
(Al_2O_3) . .	"	0,25	1,57	0,5	1,24
(Fe_2O_3) . .	"	0,50		1,0	Spur
SiO_2 . . .	99,37	97,50	94,36	98,5	98,13
Glühverlust .	—	—	0,30	—	—
	99,37	98,50	97,13	100,0	99,83

1. Durchsichtiger, farbloser Quarz; anal. von Buchholz, nach A. Des Cloizeaux, Man. de Minér. I, 18 (Paris 1862).

2. Amethyst; anal. von H. Rose, nach A. Des Cloizeaux, ebenda S. 18.

3. Brauner Faserquarz aus Südafrika; anal. von C. F. Rammelsberg, Mineralchemie (Leipzig 1875), 163.

---

[1]) E. H. Benrath, Beiträge zur Chemie des Glases, Inaug.-Diss. (Dorpat 1871), 52.
[2]) J. Morozewicz, Tsch. min. Mit. **18**, 161 (1899).
[3]) F. Fouqué u. A. Michel-Lévy, Synth. d. minéraux et roches (Paris 1881).

4. Prasemquarz; anal. von Buchholz, Gehlens Journ. Chem. Phys. **6**, 151, nach C. Hintze, Handbuch S. 1349.

5. Hüttenprodukt der Olsberger Hütte; anal. von Schnabel, nach C. Hintze, l. c. I, 1442. Es ist mir jedoch wahrscheinlicher, daß hier kein Quarz, sondern Tridymit vorlag.

Wie aus der dürftigen Zusammenstellung hervorgeht, gibt es nur sehr wenig Quarzanalysen. Technische Analysen stark unreiner Quarze, welche jedoch wenig Wert wegen ihrer Verunreinigung haben, sollen hier nicht angeführt werden, um so mehr, als sie meistens unvollständig sind. Vgl. z. B. J. v. John, Quarz von Bruck in Steiermark, J. k. k. geol. R.A. **45**, 17 (1896). Über umgewandelten Quarz siehe S. 121.

Beimengungen des Quarzes. In verschiedenen Quarzen ergab sich als nur in Spuren vorkommend, namentlich bei gefärbten, die Gegenwart von Titan (E. Weinschenk),[1]) Eisenoxyd und Mangan.

A. Nabl[2]) konstatierte im Amethyst Rhodaneisen, Schwefel und Stickstoff.

Kohlenwasserstoffe[3]) wurden in manchen Quarzen gefunden und zur Erklärung der Farbe herangezogen.

S. Curie und S. E. Gleditsch[4]) fanden namentlich in durchsichtigen Varietäten Lithium.

E. Wülfing[5]) hat ermittelt, ob Rauchquarz bei der Erhitzung einen Gewichtsverlust erleidet; er wandte Quarzzylinder an, statt Pulver, wodurch der durch Absorption von Wasserdampf verursachte Fehler wegfällt. Die Gewichtsdifferenz bei Stücken von über 50 g war 0,12103 bzw. 0,12063 g. Die Gewichtsverluste sind also bei den zwei Quarzen nur 0,0008 und 0,0003 %. E. Wülfing schließt mit Recht, daß die Entfärbung des Quarzes bei 300° unter Gewichtskonstanz erfolgt.

C. F. Rammelsberg[6]) erwähnt in seiner Mineralchemie unter „Amethyst" nach C. Heintz, daß dunkler Amethyst aus Brasilien 0,01 % Mn enthielt. In einem hellen fand C. Heintz: 0,02 % Fe_2O_3, 0,02 % CaO und 0,04 % Na_2O. In einem Amethyst wurden 0,0027 % Kohlenstoff gefunden. Eisenkiesel enthält nach C. F. Rammelsberg: 3,93 % Fe_2O_3, 0,42 % Al_2O_3 und 0,73 % H_2O.

Rosenquarz enthält nach N. Fuchs 1—1,5 % Titanoxyd. Bezüglich des Gehaltes an Rhodaneisen konnten L. Wöhler und K. v. Kraatz-Koschlau[7]) keinen Schwefel nachweisen. A. Nabl[8]) hat seine ersten Versuche wiederholt und fand in einem Amethyst 0,025 % Stickstoff.

Weitere Untersuchungen beziehen sich auf die Gegenwart von Wasser, Kohlensäure und Kohlenwasserstoffen. Dabei darf jedoch nicht vergessen werden, daß manche der in Spuren gefundenen Bestandteile, namentlich die eben genannten, aus den mit Sicherheit konstatierten Flüssigkeitseinschlüssen stammen. Forster[9]) fand bei Destillation von 4500 g Rauchquarz in einer mit Wasserstoff gefüllten Retorte 0,5—0,6 g kohlensaures Ammoniak. L. Wöhler und K. v. Kraatz-Koschlau[7]) haben diese Versuche

---

[1]) E. Weinschenk, Z. anorg. Chem. **12**, 375 (1896).
[2]) A. Nabl, Tsch. min. Mit. **19**, 273 (1900); Sitzber. Wiener Ak. **108**, 48 (1899).
[3]) J. Königsberger, vgl. S. 120.
[4]) S. Curie u. S. E. Gleditsch, C. R. **147**, 345 (1908).
[5]) E. Wülfing, Festschrift für H. Rosenbusch (Stuttgart 1906), 52.
[6]) C. F. Rammelsberg, Mineralchemie (Leipzig 1875).
[7]) L. Wöhler u. K. v. Kraatz-Koschlau, Tsch. min. Mit. **18**, 304 (1899).
[8]) A. Nabl, l. c.
[9]) Forster, Pogg. Ann. **143**, 177 (1873).

wiederholt. Sie fanden in Rauchtopas: 0,04% Kohlenstoff und 0,0073% Wasserstoff. Die Glühverlustbestimmung ergab 0,15%. Brasilianischer Amethyst ergab 0,09% Glühverlust. Die Elementaranalyse ergab folgende Zahlen:

CO_2 0,034% (C = 0,009%),
H_2O 0,044% (H = 0,005%).

Weitere Untersuchungen sind von J. Königsberger[1]) ausgeführt worden. Er fand nur unwägbare Mengen von Natrium und Lithium, welche Elemente sich nur spektralanalytisch nachweisen ließen (vgl. S. Curie S. 119). Ferner wurde Eisenoxyd gefunden. Titan konnte er nicht nachweisen. Der Glühverlust betrug nur 1,5 mg, also ein Drittel des von L. Wöhler und K. v. Kraatz-Koschlau gefundenen; es war jedoch hier früher konstatiert worden, daß die Kristalle von Rauchtopas keine Einschlüsse von Wasser und von Kohlensäure enthielten. Aus seinen Versuchen schließt J. Königsberger, daß die Hauptfehlerquelle bei der Bestimmung des Glühverlustes die Absorption von Wasserdampf an der Oberfläche des Pulvers ist. Weitere Bestimmungen ergaben für 3 g Rauchquarz 0,4 mg CO_2, der Glühverlust betrug 0,5 mg. Die Versuche von J. Königsberger zeigen, daß die Färbung des Rauchquarzes nicht von organischer Substanz herrührt.

E. Weinschenk[2]) konstatierte auch Spuren von Mangan in einem Blauquarz und in einem Rosenquarz.

Im Citrin fand A. Nabl[3]) durch Vergleich mit dem Absorptionsspektrum Eisenoxyd, während er nach der gleichen Methode im Amethyst Rhodaneisen gefunden hatte. Daß die flüchtigen Bestandteile nicht die Ursachen der Färbungen sind, zeigen die weiter unten besprochenen Versuche mit Radiumstrahlen (vgl. S. 142).

Flüssigkeitseinschlüsse. Viele dieser Bestandteile rühren offenbar von Einschlüssen her, durch die wohl auch der geringe Glühverlust, wenigstens zum größeren Teil, verursacht werden kann. Man vermutet in Granitquarzen Wasser, flüssige Kohlensäure und auch Chlornatrium,[4]) nach E. Weinschenk[2]) vielleicht auch NH_4Cl.

Spuren von Chlor hat 1853 Fürst Salm-Horstmar[5]) nachgewiesen, er führt diesen Gehalt auf die Gegenwart der Natrium- und Kaliumchloride zurück.

Viele Flüssigkeitseinschlüsse mit Libelle werden als Einschlüsse von flüssiger Kohlensäure gedeutet, bei dem Siedepunkt der letzteren (32°) verschwindet die Libelle, kehrt jedoch bei Temperaturerniedrigung zurück.

Daß Kohlensäure und zum Teil flüssige Kohlensäure in Quarzen enthalten ist, wurde von H. Vogelsang[6]) sehr wahrscheinlich gemacht. Ch. Sorby ist der Ansicht, daß neben Chloralkalien auch Sulfate von K, Na und Ca vorhanden sind; auch freie Säure vermutet er. Viele sollen aber nur reines Wasser enthalten, was schon H. Davy[7]) vermutet hatte.

---

[1]) J. Königsberger, Tsch. min. Mit. **19**, 149 (1900); vgl. auch J. H. Pratt, **15**, 412 (1890).

[2]) E. Weinschenk, Z. Kryst. **26**, 396 (1896).

[3]) A. Nabl, l. c.

[4]) F. Zirkel, N. JB. Min. etc. 1890, 802; s. auch H. Rosenbusch u. E. A. Wülfing, Mikroskop. Physiographie usw. (Stuttgart 1905), 4. Aufl., 93.

[5]) Fürst Salm-Horstmar, Stud. Götting. Bergmänn. Freunde **6**, 250, nach N. JB. Min. etc. 1853, 54.

[6]) H. Vogelsang, Pogg. Ann. **137**, 69 (1869); auch H. Geissler u. H. Vogelsang, Pogg. Ann. **137**, 56, 265 (1869).

[7]) H. Davy, Phil. Trans. 1822, 367.

Der Gehalt an flüssiger Kohlensäure wurde auch von C. W. Hawes[1]) nachgewiesen und von A. W. Wright,[2]) welcher in einem Quarz von Brancheville 98,32 % CO_2 und 1,68 % N fand (auch SO_2, NH_3, F, Cl sollen vorkommen).

Petroleum und Asphalt kommen ebenfalls vor nach Ch. L. Reese,[3]) sowie nach G. Tschermak.[4])

Nach H. Sjögren[5]) enthält ein Gangquarz von Salangen Methylbisulfid oder Äthylsulfhydrat; nach J. Harrington[6]) H_2S und CO_2.

J. Königsberger und W. J. Müller[7]) haben eine analytische Untersuchung von Flüssigkeitseinschlüssen des Quarzes von Bächistock (Schweiz) vorgenommen und folgende Zusammensetzung gefunden:

H_2O	83,4	SO_3	0,5	K	0,7
CO_2	9,5	Cl	1,6	Li	0,2
CO_3	1,8	Na	2,0	Ca	0,3.

Ähnlich sind andere Einschlüsse aus dem Biotitprotogin des Tiefengletschers zusammengesetzt, nur der Kohlensäuregehalt variiert. Das Verhältnis Wasser zu Kohlensäure war für Quarz vom Alpigengletscher 92 : 8 bis 91 : 9.

Löslichkeit.

Bei Zimmertemperatur und normalem Druck erweist sich Quarz in Wasser, HCl, H_2SO_4, HNO_3 unlöslich. Bei Erhöhung der Temperatur, namentlich über 100°, und bei erhöhtem Druck wird jedoch Quarz merklich löslich. Stärker löslich als in Säuren ist Quarz in Alkalien. Die Resultate der Versuche sollen hier einzeln aufgeführt werden.

Als Lösungsmittel des Quarzes bei gewöhnlicher Temperatur kennen wir nur die Flußsäure. Eingehende Studien über die Zersetzungsgeschwindigkeit des Quarzes durch Flußsäure hat O. Mügge[8]) gemacht, wobei namentlich die Zersetzungsgeschwindigkeit von Kristallflächen unter Berücksichtigung ihrer Lage zu den Kristallachsen gemessen wurde. Er tritt auch der von W. R. Whitney[9]) und von W. Nernst[10]) vertretenen Ansicht entgegen, daß die Auflösungsgeschwindigkeit nur bedingt sei durch die Diffusionsgeschwindigkeit des an der Grenzfläche fest-flüssig in gesättigter Lösung befindlichen Stoffes in das Innere der Lösung hinein und nur die Oberflächendimensionen, nicht aber die Beschaffenheit der Oberfläche in Frage kommen. Die Zersetzungsgeschwindigkeit auf verschiedenen Flächen ist abhängig von der als ungleich anzunehmenden Geschwindigkeit, mit der das SiO_2 von verschiedenen Flächen aus in Lösung geht. Da SiO_2 sehr viel Hydrate bilden kann, so können über verschiedenen Kristallflächen verschiedene Hydrate entstehen. Die Neigung der Kieselsäure zur Bildung hydroxylarmer, hochatomiger Hydrate nimmt stark zu, wenn die Temperatur abnimmt.

---

[1]) C. W. Hawes, Am. Journ. **21**, 203 (1881).
[2]) A. W. Wright, Am. Journ. **21**, 209 (1881).
[3]) Ch. L. Reese, Journ. Am. Chem. Soc. **20**, 795 (1898).
[4]) G. Tschermak, Tsch. min. Mit. **22**, 202 (1903).
[5]) H. Sjögren, Geol. Fören. Förh. **27**, 113 (1905); N. JB. Min. etc. 1906^I, 165.
[6]) J. Harrington, Am. Journ. **19**, 345 (1905).
[7]) J. Königsberger u. W. J. Müller, ZB. Min. etc. 1906, 76.
[8]) O. Mügge, Festschrift für H. Rosenbusch (Stuttgart 1906), 96.
[9]) W. R. Whitney, Z. f. phys. Chem. **23**, 689 (1899).
[10]) W. Nernst, Z. f. phys. Chem. **47**, 52 (1904).

Löslichkeit in Wasser. Quarz ist bei höherer Temperatur, wenn auch nur wenig, löslich, während er bei Zimmertemperatur und dem Druck von 1 Atm. als unlöslich gelten kann. Die Einwirkung des Druckes ist jedoch geringer als die der erhöhten Temperatur.

Da Quarz zu jenen Stoffen gehört, die bei der Auflösung Kontraktion zeigen, so muß nach dem zweiten Hauptsatze der Thermodynamik seine Löslichkeit mit dem Druck zunehmen. F. Pfaff[1]) gelang es, die Löslichkeit bei 18° C unter erhöhtem Druck zu bestimmen. Bei dem Druck von 290 Atm. lösen 4700 Teile 1 Teil Quarz. Seine Versuche wurden an feinstem Pulver ausgeführt. G. Spezia[2]) verwendete bei seinen Versuchen Kristallplatten, mußte also zu anderen Resultaten gelangen, da er eine normal gesättigte Lösung verwendete. Er konnte daher keine Löslichkeit wahrnehmen, als er bei Temperaturen von 25 und 27° C, unter Drucken von 1750 und 1850 Atm. durch mehr als 5 Monate Versuche an Quarzplatten ausführte, was C. Viola[3]) jedoch dadurch erklärte, daß eben die Löslichkeit an Platten viel geringer ist.

Ferner hat G. Spezia Versuche bei Temperaturen zwischen 153 und 323° C und Drucken zwischen 8,8 und 1161 Atm. ausgeführt, und konstatiert, daß der Einfluß des Druckes gering ist. Er erhielt bei Platten von 0,8540 und 0,8521 g nach 60 Tagen bei Drucken von 1161 bzw. 8,8 Atm. Verluste von 0,5 und 0,8 g, wenn die Temperatur im ersten Falle 153°, im zweiten 175° betrug. Den größten Verlust zeigte eine Platte von 0,8266 g bei einer Temperatur von 268° und 52 Atm., nämlich 26,8 mg. Das Maximum der Löslichkeit war in der Richtung der Hauptachse, das Minimum senkrecht zur Achse.

Früher hatte E. Delesse[4]) bei 160° geringe Löslichkeit qualitativ nachgewiesen.

Löslichkeit in Natriumsilicatlösung. G. Spezia[5]) arbeitete mit Lösungen, die 0,83—2,82% Na_2SiO_3 enthielten, welche er bei verschiedenen Temperaturen und Drucken auf Quarzplatten einwirken ließ (besser wäre allerdings die Anwendung von feinstem Pulver gewesen). Bei Temperaturen zwischen 145 bis 160° C ergab sich merkliche Löslichkeit, während bei 18—20° und einem Drucke von 6000 Atm. sich nach 8 Tagen keine Spur von Löslichkeit zeigte. Quarzlamellen im Gewichte von 0,8320 und 0,8322 g verloren bei 290—310° C in einer Lösung, die 2,182% Na_2SiO_3 enthielt, nach 24 Stunden 0,2012 und 0,2714 g. Die erste Lamelle war parallel, die andere senkrecht zur Achse. Bei 145—160° verlor eine Lamelle von 0,8476 g nach 7 Tagen 4 mg in einer Lösung mit 0,43% Na_2SiO_3.

Löslichkeit in Natriumtetraborat. Die Löslichkeit in Boraten ist genetisch wichtig wegen des Vorkommens des Quarzes mit borhaltigen Mineralien sowie auch wegen des Auftretens von Kieselsäure in Boraxquellen. Während Schweizer[6]) fand, daß gelatinöse Kieselsäure keine Einwirkung auf Borax habe, fällt nach Doveri[7]) Borsäure aus Lösungen von kieselsauren Alkalien

---

[1]) F. Pfaff, Allg. Geologie 1873, 311.
[2]) G. Spezia, Acc. Torino **31**, 196 (1895) u. **33**, 289, 876 (1898). Ref.: Z. Kryst. **28**, 200 (1897) bzw. **32**, 511 (1900).
[3]) C. Viola, Z. Kryst. **29**, 243 (1898).
[4]) E. Delesse, Bull. Soc. géol. 1873, 311.
[5]) G. Spezia, Atti R. Accad. Torino **35**, 750 (1900); Z. Kryst. **35**, 505 (1902).
[6]) Schweizer, Ann. d. Pharm. **76**, 267.
[7]) L. Gmelin, Handb. d. anorg. Chemie II, Teil 1, (Heidelberg 1906), 741.

gelatinöse Kieselsäure aus. G. Spezia[1]) stellte fest, daß gelatinöse Kieselsäure in siedender, bei 151° gesättigter Boraxlösung etwas löslich ist. Die weiteren Versuche wurden an einem Prisma ausgeführt, dessen größte Flächen (165 qmm) senkrecht zur Hauptachse waren. Das Prisma im Gewichte von 1,0678 g verlor nach viertägiger Behandlung bei 290—315° 0,257 g, es entstehen Ätzfiguren, welche deutlicher in verdünnten als in konzentrierten Lösungen sind. Die Löslichkeit fängt erst bei 160° an, merklich zu werden. G. Spezia ist der Ansicht, daß sich bei der Einwirkung ein Natronborosilicat bilde, welches sich bei niederer Temperatur zerlegt.

Wie bei den Versuchen mit Natriumsilicat wurde auch hier die Einwirkung des Druckes geprüft; es wurde eine 5%ige wäßrige Boraxlösung bei einer Temperatur von 12—16° angewandt und der Druck betrug 6000 Atm., die Versuchsdauer 20 Tage, ohne daß ein Gewichtsverlust zu konstatieren gewesen wäre; es wirkt demnach auch hier nur die Temperaturerhöhung, nicht aber der Druck. Die erhaltenen Zahlen sind:

Gewicht der Prismen in Grammen	Oberfläche in qmm	Temperatur	Druck in Atm.	Zeit in Tagen	Gewichtsverlust pro qcm in mg
1,0678	384	290—315°	76—106	4	66,9
1,0666	382	12—16	6000	20	0

M. Glasenapp[2]) hat Untersuchungen über die Umwandlung von Quarz in lösliche Kieselsäure bei dem Prozesse der Bildung künstlicher Kalksandsteine ausgeführt. Bei diesen wurde gereinigter Sand mit Kalkbrei gemischt und halbfeucht in Formen gepreßt, dann rasch bis 80—100° erhitzt und schließlich in Autoklaven bei derselben Temperatur unter Anwendung eines Überdruckes von 5—10 Atm. während 8 Stunden behandelt. Es zeigte sich, daß ein Teil des Quarzes aufgeschlossen war und um so mehr, als der Druck höher war, was jedoch, da im Apparat der Druck sich mit der Temperatur verschob, eigentlich eine Folge der Temperaturerhöhung war.

Bei 158° und 5 Atm. ergab eine Mischung von 90 Gewichtsteilen Sand und 10 CaO: 3,06% lösliche Kieselsäure. Bei 183° und 10 Atm. dagegen 7,58%. Eine Mischung von 80 Teilen Sand und 20 CaO gab bei diesen Temperaturen und Drucken: 3,41% und 11,14%.

Nach F. Rinne, welcher die Produkte mikroskopisch untersuchte, hat sich bei dieser Einwirkung ein zeolithartiger Körper, dem Plombierit verwandt, gebildet.

Die Einwirkung von schwefliger Säure, welche W. B. Schmidt[3]) versuchte, erwies sich als äußerst geringfügig.

Löslichkeit in Baryt-, Strontian- und Kalkwasser. E. Jordis und E. H. Kanter[4]) prüften die Einwirkung dieser Lösungen auf staubfein gemahlenen Quarz, wobei sich zeigte, daß Kalkwasser 3—20mal so stark wirkt, wie die beiden anderen. Die Reaktion geht äußerst langsam vor sich, so daß sich auch nach 16 Tagen kein Gleichgewicht einstellte.

Löslichkeit in Phosphorsäure. Nach Angaben von Al. Müller[5]) greift sirupartige Phosphorsäure Quarz beim Erhitzen an und bildet Kieselsäurehydrat.

[1]) G. Spezia, Atti R. Accad. Torino **36**, 631 (1901).
[2]) Nach F. Rinne, ZB. Min. etc. 1904, 335. M. Glasenapp, Ton-I.-Z. 1900, 903.
[3]) W. B. Schmidt, Tsch. min. Mit. **4**, 13 (1882).
[4]) E. Jordis u E. H. Kanter, Z. anorg. Chem. **43**, 314 (1905).
[5]) Al. Müller, Journ. prakt. Chem. **95**, 43 (1865); **98**, 14 (1866).

Einwirkung von Kalilauge. Quarzpulver wird nach C. F. Rammelsberg[1]) von heißer Kalilauge im Gegensatze zum Chalcedon nur wenig angegriffen (s. unten).

Löslichkeitsversuche von G. Lunge und G. Millberg. Beim Kochen von Quarzpulver mit 30 %iger Kalilauge fand C. L. Rammelsberg,[2]) daß diese pro Stunde 2,5 % SiO_2 löste. R. Frémy[3]) fand Alkalicarbonate einflußlos auf Quarz, während dieser von kaustischen Alkalien gelöst wird. Entgegengesetzter Ansicht war jedoch A. Michaelis,[4]) er verwendete eine 10 %ige Natronlauge. Auch war er der Ansicht, daß Natriumcarbonatlösungen Quarz nicht angreifen. G. Lunge und Schochor-Tscherny[5]) fanden Quarz durch Ätzalkalien angreifbar. Um diese Widersprüche zu klären, haben G. Lunge und G. Millberg[6]) umfassende Versuche mit verschiedenen Kieselsäurevarietäten ausgeführt. Als Ausgangsmaterial diente durch Auskochen gereinigter feinst gepulverter und gebeutelter Bergkristall.

Bei einstündiger (A) und zweistündiger (B) Digestion von Pulver, welches durch Seidengaze von etwa 2000 Maschen pro Quadratzentimeter durchgegangen war, erhielten sie folgende Zahlen für gelöstes SiO_2:

A.	15 %ige Kalihydratlösung . . .	0,58—0,70 % SiO_2
B.	„ „ . . .	1,81—2 „ „

Bei staubfeinem Pulver erhielten sie mit verschiedenen Laugen nach zweistündigem Kochen folgende Zahlen:

10 %ige Kalilauge	21,36 % SiO_2
5 %ige „	16,84 „ „
10 %ige Natronlauge	19,80 „ „
5 %ige „	16,20 „ „
15 %ige Natroncarbonatlösung . . .	10,92 „ „
10 %ige „ . . .	8,52 „ „
5 %ige „ . . .	5,90 „ „
1 %ige „ . . .	2,10 „ „
15 %ige Kaliumcarbonatlösung . . .	9,10 „ „
10 %ige „ . . .	6,96 „ „
5 %ige „ . . .	6,36 „ „

Durch 32stündiges Kochen mit 15 %iger Kalilauge wurde der ganze Bergkristall zersetzt, während mit 15 %iger Natronlauge nach 30 Stunden dieses Resultat erreicht wurde. Das gröbere Pulver wird durch Kochen mit konzentrierten Lösungen von Natrium- und Kaliumcarbonat gar nicht angegriffen, während von dem staubfeinen Pulver schon durch Digestion auf dem Wasserbad mehrere Prozente in Lösung gehen und beim Kochen bis 11 %. Bereits 1 %ige Natriumcarbonatlösung wirkt merklich lösend, beim Kochen löst sich ungefähr dreimal so viel, als beim Digerieren auf dem Wasserbad.

Die Zahlen für Opal siehe unten.

---

1) C. F. Rammelsberg, Pogg. Ann. **112**, 177 (1861).
2) C. F. Rammelsberg, Pogg. Ann. **112**, 182 (1861).
3) R. Frémy, Ann. chim. phys. [3] **38**, 327.
4) A. Michaelis, Die hydraulischen Mörtel, 1869, 28; Chem.-Ztg. 1895, Nr. 22.
5) G. Lunge u. Schochor-Tscherny, Z. f. angew. Chem. 1894, 481.
6) G. Lunge u. G. Millberg, Z. f. angew. Chem. 1897, 393.

Gemenge von Opal und Bergkristall in gleichen Mengen ergaben mit 10%iger Kalilauge für Quarz 6,72%, für Opal 6,30%. Jedenfalls ist eine quantitative Trennung von Quarz und Opal durch eine solche Behandlung nicht möglich. Mit 10%iger Natriumcarbonatlösung wurde aus einem Gemenge von 0,25 g Quarz und 0,35 g Opal ein Rückstand von 0,2993 g erhalten; gröberes Quarzpulver wird bei dieser Behandlung nicht angegriffen.

Gemenge von Quarz und gefällter und getrockneter Kieselsäure. Bei 0,50 g Bergkristallpulver und 0,250 g gefällter Kieselsäure, 15 Minuten lang mit 5%iger Sodalösung digeriert, löst sich bis auf 1/2 mg aller Quarz. Bei 0,50 g staubfeinem Quarzpulver und 0,250 g Kieselsäure lösten sich 0,66% Quarz. Bei gemischt-körnigem Quarz mit Kieselsäure gemengt, stellt sich mit Sodalösung die Löslichkeit heraus, die sich ergab, wenn in der Mischung ein Drittel staubfeines Pulver auf zwei Drittel des nicht angreifbaren gröberen Pulvers kommt. Man kann daher bei der Aufschließung von feinst gebeutelten Materialien durch Salzsäure und Trocknen des Rückstandes bei 110° den Quarz von der aus Silicaten abgeschiedenen Kieselsäure durch 1/4stündige Behandlung mit 15%iger Sodalösung trennen, wobei der Fehler 0,2% der Gesamtkieselsäure beträgt, welcher die abgeschiedene Kieselsäure entsprechend zu hoch, den Quarz zu niedrig ergibt.

Über Einwirkung von Nitratlösungen auf Quarz siehe H. E. Patten.[1])

Ätzung des Quarzes. Aus zahlreichen Ätzversuchen geht hervor, daß bei Rechts- und Linksquarzen die Ätzfiguren in ihrer Anordnung verschieden sind. Ferner konstatierte S. L. Penfield, daß Ätzfiguren mit kalter und warmer Flußsäure keinen Unterschied zeigen. G. Mollengraff erhielt mit verdünnter Flußsäure und mit trockenem Ammoniumfluorid kleine Unterschiede. Ferner fand A. Bömer etwas wechselnde Ätzfiguren, je nach Konzentration und Temperatur der angewandten Flußsäure (siehe auch O. Mügge, S. 121).

Über weitere Versuche mit Ätzmitteln siehe auch C. Hintzes Handbuch der Mineralogie.[2]) (Besonders O. Mügge, Festschrift für H. Rosenbusch, vgl. S. 121.) Hier seien, weil sie auch natürlichen Vorgangen entsprechen, noch die Ätzungsversuche mit Kaliumcarbonat, Ätzkali, Natriumsilicat und Natriumtetraborat erwähnt.

G. Mollengraff[3]) hat mit Lösungen von Kaliumcarbonat, Natriumcarbonat und auch mit beiden gemengten Lösungen bei 125° geätzt und in allen Fällen erhielt er Ätzfiguren. Er schließt daraus, daß wäßrige Lösungen von Alkalicarbonaten imstande sind, Quarz zu ätzen; die in der Natur vorkommenden regelmäßigen Vertiefungen auf Quarzen sind wahrscheinlich durch Ätzung vermittelst alkalischer Carbonate der Bodenwässer entstanden.

Mit Ätzkali erhielt H. Baumhauer[4]) Ätzfiguren, welche von denen mit Flußsäure oder auch mit Alkalicarbonaten verschieden waren. G. Spezia[5]) hat außer den Versuchen mit Natriumsilicat bzw. Tetraborat, auch solche mit Wasser bei hohem Druck und erhöhter Temperatur ausgeführt und dabei Ätzfiguren erhalten.

---

[1]) H. E. Patten, J. of Phys. Chem. **14**, 612 (1909). — Chem. ZB. **81**, 1359 (1910).
[2]) C. Hintze (Leipzig 1898) I, 1319.
[3]) G. Mollengraff, Z. Kryst. **14**, 175 (1888); **17**, 138 (1890).
[4]) H. Baumhauer, Wied. Ann. **1**, 157 (1888).
[5]) G. Spezia, Vgl. S. 122.

G. Friedel[1]) ätzte mit Kaliumbisulfatschmelze, wobei sich das interessante Resultat zeigte, daß bei 600° die Ätzfiguren eine Veränderung der Symmetrie zeigen, entsprechend der optischen Umwandlung des Quarzes bei 570°.

Schmelzlöslichkeit.

In Schmelzen ist außer Borax und Soda und anderen Aufschlußmitteln, die vom petrographischen Standpunkt aus wichtige Schmelzlöslichkeit in Silicaten zu erwähnen. Einige derartige Versuche wurden von mir ausgeführt. Der Quarz ist in anderen geschmolzenen Silicaten nur schwer löslich, es muß daher das Eutektikum in der Nähe der Quarzkomponente liegen. Eisenreicher Augit löste den Quarz, während ihn Sanidin, Albit, Labrador wenig lösten, etwas mehr lösten ihn Hornblende und Magnetit. Da diese Versuche mit größeren Körnern ausgeführt wurden, so kommt dabei die Schmelzgeschwindigkeit in Betracht, welche bei Quarz sehr klein ist, so daß auch der Schmelzpunkt größerer Bruchstücke und von feinem Pulver jedenfalls sehr verschieden ist.[2])

A. Heath und J. W. Mellor[3]) untersuchten die Löslichkeit von Quarz (auch von Kaolin) in Kalifeldspat, und fanden, daß bei 1300° der Feldspat zirka 15% Quarz lösen kann. Über das Eutektikum Quarz–Feldspat siehe Bd. I S. 770.

Schmelzpunkt. — Da der Quarz sich schon unter 900° C in eine andere Kristallart, Tridymit, nach E. Shepherd und G. A. Rankin in Cristobalit umwandelt, so bestimmt man eigentlich den Schmelzpunkt dieses Umwandlungsproduktes.

R. Cusack[4])	1450°	A. Day[7])	1600°
A. Brun[5])	1780	C. Stein[8])	1600—1750
P. Quensel[6])	1570	W. Roberts-Austen	1775°

Der wahrscheinlichste Schmelzpunkt dürfte 1600° C sein, doch liegt zwischen dem Weichwerden und dem eigentlichen Schmelzen ein ziemlich großes Intervall! (über 100°). Quarz gehört also zu den Mineralien mit unscharfem Schmelzpunkt. Nach gütiger Mitteilung von K. Endell fängt Quarz, wenn man allerfeinstes Pulver durch 4 Stunden bei 1470° erhitzt, bei dieser Temperatur zu schmelzen an.

Verdampfung. C. Stein fand, daß kurz über dem Schmelzpunkt der Quarz (1750°) zu sublimieren beginnt. Der von ihm angegebene Temperaturpunkt 1600° bezieht sich auf den Schmelzbeginn. Nach P. Schützenberger[9]) soll Quarz bereits in einem Windofen zu sublimieren anfangen, ähnliches berichtet E. Cramer.[10]) Nach A. L. Day und E. S. Shepherd[11]) verflüchtigt sich Quarz beim Schmelzpunkt des Platins.

---

[1]) G. Friedel, Bull. Soc. min. **25**, 117 (1902).
[2]) C. Doelter, ZB. Min. etc. 1902, 200.
[3]) A. Heath u. J. W. Mellor, Trans. Engl. Ceram. Soc. 7, 80 (1909). — Chem. ZB. **81**, 1065 (1910).
[4]) R. Cusack, Proc. R. Dublin Soc. r, 399 (1897).
[5]) A. Brun, Exhalais. volcan. (Genf 1910), 33. — Arch. sc. phys. etc. (Genf 1903).
[6]) P. Quensel, ZB. Min. etc. 1906, 657.
[7]) A. Day u. E. S. Shepherd, Tsch. min. Mit. **26**, 169 (1907).
[8]) C. Stein, Z. anorg. Chem. **55**, 159 (1907).
[9]) P. Schützenberger, C. R. **116**, 1230 (1893).
[10]) E. Cramer, Z. angew. Chem. 1892, 484.
[11]) A. L. Day u. E. S. Shepherd, Science **23**, 670 (1906).

Verhalten vor dem Lötrohre. — Unschmelzbar, mit Soda und Kaliumbisulfat in der Lötrohrhitze zu Glas schmelzbar. In Borax und Phosphorsalz kaum angreifbar. In Kalihydratschmelze löslich.

Physikalische Eigenschaften.

Dichte. Für reinen Quarz $\delta = 2{,}653$ nach Schaffgotsch. Nach S. L. Penfield[1]) 2,660 für reinen Quarz von Herkimer (New York). Neuere Untersuchungen von Earl of Berkeley[2]) ergaben aus 18 Bestimmungen 2,6480—2,6489.

Härte 7. F. Auerbach[3]) bestimmte die zur Trennung der Teilchen führende Eindringungsbeanspruchung.

Elastizität. — Über Elastizität, Druckfestigkeit und Zerreißungsfestigkeit siehe namentlich die Arbeiten von W. Voigt[4]), siehe ferner die Untersuchungen von K. Rinne[5]) über Druckfestigkeit, und die von E. A. Schulze[6]) über Bruchfestigkeit.

C. E. Guye und Freedericksz[7]) fanden bei Untersuchungen der inneren Reibung bei tieferen Temperaturen, daß die Elastizitätsmoduln des Quarzes, im Gegensatz zu jenen der Metalle mit sinkender Temperatur abnehmen.

Optische Eigenschaften.

Quarz ist optisch einachsig, positiv mit schwacher Doppelbrechung. Über den Wert der Brechungsquotienten bei verschiedenen Wellenlängen existiert eine überaus umfangreiche Literatur, welche hier nicht betrachtet werden kann, da dies außerhalb des Rahmens des Werkes liegt. Es mögen hier nur die mittleren Werte nach P. Groth[8]) angeführt werden (nach Bestimmungen von J. W. Gifford):

$$N_\alpha = 1{,}5385126—1{,}6758953$$
$$N_\gamma = 1{,}5474212—1{,}69000687,$$

(von Wellenlänge 7950, Rb, bis Wellenlänge 1852,2 Al). Ferner sind für uns wichtig die Veränderungen des Wertes der Brechungsquotienten bei Temperaturveränderung, sowie die Unterschiede der verschieden gefärbten Quarzvarietäten. Im übrigen sei auf das Werk von C. Hintze verwiesen, in welchem die Literatur zusammengestellt ist.

Einfluß des Färbemittels auf die optischen Eigenschaften. — C. Hlawatsch[9]) hat die Brechungsquotienten eines farblosen Quarzes mit jenen von Rauchtopas verglichen, und erhielt folgende Werte:

	N_α	N_γ
Quarz farblos	1,54433	1,55305
„ rauchgrau	1,54388	1,55317
„ geglüht	1,54436	1,55344.

[1]) J. D. Dana, Mineralogy (New Yyork 1892), 186.
[2]) Earl of Berkeley, Journ. chem. Soc. **91**. 56 (1907).
[3]) F. Auerbach, Wied. Ann. **58**, 369 (1896). — Ann. d. Phys. **3**, 116 (1900).
[4]) W. Voigt, Wied. Ann. **31**, 474, 701 (1884); **48**, 668 (1893).
[5]) K. Rinne, ZB. Min. etc. 1902, 263.
[6]) E. A. Schulze, Ann. d. Phys. **14**, 384 (1904).
[7]) C. E. Guye u. V. Freedericksz, Arch. sc. phys. et nat. **26**, 136. — C. R. **149**, 1066 (1909). — Chem. ZB. **81**, 596 (1910).
[8]) P. Groth, Chem. Kristallogr. (Leipzig 1907), I, 88.
[9]) C. Hlawatsch, Z. Kryst. **26**, 606 (1896).

H. Dufet[1]) war der Ansicht, daß bei Rauchquarz zumeist ein niedrigerer Brechungsquotient vorhanden zu sein pflegt, als bei farblosem Quarz, bei Amethyst ein höherer.

Vor kurzem hat E. Wülfing[2]) genaue Untersuchungen vorgenommen, um die Brechungsquotienten von Quarzen verschiedener Provenienz zu bestimmen, wobei sich sehr geringe Unterschiede für verschiedene Färbungen zeigten, auch der Unterschied vor und nach dem Glühen zeigt sich erst in der vierten Dezimale.

Als Mittelwerte ergeben sich

$$N_\alpha = 1{,}54421 \pm 0{,}00003$$
$$N_\gamma = 1{,}55331 \pm 0{,}00004$$
$$N_\alpha - N_\gamma = 0{,}00910 \pm 0{,}00003.$$

Zirkularpolarisation. — Quarz zeigt Zirkularpolarisation, welche in der Richtung der Hauptachse proportional der Dicke der Platte ist (Literatur siehe bei C. Hintze, Handbuch der Mineralogie[3]).

Optische Anomalien. — Durch Druck werden einachsige Kristalle optisch zweiachsig, ebenso durch Erwärmen. Auch im elektrischen Feld zeigen Quarzplatten wie bei Druckwirkung Anomalien; die optische Wirkung ist größer bei der Einwirkung des elektrischen Feldes als bei einer gleich großen mechanisch hervorgerufenen Deformation, wie W. Pockels bestimmte.

Absorption. — Der außerordentliche Strahl wird stärker absorbiert als der ordentliche (siehe Literatur u. a. bei C. Hintze, Handbuch der Mineralogie[4]).

J. Königsberger untersuchte die Absorption für Ultrarot.[4])

Ultraviolette Strahlen durchdringen den Quarz. J. Königsberger[4]) fand Bergkristall vollkommen durchsichtig; bei Rauchquarz ist die Absorption bis 0,322 μ für den ordentlichen Strahl gering, für den außerordentlichen Strahl stärker. V. v. Agafanoff[5]) fand für die Durchlässigkeit bis zu der Cd-Linie an einer Quarzplatte von 5,5 mm den Wert 26, an einer Amethystplatte von 5,9 mm den Wert von 15.

H. Rubens und E. F. Nichols[6]) studierten die Absorption der Reststrahlen. H. Rubens und E. Aschkinass[7]) bestimmten das Reflexionsvermögen für die Reststrahlen von Steinsalz und Sylvin.

Röntgenstrahlen. — Nach C. Doelter[8]) ist Quarz für diese Strahlen halbdurchlässig, er liegt zwischen dem durchlässigeren Korund und Calcit; verglichen mit einer Stanniolschicht, ergibt sich der Quotient 28—32 (Plattendicke durch Dicke einer gleichen Stanniolschicht). O. Zoth[9]) erhielt dafür 33, siehe dessen Skala. Vgl. auch J. Precht.[10])

Über Pyroluminiscenz siehe auch V. M. Goldschmidt, Chem. Ztg. Bl. 1906 I, 1372.

Phosphorescenz. — Hahn[11]) beobachtete zum Teil gelbes, zum Teil weißliches Licht am Bergkristall, gelbliches am Amethyst. Siehe auch K. v. Kraatz-

[1]) H. Dufet, Bull. Soc. min. **13**, 271 (1890).
[2]) E. Wülfing, Festschrift für H. Rosenbusch (Stuttgart 1906), 50.
[3]) C. Hintze, Handbuch der Mineralogie I, 1300 (Leipzig 1898).
[4]) J. Königsberger, Inaug.-Dissert. (Berlin 1897). — Wied. Ann. **61**, 687 (1897).
[5]) V. v. Agafanoff, N. JB. Min. etc. 1894 II, 342.
[6]) H. Rubens u. E. F. Nichols, Wied. Ann. **50**, 418 (1887).
[7]) H. Rubens u. E. Aschkinass, Wied. Ann. **65**, 241 (1898).
[8]) C. Doelter, N. JB. Min. etc. 1896 II, 92, 105.
[9]) O. Zoth, Wied. Ann. **58**, 344 (1896).
[10]) J. Precht, Wied. Ann. **61**, 91, 349 (1897).
[11]) Hahn, Inaug.-Dissert. (Halle 1874).

Koschlau u. L. Wöhler (S. 120). Mit Radium beobachtete ich auch Lumiszenz. J. Calafat y Léon[1]) zählt den Quarz unter den Mineralien auf, welche Thermolumineszenz zeigen.

Veränderung des Quarzes bei Temperaturerhöhung. — E. Mallard und H. Le Chatelier[2]) fanden an Quarz bei Temperaturerhöhung auf 570° eine plötzliche Änderung der Doppelbrechung (vgl. S. 116). Damit im Zusammenhange steht die von H. Le Chatelier beobachtete Änderung der Zirkularpolarisation. Die Änderung ist eine sprunghafte. Aus diesen Erscheinungen, die O. Mügge[3]) im Zusammenhang mit den Ätzfiguren (vgl. S. 125) verfolgt hat, wurde auf die Existenz von zwei Quarzarten, welche man als α-Quarz und β-Quarz bezeichnet hat, geschlossen. Es bildet sich bei der genannten Temperatur eine zweite Kristallart, welche nach O. Mügge trapezoedrisch ist. O. Mügge zeigte, daß viele natürliche, in Gesteinen auftretende Quarze, nämlich jene, welche aus Eruptivgesteinen entstanden sind, β-Quarze sind. Die pyrogenen Quarze sind durch dessen Zerfall aus α-Quarzen entstanden, wobei sich Zwillingsbildung zeigt. Bekannt ist ja, daß die Quarze der Porphyre und Trachyte sich durch Fehlen des Prismas auszeichnen. Im Gegensatze dazu stehen jene Quarze, welche unter 570° gebildet sind, wie die in Spalten, Hohlräumen und auf Erzlagerstätten vorkommenden, dann auch die synthetisch aus wäßrigen Lösungen erzeugten. O. Mügge bemerkt, es sei von besonderem Interesse, daß die beiden Kristallarten des Quarzes zwei nahe verwandten Symmetrieklassen angehören und in ihren geometrischen Konstanten bis auf die Länge der Achse c völlig übereinstimmen. O. Mügge weist auch darauf hin, daß die Deformation in geometrischer Hinsicht von jener, welche bei einer bloßen Ausdehnung durch Wärme stattfindet, nur quantitativ verschieden ist.

F. Rinne und R. Kolb[4]) haben konstatiert, daß der Brechungsquotient n_ε für die Linie D_2 von 570—580° um 0,0024, der Brechungsquotient n_ω um 0,0026 fällt; die Doppelbrechung, dicht vor dem Umschlag beträgt für D_2 0,0078, bei 580° dagegen 0,0076.

Änderung der Brechungsquotienten mit der Temperatur. — Temperaturerhöhung vermindert die Stärke der Doppelbrechung. Der Wert von $dn/d\Theta$ wurde von R. Fizeau[5]) sowie von P. Dufet[6]) bestimmt. Der Letztgenannte erhielt

$$\frac{dn_\varepsilon}{d\Theta} = (7223 + 3{,}7\,\Theta) \times 10^{-9}, \qquad -\frac{dn_\omega}{d\Theta} = (6248 + 0{,}5\,\Theta) \times 10^{-9}$$

für die Veränderung der Brechungsquotienten mit der Temperatur des ordentlichen und des außerordentlichen Lichtstrahls. R. Fizeau hatte etwas niedrigere Zahlen erhalten.

Die Änderung der Dispersion mit der Temperatur, welche G. Müller[7]) untersuchte, ist zwischen —11 und 26° fast unmerklich.

---

[1]) J. Calafat y Léon, Bol. soc. esp. Hist. nat. **8**, 184 (1908. — Ref. Z. Kryst. **49**, 619 (1911).

[2]) E. Mallard u. H. Le Chatelier, Bull. Soc. min. **13**, 120 (1890).

[3]) O. Mügge, N. JB. Min. etc. Festband, 188 (1910).

[4]) F. Rinne u. R. Kolb, N. JB. Min. etc. 1910, II, 152.

[5]) R. Fizeau, Ann. chim. phys. **2**, 142 (1864). — Pogg. Ann. **123**, 515 (1864).

[6]) P. Dufet, C. R. **98**, 1265 (1884). — Bull. Soc. min. **7**, 182 (1884); **8**, 170 (1885).

[7]) G. Müller, Publik. d. astro-phys. Observ. **4**, 151 (1885). — Ref. Z. Kryst. **13**, 423 (1888); siehe auch C. Pulfrich, Wied. Ann. **45**, 609 (1892); dann J. W. Gifford, Rep. Brit. Assoc. 1899, 661; nach C. Hintze, l. c. II, Nr. 83.

J. O. Reed[1]) bestimmte die Änderung des absoluten Brechungsquotienten von 61°—435°.

E. Mallard[2]) fand bei 570° C eine plötzliche Abnahme der Doppelbrechung (vgl. S. 128). Siehe auch T. J. Mitchell.[3])

Weitere Untersuchungen sind von Fr. E. Wright und E. S. Larsen[4]) ausgeführt. Ich gebe hier die Zahlen:

Temp. Θ	$N_\gamma - N_\alpha$ E. Mallard u. H. Le Chatelier	$N_\gamma - N_\alpha$ Fr. E. Wright u. E. S. Larsen
15°	0,00917	0,00910
100	0,009045	0,00902
220	0,008865	0,00882
535	0,008145	0,00811
570	0,00804	0,00797
590	0,007765	0,00760
665	0,00777	0,00762
1060	0,00800	0,00787

F. Rinne und R. Kolb[5]) haben sehr umfangreiche Messungen der Brechungsquotienten für die Linien von A bis G in einem Temperaturbereiche zwischen — 140 und 765° ausgeführt. Trägt man die erhaltenen Zahlen auf der Ordinate, die Temperaturen auf der Abszisse auf, so sind die Kurven bis zirka 410° fast horizontal, von da an bis 570° fallen sie stärker ab, um dann wieder zu steigen. Für n_ε ist die Kurve etwas steiler als für n_ε'. Die Verminderung von n_ω übertrifft für mäßig hohe Wärmegrade die von n_ω'. Die Zahlen für die Doppelbrechung sind für die Linie D_2:

23°	115°	212°	305°	410°	550°	570°
0,0091	0,0091	0,0089	0,0087	0,0085	0,0081	0,0078

Für die über 570° sich bildende β-Modifikation des Quarzes steigt die Doppelbrechung von 570° an nur schwach an.

Änderung der Zirkularpolarisation mit der Temperatur. — V. v. Lang[6]) fand, daß die Änderung nach der Formel:

$$\delta_\Theta = \delta_0 (1 + [0,000149 \pm 0,000003]\, \Theta)$$

vor sich geht, wenn δ_0 derselbe Winkel für irgend eine Farbe bei 0° C ist. Für den Drehungswinkel mit Bezug auf dieselbe Dicke gilt die Formel:

$$\delta_\Theta = \delta_0 (1 + [0,000141 \pm 0,000003]\, \Theta).$$

L. Sohnke[7]) stellt die Formel auf:

$$\delta_\Theta = \delta_0 (1 + 0,0000999\, \Theta \pm 0,000000318\, \Theta^2).$$

---

[1]) J. O. Reed, Wied. Ann. **65**, 707 (1898).
[2]) E. Mallard, Bull. Soc. min. **13**, 126 (1890).
[3]) T. J. Mitchell, Ann. d. Phys. **7**, 472 (1902).
[4]) Fr. E. Wright u. E. S. Larsen, Z. anorg. Chem. **68**, 348 (1910). — Am. Journ. (4) **27**, 421 (1909).
[5]) F. Rinne u. R. Kolb, N. JB. Min. etc. 1910, II, 145.
[6]) V. v. Lang, Sitzber. Wiener Ak. **71**, 712 (1875).
[7]) L. Sohnke, Wied. Ann. **3**, 516 (1878).

E. Gumlich[1]) stellt für 0—100° die Formel auf:

$$\delta_\Theta = \delta_0 (1 + 0{,}000131\,\Theta \pm 0{,}000000195\,\Theta^2).$$

Weitere Zahlen gaben J. Joubert[2]) bis 1500° C, ferner E. Soret u. E. Sarasin.[3]) Genaue Untersuchungen wurden dann von H. Le Chatelier[4]) ausgeführt, welcher fand, daß auch für das Drehungsvermögen bei 570° C eine sprunghafte Änderung eintritt, daher die Änderung vor 570° und nach diesem Temperaturpunkte sich nach zwei verschiedenen Formeln vollzieht, nämlich erstens nach

$$\delta_\Theta = \delta_0 \left(1 + \frac{9{,}6}{10^5}\,\Theta + \frac{2{,}17}{10^7}\,\Theta^2\right),$$

zweitens über 570° C nach der Formel:

$$\delta_\Theta = \delta_0 \left[(1{,}165 + \frac{1{,}5}{10^5}\,(\Theta - 570)\right].$$

Weitere Untersuchungen sind die von E. Gumlich,[5]) von Ch. Soret und Ch. E. Guye,[6]) von M. G. Levi.[7]) Letzterer hat bis zu Temperaturen von −180° das Drehungsvermögen gemessen, während Ch. Soret und Ch. E. Guye bis −71° kamen. Nach M. G. Levi veränderte sich das Drehungsvermögen von 99¼° (bei der Temperatur von 12° C) auf 102°, bei −180° C.

Thermische Eigenschaften.

Der Ausdehnungskoeffizient beträgt für die mittlere Temperatur von 40° pro Grad, nach R. Fizeau[8]):

Senkrecht zur Achse | Parallel zur Achse

$$\alpha = 781 \times 10^{-9}, \quad \frac{d\alpha}{dT} = 0{,}205 \times 10^{-9}; \quad \alpha' = 1419 \times 10^{-9}, \quad \frac{d\alpha'}{dT} = 23{,}8 \times 10^{-9}.$$

Benoit[9]) erhielt

$$\alpha = (7110{,}7 + 17.12\,\Theta) \times 10^{-9}; \qquad \alpha' = (13162{,}7 + 25126\,\Theta) \times 10^{-9}.$$

H. Le Chatelier[10]) hat genauere Untersuchungen bei Temperaturen von 270—1060° sowohl bei Quarzen parallel als auch senkrecht zur Achse ausgeführt (dann für Sandstein, Feuerstein, verkieseltes Holz), und dabei die wichtige Tatsache konstatiert, daß zwischen 480 und 570° eine bedeutende Steigerung der Ausdehnung eintritt, speziell Sandstein ergab ganz verschiedene Zahlen 0,99 und 1,134. Es muß also bei der Temperatur von

[1]) E. Gumlich, Wied. Ann. **64**, 333 (1898).
[2]) J. Joubert, C. R. **87**, 499 (1878).
[3]) E. Soret u. E. Sarasin, Arch. sc. phys. et nat., Genève, **8**, 5 (1882). — C. R. **95**, 635 (1882).
[4]) H. Le Chatelier, Bull. Soc. min. **13**, 121 (1890). — C. R. **109**, 264 (1889).
[5]) E. Gumlich, Z. f. Instrumentenkunde **16**, 97 (1896).
[6]) Ch. Soret u. Ch. E. Guye, Arch. sc. phys. et nat. Genève, **29**, 242 (1892).
[7]) M. G. Levi, Att. R. Ist. Veneto **160**, 559 (1901).
[8]) Nach K. Liebisch, Phys. Kristallographie, (Leipzig 1891), 94, 102.
[9]) Benoit, Travaux et Mémoires intern. **6**, 119, 121 (1888); (nach C. Hintze, l. c. 1310).
[10]) H. Le Chatelier, C. R. **108**, 1046 (1889).

570° eine plötzliche Änderung in den Dimensionen des Quarzes eintreten und von da an erfolgt wieder eine kleine Kontraktion. Die Zahlen sind:

Θ	Quarzkristall $\parallel c$ 1.	2.	$\perp c$ 1.	2.	Sandstein (geglüht)	Feuerstein (geglüht)	Verkieseltes Holz (geglüht)
270°	0,20	—	0,42	—	—	—	—
480	0,53	0,55	0,82	0,86	0,77	0,95	0,90
570	0,93	0,93	1,30	1,45	{0,99 {1,34	1,30	1,27
660	0,95	0,99	—	1,59	1,40	1,35	1,31
990	—	0,86	—	1,55	1,34	1,40	1,34
1060	—	0,89	—	1,55	1,33	—	—

E. Reimerdes[1]) hat die axiale Ausdehnung des Quarzes zwischen 5° und 230° bestimmt und erhielt:

$$10^{-8}(692{,}5 + 1{,}689\,\Theta).$$

K. Scheel[2]) stellt folgende Formel nach Versuchen bei −140° C bis 100° auf:

$$l_\Theta = l_0\,(1 + 7.0{,}85 \times 10^{-6}\,\Theta + 0{,}009386 \times 10^{-6}\,\Theta^2 - 0{,}00000720.10^{-6}\,\Theta^3).$$

Ältere Bestimmungen sind in derselben Schreibweise:

$$l_\Theta = l_0\,(1 + 7{,}10 \times 10^{-6}\,\Theta + 0{,}00885 \times 10^{-6}\,\Theta^2)$$ R. Fizeau,[3])

$$l_\Theta = l_0\,(1 + 7{,}161 \times 10^{-6}\,\Theta + 0{,}00801 \times 10^{-6}\,\Theta^2)$$ Benoit,[4])

$$l_\Theta = l_0\,(1 + 6{,}925 \times 10^{-6}\,\Theta + 0{,}00819 \times 10^{-6}\,\Theta^2)$$ E. Reimerdes.[1])

Die Wärmeleitfähigkeit wurde von H. de Sénarmont[5]) und von W. Röntgen[6]) bestimmt. Der Quarz ist thermisch positiv, wobei nach H. de Sénarmont die Hauptachse die größere Achse des Ellipsoids ist; das Verhältnis der Achse ist 1,25—1,3. W. Röntgen fand für das Achsenverhältnis 1,274—1,337.

In absolutem kalorimetrischem Maß bestimmte A. Tuchschmidt[7]) die Leitfähigkeit zu: 1,576 und 0,957 parallel und senkrecht zur Achse. In C.G.S.-Einheiten ergeben sich folgende Zahlen (nach A. Tuchschmidt, C. H. Lees und D. Forbes):

parallel zur Achse: 0,030 (C. H. Lees[8]),
0,026 (A. Tuchschmidt[7]),
0,001 (D. Forbes[9]);

senkrecht zur Achse: 0,016 (C. H. Lees),
0,016 (A. Tuchschmidt),
0,004 (D. Forbes).

[1]) E. Reimerdes, Inaug.-Disseration (Jena 1896). Auch bei C. Pulfrich, Z. Kryst. **31**, 376 (1899) und Mc. Al. Randall, Phys. Rev. **20**, 10 (1905).

[2]) K. Scheel, Ann. d. Phys. **9**, 853 (1902). — Verh. d. Dtsch. phys. Ges. **5**, 3 (1907). — Beibl. Ann. Phys. **31**, 775 (1907).

[3]) Nach K. Liebisch, Phys. Krist. (Leipzig 1891), 941, 102.

[4]) Benoit, Travaux et Mém. intern. **6**, 119 121 (1888); nach C. Hintze, l. c. 1310.

[5]) H. de Sénarmont, C. R. **25**, 259, 707 (1847); **26**, 501 (1848); auch Jannetaz, Bull. Soc. min. **15**, 138 (1892).

[6]) W. Röntgen, Z. Kryst. **3**, 21 (1879).

[7]) A. Tuchschmidt, Inaug.-Dissert. (Zürich 1883). — K. Liebisch, l. c. 164.

[8]) C. H. Lees, Proc. Roy. Soc. **50**, 421 (1892). — Phil. Trans. **183**, 481 (1893).

[9]) D. Forbes, Proc. Roy. Soc. Edinb. **8**, 62 (1875).

Die verschiedenen Modifikationen des Quarzes als geologische Thermometer.

Die eben dargelegte Änderung des Quarzes ist keine reine optische, denn R. v. Sahmen und G. Tammann[1]) konnten sie auch im Dilatometer nachweisen, dabei wurde gefunden, daß die Ausdehnung des Bergkristalles mit der Temperatur nicht plötzlich sondern langsam zunimmt etwa wie bei Wachs.

Fr. E. Wright und S. Larsen[2]) haben die früher erwähnten Arbeiten, namentlich von O. Mügge, über diesen Gegenstand fortgesetzt; sie fanden die Umwandlungstemperatur bei 575° und weisen auch auf die Änderung der Wärmekapazität von Quarz, welche von W. P. White konstatiert wurde, hin. Die latente Umwandlungswärme ist $4,3 \pm 1$ cal., doch ist diese Zahl etwas unsicher. Diese Forscher stellen behufs Unterscheidung der beiden Quarzarten vier Kriterien auf. 1. Die Kristallform (Gegenwart von trigonalen Trapezoedern, unregelmäßige Entwicklung der Rhomben deuten auf die α-Form). 2. Charakter der Zwillingsbildung (aus den Ätzfiguren erkennbar). 3. Verwachsung von Rechtsquarzen und Linksquarzen sind häufiger bei der α-Form 4. Platten von α-Quarz, die in β-Quarz übergegangen sind, zeigen häufig Spalten.

Fr. E. Wright und E. S. Larsen haben diese Kriterien auf eine große Anzahl natürlicher Qarze angewandt und gefunden, daß Ader- und Mandelquarze, sowie gewisse große Pegmatitquarzmassen und Pegmatitadern unter 575° gebildet sind, während Schriftgranit- und Granitpegmatitquarze, sowie Granit- und Porphyrquarze über 575° entstanden sind.

V. M. Goldschmidt macht darauf aufmerksam, daß zwischen Tridymit (bzw. Cristobalit) und Quarz eine so großer Dichteunterschied besteht, daß der Umwandlungspunkt durch Druck sehr stark nach oben verschoben wird; da $\frac{dT}{dp}$ (Bd. I, S. 671) sehr groß ist. Es kann daher Quarz in Tiefengesteinen über 800° kristallisieren (vgl. S. 155).

J. Königsberger zeigte, daß der Umwandlungspunkt Quarz-Tridymit keine zuverlässige Grenze für Temperaturbestimmung gibt (vgl. S. 116).

Spezifische Wärme. Untersuchungen darüber liegen vor von H. Kopp, A. Bartoli, R. Weber, Pionchon und J. Joly für Temperaturen zwischen 0 und 1200°. Neuere Untersuchungen liegen vor von W. P. White,[3]) welcher fand, daß die spezifische Wärme bei 100° 0,1840 beträgt, während sie bei 1100° 0,2640 betrug. Die älteren Angaben siehe in Bd. I, 700.

Weitere Untersuchungen, die spezifische Wärme betreffend, sind vor kurzem von P. Laschtschenko[4]) ausgeführt worden, sie erfolgten mit einem Berthelotschen Calorimeter. Bei 200° ist der Wert von $c = 0,225$, bei 550° 0,2350, bei 580° ist $c = 0,2361$, bei 892° 0,2476. Auch für Chalcedon wurden die Werte bestimmt, sie weichen merklich von dem Werte für Quarz ab (vgl. bei Chalcedon).

F. Koref[5]) bestimmte die spezifische Wärme bei tiefen Temperaturen; für

---

[1]) R. v. Sahmen u. G. Tammann, Ann. d. Phys. [4] **10**, 879 (1902).
[2]) Fr. E. Wright u. E. S. Larsen, Z. anorg. Chem. **68**, 338 (1910).
[3]) W. P. White, Am. Journ. **28**, 334 (1909).
[4]) P. Laschtschenko, Journ. Russ. Phys.-chem. Ges. **42**, 1604 (1910). — Referat Chem. ZB. (1911 [1]) 1189.
[5]) F. Koref, Ann. d. Phys. **36**, 62 (1911); Molekularwärme siehe W. Nernst, ebenda 395.

— 193,7° bis 78,5° ist $c = 0{,}0874$; von 0° bis — 77,2 ist $c = 0{,}1461$. Die Molekularwärme fällt für diese Temperaturen von 8,81 auf 5,27, vgl. auch W. Schulz, ZB. Min. etc. 1912, 481. J. Cunningham[1]) berechnete die latente Schmelzwärme des Quarzes mit 135 cal.

Elektrische Eigenschaften.

Quarz ist bei Zimmertemperatur Isolator.

Dielektrizitätskonstante. — In der Richtung der optischen Achse erhält man verschiedene Werte gegenüber den Werten in der Richtung senkrecht dazu. C. Hintze[2]) stellt sie zusammen:

DC (parallel)	DC (senkrecht)	
4,6		(Romich u. Nowak),
4,55	4,49	(J. Curie),
5,057	4,6936	(R. Fellinger).
5,0561	4,6946	(R. Fellinger).
4,60	4,32	(W. Schmidt).

Vgl. auch W. Voigt,[3]) F. Paschen,[4]) H. Starke.[5])

Neuere Bestimmungen von W. M. Thornton[6]) ergaben

DC parallel 4,600
DC senkrecht 4,5485

F. Hasenöhrl[7]) fand, daß die Dielektrizitätskonstante mit der Temperatur nach folgender Gleichung sich verändert:

parallel zur Achse: $DC = 4{,}926\,[1 - 0{,}00110\,(\Theta - 10) - 0{,}000024\,(\Theta - 10)^2]$,
senkrecht zur Achse: $DC = 4{,}766\,[1 - 0{,}00099\,(\Theta - 10)]$.

Pyroelektrizität. — Über diesen Gegenstand haben wir eine große Zahl von Arbeiten, welche jedoch, da dieser Gegenstand dem Hauptthema des Werkes zu ferne liegt, nicht aufgezählt werden können. Siehe die ziemlich umfangreiche Literatur in C. Hintze, Handbuch der Mineralogie.

Die durch Druck auf Flächen, die senkrecht zu polaren Nebenachsen angeschliffen sind, hervorgebrachte Piezoelektrizität wurde von G. u. P. Curie, durch C. Hankel, G. Kundt, W. Röntgen und andere studiert (siehe C. Hintze, Handbuch der Mineralogie I, 1309).

Elektrische Leitfähigkeit bei höherer Temperatur.

Sekundäre elektrische Leitfähigkeit des Quarzes. — Durch die Arbeiten von E. Warburg und E. Tegetmeyer[8]) ist nachgewiesen, daß der Quarz in der Richtung der Hauptachse eine bedeutende elektrische Leitfähigkeit besitzt, während in der Richtung senkrecht zur Hauptachse ein solche nicht existiert.

[1]) J. Cunningham, nach J. H. L. Vogt, Silicatschmelzlösungen. (Kristiania 1904) II. — Proc. R. Dublin Soc. **9**, 298.
[2]) C. Hintze, l. c. I, 1304.
[3]) W. Voigt, Ann. d. Phys. **9**, 111 (1902).
[4]) F. Paschen, Wied. Ann. **54**, 1672; **60**, 455 (1897).
[5]) H. Starke, Wied. Ann. **60**, 629 (1897).
[6]) W. M. Thornton, Proc. Roy. Soc. **82**, 422 (1909); Chem. ZB. 1909, 1193.
[7]) F. Hasenöhrl, Sitzber. Wiener Ak. **106**, 77 (1899).
[8]) E. Warburg u. E. Tegetmeyer, **32**, 442 (1887); **35**, 463 (1888).

In der letztgenannten Richtung war auch bei 300° keine Leitfähigkeit wahrnehmbar. Dagegen geht aus den Untersuchungen dieser Forscher hervor, daß Bergkristall in der Richtung der Hauptachse bei 300° elektrolytisch leitet, ungefähr so gut wie gewöhnliche Gläser; ferner, daß bei der Elektrolyse einer senkrecht zur Achse geschnittenen Platte, wenn Natriumamalgam die Anode bildet, Natrium nach Maßgabe des Faradayschen Gesetzes durch die Platte hindurchwandert, während ihr Gewicht unverändert bleibt. Es muß daher der Bergkristall notwendigerweise Natrium oder ein durch Natrium ersetzbares Metall (Lithium) enthalten. Wahrscheinlich ist die Gegenwart von Na_2SiO_3 in ähnlicher Verbreitung wie ein Salz in seinem Lösungsmittel. Die elektrolytische Leitung in der Richtung der Hauptachse geht ebenso vor sich, wie im festen Glase, bei welcher SiO_2 unverändert stehen zu bleiben scheint, während Na in der Richtung des positiven Stromes zu wandern scheint. Die Menge des Na_2SiO_3 ist nach Untersuchung von Baumann höchstens 1/2300 des Gewichtes des Bergkristalls. Damit im Zusammenhang steht die Tatsache, daß Bergkristall in der Richtung senkrecht zur Achse stärker durch Flußsäure angegriffen wird als parallel zur Achse, auch lassen sich Platten senkrecht zur Hauptachse leichter schneiden als ihr parallel. Nach E. Warburg und E. Tegetmeyer nimmt das in Quarz enthaltene Na_2SiO_3 an der Kristallstruktur teil.

Später fand E. Tegetmeyer, daß neben Na im Bergkristall auch noch Lithium vorkommt und daß außer Natrium auch Lithium bei der Elektrolyse durch den Quarz wandert. Über die Art und Weise, wie das Na_2SiO_3 im Quarz enthalten ist, sind die Ansichten verschieden.

P. Curie[1]) führte sie auf Wasser oder eine Salzlösung, welche in orientierten Kanälen parallel zur Hauptachse verteilt ist, zurück. Eine intramolekulare Verteilung einer Flüssigkeit wird von J. Beckenkamp[2]) angenommen, nämlich daß die Atome (richtiger Ionen) des Elektrolyten zwischen den Kristallmolekülen eingelagert seien, während J. Beierinck[3]) eingeschlossene Opalhäutchen vermutet.

E. Tegetmeyer[4]) hat zur Entscheidung der Frage neue Versuche ausgeführt, wobei er zu dem Resultate gelangt, daß der Bergkristall in der Richtung seiner Achse als homogener Körper leitet und daß die leitende Substanz, welche in großer Verdünnung an der Kristallstruktur teilnimmt, in ihm ein viel größeres molekulares Leitungsvermögen besitzt als im Glase. Auf die Erklärungsweisen der Frage, wie die leitende Substanz im Quarz gelagert ist, komme ich noch zurück.

Spezifischer Widerstand des Quarzes. — Dieser wechselt natürlich mit der Temperatur. Nach E. Tegetmeyer betrug der spezifische Widerstand bei einem Bergkristall (*A*), auf Quecksilber von 0° bezogen $3{,}55 \times 10^{10}$. War die Platte vorher auf 1000° erhitzt worden, so war die Zahl $5{,}78 \times 10^{10}$ und für eine auf 1600° erhitzte $5{,}18 \times 10^{10}$. Bei einer Platte (*B*) war der spezifische Widerstand bei 264° $5{,}97 \times 10^{10}$ und wenn die Platte vorher bis 1600° geglüht war, so war er $4{,}17 \times 10^{10}$, der Unterschied war also kein großer.

A. Joffé[5]) hat bei seiner Untersuchung über die elastische Nachwirkung

---

[1]) P. Curie, Lum. électr. **29**, 221, 255, 318 (1888).
[2]) J. Beckenkamp, Z. Kryst. **15**, 511 (1889).
[3]) J. Beierinck, N. JB. Min. etc. Beil.-Bd. **11**, 443 (1897).
[4]) E. Tegetmeyer, Wied. Ann. d. Phys. **41**, 18 (1890).
[5]) A. Joffé, Ann. d. Phys. **20**, 919 (1906).

bei Quarzkristallen sich auch mit der elektrischen Leitfähigkeit befaßt und kommt zu dem Resultate, daß sie sehr klein sei, in der Richtung der optischen Achse viel größer als in der dazu senkrechten; sie wird durch Bestrahlung mit Radium-, Röntgen- und ultravioletten Strahlen stark vergrößert. Der Einfluß der Bestrahlung ist größer auf die Leitfähigkeit parallel als auf die senkrecht zur Achse.

A. Schaposchnikow[1]) ist der Ansicht, daß Quarzkristalle in der Richtung ihrer optischen Achse dem Ohmschen Gesetz nur bei mittleren Intensitäten des elektrischen Feldes und kurzer Stromdauer folgen. Bei Feldstärken über 4000 Volt pro Zentimeter, weisen sie bedeutende Abweichungen auf. Der Sättigungsstrom stellt sich bei Quarz erst nach langer Zeitdauer ein. Er glaubt, daß A. Joffés Ansicht richtig sei, wonach die elektrische Leitfähigkeit der Quarzkristalle jener der Gase ähnelt.

M. v. Pirani und W. v. Siemens[2]) untersuchten die Leitfähigkeit von Quarz (auch von Porzellan) bis 1300° und fanden bei 1000° den spezifischen Widerstand von $4{,}10^4$ Ohm / qcm / cm.

Elektrische Leitfähigkeit des Quarzes bei höherer Temperatur.[3]) — Wie schon aus dem Vorhergehenden ersichtlich ist, werden wir zu unterscheiden haben zwischen der Leitfähigkeit in der Richtung der Achse und derselben senkrecht dazu. Messungen bei hoher Temperatur wurden von mir[4]) ausgeführt, nach der hier verwendeten Methode ist jedoch erst bei einer Temperatur von über 400° der Widerstand meßbar. Die Anordnung des Versuches ist die bei Silicaten (Bd. I, S. 712) beschriebene.

Bei Platten parallel zur Achse erhielt ich (Fig. 21)

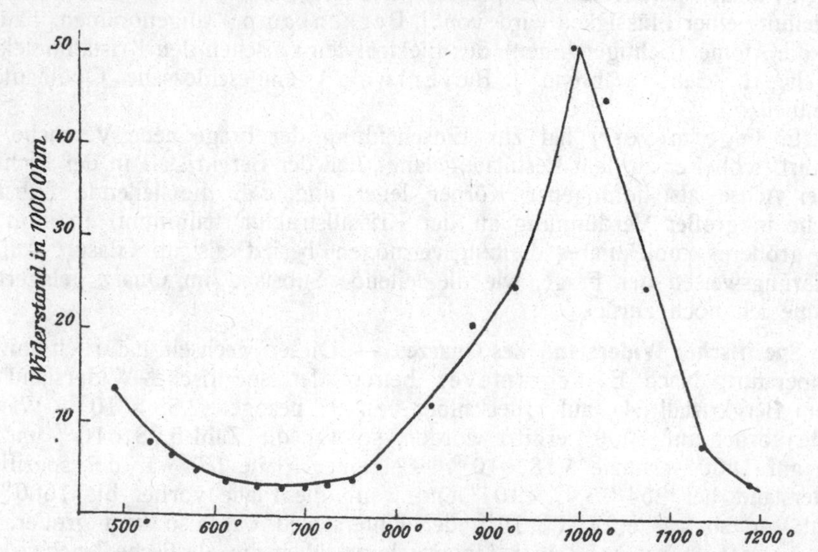

Fig. 21. Leitfähigkeit des Bergkristalls senkrecht zur Achse.

[1]) A. Schaposchnikow, Journ. Russ. Phys.-chem. Ges. **42**, 376, (1910).
[2]) M. v. Pirani u. W. v. Siemens, Z. f. Elektroch. **15**, 969 (1909).
[3]) Siehe auch K. Exner u. Felix Exner, Z. Dtsch. phys. Ges. (1901), 3.
[4]) C. Doelter, Sitzber. Wiener Ak. **117**, 862 (1908); **119**, 73 (1910).

T	Ω	$\frac{1}{T}$	$\log W$
430°	61,400	$1,428 \times 10^{-3}$	4,778
505	10,200	1,290	4,009
605	4,080	1,143	3,661
690	3,356	1,042	3,525
780	6,690	0,952	3,825
830	12,300	0,909	4,090
880	20,300	0,869	4,307
980	52,500	0,800	4,720
1080	20,300	0,741	4,307
1180	7,540	0,689	3,877

Von 430° an fällt zuerst der Widerstand, nachdem jedoch, um die Polarisation zu bestimmen, mit einem Akkumulator ein Strom durchgeschickt worden war, ändert sich die Leitfähigkeit und verhält sich der Stoff wie ein metallischer Leiter. Der Widerstand steigt mit der Temperatur bis 980°, worauf der Quarz sich wieder wie ein Elektrolyt verhält: der Widerstand fällt rapid. Erhitzt man dann diesen Quarz nochmals, so hat er andere Eigenschaften; bei einem neuerlichen Versuche fällt jetzt der Widerstand regelmäßig, wie die folgenden Zahlen beweisen.

Θ	Ohm	$\frac{1}{T}$	$\log W$
730	490,000	$1,000 \times 10^{-3}$	5,6902
930	107,600	0,833	5,0318
1030	23,300	0,769	4,3674
1130	13,500	0,714	4,1303
1230	4,180	0,667	3,6212
1280	2,580	0,645	3,4116
1305	1,860	0,635	3,2695

Wenn man die Resultate dieses letzten Versuches graphisch nach der Formel

$$\log W = \frac{\nu}{T} + C$$

darstellt (vgl. Bd. I, S. 729), so erhält man eine annähernd gerade Linie. Der Grund dieses merkwürdigen Verhaltens hängt offenbar mit der früher besprochenen Anwesenheit des Natriumsilicats zusammen, welches bei meiner Versuchsanordnung elektrolysiert wird, wobei, wie aus den Versuchen von E. Warburg und E. Tegetmeyer hervorgeht, Na an der Anode abgeschieden wird. Nach Erreichung des Siedepunktes des Natriums fängt dieses an sich zu verflüchtigen, wodurch die Leitfähigkeit sich verringert. Bei zirka 900° zeigt dann der Quarz nicht mehr die Pseudoleitfähigkeit, sondern die eigene des Siliciumdioxyds.

Sowohl aus meinen Versuchen als auch aus denen von E. Tegetmeyer geht hervor, daß optische Veränderungen, welche H. Le Chatelier und O. Mügge u. a. beobachteten, keinen merklichen Einfluß auf die Leitfähigkeit ausüben, da wir gesehen haben (S. 135), daß sogar Erhitzung auf 1600° nur eine kleine Verringerung des Widerstandes hervorbrachte, und bei meinen Versuchen ein Knick in der Kurve bei 575° nicht bemerkbar ist, wahrscheinlich ist der Unterschied überhaupt nicht vorhanden oder ein sehr geringer.

Daß die Leitfähigkeit in der Richtung parallel zur Achse eine andere ist, geht aus den Versuchen von E. Warburg und E. Tegetmeyer hervor. Ich erhielt ebenfalls eine viel geringere Leitfähigkeit. Erst über 900° konnte eine Messung gemacht werden, die Zahlen sind

Θ	$\frac{1}{T}$	W	$\log W$
930	$0{,}8304 \times 10^3$	101100	5,0048
1030	$0{,}7674 \times 10^3$	56667	4,7533
1150	$0{,}7027 \times 10^3$	16596	4,2200
1200	$0{,}6789 \times 10^3$	9417	3,9734
1300	$0{,}6357 \times 10^3$	4900	3,6902

Bei einem zweiten Versuche war der Widerstand bei 1400° 3150 Ohm. Während bei Quarzen parallel zur Achse die Polarisation schon unter 800° sehr merklich ist, war diese bei den Quarzen senkrecht zur Achse erst bei 1280° merklich.

Bei einer Quarzplatte, parallel zur Achse erhielt ich für zwei Versuchsserien folgende Zahlen (Fig. 22):

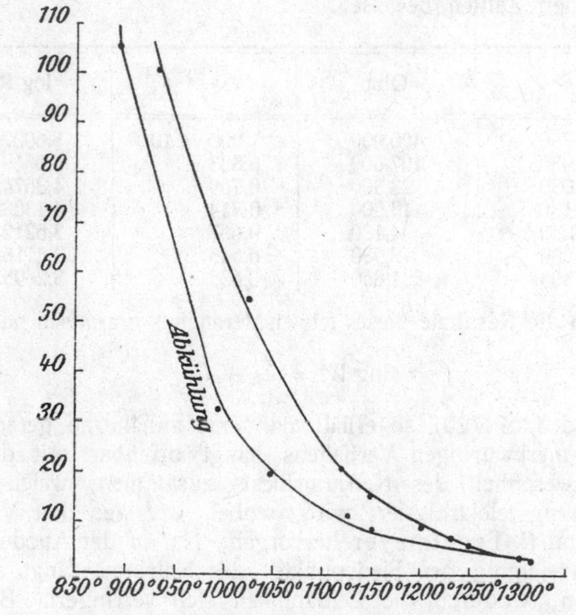

Fig. 22. Elektrische Leitfähigkeit von Quarz parallel zur Achse.

Θ	Ohm	Θ	Ohm
930	101,110	930	115,000
1030	56,667	1020	36,512
1120	21,847	1140	11,970
1230	7,543	1250	6,940
1310	4,084	1390	3,220
—	—	1400	3,150

Bei 1140° war die Polarisation sehr gering, dagegen bei 1280° schon merklich.

Bei einem anderen Quarz parallel zur Achse sank der Widerstand allmählich von 101000 Ohm bei 920° auf 4084 Ohm bei 1305° herab. (Siehe Fig. 23.)

Leitfähigkeit des Quarzglases.[1]) — Auch das Quarzglas ist leitend. Die Zahlen waren für eine Platte, welche wie alle früheren 1 cm^2 Fläche und eine Dicke von 1 mm hatte, folgende

Temperatur	Widerstand in Ohm
922	132,800
988	73,330
1050	66,923
1154	14,292
1207	10,000

Bei 1015° war kein Polarisationsausschlag merklich. Bei 1100° zeigten sich Spuren. Merkwürdig ist es, daß für das Quarzglas keine niedrigeren Widerstände als für kristallisierten Quarz zu konstatieren waren, während sonst Glas, als amorpher Körper, einen geringeren Widerstand zeigen sollte.

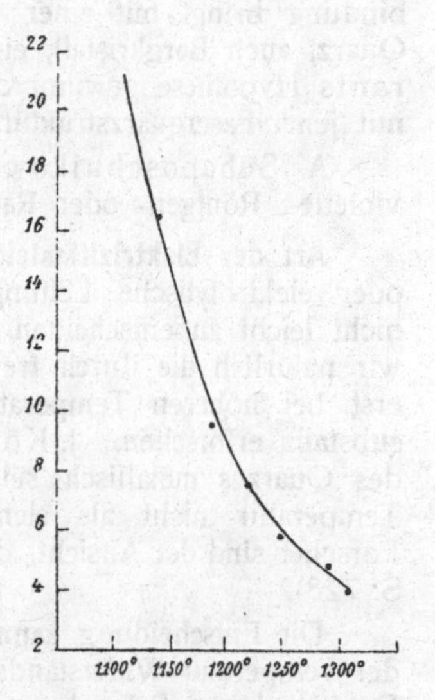

Fig. 23. Elektrische Leifähigkeit des Quarzes parallel zur Achse.

Bei logarithmischer Darstellung (vgl. Bd. I, S. 719) ist die Temperaturwiderstandskurve eine gerade Linie.

Rauchquarz. Zwei Rauchquarze, senkrecht zur Achse geschnitten, verhielten sich ganz verschieden; der eine zeigt große Widerstände, die von 770 bis 1305° sich allmählich verringern; der zweite zeigt bei 850° einen Widerstand von nur 12750 Ohm, welcher bei 1300° auf 960 Ohm fällt; die Polarisation erreicht bei diesem schon bei 1250° einen großen Betrag, wie bei den früher erwähnten Quarzen, während bei dem ersten, trotz des verhältnismäßig größeren Widerstandes, doch auch der Betrag des Polarisationsausschlags bedeutend war. Man ersieht daraus, daß der Rauchquarz in der Richtung der Achse eine sekundäre Leitfähigkeit besitzt. Jedenfalls verhalten sich die Quarze, was ihre Leitfähigkeit anbelangt, sehr verschieden, wohl nach der vorhandenen Menge und nach der Verteilungsart der Beimengung, welche die größere Leitfähigkeit bedingt. Nur wenn reiner Quarz vorliegt, ist großer Widerstand, verbunden mit geringem Betrag der Polarisation, zu beobachten.

Die Tatsache, daß, wie viele Arbeiten beweisen, Quarz eine viel größere Leitfähigkeit in der Richtung der optischen Achse besitzt, als senkrecht dazu, zeigt, daß das leitende Medium seiner Natur nach derart verteilt ist, daß es mit einem Stoff verglichen werden kann, welcher in feinsten Kanälen parallel zur Achse verteilt ist. Es sind allerdings verschiedene Hypothesen darüber gemacht worden, von E. Warburg und E. Tegetmeyer, von P. Curie, von J. Beckenkamp u. a. Es ist wahrscheinlich, daß wir es nur mit submikroskopischen Kanälen zu tun haben, falls solche vorhanden sind. Der vorhin S. 135 erwähnte Versuch zeigt, daß durch Elektrolyse bei ca. 800° die stärker

[1]) C. Doelter, Sitzber. Wiener Ak. **107**, 870 (1908).

leitende Substanz sich verflüchtigen kann und dadurch die Leitfähigkeit sich stark vermindert.

Man wird vielleicht nicht fehl gehen, wenn man diese Tatsachen in Verbindung bringt mit einer von F. Wallérant[1]) aufgestellten Hypothese, daß Quarz, auch Bergkristall, eine unsichtbare Faserstruktur besitzen soll. Wallérants Hypothese gewinnt dadurch eine Stütze. Diese Struktur hängt vielleicht mit jener Faserquarzstruktur, die mikroskopisch bei Lutecit auftritt, zusammen.

A. Schaposchnikow[2]) untersuchte die Leitfähigkeit von durch ultraviolette-, Röntgen- oder Radiumstrahlen ionisiertem Quarz.

Art der Elektrizitätsleitung im Quarz. Die Frage, ob Quarz metallische oder elektrolytische Leitung, also Elektronen- oder Ionenleitung besitzt, ist nicht leicht zu entscheiden. Bei niederen Temperaturen, etwa bis 900°, haben wir natürlich die durch fremde beigemengte Substanz verursachte Ionenleitung, erst bei höheren Temperaturen können wir die eigene Leitung der Quarzsubstanz erforschen. J. Königsberger[3]) ist der Ansicht, daß die Leitfähigkeit des Quarzes metallisch sei, da er die Erhöhung der Leitfähigkeit mit der Temperatur nicht als sicheres Zeichen von Ionenleitung ansieht. Andere Forscher sind der Ansicht, daß er elektrolytische Leitfähigkeit besitze (vgl. Bd. I, S. 728).

Die Entscheidung kann durch Polarisationsversuche und durch Verfolgung der Temperatur-Widerstandskurve bis in den flüssigen Zustand getroffen werden. Da jedoch der Schmelzpunkt des Quarzes sehr hoch, bei ca. 1600°, liegt, so kann, wegen technischer Schwierigkeiten, die Verfolgung der Kurve bis zur Verflüssigung nicht ausgeführt werden, so daß uns dieses wichtige Merkmal fehlt. Was die Polarisation anbelangt, so habe ich einige Versuche ausgeführt. Bei der Quarzplatte senkrecht zur Achse (s. S. 135) ergab der Polarisationsversuch bei 1180° einen ziemlich beträchtlichen Ausschlag, entsprechend 0,089 Milliamp. bzw. 0,67 Volt. Bei 1230° war ebenfalls ein merklicher Ausschlag von 0,071 Milliamp. und 0,31 Volt (diese Zahlen waren bei einer neuerlichen, dritten Erhitzung erhalten worden). Diese Resultate deuten auf Ionenleitung. Dagegen war bei einem Quarz parallel zur Achse die Polarisation eine geringe.

Der Rauchquarz senkrecht zur Achse zeigte wieder starke Polarisation. Eine Entscheidung ist also nicht möglich, wenn auch die Wahrscheinlichkeit, daß Ionenleitung vorliegt, vorhanden ist.

J. Königsberger schließt namentlich aus dem optischen Verhalten im ultraroten Licht auf Elektronenleitung.

Magnetismus.

Quarz in Platten senkrecht zur optischen Achse ist diamagnetisch, wie Tumlircz[4]) erkannte. Später hat J. Königsberger[5]) die Magnetisierungs-

[1]) F. Wallérant, Bull. Soc. min. **20**, 52 (1897).
[2]) A. Schaposchnikow, J. d. Russ. phys.-chem. Ges. **43**, 423 (1911); Beibl. Ann. Phys. **36**, 620 (1912).
[3]) J. Königsberger, Z. f. Elektroch. **15**, 99 (1909).
[4]) Tumlircz, Sitzber. Wiener Ak. **91**, 301 (1885).
[5]) J. Königsberger, Wied. Ann. **66**, 698 (1898).

konstante für verschiedene Quarzvarietäten gemessen. Weitere Arbeiten rühren von W. König[1]) und von E. Stenger[2]) her.

Über Piezomagnetismus vgl. W. Voigt.[3])

Radioaktivität.

Quarz kann als solcher im reinen Zustand nicht radioaktiv sein; da jedoch kein Quarz rein ist, sondern, wie wir gesehen haben, stets Einschlüsse hat, so ist durch Verunreinigungen die Radioaktivität erklärlich.

Nach den Untersuchungen von R. J. Strutt[4]) enthalten die Quarze Helium und Argon. Hier seine Werte:

Fundort	Angew. Menge in gr	Helium, durch Glühen erhalten per 100 gr	Helium, durch Glühen erhalten c.mm	Argon in c.mm	Gramme Radium per 100 gr	Gramme Uraniumoxyd per 100 gr	cc He per gr U_3O_8
Madagaskar (aus Adern) . . .	1250	0,192	2,4	3,16	$1{,}39 \times 10^{-11}$	$4{,}29 \times 10^{-5}$	9
Ilfracombe . . .	1187	0,121	1,43	2,5	$7{,}45 \times 10^{-11}$	$2{,}31 \times 10^{-5}$	10,4
Brasilien . . .	1015	0,073	0,74	2	—	—	—
Quarzsand . . .	300	0,183	0,55	?	$1{,}94 \times 10^{-11}$	$6{,}0 \times 10^{-5}$	6,0
Feuerstein, Brandon, Norfolk .	1275	0,023	0,295	1,9	$4{,}30 \times 10^{-11}$	$1{,}33 \times 10^{-4}$	0,246

Die Heliummenge in Quarz beträgt per Kilo 2 Kubikmillimeter (gegenüber 1,500,000 im Samarskit) und das Verhältnis von Helium zu Uranoxyd ist 10.

Färbungen der Quarze.

Manche Quarzvarietäten sind nur durch mechanische Einschlüsse anderer fein verteilter Mineralien gefärbt, wie der Prasem durch Strahlsteinnadeln, der Saphirquarz durch Krokidolithfasern, der Eisenkiesel durch Hämatit usw.

Wichtiger ist die Färbung durch ein Pigment bei Rauchtopas, Citrin, Amethyst und Rosenquarz.

Über die betreffenden Färbemittel ist viel debattiert worden. Wichtig zur Entscheidung der Frage nach dem Färbemittel ist das Verhalten in der Hitze, die Bestrahlung durch ultraviolette- und Radiumstrahlen.

Verhalten der gefärbten Quarze bei Temperaturerhöhung. Alle Quarzvarietäten erleiden in ihrer Färbung durch die Hitze eine Veränderung.

Analytische Untersuchungen. A. Nabl[5]) wies im Amethyst Eisen und Schwefel in Spuren nach und vermutete als Färbemittel Rhodaneisen. Mangan, welches früher oft vermutet wurde, ist nicht mit Sicherheit nachgewiesen. K. Simon[6]) untersuchte ohne Erfolg auf Wasser; er fand Spuren

[1]) W. König, Wied. Ann. **31**, 273 (1887).
[2]) E. Stenger, Wied. Ann. **35**, 331 (1888).
[3]) W. Voigt, Göttinger Nachr. 1901, 1. — Ann. d. Phys. **9**, 111 (1902).
[4]) R. J. Strutt, Proc. Roy. Soc. **80** A, 588 (1908).
[5]) A. Nabl, Tsch. min. Mit. **19**, 237 (1900). — Sitzber. Wiener Ak. **108**, 118 (1891).
[6]) K. Simon, N. JB. Min. etc. **26**, 249 (1908).

von CO_2. K. v. Kraatz-Koschlau und L. Wöhler[1]) fanden für Amethyst 0,09 % Glühverlust, was nach K. Simon zu hoch ist; er fand Zahlen, welche mit den früher von J. Königsberger[2]) gefundenen übereinstimmen. Verschiedene Vorkommen geben verschiedene Gewichtsverminderungen, am geringsten sind sie bei Goldtopas.

Die früher erwähnten Untersuchungen von E. Wülfing[3]) zeigen, daß das Pigment in nahezu unwägbaren Mengen vorhanden ist; allerdings wären Bestimmungen mit der Mikrowage hier wünschenswert. E. Wülfing verglich die Farbe der Mineralien mit der einiger organischer Farbstoffe und fand, daß Amethyst von Uruguay vergleichbar einer Lösung von Methylviolett war, welche in 1 Liter Wasser 0,1 g enthielt. 1 kg des Minerals würde enthalten 3 mg, bzw. 15 mg Kaliumpermanganat bzw. Methylviolett.

Amethyst. Diese Varietät wird sowohl in Luft, in Sauerstoff als auch in reduzierenden Gasen farblos; nach W. Hermann wird sie in Stickstoff hellgelblich. Nach K. Simon liegt die Entfärbungstemperatur im H-Gas zwischen 300—400°; ein Amethyst, auf 750° erhitzt, zersprang. Er beobachtete, wie W. Hermann,[4]) hie und da gelbliche Färbung. Die Entfärbungstemperatur ist bei Amethyst aus der Auvergne etwas höher, oft über 550°.[5])

Rauchquarz. Diese Varietät wird beim Glühen in Sauerstoff und reduzierenden Gasen farblos, im Stickstoffstrom nach W. Hermann ebenfalls. K. Simon hat für Sauerstoff und Wasserstoff die Entfärbungstemperaturen gemessen. In H beginnt die Entfärbung bei 300°, bei 380° ist alles entfärbt; im O-Gas ist bei 300° alles entfärbt.

Citrin wird in Sauerstoff wie in reduzierenden Gasen farblos.

Rosenquarz wird in Sauerstoff und in Wasserstoff farblos, während er nach W. Hermann in Stickstoff und in Ammoniakgas sich nicht verändert.

Veränderungen der Farben der Quarze durch Bestrahlung mit Radiumstrahlen, Röntgenstrahlen und ultravioletten Strahlen.

Farbloser **Bergkristall** wird durch Radium- und durch Röntgenstrahlen bräunlich, welche Färbung durch darauffolgende Bestrahlung mit ultravioletten Strahlen etwas zurückgeht und bei Erhitzung auf etwa 200° wieder schwindet. Villard[6]) beobachtete bei Einwirkung von Kathodenstrahlen Dunkelfärbung.

Amethyst,[7]) welcher eine tiefe Färbung zeigt, wird durch Radium nicht mehr verändert, blasser Amethyst wird dagegen stärker violett, entfärbter Amethyst nimmt seine ursprüngliche Färbung wieder an. Ähnlich, wenn auch schwächer, wirken Röntgenstrahlen; ultraviolette Strahlen haben auch nach der Radiumbestrahlung keinen Einfluß. Die Färbung durch Radium findet auch in einer Stickstoffatmosphäre statt; mit schwachen Radiumpräparaten erzielte K. Simon[8]) nach Entfärbung durch Glühen nur schwache Gelbfärbung, in

---

[1]) K. v. Kraatz-Koschlau u. L. Wöhler, Tsch. min. Mit. **18**, 304, 447 (1899).
[2]) J. Königsberger, Tsch. min. Mit. **19**, 148 (1900).
[3]) E. Wülfing, l. c., vgl. S. 127.
[4]) W. Hermann, Z. anorg. Chem. **60**, 369 (1908).
[5]) K. Simon, N. JB. Min. etc. Blbd. **26**, 249 (1908).
[6]) Villard, C. R. **126**, 1564 (1898).
[7]) Vgl. die Literatur in C. Doelter, Das Radium und die Farben (Dresden 1910); C. Doelter, Sitzber. Wiener Ak. **117**, 819, 1275 (1908).
[8]) K. Simon, l. c.

anderen Fällen schwach violette. Einschließen in eine H-Atmosphäre verhinderte die Färbung durch Radiumstrahlen nicht.

Rauchquarz färbte sich durch Radiumstrahlen stärker, wenn er hellbraun war; durch Glühen entfärbter Rauchquarz nimmt seine ursprüngliche Färbung wieder an, jedoch mit schwächeren Radiumpräparaten nur schwach oder gar nicht. Röntgenstrahlen färben ebenso wie Radiumstrahlen. Die Färbung durch Radium nach der Entfärbung durch Glühen erfolgt auch in einer N- oder O-Atmosphäre. Ultraviolette Strahlen haben nach der Radiumbestrahlung nur sehr geringe Wirkung.

Citrin verhält sich ähnlich, Radiumstrahlen färben ihn braun, Röntgenstrahlen braungelb, entfärbter wird schwarzbraun. In Gegenwart einer Sauerstoffatmosphäre war die Radiumwirkung geringer.

Rosenquarz wird durch Sonnenlicht, mehr durch Bogenlicht, schwach durch die Quecksilberlampe blässer, wobei er in letzterem Falle etwas trüb wird; Röntgenstrahlen färben ihn schwach gelbbraun, Radiumstrahlen braun. Durch Radium wird er in einer Stickstoffatmosphäre stärker rosa, in einer Sauerstoffatmosphäre schwachbraun. Durch Radiumstrahlen braun gefärbter Quarz wird im Bogenlicht heller braun; die Vorkommen vom Fichtelgebirge und von Madagaskar verhalten sich nicht gleich, letzteres verändert sich weniger.

Radiumstrahlen erzeugen in hellem Rauchquarz und in Bergkristall auch dichroitische Streifensysteme (auch in Platten senkrecht zur Achse), die kristallographische Orientierung zeigen, in anderen Fällen dagegen Sektoren von verschiedener Farbe.[1]) Merkliche Veränderungen des Brechungsquotienten und der Stärke des Drehungsvermögens konnten bei Versuchen, welche ich ausführte, nicht wahrgenommen werden.[2])

Aus Versuchen, welche ich mit H. Sirk ausführte, ergab es sich, daß bei der Verfärbung des Quarzes hauptsächlich die γ-Strahlen, aber auch die β-Strahlen mitwirken.[3])

Natur des Färbemittels. Es unterliegt wohl keinem Zweifel, daß die Quarzvarietäten eine sekundäre Färbung aufweisen, die durch radioaktive Begleitmineralien oder durch radioaktive Gewässer verursacht sind, in den meisten Fällen wohl durch Einwirkung nach dem Entstehen; Citrin, Rauchtopas, Rosenquarz scheinen dasselbe Färbungsmittel in verschiedener Konzentration zu enthalten, während der Amethyst sich etwas von diesen unterscheidet. Durch die Bestrahlungsversuche ist die bis vor kurzem verbreitete Ansicht, daß organische Substanz das Färbemittel sei, widerlegt,[4]) da diese Färbung nach dem Glühen nicht wiederkehren könnte. Auch die Hypothese des Rhodaneisens[5]) (vgl. S. 119) ist unwahrscheinlich. Für Amethyst vermutet man Mangan, was nicht unmöglich ist, aber auch nicht genügend gestützt ist. Wir haben es bei den Quarzen mit einem labilen Färbemittel zu tun, welches schon bei 300° unbeständig wird und wahrscheinlich kolloid ist. Es ist nicht ausgeschlossen, daß, wenn wir vom Amethyst absehen, keine fremdartige Beimengung nötig

---

[1]) N. Egoroff, C. R. **140**, 1029 (1905); C. Doelter, Das Radium und die Farben (Dresden 1910), 124; C. Doelter u. H. Sirk, Sitzber. Wiener Ak. **119**, 1098 (1910).

[2]) Unveröffentlichte Mitteilung.

[3]) C. Doelter u. H. Sirk, Sitzber. Wiener Ak. **120**, 88 (1911).

[4]) Schneider, Pogg. Ann. **96**, 282 (1855) und K. v. Kraatz-Koschlau u. L. Wöhler, l. c.

[5]) A. Nabl, Tsch. min. Mit. **19**, 273 (1900).

war, um die Farbe hervorzubringen, sondern eine Elektrolyse oder Ionisation der im farblosen Quarz enthaltenden Substanz die Ursache der Färbung ist, wobei auch die im Quarz nachgewiesene Anwesenheit von Natriumsilicat, vielleicht auch Lithium eine Rolle spielen wird (vgl. S. 134). Die näheren Umstände sind uns unbekannt. Im Amethyst, welcher sich etwas abweichend verhält, kann vielleicht außerdem noch ein anderer beigemengter Stoff in Betracht kommen.

Die Frage, ob die Färbung der Quarze durch Beimengungen verursacht wird, oder in der Natur der Quarzsubstanz selbst gelegen ist, kann also noch nicht entschieden werden, es ist aber möglich, daß auch Beimengungen, die vielleicht bei den verschiedenen Quarzvarietäten nur quantitative Unterschiede zeigen, dabei mitwirken. Die Ansicht, daß organische Stoffe Ursachen der Färbung seien, ist heute nicht mehr haltbar.

Die meisten Quarzfärbungen in der Natur dürften durch Radiumstrahlung erzeugt sein.

Synthese.

Synthesen aus Schmelzfluß. Die erste gelungene Synthese aus Schmelzfluß verdanken wir P. Hautefeuille.[1]) Er setzte zu amorpher Kieselsäure Natriumwolframat als Kristallisator zu und ließ die Schmelze längere Zeit bei 750° C. Wenn er die Temperatur zwischen 850—950° schwanken ließ, bildete sich zwischen 850—900° Tridymit, unter 850° bildeten sich auch Quarz, bei langer Einwirkung vermehrte sich die Quarzmenge und nach zwei Monaten war sie der des Tridymits gleich. Die erhaltenen Kristalle sind spitze Rhomboeder (2 *R*) mit untergeordnetem Prisma. F. Fouqué und A. Michel-Lévy[2]) sind der Ansicht, daß das Produkt eine besondere Varietät des Quarzes darstelle, auch ist die Dichte 2,61 abweichend; ähnlicher Ansicht ist auch E. Mallard (vgl. S. 117). Als P. Hautefeuille statt Natriumwolframat das Lithiumsalz anwandte, waren noch spitzere Rhomboeder (4 *R*) gebildet. Zusatz von Borsäure ergab noch spitzere Rhomboeder; jedenfalls liegt hier ein Beweis für den Einfluß der Lösungsgenossen, vielleicht auch der Temperatur vor. Die so erhaltenen Kristalle weichen von den natürlichen in ihrem Habitus ab.

Bei einem anderen Versuche wurden Kieselsäure, Tonerde, Alkaliphosphat mit etwas Fluorid zusammengeschmolzen.[3]) Die Reaktion fand unter 700° statt. Er erhielt ein Gemenge von Quarz und Orthoklas, der Quarz zeigte auch die Flächen des Prismas. P. Hautefeuille und J. Margottet[4]) verwendeten Lithiumchlorid als Mineralisator; um SiO_2 kristallisiert zu erhalten, muß man ein Gemenge von Li_2O und LiCl anwenden, da LiCl allein keinen Einfluß hat. Es bildete sich sowohl Quarz als auch Tridymit; letzterer entsteht über dem Schmelzpunkt des Silbers, Quarz unter diesem; das Stabilitätsgebiet für Quarz ist ausgedehnter als bei dem früheren Versuche. Die erhaltenen Kristalle haben den Habitus der Gangquarze.

Wichtig, namentlich zur Erklärung der Entstehung der Quarzgesteine, waren die Versuche von J. Morozewicz;[5]) er knüpfte zunächst an die Ver-

[1]) P. Hautefeuille, C. R. **86**, 1133 (1878). — Bull. Soc. min. **1**, 1 (1879).
[2]) F. Fouqué u. A. Michel-Lévy, Synthèse des minéraux, 89.
[3]) P. Hautefeuille, C. R. **93**, 686 (1880).
[4]) P. Hautefeuille u. J. Margottet, Bull. Soc. min. **4**, 244 (1881).
[5]) J. Morozewicz, Tsch. min. Mit. **18**, 163 (1899).

suche von H. E. Benrath[1]) an, welcher die Entglasung studiert hatte. Letzterer hatte auch die Behauptung aufgestellt, daß sich Quarz in Kalknatrongläsern auf dem Wege des Schmelzflusses gebildet habe; schon aus den Untersuchungen von F. Fouqué und A. Michel-Lévy[2]) geht jedoch hervor, daß sich aus trockenem Schmelzfluß kein Quarz bildet und J. Morozewicz erhielt bei der Wiederholung der Versuche Benraths keinen Quarz, sondern wie die französischen Forscher eine andere Art der kristallisierten Kieselsäure, wohl Tridymit. J. Morozewicz beobachtete bei der Umschmelzung des Tatragranits Tridymitbildung. Quarz erhielt er durch Zusammenschmelzen von einer Mischung, welche in ihrer Zusammensetzung einem Liparit entsprach, dem 1 $^0/_0$ Wolframsäure beigesetzt worden war. Es waren durchsichtige Dihexaeder entstanden. Da ich bei Wiederholung dieses Versuches mit etwas größeren Mengen von Wolframsäure keine Quarze erhielt, so zweifelte ich an der Quarznatur jener Kriställchen; da jedoch P. Quensel[3]) in meinem Laboratorium ähnliche deutliche Kriställchen erhielt, so unterliegt es keinem Zweifel, daß J. Morozewicz Quarz erhalten hatte; der Versuch gelingt mit so kleinen Mengen von Wolframsäure offenbar nur dann, wenn, wie bei den Versuchen von J. Morozewicz, die Dauer der Abkühlung sehr groß ist (14 Tage). Die Abkühlungstemperatur betrug 800—1000^0 C. Will man in kürzerer Zeit Quarzkristalle erhalten, so muß man größere Mengen des Mineralisators hinzusetzen.

Jedoch können auch in kürzerer Zeit Versuche zum Ziele führen, bei denen wie bei den Untersuchungen von P. Quensel von einer Mischung von Kieselsäure und Oligoklas ausgegangen wird.

P. Quensel erhielt durch Zusammenschmelzen einer Mischung von 74 Teilen Oligoklas und 26 Teilen Quarz mit Mengen von Wolframsäure, die zwischen 1 $^0/_0$ und 6 $^0/_0$ schwankten, stets Quarzkriställchen, und zwar bei Versuchsdauern zwischen 4 und 120 Stunden. Er machte die wichtige Beobachtung, daß WO_3 beschleunigend auf die Kristallisationsgeschwindigkeit wirkt; je mehr WO_3 zugegeben wird, in um so kürzerer Zeit bilden sich die Kristalle; ferner wird durch den Einfluß der Wolframsäure die Größe und der Flächenreichtum der Kristalle vergrößert. Die Rolle der WO_3 ist eine zweifache: es wird der Erstarrungspunkt ermäßigt, so daß das Stabilitätsgebiet des Quarzes (unter 800^0) erreicht wird; ferner wird die Viscosität verringert, wodurch die Kristallisationsgeschwindigkeit und das Kristallisationsvermögen vergrößert werden. Im Gegensatze zu P. Hautefeuille, welcher stets neben Quarz auch Tridymit erhalten hatte, erhielt P. Quensel nur Quarz; wenn er jedoch, wie jener, Na_2WO_3 im Überschuß verwendete, erhielt er auch Tridymit. Bei Wiederholung der Versuche von P. Hautefeuille erhielt er, wenn ein Überschuß von WO_3 vorhanden war, stets Tridymit oder nur Glas. Da diese Versuche nur einige Stunden dauerten, während die von P. Hautefeuille mehrere Wochen dauerten, so ist bei den Versuchen des letzteren wahrscheinlich der zuerst gebildete Tridymit langsam in Quarz umgewandelt worden; man muß daher schließen, daß ein Gemenge von Oligoklas und Kieselsäure, welches in diesem Falle dem eutektischen entsprach, für die Quarzbildung sehr günstig war und daß ein Überschuß von Natriumwolframat nicht günstig wirkt. In solchem

[1]) H. E. Benrath, Beiträge zur Chemie des Glases, Inaug.-Diss. (Dorpat 1871); N. JB. Min. etc. 1871, 228.

[2]) F. Fouqué u. A. Michel-Lévy, l. c., 89.

[3]) P. Quensel, ZB. Min. etc. 1906, 658.

Falle scheint zwischen der Kieselsäure und dem Wolframat eine chemische Reaktion vor sich gegangen zu sein. P. Quensel ist der Meinung, daß der Oligoklas bei der Quarzbildung eine Rolle gespielt habe und daß ein bestimmtes Gleichgewicht zwischen Kieselsäure und Alkalien bestehen muß, damit sich Quarz bilde; dies wäre demnach ein Analogon zur Dolomitbildung von G. Linck (vgl. Bd. I, S. 394).

P. Quensel hat dann auch Versuche gemacht, welche bezweckten, amorphe Kieselsäure in Quarz umzuwandeln unter Benutzung der Wolframsäure als Schmelzmittel. Dabei ergab es sich, daß bei fünffacher Menge von WO_3 sich stets nur Glas bildete; bei Anwendung einer Menge von Wolframsäure, welche gerade genügte, um alles geschmolzen zu erhalten, entstand Tridymit, während Quarz überhaupt nicht erhalten wurde. Was die obere Temperaturgrenze der Quarzbildung anbelangt, so ist sie nach P. Quensel mindestens 1000°, während J. Königsberger[1]) sogar 1050° annimmt (siehe S. 115).

In Tiefengesteinen wird jene Temperatur nicht unbedeutend zu erhöhen sein.[2])

P. Quensel[3]) hat auch versucht, die Wolframsäure durch andere Kristallisatoren zu ersetzen. Die isomorphe Molybdänsäure[4]) wirkt in derselben Weise; Borsäure dagegen hat einen hindernden Einfluß auf die Quarzbildung. Wasser wirkt günstig.

Was den Einfluß des Wassers anbelangt, so hatten F. Fouqué und A. Michel-Lévy[5]) einen Versuch mit Granitpulver und Wasser gemacht, welcher jedoch wegen Entweichens des Wassers nur ein poröses glasiges Produkt ergab, welches sie als Trachyte micacée bezeichneten. P. Quensel ließ durch sein Gemenge (vgl. S. 144) Wasserdampf durchströmen und erhielt Quarzkristalle, Dampf wirkt so wie WO_3.

A. Day und Mitarbeiter[6]) erhielten neben Tridymit in Schmelzflüssen auch Quarz bei Zusatz von 80% KCl und 20% LiCl unter 760°.

Früher hatte schon K. Bauer[7]) bei Umschmelzungsversuchen eines Diorits von Kaaden (Böhmen) Quarz erhalten; er hatte ein Gemisch von Diorit, Orthoklas, Albit, Glimmer, Hornblende mit einem Gemenge von NaCl, K_2WO_4, Natriumphosphat und Borsäure zusammen geschmolzen und zwischen 800—900° erstarren lassen. G. Medanich[8]) erhielt bei Umschmelzung von Granit mit Dinatriumhydrophosphat, Borsäure und Zinnchlorür Quarzkörner mit Glaseinschlüssen [vgl. auch K. Petrasch[9])].

Synthese auf nassem Wege. C. Schafhäutl,[10]) welcher überhaupt die erste Synthese auf nassem Wege ausführte, hat derart den Quarz dargestellt. Er erhitzte im Papinschen Topf 8 Tage lang gelatinöse Kieselsäure und erhielt so den Quarz in der gewöhnlichen Form (Prisma mit Pyramide). Nach einer

---

1) J. Königsberger, N. JB. Min. etc. Beil.-Bd. **32**, 115 (1911).
2) V. M. Goldschmidt, Die Kontaktmetamorphose im Kristianiagebiet. (Kristiania 1911).
3) P. Quensel, ZB. Min. etc. 1906, 732.
4) E. Parmentier, Ann. scientif. de l'École norm. sup. 1882.
5) F. Fouqué u. A. Michel-Lévy, l. c., 81.
6) A. Day, Tsch. min. Mit. **27**, 182 (1907).
7) K. Bauer, N. JB. Min. etc. Beil.-Bd. **12**, 535 (1899).
8) G. Medanich, N. JB. Min. etc. 1903 II, 28.
9) K. Petrasch, N. JB. Min. etc. Beil.-Bd. **17**, 498 (1903).
10) C. Schafhäutl, Münch. geol. Anz. 1845, 557.

ganz ähnlichen Methode operierte H. de Sénarmont,[1]) nur bei etwas höherer Temperatur; er verwendete eine verschlossene Glasröhre und erhitzte bei angeblich 350°; statt reinen Wassers gebrauchte er Wasser mit einer Zugabe von einer kleinen Menge Salzsäure oder auch Kohlensäure. Seine Resultate waren dieselben wie die von K. Schafhäutl.

G. A. Daubrée[2]) erzeugte den Quarz bei verschiedenen Versuchen unabsichtlich, als er in Glasröhren Silicate bei 320° behandelte. Auch durch Erhitzen des Thermalwassers von Plombières hat er Quarzkriställchen erhalten, außerdem bildete sich bei allen diesen Versuchen Chalcedon, wie F. Fouqué und A. Michel-Lévy[3]) konstatierten.

Nach G. Maschke,[4]) welcher in zugeschlossenen Röhren aus Glas, Natriumsilicat erhitzte, soll sich bei zirka 180° Quarz bilden, während unter dieser Temperatur zuerst das Kieselsäureanhydrid kristallisiert, endlich sich das Kieselsäurehydrat bildet. Es gelang ihm nicht bei gewöhnlicher Temperatur Quarz zu erhalten, er ist jedoch der Ansicht, daß unter hohem Druck sich Quarz und auch Tridymit bei niederer Temperatur bilden könnten.

Ch. Friedel und A. Sarasin[5]) erhielten Quarzkristalle, als sie in verschlossener Röhre Kieselsäuregel, oder Kaliumsilicat mit etwas Tonerde und Wasser bis zur beginnenden Rotglut erhitzten. Im ersten Falle war das Prisma stark entwickelt, im anderen jedoch nur wenig.

A. Day und Mitarbeiter[6]) erhielten Quarz auf nassem Wege, und zwar als Nebenprodukt bei dreitägigem Erhitzen einer Mischung von Magnesium-Ammoniumchlorid, Natriumsilicat und Wasser in einer Stahlbombe auf 400 bis 450° C. Die Kristalle sind oft faßförmig mit kurzen terminalen Rhomboederflächen; selten war das positive Rhomboeder allein entwickelt. Beobachtet wurden drei Formen $(10\bar{1}0)$, $(11\bar{2}0)$, $(10\bar{1}1)$. Der Winkel $(10\bar{1}0):(10\bar{1}1) = 37^\circ 48'$ weicht merklich ab von dem des natürlichen Quarzes $(38^\circ 13')$. Härte 7. $\delta = 2{,}650$. Brechungsquotienten $n_\varepsilon = 1{,}554$, $n_\omega = 1{,}344$.

K. v. Chroustchoff[7]) hat ebenfalls auf wäßrigem Wege Quarz dargestellt und zwar mit dialysierter Kieselsäure und Wasser bei 250°. Weitere Resultate erhielt er aus $10\,^0/_0$iger Kieselsäurelösung, welche er in Glasballons, die er mit einem eigens konstruierten Verschluß versehen hatte, monatelang erhitzte.

W. Bruhns[8]) ließ nach der Daubréeschen Methode Wasser auf Glaspulver wirken, wobei er als Kristallisator etwas Fluorammonium zusetzte und nur 10 Stunden erhitzte; seine Kristalle waren Säulen mit dem Rhomboeder (*r*) und dem kleiner ausgebildeten Rhomboeder *z*, von 0,5—0,8 mm.

Wunderschöne Quarzkristalle erzeugte G. Spezia,[9]) deren Länge 1 cm

---

[1]) H. de Sénarmont, Ann. chim. phys. **28**, 693 (1849); **32**, 129 (1851); C. R. **32**, 409 (1851).

[2]) G. A. Daubrée, Etud. synth. sur le métamorphisme (Paris 1860); Ann. d. mines [5] **12**, 287 (1857).

[3]) F. Fouqué u. A. Michel-Lévy, l. c., 831.

[4]) G. Maschke, Z. Dtsch. geol. Ges. **7**, 438 (1855), sowie besonders Pogg. Ann. **145**, 549 (1872).

[5]) Ch. Friedel u. A. Sarasin, Bull. Soc. min. 2, 113 (1879).

[6]) A. Day, Tsch. min. Mit. **26**, 224 (1907).

[7]) K. v. Chroustchoff, N. JB. Min. etc. 1887^{I}, 205.

[8]) W. Bruhns, N. JB. Min. etc. 1889^{II}, 62.

[9]) G. Spezia, Atti R. Accad. Torino **40**, 534 (1905) [Ref. Z. Kryst. **43**, 417 (1907)]; **41**, 132 (1906) [Ref. Z. Kryst. **44**, 652 (1907)].

überstieg; sie sind den auf Spalten und in Drusen ausgebildeten natürlichen so ähnlich, daß man sie für solche halten würde, wenn nicht der Silberfaden, auf welchen sie gezogen sind, sie als Kunstprodukt dartun würde. G. Spezia hatte bei seinen früher erwähnten Lösungsversuchen kleine Quarzkristalle erhalten; er hat nun die Bedingungen studiert, welche zur Quarzbildung am günstigsten sind. Er fand, daß die Auflösung und die Neubildung des Quarzes durch Druckerhöhung nicht gefördert werden, wohl aber durch Temperaturerhöhung. Eine verdünnte Na_2SiO_3-Lösung (mit 2% Na_2SiO_3) löst bei Temperaturen von 164—338° den Quarz und bringt ihn wieder zum Absatz; die Bildung der neuen Quarze geschah nicht etwa bei der Abkühlung, welche sehr rasch stattfand (in einer Stunde sank das Thermometer von 338° auf 97°), sondern bei der höheren Temperatur. Ferner wurde die Art des Wachstums der Quarzkristalle beobachtet; dabei zeigte es sich, daß für die Kristallentwicklung die Schnelligkeit der Bildung sehr wichtig ist. Bei rascher Kristallisation bildet sich nur ein Rhomboeder und der Kristall entwickelt sich mehr nach der Hauptachse; langsamer Absatz begünstigt die Ausbildung zweier Rhomboeder (100 und 221), daher schließt er, daß natürliche Quarzkristalle mit gleicher Entwicklung der beiden Rhomboeder sich langsam bilden; jene Kristalle, welche mehr nach der Richtung der Hauptachse ausgebildet sind, sollen durch rasche Kristallisation entstanden sein (das würde aber, meiner Ansicht nach, auf die aus Schmelzlösungen gebildeten keine Anwendung haben).

In einer späteren Arbeit wurden diese Versuche fortgesetzt.[1]) Es wurde eine Lösung verwendet, welche auf 100 Teile 12,7 Teile NaCl und 1,9 Teile Na_2SiO_3 enthielt. Der Versuch dauerte 5 Monate, die Temperatur der Lösung war 168—180° und die des Absatzes 327—340°. Von zwei Prismen, einem kleinen und einem großen, wuchs das erstere so an, daß es zu einem vollkommen an beiden Enden ausgebildeten Kristall anwuchs, das andere enthielt pseudobasale Flächen.

Die Einwirkung des Zusatzes von NaCl besteht in der Entwicklung der Riefung und in größerer Durchsichtigkeit. Weitere Versuche mit 11,33% NaCl und 1,24% Na_2SiO_3 bezogen sich auf das Studium des Einflusses der Lage der Hauptachse zum Konvektionsstrom auf das Wachstum deformierter Kristalle, auf die Entwicklung der plagiedrischen Flächen. Es zeigte sich, daß die Vergrößerung des Prismas eintritt, wenn der Diffusionsstrom mit der Richtung der größten Ausdehnung zusammenfällt. Das Chlornatrium begünstigt besonders die Bildung von Linksformen; ein Einfluß auf den allgemeinen Habitus scheint nicht einzutreten. Bei Quarz scheint der Einfluß der Lösungsgenossen, welche gewiß sehr verschieden waren, doch von keinem großen Einfluß gewesen zu sein, wahrscheinlich weil die Unterschiede im Wachstum nach der Achse und den anderen Richtungen sehr große sind wie die Auflösung selbst.

E. Baur[2]) hat bei vielen Versuchen Quarz erhalten, als er in Autoklaven bei Temperaturen bis 520° Lösungen, in welchen Kieselsäure und Kaliumaluminat enthalten waren, erhitzte.

Besonders die Mischungen von der Zusammensetzung

$$5\,SiO_2 \,.\, 2\,KAlO_2 \quad \text{bis} \quad 5\,SiO_2 \,.\, 25\,KAlO_2$$

ergaben neuen Orthoklas, auch Quarz. Analoge Mischungen mit $NaAlO_2$ er-

[1]) G. Spezia, Atti R. Accad. Torino **44**, 1 (1909).
[2]) E. Baur, Z. f. phys. Chem. **52**, 567 (1903).

gaben Quarz und Albit, eine Mischung $5SiO_2 . 2,3NaAlO_2$ nur Quarz. Auch bei Fortsetzung dieser Versuche bildete sich Quarz bei Mischungen: $0,7SiO_2$ mit $0,3$ $KAlO_2$, dann bei $0,6$ SiO_2, $10,4$ Wasserglas, $1,0$ $CaAl_2O_4$, ferner 7,8 Wasserglas mit $1,0$ $CaCO_3$ und $0,7$ SiO_2 mit $0,6$ $NaAlO_2$.[1])

Sehr bedeutungsvoll sind die Versuche von J. Königsberger und W. J. Müller.[2]) Sie arbeiteten mit ihrem Bd. I, S. 616 beschriebenen Apparat, welcher ein Abfiltrieren der Produkte der Bodenkörperreaktionen gestattet. Sie fanden, daß Quarz bis 420° in Gegenwart von Lösungen der Alkalicarbonate, -chloride und freier Säuren die stabile Form ist. Die Löslichkeit von Quarz in Wasser ist auch bei hohen Temperaturen sehr gering. Er kristallisiert in größeren Mengen bei Abkühlung infolge Verschiebung des Gleichgewichts, z. B. zwischen Kieselsäure Alkalihydrat und einer schwachen Säure (Kohlensäure, Borsäure). Wichtig ist auch die Verschiebung des Gleichgewichts zwischen Alkalihydrat und Kieselsäure; unterhalb 200° scheidet sich nur amorphe Kieselsäure ab. Neben Quarz bildet sich Chalcedon und Tridymit, wenn keine Carbonate zugegen sind. Bei den älteren Versuchen ist Quarzbildung durch Bodenkörperreaktion eingetreten. Nach ihnen ist bei den ersten Versuchen von E. Baur die Bildung labiler Verbindungen erfolgt (s. Taf. I).

A. L. Day und Mitarbeiter haben[3]) auch auf nassem Wege Quarz erhalten, als sie eine Mischung von Magnesium-Ammoniumchlorid, Natriumsilicat und Wasser bei 400—450° in einer Stahlbombe erhitzten.

Quarzbildung durch Sublimation. — In der Natur ist diese wohl nicht häufig, kann aber namentlich auf gewissen Erzlagerstätten doch vorkommen. Zur Erklärung der Zinnlager wird häufig ein Versuch von G. A. Daubrée[4]) herangezogen. Er ließ bei Rotglut Wasserdampf auf Fluorsilicium einwirken, die Reaktion vollzieht sich nach der Formel

$$2H_2O + SiF_4 = 4HF + SiO_2.$$

Diese Reaktion ist vom Standpunkt der chemischen Dynamik durch E. Baur[5]) studiert worden. Es ergab sich dabei das überraschende Resultat, daß diese Reaktion in Wirklichkeit mit einem kleinen Betrage endotherm ist. Durch Bestimmung der Dampfdichte der Flußsäure und durch das Studium der Destillation der Kieselflußsäure konnte das Material zur Auswertung der Massenwirkungskonstante der Reaktion erhalten werden. Der Ausdruck

$$K = \frac{C_{SiF_4} \times C^2_{H_2O}}{C^4_{HF}},$$

worin die indizierten C die molare Konzentration bedeuten, muß einen konstanten Wert haben. Als wahrscheinlicher Wert von K ist bei der mittleren Versuchstemperatur von 104° C

$$K = 163 . 10^{-7};$$

bei der Temperatur von 270° ist

$$K = 540 . 10^{-5}.$$

---

1) E. Baur, Z. f. phys. Chem. **72**, 120 (1911).
2) J. Königsberger u. W. J. Müller, ZB. Min. etc. 1906, 370.
3) A. Day, Tsch. min. Min. **26**, 225 (1907).
4) G. A. Daubrée, C. R. **29**, 229 (1849); **39**, 135 (1854). — Ann. d. Miner. **16**, 129 (1849).
5) E. Baur, Z. f. phys. Chem. **48**, 483 (1904).

Aus diesen Daten gelangt E. Baur zu der Gleichung

$$SiO_2 + 4HF = SiF_4 + 2H_2O + 28300 \text{ cal.}$$

Dieser Vorgang ist demnach nicht klargestellt. Ich vermute, daß in der Natur der Quarz sich durch kompliziertere Prozesse bildet, vielleicht auch nicht aus Fluorsilicium, sondern durch Flußsäure. Jedenfalls hat sich in diesem Falle der Quarz nicht bei hohen Temperaturen gebildet.

Junge Quarzbildungen. — Außer den im Laboratorium durch Synthese erhaltenen Quarzbildungen haben wir eine Anzahl von Neubildungen zu nennen, welche sich bei metallurgischen Prozessen, in Wasserleitungsröhren u. dergl. zufällig bildeten (vgl. Bd. I, S. 10).

In Hochöfen sieht man beim Ausbrechen den sog. Eisenamianth, welchen W. Vauquelin[1]) für Kieselerde hielt, der aber nach L. Gmelin[2]) auch Cyanstickstoff enthält, auch Graphit. Siehe auch S. 117, die Analyse von Schnabel. Wahrscheinlich liegt eher Tridymit vor, den auch E. Mallard[3]) in einem Holzkohlenroheisen erkannte.

C. W. C. Fuchs[4]) erwähnt nach Jeffreys feine haarförmige Bildungen, welche sich in einem Töpferofen beim Einleiten von Wasserdampf bildeten.

G. A. Daubrée[5]) hat Chalcedon als jungen Absatz auf Ziegelsteinen römischer Thermen zu Plombières beobachtet, auch A. Lacroix[6]) konstatierte auf Spalten im römischen Zement von ebendort Quarzkristalle. Ferner fand derselbe Neubildung von Quarzkristallen in den Quellen von Mauhourat und von Olette (Pyrenäen), in dem Mineralwasser von Lamalou, in den Tuffen der Limagne. F. Rinne[7]) fand neugebildeten Quarz als Absatz heißer Quellen in der Minnahassa auf Celebes.

Umwandlungen des Quarzes. Pseudomorphosen. — Quarz bildet sich sehr oft aus anderen Mineralien. Wir kennen daher viele Pseudomorphosen vor Quarz,[8]) d. h. Umwandlungen, bei welchen sich aus Mineralien von sehr verschiedener Zusammensetzung Quarz bildete. Carbonate, wie Calcit, Dolomit, Siderit und Zinkspat wandeln sich durch komplizierte Prozesse in Quarz um, wobei Verdrängung der ursprünglichen Substanz stattfindet. Häufig sind die Umwandlungen von Baryt, welche in vielen Fällen mehr Umhüllungspseudomorphosen sind, ebenso nach Gips, nach Bleivitriol. Die Pseudomorphosen nach Flußspat sind Umhüllungen oder auch komplexe Umwandlungsprozesse.

Von Phosphaten sei die Umwandlung des Apatits in Quarz erwähnt.

Wolframate, wie Scheelit und Wolframit wandeln sich in Quarz um, ebenso das Bleimolybdat ($PbMoO_4$).

Von Oxyden seien erwähnt: der Eisenglanz (Fe_2O_3), der Franklinit, der Korund (Al_2O_3) und das Wismutoxyd (WO_3).

Viele Metallsulfide haben die Eigenschaft, sich in Quarz durch komplizierte Verdrängungsprozesse oder durch Umhüllung umzuwandeln, so manche Kiese

---

[1]) W. Vauquelin, Ann. d. chim. **73**, 102 (1810). — Ann. chim. phys. **31**, 332 (1826).
[2]) L. Gmelin u. H. Box, Pogg. Ann. **108**, 25, 651 (1859).
[3]) E. Mallard, Bull. Soc. min. **13**, 172 (1890).
[4]) C. W. C. Fuchs, Die künstl. Mineralien, (Haarlem 1872).
[5]) Nach F. Fouque u. A. Michel-Lévy, l. c. 88.
[6]) A. Lacroix, Minéralogie de France **3**, 102 (1901).
[7]) F. Rinne, Z. Dtsch. geol. Ges. **52**, 327 (1900).
[8]) Siehe R. Blum, Pseudomorphosen (Stuttgart) und J. Roth, Chem. Geol. (Berlin 1879), I, 173—411.

wie Schwefelkies, Magnetkies (FeS), Bleiglanz, Zinkblende (ZnS) und Antimonit (Sb_2O_3).

Endlich gibt es viele Silicate, welche bei Zersetzung Quarz geben. Ich nenne den Augit (selten), den Beryll, das Kieselzink, Rhodonit, insbesondere sind jedoch die Zeolithe zu erwähnen, so Chabasit, Stilbit, Desmin (Mesotyp), Apophyllit, Laumontit und Mesolith. Man sieht also, daß unter den vielen Silicaten besonders die Zeolithe es sind, welche zur Umwandlung in Quarz neigen, was kein Zufall ist, sondern von der leichteren Zersetzbarkeit und der chemischen Konstitution herrührt.

Endlich sei noch die Umwandlung des Steinsalzes in Quarz erwähnt.

Wichtiger als die Prozesse, welche zur Umwandlung in Quarz führen und welche zum Teil mechanische Prozesse, wie bei der Umhüllung sind, erscheinen uns jene chemischen Vorgänge, welche zur Umbildung des Quarzes und zur Entstehung von Pseudomorphosen nach Quarz führen. Da jedoch dieses Mineral schwer löslich und zersetzbar ist, so werden im allgemeinen die Quarze wenig Umwandlungsprodukte liefern. Es werden in der einschlägigen Literatur namentlich folgende Umwandlungen angeführt[1]):

In Kalkspat, Brauneisen, Roteisen (Fe_2O_3), in Zinnerz (SnO_2). Häufig sind Umwandlungen in gewisse Silicate und zwar in wasserhaltige, welche wahrscheinlich durch die Löslichkeit von Quarz in Alkalicarbonaten und Alkalisilicaten hervorgerufen wurden. Am häufigsten scheint die Umwandlung in Speckstein (Steatit) zu sein, welche an mehreren Fundorten beobachtet wurde. Wahrscheinlich ist es, daß, wie F. Sandberger[2]) meint, sich zuerst Kieselsäurehydrat bildete, welches dann Magnesia aufnahm; es ist aber auch leicht möglich, daß durch Alkalicarbonate sich Silicat bildete, welches sich dann in Magnesiasilicat umwandelte.

Außer Steatit ist auch der Chlorit zu nennen.[3]) Interessant ist auch die Beobachtung, daß Lösungen, welche Zeolithe bildeten, den Quarz angreifen, wie J. Roth bemerkt.

Verwitterung des Quarzes. — Wegen seiner Unlöslichkeit und Widerstandsfähigkeit ist Quarz schwer verwitterbar, trotzdem gibt es eine Anzahl von Umwandlungsprodukten, wie die Pseudomorphosen nach Quarz zeigen. S. Calderon[4]) hat sich kürzlich mit der Verwitterung und molekularen Umwandlung des Quarzes befaßt und behandelt die Lösung und Korrosion dieses Minerals. Kieselsäure ist schon in reinem Wasser im Verhältnis 1 : 10,000 löslich. Vergrößert wird die Löslichkeit durch Sauerstoff, Kohlensäure, Alkalien und organische Stoffe, dann durch kleine Mengen im Wasser enthaltener Schwefel- und Salpetersäure. Eine besondere Wirkung wird den Humussäuren zugeschrieben. Selbstverständlich ist die Widerstandskraft des Quarzes von allen Kieselsäurevarietäten gegenüber den Agenzien die größte, die des Opals die geringste.

Wichtig sind auch die Paramorphosen, d. h. die polymorphe Umwandlung. E. Mallard[5]) beschrieb die Umwandlung von Tridymit in Quarz.

[1]) J. Roth, l. c. I, 292.
[2]) F. Sandberger, Sitzber. Bayr. Ak. 1872, 12.
[3]) J. Roth, l. c. 292.
[4]) S. Calderon, Assoc. Españ. p. el. Progr. d. l. Ciencias. 24. Oct. 1908. Ref. Z. f. Kryst. **49**, 299 (1911) und Bol. R. Soc. españ. d. Histor. natur. November 1908. Ref. Z. f. Kryst. **49**, 300 (1911).
[5]) E. Mallard, Bull. Soc. min. **23**, 177 (1891).

Der Tridymit stammt aus einem Trachyt, ist also bei hoher Temperatur gebildet und wird bei Temperaturerniedrigung instabil.

Bei niedrigerer Temperatur wird dagegen die amorphe Kieselsäure stabil und wir bekommen Umwandlungen des Quarzes in erstere, namentlich die in Kascholong. F. Sandberger[1]) beobachtete die Umwandlung des Quarzes von Olomuczan; die Analysen ergaben nach Sievers:

MgO	0,22	0,04
CaO	0,76	0,39
(Al_2O_3, Fe_2O_3) . .	0,76	0,35
SiO_2	98,25	98,66
H_2O	0,87	1,44

Bezüglich Umwandlung von Chalcedon in Quarz siehe unten bei Chalcedon.

Umwandlung des Opals und Holzopals. — G. Spezia[2]) hat diese Mineralien in Quarz umgewandelt; ein Pechopal von Baldissero wurde zu einem Prisma geschnitten und in Wasser, welches etwas Natriumsilicat enthielt, 7 Tage lang bei 280—290° C erhitzt. Das Prisma zeigte nach dem Versuche eine zuckerkörnige Struktur und bestand aus kleinen Quarzen, wie etwa der Quarzit. Auf ähnliche Art gelang die Umwandlung eines Holzopals von Tokay,[2]) welche in dem früher beschriebenen Apparat bei einer Temperatur von 280—300° C ausgeführt wurde; es erfolgte eine vollständige Umwandlung des Holzopals in Quarz. Um zu prüfen, ob der Druck von Einfluß sei, wurde ein anderes Prisma bei 112—116° unter einem Druck von 6000 Atm. 4 Monate lang behandelt; eine Umwandlung hatte nicht stattgefunden.[3])

Paragenesis.

Da Quarz sich auf sehr verschiedene Art bilden kann, so wird zu unterscheiden sein zwischen jenen Quarzen, welche aus Schmelzfluß, jenen, die durch Pneumatolyse sich bilden und schließlich den in Schiefergesteinen entstandenen sowie jenen, welche sich auf Spalten und in Hohlräumen verschiedener Gesteine abgesetzt haben.

In Schmelzflüssen bilden sich in der Natur Quarze mit Feldspaten einerseits, mit Amphibolen und Pyroxenen, auch Glimmern, andererseits. Dabei zeigt es sich, daß es namentlich die sauren Feldspate sind, welche vorzugsweise mit Quarz zusammen vorkommen, wie überhaupt Quarz sich in saueren Gesteinsmagmen vorwiegend bildet. Die Feldspatvertreter in den Eruptivgesteinen, Nephelin und Leucit meiden den Quarz.

Von den anderen Bestandteilen ist die Hornblende häufiger dem Quarz beigesellt als der Pyroxen, der Alkaliglimmer mehr als der dunkle Magnesiaglimmer. Auch die Eisenoxyde sind weniger dem Quarz vergesellschaftet, wenn sie auch zusammen vorkommen.

Wir beobachten auch, daß gewisse Mineralien der Eruptivgesteine, wie Hauyn, Sodalith nie mit Quarz zusammen vorkommen. Immerhin kommen, wenn auch in Ausnahmefällen, Quarze in Basalten, also in den basischsten Gesteinen vor.

---

[1]) F. Sandberger, N. JB. Min. etc. 1867, 833.
[2]) G. Spezia, Atti B. Accad. Torino **33**, 1 (1898).
[3]) G. Spezia, Atti B. Accad. Torino **37**, 393 (1902).

Für die Genesis des Quarzes ist auch wichtig sein Vorkommen in Meteoriten. G. vom Rath fand ihn im Meteoreisen von Toluca, nachdem ihn G. Rose in der Rostrinde schon früher gefunden hatte. Auch andere Forscher bestätigten dies. Außerdem wurde er im Meteoreisen von Beaconsfield (Australien) und auch in mehreren anderen Meteoreisen gefunden, während sein Vorkommen in steinigen Meteoriten noch nicht sicher nachgewiesen ist.

Daß Quarz in Silicatmeteoriten, welche basisch sind, im allgemeinen nicht vorkommt, ist klar, nachdem wir sahen, daß Quarz auch in basischen Eruptivgesteinen gewöhnlich nicht vorkommt.

In Schiefergesteinen finden wir Quarz mit Glimmer, den Mineralien der Chloritgruppe, Hornblende und Feldspaten zusammen. Ferner haben wir die Quarze der Erzlagerstätten, und zwar finden wir Quarz auf den verschiedensten Lagerstätten, so von Gold, Silber, Blei, Kupfer, Zink und Zinn.

Bemerkenswert ist das so häufige Zusammenvorkommen von Gold mit den Quarzen.

Über die Paragenesis des Quarzes siehe besonders den Aufsatz von J. Königsberger (S. 27 usf.).

Genesis.

Aus der Aufzählung der synthetischen Versuche geht hervor, daß die drei Wege, auf denen in der Natur Mineralien entstehen, der Schmelzfluß, die Sublimation und der wäßrige Weg zur Quarzbildung führen können und das Studium der natürlichen Vorkommen zeigt, daß dies auch in der Natur der Fall ist.

Die Genesis eines Minerals ist aber noch nicht genügend charakterisiert, wenn wir ganz allgemein angeben, ob es auf diesem oder dem anderen Wege entstanden ist; wir verlangen auch die nähere Kenntnis der Temperatur- und Druckverhältnisse, sowie der Natur der Lösungen, aus denen sich das Mineral absetzt; wir müssen also das Existenzfeld der betreffenden Verbindung kennen. Bei Quarz ist dies um so wichtiger, als hier eine zweite in der Natur nicht seltene Kristallart, der Tridymit, auftritt, und wir daher bestimmen müssen, unter welchen Druck- und Temperaturverhältnissen die eine oder die andere Phase entsteht.

Betrachten wir zuerst das genetische Verhältnis der wasserfreien Kieselsäure SiO_2 zu der wasserhaltigen, dem Opal. Daß letzterer bei hohen Temperaturen nicht vorkommen kann, bedarf keines besonderen Beweises und wir können behaupten, daß der Opal sich bei der gewöhnlichen Temperatur der Erdoberfläche, und nicht viel über dem Siedepunkt des Wassers absetzen kann. Die bemerkenswerten Versuche G. Spezias zeigen, daß schon bei Temperaturen von 160° die Umwandlung des Opals eine vollständige ist, doch kann sich in der Natur diese Temperatur bedeutend ermäßigen. Es tritt die Frage auf, ob Quarz sich auch unter 100° bilden kann. Dazu wären sehr langdauernde Versuche notwendig. Aus den vorliegenden läßt sich zwar nicht behaupten, daß die Umwandlung der wasserhaltigen Kieselsäure experimentell gelungen sei, da auch Chalcedon bei gewöhnlicher Temperatur nicht synthetisch gebildet wurde; aus den natürlichen Vorkommen, z. B. von Quarz auf Kohle, in Kalksteinen, schließen wir, daß schon unter 100° sich Quarz bilden kann. Wir haben hier ein Analogon zu der von van't Hoff studierten Umwandlung des Gipses in Anhydrit, welche ja, je nach den Lösungen, also besonders je nach dem Tensionsdruck bei sehr verschiedenen Temperaturen und jedenfalls weit unter dem Umwandlungspunkt (Siedepunkt des Gipses) vor sich gehen kann. Bei Quarz ist uns bisher nur wenig bekannt, welche Lösungen die Entwässerung der Kieselsäure beschleunigen, bzw. die Umwandlungstemperatur herabsetzen.

Da einzelne Versuche, wie der P. Quensels (siehe unten S. 154), bei welchem sich Quarz schon unter 90° bildete, zeigen, daß der Quarz sich also schon bei dieser Temperatur bilden kann, so werden wir wohl annehmen können, daß zwischen 0—200° sowohl Opal als auch Quarz existenzfähig sind. Da in der Natur wasserhaltige Stoffe bei höheren Drucken nicht vorkommen, was allerdings auch damit zusammenhängt, daß in tieferen Schichten höhere Temperatur herrscht, so ist es trotz der negativ ausgefallenen Versuche von G. Spezia wahrscheinlich, daß der Druck die Bildung der wasserfreien Kieselsäure einigermaßen befördert. Am meisten werden jedoch die Wasser entziehenden Lösungsgenossen wirken, über deren Natur wir aber im unklaren sind.

Es ist wahrscheinlich, daß die Gegenwart von Calciumcarbonat die Quarzbildung begünstigt, und auch gegenüber Opal das Gleichgewicht verschiebt. Bei mehreren Versuchen von E. Baur[1]) bildete sich Quarz, als Calciumcarbonat zugesetzt worden war; Opal erhielt er nur in den Fällen, wo dieses fehlte. Auch in der Natur finden wir häufig Quarz mit Calcit zusammen, dagegen Opal nicht.[2]) Jedenfalls ist der Einfluß der Lösungsgenossen wichtig und weiter zu untersuchen und wären namentlich Versuche über den Einfluß der Carbonate auszuführen.

J. Königsberger macht darauf aufmerksam, daß sich Quarz bei allen älteren Versuchen, namentlich denen G. A. Daubrées, nicht bei der Abkühlung, sondern bei der chemischen Einwirkung gebildet hat. Die Synthesen beruhen auf Bodenkörperreaktionen. Er betont, daß aus Lösungen sich Tridymit bei der selben Temperatur bilden kann; Quarz wird sich in Gegenwart von Kristallisatoren bilden (vgl. S. 52).

Daß Quarz sich bei niederen, aber auch bei höheren Temperaturen bilden kann, zeigen viele natürliche und auch zufällig in Wasserleitungsröhren und dergleichen entstandene Quarze; so beobachtete H. Leitmeier[3]) vor kurzem in dem Füllschachte des Mineralwassers von Rohitsch-Sauerbrunn neugebildeten Quarz. Dabei muß es wundernehmen, daß der Quarz bei den Synthesen, wo er zu erwarten gewesen wäre, nicht auftritt. J. Königsberger und W. J. Müller erhielten ihn, ebenso geht aus den zahlreichen Versuchen von E. Baur hervor, daß sich zwar bei seinen Versuchen, bei welchen Kaliumaluminat und Kieselsäure die Ausgangspunkte waren, Quarz bildete, daneben aber auch der Tridymit zur Ausscheidung gelangte, während bei seinen neuen Versuchen Tridymit sich nicht mehr bildete. E. Baur schließt daraus, daß der diagnostische Wert von Umwandlungstemperaturen darunter leidet, da sich instabile Formen häufig erhalten.

Bei 90° ungefähr erhielt P. Quensel einen kleinen Quarzkristall in Gegenwart einer Lösung von Eisenglanz, was vielleicht so zu erklären ist, daß im Eisenglanz möglicherweise Körnchen von Quarz enthalten waren, die als Keime dienten. Diese Lösung von Eisenoxyd kann auch als Kristallisator gedient haben

[1]) E. Baur, Z. anorg. Chem. **72**, 139 (1911).

[2]) J. Königsberger u. W. J. Müller bekamen Tridymit nur bei Fehlen der Carbonate l. c. 371.

[3]) H. Leitmeier, Z. Kryst. **47**, 104 (1909).

und dürften Lösungsgenossen die Bildungstemperatur wohl herabsetzen, wodurch sich die in der Natur so häufige Quarzbildung bei gewöhnlicher Temperatur erklären ließe. Natürlich wirkt auch die in der Natur in ganz anderem Maße als bei den Laboratoriumsexperimenten zur Verfügung stehende Zeit, während dem Druck, nach den Experimenten von G. Spezia, weniger Einfluß zuzuschreiben sein wird.

Wenn die künstliche Bildung des Quarzes bei niedriger Temperatur bisher auch nicht sicher gelungen ist, so zeigen die Paragenesis und dann die im Quarz vorhandenen Einschlüsse, daß sich Quarz auch bei gewöhnlicher Temperatur bilden kann. Die im Quarz vorkommenden Einschlüsse wurden von G. Tschermak[1]) zusammengestellt, wobei er den großen Reichtum von Einschlüssen hervorhob. Namentlich zeigen gewisse Vorkommen ein gleichzeitiges Wachsen von Quarz und Carbonaten, wodurch die Bildung bei niederer Temperatur bewiesen wird, dasselbe gilt für die schon früher erwähnten Einschlüsse von Asphalt und natürlich von flüssiger Kohlensäure.

Aus den S. 149 erwähnten Beobachtungen über junge Quarzbildungen geht hervor, daß sich schon aus Thermen, deren Temperatur nicht über 50^0 C beträgt, Quarz ausscheiden kann; da aber auch bei diesen Temperaturen der Opal stabil ist, so hängt es von der Natur der Lösung ab, ob sich Quarz oder Opal bilden wird. Wir haben daher ein gemeinsames Gebiet, falls wir nur Temperatur und Druck in Betracht ziehen, welches sich von 0 bis über 160^0 ausdehnen wird. P. Quensel nahm die Grenze von 200^0 nach oben an, was vielleicht zu hoch ist, da Opal sich doch kaum viel über 100^0 stabil zeigen wird, wenn er auch bei einigen Versuchen wie jenen von E. Baur sich über dieser Temperatur bildet.

In einigen Fällen hat sich Quarz bei gewöhnlicher Temperatur gebildet und zwar durch Zersetzung von quarzhaltigen Gesteinen, indem diese wahrscheinlich durch Lösungen von Alkalicarbonaten zersetzt wurden und aus diesen Lösungen sich zuerst wasserhaltige Kieselsäure bildete, welche sich dann in wasserfreie umwandelte.

Entstehung von Quarz aus Schmelzfluß. — Auf diesem Wege kann sich SiO_2 entweder als Quarz, als Tridymit (oder Cristobalit) und auch als Quarzglas ausscheiden. Wir haben die Bedingungen ausfindig zu machen, unter welchen sich Glas, Quarz oder Tridymit (Cristobalit) bildet. Diese hängen namentlich von der Temperatur ab.

Durch die S. 143 erwähnten Versuche ist das Stabilitätsfeld des Quarzes genügend bekannt und wir können die obere Grenze mit zirka $8—900^0$ C angeben. Dabei ist zu bemerken, daß die Umwandlungstemperatur, welche von A. Day und Mitarbeitern mit 800^0 bestimmt wurde, nicht unbedingt auch die Existenzgrenze der Ausscheidung des Quarzes sein muß, weil Überschreitungen derselben in beiden Richtungen vorkommen. Aus den Beobachtungen in der Natur geht hervor (z. B. jenen von A. Lacroix am Mont Pelé), daß über 900^0 sich kein Quarz bildet und auch bei den Synthesen wurde über dieser Temperatur kein Quarz beobachtet. Die günstigste Temperatur der Ausscheidung scheint 800^0 zu sein oder etwas darunter.

Diese niedere Ausscheidungstemperatur ist wohl der einzige Grund, warum sich Quarz in Eruptivgesteinen immer zuletzt ausscheidet, welches auch die Zusammensetzung des Magmas sein mag.

[1]) G. Tschermak, Tsch. min. Mit. **22**, 198 (1903).

Da Quarz sich bei zirka 800° in Tridymit umwandelt, so kann aus Schmelzflüssen kein Quarz entstehen, bevor die Temperatur der Schmelze sich nicht bis zu dieser Temperatur erniedrigt hat; doch dürften Überschreitungen der Umwandlungstemperatur in beidem Sinne vorkommen. Aus Beobachtungen in der Natur und auch aus experimentellen Untersuchungen geht hervor, daß die Temperatur um 800° herum die für die Quarzbildung günstigste ist; über 1050° dürfte er sich nicht mehr ausscheiden können.

Es gibt aber Gesteine, wie beispielsweise den Quarzporphyr, in welchen sich der Quarz als erstes Ausscheidungsprodukt zeigt; in diesem Falle haben wir es jedoch mit einer Ausscheidung einer früheren Erstarrungsperiode zu tun, welche als Einschluß des Magmas gelten kann. In Tiefengesteinen verschiebt sich die obere Grenze, infolge des Druckes, wenn auch nicht sehr viel.[1])

Was nun die Ausscheidung des SiO_2 kristallisiert oder als Glas anbelangt, so hängt dies nicht von der Temperatur, sondern von der Viscosität der Schmelze ab. Denn bei den Temperaturen, welche die Ausscheidung ermöglichen, kann sich Quarz nur dann ausscheiden, wenn durch Kristallisatoren die Viscosität so gering ist, daß die Kristallkeime sich vergrößern können. Den Einfluß der Wolframsäure haben wir in dieser Hinsicht bereits betrachtet.

Daß sich in den Gesteinen, wie z. B. in der Grundmasse der Quarzporphyre Quarz durch Entglasung (Bd. I, S. 680) eines Glases bildet, ist denkbar, aber nicht sichergestellt.

Sublimation. Es sind in der Literatur Angaben über Bildung von Quarz, und Tridymit verbreitet. So erwähnt J. Roth in seiner chemischen Geologie, daß nach Angaben von G. vom Rath und A. Scacchi diese nebst anderen Silicaten sich in vulkanischen Gesteinen sublimiert fanden. Doch handelt es sich wohl nicht um Sublimation der Substanz SiO_2, sondern um Bildung durch gegenseitige Einwirkung von Gasen, durch deren Reaktion Quarz gebildet wurde. A. Scacchi[2]) hielt Quarze, welche sich in den Trachyten vom Monte Spina fanden, für Sublimationsprodukte. G. vom Rath[3]) beobachtete auf Klüften einer trachytischen Lava von Lipari Quarzkristalle. Es handelt sich vielleicht um eine Entstehung, wie sie bei den Versuchen von G. A. Daubrée durch Einwirkung von Fluor- oder Chlorsilicium auf Wasserdampf vor sich ging.

Endlich ist noch die Bildung des Quarzes in Glimmerschiefern und anderen Schiefern zu erwähnen.

Über die Bildung von Quarzen in Gängen siehe auch die Abhandlung von J. Königsberger, S. 46.

Entstehung durch Pneumatolyse. Daß Quarz sich häufig, namentlich in Pegmatitgängen und auf Erzgängen, oft in Gesellschaft von Turmalin sowie auch auf den Zinnerzlagerstätten auf diesem Wege bildet, ist bekannt. Wie sich in der Natur die genetischen Prozesse abspielen, ist jedoch noch ziemlich unklar, denn wir sahen früher, daß der Versuch von G. A. Daubrée zur Erklärung nicht geeignet ist. Die Temperaturen solcher Fumarolen sind nicht sehr hoch und erreichen nicht die Rotglut; aus den Studien von F. E. Wright und E. S. Larsen kann man den Schluß ziehen, daß gerade solche Quarze nicht die bei 575° auftretende Umwandlung in Quarz zeigen und daher

---

[1]) V. M. Goldschmidt, Die Kontaktmetamorphose im Kristianiagebiet (Kristiania 1911).

[2]) Nach J. Roth, l. c. I, 418.

[3]) G. vom Rath, Z. Dtsch. geol. Ges. **18**, 629 (1866).

unter 575° entstanden sind. Die einzelnen Prozesse, die zur Quarzbildung führten, bleiben uns jedoch unbekannt.

Bei der Entstehung des Quarzes soll auch nicht vergessen werden, daß die Kieselsäure eine ungemein schwache Säure bei gewöhnlicher Temperatur ist und daher Silicate bei dieser Temperatur gegenüber anderen Säuren unstabil sind. Wenn bei niederen Temperaturen sich verhältnismäßig wenig Silicate, dagegen viel Quarz bildet, so hängt dies wohl mit dieser geringen Azidität der Kieselsäure zusammen.

Vorkommen von Quarzglas in der Natur. Quarz kann in Gesteinen glasig erstarren, die sauren vulkanischen Gläser enthalten wohl mitunter unreines Quarzglas. Da auch Sandsteine bei der Berührung mit vulkanischen Gesteinen oft gefrittet sind, so dürfte sich hier ein unreines Quarzglas bilden.

Ein Quarzglas stellen wohl zum Teil die Blitzröhren dar, oder es ist ein solches als Bindemittel dieser Blitzröhren (Fulguriten) enthalten. So erkannte C. W. Gümbel,[1]) daß die Blitzröhren aus der Libyschen Wüste aus geschmolzenem, glasig erstarrtem Quarz bestehen, wobei sich einzelne kristallisierte Quarzkörner noch erhalten hatten. A. Wichmann,[2]) welcher eine große Zahl solcher Blitzröhren untersuchte, fand, daß sie im Innern glasig waren, während sie außen noch Quarzkörner zeigten. Das Glas war ein Quarzglas, welches jedoch oft sehr unrein war, indem nur wenige, wie das von der Sonner Heide oder das von Elspeet in Holland, SiO_2-Mengen von 96,44% bzw. 94,26% enthielten, während andere sehr stark verunreinigt waren; doch geht aus Versuchen von A. Wichmann hervor, daß das Glas nicht nur aus geschmolzenem Quarz bestand. Der Versuch, Sand eines Fulgurits zum Schmelzen zu bringen, gelang nicht, wahrscheinlich war die Temperatur nicht hoch genug.

Chemisch-Technisches über Quarzglas.

Von **M. Herschkowitsch** (Jena).

Unter Quarzglas versteht man eine aus reiner Kieselsäure SiO_2 bestehende, amorphe, durchsichtige, farblose, glasartige Masse. Vom Opal, der ebenfalls amorph ist, unterscheidet sich das Quarzglas ganz wesentlich dadurch, daß es wasserfrei ist, und wenn man gelegentlich auch ganz wasserfreie Opale[3]) beobachtet haben will, so haben doch letztere die Eigenschaft, in feuchter Luft Wasser anzuziehen, während für Quarzglas dies nicht der Fall ist.

Zur Herstellung des Quarzglases bedient man sich fast ausschließlich des elektrischen Ofens in mannigfaltiger Form und nur in beschränktem Maße des Sauerstoffgebläses. Als Ausgangsmaterial dient entweder Bergkristall oder Quarzsand; in letzterem Falle ist das erschmolzene Gut stark mit Blasen durchsetzt und besitzt infolgedessen ein milchigtrübes Aussehen.

Die Bedeutung des Quarzglases für Wissenschaft und Technik ist erst seit zwei Dezennien erkannt worden, obwohl seine Entdeckung im Jahre 1839

---

[1]) C. W. Gümbel, Z. Dtsch. geol. Ges. **34**, 647 (1882).
[2]) A. Wichmann, Z. Dtsch. geol. Ges. **35**, 849 (1883).
[3]) C. Hintze, Handbuch der Mineralogie 1, (Leipzig 1908), 1504.

erfolgte. Allerdings hat der Entdecker des Quarzglases Gaudin[1]) weder eine ausführliche Beschreibung der Eigenschaften desselben gegeben, noch hat er auf irgendwelche Anwendungsmöglichkeiten hingewiesen. Er hat nur besonders hervorgehoben, daß der im Knallgasgebläse geschmolzene Quarz keine Doppelbrechung zeigt. Es sei hier noch besonders erwähnt, daß Gaudin gleichzeitig mit der ersten Mitteilung über seine Entdeckung der Akademie der Wissenschaft in Paris Quarzfäden bis zu 4 Fuß vorgelegt hatte. Diese Entdeckung geriet scheinbar in Vergessenheit und wurde im Jahre 1869 von Arm. Gautier[2]) zum zweiten Male entdeckt. Aber auch Arm. Gautier konnte der Entdeckung eine praktische Bedeutung nicht verschaffen, auch dann nicht, als er im Jahre 1878 auf der Weltausstellung in Paris Kapillarröhren und Spiralen aus Quarzglas ausgestellt hatte. Die Arbeitsmethode Arm. Gautiers — das Knallgasgebläse — beschränkte die Herstellung der Quarzglasgegenstände auf nur sehr geringe Dimensionen. Es blieb C. V. Boys[3]) vorenthalten, im Jahre 1889 eine praktische Anwendung des geschmolzenen Quarzes zu finden und zwar für rein wissenschaftliche Zwecke. Er empfiehlt die von ihm hergestellten Quarzfäden wegen ihres außerordentlich geringen Ausdehnungskoeffizienten zum Aufhängen von Magneten und Spiegeln für Galvanometer. Er lenkte dadurch die Aufmerksamkeit der Physiker auf diese wertvolle Substanz und seitdem erschienen zahlreiche Studien über die Eigenschaften des geschmolzenen Quarzes sowie über die Methoden seiner Darstellung und Verarbeitung.

Es sollen hier zunächst die gewonnenen Kenntnisse über die physikalischen und chemischen Eigenschaften des Quarzglases im Zusammenhange angeführt werden, ohne Rücksicht auf die chronologische Reihenfolge der bezüglichen Veröffentlichungen.

Der Ausdehnungskoeffizient des Quarzglases ist äußerst gering. Zwischen 0^0 und 1000^0 sind von verschiedenen Forschern[4]) etwas abweichende Resultate gefunden, die im Mittel den Wert $5{,}5 . 10^{-7}$ ergeben. Als Vergleich sei bemerkt, daß (F. Hennig) ein Porzellanstab von 1 m Länge von 16^0 auf 1000^0 erwärmt, sich um 4,271 mm ausdehnt, dagegen ein Stab aus Quarzglas nur um 0,531 mm.

Die Ausdehnung des Quarzglases zeigt eine merkwürdige Eigentümlichkeit. So fand Karl Scheel,[5]) daß Quarzglas beim Erwärmen von -190^0 auf -46^0 sich zusammenzieht, statt sich auszudehnen; von da ab findet bei weiterem Erwärmen eine Ausdehnung statt, die aber bei $+16^0$ die vorhergegangene Kontraktion noch nicht kompensiert, so daß beim Erwärmen eines meterlangen Stabes von -190^0 auf $+16^0$ eine Verkürzung desselben um 0,041 mm stattfindet. Bei -46^0 besitzt das Quarzglas also ein Dichtemaximum. Jedoch verhält sich in dieser Hinsicht Quarzglas verschiedener Herkunft recht verschieden. Derselbe Forscher untersuchte später[6]) gleichzeitig Quarzglas von

---

[1]) Gaudin, C. R. **8**, 678 (1839).
[2]) Arm. Gautier, C. R. **130**, 816 (1900).
[3]) C. V. Boys, Ch. N. **55**, 162 (1887).
[4]) H. Le Chatelier, C. R. **130**, 1703 (1900). — H. L. Callendar, Ch. N. **83**, 151 (1901). — L. Holborn u. F. Hennig, Ann. d. Phys. **10**, 446 (1903). — F. Hennig, Ann. d. Phys. **22**, 631 (1907).
[5]) Karl Scheel, Ber. Dtsch. phys. Ges. **9**, 3 (1907).
[6]) Karl Scheel, Ber. Dtsch. phys. Ges. **9**, 718 (1907).

W. C. Heraeus und C. Zeiss und fand folgende Unterschiede: Ausdehnung pro Meter für das Quarzglas von

	W. C. Heraeus	C. Zeiss
von -190^0 bis 16^0	$-0{,}041$ mm	$-0{,}015$ mm
„ 0^0 „ 100^0	$+0{,}047$ „	$+0{,}050$ „

Das Dichtemaximum[1]) für das Quarzglas von C. Zeiss lag bei -84^0.

P. Chappuis[2]) fand für ein von ihm selbst erschmolzenes Quarzglas den Betrag der Ausdehnung von 0^0 bis 100^0 0,050 mm pro Meter.

Die außerordentlich geringe Ausdehnung, verbunden mit der Unempfindlichkeit gegen schroffen Temperaturwechsel, sowie die minimale thermische Nachwirkung[3]) des Quarzglases berechtigte zu der Hoffnung, im Quarzglas eine Substanz zur Anfertigung von Gasthermometern für hohe Temperaturen gefunden zu haben. Diese Hoffnung ist aber nicht in Erfüllung gegangen und zwar einmal wegen der Gasdurchlässigkeit des Quarzglases bei höheren Temperaturen, zweitens wegen seiner Neigung zur Entglasung. So fand M. Berthelot,[4]) daß ein mit Methan CH_4 auf 1 Atm. gefülltes und zugeschmolzenes Quarzglasrohr beim Erhitzen auf 1300^0 während 1 Stunde nur noch den Druck von $^1/_2$ Atm. aufwies. Der Inhalt des Rohrs bestand nunmehr nicht aus CH_4, sondern CO_2, N_2 und etwas O_2. Es fand also bei dieser Temperatur ein Verbrennen des CH_4 durch das Eindringen der Luft sowie eine teilweise Diffusion der Verbrennungsprodukte statt. Auch Wasserstoff diffundiert sehr leicht.[5]) Für Sauerstoff fand G. Belloc[6]) eine merkliche Diffusion schon bei 600^0.

Ganz besonders leicht diffundiert Helium.[7]) Die Diffusion findet schon bei 220^0 statt, wenn auch kaum merklich, dagegen schon sehr beträchtlich bei 510^0. Es sei noch bemerkt, daß die Diffusionsgeschwindigkeit scheinbar dem Drucke proportional ist. Wenn auch manche Gase, wie CO_2 und HCl, durch das Quarzglas bis 1300^0 nicht diffundieren,[8]) so ist doch die Anwendung derselben für Gasthermometer für sehr hohe Temperaturen infolge der oben erwähnten Luftdurchlässigkeit nicht möglich. Erwähnt sei noch, daß Quarzglasröhren bei 1300^0 und einem inneren Druck von 3 Atm. merklich erweichen;[9]) dagegen bleiben sie auch bis 1400^0 volumbeständig, wenn sie keinem Überdrucke ausgesetzt sind.[10]) Immerhin läßt sich das Quarzglas für Quecksilberthermometer bis ca. 700^0 verwenden und ist also in dieser Hinsicht dem besten Glase weit überlegen.[11]) A. Dufour[12]) hat Quarzglasthermometer mit Zinn als Thermometersubstanz für Temperaturen von 240^0 bis 580^0 vorgeschlagen.

---

[1]) Vergleich G. W. C. Kaye, Phil. Mag. **20**, 718 (1910).
[2]) P. Chappuis, Verh. Naturforscher Ges. Basel **16**, 173 (1903).
[3]) A. Kühn, Chem. Ztg. **34**, 339 (1910).
[4]) M. Berthelot, C. R. **140**, 821 (1905).
[5]) P. Villard, C. R. **130**, 1752 (1900). — P. Chappuis (siehe Anmerkung 4). — M. Berthelot, C. R. **140**, 817 und 1159 (1905).
[6]) G. Belloc, C. R. **140**, 1253 (1905).
[7]) A. Jacquerod u. F. L. Perrot, C. R. **139**, 789 (1904).
[8]) M. Berthelot, C. R. **140**, 1159 (1905).
[9]) M. Berthelot, C. R. **140**, 817 (1905).
[10]) R. Abbeg, Z. f. Elektroch. **8**, 861 (1902).
[11]) A. Kühn, Chem. Ztg. **34**, 339 (1910).
[12]) A. Dufour, C. R. **130**, 775 (1900).

Die Erweichungstemperatur des Quarzglases ist nicht genau bestimmt, sie liegt jedenfalls unter 1600°. Auch die Schmelztemperatur, oder, wie es richtiger heißen muß die Umwandlungstemperatur des Quarzes in den amorphen Zustand, wird von verschiedenen Forschern nicht übereinstimmend angegeben und dürfte wohl in der Nähe von 1750° liegen.[1])

Der Anwendung des Quarzglases für Zwecke, wo hohe Temperaturen in Betracht kommen, ist eine Grenze gesetzt, die weit unter seiner Erweichungstemperatur liegt. Die Ursache liegt in der schon erwähnten Neigung zur Entglasung, indem das Quarzglas beim Erhitzen oberhalb 1000° in Tridymit übergeht und trübe und bröckelig wird.[2]) Ich selbst fand,[3]) daß ein etwa 2 mm dickes Plättchen amorphen Quarzes nach fünfstündigem Glühen im Platintiegel über dem Gebläsebrenner vollständig undurchsichtig wurde, während mehrere kleine Stückchen natürlichen Quarzes, die gleichzeitig im selben Tiegel mit erhitzt waren, keinerlei Änderung zeigten. Die undurchsichtig gewordene porzellanartige Masse war rissig, zeigte deutlich Doppelbrechung und besaß ein höheres spezifisches Gewicht, als der amorphe Quarz. Das spez. Gew. des amorphen Quarzes betrug 2,204,[4]) das des porzellanartig gewordenen 2,330 gegen 2,651 des natürlichen Quarzes.

Wenn das Quarzglas auch nicht geeignet ist, dauernd Temperaturen über 1000° ausgesetzt zu sein, was seine technische Verwendung sehr einschränkt, so kann es doch vorübergehend bei 1000° gebraucht werden. So ist man durch dasselbe in den Stand gesetzt worden, die Destillation und Siedepunktsbestimmungen verschiedener Metalle und deren Verbindungen auszuführen.[5]) Die Durchsichtigkeit der Quarzgefäße gibt die Möglichkeit, das Auftreten von Spuren der an den kälteren Stellen sich ansetzenden kondensierten Dämpfe zu beobachten und somit die Temperatur der beginnenden Verdampfung der betreffenden Metalle zu bestimmen. Für umkehrbare Reaktionen, deren Studium ein plötzliches Abkühlen des Reaktionsgemisches erfordert, ist das Quarzglas höchst wertvoll und durch nichts zu ersetzen.[6])

Was die chemische Widerstandsfähigkeit des Quarzglases betrifft, so fanden F. Mylius und A. Meusser,[7]) daß dasselbe von Kali- und Natronlauge von Ammoniak und alkalischen Salzen insbesondere in der Hitze stark angegriffen wird, dagegen bleiben verdünnte Säuren auch bei 100° und konzentrierte Schwefelsäure ohne Einwirkung. Wasser kann dauernd in einem Quarzglasgefäß im Sieden erhalten werden, ohne die Leitfähigkeit zu ändern. Über der freien Flamme längere Zeit erhitzt, zeigt es Spuren von Korrosion. Im Autoklaven bei 180° tritt eine merkliche Einwirkung des Wassers ein.[8])

---

[1]) H. Heraeus, Z. f. Elektroch. **9**, 847 (1903). — W. Hempel, daselbst, **9**, 850 (1903). — G. Stein, Z. anorg. Chem. **55**, 159 (1907). — A. Lampen, Journ. Amer. chem. Soc. **28**, 846 (1906).

[2]) T. J. Austin u. J. W. Meller, Chem. ZB. II, (1907), 369. — Marcello v. Pirani, u. W. v. Siemens, Z. f. Elektroch. **15**, 969 (1909). — G. W. C. Kaye, Phil. Mag. **20**, 718 (1910).

[3]) M. Herschkowitsch, Z. f. phys. Chem. **46**, 408, (1903).

[4]) Vgl. W. A. Shenstone, Nat. **64**, 65 (1901). — P. Chappuis, Verhandl. Naturforscher Ges. Basel **16**, 173 (1903). — D. Pataneli, Chem. ZB. II, (1905), 698.

[5]) F. Krafft, Ber. Dtsch. Chem. Ges. **36**, 1690 (1903). — A. Schuller, Z. anorg. Chem. **37**, 69 (1903).

[6]) M. Berthelot, C. R. **140**, 905 (1905).

[7]) F. Mylius u. A. Meusser, Z. anorg. Chem. **44**, 221 (1905).

[8]) Wilh. Michaelis, Koll.-Z. **5**, 9 (1909).

Die optischen Eigenschaften des Quarzglases sind für die Optik von außerordentlichem Wert. Der wichtigste Vorzug, den es vor dem natürlichen Bergkristall hat, besteht darin, daß es keine Doppelbrechung besitzt. Die Unempfindlichkeit gegen schroffen Temperaturwechsel ist von nur untergeordneter Bedeutung. Versuche, optisch brauchbares Quarzglas herzustellen, sind schon in den 80er Jahren im Jenaer Glaswerk unternommen worden, sind aber damals mangels technischer Mittel ohne Erfolg geblieben. Erst im Jahre 1899 gelang es mir, in einem elektrischen Ofen nach Art des Moissanschen optisch homogenes Quarzglas herzustellen. Freilich waren die Glasstücke nur sehr klein, etwa 40 mm im Durchmesser bei einer Dicke von 10 mm. Obwohl die Technik des Quarzglasschmelzens im letzten Jahrzehnt eine erstaunliche Entwicklung erreicht und Erfolge aufzuweisen hat, die schier unglaublich sind, so ist man in der Herstellung optisch brauchbaren Quarzglases lange nicht soweit gekommen. Kostet doch jetzt noch das Kilo ca. 1500 Mk. und Platten von 100 mm Durchmesser sind kaum zu haben, während Quarzglas für andere technische Zwecke, — wegen seines milchig-trüben Aussehens Quarzgut genannt,[1]) — in beliebigen Formen und Größen zu haben ist, z. B. Abdampfschalen von 500 mm Durchmesser, Muffeln von 1 Meter Länge usw. zu einem Preise, der kaum denjenigen des Porzellans übersteigt.

Die Ursache liegt, von dem wirtschaftlichen Gesichtspunkte ganz abgesehen, darin, daß optisch homogenes Quarzglas, d. h. vollständig blasen- und spannungsfreies ungleich schwieriger herzustellen ist, als das sogenannte Quarzgut. Schon die Beschaffung eines einwandfreien Materials für die Schmelzgefäße bildet gewisse Schwierigkeiten. Die wohl am meisten gebrauchten Gefäße bestehen aus gepreßter Kohle oder Graphit. Sie haben aber den Nachteil, daß sie in der Nähe der Schmelztemperatur des Quarzes reduzierend auf denselben wirken.[2]) Diesem Übel läßt sich nur teilweise dadurch abhelfen, daß man für genügende Oxydation sorgt,[3]) oder indem man den Schmelzprozeß unter hohem Druck ausführt. R. S. Hutton und J. E. Petavel[4]) verwendeten zum Erschmelzen von Quarzglas einen elektrischen Ofen, in dem sie die Schmelze unter einen Druck (Luft bzw. Wasserstoff) von 2500 lb./q.-Zoll gleich rund 150 Atmosphären halten konnten. Der hohe Druck hat zwar den Erfolg, daß die Verdampfung der SiO_2 eine geringere wird, und da die Reduktion zu SiC zwischen SiO_2-Dampf und der Wandung des Kohletiegels stattfindet, so ist eine Verminderung der Verdampfung der SiO_2 einer Verminderung der Carbidbildung gleichbedeutend. Niemals aber kann letztere auf diese Weise vollständig beseitigt werden. Einen ganz andern Weg schlägt W. C. Heraeus[5]) ein, indem er die Kohletiegel durch solche aus geschmolzener Zirkon- oder Thorerde ersetzt. Dieses Verfahren dürfte nur mit gewissen Einschränkungen Anwendung finden, da nach meiner Erfahrung Thoroxyd in der Nähe des positiven Pols des elektrischen Bogens Thorcarbid bildet und zerbröckelt; das Zirkonoxyd bildet unter diesen Umständen zwar kein Carbid, ob aber ein Anbacken der Schmelze unter allen Umständen vermieden wird, scheint mir zweifelhaft.[6])

[1]) A. Voelker, Z. f. angew. Chem. **23**, 1857 (1910).
[2]) A. Lampen, Journ. Amer. Chem. Soc. **28**, 846 (1906).
[3]) R. S. Hutton, Ch. N. **85**, 159 (1902).
[4]) R. S. Hutton u. J. E. Petavel, Proc. Roy. Soc. **79**, 155 (1907).
[5]) W. C. Heraeus, D.R.P. Kl. 32a Nr. 179570.
[6]) G. Stein, Z. anorg. Chem. **55**, 159 (1907).

Eine weit größere Schwierigkeit liegt darin, daß der geschmolzene Quarz eine äußerst zähflüssige Masse darstellt, die hartnäckig die einmal eingeschlossenen Gasblasen festhält. Ein Überhitzen der Schmelze, um sie dünnflüssiger zu machen, führt nicht zum Ziele, da der Siedepunkt des Quarzes nahe bei der Schmelztemperatur liegt, was schon Gaudin in seiner ersten Mitteilung über Quarzglas hervorhebt. Zur Erzielung blasenfreien Quarzglases sind verschiedene Vorschläge gemacht worden, die z. T. sich widersprechen. So soll nach J. Bredel[1]) das Erschmelzen im Vacuum, nach A. Day u. E. S. Shepherd[2]) dagegen das Schmelzen unter Druck zum Ziele führen. Ob das Vacuum in dieser Hinsicht von Nutzen sein kann, ist in Anbetracht der Zähflüssigkeit der Masse sehr fraglich; so haben R. S. Hutton und J. E. Petavel in der oben zitierten Arbeit festgestellt, daß der Druck die Quarzschmelze weder dünnflüssiger noch blasenfreier macht. Ein anderer Vorschlag[3]) von J. Bredel soll hier nur erwähnt werden. Danach soll das Herstellen von Quarzwolle, Pressen derselben und nachträgliches Erschmelzen durch Erhitzen von unten blasenfreies Material ergeben.

Zu wirklich blasenfreiem Quarzglas kann man gelangen, indem man als Ausgangsmaterial ausgesuchte Bergkristallstücke nimmt, die frei von Rissen, Blasen und Zwillingsbildungen sind, und schmilzt diese einzeln für sich. Leider gelingt es nicht, größere Stücke Bergkristall zum Schmelzen zu bringen, ohne daß dieselben beim Erwärmen in kleinere Stücke zerspringen. Dies liegt in der Eigentümlichkeit der Ausdehnung des Bergkristalls begründet. Wie H. Le Chatelier[4]) fand, wächst mit zunehmender Temperatur nicht nur die Differenz der Ausdehnungskoeffizienten des natürlichen Bergkristalls in den beiden Richtungen parallel und senkrecht zur optischen Achse bis 570°, sondern es findet bei dieser Temperatur ein Sprung in den beiden Ausdehnungskoeffizienten statt mit einer bedeutenden Zunahme der schon bestandenen Differenz, was zu einem Springen oder Reißen der erwärmten Stücke führt. Spätere[5]) Beobachtungen bestätigen das Vorhandensein dieses Umwandlungspunktes, jedoch fanden R. v. Sahmen und G. Tammann,[6]) daß bei verschiedenen Exemplaren des Bergkristalls die Umwandlungstemperatur etwas differiert. Die genannten Forscher machten noch die sehr interessante Beobachtung, daß die Ausdehnung nur träge der Temperaturerhöhung folgt, analog etwa der Erscheinung beim Schmelzen von Wachs. „Als ob", sagen sie wörtlich, „der Stoff nicht chemisch homogen wäre."

Um das Springen des zu schmelzenden Bergkristalls zu vermeiden, habe ich vorgeschlagen, dieselben vorsichtig bis etwas unter die Umwandlungstemperatur zu erwärmen und sie dann rasch in den inzwischen über die Schmelztemperatur des Quarzes erhitzten elektrischen Ofen einzuführen. Später hat W. C. Heraeus[7]) vorgeschlagen, den zu schmelzenden Quarz erst langsam über die Umwandlungstemperatur zu erwärmen und dann rasch zum

[1]) J. Bredel, D.R.P. Kl. 32a Nr. 164619.
[2]) A. Day u. E. S. Shepherd, Science **23**, 670 (1906).
[3]) J. Bredel, D.R.P. Kl. 32a Nr. 159361.
[4]) H. Le Chatelier, C. R. **108**, 1046 (1889).
[5]) E. Mallard u. H. Le Chatelier, C. R. **110**, 399 (1890). — O. Mügge, N. JN. Min. etc. Festband, 181 (1907). — Gerh. Stein, Z. anorg. Chem. **55**, 159 (1907). — G. W. C. Kaye, Phil. Mag. **20**, 718 (1910).
[6]) G. Tammann, Ann. d. Phys. **10**, 879 (1903).
[7]) W. C. Heraeus, D.R.P. 175385.

Schmelzen zu bringen. Welches von beiden Verfahren zweckmäßiger ist, mag ich nicht beurteilen. Auf diese Weise erhaltene Quarzglasstücke lassen sich durch Erweichen und Aneinanderdrücken zu einem Stück vereinigen; allerdings sind die vereinigten Stellen nicht immer blasen- und spannungsfrei.

Die Brechungsexponenten des Quarzglases für verschiedene Wellenlängen sind von verschiedenen Autoren bestimmt.[1]) Es seien hier nur die von J. W. Gifford gefundenen Werte angeführt. Zum Vergleich seien auch die entsprechenden Werte für den natürlichen Quarz erwähnt.

Wellenlänge in $\mu\mu$	Quarz		Quarzglas
	ordentlicher Strahl	außerord. Strahl	
670,8 Li	1,5414590	1,5504717	1,4560717
643,8 Cd	1,5423085	1,5513532	1,4567710
546,1 Hg	1,5461684	1,5553393	1,4601545
508,6 Cd	1,5482355	1,5574790	1,4619030
480,0 Cd	1,5501317	1,5594492	1,4635705
435,9 Hg	1,5537968	1,5632274	1,4667412
404,6 Hg	1,5571506	1,5667107	1,4696753

Die Durchlässigkeit des amorphen Quarzes für ultraviolettes Licht ist von V. Schumann[2]) im Jahre 1899, später von H. Trommsdorf[3]) bestimmt. Sie ist geringer als die des natürlichen Quarzes; für Wellenlängen von 193 $\mu\mu$ abwärts hört sie vollständig auf.

Die Durchlässigkeit für ultraviolettes Licht hat V. Schumann in der Weise bestimmt, daß er Licht von verschiedener Wellenlänge auf photographische Platten wirken ließ, indem er das Licht einmal durch eine Platte aus amorphem Quarz, ein anderes Mal durch eine Luftschicht gleicher Dicke durchschickte und die Zeiten gleich starker Wirkung bestimmte. Das Ergebnis war wie folgt:

Wellenlänge in $\mu\mu$	Zeitdauer in Sekunden für amorphen Quarz	Luft
361	20	18—19
275	20	16—17
257	20	15—16
231	20	12—13
214	20	11—12
199	180	1—2

Es ist noch zu bemerken, daß Exemplare aus verschiedenen Schmelzen in bezug auf die Lichtdurchlässigkeit sich etwas verschieden verhalten. Dies mag zum Teil auf chemische Verunreinigungen des natürlichen Quarzes[4]) zurückzuführen sein. A. Pflüger[5]) fand, daß auch natürlicher Quarz ver-

[1]) M. Herschkowitsch, Z. f. phys. Chem. **46**, 413 (1903). — J. W. Gifford u. W. A. Shenstone, Proc. Roy. Soc. **73**, 201 (1904). — J. W. Gifford, Proc. Roy. Soc. **84**, 193 (1910).

[2]) Private Mitteilung an C. Zeiss, Jena.

[3]) H. Trommsdorf, Inaug.-Dissertation, Jena (1901); s. auch H. Kriess, Z. f. Instrumentenkunde **23**, 197 (1903).

[4]) J. Königsberger u. W. J. Müller, Chem. ZB. (1906[I]), 782.

[5]) A. Pflüger, Phys. Z. **5**, 215 (1904).

schiedener Herkunft in verschiedenem Maße für das Ultraviolett durchlässig ist. Auch die Brechungsexponenten sind für absolut klaren Quarz verschiedener Herkunft nicht ganz identisch.[1])

Die Härte[2]) des Quarzglases beträgt in absoluten Zahlen 223 kg/qmm, die des natürlichen Quarzes ∥ zur Achse 308, ⊥ zur Achse 230. Die Zahlenwerte der Elastizität sind für den amorphen Quarz 6970 kg/qmm, die des natürlichen Quarzes ∥ zur Achse 10620, ⊥ zur Achse 8566.

Der Torsionsmodul[3]) bei 15^0 beträgt $3{,}001 . 10^{11}$ Dynen pro qcm.; bei 1060^0 ist die Torsionskraft fast gleich Null.

Die Kompressibilität[4]) ist gleich $1{,}925 . 10^{-6}$. Der spezifische Widerstand[5]) bei 727^0 ist gleich $4 . 10^4$ Ohm. Zum Vergleich sei erwähnt, daß Porzellan bei gleicher Temperatur einen Widerstand von nur $1{,}7 . 10^4$ Ohm hat.

Die Dielektrizitätskonstante[6]) wurde berechnet gleich 3,20 bis 3,40.

Solange man bemüht war, das Quarzglas und die daraus erblasenen Gefäße möglichst blasenfrei herzustellen, waren sowohl die Schwierigkeiten der Herstellung als auch der Preis so enorm, daß von einer wirklich technischen Verwertung kaum die Rede sein konnte. Erst als man sich entschlossen hat, das mit dem Namen Quarzgut bezeichnete, wegen der vielen Blasen wenig durchsichtige Glas herzustellen, trat ein neuer ungeahnter Aufschwung in der Entwicklung der Quarzglastechnik ein. Man kann mit Recht behaupten, daß in diesem Entschluß ein vollständig neuer erfinderischer Gedanke von weittragender Bedeutung liegt, denn erst dadurch ist das Quarzglas in weitem Umfange der Technik dienstbar gemacht worden. Diese Entwicklung datiert etwa vom Jahre 1901 und ist in erster Linie W. A. Shenstone, H. S. Hutton, J. F. Bottomley und A. Paget,[7]) A. Voelker und L. Bolle[7]) und andern zu verdanken; nicht minder aber den erfolgreichen Bemühungen der Konstrukteure zweckdienlicher Öfen, vor allen H. Moissan,[8]) W. Borchers,[9]) E. Ruhstrat[10]) und J. Bronn.[11])

Die zahlreichen patentierten Verfahren zur Herstellung von Quarzglas bzw. Quarzgut im großen laufen darauf hinaus, weißen Quarzsand im elektrischen Ofen zu Barren zu schmelzen, die dann im wesentlichen nach drei verschiedenen Methoden weiter verarbeitet werden. Nach R. Küch[12]) werden die Barren gebohrt oder derart gepreßt, daß ein dickwandiger, an einem Ende geschlossener Zylinder entsteht, der nach Art der Glasmacher an einem Blaserohr aus Quarz angeheftet und am Knallgasgebläse verarbeitet wird. Nach dem gemeinsamen Verfahren von R. S. Hutton, J. F. Bottomley und A. Paget (Thermal-Syndicate Walsend-on-Tyne) werden die Barren unmittelbar nach dem Erschmelzen in eine über dieselbe gestülpte Form im Schmelzofen mittels

---

[1]) H. Buisson, C. R. **142**, 881 (1906).
[2]) F. Auerbach, Ann. d. Phys. **3**, 116 (1900). — F. A. Schulze, Ann. d. Phys. **14**, 384 (1904).
[3]) Frank Horton, Proc. Roy. Soc. **74**, 401 (1905).
[4]) A. Schidlof u. Alfthan-Klotz, Chem. ZB. II, (1909), 1186.
[5]) M. v. Pirani u. W. v. Siemens, Z. f. Elektroch. **15**, 969 (1909).
[6]) F. A. Schulze, Ann. d. Phys. **14**, 384 (1904).
[7]) A. Voelker, Z. f. angew. Chem. **23**, 1860 (1910).
[8]) H. Moissan, Der elektrische Ofen (Berlin 1900), deutsch von Th. Zettel
[9]) W. Borchers, Die elektrischen Öfen (Halle 1907).
[10]) E. Ruhstrat, D.R.P. 113817.
[11]) J. Bronn, Der elektrische Ofen (Halle 1910).
[12]) R. Küch, D.R.P. 172466.

Druckluft oder überhitzten Dampf eingeblasen. Nach A. Voelker (Deutsche Quarzgesellschaft, Beul-Bonn) wird in die durch die Art des Schmelzens entstehende Vertiefung im noch flüssigen Barren ein vergasender Körper, z. B. $CaCO_3$ oder nasses Holz eingeführt, während der Barren durch die Enden einer umgelegten Form oder durch zwei entsprechend geformte Zangen gehalten wird. Durch den entstehenden Gasdruck wird die geschmolzene Masse aufgetrieben und an die Wandung der Form fest angepreßt.[1])

Zum Schluß sei noch hervorgehoben, daß das Quarzgut in allen seinen Eigenschaften mit Ausnahme der Lichtdurchlässigkeit dem eigentlichen Quarzglas fast gleichwertig ist.[2]) Es ist scheinbar nicht in seiner ganzen Masse amorph. Wahrscheinlich enthält es vereinzelt Tridymit und, wie aus der Mitteilung von W. Ssokolow[3]) hervorzugehen scheint, auch Asmanit (vgl. S. 195). Dies mag die Ursache sein, daß das Quarzgut schroffem Temperaturwechsel gegenüber weniger widerstandsfähig ist, als amorpher Quarz. Auch die obere Temperaturgrenze der Anwendbarkeit des Quarzguts ist etwas niedriger als die des amorphen Quarzes. Die Hoffnung, daß diese Nachteile sich beseitigen lassen werden, ist nicht unbegründet.

Die Arbeiten von W. Nernst über die Molekularwärme von Quarzglas und die von K. Schulz über die spezifische Wärme konnten, da der Satz bereits 1911 vollendet war, nicht erwähnt werden; am Schlusse des II. Bandes werden sie bei den Nachträgen Berücksichtigung finden.

Chalcedon $SiO_2(xH_2O)$.

Von **H. Leitmeier** (Wien).

Synonyma. Es existiert eine große Anzahl von Namen für Mineralien, die sich vom Chalcedon als solchem nur durch etwas verschiedenes optisches Verhalten unterscheiden. Für die Mehrzahl von ihnen hat man indessen bereits erkannt, daß kein Grund vorliegt, sie vom Chalcedon abzutrennen, so daß wir die meisten dieser Ausdrücke nunmehr unter die Synonyma des Chalcedons einzureihen berechtigt sind. Es sind dies: Quarzin und Lutecin, deren Identität mit Chalcedon F. Wallérant[4]) erkannt hat; dann Lussatit, der nach F. Slavik[5]) und A. Lacroix[6]) zum Tridymit, nach H. Rosenbusch[7]) zum Quarzin, also Chalcedon, gehört; „Pseudochalcedonit" werden optisch negative Chalcedone genannt, für die auch der Name Chalcedonit gebraucht wurde. Nach H. Hein[8]) ist auch der Quarzin optisch positiv, und F. Cornu und H. Leitmeier[9]) fanden Chalcedone, die aus dichten Gefügen von optisch positiven und negativen Fasern bestanden.

---

[1]) Wegen der zahlreichen Verfahrungspatente sei auf das oben erwähnte Werk von J. Bronn und die Abhandlung von A. Voelker hingewiesen.
[2]) Sammelreferat, Z. f. angew. Chem. **20**, 1372 (1907).
[3]) W. Ssokolow, Chem. ZB. II, (1909), 1890.
[4]) F. Wallérant, Bull. Soc. min. **20**, 52 (1897).
[5]) F. Slavik, ZB. Min. etc. 1901, 690.
[6]) A. Lacroix, Min. d. France **3**, 168 (1901).
[7]) H. Rosenbusch, Physiographie der gesteinsbildenden Mineralien II, 390 (1905).
[8]) H. Hein, N. JB. Min. etc. Beil.-Bd. **25**, 182 (1908).
[9] Unveröffentlicht.

Eine noch größere Anzahl Namen sind für einzelne Varietäten in Gebrauch; sie sind größtenteils nach den Färbungen und namentlich auch in Hinblick auf ihre technische Verwendung geschaffen worden; sie entstammen zum Teil noch dem Altertume. Es soll hier nur ganz kurz darauf eingegangen werden. Als Carneol bezeichnet man die sehr geschätzten, schwach durchscheinenden, roten Steine; die bräunlicheren werden auch Sarder genannt. Plasma und Chrysopras heißen grüne Varietäten; erstere ist dunkler, die zweite lichter und durchscheinend; als Heliotrop werden grüne Steine mit roten Punkten unterschieden. Undurchsichtige, verschieden gefärbte Varietäten werden oft unter dem Namen Jaspis zusammengefaßt und hierbei wiederum nach lagenförmig abwechselnder Färbung bezeichnet, wie Bandjaspis und Basaltjaspis, die aber zum Teil metamorph veränderte Gesteine darstellen. Von manchen Autoren werden die Jaspisarten zum Quarz selbst gestellt. Verschieden gefärbte, in geringem Maße kantendurchscheinende Chalcedone, die häufig Versteinerungsmittel sind, werden als Hornsteine bezeichnet. Feuersteine sind graue und braungraue Kieselmassen organischen Ursprungs. Die Ausdrücke, wie Onyx, Sardonyx, Carneolonyx, Chalcedononyx u. a., dienen zur Bezeichnung künstlich gefärbter oder in der Färbung verbesserter dunkler bis schwarzer Steine. Näheres über alle diese Varietäten findet sich in dem Handbuche von C. Hintze und in der großen Edelsteinkunde von M. Bauer. Über die Einreihung dieser Varietäten zum Quarz oder Chalcedon liegen sehr widersprechende Angaben vor.

Andere Ausdrücke beziehen sich auf die äußere Form des Vorkommens, so der Name Federchalcedon. Der Kascholong, der früher zum Opal gestellt worden ist, ist nach H. Leitmeier[1]) ein trüber Chalcedon.

Als Enhydros, Hydrolith, Wasserstein, Libellenstein, hat man Chalcedone bezeichnet, die im Innern Wasser enthalten. Die Chalcedonschalen sind meist grau gefärbt, durchscheinend und können oft sehr dünn sein. Sie wurden zuerst aus Italien bekannt (schon von Plinius); später hat man sie in größeren Mengen in Uruguay gefunden. Der Inhalt besteht gewöhnlich aus fast reinem Wasser. Ich habe in einem solchen Enhydros, das ca. 25 ccm faßte, nur sehr geringe Spuren von SiO_2 nachweisen können; von Eisen war auch nicht die geringste Menge zu erkennen. A. Liversidge[2]) hat den Inhalt eines Enhydros von Spring Creek, Beechworth in Victoria, der im Innern Quarzkristalle als Wandbekleidung besaß, untersucht, und fand Natrium-, Magnesium-, Calciumchlorid, die Sulfate derselben Elemente und Kieselsäure.

Allgemeines.

Man hatte früher, hauptsächlich nach den Untersuchungen von J. N. Fuchs,[3]) angenommen, daß der Chalcedon ein Gemenge von wechselnden Mengen von Quarz und Opal darstelle. H. Rose[4]) und C. F. Rammelsberg[5]) nehmen nur geringe Mengen von Opal in den Chalcedonen vorhanden an, und letzterer bemerkt, daß die größere Löslichkeit des Chalcedons in keinem Zusammen-

[1]) H. Leitmeier, ZB. Min. etc. 1908, 632.
[2]) A. Liversidge, Records of Austr. Museum 1892, 2. — Ref. Z. Kryst. **24**, 624 (1895).
[3]) J. N. Fuchs, Schweigg. Journ. **7**, 10 (1833).
[4]) H. Rose, Pogg. Ann. **108**, 1 (1859).
[5]) C. F. Rammelsberg, Pogg. Ann. **188**, 177 (1861).

hange mit der enthaltenen geringen Opalmenge stände. Später schien man geneigt gewesen zu sein, die Quarznatur der Chalcedonfasern in Zweifel zu ziehen und hielt, namentlich auf Grund optischer Untersuchungen, die Chalcedonfasern für rhombisch, bis später ausgedehntere Untersuchungen, namentlich von F. Wallérant[1]) und H. Hein,[2]) zeigten, daß kein Grund bestehe, eine neue kristallisierte Modifikation des Kieselsäureanhydrids anzunehmen. Heute besteht wohl kaum mehr ein Zweifel, daß der Chalcedon aus Quarzfasern besteht und daß alle seine geringen physikalischen und chemischen Verschiedenheiten nur auf die faserige Struktur zurückzuführen sind.

Der Chalcedon ist somit eine bald gröber, bald feiner faserige Modifikation des kristallisierten Kieselsäureanhydrids, die in nierigen traubigen Gebilden, wie sie als Ausbildungsform der typischen kolloiden Mineralien bekannt sind, dann auftritt, wenn Gelegenheit zu freier Oberflächenausbildung gegeben ist (z. B. die Chalcedone von Island, von den Faröern, zum Teil auch die von Hüttenberg). Gewöhnlich aber treten sie als Ausfüllungsmasse von Geoden und Mandelräumen in den jüngeren Effusivgesteinen auf, oder sie kommen, wie die Feuersteine, als (häufig knollenförmige) Einlagerungen in Sedimentschichten vor. Näheres bei der Genesis.

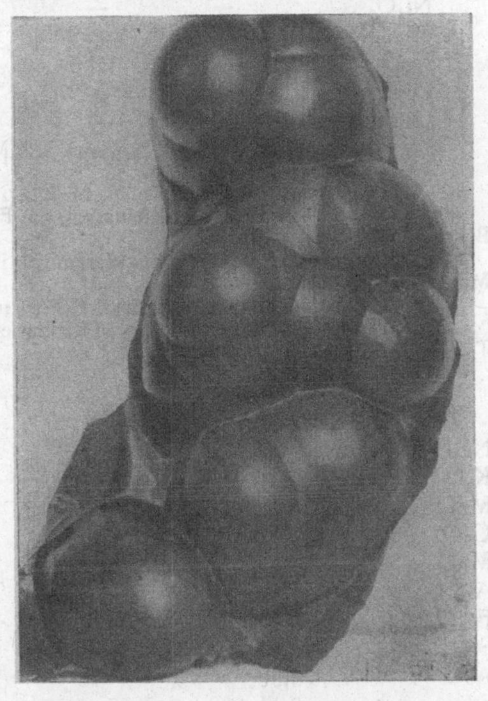

Fig. 24. Chalcedon von Rio Grande do Sul, Brasilien (1/3 natürl. Größe), aus der Sammlung des min. petrogr. Institutes der Universität Wien.

Die Porösität des Chalcedons zeigt sehr gut der sog. Enhydros. Bei diesen schalenartigen, innen hohlen Chalcedonmandeln, die mit Wasser erfüllt sind, verdunstet das Wasser bei trockener erhöhter Temperatur, ohne daß eine größere Öffnung der mehr oder weniger dünnen Schale zu finden ist. Ja manchmal kann man ein solches entleertes Enhydros durch längeres Liegenlassen in Wasser wieder anfüllen; die Flüssigkeit kann somit durch die poröse Chalcedonmasse ein- und ausdringen.

Analysenzusammenstellung und chemische Eigenschaften.

Der Chalcedon stellt selten reines Kieselsäureanhydrid dar, sondern ist gewöhnlich durch fremde Beimengungen verunreinigt.

Die meisten Analysen der Chalcedone und Feuersteine sind sehr alt und

[1]) F. Wallérant, l. c.
[2]) H. Hein, l. c.

sollen daher hier nicht angeführt werden, mit Ausnahme einiger weniger, die durch keine neueren ersetzt werden konnten.

	1.	2.	3.	4.	5.
δ . . .	—	2,553	—	—	2,22—2,27
Na_2O . . .	—	—	0,70	—	0,48
K_2O . . .	—	—	—	—	0,95
MgO . . .	—	—	1,28	} 0,51	0,59
CaO . . .	0,50	—	0,94		0,45
FeO . . .	—	—	—	—	4,15
Al_2O_3 . . .	0,25	0,25	3,10	} 0,41	0,71
Fe_2O_3 . . .	—	0,50	1,73		—
Ni_2O_3 . . .	—	—	—		—
SiO_2 . . .	98,00	96,75	90,30	97,00	88,90
H_2O . . .	—	2,50	1,95	2,08	4,10
$FeCO_3$ . .	0,25	—	—	—	—
Glühverlust .	1,00	—	—	—	—
	100,00	100,00	100,00	100,00	100,33

1. Feuerstein von Rügen; anal. M. Klaproth, Beiträge 1795, 46.
2. Plasma von Brussa in Kleinasien, am Fuße des Olympos; anal. M. Klaproth, Beiträge 1807, 325.
3. Rötlicher Chalcedon von Marienbad in Böhmen; anal. C. Kersten, N. JB. Min. etc. 1845, 658.
4. Chrysopras aus Schlesien; anal. C. F. Rammelsberg, Pogg. Ann. **143**, 188 (1861).
5. Heliotrop von Alexandropol in Kleinasien (ohne rote Punkte); anal. A. Frenzel, Tsch. min. Mit. **2**, 127 (1880).

	6.	7.	8.	9.	10.
δ . . .	2,657	2,63	—	2,015	—
Na_2O . . .	—	—	0,06	—	—
K_2O . . .	—	—	1,08	—	—
MgO . . .	0,12	—		—	1,13
CaO . . .	—	—	0,14	—	0,47
MnO . . .	—	—		—	Spuren
Al_2O_3 . . .	—	—	2,52	—	} 3,36
Fe_2O_3 . . .	0,41	3,23	17,88	—	
SiO_2 . . .	92,47	93,74	72,46	90,64	92,60
As . . .	3,30	—	—	—	—
S . . .	2,11	—	—	—	—
H_2O . . .	1,75	bei 120° 0,90	unter 100° 2,66	—	—
			über 100° 3,04	—	—
Glühverlust .	—	0,55	—	2,62	2,72
	100,16	98,42	99,84		100,28

6. Gelber Chalcedon von Křemže in Böhmen; anal. A. Schrauf; Z. Kryst. **6**, 343 (1882).
7. Carneol von Waldshut im südl. Schwarzwald (Baden); anal. M. Scheid bei F. Graeff, Z. Kryst. **15**, 378 (1889).
8. Roter Jaspis von der Viktor-Mine, Cripple Creek in Süd-Dakota; anal. M. F. Hillebrand, Bull. geol. Surv. U.S. 1894—1895. Ref.: Z. Kryst. **31**, 286 (1899).
9. Lussatit aus dem Serpentin von Ratkowič in Mähren; anal. H. L. Barvíř, Sitzber. d. k. böhm. Ges. d. Wiss. 1897 (böhmisch). Ref.: Z. Kryst. **31**, 525 (1899).
10. Lussatit von Bojanovič bei Jevisowič in Westmähren; anal. F. Kovař; Chem. Blätter in Prag (böhmisch). Ref.: Z. Kryst. **37**, 500 (1903).

Diese Analysenzusammenstellung zeigt, daß die Zusammensetzung der Chalcedone eine recht wechselnde ist, daß aber, wenn nicht besonders starke mechanische Verunreinigungen vorliegen, die Kieselsäuremenge doch eine gewisse Übereinstimmung zeigt, die allerdings auch eine bloß zufällige sein kann. Die Verunreinigungen können mancherlei Art sein; fast stets ist Eisen vertreten. In Analyse 6 ist das As und S als Arsentrisulfid (As_2S_3) enthalten, ähnlich wie im Forcheritopal von Knittelfeld in Steiermark (siehe bei Opal). Dieser Chalcedon ist somit ein Mineralgemenge.

Überhaupt besagen Chalcedonanalysen im allgemeinen wenig, da doch Chalcedone oft durch Verkieselung anderer Gesteinsmassen entstanden sind und ihre Zusammensetzung daher von dieser, aber wiederum nach keiner bestimmten Richtung beeinflußt wird. Daher ist hier auch auf die Wiedergabe von Analysen chalcedonartiger kieseliger Massen verzichtet.

Der Wassergehalt der Chalcedone. Der Wassergehalt der Chalcedone schwankt bei den einzelnen Analysen innerhalb ziemlich bedeutender Grenzen. Bei einer Anzahl derselben dürfte es sich wohl um Beimengungen anderer, Wasser enthaltender Substanzen handeln; so ist der hohe Wassergehalt des roten Jaspis der Analyse 8 gewiß mit dem sehr bedeutenden Fe_2O_3-Gehalt in Zusammenhang zu bringen, und zwar dürfte ein Teil des Eisenoxyds der Analyse als Hydroxyd im Mineral enthalten gewesen sein. Ferner kann auch eine Beimengung von Opal den Wassergehalt etwas gesteigert haben, wenn auch solche Beimengungen, um auf den Wassergehalt einen Einfluß auszuüben, schon recht bedeutend gewesen sein müssen. Doch wird z. B. von Lussatit gesagt, daß er beträchtliche Mengen von Opal enthalte.

Das meiste Wasser der Chalcedone ist jedenfalls adsorptiv und nicht konstitutiv enthalten und befindet sich zwischen den einzelnen Fasern, ist also nicht als ein Bestandteil der Kieselsäure des Chalcedons aufzufassen. Die Entscheidung darüber ist hier jedenfalls leichter als bei Opal, wie im späteren gezeigt werden wird. Sicherlich ist aber die Ansicht, die auch C. Hintze[1]) in seinem Handbuche referierend bringt, daß der Wassergehalt nur von dem eventuell in sehr geringen Massen beigemengten Opal herrühre, nicht aufrecht zu erhalten. Denn, auch um nur einen sehr geringen Gehalt eines Chalcedons an Wasser zu erklären, müßte man eine sehr beträchtliche Menge Opal als beigemischt annehmen (also keine eventuell sehr geringe Menge), die auch unter dem Mikroskope leicht erkannt werden müßte (durch geringere Lichtbrechung, oder auch durch das Fehlen der normalen Doppelbrechung). Aber auch das spezifische Gewicht des Chalcedons stimmt mit dieser Ansicht nicht überein. Wenn man den durchschnittlichen Wassergehalt des Chalcedons mit 1 % annimmt und die Dichte mit $\delta = 2$, wenn ferner der Wassergehalt des Opals durchschnittlich mit 5 %, seine Dichte mit $\delta = 2{,}15$ angenommen wird, die Dichte des reinen kristallisierten Kieselsäureanhydrids aber 2,65 ist, so müßte ein Chalcedon durchschnittlich aus 80 % Kieselsäureanhydrid und 20 % Opalmasse bestehen; um der Anforderung des Wassergehalts zu genügen, würde für die Dichte sogar ein Wert von ca. 2,55 entsprechen, der niedriger ist, als der durchschnittliche des Chalcedons. Das wäre ein Mischungsverhältnis, das sonst wohl in keiner Weise mit den übrigen Eigenschaften der Chalcedone in Einklang stünde. Es kann daher das Wasser nur als adsorptiv gebunden an-

[1]) C. Hintze, Handb. der Mineralogie I, 1477.

genommen werden, also gewissermaßen als eine Kapillarwirkung der Kieselsäureanhydridfasern.

Daß Chalcedon auch Gase enthält, hat K. Hüttner[1]) gezeigt, der die in Mineralien gelösten Gasmengen bestimmte. 19,52 g ergaben bei einer Temperatur von 800° im Verbrennungsofen 5,9 ccm Gasvolumen, das in einem Schiffschen Nitrometer aufgefangen wurde; die chemische Natur des Gases wurde nicht näher bestimmt.

Chemische Formel. Der Chalcedon besteht somit aus Kieselsäureanhydrid mit wechselnden Mengen adsorptiv gebundenen Wassers. In der Formel muß nun diesem Wassergehalte auf irgend eine Weise Ausdruck gegeben werden. Da man beim Opal $SiO_2 xH_2O$ schreibt, wobei man nicht weiß, in welcher Form er das Wasser enthält, ob konstitutiv oder adsorptiv, so möchte ich vorschlagen, bei Chalcedon die Formel $SiO_2[xH_2O]$ zu schreiben und durch diese Klammer andeuten, daß das Wasser nur adsorptiv vorhanden sei, denn zur chemischen Zusammensetzung des Chalcedons gehört ja das Wasser insofern nicht, als das kristallisierte Kieselsäureanhydrid in keiner Weise das Vorhandensein des Wassers bedingt; zum Mineral Chalcedon gehört der Wassergehalt aber unbedingt, da er gewissermaßen wiederum den einzigen chemischen Unterschied zwischen Chalcedon und Quarz darstellt.

Lötrohrverhalten. Der Chalcedon gibt, im Kölbchen erhitzt, Wasser ab; sonst verhält er sich wie Quarz und zeigt, mit Phosphorsalz zur Perle geschmolzen, das bekannte Kieselskelett.

Physikalische Eigenschaften.

Die Kristallklasse des Chalcedons läßt sich nicht angeben; man kann nicht einmal anf das Kristallsystem aus den optischen Eigenschaften rückschließen. Der Chalcedon ist nach mehreren optischen Untersuchungen zweiachsig, Achsenwinkel bis zu ca. $2V = 30°$ [A. Michel-Lévy und Munier-Chalmas[2])]; nach andern, z. B. H. Hein,[3]) ist er einachsig. Letztere Annahme stimmt ja auch mit der im früheren dargelegten, jetzt allgemein akzeptierten Anschauung, daß Chalcedon eine faserige Quarzvarietät sei, besser überein. Den verschiedenen Angaben sei die Bestimmung der Brechungsquotienten, die F. Wallérant[4]) am Quarzin aus den Sanden von Cuise bei Paris ausgeführt hat, entnommen:

Für die Linie	N_α	N_β	N_γ
C	1,531	1,534	1,540
D	1,5325	1,5355	1,5435
E	1,537	1,540	1,548

Die Doppelbrechung der Chalcedonvarietäten ist gering und bald von positivem, bald negativem Charakter.

Färbungen des Chalcedons. Von den gefärbten Chalcedonvarietäten sind besonders die grünen und roten Farbentöne häufig, und solche Exemplare

---

[1]) K. Hüttner, Z. anorg. Chem. **43**, 8 (1905).

[2]) A. Michel-Lévy u. Munier-Chalmas, C. R. **110**, 649 (1890); Bull. Soc. min **15**, 159 (1892).

[3]) H. Hein, N. JB. Min. etc. Beil.-Bd. **25**, 182 (1908).

[4]) F. Wallérant, Bull. Soc. min. **20**, 52 (1897).

sind es, die als Schmucksteine besonders geschätzt werden. Die apfelgrüne Färbung des Chrysoprases rührt, wie die Untersuchungen gezeigt haben, vom Nickel her. M. Klaproth[1]) wies als erster chemisch einen Nickelgehalt nach, und zwar fand er ca. 1 % NiO; C. F. Rammelsberg konstatierte einen bedeutend niedrigeren Nickelgehalt (vgl. Analyse 4, S. 168) in einem Chrysopras von Schlesien. Nach L. Wöhler und K. v. Kraatz-Koschlau[2]) ist der Nickelgehalt des Chrysoprases, der, nebenbei bemerkt, nach den beiden Forschern das einzige durch Nickel dilut gefärbte Mineral sein soll, durch die Anwesenheit eines organischen Nickelsalzes bedingt. Sie wiesen Nickel, Wasser und ziemliche Mengen organischer Substanz analytisch nach. Der Chrysopras schwärzt sich beim Erhitzen durch Abscheidung von kohliger Substanz unter Abgabe eines deutlichen Geruchs; beim Schmelzen im elektrischen Ofen wird er farblos bis hellgelblich (durch Spuren von Eisen). Daß das Nickelsalz wasserhaltig sei, wie die beiden Forscher es meinen, ist nach dem verhältnismäßig hohen Wassergehalt, den diese Chalcedonvarietät besitzt, immerhin möglich, aber nicht unbedingt notwendig, da ja für den Wassergehalt genügend anderweitige Erklärung gegeben werden kann.

Die dunkelgrüne Färbung des Plasmas und Heliotrops wird nach M. Bauer[3]) durch Grünerde hervorgerufen.

Die roten Färbungen (Karneol, Jaspis, Hornstein usw.) sind durch Eisenoxyd (die schön roten) oder durch Eisenhydroxyd (die bräunlicheren) bedingt. Die roten Punkte des Heliotrops sind Eisenocker.

Über die dunkle Färbung des Feuersteins liegen verschiedene teils widersprechende Ansichten vor. Nach Heintz[4]) rührt die Färbung zum Teil von organischen Substanzen her, zum Teil ist sie nicht organischer Natur. Er fand, daß sich Feuersteine des Jura beim Glühen in Sauerstoff nicht vollständig entfärben, während solche von Rügen gänzlich entfärbt werden. Nach J. W. Judd[5]) aber ist die Färbung der Feuersteine überhaupt nicht durch organische Substanz bewirkt, sondern durch Ausfüllung der Zwischenräume zwischen den Partikelchen kristallisierten Kieselsäureanhydrids durch Kolloide; ein solcher Feuerstein wird beim Erhitzen weiß. Nach L. Wöhler und K. v. Kraatz-Koschlau[6]) hinwiederum ist an der organischen Natur des Färbemittels gar nicht zu zweifeln. Er wird nach ihren Untersuchungen beim Glühen im Reagenzrohre unter Entwicklung von starkem Geruche rasch heller und beim Schmelzen vollständig zu einem weißen Glase entfärbt. Die Ansicht J. W. Judds ist wohl sehr unwahrscheinlich und auf keinen Fall zu verallgemeinern. Möglicherweise liegen hier, wie es öfters der Fall zu sein scheint, verschiedene Färbemittel vor.

Härte. Die Härte des Chalcedons wird gewöhnlich mit $6^1/_2$ angegeben, also zwischen Orthoklas und Quarz gelegen. Sie liegt aber näher beim Quarz, und eine genauere Angabe würde besagen: die Härte des Chalcedons ist etwas geringer, als die des Quarzes.

---

[1]) M. Klaproth, Beitr. 1797, 127.
[2]) L. Wöhler u. K. v. Kraatz-Koschlau, Tsch. min. Mit. **18**, 464 (1899).
[3]) M. Bauer, Edelsteinkunde (Leipzig 1909), 626.
[4]) Heintz, Pogg. Ann. **60**, 519 (1843).
[5]) I. W. Judd, Proc. Geol. Assoc. **10**, 219 (1887); zitiert nach C. Hintze, Handb. d. Min. I, 1474 (begonnen 1898).
[6]) L. Wöhler u. K. v. Kraatz-Koschlau, l. c.

Dichte. Da die Dichte des Chalcedons für dieses Mineral von größerer Wichtigkeit ist, so sollen hier einige Angaben nach steigenden Werten zusammengestellt werden (mit Ausschluß der ganz alten Bestimmungen), ohne daß diese Zusammenstellung auf Vollständigkeit Anspruch erhebt:

2,567 Chalcedon von Ungarn; nach C. F. Rammelsberg.[1])
2,590 „ „ Hrotowič in Mähren; anal. H. L. Barvíř.[2])
2,591 „ „ den Faröern; nach H. Leitmeier.[3])
2,591 „ „ Mohelno in Mähren; nach H. L. Barvíř.[2])
2,598 Feuerstein (?); nach C. F. Rammelsberg.[1])
2,607—2,625 Chalcedon von Herman Mesteč in Böhmen; nach H. L. Barvíř.[4])
2,608 Chalcedon von Weitendorf in Steiermark; nach H. Leitmeier.[3])
2,610 „ „ Mohelno in Mähren; nach H. L. Barvíř.[2])
2,614 Feuerstein (?); nach C. F. Rammelsberg.[1])
2,616 Chalcedon von Mohelno in Mähren; nach H. L. Barvíř.[2])
2,618 Chrysopras von Kosemitz in Schlesien; nach A. Breithaupt.[5])
2,62—2,63 Feuerstein von der Insel Rügen; nach C. F. Rammelsberg.[1])
2,623 Chrysopras aus Schlesien; nach C. F. Rammelsberg.[1])
2,624 Blauer Chalcedon von den Faröern; nach C. F. Rammelsberg.[1])
2,625—2,607 Chalcedon von Herman Mesteč in Böhmen; nach H. L. Barvíř.[4])
2,625 Quarzin von Mohelno in Mähren; nach H. L. Barvíř.[2])
2,627 „ „ „ „ „ „ „
2,630 „ „ „ „ „ „ „
2,635 Chrysopras von Schlesien; nach C. F. Rammelsberg.[1])

Weitere Dichtebestimmungen sind bei den Analysen angegeben.

Die Dichte schwankt also innerhalb ziemlicher Grenzen. Es wäre sehr wertvoll, eine größere Anzahl genauer Dichtebestimmungen im Vereine mit Wasserbestimmungen auszuführen.

Die Dichte des Kascholongs, der genetisch gewissermaßen zwischen Chalcedon und Opal steht, aber ein Chalcedon ist, ist geringer, als die durchschnittliche für Chalcedon. H. Leitmeier[6]) fand für einen solchen von den Faröern, der 1,35 $^0/_0$ H_2O enthielt, $\delta = 2{,}370$.

Spezifische Wärme. P. Laschtschenko,[7]) der die mittlere spezifische Wärme mehrerer Mineralien bei der Abkühlung im Berthelotschen Calorimeter bestimmt hat, fand für Chalcedon bei 139° $c = 0{,}1930$ Cal.; bei 203° $c = 0{,}1961$ Cal.; bei 227° $c = 0{,}2039$ Cal.; bei 230° $c = 0{,}2484$ Cal.; bei 300° $c = 0{,}2500$ Cal.; bei 405° $c = 0{,}252$ Cal.; bei 500° $c = 0{,}2515$ Cal. und bei 580° $c = 0{,}250$ Cal. Die spezifische Wärme steigt somit beim Chalcedon bei höherer Temperatur ziemlich bedeutend, bedeutender wie beim Quarz, und sie steigt überhaupt am raschesten von den von P. Laschtschenko untersuchten Mineralien (Schwerspat, Witherit, geschmolzener Kalk, Chalcedon, Quarz). Aus

---

[1]) C. F. Rammelsberg, Pogg. Ann. **188**, 187 (1861).
[2]) H. L. Barvíř, Sitzber. d. k. böhm. Ges. d. Wiss. 1897 (böhmisch). Ref.: Z. Kryst. **3**, 1525 (1899).
[3]) H. Leitmeier, ZB. Min. etc. 1908, 632.
[4]) H. L. Barvíř, Sitzber. d. k. böhm. Ges. d. Wiss. 1893 (böhmisch). Ref.: Z. Kryst. **25**, 431 (1896).
[5]) A. Breithaupt, N. JB. Min. etc. 1843, 49.
[6]) H. Leitmeier, ZB. Min. etc. 1908, 632.
[7]) P. Laschtschenko, Journ. russ. Phys. Chem. Ges. **42**, 1604. Ref.: Chem. ZB. **82**, 1188 (1911[1]).

dem Sprunge zwischen 227° und 230° schloß P. Laschtschenko auf eine polymorphe Umwandlung. Dieser Sprung ist sehr groß, viel größer als beim Umwandlungspunkt zwischen 580—600° bei Quarz. Ob dieser Sprung mit einer Umwandlung zusammenhängt, dies ist sehr schwer festzustellen; bis jetzt liegt keine andere Beobachtung vor, die die Annahme einer solchen bestätigen würde. Sehr auffällig ist diese verschiedene mittlere spezifische Wärme bei Quarz und Chalcedon indessen gewiss, und die Annahme, daß Chalcedon mit Quarz völlig identisch sei, ist mit diesen Ergebnissen nicht völlig in Einklang zu bringen.

Über die Ausdehnung durch die Wärme siehe bei Quarz S. 132. Diese Untersuchungen sind aber nur an geglühtem Materiale angestellt worden.

Die Löslichkeit des Chalcedons.

Wie aus Versuchen H. Leitmeiers[1]) hervorgeht, ist der Chalcedon in ganz geringen Spuren in heißem Wasser löslich.

Von den Löslichkeitsbestimmungen sind aber vor allem die in heißer Kalilaugenlösung ausgeführten von Wichtigkeit. Schon frühzeitig hatte man den Unterschied der Löslichkeit der mineralischen Kieselsäurevarietäten erkannt und in diesem Verhalten eine Unterscheidungsreaktion von Quarz, Chalcedon und Opal erblickt. Quarz galt als unlöslich, Chalcedon als schwerlöslich, Opal als leichtlöslich. Heute nun wissen wir, daß die Verhältnisse doch nicht ganz so liegen, sondern daß es sich nur um graduell verschiedene vollständige Löslichkeit handelt, und wir wissen, daß auch der Quarz in heißer Kalilauge vollständig löslich ist (vgl. bei Quarz S. 124).

Man hatte früher auf Grund der Untersuchungen von N. J. Fuchs[2]) angenommen, daß der Gehalt einer kieseligen Masse an Opal dadurch leicht erkannt und bestimmt werden könne, daß man einfach durch heiße Kalilaugenlösung die Opalmenge ausziehen könne und daß der Rückstand aus der gesamten vorhandenen Menge der kristallisierten Kieselsäure bestehe. So dachte man sich auch, wie bereits erwähnt, den Chalcedon aus wechselnden Mengen von amorpher opalartiger und kristallisierter quarzartiger Kieselsäure zusammengesetzt.

In diesem Sinne sind denn auch die ersten Löslichkeitsversuche von N. J. Fuchs ausgeführt worden. Er fand, daß ein Chalcedon, den er in Form einer angeschliffenen Platte ein Jahr lang mit verdünnter Kalilaugenlösung behandelte, 3,9% seines Gesamtgewichts verloren hatte. Als er feines Chalcedonpulver aus Sachsen eine halbe Stunde lang in verdünnter KOH kochte, hatten sich 8,9 Gewichtsprozente aufgelöst. Feuerstein zeigte sich weniger angreifbar; nach 10 Minuten waren aus dünnen Splittern mit kochender KOH nur 1,7% ausgezogen worden. Feines Pulver dieses Feuersteins ergab nach einer halben Stunde 7,5% Kieselsäure in Lösung. N. J. Fuchs schloß aus diesen Versuchen auf das Vorhandensein der entsprechenden Mengen von Opal.

G. Bischof[3]) behandelte in gleicher Weise Chalcedon von Idar, der 0,59 H_2O enthielt, sowohl im gewöhnlichen, als auch im geglühten Zustande

[1]) H. Leitmeier, ZB. Min. etc. 1908, 631.
[2]) N. J. Fuchs, Pogg. Ann. 31, 577.
[3]) G. Bischof, Lehrb. der chem. Geologie II/2, 1244 (1855).

mit verdünnter Kalilauge eine halbe Stunde lang und erhielt 2,984 % vom nicht geglühten und 2,177 % vom geglühten gelöst.

Eingehender hat sich dann C. F. Rammelsberg[1]) mit der Löslichkeit der mineralischen Kieselsäurevarietäten beschäftigt. Ein grob pulverisierter blauer Chalcedon von den Faröern, der 0,59 H_2O enthielt, gab nach dreimaligem Kochen in konzentrierter Kalilaugenlösung 92,8, dann 82,6 und endlich 79,9 % Rückstand. Viel leichter löslich war Chalcedon aus Ungarn; er enthielt 1,84 % H_2O in den äußeren durchscheinenden Partien und 2,60 % in den trüben inneren Teilen. Es blieb als Rückstand nach wiederholter Behandlung mit kochender Kalilauge zuerst 78,66, dann 10,61, später 8,30 und endlich 6,12 % von der äußeren, und zuerst 65,00, dann 9,30 % von der inneren Partie zurück. Sehr verschieden verhielt sich ein Chrysopras aus Schlesien; ein Stück, das 2,08 % H_2O (Analyse 4 auf S. 168) enthielt, löste sich, einmal mit Kalilauge gekocht, bis auf 14,40 % vollständig auf; ein anderes Exemplar hingegen, das nur 1,83 % H_2O enthielt, war viel weniger leicht löslich; die Rückstände betrugen nach jedesmaligem Kochen: zuerst 92,34, dann 50,98, schließlich 49,41 %. Sehr interessantes Verhalten zeigten Feuersteine. Ein solcher, leider ohne Fundortsangabe, der 1,41 % H_2O enthielt, löste sich beim ersten Kochen bis auf 7,66 % und dann bei der Wiederholung bis auf 6,62 % auf, während ein Feuerstein von der Insel Rügen, mit einem Wassergehalt von 1,40 %, also nahezu demselben, wie der zuerst behandelte, in durchscheinenden Partien und 1,25 % H_2O in undurchsichtigen Partien, viel weniger leicht löslich war, wie die folgende Zusammenstellung zeigt:

	Durchscheinende Partien	Undurchsichtige Partien
Einmaliges Kochen . . .	79,80 % Rückstand	51,47 % Rückstand
Zweimaliges " . . .	67,32 " "	44,77 " "
Dreimaliges " . . .	51,90 " "	39,54 " "
Viermaliges " . . .	38,11 " "	
Fünfmaliges " . . .	26,60 " "	

C. F. Rammelsberg stellte dadurch fest, daß es unter den Chalcedonen und Feuersteinen Varietäten gebe, die in Kalilauge leicht löslich seien. Dieses eben geschilderte Verhalten zweier Feuersteine ist in der Tat sehr auffällig und es fragt sich, ob man diese Erscheinung durch einen lockeren Aufbau der einzelnen Fasern wird erklären können und es ist sehr daran zu denken, ob nicht doch hier teilweise eine andere, leichter lösliche Form der Kieselsäure vorliegen dürfte.

Aus diesen verschiedenen Löslichkeiten der Chalcedone schloß C. F. Rammelsberg, daß die Methode, durch Ausziehen mit Kalilauge den Opalgehalt eines Kieselsäureminerals zu erkennen, unbrauchbar sei, da die gefundenen spezifischen Gewichte nicht mit dem angenommenen Opalgehalte übereinstimmen.

Nach F. Graeff[2]) lösten sich von Carneol aus Waldshut in Baden (Analyse 7) nach dreimaligem Kochen von je 2 Stunden in KOH und H_2O zu gleichen Teilen 24,58 % SiO_2.

Später wurde dann namentlich von G. Lunge und C. Millberg[3]) gezeigt, daß auch der Quarz von heißer Kalilaugenlösung nicht nur angreifbar sei, sondern vollständig aufgelöst werde (siehe bei Quarz S. 124). Durch Behand-

[1]) C. F. Rammelsberg, Ann. d. Phys. (Pogg. Ann.) **112**, 177 (1861).
[2]) F. Graeff, Z. Kryst. **15**, 378 (1889).
[3] G. Lunge u. C. Millberg, Z. f. angew. Chem. 1897, 393, 425.

lung von Gemengen aus Bergkristallpulver mit Opal zeigten sie, daß die Trennung dieser beiden Kieselsäureformen auf diesem Wege unmöglich sei (siehe bei Opal).

Vergleichende Löslichkeitsbestimmungen hat dann noch H. Leitmeier[1]) vorgenommen, wobei stets die Lösungen analysiert und nicht nur der Rückstand gewogen wurden.

Mineral	Spezifisches Gewicht	Wasserabgabe bei 90° C	Wassergehalt als Glühverlust	Löslichkeit bei fünfstündiger Einwirkung von Kalilaugenlösung 1:2 bei einer Temperatur von 85° C
Quarz von Rauris	2,613	—	(0,22) %	7,23 %
Chalcedon von Weitendorf in Steiermark	2,608	—	1,50	76,02
Derselbe ohne Wasser . . .	—	—	—	53,10
Chalcedon von den Faröern	2,591	0,10 %	1,02	42,30
Kascholong von den Faröern	2,370	0,25	1,35	54,49

Aus dieser Zusammenstellung geht hervor, daß es einen Chalcedon gibt, der im spezifischen Gewicht und auch, wie optische Untersuchungen gezeigt haben, mit den andern Chalcedonen vollständig übereinstimmt, der aber in heißer Kalilaugenlösung viel leichter löslich ist als der Opal von Waltsch (vgl. bei Opal). Es hängt die Löslichkeit in erster Linie von der Struktur des Chalcedons ab; der hier in Rede stehende Chalcedon von Weitendorf ist übrigens auch sehr leicht anfärbbar und scheint somit sehr porös zu sein.

Löslichkeit in Flußsäure. v. Kobell[2]) hat gefunden, daß die als dichte Kieselsäuremassen bezeichneten Chalcedone und Achate von Flußsäure leichter gelöst werden, als der Quarz; er konstatierte dies durch Ätzversuche auf angeschliffenen Platten.

Synthese des Chalcedons.

Der erste, der Chalcedon künstlich dargestellt hat, war G. A. Daubreé;[3]) er hat ihn neben Quarz dadurch erhalten (s. S. 147), daß er bei 400° reines Wasser auf Glasstücke einwirken ließ; die zersetzte Glasmasse, die nach dem Versuche zurückblieb, bestand aus Sphärolithen und nadelförmigen Mikrolithen, die in Säuren unlöslich waren und die als Chalcedon erkannt wurden.

Bei ihren Versuchen über die Bildung von Quarz und Silicaten zum Zwecke, die Entstehung dieser Mineralien auf Klüften der Gesteine zu erklären (siehe auch bei Quarz S. 149, dort auch eine Analyse des Ausgangsmaterials), erhielten J. Koenigsberger und W. J. Müller[4]) Chalcedon. Zerkleinerte Glasstücke mit einer Korngröße von 2—5 mm wurden in Wasser, das Kohlensäure enthielt, 60 Stunden lang auf 360° in einem eigens zu diesen Untersuchungen konstruierten Ofen (Beschreibung siehe Bd. I S. 616) erhitzt,

[1]) H. Leitmeier, ZB. Min. etc. 1908, 632.
[2]) v. Kobell in G. Bischoff, Lehrbuch der chem. u. phys. Geologie **2, 2** (1855).
[3]) G. A. Daubrée, Ann. d. min. **12**, 295 (1857); und Synthetische Studien zur Experimentalgeologie (übersetzt von A. Gurlt). Braunschweig 1880, 149.
[4]) J. Koenigsberger u. W. J. Müller, ZB. Min. etc. 1906, 329 u. 353.

12 Stunden lang filtriert, in 8 Stunden auf 190° abgekühlt und in weiteren 4 Stunden auf Zimmertemperatur gebracht. Der im Hauptrohre zurückgebliebene Bodenkörper war vollständig zersetzt und enthielt neben Quarzkriställchen radialstengelige Aggregate und Sphärokristalle, deren Dichte kleiner als die des Quarzes und deren Brechungsquotient kleiner als der des Canadabalsams war; sie lösten sich ohne Rückstand in konzentrierter Natronlauge, während sie in Salzsäure unlöslich waren; die Bestimmung mit Flußsäure ergab die reine Kieselsäurenatur dieser Gebilde; es lag sonach Chalcedon vor.

Auch als Wasser allein, ohne Kohlensäure angewandt wurde, hatten sich im Bodenkörper neben Tridymit und spärlichem Quarz Chalcedonnadeln gebildet. Auch aus Obsidian (von der Fossa bianca in Lipari), der in Wasser mit Kohlensäure und Natriumcarbonat auf 320° erhitzt worden war, hatte sich spärlich Chalcedon gebildet.

Die beiden Forscher schlossen aus ihren ausgedehnten, beim Quarz ausführlicher beschriebenen Untersuchungen, daß Chalcedon gleichzeitig neben Quarz durch Bodenkörperreaktionen als labile Verbindung entstehen könne.

H. Leitmeier[1]) erhielt dadurch, daß er amorphes (käufliches) Kieselsäurehydrat mit wolframsaurem Kalium im Verhältnisse von ca. 1 : 4 mit reinem Wasser in einer zugeschmolzenen Glasröhre ununterbrochen 144 Tage lang im Wasserbade bei einer Temperatur von 80° behandelte, kleine Chalcedonsphärolithe. Das wolframsaure Salz spielte hier die Rolle eines Kristallisators. Die gebildeten Sphärolithe waren in Salzsäure unlöslich, lösten sich aber, wenn auch langsam, in Natronlauge. Sie glichen vollständig feinem Chalcedonmehl, das sich in den Hohlräumen des Basalts von Weitendorf in Steiermark als junger Absatz fand.

Vorkommen und Genesis des Chalcedons.

Nach den neueren und neuesten Untersuchungen scheint wohl kein Zweifel mehr zu bestehen, daß der Chalcedon seine Entstehung der Umwandlung der kolloiden Phase in die kristalloide verdankt. Es scheint des öfteren der Fall zu sein, daß das Kieselsäureanhydrid gleich bei seiner Entstehung in die kristallisierte Phase übergegangen sei und F. Cornu und H. Leitmeier[2]) die als erste die Ansicht aussprachen und zu beweisen suchten, daß Chalcedon nicht direkt aus wäßriger Lösung, sondern durch die Umwandlung des Hydrogels entsteht, bezeichnen solche Gebilde als in statu nascendi kristallin gewordene Gele.

Die Struierung der Quarzfasern im Chalcedon tritt im Dünnschliff bei der Beobachtung unter dem Mikroskope deutlich hervor. Die Fasern sind gedreht, gedrillt, wie der hierfür allgemein gebrauchte Ausdruck lautet. Diese Drillungen können oft sehr rasch aufeinander folgen. Die Faserrichtung der Chalcedonfasern ist bald die der Hauptachse im Quarz, bald normal darauf, weshalb die Chalcedone bald aus optisch negativen, bald aus optisch positiven Fasern und Fäserchen zusammengesetzt sind. Das Bild eines Dünnschliffs, also eines sehr dünnen Blättchens, das aus diesem Minerale geschnitten ist, gleicht vollkommen in seiner Struierung manchen organischen Verbindungen,

[1]) H. Leitmeier, N. JB. Min. etc. Beil.-Bd. 27, 244 (1909).
[2]) F. Cornu u. H. Leitmeier, Koll. Z. 4, 285 (1909).

die auf dem Objektträger rasch kristallisieren, so daß man das mikroskopische Bild, das diese Verbindung gibt, ohne weiteres mit dem eines Chalcedondünnschliffs verwechseln könnte. Diese Übereinstimmung in der Struktur läßt auf ein ähnliches rasches Auskristallisieren des Chalcedons rückschließen, von dem gleich unten die Rede sein wird. Die Fasern sind bald radial, bald parallel angeordnet, sehr häufig vereinen sich feine spindelartig angeordnete Fäserchen zu größeren Fasern, die dann, wenn sie radial angeordnet sind, sphärolithische Gebilde darstellen.

Betrachtet man das Vorkommen des Chalcedons und des Kascholongs, so sind die zwei häufigsten Typen des Auftretens dieser beiden Minerale die eisernen Hüte von Eisenerzlagerstätten und die Mandelausfüllungen gewisser Effusivgesteine. Am Hüttenberger Erzberg finden sich sowohl Chalcedon als Kascholong in inniger paragenetischer Verknüpfung mit Opal, Gelbrauneisenerz und Wad vor. Die hier auftretenden wunderschönen Federchalcedone, äußerst zarte und gebrechliche Stalaktiten, sind nach Seeland durch den Zug der Grubenwetter entstanden, die das Wasser, welches die kolloide Kieselsäure gelöst enthält, bald auf die eine, bald auf die andere Seite der Erzpfeiler des Xaverilagers herabtropfen ließen. Aus dieser wichtigen Beobachtung Seelands erhellt, daß hier eine primäre Bildung des Chalcedons zugleich mit den Gelbildungen stattgefunden hat. Der Chalcedon ist hier ein in statu nascendi kristallin gewordenes Gel. Die Paragenesis mit Opal beweist einerseits, daß hier die Entstehungsbedingungen der kolloiden und der kristalloiden Form gerade aneinander grenzten. Um den Beweis zu vervollständigen, ist uns im Kascholong und Kascholong-Opal auch noch das Produkt des Übergangspunktes erhalten geblieben. Nach Privatmitteilungen Canavals bilden sich in Hüttenberg noch gegenwärtig Chalcedone.

Die zweite Art, in der Chalcedon vorkommt, die der Mandelsteine, wird z. B. repräsentiert durch die Chalcedone in den zeolithführenden Hohlräumen der Trappbasalte der Faröer. In diesen Hohlräumen finden sich alle vier Kieselsäureminerale vor, Quarz, Chalcedon, Kascholong und Opal. Der Quarz ist das am seltensten auftretende Mineral. Wir beobachten nun sehr häufig ein mehrfaches Alternieren von Opal- und Chalcedonschichten, und in manchen Mandeln erscheint schließlich als Abschluß hinter der letzten Chalcedongeneration Quarz.

Häufig finden sich auch an Stelle des Quarzes Zeolithe, so Apophyllit, Okenit und Heulandit. A. Breithaupt hat übrigens ganz analoge paragenetische Verhältnisse auch an anderen Vorkommen beobachtet (Paragenesis S. 93—108). Wir haben also auch bei diesen Vorkommen ganz analoge Verhältnisse wie am Hüttenberger Erzberg: ein Schwanken um die haarscharfe Grenzlinie zwischen Kolloid- und Kristalloidbildung. Der einzige Unterschied besteht darin, daß die Hohlraumausfüllungen der Trappbasalte keine normalen Verwitterungsprodukte sind, sondern Gebilde der thermalen Phase. Es sei hier daran erinnert, daß die chemisch-geologischen Bedingungen der Gelbildung noch die thermale Phase streifen (Plombierit- und Smegmatitbildung in der Therme von Plombières). Jedenfalls haben wir es in beiden Fällen mit dem Kristallinwerden eines Gels in statu nascendi zu tun.

Es fragt sich nun: haben wir in der Natur auch Fälle, welche die direkte Umwandlung von Opal in Chalcedon zeigen, so daß auch epigenetisch die Beziehung zwischen ihnen hergestellt wäre?

A. Breithaupt berichtet über ein derartiges Vorkommen folgendes: „Kontraktion opalartiger Körper zu Quarzdrusen habe ich besonders deutlich in folgender Weise beobachtet. In, auf Gängen zu Johanngeorgenstadt in Sachsen vorkommendem graubraunem Hornstein finden sich ganz kleine eingesprengte Partien weißen Opals. Unmittelbar dabei liegen in demselben Hornsteine (also Chalcedon) etwas größere, ebenso einzeln verteilte und gestaltete, auch vollkommen abgeschlossene Quarzdrüschen und noch zum Teil mit einer äußerlichen Haut von Opal, welche Drüschen selbst sogenanntes Urwasser enthielten, als man die Hornsteinmassen zerschlagen hatte. Hier ist wohl unzweifelhaft aus den größeren Opalbrocken kristallisierter Quarz entstanden und das aus dem Opal ausgeschiedene Wasser in den Drusen zum Teil wenigstens noch reserviert worden."[1])

Vielleicht sind die kleintraubigen, fast wasserhellen Chalcedone von den Faröer, die nur selten angetroffen werden, ein Umwandlungsprodukt des Hyalit, der sich als Gel durch seine kleintraubige Form von den typischen Glaskopfformen des Chalcedons unterscheidet.

Fälle, die mit dem von A. Breithaupt beschriebenen Typus übereinstimmen, kennen wir von Schneeberg in Sachsen. (Hornsteine, die Quarzdrusen enthalten). Auch sei noch an die Quarzkristalle in den durch Kontraktion entstandenen Hohlräumen des Feuersteins erinnert.

K. Jimbo[2]) fand in Tateyama in Japan Hyalite, die sonst die Eigenschaften der Opale erkennen lassen, aber deutlich radialfaserig strukturiert sind. Sie sind nach dem Radius des Kügelchens optisch negativ. Es ist, wie K. Jimbo ausführt, leicht möglich, daß es sich um einen Opal handelt, der in Chalcedon übergeht. Also ein kristallin werdendes Kolloid.

F. Slavík[3]) beschrieb von Unter-Bory bei Groß-Meseritsch in Westböhmen Opale, die Hohlräume des Serpentins ausfüllen, der dann in Chalcedon übergegangen ist.

Auch als in der Gegenwart sich bildender Absatz von Thermalwässern ist Chalcedon beobachtet worden, so von Laube[4]) in Teplitz als Überzug über Porphyrgeschiebe, der „als Anfangsstadium der sich später zu Hornstein entwickelnden, derlei Geschiebe verkittenden kristallinischen Kieselausscheidung anzusehen ist". Auch in Frankreich sind von A. Lacroix[5]) solche Bildungen von Olette in den Pyrénées Orientales, in den Thermen von Plombières im Departement Vosges in Savoyen und in der Limágue (Puy-de-Dôme) erwähnt worden.

Es wären spezielle Versuche über Umwandlung von Opal oder Kieselgallerte bei konstanter niederer Temperatur erwünscht.[6])

Auch der Quarz kann sich unter bestimmten Bedingungen in chalcedonartige Substanzen verwandeln, wie aus einigen Beobachtungen geschlossen werden kann.

---

[1]) A. Breithaupt, Paragenesis (Freiberg 1849), 50.

[2]) K. Jimbo, The siliceous oolite of Tateyama, Etchu Province. Beitr. z. Min. Japans, Tokyo, S. 11—76 (1905).

[3]) F. Slavík, Abh. böhm Akad. Prag 1901. — Deutsches Ref. Z. Kryst. **27**, 197 (1903).

[4]) Laube, Tsch. Min. Mit. **14**, 13 (1895).

[5]) A. Lacroix, Min. de France 1901, III, 139 u. 140.

[6]) Solche Versuche werden seit langem von C. Doelter und mir ausgeführt, haben aber bisher zu keinem Resultate geführt.

Vielleicht stellen der Lutecit und Quarzin ein solches Umwandlungsprodukt dar, da sie häufig als Überzug auf Quarz angetroffen werden. So finden sich z. B. in Mohelno[1]) am Iglawaflusse bei Trebitsch in einer Quarzader wechselnd geknickte Lagen von Quarzin, gemengt mit einer magnesiumhaltigen Substanz, und Lagen fast wasserhellen Quarzes und dazwischen Streifchen von Quarzin und Chalcedon, die sich durch optisch negative Faserrichtung beim Chalcedon, positive beim Quarzin unterscheiden. Aber auch Fasern wurden beobachtet, die bald positiv, bald negativ waren. Es ist nun möglich, daß hier ein Übergang vom Quarz zum Chalcedon über die als Quarzin bezeichnete Substanz stattfand und daß überhaupt diese Substanzen Quarzin, Lutecin und Lussatit solche Übergangsglieder seien. Um hierüber Bestimmtes zu behaupten, müßten alle diese Varietäten auf das genaueste bezüglich ihrer paragenetischen Verhältnisse untersucht werden.

Daß die Umwandlung aber noch weitergehen kann, das zeigen uns die Verhältnisse von Olomuczan und Tischnowitz in Mähren. Dort finden sich Kascholongpseudomorphosen nach Quarz, die Reuß[2]) als Umwandlung des kristallisierten Kieselsäureanhydrids in das amorphe beschrieben hat, was später auch F. Sandberger[3]) zeigte. Zugleich hatte Wasseraufnahme stattgefunden (vgl. S. 152).

Wir sehen also hier in der Natur einmal eine Reihe des Wasserverlustes, Dehydratationsreihe: Opal — Kascholong — Chalcedon — Quarz und zugleich eine Hydratationsreihe: Quarz — Chalcedon — Kascholong. Erstere ist die Umwandlung eines Kolloids in ein Kristalloid, letztere die eines Kristalloids in ein Kolloid.

Ähnliche Ansichten über die Umbildung kolloider Kieselsäure in kristallisierten Quarz entwickelt auch S. Calderon,[4]) der zwischen der mit Wasser getränkten Kieselsäuregallerte und einer kolloiden, aber vollkommen wasserfreien Kieselsäure, eine ganze Reihe von Übergängen annimmt. Daß solche Übergänge so weit Stabilität annehmen, daß sie verschiedene durch ihren Wassergehalt differierende Opale bilden können, wäre immerhin möglich. Siehe über diese Möglichkeit unten bei Opal. Seine Ansicht, daß der 2—3% betragende Wassergehalt der Chalcedone auf beigemengten Opal deute, ist unrichtig (s. S. 160).

Auch die Oberflächenform der Chalcedone weist dort, wo sie zur freien Entwicklung kam, auf die ehemalige Gelnatur des Kieselsäureanhydrids.

Einen andern von den eben geschilderten wesentlich verschiedenen Typus stellen die Feuersteine dar, die Organismen ihre Entstehung verdanken. Sie treten nur in der Kreide auf, seltener im Jura und im Tertiär.

Über ihre Entstehung sind in der ersten Hälfte des vorigen Jahrhunderts eine Anzahl Hypothesen gemacht worden, von denen nur einige hier Erwähnung finden sollen. Nach Untersuchungen von Ch. G. Ehrenberg,[5]) der die organische Bildung der Feuersteine erkannte, hat man die Bildung von Feuersteinen, die in der Nähe von Vulkanen auftraten, teilweise mit der Tätigkeit dieser Vulkane in Zusammenhang gebracht (näheres bei G. Bischof). Nach

[1]) Barvíř, Böhm. Ges. Wiss. 1897.
[2]) Reuß, Sitzber. Wiener Ak. **10**, 67 (1853).
[3]) Sandberger, N. JB. Min. etc. 1867, 833 und 1879, 888.
[4]) S. Calderon, Bol. R. Soc. exp. Hist. nat. 1908. — Referat. Z. Kryst. **49**, 300 (1911).
[5]) Ch. G. Ehrenberg, Sitzber. der Berliner Ak. Mai 1846, zitiert nach G. Bischof, Chem. Geologie **2**, 1250 (1855).

Ehrenberg sind die Feuersteine durch mechanische Ansammlung von kieseligen Teilchen größtenteils organischen Ursprungs auf dem Meeresgrunde entstanden. J. S. Bowerbank,[1]) der sich dieser Ansicht anschließt, fügt noch hinzu, daß die Feuersteine meist von Schwämmen gebildet werden, deren Stellen sie genau einnehmen, obwohl von ihnen nur mehr geringe Reste übrig sind. Gegen diese Ansicht wandte sich J. T. Smith,[2]) der angab, im Feuerstein Reptilien- und Fischzähne und andere nicht verkieselte Einschlüsse gefunden zu haben und der Feuersteine dadurch gebildet glaubt, daß „organische Materie kieselige Flüssigkeit durch nähere chemische Verwandtschaft angezogen habe". D. T. Anstedt[3]) denkt bei der Feuersteinbildung auch an die Molekularattraktion zwischen homogenen Masseteilchen, nach welcher kieselige Schwammfasern auf suspendierte Kieselmaterien gewirkt haben; aber auch durch Eindringen heißer, Kieselsäure führender Quellen in das Innere der Schwämme kann sich nach D. T. Anstedt Feuerstein gebildet haben. A. Bensbach[4]) schließt sich der Ansicht J. T. Smiths zum Teile an und sagt, daß das Erstarren der flüssigen Kieselmasse, die von einem festen Körper angezogen wurde, sehr rasch vor sich ging. Ähnliche Ansichten hatte schon früher G. A. Mantel[5]) entwickelt. Eine davon nicht sehr verschiedene Theorie stellt auch A. Gaudrie[6]) auf.

In neuerer Zeit ist die Genesis der Feuersteine in ausführlicher Weise von H. Hanssen[7]) untersucht worden. Es soll von ihm auch die Literatur ausführlich kritisch zusammengestellt worden sein.[8]) Er schließt sich der Ansicht an, daß die Kieselsäure durch Spongien und nur in untergeordnetem Maße von Radiolarien und Diatomeen erzeugt worden sei. Diese Meerestiere liefern die Kieselsäure nicht nur durch ihr eigenes Gerüst, sondern sie selbst zerlegen die Silicate des Meeresschlamms und scheiden die in diesen enthaltene Kieselsäure aus; Hanssen gibt auch einen Versuch an, der die Löslichkeit von Kieselsäureanhydrid zoogenen Ursprungs zeigt. Die Spongienreste sind vom Meerwasser aufgelöst und daraus die Kieselgallerte gebildet worden. Die Neuausfällung erfolgte durch eine andere Säure und H. Hanssen denkt dabei an Kohlensäure oder Schwefelwasserstoff. Die Ansatzpunkte der Kieselsäureflöckchen waren die Gerüste der Spongien. Auf diese Weise entstanden die Feuersteinknollen, die im Äußeren zum Teile noch die Form der Spongie erhalten zeigen. Je nach dem Erhaltungszustande der Spongie, die als Gerüstkörper dient, blieb auch die Innenform dieses Meerestiers erhalten. Diese Erklärungsversuche bringen eigentlich wenig Neues und erscheinen vielmehr als ein Substrat aller früheren. Die Feuersteinschichten erklärt H. Hanssen dadurch, daß die Ausfällung der Kieselsäure in einzelnen ungleich

[1]) J. S. Bowerbank, Ann. mag. nat. hist. **8**, 460 (1892). Ref. N. JB. Min. etc. 1882, 617 u. 1847, 603.

[2]) J. T. Smith, Edinb. Phil. Mag. London **19**, 1 u. 289 (1847). — Ref. N. JB. Min. etc. 1847, 603.

[3]) D. T. Anstedt, Ann. mag. nat. hist. **13**, 241 (1844). — Ref. N. Min. etc. 1844, 617.

[4]) A. Bensbach, N. JB. Min. etc. 1847, 769.

[5]) G. A. Mantel, Ann. mag. nat. hist. **16**, 73 (1845). — Ref. N. JB. Min. etc. 1848, 617.

[6]) A. Gaudrie, Thèse. (Paris 1852.) — Ref. N. JB. Min. etc. 1854, 207.

[7]) H. Hanssen, Dissertation: Die Bildung des Feuersteins in der Schreibkreide. (Kiel 1901.)

[8]) Leider ist es mir nicht möglich gewesen, die in keiner allgemeinen zugänglichen Zeitschrift erschienene Arbeit Hanssens selbst zu lesen und ich muß mich auf das allerdings ausführliche, vorzügliche Referat im ZBl. Min. etc. 1902, 659 von M. Bauer beschränken.

langen Zwischenräumen nur dann erfolgte, wenn die Lösung die genügende Konzentration erreicht hatte. Nach W. J. Sollas[1]) ist das zur Verkieselung der Feuersteine nötige Kieselsäureanhydrid aus den umgebenden Kreideschichten hergeführt worden, denn die in den an Feuersteine angrenzenden Kreidepartien enthaltenen Spongiennadeln sind ausgelaugt und durch Hohlräume ersetzt worden.

In ähnlicher Weise bildet sich auch durch Verkieselung von sedimentärem, wohl organischem Kalk der Hornstein, wie er z. B. in größeren Partien im Sonnwendgebirge (Rofan) in Nordtirol zu finden ist. A. K. Coomáraswámy[2]) hat z. B. ein solches Hornsteinvorkommen von Uduwela in der Nähe von Kandy, auf der Insel Ceylon beschrieben, wo der Hornstein noch Carbonateinschlüsse enthält. A. K. Coomáraswámy führt diese Bildungen auf die Tätigkeit heißer Quellen, die einen hohen Kieselsäuregehalt besaßen, zurück, die die Carbonate auflösten und Opal und Chalcedon absetzten.

Paragenesis.

Über die Paragenesis des Chalcedons ist das Wichtigste zum Teil schon im Vorstehenden mitgeteilt worden. Sein häufigstes Auftreten ist in den Hohlräumen der Effusivgesteine zu finden, dabei werden die basischen im wesentlichen bevorzugt. Wo in solchen Höhlungen Quarz und Chalcedon zusammen vorkommen, hat sich der Chalcedon fast stets zuerst gebildet; so finden sich gewöhnlich im Inneren der Achate gut entwickelte Quarzkristalle. Dann sind es namentlich die beiden Modifikationen des Calciumcarbonats, mit denen Chalcedon zusammen vorkommt und zwar hat er sich bald früher, bald später abgeschieden als jene. Ein in bezug auf die Altersfolge der Mineralien gut studiertes Vorkommen ist das durch seine Schönheit hervorragende Auftreten im Feldspaltbasalte von Weitendorf in Steiermark. Die Sukzession[3]) ist hier die folgende: Chalcedon (I) → Aragonit → (Calcit) → Chalcedon (II) → Quarz → Calcit → Chalcedon (III) und Erze. Der Chalcedon II bildet Überzüge über Aragonit und Calcit. Daneben kommt noch ein Chalcedon im Basalte vor, der in seiner Struierung völlig von dem als Chalcedon I bezeichneten verschieden ist und stets allein auftritt und, da er der sonst stets auftretenden Unterlage des Carbonats entbehrt, dürfte er die erste Ausscheidung sein. Chalcedon III als letzte Ausscheidung bildet feine pulverige Überzüge.

Von Interesse ist auch das Zusammenvorkommen des Chalcedons mit Zeolithen. Beides, Zeolithe und Chalcedon, haben ihre Hauptverbreitung in Effusivgesteinen und dennoch scheinen sie einander nach Möglichkeit zu meiden. So ist das schöne Zeolithvorkommen im Basalte des Roßberges bei Darmstadt im nördlichen Odenwalde frei von Chalcedon. In Weitendorf hinwieder findet sich so gut wie gar kein Zeolith. Wo in Basalten Zeolithe und Chalcedon vorkommen, treten sie gewöhnlich jeder getrennt für sich in den Hohlräumen auf, z. B. auf den Faröern und in Island. In den verhältnismäßig seltenen Fällen ihres Zusammenvorkommens ist der Chalcedon gewöhnlich erste Ausscheidung. So kommt auf dem Chalcedon von Oberstein[4])

[1]) J. Sollas, Rep. Brit. Assoc. 1899, 744 — Ref. Z. Kryst. **34**, 436 (1901).
[2]) A. K. Coomáraswámy, Geol. Mag. London [5] 1904, 16.
[3]) H. Leitmeier, N. JB. Min. etc. Beil.-Bd. **28**, 219 (1909).
[4]) M. Seebach u. R. Görgey, ZB. Min. etc. 1911, 161.

Chahasit und untergeordnet Harmotom vor, auf den Faröerinseln[1]) sind es nach R. Görgey Okenit und wasserheller Heulandit, die ihm aufgewachsen anzutreffen sind.

Über das Zusammenvorkommen mit Opal ist das Nötige bereits oben mitgeteilt worden. S. 177 f.

Wo der Chalcedon als Verkieselung also wohl zum Teile aus Opal entstanden auftritt, da ist sein Zusammenvorkommen mit allen möglichen andern Mineralien, den Gemengteilen der verschiedensten Gesteine, vor allen der Carbonatgesteine und zum Teil auch der Silicatgesteine sehr verschieden und wenig charakteristisch, so birgt der Hornstein von Uduwela in Ceylon, dessen Genesis oben erwähnt ist, Glimmer, Spinell, Graphit und Apatit, welche Mineralien auch der in nächster Nähe anstehende Kalkstein enthält.[2])

Auch als jüngere Bildung auf Erzlagerstätten ist Chalcedon nicht eben selten. So beschrieb z. B. A. Bergeat[3]) ausführlich solche Vorkommen von der Grube Cabrestante im Staate Zacatecas in Mexiko, wo er mit Kupferkies, Pyrit, Granat, Calcit, Eisenglanz, Magnetit und Quarz auftritt.

Umwandlungen und Pseudomorphosen.

Von der Möglichkeit der Umwandlung des Chalcedons in Quarz ist bereits S. 178 gesprochen worden.

Nach den Untersuchungen von K. Endell und R. Rieke[4]) wandelt der Chalcedon sich bei Temperaturerhöhungen am leichtesten in Cristobalit um, was auf die faserige Struktur dieses Kieselsäureanhydrids zurückgeführt wird. Die beiden Forscher untersuchten die Abnahme des spezifischen Gewichts bei verschiedenen hohen Temperaturen:

Bei 1450° ergab ein Chalcedon von Minas Geraes in Brasilien in Stücken verwendet, der eine Dichte von $\delta = 2,60$ und einen Wassergehalt von ca. 1% besaß, bei einmaligem Erhitzen $\delta = 2,16$, bei zweimaligem $\delta = 2,17$, bei dreimaligem $\delta = 2,17$, bei viermaligem $\delta = 2,19$. Bei 2 stündigem Erhitzen auf 1600° war $\delta = 2,18$, bei 10 Min. langem Erhitzen auf 1700° war $\delta = 2,21$. Auf 900° erhitzt, war die Abnahme nur gering, woraus man aber auf eine beginnende Umwandlung in Cristobalit schließen kann. S. 200.

Weit häufiger im Mineralreiche sind Umwandlungen anderer Mineralien, deren Endprodukt Chalcedon war, also Pseudomorphosen von Chalcedon nach andern Mineralien. Da sind namentlich sehr häufig die Umwandlungen der beiden mineralischen Modifikationen des Calciumcarbonats: Aragonit und Calcit. Hier handelt es sich teils um Umhüllungspseudomorphosen, teils um Verdrängungspseudomorphosen. Erstere sind z. B. in dem bereits öfters erwähnten ausgezeichneten Chalcedonfundorte von Weitendorf sehr häufig gefunden worden; durch nachträgliche Zersetzung des Carbonats (namentlich bei Aragonit tritt dies häufig ein) ist oft ein röhrenförmiger Hohlraum entstanden, der dann manches Mal seinerseits wiederum mit Chalcedon selbst erfüllt ist. Dabei ist die Grenze der beiden zeitlich verschiedenen Chalcedon-

---

[1]) R. Görgey, N. JB. Min. etc. Beil.-Bd. **29**, 269 (1910).
[2]) A. K. Coomáraswámy, l. c.
[3]) A. Bergeat, N. JB. Min. etc. Beil.-Bd. **28**, 523 (1909).
[4]) K. Endell u. R. Rieke, Z. anorg. Chem. **80** (1913). Liebenswürdig gestattete Einsicht in die Korrekturbogen dieser Arbeit ermöglichte es, obige Daten zu bringen.

absätze oft deutlich sichtbar, also eine Kombination von Umhüllungs- und Verdrängungs- bzw. Ausfüllungspseudomorphose.

Bekannte Pseudomorphosen sind ferner noch nach: Antimonit (Umhüllungspseudomorphosen), Baryt, Gips, Datolith (der sog. Haytorit), Flußspat und Umhüllungspseudomorphosen nach Pyromorphit und Coelestin.

In der Literatur der Pseudomorphosen oft behandelt sind die Chalcedonwürfel oder Rhomboeder, wie sie im Láposgebirge bei Tresztya in Siebenbürgen bekannt geworden sind, und die zuerst für wirkliche Chalcedonkristalle gehalten worden sind. Mohs und A. Breithaupt erblickten in ihnen Kristalle einer rhomboedrischen Quarzvarietät, während R. Blum[1]) die Bildungen für Pseudomorphosen nach Flußspat hielt. Später kam man wieder auf Rhomboeder, die einen, einem rechten Winkel sehr ähnlichen Rhomboederwinkel besäßen, bis Scharf,[2]) Behrens[3]) und E. Geinitz[4]) auf das entschiedenste für die pseudomorphe Natur dieser Gebilde eintraten und man dann allgemein diese Gebilde für Pseudomorphosen von Chalcedon nach Flußspat hielt.

In neuerer Zeit hat nun L. Bombicci[5]) diese Würfel wieder untersucht und sich gegen die pseudomorphe Natur derselben ausgesprochen. Er fand, daß diese Formen dem Melanophlogit (siehe diesen im Anhang nach Opal) ähnlich seien und äußerlich an die würfelähnlichen Rhomboeder mancher Carbonate (Miemit, Siderit) erinnern und führt auch gegen das ehemalige Vorhandensein von Flußspat das ausschließliche Vorkommen dieser Gebilde in Andesit und Rhyolith an. Er bezeichnet diese seiner Meinung nach selbständige Kieselsäurevarietät als **Cubosilicat** und will damit eine quarzitische in makroskopischen symmetrischen Würfeln kristallisierende Kieselsäure, die Hyalit in geringer Menge beigemischt enthält und äußerlich mit dem Chalcedon Ähnlichkeit besitzt, bezeichnet haben. Interessant ist die Bestimmung des Wasserverlustes. Von 8,0232 g Substanz konnten folgende Verluste bestimmt werden.

bei	80—90°	nach	2	Stunden	0,0729
"	80—90°	"	2	"	0,000
"	130-140°	"	2	"	0,000
"	250—260°	"	2	"	0,1700
"	250—260°	"	2	"	0,000
"	310—320°	"	2	"	0,000
"	Glühverlust	"	½	"	0,4859
"	"	"	½	"	0,0729
				Sa.	0,8017 (Best. v. G. d'Achiardi).

Dieses Mineral gibt sein Wasser also stufenweise ab.

Die früheren Untersuchungen, die die pseudomorphe Natur durch Untersuchung des inneren Baues dieser Gebilde zeigen, werden aber durch diese Ergebnisse nicht widerlegt. Auf diese Tatsache aufmerksam gemacht, hat L. Bombicci[6]) dann optische Untersuchungen vorgenommen und einen kompliziert gebauten Kern und eine Hülle von faseriger Struktur gefunden.

[1]) R. Blum, Die Pseudomorphosen 1843, 246.
[2]) Scharf, bei V. v. Zepharovich, Lexikon 1873, 369.
[3]) Behrens, Sitzber. Wiener Ak. **64**, 557 (1871).
[4]) E. Geinitz, N. JB. f. Min. etc. 1876, 969.
[5]) L. Bombicci, Mem. d. R. Acc. d. Sc. Istituto Bologna [5] **8**, 67 (1889).
[6]) L. Bombicci, N. JB. f. Min. etc. 1903¹, 187 (Referat nach dem Sitzber. vom 27. Mai 1900 der R. Acc. d. Sc. Istituto di Bologna).

Nach all dem kann nur gesagt werden, daß ebenso wie über den später zu beschreibenden Melanophlogit, mit dem aber das sog. Cubosilicat wahrscheinlich nicht viel gemein hat, die Akten noch lange nicht geschlossen sind. Die selbständig kristallisierte Natur dieser würfelförmigen Kieselsäuregebilde ist durch die Untersuchungen L. Bombiccis durchaus noch nicht bewiesen. Weiter kann man aber dem Hinweis Bombiccis, daß das Auftreten dieser Bildungen in Andesiten sehr gegen das Vorhandensein eines ursprünglichen Fluorits spricht, absolut nicht seine Berechtigung versagen, und ich halte demnach die Ansicht, daß Flußspat das Ausgangsmineral dieser Bildungen war, für nicht mehr sehr wahrscheinlich.

Künstliche Färbung und technische Verwendung des Chalcedons.

Da eine Anzahl Färbungen den natürlichen Chalcedonen und Achaten fehlen, andererseits einige schöne und sehr gesuchte Farben seltener sind, so hat man schon frühzeitig versucht, solche Färbungen künstlich herzustellen. Dabei hat man sich aber nicht bloß auf das Anfärben ungefärbter, das heißt grauer Stücke beschränkt, sondern man hat auch Steine in der Farbe zu verbessern gesucht. Die Achate, die größtenteils aus Schichten bestehen, in denen die Faserung verschieden ist, sind gewöhnlich einförmig grau gefärbt und lassen die Schichtung oder Bänderung entweder kaum oder gar nicht erkennen; durch die Anfärbung tritt nun die Struktur erst vollkommen deutlich oder überhaupt erst hervor, indem die einzelnen Schichten bald mehr bald weniger Farbstoff annehmen, oder sich durch verschiedene Färbemittel anfärben lassen.

Überhaupt ist das faserige Kieselsäureanhydrid ein zur Färbung sehr geeignetes Objekt und die Schichten (je nach der Grob- oder Feinfaserigkeit besser oder schlechter, schneller oder langsamer) nehmen durchgehends verhältnismäßig rasch die gewünschte Farbe an, und es gibt nur sehr wenige Partien in Achaten, die sich überhaupt nicht anfärben lassen; bei der Wahl des Färbemittels hat man daher in erster Linie auf die Haltbarkeit des Farbstoffs Bedacht zu nehmen.

Von den in der Natur nicht vorkommenden Farben sind es vor allem die blauen und hellgelben Varietäten, die man herzustellen gewußt hat. Von den wertvollen in der Natur verhältnismäßig seltenen Färbungen sind es die roten (Carneol), grünen (Chrysopras) und schwarzen (Onyx usw.), die erzeugt werden, und fast alle Carneole, Chrysoprase und Onyxe des Handels sind künstlich gefärbte Steine.

Von den zahlreichen Methoden der Farbtechnik, die in Idar und Oberstein im Nahetale in großem Stile fabrikmäßig betrieben werden, sollen einige der wichtigeren hier angegeben sein.

Rot. Die rote Färbung der Chalcedone ist, wie wir bereits gesehen haben, durch einen Gehalt an Eisenoxyd bedingt; da nun die schön rote Farbe an natürlichen Carneolen verhältnismäßig selten ist, so suchte man nach einem Mittel, diese Färbung auch weniger guten, mehr gelbbraunen Stücken zu verleihen. Man fand, daß durch einfaches Glühen der durch Eisenhydroxyd hervorgerufene gelbliche Ton in ein schönes Rot umgewandelt werden kann, indem sich nun Eisenoxyd bildet. Aber auch ungefärbten Steinen kann man die Carneolfarbe verleihen, indem man den Steinen von außen her Eisen zuführt. Es kann das dadurch geschehen, daß man die Chalcedone oder Achate mit einer salpetersauren Eisenlösung tränkt (man stellt sie gewöhnlich dadurch her, daß man eiserne Nägel in dieser Säure löst); die so behandelten Steine erhitzt man dann, wobei sich das Eisen oxydiert und die rote Farbe entsteht. Sehr einfach kann man dieses Kolorit auch erhalten, wenn man die Stücke vor dem Glühen in Eisenvitriollösung legt. Das Glühen selbst darf nur schwach und sehr langsam geschehen, da der Chalcedon beim stärkeren Glühen rasch trübe wird. Braune Töne erhält man dann, wenn man das Rohmaterial mit einer Lösung von braunem Kandiszucker tränkt und dann erhitzt.

Grün. Der Chrysopras, der in neuerer Zeit wieder sehr gesucht wird, ist auch schön gefärbt verhältnismäßig selten. Man kann ein solches schimmerndes Grün dadurch künstlich erhalten, daß man den Stein mit einer grünen Lösung eines Chromsalzes (z. B. eine Lösung von Chromalaun, die man erhitzt, wird grün), oder mit Chromsäure selbst durch ca. 14 Tage behandelt dann langsam trocknet und bei einer ziemlich hohen Temperatur brennt.

Blau. Schönes Indigoblau erhält man, wenn man die Steine zuerst mit einer Lösung von gelbem Blutlaugensalz tränkt (4—5 Tage genügen, um eine tiefe Färbung zu erzielen) und sie dann in einer Lösung von Eisenvitriol 4—5 Tage lang warm stellt, ohne zu kochen. Ein besonders schönes, von der Farbe des dunklen Lazursteines nur sehr schwer zu unterscheidendes Blau erhält man, wenn man den Jaspis von Neunkirchen bei Merzig im Rheinlande auf diese Weise behandelt.

Hellgelb, die andere der in der Natur nicht existierenden Färbung, läßt sich dadurch erzielen, daß man die Rohsteine zwei Wochen lang mit Salzsäure erwärmt.

Schwarz. Diese Färbeart ist die älteste bekannt gewordene; sie stammt aus Italien. Um sie durchzuführen, werden die Chalcedone in einer wäßrigen Zuckerlösung (man kann auch Honig verwenden) ca. 2—3 Wochen in der Nähe des Siedepunkts erhitzt. Dann werden die sehr gut gewaschenen Steine in Vitriolöl (ungereinigte Schwefelsäure) mehrere Stunden lang gekocht, wodurch der Zucker zersetzt und Kohlenstoff gebildet wird, der die Farbe hervorbringt. Man kann die verschiedensten Tiefen des Schwarz durch die Zeit der Behandlung in der Zuckerlösung und Säure erzeugen. Diese Farbe ist die gesuchteste aller Achat- und Chalcedonfärbungen, und schön und tief gefärbte Stücke erzielen einen hohen Verkaufspreis.

Weiß. Durch Behandlung mit Kalilaugenlösung sollen manche graue Chalcedonvorkommen eine milchweiße Färbung annehmen.

Verschiedene, aber nach M. Bauer wenig haltbare Färbungen kann man auch mit den verschiedenen Anilinfarben erhalten.

Die Verarbeitung der Chalcedone zu Schmuckgegenständen ist eine eigene Industrie, die namentlich im Oldenburgischen, und zwar in Idar und Oberstein sich Weltruf erworben hat. Aber auch in Indien und China gibt es solche Schleifereien. Auch die alten Römer verarbeiteten bereits den Chalcedon (antike Kameen). Erwähnt sei noch, daß eine Anzahl Färbemethoden überhaupt als Geheimnis gewahrt wird.

Näheres über die künstliche Färbung und technische Verwendung der Chalcedonvarietäten und der Achate findet sich in ausführlicher Weise in der bekannten ausgezeichneten Edelsteinkunde von M. Bauer.[1])

[1]) M. Bauer, Edelsteinkunde. (Leipzig 1909.)

Die Achate.

Von **Raphael Ed. Liesegang** (Frankfurt a. M.).

Eine besondere Art von nachträglicher Ausfüllung der blasigen Hohlräume des Melaphyrs, Basalts und anderer Eruptivgesteine liegt in den Achaten vor.

In der Hauptsache bestehen sie aus Kieselsäure, und zwar hauptsächlich in Form von Chalcedon. Daneben wird bei sehr vielen eine sehr viel geringere Menge von Eisenoxyd gefunden. Chemische Verhältniszahlen zwischen beiden kommen nicht in Betracht; es handelt sich hier nicht einmal um Adsorptionsverbindungen. — Nicht typisch für die Achate im allgemeinen sind einige andere Materien, so z. B. der noch nicht definierte färbende Bestandteil, welcher den Amethystcharakter der Kieselsäure mancher Geoden (Nahegebiet, Brasilien, Uruguay usw.) veranlaßt, ferner die oft daneben stehenden Kristalle aus Kalkspat, Zeolithen usw. Auch der häufiger an der Peripherie der Mandeln vorkommende Delessit, welcher zuweilen als das erste Füllmaterial angesehen worden ist, stellt wahrscheinlich etwas mehr Zufälliges dar.

Das Bemerkenswerteste dieser vielgestaltigen Gebilde, welche zuweilen mehr als Kopfgröße erreichen, ist der oft tausendfältig aufeinanderfolgende regelmäßige Wechsel von eisenoxydhaltigen und reinen oder von verschieden dichten parallelen Kieselsäurelagen. Diese Strukturen erinnern bei der ersten Betrachtung auffallend an jene, welche durch Sedimentation entstehen. Die älteren Erklärer näherten sich denn auch wenigstens einer solchen Ansicht: Eine Kieselsäurelösung sollte die blasigen Hohlräume (z. B. des Melaphyrs) ausgefüllt haben, dann eingetrocknet oder wieder ausgeflossen sein und hierbei eine sehr dünne Lage von Kieselsäure an der Wandung des Hohlraums hinterlassen haben. Dieser Vorgang habe sich tausendemal wiederholt. Die jüngste Lage habe also immer etwas weiter nach innen gelegen.

Wegen der Gründe für die Periodizität der Kieselsäurezufuhr brauchte man nicht verlegen zu sein. Die Jahreszeiten hinterlassen im Holz der Bäume ihre Spuren, welche wohl mit den Schichtungen der Achate vergleichbar sind. Nach R. Brauns könnten auch Geysire in Betracht kommen. Die Möglichkeit der späteren Zufuhr zum Innersten sah man gewährleistet durch sogen. Zuflußkanäle, d. h. durch offene Bahnen innerhalb der Achate selbst. Der Hohlraum im Inneren vieler Achate sollte bei einem zu frühzeitigen Verstopftwerden der Kanäle erhalten bleiben. — Aber woher kam es, daß oft Lagen von reiner Kieselsäure auffallend regelmäßig mit solchen von eisenoxydhaltiger Kieselsäure, d. h. den Pigmentbändern abwechseln?

Seitdem F. Cornu, C. Doelter, H. Leitmeier auf die Bedeutung des Gelzustands für die Entstehung mancher Mineralien hingewiesen hatten, war es erlaubt, an eine ganz andere Deutung derartiger geschichteter Strukturen zu denken. Diese brauchte dann weder mit einer periodischen Zufuhr noch mit einem Offenbleiben von Bahnen für das Innere zu rechnen. Diffundiert nämlich die Lösung eines Salzes in eine Gallerte, z. B. aus Kieselsäure, Tonerdehydrat, Agar oder Gelatine hinein, welche ein zweites Salz enthält, das sich mit dem ersteren normalerweise unter Niederschlagsbildung umsetzt, so ist in sehr vielen Fällen die neu entstehende Verbindung nicht gleichmäßig verteilt, sondern in scharfen Linien angeordnet, die senkrecht zur Diffusionsrichtung stehen.[1])

Der Mechanismus solcher Vorgänge ist besonders eingehend beim Silberchromat, welches in einer Gelatinegallerte entsteht, studiert worden.[2]) Und da er nicht nur für die Theorie der Achatgenese von Wichtigkeit ist, sondern auch zur Erklärung vieler scheinbar ganz abseits liegender Erscheinungen, z. B. gewisser Verwitterungsstreifen nach H. Leitmeier,[3]) ist ein näheres Eingehen darauf wohl begründet.

Wirft man ein Stück 10 %iger Gelatinegallerte, welche eine geringe Menge Kaliumchromat oder Kaliumbichromat enthält, in eine wäßrige 20 %ige oder stärkere Silbernitratlösung, so diffundiert letztere langsam in die Gallerte hinein. Es bildet sich Silberchromat. Aber dies bedeutet nicht gleich die Entstehung eines Niederschlags von Silberchromat. Vielmehr bleibt letzteres innerhalb des gallertigen Milieus zunächst übersättigt gelöst, da ja Keime von festem Silberchromat nicht vorhanden sind. Nach W. Ostwald gibt es nun unter den übersättigten Lösungen solche, welche sich beim Ausschluß von Keimen unter bestimmten Bedingungen anscheinend unbegrenzt lange aufbewahren lassen, ohne jemals freiwillig die feste Phase zu bilden. Diese nennt er metastabile. Daneben gibt es die labilen, in denen nach kürzerer Zeit auch beim Ausschluß von Keimen die feste Phase freiwillig erscheint. Durch Vermehrung der Konzentration geht eine metastabile Lösung in den labilen Zustand über. Jene Konzentration, bei welcher der Übergang erfolgt, wird von W. Ostwald als die metastabile Grenze bezeichnet.[4]) Wenn also an der Peripherie des Gallertstücks die Konzentration des Silberchromats allmählich so hoch gestiegen ist, daß die metastabile Grenze erreicht ist, so bildet sich dort plötzlich ein schalenförmiger Niederschlag von rotem Silberchromat. In etwas größerem Abstand von der Peripherie ist die Konzentration etwas geringer. Sie wird noch weiter dadurch vermindert, daß ein Teil der metastabilen Lösung zu den nun vorhandenen Keimen diffundiert und dort gefällt wird. Inzwischen diffundiert von außen unbekümmert um diese Vorgänge Silbernitrat iefer in die Gallerte hinein. Neues Silberchromat kannda bei in dem zuerst besprochenen Gebiet nicht mehr entstehen, da alles Kaliumchromat dort verbraucht ist. Aber nach einiger Zeit wiederholt sich der Vorgang in einem weiteren Abstand von der ersten Region: es entsteht ein zweiter schalenförmiger Silberchromatniederschlag. Dies geht nun allmählich immer so weiter: eine Schale folgt auf die andere. Die Zwischenräume sind ganz frei von Niederschlägen, da das gelöste Silberchromat zu den Keimstreifen diffundierte. Die Abstände der außerordentlich scharf begrenzten Schichten sind bei Silberchromat von der Größenordnung eines Millimeters. Bei andern Reaktionen gehen sie bis zu 1 μ herunter. Wenn man daher bei Achaten bis zu 100 Schichten auf 1 mm gefunden hat, so ist diese Feinheit kein Beweis gegen diese Erklärungsart.

Mit diesem Verfahren kann man die geschichtete Struktur vieler Achate so genau nachahmen, daß der Gedanke berechtigt ist, diese sei ebenfalls durch

[1]) R. E. Liesegang, Chem. Reaktionen in Gallerten (Düsseldorf 1898). — Über d. Schichtungen bei Diffusionen (Leipzig 1907). — Die rhythmischen Fällungen sind in meinem Buche „Geologische Diffusionen" (Dresden 1913) außerdem zur Erklärung einer ganzen Reihe anderer Gesteinsformen herangezogen worden.

[2]) H. W. Morse u. G. W. Pierce, Z. f. phys. Chem. **45**, 589 (1903).

[3]) H. Leitmeier, Koll.-Z. **4**, 90 u. 284 (1909).

[4]) W. Ostwald, Lehrb. d. allgem. Chemie, 2. Aufl., **2**'' (Leipzig 1911), 778.

Diffusion in einem Gel und durch rhythmische Fällung einer übersättigten Lösung entstanden. Voraussetzung ist natürlich, daß die Bedingungen hierfür vorhanden gewesen sein können.

Mit dem Vorhandengewesensein eines Kieselsäuregels darf man zunächst rechnen. Auf den Mechanismus der (gleichmäßigen) Ausfüllung der Hohlräume damit, braucht hier nicht eingegangen zu werden. Es genügt der Hinweis, daß G. Spezia im Gneis des Simplontunnels eine 10 cm breite Spalte fand, die von einer nassen, gelatinösen Kieselsäure gefüllt war.[1])

Das den Silberchromatlagen Entsprechende besteht bei sehr vielen Achaten aus Eisenoxyd. Obgleich andererseits auch Manganverbindungen diese bilden können und obgleich eine andere Gruppe von Achaten trotz einer Schichtung frei von Pigmentbanden ist, mögen zunächst nur die eisenhaltigen Achate betrachtet werden.

Die eine Auffassung ist die, daß ein lösliches Eisensalz von außen in das Kieselsäuregel eindiffundiert und dort durch irgend welche Verunreinigungen desselben gefällt worden sei.[2]) Eine Hydrolyse würde hierfür übrigens allein schon genügen. Der Umstand, daß häufig einzelne scharfe Diffusionspunkte, die vielleicht von verwitternden Olivinpartikeln gebildet sind, an der Peripherie von Achaten sitzen, macht diese Annahme von der zentripetalen Diffusion des Eisensalzes wahrscheinlich. — Eine andere Möglichkeit ist die, daß eine Eisenverbindung in analoger Weise im Gel vorhanden war, wie das Kaliumchromat bei dem Gallertversuch (denn auch bei diesem kann man die Salze vertauschen). Es wäre dann von außen etwas Fällendes eindiffundiert. Die allmähliche Überführung eines Eisenoxydulsalzes ins Oxyd hätte dazu auch genügt. Der Umstand, daß das Zentrum der Achate meist eisenfrei ist, spricht nicht gegen die Möglichkeit, daß das Eisen vorher gleichmäßig verteilt war. Führt es überhaupt zur Schichtung, so muß es wenigstens intermediär diffusibel sein, und ist es dies, so wandert es dem es Niederschlagenden entgegen, also zentrifugal.

Letzteres ist auch deshalb von besonderer Bedeutung, weil es die Entstehung jener Gebilde verständlich macht, die man als Einflußkanäle aufgefaßt hatte. Indem das Innerste der Gallerte allmählich frei von dem vorher darin enthaltenen, an der Niederschlagsbildung beteiligten Stoff wird, kann dort der betr. Niederschlag nicht mehr entstehen, wenn auch noch so viel von dem andern zudiffundiert.[3]) Dort, wo die äußeren Diffusionszentren sich dichter gegenüber stehen, kann also nur eine beschränkte Zahl von konzentrischen Schalen auftreten. Dadurch entsteht die Vortäuschung von Flußlinien, welche sich übrigens ebenfalls mit den Silberchromatpräparaten ganz genau nachahmen lassen.

Bezüglich der nichtpigmentierten Achate kann darauf hingewiesen werden, daß auch beim bloßen Eintrocknen eines Gels dadurch Schichtungen entstehen können, daß ein als Verunreinigung darin vorhandener gelöster Stoff nach den noch feuchteren Stellen hindiffundiert.[4]) Es kann aber auch nachträglich ein Pigment entfernt worden sein. Das Gel erweist sich dann danach trotzdem noch als geformt.[5]) Schließlich sind auch noch Wirkungen von Formkatalysatoren

---

[1]) G. Spezia, Accad. Torino **34**, 705 (1899).

[2]) R. E. Liesegang, ZB. Min. etc. 1910, 593.

[3]) R. E. Liesegang, Elektrolyse von Gallerten (Düsseldorf 1899).

[4]) R. E. Liesegang, Z. anorg. Chem. **48**, 364 (1906). — Gedenkbock J. M. van Bemmelen (Helder und Dresden 1910).

[5]) R. E. Liesegang. Koll.-Z. **7**, 96 (1910).

möglich, welche während ihrer Tätigkeit nur in sehr geringer Menge vorhanden gewesen sein brauchen und nachher vollkommen eliminiert sein können.[1])

Die Kristallform der Kieselsäure im Achat wird durch diese Vorgänge in folgender Weise beeinflußt: ein reines Kieselsäuregel geht dadurch, daß infolge intermediärer Lösung bevorzugte Teilchen auf Kosten der andern wachsen, äußerst langsam in den makrokristallinen Zustand über. Dort, wo Eisenhydroxyd eingelagert ist, wirkt dies als Schutzkolloid erheblich verzögernd darauf. Erstreckte sich die Bildung des letzteren nicht genügend rasch ins Innere, so können sich inzwischen dort Quarzkristalle gebildet haben, die nun natürlich unfärbbar geworden sind. — Die zwischen den Pigmentschalen liegenden Zonen bilden nachträglich gewöhnlich Chalcedon. Dessen Kristallfasern stehen dann senkrecht zur Schichtungslinie. Daraus, daß ihre Spitzen sich zuweilen durch das Pigmentierte hindurcharbeiten, schloß schon H. Hein,[2]) daß die Kristallisation erst nach der Schichtung eingetreten sei.

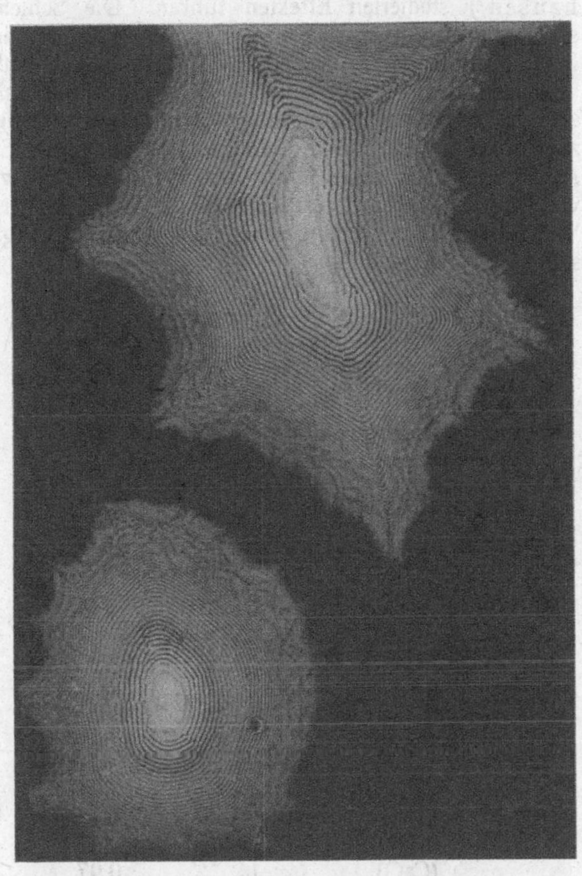

Fig. 25. Nachahmung der Achatstruktur durch Diffusionsvorgänge.

Das Kieselsäuregel wird auch dann, wenn es viel wasserärmer gewesen ist als das von G. Spezia gefundene, nachträglich noch weiter Wasser abgegeben haben. In vereinzelten Fällen wird es als Ganzes geschrumpft sein, wodurch dann daneben ein neuer Hohlraum und damit die Möglichkeit für eine zweite Achatbildung entsteht.[3]) Besonders bei wasserärmeren ist aber die Gesamtschrumpfung fast unmöglich, weil sich zuerst außen eine feste Kruste bildet. Hiernach und namentlich auch durch das Übergehen in den makrokristallinen Zustand treten dann Innenschrumpfungen ein. Die oft großen Innenhöhlen und ferner die Porösität der Achate sind die Folgen davon.

---

[1]) R. E. Liesegang, Arch. f. Entwicklungsmechanik **33**, 331 (1911).
[2]) H. Hein, N. JB. Min. etc. Beil. Bd. **25**, 182 (1908).
[3]) R. E. Liesegang, ZB. Min. etc. 1911, 497.

Bei andern Achatformen ist es wahrscheinlich, daß eisenhaltige Massen zuerst auf anderem Wege als durch Diffusion in das Gel eingedrungen sind. Es kann dies durch Einsinken möglich gewesen sein oder durch jene osmotischen Prozesse, welche in vitro zu den von M. Traube[1]) oder G. Möllhausen[2]) studierten Effekten führen. Die Schichtungen bilden sich dann später durch Diffusion konzentrisch um diese Eindringlinge. Auch hierdurch kann etwas entstehen, was als Einflußkanal aufgefaßt werden kann.

Die Tatsache, daß auch in den größeren Hohlräumen verkieselter Baumstämme zuweilen Achatbildungen vorkommen, ist deshalb interessant, weil sie zeigt, daß sowohl die Kieselsäure wie auch das Eisensalz der gewöhnlichen Achate weit von außen her stammen kann. Es wird dadurch die Annahme von H. Leitmeier[3]) gestützt, daß die Mandelmineralien, z. B. des Basalts von Weitendorf, in der Hauptsache nicht durch Auslaugung des umgebenden Gesteins selbst entstanden.

Tridymit.

Von **C. Doelter** (Wien).

Hexagonal: $a:c = 1:165304$.
Analysenmethode wie bei Quarz.

Analysenresultate.

	1.	2.	3.	4.	5.
(MgO)	—	—	1,51	—	1,1
(CaO)	—	—	0,58	—	—
(FeO)	—	—	—	0,79	1,6
(Al_2O_3)	1,3	1,2	—	—	—
(Fe_2O_3)	1,9	1,7	1,12	—	—
SiO_2	96,1	95,5	97,43	99,21	96,3
TiO_2	0,66	0,66	—	—	
	99,96	99,06	100,64	100,00	99

	6.	7.	8.	9.
(MgO)	1,1	0,42	—	Spur
(CaO)		0,97	—	Spur
(FeO)	—	—	—	—
(Al_2O_3)	1,4	1,98	—	—
(Fe_2O_3)			3,16	1,65
SiO_2	97,5	96,76	95,77	97,84
TiO_2	—	1,05	—	—
Glühverlust	—	0,34	1,07	1,01
	100	101,52	100	100,50

Die Analysen sind chronologisch geordnet.

1. u. 2. Von S. Cristobal; anal. G. v. Rath, Pogg. Ann. **135**, 443 (1868).

3. Breitenbach aus einem Meteoriten, anal. J. N. Maskelyne, Phil. Mag. **161**, 364 (1871).

---

[1]) M. Traube, Arch. Anat. u. Physiol. 1867, 87.
[2]) G. Möllhausen, Koll.-Z. **2**, 325 (1908).
[3]) H. Leitmeier, ZB. Min. etc. 1908, 716; 1909, 219.

4. Aus demselben Meteoriten; anal. G. v. Rath, Pogg. Ann. Erg.-Bd. **6**, 383 (1873).
6. V. Wartha, bei K. Hoffmann aus dem Andesit von Gutinberg; Verh. k k. geol. R.A. 1877, 23.
7. Aus dem Andesit vom Aranyer Berg bei Déva in Siebenbürgen; anal. A. Koch, Tsch. min. Mit. I, 1879, 344.
9. u. 10. Aus dem Meteoriten von Rittersgrün in Sachsen; anal. Cl. Winkler, N. Act. Leop.-Car. Acad. **40**, 360 (1878).

Physikalische Eigenschaften.

Dichte. Es liegen wenig Bestimmungen vor, meistens wird 2, 3 angegeben. Für künstlichen Tridymit fand A. L. Day[1]) 2,326. Härte 7.

Optische Eigenschaften. Brechungsquotient: E. Mallard[2]) gibt für den mittleren Wert: 1,477.

Doppelbrechung positiv, schwache optische Anomalien konstatierte E. Mallard.

Für die **Ausdehnung durch Wärme** scheint der Temperaturpunkt von 130°, welcher auch in optischer Beziehung wichtig ist, insofern von Bedeutung zu sein, als nach H. Le Chatelier[3]) bei 130° eine plötzliche Zunahme stattfindet, bei 750° C erreicht die Ausdehnung ein Maximum.

Umwandlung. Bei Temperaturerhöhung wandelt sich Tridymit in eine zweite, optisch verschiedene Art um (β-Tridymit). Bisher wurde 130° angegeben. Cl. N. Fenner fand den Punkt zwischen 115—120°, und konstatierte bei 162° einen weiteren Umwandlungspunkt.[4])

Nach J. Beijerinck[5]) ist Tridymit Nichtleiter der Elektrizität.

Schmelzpunkt. P. Quensel bestimmte den Schmelzpunkt des künstlichen Tridymits zu 1550° C, während ich selbst[6]) 1575—1580° fand.

Vor dem Lötrohr verhält er sich wie Quarz, da ja dieser letztere sich in Tridymit umwandelt.

Chemische Eigenschaften.

Über diese ist nur sehr wenig bekannt, und liegen sehr wenig Versuche vor. In einer kochenden, gesättigten, wäßrigen Lösung von Soda soll sich Tridymit lösen.

In Säuren ist er, mit Ausnahme von Flußsäure, nicht zersetzbar.

R. Schwarz[7]) hat auch die Löslichkeit von Quarz, Tridymit, Cristobalit und amorpher SiO_2 untersucht.

Bei $^1/_2$ stündigem Kochen in 5 %iger Natriumcarbonatlösung ergab sich für Quarz 2,11 %, für Tridymit 2,77 % Gelöstes.

Die Löslichkeit in Flußsäure ist für die verschiedenen Modifikationen der Kieselsäure folgende:

---

1) A. L. Day, Tsch. min. Mit. 1907, 26.
2) E. Mallard, Bull. Soc. min. **13**, 169 (1890). — C. R. **110**, 964 (1890).
3) H. Le Chatelier, C. R. **111**, 123 (1890).
4) Cl. N. Fenner, Washington Acad. II, N. **20**, 475 (1912).
5) J. Beijerinck, N. JB. Min. etc., Beil.-Bd. II, 1897, 443.
6) C. Doelter, Anz. Wiener Ak. (22. November 1906).
7) R. Schwarz, Z. anorg. Chem. **76**, 122 (1912).

	In 5 % iger Flußsäure nach 30stündiger Behandlung	In 1 % iger Flußsäure nach einstündiger Behandlung
Quarz . . .	30,1 %	5,2 %
Tridymit . .	76,3 %	20,3 %
Cristobalit . .	74,3 %	25,8 %
Amorphe SiO_2	96,6 %	52,9 %

Synthese.

Die Zahl der Synthesen ist keine geringe, jedoch ist das Verhältnis zu Cristobalit noch nicht genügend geklärt, und da die Unterscheidung beider schwierig ist, kann manches, was als Tridymit bezeichnet wurde, z. T. vielleicht Cristobalit sein, wie z. B. Fr. E. Wright u. E. S. Larsen das, was sie früher als Tridymit bezeichnet hatten, später, wie A. Lacroix, als Cristobalit bestimmten.

Die erste Tridymitsynthese ist die bekannte von G. Rose. Diesem Forscher gelang außer der Umwandlung aus Quarz die direkte Synthese aus Schmelzfluß dadurch, daß er Adular mit Phosphorsalz zusammenschmolz, oder auch statt des Adulars amorphe Kieselsäure verwendete. In letzterem Falle wurden größere Kristalle erhalten. Ferner hat G. Rose auch Kieselsäure mit Natriumcarbonat zusammengeschmolzen, wobei er in einem Glase graulich-weiße Kugeln von $\delta = 2,373$ erhielt, welche er für Tridymit hielt. Ferner soll sich dieser bilden, wenn ein Gemenge von Kieselsäure und Wollastonit verwendet wurde.

Ebenso bildet sich Tridymit beim Zusammenschmelzen von Borax mit einem Überschuß von Kieselsäure.

Wie schon S. 144 erwähnt, hat P. Hautefeuille bei seinen Quarzsynthesen unter Zuhilfenahme von Natriumwolframat neben Quarz auch stets Tridymit erhalten; sein Prinzip war dem G. Roses sehr ähnlich. Es handelte sich in beiden Fällen um die Zersetzung eines Silicats oder um die gegenseitige Einwirkung eines Silicats und eines Wolframats. P. Hautefeuille[1]) wendete das Natriumwolframat an; nach der Abkühlung wurde die Schmelze gewaschen. Die Schmelztemperatur betrug zirka 1000°; es wurden dicke hexagonale Lamellen von $\delta = 2,3$ erhalten. Bei hoher Temperatur bildet sich kein Tridymit, weil die Wolframsäure frei wird und das Alkali sich mit der Kieselsäure zu einem Silicat verbindet. Unter 800° bildet sich Quarz (vgl. S. 144). P. Quensel erhielt mehr oder weniger Tridymit je nach dem Mengenverhältnisse von Wolframsäure (siehe S. 145). Über die Rolle der Temperatur vergl. ebenda. Ferner erhielten P. Hautefeuille u. J. Margottet[2]) Tridymit, als sie Kieselsäure mit LiCl und Li_2O zusammenschmolzen, bei heller Rotglut entsteht Tridymit, bei niedrigerer Temperatur dagegen Quarz. P. Hautefeuille u. J. Margottet zeigten auch, daß man das Lithium nicht durch Kalium oder Natrium ersetzen kann, wohl aber durch Magnesium und Calcium, nebenbei bildet sich ein Ca-Silicat oder ein Mg-Silicat.

Auch bei einem Versuch zur Herstellung von Phenakit und Smaragd erhalten P. Hautefeuille und A. Perrey Tridymit (siehe dort). Auch P. Parmentier erhielt Tridymit bei Schmelzen von Kieselsäure in saurem Natriummolybdat (Ann. sc. École, Norm. 1882, 250).

[1]) P. Hautefeuille, Bull. Soc. min. **1**, 2 (1870). — C. R. **86**, 1133 (1878).
[2]) P. Hautefeuille u. J. Margottet, Bull. Soc. min. **2**, 244 (1881).

Weitere Versuche rühren von St. Meunier[1]) her; als er aus SiO_2, K_2O und AlF_3 in einem Koksfeuer Feldspat herstellen wollte, erhielt er neben Glas auch Tridymit und Sillimanit, auch erhielt er dasselbe Resultat, wenn er K_2O durch CaO ersetzte.

Bei manchen Umschmelzungen von Gesteinen entstand Tridymit. K. v. Chroustschoff[2]) schmolz quarzreiche Gesteine um oder er schmolz ein Gemenge von solchen Gesteinen mit Basalt (auch Melaphyr); durch die Einwirkung der Schmelze wird der Quarz zerspringen und in diesem bildet sich dann Tridymit. Die Dichte des Tridymits betrug 2,280—2,276. Schöne hexagonale Kristalle erhielt er bei einem Versuche, bei welchem Albit mit Nephelinbasalt zusammengeschmolzen wurde. Ebenso erhielt J. Morozewicz[3]) bei der Umschmelzung eines Granits aus der Tatra Tridymit.

Überhaupt ist die Entstehung dieses Minerals bei der Umschmelzung von sauren Gesteinen, auch bei Zusatz von Wolframsäure, häufig.

So erhielt K. Bauer[4]) Tridymit, als er Glimmerschiefer mit 5 g SiO_2 und 9,5 g eines Gemenges von Kaliglimmer, NaF, NaCl, CaF_2, $NaWO_4$ zusammenschmolz und bei zirka 1100° C abkühlen ließ, daneben bildeten sich viele Plagioklase und Kaliglimmer; auch bei einem weiteren Versuche mit Glimmerschiefer.

K. Schmutz[5]) bekam Tridymit, als er Gneisgranit mit Natriumchlorid und Kaliumwolframat schmolz.

G. Medanich[6]) erhielt, wie K. v. Chroustschoff, Tridymit beim Zusammenschmelzen von Plagioklasbasalt mit Granit.

Dagegen hat J. Lenarčić[7]) bei Versuchen, bei welchen Glimmerschiefer und Gneis mit Fluoriden, Wolframaten und Molybdaten zusammengeschmolzen wurden, keinen Tridymit, sondern entweder Quarz oder Glas erhalten. Wahrscheinlich waren die Abkühlungstemperaturen der Tridymitbildung nicht günstig, bei zu hoher Temperatur entstand Glas, bei zu niederer dagegen Quarz.

Weitere Synthesen stammen von A. Day und Mitarbeitern,[8]) welche bei ihren Untersuchungen der Kalkkieselreihe den Tridymit darstellten. Bei Gegenwart von 80% KCl und 20% LiCl begann sich Tridymit bei 750° in Quarz umzuwandeln. Die Dichte des künstlichen Tridymits war zirka 2,326.

Endlich hat vor ganz kurzer Zeit Rob. Schwarz[9]) über das chemische Verhalten der Kieselsäurearten Untersuchungen angestellt, welche erst nach Abschluß des Manuskripts zu meiner Kenntnis kamen. R. Schwarz erhielt keinen Tridymit, als er die Versuche von A. Day wiederholte, welcher angab, daß er durch Erhitzen von fein gepulvertem Quarz bei 1200° Tridymit erhalten hatte. Ebensowenig erhielt er Tridymit bei Wiederholung der Versuche von G. Rose.

[1]) St. Meunier, C. R. 111, 509 (1890).
[2]) K. v. Chroustschoff, Bull. Soc. min. **10**, 33 (1887). — C. R. **104**, 602 (1887).
[3]) J. Morozewicz, Tsch. min. Mit. **18**, 162 (1899).
[4]) K. Bauer, N. JB. Min. etc. Beil.-Bd. **12**, 535 (1899).
[5]) K. Schmutz, N. JB. Min. etc. 1897 II, 124.
[6]) G. Medanich, N. JB. Min. etc. Beil.-Bd. **17**, 498 (1903).
[7]) J. Lenarčić, N. JB. Min. etc. Beil.-Bd. **19**, 743 (1904).
[8]) A. Day, Tsch. min. Mit. **26**, 184 (1907).
[9]) R. Schwarz, Z. anorg. Chem. **77**, 422 (1912).

Dagegen erhielt R. Schwarz Tridymit als er Natronwasserglas bei zirka 1000° mit der dreifachen Menge von Natriumphosphat schmolz und die Schmelze mit Wasser auslaugte. R. Schwarz erhielt durch Erhitzen von Quarzglas Cristobalit.

Umwandlung von Quarz und Quarzglas in Tridymit.

Schon vor der Entdeckung des Tridymits in der Natur durch G. v. Rath hatte G. Rose[1]) Tridymit erhalten, was durch seinen Bruder H. Rose später erkannt wurde. H. Rose erhielt Tridymit durch Glühen von Quarzpulver oder auch von gelatinöser Kieselsäure.

H. Le Chatelier[2]) erhielt Tridymit durch langes Erhitzen von Quarz in einem Stahlofen. E. Mallard[3]) beobachtete an Ziegeln, welche aus Quarzsand mit einem Zusatz von 2% Kalk hergestellt waren, und die durch 18 Monate in einem Tiegelgußstahlofen der Eisenhütte von Assailly gefunden waren, Tridymit, dessen Dichte 2,26 und dessen Brechungsquotient 1,48 war. In Hohlräumen eines Holzkohleneisens nahm er fasrigen Tridymit wahr, dessen Dichte 2,3 war, in Ätzkali erwiesen sie sich löslich.

Der in Eisenhochöfen von L. N. Vauquelin beobachtete Eisenamiant (vgl. S. 150), welcher in Ätzkali löslich ist, besteht der Hauptsache nach aus Tridymit. Auch die von C. Schnabel[4]) in der Olsberger Hütte beobachtete Neubildung (siehe Analyse 5, S. 118) ist Tridymit.

A. Brun[5]) hat Quarzglas durch Einwirkung der Dämpfe von Alkalichloriden bei 700—750° in Quarz umgewandelt; zwischen 800 und 1000 erhielt er Tridymit.

A. L. Day[6]) und Mitarbeiter haben die Umwandlung von Tridymit in Quarz durchgeführt, indem sie ersteren mit einer Mischung von 80% KCl und 20% LiCl bei 750° ungefähr 5—6 Tage lang erhitzten.

Sehr leicht ist die Umwandlung von Quarzglas, aus geschmolzenem Quarz erhalten, zu beobachten, wenn dieser längere Zeit erhitzt wird. Der Vorgang, welcher in einer Gebläselampe erfolgt, wobei die Dichte sich von 2,2 auf 2,335 bis 2,651 erhöhte, wurde zuerst von M. Herschkowitsch[7]) studiert (vgl. dessen Aufsatz S. 160).[8])

E. Sommerfeldt[9]) schloß aus den Versuchen von M. Herschkowitsch, daß Tridymit vorläge. Ich habe in vielen Fällen die Umwandlung von Quarzglasschälchen, welche als Unterlagen in meinem Heizmikroskop benützt werden, beobachtet; die Umwandlung findet unter zirka 1360° C nicht statt, sie wird erst über 1400° deutlich; zwischen dieser Temperatur und 1550° werden die Schälchen allmählich undurchsichtig, milchweiß, und bei stundenlangem Erhitzen sieht man auch mikroskopische Kriställchen. Bei 1570° beginnt das Schmelzen.

Druck verändert nach Cl. N. Fenner den Umwandlungspunkt Quarz-Tridymit um 0,10537° per Atm.

---

[1]) G. Rose, Pogg. Ann. **108**, 1 (1859). — G. Rose, Ber. Dtsch. Chem. Ges. 1869, II, 388. — Z. Dtsch. geol. Ges. **21**, 830 (1869).
[2]) H. Le Chatelier, C. R. 111, 123 (1890).
[3]) E. Mallard, Bull. Soc. min. **13**, 172 (1890).
[4]) C. Schnabel, Pogg. Ann. **85**, 462 (1852).
[5]) A. Brun, Arch. sc. phys. und nat. **25**, 610 (1908).
[6]) A. L. Day, Tsch. min. Min. **26**, 225 (1907).
[7]) M. Herschkowitsch, Z. f. phys. Chem. **46**, 412 (1903).
[8]) Vgl. auch A. Blackie, Ch. N. **104**, 77 (1911).
[9]) E. Sommerfeldt, N. JB. Min. etc. 1905, II, 14.

Junge Bildungen.

Außer den soeben erwähnten Neubildungen seien noch erwähnt solche von Ch. Vélain[1]) bei dem Brande eines Heuschobers bei Petit-Brie, eines Haferschobers in Nogentel.

H. Schulze u. A. Stelzner[2]) beobachteten in den Wänden eines Zinkofens (in Muffeln, welche zur Destillation dienten) Tridymit neben blauem Zinkspinell. Endlich ist noch einer Beobachtung von A. Lacroix[3]) zu gedenken, in Ziegeln einer Glasfabrik von Clichy bei Paris (vgl. S. 197).

Auch liegt noch eine Mitteilung von G. A. Daubrée[4]) vor, welche mir jedoch etwas zweifelhaft erscheint, daß in den Thermen von Plombières sich auch Tridymit gezeigt haben soll.

A. Schwantke[5]) beobachtete die Bildung von Tridymit in einem Dachschiefer, in welchen der Blitz eingeschlagen hatte. Es hatte sich ein Glas gebildet, in dem Tridymitkriställchen lagen; er vergleicht diese Bildung mit jener von Ch. Vélain beobachteten.

Von Interesse ist die Entstehung des Tridymits in den Dinassteinen. W. Ssokolow,[6]) P. J. Holmquist,[7]) K. Endell[8]) u. a. haben sich mit der Bildung des Tridymits in diesen Steinen befaßt. W. Ssokolow beobachtete, daß beim Brennen derselben sich zuerst Glas bildet, welches sich dann in Tridymit umwandelt. W. Ssokolow hielt ihn für Asmanit.

Auch P. J. Holmquist beobachtete die Enstehung von Glas, in dem Tridymit und wahrscheinlich auch Cristobalit sich bilden. P. J. Holmquist[9]) hat Beobachtungen an Quarzziegeln, welche in einem Martinofen verwendet worden waren, und dabei eine starke Volumausdehnung nach ihrer Verwendung gezeigt hatten, veröffentlicht. Die Quarzkörner zerfallen zuerst beim Brennen, werden dann zu Quarzglas, welches sich danach allmählich in Tridymit umwandelt. Bei den höchsten Temperaturen, die im Ofen erreicht wurden, schmilzt die Masse und es bilden sich gelblichgraue Stalaktiten, welche aus Cristobalit-Oktaeder bestehen; $\delta = 2{,}347$.

E. Cramer[10]) hatte die Volumänderung des Quarzits beim Brennen konstatiert. K. Endell hat die Umwandlung der Dinassteine in „Tridymitdinassteine", welche mit einer theoretischen Volumzunahme von 20% verbunden ist, genau studiert, bei dieser Umwandlung ist die Viskosität der Steine unverändert geblieben. Wenn jedoch einzelne Teile, welche der Ofenhitze zunächst lagen, flüssig wurden, so bildete sich Cristobalit. Demnach bestehen die gebrannten Dinassteine aus drei Teilen, einer amorphen Zone, einer Tridymitzone und einer Cristobalitzone. Die Brenntemperaturen betrugen 1300—1480°. Während die Umwandlung des Quarzes in Glas mit einer

---

[1]) Ch. Vélain, Bull. Soc. min. 1, 113 (1878).
[2]) H. Schulze u. A. Stelzner, N. JB. Min. etc. 1881, 145.
[3]) A. Lacroix, Minéralogie de France (Paris 1901) 3, 167.
[4]) G. A. Daubrée, Etud. synthet. d. géolog. expérim. (Paris 1878) 175.
[5]) A. Schwantke, ZB. Min. etc. 1909, 88.
[6]) W. Ssokolow, Verh. d. kais. russ. min. Ges. (St. Petersburg 1910), 473.
[7]) P. J. Holmquist, Geolog. Fören. Förh. (Stockkolm 1911), 245. — Ton-I.-Z. 1911, 1324.
[8]) K. Endell, St. u. Eisen 1912, Nr. 10, 3.
[9]) P. J. Holmquist, Geol. Fören. Förh. **33**, 245 (Stockholm 1911). — N. JB. Min. etc. 1911 II, 335.
[10]) E. Cramer, Ton-I.-Z. 1901, 864.

Volumzunahme verbunden war, ist die Umwandlung von Glas in Tridymit mit einer Volumabnahme verbunden.

Auch C. Johns fand, daß Quarzsand bei 1500° in Tridymit umgewandelt wird.[1])

Bildung von Tridymit auf nassem Wege.

Der Tridymit wurde von Ch. Friedel u. E. Sarasin[2]) aus Kieselsäurehydrosol dargestellt. Auch als sie aus Kieselsäure, Wasser und Kalihydrat Orthoklas herstellen wollten, erhielten sie Tridymit; die Versuche wurden in den früher beschriebenen Röhren ausgeführt bei einer Temperatur von zirka 500°. Neben Quarz, über dessen Entstehung bei diesen Versuchen früher berichtet wurde, entstand auch Tridymit.

K. v. Chroustschoff[3]) erhitzte in kleinen Glasballons, für welche er einen besonderen Verschluß verwendet, ähnlich jenen, die man zum Verschlusse leicht flüssiger Stoffe, wie $SiCl_4$ gebraucht, und erhielt neben Quarz auch Tridymit. Früher, vor Ch. Friedel u. E. Sarasin, hatte K. v. Chroustschoff[4]) in einem Gußstahlzylinder dialysierte Kieselsäure während 14 Tagen auf 350° erhitzt, und Tridymit von $\delta = 2{,}25—2{,}3$ erhalten.

R. Bruhns[5]) hat verschiedene Silicate in einer Eisenröhre bei Temperaturen bis 400° C erhalten, als er als Kristallisator Fluorammonium anwandte, sowie auch den Tridymit.

Wichtig sind die Versuche von E. Baur,[6]) weil bei diesen der Tridymit sich bei niederer Temperatur bildete. Sie ist allerdings weder bei seinen noch bei den Versuchen von Ch. Friedel u. E. Sarasin, K. Bruhns und ähnlichen genau bestimmt, da wir nur das ganze Temperaturintervall kennen, und die Kristalle sich auch bei der Abkühlung gebildet haben können. E. Baur erhitzte in einem Autoklaven bis 520°, ließ durch drei Stunden langsam abkühlen und erhielt den Tridymit, als er 5 g SiO_2 mit 4,3 g $NaAlO_2$ erhitzte. Sicher ist allerdings die Bestimmung als Tridymit nicht; jedoch ist er wahrscheinlich neben Quarz entstanden, so wie Albit.

Bestätigt wird die Entstehung des Tridymits durch die vorzüglichen Arbeiten von J. Königsberger u. F. Wolf J. Müller.[7])

Bezüglich des angewandten Apparats siehe Bd. I, S. 616, sowie Synthese des Quarzes S. 149. Ausgangsmaterial war ein Gemenge von 10 g Glas, dem 50 ccm Wasser beigemengt waren, es wurde auf 360° C erhitzt, dann 12 Stunden lang filtriert und auf 190° in 8 Stunden abgekühlt und dann in 4 Stunden auf Zimmertemperatur gebracht. Als Bodenkörper fanden sich: amorphe Kieselsäure, Chalcedon und Tridymit, welcher in den charakteristischen, dachziegelförmig angeordneten hexagonalen Tafeln erscheint. Dichte 2,3, Brechungsquotient größer als 1,407. Auch Quarz hatte sich in geringer Menge gebildet. Tridymit ist hier als Bodenkörper entstanden. Er ist durch Bodenkörperreaktion als labiles Produkt entstanden, und ist bei 360° trotz Schüttelns haltbar gewesen.

---

[1]) C. Johns, Geol. Mag. 1906, 118.
[2]) Ch. Friedel u. E. Sarasin, Bull. Soc. min. **2**, 160 (1879).
[3]) K. v. Chroustschoff, Bull. Soc. min. **10**, 140 (1887).
[4]) K. v. Chroustschoff, Tsch. min. Mit. **4**, 336 (1882) und Am. Chem. 1873.
[5]) R. Bruhns, N. JB. Min. etc. 1889^{II}, 64.
[6]) E. Baur, Z. f. phys. Chem. **42**, 572 (1904).
[7]) J. Königsberger u. F. Wolf J. Müller, ZB. Min. etc. 1906, 344.

Durch diese Versuche ist wohl nachgewiesen, daß, wie es schon die früheren wahrscheinlich gemacht hatten, Tridymit bei ziemlich niederer Temperatur entstehen kann und auch haltbar ist.

Genesis des Tridymits.

Aus den verschiedenen Synthesen, sowie der Beobachtung der natürlichen Vorkommen und der zufällig entstandenen Neubildungen kann man schließen, daß Tridymit bei einer nicht zu hohen Temperatur, aber wohl bei solchen, welche 8—900° übersteigen, sich aus Eruptivmagmen bilden kann; nach den Versuchen zu schließen, dürfte die Temperatur bis etwa über 1000° die günstigste sein. Wenn verhältnismäßig so selten in der Natur Tridymit sich bildet, so dürfte dies dem Umstande zuzuschreiben sein, daß die meisten Gesteine nicht viel über 1000° erstarren.

In Tiefengesteinen herrscht offenbar eine Erstarrungstemperatur, die weniger als 900° beträgt, und in Trachyten und Lipariten dürfte diese vielleicht 1100° betragen; dann erstarrt der Tridymit nicht, sondern die überschüssige Kieselsäure bleibt im Glase.

A. Lacroix[1]) ist der Meinung, daß der Tridymit sich sehr häufig durch Sublimation bildet, was wohl für die nicht seltenen Fälle, in denen er in Hohlräumen vulkanischer Gesteine vorkommt, der Fall sein dürfte, so am Aranyer Berg, wo ihn A. Koch beschrieb, in den Euganeen und andern ähnlichen Fällen.

A. Lacroix[2]) hat auch gezeigt, daß sich Tridymit in vulkanischen Produkten durch Umschmelzen des Quarzes bildet, wenn dieser Umschmelzung eine Entglasung bei hoher Temperatur folgt. Er vergleicht diesen natürlichen Vorgang mit jenem, welcher in Glasöfen und in Gestellsteinen beobachtet wird.

Dann hat A. Lacroix[3]) sich auch mit der Bildung des Tridymits bei den Ausbrüchen des Mont Pelé befaßt. Er ist der Ansicht, daß sich Tridymit dort durch langdauernde Einwirkung von Dämpfen auf saures Gesteinsglas gebildet habe.

E. Mallard,[4]) welcher die Tridymitvorkommen aus den Euganeen untersuchte, fand, daß sie Paramorphosen von Quarz nach Tridymit darstellen, wobei der ursprüngliche Tridymit durch Lösungen in Quarz, welcher sich bei niederen Temperaturen absetzte, ersetzt wurde.

Tridymit kommt nicht nur in Trachyten, Andesiten und ähnlichen Gesteinen, sondern auch in Porphyriten und Diabasporphyriten (O. Lüdecke) vor. Er wird sich also in der Natur sowohl in Hohlräumen vulkanischer Gesteine und in der Grundmasse, als auch sekundär aus Quarz bilden, wenn Quarz einer langen Erhitzung ausgesetzt war (S. 194), oder wie A. Lacroix nachgewiesen, durch die Einwirkung von Dämpfen (s. oben).

Bildung des Tridymits auf nassem Wege. Die Versuche, welche früher erwähnt wurden (S. 196), zeigen die Möglichkeit der Entstehung von Tridymit auch auf nassem Wege, bei verhältnismäßig niederer Temperatur. Daß dieser Vorgang auch in der Natur möglich ist, zeigt die von G. A. Daubrée

[1]) A. Lacroix, Bull. Soc. min. **31**, 332 (1908).
[2]) A. Lacroix, l. c.
[3]) A. Lacroix, Bull. Soc. min. **28**, 50 (1905).
[4]) E. Mallard, Bull. Soc. min. **13**, 162 (1890).

beobachtete (vielleicht nicht sichere) Bildung von Tridymit in der Therme von Plombières, ferner aber auch das nicht ganz seltene Vorkommen von Tridymit in Opalen, welches bereits G. Rose[1]) nachweisen konnte.

Daß Tridymit sich als Kontakt-, richtiger als Frittungsprodukt dort zeigt, wo Quarzite und Sandsteine von Eruptivmaterial, z. B. Basalt, eingeschlossen wurden, ist nach dem früher Gesagten (vgl. S. 195) verständlich.

Cristobalit (SiO_2).

Von **C. Doelter** (Wien).

Synonym: Christobalit.

Tetragonal, mimetisch regulär.

Analysen.

SiO_2	91,0
Fe_2O_3 mit etwas Al_2O_3	6,2
Summe:	97,2

Aus Augit-Andesitblöcken von S. Cristobal (Mexiko); anal. G. vom Rath, N. JB. Min. etc. 1887, I, 198.

Chemische und physikalische Eigenschaften.

Vor dem Lötrohr unschmelzbar. Wird von Alkalicarbonat im Schmelzfluß aufgeschlossen. In Säuren, mit Ausnahme von HF unlöslich.

Schmelzpunkt. K. Endell und R. Rieke[2]) bestimmten den Schmelzpunkt des Cristobalits mit 1685°.

Dichte 2,3. Milchweiß, matter Glanz, durchscheinend.

Härte 6—7.

Brechungsquotienten. Der mittlere Brechungsquotient für gelbes Licht ist nach P. Gaubert[3]) zirka 1,49. Doppelbrechung negativ. Stärke der Doppelbrechung $N_\omega - N_\varepsilon = 0{,}00053$.

Wie schon früher erwähnt, entsteht bei Erwärmung auf 230° eine zweite, reguläre Kristallart (β-Cristobalit). Nach Cl. N. Fenner ist dieser Punkt, welchen F. E. Wright bei 225°, E. Mallard bei 180° fand, höher gelegen, zwischen 240° und 274° und genau nicht bestimmbar (vgl. S. 199).

Umwandlung. Da Tridymit und Cristobalit sich in manchen ihrer Eigenschaften sehr nahe stehen und besonders die Dichte dieselbe ist, so ist manches für Tridymit gehalten worden, was vielleicht zum Cristobalit gehört (vgl. S. 117). Nähere Studien über die Bildung von Cristobalit aus Quarz in den Dinassteinen sind von P. J. Holmquist[4]) und K. Endell[5]) ausgeführt worden.

Neben dem Tridymit, welcher schon früher in den Dinassteinen aufgefunden worden war, fand P. J. Holmquist auch Cristobalit, nämlich in jenen, welche die größte Hitze erlitten hatten.

K. Endell beobachtete, daß bei der Entglasung von flüssigem Quarzglas, welche zwischen 1200—1400° vor sich geht, Cristobalit sich bildet. Bereits

[1]) G. Rose, Mon.-Ber. Berl. Ak. 1869, 451.
[2]) K. Endell u. R. Rieke, Z. anorg. Chem. **80** (1913).
[3]) P. Gaubert, Bull. Soc. min. **27**, 244 (1904).
[4]) P. J. Holmquist, Geol. Fören. Förh. **33**, 245 (Stockholm 1911).
[5]) K. Endell, St. u. Eisen 1912, Nr. 10, 3.

A. Lacroix hatte ihn bei der Entglasung des Quarzglases beobachtet. Nach K. Endell hängt es von der Viscosität der Schmelze ab, ob sich aus Quarzglas Tridymit oder Cristobalit bildet. Vgl. auch Fr. E. Wright und E. S. Larsen S. 116.

Nach Abschluß des Manuskripts kam dem Verfasser dieses noch ein Bericht über einen Vortrag von K. Endell[1]) zu. Demnach wandelt sich Quarz bei 1400° nicht in Glas um (vgl. S. 194), sondern die verschiedenen Quarzvarietäten wandeln sich mit verschiedener Geschwindigkeit in Cristobalit um; am schnellsten sei die Umwandlung bei Quarzglas, amorpher Kieselsäure und Chalcedon.

K. Endell hat auch ferner eine ziemlich große Volumänderung des Cristobalits bei 230° konstatiert (ungefähr 2%). Der mittlere kubische Ausdehnungskoeffizient des Cristobalits von 25—90° beträgt 0,000012, ist also nur wenig größer als der des Porzellans. Diese Umwandlung bei 230° ist reversibel und verläuft in beiden Richtungen mit einer Geschwindigkeit von zirka 1 cm pro Minute.

Nach Cl. N. Fenner[2]) wandelt sich Tridymit bei 1470° in Cristobalit um.

Synthese.

Eine Synthese auf nassem Wege wurde von K. v. Chroustschoff[3]) dadurch ausgeführt, daß er Kieselsäure bei 200° unter dem Druck von 26 Atm. in verschlossener Röhre mit Wasser und etwas Flußsäure behandelte. Es wäre dies wegen der niederen Bildungstemperatur von Wichtigkeit, doch haben andere Beobachter zwar Tridymit bei niederer Temperatur, jedoch nicht Cristobalit erhalten.

Verhältnis von Quarz, Tridymit und Cristobalit. Umwandlung des Quarzes in Cristobalit. — Es wurde bereits früher mitgeteilt, da das Existenzfeld des Tridymits nicht bekannt sei, da auch A. Day und Mitarbeiter die Phase, welche sich aus der Umwandlung von Quarz bildet, nicht mehr als Tridymit, sondern jetzt als Cristobalit[4]) bezeichnen, nachdem A. Lacroix das bei 1500° sich ergebende Umwandlungsprodukt nicht mehr mit Tridymit, sondern mit Cristobalit identifizierte. Durch eine neue Arbeit von K. Endell und R. Rieke[5]) wurde einigermaßen Klarheit in die komplizierten Verhältnisse gebracht. Es geht übrigens aus allen Untersuchungen hervor, daß zwischen Tridymit und Cristobalit in vieler Hinsicht kein Unterschied besteht, auf was bereits E. Mallard aufmerksam gemacht hatte (vgl. S. 117); insbesondere ist die Dichte beider die gleiche. Ebenso sind nach K. Endell und R. Rieke Brechungsquotient, Löslichkeit in HF und in Natronlauge fast die gleichen; es gelang jedoch diesen letzteren, durch die dilatometrische Methode eine Unterscheidung zu treffen.

Die Umwandlung des Quarzes in Cristobalit liegt unter 1000°, wobei jedoch die Umwandlungsgeschwindigkeit von 1000° an mit wachsender Über-

---

[1]) K. Endell, Ref. Z. f. angew. Chem. **39**, 2019 (1912).

[2]) Cl. N. Fenner, l. c. (vgl. S. 477).

[3]) K. v. Chroustschoff, Bull. Ac. St. Petersburg 1895, Nr. 1. — Z. Kryst. **28**, 529 (1897).

[4]) E. S. Shepherd und G. A. Rankin, Z. anorg. Chem. **71**, 19 (1911).

[5]) Ich verdanke den genannten Herren die Korrekturbogen der demnächst in der Z. anorg. Chem. Bd. 80 erscheinenden Arbeit.

Abnahme der spezifischen Gewichte der verschiedenen SiO_2-Materialien nach vorherigem Erhitzen auf 1450—1700° nach K. Endell und R. Rieke.

SiO_2-Material	Spezifische Gewichte nach dem Abkühlen bei Zimmertemperatur pyknometrisch bestimmt													
	roh	nach x maligem Erhitzen im Porzellanofen bis zu ca. 1450°										nach 4 stünd. Erhitzen auf 1500°	nach 2 stünd. Erhitzen auf 1600°	nach 10′ lang. Erh. auf 1700°
		1	2	3	4	5	6	7	8	9	10			
Bergkristall (St. Gotthard) einfach. Kristall i. Stücken	2,65	—	—	—	—	2,64	—	—	—	—	2,63	—	—	—
do. feines Pulver	—	2,568	2,553	2,547	2,519	2,475	—	—	—	—	—	2,378	—	—
Pegmatitquarz (Norwegen) verzwillingt in Stücken	2,65	2,383	2,33	2,325	2,331	2,32	2,31	2,322	2,327	—	—	—	—	—
do. feines Pulver	—	2,374	2,34	2,34	—	2,333	—	—	—	—	—	—	2,28	—
pseudomorpher Gangquarz (Taunus) verzwillingt in Stücken	2,651	2,555	2,492	2,478	2,391	2,394	2,366	2,344	2,321	2,316	2,313	—	—	—
do. feines Pulver	—	2,456	2,361	2,349	2,333	2,317	2,306	2,307	—	—	—	—	—	—
Chalcedon (Brasilien) in Stücken	2,60	2,16	2,17	2,17	2,19	—	—	—	—	—	—	—	2,18	2,21
amorphe Kieselsäure („Kahlbaum")	—	2,322	2,319	2,312	2,316	2,317	—	—	—	—	—	—	—	—
Quarzglas (Heraeus)	2,21	2,327	2,328	2,33	—	—	—	—	—	—	—	nach $1^h = 2,27$; „ $2^h = 2,33$	nach $\frac{1}{2}^h = 2,28$; „ $1^h = 2,32$	—
Cristobalit, hergestellt aus Quarzglas	2,33	2,328	—	—	—	—	—	—	—	—	—	—	2,326	2,21

schreitung zunimmt. Ein Zustandsdiagramm läßt sich wegen der Überschreitungen nicht aufstellen, was mit andern Beobachtungen an Silicaten übereinstimmt, da verschiedene Forscher nicht dieselben Resultate erhielten (vgl. bei $CaSiO_3$). Über das Zustandsfeld des Tridymits läßt sich nach K. Endell und R. Rieke gegenwärtig noch nichts aussagen.

Wichtig ist auch die von den genannten Forschern gemachte Beobachtung, daß die Umwandlungsgeschwindigkeit der verschiedenen Quarze von der Oberfläche abhängt. Sie ist bei einfachen Quarzen, Zwillingskristallen und faserigen Varietäten verschieden, am größten bei letzteren (siehe bei Chalcedon, S. 182). Anbei die darüber Aufschluß gebende Tabelle.

Dagegen nimmt Cl. N. Fenner an, wie oben erwähnt, daß aus Quarz Tridymit bei 870° entsteht.

Vorkommen und Genesis.

Cristobalit kommt in vulkanischen Gesteinen, Augitandesiten basaltischen Laven und vulkanischen Auswürflingen, außerdem auch in einigen Meteoriten vor. Da basaltische Gesteine keine hohen Erstarrungspunkte haben, so ist es wahrscheinlich, daß nicht die hohe Temperatur für die Cristobalitbildung maßgebend ist, sondern wohl andere Umstände, welche uns noch unbekannt sind, vielleicht gewisse Kristallisatoren von Einfluß sind.

Allgemeines über Kieselsäuren.

Von **A. Himmelbauer** (Wien).

Unter dem Namen „Kieselsäure" sollen hier nur die wasserhaltigen Verbindungen des Siliciumdioxyds besprochen werden, gleichgültig, ob sie als echte Hydrate oder als „Adsorptionsverbindungen" aufgefaßt werden. (Nicht selten wird unrichtigerweise auch das Siliciumdioxyd, sowohl das amorphe als auch die kristallisierten Modifikationen, so bezeichnet.) Die Literatur über diesen Gegenstand ist eine sehr große, im folgenden werden nur die wichtigeren, namentlich neueren Arbeiten berücksichtigt.

Kristallisierte Kieselsäure.

Über Beobachtungen von kristallisierter Kieselsäure liegen mehrere Angaben vor, so von L. Doveri[1]): Alkalisilicat wurde durch $CaCl_2$ gefällt, der Niederschlag nach dem Auswaschen mit HCl gelöst, H_2S eingeleitet, filtriert und das H_2S durch Kochen entfernt; im Vakuum blieben neben amorpher Kieselsäure noch weiß durchscheinende, sehr glänzende Nadeln, die 16% H_2O enthielten.

Eine fernere Angabe stammt von E. Frémy,[2]) der Natriumsilicat oder Kaliumsilicat und Säuren durch poröse Wände (geglühtes Porzellan) aufeinander einwirken ließ. Nach monatelangem Einwirken wurde ein kristallinisches, weißes Produkt erhalten, das in Kalilauge leicht löslich war und SiO_2 68%,

---

1) L. Doveri, Ann. chim. phys. [3], **21**, 40 (1847).
2) E. Frémy, C. R. **63**, 714 (1866).

Na_2O 5%, H_2O 27% enthielt; wenn man das Alkali vernachlässigt, entspricht die Analyse einem Hydrate $SiO_2 . 2H_2O$.

O. Maschke[1]) sättigte 50 cm^3 einer 3,95%igen Natronlauge heiß mit SiO_2, stellte nach dem Erkalten das ursprüngliche Volum wieder her und füllte damit eine Anzahl von Manometerröhren, die 24 Stunden auf einer Temperatur von 185° gehalten und dann langsam erkalten gelassen wurden. Er unterschied drei Portionen: A. die Flüssigkeit, B. oberer Teil des Rohres (das trübe geworden war), C. unterer Teil.

A. Filtrat alkalisch. Der Absatz wurde mit Wasser gewaschen, mit HNO_3 noch mehrere Stunden erwärmt; nach dem Auswaschen verblieben knollenförmige Gebilde und spießige Kristalle. Beim 2—3 tägigen Behandeln mit Normalnatronlauge verschwanden die Kristalle, es blieb Glas und wasserhaltige Kieselsäure zurück, die sich mit Natronlauge bei 100° löste.

B. Die weiße Kruste bestand aus spießigen, doppelbrechenden Kristallen eines Kieselsäurehydrats, das sich mit HNO_3 nicht veränderte, beim Glühen isotrop wurde und sich in Natronlauge langsam auflöste. Daneben war noch Glas vorhanden.

C. Ein wulstiger Belag konzentrischer Schalen, die zum Teil aus isotropen Lamellen (Kieselsäure), zum Teil aus den doppelbrechenden Nadeln, endlich aus modifizierten Glasstückchen bestanden.

H. Hager[2]) gab an, daß er beim Auslaugen von Kieselkalksteinen mit 20—25%iger roher Salzsäure und Versetzen des Filtrats mit konzentrierter 29—30%iger Salzsäure eine weiße Fällung von Kieselsäure erhielt, die, unter dem Mikroskope betrachtet, aus kleinen Säulen bestand.

Nach C. Struckmann[3]) schieden sich aus HCl, das SiO_2 gelöst enthielt, beim Einengen nadelige Kristalle eines Siliciumdioxydhydrats aus.

Endlich erhielt auch E. Pukall[4]) durch Einwirken von konzentrierter HCl oder H_2SO_4 auf kristallisiertes Natriumsilicat Produkte, die wie Kristalle aussahen und schwache Doppelbrechung zeigten. Durch genauere Untersuchung des Hydrats[5]) kam ich zu dem Schlusse, daß es sich dabei wohl um Pseudomorphosen von Kieselsäure nach dem ursprünglichen Natriumsilicate handle. Ähnliches hatte F. Rinne[6]) schon vorher bei der Zersetzung von Zeolithen durch Säuren (das Präparat zeigte einheitliche Doppelbrechung) und bei dem chemischen Abbaue von Glimmern („Baueritisierung")[7]) beobachtet. F. Cornu[8]) zeigte ferner, daß die Kieselsäure, die sich bei der Zersetzung mancher Zeolithe bildet, regelmäßig orientierte Kontraktionsrisse beim Trocknen bekommt.

Theoretisch erscheint die Existenz einer oder mehrerer kristallisierter Kieselsäuren nicht unmöglich, wenn man die Auffassung von P. P. v. Weimarn[9]) akzeptiert.

---

[1]) O. Maschke, Ann. d. Phys. **145**, 549; **146**, 90 (1872).

[2]) H. Hager, Pharm. Zentralhalle **8**, 115 (1888). — Ref. Ber. Dtsch. Chem. Ges. **21**, 286 (1888).

[3]) C. Struckmann, Ann. d. Chem. **94**, 337 (1855).

[4]) E. Pukall, Private Mitteilung.

[5]) Herr E. Pukall hatte mir das Präparat in liebenswürdiger Weise zur Verfügung gestellt.

[6]) F. Rinne, N. JB. Min. etc. 1896[1], 139. — ZB. Min. etc. 1902, 595.

[7]) F. Rinne, Ber. d. math.-phys. Kl. d. k. sächs. Ges. d. Wiss. Leipzig **63**, 441 (1911).

[8]) F. Cornu, Tsch. min. Mit. **24**, 199 (1906).

[9]) P. P. v. Weimarn, Grundzüge der Dispersoidchemie (Dresden 1911). — J. M. van Bemmelen-Gedenkbuch (Helder u. Dresden 1910), 50.

Allgemein erhält man aber die Kieselsäure als ein kolloides Produkt und zwar je nach den Bedingungen als (Hydro-) Sol oder Gel.

Amorphe, kolloide Kieselsäuren. Darstellungsmethoden.

1. Bei der Zerlegung aus den durch Säuren leicht zersetzbaren Silicaten, namentlich aus Natronwasserglas, bildet sich ein Kieselsäuresol. So erhielt H. Kühn[1]) aus wenig konzentrierten Lösungen zunächst ein Sol, das durch Erwärmen in eine Gallerte umgewandelt wurde. Nachdem die anhaftenden Salze durch Filtrieren entfernt worden waren, löste er den Niederschlag durch Kochen in Wasser wieder zu einer Pseudolösung auf (Konzentration bis 6 % SiO_2, klares Hydrosol). Th. Graham[2]) gewann auf ähnliche Weise ein Sol, das er durch Dialysieren vollständig chlorfrei machen konnte. Bei einem speziellen Versuche wurden 112 g Natriumsilicat, 67,2 g wasserfreie Salzsäure und 1000 cm^3 Wasser zusammengebracht und das entstandene Sol im Dialysator gereinigt; es enthielt 4,9 % SiO_2, ließ sich bis 14 % SiO_2 konzentrieren, wandelte sich aber langsam (um so langsamer, je reiner es war) in das Gel um. Das Sol war geschmacklos, bewirkte aber auf die Zunge gebracht ein anhaltendes unangenehmes Gefühl. Die Behauptung von E. Jordis,[3]) daß das Sol von Chlor nicht ganz befreit werden könne, wurde von R. Zsigmondy[4]) widerlegt.

Weitere Angaben über Darstellung nach derselben Methode (ohne Anspruch auf Vollständigkeit) bei M. Becquerel[5]) Fr. Kuhlmann[6]) (durch Salzsäure), M. Plessy[7]) (durch Essigsäure), E. Monier[8]) (durch Oxalsäure), St. Meunier[9]) (durch Schwefelsäure).

2. Siliciumdisulfid bildet mit Wasser unter H_2S-Entweichen ein klares in verdünntem Zustande haltbares Sol. E. Frémy.[10])

3. Siliciumtetrachlorid zieht an feuchter Luft Wasser an und bildet eine hydrophanähnliche Masse. M. Langlois.[11])

4. Siliciumtetrafluorid liefert mit Wasser eine Gallerte, die sich in größeren Mengen Wasser zu einer geschmacklosen, Lackmus nicht rötenden Flüssigkeit auflöst. J. Berzelius.[12]) Nach demselben Autor erhält man eine leicht wasserlösliche Kieselsäure, wenn man SiF_4 durch kristallisierte Borsäure adsorbieren

---

[1]) H. Kühn, Journ. prakt. Chem. [1] **59**, 1 (1853). — Ebenso B. Kempe, Koll.-Z. **1**, 43, der ein Sol bis zu 10 % SiO_2 erhalten konnte. — Ältere Literatur bei E. Jordis, Koll.-Z. **1**, 97. — Ferner P. Walden, Zur Geschichte der kolloiden Kieselsäure, Koll.-Z. **6**, 233; **9**, 145.

[2]) Th. Graham, Phil. Transact. 1861, 183. — Ann. d. Chem. **121**, 1 (1862). — Ann. chim. phys. [4] **3**, 127 (1864). — C. R. **59**, 174 (1864). — Gesammelt in den „Ostwald-Klassikern" Nr. 179.

[3]) E. Jordis, Bemerkungen in Th. Graham, Abhandlungen über Dialyse, Ostwald-Klassiker 179. Ferner Koll.-Z. **1**, 97 (1906).

[4]) R. Zsigmondy u. R. Heyer, Z. anorg. Chemie **68**, 169 (1910). — J. M. van Bemmelen-Gedenkbuch (Helder u. Dresden 1910), 7.

[5]) M. Becquerel, C. R. **67**, 1081 (1868).

[6]) Fr. Kuhlmann, C. R. **41**, 1029 (1855).

[7]) M. Plessy, C. R. **41**, 599 (1855).

[8]) E. Monier, C. R. **85**, 1053 (1877).

[9]) St. Meunier, C. R. **112**, 953 (1891).

[10]) E. Frémy, Ann. chim. phys. [3] **38**, 314 (1853).

[11]) M. Langlois, Ann. chim. phys. [3] **52**, 331 (1858).

[12]) J. Berzelius, Lehrbuch d. Chemie, 3. Aufl. **2**, 122.

läßt und letztere, sowie die HF durch großen Überschuß von Ammoniaklösung entzieht.[1])

5. Nach L. Ebelmen[2]) entsteht aus Kieselsäureäthylester durch Verseifung mit Wasserdampf eine feste, durchsichtige, allmählich erhärtende Masse. Eine analoge Darstellung aus dem Methylester gab E. Grimaux[3]) an.

6. Elektrischer Strom (von 10 Elementen) zerlegt Kaliumsilicatlösung unter Abscheidung von Kieselsäuregallerte, die am positiven Pol auftritt. Sie lagert sich in konzentrischen, durchscheinenden Schichten ab, die beim Trocknen hydrophanähnlich werden. M. Becquerel[4])

7. Nach F. Hoppe-Seyler[5]) scheinen Spaltpilze SiO_2 in eine Pseudolösung überführen zu können.

Ausflockung und Gelatinierung der Kieselsäurehydrosole.

Das nach H. Kühn[6]) dargestellte Sol wurde durch H_2SO_4 ausgeflockt Das Grahamsche Hydrosol wurde nach Th. Graham[7]) wohl durch CO_2,[8]) nicht aber durch Säuren und durch Lösungen neutraler (nicht hydrolytisch gespaltener) oder saurer Salze,[9]) ferner auch nicht durch Alkohol, Zucker, Glyzerin, Gummi koaguliert. Rasch trat dies ein durch Lösungen von Alkali- und Erdalkalicarbonaten (auch in sehr geringen Konzentrationen). Koagulierung erfolgte übrigens schon durch langes Stehen, namentlich bei konzentrierten Lösungen, und wurde durch Erhitzen beschleunigt. So gelatinierte eine 10%ige Lösung schon bei gewöhnlicher Temperatur nach einigen Stunden, beim Erhitzen sogleich. 5–6%ige Lösung hielt sich einige Tage, eine 2%ige einige Monate, eine 1%ige bis zu 2 Jahren. Ganz allmählich wurde Flüssigkeit ölartig, schwach opalisierend und ging dann in eine durchsichtige Gallerte über. Im Vakuum über 15° hinterblieb ein klares, wasserunlösliches, hartes Produkt.

Das Gerinnen der Kieselsäure wurde nach Th. Graham durch feinverteilte Fremdkörper, Graphitpulver beschleunigt; diese Angabe wurde aber von W. Flemming[10]) widerlegt. Spätere Angaben differieren von den Grahamschen beträchtlich. So erstarrte nach J. M. van Bemmelen ein Sol mit 5% SiO_2 in 1 Min., ein 3%iges nach 15 Min., ein 1%iges nach 1 Std. Die Schwankungen in den Angaben sind nach W. Flemming darauf zurückzuführen, daß Th. Graham mit schwach sauren, J. M. van Bemmelen mit durch Ammoniak schwach basisch gemachten Solen arbeitete. W. Flemming selbst fand,[11]) daß die Erstarrungsgeschwindigkeit abhängig sei:

---

[1]) J. Berzelius, Ann. chim. phys. **14**, 363 (1820).
[2]) L. Ebelmen, Ann. chim. phys. [3], **16**, 129 (1846). — Ann. d. Chem. **57**, 346 (1846).
[3]) E. Grimaux, C. R. **98**, 1434, 1484, 1540 (1884).
[4]) M. Becquerel, C. R. **53**, 1196 (1861).
[5]) F. Hoppe-Seyler, Z. f. physiolog. Chem. **11**, 561 (1887).
[6]) H. Kühn, l. c.
[7]) Th. Graham, Ann. d. Chem. **121**, 1 (1862); **135**, 65 (1865).
[8]) Dem widerspricht W. Flemming, Z. f. phys. Chem. **41**, 427 (1902).
[9]) Nach O. Maschke wohl durch NaCl und $CaCl_2$. — Z. Dtsch. geol. Ges. **7**, 438 (1855); vgl. auch A. H. Church, Journ. chem. Soc. **15**, 107 (1862).
[10]) W. Flemming, Z. f. phys. Chem. **41**, 436 (1902).
[11]) Genaue quantitative Versuche im „Tropfapparate"; das Hydrosol wurde durch eine Kapillare tropfen gelassen, bei einem bestimmten Zähigkeitsgrade mußte das Tropfen aufhören; ferner für längere Versuchszeiten im Druckluftapparate: Luftblasen wurden bei konstantem Druck durch die Gallerte geleitet, bei der Koagulation sollten sie nicht mehr hindurchgelassen werden. Zu ähnlichen Resultaten wie W. Flemming kam auch H. Garrett, Phil. Mag. [6] **6**, 376 (1903).

1. Von Katalysatoren; quantitativ wurde die Wirkung des OH-Ions und des H-Ions erforscht, ersteres wirkt mit abnehmender Konzentration zuerst beschleunigend, dann verzögernd, letzteres umgekehrt, erst verzögernd, dann beschleunigend.

2. Von der Konzentration; die Geschwindigkeit wächst mit steigender Konzentration.

3. Von der Temperatur, deren Steigerung ebenfalls beschleunigend wirkt. Endlich hatten auch verschiedene Wassergläser und ebenso verschiedene Säuren einen Einfluß auf die Gelatinierungsgeschwindigkeit.

Nach H. Kühn[1]) wurde ein Sol, das aus Wasserglas mit höchstens 3% SiO_2 durch Übersättigung mit HCl, D. 1,10, Versetzen mit Alkalisilicat und Erwärmen auf 30° dargestellt worden war, mittels H_2SO_4 und Alkohol koaguliert, ebenso durch den elektrischen Strom und durch Frost. Analoge Angabe über Ausfrieren finden sich auch bei N. N. Ljubavin,[2]) A. Lottermoser.[3])

Das von E. Grimaux[4]) dargestellte Hydrosol wurde durch Einleiten von CO_2 nicht koaguliert und brauchte größere Mengen von Neutralsalzen zur Peptisierung als das Grahamsche. Eine 2,26%ige Lösung erstarrte aber nach längerer Zeit von selbst.

Aus SiS_2 dargestelltes Sol ließ sich monatelang aufbewahren, wurde aber beim Kochen, Einengen und Zusatz löslicher Alkalisalze gallertartig.

Die aus $SiCl_4$ und SiF_4 dargestellten Kieselsäuren waren gleich in festem Zustande abgeschieden worden.

In eingehender Weise beschäftigte sich E. Jordis[5]) mit der Koagulation der Kieselsäure. Er verwies auf die Widersprüche in den Angaben, die darauf zurückzuführen seien, daß die Autoren mit verschieden gereinigten Kieselsäuren[6]) gearbeitet hatten. Die „Verunreinigungen", namentlich der Gehalt an Cl seien konstitutiv, bedingten die Existenzmöglichkeit der Sole, würden sie entfernt, so gelatiniere das Produkt. Andererseits trete auch wieder Aussalzung ein, wenn diese „Solbildner" in großer Menge zugesetzt werden. Von R. Zsigmondy und R. Heyer[7]) wurde jedoch nachgewiesen, daß sich sehr wohl chlorfreie Sole durch Dialyse darstellen lassen.

Über Reindarstellung von Kieselsäuregel gaben E. Jordis, ferner E. Ebler und M. Fellner[8]) (Kieselsäure aus $SiCl_4$) genaue Anleitungen.

Auch N. Pappadá[9]) studierte den Einfluß verschiedener Stoffe, namentlich Salze, auf die Peptisierung der Kieselsäure und kam dabei zu folgenden Resultaten:

Lösungen nichtdissoziierter, organischer Stoffe (Rohrzucker, Milchzucker, Glukose, Äthylalkohol) bewirken bei keiner Konzentration Gelatinierung. Be-

---

[1]) H. Kühn, Journ. prakt. Chem. **59**, 1 (1853).

[2]) N. N. Ljubavin, Journ. russ. phys. chem. G. **21**, I, 397 (1889). — Journ. chem. Soc. **58**, 685 (1890). — Chem. ZB. 1890¹, 515.

[3]) A. Lottermoser, Ber. Dtsch. Chem.Ges. **41**, 3976 (1908).

[4]) E. Grimaux, l. c.

[5]) E. Jordis, Z. anorg. Chem. **34**, 455 (1903); **35**, 16 (1903); **44**, 200 (1905) (mit E. H. Kanter). — Z. f. Elektroch. **11**, 835 (1905).

[6]) Über das Festhalten verschiedener Stoffe vgl. auch J. M. van Bemmelen. — J. Meyer, Z. anorg. Chem. **47**, 45 (1905) und P. Rohland, Z. anorg. Chem. **56**, 46 (1907).

[7]) R. Zsigmondy u. R. Heyer, Z. anorg. Chem. **68**, 169 (1910).

[8]) E. Ebler u. M. Fellner, Ber. Dtsch. Chem. Ges. **44**, 1915 (1911).

[9]) N. Pappadá, Gazz. chim. ital. **33**, 272 (1903); **35**, 78, 259 (1905). — Koll.-Z. **4**, 56 (1909); **6**, 292 (1910) (mit C. Sadowski); **9**, 164 (1911); **10**, 181 (1912).

züglich der dissoziierten Salze gilt folgendes: Gegenüber dem negativen Kolloide Kieselsäure nimmt die Koagulationswirkung in der Reihe der Alkalimetalle mit steigendem Atomgewichte des Kations zu: $Cs^{\cdot} > Rb^{\cdot} > K^{\cdot} > NH_4^{\cdot} > Na > Li$. Die Wirkung steigt mit zunehmender elektrischer Ladung des Kations $M^{\cdots} > M^{\cdot\cdot} > M^{\cdot}$ Die Anionen verhalten sich im allgemeinen indifferent. Bezüglich der Theorie dieser Erscheinungen möge hier nur angedeutet werden, daß nach N. Pappadá zwischen der Kieselsäure und dem Salze (bzw. dem einen Ion) eine chemische Reaktion eintreten muß, welche die Bildung leicht zersetzlicher Verbindungen bewirkt. Diese sind beständig bei Gegenwart eines Überschusses des Kristalloids, zerfallen aber bei Gegenwart von viel Wasser.

Je nach der Konzentration ist die Form des Geles eine verschiedene; aus verdünnten Lösungen fällen Elektrolyte Flocken aus, aus konzentrierten bilden sie Gelatinen.

Auch W. B. Hardy[1]) konstatierte, daß das Koagulationsvermögen eines Salzes für Kieselsäure vorwiegend durch die Wertigkeit der positiven Ionen desselben bedingt sei (das koagulierende Ion hat immer das entgegengesetzte elektrische Zeichen wie das Kolloidteilchen). Zu den Versuchen wurde dialysierte Kieselsäure, frei von Chloriden, elektronegativ, von einer Konzentration 1 Mol in 120000 cm^3 verwendet (Temperatur 16° C).

Es koagulierte sofort: $Al_2(SO_4)_3$,
nach 10 Minuten: $CuSO_4$, $CuCl_2$, $Cd(NO_3)_2$, $BaCl_2$,
„ 2 Stunden: $MgSO_4$,
„ 24 „ K_2SO_4 Na_2SO_4,

während die Kontrollprobe mit NaCl nach dieser Zeit noch flüssig war.

F. Mylius und E. Groschuff[2]) unterschieden nach dem Verhalten der Kieselsäure, dargestellt durch Zusatz von 2 Mol HCl zu 1 Mol $Na_2Si_2O_5$ (2 g SiO_2 in 100 cm^3), gegen Eiweißlösungen zwei Modifikationen:

α-Kieselsäure, die sich bildet, wenn man bei 0° die Säure rasch zersetzt; sie fällt Eiweißlösung nicht.

β-Kieselsäure, die sich bei stundenlangem Erhitzen oder tagelangem Stehen aus der α-Kieselsäure bildet, fällt Eiweißlösung auch in starker Verdünnung; auch NaOH bewirkt Niederschläge. Diese Form wird leicht bei langsamem Zusammenbringen von HCl und $Na_2Si_2O_5$ erhalten. Da die Gefrierpunktserniedrigung und ebenso die Leitfähigkeit der Lösung sich bei der Umwandlung ändert, nehmen die Autoren Polymerisation an.

Im Ultramikroskope wurde der Vorgang der Gallertbildung von W. Bachmann[3]) untersucht. Der Gelatinierungsverlauf deutet auf einen Zusammentritt von Amikronen und Submikronen zu sichtbaren Gallertelementen hin; diese senden polarisiertes Licht aus. Das ultramikroskopische Bild der erstarrten Gallerte läßt neben der Teilchenaggregation eine Art Kristallisation vermuten, die Erstarrungserscheinungen selbst deuten auf eine Entmischung hin.

Sehr widerspruchsvoll sind die Angaben über Wärmetönung beim Übergange vom Kieselsäure-Sol zum -Gel. J. St. Thomsen,[4]) G. Bruni und

[1]) W. B. Hardy, Z. f. phys. Chem. **33**, 385 (1900).
[2]) F. Mylius u. E. Groschuff, Ber. Dtsch. Chem. Ges. **39**, 116 (1906).
[3]) W. Bachmann, Z. anorg. Chem. **73**, 125 (1911).
[4]) J. St. Thomsen, Thermochemische Untersuchungen **1**, 211 (1882).

N. Pappadá[1]) konnten keine Wärmetönung konstatieren. Dagegen wurde bereits von E. Wiedemann und Ch. Lüdeking[2]) ein Wärmeeffekt von 11,3 und 12,2 Kal. angegeben. Neuere Untersuchungen führten ebenfalls dazu, eine positive Koagulationswärme anzunehmen; diese bestimmte O. Mulert[3]) mit 0,47 Kal. ± 0,16 (Differenz der Reaktionswärme des SiO_2-Soles und -Geles (22% H_2O mit Flußsäure), ferner nach einer genaueren direkten Methode Fr. Doerinckel[4]) zu 0,34 Kal. pro 1 Mol SiO_2. Letzterer Autor stellte seine Versuche mit einer aus Wasserglaslösung bereiteten Kieselsäure an; als Koagulationsmittel wurde Aluminiumsulfat (basisch) und Kaliumoxalat verwendet. Die Wärmetönung wurde bestimmt, indem bei 17—19° in dem (speziell zu diesem Zwecke konstruierten) Kalorimeter einmal 250 cm³ Hydrosol und ein gleichse Volum Fällungsmittel, das andere Mal die gleiche Menge Fällungsmittel und 250 cm³ Wasser zusammengebracht und die beiden Temperatursteigerungen gemessen wurden; die Differenz ergab die Koagulationswärme. Letztere war abhängig von der Konzentration der Elektrolyten:

Koagulationswärme von 250 cm³ SiO_2-Hydrosol durch Aluminiumsulfat wechselnder Konzentration:

3% SiO_2-Lösung (aus Kaliwasserglas).

Konz. d. $Al_2(SO_4)_3$ (in Gewichtsprozenten wasserfreien Salzes angegeben)	Koagulationswärme
3,4%	+ 15,8 Kal.
6,8	+ 27,1 „
2,4% SiO_2 — Lösung (aus Natronwasserglas)	
1,7	+ 17,9 „
6,8	+ 30,7 „
13,6	+ 32,8 „

Ferner zeigte sich eine Abhängigkeit von der Konzentration der SiO_2-Lösung:

Koagulationswärme von SiO_2-Hydrosol variabler Konzentration durch 6,8% Alkalisulfatlösung gefällt.

Konzentration der SiO_2		Koagulationswärme
0,6%	aus Natronwasserglas	+ 8,5 Kal.
1,2	aus Natronwasserglas	+ 15,9 „
2,4		+ 30,7 „
3,0	aus Kaliwasserglas	+ 27,1 „

Man kommt bei den Koagulationen innerhalb der kalorimetrischen Messungszeit zu verschiedenen Endzuständen, je nachdem man konzentrierte oder verdünnte Kieselsäurelösung verwendet; obwohl die Verdünnungswärme der benutzten Hydrosole 0 ist, geben verdünnte Lösungen verhältnismäßig größere Koagulationswärmen als konzentrierte. Fr. Doerinckel nimmt an, daß bei letzteren die Zellenstruktur eine Vermischung des Zellinhalts und der äußeren Flüssigkeit verlangsamt. Bei dem Versuche Kieselsäure + Aluminiumsulfat zeigt das Gel keine solche Struktur, hier blieb auch der Unterschied sehr klein.

---

[1]) G. Bruni u. N. Pappadá, Gazz. chim. ital. **31**, 244 (1901). — Z. f. phys. Chem. **38**, 502 (1901).

[2]) E. Wiedemann u. Ch. Lüdeking, Ann. d. Phys. **25**, 145 (1885).

[3]) O. Mulert, Z. anorg. Chem. **75**, 198 (1912).

[4]) Fr. Doerinckel, Z. anorg. Chem. **66**, 20 (1910).

Wassergehalt und Theorien über die Bindung des Wassers.

Namentlich in der älteren Literatur findet sich eine große Zahl von Angaben über den Wassergehalt von Kieselsäuren. Einige Daten: Kieselsäure aus Silicaten enthielt allgemein 13—36 % H_2O, in einem speziellen Falle (offenbar nach dem Abdampfen zur Trockne neben H_2SO_4) wurde angegeben: 4,36—7 %, bei 100—140° 4—5,7 % H_2O. C. F. Rammelsberg.[1]) Schwach geglühte Kieselsäure konnte aus der Luft innerhalb 14 Tagen 14,38 Tl. H_2O (auf 100 Tl. SiO_2) aufnehmen, stark geglühte 2 Tl., vor dem Gebläse heftig geglühte nur 0,097. Das aufgenommene Wasser wurde bei Temperaturen über 100° teilweise zurückgehalten (bei 150° noch 0,3—1,6 %). H. Rose.[2]) Aus verdünnten Wasserglaslösungen abgeschiedene Kieselsäure enthielt 94 % H_2O. E. Jordis.[3])

Aus SiS_2 dargestellte und im Vakuum eingedampfte Kieselsäurelösung lieferte einen glasartigen Rückstand, der 16,7 %, in andern Fällen 9,4 % H_2O enthielt. E. Frémy.[4])

Die durch Einwirkung von feuchter Luft auf $SiCl_4$ erhaltene, hydrophanähnliche Kieselsäure enthielt lufttrocken 11,5—12 % H_2O. Langlois.[5]) Gereinigte und zwischen Filterpapier getrocknete Kieselsäure hatte einen Wassergehalt von 36,5—38,5 %. Nach längerem Pressen ließ sich noch Wasser entfernen. Th. H. Norton und J. Roth.[6])

Aus SiF_4 durch Wasser gefällt und im Vakuum getrocknet enthielt die Säure 16,2 % H_2O. E. Frémy.[7]) 30 Tage über H_2SO_4 getrocknet 9,1—9,6 %, 18 Tage auf dem Wasserbade bei 100° getrocknet 6,63—6,96 %. J. Fuchs.[8]) 4—5 Wochen getrocknet 6,13 %, im Luftstrome bei 100° 4,47 %, bei 130—140° ebensoviel, bei 180—200° 4,18 % H_2O. J. Gottlieb.[9]) Ältere Säure enthielt:

bei	60°	80°	90°	100°	250—270°
	8,96 %	7,46 %	6,90 %	6,24 %	3,37 %

frisch bereitete bei

70°	90°	100°	130°	160°
5,93 %	4,64 %	4,26 %	3,5 %	3,06 % H_2O. V. Merz.[10])

Nach G. Lunge und C. Milberg[11]) enthielt eine Kieselsäure, eine Woche lang an der Luft getrocknet, 16,65 % $H_2O (3SiO_2 . 2H_2O)$; denselben Wassergehalt (16,62 %) gab eine 8 Tage über konz. Schwefelsäure getrocknete Kieselsäure. Bei 100° wurde ein Gehalt von 13,60 % $(2SiO_2 . H_2O)$ gefunden, bei 200° 5,66 % $(5SiO_2 . H_2O)$, bei 300° 3,40 % $(9SiO_2 . H_2O)$.

Das Präparat von L. Ebelmen[12]) enthielt nach 2—3 Monaten 21,8 % H_2O. In Übereinstimmung mit diesen Beobachtungen hatte Wurtz[13]) theoretisch

[1]) C. F. Rammelsberg, Ber. Dtsch. Chem. Ges. **5**, 1006 (1872).
[2]) H. Rose, Ann. d. Phys. **108**, 1 (1859).
[3]) E. Jordis, Z. anorg. Chem. **44**, 200 (1905).
[4]) E. Frémy, Ann. chim. phys. [3] **38**, 314 (1853).
[5]) Langlois, Ann. chim. phys. [3] **52**, 391 (1858).
[6]) Th. H. Norton u. J. Roth, Journ. Am. chem. Soc. **18**, 832 (1896). — Chem. ZB. 1897^II, 1096.
[7]) E. Frémy, Ann. chim. phys. [3] **38**, 327 (1853).
[8]) J. Fuchs, Ann. d. Chem. **82**, 119 (1852).
[9]) J. Gottlieb, Sitzber. Wiener Ak. [2] **66**, 202 (1872).
[10]) V. Merz, Journ. prakt. Chem. **99**, 177 (1866).
[11]) G. Lunge u. C. Milberg, Z. f. angew. Chem. 1897, 424.
[12]) L. Ebelmen, l. c.
[13]) Bei G. Tschermak, Darstellung der Kieselsäuren durch Zersetzung der natürlichen Silicate. Z. f. phys. Chem. **53**, 349 (1905).

abgeleitet, daß es eine große Reihe von Kieselsäuren gäbe, die sich von der Orthokieselsäure H_4SiO_4 ableiteten, indem aus ein oder mehreren Molekeln Orthokieselsäure ein oder mehrere Molekel Wasser austräten.

Zu wesentlich anderen Resultaten, namentlich zu einer Leugnung aller bisher angenommenen Hydrate kam J. M. van Bemmelen.[1]) Nach ihm sind die Kieselsäuren Gele von SiO_2, die H_2O in variablem Verhältnisse gebunden, (absorbiert) enthalten.

J. M. van Bemmelen bereitete sich aus Wasserglas durch Zusetzen von HCl (in geringem Überschusse) und einzelnen Tropfen NH_3, bis die Reaktion nur mehr schwach sauer war, Kieselsäuregele und zwar aus verschieden konzentrierten Lösungen, A_7 (7% SiO_2 = 35 Mole H_2O auf 1 SiO_2 in der Lösung, aus welcher die Kieselsäure abgeschieden wurde), A_5 (5% SiO_2, 63 Mole H_2O auf 1 SiO_2), A_3 (3% SiO_2, 108 Mole), A_1 (1% SiO_2, 331 Mole). A_7 koagulierte gleich, A_5 fing an zu opalisieren und koagulierte in wenigen Minuten, A_3 brauchte ca. 1/4 Stunde, A_1 mehrere Stunden zum Gerinnen. Die körnigen Stücke von A_7, ebenso die glashellen Klumpen von A_5, A_3 und A_1 wurden mit Wasser in einem Mörser zerrieben und bis zum Verschwinden der Cl-Reaktion ausgewaschen, worauf sie über einem Kolatorium abtropfen gelassen wurden.

Um das Gleichgewicht des Gels mit verschiedenen Konzentrationen der Gasphase zu erhalten, wurde es in Glaseimerchen über Schwefelsäure von verschiedener Verdünnung (deren Tension bekannt war) gebracht und durch Wägungen bestimmt, wann keine Abnahme des Gewichts mehr erfolgte. (Als Gleichgewicht wurde der Zustand angesehen, bei dem nur mehr eine tägliche Abnahme von ca. 0,01 Mol H_2O gefunden wurde; das trat regelmäßig nach einigen Tagen ein.)

Bei der Entwässerung wurde das Gel zunächst unter Volumverminderung immer härter, blieb aber glashell, erst bei einem Gehalte von 3—1,5 Mol H_2O und Drucken von 10—4,5 mm begann ein Trübwerden (Umschlag).[2]) Bei weiterem Entwässern verschwand dann die Trübung wieder. Die Verdampfungsgeschwindigkeit des Wassers war zunächst (bei konstanter Temperatur und konstantem Drucke) eine konstante, nahm aber dann bis zur Erreichung des Gleichgewichtszustands kontinuierlich ab.

Da eine Wiedergabe der zahlreichen Tabellen (in der ersten größeren Abhandlung allein 90 Beobachtungsreihen, in denen J. M. van Bemmelen seine Bestimmungen zusammengestellt hat) hier unmöglich ist, so sollen für die Darstellung der Resultate die schematischen Kurven der Wässerung und Entwässerung verwendet werden, die J. M. van Bemmelen selbst zu einer übersichtlichen Darstellung seiner Resultate gebraucht hat. In den Kurven (bei 15° C) bezeichnen die Pfeile ↓ Entwässerung, ↑ Wiederwässerung. A ist das Gel, bevor es über Schwefelsäure entwässert ist, Z, nachdem es entwässert ist. Eine teilweise Entwässerung zwischen zwei Dampfspannungen wird angedeutet durch:

10 =
↓
6 = } Entwässerung zwischen 10 und 6 mm Tension.

[1]) J. M. van Bemmelen, Arch. neerland. **15**, 321 (1880). — Ber. Dtsch. Chem. Ges. **13**, 1466 (1880). — Rec. trav. chim. **7**, 37 (1888); **7**, 69 (1888) (Über Absorption). — Z. anorg. Chem. **13**, 233 (1897); **18**, 14, (1898); **23**, 321 (1900); **30**, 265 (1902); **59**, 225 (1908); **62**, 1 (1909). Die meisten Arbeiten sind enthalten in: J. M. van Bemmelen, Die Absorption (herausgegeben von Wo. Ostwald). Dresden 1910.

[2]) Dieser Umschlag wurde zuerst von O. Maschke, Ann. d. Phys. **221**, 549; **222**, 90 (1872) angegeben; nach ihm enthält die Kieselsäure beim Weißwerden etwa 44% H_2O.

Entwässerungskurve $A\downarrow$, Wiederwässerungskurve $Z\uparrow$ und Wiederentwässerungskurve $Z\downarrow$. Der Verlauf dieser Kurven ist verschieden nach der Bereitungsart, nach dem Entwässerungsvorgange und nach den durch die Zeit bewirkten Modifikationen.

Für ein frisch bereitetes Gel A_1, das mit einem Gehalte von ca. 100 H_2O vom Kolatorium gewonnen wurde, betrug die Zeit für $A\downarrow$ ca. 2—4 Monate (je nach den Anfangstensionen). Die Kurve, Fig. 26, gilt für ein solches Gel A_1. Die Kurve $A\downarrow$ läßt zwei annähernd gleichmäßig verlaufende Stücke erkennen, α, β, und ein fast horizontales Stück $\alpha\,\beta$. O ist der Umschlagspunkt. Die Kurven $A_1\,\beta$ beginnen ungefähr bei 12 mm, sie fallen bei langsamer Entwässerung einer sehr schwachen Krümmung stetig bis O etwa 5 mm Bei Wiederwässerung von $A\,\beta$ aus wird nur eine geringe Menge Wasser bei

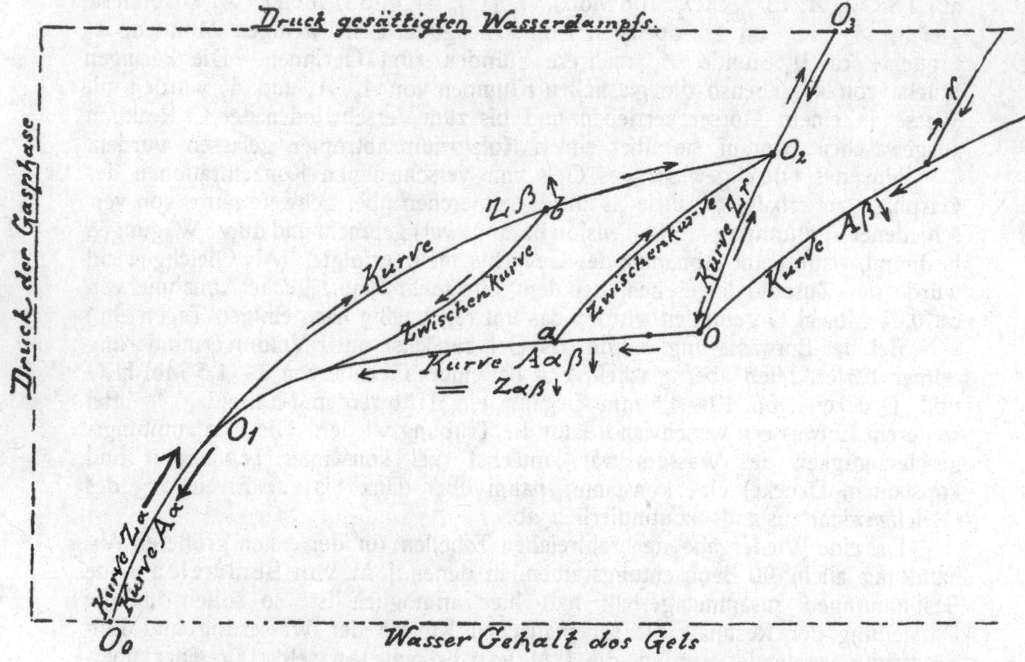

Fig. 26. Entwässerungs- und Wiederwässerungskurve eines Kieselsäuregels (schematisch).

höheren Spannungen (bis ca. β usw.) schnell aufgenommen — γ-Kurve — und dieses leicht wieder abgegeben; die Entwässerung auf $A_1\,\beta$ ist also nicht umkehrbar, das Gel muß in jedem Punkte eine bleibende Modifikation erfahren haben.

Der Umschlag O fand bei A_1 (frisch) zwischen 6,5 und 4,9 mm (1,8 bis 1,4 H_2O) statt, ganz allgemein zwischen 9 und 4,3 mm (2,2—1,3 H_2O). Hierauf nimmt der Kurventeil $A\,\alpha\,\beta$ eine annähernd horizontale Richtung ein.

Im Kurventeil	in dem der Gehalt (H_2O) abnimmt	fällt der Druck um	auf 0,1 Mol H_2O berechnet
$A\beta\downarrow$	von 2,5—1,6 = 0,9 H_2O	3,5 mm	0,39
$A\alpha\beta\downarrow$	„ 1,6—1,0 = 0,6 H_2O	ca. 0,5 mm	0,08

Die Trübung auf $A\alpha\beta\downarrow$ verschwindet bis zum Ende ganz allmählich wieder. Die Länge des Kurventeils $A\alpha\beta$ ist um so größer, je früher der Umschlag eintritt. Auch dieser Kurvenast ist nicht reversibel, von jedem Punkte auf $A\alpha\beta$ erhält man bei Behandlung des Gels mit zunehmend höheren Dampfspannungen schräg nach oben gekehrte Kurven.

Bei einer Zusammensetzung von ca. 1 H_2O bekommt die Kurve wieder eine stärkere Krümmung, sie geht stetig in den Teil $A\alpha\downarrow$ über. Dieser verläuft schräg nach links und hat eine schwache Krümmung. Für ca. 4,5 mm Druckerniedrigung (4,5—0,0 mm) beträgt der Verlust ca. 1 H_2O. Gleichgewicht wird rasch, in 1—2 Tagen, erhalten, die Kurve wird bei der Wässerung im selben Sinne durchlaufen. Beim Druck 0 mm enthält das Gel 0,3—0,15 H_2O.

Wiederwässerung. $Z\alpha\uparrow$ fällt mit $A\alpha\downarrow$ zusammen bis zum Punkte O_1, dessen Gehalte und Drucke von 0,9—0,6 H_2O und 4—8 mm variieren.

Von O_1 entfernt sich $Z\uparrow$ von der Kurve $A\alpha\beta\downarrow$ und nimmt bald als $Z\beta\uparrow$ (bei einem Dampfdrucke, der ungefähr O entspricht) eine Richtung parallel $A\beta\downarrow$ an; das kurze, stärker gekrümmte Kurvenstück nennt J. M. van Bemmelen $Z\alpha\beta\uparrow$; in diesem macht sich auch wieder eine vorübergehende Trübung bemerkbar. $Z\beta$ setzt sich fort bis zu einem Punkte O_2, wo der Gehalt ungefähr um 0,5 H_2O (2—3 mm) höher ist als bei O. O_2 variiert allgemein zwischen ca. 1,4—2,3 H_2O, 7—10,5 mm. $Z\beta\uparrow$ ist nicht umkehrbar. Das Gleichgewicht wird auf der Kurve langsamer erreicht als auf $Z\alpha$.

Von O_2 fängt ein neuer Kurventeil vom Charakter der γ-Kurven an. Bis zum Maximaldruck (ca. 13 mm) wird nur eine kleine Menge H_2O, im Mittel 0,2—0,3, rasch aufgenommen und auch leicht wieder abgegeben.

Wiederentwässerung. Kurve $Z\downarrow$. $Z\gamma\downarrow$ wird schnell durchlaufen und fällt mit $A\gamma\uparrow$ zusammen. Bei O_2 entfernt sich die $Z\downarrow$-Kurve von $Z\beta$ und läuft mit geringer Abweichung nach O oder in die Nähe von O zurück. Gleichgewicht stellt sich relativ rasch ein. Danach findet wieder derselbe Umschlag statt usw.

Zwischenkurven. $Z\beta\downarrow$ kann nicht im Sinne $\downarrow$ durchlaufen werden, es entsteht von irgend einem Punkte auf derselben eine Kurve, die nach rechts konvex ist und links in $A\alpha\beta$ bei O_1 endet. $Z\alpha\beta\downarrow$ ist deshalb nicht reversibel; von jedem Punkte entsteht bei der Wiederwässerung eine Kurve, die fast geradlinig nach O_2 führt; das Gel wird dabei wieder glashell.

Ob das Gel nach dem Umschlagspunkte ganz oder teilweise entwässert werde, ist für den Verlauf der Z-Kurve ohne Einfluß. Den ganzen Kreislauf $OO_1\ O_2O$ bezeichnet J. M. van Bemmelen als Hysteresis.

Modifikationen des Gels.

a) Einfluß der Geschwindigkeit der Entwässerung. Dieser macht sich (namentlich bei frischen Gelen) bei der Kurve $A\beta\downarrow$ geltend. Je rascher der Gang der Entwässerung ist (langsamster Gang von Millimeter zu Millimeter, raschester vom Anfangsdruck bis zum Druck des Umschlagspunkts), desto mehr verschieben sich die Kurven $A\beta$ nach links und werden steiler, beim schnellsten Entwässerungsgange ergibt sich eine Differenz von 0,2—0,4 H_2O gegenüber dem langsamsten. O wird etwas verzögert.

b) Einfluß der Bereitungsweise. Dieser Einfluß zeigt sich erst vom Umschlagspunkte an. Vergleicht man frische Gele miteinander, so zeigt sich, daß bei dem Gele, das aus einer verdünnten alkalischen Lösung von SiO_2 koaguliert ist, der Umschlag später stattfindet und die Kurve $A\alpha$ höhere Wasserwerte hat als bei einem Gele, das momentan aus konzentrierter Lösung gebildet wurde.

c) Einfluß der Zeit. Die Modifikationen der Kurven durch diesen Faktor führen schließlich zu folgenden Grenzfällen: Ein Gel A_7 der Zeitwirkung (vor der Entwässerung) lange ausgesetzt und dann entwässert, liefert schließlich eine einzige umkehrbare Kurve (*a*). Das Absorptionsvermögen der Kieselsäure ist so verringert, daß nur bei hohen Drucken viel Wasser festgehalten und auch wieder absorbiert werden kann (bis ca. 4 H_2O). (Fig. 28).

Für die Gele A_1 usw. bedarf es einer noch viel längeren Zeitwirkung.

Im zweiten Falle wurde ein frisches Gel A_1 gleich unter niedrigen Druck (5 mm) gebracht, lange dabei gehalten und dann entwässert; es ergibt sich eine Kurve *b*, bei der die Punkte O, O_1 und O_2 zusammenfallen und nur eine reversible Kurve A_1 und eine steile reversible Kurve $Z\gamma$ übrig bleibt.

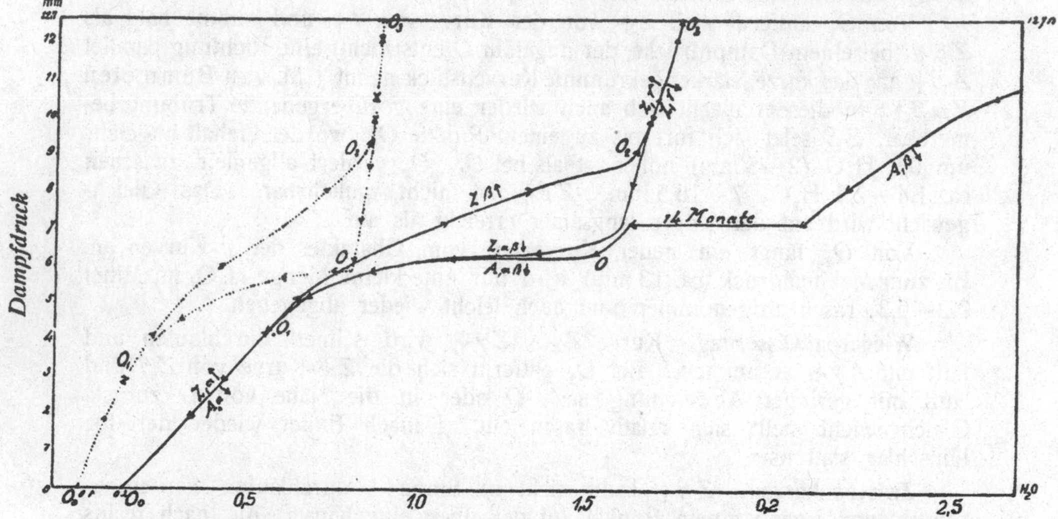

Fig. 27. Einfluß der Zeit und der Erhitzung auf die Gestalt der Entwässerungskurve des Kieselsäuregels. — Gel A_1 langsam entwässert bis zur Dampfspannung von 7,2 mm, dann 14 Monate diesem Drucke ausgesetzt. Kurven $A_1\downarrow$, $Z_1\uparrow$ und $Z_1\downarrow$. Dieselben Kurven nach kurzem Glühen des Gels.

Die hier bei niedrigem Drucke gebundene Menge Wasser differiert nicht stark von den Werten, die bei dem gewöhnlichen Versuche (ohne Zeitwirkung) erhalten wurde; dagegen ist die $Z\gamma$ entsprechende aufgenommene Wassermenge sehr gering. Jedenfalls bewirkt die Zeit, daß die zweite Koagulation in O ein Minimum wird. (Fig. 28).

d) Einfluß der Erhitzung. Die Fig. 27 läßt erkennen, daß beim Erhitzen die Punkte O, O_1, O_2 bei annähernd denselben Dampfspannungen, aber bei niedrigeren Wasserwerten auftreten, und zwar um so niedriger, je länger und je stärker erhitzt wurde; nach längerem Glühen verschwindet endlich der Zyklus $OO_1\,O_2\,O$ ganz.

J. M. van Bemmelen untersuchte auch andere Kieselsäuregele, namentlich auch das aus $SiCl_4$ bereitete (Gel *B*), fand aber nichts prinzipiell Neues. Der Umschlag trat bei *B* viel früher ein, als bei den Gelen A_1, und wurde sehr stark abhängig vom Dampfdrucke bei der Entwässerung gefunden; ebenso der

Punkt, wo die Einschrumpfung aufhörte (Knickpunkte im Sinne G. Tschermaks. Siehe diesbezüglich den folgenden Artikel). Das Gel *B* blieb im Umschlage trübe.

Zur Erklärung der Erscheinungen zog J. M. van Bemmelen zuerst die Mizellartheorie von Nägeli heran, akzeptierte aber später die O. Bütschlische Vorstellung von einem Wabenbaue der kolloiden Kieselsäure.[1]) Die Gelbildung ist eine Trennung einer Lösung anfänglich in zwei Flüssigkeiten, von denen die eine (L_1 koll.) aus SiO_2, das Wasser absorbiert enthält, eine größere Viscosität hat als die andere (L_2 fl.), Wasser, und ein Gewebe bildet, das teilweise die zweite absorbiert, teilweise eingeschlossen enthält. Vor dem Umschlage entstehen bei der Entwässerung keine wasserleeren Räume im Gewebe, sondern dieses zieht sich zusammen (dehnt sich beim Wiederwässern etwas aus, wobei die Spannungen oft durch Sprünge ausgelöst werden können).

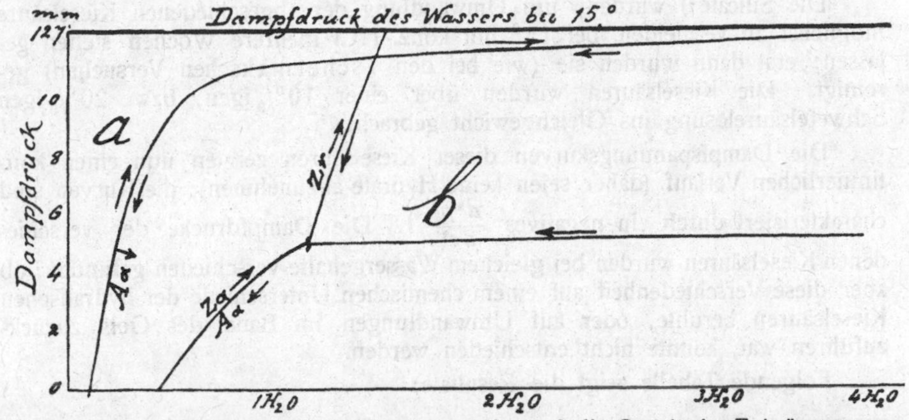

Fig. 28. Einfluß der Zeit und der Bereitungsweise auf die Gestalt der Entwässerungskurve eines Kieselsäuregels. — *a*) Schematische Entwässerungs- und Wiederwässerungskurve eines Gels A_7, das, 1 Jahr alt geworden, dann sehr langsam entwässert wurde. — *b*) Schematische Entwässerungs- und Wiederwässerungskurve eines Gels *A*, das gleich unter einen niedrigen Dampfdruck (etwa 5 mm) gebracht wurde, der Zeitwirkung sehr lange ausgesetzt und dann entwässert wurde.

Beim Umschlage tritt eine neue Koagulation ein, d. h. eine neuerliche Trennung des Gels in einen neuen Kolloidkörper und in Wasser, das nicht so stark gebunden ist, wie vor dem Umschlage. Auf $A\alpha\beta\downarrow$ und $A\alpha$ ziehen sich die neuen Gewebteile nicht weiter zusammen, es bilden sich vielmehr Poren, die Hohlräume sind aber sehr klein (sie bedingen bei *O* bei einem frischen Gele A_1 41 % des Gesamtvolums, sind einzeln aber merklich kleiner als die Wellenlänge des Lichts, daher sie auch nicht abbeugend auf dieses wirken), an Stelle des verdunsteten Wassers tritt Luft in die Waben ein. Die beiden beim Umschlage gebildeten Substanzen (Gewebe und Flüssigkeit) haben ein stark verschiedenes Lichtbrechungsvermögen (daher die Trübung); diese Differenz soll sich bei O_1 wieder ausgleichen, die festen Gelteilchen fließen um die Hohlräume zusammen und die Trübung verschwindet.

[1]) O. Bütschli, Abhandl. der kgl. Ges. d. W. zu Göttingen **40**, 68 (1896); Untersuchungen über Strukturen, Leipzig 1898; Verh. d. naturh.-med. Vereins zu Heidelberg. N. F. **6**, 287 (1900). Siehe auch H. Freundlich, Kapillarchemie (Leipzig 1909), 488 u. ff. — A. Lottermoser in Bemmelen-Gedenkbuch (Helder 1910), 152

Die Modifikationsänderungen auf $A\alpha\beta$, bzw. $Z\alpha\beta\downarrow$ bewirken das Auftreten der Zwischenkurven.

Durch Bildung aus konzentrierterer SiO_2-Lösung, durch langsame Entwässerung, durch die Zeit (bei nicht entwässertem Gele) tritt eine Abschwächung des Absorptionsvermögens ein; L_1 koll. soll abnehmen, L_2 fl. zunehmen. Beim Glühen endlich zieht sich das Gewebe so weit zusammen, daß die Hohlräume verschwinden.

Jedenfalls soll aus den Kurven hervorgehen, daß das Wasser im Gel nicht chemisch gebunden, sondern nur adsorbiert sein kann.[1]

Im Anschlusse an J. M. van Bemmelen versuchte E. Löwenstein[2] nach derselben Methode, die J. M. van Bemmelen angewandt hatte, zu untersuchen, ob die Kieselsäurehydrate, die aus verschiedenen Mineralien abgeschieden werden können, bei gleichem Wassergehalte dieselben Gleichgewichtsdrucke besäßen.

Die Silicate[3] wurden, um Umwandlung der abgeschiedenen Kieselsäure möglichst zu vermeiden, bei 15° mit konz. HCl mehrere Wochen stehen gelassen; erst dann wurden sie (wie bei den Tschermakschen Versuchen) gereinigt. Die Kieselsäuren wurden über einer 10%igen, bzw. 20%igen Schwefelsäurelösung ins Gleichgewicht gebracht.

Die Dampfspannungskurven dieser Kieselsäuren zeigten nun einen kontinuierlichen Verlauf (daher seien keine Hydrate anzunehmen); die Kurven sind charakterisiert durch ein negatives $\frac{d^2 p}{d c^2}$.[4] Die Dampfdrucke der verschiedenen Kieselsäuren wurden bei gleichem Wassergehalte verschieden gefunden; ob aber diese Verschiedenheit auf einem chemischen Unterschiede der hydratischen Kieselsäuren beruhte, oder auf Umwandlungen im Baue des Gels zurückzuführen war, konnte nicht entschieden werden.

Folgende Tabelle zeigt die Resultate:

Konzentration der Schwefeläure-lösungen	Zeit in Tagen (bis zum Gleichgewichte)	Wassergehalte	
		in % H_2O bezogen auf SiO_2	in Molen H_2O
		1. Kieselsäure aus Chabasit.	
2	15	53,11	1,78
5	15	32,21	1,08
10	15	23,28	0,78
20	20	19,11	0,64
30	20	17,32	0,58
40	20	15,83	0,53
50	30	12,54	0,42
60	30	9,85	0,33
70	30	6,57	0,22
80	30	3,28	0,11
90	40	2,09	0,07
97	40	1,79	0,06

[1] Man vergleiche hierzu die Kritik des Begriffs Adsorption, bzw. Absorption durch E. Jordis, Koll.-Z. **2**, 361; **3**, 13, 153 (1908).

[2] E. Löwenstein, Z. anorg. Chem. **63**, 69 (1909).

[3] Chabasit, Desmin, Heulandit (10—12 Tage), Olivin (3 Wochen), Labradorit (2 Monate).

[4] So wie bei anderen amorphen Produkten.

Konzentration der Schwefelsäure-lösungen	Zeit in Tagen (bis zum Gleich-gewichte)	Wassergehalte	
		in Molen H_2O	in % H_2O bezogen auf SiO_2
2. Kieselsäure aus Desmin.			
2	20	34,04	1,14
5	20	23,00	0,77
10	20	17,91	0,60
20	20	17,02	0,57
30	20	16,12	0,54
40	30	12,83	0,43
50	30	10,74	0,36
60	30	8,65	0,29
70	30	6,87	0,23
80	40	2,69	0,09
90	40	1,10	0,04
97	40	0,90	0,03
3. Kieselsäure aus Heulandit.			
2	15	54,02	1,81
5	15	31,04	1,04
10	15	21,50	0,72
20	15	18,81	0,63
30	20	15,52	0,52
40	20	13,13	0,44
50	20	10,45	0,35
60	20	8,05	0,27
70	30	6,27	0,21
80	30	4,18	0,14
90	40	2,39	0,08
97	40.	1,79	0,06
4. Kieselsäure aus Olivin.			
5	20	67,78	2,27
10	20	30,44	1,02
20	20	17,02	0,57
30	20	13,73	0,46
40	20	11,34	0,38
50	30	10,15	0,34
60	30	8,65	0,29
70	30	7,76	0,26
80	30	6,57	0,22
90	40	5,37	0,18
97	40	5,07	0,17
5. Kieselsäure aus Labradorit.			
5	20	51,40	1,72
10	20	23,87	0,80
20	20	14,03	0,47
30	25	12,54	0,42
40	25	11,34	9,38
50	30	10,15	0,34
60	30	8,65	0,29
70	30	7,16	0,24
80	40	5,97	0,20
90	40	4,78	0,16
97	50	3,58	0,12

Zur rascheren Ermittelung der Entwässerungs- bzw. Wiederwässerungs-Kurven benutzten R. Zsigmondy, W. Bachmann und E. F. Stevenson[1]) einen „Vakuumapparat".

R. Zsigmondy[2]) beschäftigte sich auch mit der Struktur des Gels der Kieselsäure und kam auf Grund der ultramikroskopischen Prüfung, die ergab, daß die trockenen Hydrogele zuweilen deutliche Submikronen enthielten, zuweilen aber auch fast optisch leer erschienen,[3]) zu dem Schlusse, daß eine viel feinere Struktur vorliegen müsse, als die O. Bütschlische Wabenstruktur. Ein lufterfüllter Schaum von SiO_2 mit Hohlräumen von 1 μ Durchmesser müßte ja auch bei Wabenwänden noch dünner als 0,2 μ infolge der Beugung und Reflexion des Lichts ganz opak erscheinen und im Ultramikroskope blendend helle Heterogenitäten zeigen. R. Zsigmondy ist daher geneigt, die Nägelische Theorie anzunehmen. Die Erscheinungen im Umschlage erklärt er so: Die Kieselsäure-Luft-Mischung ist wegen der Feinheit der Hohlräume der Hauptsache nach amikroskopisch, nahezu optisch leer. Der Brechungsquotient des Kieselsäure-Benzol-Gemisches[4]) liegt zwischen dem der Kieselsäure und des Benzols. Beim Eintrocknen des Benzolgels entstehen im Innern unzählige feine, mit Benzoldampf erfüllte Hohlräume. Je mehr Benzol verdampft, desto mehr breitet sich das Gas aus, es entsteht ein ultramikroskopisches Gemisch Gas–Kieselsäure, das als Ganzes einen andern Brechungsquotienten hat als das Gemisch Benzol–Kieselsäure. Diese gaserfüllten Hohlräume wachsen unregelmäßig und bilden die Waben O. Bütschlis.

Die mikroskopischen Hohlräume müssen untereinander im Zusammenhange stehen, da eine vollkommene Durchtränkung des Gels mit den verschiedensten Flüssigkeiten möglich ist. Die Wasserabgabe entlang OO_1 ist auf Entleerung der im Gele vorgebildeten Hohlräume zurückzuführen, diese Hohlräume können mit Alkohol, Benzol usw. gefüllt werden und bei der abermaligen Entleerung tritt gleichfalls eine Umwandlung ein (nach R. Zsigmondy spricht das entscheidend gegen die Annahme einer Zersetzung von Hydraten). Unter Voraussetzung der Gültigkeit der Kapillaritätsgesetze für sehr kleine Kapillaren berechnet R. Zsigmondy den Durchmesser der Hohlräume im Kieselsäuregele zu ca. 5 $\mu\mu$ für eine Dampfspannungserniedrigung auf 6 mm (Umschlagspunkt). Diese Annahme gestattet eine Erklärung der Entwässerungskurve. Bis etwa 6 Mol. H_2O verdampft grob eingeschlossenes Wasser, von da an beginnen Kapillaritätswirkungen, aber erst beim Umschlagspunkte haben sich die Gelwände so verfestigt, daß sie sich beim Austrocknen nicht mehr zusammenziehen (also die Kapillaritätsformel $p_B - p_0 = \frac{\varrho_B}{\varrho_A - \varrho_B} \cdot T_{AB}\left(\frac{1}{R_1} + \frac{1}{R_2}\right)$ angewendet werden kann.[5]) Die Menisken des Wassers in den Kapillaren be-

[1]) R. Zsigmondy, W. Bachmann und E. F. Stevenson, Z. anorg. Chem. **75**, 189 (1912).

[2]) R. Zsigmondy, Z. anorg. Chem. **71**, 356 (1911); ferner W. Bachmann, ebenda **73**, 125 (1911).

[3]) Ebenso geben W. Biltz u. W. Geibel an, daß Kieselsäure im Ultramikroskope ein dunkles Bild mit sehr wenig leuchtenden Punkten zeigte. Nachr. d. kgl. Ges. d. Wiss. Göttingen 1906, 141.

[4]) Dieses Gemisch hatte offenbar den Vorteil, daß das Benzol leicht verdunstete, der Umschlag also leicht erreicht werden konnte.

[5]) p_0 Sättigungsdruck über der ebenen Flüssigkeit. p_B Druck des im Gleichgewichte mit der Flüssigkeit befindlichen Dampfes über einer Stelle der Flüssigkeit, welche nach

wirken eine starke Zugwirkung auf die innere Flüssigkeit, es tritt im Innern Luft auf (Kurventeil OO_1). In O_1 sind die Kapillaren entleert, längs O_1O_0 handelt es sich nur um adsorbiertes oder in der Gelsubstanz gelöstes Wasser.

Auch die Abweichung der Wiederwässerungskurve läßt sich durch das verschiedene Verhalten von benetzten und unbenetzten Kapillaren erklären (in letzteren muß die Füllung unter höherem Druck erfolgen); für die Hysteresis im Gebiete OO_1O_2O nimmt R. Zsigmondy eine Vergrößerung der Krümmungsradien der Menisken bei der Wiederwässerung gegenüber der Entwässerung an.

Teilchenvereinigung, Wachsen größerer Ultramikronen auf Kosten kleinerer führen irreversible Änderungen im Baue des Gels herbei.

E. Jordis[1]) sieht in dem Vorgange der Gerinnung und Wiederverflüssigung, je nachdem das Chlornatrium aus der Kieselsäure entfernt oder wieder hineingebracht wird, eine Art chemische Reaktion; da das Kieselsäurehydrosol sowohl durch Alkali als durch Säure stabilisiert wird und die Kieselsäure ja nach dem solbildenden Elektrolyten mit dem elektrischen Strome oder entgegengesetzt wandert, so soll sie amphoteren Charakter haben. Gewöhnlich hat die Kieselsäure negative Ladung, wandert nach der Anode; bezüglich der Wanderung nach der Kathode bezieht sich E. Jordis auf G. Spring,[2]) der in einem alkalischen Gele diese Wanderung fand.[3]) Eine analoge Angabe findet sich nur bei W. R. Whitney und J. C. Blake,[4]) alle übrigen Angaben stimmen dagegen mit einer elektronegativen Ladung der Kieselsäure, so von E. Becquerel,[5]) W. B. Hardy[6]) (sorgfältig gewaschene Kieselsäure ist isoelektrisch, Spuren von freiem Alkali bewirken negative Ladung), S. E. Lindner und H. Picton,[7]) A. Lottermoser,[8]) W. Biltz,[9]) J. Billiter[10]) (in alkalischer und schwach saurer Lösung elektronegativ, in stärker saurer Lösung positiv, Zeichenwechsel etwa bei $^n/_2$ bis $^n/_{10}$ HCl; der isoelektrische Punkt fällt in die Nähe des Minimums der Gerinnungsgeschwindigkeit).

Mit der elektronegativen Natur stimmt auch die „Basophilie" der Kieselsäure, das Adsorptionsvermögen für basische Anilinfarbstoffe (W. Suida,[11]) F. Hundeshagen[12]).

Auf Grund der Beobachtung, daß die Leitfähigkeit eines Kieselsäurehydrosols bei Zusatz einer geringen Menge Salzsäure zunächst stark ansteigt, um dann bis zu einem konstanten Werte zu sinken, bei weiterem Zusatz einer geringen Menge HCl eine dauernde Erhöhung der Leitfähigkeit erfährt, schließt nun E. Jordis[13])

---

dem Dampf zu die mittlere Krümmung $\frac{1}{2}\left(\frac{1}{R_1}+\frac{1}{R_2}\right)$ zeigt. T_{AB} Oberflächenspannung, ϱ_A Dichte der Flüssigkeit, ϱ_B Dichte des Dampfes, $R_1 = R_2 =$ Halbmesser der Kapillare.

1) E. Jordis, Bemmelen-Festschrift 1910, 214; ferner die früher erwähnten Zitate.

2) G. Spring, Bull. Acad. Belg. 1899, 183.

3) Nach A. Lottermoser liegt aber ein Irrtum von E. Jordis vor. Siehe Handbuch der anorgan. Chem. von R. Abegg, **3**, 2. Abteil., 875 (1909).

4) W. R. Whitney u. J. C. Blake, Journ. Am. chem. Soc. **26**, 1339 (1904). — Ref. Z. f. phys. Chem. **52**, 637 (1905).

5) E. Becquerel, C. R. **56**, 240 (1863).

6) W. B. Hardy, Z. f. phys. Chem. **33**, 385 (1900).

7) S. E. Lindner u. H. Picton, Journ. chem. Soc. **71**, 568 (1897).

8) A. Lottermoser, Kolloidchemie 1901, 235.

9) W. Biltz, Ber. Dtsch. Chem. Ges. **37**; 1095 (1904). — Ref. Chem. ZB. 1904, I, 1123.

10) F. Billiter, Z. f. phys. Chem. **51**, 129 (1905).

11) W. Suida, Sitzber. Wiener Ak. **113**, IIb, 726 (1904).

12) F. Hundeshagen, Z. f. angew. Chem. **21**, 2405, 2454, (1908).

13) E. Jordis, l. c.

auf eine chemische Bindung von SiO_2 und HCl. Nach J. Meyer[1]) ist aber die Absorption von HCl an den großen Platinmohrflächen der Elektroden Schuld an der Abnahme des Widerstands. E. Jordis führt weiter die intensive Bindung des Chlor für seine Theorie an. In ähnlicher Weise nehmen auch F. Mylius und E. Groschuff[2]) bei der Zerlegung von $SiCl_4$ durch H_2O Cl-haltige echte chemische Zwischenprodukte an.

In neuester Zeit hat G. Tschermak[3]) auf Grund zahlreicher Arbeiten wieder eine chemische Theorie der Kieselsäuren aufgestellt:

Die aus verschiedenen Mineralien durch Zerlegung mit HCl, ferner aus $SiCl_4$ durch H_2O dargestellten Kieselsäuren haben verschiedenen Wassergehalt, der, wenn man die Wirkung des nebenbei noch kapillar festgehaltenen Wassers in Rechnung zieht, bestimmten Hydraten entspricht; diese Hydrate sind zumeist unbeständige Produkte und wandeln sich langsam in beständige (wasserärmere) um.

Nach G. Tschermak besteht auch zwischen der Form des Gels, ferner zwischen der Anfärbbarkeit und dem Wassergehalte, bzw. der Konstitution der Kieselsäuren ein Zusammenhang.

Bemerkenswerterweise kommt auch G. Tammann[4]) zu einer ähnlichen Auffassung der Existenz wahrer Hydrate; er schließt aus dem horizontalen Verlaufe des Kurvenstücks $A_{\alpha\beta}$, daß hier ein Dreiphasengleichgewicht vorläge (bei A_β und A_α ein Zweiphasengleichgewicht) und zwar Wasserdampf und zwei Kieselsäuren, wahrscheinlich SiO_3H_2 und SiH_4O_4, auf welche die Konzentrationsgrenzen, innerhalb deren der Druck des Systems konstant ist, hinführen.

So wie mit Wasser vermag die Kieselsäure auch mit andern Flüssigkeiten Sole bzw. Gele zu bilden. Das hatte bereits Th. Graham[5]) mit Chlorwasserstoff-, Salpeter-, Essig-, Weinsäure, mit Glycerin und Alkohol versucht. Ein solches Alkogel ergab die Zusammensetzung: 88,13 % Alkohol, 0,23 % Wasser, 11,64 Kieselsäureanhydrid. Durch Wasser wird das Alkogel wieder in Hydrogel umgewandelt, ebenso kann Äther, Benzol, Schwefelkohlenstoff eintreten. Ein Glyzerogel ergab 87,44 % Glycerin, 3,70 % Wasser, 8,95 Siliciumdioxyd; das Volum desselben war etwas kleiner als das des entsprechenden Hydrogels.

J. M. van Bemmelen[6]) konnte die Beobachtung vollständig bestätigen; nach ihm sind auch alle diese Flüssigkeiten, sowie das Wasser, nicht chemisch gebunden, sondern nur absorbiert.

Absorption.

Die Vorgänge der Absorption wurden von J. M. van Bemmelen in einzelnen Fällen näher studiert. Die Menge eines gelösten Stoffs, die von einem bestimmten Hydrogel absorbiert wird, ist abhängig:

a) Von der Natur und dem physikalischen Zustande des Absorbens (also von dessen Vorgeschichte), ferner der Art des Lösungspunkts und des gelösten Stoffs.

---

[1]) J. Meyer, Z. anorg. Chem. **47**, 45 (1905).
[2]) F. Mylius u. E. Groschuff, Ber. Dtsch. Chem. Ges. **39**, 116 (1906).
[3]) G. Tschermak, siehe den folgenden Artikel.
[4]) G. Tammann, Z. anorg. Chem. **71**, 375 (1911).
[5]) Th. Graham, Ann. d. Chem. **123**, 534 (1864); **135**, 65 (1865).
[6]) J. M. van Bemmelen, Z. anorg. Chem. **13**, 295 (1897); **23**, 111, 123 (1900); **36**, 380 (1903).

b) Von der Temperatur.
c) Von der Konzentration der Lösung nach Eintritt des Gleichgewichts.

Der Absorptionsfaktor $K = \frac{C_{Koll}}{C_{Lös}}$ ist keine Konstante; aus verdünnten Lösungen wird relativ mehr aufgenommen als aus konzentrierten. Speziell für Kieselsäure ist bei Säuren und Salzen starker Säuren die Absorption gering und C_{Koll} wird annähernd gleich $C_{Lös}$.

Alkalien werden dagegen stark absorbiert, auch aus Lösungen von Salzen mit schwachen Säuren. So werden kohlensaure Alkalien zerlegt und das Alkali absorbiert, ebenso phosphorsaure, borsaure Salze, auch Ca wird aus $CaCO_3$ herausgenommen. Hier erscheint die Absorption als ein Vorläufer der chemischen Verbindung. So bilden sich allmählich Kristalle von $BaSiO_3 . 6 H_2O$, wenn die absorbierte Menge über 0,5 Mol $Ba(OH)_2$ auf 1 Mol SiO_2 steigt.

Der absorbierte Stoff kann auch, wenn die Konzentration der Lösung einen gewissen Grad erreicht hat, das Gel wieder zum Sol machen, z. B. Kali oder Natron die Kieselsäuren. So gibt Th. Graham[1]) an, daß ein Teil NaOH in 10000 Teilen Wasser bei 100° in einer Stunde 200 Teile wasserfreies SiO_2 (umgerechnet aus Kieselsäuregallerte) auflösen kann. Dann gelten die Absorptionsgesetze im Anfange bei der Gelbildung, später beginnt die umgekehrte Wirkung.

Eine Erweiterung dieser Beobachtungen ergibt sich aus den Versuchen, welche N. Pappadá[2]) betreffs der Gelatinierung der Kieselsäure durch Salze anstellte. Diese Beobachtungen, sowie die Feststellungen desselben Autors, daß Kieselsäure und Eisenhydroxyd sich nur in bestimmten Verhältnissen ausfällen, stehen im Einklange mit den Feststellungen von H. Picton und S. E. Lindner[3]) und W. Biltz,[4]) daß 1. entgegengesetzt geladene Hydrosole sich ohne Elektrolytzusatz ausfällen, 2. daß zur gegenseitigen Ausfällung entgegengesetzt geladener Kolloide die Einhaltung bestimmter Mengen (Äquivalenz-) Verhältnisse nötig sei (Fällungsoptimum), und 3. daß gleichzeitige Fällungswirkung von Elektrolyt und Kolloid sich supponieren.

Wie die Abweichungen, die sich aus den Beobachtungen von H. Stremme[5]) und von E. Guerry und E. Toussaint[6]) ergeben, in diese Regeln einzufügen sind, muß wohl noch untersucht werden.

Nach E. Ebler[7]) wird auch Radiumemanation und Radium *D* von Kieselsäure adsorbiert.

Molekulargewicht. Bereits Th. Graham[8]) hatte auf Grund der Eigenschaft des Hydrosols der Kieselsäure, durch sehr geringe Mengen von Alkali neutralisiert zu werden, auf ein sehr hohes Molekulargewicht geschlossen. Das bestätigte auch A. Sabanejew[9]); auf Grund der äußerst geringen Gefrierpunktserniedrigung muß das Molekulargewicht der Kieselsäure höher als 30000 sein.

[1]) Th. Graham, loc. cit.
[2]) N. Pappadá, loc. cit.
[3]) H. Picton u. S. E. Lindner, loc. cit.
[4]) W. Biltz, Ber. Dtsch. Chem. Ges. **37**, 1095 (1904).
[5]) H. Stremme, ZB. Min. etc. 1908, 622, 661.
[6]) E. Guerry u. S. Toussaint, Bull. Soc. chim. de Belgique **20**, 163 (1906). — Chem. ZB 1906^II, 1086.
[7]) E. Ebler, Koll.-Z. **9**, 158 (1911).
[8]) Th. Graham, loc. cit.
[9]) A. Sabanejew, Journ. russ. phys. chem. Ges. **23**, I, 80 (1891).

Dichten. Kieselsäure, aus Wasserglas dargestellt, hatte nach dem Eintrocknen eine Dichte von 1,84—1,907 (sie entsprach der Formel $SiO_2 . H_2O$); nach dem Glühen 2,322—2,324, F. Ullik.[1]) Nach J. M. van Bemmelen[2]) schwankte die Dichte beim Umschlagspunkte zwischen 2,5 und 3,0.

Aus Kieselsäureäthylester stellte L. Ebelmen[3]) eine Säure her, welche nach dem Trocknen eine Dichte von 1,77 hatte.

Weitere Angaben siehe in dem folgenden Artikel von G. Tschermak.

Leitfähigkeit. Nach E. Ebler und M. Fellner[4]) zeigte ein aus $SiCl_4$ dargestelltes Sol (40 g $SiCl_4$-Dampf in 2000 cm³ H_2O mit der Leitfähigkeit $k_{19}{}^0 = 6{,}2 \times 10^{-6}$) nach längerer Dialyse folgende Leitfähigkeit:

Zeit in Tagen	$k_{18}{}^0$
14	$3{,}2 \times 10^{-5}$
18	$2{,}0 \times 10^{-5}$
22	$1{,}7 \times 10^{-5}$

Nach F. Mylius und E. Groschuff[5]) ergab Kieselsäure (aus Natriumsilicat) in Gegenwart von NaCl in der Lösung folgende Änderungen der Leitfähigkeit mit der Zeit (Temperatur 16,3°, Leitvermögen $k\,10^6$ [$Ohm^{-1}\,cm^{-1}$]

Zeit in Tagen	Probe 1 (bei Zimmertemp.)	Probe 2 (mehrmals auf 60° erwärmt)
		14035
0	14032	
		14052
1	14052	
		2ʰ auf 69°
	14056	14072
2	14063	14072
4	14072	14073
		2ʰ auf 60°
	14074	14082
6	14081 Lösg. noch klar	14084 Lösung trüb
7	14083	14080

Optisches Verhalten. Gino Abati[6]) bestimmte für eine Kieselsäure (aus Natronwasserglas) mit 0,4134 g SiO_2 auf 31,3630 g der Lösung (Konzentration 2,153%, auf Orthokieselsäure berechnet) folgendes Refraktionsvermögen der Lösung

$$\mu_{H\alpha} = 1{,}33205 \qquad d_4^{24,1^0} = 1{,}004923$$
$$\mu_{H\beta} = 1{,}33800$$
$$\mu_D = 1{,}33389$$
$$\mu_{H\gamma} = 1{,}34139$$

für das Wasser $\mu_{H\alpha} = 1{,}33080 \qquad d_4^{24,1^0} = 0{,}99730.$

Löslichkeit. Die Löslichkeit der Kieselsäure ist eine sehr geringe. Von dem aus SiF_4 dargestellten Hydrate lösen 100 Tl. Wasser 0,013 Tl. SiO_2 (J. Fuchs)[7]);

---

[1]) F. Ullik, Ber. Dtsch. Chem. Ges. **11**, 2124 (1878).
[2]) J. M. van Bemmelen, loc. cit.
[3]) L. Ebelmen, loc. cit.
[4]) E. Ebler u. M. Fellner, Ber. Dtsch. Chem. Ges. **44**, 1915 (1911).
[5]) F. Mylius u. E. Groschuff, Ber. Dtsch. Chem. Ges. **39**, 116 (1906).
[6]) Gino Abati, Z. f. phys. Chem. **25**, 353 (1898).
[7]) J. Fuchs, Ann. d. Phys. **62**, 119 (1852).

aus Alkalisilicaten durch CO_2 gefällt 0,021 Tl. SiO_2 (C. Struckmann)[1]; bei mehrtägiger Einwirkung von Wasser 0,09 Tl. SiO_2 (O. Maschke).[2])

Nach Th. Graham[3]) löst sich Kieselgallerte, wenn sie aus 1 % Lösung erhalten wurde, in etwa 5000 Tl. Wasser, wenn sie aus 5 % Lösung dargestellt wurde, in 10000 Tl. Wasser, nach dem Austrocknen ist sie aber unlöslich. (Bei den Versuchen scheint auf die Rolle des Alkalis aus dem Glase nicht genügend geachtet worden zu sein).

100 Tl. CO_2-haltigen Wassers lösen nach O. Maschke[2]) 0,078 Tl. SiO_2, nach C. Struckmann[1]) 0,0136 Tl. SiO_2.

100 Tl. kalte HCl ($d = 1{,}088$) lösen 0,017 Tl. SiO_2, C. Struckmann[1]); 100 Tl. HCl ($d = 1{,}115$) lösen in der Kälte 0,009 Tl., beim Kochen 0,018 Tl. SiO_2, J. Fuchs[4]).

In HF ist Kieselsäure leicht löslich.

Phosphorsäure löst Kieselsäure bei 120° auf, es bilden sich je nach der Temperatur vier verschiedene Kristallformen der Verbindung $SiO_2 . P_2O_5$ und an der Luft ein Hydrat $SiO_2 . 2P_2O_5 . 4H_2O$. P. Hautefeuille und J. Margottet.[5])

Nach G. Lunge und C. Millberg[6]) löst sich Kieselsäure (aus SiF_4 dargestellt) auch nach dem Trocknen bei 110° in Alkalihydroxyd, ferner in heißer Sodalösung; nach mehrmaligem Kochen geht auch reine geglühte Kieselsäure in Lösung (entgegen der Angabe von W. Michaëlis).[7]) Zur Trennung von Quarz und Kieselsäure (in etwas gröberem Pulver) kann nur das Verhalten gegenüber heißer Sodalösung benutzt werden. (Siehe auch die Artikel über Alkalisilicate).

Stabilität. Nach J. Koenigsberger u. Wolf. J. Müller[8]) ist bei Temperaturen unter 200° in reinem Wasser und in Alkalisilicatlösungen wasserhaltige Kieselsäure existenzfähig. Siehe auch C. Doelter, Bd. II, 155.

Acidität der Kieselsäure.

Die Kieselsaure gehort zu den schwachsten anorganischen Sauren; ihre Alkalisalze sind weitgehend hydrolytisiert (F. Kohlrausch,[9]) L. Kahlenberg und A. T. Lincoln[10]): $Na_2SiO_3 + H_2O \rightleftarrows 2Na^{\cdot} + 2OH' +$ koll. Kieselsäure, $NaHSiO_3 + H_2O \rightleftarrows Na^{\cdot} + OH' +$ koll. Kieselsäure). Selbst Kohlensäure fällt aus wäßrigen Alkalisilicatlösungen Kieselsäure aus. Die Acidität nimmt aber mit der Temperatur stark zu, bei hoher Temperatur verdrängt z. B. die Kieselsäure die Kohlensäure aus deren Salzen (J. Koenigsberger und Wolf. J. Müller).[11])

Thermochemisches Verhalten der Kieselsäure.

Nach J. St. Thomsen[12]) sollte die gelöste Kieselsäure eine Lösungswärme von 48 Kal. pro 1 Mol SiO_2 bei der Auflösung in HF ergeben. Die Wärme-

---

[1]) C. Struckmann, Ann. d. Phys. **94**, 341 (1855).
[2]) O. Maschke, Z. Dtsch. geol. Ges. **7**, 438 (1855).
[3]) Th. Graham, Ann. d. Chem. **125**, 65 (1869).
[4]) J. Fuchs, l. c.
[5]) P. Hautefeuille u. J. Margottet, C. R. **99**, 789 (1884); **104**, 56 (1887).
[6]) G. Lunge u. C. Millberg, Z. f. angew. Chem. 1897, 425.
[7]) W. Michaëlis, Chem.-Ztg. 1895, 1422, 2002, 2296.
[8]) J. Koenigsberger u. Wolf. J. Müller, ZB. Min. etc. 1906 , 339 und 353.
[9]) F. Kohlrausch, Z. f. phys. Chem. **12**, 773 (1893).
[10]) L. Kahlenberg u. A. T. Lincoln, The Journ. of Phys. Chem. Madison, Wisconsin, **2**, 77 (1898). Ref. Chem. ZB. 1898II, 164.
[11]) J. Koenigsberger u. Wolf. J. Müller, ZB. Min. etc. 1906, 339 und 353.
[12]) J. St. Thomsen, Thermochemische Untersuchungen **2**, 142 (1882).

tönungen sollten proportional der Flußsäuremenge bis zum 8- oder 9 g-Mol HF ansteigen, dann erst von der Menge HF unabhängig bleiben. Zur Erklärung dieser Daten mußte J. St. Thomsen zur wenig wahrscheinlichen Annahme, die Flußsäure sei eine zweiatomige einbasische Säure, greifen. O. Mulert[1]) zeigte nun, daß ein grober Bestimmungsfehler unterlaufen sein muß; die Lösungswärme steigt nur bis 6 g-Mol HF auf 1 g-Mol SiO_2 und bleibt dann annähernd

SiO_2 + aqu.; n HF						
Angew. Menge SiO_2 Gel in g	Gewichtsproz. H_2O	Entwässerungstemperatur	Wasserwert d. Kal. in Kal.	Temper.-Anstieg	Lösungw. in Kal. pro Mol SiO_2 (Anhydr.)	
3,0570	86,01	—	420,86	0,558	33,55	
1,6376	44,62	—	423,46	1,211	33,99	
1,3170	34,60	—	424,56	1,115	33,65	
0,9700	22,34	—	394,75	1,067	33,72	
1,1572	22,12	—	394,41	1,275	33,64	
0,7950	22,11	—	420,02	0,825	33,74	
0,5382	10,80	—	407,81	0,663	33,96	33,88
0,5242				0,643	33,81	
0,4725	5,22	—	414,65	0,619	34,55	34,47
0,5486				0,715	34,38	
0,6011	4,31	240	417,69	0,803	35,16	35,08
0,5489				0,730	35,00	
0,6181	3,92	350	421,71	0,831	35,58	35,51
0,6310				0,845	35,44	
0,7823	2,69	490	411,87	1,090	35,56	35,43
0,6965				0,963	35,29	
0,8171	1,80	640	416,22	1,137	35,56	35,42
0,8024				1,108	35,29	
0,8515	0,65	900	419,44	1,165	34,83	34,66
0,7419				1,005	34,48	
0,6072	0,31	1000	419,66	0,825	34,50	34,59
0,5167				0,706	34,69	
0,5473	0,16	1040	426,68	0,687	34,41	

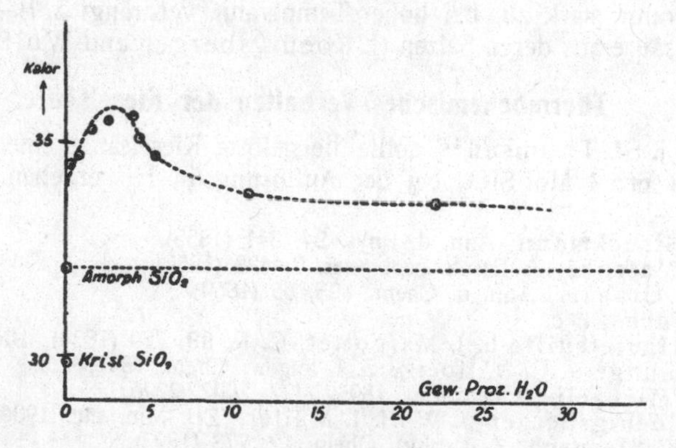

Fig. 29. Kurve der Lösungswärmen von Kieselsäuren mit verschiedenem Wassergehalte (mit Flußsäure).

[1]) O. Mulert, Z. anorg. Chem. 75, 198 (1912).

konstant. Auch das thermochemische Verhalten verschiedener Kieselsäuregele gegenüber Flußsäure wurde von O. Mulert untersucht. (In Fig. 29 sind die Lösungswärmen der untersuchten Kieselsäuren (vgl. Tabelle) und auch noch des Kieselglases und des Quarzes eingetragen). Legt man durch ersteren Punkt eine Horizontale, so wird diese von der extrapolierten Kieselsäurekurve endlich getroffen, die Kieselsäuren sind also Hydrate der amorphen SiO_2, auf die Horizontale als Nullinie bezogen, geben die Ordinaten direkt die Hydratationswärme der Kieselsäuren mit den betreffenden Wassergehalten. Bei 3% H_2O liegt ein Maximum der Kurve; die ersten Gewichtsprozente werden unter Wärmeentwickelung, die weiteren unter Wärmebindung aufgenommen; ersteres entspricht nach O. Mulert einer starken Kompression der Wassermoleküle bei ihrer Bindung an das Anhydrid, letzteres deutet auf eine Lockerung der hydratisierten Moleküle durch weitere Wasserbindung hin.

Über Verbindungen der Kieselsäure mit Basen muß auf die entsprechenden Silicate verwiesen werden, ebenso bezüglich der kompletten Silicowolfram- und Silicomolybdänsäuren.

Künstlich dargestellte Kieselsäuren.

Von **G. Tschermak** (Wien).

Seit langer Zeit wird in der bestimmenden Mineralogie das verschiedene Aussehen der bei der Zersetzung von Silicaten entstandenen Kieselsäure als Unterscheidungsmittel benützt. Als Kennzeichen wird angegeben, ob der bei der Behandlung mit Säure hinterbleibende Rückstand gallertartige, schleimige oder pulverige Beschaffenheit zeigt. Daraus konnte man schon schließen, daß es verschiedene Formen der Kieselsäure gebe, die durch die Struktur oder auch durch die Zusammensetzung verschieden sind.

Die durch Zersetzung von Siliciumchlorid und andere Siliciumverbindungen erhaltene gallertartige Kieselsäure, welche durch Waschen von allfälligen Zwischenprodukten und von der anhängenden Lösung befreit war, ist von Chemikern wie L. Graham, L. Ebelmen, E. Frémy, J. Gottlieb, C. F. Rammelsberg, O. Maschke geprüft worden, indem nach dem Abpressen des Wassers, dem Trocknen an der Luft oder über Schwefelsäure das Verhältnis von Siliciumdioxyd und Wasser ermittelt wurde, wobei sich Zahlen ergaben, die nicht übereinstimmten. Manche Angaben nähern sich dem Verhältnis $SiO_2 : H_2O$, einzelne dem Verhältnis $3SiO_2 : H_2O$, in einem Falle wurde $SiO_2 : 2H_2O$ gefunden. Es kommen auch Andeutungen vor, daß unter besonderen Umständen ein kristallinisches Produkt erhalten worden sei. Einem solchen würde im reinen und unveränderten Zustande ein bestimmtes Verhältnis zukommen. Aus den bezüglichen Mitteilungen ist jedoch nicht zu ersehen, ob ein solcher Körper isoliert und genauer geprüft wurde.

Die Frage nach der Zusammensetzung der Kieselsäuren wurde in das geeignete Licht gerückt, als J. M. van Bemmelen darauf hinwies, daß der Wassergehalt dieser Körper von der Temperatur und dem Dampfdruck der Umgebung abhängig sei. Jede reine Kieselsäure zeigt bei einer bestimmten Temperatur eine dem Wassergehalt entsprechende Tension, welche direkt oder durch Wägungen bis zum Eintritte des Gleichgewichts in einer Atmosphäre von bekanntem Wasserdampfdruck ermittelt werden kann. J. M. van Bemmelen untersuchte eine Reihe von Kolloiden, am ausführlichsten jenes Kieselsäuregel, das durch Zersetzung von Wasserglas erhalten wird. Vom Jahre 1890 angefangen widmete derselbe große Mühe und Arbeit der Erforschung der Eigenschaften dieses Gels und bestimmte durch zahlreiche Beobachtungen die Tensionen bei gewöhnlicher Temperatur,[1]) wobei sich zeigte, daß bei der Entwässerung dieser anfangs gallertigen Kieselsäure die Tension gleich der des reinen Wassers ist und mit Abnahme des Wassergehalts sinkt, indem die Beziehung zwischen Wassergehalt und Tension einem Gesetze folgt, das bei einem Verhältnis, das jenem von $SiO_2 : 2H_2O$ sich nähert, verändert erscheint und wiederum ein anderes wird, wenn das Verhältnis $SiO_2 : H_2O$ eintritt. Von hier ab bis zu einem Verhältnis, das ungefähr $4SiO_2 : H_2O$ ist, wobei die Tension Null wird, herrscht abermals eine geänderte Beziehung. Damit war angezeigt, daß Abstufungen der Bindung des Wassers bestehen, die im Verlauf der Tensionen sich bemerklich machen. Die erste bei der Wasserabgabe eintretende Änderung der Tension, die von einer Trübung des Präparats begleitet ist, nannte J. M. van Bemmelen den Umschlag und bezeichnete die Änderung bei dem Verhältnis $SiO_2 : H_2O$ als zweiten Umschlag. Er prüfte auch die Veränderungen, welche durch verschiedene Umstände in dem Betrage der Tension und in der Lage des Umschlagspunkts eintreten. Wenn die Entwässerung bei verschiedenen Anfangsdrucken der Umgebung ausgeführt wurde, zeigten sich nur geringere Abweichungen, dagegen waren die Eigenschaften der Präparate nach längerem Liegen verändert und wenn das Präparat entwässert, hierauf wiederum Wasserdämpfen ausgesetzt wurde, war bei der neuerlichen Wässerung und der darauf folgenden Entwässerung der Umschlagspunkt verschoben. Das Gel erschien jetzt modifiziert und ergab bei demselben Wassergehalte höhere Tensionen als bei der ersten Entwässerung des frischen Gels. Damit war die Veränderlichkeit des Gels bei verschiedener Behandlung bewiesen, ebenso die Existenz von Modifikationen, die sich durch ihre Tension unterscheiden.

Fernere Beobachtungen bezogen sich auf die Volumänderung des Gels beim Wasserverluste, auf die Absorptionsfähigkeit des festen Gels gegenüber Gasen, Dämpfen und Flüssigkeiten. Letztere Wahrnehmungen lassen dieses wie auch andere Gele als feinporöse Körper erscheinen, deren Struktur eine Bindung zugeführter Stoffe, sowie das Verhalten der einzelnen Modifikationen bedingt.

Das von Wasserglas abgeleitete Gel ist nicht als homogen zu betrachten, daher wurden später auch einige Versuche mit der bei der Zersetzung von Siliciumchlorid entstehenden Kieselsäure angestellt,[2]) die ähnliche Resultate wie die vorgenannten lieferten, doch war es dem hochbejahrten emsigen Forscher nicht mehr vergönnt, die Untersuchungen vollständiger durchzuführen.

Während so jene Kieselsäuren, die im ursprünglichen Zustande gallertig erscheinen, genauer bekannt wurden, blieben jene, die sich im festen Zustande abscheiden, noch unbeachtet.

Ein Versuch, die Zusammensetzung der verschiedenen bei der Zersetzung von Silicaten auftretenden Kieselsäuren zu bestimmen, wurde zuerst von G. Tschermak unternommen. Dieser benutzte die Beobachtung der Geschwindigkeit, mit welcher sich der Austritt von Wasser aus dem Präparat bei konstanter Temperatur und gleichbleibendem Dampfdruck der Umgebung voll-

---

[1]) J. M. van Bemmelen, Die Absorption (Dresden 1910).

[2]) J. M. van Bemmelen, Z. anorg. Chem. **62**, 1 (1909).

zieht, und welcher mit der Tension des Präparats bei der gewählten Temperatur zusammenhängt. Diese Emanationsgeschwindigkeit folgt dem Gradienten, also dem Überschuß der Tension gegenüber dem Dampfdruck der Umgebung, daher Veränderungen und Abstufungen der Tension durch diese Art der Beobachtung erkannt werden.

Beim Trocknen der aus Wasserglas erhaltenen Kieselsäure tritt demnach ein Abfall der Geschwindigkeit bei ungefähr demselben Wassergehalt ein, bei welchem die Verminderung der Tension beobachtet wurde. Die von bestimmten chemischen Verbindungen, wie Siliciumchlorid $SiCl_4$ oder Willemit SiO_4Zn_2, abgeleiteten Kieselsäuren ergeben eine Herabsetzung der Emanationsgeschwindigkeit bei dem Verhältnis $SiO_2 : 2H_2O$, jene aus Wollastonit SiO_3Ca erhaltene Kieselsäure zeigt bei der Hemmung, welche die Dampfentwicklung beim Trocknen erfährt, das Verhältnis $SiO_2 : H_2O$. Demnach erschien es aussichtsreich, die Hemmungspunkte der aus verschiedenen Silicaten gewonnenen Kieselsäuren zu bestimmen. Darauf abzielende Versuche führten nicht bloß auf die beiden erwähnten, sondern auch auf andere bestimmte Verhältnisse, die mit der Zusammensetzung des ursprünglichen Silicats in Beziehung gebracht wurden.

Mit Anwendung der genannten Methode wurden von G. Tschermak,[1,2,3]) von S. Hillebrand,[4,5]) A. Himmelbauer,[6,7]) D. Fogy,[8]) J. Bruckmoser,[9]), E. Baschieri,[10]) eine Anzahl von Kieselsäuren untersucht.

Hydrate.

Für die Beurteilung der an Kieselsäuren gemachten Erfahrungen ist es von Belang, auf das Verhalten der kristallisierten Hydrate, sowohl der Salzhydrate als Oxydhydrate hinzuweisen. An solchen wurden schon vor längerer Zeit Tensionsbestimmungen nach verschiedenen Methoden ausgeführt, jedoch weichen die von E. Wiedemann, H. Debray, A. H. Pareau, W. Müller-Erzbach, P. C. F. Frowein, J. L. Andreä, H. Schottky, H. W. Foote, S. R. Scholes und H. Bolte mitgeteilten numerischen Ergebnisse oft nicht unbedeutend voneinander ab, was auf die Schwierigkeiten hindeutet, mit welchen die Bestimmung der Tension fester Körper umgeben ist. Aus den Resultaten, insbesondere aus den Beobachtungen von J. L. Andreä geht hervor, daß beim Austritt des Wassers, wenn die Temperatur konstant bleibt, die Tension sich auf gleicher Höhe hält, bis die nächste Hydratationsstufe erreicht ist, worauf eine niedrigere Tension eintritt, welche bis zur Erreichung der nächsten Stufe ungeändert bleibt. So ergibt Bariumchlorid $BaCl_2 . H_2O$ beim Wasserverlust eine konstante höhere Tension, bis das Hydrat $BaCl_2 . H_2O$ gebildet ist und von hier ab eine gleichbleibende niedrigere Tension bis zur Bildung des Anhydrids $BaCl_2$. Für das Natriumphosphat $Na_2HPO_4 . 12H_2O$ wurden die Abstufungen $Na_2HPO_4 . 7H_2O$,

[1]) G. Tschermak, Sitzber. Wiener Ak. Abt. I, **112**, 355 (1903).
[2]) G. Tschermak, Sitzber. Wiener Ak. Abt. I, **114**, 455 (1905).
[3]) G. Tschermak, Sitzber. Wiener Ak. Abt. I, **115**, 217 (1906).
[4]) S. Hillebrand, Sitzber. Wiener Ak. Abt. I, **115**, 697 (1906).
[5]) S. Hillebrand, Sitzber. Wiener Ak. Abt. I, **119**, 775 (1910).
[6]) A. Himmelbauer, Sitzber. Wiener Ak. Abt. I, **115**, 1177 (1906).
[7]) A. Himmelbauer, Sitzber. Wiener Ak. Abt. I, **119**, 115 (1912).
[8]) D. Fogy, Sitzber. Wiener Ak. Abt. I, **115**, 1081 (1906).
[9]) J. Bruckmoser, Sitzber. Wiener Ak. Abt. I, **116**, 1653 (1907).
[10]) E. Baschieri, Atti d. soc. Tosc. d. sc. natur. Memorie (1908 Mai), 24.

$Na_2HPO_4 . 2H_2O$ bis zum Anhydrid Na_2HPO_4 gefunden. In gleicher Weise verhalten sich Oxydhydrate wie Strontiumhydroxyd $SrO_2H_2 . 8H_2O$ mit den durch $7H_2O$ und H_2O bezeichneten Stufen, ebenso Kaliumhydroxyd mit den Abstufungen $KOH . 2H_2O$ und $KOH . H_2O$, jedoch beobachtete H. Bolte nicht einen unvermittelten Abfall bei der Bildung des zweiten Hydrats, sondern eine wenn auch geringe Einschaltung von zwischenliegenden Tensionen (Zeitschr. f. phys. Chem. **80,** 338 (1912).

Die so erkannten Abstufungen der Hydratation haben sich auch bei Berechnung der von J. St. Thomsen ermittelten Wärmetönungen herausgestellt, ebenso bei der Beobachtung des Temperaturgangs beim Erhitzen von Hydraten wie Bariumchlorid und Kupfervitriol durch F. Rinne.

Es wurden auch solche Salzhydrate untersucht, welche innerhalb derselben Stufe nicht eine konstante, sondern eine mit dem Wassergehalt abnehmende Tension zeigen. Auch hier machte sich bei den Beobachtungen von G. Tammann und E. Löwenstein ein deutlicher Abfall bei Erreichung der nächsten Stufe bemerklich, obwohl immer eine Vermittelung durch zwischenliegende Tensionen eintritt.[1])

Sowie durch Tensionsbestimmungen lassen sich auch Gliederungen des Wassergehalts durch Ermittelung der Geschwindigkeit, mit welcher das Wasser aus den Hydraten bei konstanter Temperatur entwickelt wird, ermitteln.

J. B. Hannay veröffentlichte 1877 Beobachtungen an Hydraten bei konstanter Temperatur, wobei die entstandenen Wasserdämpfe sogleich entfernt wurden. Die Geschwindigkeit blieb innerhalb derselben Stufe anfangs gleich, sank jedoch zu Ende merklich herab, der Beginn der nächsten Abstufung war aber deutlich erkennbar.

Bei der von W. Müller-Erzbach angewandten Methode wird das gepulverte Hydrat über Schwefelsäurelösungen von bestimmter Konzentration aufgehängt und werden bei konstanter Temperatur die in gleichen oder periodischen Zeitintervallen eintretenden Gewichtsabnahmen ermittelt. Wenn bloß jene Beobachtungen benützt werden, bei welchen die durch Schwankungen des Luftdrucks, der Temperatur, der Veränderung des Präparats, durch die Störung des Regimes beim Herausnehmen des Präparats entstehenden Einflüsse von geringem Betrage sind, so ergibt sich eine Geschwindigkeit der Dampfemanation, welche sich von der idealen unterscheidet, aber die Abstufungen der Tension deutlich hervortreten läßt.[2])

Ist p die Zersetzungstension, p_0 der konstante Dampfdruck der Umgebung, ferner u die Geschwindigkeit, z. B. in 24 Stunden, so ist $p - p_0$ der Gradient, vor dem u in erster Linie abhängt. Für die Anfangsgeschwindigkeit bei der Zersetzung eines Hydrats folgt:

$$u = K(p - p_0) - R.$$

Hier ist K eine Konstante, R bedeutet die Summe der Verzögerungen, welche durch den Luftdruck, die Oberfläche, die Struktur des Präparats, ferner dadurch hervorgerufen werden, daß der entwickelte Dampf nicht augenblicklich weggeschafft wird. Für die später eintretende Geschwindigkeit fügt sich an K noch ein Faktor, in dem die bei dem gewählten Gradienten verfügbare Menge Wassers enthalten ist.

---

[1]) E. Löwenstein, Z. anorg. Chem. **63**, 70 (1909).
[2]) G. Tschermak, Sitzber. Wiener Ak. Abt. IIb, **123**, 743 (1912).

Nach der angeführten Gleichung ist vorauszusehen, daß im Falle einer Herabminderung von p auch ein Herabsinken von u, also eine Hemmung der Dampfemanation eintreten wird.

Im Bariumchlorid $BaCl_2 . 2H_2O$ beträgt die Tension bei 15° anfangs 2,4 mm Quecksilber und nach dem Austritte von 1 Mol. Wasser nur 0,57 mm. Wird das Präparat über konzentrierter Schwefelsäure aufgehängt, so ist der Gradient anfangs nahezu 2,4 mm und im zweiten Stadium 0,57 mm.

G. Tschermak beobachtete im ersten Stadium ein allmähliches Herabsinken der 48 stündigen Geschwindigkeit, so daß dieselbe am Ende desselben 0,084 Mol. Wasser betrug. Hierauf trat eine Hemmung ein, bei der die Geschwindigkeit auf 0,033 Mol. fiel. Die Tension war demnach auf $^1/_4$, die Geschwindigkeit auf $^4/_{10}$ des Betrags vor der Hemmung herabgesunken.

Die gleiche Erscheinung mit andern Verhältnissen wurde auch bei der Prüfung anderer Salzhydrate: wie Strontiumchlorid, Natriumphosphat, ebenso von Oxydhydraten, wie Strontiumhydroxyd, beobachtet.

Kristallisierte Salzhydrate, bei deren Zersetzung die Tension innerhalb desselben Stadiums nicht konstant bleibt, sondern kontinuierlich herabsinkt, lassen ebenfalls die Herabsetzung der Geschwindigkeit beim Eintritt des neuen Stadiums erkennen, so das Ceroxalat $Ce_2(C_2O_4)_3 . 10H_2O$, das beim Austritt von 1 Mol. Wasser eine Minderung der Tension von 3,47 mm auf 1,87 mm und über konzentrierter Schwefelsäure einen Abfall der täglichen Geschwindigkeit von 0,95 auf 0,14 Mol. Wasser zeigte.

Die Korngröße und die Struktur des Präparats hat einen Einfluß auf die Bestimmung der Tension und der Geschwindigkeit. Dies ergab sich aus vielen Versuchen. Durch Wiederwässerung der Hydrate wird die gröbere Struktur verändert. Werden die feingepulverten Hydrate entwässert, sodann wiederum Wasserdämpfen ausgesetzt, so nehmen dieselben Wasser bis zum ursprünglichen Betrage auf. Jetzt sind dieselben mehr oder weniger fest geworden und haften am Gefäß. Bei der mikroskopischen Prüfung erkennt man oft an der Oberfläche der Körnchen kleine, neu gebildete Kriställchen, durch deren Verschränkung der Zusammenhang hervorgebracht wird. Solche Präparate geben bei der Tensions- und Geschwindigkeitsbestimmung etwas andere Zahlen als die frisch bereiteten Pulver.

Wenn die Lösung eines Hydrats bei konstanter Temperatur eindampft, so sinkt deren Tension, bis die Menge des Lösungswassers Null geworden und das Hydrat allein vorhanden ist. Nun beginnt sogleich die Zersetzung des letzteren mit einer merklich geringeren Tension. Dem entspricht die Änderung der Geschwindigkeit, die hier einen Abfall zeigt. Kommen dem Hydrat selbst Abstufungen des Wassergehalts zu, so kann später noch eine zweite oder dritte Hemmung eintreten. Jede Hemmung entspricht einem stöchiometrischen Verhältnis von Anhydrid und Wasser.

Der übersättigten Lösung von Natriumphosphat $Na_2HPO_4 . 12H_2O$ kommt bei 15° die Tension von ungefähr 11,5 mm zu, während das daraus kristallisierte Hydrat mit der Tension von 8,8 mm einsetzt. In dem Augenblicke, als bei der Entwässerung das Präparat 12 Mol. Wasser, also nur das kristallisierte Hydrat enthielt, sank bei 10,7° und $p_0 = 5,5$ mm die beobachtete Geschwindigkeit von 1,43 Mol. auf 0,28 Mol. Wasser herab. Diese erste Hemmung war also eine sehr deutliche. Auf diese folgte bei geringerem p_0 noch eine zweite Hemmung, als das Hydrat die Zusammensetzung $Na_2HPO_4 . 7H_2O$ besaß. Dies entspricht wiederum einem Abfall der Tension bei diesem Wassergehalt.

Die Geschwindigkeitsmethode hat sich demnach als geeignet erwiesen, durch Beobachtung der Hemmungen die Bildung eines Hydrats aus dessen Lösung und auch die Abstufungen des Wassergehalts in einem Hydrat zu erkennen.[1])

Hydrogele.

Einfache Hydrogele, nämlich jene, als deren Komponenten ein Oxyd und Wasser erscheinen, ergaben sowohl bezüglich der Tension als der Emanationsgeschwindigkeit Abstufungen bei einem stöchiometrischen Verhältnis. Diese Körper sind aber unbeständig, indem schon durch langes Liegen, auch unter Wasser, durch rasches Trocknen und durch verschiedene andere Einflüsse die Struktur verändert, die frühere Korrespondenz von Tension und Wassergehalt verschoben, also neue Modifikationen gebildet werden. Werden sie in einem Zustande geprüft, welcher dem Entstehungszustande möglichst nahe liegt, so tritt der erste Abfall der Tension und Geschwindigkeit bei einem Wassergehalt ein, der einem bestimmten Hydrat entspricht. Bei fortgesetzter Entwässerung macht sich oft noch eine zweite Hemmung, einem ferneren Hydrat entsprechend, bemerklich. Ein genaues Zusammentreffen der Hemmung mit einem stöchiometrischen Verhältnis stellt sich nicht immer ein, weil die Hemmung nicht direkt beobachtet, sondern deren Eintritt nur näherungsweise berechnet wurde.

Der braune flockige Niederschlag, der in einer Lösung von Eisenchlorid durch Ammoniak hervorgebracht wird, gibt nach vollständigem Waschen ein Gel, das beim Trocknen, sobald es nahezu die Zusammensetzung $Fe_2O_3 : 4H_2O$ erreicht hat, eine Hemmung wahrnehmen ließ, indem die tägliche Geschwindigkeit bei $p_0 = 5$ mm von 5 Mol. auf 0,6 Mol. Wasser herabfiel und bei $Fe_2O_3 . 3H_2O$ eine zweite Hemmung bei dem Abfall auf 0,04 Mol.

Ähnlich verhält sich die Metazinnsäure, die aus metallischem Zinn als flockiger Niederschlag dargestellt wird. Das Präparat ergab unter dem äußeren Dampfdruck von 5—5,2 mm einen Abfall der Geschwindigkeit von 1,24 auf 0,14 Mol. Wasser nahe bei der Zusammensetzung $SnO_2 : 2H_2O$ und einen zweiten bei dem durch $SnO_2 : H_2O$ angegebenen Wassergehalt. Manche Hydrogele scheiden sich bei der Zersetzung im festen Zustande ab, so die gelbe Wolframsäure bei der Zersetzung von Scheelit $CaWO_4$ durch Salzsäure. Das Präparat ließ bei der Zusammensetzung $WO_3 : 2H_2O$ eine Hemmung erkennen, indem die 12stündige Geschwindigkeit bei $p_0 = 0{,}05$ mm von 5,4 Mol. auf 0,1 Mol. Wasser herabsank. Bei dem Dampfdruck Null war nach längerer Zeit die Zusammensetzung $WO_3 : H_2O$ erreicht.

Ein Vergleich der Geschwindigkeit mit der Tension bei gleichem Wassergehalt läßt sich hier nicht durchführen, weil der Verlauf der Tensionen für diese Hydrogele keine deutlichen Abstufungen erkennen läßt.

Als Resultate der Beobachtungen G. Tschermaks wären die Verhältnisse anzuführen, die sich bei der ersten und zweiten Hemmung herausstellten.

$WO_3 . 2H_2O$	$WO_3 . H_2O$
$Al_2O_3 . 4H_2O$	$Al_2O_3 . 3H_2O$
$Fe_2O_3 . 4H_2O$	$Fe_2O_3 . 3H_2O$
$SnO_2 . 2H_2O$	$SnO_2 . H_2O$
$TiO_2 . 2H_2O$	—

[1]) G. Tschermak, Sitzber. Wiener Ak. **121**, Abt. IIb, 743 (1912).

Das Angeführte bietet eine **Analogie** des Verhaltens dieser Gele und der **kristallisierten Hydrate**, obwohl der Zustand der beiden ein verschiedener ist.

Die Hydrogele verhalten sich wie im Wasser schwer lösliche Verbindungen in feinster Verteilung, denen bei ihrer Bildung viel freies Wasser anhaftet. Sobald dieses beim Trocknen abgegangen ist, erfolgt die erste Hemmung. Dies entspricht dem Entweichen des freien Wassers bei der Kristallisation der Hydrate aus der übersättigten Lösung, wobei ebenfalls eine Hemmung beobachtet wird. Die zweite und allfällige ferneren Hemmungen an den Hydrogelen entsprechen der in den kristallisierten Hydraten beobachteten Gliederung des Wassergehalts.

Kieselsäuren.

So wie die vorher genannten Gele verhalten sich auch die Kieselsäuren, die bei ihrer Bildung in mehreren verschiedenen Formen auftreten.

Bei der Zersetzung mancher Silicate mit verdünnter Salzsäure scheidet sich die Kieselsäure als Gelatine ab und diese behält ihr Aussehen auch nach dem Waschen, oder sie wird bei dieser Behandlung flockig (Anorthit). Bisweilen zeigt sich, daß der anfänglich durchsichtige oder schleimige Rückstand keine Gelatine war, indem derselbe beim Reinigen die pulverige Beschaffenheit annimmt (Chabasit). In den übrigen Fällen bleibt das Zersetzungsprodukt pulverig.

Die sorgfältig gereinigte, feuchte Kieselsäure wird in ein flach zylindrisches Gefäß übertragen, dieses in einem geräumigen Exsiccator über einer Schwefelsäurelösung von bestimmter Konzentration aufgehängt, bei konstanter Temperatur in bestimmten Zeitintervallen gewogen. Steht ein Raum von konstanter Temperatur, in dem sich der hygrometrisch bestimmte Dampfdruck nur wenig ändert und jede Luftbewegung ausgeschlossen ist, zur Verfügung, so können die Wägungen auch hier bei freier Exposition ausgeführt werden. Für die Berechnung der Emanationsgeschwindigkeit ist es zweckmäßig, die Beobachtungen in gleichen Intervallen vorzunehmen. Starke Schwankungen des Luftdrucks, Veränderungen der Struktur beeinflussen die Ziffer der Geschwindigkeit. Korrekturen können an solchen Serienbeobachtungen nicht angebracht werden. Am Schlusse der Wägungen wird nach dem Glühen die Menge des Anhydrids bestimmt, das erhaltene Produkt analysiert. Infolge der Veränderlichkeit des Gels können Versuche auch mißlingen. Zur Berechnung der Hemmung eignen sich nur solche Resultate, die bei richtiger Wahl von p_0, des Intervalls und Bedachtnahme auf die Vermeidung ungünstiger Umstände gewonnen wurden.[1])

---

[1]) Die von O. **Mügge** *) erhobenen Bedenken bezüglich der Anwendbarkeit obiger Methode gründen sich auf einige Beobachtungen, die ohne richtige Wahl des Intervalls, ohne Ausschluß der störenden Einflüsse erhalten und ohne Berücksichtigung des so entstandenen Fehlers zur Berechnung der Hemmung verwendet wurden.**) Zwei Beobachtungen, die A. **Serra** ***) an der aus einem Leucit erhaltenen Kieselsäure anstellte und die mit den übrigen nicht übereinstimmten, gaben demselben Anlaß, Zweifel bezüglich der Brauchbarkeit der Methode auszusprechen. Bei der Kontrollierung haben sich die beiden Bestimmungen als unrichtig erwiesen.****)

*) O. **Mügge**, ZB. Min. etc. 1908, 129.
) G. **Tschermak, ZB. Min. etc. 1908, 225.
***) A. **Serra**, R. Acc. d. Linc. 1910, 202.
****) G. **Tschermak**, Sitzber. Wiener Ak. **121**, Abt. IIb, 743 (1912).

Werden für gleiche Intervalle, den Zeiten τ entsprechend, die Wassergehalte in Mol. Wasser berechnet mit w bezeichnet, ferner die Geschwindigkeiten mit u, deren Differenzen mit d und wird angenommen, daß die Hemmung nach der Zeit $\tau = 2$ eintrat, so ergibt sich das Schema:

$$\begin{array}{cccccccccccc} \tau = 0 & & 1 & & 2 & & 3 & & 4 & & 5 \\ w_0 & & w_1 & & w_2 & & w_3 & & w_4 & & w_5 \\ & u_1 & & u_2 & & u_3 & & u_4 & & u_5 & \\ & & d_1 & & d_2 & & d_3 & & d_4 & & \end{array}$$

Ist der Verlauf der Wasserabgabe ein regelmäßiger, indem die Geschwindigkeit fortwährend abnimmt, so können hier drei Fälle eintreten:

$$d_1 < d_2 > d_3 > d_4, \text{ ferner } d_1 < d_2 < d_3 > d_4 \text{ und } d_1 < d_2 = d_3 > d_4,$$

der letzte wird selten vorkommen.

In der Nähe des Hemmungsintervalls $\tau_2 - \tau_3$ stellt sich in den beiden ersten Fällen ein Maximum von d heraus, dessen Stellung zu den benachbarten Werten die Auffindung des Hemmungsintervalls gestattet. Dieses Schema bewährt sich, außer in dem Falle, als zwei Hemmungen mit geringem Zwischenraum aufeinander folgen.

Ist das Hemmungsintervall ermittelt, so läßt sich die Zeit τ', zu welcher die Hemmung eintrat, annähernd berechnen.[1]) Zu diesem Zwecke wird aus den drei Beobachtungen vor der Hemmung w_0, w_1, w_2 eine Interpolationsgleichung

$$w = a + b\tau + c\tau^2 \tag{A}$$

und aus den drei folgenden eine zweite

$$w' = \alpha + \beta\tau + \gamma\tau^2 \tag{B}$$

gebildet. Aus der Gleichstellung $w = w'$ ergibt sich τ', dessen Wert, in eine der beiden Gleichungen gesetzt, den annähernden Wert von W als Wassergehalt des Präparats bei der Hemmung liefert.

Für die annähernde Berechnung der Geschwindigkeit vor und nach der Hemmung kann man die Gleichungen

$$\frac{dw}{d\tau} = u = b - 2c\tau' \quad \text{und} \quad u' = \beta - 2\gamma\tau' \tag{C}$$

benützen.

In vielen Fällen genügt es, zur beiläufigen Berechnung von W bloß zwei Beobachtungen vor und zwei nach der Hemmung zu verwenden. Dann ist

$$\tau' = 2 + \frac{u_3 - u_4}{u_2 - u_4}$$

und

$$W = w_2 - u_2 \frac{u_3 - u_4}{u_2 - u_4}. \tag{D}$$

Ein Versuch, nach welchem voraussichtlich die gebildete Kieselsäure das Verhältnis $SiO_2 : 2H_2O$ ergibt, ist die Zersetzung von SiO_4 mit Wasser. Bei einem solchen enthielt das geprüfte reine Gel 1012 mg $SiCl_2$. Dasselbe zeigte

[1]) G. Tschermak, Z. f. phys. Chem. **53**, 349 (1905).

bei 24 stündigem Intervall und $p_0 = 5$ mm die Wassergehalte in mg und w in Mol. Wasser bezogen auf SiO_2:

mg	3781	2578	1602	816	541	481	461
w	12,51	8,53	5,30	2,70	1,79	1,59	1,53

Der genannten Regel zufolge liegt die Hemmung zwischen $w = 2,70$ und $w = 1,79$. Die Gleichungen (A) und (B) sind

$$w = 8,53 - 3,545\,\tau + 0,315\,\tau^2$$
$$w' = 3,17 - 0,655\,\tau + 0,065\,\tau^2,$$

woraus $\tau' - 2,32$, welcher Wert, in obige Gleichung eingesetzt,

$$W = 2,00$$

liefert. Dies entspricht in der Tat obigem Verhältnis.

Beim Eintritt der Hemmung war $u = 2,08$.
Nach „ „ „ „ $u_1 = 0,35$.

Werden bloß vier Beobachtungen benutzt, so erhält man nach (D) die Zeit $\tau' = 2,296$ und $W = 1,93$.

Die Wägungen wurden hier nicht weiter fortgesetzt. Bei andern weitergeführten Beobachtungen wurde zuweilen eine zweite schwächere Hemmung bei ungefähr $W = 1$ wahrgenommen.

Ein Vergleich der Geschwindigkeit mit der Tension läßt sich durch Benützung der Bestimmungen J. M. van Bemmelens vornehmen, von denen die unter *a* und *b* bei Anwendung einer aus Natronwasserglas erhaltenen, jene unter *c* an einer aus Siliciumchlorid gewonnenen Kieselsäure ausgeführt wurden. *a* ist das Mittel aus je drei Beobachtungen aus früherer Zeit.[1]) *b* und *c* sind einzelne Serien aus späterer Zeit.[2])

a			*b*			*c*		
p_0	w	$\Delta p / \Delta w$	p_0	w	$\Delta p / \Delta w$	p_0	w	$\Delta p / \Delta w$
10,6	3,15		8	2,39		9	2,2	
		2,73			0,7			0,1
10,0	2,93		7,75	2,04		8	2,1	
		2,13			16,7			0,125
9,5	2,695		7,5	2,025		6	1,85	
		2			7,1			0,35
9,1	2,495		7,25	1,99		5	1,50	
		3,2			7,0			0,535
8,7	2,37		6,9	1,94		4	1,075	
		3,39			0,3			0,25
8,1	2,193		6,77	1,50		3	0,825	
		6			0,9			0,125
7,2	2,043		6,45	1,16		1,8	0,6	
		3,5			2,5			0,155
6,2	1,757		6,05	1		0,0	0,32	
		5,49			2,3			
5,2	1,575		5,35	0,7				
		12			11,6			
4,9	1,550		0,0	0,24				

[1]) J. M. van Bemmelen, Die Absorption. (Dresden 1910), 292.
[2]) Ebendort, 522, 528.

Die aus Wasserglas abgeschiedene Kieselsäure besteht zum größten Teil aus jener mit dem Verhältnis $SiO_2 : 2H_2O$, zum geringen Teil aus einer wasserärmeren Verbindung. Für diese Kieselsäure gibt der Quotient $\Delta p / \Delta w$ unter *a* und *b* einen Abfall der Tension in der Nähe von $w = 2$ an. Eine genauere Ableitung des Wassergehalts bei dem Tensionsabfall ist nicht durchführbar, weil die Beobachtungen wenig übereinstimmen. Geschwindigkeitsbestimmungen an einem solchen Gel zeigten eine Hemmung in der Nähe von $w = 2$ an.[1] Die Zahlenreihe unter *c* ist nicht ausreichend, um den ersten Tensionsabfall erkennen zu lassen. Dagegen ist ein solcher bei ungefähr $w = 1$ sehr deutlich. Das Stattfinden des ersten Abfalls wird angenommen, doch geht aus den bezüglichen Angaben bloß hervor, daß derselbe bei $p_0 = 8$ mm zwischen $w = 2{,}2$ und $w = 1{,}5$ eintrat. Die angeführten Beobachtungen sind nicht geeignet zu entscheiden, ob bei *c* der erste Tensionsabfall bei demselben Wassergehalt stattfand, bei welchem die Hemmung beobachtet wurde.

Vor der ersten Tensionsverminderung in *b* beobachtete J. M. van Bemmelen öfters das Eintreten einer starken Trübung des Präparats, welche beim Abfall am stärksten erschien und bei $w = 1$ wiederum verschwand. Bei den späteren Beobachtungen trat dieser Wechsel der Trübung nicht so deutlich hervor. Die Veränderung, welche sich durch das Maximum der Trübung und den ersten Abfall der Tension kennzeichnete, nannte er den Umschlag.

Dieser wurde nicht immer bei gleichem Wassergehalt beobachtet, was durch die Veränderlichkeit des Gels erklärlich wird. Die genannten Zahlen beziehen sich auf Serienbeobachtungen, bei denen dasselbe Präparat sukzessive geringeren Dampfdrucken ausgesetzt wurde, wobei jedesmal viele Tage vergingen, bis konstantes Gewicht eingetreten war und eine der angeführten Zahlen gewonnen wurde, daher die Wägungen, namentlich die späteren, sich auf ein merklich verändertes Gel bezogen. Wurde das aus Wasserglas erhaltene Gel sogleich einem Dampfdruck ausgesetzt, der seiner Tension nahe lag, so ergaben sich Zahlen, die um 0,6—1 mm höher waren als die unter *b* angeführten.

Bei der Beobachtung der Geschwindigkeiten war die Serie in wenigen Tagen abgeschlossen, die eingetretene Veränderung nur gering.

Eine genauere Übereinstimmung des Wassergehalts bei dem Umschlag und bei der Hemmung wäre zu erwarten, wenn hierauf gerichtete Versuche nach der letzteren Methode mit einem reinen Gel angestellt würden. Derartige Versuche wurden in letzter Zeit von R. Zsigmondy mitgeteilt.[2]

Viele Beobachtungen J. M. van Bemmelens galten dem Nachweis der Veränderungen, welche das angewandte Kieselsäuregel bei langem Liegen, raschem Trocknen, bei starker Entwässerung erfährt. In allen so gebildeten Modifikationen ist die Beziehung zwischen Tension und Wassergehalt verschieden von jener in dem frisch bereiteten Gel, auch die Absorptionsfähigkeit unterliegt Schwankungen. Immer sind es Änderungen der Struktur, teils permanente, teils vorübergehende, welche diesen Wechsel bedingen.

Stark entwässerte Gele, die wiederum Wasserdämpfen ausgesetzt worden, ergaben bei der neuerlichen Entwässerung eine höhere Tension als die frischen Gele bei demselben Wassergehalte, nur in dem Bereiche zwischen $w = 0$ und $w = 1$ zeigte sich keine bedeutende Änderung. G. Tschermak vermutet,[3]

---

[1] G. Tschermak, Z. anorg. Chem. **63**, 230 (1909).
[2] R. Zsigmondy Z. anorg. Chem. **75**, 189 (1912).
[3] G. Tschermak, Sitzber. Wiener Ak. Abt. IIb, **121**, 743 (1912).

daß jene Tensionserhöhung von einer zum Teil sichtbaren Strukturänderung herrührt, und betrachtet die Erscheinung als analog der an kristallisierten Hydraten wahrgenommenen Veränderung nach der Wiederwässerung.

Die im gelatinösen Zustande abgeschiedenen und gereinigten Kieselsäuren werden durch Einwirkung höherer Temperaturen verändert. Die aus Wasserglas erhaltene gab nach dem Erwärmen im geschlossenen Gefäß mit Wasser bei 206° durch zwei Tage bei der ersten Hemmung nicht mehr denselben Wassergehalt von 34,9% wie vorher, sondern einen, der um 28% geringer war.[1]) Eine aus Natrolith entstandene Kieselsäure, die ursprünglich bei der ersten Hemmung das Verhältnis $SiO_2 : 2H_2O$ zeigte, hinterließ nach dem Erwärmen auf 80° unter Wasserbedeckung nach 5—10 Tagen ein Präparat, das einen um $^1/_4$ bis fast $^1/_3$ geringeren Wassergehalt ergab. Die gleiche Kieselsäure gab einen etwas geringeren Wassergehalt an als den ursprünglichen, wenn dieselbe nicht bei 15°, sondern bei 32,2° an der Luft getrocknet wurde.[2])

Als ein Beispiel für die Geschwindigkeitsbestimmung an pulverigen Kieselsäuren kann eine Beobachtungsreihe dienen, die an einem aus Leucit $K_2Al_2Si_4O_{12}$ vom Vesuv erhaltenen Präparat mit SiO_2 = 858 mg gewonnen wurde, das bei $p_0 = 5{,}1$ mm, $\tau = 15{,}5°$ und 24 stündigem Intervall gewogen wurde. Hier bezieht sich w wiederum auf SiO_2 als Einheit.

w =	12,132	6,620	1,295	0,975	0,960	0,960
u =	5,512	5,325	0,320	0,015	0	

woraus nach (A) und (B)

$$w = 12{,}132 - 5{,}605\,\tau + 0{,}0935\,\tau^2$$

$$w' = 1{,}02 - 0{,}015\,\tau$$

sich $\tau' = 2{,}065$ und $W = 1{,}00$, ferner nach (D) $W = 0{,}99$ berechnen. Daraus ist zu entnehmen, daß in dieser Kieselsäure die Hemmung bei dem Verhältnis $SiO_2 : H_2O$ eintritt.

Der Grossular $Ca_3Al_2Si_3O_{12}$ von Wilui führte auf ein anderes Verhältnis. Das bei 15° zersetzte Pulver lieferte eine Kieselsäure, worin SiO_2 = 170,4 mg und ergab bei $p_0 = 4$ mm und $\tau = 16°$ in 3 stündigen Intervallen die folgenden Zahlen, von denen sich die unter w auf $3SiO_2$ beziehen:

w =	40,65	30,41	20,76	12,35	5,35	1,82	1,53
u =	10,24	9,65	8,41	7,00	3,53	0,29	

Aus diesen folgt nach (D)

$$W = 1{,}97,$$

also das Verhältnis $3SiO_2 : 2H_2O$ für die hier erhaltene Kieselsäure.

Für einige flockig oder pulverig entstehende Kieselsäuren wurden von E. Löwenstein Tensionen nach der von J. M. van Bemmelen befolgten Methode ausgeführt.[3]) Die Zahlen lassen immer einen Abfall der Tension in der Nähe eines stöchiometrischen Verhältnisses erkennen, doch sind die Beobachtungen nicht ausreichend, um eine Koinzidenz des Abfalls mit den beobachteten Hemmungen ableiten zu können.[4])

---

[1]) G. Tschermak, Z. anorg. Chem. **63**, 230 (1909).
[2]) G. Tschermak, Sitzber. Wiener Ak. Abt. IIb, **121**, 743 (1912).
[3]) E. Löwenstein, Z. anorg. Chem. **63**, 70 (1909).
[4]) G. Tschermak, Z. anorg. Chem. **66**, 199 (1910).

Deutung der Ergebnisse.

Durch die bei stöchiometrischen Verhältnissen des Wassergehalts eintretende Hemmung der Emanationsgeschwindigkeit wird eine Abstufung der Hydratation angegeben, die, solange jene Verhältnisse als für das Statthaben chemischer Verbindungen charakteristisch angesehen werden, auch die aus einfach zusammengesetzten Silicaten erhaltenen Kieselsäuren als chemische Verbindungen wie

$$SiO_4H_4, \quad SiO_3H_2, \quad Si_2O_6H_4, \quad Si_3O_8H_4$$

erscheinen läßt. Von der ersten, die als Orthokieselsäure bezeichnet wird, läßt sich die folgende, die Metakieselsäure durch Austritt von 1 Mol. Wasser und lassen sich alle übrigen durch Polymerisierung bei Austritt von Wasser ableiten.[1]) Alle diese Verbindungen benehmen sich wie labile Hydrate, die analog vielen kristallisierten Hydraten schon bei gewöhnlicher Temperatur in wasserstoffärmere Verbindungen übergehen.

Eine andere Auffassung ist die J. M. van Bemmelens, der das Bestehen chemischer Verbindungen von Wasser und Oxyd in den Hydrogelen leugnete und diese Gele als Absorptionsverbindungen betrachtete, in denen das Oxyd mit dem Wasser nur durch eine Oberflächenwirkung vereinigt sei.[2]) In den Kieselsäuren wäre nach dieser Meinung SiO_2 vorhanden und das anhaftende Wasser nur durch die Kräfte der Absorption gebunden. Die beobachteten stöchiometrischen Verhältnisse seien zufällige. Dafür sollte die Variabilität des Umschlags, der in den Präparaten nach längerem Liegen, nach dem Trocknen und der Wiederwässerung usw. bei wechselndem Verhältnis von SiO_2 und H_2O eintritt, sprechen. Dabei ist jedoch übersehen, daß jene Variabilität nicht an den frisch bereiteten Gelen beobachtet wurde, sondern an veränderten Präparaten, die als Mischungen des ursprünglichen Gels mit neu entstandenen Modifikationen zu betrachten sind. Auch die Variabilität der Tensionsbestimmung bei verschiedenen Anfangsdrucken ist auf die Veränderlichkeit des Gels zurückzuführen.[3])

Da hier die Frage zu lösen ist, welche Körper im Augenblick der Zersetzung eines Silicats entstehen, so können für die Bestimmung der Hydratationsstufen nur jene Beobachtungen maßgebend sein, die an frisch bereiteten Gelen angestellt sind, deren Beschaffenheit sich dem Entstehungszustande möglichst nähert und die mit Rücksicht auf die beim Trocknen eintretenden Veränderungen ausgeführt sind.

Was aber am deutlichsten gegen die Annahme von Absorptionsverbindungen spricht, ist der Umstand, daß diese Hypothese für den Eintritt des Umschlags und der Emanationshemmung keine plausible Erklärung zu geben vermag. Die Meinung, daß in den Kieselsäuren SiO_2 und H_2O gesondert, ohne chemische Verbindung vorhanden seien, wurde auch von H. le Chatelier geäußert,[4]) jedoch kommt den bezüglichen Beobachtungen keine Beweiskraft zu.[5])

Die Ansicht, nach welcher die Kolloide, also auch die Hydrogele eine eigene Welt bilden, in der die stöchiometrischen Gesetze keine Geltung haben,

---

[1]) G. Tschermak, Z. f. phys. Chem. **53**, 349 (1905).
[2]) J. M. van Bemmelen, Z. anorg. Chem. **59**, 226 (1908).
[3]) G. Tschermak, Z. anorg. Chem. **63**, 230 (1909).
[4]) H. le Chatelier, C. R. **147**, 660 (1908).
[5]) G. Tschermak, Z. anorg. Chem. **63**, 230 (1909).

wird durch die Tatsachen, welche von P. P. v. Weimarn beobachtet oder zusammengefaßt worden, beseitigt.[1]) Aus vielen Versuchen geht hervor, daß jede chemische Verbindung, die sonst kristallinisch erscheint, unter bestimmten Umständen auch als Kolloid erhalten werden kann, wonach kolloid und kristallinisch nur verschiedene Zustände desselben Körpers darstellen.

Auch kristallisierte einfache Hydrate ließen sich in Kolloide verwandeln, wenn die Bedingung erfüllt wurde, daß das Hydrat bei der Entstehung in dem angegebenen Medium schwer löslich ist. Anderseits ist durch ältere und neuere Beobachtungen bekannt, daß Kolloide und auch speziell Hydrogele allmählich in den kristallinen Zustand übergehen. Nach diesen Erfahrungen befinden sich die Teilchen eines Kolloids in einem dynamisch-kristallinen Zustande, wobei selbstverständlich die stöchiometrischen Gesetze nicht aufgehoben sein können. Wenn demnach in Kolloiden bestimmte Hydratationsstufen beobachtet werden, so ist der Schluß auf die Existenz bestimmter chemischer Verbindungen gerechtfertigt.

Ob diese oder jene Ansicht bezüglich der Natur der Kieselsäuren als die richtige betrachtet wird, die Tatsache der Abstufung des Wassergehalts bleibt davon unberührt, ebenso das Statthaben stöchiometrischer Verhältnisse, das nur durch die auf Strukturänderungen beruhenden störenden Einflüsse und durch Beobachtungsfehler bisweilen verhüllt wird.

Die erhaltene Kieselsäure und das ursprüngliche Silicat.

Eine ferner zu lösende Frage ist diese, ob zwischen der Zusammensetzung jeder Kieselsäure und jener des angewandten Silicats eine Beziehung bestehe. Eine solche ist deutlich in den folgenden Fällen:

$SiO_2 : 2H_2O$	SiO_4H_4	SiO_4Zn_2 Willemit,
$SiO_2 : 2H_2O$	SiO_4H_4	SiO_4CaMg Monticellit,
$SiO_2 : 2H_2O$	SiO_4H_4	SiO_4CuH_2 Dioptas,
$SiO_2 : H_2O$	SiO_3H_2	SiO_3Ca Wollastonit,
$SiO_2 : H_2O$	SiO_3H_2	SiO_3Ca künstl. Silicat,

und wenn der Zusammensetzung des Silicats entsprechende Polymere angenommen werden:

$SiO_2 : H_2O$	$Si_2O_6H_4$	Si_2O_6CaMg Diopsid,
$SiO_2 : H_2O$	$Si_4O_{12}H_8$	$Si_4O_{12}CaMg_3$ Tremolit,
$SiO_2 : H_2O$	$Si_4O_{12}H_8$	$Si_4O_{12}Al_2K_2$ Leucit.

Hier kann der Zusammenhang so ausgedrückt werden, daß bei der Zersetzung des Silicats Metall durch Wasserstoff ersetzt wird, daß also aus dem Silicat jene Kieselsäure hervorgeht, von welcher die ursprüngliche Verbindung theoretisch sich ableitet.

Die Verallgemeinerung dieses Satzes hat keine geringe Wahrscheinlichkeit für sich, denn gegen denselben kann ein prinzipieller Einwand nicht erhoben werden. Immerhin wäre es möglich, daß die Zusammensetzung der abgeschiedenen Kieselsäure bei ihrer Entstehung nicht der angewandten Verbindung entspricht. Einen Fall dieser Art bietet die Erfahrung an der gelben Wolframsäure, welche bei der ersten Hemmung das Verhältnis $WO_3 : 2H_2O$

[1]) P. P. v. Weimarn, Grundzüge der Dispersoidchemie. (Dresden 1911).

ergab, während hier der ursprünglichen Verbindung WO_4Ca entsprechend $WO_3 : H_2O$ zu erwarten war. Ähnlich könnte sich die entstehende Kieselsäure mit einem höheren Wassergehalt bilden, als demjenigen, der den Metallvalenzen des angewandten Silicats entspricht. Dies ist jedoch unwahrscheinlich, weil in der Siliciumreihe kein solcher Fall beobachtet wurde. Eher könnte es vorkommen, daß die Kieselsäure mit einem geringeren Wassergehalt abgeschieden wird. Die bisherigen Erfahrungen sprechen nicht dafür, jedoch kann in einzelnen Fällen bei der Beobachtung der Geschwindigkeit die erste Hemmug übersehen und nur die zweite wahrgenommen werden, welche auf eine wasserärmere Kieselsäure führt.

Durch Anwendung eines kleineren Gradienten oder geringerer Intervalle könnte sodann die erste Hemmung deutlich werden. Endlich besteht die Möglichkeit, daß zwar jener Grundsatz gilt, aber die Bedingungen, unter denen die dem Silicat entsprechende Kieselsäure entsteht, nicht immer dieselben sind. So könnte die richtige Zusammensetzung der Kieselsäure von einer bestimmten Konzentration der angewandten Salzsäure oder von einer bestimmten Temperatur abhängen. Die Versuche sprechen zwar für die Existenz eines Optimums für jedes Silicat, aber die Grenzen der günstigen Bedingungen scheinen keine sehr engen zu sein.

Bezüglich der verschiedenen Konzentration der Salzsäure sind ausreichende Versuche noch nicht angestellt. In mehreren Fällen wurde gefunden, daß die Orthokieselsäure aus Silicaten bei Anwendung konzentrierter und beim Übergießen mit verdünnter Säure mit gleicher Zusammensetzung entsteht. Die pulverige Leucitsäure bildete sich bei den von G. Tschermak ausgeführten Versuchen mit derselben Zusammensetzung, wenn konzentrierte und wenn solche von der Dichte 1,05 benützt wurde.[1])

Was die Temperaturgrenzen bei der Zersetzung betrifft, können bloß zwei hierher gehörige Fälle angeführt werden. Die Zersetzung mehrerer Silicate wurde, um den Prozeß zu beschleunigen, bei 70° vorgenommen. Von diesen ergab der vorher erwähnte Grossular eine Kieselsäure, der bei der ersten Hemmung das Verhältnis $3SiO_2 : 2H_2O$ zukam.[2]) Da der Versuch gegen Erwartung ausfiel, wurde das Pulver des Grossulars einer Säure von derselben Konzentration jedoch bei 15° durch 3 Monate ausgesetzt. Wie vorher angegeben ist, war das Resultat das gleiche, wie bei Anwendung der höheren Temperatur. Dagegen ergab Diopsid, welcher durch längere Zeit bei 60° zersetzt wurde, eine Kieselsäure, deren Wassergehalt um 1,7% niedriger war als der theoretische.

Diese Beobachtung weist darauf hin, daß die Grenze der günstigen Temperaturen nicht für alle schwer zersetzlichen Silicate dieselbe ist. Die Zersetzung bei gewöhnlicher Temperatur dürfte immer vorzuziehen sein, jedoch würde der Prozeß nicht in Monaten, sondern oft erst in Jahren vollendet sein und bei mehreren Versuchen die unausgesetzte Anwendung einer großen Anzahl von Platingefäßen erfordern.

Im allgemeinen sind die Erfahrungen der Annahme G. Tschermaks günstig, daß bei Vermeidung störender Einflüsse aus jedem Silicat die entsprechende Kieselsäure abgeschieden werden kann.

---

[1]) G. Tschermak, Sitzber. Wiener Ak. Abt. IIb, **121**, 743 (1912).
[2]) G. Tschermak, Sitzber. Wiener Ak. Abt. I, **115**, 217 (1906).

Bisher untersuchte Kieselsäuren.

Außer den vorher genannten Bestimmungen liegen bis jetzt noch folgende vor:

$SiO_2 : 2H_2O$ SiO_4H_4 Orthokieselsäure:

$SiO_5Zn_2H_2$ . . . . Hemimorphit T.,
$Si_3O_{12}Al_3Na_4Cl$ . . Sodalith, S. Hillebrand,
$Si_3O_{12}Al_2Na_2H_4$ . . Natrolith T.,
$Si_3O_{13}Al_2CaH_6$ . . Skolezit T.

$SiO_2 : H_2O$ SiO_3H_2 Metakieselsäure:

$Si_2O_8Al_2Ca$. . . . Anorthit T.,
$Si_3O_9Ca_2NaH$ . . . Pektolith T.

$SiO_2 : H_2O$ $Si_2O_6H_4$:

$Si_2O_9Mg_3H_4$ . . . Serpentin, S. Hillebrand, D. Fogy,
$Si_6O_{25}Al_6Ca_4$ . . . Meionit, A. Himmelbauer.

$SiO_2 : H_2O$ $Si_4O_{12}H_8$ Leucitsäure:

$Si_4O_{14}Al_2Na_2H_4$ . . Analcim, E. Baschieri,
$Si_4O_{18}Al_2CaH_{12}$. Chabasit, E. Baschieri.

$2SiO_2 : H_2O$ $Si_2O_5H_2$ Datolithsäure:

$Si_2O_{10}B_2Ca_2H_2$ . . Datolith, A. Himmelbauer,
$Si_2O_{10}Y_2FeBe_2$ . . Gadolinit, A. Himmelbauer,
$Si_2O_{10}Ti_2Ca_2$ . . . Titanit, J. Bruckmoser.

$3SiO_2 : 2H_2O$ $Si_3O_8H_4$ Granatsäure:

$Si_3O_{12}Al_2Ca_3$ . . . Grossular T.,
$Si_3O_{13}Al_3Ca_2H$ . . Zoisit T.,
$Si_3O_{13}Al_2FeCa_2H$ Epidot T.,
$Si_3O_{12}Al_2Ca_2H_2$ . . Prehnit T.

$3SiO_2 : H_2O$ $Si_3O_7H_2$ Albitsäure:

Si_3O_8AlNa . . . Albit T.

$4SiO_2 : 5H_2O$ $Si_4O_{13}H_{10}$:

$Si_4O_{18}Mg_6H_8$ . . Chrysotil, S. Hillebrand.

$5SiO_2 : 4H_2O$ $Si_5O_{14}H_8$:

$Si_5O_{19}Al_2BaH_8$ . . Harmotom, J. Bruckmoser.

$6SiO_2 : 5H_2O$ $Si_6O_{17}H_{10}$:

$Si_6O_{22}Al_2CaH_{12}$. Heulandit, S. Hillebrand,
$Si_6O_{23}Al_2CaH_{14}$. Desmin, E. Baschieri.

Für noch nicht genügend sicher werden von G. Tschermak die bisherigen Bestimmungen am Olivin, Lievrit, Apophyllit, Meerschaum, Gymnit angesehen. Von den angenommenen höher zusammengesetzten Kieselsäuren dürften manche bei fernerer Prüfung sich auf einfacher zusammengesetzte reduzieren.

Konstitution.

Man kann sich damit begnügen, die Kieselsäuren gleicher Zusammensetzung und die zugehörigen Silicate zusammenzustellen, wie dies in der vorigen Übersicht geschehen ist. Sobald eine große Zahl von Bestimmungen dieser Art vorliegt, ließe sich eine chemische Klassifikation der Silicate durchführen, indem immer jene zu einer Gruppe zusammengefaßt werden, welche sich von derselben Kieselsäure ableiten. Da jedoch nur das Verhältnis $SiO_2 : nH_2O$ bekannt ist, so erhebt sich die Schwierigkeit einer Entscheidung bei den polymeren Kieselsäuren wegen der Unsicherheit, welche derselben anzunehmen sei. Ob der Leucit von der Kieselsäure $Si_2O_6H_4$ oder $Si_4O_{12}H_8$ abzuleiten sei, läßt sich nicht mit Sicherheit aussagen. Ob Diopsid und Tremolit derselben Kieselsäure beizuordnen sei, bleibt fraglich. Immerhin erscheint schon unter den bisher untersuchten Silicaten eine Gruppe, deren chemische Zusammengehörigkeit durch die entsprechenden Kieselsäuren angedeutet ist. Grossular, Epidot, Zoisit, Prehnit liefern Kieselsäuren von derselben Zusammensetzung $Si_3O_8H_4$ und dieser Gemeinsamkeit entspricht auch der genetische Verband dieser Minerale.

Will man weiter gehen und den Versuch machen, den atomistischen Bau der Kieselsäuren aufzuklären, so ergeben sich wiederum die Schwierigkeiten, welche durch die Möglichkeit der Polymerie und Isomerie erhoben werden. Solange keine Molekulargewichtsbestimmungen vorliegen, fehlt jede Sicherheit.

Der Bau der Orthokieselsäure SiO_4H_4 ist schon durch diese Formel gegeben und die physikalische Beschaffenheit der frischen Kieselsäure läßt keinen Zweifel daüber, ob dieselbe hierher gehöre, übrig. Auch der Bau der Metakieselsäure $OSiO_2H_2$ ist nur eindeutig und wenn eine Kieselsäure mit dem Verhältnis $SiO_2 : H_2O$ erhalten wurde, die große Ähnlichkeit mit der Orthokieselsäure zeigt, so wird dieselbe mit Recht als Metakieselsäure betrachtet, z. B. die aus Anorthit abgeschiedene. Bei der nächsten Polymere $Si_2O_6H_4$ besteht schon eine doppelte Unsicherheit, weil ein unzweifelhaftes physikalisches Kennzeichen fehlt und weil hier schon zwei Isomere möglich sind, welche durch die Gliederungen $H_2O_2SiO_2SiO_2H_2$ und $HOOSiOSiO_3H_3$ angegeben werden. Die dritte Stufe $Si_3O_9H_6$ umfaßt schon vier mögliche Isomerien usf.

Wenn trotzdem der Versuch gemacht wird, zwischen den möglichen Fällen zu entscheiden, so kann dies nur unter Voraussetzung eines bestimmten Molekulargewichts geschehen. Wenn z. B. für Diopsid Si_2O_6CaMg dieses Molekulargewicht angenommen wird, so ist die Konstitution der daraus erhaltenen Kieselsäure mit dem Verhältnis $SiO_2 : H_2O$ durch $H_2O_2SiO_2SiO_2H_2$ bezeichnet.

Bei dem Ansetzen eines Molekulargewichts kann man sich auch durch genetische Beziehungen leiten lassen, so beim Leucit, für den anstatt Si_2O_6AlK das Molekulargewicht $Si_4O_{12}Al_2K_2$ angenommen werden kann, im Hinblick auf die Umwandung in Orthoklas Si_3O_8AlK und Nephelin, wenn für letzteren die kleinste Formel SiO_4AlNa geschrieben wird. Dies kann dazu führen, auch für die abgeschiedene Säure die höhere Formel $Si_4O_{12}H_8$ anzusetzen und eine entsprechende Struktur dieser Kieselsäure abzuleiten.

In den oben genannten Berichten über die Darstellung und die Eigenschaften der aus Silicaten erhaltenen Kieselsäuren wurde auch versucht, die wahrscheinlichste Konstitution derselben zu ermitteln. Die Resultate stimmen zum Teil mit den bisherigen Annahmen überein, bei den aluminiumhaltigen Silicaten führten dieselben zu neuen Gesichtspunkten durch den Hinweis darauf, daß diese Verbindungen von dreierlei Art sein können:

Aluminiumsilicate, in denen der Wasserstoff der idealen Kieselsäure durch Al oder AlO ersetzt ist, wie im Leucit, Alumosilicate, in denen das Aluminium mittels Sauerstoff einerseits an Silicium, anderseits an Metall gebunden ist, wie im Anorthit, Aluminatsilicate, in welchen das Aluminium nur an Metall und nicht an Silicium gebunden ist, wie im Grossular, Epidot usw.

Dichte und andere Eigenschaften.

Die Dichte einiger der dargestellten Kieselsäuren wurde von G. Tschermak bestimmt, indem aus der nachträglich ermittelten Menge SiO_2 im Inhalte des Pyknometers und dem zugehörigen theoretischen Wassergehalte der Betrag der verwendeten Kieselsäure berechnet wurde. Die Resultate sind für die Kieselsäuren:

aus Hemimorphit	$SiO_2 : 2H_2O$	SiO_4H_4	1,576
„ Anorthit	$SiO_2 : H_2O$	SiO_3H_2	1,813
„ Wollastonit	$SiO_2 : H_2O$	SiO_3H_2	1,812
„ Pektolith	$SiO_2 : H_2O$	SiO_3H_2	1,812
„ Diopsid	$SiO_2 : H_2O$	$Si_2O_6H_4$	1,818
„ Leucit	$SiO_2 : H_2O$	$Si_4O_{12}H_8$	1,834
„ Analcim	$SiO_2 : H_2O$	$Si_4O_{12}H_8$	1,796
„ Chabasit	$SiO_2 : H_2O$	$Si_4O_{12}H_8$	1,800
„ Grossular	$3SiO_2 : 2H_2O$	$Si_3O_8H_4$	1,908
„ Albit	$3SiO_2 : H_2O$	$Si_3O_7H_2$	2,18

Auch bei gleicher prozentischer Zusammensetzung, also demselben Verhältnis von SiO_2 und H_2O ergeben sich Unterschiede in den Dichten, was auf die Ungleichheit der chemischen Konstitution der bezüglichen Kieselsäuren deutet.

Das Verhalten bei Einwirkung von Metallsalzen wurde von E. Jordis geprüft.

Die Ergebnisse werden an anderer Stelle angeführt.

G. Tschermak untersuchte die durch Einwirkung von Natronlauge auf die Kieselsäuren hervorgehenden Lösungen. In diesen wurde oft das Verhältnis Si:Na gefunden, was auf die Entstehung eines sauren Silicats SiO_4NaH_3 oder SiO_2NaH hinweist. Bisweilen ergaben sich auch andere Verhältnisse. Bei längerer Dauer der Einwirkung änderte sich jenes Verhältnis, wenn auch nicht bedeutend. Nach dem Eindampfen hinterließ die Lösung immer einen amorphen Rückstand und es fehlt bis jetzt die Gewähr für die Bildung eines homogenen Produkts.

Zur Unterscheidung der künstlich dargestellten Kieselsäuren kann die Färbung in gewissem Grade dienlich sein. Das frisch bereitete und eben trocken gewordene Präparat wurde mit der Farbstofflösung einen Tag lang in Berührung gelassen, sodann ausgewaschen und getrocknet. Bei Anwendung von Methylenblau wird die glasige Orthokieselsäure schwarzblau, die Metakieselsäure tief Berlinerblau, die Leucitsäure hellblau, die Granatsäure blaßblau gefärbt usw.

Opal ($SiO_2 + xH_2O$).

Von **H. Leitmeier** (Wien).

Amorphes Mineralgel.

Allgemeines.

Synonyma und Varietäten. Die chemisch reinste Varietät des Opals stellt der Hyalit, auch Glasopal genannt, dar, der stets vollkommen durchsichtig ist, wodurch er sich von fast allen andern Varietäten unterscheidet, und einen annähernd konstanten Wassergehalt (ca 3%) besitzt. Er gilt als das typischste Gel des Mineralreichs und ist eine eingetrocknete der Gelatine vergleichbare Gallerte. Der Edelopal, neben dem Hyalit die reinste Varietät, ist durch sein prächtiges Farbenspiel ausgezeichnet, das ihm seinen Wert als geschätzten Edelstein verleiht. Seine Grundfarbe ist weiß bis grau mit einem bald stärkeren, bald schwächeren Einschlag ins Bläuliche. Dazu treten nun eine ganze Reihe der verschiedenen Schimmerfarben. Der Feueropal verdankt seinen Namen seiner feuerroten Farbe, doch werden auch die meisten durchsichtigen bis durchscheinenden rot bis gelbrot gefärbten Opale als Feueropale bezeichnet. Unter dem Namen Perlsinter faßt man glashelle ungefärbte Kieselsinter zusammen, die aber auch zum Hyalit gestellt werden können. Ein Lokalname für solche Sinter ist der Name Fiorit. Zwischen allen diesen Arten gibt es eine Reihe von Übergangsgliedern, die durch mannigfaltige Färbungen ausgezeichnet sind. So findet man bei Karamandjik im Simatale in der Nähe von Smyrna in einem trachytischen Gesteine alle möglichen Farbenvarietäten in wechselndsten Intensitäten (siehe bei Färbungen), die so dunkel werden, daß sie fast schwarz erscheinen; in den lichter gefärbten Stücken sind sie aber vollkommen durchsichtig. An diese verschieden gefärbten Spielarten schließt sich der Hydrophan an, ein weißer undurchsichtiger Opal, der, wenn man ihn unter Wasser legt, durch Adsorption des Wassers das Farbenspiel des Edelopals erhält. Bringt man ihn wieder an die Luft, so verdunstet nach einiger Zeit das Wasser und es tritt wieder die ursprüngliche Farbe auf; dieses Experiment kann man stets wiederholen. Wie es Hydrophane gibt, die durch Wasseraufnahme Farbenspiel erhalten, also zu Edelopalen werden, ebenso gibt es solche, die nach Wasseraufnahme nur durchsichtig bis durchscheinend werden, also dem Hyalit ähnlich werden (siehe unten bei natürlicher Entwässerung).

Alle diese Varietäten sind durchsichtig bis durchscheinend, an sie schließt sich die Reihe der sog. gemeinen Opale an. Sie sind zum Teile nach ihren Farben benannt, wie der weiße Milchopal, von dem es undurchsichtige und durchscheinende Varietäten gibt, dann solche, die nach andern Eigenschaften, die aber auch wieder zum Teil mit der Färbung in Zusammenhang stehen, benannt sind, so der braune Leberopal, der Pechopal, der verschieden gelb gefärbte Wachsopal, der schimmernde Perlmutteropal, der apfelgrüne Prasopal. Dann gehören zu den Opalarten eine Reihe von Sinterbildungen, wie Kieselsinter, Geisirit, Pealit, Michaelit usw. Für diese Gruppe ist auch der Name Halbopal zuweilen gebraucht worden, welcher Name einen ganz ungerechtfertigten Zweifel an der wahren Opalnatur dieser echten Opale aufkommen lassen könnte, andererseits mit viel mehr

Stichhaltigkeit zur Bezeichnung von teilweise verkieselten Gesteinen verwendet worden ist.[1]) Man hat auch halbedle Opale, z. B. den Hydrophan, damit gemeint.

Dann gehören noch zum Opale die Trippelerde oder Kieselgur, eine im wesentlichen aus Diatomeen bestehende Kieselmasse organischen Ursprungs. Da diese Bildungen aber gewöhnlich zu den Gesteinen gerechnet werden, kann hier nur anhangsweise darauf eingegangen werden.

Eine interessante Opalart ist der Tabaschir, der sich im Innern von Bambusrohren abscheidet. Über diese organischen Bildungen wird zum Schlusse getrennt berichtet werden.

Es gibt noch eine ziemliche Anzahl von Opalvarietäten, die mit mehr oder weniger stichhaltigem Grunde einen Spezialnamen erhalten haben. Es liegt aber in keiner Weise im Sinne dieses Handbuchs, alle diese oft sehr verworrenen und verwirrenden Ausdrücke zu erläutern.

Alle diese Bezeichnungen sind äußerst willkürlich und sind nicht geeignet, Unterabteilungen der Opale zu schaffen. Durch sein Farbenspiel, das auf physikalischer und nicht chemischer Grundlage beruht, ist der Edelopal gut selbständig charakterisiert. Der Hyalit ist durch die Art seines Vorkommens und seine verhältnismäßig konstante, wenn auch nicht stöchiometrische Zusammensetzung, ebenfalls von den andern unterschieden. Er kommt nämlich stets in Hohlräumen frei ausgebildet vor und bildet nierige traubige Aggregate mit deutlichen Schrumpfungserscheinungen, auch scheint er, dort, wo er mit andern Opalarten gemeinsam vorkommt, stets die jüngste Bildung zu sein und niemals durch direkte Verdrängung einer andern Substanz gebildet worden zu sein. Seiner Entstehung nach leitet er zu den Sinterbildungen hinüber. Als nächste Gruppe möchte ich die andern durchsichtigen bis infolge ihrer tiefen Färbung nur mehr durchscheinenden, glasigen Opalbildungen auffassen. Der Hauptvertreter dieser Gruppe wäre sonach der Feueropal. Doch gehören hierher eine Reihe von farblosen, grauen, geblichen, durchsichtigen bis durchscheinenden Opalen, die man gewöhnlich auch zu den gemeinen Opalen stellt, die ihren Eigenschaften nach aber zu den Feueropalen gehören, bzw. mit diesen zusammen eine Gruppe bilden. Eine andere große Gruppe sind dann die gemeinen undurchsichtigen trüben Opale, die größere Mengen fremder Substanzen beigemengt enthalten, während die ersteren Gruppen reiner und daher mehr Kieselsäure enthalten, so daß diese Einteilung versucht, chemische Eigenschaften mit physikalischen zu vereinen. Eine künstliche Einteilung ist sie deshalb immer noch. Außerhalb dieser Gruppen liegt dann der Hydrophan, der chemisch einen sehr reinen Opal darstellt, aber durch andere Eigenschaften von diesem abgetrennt erscheint. Eine weitere Gruppe wären die Opalgesteine, zu denen auch die meisten Sinter gehören. Von diesen geschieden sind dann wieder die Opalarten, die auf organischem Wege entstanden sind, wie die Kieselgur und den Polierschiefer, die auch wegen ihrer geringen Reinheit von vielen zu den Gesteinen gerechnet werden.

[1]) Es sei an dieser Stelle der Vorschlag gemacht, um Verirrungen vorzubeugen, künftighin mit dem Namen Halbopal nur verkieselte Gesteine oder Mineralien, in denen das ursprüngliche Material noch kenntlich ist, zu bezeichnen, z. B. feldspatführende Gesteine, in denen dieser noch deutlich erkennbar ist, obwohl ich früher die gegenteilige Meinung vertrat (ZB. Min. etc. 1908, 716).

Analysenzusammenstellung.

In nachstehender Analysenzusammenstellung sind die Opalanalysen in Gruppen zusammengefaßt worden, die sich in ihrer chemischen Zusammensetzung unterscheiden, so daß zuerst die reinsten Opalvarietäten, der Hyalit und der Edelopal, dann die weniger reinen Opalarten kommen, an die zum Schlusse sich die Analysen einiger Opale anschließen, die durch ihre chemische Zusammensetzung eine vollkommen isolierte Stellung einnehmen, so der Forcherit und ein nickelhaltiger Opal. Innerhalb dieser Gruppen ist die Anordnung chronologisch. Dem Grundsatze dieses Handbuchs entsprechend, wurden hauptsächlich nur neuere Analysen aufgenommen; doch konnte dieses Prinzip deshalb nicht stets zur Anwendung kommen, da es z. B. vom Edelopal meines Wissens überhaupt keine neuere Analyse gibt, andererseits wieder von besonders wichtigen Fundorten neuere quantitative Analysen fehlen. In solchen Fällen mußten dann die alten Analysen gebracht werden.

Edelopal.

	1.	2.
δ	—	2,029
SiO_2	89,06	93,90
H_2O	10,94	6,10
	100,00	100,00

1. Edelopal von Czerwenitza in Ungarn; anal. F. Kobell, Char. Min. 1830, 252.
2. Edelopal vom gleichen Fundorte; anal. A. Damour, Bull. Soc. géol. **5**, 162 (1848).

Neuere Analysen von Edelopal sind mir nicht bekannt.

Hyalit.

	3.	4.	5.	6.
δ	—	—	2,17	2,045
CaO	0,20	—	—	—
Fe_2O_3	0,80	—	—	—
SiO_2	95,50	96,94	97,36	91,18
H_2O	3,00	3,06	2,64	8,62
SO_3	—	—	—	Spuren
	99,50	100,00	100,00	99,80

3. Hyalit von Waltsch in Böhmen; anal. Schaffgotsch, Pogg. Ann. **68**, 147 (1846).
4. Hyalit vom gleichen Fundorte; anal. A. Damour, Bull. Soc. géol. **5**, 162 (1848).
5. Hyalit vom Kaiserstuhl im Breisgau (Baden); anal. Walchner bei Knop, Der Kaiserstuhl (Freiburg 1892), 21.
6. Hyalit von der Solfotara Giona bei Roccalmuto, Sizilien; anal. G. Friedel, Bull. Soc. min. **13**, 366 (1890).

Hydrophan.

	7.	8.
δ	2,11	2,082
MgO	4,90	8,11
CaO	—	0,20
Al_2O_3	—	1,53
Fe_2O_3	—	0,81
SiO_2	85,80	80,15
CO_2	—	0,66
H_2O	0,40	8,62
	100,00	100,08

7. Hydrophan von Theben; anal. G. Tschermak, Sitzber. Wiener Ak. **43**, 381 (1861).
8. Hyalit vom Schöninger bei Křemže in Böhmen; anal. A. Schrauf, Z. Kryst. **6**, 340 (1882).

Feueropal.

	9.	10.
δ	—	2,07
K_2O, Na_2O	0,34	—
MgO	1,48	0,92
CaO	0,49	—
Al_2O_3	0,99	1,40
SiO_2	88,73	91,89
H_2O	7,97	5,84
	100,00	100,05

9. Feueropal von den Faröern; anal. P. W. Forchhammer, Pogg. Ann. **35**, 331 (1835).
10. Feueropal von Washington Co.; anal. G. J. Brush bei J. Dana, Mineralogie 1854, 152 zitiert nach C. Hintze, Handbuch der Min. I, 1535.

Menilit.

	11.	12.	13.	14.
δ	2,17	2,25	2,18	2,16
MgO	6,79	8,71	8,28	10,30
CaO	1,40	4,10	0,76	1,22
Al_2O_3	1,10	1,40	0,60	1,55
Fe_2O_3	2,50	6,60	0,90	0,45
SiO_2	76,00	59,10	78,25	74,50
CO_2	—	3,22	0,59	0,94
H_2O	11,70	16,40	10,44	9,60
	99,49	99,53	99,82	98,56

11. Menilit von Menilmontant in Frankreich; anal. A. Damour, Bull. Soc. min. **7**, 240 (1884).
12. Menilit von Villejuif in Frankreich; anal. wie oben.
13. Menilit von Argenteuil in Frankreich; anal. wie oben.
14. Menilit von Saint-Ouen in Frankreich; anal. wie oben.

	15.	16.	17.	18.
δ	2,22	2,25	2,19	2,15
MgO . . .	9,00	8,71	6,73	5,56
CaO . . .	8,20	4,10	—	—
Al_2O_3 . . .	—	1,40	—	—
Fe_2O_3 . . .	0,80	6,60	1,00	—
SiO_2 . . .	67,09	59,10	83,08	86,24
CO_2 . . .	—	3,22	—	—
H_2O . . .	14,50	16,40	9,20	8,20
	99,59	99,53	100,01	100,00

15. Menilit von Montreau in Frankreich; anal. wie oben.
16. Menilit von Buttes-Chaumont, bei Paris; anal. wie oben.
17. Menilit von Ablon (Sein-et-Oise) Frankreich; anal. A. Damour, Bull. Soc. min. **7**, 66 (1884).
18. Menilit von Kleinasien (ohne nähere Fundortangabe); anal. wie oben.

Gemeiner Opal.

Reinere Varietäten.

	19.	20.	21.	22.	23.
δ	—	2,039	1,884	2,198	2,17
MgO . . .	0,31	0,43	0,48	0,18	—
CaO	0,14	—	1,13	0,22	—
Al_2O_3 . . .	—	Spuren	—	—	—
Fe_2O_3 . . .	0,93	—	—	0,36	—
$Al_2O_3 + Fe_2O_3$	—	—	1,21	—	0,40
SiO_2	90,56	—	88,81	92,31	96,70
SiO_2 unlöslich	2,05	—	—	—	—
H_2O	5,65	3,64	7,74	5,39	2,90
	99,64		99,37	98,46	100,00

19. Grüner Opal von Wadela in Abessinien; anal. N. S. Maskelyne; Ber. Dtsch. Chem. Ges. 1870, 935.
20. Milchopal vom Schöninger bei Krems (Krěmže) in Böhmen; anal. A. Schrauf, Z. Kryst. **6**, 340 (1882).
21. Cacholong-Opal vom Tumut River, County Selwyn, New South Wales; anal. A. Liversidge, Mineral. von New South Wales 1882, 118.
22. Schneeweißer aus kleinen Kügelchen bestehender Opal von Rákos in der Nähe von Budapest in Ungarn; anal. J. Loczka, Földt. Kösl. **21**, 375 (1891).
23. Fiorit, weiß, durchsichtig, glänzend, von Santa Fiora in Italien; anal. A. Damour, Bull. Soc. min. **17**, 152 (1894).

	24.	25.	26.	27.
δ	2,19	—	2,01	1,96
MgO	—	0,47	0,57	0,74
CaO	—	0,36	0,63	0,55
Al_2O_3	—	1,45	—	—
Fe_2O_3	—	1,71	—	—
$Al_2O_3 + Fe_2O_3$.	0,31	—	0,49	1,73
SiO_2	96,59	87,62	89,55	86,54
H_2O	3,10	6,74	8,03	9,40
	100,00	98,35	99,27	98,96

24. Fiorit, matt vom gleichen Fundorte; anal. wie oben.
25. Weiß bis graublauer Opal, aus dem Serpentin von Jano in Toscana; anal. G. d'Achiardi, Atti d. Società Toscana d. Sc. Nat. Pisa. Proc. Verb. 1899. 114.
26. Fast farblose Opalsphäroide von San Piero in Campo, Insel Elba; anal. wie oben.
27. Milchopal vom selben Fundorte; anal. wie oben.

Eisen- und tonerdereiche gemeine Opale.

	28.	29.	30.	31.	32.
δ	2,172	2,255	—	2,294	2,313
Na_2O	Spur	0,93	—	—	—
K_2O	—	2,37	—	—	—
$Na_2O + K_2O$	—	—	—	0,60	Spur
MgO	0,37	—	0,30	2,21	1,02
CaO	1,48	0,72	—	Spur	Spur
FeO	—	0,37	—	—	—
Al_2O_3	—	10,31	1,74	—	—
Fe_2O_3	2,68	0,86	4,99		—
$Al_2O_3 + Fe_2O_3$	—	—	—	6,56	3,18
SiO_2	85,20	74,45	84,36	84,86	90,62
H_2O	9,80	9,80	8,87	5,77	5,35
	99,53	99,81	100,26	100,00	100,17

28. Blakmorit (gelber Opal), Monte Blakmore in Montana; anal. A. C. Peale, Ann Rep. U.S. Geol. Surv. **6**, 169 (1873).
29. Opal von der Klause bei Gleichenberg in Steiermark; anal. M. Schuster bei M Kišpatić, Tsch. min. Mit. **4**, 136 (1882).
30. Gelbbrauner-kastanienbrauner Opal, aus der Gegend von Nagasaki in Japan; anal. H. Sjögren, Geol. För. Förh. 7.
31. Wachs- bis schwefelgelber Opal von Mlak bei Pisek im zersetzten Pegmatit; anal. F. Katzer, Tsch. min. Mit. **14**, 492 (1895).
32. Bläulicher Opal vom gleichen Fundorte; anal. wie oben.

	33.	34.	35.	36.
δ	2,24	—	—	—
Na_2O	Spur	—	—	Spur
K_2O	Spur	—	—	Spur
MgO	0,35	1,73	Spur	Spur
CaO	—	0,81	1,57	Spur
Al_2O_3	0,44	—	1,61	4,30
Fe_2O_3	7,08	—	5,50	2,80
$Al_2O_3 + Fe_2O_3$	—	3,43	—	—
SiO_2	83,30	83,13	82,11	88,54
H_2O	9,17	9,23	9,14	3,50
	100,34	98,33	99,93	99,14

33. Opal von Rovečin bei Kunstadt in Mähren; Zeitschrift für chem. Industrie 1899, böhmisch. Ref; anal. F. Kovář, Z. Kryst. **34**, 706 (1901).
34. Rötlicher Opal von Imprunetta bei Gallaizzo in Toskana; anal. G. d'Achiardi, Atti d. Soc. Toscana Sc. Nat. res. in Pisa 1899, 114.
35. Schwarzer Opal bei San Piero auf Elba; anal. wie oben.
36. Hornsteinartiger Opal von der Teplitz-Bai von den Kronprinz-Rudolf-Inseln; anal. G. Spezia; Opera scient. Spediz. polare di S. A. R. L. A. di Savoia. 1899/1900. Mailand 1903. Ref. N. JB. Min. etc. 1906[I], 35.

Opalsinter.

	37.	38.	39.	40.	41.	42.
δ	2,49	2,046	—	—	—	—
Na_2O	Spuren	—	—	0,18	—	—
K_2O	—	—	—	0,75	—	—
Li_2O	Spuren	—	—	—	—	—
$Na_2O + K_2O$	—	—	0,40	—	—	—
MgO	Spuren	—	—	0,05	Spuren	0,15
CaO	Spuren	—	—	0,14	0,44	0,79
MgO + CaO	—	1,09	0,64	—	—	—
Al_2O_3	Spuren	—	—	—	3,00	2,54
$Al_2O_3 + Fe_2O_3$	—	1,27	2,99	0	—	—
Fe_2O_3	2,68	—	—	—	—	—
SiO_2	95,84	84,78	88,02	92,67	90,28	92,47
H_2O	1,50	12,86	7,99	5,45	6,24	3,99
	100,02	100,00	100,04	100,04	99,96	99,94

37. Milchweißer Pealit von der Azoren-Insel St. Miguël; anal. Endlich, Ann. Rep. U.S. Geol. 1873, 153, zitiert nach C. Hintze, Handbuch I, 1506.
38. Kieselsinter vom Sprudel Te Taneta, Rotomahanasee, Neuseeland; anal. Mayer bei F. v. Hochstetter, Geol. Neuseeland 1864, 143.
39. Kieselsinter vom Sprudel Whatapoho am Rotomahanasee; anal. wie oben.
40. Kieselsinter von den Steamboat-Springs in Nevada; anal. C. J. Woodward, W. S. Geol. Surv. 40. Parallel. 1877, II, 826, zitiert nach W. H. Weed, Am. Journ. **42**, 168 (1891).
41. Geisirit von Rotura in Neuseeland; anal. J. E. Whitfield bei W. H. Weed Am. Journ. **37**, 359 (1889).
42. Schuppiger Geisirit (Algensinter) vom gleichen Fundorte; anal. wie oben.

	43.	44.	45.	46.	47.
Na_2O	0,30	2,56	0,28	—	—
K_2O	1,02	0,65	0,23	—	—
MgO	Spur	0,15	0,07	Spur	Spur
CaO	1,00	0,56	0,25	2,01	0,07
Al_2O_3	15,59	6,49	1,73	1,02	—
Fe_2O_3	—	Spur	0,14	—	—
$Al_2O_3 + Fe_2O_3$	—	—	—	—	2,27
SiO_2	74,63	81,95	93,88	89,72	94,02
SO_3	—	0,16	0,20	—	—
H_2O	7,43	7,50	3,37	7,34	3,36
Cl	—	—	0,18	—	—
	99,97	100,02	100,33	100,09	99,72

43. Pulveriger Kieselsinter vom gleichen Fundorte; anal. wie oben.
44. Kugeliger Sinter vom Splendid Geyser, Upper Geyser Basin des Firehole River im Yellowstone Nationalpark (Wyoming); anal. wie oben.
45. Algensinter vom Solitary Spring, vom gleichen Fundorte; anal. wie oben.
46. Sinter vom Asta Spring, vom gleichen Fundorte; anal. wie oben.
47. Kieselsinter vom Mt. Morgan in Queensland; anal. E. A. Schneider bei W. H. Weed, Am. Journ. **42**, 168 (1891).

Ein Opal mit einem Nickelgehalt von 1% wird von M. H. Klaproth vom Kosemitzer Berg, wo er mit Chrysopras zusammen vorkommt, beschrieben.[1])

[1]) M. H. Klaproth, Beiträge **2**, 157, (1795).

A. Damour[1]) fand in Opalen von Santa Fiora (sog. Fiorit) einen geringen Gehalt von Kieselfluorwasserstoff. In Analyse 23 und 24 S. 244 mit dem Wassergehalt zusammengezogen.

Unter dem Namen Forcherit wurde aus der Gegend von Knittelfeld in Steiermark ein Opal beschrieben, der nach der Lötrohruntersuchung L. Malys[2]) Schwefelarsen enthält, das in dem lebhaft gelb gefärbten Minerale in kleinen flockigen Massen verteilt ist.

Chemische Eigenschaften.

Fremde Bestandteile. Wenn man die Analysen überblickt, so findet man, daß die meisten gemeinen Opalarten bedeutende Mengen fremder Substanzen enthalten, die 10% oft übersteigen. Dies hat seinen Grund in der Genesis dieses Minerals, das bei seiner Bildung (Eintrocknung einer Gallerte) eben wechselnde Mengen fremder Bestandteile je nach dem Medium, in dem es sich bildet, enthalten kann.

Die Opalgesteine (auch Silexmassen, kieselige Absätze, s. d., genannt) enthalten deren in jeder möglichen Zusammensetzung. Daher ist, wie ich glaube, bei der Untersuchung der Opale der Verteilungszustand dieser Beimengungen sehr wichtig. Das Opalgel ist eine Absorptionsverbindung, kann somit als solche nicht unbeträchtliche Mengen anderer Bestandteile adsorbieren; diese adsorbierten Beimengungen werden sich in der Regel durch ihre viel feinere Verteilung in Opal von den mechanischen Beimengungen, die beim Eintrocknen der Gallerte umschlossen wurden und so in das Mineral kamen, unterscheiden. So hat z. B. F. Katzer[3]) an einem gelben Opale von Pisek als Mineraleinschlüsse anführen können: Kaolin, Quarzkörnchen, Glimmerschüppchen, Limonit, Hämatit, Psilomelan, Nontronit und einen Feldspat. Letztere Mineralien konnten nicht mit völliger Sicherheit erkannt werden.

Der Menilit, ursprünglich der Pechopal von Menilmontant, ist aus Magnesiagesteinen entstanden und enthält deshalb beträchtliche MgO-Mengen, so daß man als Charakteristikum des Menilits MgO-Gehalt ansehen könnte, wenn dieser Name nicht als reiner Lokalname geprägt worden wäre. Wenn ich sie trotzdem in der Analysenzusammenstellung getrennt behandelt habe, so hat dies seinen Grund eben in dem hohen Magnesiagehalte, so daß diese Gruppe ebensogut magnesiareiche Opale überschrieben werden könnte. Der Magnesiagehalt in Analyse 34 hat seine Ursache ebenfalls in der Entstehung dieses Gesteins aus Serpentin. Was den hohen Magnesiagehalt in der Analyse 31 betrifft, so muß er unerklärt bleiben, da F. Katzer selbst nichts darüber angibt und auch aus seiner Beschreibung, die alle möglichen mineralischen Verunreinigungen dieses Opals angibt, nichts hervorgeht, was einen so hohen MgO-Gehalt erklären könnte. Dieser Opal ist durch die Zersetzung des Feldspats im Pegmatit entstanden, somit spricht auch die Genesis nicht für das Vorhandensein dieser Substanz. Man wird sich sonach genötigt sehen, zur Erklärung dieser Tatsache an eine Zufuhr von außen zu denken.

Der Kalkgehalt in den Analysen 15 und 12 rührt von beigemengtem Kalkspat her.

---

[1]) A. Damour, Bull. Soc. Min. **17**, 152 (1894).
[2]) L. Maly, Journ. prakt. Chem. **86**, 501 (1862).
[3]) F. Katzer, Tsch. min. Mit. **14**, 493 (1895).

Die gemeinen Opale, die in vorstehender Zusammenstellung in keine Unterabteilungen nach ihrem Habitus getrennt wurden, da eine solche auch nach den oft mangelnden näheren Beschreibungen des zur Analyse verwendeten Materials nicht möglich war, wurden nach dem Eisen- und Tonerdegehalt in reinere und weniger reinere geteilt. Eine Erklärung dieses Eisengehalts findet man ganz einfach in dem bald höheren bald niederen Eisengehalte der Wässer, unter deren Mithilfe sich die betreffenden Opale gebildet hatten. Der hohe Aluminiumgehalt der Analyse 29 rührt von dem Gesteine her, durch dessen Zersetzung das Mineral sich gebildet hat, Opale mit höherem Aluminiumgehalt wurden früher nach dem Beispiele A. Breithaupts auch Alumocalcit genannt. Sehr gering sind im allgemeinen die Beimengungen an Alkalien.

Die Sinter sind eigentlich zu den Gesteinen zu rechnen, deshalb findet sich hier nur eine Auswahl der Analysen. Die Analyse 37 bezieht sich auf einen sog. Pealit, einen sehr reinen Sinter, der durch seinen geringen Wassergehalt auffällt.

K. Hüttner,[1]) der die in Mineralien gelösten Gase untersuchte, fand in einem Opal auf 19,145 g 12,4 ccm nicht näher bestimmte Gase. Ob diese Gase im Opal gelöst oder adsorbiert waren, kann aus den Angaben K. Hüttners nicht entnommen werden.

Über den Wassergehalt siehe unten.

Lötrohrverhalten. Verhält sich wie Chalcedon und gibt im Kölbchen Wasser. Als Reaktion auf Opal gilt im allgemeinen seine leichte Löslichkeit in heißer Kalilauge. Siehe bei Löslichkeit S. 258.

Der Wassergehalt des Opals.

Wie man aus der Analysenzusammenstellung ersieht, ist der Wassergehalt der Opale ein sehr verschiedener, der zwischen (angeblich): 0 und 12% schwankt. Dieses Schwanken des Wassergehalts läßt schon erkennen, daß das Wasser der Opale kein einer bestimmten Formel entsprechendes ist, daß somit der Opal keine stöchiometrisch zusammengesetzte Verbindung ist. Man hat ohne jeden Erfolg versucht, für manche Opalart eine bestimmte chemische Formel zu rechnen; aber nicht einmal die Opale der nämlichen Fundorte verhalten sich in dieser Beziehung auch nur annähernd gleich. Auch eine so reine Varietät wie der Edelopal hat auch nicht annähernd einen konstanten Wassergehalt (vgl. außer den Analysen auch die Bestimmung auf S. 258—259). Einzig und allein für den Hyalit von Waltsch sind die Wasserbestimmungen wenigstens annähernd gleich, und halten sich auf 3%. Man hat daher immer diese reinste Opalvarietät als den typischsten Vertreter der Opalgruppe hingestellt. Allein einer bestimmten chemischen Formel entspricht dieser Wassergehalt auch nicht. Mit dem gleichen negativen Erfolge hat man versucht, aus den Daten, die die Dehydratation des Opals gibt, für ein bestimmtes Temperaturgebiet eine konstante Wassermenge zu finden. Alle diese vergeblichen Bemühungen zeigen mit Sicherheit, daß wir im Opal kein bestimmtes Hydrat des Siliciumdioxyds vor uns haben. Ob es sich um Gemenge verschiedener, nicht näher bestimmbarer Hydrate handelt, wie dies für den Limonit z. B. möglicherweise der Fall sein dürfte, oder ob der Opal das Wasser

[1]) K. Hüttner, Z. anorg. Chem. **43**, 11 (1905).

ausschließlich kapillar gebunden enthält, ob er also aus kleinen (vielleicht kristallisierten) Individuen im Sinne hochdisperser Systeme besteht, muß als eine bis heute ungelöste Frage offen bleiben.

Die Art, wie der Opal sein Wasser abgibt, ist sehr oft teils bei Temperaturerhöhung, teils bei Anwendung von Wasser entziehenden Substanzen Gegenstand ausgedehnter Untersuchungen gewesen. Namentlich waren es die Untersuchungen G. Tammanns und vor allem G. d'Achiardis, die hier wichtige Resultate erzielt haben. Zuerst sei aber den Untersuchungen J. B. Hannays[1]) gedacht, der einen Opal zu seinen Dehydratationsbestimmungen auswählte, der auch in bezug auf den Wassergehalt nahezu stöchiometrisch zusammengesetzt war. Dieser Opal besaß ein spezifisches Gewicht von $\delta = 2{,}125$ und enthielt 8,85 % Wasser, was angenähert der Formel $3\,SiO_2 . H_2O$ entspricht (genau müßten es 9,09 % sein). Er behandelte diesen Opal bei 100° mit einem trockenen Luftstrom und untersuchte zuerst alle 5 Minuten, dann alle 20 Minuten den entwichenen Wassergehalt. In nachstehender Tabelle stehen die Resultate dieser Untersuchung:

Zeit	Wasserverlust in %	
5 Minuten	1,31	
5 "	1,28	5,01 %
5 "	1,20	
5 "	1,22	
5 "	0,18	
20 "	0,72	
20 "	0,58	
20 "	0,61	3,23 %
20 "	0,52	
20 "	0,60	
20 "	0,02	
2 Stdn. 25 Minuten	8,24 %	

Daraus ergibt sich, daß zuerst das Wasser sehr schnell entwich, dann aber sehr langsam; zuerst durchschnittlich 0,26 % pro Sekunde, bis 5,01 % H_2O entwichen waren, dann nur mehr durchschnittlich 0,036 % in der Sekunde. Diese Cäsur, die nach einer Einwirkungsdauer von 20 Minuten eintritt und die in einer Kurve, die nach obiger tabellarischer Zusammenstellung gezeichnet werden kann, sehr auffällig hervortritt, ist auch noch dadurch interessant, daß bei diesem Wassergehalte, den der Opal noch besitzt, sich eine stöchiometrische Zusammensetzung ergibt, die ziemlich gut mit der Formel $6\,SiO_2 . H_2O$ übereinstimmt. Es würde sonach der deutliche Knickpunkt in der Dehydratationskurve einem möglichen Hydrate entsprechen. Es ist weiter sehr auffällig, daß es J. B. Hannay gelang, durch Dehydratation einer künstlichen Kieselsäuregallerte das identisch zusammengesetzte Hydrat zu erhalten. Als Ausgangsmaterial verwendete J. B. Hannay eine Gallerte von der beiläufigen Zusammensetzung $SiO_2 . 4\,H_2O$, die bei der gleichen Behandlung zuerst sehr rasch ca. 3 Moleküle Wasser verlor, so daß ungefähr ein Hydrat (wenn man sich so ausdrücken darf) von der Zusammensetzung $SiO_2 . H_2O$ zurückblieb, welches dann etwas weniger rasch gerade so viel Wasser verlor, daß das übrigbleibende

[1]) J. B. Hannay, Min. Mag. 1, 106 (1877).

Produkt, das nunmehr sein Wasser nur mehr sehr langsam abgab, wieder der Formel $6SiO_2 . H_2O$, wenigstens angenähert entsprach. So interessant diese Untersuchungen auch an sich sind, so kann man doch daraus keine allgemeinen Schlüsse ziehen.

G. Tammann[1]) hat in seiner Arbeit über die Dampfspannung kristallisierter Hydrate auch zwei Opalvarietäten mit untersucht. In nachstehenden Tabellen sind die Gewichtsverluste in Prozenten angegeben, die die betreffenden Mineralien, die über einer 1 %igen Schwefelsäurelösung gesättigt worden sind, über Schwefelsäurelösungen höherer Konzentration erleiden. G. Tammann unternahm diese Bestimmungen in gröberen Stücken, die beim Halbopale ca. 1 ccm groß waren.

1. Hyalit von Waltsch in Böhmen. G. Tammann bestimmte den Wasserverlust des mit Wasserdampf gesättigten Minerals mit 3,63 %.

Konzentration der Schwefelsäurelösungen	Zeit in Tagen	Gewichtsverlust in %
20,3	6	2,96
29,2	9	3,90
40,6	7	9,95
50,1	6	10,75
60,4	4	11,60
70,3	8	12,09
85,1	22	13,30
70,3	18	12,18
50,1	14	10,80
29,2	12	8,28

2. Halbopal aus Ungarn, der wie oben geglüht 13,53 % Wasser enthielt:

Konzentration der Schwefelsäurelösung	Zeit in Tagen	Gewichtsverlust in %
29,3	6	0,01
40,6	5	0,02
50,1	4	0,03
60,4	9	0,05
70,3	4	0,09
80,5	4	0,10
85,1	5	0,12
20,3	2	0,00

Der Hyalit gibt sonach sein Wasser über Schwefelsäure nur langsam und nur in geringem Maße ab. Er verändert während der Behandlung sein Aussehen nicht, während der ungarische Halbopal etwas weniger durchscheinend wird. Die Ausführung geschah nach einer von J. M. van Bemmelen[2]) angegebenen Methode.

Sehr eingehend hat sich G. d'Achiardi[3]) mit der Entwässerung einiger toskanischer Opalarten beschäftigt. Er hat sieben Opalvarietäten, die im folgenden kurz beschrieben werden sollen, längere Zeit im Exsiccator behandelt und dabei folgende Resultate erhalten, die nachstehende Tabelle zusammenfaßt:

[1]) G. Tammann, Z. f. phys. Chem. **27**, 323 (1898).
[2]) J. M. van Bemmelen, Z. anorg. Chem, **13**, 233 (1896).
[3]) G. d'Achiardi, Atti d. Soc. Toscana. Sc. Nat. (Pisa). Proc. Vab. **11**, 114 (1899).

Tag	I	II	III	IV	V	VI	VII
1	0,535	2,204	2,906	2,422	1,819	0,073	4,782
2	0,627	2,759	2,938	3,852	2,217	0,058	6,023
4	0,627	2,997	4,374	4,551	2,754	0,073	6,897
6	0,682	3,187	4,572	4,762	3,101	0,058	7,035
13	0,737	3,599	4,989	5,087	3,586	0,087	7,656
20	0,792	3,694	5,128	4,957	3,673	0,087	7,748
30	0,847	3,932	5,326	5,152	3,794	0,131	7,932
37	0,920	4,122	5,425	5,152	3,829	0,160	7,932
44	0,920	4,201	5,425	5,233	3,916	0,116	7,932
54	0,975	4,312	5,465	5,103	3,968	0,116	7,932
74	1,067	4,581	5,663	5,201	4,124	0,116	8,024
94	1,067	4,771	5,782	5,250	4,280	0,116	8,024
123	1,122	5,040	5,921	5,348	4,471	0,145	**8,070**
164	1,214	5,309	6,060	5,364	4,714	0,203	8,024
203	1,315	5,483	6,120	5,364	4,870	0,188	7,840
233	1,407	**5,546**	6,120	**5,413**	4,939	0,217	7,748
265	**1,425**	5,596	**6,199**	5,332	**4,974**	**0,261**	7,610
290	1,425	5,546	6,120	5,088	4,974	0,217	7,058

I. Ein wasserheller Opal aus dem Serpentin von San Piero in Campo auf der Insel Elba, der dort mit Magnesit zusammen vorkommt: $\delta = 199-203$. Analyse 26 auf S. 244.

II. Ein undurchsichtiger milchweißer Opal vom gleichen Fundorte: $\delta = 1{,}94-1{,}97$. Analyse 27 auf S. 244.

III. Ein schwarzer Opal von San Piero in Campo, am Wege, der nach Marina di Campo führt. Dieser Opal, der ein spezifisches Gewicht $\delta = 2{,}065$ besitzt, ist nicht rein, sondern enthält gelbgrünen Granat, Bastitlamellen, Hämatit u. Zirkonkörnchen. Darauf beruht auch der Gehalt an Eisenoxyd in der Analyse. Analyse 35 auf S. 245.

IV. Grauer Opal von Jano; harzähnliche, graublaue und weißliche Massen im Serpentin, die etwas Chalcedon enthalten. Analyse 25 auf S. 244.

V. Roter Opal von Impruneta. Ebenfalls ein Zersetzungsprodukt des Serpentins, das noch etwas MgO und H_2O als Relikt des ursprünglichen Materials enthält. Analyse 34 S. 245.

VI. Sog. Fiorit von Santa Fiora (Monte Amiata). Wasserhelle und gelbliche Konkretionen auf vulkanischem Gesteine; stellt ein Gemenge von Opal und Chalcedon dar.

VII. Kieselgur von Castel del Piano, Monte Amiata. Analyse auf S. 266.

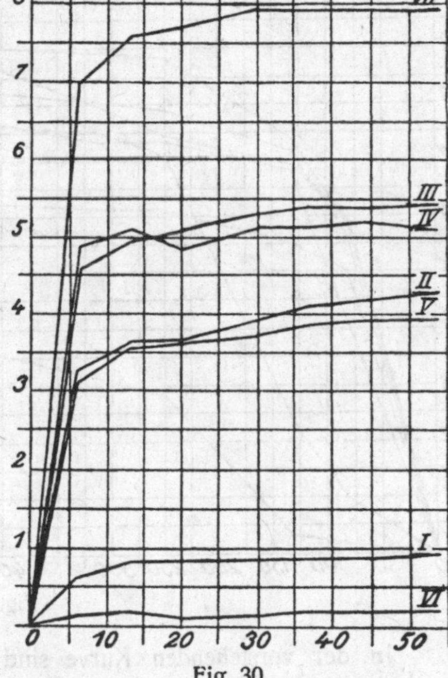

Fig. 30.

In nebenstehender Figur sind für die sieben untersuchten Opalvarietäten die Kurven gezeichnet, die sich ergeben, wenn man auf der Abszisse die Anzahl der Tage (in unserem Falle nur bis 50) aufträgt, auf der Ordinate den Wasserverlust in Prozenten. (Fig. 30.)

Man sieht aus der Kurve und aus der Tabelle, daß ein Teil der Opale ihr Wasser allmählich ansteigend abgeben, so der Opal I und VI. Sie geben auch über dem Exsiccator überhaupt nur einen Teil ihres Wassers ab. Die anderen Opale, namentlich sieht man dies gut bei III und IV, geben ihr Wasser rascher ab und verlieren überhaupt mehr Wasser im Exsiccator. Die Kieselgur verliert bis zum 123. Tage die größte Menge ihres Wassers (8,070) und adsorbiert dann wieder, ihr Gewicht steigt und nach 290 Tagen beträgt der Wasserverlust nur 7,058. Die Kieselgur gibt schon nach einem Tage eine beträchtliche Menge ihres Wassers ab.

G. d'Achiardi hat auch den Wasserverlust bei verschiedenen Temperaturen bestimmt und die nachfolgende Tabelle gibt eine kurze Übersicht über diese Bestimmungen:

Zwischen	I	II	III	IV	V	VI	VII
80—90°	1,018	5,681	5,564	4,905	4,182	0,217	5,982
130—140°	2,371	7,442	7,174	5,463	6,766	0,552	6,828
250—260°	7,164	2,768	7,849	6,141	7,358	2,862	7,406
310—320°	7,498	8,827	8,048	6,460	7,358	3,178	7,950
Glühen	8,023	9,141	9,141	6,739	9,232	5,469	11,515

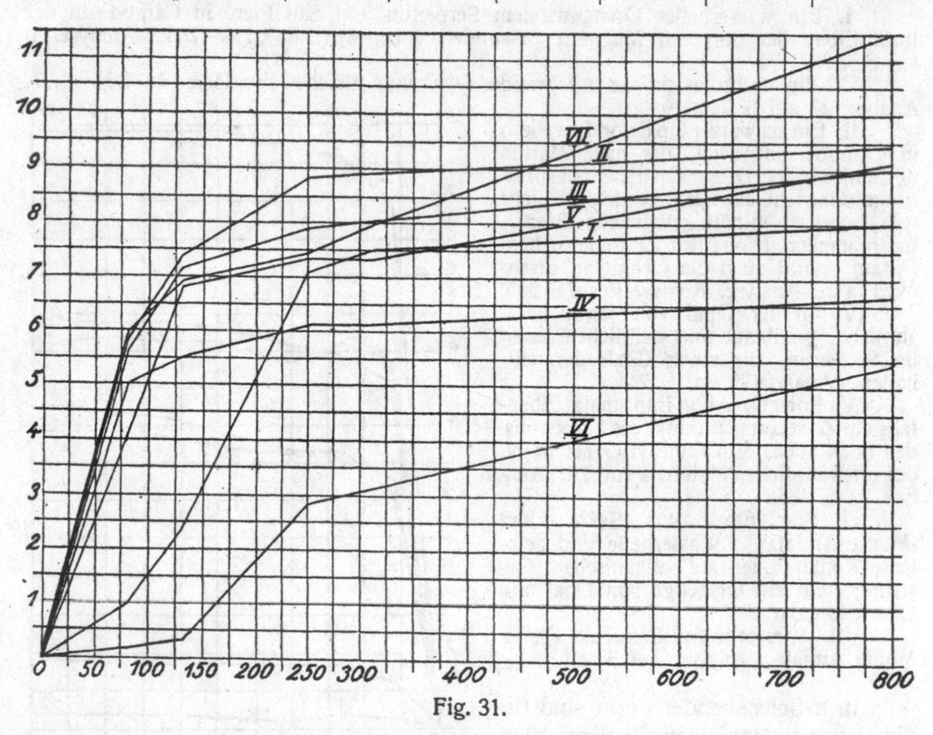

Fig. 31.

In der vorstehenden Kurve sind wieder auf der Ordinate die Wasserverluste in Gewichtsprozenten aufgetragen, auf der Abszisse die Temperatur. Diese Kurve gibt sehr deutlich an, bei welcher Temperatur bei den einzelnen Opalvarietäten der größte Wasserverlust eintritt.

Allgemeine Schlüsse in bezug auf die Natur des Wassers im Opal lassen sich daraus, wie G. d'Achiardi bemerkt, nicht ableiten.

Die Opale besitzen aber nicht allein die Fähigkeit, ihr Wasser abzugeben, manche Versuche zeigen, daß es Opale gibt, die, wenn man sie entwässert hat, Wasser aus feuchter Luft anziehen, und oft mehr als sie ursprünglich besaßen.

G. C. Hoffmann[1]) hat einen grünlichen Opal aus einer basaltischen Breccie in dem Savona Mountain bei Savona in Brit. Columbia untersucht und gefunden, daß dieser Opal, der vor dem Glühen ein spezifisches Gewicht von $\delta = 2{,}012$ und nach dem Glühen $\delta = 2{,}083$ besitzt, wenn man ihn über Schwefelsäure 120 Stunden lang stehen läßt, 3,25 % Wasser verliert, während der Gesamtwassergehalt 7 % beträgt. Wenn man dann das so entwässerte Mineral in feuchter Luft längere Zeit stehen läßt, so nimmt es nicht nur das verlorene Wasser wieder auf, sondern zieht mehr Wasser an, als es ursprünglich besessen hat, so daß die Wasserzunahme nun 6,75 %, also um 3,5 % mehr betrug als im Opal ursprünglich vorhanden war. Eine weitere Aufnahme findet nicht statt, da das Gewicht nun konstant bleibt. Auch wird die Fähigkeit der Wasseraufnahme nach der Entziehung durch längeres Glühen vollständig verloren.

Für Säuren ist der Hyalit, wie G. Tammann[2]) fand, impermeabel.

G. Tammann hat eine Anzahl Opalvarietäten von leider meist unbekannten Fundorten drei Tage lang über 1 %iger Schwefelsäure behandelt und gefunden, daß sie folgende Mengen Wassers in Prozenten ihrer ursprünglichen Massen aufnehmen:

Halbopal	2,1 %
Menilith	1,10
Zirasopal	0,50
Kieselsinter	0,54
Opal aus Schlesien	0,18
Opal aus Californien	0,10
Jasopal	0,01

Die untersuchten Mineralien hatten vorher während der Wintermonate im sehr trockenen geheizten Institut gestanden.

Eine Ausnahmestellung nimmt der Hydrophan ein, der seine physikalischen Eigenschaften je nach Wasseraufnahme verändert. Er vermag bedeutende Mengen Wasser zu adsorbieren; so fand E. Reusch[3]) daß ein Hydrophan von Czerwenitza in Ungarn 16 % Wasser aufzunehmen imstande sei.

Weit größer ist die Wasseraufnahme an einem Hydrophan von Colorado gewesen, den A. H. Church[4]) untersucht hat. 0,578 g Opal (es wurde ein flaches Stück untersucht) adsorbierten 0,276 g H_2O, wobei das Mineral vollkommen durchsichtig geworden war. Volumveränderung war nicht zu beobachten. Diese Wasseraufnahme entspricht einer Zunahme von 47,75 % H_2O und einem Wassergehalte von 32,43 %. Durch künstliche Wasserzunahme kann also ein so hoher Wassergehalt an einem Opale auftreten und es ist ganz leicht möglich, daß in durchwässertem Gestein ein solcher Opal in der Natur vorkommt; es liegt der Gedanke nahe, daß es sich bei einem von

---

[1]) G. C. Hoffmann, Ann. Rep. Geol. Surv. Canada, Ottawa, **5**, 72 (1892). — Ref. Z. Kryst. **23**, 507 (1894).

[2]) G. Tammann, Z. f. phys. chem. **27**, 334 (1898).

[3]) E. Reusch, Pogg. Ann. **124**, 431 (1865).

[4]) A. H. Church, Min. Mag. **7**, 181 (1889).

B. Schmitz[1]) untersuchten Opal von Pfaffenreuth bei Passau, der 34,84 % enthalten haben soll, um einen solchen handelt. Das spezifische Gewicht des trockenen, wasserfreien, lufterfüllten Minerals betrug $\delta = 1,06$.

Formel. Die Formel des Opals muß man, da wir die Natur des Wassergehalts nicht genau kennen allgemein $SiO_2 . xH_2O$ schreiben, wobei x zwischen 0 und 34 % schwankt, im Durchschnitt ca. 6 % beträgt.

Physikalische Eigenschaften.

Opal ist amorph, er ist ein Mineralgel. P. P. v. Weimarn, der die kolloiden Mineralien in ihrer Gesamtheit für kryptokristallin hält, erklärt auch den Opal für ein sehr hochdisperses kristallisiertes System. Es soll hier keineswegs die Möglichkeit dieser Ansicht P. P. v. Weimarns geleugnet werden. Nachdem es aber bis jetzt absolut nicht gelungen ist, über eine solche kryptokristalline Kieselsäure nähere Daten zu erhalten, es vor allem trotz der zahlreichen Versuche, die diesbezüglich angestellt worden sind, nicht gelungen ist, den Opal in eine kristallisierte Form überzuführen, wenn auch der Vorgang in der Natur nicht unwahrscheinlich ist, so wird man auch heute noch den Opal als amorphes Gel bezeichnen müssen, will man nicht die Existenz eines kolloiden Zustands (der vom kristallisierten prinzipiell verschieden ist) leugnen.

Brechungsquotienten. Infolge der verschiedenen Wassergehalte der einzelnen Opalarten sind die Brechungsquotienten natürlich auch sehr verschieden. Es sei hier auf die ausführlichen Zusammenstellungen in C. Hintzes Handbuch verwiesen. A. Des Cloizeaux[2]) gibt in seinem Manuel die Brechungsquotienten der Opale zwischen 1,442 und 1,455 an, dabei sind natürlich Tabaschir und Hydrophan ausgeschlossen. Bei letzterem besteht ein Unterschied zwischen dem Brechungsquotienten des undurchsichtigen und des mit Wasser getränkten; so ist nach A. Des Cloizeaux der Brechungsquotient eines nicht imbibierten Hydrophans von $\delta = 1,266$ der des imbibierten 1,406. K. Zimanyi[3]) fand mittels der Totalreflexion für gelbes Licht (Na) für Hyalit von Waltsch $N = 1,458$ bei einer Temperatur zwischen 23 und 25° C und für Milchopal aus Mähren $N = 1,4536$ zwischen 21 und 28°. A. Brun[4]) bestimmte die Brechungsquotienten an künstlichem Opal und fand für die *D*-Linie $N = 1,4543$, also etwas niedriger als für den Hyalit. An einem Feueropal von Queretaro in Mexico bestimmte P. Ites[5]) $N = 1,4401$ für die *D*-Linie.

Beim Hydrophan wurde der Brechungsquotient nach Imbibierung verschiedener Flüssigkeiten bestimmt. So fand E. Reusch[6]) durch Bestimmung an einem Prisma für den trockenen Hydrophan $N = 1,368$, für den mit Wasser getränkten 1,443 und für den mit Alkohol behandelten 1,451. J. Stscheglayew[7]) bestimmte an zwei Hydrophanprismen:

	Luft	Wasser	Aceton	Benzol	Schwefelkohlenstoff	Methylenjodid
I.	1,2290	1,3961	1,4108	1,489	1,5409	1,5970
II.	1,398	1,4344	1,4482	1,4685	1,4906	

[1]) B. Schmitz bei Hausmann, Min. 1847, 294.
[2]) A. Des Cloizeaux, Mineral. 1862, 22.
[3]) K. Zimanyi, Z. Kryst. **22**, 327 (1894).
[4]) A. Brun, Z. Kryst. **23**, 299 (1894).
[5]) P. Ites, Dissertation Göttingen 1903, zitiert nach Z. Kryst. **41**, 303 (1906).
[6]) E. Reusch, Pogg. Ann. **124**, 431 (1865).
[7]) J. Stscheglayew, Wied. Ann. **64**, 325 (1898).

Wenn man nun die Flüssigkeit berechnet, die denselben Brechungsquotienten wie der getränkte Hydrophan hat, so zeigt es sich, daß man die Landoltsche Formel, die es gestattet bei Flüssigkeiten aus den Brechungsquotienten die Mischungen zu berechnen, hier anwenden kann. Man bekommt nämlich recht gute Übereinstimmung mit den gefundenen Werten, wenn man annimmt, daß der mit der Flüssigkeit getränkte Opal sich ebenso verhält, wie eine Mischung, die aus Flüssigkeit und trockenem Hydrophan mit dem betreffenden Brechungsindex besteht, wenn der feste Hydrophan also gleichsam als eine Flüssigkeit betrachtet wird.

Der mit Flüssigkeit getränkte Hydrophan verhält sich optisch wie eine Lösung.

An sehr vielen Opalen tritt Spannungsdoppelbrechung ein, namentlich am Hyalit. H. Leitmeier[1]) behandelte 1 g gröbere Körnchen von ungarischem, lichtem, vollständig isotropem Opal 6 Monate lang auf der Schüttelmaschine in einem zugeschmolzenen Glasrohre mit 0,05 g Kaliumwolframat und 75 g Wasser und erhielt neben gelatinierter Kieselsäure lebhaft doppelbrechende Körnchen, die das spezifische Gewicht des Opals (Ausgangsmaterials) hatten. Im konvergenten Lichte bekam man sehr schön das Interferenzbild einachsiger Kristalle normal zur Hauptachse von negativem Charakter (Quarz hat positiven Charakter der Doppelbrechung).

Die **Dichte** des Opals richtet sich nach dem Wassergehalt in erster Linie und nach den fremden Beimengungen. In den Analysen und bei den Löslichkeitsversuchen sind eine Anzahl Dichtebestimmungen bereits angegeben; einige andere sind bei den Löslichkeitsbestimmungen und bei dem Kapitel über den Wassergehalt der Opale angegeben. Mittelwert für reinen Opal ist ca. $\delta = 2{,}1-2{,}2$.

Die **Härte** des Opals ist geringer als die des Chalcedons und liegt zwischen 5 und 6, ist manchmal aber auch noch etwas höher.

Die **spezifische Wärme** des Opals beträgt nach älteren Bestimmungen von H. Kopp:[2])

Hyalit für ein Temperaturintervall von 19—47° $c = 0{,}175$ gemeiner Opal für ein Temperaturintervall von 21—52° $c = 0$.

Nach neueren Bestimmungen von J. Joly:[3])

Hyalit $c = 0{,}2033$ Opal $c = 0{,}2375$.

Struktur der Opale. Sehr eingehend hat sich mit der Struktur und dem Aufbau der Opale O. Bütschli[4]) beschäftigt. Er hat den Bau der Opale mit der Struktur des künstlichen Kieselsäuregels und des Tabaschirs verglichen. Er fand, daß die in der anorganischen Natur vorkommenden Kieselgele, die Opale eine fein globulitische, wabige Struktur besitzen, die so fein ist, daß sie bei manchen Arten nur bei den stärksten Vergrößerungen sichtbar würde, oft sogar sich überhaupt der direkten Beobachtung entziehe; diese Struierung, O. Bütschli spricht von Wabenstruktur, kann man aber aus manchen Eigenschaften dieser Substanzen schließen, die unter anderem darin

[1]) H. Leitmeier, unveröffentlicht.
[2]) H. Kopp, Lieb. Ann. Suppl. III, **1**, 289 (1864/65).
[3]) J. Joly, Proc. R. Soc. London **41**, 250 (1887).
[4]) O. Bütschli, Verhandl. d. Naturh. medizin. Vereins. Heidelberg N. F. **6**, 287 (1900).

bestehen, daß Flüssigkeiten aufgesaugt werden und man diese oft dendritisch verlaufenden Prozesse unter dem Mikroskope deutlich verfolgen kann. Nach ihm verhält sich von allen Opalspielarten der Hydrophan den künstlichen Kieselgallerten und dem Tabaschir am ähnlichsten, und er wendet sich gegen die Ansicht H. Behrens, nach welchem sich der Hydrophan aus dem Opal durch teilweise Wegführung der Opalsubstanz gebildet habe (vgl. Genesis S. 263), sondern glaubt, daß gerade der Hydrophan eine wenig veränderte natürliche Kieselgallerte ist. Bei 2090 facher Vergrößerung zeigt der Hydrophan deutliche Wabenstruktur. Die Gruppierung des Wabenwerks läßt sphärolitische Struktur erkennen. Deutlicher war die sphärolitische Gruppierung der Waben am Halbopal von Telkibanya in Ungarn zu beobachten. In die Hohlräume selbst dringt nur verhältnismäßig wenig Wasser ein und sie bleiben auch, unter Wasser gelegt, größtenteils gaserfüllt.

Am besten zeigt dies die feine Mikrostruktur der Edelopale von Vörösvagas in Ungarn, während andere Edelopale sie nicht so deutlich erkennen lassen. Die Anordnung der sphärolitischen Kügelchen ist beim Edelopal von Vörösvagas viel regelmäßiger und die Wabenstruktur viel feiner als beim Hydrophan und Halbopal.

Die Farbenerscheinungen am Edelopal. Diese Erscheinung, welcher der Edelopal einzig und allein seinen dauernden Wert als Edelstein verdankt, sei an die Untersuchungen über die Struktur der Opale, mit denen sie eng zusammenhängt, angeschlossen. Sie ist bis heute noch nicht in vollkommen befriedigender Weise gelöst worden. Alle Ansichten stimmen aber darin überein, daß es sich hierbei keinesfalls um Pigmente handelt.

D. Brewster[1]) hat an regelmäßige, lagenweise geordnete Hohlräume von mikroskopischer Feinheit gedacht. Auf diese Weise kommen Farbenerscheinungen an dünnen Blättchen zustande. Er fand durch mikroskopische Untersuchung, daß die Farben durch in parallele Linien geordnete Hohlräume entstehen, die so zueinander geordnet sind, daß sie einen dreidimensionalen Raum einnehmen. Er ist der Ansicht, daß diese Poren durch Erhitzung entstanden seien.

H. Behrens[2]) ist dann später dieser Ansicht entgegengetreten, da er keine solchen Poren, wie sie D. Brewster schilderte, erkennen konnte und bezeichnete diese Opale als homogen struiert. Nach ihm ist das Farbenspiel durch spiegelnde Lamellen hervorgerufen, die an Ort und Stelle gebildet, nicht fertig der Opalmasse beigemengt sind. Sie dürften nach H. Behrens wohl alle in horizontaler Lage enstanden, durch Eintrocknen aber rissig geworden und durch den von den Rissen ausgehenden Erhärtungsprozess aus ihrer Lage gebracht worden sein. Später kann dann noch Zerbrechung und Verschiebung der einzelnen Blättchen erfolgt sein.

Später hat H. Behrens[3]) das Spektrum des Edelopals untersucht und gefunden, daß er zu den Körpern gehört, die durch Reflexion homogenes Licht geben. Das Spektrum des reflektierenden Lichts besteht aus einer oder zwei glänzenden Linien, während alle andern von ihm untersuchten Körper, die Oberflächenfarben besitzen, dunkle Linien auf hellem Spektralgrunde geben.

---

[1]) D. Brewster, Rep. Brit. Assoc. **2**, 9 (1844). — Edinb. Phil. Journ. **36**, (1845), bei H. Behrens siehe folgende Anm. referiert.

[2]) H. Behrens, Sitzber. Wiener Ak. **64**, 536 (1871).

[3]) H. Behrens, N. JB. Min. etc. 1873, 931.

Nimmt man also mit H. Behrens das Farbenspiel des Edelopals als durch Reflexionsfarben hervorgerufen an, so kann man die Reinheit der Farben des Edelopals mit der eben geschilderten Beschaffenheit des Spektrums in Verbindung bringen.

G. Tschermak[1]) machte gelegentlich einer Ausstellung von Mineralien bei Stücken des Opals von Uruguay darauf aufmerksam, daß man an diesen Stücken wegen ihres dunklen Hintergrunds gut beobachten könne (besser als an den ungarischen Edelopalen), daß einzelne feine Sprünge, die schon von außen her verfolgt werden können, bei ihrem Eintritt in das Innere des Minerals das schöne Farbenspiel hervorrufen, und er erblickt darin eine Stütze der Ansicht, daß das Farbenspiel mit feinen eigenartig ausgebildeten Sprüngen in direktem Zusammenhange stehe.

In seiner vorerwähnten Arbeit (S. 255) schließt sich O. Bütschli[2]) der Ansicht von H. Behrens an, daß es sich beim Farbenspiel des Edelopals nicht um eigentliche Interferenzfarben, sondern um Oberflächenfarben und Reflexionsfarben handelt und zwar um Farben eines sonst an sich farblosen Körpers. Inwieweit seine Untersuchungen über die wabenartige Mikrostruktur mit dem Farbenspiel im Zusammenhange stehen, darüber äußert er sich nicht direkt, sondern hebt nur hervor, es sei möglich, daß totale Reflexion hierbei beteiligt sei. Daß an Edelopalen solche Hohlräume, wie sie D. Brewster (siehe oben) beschrieben, vorkommen, hat O. Bütschli ebenfalls gefunden (vgl. S. 256), und daß H. Behrens dieselben nicht finden konnte, erklärt sich eben auch dadurch, daß diese Hohlräume oft nur bei sehr starker Vergrößerung und da nicht immer deutlich zu sehen sind. So wurde die Richtigkeit der Beobachtungen von D. Brewster durch O. Bütschlis Untersuchungen nachgewiesen, wenn es auch dahingestellt werden muß, ob sie bei der Frage nach der Ursache des Farbenspiels eine Rolle spielen, und nach O. Bütschli irrt G. Quincke daher, wenn er meint, daß der Nachweis der Hohlräume, die D. Brewster zu seiner Theorie annimmt, fehle.

G. Quincke[3]) hält die Farbenerscheinungen des Edelopals für Farben der Beugungsspektra von Reflexionsgittern, die von parallel angeordneten Faltengittern in der erstarrten Oberfläche von Schaumstreifen mit unsichtbaren Schaumkammern gebildet werden. Er kommt zu diesem Schlusse auf Grund seiner Untersuchungen mit Leimchromat und Kieselsäuregallerte. Die von O. Bütschli beschriebenen Zellen, die man bei Anwendung sehr starker Vergrößerung an den meisten Opalen erkennen kann, hält G. Quincke für solche Gitter. Diese Beugungsfarben ändern sich mit dem Beugungswinkel und sind am intensivsten in der Richtung normal zur Faltenerstreckung.

Man hat bei der Erklärung der Edelopalfärbung auch an Fluoreszenz gedacht, wie das Kleefeld[4]) tat.

Es haben sich noch viele Forscher mit dieser Frage beschäftigt, auch über die Art des Farbenspiels ist oft berichtet worden, so hält z. B. E. Reusch die Farben des Edelopals für Komplementärfarben. Ähnliche Untersuchungen und Theorien sind auch für Hydrophan herangezogen worden. Ein näheres Eingehen auf diese Frage entfernt zu sehr vom Zweke dieses Handbuchs.

---

[1]) G. Tschermak, Tsch. min. Mit. **21**, 89 (1902).
[2]) O. Bütschli, l. c.
[3]) G. Quincke, Ann. d. Phys. **13**, 228 (1904).
[4]) Kleefeld, N. JB. Min etc. 1895[II], 146.

Die Färbungen der Opalvarietäten. Die reinste Varietät des Opals, der Hyalit, ist farblos. Die rote bis gelbliche Farbe des Feueropals rührt vom Eisen her (vgl. Analysen 28—36 S. 245). Die Färbung der Feueropale kann aber auch braun, grünlich oder selbst violett sein, wie die Opalfunde von Siwas in Kleinasien zeigen, wo an einem Gesteinsstücke oft alle diese Färbungen nebeneinander auftreten und so ein gemeinsames Färbemittel als wahrscheinlich erscheinen lassen, wenn auch keine Analyse dieser Vorkommen bekannt ist. Eisenverbindungen verdanken auch viele gemeine Opale und Sinterbildungen ihre mehr oder minder dunklen Farben.

Die Analysen zeigten ja, daß eine große Anzahl von Opalen Eisen in nicht unbeträchtlichen Mengen enthält.

Die grüne Farbe der sog. Prasopale ist durch einen geringen Nickelgehalt hervorgerufen, vgl. S. 246.

Nach K. A. Redlich[1]) ist der grüne Opal vom Lessachtal, Lungau in Salzburg, durch einen geringen Chromgehalt, der dem Chromit des Serpentins, mit dem er zusammen vorkommt, entstammt, gefärbt.

Löslichkeit.

Von den in der Natur vorkommenden Kieselsäurearten ist der Opal als die amorphe Modifikation des Kieselsäuredioxyds der leichtest lösliche. Dies gilt namentlich für die Löslichkeit des Opals in Kali- und Natronlaugenlösung. Es ist eine große Anzahl solcher Untersuchungen mit ähnlichem Resultate ausgeführt worden, von denen die wichtigsten hier angeführt werden sollen. Auf die ganz alten Untersuchungen gehe ich hier nicht ein und wende mich gleich zu den bedeutendsten älteren Versuchen, zu denen von C. F. Rammelsberg.

C. F. Rammelsberg[2]) behandelte verschiedene Opale mit einer kochenden Lösung von Kaliumhydrat im Verhältnisse 1 KOH und $3 H_2O$, indem er stets diese Lösung eine halbe Stunde auf das feingepulverte Mineral einwirken ließ. Dieser Vorgang wurde des öfteren wiederholt. Zuerst untersuchte er auf diese Weise den Hyalit von Waltsch. Nach der ersten halben Stunde hatte sich bei der einen Versuchsreihe alles bis auf 19,86 %, bei der andern Versuchsreihe bis auf 13,10 % gelöst; nach einer weiteren halbstündigen Behandlung betrug der Rückstand nur mehr 9,66 % bzw. 9,77 %; nach einer weiteren halben Stunde konnte keine Änderung herbeigeführt werden. Der geglühte Hyalit war bedeutend weniger löslich. Nach der ersten halben Stunde betrug der Rückstand 45,9 %, nach der zweiten 30,4 %, nach der dritten 21,0 %. Dieser Hyalit besaß einen Wassergehalt von 3,21—3,28 % und eine Dichte von 2,185. Der Halbopal von Grochau in Schlesien, hell durchscheinend, fett glänzend, $\delta = 2,101$, der nach dem Glühen 6,55 % Wasser verloren hatte, hinterließ beim Kochen mit der nämlichen Lösung nur 7,21 % Rückstand. Bräunlicher Halbopal von Vallecas bei Madrid, der eine Dichte von 2,26 und einen Wassergehalt von 11,75 % besaß, ergab das erstemal bei gleicher Behandlung wie oben 39,27 %, dann 29,73 und schließlich 18,47 % Rückstand. Die 39,27 % wurden für sich analysiert und ergaben 25,7 % SiO_2, 10,0 % Al_2O_3, etwas Fe_2O_3 und 3,6 % MgO.. Ähnliche Resultate gab eine weiße Partie dieses Opals, die einen an verschiedenen Stellen sehr verschiedenen

[1]) K. A. Redlich, ZB. Min. etc. 1908, 283.
[2]) F. C. Rammelsberg, Pogg. Ann. **112**, 177 (1861).

Wassergehalt besaß. Kieselsinter vom Geisir in Island, der 8,83 % Wasser enthielt, löste sich bis auf einen Rückstand von 4,8 % vollständig auf, welcher Rückstand wie Eisenoxyd aussah. Menilith von Menilmontant bei Paris enthielt den größten Teil seiner Kieselsäure als in Kalilauge löslich.

H. Leitmeier[1]) hat einige Opale auf ihre Löslichkeit in Kalilaugenlösungen untersucht und hierbei gefunden, daß der Hyalit verhältnismäßig nicht leicht löslich ist:

Mineral	spezifisches Gewicht	Wasserverlust bei 90°	Wasserverlust beim Glühen	Löslichkeit bei fünfstündiger Einwirkung von wäßriger Kalilaugenlösung K(OH):H_2O = 1 : 2, bei 85° C
Hyalit von Waltsch	2,177	0,34 %	3,04 %	56,68 %
Edelopal von White Cliffs	2,121	2,40 %	6,23 %	nach 1 Std. vollständig gelöst (100 %)
Derselbe nach Entfernung des Wassers durch Glühen	—	—	—	82,34 %

Als Material zu diesen Untersuchungen waren nur ausgesucht reine Stücke in Verwendung gekommen. Die Bestimmung des spezifischen Gewichts erfolgte mit dem Pyknometer in Wasser, nachdem ich mich davon überzeugt, daß nach Einwirkung von Wasser in der entsprechenden Zeit absolut keine Imbibierung stattgefunden hatte.

Sehr eingehend haben sich mit der Löslichkeit des Opals G. Lunge und C. Millberg[2]) beschäftigt. Ihr Material war ein milchweißer Opal unbekannten Fundorts, dessen chemische Zusammensetzung in 2. wiedergegeben ist. Das gepulverte und geschlämmte Material wurde nach dem Trocknen neu analysiert 1.

	1.	2.
$Fe_2O_3(Al_2O_3)$ . . .	0,54 %	0,53 %
SiO_2 . . .	94,60	93,69
H_2O . .	4,74	5,66
	99,88 %	99,88 %

Dieser Opal war also durch das Schlämmen etwas ärmer an Wasser geworden. Es wurden nun Lösungsversuche mit gröberem und mit staubfeinem Pulver angestellt. Die Menge der aufgelösten Kieselsäure wurde durch Einäschern des Filters mit dem Rückstande bestimmt. Es wurden vom gröberen Pulver aufgelöst:

Bei 2 std. Digestion auf d. Wasserbad mit 10 proz. Natronlauge	93,40 %
" " " " " " 5 proz. Natronlauge	92,38
" " " " " " 10 proz. Kalilauge	93,70
" " " " " " 5 proz. Kalilauge	92,20
" " " " " " 10 proz. Natriumcarbonatlösung	63,22
" " " " " " 5 proz. Natriumcarbonatlösung	43,32
" " " " " " 10 proz. Kaliumcarbonatlösung	41,90
" " " " " " 5 proz. Kaliumcarbonatlösung	35,20

[1]) H. Leitmeier, ZB. Min. etc. 1908, 632.
[2]) G. Lunge u. C. Millberg, Z. f. angew. Chem. 1897, 426.

bei 2 stündigem Kochen mit	10 proz. Natronlauge	100,000
" " " "	5 proz. Natronlauge	99,32
" " " "	10 proz. Kalilauge	100,00
" " " "	5 proz. Kalilauge	98,00
" " " "	10 proz. Natriumcarbonatlösung	80,88
" " " "	5 proz. Natriumcarbonatlösung	60,00
" " " "	10 proz. Kaliumcarbonatlösung	71,44
" " " "	5 proz. Kaliumcarbonatlösung	44,52

Versuche mit staubfeinem Korne ergaben beim Kochen mit 10 $^0/_0$ iger Kali- oder Natriumhydroxydlösung vollständige Auflösung ohne Rückstand, während beim Digerieren auf dem Wasserbade ein kleiner ungelöster Rückstand zurückblieb. Durch Kochen mit 10 $^0/_0$ iger Natriumcarbonatlösung blieb ein Rückstand von 10 $^0/_0$, mit 5 $^0/_0$ iger ein solcher von 18 $^0/_0$.

Es wurden dann von G. Lunge und C. Millberg noch Lösungsversuche an Gemischen von Bergkristall und Opal angestellt, um zu sehen, ob man auf diese Weise eine praktisch genügende Trennungsmethode dieser beiden Kieselsäurearten erhalten könne. Staubfeine Gemische wurden, da ja auch Bergkristall in einer solchen dispersen Form völlig löslich ist (siehe S. 124), gar nicht untersucht. Es wurde gröberes körniges Gemisch der beiden Mineralien in wechselnder Menge mit verschieden prozentiger Kalilauge sowohl auf dem Wasserbade digeriert, als auch gekocht, aber stets war mehr gelöst worden, als dem Opal allein zukommt. Das gleiche Resultat wurde mit Kochen von solchem Gemisch mit 10 $^0/_0$ iger Natriumcarbonatlösung erzielt. Es ist die Löslichkeit der Kieselsäurearten in solchen Lösungen somit nicht als Reaktion zu deren Trennung zu verwenden. Da die so erhaltenen Zahlen aber erkennen lassen, daß stets nur ein recht geringer Teil des Bergkristalls gelöst worden war, so zeigt sich diese Reaktion, wenn auch nicht quantitativ, so doch qualitativ, als recht gut brauchbar.

Der Opal wird von Salzsäure teils angegriffen, teils gelöst.

F. Katzer[1]) hat einen Opal, Analyse 31 auf S. 245, von Pisek in Böhmen vollkommen in heißer Salzsäure aufgeschlossen, so daß die mit diesem Aufschlusse erhaltenen Zahlen fast vollständig mit dem Analysenergebnisse, das nach Aufschluß durch Zusammenschmelzen mit Kalium-Natriumcarbonat erhalten worden war, übereinstimmen. Auch ein anderer Opal von gleichem Fundorte (s. Anal. 32 S. 245) konnte auf diese Weise vollständig gelöst werden.

H. Leitmeier[2]) hat Opalpulver mit heißer Salzsäure behandelt und gefunden, daß der Edelopal von White Cliffs nach 10 stündigem Kochen vollständig gelatiniert.

Von Flußsäure wird Opal leichter gelöst, als Quarz und Chalcedon.

Synthese des Opals.

Über die Synthese und Eigenschaften der künstlich dargestellten Kieselsäurehydrate ist schon das Nötige mitgeteilt worden. Der Opal ist sicher kein einheitliches Hydrat und auch mit dem Kieselsäuregel, das man bei einfachen Koagulationsprozessen im Laboratorium erhält, nicht identisch. Es ist

[1]) F. Katzer. Tsch. min. Mit. **14**, 492 (1895).
[2]) H. Leitmeier, unveröffentlicht.

somit die Darstellung eines solchen Gels, das sich später während des Eintrocknens erhärtet, noch keine Opalsynthese. Auch bei den Synthesen des Opals selbst sind die Angaben oft so dürftig, daß nicht immer aus ihnen mit Sicherheit geschlossen werden kann, daß das erhaltene Produkt wirklich alle Eigenschaften des Opals besaß und daher als Opal bezeichnet werden könne, oder ob bloß opalähnliche Substanzen erhalten worden sind. In folgender kurzer Übersicht der wichtigsten synthetischen Experimente sollen nur die berücksichtigt werden, bei denen mit sehr großer Wahrscheinlichkeit auf die Opalnatur des erzielten Produkts geschlossen werden konnte.

L. Ebelmen[1]) dürfte bei seinen Versuchen, bei denen Kieselsäureäther erhitzt worden ist, einen im Wasser Durchsichtigkeit erlangenden, dem Hydrophan ähnlichen Opal erhalten haben.

O. Maschke[2]) glaubte durch Verdunsten einer dicken „sirupartigen" Kieselgallerte in einer weichen, brüchigen, durchsichtigen Masse beim langsamen Erhärten Opal, mit den Eigenschaften des Edelopals, erhalten zu haben.

Langlois[3]) gibt an, beim Stehenlassen von Chlorsilicium an der feuchten Luft ein dem Hydrophan sehr ähnliches Produkt erhalten zu haben.

Einen ähnlichen Opal, der ebenfalls im Wasser Durchsichtigkeit erlangte, die er beim Trocknen sofort wieder verlor, erhielt M. Becquerel,[4]) wie er angibt, durch Einwirken von Salzsäure auf Kaliumsilicat durch eine poröse Zwischenwand, also bei der Dialysierung der Kieselsäure; dieser Opal bildet kleine Lamellen, die so hart waren, daß sie Glas ritzten.

Daß sich verhältnismäßig so oft dem Hydrophan ähnlicher Opal bei den Synthesen direkt bildet, spricht sehr für die primäre Natur des Hydrophans, die von manchen geleugnet wird.

Auf ähnliche Weise hat E. Frémy[5]) eine glasritzende Kieselsäure erhalten, die sehr wahrscheinlich Opal war.

Gergens[6]) hat dadurch gemeinen Opal erhalten, daß er sehr verdünnte Natriumsilicatlösung in einem unten mit einer Membran verschlossenen Glaszylinder einen Monat lang in ein Gefäß stellte, das mit kohlensäurehaltigem Wasser, dem CO_2 immer von neuem zugeleitet wurde, angefüllt war.

Ein sehr wasserreiches Produkt, das aber wahrscheinlich Opal war, stellte E. Monier[7]) dar, der eine sehr konzentrierte Natriumsilicatlösung mit einer verdünnten Oxalsäurelösung behandelte, indem die beiden Lösungen übereinander geschichtet wurden, ohne daß eine durchlässige Membran dazwischen war. Bei dieser direkten Diffusion bildete sich in ein paar Tagen ein Opal, der Glas ritzte und 25% H_2O und eine Dichte von $\delta = 1,97$ besaß.

St. Meunier[8]) hat Hyalit bei gewöhnlicher Temperatur dadurch dargestellt, daß er in eine sehr konzentrierte Lösung von Natriumsilicat eine Tonzelle hineinsenkte, die mit rauchender Schwefelsäure gefüllt war. Nach zwei Tagen war das Silicat zersetzt worden und im körnigen durchsichtigen

[1]) L. Ebelmen, C. R. **21**, 502 und 1527 (1845); **26**, 854 (1848).
[2]) O. Maschke, Z. Dtsch. geol. Ges. **7**, 439 (1855).
[3]) Langlois, Ann. chim. phys. **52**, 331 (1858).
[4]) M. Becquerel, C. R. **34**, 209 (1853).
[5]) E. Frémy, C. R. **72**, 702 (1871).
[6]) Gergens, N. JB. Min. etc. 1858, 806.
[7]) E. Monier, C. R. **85**, 1053 (1877).
[8]) St. Meunier, C. R. **112**, 953 (1891).

Zersetzungsprodukt, das 5,69 % Wasser enthielt, vermochte St. Meunier glasige Sphärolithe zu erkennen, die er als Opal bestimmen konnte.

Durch eine allmähliche Zersetzung von Glas hat G. Césaro[1]) Edelopal künstlich dargestellt, indem er fand, daß sich an den Innenwänden einer durch 12 Jahre verschlossenen Glasflasche, in der Kieselflußsäure aufbewahrt worden war, ohne daß die Flasche in dieser Zeit einmal geöffnet worden wäre, sphärische Aggregate abgesetzt hatten, die die Eigenschaften des Edelopals erkennen ließen.

Auf die gleiche Weise hat schon früher E. Bertrand[2]) Opal erhalten, ohne indessen das so erhaltene Produkt näher untersucht zu haben.

Bei ihren Versuchen über die Quarzbildung haben J. Koenigsberger und W. J. Müller[3]) auch Opal erhalten. Bei der Behandlung von 10 g Glas mit 50 ccm H_2O wurde bei einer Temperatur von 360° in dem schon öfter erwähnten Bd. I, S. 616 beschriebenen, von den beiden Forschern konstruierten Apparat im Filterrohre Opal erhalten; von Säuren nicht angreifbar, $\delta < 2{,}3$ in heißer Kalilauge löslich, im durchfallenden Licht rötlich gelb, im auffallenden bläulich. Auch im Bodenkörper konnte Opal gefunden werden.

Genesis und Vorkommen.

Der Opal stellt eine eingetrocknete Kieselgallerte dar, die durch Koagulation einer Kieselsäuresuspension entstanden sein kann. Vorkommen von gelatinöser, noch nicht eingetrockneter, opalartiger Kieselsäure in der Natur wurden öfter beobachtet. So beschreibt G. Spezia[4]) solche interessante Bildungen vom Simplontunnel. Etwa 300 m vom italienischen Eingange des Tunnels wurde im Gneis eine Spalte gefunden, die von einer weißen, nassen, gelatinösen Kieselsäure erfüllt war, die kleine Quarzkriställchen enthielt, die nach der Ansicht G. Spezias die Umwandlung des amorphen, kolloiden Hydrats in das kristallisierte Anhydrid darstellen. Bei Rézbànya in Ungarn hatte K. Peters[5]) als Zersetzungsprodukt von Chrysokoll eine weiche Opalmasse gefunden. Auch findet man vielfach Angaben in der älteren Literatur,[6]) daß an den ungarischen Edelopalfundorten, z. B. vom Libankaberge bei Czerwenitza, Opal in gallertartigem Zustande angetroffen wurde. E. Jannetaz[7]) fand weiche, mit dem Messer schneidbare Kieselsäuremassen bei Champigny, Dép. Seine.

Bei welcher Temperatur nun diese Bildungen vor sich gehen können, darüber geben uns die Experimente, die namentlich von J. Koenigsberger in neuerer Zeit angestellt worden sind, im Verein mit den Naturbeobachtungen Aufschluß. J. Koenigsberger und W. J. Müller schlossen aus ihren Versuchen (siehe oben), daß unterhalb 200° in reinem Wasser und in Alkalisilicatlösungen nicht das Anhydrit, sondern eine wasserhaltige Kieselsäure stabil sei. Bei 360° beobachteten sie zwar noch die Bildung von Opal, doch ist bei dieser Temperatur die Stabilität jedenfalls eine geringe und es tritt in kurzer Zeit Umwandlung in das Anhydrid ein.

---

[1]) G. Césaro, Bull. d. l'acad. royal. d. Belg. [3] **23**, 721 (1893).
[2]) E. Bertrand, Bull. Soc. min. **3**, 57 (1880).
[3]) J. Koenigsberger u. W. J. Müller, ZB. Min. etc. 1906, 339 und 353.
[4]) G. Spezia, Atti. Accad. Torino **34**, 705 (1899).
[5]) K. Peters, Sitzber. Wiener Akad. **44**, 142 (1861).
[6]) Nach Nöggerath, Niederrhein. Ges. (Bonn 1858).
[7]) E. Jannetaz, Bull. Soc. géol. **18**, 673 (1861).

Die Naturbeobachtungen, namentlich das Vorkommen gallertiger Kieselsäure, also gewissermaßen noch nicht fertig gebildeten Opals bei gewöhnlicher Temperatur, zeigen uns, daß der Opal sich in der Natur bei Temperaturen unter 100° bildet. Es wäre freilich auch daran zu denken, daß diese oben erwähnten, natürlichen gallertigen Kieselmassen Quellungserscheinungen bereits früher gebildeter Opale seien. Wenn auch Quellungserscheinungen an Opalen noch nicht sicher beobachtet worden sind, so sei doch auf diese Möglichkei hingewiesen.

Was die Wirkung des Drucks anbelangt, so wird sich der Opal als ein typisches Gel bei höherem Drucke nicht bilden können, wie dies unter andern namentlich C. Doelter[1]) ausführt; hoher Druck unterstützt vielmehr die Umbildung des Opals in Quarz.

Eine Opalvarietät, deren Bildungsweise als heute noch nicht vollkommen klargelegt betrachtet werden muß, ist der Hydrophan. So ist H. Behrens[2]) der Meinung, der Hydrophan sei aus dem gewöhnlichen Opal dadurch entstanden, daß von letzterem ein Teil seiner Substanz ausgewaschen worden sei, während O. Bütschli[3]) aus der Ähnlichkeit mit Tabaschir und künstlich hergestellter Kieselgallerte für die direkte Bildung dieser Varietät eintritt.

Opale trifft man in allen möglichen Gesteinen, Eruptivgesteinen wie Schiefergesteinen und Sedimenten (die Edelopale von White Cliffs kommen in Sandsteinen vor); doch scheinen im allgemeinen Effusivgesteine bevorzugt zu werden. So ist das Muttergestein der berühmten ungarischen Edelopale von Czerwenitza in der Nähe von Eperies ein Andesit. Es ist auf diese Weise die Opalbildung mit der letzten Phase eruptiver Tätigkeit in Zusammenhang zu bringen. Wahrscheinlich waren es heiße Wässer, die größere Mengen von Kieselsäure gelöst enthielten und diese zum Absatze brachten. Doch darf man durchaus daraus keine allgemeinen Schlüsse ziehen, denn der Opal bildet sich auch bei gewöhnlicher Temperatur. Daß indessen Thermalwässer Opale absetzen, das sieht man an vielen Thermalquellen, wie u. a. A. Lacroix an mehreren Orten Frankreichs gezeigt hat, und das beweisen in großem Maße die Absätze der Geisirs, deren Mundlocher sehr oft aus Kieselmassen bestehen, die bald mehr oder weniger verunreinigte Opale darstellen.

Opal entsteht auch nicht selten bei der Umwandlung mancher Gesteine; so treten namentlich bei der Zersetzung von Magnesiagesteinen, vor allem der Serpentine, häufig und an den verschiedensten Punkten der Erde Opale auf. So sind die Opalbildungen von der Insel Elba und im Serpentin von Jana bei Pisa in Tocsana bekannt geworden. Manchmal geht die Umwandlung in Opal so vor sich, daß noch die Maschenstruktur des Serpentins erhalten bleibt und im Mikroskop kenntlich erscheint, wie H. L. Barvíř[4]) von Slatina in Mähren beschrieb.

Diese Umwandlung des Serpentins oder des Olivins tritt gewöhnlich bei der Carbonatisierung auf und es wird dabei Kieselsäure frei, die dann häufig als Opal wieder zum Absatze kommt (vgl. Bd. I, bei Magnesit). Sehr schöne Opale, die auf diese Weise entstanden, finden sich auch in Kraubath in Steiermark,

[1]) C. Doelter, Tsch. min. Mit. **25**, 87 (1906).
[2]) H. Behrens, l. c.
[3]) O. Bütschli, Verh. d. naturh. mediz. Ver. Heidelberg **4**, 325 (1900).
[4]) H. L. Barvíř, Sitzber. k. böhm. Ges. d. Wiss. 1897, böhmisch. Ref. Z. Kryst. **31**, 525 (1899).

wo sie gleichzeitig mit dem Magnesit gebildet worden sind, den sie öfters vollkommen durchdringen (und dadurch zur Herstellung des Zements, wozu dieser Magnesit dient, das Material vollkommen ungeeignet machen können).

Häufig erscheinen Carbonate in Opale umgewandelt. So sind solche z. B. von A. K. Coomáraswámy[1]) aus Ceylon beschrieben worden, wo sie gemeinsam mit Hornstein Umwandlungsprodukte von Marmoren sind, deren Kohlensäuregehalt durch Kieselsäure ersetzt worden ist. Sie enthalten stellenweise noch die akzessorischen Gemengteile des Marmors (Kontaktmarmor), wie Spinell, Phlogopit, Apatit, auch Graphit. Die Umwandlung kann so vollständig erfolgen, daß von dem ursprünglichen Materiale nichts mehr erhalten geblieben und alles in Kieselsäure umgewandelt worden ist.

Allerdings begegnen wir bei dieser Umsetzung insoweit einer Schwierigkeit, als ja bei gewöhnlicher Temperatur Kohlensäure eine stärkere Säure ist, als die Kieselsäure und die Umwandlung in der angegebenen Richtung daher, wie ich glaube, nicht so einfach zu erklären sein dürfte, man müßte denn die Mitwirkung einer ziemlich bedeutenden Temperaturerhöhung annehmen. Vielleicht kann man dabei an heiße kieselsäurehaltige Quellen denken. Man beobachtet die Verkieselung carbonatischer Gesteine ziemlich häufig und es gibt eine ganze Reihe von Kalksteinen mit einem mehr oder weniger hohen Kieselsäuregehalte. Nimmt man für diese eine nachträgliche Ersetzung der Kohlensäure durch Kieselsäure an, so wird man immer den gleichen Schwierigkeiten begegnen.

Ausführliche Beschreibungen der wichtigsten Fundorte des Opals finden sich im Handbuche C. Hintzes S. 1511ff., worauf bezüglich der Literatur verwiesen sein soll.

Von Interesse ist auch das Vorkommen von Opal in Kohlenbrandgesteinen, die infolge von Flözbränden entstehen, das F. Cornu[2]) an zwei Lokalitäten des böhmischen Mittelgebirges beobachten konnte; es hatte sich hierbei Hyalit in Form kleiner wasserheller Träubchen oder in glatten Überzügen als sekundäre Bildung abgesetzt.

Als große Seltenheit beobachtete A. Lacroix[3]) Opal als Bildung von Schwefelwasserstofffumarolen; er bildet warzige Krusten auf verkieselten Aschen an der Mündung von Fumarolen im Lavastrom von Boscotrecase am Vesuv.

Nicht vollkommen sichergestellt ist das Vorkommen von Opal in Meteoriten von Orgueil, das G. A. Daubrée[4]) beschrieb.

Umwandlungen.

Über die Umbildung des Opals in das kristallisierte Kieselsäureanhydrid siehe bei Quarz und Chalcedon. Im Laboratorium gelang es bis jetzt nicht, bei gewöhnlicher Temperatur den Opal in das kristallisierte Anhydrid überzuführen.

In der Natur ist der Opal selten in ein anderes Mineral umgewandelt, wie es auch keine sicheren Pseudomorphosen nach Opal gibt.

---

[1]) A. K. Coomáraswámy, Spolia seylanica 1904, 57. — Ref. N. JB. Min. etc. 1906[1], 179.

[2]) F. Cornu, Tsch. min. Mit. **25**, 235 (1906).

[3]) A. Lacroix, Bull. Soc. min. **30**, 219 (1907).

[4]) G. A. Daubrée, Ann. Mus. Hist. nat. Paris 1867, 4.

A. Damour[1]) fand in einer Kieselgrube der alluvialen Ebene von Ablon im Departement Seine-et-Oise Menilitgerölle (Zusammensetzung des Menilits, Analyse 17 S. 244), die an der Oberfläche durch die Wirkungen der Atmosphärilien in eine weiße zerreibliche Masse umgewandelt waren, eine Umwandlung, die nur mehrere Monate benötigte. Die Analyse dieser Verwitterungsrinde ergab:

MgO	18,70
Mn_2O_3	0,30
Fe_2O_3	0,80
SiO_2	61,20
H_2O und flüchtige Substanzen	18,60
	99,60

Diese Analyse entspricht der Formel $MgO.2SiO_2+2H_2O$. Es hatte sich also durch Abgabe von SiO_2 und Aufnahme von H_2O aus dem MgOreichen Opal ein Magnesiumhydrosilicat von fixer chemischer Zusammensetzung gebildet.

A. Damour vergleicht diese Bildung mit dem Meerschaum von Kleinasien, der ebenfalls mit einem ähnlichen Opal (siehe Analyse 18 S. 244) zusammen vorkommt und mit diesem durch eine Reihe von Übergängen verbunden ist. Nach A. Damour wäre diese Verwitterung des Menilitopals von Ablon eine Umwandlung des Opals mit einem hohen Magnesiagehalte in der Richtung auf Meerschaum. (Siehe später bei Meerschaum).

Häufig sind in umgekehrter Weise Pseudomorphosen von Opal nach andern Mineralien. Von diesen sind die häufigsten: Nach Calcit, nach Aragonit, nach Apophyllit, nach Gips, nach Apatit.

Anhang.

Tripelerde.

Diese häufig zum Opal gestellte erdige Kieselerde besteht aus Kieselpanzern von Diatomeen. Wenn sie von festerem Gefüge ist, so spricht man auch von Kieselgur. Ihre Hauptverbreitung liegt im Tertiär. Diese Bildungen gehören aber sowohl durch ihre chemische Zusammensetzung, als auch durch die typisch sedimentäre Entstehung zu den Sedimentgesteinen.

Analysen:

Es sollen hier einige charakteristische neuere Analysen gebracht werden, um ein Bild der chemischen Zusammensetzung dieser Bildungen zu geben; auf Vollständigkeit macht diese Zusammenstellung keinen Anspruch.

Vom Südrand der Lüneburger Heide:

	1.	2.	3.	4.
MgO	—	0,3	—	0,4
CaO	1,3	0,2	1,6	0,3
FeO	1,5	1,0	1,8	2,6
Al_2O_3	1,6	1,0	3,5	1,9
SiO_2	86,4	91,3	80,9	79,8
P_2O_5	—	—	—	Spuren
H_2O Glühverl.	6,9	6,2	8,3	15,0
Organische Substanz	2,3		3,9	
	100,0	100,0	100,0	100,0

[1]) A. Damour, Bull. Soc. min. 7, 66 (1889).

1–4. Kieselgur aus den Gruben bei Unterlüß und Soltau in der Lüneburger Heide; anal. nicht angegeben, Z. prakt. Geol. 4, 127 (1896).

Monte Amiata in Toscana:

		1.	2.
In HCl löslich	$Na_2O + K_2O$	Spuren	0,746
	MgO	0,049	0,342
	CaO	0,191	0,265
	Al_2O_3	0,903	9,061
	Fe_2O_3	0,792	4,389
	SiO_2	0,176	0,116
	SO_3	0,105	0,341
	P_2O_5	0,105	0,043
In HCl unlöslich	$Na_2O + K_2O$	Spuren	1,189
	MgO	0,124	0,286
	CaO	0,146	0,596
	$Al_2O_3 + Fe_2O_3$	0,786	3,464
	SiO_2	94,262	72,491
	H_2O + Glühverlust	2,373	4,589
	Summe	100,012	97,918

1. Kieselgur (Farina fossile) vom Monte Amiata, reine Substanz; anal. Tasselli, Proc. verb. Soc. Tosc. Sc. Nat. Pisa 1890, zitiert nach G. d'Achiardi, dieselbe Zeitschrift 1899, 20 (Seite des Separatabdrucks).

2. Kieselgur vom gleichen Fundorte; unreineres Handelsprodukt.

Schottland:

	1.	2.	3.
CaO	1,188	1,301	0,531
Fe_2O_3	11,809	38,057	26,836
Lösliche SiO_2	0,489	1,078	0,829
Unlösliche SiO_2	78,085	49,291	61,998
H_2O	2,421	3,114	3,021
Organische Masse	5,074	6,155	6,368
Verunreinigungen	0,934	1,004	0,487
	100,000	100,000	100,070

1. Gelblichgraue Diatomeenerde, leicht zerreiblich, von einem See bei Mull in Schottland; anal. J. Macadam, Min. Mag. 8, 135 (1889).

2. Rote Diatomeenerde mit dunklen Punkten vom gleichen Fundorte; anal. wie oben.

3. Rötliche Diatomeenerde mit dunkelroten Partikelchen vom gleichen Fundorte; anal. wie oben.

J. Macadam[1]) hat später detaillierte Analysen des anorganischen Teils folgender schottischer Tripelerden vorgenommen, die in Nobels Dynamit-Gesellschaft zur Dynamitbereitung als sehr brauchbar befunden wurden:

	von Black Moss			Ordic Moss	
	1.	2.	3.	4.	5.
Organische Masse	43,472	36,613	28,286	50,570	33,586
Anorganische Masse	56,528	63,387	71,714	49,430	66,414

	Drum Moss	Kinnord Moss
	6.	7.
Organische Masse	4,779	22,371
Anorganische Masse	95,221	77,625

[1]) J. Macadam, Min. Mag. 6, 88 (1884).

Im nachstehenden die Zusammensetzung des anorganischen Teils.

I. In Wasser löslich.

	1.	2.	3.	4.	5.	6.	7.
Na_2O . . .	0,048	0,213	0,224	0,187	0,108	0,315	0,327
K_2O	0,076						
MgO . . .	0,332	0,552	0,548	0,482	0,371	0,456	0,606
CaO	0,741	0,946	0,841	0,765	0,362	0,943	1,040
SO_3	0,168	0,374	0,289	0,253	0,242	0,832	0,733
Cl	Spuren	Spuren	Spuren	Spuren	Spuren	0,171	Spuren
II. Löslich in Säuren.							
Na_2O+K_2O .	0,268	0,187	0,215	0,194	0,103	0,358	0,143
MgO. . . .	0,670	0,741	0,646	0,632	0,326	0,854	0,205
CaO	2,737	2,692	2,484	2,897	0,782	2,378	0,998
Al_2O_3 . . .	0,236	0,429	0,407	0,201	0,154	1,104	1,854
Fe_2O_3 . . .	1,903	1,343	2,885	6,565	2,273	1,459	4,120
SiO_2 (lösl.) . .	0,541	0,621	0,437	0,441	0,281	1,121	0,921
III. Durch Flußsäure aufgeschlossener Teil.							
MgO. . . .	0,022	0,071	0,095	0,102	0,138	0,632	0,014
CaO	0,114	0,132	0,127	0,155	0,432	2,136	0,058
Al_2O_3 . . .	0,535	0,202	0,342	0,383	0,463	4,404	0,303
Fe_2O_3 . . .	0,142	0,089	0,156	0,166	0,579	4,853	0,142
SiO_2	91,067	91,012	87,962	86,125	93,075	77,498	88,232
	99,600	99,604	97,658[1])	99,548	99,689	99,514	99,696

Amerika:

	1.
CaO	0,58
Al_2O_3	3,84
SiO_2	80,66
H_2O	14,01
	99,09

1. Infusorienerde von Drakerville, Morris County, New Jersey; anal. J. M. Mc Kelvey, Am. Chem. Journ. **6**, 247 (1884); Ref. Z. Kryst. **11**, 109 (1886).

Eigenschaften. Die Kieselgur besteht größtenteils aus den von Diatomeen übriggebliebenen Kieselpanzern; sehr oft enthalten diese Bildungen, oder bestehen ganz aus Opalsplitterchen von unregelmäßiger Form. Sie sind selten rein, enthalten organische Bestandteile; sehr oft sind sie kalkhaltig (es ist feiner Kalkstaub beigemengt). Der Dispersitätsgrad dieser Kieselgebilde ist oft ein sehr hoher.

Kieselgur hat verschiedene Färbungen, meist weiß, grau, gelb, rötlich und bräunlich. Optisch isotrop; in heißer Kalilaugenlösung löslich. Die Dichte ist sehr gering. Kieselgur saugt sehr leicht Farbstoffe auf (technisch verwertbar).

Die Kieselgur stellt eine sedimentäre Bildung dar; oft sind es Tiefseebildungen.[2])

Wichtigste Verwendung: Zur Dynamitbildung in der Mischung mit Nitroglycerin.

[1]) Im Original steht 99,658.

[2]) Castracane, Boll. soc. geol. Ital. **5**, 343 (1886).

Tabaschir.

Mit diesem Namen bezeichnet man opalartige Kieselsäuregebilde, die im Innern der Internodialräume von Bambusa abgeschieden werden.

Chemische Zusammensetzung.

	1.	2.	3.
K_2O	—	4,806	0,016
Na_2O	—	—	0,596
CaO	—	0,244	0,125
$K_2O + BaO$ . .	0,13	—	—
Fe_2O_3	—	0,424	0,098
SiO_2	96,94	86,387	94,196
NH_4O	—	—	Spuren
organ. Substanz .	Spuren	0,507	0,221
H_2O	2,93	7,632	4,057
	100,00	100,000	99,309

1. Tabaschir von Hydrabad; anal. Guibourt, Journ. Pharm. **27**, (1855).

2. Tabaschir von Java; anal. D. W. Rost van Tonningen, Natuurk. Tijdschr. vor Nederlandsch Indie. 1857, 391. Zitiert nach O. Bütschli, Abhandl. k. Ges. d. Wiss. Göttingen nat.-math. Kl. 1908, 149.

3. Tabaschir von Palemgang auf Sumatra; anal. S. H. S. Aumann bei J. W. Mallet, Ch. N. **38**, 108 (1878).

Während Analyse 1 und 3 an reinem Tabaschir ausgeführt sind, die beinahe in ihrer chemischen Zusammensetzung einer reinen Kieselsäuregallerte entsprechen, ist die Analyse 2 an verunreinigtem Material ausgeführt worden. Diese Analyse ist auch deshalb ungenau, weil das Wasser als Differenz in die Aufstellung der Analyse aufgenommen worden ist. Der hohe Wassergehalt steht im Gegensatz zu den andern beiden Analysen und läßt sich auch durch die Bindung des Eisenoxyds als Hydroxyd kaum vollständig erklären.

Einige ältere Analysen geben noch niedrigere Kieselsäurezahlen.

Physikalische Eigenschaften.

Der Brechungsquotient für lufthaltigen Tabaschir beträgt nach D. Brewster N = 1,111.

Diese Kieselsäuremasse verhält sich sehr ähnlich dem Hydrophan. Sie vermag, wenn man sie durch längeres Liegenlassen in trockener Luft fast ganz entwässert, bedeutende Mengen von Wasser wieder aufzunehmen. Tabaschir nimmt aber auch andere Flüssigkeiten, wie Säuren, Äther, Alkohol und anderes auf. Er läßt sich auch überaus leicht mit Farbstoffen imprägnieren.

Bestimmungen des spezifischen Gewichtes: in einer Zusammenstellung nach O. Bütschli.[1])

[1]) O. Bütschli, Abh. k. Ges. Wiss. Göttingen nat.-math. Kl. 1908, 149.

Tabaschir aus Indien	δ luft-trocken	δ mit H_2O imbibiert	hieraus best. δ der luft-trockenen SiO_2 (O. Bütschli)	Prozent H_2O des imbibierten Tabaschirs	Glühverlust des luft-trockenen T.
Undurchsichtiger[1] .	0,623	1,320	2,059	52,84	—
Calcinierter[2] . . .	0,5369	1,279	2,086	58,03	—
Calcinierter[3] . . .	0,651	1,351	2,170	51,81	2,04
Durchscheinender[4] .	0,5	—	1,69	—	4,057
Durchsichtigter[5] . .	0,606	1,396	2,412	51,57	—
Feinster v. Hydrabad[6]	0,727	—	2,188	47,850	3,125
" " "[7]	0,652	—	2,149	51,64	2,933

Poleck[8]) untersuchte frischen mit Wasser imbibierten Tabaschir; er verlor innerhalb 48 Stunden bei Zimmertemperatur 61,9%, bei 100° 62,5%, beim Glühen 63,57% Wasser. Andere Stücke sollen etwas weniger verloren haben. Berechnet man nach dieser Zusammenstellung, wie es O. Bütschli getan hat, das spezifische Gewicht der reinen amorphen Kieselsäure aus dem Wassergehalte und dem gefundenen spez. Gewicht der einzelnen Tabaschirarten, so schwanken die Werte zwischen 2,22 und 2,28. Das sind somit Zahlen, die mit dem spezifischen Gewichte reiner künstlich dargestellter Kieselsäure gut übereinstimmen, die O. Bütschli gleichfalls in einer Tabelle zusammengestellt hat.

Löslichkeit. Poleck fand, daß die amorphe Kieselsäure in Wasser etwas löslich sei: 100 Teile Wasser lösen 0,05 Teile Tabaschir.

Die bedeutende Aufsaugungsfähigkeit des Tabaschirs führt O. Bütschli in gleicher Weise, wie beim Hydrophan auf die feine globulitisch-wabige Struktur zurück.

Melanophlogit.

Unter diesem Namen wurde von A. v. Lasaulx ein Kieselsäuremineral beschrieben, das durch einen Schwefelgehalt ausgezeichnet ist, über dessen wahre Natur wir trotz der eingehendsten Untersuchungen einer großen Anzahl von Forschern heute noch im unklaren sind.

Analysen und chemische Eigenschaften.

	1.	2.	3.	4.
δ	2,04	—	—	—
SrO . . .	2,80	—	—	—
Fe_2O_3 . . .	0,70	0,25	0,43	0,29
SiO_2 . . .	86,29	89,46	91,12	93,18
H_2O . . .	2,86	2,42	1,52	1,32
SO_3 . . .	7,20	5,60	5,30	6,19
C	—	1,33	—	—
	99,85	99,06	98,37	100,98

[1]) D. Brewster, Phil. Trans. London 1819, 283 und Schweiggers Journ. f. Chem. u. Phys. **29**, 411.
[2]) L. Weber bei F. Cohn, Beitr. z. Biol. d. Pflanzen **4**, 392 (1887).
[3]) O. Bütschli, Abh. k. Geol. Wiss. Göttingen nat.-math. Kl. 1908, 149.
[4]) J. H. S. Aumann bei J. W. Mallet, Ch. N. **38**, 108 (1878).
[5]) Jardine bei D. Brewster, (l. c.).
[6]) J. L. Marie, Phil. Trans. London 1791, 368.
[7]) Guibowst, Journ. Pharm. [3] **27**, 81 (1855).
[8]) Poleck, Jahresber. schlesischer Ges. f. vaterl. Kultur 1886, 181.

1. Melanophlogit von Girgenti in Sizilien; anal. A. v. Lasaulx, N. JB. Min. etc. 1876, 256.

2. Melanophlogit vom gleichen Fundorte; anal. G. Spezia, Mem. R. Accad. Linc. **15** (1883).

3. Melanophlogit vom gleichen Fundorte; anal. F. Pisani, Bull. Soc. min. **11**, 298 (1888).

4. Das gleiche Mineral von ebendort; anal. G. Friedel, Bull. Soc. min. **13**, 356 (1890).

Während die früheren Analytiker, A. v. Lasaulx und G. Spezia, den Schwefelgehalt auf die Anwesenheit von SO_3 zurückführten, wandte sich A. Streng[1]) dagegen. Er fand, daß Melanophlogit nur dann SO_3 gibt, wenn er mit einem oxydierenden Schmelz- oder Lösungsmittel aufgeschlossen, also nur dann, wenn S in SO_3 übergeführt wurde. Wenn man ihn aber z. B. mit Flußsäure aufschließt, so bekommt man fast gar kein SO_3. Auch auf mikrochemischem Wege konnte niemals SO_3 nachgewiesen werden. G. Friedel[2]) nimmt aber dann wieder SO_3 als charakteristischen Gemengteil an und glaubt den Melanophlogit durch Einwirken von SO_3 Dampf auf Opal entstanden und betont, daß er immer mit diesem zusammen vorkommt (was aber durchaus nicht zutrifft). Da die Kristalle auf Schwefel sitzen, so kann die Temperatur bei dieser Umwandlung nicht über 100^0 gewesen sein. Er gibt dem Melanophlogit die Formel $SO_3 . 20SiO_2$. A. Streng[3]) hat dann seine Untersuchungen wiederholt und bekam abermals kein SO_3. Als er größere Mengen von diesem Minerale mit Flußsäure übergoß, bekam er aber deutlichen Schwefelwasserstoffgeruch, es war also S enthalten. Da nun andere Metalle, an die der Schwefel gebunden sein könnte, fehlen, so glaubt A. Streng, daß der Schwefel an Si gebunden sei; da freies SiS_2 sich aber mit Wasser zu SiO_2 und H_2S umsetzt, so kann SiS_2 in freier Form im Mineral nicht vorhanden sein, es könnte aber molekular an SiO_2 gebunden sein, wenn man nicht annehmen wollte, daß eine mechanische Beimengung irgend einer schwefelhaltigen organischen Substanz vorliege. A. Streng hat an einigen Proben durch Fällung mit einer Lösung von AgF in HF verschiedene Schwefelgehalte nachgewiesen.

Es entspann sich eine Diskussion zwischen G. Friedel,[4]) der die Strengsche Ansicht verwirft, und A. Streng,[5]) der seine Ansicht nochmals vertritt.

Lötrohrverhalten. A. v. Lasaulx fand, daß dieses Mineral beim Erhitzen zuerst grau, dann aber lichter- und schließlich dunkelschwarzblau wird. Schmilzt mit Borax zu farblosem Glase.

Verhalten beim Erhitzen in Gasen. G. Spezia[6]) erhitzte Melanophlogit in Sauerstoff 4 Stunden bei Weißglut und erhielt partielle Graufärbung, nicht aber im Wasserstoffstrom unter den gleichen Bedingungen. Er behandelte geschwärzte Kristalle mit Flußsäure und es blieben schwarze Flitter zurück, die schon bei dunkler Rotglut verschwanden. G. Spezia schließt daraus, daß das Schwarzwerden des Melanophlogits beim Erhitzen auf einem Gehalt an Kohlenstoff beruhe, der aber dadurch, daß er von Kieselmassen umschlossen sei, nicht an

---

[1]) A. Streng, Ber. d. oberhessischen Ges. f. Nat.- u. Heilkunde 1890, 114. — Ref. N. JB. Min. etc. 1891[I], 19.

[2]) G. Friedel, Bull. Soc. min. **13**, 362 (1890).

[3]) A. Streng, N. JB. Min. etc. 1891[II], 211.

[4]) G. Friedel, Bull. Soc. min. **14**, 74 (1891).

[5]) A. Streng, N. JB. Min. etc. 1893[I], 27.

[6]) G. Spezia, l. c.

der Luft vollkommen verbrenne. A. Streng[1]) erklärt dieses Schwarzwerden beim Erhitzen durch die Umwandlung des Eisenoxyds — alle Melanophlogite enthalten Fe_2O_3 — in Schwefeleisen durch die Wirkung des Schwefelsiliciums.

Physikalische Eigenschaften.

Der Melanophlogit tritt in Würfeln auf, die aber von manchen als Rhomboeder angesehen werden, da der Winkel nicht immer genau (nach den einzelnen Messungen) 90° beträgt. Nach E. Bertrand[2]) besteht er aus sechs tetragonalen Pyramiden, deren Spitzen in der Mitte des Würfels liegen. Nach F. Zamboninis[3]) Messungen handelt es sich aber um echte Würfel und er hält die Felderteilung, die er sehr unregelmäßig findet, durch ungleiche Verteilung des Farbstoffs hervorgerufen. Nach G. Friedel ist er optisch einachsig, hat schwache positive Doppelbrechung; **Brechungsquotienten:** $N_\alpha = 0{,}012$, $N_\gamma = 0{,}013$. Die Doppelbrechung verschwindet beim Erhitzen auf 400°, wie E. Mallard[4]) fand. Nach F. Zambonini ist die Doppelbrechung anormal; ein farbloser Kristall blieb im polarisierten Lichte vollkommen dunkel. Beim Erhitzen optisch anormaler Kristalle traten keine einheitlichen Veränderungen ein; die durch Erhitzen erhaltene Verminderung der Doppelbrechung blieb auch nach dem Erkalten erhalten.

Dichte. Die Dichte ist schwankend zwischen 1,99 und 2,05.

Synthese und Genesis.

Synthese. G. Spezia[5]) behandelte innerhalb einiger Tage gallertige Kieselsäure mit Schwefelsäure und glühte dann die getrocknete Masse mehrere Stunden lang. In Wasser wird sie dann nicht mehr vollkommen durchsichtig und die saure Reaktion tritt erst nach einiger Zeit auf; beim Erhitzen kann man die Schwefelsäure vollkommen entfernen. Wird das Auswaschen der Schwefelsäure bei niedriger Temperatur, auch durch längere Zeit vorgenommen, so bleibt eine nicht unbedeutende Menge der Säure zurück, wobei die Kieselsäure hart wie Opal wird.

Genesis. Die Ansicht G. Friedels ist schon S. 270 erläutert. A. Streng[6]) nimmt seiner Theorie entsprechend an, daß sich die Bildung etwa folgendermaßen vollzogen haben könnte: In einer Schwefelwasserstoff enthaltenden Atmosphäre haben sich Umwandlungen vollzogen, die die Bildung von Schwefelsilicium bewirkt haben können; ein solcher Fall wäre z. B. bei der Einwirkung von Fluorsiliciumgas auf Schwefelwasserstoffgas. Dabei konnte sich, wenn nicht zu bedeutende Mengen von Wasserdampf zugegen waren, gelegentlich auch SiO_2 gebildet haben.

Der Melanophlogit kommt stets mit Schwefel zusammen vor. Er wird begleitet von Gips und Cölestin, deren Altersbeziehungen nicht genau festzustellen waren.

---

[1]) A. Streng, N. JB. Min. etc. 1891 II, 214.
[2]) E. Bertrand, Bull. Soc. min. **3**, 60 (1880).
[3]) F. Zambonini, Z. Kryst. **41**, 48 (1906).
[4]) E. Mallard, Bull. Soc. min. **13**, 180 (1890).
[5]) G. Spezia, l. c.
[6]) A. Streng, N. JB. Min. etc. 1891 II, 214.

Sulfuricin.

Unter dem Namen Sulfuricin beschrieb Guyard[1]) ein neues Kieselsäuremineral aus Griechenland, das von weißer Farbe und spröde ist. Stellenweise ist es mit Schwefel imprägniert. Die Analyse ergab

MgO	0,37
CaO	1,25
Al_2O_3	0,43
Fe_2O_3	0,57
SiO_2	80,38
SO_3	6,80
S	4,10
H_2O	6,10
	100,00

A. Brezina[2]) hält dieses Mineral wegen seiner ähnlichen Zusammensetzung für dem Melanophlogit nahestehend. Dagegen spricht aber der bedeutend höhere Wassergehalt. Möglicherweise handelt es sich um ein Gemenge, dessen Hauptbestandteil amorphe wasserhaltige Kieselsäure ist. Der freie Schwefel ist wahrscheinlich mechanisch beigemengt.

[1]) Guyard, Bull. Soc. chim. **22**, 61 (1874).
[2]) A. Brezina, Tsch. min. Mit. 1876, 243. — In J. k. k. geol. R.A. **26** (1876).

SILICATE.

Einteilung der Silicate.

Von **C. Doelter** (Wien).

Wie schon Seite 97 erwähnt, wird in diesem Werke eine Unterscheidung gemacht zwischen den einfach zusammengesetzten Silicaten und jenen, welche Aluminium (oder Bor, dreiwertiges Eisen usw.) enthalten. Als weiteres Einteilungsprinzip wurde nicht, wie dies vielfach üblich ist, nach der Säure unterschieden, obgleich dieses Einteilungsprinzip, nämlich die Einteilung in Meta-, Orthosilicate, saure Silicate oder Polysilicate eine bequemere ist; jedoch sind die Meinungen darüber, ob ein Silicat zu der einen oder der andern Klasse gehörig ist, nicht übereinstimmende, und solange nicht mit Sicherheit, was bis jetzt nicht der Fall ist, nachzuweisen ist, in welche dieser Abteilungen die einzelnen Mineralien einzureihen sind, ist es besser, dieses gegenwärtig noch hypothetische Moment wegzulassen. Erst in einer Zeit, in welcher unsere Kenntnis der chemischen Konstitution eine vollkommenere sein wird (was, wie früher gezeigt wurde, jetzt noch nicht der Fall ist), wird diese Einteilung durchführbar sein.

In den mineralogischen Werken ist es vielfach üblich, große Gruppen, z. B. Feldspatgruppe, Granatgruppe, Pyroxengruppe zu unterscheiden, was, da es sich besonders darum handelt, Mineralien mit ähnlichen kristallographischen Eigenschaften zusammenzubringen, sehr zweckmäßig erscheint, weil dadurch die Isomorphie als Haupteinteilungsprinzip hervortritt. In einer Mineralchemie müssen jedoch die chemischen Eigenschaften mehr zum Ausdruck gelangen, als in einem mineralogischen Werke und dies ist nur möglich, wenn die Verbindungen, welche wesentlich dasselbe Metall enthalten, zusammengefaßt werden. Daher werden hier die Silicate eingeteilt nach den Metallen: Li, Na, K, Be, Mg, Ca, usw. Dabei ergibt sich auch vom chemischen Standpunkt die Schwierigkeit, daß viele Silicate aus Kieselsäure und zwei Metalloxyden bestehen, so daß es wie übrigens bei jeder künstlichen Einteilung oft nicht leicht ist, eine scharfe Unterscheidung zu treffen. Um jedoch auch die so wichtigen chemisch-kristallographischen Eigenschaften hervortreten zu lassen, wurde bei den großen Mineralgruppen eine Übersicht der einzelnen, in der Natur vorkommenden Verbindungen gegeben, so daß ein Aufsuchen derselben auch dem an das übliche Mineralsystem gewöhnten Leser ohne Schwierigkeit ermöglicht wird.

Die Borsilicate folgen zum Schluß nach den Al- bzw. Fe-Silicaten. Ebenso wurden die Verbindungen, welche als Säuren Titansäure neben Kieselsäure enthalten, nach den reinen Silicaten behandelt, und ebenso die Silico–Zirkoniate. Alle diese aus den zwei säurebildenden Elementen bestehenden Verbindungen wurden derart eingereiht, daß solche, die Ti und Si enthalten, bei Titan betrachtet wurden, ebenso stehen die Silico–Zirkoniate bei Zirkonium.

Wie auch bei früheren Abteilungen, z. B. bei den Carbonaten, ist im allgemeinen die Einteilung die, daß die einwertigen Elemente Li, Na, K den zweiwertigen: Mg, Ca, Fe, Mn, Zn vorausgehen, wobei nach dem Atomgewicht vorgegangen wird. Wir haben demnach zuerst die einfachen tonerdefreien Silicate in jener Anordnung zu betrachten. Wasserhaltige Silicate werden nicht als besondere Klasse abgetrennt, sondern nach ihrem Metall an die wasserfreien angereiht, also beispielsweise zuerst wasserfreie Ca-Silicate, dann wasserführende angeführt.

Ähnlich wird bei den Tonerdesilicaten vorgegangen, wobei zuerst die einfachen Alumosilicate, wie Al_2SiO_5, dann die komplexen angereiht werden.

Ebenso werden chlor- und fluorhaltige Silicate nach den entsprechenden chlorfreien Silicaten untergebracht, also z. B. die fluorhaltigen Berylliumsilicate nach den wasserhaltigen Berylliumsilicaten, die schwefelhaltigen Silicate ebenfalls unmittelbar nach den betreffenden schwefelfreien.

Die isomorphen Mischungen, welche ja bei Silicaten häufig sind, erscheinen bei den entsprechenden reinen Komponenten nach dem vorwiegenden Metall; wo mehrere Metalle, wie bei Feldspat, Granat u. dergl. vorhanden sind werden sie zumeist nach den reinen Verbindungen zum Schlusse angeführt.

1. Einfache Silicate:
   - Li-, Na-, K- und Be-Silicate,
   - Mg- und Ca-Silicate,
   - Wasserhaltige Mg- und Ca-Silicate,
   - Wasserfreie Mn- und Fe-Silicate.
   - Wasserführende Mn- und Fe-Silicate,
   - Zinksilicate,
   - Bleisilicate,
   - Kupfersilicate,
   - Wismutsilicate.
2. Reine Aluminiumsilicate:
   - Wasserfreie Silicate,
   - Wasserführende Silicate.
3. Reine Ferrisilicate.
4. Komplexe Alumosilicate:
   - Li-Silicate,
   - Na- und K-Silicate,
   - Be-Silicate,
   - Mg- und Ca-Silicate,
   - Mn-Fe-Silicate.
5. Borosilicate.
6. Wasserhaltige Silicate mit Schwefelsäure, Kohlensäure.

Die Silicate mit Titan, Zirkon und Niob (Tantal) werden bei den Elementen Ti, Zr, Nb betrachtet werden.

Analysenmethoden der Be-Silicate: Bertrandit, Phenakit.

Von **M. Dittrich** (Heidelberg).

Hauptbestandteile: SiO_2, Be, H_2O.

Nebenbestandteile: Fe, Ca, Na.

Wasser. Die Bestimmung des Wassers kann durch Ermittelung des Glühverlustes oder nach der in Bd. I, S. 589 u. f. oder Bd. II, S. 111 beschriebenen Methode erfolgen.

Kieselsäure und Beryllium. Da die Mineralien in Säuren unlöslich sind, müssen sie durch Schmelzmittel aufgeschlossen werden; es geschieht dies mit Natriumcarbonat, Borsäure usw., wie dies im allgemeinen Teil beschrieben ist.

Nach Abscheidung der Kieselsäure erfolgt in den eingedampften Filtraten die Fällung des Berylliums nach den Untersuchungen von E. Schwarzenauer im Laboratorium des Verfassers[1]) durch Ammoniak in der Weise, daß man die Lösung unter Zusatz von 5—10 g Ammoniumsalz erhitzt, nach dem Abkühlen auf ca. 60° mit kohlensäurefreiem Ammoniak in geringem Überschuß versetzt und einige Zeit warm hält.[2]) Da der Niederschlag noch viel Kochsalz einschließt, muß er nochmals in Salpetersäure gelöst und wie eben beschrieben durch kohlensäurefreies Ammoniak gefällt werden; den Waschwässern ist jedesmal zweckmäßig etwas Ammoniumnitrat zuzusetzen. Der Niederschlag wird im Platintiegel verascht, vor dem Gebläse scharf geglüht und als Be_2O_3 gewogen.

Eisen. Ist noch Eisen zugegen, so wird der Glührückstand mit Kaliumbisulfat geschmolzen (siehe Bd. I, S. 568) und nach Lösung der Schmelze und Reduktion des Eisens durch Schwefelwasserstoff mit Permanganat titriert.

Calcium. Im Filtrat von Beryllium und Eisen wird nach dem Ansäuern mit Essigsäure das Calcium durch Ammoniumoxalat (2 mal) gefällt und als CaO gewogen (siehe Bd. I, S. 589).

Natrium. Die Bestimmung der Alkalien erfolgt nach L. Smith (siehe Bd. I, S. 572).

Fluorhaltige: Leukophan, Melinophan, Epididymit.

Hauptbestandteile: SiO_2, Be, Ca, Na, Fl, H_2O.

Nebenbestandteile: Mn, Fl, Al.

Fluor. Die Bestimmung des Fluors erfolgt wie in Bd. I, S. 586 angegeben.

Mangan. Die Bestimmung des Mangans erfolgt im Filtrat von Beryllium durch Einleiten von Schwefelwasserstoffgas; der Niederschlag ist wieder zu lösen, nochmals durch Ammoniumsulfid zu fällen und durch Glühen in Mn_3O_4 überzuführen.

---

[1]) E. Schwarzenauer, Dissertation (Heidelberg 1910).

[2]) Neuerdings empfehlen Bleyer u. Boshart, Z. f. anal. Chem. **51**, 748 (1912), die Fällung des Berylliums durch Ammoniak in geringem Überschuß in der Kälte vorzunehmen.

Eisen, Aluminium, Beryllium. Die Trennung des Berylliums vom Eisen und Aluminium beruht auf der Löslichkeit des Berylliumhydroxyds in Ammoniumcarbonat. Man erwärmt den Ammoniumniederschlag der drei Metalle mit einem großen Überschuß von Ammoniumcarbonat (1 : 4), dem man etwas Schwefelammonium zugefügt hat, kurze Zeit auf dem Wasserbade, filtriert und verdampft das Filtrat in einer Platinschale zur Trockne. Den geglühten Rückstand schmilzt man mit Natriumhydrosulfit, laugt die Schmelze mit Wasser aus, filtriert etwa vorhandene Kieselsäure ab, fällt das Beryllium durch Ammoniak aus und führt es durch Glühen in Oxyd über.

Eine andere Trennung von Aluminium allein beruht nach F. S. Havens[1]) auf der Verwendung ätherischer Salzsäure, wobei Aluminium in Lösung geht, während Beryllium gelöst bleibt.

Lithium-, Natrium- und Kaliumsilicate.

Von **C. Doelter** (Wien).

In der Natur kommen nur solche Silicate vor, welche neben den genannten Metallen auch Aluminium enthalten. Reine Lithiumsilicate sind künstlich dargestellt worden und wurden Bd. I, S. 749 erwähnt. Das Natriummetasilicat siehe dort S. 750. Über Kaliummetasilicat ist wenig bekannt, die Darstellung siehe in den Handbüchern der anorganischen Chemie.

Berylliumsilicate.

Von **C. Doelter** (Wien).

Berylliumsilicat kommt in der Natur als Orthosilicat (Phenakit), dann als wasserhaltiges Silicat, welches als Disilicat aufgefaßt wurde, im Bertrandit vor.

Ferner kommt das Berylliumsilicat in isomorpher Mischung mit analogen Orthosilicaten des Mangans, des Eisens und des Zinks, z. B. im Trimerit, vor; einige sind schwefelhaltig. Es sind dies die Mineralien Helvin und Danalith. Endlich haben wir fluorhaltige und auch fluorfreie isomorphe Mischungen von Berylliumsilicat mit Calcium- und Natriumsilicaten. Die fluorfreien Natrium-Berylliumsilicate sind der Epididymit und der Eudidymit.

Die fluorhaltigen Beryllium-, Natrium- und Calciumsilicate sind der Melinophan und der Leukophan.

Zwischen Trimerit, Phenakit sowie dem Zinksilicat Willemit und dem Cu-Hydroxydulorthosilicat Dioptas existieren nach W. C. Brögger[2]) morphotropische Beziehungen; er unterscheidet bei den Orthosilicaten eine rhombische Reihe, wenn $R = Ca$, Mg, Mn, Fe ist, eine rhomboedrisch-tetartoedrische, wenn $R_2 = Be_2$ oder (H_2Cu) ist und eine rhomboedrisch-hemiedrische Reihe, wenn $R = Zn$ ist, und endlich eine asymmetrische, wenn $R_2 = (Mn.Be)_2$ ist.

[1]) F. S. Havens, Z. anorg. Chem. **16**, 15 (1898).
[2]) W. C. Brögger, Z. Kryst. **18**, 377 (1891).

Phenakit (Berylliumorthosilicat).

Rhomboedrisch-tetartoedrisch. $a:c = 1:0,661$ (N. v. Kokscharow).

Analysenresultate.

Ältere Analysen.

	1.	2.	3.	4.	5.
BeO	44,47	45,57	44,00	45,32	45,23
MgO	Spur	} 0,09	—	0,14 {	Spur
CaO	—				—
(Al_2O_3)	Spur	—	—	—	Spur
(Fe_2O_3)	—	—	0,59	—	—
SiO_2	55,14	54,40	54,84	54,71	53,96
	99,61	100,06	99,43	100,17	99,19

1. Von der Takowaja (Sibirien); anal. von Hartwall bei A. E. Nordenskjöld, Pogg. Ann. **31**, 60 (1834).
2. Von Framont, Elsaß; anal. G. Bischof, Pogg. Ann. **34**, 525 (1835).
3. Von Reckingen (Wallis); anal. von F. H. Hatch bei G. Seligmann, Ber. niederrh. Ges., Jahrg. 1885, 168.
4. Von Durango, Mexico am Cerro del mercado; anal. von K. v. Chroustchoff, (Cerro del mercado, Würzburg 1878, 49).
5. Von demselben Fundort; anal. von demselben, nach C. Hintze, Handb. d. Min. II, 43 (Leipzig 1897).

Neuere Analysen.

	6.	7.	8.
δ	—	—	2,963
Li_2O	Spur	—	—
Na_2O	0,21	—	—
BeO	45,57	45,60	45,17
SiO_2	54,46	54,42	54,27
H_2O	0,26	—	0,53
	100,50	100,02	99,97

6. Monte Antero (Colorado); anal. E. S. Sperry, Am. Journ. **36**, 317 (1888).
7. Von ebenda; anal. S. L. Penfield, ebenda.
8. Von Ober-Neusattel (Böhmen); anal. K. Preis bei K. Vrba, Z. Kryst. **24**, 122 (1895); auch Sitzber. Böhm. Ges. Wiss. 1897, Nr. 29.

	9.	10.	11.	12.
		$\delta = 2,972$		
Na_2O	0,34	0,44	0,39	—
BeO	43,75	43,57	43,66	45,53
MgO	0,27	0,31	0,29	—
CaO	0,49	0,32	0,40	—
Al_2O_3	0,33	0,41	0,37	—
SiO_2	54,97	54,85	54,91	54,47
H_2O	0,21	0,27	0,24	—
	100,36	100,17	100,26[1])	100,00

[1]) Im. Original 100,28.

9., 10., 11. Von Tangen bei Kragerö; anal. L. Andersen-Aars, Inaug.-Diss. Freiburg i. Br. 1905. — Ref. ZB. Min. etc. 1907, 248.
12. Theoret. Zusammensetzung.

Formel. Aus den Analysen ergibt sich die Formel Be_2SiO_4.

Umwandlung des Phenakits.

Als Pseudomorphose wurde ein Mineral von Greenwood gedeutet, welches C. H. Warren[1]) untersuchte.

Er fand, daß das Mineral aus Quarz und einem glimmerähnlichen Mineral bestand; außer einem Gehalt an Quarz und gebundener Kieselsäure im Betrage von 72,11 % fand er:

Li_2O	0,68	Al_2O_3	19,30
Na_2O	1,17	Fe_2O_3	0,54
K_2O	0,67	H_2O	5,53

Beryllium war nicht nachzuweisen.

Synthese des Phenakits.

G. A. Daubrée[2]) ließ bei Rotglut einen Strom von Chlor–Silicium auf Beryllerde einwirken und erhielt Kristalle, welche er für Phenakit hielt. Ch. Ste. Claire-Deville[3]) prüfte diese, wobei es sich zeigte, daß sie nicht die Zusammensetzung des Orthosilicats zeigten, sondern 29,3% BeO und 70,7% SiO_2 enthielten, also eher einem Metasilicat $BeSiO_3$ entsprachen.

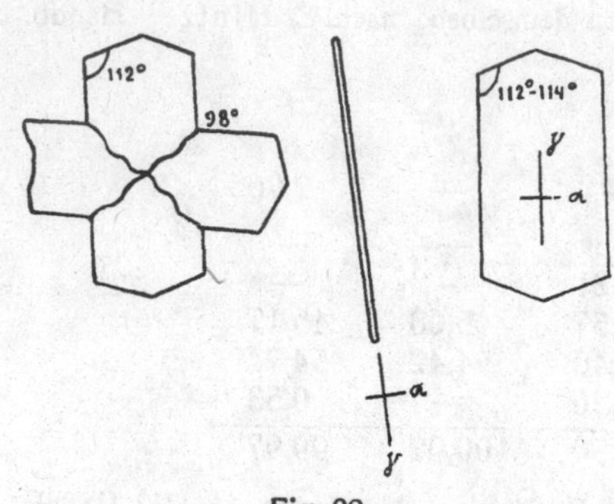

Fig. 32.

L. Ebelmen schmolz Kieselsäure und Beryllerde mit Borax zusammen und erhielt hexagonale Prismen, welche einer Untersuchung A. Mallards[4]) zufolge optisch positiv sind und vielleicht Phenakit sind.

Die Synthese des Phenakits habe ich[5]) durch Zusammenschmelzen des leicht schmelzbaren Berylliumnitrats mit 2 g SiO_2 durchgeführt, wobei als Schmelzmittel noch Ammoniumfluorid zugesetzt wurde, dabei wurde die fünffache Menge des Nitrats angewandt. Die Schmelze wurde im Fourquignonofen nicht dünnflüssig. Es bildeten sich kurzsäulige Kristalle; Prisma, Basis und Rhomboeder. Winkel Prisma:Rhomboeder 110—114° (Fig. 32). Die Brechungsquotienten

$$N_\varepsilon > 1,650, \qquad N_\omega = 1,650$$

sind die des natürlichen Phenakits. Doppelbrechung schwach, positiv.

---

[1]) C. H. Warren, Z. Kryst. **30**, 600 (1899).
[2]) G. A. Daubrée, C. R. **39**, 135 (1856).
[3]) Ch. Ste. Claire-Deville, C. R. **52**, 1304 (1861).
[4]) A. Mallard, C. R. **105**, 227 (1887).
[5]) Unveröff. Mitt. (siehe Fig. 33).

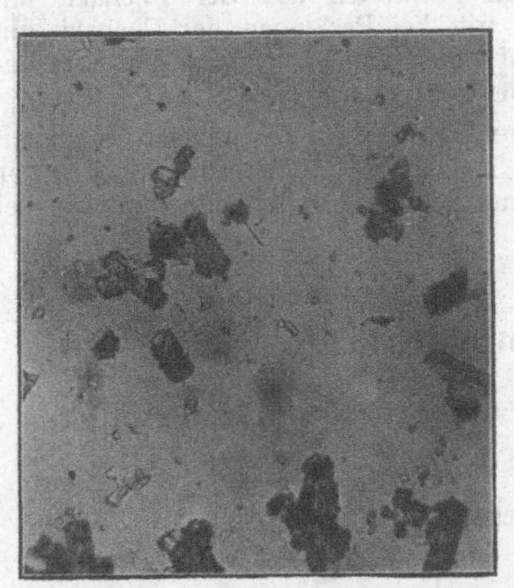

Fig. 33. Künstlicher Phenakit.

Chemische und physikalische Eigenschaften.

Vor dem Lötrohr unschmelzbar. Schmelzpunkt unbekannt, jedenfalls sehr hoch.

Säuren greifen den Phenakit nicht an.

Optische Eigenschaften. — Bestimmungen der Brechungsquotienten liegen vor von A. Des Cloizeaux[1]) und A. Offret.[2])

Brechungsquotienten nach A. Offret:

	Li-Linie	D-Linie	grüne Cd-Linie	blaue Cd-Linie
N_ω	1,6509	1,6542	1,6570	1,6610
N_ε	1,6666	1,6700	1,6729	1,6770

Die Brechungsquotienten nehmen mit der Temperaturerhöhung von 100° nur um 0,00108 zu.

Wasserhell, gelblich, mitunter Stich ins Rosenrote.

Dichte 2,966—3,00. Härte $7^1/_2$. Pleochroitisch.

Pyroelektrisch nach G. Hankel.[3])

Phosphoreszenz, schwach nach Th. Liebisch.[4])

Vorkommen und Genesis.

An mehreren Fundstellen (Miasc, Pike's Peak u. a.) kommt Phenakit mit Amazonit, Topas und Quarz vor; es handelt sich offenbar um pneumatolytische Bildungen, um so mehr als die Mineralien in Pegmatitgängen auftreten; hier wäre also eine Entstehung möglich, wie sie G. A. Daubrée experimentell

[1]) A. Des Cloizeaux, Man. de Minéral. (Paris 1874), **2**, IX.
[2]) A. Offret, Bull. Soc. min. **13**, 568 (1890).
[3]) G. Hankel, Ber. säch. Ges. d. Wissenschaften **12**, 551 (1882).
[4]) Th. Liebisch, Sitzber. Berliner Ak. 1912, XIII, 237.

versucht hat (vgl. S. 278). An andern Fundorten tritt der Phenakit mit Brauneisenerz zusammen auf. Endlich tritt bei Reckingen der Phenakit mit Adular und Eisenglanz sowie Quarz auf; hier handelt es sich um Drusenmineralien, deren Bildung J. Koenigsberger erklärte (vgl. S. 44 ff.).

Nach K. v. Chroustschoff[1]) kommt Phenakit als wesentlicher Bestandteil eines amphibolführenden Quarzporphyrs, am Cerro del Mercado (Mexico) vor und müßte man also hier auf Bildung aus Schmelzfluß schließen, wie sie bei meiner Synthese vorlag.

Bertrandit (Berylliumhydroorthosilicat).

Rhombisch-pyramidal. $a:b:c = 0{,}5973:1:0{,}5688$ (S. L. Penfield).
Synonyma: Hessenbergit, Sideroxen.

Analysenresultate.

Ältere Analysen.

	1.	2.	3.	4.	5.
BeO	42,00	39,6	42,62	41,45	42,02
CaO	—	1,0	—	0,25	—
Fe_2O_3	1,40	—	—	—	—
SiO_2	49,26	51,80	49,90	51,03	50,42
H_2O	6,90	8,40	7,94	7,18	7,56
	99,56	100,80	100,46	99,91	100,00

1. Von Barbin, anal. A. Damour, Bull. Soc. min. **6**, 254 (1883).
2. Von Monte Antero; anal. S. L. Penfield, Am. Journ. **36**, 52 (1888).
3. Von Pisek; anal. K. Preis bei K. Vrba, Z. Kryst. **15**, 209 (1889).
4. Von Iveland, Norw.; anal. Th. Vogt, Z. Kryst. **50**, 12 (1912).
5. Theoret. Zusammensetzung.

Eine weitere neue Analyse von P. Pilipenko gibt, wie der Autor selbst bemerkt, einen auffallenden Wassergehalt, welcher den der theoretischen Zusammensetzung weit übersteigt. Indessen darf nicht vergessen werden, daß bei solchen Silicaten, bei denen der Wassergehalt oft bei sehr hohen Temperaturen entweicht, die Wasserbestimmung niemals sehr genau sein kann.

	6.
δ	2,603
BeO	40,67
CaO	Spur
Al_2O_3	Spur
Fe_2O_3	Spur
SiO_2	50,12
H_2O	8,87
	99,66

6. Vom Irkutskeberg (Altai); anal. P. Pilipenko, Bull. Ac. St. Petersburg, Sér. VI, **3** (1909), russisch.

[1]) K. v. Chroustschoff, Cerro del mercado, Würzburg 1878, 49.

Der Sideroxen oder Hessenbergit ist nach Fr. Grünling[1]) kristallographisch identisch mit Bertrandit. Eine Analyse liegt nicht vor.

Die Analysen des Bertrandits führen zu der **Formel:**

$$H_2Be_4Si_2O_9 = 2(Be_2SiO_4) . H_2O$$

oder nach P. Groth

$$(Be . OH)_2Be_2Si_2O_7 .$$

Analog zusammengesetzt sind die Bleisilicate Kentrolith und Melanotektit (siehe diese bei Bleisilicaten). Kristallographisch ähnlich sind die häufig in derselben Gruppe angeführten Aluminiumsilicate Dumortierit, Zuniit, welchen von manchen der Staurolith, dessen Formel noch nicht ganz sichergestellt ist, angereiht wird.

K. Vrba[2]) hat auch auf die kristallographische Ähnlichkeit mit Kieselzink hingewiesen.

Chemische und physikalische Eigenschaften.

Schmelzpunkt unbekannt; vor dem Lötrohr unschmelzbar, verändert sich, indem er undurchsichtig und weiß wird. Das Wasser tritt erst bei heller Rotglut aus, weshalb man annehmen kann, daß Wasserstoff und Sauerstoff als Hydroxyl vorhanden sind. P. Groth schreibt daher unter Annahme der Hypothese, daß die Gruppe Be.OH vorhanden:

$$(OH . Be)_2 . Be_2Si_2O_7 .$$

In Säuren unlöslich. Durch Calciumcarbonat oder Alkalicarbonat wird er im Schmelzfluß aufgeschlossen.

Optische Eigenschaften. Bestimmungen der Brechungsquotienten liegen von E. Bertrand[3]) K. Vrba,[4]) R. Scharizer,[5]) S. L. Penfield[6]) und Th. Vogt[7]) vor.

Dieser fand mit Natriumlicht

$$N_\alpha = 1,5914$$
$$N_\beta = 1,6053$$
$$N_\gamma = 1,6145$$
$$N_\gamma - N_\alpha = 0,0231$$
$$\text{Achsenwinkel } 2V_\alpha = 74^0\,41'$$

Glas- bis Perlmutterglanz, wasserhell bis durchscheinend.
Dichte 2,6. Härte $6^1/_2$. Drei Spaltrichtungen.
Die künstliche Darstellung wurde bisher nicht versucht.

Genesis.

Bertrandit kommt meistens mit Beryll vor. Er findet sich auch in Hohlräumen, welche früher von Beryllkristallen ausgefüllt waren; man hat daher

[1]) Fr. Grünling, Z. Kryst. **39**, 386 (1903).
[2]) K. Vrba, Z. Kryst. **15**, 199 (1889).
[3]) E. Bertrand, Bull. Soc. min. **3**, 97 (1880).
[4]) K. Vrba, Z. Kryst. **15**, 199 (1889).
[5]) R. Scharizer, Z. Kryst. **14**, 40. (1888).
[6]) S. L. Penfield, Am. Journ. **36**, 52 (1888).
[7]) Th. Vogt, Z. Kryst. **50**, 13 (1912).

nicht mit Unrecht vermutet, daß sich der Bertrandit aus Beryil gebildet habe. In Iveland wies Th. Vogt[1]) die pseudomorphe Bildung nach, ebenso P. Pilipenko. Als Muttergestein tritt meist Pegmatit auf.

Isomorphe Mischungen von Berylliumorthosilicat mit Orthosilicaten von Mn, Fe und Ca.

Hierher gehören der Trimerit sowie die schwefelhaltigen Silicate Danalith und Helvin, welche jedoch vorwiegend aus Mangansilicaten bestehen und daher bei diesen behandelt werden.

Trimerit (Beryllium-Mangan-Orthosilicat).

Triklin. $a:b:c = 0,5774:1:0,5425$.

Pseudohexagonal nach G. Flink. $a:c = 1:0,9424$.

Analysenresultate.

	1.	2.
δ	3,474	—
BeO	17,08	16,80
MgO	0,61	0,60
CaO	12,44	12,31
MnO	26,86	26,61
FeO	3,87	3,83
SiO_2	39,77	39,85
	100,63	100,00

1. Von der Harstigsgrube (Schweden); anal. G. Flink, Z. Kryst. **18**, 365 (1891).
2. Theoret. Zusammensetzung nach G. Flink.

Daraus ergibt sich demnach die **Formel:** $BeMnSiO_4$, entsprechend der Formel R_2SiO_4, als ein Doppelsalz von Beryllium- und Mangansilicat; da aber auch Calcium vorhanden ist, so könnte es sich auch vielleicht um eine isomorphe Mischung der Orthosilicate: Be_2SiO_4, Ca_2SiO_4 und Mn_2SiO_4 handeln. Eine Entscheidung könnte nur auf dem Wege der Synthese durch Darstellung anderer Mischungen erfolgen; vorläufig werden wir eher annehmen, daß es sich um ein Doppelsalz, analog wie bei Monticellit handelt.

Chemische und physikalische Eigenschaften.

Vor dem Lötrohr schwer zu dunkler Schlacke schmelzbar. In heißer, konz. HCl unter Abscheidung von Kieselgallerte leicht zersetzbar. Dichte 3,474 (nach W. C. Brögger). Härte 6—7. Lachsfarben, stark glänzend.

Brechungsquotienten nach W. C. Brögger[2]):

---

[1]) Th. Vogt. l. c.

[2]) W. C. Brögger, Z. Kryst. **18**, 373 (1891).

	Lithiumlicht	Natriumlicht	Thalliumlicht
N_α	1,7119	1,7148	1,7196
N_β	1,7173	1,7202	1,7254
N_γ	1,7220	1,7253	1,7290

$$N_\gamma - N_\alpha = 0{,}0105$$
$$N_\gamma - N_\beta = 0{,}0051$$
$$2H_a = 101^0\,12'$$
$$2H_0 = 120^0\,1'$$
$$2V_a = 83^0\,29'.$$

Vorkommen.

Der Trimerit kommt mit Kalkspat vor. Das Gestein, auf welchem die Kristalle aufgewachsen sind, ist ein Gemenge von Magneteisen, Pyroxen, Granat, auch Friedelit kommt mit ihm gleichalterig vor.

Beryllium-Natriumhydrosilicat.

Die Verbindung $HNaBeSi_3O_8$ ist dimorph. Sie kristallisiert monoklin als Eudidymit, rhombisch als Epididymit.

Eudidymit monoklin-prismatisch. $a:b:c = 1{,}7108:1:1{,}1071$ $\beta = 93^0 45^1/_2$ (W. C. Brögger).

Epididymit rhombisch-bipyramidal. $a:b:c = 1{,}7367:1:0{,}9274$ (G. Flink).

Eudidymit.

Analysenresultate.

	1.	2.	3.
Na_2O	12,66	12,24	12,65
BeO	11,15	10,62	10,24
MgO	—	Spur	—
SiO_2	72,19	73,11	73,44
H_2O	3,84	3,79	3,67
	99,84	99,76	100,00

1. Von der Insel Övre-Arö (Langensundfjord); anal. G. Flink bei W. C. Brögger, Z. Kryst. **15**, 108 (1889) und **16**, 586 (1890).
2. Von ebenda; anal. A. E. Nördenskjöld (Geol. För. Förh. **9**, 434 (1887).
3. Theoret. Zusammensetzung.

Chemische und physikalische Eigenschaften.

Vor dem Lötrohr leicht zu farblosem Glas schmelzbar. Wie bei Epididymit wird das Wasser erst bei der Gebläsetemperatur ausgetrieben.

Nur in Flußsäure löslich, in anderen Säuren unlöslich. Dichte 2,548. — Härte unter 6.

Glasglanz, auf den Spaltflächen (001) und (010) perlmutterartiger Glanz. Farblos, meist wasserhell.

Brechungsquotienten[1]: $N_\alpha = 1{,}5645$
$N_\beta = 1{,}5685$
$N_\gamma = 1{,}5688$

für Natriumlicht. Achsenwinkel $2V_\alpha = 31^\circ 4'$ (ber.).

Vorkommen und Genesis.

Vorkommen in den Drusenräumen eines grönländischen Pegmatitganges. Als Begleiter erscheinen Eudialith, Arfvedsonit, Ägirin, Neptunit, Katapleit und Orthoklas, Albit und Zirkon, Zeolithe. Nähere Bildungsweise unbekannt; es dürfte sich vielleicht um eine pneumatolytische Entstehung handeln, oder nach W. C. Brögger[2]) um ein während der Zeolithentstehung gebildetes Mineral.

Epididymit.

Analysenresultate.

	1.	2.	3.
δ	2,548	2,55	—
Na_2O	12,88	12,66	12,65
K_2O	—	0,27	—
BeO	10,56	10,22	10,24
SiO_2	73,74	72,04	73,44
H_2O	3,73	4,51	3,67
	100,91	99,70	100,00

1. Von Grönland, wahrscheinlich von Narsasuk bei Igaliko; anal. G. Flink, Geol. Fören Förh. **15**, 195 (1893) und Z. Kryst. **23**, 344 (1894).
2. Von Klein-Arö im Langesundfjord; anal. R. Mauzelius bei Hj. Sjögren, Bull. geol. Inst. Upsala, **4**, 227 (1900).
3. Theoret. Zusammensetzung nach Hj. Sjögren.

Formel. Da das Verhältnis H:Na:Be nahezu = 1 ist, so ergibt sich die einfache Formel:

$$HNaBeSi_3O_8,$$

welches auch die Formel für Eudidymit ist. Ob die beiden Verbindungen im Verhältnis der Polymerie oder der Isomerie stehen, läßt sich nicht entscheiden. Die beiden Kristallarten haben auch kristallographische Ähnlichkeit.

Es liegt hier also ein saures Silicat vor.

Chemische und physikalische Eigenschaften.

Vor dem Lötrohr leicht schmelzbar, wobei sich ein wasserhelles bis weißes Glas bildet.

In Säuren, mit Ausnahme von Flußsäure unlöslich. Das Wasser ist erst bei hoher Temperatur, über dem Gebläse vertreibbar.

Dichte 2,553. — Härte 6.

Glasglanz, auf der Spaltfläche (001) Perlmutterglanz. Farbe weiß. Brechungsquotienten[3]):

---

[1]) G. Flink, Geol. Fören Förh. **15**, 195 (Stockholm 1893). — Z. Kryst. **23**, 353 (1894).
[2]) W. C. Brögger, Z. Kryst. **16**, 169 (1890).
[3]) Nach W. C. Brögger, l. c. 593.

	Rotes Glas	Natriumlicht	Thalliumlicht
N_α	1,54444	1,54533	1,54763
N_β	1,54479	1,54568	1,54799
N_γ	1,54971	1,55085	1,55336
$N_\gamma - N_\alpha$	0,00527	0,00552	0,00573
$2V$	30° 44′	29° 55′	28° 52′.

Vorkommen und Genesis.

Epididymit kommt auf der Insel Arö in Hohlräumen eines schmalen Ganges vor und seine Bildungszeit gehört nach W. C. Brögger[1]) der der Zeolithe an, da er sich auf Analcim abgesetzt hat; es ist das die dritte Phase der Pegmatitgangbildung.

Beryllium-Natrium-Calcium-Fluor-Metasilicat.

Leukophan.

Rhombisch-hemiedrisch. $a:b:c = 0{,}99391:1:0{,}67217$ nach W. C. Brögger.

Analysenresultate.

	1.	2.	3.	4.	5.
δ . . .	—	2,974	2,964	—	2,959
Na_2O . . .	12,78	10,20	11,26	10,27	12,42
K_2O . . .	—	0,31	0,30	0,30	—
BeO . . .	10,35	11,51	10,70	11,97	10,03
MgO . . .	—	—	0,17	—	0,27
CaO . . .	23,08	25,00	23,37	23,37	22,94
MnO . . .	—	1,01	—	—	—
Al_2O_3 . . .	—	—	1,03	—	0,45
SiO_2 . . .	49,46	47,82	47,03	48,38	48,50
F . . .	5,87	6,17	6,57	6,77	5,94
H_2O . . .	0,93	—	—	—	1,08
	102,47	102,02	100,43	101,06	101,63
Nach Abzug F—O:	100,00	99,44	97,98	98,23	99,15

1. Theoretische Zusammensetzung nach der Formel $NaBeCaSi_2O_6F$ mit Vertretung des Fluors durch Hydroxyl im Verhältnis 3:1.
2. Von Låven; anal. H. Erdmann, Vet. Ak. (Stockholm 1840), 91.
3. Von ebenda; anal. C. F. Rammelsberg, Pogg. Ann. **98**, 257 (1856).
4. Von ebenda; anal. C. F. Rammelsberg, Z. Dtsch. geol. Ges. **28**, 57 (1876).
5. Von Groß-Arö; anal. H. Bäckström bei W. C. Brögger, Z. Kryst. **16**, 287 (1890).

Formel des Leukophans und Melinophans.

C. F. Rammelsberg berechnete für diese Verbindungen die Atomverhältnisse:

Na : F : R	R : Si
1 : 1 : 2,7	1,27 : 1
1 : 1 : 2,4	1,13 : 1
1 : 1 : 3,1	1,31 : 1

[1]) W. C. Brögger, l. c. 595.

aus den Leukophananalysen 1, 2 und Analyse 2 des Melinophans (siehe unten), daher ergibt sich die Formel:

$$3(R_4Si_3O_{10}) . 4NaF,$$

wenn Na : R = 1 : 3. Wäre jedoch das wahre Verhältnis 1 : 2,5 und R : Si = 1,25 : 1, so ergäbe sich die Formel:

$$R_5Si_4O_{13} . 2NaF.$$

C. F. Rammelsberg zog die beiden Mineralien zusammen, da er sie für identisch hielt. Aus der Analyse von H. Bäckström an dem Leukophan von Groß-Arö berechnet W. C. Brögger die Quotientzahlen:

$$\begin{array}{ccccc} SiO_2 : & BeO : & CaO : & Na_2O : & F \\ 4 : & 2 : & 2 : & 1 : & 2 \end{array}$$

Aus der Analyse H. Bäckströms für Melinophan berechnet W. C. Brögger

6 : 4 : 4 : 1 : 2.

Daraus ergeben sich nach ihm die Formeln:

$Na_2Be_2(Be . F)_2Ca_4(SiO_3)_4 . (SiO_4)_2$ (Melinophan)
$Na_3Be_2(Be . F)Ca_3(SiO_3)_4 . (SiO_3F)_2$ (Leukophan).

Doch wird hier die ganz willkürliche Hypothese gemacht, daß ein Teil des Fluors an Be, im Leukophan der Überschuß von Fluor an SiO_2 gebunden sei.

W. C. Brögger und H. Bäckström fassen die Verbindungen als Metasilicate $\overset{I}{R}_6\overset{II}{R}_3(SiO_3)_6$ und $\overset{I}{R}_4\overset{II}{R}_4(SiO_3)_6$ auf, doch nimmt W. C. Brögger auch an, daß Fluor an Beryllium gebunden sei, während man mit demselben Recht annehmen kann, daß F an Na gebunden sei. In diesem Falle würde man schreiben:

$BeCaSi_2O_6 . NaF$ (Leukophan)
$Be_2Ca_2Si_3O_{10} . NaF$ (Melinophan).

Hypothesenfrei ergeben sich die empirischen Formeln:

$NaBeCaSi_2O_6F$ (Leukophan)
$NaBe_2Ca_2Si_3O_{10}F$ (Melinophan).

Chemische und physikalische Eigenschaften.

Vor dem Lötrohr phosphoreszierend und unter Anschwellen schmelzbar, wobei sich ein weißes Email bildet. Färbt die Flamme gelb.

In Säuren mit Ausnahme von Flußsäure unlöslich.

Mit Phosphorsalz erhitzt Fluorreaktion.

Dichte des Leukophans: 2,96. — Härte 4, an zersetztem Material 3,3—4. Glasglanz, auf Bruchflächen etwas Fettglanz. Durchscheinend, wasserhell bis grünlichweiß durchscheinend.

Brechungsquotienten:

	Nach A. Michel-Lévy u. A. Lacroix[1])	Nach W. C. Brögger[2]) Natriumlicht	Rotes Glas
N_α	1,570	1,5709	1,5680
N_β	1,591	1,5939—1,5957	1,5903—1,5915
N_γ	1,594	1,5979	1,5948

[1]) A. Michel-Lévy u. A. Lacroix, Minér. d. roches (Paris 1886) 236.
[2]) W. C. Brögger, Z. Kryst. **16**, 286 (1890).

Achsenwinkel für Natriumlicht: 74° 15′[1])
" " Lithiumlicht: 74° 24 1/2′
" " Thalliumlicht: 74° 8′.

Nach A. Des Cloizeaux[2]) hat Temperatursteigerung geringen Einfluß. Das Leukophanspektrum zeigt nach J. Becquerel feine Absorptionsstreifen. Leukophan phosphoresziert mit blauem Licht.

Synthese des Leukophans. Ich habe den Versuch gemacht, den Leukophan künstlich darzustellen. Es wurde ein Gemenge von $BeCO_3$, $CaCO_3$ und SiO_2 mit Natriumfluorid (Natriumbifluoratum Merck) zusammengeschmolzen, wobei das Verhältnis von $BeO : CaO : SiO_2 = 1 : 1 : 2$ war. Der Versuch wurde im Fourquignonofen ausgeführt; da das Gemenge mit Natriumfluorid leicht schmilzt, so war es nicht notwendig, hohe Temperaturen zu benutzen. Es wurden Kriställchen erzielt, welche nach Untersuchung von H. Michel als rhombische bestimmt wurden. Er erhielt:

$$N_\alpha = 1{,}5695 \qquad N_\gamma = 1{,}5932,$$

welche also mit den Werten der natürlichen Kristalle übereinstimmen. Der optische Charakter ist negativ; Doppelbrechung stark. Es dürfte also Leukophan vorliegen.

Vorkommen und Genesis.

Der Leukophan kommt in norwegischen Augitsyeniten mit Ägirin, Glimmer, Feldspat, Astrophyllit, Sodalith usw. vor, und dürfte sich aus einem Schmelzfluß mit Kristallisatoren (Flußspat) gebildet haben, oder durch Pneumatolyse (vgl. S. 288).

Melinophan.

Tetragonal. $a : c = 1 : 0{,}6584$, nach E. Bertrand.

Analysenresultate.

	1.	2.	3.	4.	5.
Na_2O	2,6	8,55	7,21	7,98	7,93
K_2O	—	1,40	0,59	0,23	—
Li_2O	Spur	Spur	Spur	—	—
BeO	2,2	11,74	13,69	9,80	9,11
MgO	0,2	0,11	—	0,16	0,16
CaO	31,5	26,74	29,91	29,56	28,55
Al_2O_3	12,4	1,57	—	4,61	4,99
Mn_2O_3	1,4	—	—	—	—
Fe_2O_3	1,1	—	—	—	—
Nb_2O_5, Ce_2O_3, Y_2O_3, ZrO_2	3,0	—			
SiO_2	44,8	43,66	42,74	43,60	46,05
F	2,3	5,73	5,91	5,43	4,87
H_2O	—	0,30	—	—	—
	—	99,80	100,05	101,37	101,66
abzügl. Fl—O	—	97,40	97,58	99,08	100,00

[1]) W. C. Brögger, Z. Kryst. **16**, 273 (1890).
[2]) A. Des Cloizeaux, Nouv. Rech. Institut **18**, 583 (1897).

1. Von Frederiksvärn; anal. R. Richter, Journ. prakt. Chem. **55**, 449 (1852). (Unsichere Analyse.)

2. Von ebenda; anal. C. F. Rammelsberg, Pogg. Ann. **98**, 257 (1856).

3. Von ebenda; anal. C. F. Rammelsberg, Z. Dtsch. geol. Ges. **28**, 61 (1876), auch Mon.-Ber. Berliner Ak. 1876, 22.

4. Von Arö (Schweden); anal. H. Bäckström bei W. C. Brögger, Z. Kryst. **16**, 288 (1890).

5. Theoret. Zusammensetzung (W. C. Brögger): $NaBeCa(Be.F)Ca[SiO_3]_2[SiO_4]$.

Chemische und physikalische Eigenschaften.

Vor dem Lötrohr unter Anschwellen zu weißem Email schmelzbar, wobei keine Phosphoreszenz bemerkbar ist.

Im übrigen siehe Leukophan.

Dichte 3—3,018. Härte 5.

Glasglanz, durchscheinend bis durchsichtig; weingelb bis honiggelb, setzte Stücke fleischrot bis ziegelrot.

Brechungsquotienten[1]:

N_ε	Rotes Glas	1,5912—1,5929
	Natriumlicht	1,5934—1,5938
	Thalliumlicht	1,5975
N_ω	Rotes Glas	1,6097—1,6114
	Natriumlicht	1,6126—1,6132
	Thalliumlicht	1,6161

Vorkommen und Genesis.

Melinophan kommt mit Feldspat, Eläolith, schwarzem Glimmer, auch mit Erzen, Flußspat, Zirkon usw. in den Augitsyenitgängen Südnorwegens vor; es sind Ausfüllungen von offenen Drusenräumen, und wohl pneumatolytische Bildungen. W. C. Brögger[2]) rechnet den Melinophan zu den während der Hauptphase der pneumatolytischen Bildungen entstandenen Mineralien.

Magnesiumsilicate.

Wir unterscheiden wasserfreie und wasserhaltige Magnesiumsilicate. Die ersteren zerfallen in Ortho- und Metasilicate. Orthosilicate sind in den Mineralien der Olivingruppe enthalten; außer dem reinen Magnesiumorthosilicat (Forsterit) kennen wir eine Anzahl von isomorphen Mischungen des Magnesiumorthosilicats mit Eisenoxydulorthosilicat, welche die Mineralien der Olivingruppe bilden, wobei zumeist das Magnesiumsilicat bedeutend vorwiegt; da diese Verbindungen naturgemäß sich dem Magnesiumorthosilicat anschließen, so wurden deren Mischungen, soweit sich das Magnesiumsilicat gegenüber dem Eisensilicat

[1]) Nach W. C. Brögger, Z. Kryst. **16**, 282 (1890).
[2]) W. C. Brögger, Z. Kryst. **18**, 164 (1891).

(Mangansilicat) im Überschusse befindet, hier behandelt, wogegen die seltenen eisenreichen Mischungen, wie der Hortonolith bei Eisenoxydulorthosilicat (Fayalit) eingereiht wurden. Dasselbe Prinzip wurde bei den Magnesiummetasilicaten befolgt, wo wir den nahezu eisenfreien Enstatit und die isomorphen Mischungen mit Eisenoxydulmetasilicat zusammen betrachten. Die Analoga des Hortonoliths, welche $FeSiO_3$ im Überschusse enthalten, fehlen hier.

An das Magnesiumorthosilicat reihen sich die fluorhaltigen Mineralien der Humit–Chondroditgruppe.

Was die wasserhaltigen Magnesiumsilicate anbelangt, so fehlen die einfachen wasserhaltigen Ortho- bzw. Metasilicate.

Die wichtigsten Silicate sind komplexere Silicate der Talkgruppe, der Serpentingruppe, ferner Bergholz, Saponit, Meerschaum, Deweylith, Spadait.

Analysenmethoden von Olivin, Tephroit, (Stirlingit) und Humit.

Von **M. Dittrich** (Heidelberg).

Hauptbestandteile: SiO_2, Fe, Mn, Zn, Mg, F, H_2O.

Kieselsäure. Olivin wird durch Säuren zersetzt. Man erwärmt deshalb das feingepulverte Mineral in bedeckter Platinschale unter Umrühren und bestimmt nach Abscheidung der Kieselsäure die Basen im Filtrat davon.

Eisenoxydul. Die Bestimmung erfolgt nach Pebal-Doelter durch Fluß- und Schwefelsäure zweckmäßig unter Zusatz von gepulvertem Quarz, um Zusammenballen des Mineralpulvers zu verhindern (siehe Bd. I, S. 579).

Mangan, Eisen, Zink. Die Fällung und Trennung erfolgt nach Abscheidung der Kieselsäure, wie dies Bd. I, S. 108 u. f. angegeben.

Fluor. Die Bestimmung des Fluors erfolgt, wie dies Bd. I, S. 586 beschrieben.

Wasser. Die Bestimmung des Wassers muß bei Gegenwart von Fluor nach der Sipöczschen Methode (siehe Bd. I, S. 593 und Bd. II, S. 113) ausgeführt werden, da beim direkten Erhitzen Fluor entweichen würde; bei Abwesenheit von Fluor kann die Wasserbestimmung auch nach einer andern direkten Methode erfolgen.

Allgemeines über die Olivingruppe.

Von **C. Doelter** (Wien).

Die vorherrschende Verbindung der Olivingruppe ist Mg_2SiO_4, welches sich mit den isomorphen Verbindungen: Fe_2SiO_4, Ca_2SiO_4, Mn_2SiO_4, Zn_2SiO_4 mischt. Letztere drei Verbindungen kommen in der Natur nicht selbständig vor, auch der auf der Azoreninsel Fayal aufgefundene Fayalit Fe_2SiO_4 kann ein Kunstprodukt sein. Allerdings sind später andere Funde gemacht worden, welche es sicher erscheinen lassen, daß ein natürliches Produkt vorkommt.

Beziehung der chemischen Eigenschaften und der kristallographischen Eigenschaften in der Olivingruppe.

Untersuchungen von Max Bauer[1]) haben Beziehungen zwischen Kristallform und chemischer Zusammensetzung ergeben. Seine Zahlen sind:

	$a:b:c$
Mg_2SiO_4 (Forsterit)	0,4648 : 1 : 0,5857
$12Mg_2SiO_4 . Fe_2SiO_4$[2])	0,4656 : 1 : 0,5866
$12Mg_2SiO_4 . Fe_2SiO_4$[3])	0,4656 : 1 : 0,58715
$8Mg_2SiO_4 : Fe_2SiO_4$	0,4663 : 1 : 0,5865
$2Mg_2SiO_4 : Fe_2SiO_4$	0,46815 : 1 : 0,5899
Fe_2SiO_4	0,4615 : 1 : 0,5803

Über die Beziehungen der optischen Eigenschaften zu dem Eisengehalt hat Fr. Becke in Bd. II, S. 16 berichtet. Mit dem Wechsel der spezifischen Gewichte mit dem Eisengehalte hat sich K. Thaddéeff[4]) beschäftigt. Er schließt auch aus seinen Beobachtungen, daß in der Olivingruppe sowohl das Magnesiumsilicat als auch das Eisensilicat dimorph seien, doch ist dies bisher durch die synthetischen Versuche nicht bestätigt worden.

Auch das vermutliche Doppelsalz $CaMgSiO_4$ gehört in diese Gruppe. Der Titanolivin, ein wesentlich $(Mg, Fe)_2SiO_4$ enthaltender Olivin, in welchem einige Prozent SiO_2 durch TiO_2 ersetzt sind, schließt sich an den Olivin an, und wird bei diesem zu behandeln sein. Die wichtigsten Verbindungen der Gruppe sind:

Ca_2SiO_4 Calcium-Olivin, Mg_2SiO_4 Magnesium-Olivin (Forsterit), $MgCaSiO_4$ Calcium-Magnesium-Olivin, $(MgFe)_2SiO_4$ (Olivin), $MgFeSiO_4$ Hyalosiderit, $(Mg, Fe)_2(SiTi)O_4$ Titanolivin, (Eisen-Magnesium-Olivin), $(Fe, Mg)_2SiO_4$ Hortonolith, $(Ca, Fe)_2SiO_4$ Eisencalcium-Olivin, Fe_2SiO_4 Fayalit, Mn_2SiO_4 Tephroit, $(Mn, Fe)_2SiO_4$ Knebelit, $(Mn, Fe, Zn)_2SiO_4$ Roepperit.

Experimentaluntersuchungen über die Silicate der Olivingruppe hat V. Pöschl[5]) ausgeführt. Er hat namentlich die Mischkristalle von Mg_2SiO_4 mit Fe_2SiO_4 und die von Mg_2SiO_4 mit Ca_2SiO_4 im Schmelzfluß dargestellt und auf Schmelzpunkte und Dichten untersucht. V. Pöschl kam dabei zu dem Resultate, daß die beiden erstgenannten isomorph sind und bei Vorhandensein einer Lücke zwischen $66Mg_2SiO_4$ und $3Mg_2SiO_4$ doch additive Eigenschaften zeigen. Bei der zweiten Reihe nimmt er wegen der Dimorphie von Ca_2SiO_4 (vgl. unten) Isodimorphie an. Darin steht er zum Teil in Übereinstimmung mit K. Thaddéeff,[6]) nur für Fe_2SiO_4 wäre nach V. Pöschl kein Dimorphismus konstatierbar. Eine Darstellung der zweiten Kristallart ist ihm aber für Mg_2SiO_4 nicht gelungen. Für die Schmelzpunkte der Mischungen Ca_2SiO_4 und Mg_2SiO_4 fand er eine Kurve, welche ich eher für den Typus III

---

[1]) Max Bauer, N. JB. Min. etc. 1889, I, 1; vgl. Glinka, Verh. r. min. Ges. **31**, 133 (1894).
[2]) Olivin von Somma.
[3]) Olivin von Ägypten.
[4]) K. Thaddéeff, Z. Kryst. **26**, 28 (1896).
[5]) V. Pöschl, Tsch. min. Mit. **26**, 432 (1907).
[6]) K. Thaddéeff, Z. Kryst. **26**, 54 (1896).

von H. W. Bakhuis Roozeboom halten möchte, obgleich auch Typus V möglich ist (vgl. Bd. I, S. 784).

Der Monticellit steht außerhalb dieser Mischungsreihe (vgl. unten).

Magnesiumorthosilicat. Forsterit.

Rhombisch. $a:b:c = 0,46476:1:0,58569$.

Analysenzusammenstellung.

	1.	2.	3.	4.	5.
δ	—	3,243	3,191	—	—
(Na_2O)	—	—	—	0,30	0,12
(K_2O)	—	—	—	0,18	0,40
MgO	57,11	53,30	54,90	52,51	56,17
MnO	—	—	Spur	—	—
FeO	—	2,33	1,57	3,80	1,07
SiO_2	42,89	42,41	42,33	41,09	41,85
H_2O	—	—	—	0,24	0,19
	100,00	98,04	98,80	98,12	99,80

1. Theoretische Zusammensetzung.
2., 3., 4., 5. Vom Vesuv (Somma); 2., anal. C. F. Rammelsberg, Pogg. Ann. **109**, 568 (1860), auch Mineralchemie 1875, 424; 3., anal. G. vom Rath, ebenda **155**, 34 (1875); 4. u. 5., anal. J. Mierisch, Tsch. min. Mit. **8**, 119 (1887).

	6.	7.	8.	9.	10.
δ	3,223	—	—	—	—
Na_2O, (K_2O)	—	—	0,21	—	—
MgO	56,57	55,09	55,93	49,83	48,40
CaO	0,29	—	0,28	1,73	1,41
FeO	1,35	3,12	1,15	4,56	4,17
(Al_2O_3)	—	0,23	—	—	—
SiO_2	42,65	42,39	42,06	41,88	43,37
	100,86	100,83	99,63	98,00	99,27 [1])

6. u. 7. Vom Vesuv (Somma); anal. K. Thaddéeff, Z. Kryst. **26**, 36 (1896).
8. Vom Albanergebirge; anal. F. Zambonini, Z. Kryst. **34**, 228 (1901).
9. Von Scheelingen; anal. A. Knop, Z. Kryst. **13**, 236 (1886).
10. Von Passau; anal. E. Weinschenk, Z. Kryst. **28**, 146 (1897).

	11.	12.	13.	14.
δ	3,191	3,22	3,208–3,328	—
MgO	57,73	54,69	51,16	54,44
CaO	—	—	—	0,85
FeO	0,22	2,39	2,78	1,47
(Al_2O_3)	—	0,28	0,17	—
Fe_2O_3	1,18	—	—	—
Cr_2O_3	—	0,05	—	—
SiO_2	40,11	41,32	42,31	42,82
H_2O	0,16	0,20	1,90	0,76
	99,40	98,93	98,32	100,34

[1]) Unlöslicher Rückstand 1,92.

11. Von der Nikolaj-Maximilian-Grube (Ural); anal. P. D. Nikolajew bei N. v. Kokscharow, Mater. z. Mineralogie Rußlands **8**, 388 (1878).
12. Von Snarum, sog. Boltonit; anal. Helland, Pogg. Ann. **148**, 329 (1873).
13. Boltonit von Bolton; anal. L. Smith, Am. Journ. **18**, 372 (1854).
14. Von ebenda; anal. G. J. Brush, Am. Journ. **27**, 395 (1859).

Weitere Analysen von Boltonit durch E. Silliman und K. v. Hauer beziehen sich auf unreines Material (siehe K. Thaddéeff, l. c.).

	15.	16.	17.
δ	3,248	—	3,13
MgO	55,40	51,97	52,60
CaO	—	1,43	—
FeO	2,60	2,36	2,58[1]
(Al_2O_3)	—	0,23	—
SiO_2	42,80	42,55	41,16
H_2O	—	1,68	3,20
H_2O (hygrosk.)	—	—	0,6
	100,80	100,22	100,14

15. Von Kandy (Ceylon); anal. H. Arsandaux, Bull. Soc. min. **24**, 475 (1901).
16. Von Hakgala (Ceylon); anal. G. T. Prior, bei A. K. Coomara-Swámy, Quart. J. Geol. Soc. **58**, 399 (1902). — Z. Kryst. **39**. 83 (1903).
17. Von Ampitiya (Ceylon); anal. W. C. Hancock, ebenda.

Endlich sei noch eine Analyse eines Forsterits aus Meteoreisen gegeben:

	18.
δ	3,199
MgO	54,92
CaO	1,13
FeO	0,52
SiO_2	43,29
	99,86

18. Aus Meteoreisen von Los Muchachos; anal. E. Cohen, Z. Kryst. **36**, 648 (1902).

Physikalische Eigenschaften.

Dichte des reinen Mg_2SiO_4 nach L. Ebelmen 3,27. Bei den natürlichen Vorkommen schwankt die Dichte mit dem Eisengehalt zwischen 3,19 u. 3,243. Der eisenärmste ist der von Slataúst mit $\delta = 3{,}191$.[2]) Härte 6—7.

Brechungsquotienten. Auch diese schwanken mit dem Eisengehalt (s. F. Becke S. 16). Hg. Backlund[2]) fand an dem Forsterit von der Nikolaj-Maximilianowschen Grube bei Slataúst folgende Werte:

	α	β	γ	$2V_a$
Mittel in Na, (K)-Licht	1,6361	1,65185	1,66975	92° 7½′.

Ältere Bestimmungen rühren von A. Des Cloizeaux[3]) her, welcher auch an dem Vorkommen vom Vesuv den Achsenwinkel bestimmte.

[1]) Das Eisen als Fe_2O_3 berechnet.
[2]) Hg. Backlund, Tr. Mus. géol. St. Peterburg III, 83 (1909).
[3]) A. Des Cloizeaux, Nouv. rech. propr. opt. (Paris 1867) 591 und Man. de Minéralogie (Paris 1874) II, 9.

Schmelzpunkt. Dieser liegt gegen 1700°.

Nach unveröffentlichten, neuesten Bestimmungen von V. Deleano und E. Dittler ist die Bildungstemperatur aus $2MgCO_3$ und SiO_2 1785°.

Der Erstarrungspunkt liegt nach ihnen bei 1655°.

In Säuren löslich (siehe unter Olivin).

Farbe. Farblos bis weiß, oft mit Stich ins gelbliche und grünliche.

Synthese.

Reines Mg_2SiO_4 kann durch Zusammenschmelzen von Kieselsäure mit Magnesia oder Magnesiumcarbonat erhalten werden, doch ist dazu eine hohe Temperatur nötig; am besten wird man den Versuch im Ruhstrattschen Kurzschlußofen oder in einem ähnlichen Apparat vornehmen. Da die Schmelze auch bei rascher Abkühlung gut kristallisiert, so wird man leicht eine kristallisierte Masse bekommen. Ältere Forscher haben, um die hohen Temperaturen zu vermeiden, Schmelzmittel hinzugefügt, so L. Ebelmen[1]) Borsäure, er ging von einem Gemenge von Quarzsand, Magnesia und Borsäure aus und erhielt in Hohlräumen Kristalle 010, 021, 110. Die Analyse dieser Kristalle ergab (I):

	I	II
δ	3,27	3,19
MgO	57,2	57,80
SiO_2	42,6	42,50
	99,8	100,30

Bei einem andern Versuche war statt der Borsäure Ätzkali zugesetzt worden, die Kristalle waren etwas anders ausgebildet: 010, 110, 120, 001, 021, 101. $\delta = 3,237$.

H. Lechartier[2]) und P. Hautefeuille[3]) verwendeten als Schmelzmittel, der erste Chlormagnesium, der zweite Chlorcalcium. H. Lechartier erhielt sowohl reinen Forsterit, $\delta = 3,19$, siehe Analyse II, als auch eisenhaltigen $\delta = 3,22$ mit 7% FeO.

Die Produkte wurden von F. Fouqué und A. Michel-Lévy[4]) später untersucht, es sind Tafeln nach 010, welche jedoch viele Spinelleinschlüsse enthalten.

St. Meunier[5]) ließ Wasserdampf auf Chlorsilicium und Magnesium einwirken, wobei er ein Silicid des Magnesiums, Magnesia und Kieselsäure, dann ein Magnesium-Metasilicat sowie Forsterit erhielt.

Vorkommen und Genesis.

Der Forsterit kommt teils in vulkanischen Auswürflungen und Gesteinen, teils mit Calcit auch Dolomit, wie bei Slataúst oder Bolton vor. Im ersten Falle hat er sich aus Schmelzfluß, im andern als Kontaktprodukt wohl ebenfalls bei höherer Temperatur durch Umkristallisierung gebildet.

[1]) L. Ebelmen, Ann. chim. phys. **33**, 34 (1851). — Travaux Scientif. (1855), I, 182.
[2]) H. Lechartier, C. R. **67**, 41 (1868).
[3]) P. Hautefeuille, Ann. chim. phys. **4**, 129 (1865).
[4]) F. Fouqué u. A. Michel-Lévy, Synth. d. minér. etc. (Paris 1882), 98.
[5]) St. Meunier, C. R. **93**, 737 (1881).

Mischungen von vorwiegendem Mg_2SiO_4 mit Fe_2SiO_4.

Ganz reines Mg_2SiO_4 kommt in der Natur nicht vor, da, wie wir gesehen haben, selbst der Forsterit einige Prozente Eisenoxydulsilicat enthält. K. Thaddéeff[1]) hat die Analysen, welche bis zum Jahre 1896 erschienen sind, nach aufsteigendem Eisenoxydulgehalt zusammengestellt, wobei er die häufig vorkommenden Mengen von MnO, NiO und CoO zu dem FeO addiert hat. Bei der Anordnung der Analysen wurde auch hier dieser Vorgang eingehalten. MnO dürfte wahrscheinlich überall, wenigstens in Spuren, vorhanden, jedoch nicht immer bei den Analysen getrennt worden sein. Aus der Zusammenstellung der Analysen geht hervor, daß gewisse Mischungen häufiger in der Natur vorkommen. Im allgemeinen sind Mischungen mit wenig Fe_2SiO_4 häufig, insbesondere solche mit dem Verhältnis 12:2 bis 9:2. Olivine mit einem Verhältnis von 6:2 und mehr Fe_2SiO_4 sind selten. Das Verhältnis 6:1 ist immer noch häufig.

V. Pöschl[2]) hat die Reihe bis 6:4 hergestellt, doch war hier bereits eine merkliche Menge von Magneteisen abgeschieden, was übrigens schon bei 30 % Fe_2SiO_4 der Fall war.

Die Schmelzkurve der MgFe-Olivine dürfte dem Typus I von H. W. Bakhuis Roozeboom entsprechen, sie ist aber keinesfalls geradlinig, sondern nähert sich etwas dem Typus III. Die spezifischen Gewichte ergeben eine gerade Linie von 3,11 bis 3,90.

Olivin.

Synonyma: Peridot, Chrysolith.

Rhombisch: $a:b:c$ — 0,4658:1:0,5865 (N. v. Kokscharow).

Varietäten: Titanolivin, Iddingsit, Villarsit, Glinkit, Ferrit.

Analysenzusammenstellung.

Da eine große Zahl von Analysen existiert, so wurden die alten Analysen, sofern sie nicht etwa eine eigentümliche Zusammensetzung besitzen, weggelassen. Die zersetzten Olivine wurden besonders behandelt, ebenso die Titanolivine. Besonders zusammengestellt wurden die aus Meteoriten stammenden Olivine; für die übrigen Olivine ist die Reihenfolge nach dem wachsenden Eisengehalte vorgenommen worden. Die Abgrenzung von Mg_2SiO_4 ist nicht ganz leicht, da es in der Natur ja reine, unseren chemischen Formeln entsprechende Mineralien nicht gibt, so hat auch der Forsterit niemals die ideale Formel Mg_2SiO_4, da er stets etwas FeO enthält, doch darf dieses 4—5 % nicht übersteigen. Mischungen mit mehr FeO gehören zu Olivin.

C. F. Rammelsberg hat für die älteren Analysen gezeigt, daß sie den Verhältnissen: $12 Mg_2SiO_4 : Fe_2SiO_4$ bis $2 Mg_2SiO_4 : Fe_2SiO_4$ entsprechen; letztere Mischung ist der besonders behandelte Hyalosiderit.

[1]) K. Thaddéeff, Z. Kryst. **26**, 36 (1896).
[2]) V. Pöschl, Tsch. min. Mit. **26**, 132 (1907).

Analysen von Olivinen, welche nur aus der Berechnung von Gesteinsanalysen entstammen, können selbstverständlich nicht angeführt werden.

	1.	2.	3.	4.	5.
δ	—	3,261	—	3,364	—
MgO	51,49	51,64	51,11	49,18	50,85
CaO	—	1,08	—	2,05	—
MnO	—	—	0,10	—	1,76
FeO	7,05	5,01	5,71	6,28	4,65
(Al_2O_3)	—	0,42	—	2,33	—
(Fe_2O_3)	—	—	0,51	—	—
NiO	—	—	0,42	—	—
SiO_2	41,46	42,30	41,98	39,96	42,74
Glühverlust	—	—	0,28	—	—
	100,00	100,45	100,11	99,80	100,00

1. Theoretische Zusammensetzung $13(Mg_2SiO_4)(Fe_2SiO_4)$.
2. Olivin vom Vesuv; anal. Dingstedt, Tsch. min. Mit. Beil. J. k. k. geol. R.A. 1873, 130.
3. Von Fort Wingate, N. Mexico; anal. F. Clarke u. E. A. Schneider, Am. Journ. **46**, 395 (1890).
4. Von der Insel Bourbon; anal. Ch. Vélain, Bull. Soc. min. **7**, 172 (1884).
5. Aus dem Kalkstein von Schelingen, Kaiserstuhl; anal. A. Knop, Z. Kryst. **13**, 236 (1886).

	6.	7.	8.	9.	10.
δ	—	—	3,226	—	3,280
MgO	51,06	48,61	49,31	51,44	49,13
CaO	—	—	—	—	0,06
MnO	—	Spur	—	—	Spur
FeO	7,59	7,14	6,93	7,36	7,39
NiO	—	Spur	0,32	—	0,35
CoO	—	Spur	Spur	—	Spur
(Al_2O_3)	—	—	Spur	—	Spur
SiO_2	41,35	40,27	43,44	41,63	41,89
Glühverlust	—	1,10	—	—	0,82
	100,00	99,33[1]	100,00	100,43	100,22[2]

6. Theoretische Zusammensetzung: $12(Mg_2SiO_4)(Fe_2SiO_4)$.
7. Aus der Debeers-Grube; anal. Percy. A. Wagner, Diamantf.-Gest. Südafrika, (Berlin 1909), 30.
8. Aus der Tjorsa-Lava (Hekla); anal. F. A. Genth, Ann. Chem. Pharm. **66**, 20 (1848).
9. Von Windisch-Matrey; anal. H. Backlund, Trav. Mus. géol. St. Petersburg III, 85 (1909).
10. Von Webster, Jackson County, N. Carolina; anal. F. A. Genth, Am. Journ. **33**, 192 (1862) nach K. Thaddéeff, Z. Kryst. **26**, 59 (1896).

---

[1]) Außerdem $Fe_2O_3 + TiO_2$ 2.21, wobei das TiO_2 von Titaneisen-Einschlüssen herrührt. Dadurch wird der Wert dieser Analyse, welche nur der Vollständigkeit halber angeführt wird, sehr herabgemindert.

[2]) Unlösl. Rückstand Quarz und Chromeisen 0,58%.

	11.	12.	13.
δ	3,252	—	—
MgO	49,18	49,28	49,26
CaO	0,02	0,11	—
MnO	Spur	Spur	0,12
FeO	7,32	7,49	7,83
NiO	0,44	0,34	—
CoO	Spur	0,14	—
(Al_2O_3)	Spur	Spur	—
SiO_2	40,80	41,58	39,43
Glühverlust	0,63	1,72	{ 1,20 / 1,49
	99,94 [1]	100,66	100,10 [2]

11. Von ebenda; anal. von demselben, Mittel aus zwei Analysen nach K. Thaddéeff, l. c.

12. Aus der Culsagee-Grube, N. Carolina; anal. von Th. M. Chatard, Journ. prakt. Chem. **9**, 54 (1874).

13. Aus Hampshirit v. Chester, Mass.; anal. W. T. Schaller bei F. W. Clarke, Bull. geol. Surv. U.S. **419**, 270 (1910).

	14.	15.	16.	17.	18.	19.	20.
MgO	50,56	49,17	50,84	48,86	51,86	50,00	50,00
CaO	—	—	—	0,22	0,99	—	—
MnO	—	—	—	0,15	0,12	—	0,14
FeO	8,19	8,48	8,18	8,36	8,45	8,62	8,37
NiO	—	—	—	—	—	—	0,37
(Al_2O_3)	—	0,30	—	0,14	—	—	0,40
SiO_2	41,25	42,45	40,11	42,61	38,87	41,19	40,99
Glühverlust	—	0,85	—	—	—	—	—
	100,00	101,25	99,13	100,34	100,29	99,81	100,27

14. Theoretische Zusammensetzung: $11(Mg_2SiO_4)Fe_2SiO_4$.

15. Von Gleichenberg; anal. C. Clar, Tsch. min. Mit. **5**, 85 (1883).

16. Von Söndmöre bei Alkmeklovdal; anal. H. H. Reiter, N. JB. Min. etc. Beil.-Bd. **22**, 212 (1906).

17. Wilhelmshöhe oder Carlsberg bei Kassel; anal. Walmstedt, Pogg. Ann. **4**, 202 (1825).

18. W. C. Brögger, J. für Min. 1882, II, 190.

19. Lützelberg, Kaiserstuhl; anal. A. Knop, N. JB. Min. etc. 1877, 697.

20. Dreiser Weiher; anal. K. Thaddéeff, l. c.; Mittel aus zwei Analysen nach K. Thaddéeff, l. c.

	21.	22.	23.	24.	25.	26.
MgO	49,98	37,31	48,56	50,28	48,7	49,36
CaO	—	Spur	—	—	—	—
MnO	—	Spur	—	—	1,03	0,16
FeO	8,91	8,63	9,25	9,36	8,43	9,13
NiO	—	0,44	—	—	—	} 0,25
CoO	—	—	—	—	—	
(Al_2O_3)	—	—	1,03	—	0,10	0,14
SiO_2	41,11	52,03	40,77	40,75	39,93	41,25
Glühverlust	—	0,84	—	—	—	—
	100,00	99,25	99,61	100,39	98,19	100,57 [3]

[1]) Quarz u. Chromeisen 1,55. [2]) CO_2 0,77. [3]) Cr_2O_3 0,05, SnO_2 0,02, CuO 0,21.

21. Theoretische Zusammensetzung: $10(Mg_2SiO_4) . (Fe_2SiO_4)$.
22. Aus dem Basalt von Unkel; anal. Jung, Bg.- u. hütt. Z. 1863, Nr. 34, 289.
23. Aus Olivinbombe von Kapfenstein; anal. J. Schiller, Tsch. min. Mit. **24**, 315 (1905).
24. Aus dem Basalt von Thetford, Vermont; anal. Manice, Am. Journ. **31**, 359 (1861).
25. Aus Olivinbomben vom Vesuv; anal. G. vom Rath, Mon.-Ber. Berliner Ak. 1874, 746.
26. Von Kosakow, Böhmen; anal. F. Farsky, Verh. k. k. geol. R.A. 1876, 205. Nach K. Thaddéeff, Mittel aus drei Analysen.

	27.	28.	29.	30.	31.	32.
δ	—	3,289	—	—	—	—
Na_2O	—	—	0,08	—	—	—
K_2O	—	—	0,21	—	—	—
MgO	49,29	49,58	46,68	47,14	48,9	49,46
CaO	—	0,02	1,16	—	—	—
MnO	—	—	0,20	Spur	0,8	—
FeO	9,76	9,19	7,14	9,74	9,00	9,86
NiO	—	0,50	—	—	Spur	—
CoO	—	—	—	Spur	Spur	—
(Al_2O_3)	—	—	0,39	—	—	0,13
Fe_2O_3	—	—	2,36	—	—	—
SiO_2	40,95	40,68	40,05	42,74	41,30	40,82
Glühverlust	—	—	{ 0,14 0,66	0,53	0,15	—
	100,00	100,05 [1])	99,42 [2])	100,15	100,15	100,27

27. Theoretische Zusammensetzung: $9(Mg_2SiO_4) . (Fe_2SiO_4)$.
28. Aus einer Olivinbombe vom Stempel bei Marburg; anal. Ch. Friedheim bei M. Bauer, N. JB. Min. etc. 1891, II, 184.
29. Aus Peridotit von Elliot County, Kentucky; anal. Th M. Chatard bei F. W. Clarke, l. c. 270.
30. u. 31. Edler Olivin aus Ägypten; anal. L. Michel bei J. Couyat, Bull. Soc. min. **31**, 347 (1908).
32. Von Kapfenstein; anal. G. Tschermak, Sitzber. Wiener Ak. **115**, 223 (1906). — Auch J. Schiller, Tsch. min. Mit. **24**, 315 (1905).

	33.	34.	35.	36.	37.	38.
MgO	48,45	46,83	47,27	47,03	49,19	41,84
CaO	—	—	—	—	—	2,35
FeO	10,79	10,13	10,05	10,29	10,54	10,76
NiO	—	—	} 0,32	0,19	—	—
CoO	—	—		—	—	—
(Al_2O_3)	—	0,68	1,21	0,64	—	0,23
SiO_2	40,76	41,06	40,77	40,98	39,85	44,67
Glühverlust	—	1,33	0,34	0,96	—	—
	100,00	100,03	99,96	100,09	99,58	99,85

33. Theoretische Zusammensetzung: $8(Mg_2SiO_4) . (Fe_2SiO_4)$.
34. Aus Ätna-Lava; anal. L. Ricciardi, Gazz. chim. ital. **11**, 379 (1883).
35. Aus Basalt San Marcokirche bei Paternó, Sizilien; anal. L. Ricciardi und S. Speciale, ebenda, **11**, 379 (1883).

[1]) CuO 0,08.
[2]) TiO_2 0,07, P_2O_5 0,04, Cr_2O_3 0,24.

36. Von Fiumara (Ätna); anal. Sartorius v. Waltershausen, Vulk. Gest. in Sizilien und Island, (Göttingen 1883), 111; Mittel von zwei Analysen nach K. Thaddéeff, l. c.

37. Vom Vesuv; anal. L. V. Pirsson in J. D. Dana, Min. 6. Aufl. (N. York 1892), 453.

38. Von Petschau, Böhmen; anal. C. F. Rammelsberg, Mineralchemie, 1. Aufl. (Leipzig 1860).

	39.	40.	41.	42.	43.
δ	—	3,294	—	—	—
MgO	45,12	48,12	47,48	48,09	47,15
CaO	—	0,12	—	—	—
FeO	7,20	11,18	11,33	11,12	11,21
NiO	0,26	—	—	0,16	—
CoO	—	—	—	0,06	—
(Al_2O_3)	—	—	—	0,38	—
Fe_2O_3	2,61	—	—	0,11	—
SiO_2	42,81	40,39	40,81	40,01	39,90
Glühverlust	0,57	—	—	—	—
	99,36[1])	99,81	99,62	100,05[2])	98,26

39. Aus Peridotit v. Riddles, Oregon; anal. F. W. Clarke, l. c. 270.

40. Von Jan Mayen; anal. R. Scharizer, J. k. k. geol. R.A. **34**, 708 (1884).

41. Orientalischer edler Olivin, angeblich Ceylon, vielleicht aus Ägypten; anal. M. Vučnik bei B. Vukits, ZB. Min. etc. 1906, 11.

42. Sandwich-Inseln; anal. F. W. Mar nach J. D. Dana, Min. 6. Aufl. 453.

43. Von ebenda; anal. E. O. Hovey, ebenda.

	44.	45.	46.	47.
δ	—	—	3,314–3,327	3,475
MgO	47,41	46,70	45,81	45,60
CaO	—	—	—	1,20
MnO	—	—	—	0,33
FeO	12,07	12,34	12,35	12,69
(Al_2O_3)	—	—	0,86	—
NiO	—	—	—	Spur
SiO_2	40,52	40,35	40,60	40,17
	100,00	99,39	99,62	99,99

44. Theoretische Zusammensetzung: $7(Mg_2SiO_4)(Fe_2SiO_4)$.

45. Olivin aus Sand von der Meeresküste am Vesuv; anal. Kalle, Pogg. Ann. **109**, 568 (1866).

46. Ultental (Tirol); anal. R. Müller, Tsch. min. Mit. 1, 36 (1877).

47. Aus Nephelinbasalt vom Oberleinleiter; anal. A. Schwager, Z. Kryst. **20**, 301 (1892).

	48.	49.	50.	51.	52.
δ	—	3,314–3,327	—	—	—
MgO	46,19	44,80	46,93	40,92	45,06
MnO	—	—	—	—	0,21
FeO	13,59	13,16	14,12	14,22	14,58
(Al_2O_3)	—	—	—	—	0,35
SiO_2	40,22	39,12	39,68	44,69	40,09
	100,00	100,08[3])	100,73	99,83	100,29

[1]) Cr_2O_3 0,79.

[2]) TiO_2 0,12.

[3]) Dazu 3% in HCl unlöslich.

48. Theoretische Zusammensetzung: $6(Mg_2SiO_4).(Fe_2SiO_4)$.
49. Aus Melilithbasalt vom Hochbohl bei Owen (Württemberg); anal. J. Schertel, N. JB. Min. etc. 1884, I, 270.
50. Umgebung des Laachersees; anal. Guthke nach C. F. Rammelsberg, Min.-Chem. 2. Aufl. 1875, 427.
51. Von Bolenreuth, Fichtelgebirge; anal. E. H. v. Baumhauer nach C. F. Rammelsberg, ebenda.
52. Vom Kammerbühl bei Eger; anal. H. Backlund, Travaux Musée géol. St. Pétersbourg **3**, 92 (1909).

	53.	54.	55.	56.	57.	57a.
MgO	44,37	45,81	43,13	43,88	43,37	44,01
FeO	15,81	14,85	13,73	15,63	16,28	16,57
(Al_2O_3) . .	—	—	—	1,24	0,14	—
SiO_2	39,82	39,34	40,59	39,33	40,35	39,22
	100,00	100,00	99,05[1]	100,08	100,14	99,80

53. Theoretische Zusammensetzung: $5(Mg_2SiO_4).(Fe_2SiO_4)$.
54. Aus Basalt von Engelhaus (Böhmen); anal. C. F. Rammelsberg, Mineralchemie (Leipzig 1875), 427.
55. Aus Lherzolith, Dép. Ariège; anal. A. Damour, Bull. Soc. géol. **19**, 414 (1862).
56. Pedra Molar Insel S. Antaõ, Capverden; anal. F. Kertscher bei C. Doelter, Vulkane der Capverden (Graz 1882).
57. Vom Vesuv, dunkle Varietät; anal. H. Backlund, l. c. 93.
57a. Aus Basalt von Medres (S. Tarjan); anal. B. Mauritz, Földtan. Közlön **40**, 581 (1910).

	58.	59.	60.	61.	62.	63.	64.
δ	—	3,479	3,436—3,50		3,38	3,22	—
MgO . . .	42,01	44,06	42,60	42,29	35,70	30,30	40,67
(CaO) . . .	—	—	—	—	5,12	—	1,71
MnO	—	—	—	0,32	2,27	—	—
FeO	18,72	17,45	17,58	18,07	15,27	17,70	15,86
NiO (CoO) . .	—	—	0,15	0,18	0,80	0,32	—
$(Al_2O_3)(Cr_2O_3)$.	—	—	—	—	—	3,99	—
Fe_2O_3	—	—	—	—	—	—	3,34
SiO_2	39,27	39,21	40,04	38,97	40,19	47,32	38,76
Glühverlust . .	—	—	—	—	—	0,67	—
	100,00	100,72	100,37	99,83	99,35	100,30	100,93[2]

58. Theoretische Zusammensetzung: $4(Mg_2SiO_4)(Fe_2SiO_4)$.
59. Glinkit von Syssertsk (Itkul), Ural; anal. W. v. Beck, Verh. russ. min. Ges. 1874, 244.
60. Dasselbe Vorkommen; anal. R. Hermann, Journ. prakt. Chem. **46**, 222 (1849).
61. Glinkit von Itkul, Ural; anal. H. Backlund, l. c. 94.
62. Aus Lava der Insel Fogo; anal. Ch. St. Claire Deville, Z. Dtsch. geol. Ges. **5**, 693 (1855).
63. Unkel a. Rh.; anal. Jung, Bg.- u. hütt. Z. **34**, 289 (1863).
64. Aus dem Basalt von St. Angel (Mexico); anal. C. Castro nach Privatmitteilung des Herrn D. P. Waitz.

Aus Pikrit isolierte R. Brauns[3]) mit Augit verunreinigten Olivin, FeO 19,47%.

[1]) MnO 1,60.
[2]) TiO_2 0,25, Na_2O 0,12, K_2O 0,08.
[3]) R. Brauns, N. JB. Min. Beil.-Bd. **18**, 303 (1904).

	65.	66.	67.	68.	69.
δ	—	3,497	—	3,42–3,50	—
MgO	38,29	39,78	39,52	37,62	38,60
MnO	Spur	0,32	—	—	—
FeO	24,02	20,29	22,55	24,83	22,92
(Al_2O_3) . . .	—	0,86	—	—	—
SiO_2	38,30	38,59	37,15	38,47	38,48
Glühverlust . .	—	0,40	—	—	—
	100,61	100,24	99,22	100,92	100,00

65. Aus Anorthit-Olivinfels von Skurruvaselv (Norwegen); anal. Th. Hjortdahl, Nyt. Mag. f. Naturv. Kristiania **23**, 4 (1877). — Ref. Z. Kryst. **2**, 305 (1878).

66. Von ebenda; anal. K. Thaddéeff, l. c. 64.

67. Aus Dolerit von Montreal, Canada; anal. St. Hunt, Am. Journ. **38**, 176 (1864).

68. Aus Basalt des Vulkans Yate (Chile); anal. H. Ziegenspeck, Z. Kryst. **11**, 69 (1886).

69. Theoretische Zusammensetzung: $3(Mg_2SiO_4)$ (Fe_2SiO_4).

Die Analysen mit mehr FeO siehe unter Hyalosiderit.

Analysen von Olivinen aus Meteoriten.

Manche dieser Analysen sind an unreinem Material ausgeführt und wohl zum Teil auch durch Lösen in Salzsäure von den übrigen Mineralien befreit; diese Analysen haben demnach einen geringeren Wert, als die früher angeführten Olivinanalysen.

	70.	71.	72.	73.	73a.
δ	—	3,37	3,376	3,3372–3,3415	3,38
MgO	43,32	48,29	48,02	47,41	47,35
MnO	18,85	0,19	0,14	0,29	—
FeO		11,88	10,79	11,80	11,96
NiO	—	—	0,02	—	—
(Al_2O_3) . . .	—	0,21	—	0,06	0,35
Fe_2O_3 . . .	—	—	0,18	—	—
SiO_2	37,58	39,61	40,70	40,24	39,87
	99,75	100,18	99,85	99,88[1]	99,53

70. Aus dem Meteoriten von Minsk; anal C. F. Rammelsberg, Mon.-Ber. Berliner Ak. 1870, 443.

71. Von ebenda; anal. A. v. Inostranzeff, Verh. russ. min. Ges. **4**, 311 (1869).

72. Aus Meteoriten von Brenham; anal. L. G. Eakins, Am. Journ. **40** [2], 315 (1890). — Z. Kryst. **26**, 61 (1896).

73. Aus dem Pallaseisen; anal. Herz. v. Leuchtenberg in N. v. Kokscharow, Mat. z. Mit. Rußl. **6**, 59 (1870).

73a. Eine neue Analyse von K. Timofeew, Ann. geol. und min. d. Russ. **14**, 169 (1912) (von Prof. v. Tcherwinsky freundlichst mitgeteilt)

Von diesem Olivin existieren viele Analysen älteren Datums. Siehe darüber C. F. Rammelsbergs Mineralchemie, sowie E. Cohen, Meteoritenkunde 1894, I, 264.

[1]) Darin 0,08 SnO_2

	74.	75.	76.	77.
δ	3,3497	—	3,307	3,33
MgO	49,68	47,05	45,50	45,60
MnO	0,11	—	—	0,10
FeO	11,75	12,10	12,35	14,06
(Al_2O_3)	—	0,02	—	—
Fe_2O_3	—	—	2,31	—
SiO_2	38,25	40,79	40,14	40,02
	99,79	99,96	100,30	99,78

74. Angeblich von Olumba (S.-Amerika); anal. F. Stromeyer. Diese Analyse soll aber nach E. Cohen in Wirklichkeit an Pallasmeteoreisen ausgeführt sein. Meteoritenkunde I. F. Stromeyer, Pogg. Ann. **4**, 193 (1825).

75. Aus Meteorit von Imilac, Atacama; anal. Fr. v. Kobell nach E. Cohen, Meteoritenkunde, I, 264.

76. Aus Meteorit von Lodran; anal. G. Tschermak, Sitzber. Wiener Ak. **61**, 467 (1870).

77. Aus Meteorit von Anderson Turner Mount, Ohio; anal. Kinnicut, Am. Journ. **27**, 498 (1884).

	78.	79.	80.	81.	82.
δ	—	3,47	—	—	—
Na_2O	—	—	—	0,84	—
K_2O	—	—	—	0,07	—
CaO	—	—	—	2,48	—
MgO	43,68	41,65	39,01	26,41	42,02
MnO	—	0,42	0,50	0,81	0,14
FeO	16,34	19,66	24,65	33,42	20,79
(Al_2O_3)	0,27	—	—	—	0,42
SiO_2	39,80	37,90	35,84	35,91	35,70
	100,09	99,63	100,00	99,94	99,46 [1])

78. Aus Meteoreisen von Pawlodarsk; anal. J. A. Antipow, Bull. Acad. St. Petersb. **8**, 2, XLIII—XLIV und **9**, 1, III—IV.

79. Aus Meteorstein von Carsal Co., Kentucky; Makintoch, Am. Journ. **33**, 231 (1887).

80. Aus Meteorstein von Zomba (Z.-Afr.); anal. L. Fletcher, Min. Mag. **13**, Nr. 59, 1 (1901). Berechnet aus den Gesteinsanalysen.

81. Aus den Meteoriten von Migheja; anal. P. Melikoff, Z. anorg. Chem. **19**, 11 (1899). Durch Lösen mit HCl gewonnen.
Dieser Olivin, welcher wohl unrein war, gehört zum Hyalosiderit (vgl. l. c. 312).

82. Von Mt. Vernon; anal. W. Tassin, Proc. U.S. Nat. Mus. **28**, 213 (1995).

	83.	84.	85.	86.
δ	3,339	—	—	—
Na_2O	—	0,21	—	—
K_2O	—	0,05	—	—
MgO	47,35	47,26	48,20	47,63
FeO	11,72	11,86	12,30	13,18
MnO	0,43	—	—	—
Cr_2O_3	—	0,12	—	—
SiO_2	40,86	40,26	39,10	39,14
	100,53 [2])	99,76	99,60	99,95

[1]) NiO 0,21%, Fe_2O_3 0,18%.
[2]) SnO_2 0,17%.

83. Aus dem Meteoriten von Krasnojarsk, Pallaseisen; anal. J. Berzelius, Pogg. Ann. **32**, 133 (1834).
84. Aus dem Meteoriten von Marjalah; anal. L. H. Borgström, Bull. comm. géol. Finl. **14**, 805 (1903).
85. Aus dem Meteoriten von Persimmon Creek: anal. W. Tassin, Proc. Smiths. Inst. Nat. Mus. **27**, 955 (1904).
86. Aus dem Meteoriten von Admire, Kansas; anal. G. P. Merill, Proc. N. S. Nat. Mus. **24**, 907 (1902).

Eine Ausnahmestellung unter den meteoritischen Olivinen nimmt der Olivin vom Cañon Diablo ein, weil er fast dem Forsterit näher steht als dem Olivin.

	87.
MgO	52,70
FeO	5,89
NiO	0,29
SiO_2	41,51
	100,39

87. Aus dem Meteoriten vom Cañon Diablo; anal. G. P. Merill and W. Tassin, Smiths. Mus. Coll. **50**, 203 (1907).

Olivinbomben und Olivinknollen. — Diese sind zumeist keine reinen Olivine, sondern Gemenge mit andern Mineralien, so daß sie hier keine Berücksichtigung verdienen, vorausgesetzt, daß sie nicht von den übrigen Mineralien befreit worden waren; trotzdem seien hier noch einige neue Analysen von Olivinknollen, welche anscheinend ziemlich rein waren, gebracht.

	88.	89.
$Na_2O(K_2O)$	0,42	—
MgO	39,20	46,16
CaO	0,61	—
FeO	9,48	—
Fe_2O_3	1,19	—
(Al_2O_3)	1,18	1,64
Cr_2O_3	0,21	
SiO_2	47,52	40,38
	99,81	

88. Olivinknollen vom Gaußberg; anal. R. Reinisch, Dtsch. Süd-Pol.-Exped. **2**, 75 (Berlin 1906). — Ref. N. JB. Min. etc. 1908, I, 75.
89. Olivinausscheidung aus dem Dunit von Kosswinsky, Ural; anal. L. Duparc und E. Pearce, Bull. Soc. min. **31**, 108 (1908).

Analysen von umgewandelten Olivinen.

Die Umwandlungen lassen sich einteilen in Umwandlungen durch Wasseraufnahme und Kieselsäureanreicherung, also Serpentinbildung, wozu auch der Villarsit gehört, dann in solche Veränderungen, bei welchen Kohlensäure aufgenommen wird, ferner jene, bei welchen eine Anreicherung an Eisenoxyd und Wasser eintritt, wobei Kieselsäure in Lösung geht (Ferrit) und endlich in Bauxitbildung, d. h. Anreicherung an Tonerde und Wasser, bei Verlust von Magnesia und Kieselsäure. In manchen Fällen scheint die Umwandlung sich erst im Anfangsstadium zu befinden, wie bei dem von Chester, bei welchem auch Brucit gebildet wird.

Serpentinisierung.

	1.	2.	3.
MgO	53,18	47,37	43,75
CaO	—	0,53	1,70
MnO	0,25	2,42	—
FeO	2,02	3,59	6,25
SiO_2	41,93	39,61	40,52
H_2O	4,00	5,80	6,21
	101,38	99,78 [1]	99,15 [2]

1. Von Snarum, Norw.; anal. Hefter, Pogg. Ann. **82**, 516 (1851).
2. Villarsit von Traversella; anal. P. A. Dufrénoy, Traité d. Min. Paris **3**, 555 (1847).
3. Villarsit von Forez; anal. von demselben, ebenda.

	4.
MgO	47,87
FeO	9,21
Fe_2O_3	0,95
Cr_2O_3	1,18
SiO_2	37,91
H_2O	3,95
	101,07

4. Aus Dunit von Koswinsky (Ural); anal. L. Duparc und L. Pearce, Rech. geol. etc. Oural d. Nord. (Genève 1905), 467.

Es entspricht dies einer Mischung von 1,80% Chromeisen und 98,20% Olivin.

Eine eigentümliche Zersetzung, bei welcher sich neben Serpentin auch Brucit und Magnesit bildete, beschreibt Ch. Palache. Dieser Olivin bildet eine Ader im Serpentin zwischen Chester und Middlefield (Mass.), anal. von W. T. Schaller [Am. Journ. **24**, 491 (1907)] (sog. Hampdenit).

	5.	6.
MgO	49,26	48,94
MnO	0,12	0,14
FeO	7,83	9,33
SiO_2	39,43	41,59
CO_2	0,77	—
H_2O	2,69	—
Summe:	100,10	100,00

Unter 5. sind die Analysenzahlen angeführt, während unter 6. die berechneten Zahlen für den reinen Olivin angegeben werden, wenn man aus der Analyse 1 1,47% Magnesit, 4,34% Brucit und 10,35% Serpentin abzieht.

Iddingsit. Das mit diesem Namen bezeichnete Mineral ist wahrscheinlich eine Pseudomorphose nach Olivin, welche in Eruptivgesteinen auftritt. Eine chemische Analyse liegt nicht vor. Es ist wasserhaltig und enthält viel Eisen, dann Ca, Mg (Na?). Die Angaben bezüglich des Aluminiumgehalts sind

[1] K_2O 0,46%.
[2] K_2O 0,72%.

widersprechende.[1]) In HCl ist er unter Abscheidung von pulveriger SiO_2 löslich. $\delta = 2{,}839$. Härte $2^1/_2$. Vor dem Lötrohr unschmelzbar.

Umwandlung in Eisenoxyd (Ferrit).

Die Umwandlung des eisenoxydulhaltigen Olivins in eisenoxydhaltigen wurde bereits 1861 von A. Moitessier[2]) erforscht; da, wie F. Gonnard bemerkt, dessen Arbeit: Sur la comp. d. péridots normaux et altérés du Puy-de-Dôme, unbekannt geblieben zu sein scheint, wurden die Analysen von F. Gonnard[3]) neuerdings veröffentlicht. Aus den vier Analysen von unzersetztem Olivin habe ich eine ausgesucht (N. 7) und gebe von den vier Analysen von zersetzten Olivinen drei:

	7.	8.	9.	10.
δ	3,34	3,07	3,19	3,29
MgO	42,83	40,29	41,23	42,94
MnO	Spur	Spur	Spur	Spur
FeO	14,91	6,07	2,25	0,91
(Al_2O_3) . . .	0,66	0,91	0,61	0,75
Fe_2O_3	—	11,23	13,01	14,27
SiO_2	41,32	40,24	41,08	40,29
	99,72	98,74	98,18	99,16

Bemerkenswert ist, daß hier eine Vermehrung der Tonerde nicht stattgefunden hat, wie auch der SiO_2-Gehalt nur unbedeutend verändert ist. A. Moitessier schließt daraus, daß die Umwandlung sich durch Oxydation bei hoher Temperatur vollzogen hat, also wie bei den S. 306 erwähnten Versuchen von K. Thaddéeff; er hat bereits damals konstatiert, daß die Erhitzung dieser Olivine bei Rotglut eine Verminderung des spezifischen Gewichts ergeben hatte, von 3,34 auf 3,29.

Die folgenden Analysen beziehen sich offenbar auf eine tiefergehende Umwandlung auf hydrochemischem Wege.

	11.
MgO	6,62
CaO	0,75
MnO	0,15
FeO	4,51
Fe_2O_3	53,47
Al_2O_3	13,16
SiO_2	13,03
H_2O	8,39
	100,08

11. Ferrit von Gleniffar, Braes, Schottland; anal. M. F. Heddle, Min. Mag. 5, 26 (1882).

[1]) A. C. Lawson, Bull. Dep. geol. Univ. of California 1, 31 (1893). — Arnold-Ransome, ebend. 71. — H. Rosenbusch u. E. Wülfing, Mikrosk. Physiogr. I, 161 (Stuttgart 1905).

[2]) A. Moitessier, Mém. Ac. Montpellier (Paris 1861).

[3]) F. Gonnard, Bull. Soc. min. 32, 78 (1909). (Summe von 8. u. 9. unrichtig).

Umwandlung in Eisenoxyd und Tonerdehydrat.

	12.
CaO	0,30
Al_2O_3	10,84
Fe_2O_3	52,05
SiO_2	0,78
H_2O	12,24

wozu noch 25,15 Titaneisen kommen.

12. Analyse eines Umwandlungsprodukts von Olivin aus Plagioklasbasalt vom Vogelsberg, am Fernewald; anal. A. Liebreich, Inaug.-Diss. Zürich-Gießen, Ref. Z. Kryst. **23**, 296 (1894).

Es handelt sich hier um ein Gemenge mit vorwiegendem Olivin, welches vollständig umgewandelt ist, als Endresultat der Gesteinsumwandlung ergibt sich Ferrit und Bauxit.

Umwandlung in Carbonate.

Die Umwandlung durch Kohlensäureaufnahme ist keine vollständige, sondern nur eine teilweise; gleichzeitig geht damit auch eine Aufnahme von Wasser vor sich.

	13.	14.	15.	16.
Na_2O	—	—	1,39	—
K_2O	—	—	0,92	—
MgO	2,50	1,38	9,63	26,56
CaO	20,40	24,37	35,89	—
FeO	—	—	—	20,79
Al_2O_3	4,03	7,13	2,31	—
Fe_2O_3	5,50	4,69	7,24	—
SiO_2	48,55	40,09	22,63	29,37
CO_2	16,23	18,54	20,26	20,52
H_2O	4,40	4,39	—	2,68
	101,61	100,59	100,27	99,92

13. u. 14. Pseudomorphosen von Hotzendorf (Mähren); anal. C. Madelung, J. k. k. geol. R.A. **14**, 8 (1864).

15. Von ebenda; anal. Carius in R. Blums Pseudomorphosen, Nachtr. 3, 281 (1863).

16. Zersetzter Olivin aus einem Nephelinbasalt v. Rib. das Patas, Insel S. Antão (Capverden); anal. C. Doelter, Vulc. d. Capverden (Graz 1882), 129.

In den drei ersten Analysen haben wir eine Verdrängung von MgO durch CaO, möglicherweise war das Ausgangsmaterial Monticellit, in der Analyse des Olivins von den Capverden war die Zersetzung nur im Beginne, hier fehlt CaO gänzlich.

Formel und chemische Konstitution des Olivins.

Die Olivine sind Mischungen des Forsteritsilicats Mg_2SiO_4 mit dem Fayalitsilicat Fe_2SiO_4, Mischungen mit mehr als 24 % FeO oder mit einem Verhältnis $Mg_2SiO_4 : Fe_2SiO_4$ größer als 3 : 1 haben die Mineralbezeichnung Hyalosiderit erhalten (s. unten).

Was die chemische Konstitution der Olivine anbelangt, so wurde bereits in früheren Abschnitten darüber verhandelt. Die einfachste Annahme ist die, daß ein Orthosilicat vorliegt:

$$Si{<}\begin{matrix} O \\ O \end{matrix}{>}Mg \quad \begin{matrix} O \\ O \end{matrix}{>}Mg$$

Dagegen fand G. Tschermak,[1]) daß die Säure des Olivins, welche er aus demselben isolierte, die Metakieselsäure sei. Dann ist Olivin entweder im Sinne älterer Anschauungen ein basisches Salz der Metakieselsäure oder im Sinne W. Vernadskys (vgl. S. 97) ein Metasilicat mit Addition von MgO.

Eine Konstitutionsformel des Olivins auf Grund der Annahme der Tschermakschen Beobachtung hat S. Hillebrand[2]) gegeben (vgl. S. 100).

Chemische Eigenschaften.

Löslichkeit. In konzentrierter Salzsäure vollkommen löslich; eisenreichere Olivine sind leichter löslich als eisenarme. A. Kenngott[3]) beobachtete am Pulver des Olivins vom Vesuv alkalische Reaktion, ebenso F. Cornu bei vielen Olivinen. Die mit Salzsäure abgeschiedene Kieselsäure ist pulverig. Nach G. Tschermak[4]) ist diese Kieselsäure nicht die Orthokieselsäure, sondern Metakieselsäure.

Nach F. v. Kobell[5]) gelatiniert Olivin mit Schwefelsäure.

Ein Olivin von Ihringen hinterließ nach Lewinstein[6]) in Salzsäure einen Rückstand von 22,6⁰/₀. Der zersetzte Teil bestand aus

Na_2O	1,18	Al_2O_3	8,46
K_2O	1,56	SiO_2	42,23
CaO	0,91	H_2O	27,55
FeO	14,89		

F. W. Clarke und E. A. Schneider[7]) haben Olivin von Fort Wingate mit Chlorwasserstoffgas bei 383—412° behandelt, wobei sie nur eine sehr geringfügige Zersetzung beobachteten.

Verhalten des Olivins beim Glühen. Wie erwähnt, oxydiert sich in der Hitze das Eisenoxydul. Nach Versuchen von K. Thaddéeff[8]) ist jedoch nur ein Teil des Eisenoxyduls in Fe_2O_3 übergegangen. So wurden bei Olivin (Eifel) von fünf Teilen FeO nur drei oxydiert. Er schließt daraus, daß das Molekül des Olivins aus $5(Fe_2SiO_4)$ besteht. Das Gewicht hatte zugenommen, im Mittel bei demselben Olivin um 0,50⁰/₀. (Vgl. auch S. 304 die Versuche A. Moitessiers.)

---

[1]) G. Tschermak, Sitzber. Wiener Ak. **115**, 228 (1906).
[2]) S. Hillebrand, Ebenda, **115**, 697 (1906).
[3]) A. Kenngott, N. JB. Min. etc. 1867, 302, 429. — F. Cornu, Tsch. min. Mit. **24**, 427 (1905).
[4]) G. Tschermak, Sitzber. Wiener Ak. **115**, 228 (1906).
[5]) C. F. Rammelsberg, Mineralchemie 426.
[6]) Lewinstein, Z. Ch. u. Pharm. 1860, 82, siehe C. F. Rammelsberg, l. c. 431.
[7]) F. W. Clarke u. E. A. Schneider, Journ. am. chem. Soc. **21**, 386 (1899).
[8]) C. Thaddéeff, l. c. Z. Kryst. **26**, l. c.

Physikalische Eigenschaften.

Dichte. Diese wechselt mit dem Eisengehalt und ist bei den Analysen angegeben. (Vgl. auch S. 304).

Frischer, unzersetzter Olivin ist gelbgrün, zersetzter braungelb, auch rötlich.

Die **Brechungsquotienten** sind: $N_\alpha = 1{,}661$, $N_\beta = 1{,}678$, $N_\gamma = 1.697$ für Gelb, nach A. Des Cloizeaux.[1]) Vgl. Details F. Becke auf S. 16. Vor kurzem hat H. Backlund weitere Untersuchungen über die Abhängigkeit der optischen Eigenschaften von dem Eisengehalte ausgeführt.[2]).

Härte, 7.

Schmelzpunkt. Dieser wechselt bedeutend mit dem Eisengehalt. Die eisenreichen Olivine zersetzen sich bei hohen Temperaturen, indem sich das Eisenoxydul in Eisen umwandelt, daher der Schmelzpunkt dann nicht mehr genau zu bestimmen ist. Ich[3]) fand für

Olivin von Kapfenstein .	1360—1410° und 1380—1410°,
„ „ Söndmöre .	1395—1430°,
„ „ Somma . .	1310—1350°,
„ edler, Ägypten . .	1395—1445°.

A. Brun[4]) fand für Olivin aus der Eifel 1750°.

Kristallisationsvermögen und Kristallisationsgeschwindigkeit des Olivins.

Die Olivine gehören zu den Silicaten, welche das größte Kristallisationsvermögen besitzen. Es ist daher schwer, ein Olivinglas zu erhalten, denn auch bei rascher Abkühlung kristallisiert Olivin. Dagegen ist die Kristallisationsgeschwindigkeit nicht so groß, wie die manch anderer Silicate, z. B. Augit oder Anorthit, nur der eisenreiche Olivin scheint eine größere Kristallisationsgeschwindigkeit zu besitzen.

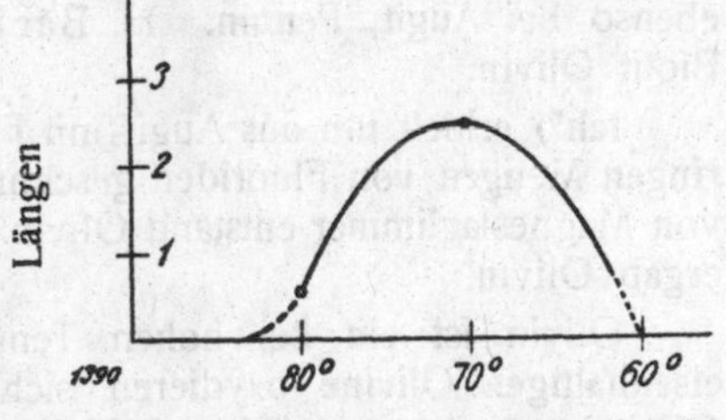

Fig. 33. Krjstallisationsgeschwindigkeit.

Nach Bestimmungen von E. Kittl[5]) ist das Kristallisationsvermögen des Olivins sehr groß, indem auch bei rascher Abkühlung die ganze Masse kristallin erstarrt. Die Zahl der Kerne in der Einheitsfläche betrug 220,000 für reines Mg_2SiO_4.

Was die Kristallisationsgeschwindigkeit anbelangt, so erhielt er nebenstehende Kurve bei fallender Temperatur (Fig. 33).

Das große Kristallisationsvermögen des Olivins hängt jedenfalls mit der Tatsache zusammen, welche H. Rosenbusch veranlaßte, in seiner Ausscheidungsfolge der Silicate dem Olivin den ersten Platz anzuweisen, trotzdem

1) A. Des Cloizeaux, Manuel d. Min. (Paris 1876).
2) H. Backlund, Vidensk. Skr. I. Mat.-naturw. Kl. (Kristiania 1911).
3) C. Doelter, Sitzber. Wiener Ak. **115**, 1340 (1906).
4) A. Brun, Arch. sc. phys. et nat. Genève 1903.
5) E. Kittl, Z. anorg. Chem. **77**, 335 (1912) und **80**, 79 (1913).

Olivin in den Gesteinen immer in kleinen Mengen vorkommt. Viele synthetische Versuche haben bewiesen, daß Olivin auch dort, wo er im Überschusse vorkommt, trotzdem sich als erstes Silicatmineral ausscheidet, so daß die Rosenbuschsche Regel auch dadurch bestätigt wird. Nur wenn neben Olivin noch ein Silicat vorkommt, welches ebenfalls eine sehr große Kristallisationsgeschwindigkeit besitzt, findet die Ausscheidung nach der eutektischen Regel statt (vgl. Bd. I, S. 794).

Synthese des Olivins.

Die erste Synthese rührt von P. Berthier[1]) her, er stellte ihn durch Zusammenschmelzen seiner Elemente dar. G. A. Daubrée erhielt ihn bei seinen Meteoritensynthesen, wobei sich außer diesem auch Enstatit und metallisches Eisen bildete. Die Synthesen L. Ebelmens und H. Lechartiers wurden früher erwähnt (siehe S. 293). F. Fouqué und A. Michel-Lévy[2]) erhielten bei ihren Versuchen (Bd. I, S. 609) Olivin in künstlichem Basalt, dann auch bei ihren Meteoritensynthesen. Bei den erstgenannten Versuchen waren die Kristalle gut ausgebildet 010, 100, 001, 101, während G. A. Daubrée[3]) 010, 110, 021, 100 beobachtete.

V. Pöschl[4]) stellte Olivine mit verschiedenem Eisengehalt (bei 29 % FeO) dar, indem er SiO_2 mit $MgCO_3$ und $FeCO_3$ zusammenschmolz. H. H. Reiter[5]) erhielt aus Schmelzfluß körnige Massen, welche teils dem Olivinfels, teils den Olivinen der Meteoriten glichen. Man kann im allgemeinen den Olivin leicht aus seinen Bestandteilen bei hoher Temperatur erhalten, auch nach der Methode von P. Hautefeuille (S. 293).

Durch Umschmelzen anderer Silicate erhielt ich[6]) in mehreren Fällen Olivin, so bei Umschmelzung von Biotit mit geringen Mengen von Fluoriden, ebenso bei Augit, Pennin. H. Bäckström erhielt bei Umschmelzung von Biotit Olivin.

Ich[6]) erhielt ihn aus Augit mit Fluoriden, ebenso wenn Hornblende mit geringen Mengen von Fluoriden geschmolzen wurde; auch bei der Umschmelzung von Magnesiaglimmer entstand Olivin. Diopsid mit größeren Mengen von MgF_2 ergab Olivin.

Olivin ist ein bei hohen Temperaturen sehr stabiles Mineral, nur die eisenhaltigen Olivine oxydieren sich bei hoher Temperatur. Geschmolzener Olivin erstarrt stets wieder als Olivin, auch in Silicatschmelzen gelöster Olivin erstarrt wieder als solcher. Bei niederen Temperaturen scheint jedoch die Stabilität des Olivins geringer zu werden, da sich Olivin sehr leicht zersetzt.

Auf nassem Wege ist Olivin noch nicht erzeugt worden.

Zufällige Bildungen von Olivin. In Mänteln von Hochöfen fand man bisweilen Olivine, solche beschrieb G. vom Rath von der Saynerhütte; ferner in einem Gußeisenofen in Nischne-Tagilsk; Olivin kommt auch häufig in

[1]) P. Berthier, Ann. chim. phys. **24**, 396 (1823).
[2]) F. Fouqué u. A. Michel-Lévy, Synth. des minér. 99. — C. R. **92**, 369 (1881).
[3]) G. A. Daubrée, C. R. **62**, 129 (1866).
[4]) V. Pöschl, Tsch. min. Mit. **26**, 131 (1906).
[5]) H. H. Reiter, N. JB. Min. etc. Beil.-Bd. **22**, 183 (1906).
[6]) C. Doelter, N. JB. Min. etc. 1897, I, 1.

Schlacken vor und J. H. L. Vogt hat solche olivinhaltige Schlacken beschrieben (vgl. auch dessen Aufsatz in Bd. I S. 932, sowie Beitr. z. Kenntnis der Mineralbildung in Schmelzmassen usw.[1])

Umwandlungen des Olivins.

Olivin ist sehr zu Umwandlungen geneigt, wobei sich vorwiegend Hydrate bilden. Die häufigste Pseudomorphose ist die von Serpentin nach Olivin. Eine einfache Hydratisierung dürfte bei Villarsit eingetreten sein, doch scheinen sich Übergangshydrate zu bilden mit drei Olivin plus ein Wasser, bis schließlich sich das Hydrat mit ein Wasser und zwei Olivin bildet. Bei der Serpentinisierung bildet sich auch Opal.

Die oft beschriebene Bildung des Serpentins ist keine reine Hydratisierung, sondern es tritt ein Magnesiahydrat zum Molekül des Olivins hinzu. Nach S. Hillebrand[2]) bilden sich Chrysotil und Serpentin gleichzeitig aus Olivin. Durch die von ihr gegebenen Formeln wird die Umwandlung illustriert.

Olivin	Serpentin	Chrysotil
$(MgOMg)_2Si_2O_6$	$H_3(MgOH)_6Si_4O_{12}$	$H_4(MgOH)_4(MgOMg)Si_4O_{13}$

Über die Umwandlung des Olivins in Serpentin bemerkt G. Bischof,[3]) daß Kieselsäure, Magnesia und Eisenoxydul ausgeschieden und Wasser aufgenommen wurde, sofern keine Volumveränderung eintrat (vgl. bei Serpentin).

Von geologischem Interesse ist die Umwandlung des Olivins in Magnesit. Die Aufnahme von Kohlensäure illustrieren die Analysen. Die Bildung des Magnesits ist öfters, wie G. Tschermak hervorhebt, mit der Serpentinbildung verknüpft, nach der Formel:

$$2(Mg_2SiO_4) + CO_2 + 2H_2O = (H_4Mg_3Si_2O_9) + MgCO_3.$$

Doch ist nach K. A. Redlich[4]) dieser Fall nicht allgemein, da sich auch Magnesit allein bilden kann, Frank L. Hess[5]) gibt eine Formel, welche auch gleichzeitig die Bildung des Holzerzes erklärt. Da diese Umwandlung bereits bei Magnesit erörtert wurde, verweise ich auf Bd. I, S. 244.

Eine andere häufige Umwandlung ist die in Talk. Vergleicht man die Formeln

$$Mg_2SiO_4 \quad \text{oder} \quad Mg_6Si_3O_{12} \text{ (Olivin) und } H_4Mg_3(SiO_4)_3 \text{ (Talk),}$$

so geht daraus hervor, daß bei der Talkbildung Magnesium durch Wasserstoff vertreten wird und andererseits ein Molekül MgO austritt. Man kann auch, wie J. Roth[6]) das getan, annehmen, daß bei der Umwandlung in Talk, wie auch bei jener in Serpentin kieselsaure Magnesia fortgeführt und Wasser aufgenommen wird.

Umwandlungen in Eisenoxyde und auch in Eisenoxydhydrate sind nicht selten; G. Tschermak führt solche von verschiedenen Fundorten an, sie werden durch die Analysen illustriert. In anderen Fällen bildet sich Bauxit (Analyse S. 305).

---

[1]) J. H. L. Vogt, Arch. Math. og Naturw. Bd. **14**, Kristiania.
[2]) S. Hillebrand, Sitzber. Wiener Ak. **115**, 712 (1906).
[3]) G. Bischof, Chem. Geol. (Bonn 1864).
[4]) K. A. Redlich, siehe Bd. I, 245.
[5]) Frank L. Hess, Bull. geol. Surv. U.S. 1909, Nr. 355.
[6]) J. Roth, Chem. Geol. I, 113.

Eine weitere Umwandlung ist jene, welche zur Bildung von Chlorophäit führt. Umwandlung in Amphibol erklärt A. M. Finlayson[1]) durch die Formel:

$$3(Mg_2SiO_4) + 2CaO + 5SiO_2 = 2[CaMg_3(SiO_3)_4].$$

Die Umwandlung in Chlorophäit (siehe auch diesen) wurde von G. Tschermak[2]) u. a. aus Melaphyren beschrieben; es gibt auch Umwandlungen in Delessit und Grengesit (nach F. Zirkel).

Ferner beschrieb F. Becke[3]) Umwandlungen in Amphibol (Pilit), Strahlstein, ebenso in Diopsid, während A. E. Törnebohm[4]) eine Umwandlung in Amphibol unter Einwirkung der angrenzenden Gesteinsgemengteile aus schwedischen Gabbrogesteinen beschrieb.

Bei der Carbonatbildung ist noch eine komplexere Umwandlung von K. Busz[5]) beobachtet worden, bei welcher nicht nur die Kieselsäure durch Kohlensäure, sondern auch das Magnesium durch Mangan ersetzt wurde; häufig wird auch das Magnesium durch Calcium ersetzt.

Bei der Carbonatbildung entstehen als Nebenprodukte Quarz, Opal und Chalcedon.

C. R. van Hise[6]) hat sich besonders mit der Volumveränderung bei der Umwandlung des Olivins beschäftigt; bei der früher erwähnten Umwandlung in Serpentin berechnet er eine Volumzunahme von 29,96%, wenn ein eisenhaltiger Olivin $Mg_3FeSi_2O_8$ angenommen wird; würde man einen Olivin von der Formel $MgFeSiO_4$ annehmen, so bildet sich Quarz (richtiger wäre vielleicht Opal) nach der Formel:

$$3(MgFeSiO_4) + 2H_2O + O = H_4Mg_3Si_2O_9 + Fe_3O_4 + SiO_2 + k.$$

Die Volumzunahme durch diese Veränderung ist 15,9%.

Bei der Bildung von Magnesit neben den erwähnten Verbindungen wäre, nach C. R. van Hise, die Formel:

$$3(Mg_3FeSi_2O_8) + 3CO_2 + 4H_2O + O = 2(H_4Mg_3Si_2O_9) + Fe_3O_4 + 3MgCO_3 + 2SiO_2 + k.$$

Die Volumzunahme für alle diese Neubildungen wäre 37,13%.

Die von Fr. Becke beobachtete Umwandlung des Olivins in Anthophyllit verläuft nach C. R. van Hise folgendermaßen:

$$Mg_3FeSi_2O_8 + 2SiO_2 = Mg_3FeSi_4O_{12} - k.$$

Die Volumverminderung beträgt dabei 1,48%.

Die Umwandlung in Aktinolith verläuft nach der Formel:

$$3(Mg_3FeSi_2O_8) + 4CaCO_3 + 10SiO_2 = Mg_9Ca_4Fe_3Si_{16}O_{48} + 4CO_2 - k.$$

Die Volumverminderung bei der Aktinolithbildung beträgt 13,34%.

Auch die im übrigen ähnliche Umwandlung in Tremolit verläuft mit einer Volumabnahme und zwar von 12,29%.

---

[1]) A. M. Finlayson, Quart. J. geol. Soc. **65**, 351 (1909). — N. JB. Min. etc. 1911, I, 355.
[2]) G. Tschermak, Porphyrgesteine Österreichs (Wien 1869), 15.
[3]) F. Becke, Tsch. min. Mit. **5**, 163 (1883).
[4]) A. E. Törnebohm, N. JB. Min. etc. 1877, 383.
[5]) K. Busz. N. JB. Min. etc. 1901, II, 132.
[6]) C. R. van Hise, Treat. on Metamorphisme, S. 309.

Genesis des Olivins.

Das verbreitetste Vorkommen dieses Minerals ist bekanntlich in Eruptivgesteinen, und zwar sowohl in Tiefengesteinen, wie auch in Laven und Ganggesteinen. Er kann also sowohl aus trockenen Schmelzen, wie aus solchen mit Mineralisatoren sich bilden. Damit stehen die Synthesen (siehe S. 308) im Einklang.

Eine Ausscheidung aus Schmelzfluß sind auch die in Meteoriten vorkommenden Olivine.

Zu besonderem Interesse regen uns die Olivinbomben an. Sie kommen stets in Verbindung mit basaltischen (auch andesitischen) Gesteinen vor oder seltener als Auswürflinge mit Tuffen. H. H. Reiter gelang es, synthetische Gebilde zu erhalten, welche ganz der Struktur dieser Olivinbomben entsprachen.

Eine andere Art des Vorkommens ist jenes in kristallinen Schiefern. Nach H. Rosenbusch ist hier der Olivin Gemengteil einer Gesteinsreihe, an deren einem Ende Dolomite und dolomitische Kalke stehen, während das andere Ende aus reinen Silicaten besteht. Zu dieser Reihe rechnet er Amphibolite, Pyroxenite, Eklogite und manche Talkschiefer. Hier werden wir eine Umbildung aus Carbonaten und Kieselsäure durch erhöhte Temperatur und hohen Druck anzunehmen haben, namentlich dürfte dies bei den mit Carbonaten vorkommenden Olivinen der Fall sein.

Wir haben es mit einem ähnlichen Fall zu tun, wie z. B. bei Wollastonit, welcher mit Kalkstein vorkommt. Es handelt sich um eine Einwirkung der Kieselsäure auf Magnesiumcarbonat (bzw. $CaCO_3$) nach der Formel:

$$2(MgCO_3) + SiO_2 \rightleftarrows Mg_2SiO_4 + (CO_2)_2.$$

Die Reaktion ist reversibel; Temperaturerhöhung begünstigt die Silicatbildung und ohne diese dürfte die Olivinbildung nicht möglich sein.

Titanhaltiger Olivin (Péridot titanifère).

Der Titanolivin ist eigentlich keine besondere Olivinart, sondern ein Olivin, in welchem kleinere Mengen von SiO_2 durch die isomorphe TiO_2 ersetzt sind, daher ihm auch keine spezielle Formel zukommt. Der höchste Gehalt an Titansäure ist 6,10%.

Analysenzusammenstellung.

	1.	2.	3.	4.
δ	—	—	—	3,20–3,26
MgO	49,65	50,14	48,31	45,50
MnO	0,60	0,60	0,19	Spur
FeO	6,00	6,21	6,89	10,05
SiO_2	36,30	36,87	36,14	36,86
TiO_2	5,30	3,51	6,10	4,78
H_2O	1,75	1,71	2,23	1,57
	99,60	99,04	99,86	99,84[1]

1. u. 2. Von Pfunders; anal. A. Damour, C. R. **41**, 1151 (1855). — Ann. d. Min. **8**, 90 (1855).
3. Vom Findelengletscher (Schweiz); anal. von demselben, Bull. Soc. min. **2**, 15 (1879).
4. Von Val Malenco; anal. G. Anelli bei L. Brugnatelli, Z. Kryst. **39**, 212 (1903).

[1]) Dazu 1,08% Fe_2O_3, Spuren von Fluor.

Farbe bräunlichrot, in dünnen Schichten pleochroitisch.
Härte 6—7.
Dichte 3,25—3,27.
Vor dem Lötrohre unschmelzbar, zerfällt unter Funkensprühen; im H-Strom verliert er 3 %, wird dabei bläulichschwarz.
In Salzsäure zersetzbar, wobei gelbliche Titansäure sich abscheidet.[1])

Hyalosiderit.

Rhombisch, isomorph mit Olivin: $a:b:c = 0{,}46815:1:0{,}58996$.
Die eisenreichen Olivine werden (nach M. Bauer) unter diesem Namen in der Mineralogie angeführt. Da wir es eigentlich jedoch nur mit sehr eisenreichen Olivinen zu tun haben, so erscheint es richtiger, den Hyalosiderit hier bei Olivin einzureihen, als bei Fayalit, dem reinen Eisenolivin bzw. Eisenoxydulorthosilicat.

Analysen.

	1.	2.	3.	4.	5.	6.
δ . . .	3,566				3,57	3,728
K_2O . . .	2,79	—		—	0,66	—
MgO . . .	32,40	31,99	30,62	26,86	31,76	31,16
CaO . . .	—	—	1,43	0,90	—	Spur
MnO . . .	0,48	—	1,24	0,35	0,45	0,40
FeO . . .	29,71	29,96	28,07	33,91	26,70	31,38
Fe_2O_3 . . .	—	—	—	—	—	0,12
NiO . . .	—	—	—	0,20	—	—
(Al_2O_3) . . .	2,21	—	—	0,92	—	—
(Cr_2O_3) . .	—	—	—	Spur	0,75	—
SiO_2 . . .	31,63	36,72	38,85	35,58	35,30	37,16
TiO_2 . . .	—	—	—	1,22	—	0,07
H_2O bei 100	—	—	—	0,11	—	—
H_2O über 100	—	—	—	0,20	—	—
	99,22	98,67	100,21	100,25	99,39[2])	100,63[3])

1. Aus dem Limburgit von Limburg (Kaiserstuhl) in Baden; anal. Walchner, Schweiggers Journ. **39**, 64.
2. Von ebenda, anal. H. Rosenbusch, N. JB. Min. etc. 1872, 50.
3. Aus dem Ossypit von Watterville, N. H.; anal. E. Dana, Am. Journ. **3**, 49 (1872).
4. Aus Olivingabbro, Birch Lake, Minnesota; anal. W. F. Hillebrand bei W. S. Bayley, J. Geol. **1**, 688; nach F. W. Clarke, Bull. geol. Surv. U.S. Nr. 419, (1910), 270.
5. Aus dem Meteoriten von Chassigny; anal. A. Damour, C. R. **55**, 593 (1862).
6. Von dem Cumberlandit von Iron Mine. Hill Rhode Island; anal. C. H. Warren, Am. Journ. **175**, 12 (1908). — N. JB. Min. etc. 1910, II, 67.

Chemische Formel. Der Hyalosiderit vom Kaiserstuhl entspricht der Formel $2(Mg_2SiO_4)$. Fe_2SiO_4, etwas abweichend ist der von Waterville, während der letztgenannte (Anal. 4) mehr FeO enthält, als der Formel entspricht. Es ist

[1]) A. Damour, l. c.
[2]) Dazu 3,77 % Chromeisen + Augit.
[3]) Unlöslicher Rest 0,34.

jedoch wahrscheinlich, daß das Verhältnis MgO : FeO nicht genau 2 : 1 ist und daher Olivine, welche auch etwas mehr oder etwas weniger FeO enthalten, hierher zu stellen sind. Der theoretischen Zusammensetzung $2(Mg_2SiO_4)$. Fe_2SiO_4 entsprechen die Zahlen:

MgO	33,06
FeO	29,74
SiO_2	37,20
	100,00

Chemische und physikalische Eigenschaften.

Dichte nach H. Rosenbusch 3,566.

Härte wie Olivin 6—7. Farbe grün, meist gelb angelaufen. Über die optischen Konstanten eisenreicher Olivine siehe F. Becke S. 16.

Vor dem Lötrohr schmelzbar zu schwarzer magnetischer Schlacke, Schmelzpunkt 1220—1240°, doch findet bei höherer Temperatur eine Oxydation des Eisenoxyduls statt, so daß also nicht der wahre Schmelzpunkt bestimmt wird (vgl. Bd. I, S. 662).

In Salzsäure unter Abscheidung von pulveriger Kieselsäure löslich.

Vorkommen und Genesis.

Der Hyalosiderit kommt wie Olivin in Eruptivgesteinen vor, im Limburgit, im Olivingabbro und ähnlichen Gesteinen. Auch in Meteoriten kommt Hyalosiderit vor.

Die synthetische Darstellung dieses Minerals gelingt schwer, weil das Eisenoxydul sich zu Oxyd verändert. V. Pöschl[1]) versuchte solche Mischungen herzustellen, doch kam er nur bis zu den Mischungen mit 40% Eisenoxydulsilicat (Fe_2SiO_4). Jedenfalls hat sich der Hyalosiderit aus Schmelzfluß auch in der Natur gebildet.

Fluorhaltige Magnesiumsilicate (Humitgruppe).

Humit, Chondrodit, Klinohumit, Prolektit.

Von **Hj. Sjögren** (Stockholm).

Die dieser Gruppe angehörenden Minerale bilden eine im Mineralreich einzigstehende morphotropische Serie. Die Zusammensetzung der verschiedenen Glieder ist

Prolektit . . .	$Mg[Mg(F.OH)]_2SiO_4$
Chondodrit . . .	$Mg_3[Mg(F.OH)]_2(SiO_4)_2$
Humit . . .	$Mg_5[Mg(F.OH)]_2(SiO_4)_3$
Klinohumit . . .	$Mg_7[Mg(F.OH)]_2(SiO_4)_4$

Diese Formeln unterscheiden sich durch einen Atomkomplex Mg_2SiO_4 voneinander und die Vertikalachsen in den Grundformen der verschiedenen

[1]) V. Pöschl, Tsch. min. Mit. **26**, 131 (1907).

Glieder verhalten sich zueinander wie 3 : 5 : 7 : 9, d. h. auf dieselbe Weise, wie die Anzahl der in der Formel enthaltenen Mg-Atome.

Der körnige in kristallinischem Kalk vorkommende Chondrodit wurde 1817 von Pargas in Finnland von C. d'Ohsson beschrieben;[1]) kurz darauf wurde der Fluorgehalt des Minerals von A. Seybert im Chondrodit von Sparta in New Jersey nachgewiesen.[2]) T. Monticelli und N. Covelli führten den von Graf J. L. Bournon beschriebenen, auf dem Vesuv vorkommenden Humit mit dem Chondrodit zusammen, ohne jedoch deren Identität darzutun.[3]) Auch Ch. de Marignac betrachtete, auf Grund einer recht mangelhaften Analyse, den Humit und den Chondrodit als identisch.[4])

C. F. Rammelsberg hat das Verdienst der ersten genauen Untersuchung des Chondrodits und Humits. Er analysierte zuerst den Chondrodit von mehreren Fundorten, sowohl europäischen als amerikanischen, und dann auch den Humit von allen drei Typen vom Vesuv.[5]) Aus seinen Analysen leitete C. F. Rammelsberg die gemeinsame Formel $8MgO.3SiO_2$ her, wobei er annahm, daß F teilweise O ersetze. Er glaubte auch bei den drei Typen einen verschiedenen Fluorgehalt nachgewiesen zu haben und setzte dies mit ihrer verschiedenen Kristallform in Zusammenhang. Zufolge des hohen Gehalts an Fluor bei verschiedenen Chondroditen betrachtete er dieses Mineral als einen vierten Typ von Humit. Diese Auffassung erwies sich indessen als nicht haltbar, da N. v. Kokscharow kurz darauf dartat, daß die Kristallform der finnischen Chondrodite vollständig mit dem Humit, Typ II, übereinstimmte, obschon sie in bezug auf den Fluorgehalt ganz verschieden sind.[6])

Später veröffentlichte G. v. Rath neue Analysen des Humits vom Vesuv sowie des Chondrodits von Kafveltorp. Auch er wies nach, daß der verschiedene Gehalt an Fluor nicht die Ursache der verschiedenen Kristallform der einzelnen Typen ist, daß sie aber sämtlich in der Hauptsache dieselbe Zusammensetzung haben, für welche er die Formel $5MgO.2SiO_2$ vorschlug.[7])

In seinem Handbuch der Mineralchemie, 2. Aufl. (1875) hat C. F. Rammelsberg seine frühere Auffassung über den Zusammenhang zwischen dem Fluorgehalt und den verschiedenen Typen geändert und kommt durch einen Vergleich seiner eigenen Analysen mit verschiedenen andern zu der Auffassung, daß die Analysen drei verschiedene Formeln $Mg_{13}Si_5O_{23}$, $Mg_8Si_3O_{14}$ und $Mg_5Si_2O_9$ gestatten, von denen er der letzten infolge ihrer Einfachheit den Vorzug gibt. Er fand diese Formel auch durch E. S. Breidenbaughs[8]) und W. T. H. Howes[9]) Analysen des amerikanischen Chondrodits bestätigt. In Übereinstimmung mit der Annahme, daß ein Teil O durch F ersetzt wird, schreibt C. F. Rammelsberg die Formel $n\,Mg_5Si_2O_9 + Mg_5Si_2F_{18}$, wobei n von 9 bis 45 variieren kann.

Im Jahre 1882 veröffentlichte Hj. Sjögren im Zusammenhang mit seinen kristallographischen Beschreibungen des Chondrodits von Kafveltorp und des

[1]) C. d'Ohsson, Vet. Akad. Handl. (Stockholm 1817).
[2]) B. Silliman, Am. Journ. **5**, 336 (1822).
[3]) T. Monticelli u. N. Covelli, Prodromo della Mineralog. Vesuviana 1825, 123.
[4]) Ch. de Marignac, Arch. sc. phys. et nat. **4**, 152 (1847).
[5]) C. F. Rammelsberg, Pogg. Ann. **53**, 130 (1841). **86**, 404 (1852).
[6]) N. v. Kokscharow, Mater. zur Mineralogie Rußlands **6**, 71 (1870).
[7]) G. v. Rath, Pogg. Ann. **147**, 258 (1872).
[8]) E. S. Breidenbaugh, Am. Journ. **6**, 209 (1873).
[9]) W. T. H. Howe, Am. Journ. **10**, 97 (1875).

Humits von Ladugrufvan in Schweden einige neue Analysen und ging auf eine Erörterung der chemischen Zusammensetzung der Mineralien der Humitgruppe im allgemeinen ein.[1]) Er lenkte die Aufmerksamkeit auf den Umstand, daß die meisten Analysen des Humits und des Chondrodits einen bedeutenden Verlust aufweisen, was, wie schon P. Groth annehmen wollte, das Vorkommen von Hydroxyl in der Zusammensetzung angeben könnte. Da ferner die Analysen, welche den größten Verlust aufweisen, die geringste Menge F zeigen und umgekehrt, lag die Annahme nahe, daß das Fluor eine Hydroxylgruppe ersetze, anstatt, wie C. F. Rammelsberg angenommen hat, Sauerstoff zu ersetzen. Weiter wurde in diesem Zusammenhang dargetan, daß die Analysen eine bestimmte Ungleichheit in der Zusammensetzung der verschiedenen Typen ergeben, und er stellte es als wahrscheinlich hin, daß eine morphotropische Serie vorliege. Diese Auffassung Hj. Sjögrens von der Konstitution der Humitmineralien hat später insofern eine Bestätigung gefunden, als erwiesen wurde, daß die Mineralien eine verschiedene Zusammensetzung haben und daß sie eine morphotropische Serie bilden, obschon die von Hj. Sjögren aufgestellten Formeln nicht die richtigen waren. Kurz darauf wurden die Mineralien der Humitgruppe von F. C. v. Wingard[2]) einer erneuten Untersuchung unterzogen, der eine Anzahl neuer Analysen sowohl der Humitmineralien vom Vesuv wie von Kafveltorp und Ladugrufvan veröffentlichte. Er kam in Übereinstimmung mit G. v. Rath und C. F. Rammelsberg, aber im Gegensatz zu Hj. Sjögren zu dem Ergebnis, daß die drei Humitmineralien in ihrer Zusammensetzung identisch sind und stellte für sie eine gemeinsame Formel auf, die schon infolge ihrer sehr komplizierten Beschaffenheit unwahrscheinlich erschien, nämlich:

$$Mg_{13}(Mg\,.\,F)_4\,.\,(Mg\,.\,OH)_2(SiO_4)_8$$

Diese Formel wurde indessen in den meisten Handbüchern, wie Fr. Naumanns, C. Hintzes, F. Klockmanns, E. S. Danas, wie auch in P. Groths tabellarischer Übersicht usw., in welcher es sogar heißt, daß die drei Substanzen „offenbar drei Modifikationen derselben Substanz bilden", angenommen.

So stand die Frage der chemischen Zusammensetzung der Humitmineralien, als sie 1894 gleichzeitig von zwei Seiten angegriffen wurde, nämlich teils von S. L. Penfield und W. T. H. Howe, die Material vom Vesuv und mehreren amerikanischen und schwedischen Orten analysierten, teils von Hj. Sjögren und R. Mauzelius, die einen neuen, gleich dem Vesuv alle drei Arten führenden Fundort, nämlich Nordmarken in Värmland, untersuchten. Die Resultate dieser unabhängig voneinander vorgenommenen Untersuchungen stimmten vollständig miteinander überein und ergaben, daß die drei Humitmineralien, wie Hj. Sjögren schon 1892 erklärt hatte, eine verschiedene Zusammensetzung haben und zusammen eine morphotropische Serie bilden. Die Formeln sind:

Chondrodrit . . $Mg_3[Mg(F\,.\,OH)]_2[SiO_4]_2$
Humit . . . . $Mg_5[Mg(F\,.\,OH)]_2[SiO_4]_3$
Klinohumit . . $Mg_7[Mg(F\,.\,OH)]_2[SiO_4]_4$

[1]) Hj. Sjögren, Z. Kryst. 7, 344 (1882).
[2]) F. C. v. Wingard, Z. f. anal. Chem. **24**, 314 (1885).

Kurz darauf beschrieb Hj. Sjögren noch ein Glied derselben Serie, das er Prolektit nannte; dieser wurde auf Grund der Kristallform bestimmt, konnte aber aus Mangel an Material nicht analysiert werden.

Auf Grund der Kristallform sollte er die Formel

Prolektit . . . $Mg[Mg(F.OH)]_2[SiO_4]$

haben und es sind sehr starke Anzeichen dafür vorhanden, daß diese Formel wirklich die Zusammensetzung ausdrückt.

Analysenmethode: Die ältereren Analysen dieser Mineralien sind, hauptsächlich infolge der Schwierigkeit, SiO_2 bei Anwesenheit von Fluor zu bestimmen, nicht zuverlässig ausgefallen; ebenso ist das als Hydroxyl vorhandene Wasser entweder ganz übersehen oder nicht genau bestimmt worden, weil es nur mit Schwierigkeit ausgetrieben werden kann. Die einzigen zuverlässigen Analysen, die vorliegen, sind die von S. L. Penfield und W. T. H. Howe ausgeführten und die von R. Mauzelius in Hj. Sjögrens Arbeit.

S. L. Penfield und W. T. H. Howe bestimmten SiO_2, F und Basen in ein und derselben Portion, die mit einer Mischung von Alkalicarbonaten geschmolzen und nach J. Berzelius' Verfahren für Analysen der Fluor enthaltenden Silicate behandelt wurde. Fluor wurde mit Chlorcalcium gefällt und das Kaliumcarbonat nach dem Glühen in Essigsäure aufgelöst, wobei die Vorsichtsmaßregel beobachtet wurde, daß nur ein unbedeutender Überschuß der Essigsäure angewendet wurde. Behufs Wasserbestimmung wurde das Mineral mit wasserfreier Soda in einem mit einem äußeren Tiegel mit Soda umgebenen Goochschen Tiegel geschmolzen, worauf das Wasser in eine Röhre mit Schwefelsäure aufgenommen und direkt gewogen wurde. In einigen Fällen, wo ein so geringer Gehalt an Eisen vorhanden war, daß der Gewichtszuschuß durch seine Oxydation übersehen werden konnte, wurde das Wasser als Glühverlust bestimmt. Zur Verhinderung des Entweichens des Fluors gleichzeitig mit dem Wasser geschah das Glühen zusammen mit gebranntem Kalk.[1])

R. Mauzelius hat im großen ganzen dieselbe Methode zur Bestimmung von SiO_2, H_2O und F benutzt. In einigen Fällen wurde die Bestimmung des Fluors nach dem Verfahren von C. R. Fresenius durch Wägung als SiF_4 ausgeführt. Zur Bestimmung der Alkalien, deren Beteiligung an der Zusammensetzung jetzt zum ersten Male nachgewiesen wurde, wurde eine besondere Menge des Minerals, in HCl gelöst, angewendet. Bei der Bestimmung von SiO_2 in dem in HCl gelösten Mineral wurden, infolge des Entweichens von SiF_4, konsequent zu niedrige Werte erhalten. F. C. v. Wingards Angabe, daß die Humitmineralien unter Abgabe von HF in HCl gelöst werden, bestätigte sich somit nicht. Soweit man finden konnte, stand die entwichene Menge von HF in keinem direkten Verhältnis zum Fluorgehalt, sondern hängt wahrscheinlich von dem Grade der Konzentration der angewendeten HCl ab.

---

[1]) S. L. Penfield u. W. T. H. Howe, Am. Journ. III, **47**, 190 (1894) und Z. Kryst. **23**, 78 (1894).

Analysen. Wir führen hier zuerst die von S. L. Penfield und W. T. H. Howe sowie die von R. Mauzelius ausgeführten Analysen an, welche die einzigen sind, welche berechtigte Ansprüche erfüllen.

Chondrodit.

	1.	2.	3.	4.	5.	6.
Na_2O	—	—	—	—	0,90	—
K_2O	—	—	—	—	0,16	—
MgO	55,70	54,79	54,30	56,46	51,39	48,30
CaO	—	—	—	—	0,26	—
MnO	—	—	—	—	1,50	1,24
FeO	2,64	5,94	6,62	3.66	6,59	10,54
Al_2O_3	1,83	—	—	—	0,16	—
Fe_2O_3	—	—	—	—	0,63	0,54
SiO_2	33,80	33,67	33,33	33,87	34,50	34,05
TiO_2	—	—	—	—	—	0,13
H_2O	1,46	2,55	1,67	2,82	1,18	2,30
F	7,30	5,30	6,60	5,15	4,76	5,40
	102,73	102,25	102,52	101,96	102,03	102,50
O äquivalent zu F	3,07	2,23	2,76	2,16	2,00	2,27
	99,66	100,02	99,76	99,80	100,03	100,23

1. Chondrodit von Warwick, Orange Co., New York; anal. S. L. Penfield und W. T. H. Howe, Am. Journ. 3. Ser., **47**, 191 (1894); Z. Kryst. **23**, 85 (1894).

2. Chondrodit von Tilly-Foster, Brewster, Putnam Co., New York; anal. S. L. Penfield und W. T. H. Howe, Am. Journ. 3. Ser., **47**, 192 (1894).

3. Chondrodit von Kafveltorp, Schweden; anal. S. L. Penfield und W. T. H. Howe, Am. Journ. 3. Ser., **47**, 193 (1894).

4. Humit, Typ. II (Chondrodit) von Monte Somma, Italien; anal. S. L. Penfield und W. T. H. Howe; Am. Journ. 3. Ser., **47**, 193 (1894).

5. Chondrodit, gelbgrau, von Nordmarken, Schweden; anal. R. Mauzelius bei Hj. Sjögren, Bull. Geol. Inst. Upsala **2**. 46 (1894).

6. Chondrodit, dunkelbraun, von Nordmarken, Schweden; anal. R. Mauzelius, Bull. Geol. Inst. Upsala **2**, 48 (1894).

Bei der Berechnung der Formel hat man FeO, MnO, CaO mit MgO zusammengefaßt und angenommen, daß F und (OH) einander ersetzen. Man erhält dann das Verhältnis

$$SiO_2 : (MgO + FeO \text{ usw.}) : (F + OH) = 2 : 5 : 2$$

Dies gilt für alle Analysen, mit Ausnahme der Analyse 5, wo die Bemerkung gemacht worden ist, daß eine genügend hohe Temperatur zur Austreibung des Wassers nicht zu erhalten war. Die Formel wird also $5MgO . 2SiO_2 . 2(F . OH)$ oder $Mg_5(F . OH)_2Si_2O_8$. S. L. Penfield und W. T. H. Howe haben auch gezeigt, daß die älteren Analysen von C. F. Rammelsberg, G. v. Rath, Hj. Sjögren und F. C. v. Wingard im ganzen mit dieser Formel übereinstimmen, wenn man annimmt, daß der Verlust in den Analysen auf ganz oder teilweise abgegangenem Wasser beruht.

An minder genauen Analysen kann man anführen:

	7.	8.	9.
Na_2O	—	—	2,11
K_2O	—	—	1,31
MgO	58,29	57,98	51,01
FeO	3,80	3,96	5,09
Al_2O_3	—	—	0,77
Fe_2O_3	—	—	3,06
SiO_2	33,49	33,77	29,56
H_2O	1,37	1,37	1,58
F	5,25	5,14	8,62

7. u. 8. Chondrodit vom Vesuv; anal. F. C. v. Wingard, Fresenius' Ztschr. **24**, 344 (1884).

9. Chondrodit von Pargas; anal. F. Berwerth, Tsch. min. Mit. 1877, 272 in JB. k. k. geol. R.A. 1877.

Ältere Analysen gibt es noch von Hell[1]) am Chondrodit von Birma, die aber weniger genau sind; eine größere Anzahl bezieht sich auf das bereits erwähnte Vorkommen von Kafveltorp in Schweden, so von F. C. v. Wingard[2]) und Hj. Sjögren.[3])

Humit.

	1.	2.	3.	4.
Na_2O	—	—	0,29	0,34
K_2O	—	—	0,17	0,20
MgO	56,45	56,31	47,22	48,33
CaO	—	—	0,17	0,11
MnO	—	—	1,47	1,69
FeO	2,35	2,22	10,96	7,93
Al_2O_3	—	—	0,19	0,07
Fe_2O_3	—	—	0,68	1,06
SiO_2	36,63	36,74	35,44	35,21
TiO_2	—	—	0,07	0,07
H_2O	2,45	2,13	1,28	1,85
F	3,08	3,96	3,79	4,59
	100,96	101,36	101,73	101,45
O äquivalent für F	1,26	1,66	1,60	1,93
	99,70	99,70	100,13	99,52

1. Farbloser Humit von der Somma, Italien; anal. S. L. Penfield und W. H. T. Howe, Am. Journ. 3 Ser., **47**, 198 (1894); Z. Kryst. **23**, 89 (1894).

---

[1]) Hell bei M. Bauer, N. JB. Min. etc. 1890, II, 197.
[2]) F. C. v. Wingard, l. c.
[3]) Hj. Sjögren, Lunds Univ. Årsskr. **17** (1882).

2. Humit von der Somma, Italien, kastanienbraun; anal. S. L. Penfield und W. T. H. Howe, Am. Journ. 3. Ser., **47**, 198 (1894).

3. Humit, dunkelbraun, von Nordmarken, Schweden; anal. R. Mauzelius bei Hj. Sjögren, Bull. Geol. Inst. Upsala **2**, 44 (1894).

4. Humit, graugelb, von Nordmarken, Schweden; anal. R. Mauzelius, Bull. Geol. Inst. Upsala **2**, 45 (1895).

Diese Analysen geben folgendes Verhältnis zwischen den Bestandteilen:

	SiO_2 :	MgO :	(F + OH) :
1.	2,97 :	7 :	2,05
2.	2,99 :	7 :	2,16
3.	3,00 :	7 :	1.74
4.	2,99 :	7 :	2,29

Dies entspricht nahezu dem Verhältnis 3 : 7 : 2, woraus sich die Formel ergibt

$$7\,MgO \,.\, 3\,SiO_2 \,.\, 2\,(F \,.\, OH)$$

oder

$$Mg_5[Mg(F \,.\, OH)]_2(SiO_4)_3$$

Es folgen einige weniger genaue neuere Analysen.

	5.	6.	7.	8.
MgO	55,41	57,17	52,86	55,48
FeO	4,32	3,08	7,31	3,51
SiO_2	35,49	35,38	35,55	35,26
H_2O	1,54	1,43	1,37	3,07
F	5,63	5,57	5,64	4,72

5.—7. Humit vom Vesuv; anal. F. C. v. Wingard, Fresenius' Ztschr. **24**, 344 (1884).

8. Humit von Ladugrufvan in Wermland (Schweden); anal. wie oben.

Ein in den Serpentingesteinen in der Gegend von Allalinhorn in der Schweiz vorkommender fluorfreier Humit ist von P. Jannasch und James Locke[1]) analysiert worden. Die ungewöhnliche Paragenesis ging auch mit einer ungewöhnlichen Zusammensetzung Hand in Hand, indem BeO bis zwischen 1 und 2 % darin enthalten ist. Das Material für die Analysen war so unrein, daß in dem einen Falle 8,70 %, in dem andern 4,89 % Verunreinigungen abgezogen werden mußten. Dem Analysenresultat ist also für die Feststellung der Formel keine entscheidende Bedeutung beizumessen, die eine der Analysen stimmt aber sehr nahe mit der Formel

$$Mg_5(Mg \,.\, OH)_2(SiO_4)_3$$

überein, d. h. derselben Formel, die S. L. Penfield und W. T. H. Howe sowie Hj. Sjögren für Humit, in welchem das Fluor durch Hydroxyl vollständig ersetzt gedacht wird, aufgestellt haben.

[1]) P. Jannasch u. James Locke, Z. anorg. Chem. **7**, 92 (1894).

Klinohumit.

	1.	2.	3.
Na_2O . . .	—	—	0,29
K_2O . . .	—	—	0,15
MgO . . .	54,00	53,05	44,66
CaO . . .	—	—	Spur
MnO . . .	—	—	1,19
FeO . . .	4,83	5,64	14,25
Fe_2O_3 . . .	—	—	0,22
SiO_2 . . .	38,03	37,78	35,86
TiO_2 . . .	—	—	0,06
H_2O . . .	1,94	1,33	1,58
F	2,06	3,58	4,16
	100,86	101,38	102,42
O äquivalent für F.	0,86	1,50	1,75
	100,00	99,88	100,67

1. Klinohumit, hell weingelb, vom Somma, Italien; anal. S. L. Penfield und W. T. H. Howe, Am. Journ. 3. Ser., **47**, 202 (1894); Z. Kryst. **23**, 93 (1894).

2. Klinohumit, kastanienbraun, vom Somma, Italien; anal. S. L. Penfield und W. T. H. Howe, Am. Journ. 3. Ser., **47**, 202 (1894).

3. Klinohumit von Nordmarken, Schweden; anal. R. Mauzelius, Bull. Geol. Inst. Upsala **2**, 49 (1894).

Das Verhältnis zwischen SiO_2 . MgO und (Fl . OH) in diesen Analysen nähert sich stark dem Verhältnis 4 : 9 : 2, das der Formel

$$9\,MgO\,.\,4\,SiO_2\,.\,2\,(F\,.\,OH)$$

oder

$$Mg_7[Mg(F\,.\,OH)]_2\,.\,(SiO_4)_4$$

entspricht.

An neueren Analysen, die aber nicht so brauchbar sind, als die vorerwähnten, kann man noch anführen:

	4.	5.	6.
Na_2O	—	—	1,44
MgO	51,62	51,45	49,75
FeO	9,63	9,78	—
Al_2O_3	—	—	Spuren
Fe_2O_3	0,82	0,96	9,00
SiO_2	33,40	33,20	37,52
H_2O	1,41	1,41	1,50
F	5,55	5,73	1,02

4. u. 5. Klinohumit vom Vesuv; anal. F. C. v. Wingard, Fresenius' Ztschr. **24**, 344 (1884),

6. Klinohumit aus kristallinem Kalk von Ampitiya auf Ceylon; anal. A. K. Coomáraswámy, Quart. Journ. Geol. Soc. **58**, 399 (1902).

Prolektit.

Dieses Mineral ist nicht analysiert, seine Existenz und Eigenschaften sind aber von S. L. Penfield und W. T. H. Howe vorausgesagt und es ist dann von Hj. Sjögren von Nordmarken, Schweden, gefunden und kristallographisch beschrieben worden.[1]) S. L. Penfield und W. T. H. Howe, die nachwiesen, daß die verschiedenen Glieder in der Humitgruppe durch Addition eines Moleküls Mg_2SiO_4 aus einander hergeleitet werden können und daß die Addition dieses Moleküls eine Verlängerung der Vertikalachse um ungefähr 1,2575 oder $^1/_9$ der Vertikalachse des Klinohumits verursache, sagten nämlich die Möglichkeit einiger anderer Glieder voraus, deren eines mit der Zusammensetzung $Mg[Mg(F.OH)]_2SiO_4$ als am wahrscheinlichsten bezeichnet wurde. Es kristallisiere rhombisch oder monosymmetrisch mit β gleich oder annähernd 90° und habe ein Achsenverhältnis von

$$a:b:c = 1{,}086:1:1{,}887$$

Das von Hj. Sjögren gefundene und beschriebene Mineral weist kristallographisch eine Übereinstimmung mit diesem von S. L. Penfield und W. T. H. Howe vorausgesagten auf. Es kristallisiert nämlich monosymmetrisch mit $\beta = 90^0$ und einem Achsenverhältnis

$$a:b:c = 1{,}0803:1:1{,}8862$$

Man kann daher mit großer Wahrscheinlichkeit annehmen, daß es auch in chemischer Beziehung mit dem vorausgesagten Mineral übereinstimmt und also die Formel

$$Mg[Mg(F.OH)]_2SiO_4$$

hat. Dies dürfte in der Geschichte der Mineralogie bisher der einzige Fall sein, wo es möglich gewesen ist, die Kristallform und Eigenschaften eines Minerals von so komplizierter chemischer Zusammensetzung vorauszusagen.

Konstitution. Die oben angegebenen Formeln zeigen, daß alle Glieder der Humitgruppe von Orthokieselsäure, bei welcher die Wasserstoffatome teils durch Mg, teils auch durch die einatomige Gruppe Mg(F.OH) ersetzt sind, abgeleitet werden können. Diese Zusammensetzung erklärt das Verhalten, daß das Wasser so stark zurückgehalten wird, daß es erst bei sehr intensivem Glühen entweicht. S. L. Penfield und W. T. H. Howe untersuchten dies Verhalten bei einem Chondrodit von Warwick, New York, der bei direkter Bestimmung sich als 1,43 und 1,48 % Wasser enthaltend erwies. Beim Erhitzen in Glasröhren über Gebläse, wobei Kalk zum Zurückhalten des Fluors angewendet wurde, entwich nur 0,48 %. Auch Hj. Sjögren macht auf die Kraft, mit welcher das Wasser zurückgehalten wird, und auf die dadurch bereitete Schwierigkeit bei der Bestimmung des Wassergehaltes aufmerksam.

Um die Richtigkeit der Annahme, daß die Gruppe [Mg(OH)] in der Zusammensetzung der Humitminerale enthalten ist, näher zu beweisen, verwendete Hj. Sjögren die Methode für fraktionierte Analyse von Magnesiasilicaten, die F. W. Clarke so erfolgreich zur Erforschung der Konstitution der der Serpentin-, Chlorit-, Glimmer- und Talkgruppe angehörenden Minerale angewendet hat.

---

[1]) Hj. Sjögren, Bull. Geol. Inst. Upsula **2**, 99 (1904).

Zu diesem Zweck wurde ein Chondrodit von Nordmarken, dasselbe Material, das in der Analyse Nr. 6 aufgeführt worden war, mit trocknem HCl unter Erhitzung behandelt, wobei die von F. W. Clarke gegebenen Vorschriften genau befolgt wurden. Die Temperatur wurde konstant bei $+400^{\circ}$ C erhalten; hierbei ging in Lösung als Chlorid eine Quantität Mg, entsprechend 4,39 % MgO, einschließlich etwas Fe_2Cl_6, ab. Die zur Bildung der Gruppe (Mg.OH) bei einem Wassergehalt von 2,80 %, den die Analyse ergeben hat, erforderliche Menge Mg ist 5,15 % und übersteigt folglich das Aufgelöste (4,39 %). Die Übereinstimmung ist doch jedenfalls so groß, wie man es bei einem derartigen Versuch, der kaum vollständig quantitativ ausfallen kann, erwarten konnte. Jedenfalls kann man meinen, daß dieser Versuch unzweifelhaft dartut, daß die Gruppe Mg(OH) in der Zusammensetzung des Minerals enthalten ist.

Umwandlung. Die Mineralien der Humitgruppe besitzen keinen hohen Grad von Stabilität, sondern werden leicht in serpentinartige Produkte zersetzt; die Stabilitätsbedingungen und die Verhältnisse, unter denen eine Zersetzung vor sich geht, sind jedoch noch wenig studiert.

J. D. Dana hat die Umwandlung von Humitmineralien in Serpentine, die in der Eisengrube Tilly Foster, Brewster, New York, vorkommen, beschrieben.[1]) Die Humitmineralien, besonders der Chondrodit, bilden das wichtigste der das Eisenerz begleitenden Gangmineralien, und das meiste davon ist mehr oder weniger vollständig umgewandelt. Die Umwandlung hat, wie gewöhnlich, hauptsächlich nach Spalten und von den äußeren nach den inneren Teilen des Minerals stattgefunden, was andeutet, daß es der Einwirkung eines äußeren Agens ausgesetzt gewesen ist. Nicht allein die Humitminerale, sondern auch Chlorit, Enstatit, Hornblende, Biotit, Brucit und Dolomit, sowie einige unbekannte Mineralien sind in Serpentin umgewandelt. Die große Ausdehnung, in welcher dieser Serpentinisierungsprozeß stattgefunden hat, veranlaßte J. D. Dana zu der Annahme, daß die Mineralmasse einem längeren Lösungsprozeß in erhitztem, magnesiahaltigem Wasser ausgesetzt gewesen sei. J. D. Dana meint auch, das Fluor sei bei der Auflösung der Minerale tätig gewesen. Kristalle von Dolomit in der Form des Chondrodits kommen ebenfalls vor, also eine Umwandlung des Chondrodits in Dolomit.

Ganz ähnliche Umwandlungen sind von Hj. Sjögren von Nordmarken in Wärmland beschrieben.[2]) Auch hier sind die Humitminerale teils in graugrünen Serpentin, teils in Dolomit oder Mg-haltigen Kalkspat umgewandelt. Eine Analyse eines serpentinähnlichen Zersetzungsproduktes ergab, daß es verteilte Carbonate in einer Serpentinmasse enthalte. Hj. Sjögren hat gleichzeitig nachgewiesen, wie der Serpentinisierungsprozeß durch ein sukzessives Austreten von MgO aus der Chondroditformel, während gleichzeitig H_2O aufgenommen wird, veranschaulicht werden kann.[3])

Auch Uwandlungen von Chondrodit in Dolomit kommen zusammen mit den übrigen vor.

Man kann folglich hier teils einen Serpentinisierungsprozeß, der außer dem Chondrodit auch den zusammen damit vorkommenden Tremolit und Serpentin betroffen hat, teils auch einen Carbonatisierungsprozeß, der sich durch Bildung

[1]) J. D. Dana, Am. Journ. of Science, 3. Ser., **8**, 371, 447 (1874).
[2]) Hj. Sjögren, Geol. Fören. Förh. **17**, 294 (1895).
[3]) Hj. Sjögren, Geol. Fören. Förh. **17**, 298 (1895).

und Absetzung von Carbonat in den Chondrodit- und Tremolitpseudomorphosen, eventuell durch deren vollständige Umwandlung in Carbonat zu erkennen gibt, beobachten. Ob diese Prozesse gleichzeitig ihren Fortgang genommen haben und in diesem Falle als verschiedene Phasen oder Äußerungen derselben allgemeinen Umwandlung aufzufassen sind, oder ob der eine dem anderen vorausgegangen ist und beide vollständig unabhängig voneinander sind, darüber scheinen die zugänglichen Tatsachen keine Schlüsse zu gestatten.

Bezüglich der Beschaffenheit des umwandelnden Agens scheint es wahrscheinlich, daß dasselbe ursprünglich aus kohlensäurehaltigem Wasser bestanden hat, das die Humitminerale angegriffen hat. Bei ihrer Zersetzung ist etwas F in die Lösung gekommen, was ihr Angriffsvermögen noch gesteigert hat. Daß F bei der Umwandlung eine große Rolle gespielt hat, geht daraus hervor, daß nicht nur der aus dem fluorhaltigen Chondrodit gebildete, sondern auch der aus vollständig fluorfreie Mineralien, wie Tremolit und Dolomit entstandene Serpentin nach den von Hj. Sjögren mitgeteilten Analysen fluorhaltig ist (1,95 bzw. 1,15 % Fl).

Synthesen. Die künstliche Darstellung der Minerale der Humitgruppe hat nicht den Gegenstand vieler Versuche gebildet. A. Daubrée hat mitgeteilt, daß er, im Zusammenhang mit den von ihm gemachten Versuchen zur Darstellung fluorhaltiger Minerale, auch Fluorsilicium auf wasserfreie Magnesia hat einwirken lassen, wobei er ein fluorhaltiges Silicat mit faseriger Struktur erhielt, dessen spez. Gewicht mit dem des Chondrodits übereinstimmte und dessen Zusammensetzung seiner Ansicht nach eine große Analogie mit demselben hat.[1] H. Sainte Claire Deville wiederum fand, daß sich unter denselben Umständen ein glasiges oder kristallinisches Silicat mit der Zusammensetzung $2(MgO)SiO_2 . 3(MgF_2)$ gebildet hat, und er bezweifelt, daß Chondrodit auf diesem Wege gebildet werden kann.[2]

Genesis. Über die Genesis der Humitminerale dürfte kaum etwas mit Sicherheit zu sagen sein. Der Chondrodit, der in der Regel in magnesiahaltigen und kristallinischen Kalksteinen in der archäischen Formation vorkommt, ist dort offenbar auf dieselbe Weise entstanden, wie die vielen anderen Mg-Silicate, Tremolit, Diopsid, Muscovit usw., die ihn begleiten. Bei höherer Temperatur gibt das Magnesiumcarbonat seine Kohlensäure leichter als das Kalkcarbonat ab und vereinigt sich mit Kieselsäure, veranlaßt somit die Entstehung von Magnesiumsilicaten von wechselnder Zusammensetzung. Fluor ist hierbei auch anwesend gewesen, was auf pneumatolytische Einwirkung hindeutet. Daß das Fluor indessen keine unerläßliche Bedingung für die Bildung der Humitminerale ist, geht aus der oben mitgeteilten Analyse eines fluorfreien Humits hervor. Auf dieselbe Weise kann man sich die Bildung der auf den Erzgängen in archäischen Formationen auftretenden Humitmineralien, z. B. in den Eisengruben Tilly Foster, New York in Amerika, Nordmarken und Ladugrufvan in Schweden, sowie in der Kieslagerstätte Kafveltorp in Schweden vorstellen. Was die Humitvorkommen in Sommablöcken auf dem Vesuv betrifft, so sind sie wahrscheinlich ebenfalls durch die Einwirkung von Kieselsäure auf dolomitischen Kalkstein gebildet, wobei die anwesenden Fluoride die Rolle der Mineralisateure gespielt haben.

[1] A. Daubrée, C. R. **32**, 625 (1851).
[2] H. Sainte Claire Deville, C. R. **52**, 780 (1861).

Magnesiummetasilicat ($MgSiO_3$).

Von **C. Doelter** (Wien).

Dieses Silicat ist polymorph (nach P. Groth polysymmetrisch); es kommt in einer monoklinen und zwei rhombischen Kristallarten vor. Rhombisch kommt es in der Natur als Enstatit (der schwach eisenhaltige wird Bronzit genannt) in der Pyroxenreihe, und als Anthophyllit in der Amphibolreihe vor. Der monokline Enstatit ist künstlich dargestellt worden, und kommt auch in der Natur in den Enstatitaugiten vor, welche W. Wahl beschrieben hat. Synthetisch lassen sich nach E. T. Allen, E. Wright und J. K. Clement vier Kristallarten von $MgSiO_3$ darstellen.

Über die verschiedenen Modifikationen des $MgSiO_3$ haben E. T. Allen, F. E. Wright und J. K. Clement[1]) berichtet. Zwei dieser Arten, welche von ihnen synthetisch dargestellt wurden, sollen der Amphibolgruppe angehören; die beiden anderen Arten sind der rhombische Enstatit und der monokline Pyroxen, welchen W. Wahl[2]) als Klino-Enstatit bezeichnet. Dieser ist zuerst von F. Fouqué und A. Michel-Lévy[3]) dargestellt worden, rein kommt er in der Natur zwar nicht vor, wohl aber in isomorphen Mischungen. F. Zambonini[4]) hält die beiden Kristallarten des Magnesiummetasilicats für pseudosymmetrisch im Sinne P. Groths, während die genannten amerikanischen Forscher und auch andere sie für polymorph ansehen. Nach F. Zambonini sind die beiden Arten in ihren physikalischen Eigenschaften (Dichte, Brechungsquotient) übereinstimmend, ebenso in den kristallographischen Eigenschaften. Er hat auch die Eigenschaften im Vergleiche mit Pyroxen zusammengestellt und ich gebe hier seine Tabelle:

	M.G.	δ	M.V.	χ	ψ	ω
Monoklines Magnesiummetasilicat	201,52	3,19	63,17	4,85	4,695	2,775
$MgCaSi_2O_6$ (Diopsid) . .	217,26	3,275	66,34	4,9888	4,7499	2,799
$Ca\overset{II}{Fe}Si_2O_6$ (Hedenbergit) .	248,80	3,53	70,48	5,1023	4,856	2,844
$Na\overset{III}{Fe}Si_2O_6$ (Ägirin) . . .	222,75	3,55	64,15	4,9019	4,667	2,804
$LiAlSi_2O_6$ (Spodumen) . .	186,93	3,19	58,6	4,733	4,4627	2,782

Er schließt daraus, das der Ersatz des Mg-Atoms durch Fe eine kleine Vergrößerung des Molekularvolumens und eine bedeutende Ausdehnung der topischen Parameter bedingt. Wenn $Na\overset{III}{Fe}$ die Gruppe MgCa ersetzt, so entsteht in den Richtungen χ und ψ eine fast gleiche Kontraktion, wobei das Molekulargewicht sich wenig verändert.

Der Ersatz von SiAl für MgCa und $Na\overset{III}{Fe}$ bedingt eine starke Verkleinerung des Molekularvolumens und eine starke Kontraktion nach χ und ψ; ω verändert sich wenig.

---

[1]) E. T. Allen, F. E. Wright u. J. K. Clement, Am. Journ. **21**, 89 (1906).
[2]) W. Wahl, Tsch. min. Mit. **26**, 103 (1907).
[3]) F. Fouqué u. A. Michel-Lévy, Synth. d. minéraux et roches (Paris 1881).
[4]) F. Zambonini, Z. Kryst. **46**, 1 (1909).

Enstatit.

Varietäten: Amblystegit, Victorit, Chladnit, Shepardit.

Rhombisch-holoedrisch: $a:b:c = 1,03:1:0,59$.

Analysenresultate.

	1.	2.	3.	4.	5.
MgO	39,97	34,90	37,67	37,91	33,65
CaO	—	4,70[1]	0,10	—	4,32
FeO	—	1,20	1,40	2,89	3,11
Al_2O_3	—	—	1,67	1,21	0,79
SiO_2	60,03	55,60	57,86	57,67	56,96
H_2O	—	—	0,54	1,67	0,26
	100,00	96,40	99,24	101,35	99,09

1. Theoretische Zusammensetzung.

2. Aus dem Muttergestein der Diamanten von Jagersfontein, S.-Afrika; anal. Eschenlohr bei A. Knop, Ber. d. 22. Vers. d. oberrhein. geol. Ver. 1899, 10. und 23. Vers. 1890, 20. — Ref. Z. Kryst. **20**, 299 (1892).

3. Von Ödegården, Bamle, Norw.; anal. K. Johansson, Bihang till. Vet.-Akad. Stockholm, Handl. **17**, II, Nr. 4. — Ref. Z. Kryst. **23**, 153 (1894).

4. Kjörrestad, Norw.; anal. C. Krafft bei W. C. Brögger und G. vom Rath, Z. Kryst. **1**, 23 (1877). Vgl. Anal. 6.

5. Von Wingendorf, in Olivineinschlüssen des Basalts, anal. K. v. Chroustschoff, Bull. Soc. min. **10**, 332 (1887).

	6.	7.	8.	9.	10.
δ	—	—	—	—	3,274
MgO	36,91	35,82	34,91	36,50	36,49
CaO	—	—	0,46	—	—
MnO	—	0,20	—	0,50	—
FeO	3,16	4,96	4,99	5,00	5,20
Al_2O_3	1,35	0,91	2,64	2,50	0,52
Cr_2O_3	—	—	0,54	0,60	—
SiO_2	58,00	57,70	55,91	56,00	57,54
H_2O	0,80	0,78	—	—	0,19
	100,22	100,37	99,45	101,10	99,94

6. Von Kjörrestad, Norw.; anal. W. C. Brögger und G. vom Rath, Z. Kryst. **1**, 23 (1877). Vgl. Anal. 4.

7. Von Georgia, N.-Amerika; anal. G. König, Z. Kryst. **3**, 107 (1879).

8. Von der Du Toits Pan-Diamantgrube, S.-Afrika; anal. N. St. Maskelyne und F. Light, Q. J. geol. Soc. **30**, 411 (1874).

9. Aus den Diamantwäschereien S.-Afrikas; anal. H. L. Bowman, Min. Magaz. **12**, 348 (1900).

10. Aus Olivinschiefer von Alkmeklovdal, Söndmöre, Norw.; anal. K. Johansson, wie oben. Anal. 3.

---

[1]) Wahrscheinlich mit Diopsid gemengt.

Analysen von Enstatiten aus Meteoriten.

Während, wie wir sahen, die Zahl der eigentlichen Enstatite, also reines Magnesiummetasilicat, nicht häufig ist, und selten solche Mischungen von ganz überwiegendem Magnesiumsilicat mit minimalen Mengen von Eisenoxydulmetasilicat vorkommen, scheint dies in Meteoriten etwas häufiger zu sein; wenigstens kennen wir eine Anzahl solcher Enstatite, welche nur Spuren von Eisenoxydul enthalten.

	11.	12.	13.	14.	15.
δ . . .	—	—	—	—	3,217
Na_2O . .	—	1,16	0,67	—	0,68
K_2O . . .	—	0,71	0,57	—	0,47
CaO . . .	3,89	0,67	2,06	2,11	0,98
MgO . .	41,85	35,60	39,33	38,00	37,10
FeO . . .	—	—	—	—	0,90
Al_2O_3 . .	—	2,78	—	—	1,09
Fe_2O_3 . .	—	—	0,48	—	—
SiO_2 . .	55,76	58,84	57,58	59,92	59,05
	101,50	99,76	100,69	100,03	100,27

11. Aus dem Meteoriten der Sierra di Deesa; anal. St. Meunier nach E. Cohen, Meteoritenkunde, Stuttgart 1894, I, 28.

12. Aus dem Meteoriten vom Bishopville; anal. C. F. Rammelsberg, Mon.-Ber. Berl. Ak. 1861, auch Mineralchemie, 382. Derselbe wurde auch von L. Smith analysiert, Am. Journ. [2], **38**, 225 (1864).

13. Aus dem Meteoriten von Bustee; anal. N. St. Maskelyne, Proc. R. Soc. **17**, 371 (1868). Es ist das Mittel aus drei Analysen. Weitere Analysen siehe dort, sowie bei E. Cohen, I, l. c. 281.

14. Aus dem Meteoriten von Goalpara, Assam; anal. Teclu, Sitzber. Wiener Ak. 1862 nach C. F. Rammelsberg, 1875, l. c. 382.

15. Aus dem Meteoriten von Hvittis; anal. L. H. Borgström, Bull. comm. géol. Finlande, **14**, 805 (1903).

Allerdings ist in einigen Fällen das Eisenoxyd als zum Meteoreisen gehörig angenommen worden und daher wie bei den Analysen 11, 12, 14 nicht erwähnt worden. Immerhin geht auch aus den älteren Analysen von N. St. Maskelyne hervor, daß doch eisenarme Enstatite vorkommen.

Im allgemeinen ist der Wert der Analysen von Enstatiten aus Meteoriten ein geringerer, weil doch das Material aus der Masse herausgesondert werden muß und keineswegs rein ist. Es wurden im übrigen hier nur jene Analysen angeführt, welche an ausgesuchtem Material durchgeführt wurden, nicht aber auch jene, welche aus Berechnungen von Bauschanalysen der Meteorsteine sich ergaben, oder bei denen durch Löslichkeitsversuche mit Säuren das Material hergestellt wurde. Wenn auch diese Analysen für die Meteoritenkunde von Wert sein werden, so haben sie doch für die Chemie der Silicate wenig Bedeutung. Solche Analysen sind in der Meteoritenkunde von E. Cohen einzusehen

(Siehe auch Analyse des Enstatits aus San Emigdio-Meteorit von J. E. Whitfild bei F. W. Clarke)[1]) s. S. 343.

---

[1]) F. W. Clarke, Analyses of rocks and min. etc. Bull. geol. Surv. U.S. **419**, 260 (1910).

Analysen umgewandelter Enstatite.

Viele Enstatite sind bereits auf dem Wege der Umwandlung begriffen; hierüber geben folgende Analysen Aufschluß:

	16.	17.	18.
δ	—	—	2,872
(Na_2O, K_2O)	0,08	—	0,17
MgO	34,40	34,57	30,34
CaO	—	0,04	0,59
MnO	0,11	—	0,21
FeO	3,90	1,96	3,67
NiO	0,23	—	—
Al_2O_3	0,52	2,31	1,74
Cr_2O_3	0,14	—	0,24
Fe_2O_3	1,51	0,16	1,89
SiO_2	54,04	56,39	56,58
CO_2	1,32	—	—
P_2O_5	—	—	Spur
H_2O bei 100°	0,70	4,32	4,55
H_2O über 100°	3,07		
	100,02	99,75	99,98

16. Von Granville (Mass.), etwas zersetzt; anal. W. F. Hillebrand, F. W. Clarke, Bull. geol. Surv. U.S. Nr. 419, 260 (1910).
17. Weißes, faseriges Mineral von Corundum Hills; anal. T. M. Chatard bei F. W. Clarke, ebenda.
18. Veränderter Enstatit von ebenda; anal. von demselben.

Die folgenden Analysen beziehen sich auf Analysen von in Speckstein umgewandeltem Enstatit.

	19.	20.	21.	22.	23.
Na_2O	—	—	0,48	—	0,26
K_2O	—	—	—	—	0,14
MgO	29,72	34,72	31,37	33,13	33,38
CaO	1,43	—	0,57	—	0,87
MnO	—	1,16	0,76	—	0,22
FeO	4,48	0,21	—	0,10	0,18
Al_2O_3	1,33	0,13	0,50	0,31	0,25
SiO_2	58,96	60,59	59,92	62,08	57,75
SO_3	—	—	—	—	0,26
H_2O	4,98	3,77	6,25	4,29	4,43
H_2O bei 110° bestimmt	—	—	—	—	1,76
	100,90	100,58	99,85	99,91	99,50

19. In Speckstein umgewandelte Kristalle von Snarum (Norw.); anal. A. Helland, Pogg. Ann. **145**, 483 (1872).
20. Enstatit-Talk, sog. Agalit, von Edwards, N.Y.; anal. E. S. Sperry bei J. D. Dana, Min. (Neuyork 1892), 679.
21. Faseriger Enstatit-Talk von ebenda; anal. G. A. Graves, ebenda.
22. Von ebenda; anal. W. J. Macadam, Min. Soc. London, 7, 75 (1886).
23. Von ebenda; anal. Hesse, siehe C. Hintze, l. c. II, 1002.

Weitere Analysen, welche die Umwandlung in Talk illustrieren, siehe bei Talk, S. 356 ff.

Chemische Eigenschaften.

Einwirkung von Säuren. — N. St. Maskelyne[1]) hat das Verhalten gegen Salzsäure geprüft. Der Enstatit von Bustee (Analyse 13, S. 324) zeigte nach einstündiger Digestion mit $HCl + H_2O$ in Lösung 7,78%; nach 20 Stunden ergaben zwei Varietäten die Werte: 9,41 und 12,68. Den letzteren Wert gab ein eisenreicherer Enstatit. E. Cohen[2]) untersuchte den Enstatit aus dem Meteoriten von Kjörrestad; nach 45 stündigem Mazerieren mit rauchender Salzsäure lösten sich 13%. Bei der Behandlung tritt nach demselben keine Zersetzung ein, sondern nur Lösung.

Bei Einleitung von trockenem Chlorwasserstoff bei Rotglut auf Enstatitpulver war nach drei Stunden nahezu nichts gelöst, während bei Anthophyllitpulver merkliche Löslichkeit zu konstatieren war (vgl. S. 354).[3])

Einwirkung von Kalihydrat und von Sodalösung. — Enstatit in verschraubtem Rohr bei 180° mit 10%iger Sodalösung behandelt, ergab auch nach 6 Wochen keine merkliche Löslichkeit.[4]) Bei Anwendung von 12%iger KOH-Lösung im Silbertiegel ergab sich nach 12 Stunden ein löslicher Teil von 4,84%. Die Zahlen für das Ursprungsmaterial sind unter 1., die für das zersetzte Material unter 2. angeführt[4]):

	1.	2.
K_2O	—	2,40
MgO	36,91	37,91
FeO	3,16	—
Al_2O_3	1,35	—
H_2O	0,80	4,84

Während der Magnesiumgehalt fast unverändert geblieben ist, hat der Kieselsäuregehalt abgenommen; der Wassergehalt ist stark vermehrt, überdies ist Kali aufgenommen worden.

C. Doelter und E. Dittler haben künstlichen Enstatit mit 2½ normalem Natronhydrat behandelt und erhielten nach 4 Stunden in der Lösung 4%. Bei 1 normaler Lösung waren nach 2 Stunden nur 0,06% SiO_2 gelöst.

Umwandlung des Enstatits.

Das rhombische Magnesiumsilicat hat große Neigung zur Umwandlung, so daß frischer Enstatit eine Seltenheit ist.

Die Varietäten Diaklasit und Bastit sind solche Umwandlungsprodukte (siehe bei Bronzit). Am häufigsten scheint die Umwandlung in Serpentin zu sein, wodurch die Ansicht, daß im Serpentin ein Metasilicatkern enthalten sei, an Wahrscheinlichkeit gewinnt. Eine weitere häufige Umwandlung ist die in Talk,[5]) welchem wohl ein Metasilicatkern zugrunde liegt. Auch die Umwandlung in Chlorit ist möglich. Es wurde von C. Doelter u. E. Dittler[6]) versucht, eine Umwandlung in ein chloritähnliches Silicat auf künstlichem Wege zustande zu bringen und zwar durch Einwirkung von Natriumsilicat

[1]) N. St. Maskelyne, Phil. Trans. **160**, 209 (1870); **161**, 366 (1871).
[2]) E. Cohen, Meteoritenkunde (Stuttgart 1894).
[3]) C. Doelter, N. JB. Min. etc. 1894, II, 270.
[4]) C. Doelter, ibid. 271.
[5]) K. Johannsen, Bihang tell. K. Vet.-Ak. Stockholm. Handl. **17**, Nr. 4.
[6]) C. Doelter u. Dittler, Unver. Mitt.

in verschlossener Röhre bei zirka 200°. Der Enstatit war nach einwöchiger Behandlung zum Teil noch frisch geblieben, indem stets ein unversehrter Kern zurückgeblieben war. (Weitere Umwandlungen siehe unten bei Bonzit).

Paramorphosen. Die Umwandlung rhombischen Pyroxens in Hornblende wurde beobachtet.

Physikalische Eigenschaften.

Dichte. Die Dichte wechselt bei Bronzit und Hypersthen mit dem Eisengehalt innerhalb der beträchtlichen Grenzen von 3,1—3,5.

Härte: 5—6.

Optische Eigenschaften. Die Brechungsquotienten und der Achsenwinkel verändern sich mit dem Eisengehalt, ebenso wechselt der Pleochroismus mit diesem. Der Achsenwinkel fällt mit zunehmendem Eisengehalt (vgl. F. Becke, S. 18).

Schmelzpunkt. Das künstliche Magnesiummetasilicat schmilzt nach der Untersuchung von E. T. Allen, F. E. Wright und C. J. Clement bei 1521°. Bei langsamer stundenlanger Erhitzung erhielt ich 1460° als Schmelzpunkt.

Synthese.

Die erste Synthese wurde von L. Ebelmen[1]) ausgeführt, indem er ein Gemenge von 3 Teilen SiO_2 mit 2 Teilen MgO, mit 2 Teilen Borsäure zusammenschmolz. Es bildeten sich neben faserigen Massen auch größere Kristalle, welche A. Des Cloizeaux untersuchte und als rhombisch bestimmte, dagegen ergab die Untersuchung von F. Fouqué und A. Michel-Lévy[2]) daß das Produkt monoklin sei, also zu Augit gehöre. Der Prismenwinkel ist 87° 31′ J. H. L. Vogt[3]) konstatierte, daß sich neben solchem Magnesia-Augit auch rhombischer Enstatit gebildet habe. Die Analyse L. Ebelmens ergab.

δ	3,16
MgO	39,96
SiO_2	60,10
	100,06

Dadurch wurde die Dimorphie des Magnesiummetasilicats nachgewiesen.

P. Hautefeuille[4]) erhielt durch Zusammenschmelzen von Kieselsäure und Chlormagnesium ein Produkt, welches ebenfalls nach den Untersuchungen von F. Fouqué und A. Michel-Lévy zum größten Teil monoklin ist. Die Analyse ergab:

δ	3,11
MgO	41,30
SiO	58,70
	100,00

St. Meurier[5]) ließ bei Rotglut in einem Porzellanrohr ein Gemenge von Chlorsilicium und Wasserdampf auf Magnesiumdraht einwirken. Auch

[1]) L. Ebelmen, Ann. chim. phys. **33**, 58 (1851).
[2]) F. Fouqué u. A. Michel-Lévy, Synth. d. minér. (Paris 1882), 107.
[3]) J. H. L. Vogt, Beitr. z. K. d. Mineralbld. (Kristiania 1892), 72.
[4]) P. Hautefeuille, C. R. **59**, 734 (1864).
[5]) St. Meunier, C. R. **90**, 394 (1890).

dieses Produkt ist den Untersuchungen der vorhin genannten Forscher zufolge kein rhombischer Enstatit, sondern monokliner Magnesium-Augit.

J. Morozewicz hat gelegentlich der Herstellung eines künstlichen Basalts von 52,30 % SiO_2-Gehalt größere rhombische Pyroxenkristalle erhalten, deren Analyse folgende Zahlen ergab:

δ	3,087
MgO	33,75
CaO	2,85
FeO	0,94
Al_2O_3	4,12
Fe_2O_3	6,08
SiO_2	53,07
	100,81

Er deutet die Analyse folgendermaßen:

$$\begin{pmatrix} 10\,MgSiO_3 \\ {}^1/_8\,FeSiO_3 \\ {}^1/_8\,CaSiO_3 \end{pmatrix} 81\,\%, \quad \begin{pmatrix} {}^1/_2\,MgFe_2SiO_6 \\ {}^1/_2\,CaAl_2SiO_6 \end{pmatrix} 19\,\%.$$

Das Verhältnis MgO + FeO : CaO war annähernd 3 (oder größer).

Ich erhielt[1]) bei Zusammenschmelzen von MgO und SiO_2 im Sauerstoffofen oder auch im Kohle-Kurzschlußofen Magnesiummetasilicat, in der monoklinen Ausbildung. M. Schmidt[2]) führte in meinem Institut eine Reihe von Versuchen aus, aus denen sie schloß, daß die Abkühlungsgeschwindigkeit von Einfluß sei, ob sich rhombischer oder monokliner Augit bildet. Bei langsamer Abkühlung findet sich monokliner Pyroxen seltener, dagegen bei rascher Abkühlung häufiger.

J. H. L. Vogt,[3]) sowie W. Wahl[4]) glauben, daß das Vorkommen von monoklinem Magnesia-Augit durch die Beimengungen von FeO, bzw. von CaO verursacht sei; so hat letzterer viele monokline Magnesium-Augite untersucht, welche sich durch einen Kalkgehalt auszeichneten, auf diese wird später, bei Besprechung der Ca-Mg-Augite zurückzukommen sein. J. H. L. Vogt glaubt, daß das Mineral nicht zu den Pyroxenen gehöre.

Daß $MgSiO_3$ polymorph ist, wird durch eingehende Untersuchungen von E. T. Allen, Fr. E. Wright und J. K. Clement[5]) wahrscheinlich (vgl. S. 332). Nach deren Untersuchungen ist $MgSiO_3$ tetramorph, und sind zwei Kristallarten dem Pyroxen, zwei dem Amphibol zugehörig. Zwischen 800° und dem Schmelzpunkte des $MgSiO_3$, welchen sie mit 1521° angeben, ist der monokline Pyroxen die stabile Form. Enstatit (wie auch die beiden Amphibolarten) gehen in monoklinen Magnesium-Augit unter Wärmeentwickelung über. Die genannten Autoren erhielten Enstatit unter 1100°, während von 1100° an sich Magnesium-Augit zu bilden anfängt.

Enstatit wandelt sich bei hoher Temperatur in die monokline Art um; bei 1260—1290° erfordert die Umwandlung mehrere Tage, während bei

[1]) C. Doelter, Unver. Mitt.
[2]) M. Schmidt, N. JB. Min. etc. Beil.-Bd. **27**, 619 (1909).
[3]) J. H. L. Vogt, Beitr. z. K. der Miner. in Schmelzmassen (Kristiania 1902), 71.
[4]) W. Wahl, Tsch. min. Mitt. **26**, 100 (1907).
[5]) E. T. Allen, Fr. E. Wright u. J. K. Clement, Am. Journ. **22**, 305 (1906).

1500^0 dies in wenigen Minuten der Fall ist. Die Stabilitätsordnung der vier erwähnten Arten ist folgende, wobei auch die Volumveränderung dieselbe Reihenfolge zeigen:

Monokliner Pyroxen	3,192
Rhombischer Pyroxen (Enstatit)	3,175
Monokline Hornblende	—
Rhombischer Amphibol (Anthophyllit) .	2,587

Die Verfasser machen auch darauf aufmerksam, daß die Verwachsungen beider Pyroxenarten, wie sie früher bei mehreren Versuchen erhalten wurden, auch in Meteoriten vorkommen; sie erhielten diese Verwachsungen häufig bei schneller Abkühlung.

Die genannten Verfasser haben auch versucht, durch Beigabe von verschiedenen Verbindungen die Kristallisationstemperatur zu verändern, um den Einfluß auf die Entstehung der einen oder der anderen Kristallart zu erproben. Es handelt sich also um den Einfluß der Kristallisatoren, welcher ja auch bei anderen Verbindungen im Schmelzflusse von Wichtigkeit ist.

Enstatit entsteht, wenn man dem Magnesiummetasilicat 10% Albit oder Kalium- oder Natriumsilicat zusetzt; es bilden sich faserige Massen oder bis 23 mm lange Kristalle.

Dagegen bildet sich der monokline Pyroxen aus Mischungen von Magnesiumtellurat und Kieselsäure; Calciumvanadat sowie Magnesiumvanadat geben ebenfalls monoklinen Augit. Die besten Kristalle erhielten sie bei Anwendung von $MgCl_2$ und trockenem Chlorwasserstoff, was also eine Wiederholung der S. 329 erwähnten Versuche war. Magnesiumorthosilicat bildete sich, wenn zu der $MgCl_2$-Schmelze Feuchtigkeit Zutritt hatte. Mit Recht wird der verschiedene Einfluß der Schmelzmittel auf die Viscosität der Schmelzen zurückgeführt, wobei dünnflüssige Schmelzen monoklinen Augit, zähflüssige Enstatit bilden sollen.

Fr. E. Wright hatte gefunden, daß der monokline Magnesium-Augit im Vergleiche mit dem Enstatit ganz verschiedene Hauptachsen zeigt, während die beiden anderen Kristallachsen nahezu gleich sind, indessen hat F. Zambonini gezeigt, daß dies unrichtig ist und nur auf einem Rechnungsfehler beruht; in Wirklichkeit sind die Achsenverhältnisse sehr ähnliche. F. Zambonini weist nach, daß eine kristallographische Unterscheidung nahezu unmöglich ist. Ferner hat auch dieser Forscher die spezifischen Gewichte der amerikanischen Forscher berichtigt und gezeigt, daß die Dichten beider Kristallarten (vgl. oben) in Wirklichkeit fast dieselben sind. Ebensowenig sind nach ihm die von den amerikanischen Forschern bestimmten Brechungsquotienten richtig und F. Zambonini ist der Ansicht, daß überhaupt beide Kristallarten keine Unterschiede zeigen, und daß daher auch keine polymorphen Kristallarten vorliegen.

Immerhin wird man die verschiedene Ausbildung der beiden $MgSiO_3$-Arten nicht vernachlässigen können und wegen der schiefen Auslöschungsrichtung den Namen monokliner Magnesium-Augit oder vielleicht besser den Namen Klino-Enstatit (W. Wahl) annehmen, um die beiden Modifikationen auseinanderzuhalten, ob es sich nun um wirklich polymorphe Kristallarten handelt oder nicht, was unentschieden bleibt.

Weitere Versuche rühren von G. Zinke[1]) her; er schmolz $MgSiO_3$ mit $FeSiO_3$ in verschiedenen Verhältnissen zusammen (vgl. S. 346 bei Hypersthen). Er erhielt bei mehreren Versuchen Klino-Enstatit mit Enstatit zusammen und beobachtete auch parallele Verwachsungen. Nach G. Zinke haben sich beide Arten vielleicht gleichzeitig abgeschieden.

Ferner habe ich die Beobachtung gemacht, daß Bronzit, welcher längere Zeitlang bei dem Sinterungspunkte, zirka 1300° erhitzt worden war, sich nicht in die monokline Varietät umwandelte, sondern daß sich große neue Kristalle bildeten (vielleicht durch Sammelkristallisation), welche rhombisch waren. Dagegen zeigten künstliche Enstatite aus Mischungen von MgO und SiO_2 im Kohleofen bei sehr hoher Temperatur zusammengeschmolzen, Verzwilligung und schiefe Auslöschung und zwar auf der M-Fläche $9^1/_2{}^0$, also viel weniger als der eigentliche Klino-Enstatit es zeigt. Es ist also ein Enstatit resultiert, welcher sich dem rhombischen nähert.[2])

Aus dem Gesagten ergibt sich, daß nach der einen Ansicht Polymorphie, nach der anderen aber keine wirkliche Polymorphie vorkommt. Diese Frage ist nicht leicht zu entscheiden. Von manchen[3]) wird die Möglichkeit einer Polysymmetrie im Sinne von P. Groth verneint. Ohne auf diese Frage eingehen zu wollen, glaube ich doch eher mich auf den Standpunkt zu stellen, daß es sich hauptsächlich um Zwillingsbildungen handelt.

Faßt man das Resultat aller Beobachtungen zusammen, so läßt sich wohl schließen, daß die Erklärung von F. Zambonini durch Polysymmetrie am besten dem Beobachtungsmaterial entspricht. Die Verzwilligung, welche nach der Abkühlung einen verschiedenen Grad von Feinheit erreichen wird, ist die Ursache der Verschiedenheit der zwei Arten von $MgSiO_3$, wobei eine eigentliche Polymorphie nicht einzutreten braucht. Je nach dem Grade der Verzwilligung wird die Auslöschung verschieden sein, und auch unbedeutende Änderungen in physikalischer Hinsicht erklären sich so. Die Verzwilligung ist wieder von der Abkühlungsgeschwindigkeit abhängig.

Wenn die Abkühlung eine rasche ist, so wird, wie zahlreiche Versuche beweisen, bei rascher Abkühlung Klino-Enstatit entstehen, bei langsamer Bronzit. Es handelt sich also vielleicht um Mimesie, denn Bronzit würde nach dieser Annahme ein monokliner Pyroxen sein mit submikroskopischer Zwillingsbildung. Ein eigentlicher Umwandlungspunkt existiert nicht, denn bei Umwandlung durch Sinterung entsteht wieder rhombischer Enstatit. E. T. Allen und Fr. E. Wright berichten, daß bei 1500° die Umwandlung eine vollständige sei, dies wäre also in großer Nähe des Schmelzpunktes. Versuche des Schreibers dieses ergaben bei 1300° keine Umwandlung. Auch das Vorkommen monokliner Enstatite in Meteoriten und rasch abgekühlten Diabasen zeigt, daß die rasche Abkühlung die Bildung des Klino-Enstatits begünstigt. Mit der Abkühlungsgeschwindigkeit hängt auch die Viscosität bei der Kristallisation zusammen.

Enstatit bildet sich auch bei der Umschmelzung anderer Silicate. G. A. Daubrée[4]) schmolz Serpentin, Lherzolith und andere Gesteine der Basaltfamilie um und erhielt Gemenge von Olivin mit Bronzit. Aus dem

---

[1]) G. Zinke, N. JB. Min. etc. 1911, II, 119.
[2]) C. Doelter, Sitzber. Wiener Ak. **121**, 7 (1913).
[3]) W. Wahl, Öfvers Finska Vet.-Soc. Förhandl. **50**, 1906/07, Nr. 2.
[4]) G. A. Daubrée, C. R. **57**, 290, 669 (1866).

Lherzolith von Prades erhielt er Enstatite, welche er isolierte. Die Zusammensetzung war:

	1.	2.
MgO	42,0	39,0
FeO	0,5	3,0
SiO_2	57,0	56,4

Die erste Analyse bezieht sich auf einen Enstatit, welcher aus Olivin von Beyssac erhalten worden war. Demgegenüber bemerke ich jedoch, daß ich bei der Umschmelzung von Olivin stets wieder Olivin erhielt, doch dürfte G. A. Daubrée ein Gemenge von Olivin mit Augiten verwendet haben.

Beim Schmelzen von Meteoriten (Chondriten) erhielt G. A. Daubrée ebenfalls neben anderen Silicaten Enstatit; dasselbe Resultat haben auch F. Fouqué und A. Michel-Lévy erzielt.[1]) Sie haben durch Zusammenschmelzen von Kieselsäure, Magnesia und Eisenoxydul Enstatit in der rhombischen Kristallform erhalten.

Ich habe bei der Umschmelzung von Talk, sowie auch von Chlorit nur Enstatit erhalten (vgl. S. 99).

Der Enstatit ist auch durch direkte Sublimation aus seinen Bestandteilen MgO und SiO_2 herstellbar; ich erhielt solche sublimierte Enstatite im elektrischen Lichtbogenofen und zwar an den Wänden desselben.

Genesis.

Daß der Enstatit auf dem Wege des Schmelzflusses sich in der Natur bildet, geht aus seinem Vorkommen in Ergußgesteinen hervor. Wenn in Eruptivgesteinen viel Calcium enthalten ist, wird sich jedoch ein anderer Pyroxen bilden (Diopsid), und da dies in den vulkanischen Magmen auch meistens der Fall ist, so ist Enstatit auch nicht häufig, dies geschieht auch aus dem weiteren Grunde, weil diese Bildungen eisenhaltig sind und sich daher die eisenreiche Art des rhombischen Pyroxens, der Hypersthen bildet.

Bemerkenswert ist das Vorkommen in Meteoriten, wo ja auch der reinste Enstatit vorkommt (vgl. S. 324). Die für selbständige Mineralien gehaltenen Chladnit, Victorit und Shepardit sind Enstatite. Enstatit kommt sowohl in steinigen Meteoriten als auch in Meteoreisen vor.

Enstatit dürfte sich auch auf dem Wege der Kontaktmetamorphose bilden, dagegen wird durch die Paramorphosen, bei denen sich eine Umwandlung in Amphibol ergibt, darauf hingewiesen, daß der Druck die Bildung letzterer begünstigt, so daß in Schiefergesteinen der Enstatit fehlt.

Bronzit und Hypersthen.

Von **C. Doelter** (Wien).

Synonyma: Palit, Amblystegit, Schillerspat.

Neben dem Enstatit, welcher dem reinen Magnesiummetasilicat (soweit bei Mineralien von Reinheit gesprochen werden kann) entspricht, treten in der

[1]) F. Fouqué u. A. Michel-Lévy, Bull. Soc. min. 4, 279 (1881).

Natur viel häufiger Mischungen des Magnesiumsilicats mit dem isomorphen Eisensilicat $FeSiO_3$ (siehe unten) auf. Chemisch definiert, haben wir es mit Mischungen $MgSiO_3$ und $FeSiO_3$ zu tun, welche, wenn nur einige Prozente Eisensilicat vorhanden sind, den Namen Bronzit führen,[1]) während bei höherem Eisengehalt diese Mineralien Hypersthen genannt werden. Da Enstatit, Bronzit und Hypersthen durch fortlaufende Übergänge verbunden sind, so ist eine strenge Abgrenzung kaum möglich, insbesondere bei den beiden zuletzt genannten, und ist eine solche stets mehr oder weniger willkürlich. Nimmt man als Enstatit nur solche Mischungen an, bei denen nur Spuren oder geringe Eisenmengen vorhanden sind, so kann man jene mit einem FeO-Gehalt bis zu 5% als Enstatit einreihen und die eisenreicheren als Bronzite und Hypersthene bezeichnen.

Mit dem zunehmenden Eisengehalt werden die optischen Eigenschaften sich ändern (vgl. S. 8). Der Übergang zum Augit wird durch die Aufnahme von Calciumsilicat vermittelt, doch wird man als Augite nur die monoklinen Pyroxene bezeichnen, und dabei die calciumarmen Mischungen als Enstatit–Augite kennzeichnen können.

Analysen.

Die Zahl der Bronzit- und Hypersthen-Analysen ist eine überaus große, da Hypersthen als gesteinbildendes Mineral auftritt.

	1.	2.	3.	4.
δ	—	3,21	—	3,359
(Na_2, K_2O)	—	—	—	0,94
MgO	35,80	33,98	34,91	32,82
CaO	—	—	0,46	1,55
FeO	5,80	5,71	4,99	5,11
Al_2O_3	—	3,35	2,64	4,84
Cr_2O_3	—	—	0,54	—
Fe_2O_3	—	—	—	2,07
SiO_2	58,40	55,04	55,91	52,67
TiO_2	—	—	—	0,60
H_2O	—	1,78	—	—
Summe:	100,00	99,86	99,45	100,60

1. Theoretische Zusammensetzung: $11(MgSiO_3) . FeSiO_3$.

2. Von Fiskernäs, Grönland; anal. J. Lorenzen, Medd. om Grönl. **7**, 15 (1884); Z. Kryst. **11**, 318 (1886).[2])

3. Von Du Toits Pan (S.-Afrika); anal. N. St. Maskelyne u. Flight, Quart. J. geol. Soc. **30**, 411 (1874).

4. Von Reichenweiher; anal. G. Linck, Geol. L.-Unters. Elsaß-Lothr. **1**, 49 (1877).

---

[1]) Nach A. Kenngott 5—15% (Übers. min. Forsch. 1860, 60); ebenso nach G. Tschermak, Tsch. min. Mit. Beil. z. J. k. k. geol. R.A. 1871, 18. — C. Hintze unterscheidet beide dagegen nur nach rein mineralogischen Kennzeichen, Handb. d. Min. II, 761.

[2]) Von J. Lorenzen als Kupfferit bezeichnet.

	5.	6.	7.	8.	9.	10.
δ	—	—	—	3,315	—	—
MgO	35,42	32,23	34,97	35,65	32,58	32,37
CaO	—	4,35	—	0,10	1,07	0,96
MnO	—	—	—	—	0,25	0,23
FeO	6,31	6,07	6,92	6,97	6,55	6,67
Al_2O_3	—	2,29	—	2,16	2,71	2,62
Cr_2O_3	—	—	—	—	0,40	0,34
SiO_2	58,27	52,50	58,11	54,87	55,84	56,23
H_2O	—	—	—	0,56	0,93	0,95
	—	2,00[1]	—	—	—	—
	100,00	99,44	100,00	100,31	100,33	100,37

5. Theoretische Zusammensetzung $(10MgSiO_3).(FeSiO_3)$.
6. Vom Lützelberg (Kaiserstuhl); anal. A. Knop, N. JB. Min. etc. 1877, 698.
7. Theoretische Zusammensetzung $9(MgSiO_3).(FeSiO_3)$.
8. Enstatit von Kremže; anal. A. Schrauf, Z. Kryst. **6**, 327 (1882).
9. Vom Kosakow-Berg (Böhmen); anal. F. Farsky, Verh. k. k. geol. R.A. 1876, 206.
10. Von ebenda, von demselben.

	11.	12.	13.	14.	15.	16.
δ	—	3,308	—	—	—	—
MgO	34,42	31,82	30,19	34,88	30,95	33,75
CaO	—	2,73	0,49	0,05	3,25	1,50
MnO	—	—	—	0,21	—	—
FeO	7,66	6,44	7,17	4,52	7,17	7,20
Al_2O_3	—	5,00	3,91	1,89	5,23	1,05
Cr_2O_3	—	0,14	—	—	—	—
Fe_2O_3	—	—	—	2,49	—	—
SiO_2	57,92	53,15	57,34	54,39	52,33	56,50
TiO_2	—	—	—	0,12	—	—
H_2O	—	—	0,44	1,71	—	0,88
	100,00	99,28	99,54	100,26	98,93	100,88

11. Theoretische Zusammensetzung $8(MgSiO_3).(FeSiO_3)$.
12. Vom Dreiser Weiher; anal. C. F. Rammelsberg nach C. Hintze, l. c. II, 997.
13. Aus den Waschrückständen d. Kimberley-Mine; anal. G. Friedel, Bull. Soc. min. **2**, 198 (1879).
14. Bronzit von Kapfenstein aus einer Olivinbombe; anal. Grete Becke bei J. Schiller, Tsch. min. Mit. **24**, 316 (1905).
15. Vom Dreiser Weiher; anal. C. F. Rammelsberg, Mineralchemie (Leipzig 1875), 384.
16. Von Kupferberg; anal. L. v. Ammon in C. W. Gümbel, Geogn. Beschr. Bayerns **3**, 157 (1879).

Anmerkung: Die Analyse 14 habe ich hier eingereiht, weil die Summe $FeO + Fe_2O_3 = 7,22\%$ ergibt. Nach der G. Tschermakschen Methode berechnet, ergäbe sich:

$MgSi_2O_6$ 86%, $MgAl_2SiO_6$ 3,9%, $Mg\overset{III}{Fe_2}SiO_6$ 3,2% und $Fe_2Si_2O_6$ 6,9%.

[1]) Wahrscheinlich Niob- und Tantalsäure.

	17.	18.	19.
MgO	34,64	32,67	31,44
CaO	—	1,30	1,68
MnO	—	0,35	—
FeO	7,45	7,46	7,99
Al_2O_3	Spur	0,70	5,05
SiO_2	57,30	57,19	50,65
H_2O	1,21	0,63	2,78
	100,60	100,30	99,59

17. Von Culsagee, N.-Car.; anal. Fr. Julian bei F. W. Genth, Bull. geol. Surv. U.S. 1891, Nr. 74, 43; nach C. Hintze, l. c., II, 998.
18. Aus dem Basalt vom Stempel bei Marburg; anal. M. Bauer, N. JB. Min. etc. 1891, II, 182.
19. Aus d. Valle del Nure; anal. Montemartini, Gazz. chim. It. **18**, 108 (1888).

	20.	21.	22.	23.	24.	25.
δ	—	—	—	3,30	—	—
MgO	33,74	34,48	30,08	29,51	32,44	33,53
CaO	—	—	—	2,25	0,59	1,75
MnO	—	—	1,21	0,28	—	—
FeO	8,59	8,42	7,42	8,92	8,98	9,06
Al_2O_3	—	2,03	0,23	1,93	0,72	0,97
Cr_2O_3	—	—	—	0,30	—	0,50
Fe_2O_3	—	—	0,34	1,70	—	—
SiO_2	57,67	55,46	57,27	54,53	56,00	53,62
H_2O	—	—	3,03	1,14	1,77	0,19[1]
	100,00	100,39	99,58	100,56	100,50	99,62

20. Theoretische Zusammensetzung: $7(MgSiO_3).(FeSiO_3)$.
21. Enstatit aus dem Sagvandit von Sagvand (Norw.) muß trotz der Bezeichnung „Enstatit" hierher gestellt werden, wegen hohen Eisengehaltes; anal. H. Rosenbusch, N. JB. Min. etc. 1884, I, 198.
22. Bronzit von Kraubat; anal. H. Höfer, J. k. k. geol. R.A. **16**, 445 (1866).
23. Bronzit von Hebville, Maryland; anal. T. M. Chatard bei G. H. Williams, Am. Geol. **6**, 35 (1890); Z. Kryst. **20**, 501 (1892).
24. Bronzit aus dem Lherzolith von der Chromgrube am Milakovač (Bosnien); anal. M. Kispatič, Wiss. Mitt. a. Bosnien etc. **7**, 377 (1900).; Z. Kryst. **36**, 649 (1902).
25. Gemengteil des Bronzit-Diopsidgesteines von Webster, Jackson Co.; anal. C. H. Baskerville, Am. Journ. **5**, 429 (1898).

	26.	27.	28.	29.	30.
δ	—	3,258	—	3,288	3,305
MgO	32,88	29,68	31,50	32,83	32,65
CaO	—	2,20	—	1,62	1,55
MnO	—	0,62	3,30	—	0,18
FeO	9,76	8,46	6,56	9,75	9,40
Al_2O_3	—	2,07	—	Spur	0,88
Cr_2O_3	—	—	—	0,71	0,49
SiO_2	57,36	56,81	56,41	54,98	55,04
H_2O	—	0,22	2,38	0,58	0,45
	100,00	100,06	100,15	100,47	100,64

[1]) Glühverlust.

26. Theoretische Zusammensetzung: 6$(MgSiO_3)$. $(FeSiO_3)$.
27. Aus dem Olivinfels vom Ultenthal, Tirol; anal. Köhler, Pogg. Ann. **13**, 114 (1838).
28. Aus dem Olivinfels von Kraubat; anal. J. Regnault, Ann. Mines **14**, 147 (1838); siehe auch Analyse 22.
29. Aus dem Enstatitfels von Křemze; anal. A. Schrauf, Z. Kryst. **6**, 328 (1882).
30. Von Peel Island, aus tachylitähnlichem Gestein; anal. Shimizu bei Y. Kikuchi, J. Coll. Science, Im. Univ. Japan **3**, 81 (1889); nach C. Hintze, l. c. II, 992. Siehe auch eine „Enstatitanalyse" von F. Zambonini, Min. Vesuv. 1910, 142.

	31.	32.	33.	34.
δ	—	3,34	3,331	3,29
Alkalien . .	—	—	—	0,48
MgO . . .	29,00	30,97	26,66	31,99
CaO . . .	2,49	1,65	6,19	0,99
MnO . . .	—	—	—	0,24
FeO . . .	10,08	10,62	9,89	9,94
Al_2O_3 . . .	2,05	4,78	3,38	3,30
Cr_2O_3 . . .	0,29	—	—	—
SiO_2 . . .	54,20	52,17	52,53	54,17
H_2O . . .	0,42	—	0,26	0,13
	98,53	100,19	98,91	101,24

31. Aus Paläopikrit von Schwarzenstein (Bayern); anal. O. Loretz bei C. W. Gümbel, l. c. **3**, 152.
32. Aus dem Basalt von Lauterbach (Hessen); anal. A. Damour bei A. Des Cloizeaux, Man. Min. **2**, 16 (1874).
33. Aus dem Enstatitporphyrit von Cheviothills; anal. J. Peterson, Inaug.-Diss. (Kiel 1884); Ref. Z. Kryst. **11**, 69 (1886).
34. Von der Tilly-Fostergrube, Putnam Co.; anal. E. S. Breidenbaugh, Am. Journ. **6**, 211 (1873); nach J. Dana, l. c. 350.

	35.	36.	37.	38.	39.
δ . . .	—	—	3,29	—	3,32
Na_2O . . .	—	—	—	—	0,74
K_2O . . .	—	—	—	—	0,25
MgO . . .	31,74	25,50	28,37	30,17	24,23
CaO . . .	—	6,60	2,37	—	5,30
MnO . . .	—	2,00	—	—	0,69
FeO . . .	11,31	9,27	12,17	13,43	12,68
Al_2O_3 . . .	—	2,60	3,04	—	—
Cr_2O_3 . . .	—	—	Spur	—	—
Fe_2O_3 . . .	—	—	—	—	4,02
SiO_2 . . .	56,95	53,00	54,15	56,40	51,46
H_2O . . .	—	—	0,49	—	0,52
	100,00	98,97	100,59	100,00	99,89

35. Theoretische Zusammensetzung: 5$(MgSiO_3)$. $(FeSiO_3)$.
36. Aus Enstatitgestein von Lydenburg, S.-Afr.; anal. Prevost bei N. St. Maskelyne, Phil. Mag. **7**, 135 (1879); nach C. Hintze, l. c. II, 1001.
37. Aus Enstatitfels mit Anorthit vom Radautal, Harz; anal. A. Streng; N. JB. Min. etc. 1862, 945.
38. Theoretische Zusammensetzung: 4$(MgSiO_3)$. $(FeSiO_3)$.
39. Mit Labradorit von Craig Buroch, Schottl.; anal. F. Heddle, Min. Soc. London **5**, 10 (1882).

	40.	41.	42.
δ	—	3,333	3,402
MgO . . .	25,83	28,20	24,27
CaO . . .	2,99	—	2,37
MnO . . .	—	—	0,67
FeO . . .	12,59	13,60	14,11
Al_2O_3 . . .	1,93	5,65	6,47
Fe_2O_3 . . .	—	—	2,25
SiO_2 . . .	54,68	51,00	49,85
H_2O . . .	—	0,20	—
	98,02	98,65	99,99

40. Aus Augitandesitklingstein von Ikomasan, Japan; anal. E. Weinschenk, N. JB. Min. etc. Beil.-Bd. **7**, 134 (1890).

41. Mit Labradorit von Arvieu (Aveyron); anal. F. Pisani, C. R. **86**, 1418 (1878).

42. Hypersthen aus Norit von Labrador; anal. F. Remelé, Z. Dtsch. geol. Ges. **21**, 658 (1868).

	43.	44.	45.	46.	47.
δ . . .	—	—	—	3,145	3,37
MgO . .	27,87	27,01	27,75	23,15	23,24
CaO . . .	—	1,19	0,74	0,82	2,35
MnO . .	—	Spur	Spur	0,40	—
FeO . . .	16,55	15,43	15,27	17,40	19,73
Al_2O . . .	—	2,77	2,52	3,32	2,99
Cr_2O_2 . .	—	Spur	Spur	—	—
SiO_2 . . .	55,58	53,29	54,01	54,24	51,76
H_2O . . .	—	0,35	0,12	0,36	—
Summe:	100,00	100,04	100,41	99,69	100,07

43. Theoretische Zusammensetzung: $3(MgSiO_3).(FeSiO_3)$.

44 und 45. In Olivinmassen des Basaltes vom Kosakowberg, Böhmen; anal. F. Farsky, Verh. k. k. geol. R.A. 1876, 206.

46. Im Kugelgabbro, Romsas (Norw.); anal. Meinich, Nyt. Mag. Naturw. Kristiania **24**, 125; nach C. Hintze, l. c. II, 1001.

47. Von ebenda, anal. Th. Hjortdahl, ebenda, **24**, 138.

	48.	49.	50.	51.	52.
δ . . .	3,37		3,307		3,439
Na_2O . .	—	0,27	—	—	—
MgO . .	24,85	21,74	24,25	25,09	22,08
CaO . . .	2,69	6,70	3,81	2,87	1,03
MnO . .	0,38	0,12	0,36	0,36	5,58
FeO. . .	17,84	17,81	18,36	18,00	13,02
Al_2O_3 . .	1,02	2,91	2,15	1,72	2,02
Fe_2O_3 . .	—	—	—	0,30	5,04
SiO_2 . . .	53,14	50,04	51,16	51,70	51,23
Summe:	99,92	99,59	100,09	100,04	100,00

48. Von Romsas; anal. wie oben.

49—51. Sämtliche aus dem Hypersthenandesit von Buffalo Peaks, Colorado; anal. W. F. Hillebrand (bei den zwei letzten Analysen wurden die Alkalien nicht berücksichtigt), Am. Journ. **25**, 139 (1882); **26**, 76 (1883); auch W. F. Clarke, l. c. 261 (1910).

52. Mit Magnetkies und anderen Kiesen von Bodenmais; anal. F. Becke, Tsch. min. Mit. **3**, 69 (1880).

	53.	54.	55.	56.	57.
δ . . .	—	3,487	3,459	3,409—3,417	
MgO . .	24,19	22,37	21,40	21,91	22,59
CaO . . .	—	1,90	2,77	1,60	1,68
MnO . .	—	—	0,71	—	—
FeO . . .	21,55	19,84	19,40	20,20	20,56
Al_2O_3 . .	—	1,08	3,36	3,90	3,70
Fe_2O_3 . .	—	0,56	1,03	—	—
SiO_2 . . .	54,26	52,23	50,33	51,85	51,35
TiO_2 . . .	—	0,37	0,07	—	—
H_2O . . .	—	—	1,14	0,20	0,10
	100,00	98,35	100,21	99,66	99,98

53. Theoretische Zusammensetzung: $2(MgSiO_3).(FeSiO_3)$.

54. Im Hypersthenandesit des Vulkans Singalang, Sumatra; anal. P. Merian, N. JB. Min. etc. 1885, 299, Beil.-Bd.

55. Aus d. Norit vom Mt. Marcy (N.-York); anal. A. Leeds, Z. Kryst. **2**, 643 (1878).

56 und 57. Hypersthen von Chateau Richer, Canada; anal. T. St. Hunt, Rep. Geol. S. Canada 1863, 468.

	58.	59.	60.	61.	62.
δ . . .	3,35	—	3,495	3,372	3,485
Na_2O . .	—	—	—	—	0,50
MgO . .	21,56	23,29	19,93	15,40	11,20
CaO . . .	3,20	1,88	3,80	2,37	10,80
MnO . .	—	0,64	0,88	—	—
FeO . . .	20,94	22,00	20,77	24,61	25,00
Al_2O_3 . .	1,69	0,97	0,60	4,51	2,30
Fe_2O_3 . .	—	—	2,28	—	0,80
SiO_2 . . .	52,12	50,33	51,44	50,93	49,80
TiO_2 . .	—	—	0,73	2,56	—
	99,51	99,11	100,43	101,07[1])	100,40

58. Aus dem Hypersthengabbro vom Mt. Hope; anal. G. H. Williams, Bull. geol. Surv. U.S. 1886, Nr. 26; Z. Kryst. **14**, 402.

59. Im bimssteinartigen Gestein vom Mt. Shasta; anal. W. Hague u. J. P. Iddings, Am. Journ. **26**, 222 (1883).

60. Augit-Andesit vom Tokajer Berg; anal. W. F. Hillebrand bei F. W. Clarke, l. c. 261.

61. Aus Trachyt von Fosso del Diluvio (Mte. Amiata); anal. G. H. Williams, N. JB. Min. etc. Beil.-Bd. **5**, 426 (1887) (nach Abzug von 7,55% Magneteisen).

62. Von Santorin; anal. F. Fouqué, Bull. Soc. min. **1**, 46 (1878). Dieser Pyroxen gehört chemisch zum Augit.

[1]) Dazu 0,69% einer nicht bestimmbaren Substanz x.

	63.	64.	65.	66.	67.
δ . . .	—	—	3,531	—	—
Na_2O . .	—	—	0,62	—	—
K_2O . . .	—	—	0,57	—	—
MgO . .	17,70	17,44	13,93	13,60	13,10
CaO . . .	0,15	0,25	3,14	2,20	2,18
FeO . . .	25,60	26,42	26,93	27,70	27,00
Al_2O_3 . .	5,05	—	2,97	6,10	4,09
Fe_2O_3 . .	—	—	0,83	—	6,36
SiO_2 . . .	49,80	48,88	50,57	52,30	45,27
TiO_2 . . .	—	—	0,38	—	Spur
	98,30	92,99	99,94	101,90	99,18[1])

63. Hypersthen aus Auswürflingen vom Laacher See; anal. G. vom Rath, Pogg. Ann. **138**, 533 (1869).
64. Hypersthen aus Andesit vom Alausi, Ecuador; anal. J. V. Szimiradzki, N. JB. Min. etc. 1885, I, 157.
65. Hypersthen aus Diallag-Granulit von Waldheim; anal. P. Merian, N. JB. Min. etc. 1885, II, Beil.-Bd. **3**, 307.
66. Vom Krakataua; anal. W. Retgers, Z. Kryst. **11**, 418 (1886).
67. Aus dem Trachyt von Casa Tasso; anal. G. Williams, N. JB. Min. etc. Beil.-Bd. **5**, 427 (1827).

	68.	69.
MgO	17,31	16,70
CaO	—	1,50
MnO	—	5,20
FeO	30,87	28,40
SiO_2	51,82	48,20
	100,00	100,00

68. Theoretische Zusammensetzung: ($MgSiO_3 . FeSiO_3$).
69. Aus dem Trachyt vom Capucin, Auvergne; anal. A. Laurent bei A. Des Cloizeaux, Man. Min. **2**, XVIII (Paris 1874).

Hypersthene mit hohem Tonerdegehalt.

Die noch folgenden Analysen zeichnen sich durch hohen Tonerdegehalt aus, eine Erscheinung, welche bei Hypersthenen selten ist.

	70.	71.	72.
MgO	19,35	25,79	25,31
CaO	1,44	1,90	2,12
MnO	0,92	—	—
FeO	20,88	15,14	10,47
Al_2O_3 . . .	7,91	9,11	10,04
Fe_2O_3 . . .	0,33	—	3,94
SiO_2	48,44	48,40	47,81
H_2O	0,08	0,60	—
	99,35	100,94	99,69

70. Aus Gabbro von Minnesota; anal. E. A. Schneider bei W. S. Bayley, J. Geol. **3**, 1; siehe auch F. W. Clarke, l. c. 261 (1910).

---

[1]) Dazu 1,18% nicht näher bestimmbare Substanz.

71 und 72. Beide von Farsund; 71, anal. F. Pisani bei A. Des Cloizeaux, Nouv. Rech. (Paris 1867), 586. Der zweite, 72, anal. von F. Remelé, Z. Dtsch. geol. Ges. **19**, 722 (1867).

Die folgende Analyse hebe ich besonders hervor, weil der Kalkgehalt ein sehr hoher ist und außerdem viel Fe_2O_3 enthalten ist. Allerdings haben wir auch unter den angeführten Analysen höheren Kalkgehalt, was uns allmählich zu den kalkarmen Pyroxenen, welche später behandelt werden, hinführt.

	73.
Na_2O	0,45
K_2O	0,15
MgO	14,47
CaO	6,26
MnO	1,09
FeO	20,71
Al_2O_3	1,36
Fe_2O_3	3,58
SiO_2	49,49
TiO_2	2,22
H_2O unter 100°	0,15
H_2O über 100°	0,55
	100,48

73. Hypersthen aus Diabas von Niedzwiedzia Góra (bei Krakau); anal. Z. Rozen, Bull. Ak. Krakau, Nov. 1909, 801; Z. Kryst. **50**, 659 (1912).

Eine ganz merkwürdige Zusammensetzung, von jener der Hypersthene ganz abweichend, zeigt ein rhombischer Pyroxen aus Hypersthengneis von der Anabara (Sibirien); anal. H. Backlund, Bull. Ac. St. Petersbourg **1**, 467 (1907).

	74.
Na_2O	1,12
K_2O	0,14
MgO	7,88
MnOCaO	2,33
MnO	0,76
FeO	19,54
Al_2O_3	18,22
Fe_2O_3	0,61
SiO_2	49,58
TiO_2	nicht best.
H_2O unter 100°	0,07
P_2O_5	Spur
	100,25

H. Backlund berechnet daraus: 50,23 $FeSiO_3$, 1,97 $MnSiO_3$, 13,88 $MgSiO_3$, 32,84 $MgAl_2SiO_6$, 1,08 $MgFe_2SiO_6$. Es liegt also wohl ein Tonerdeaugit vor.

Szaboit.

Der von A. Koch aufgestellte Szaboit ist nichts anderes als ein Hypersthen. Die Analyse des Vorkommens vom Arányer Berg (Siebenbürgen) ergab; Vegyt. Lapok, **2**, 153 (1884); Z. Kryst. **10**, 99 (1885):

	75.	
MgO	22,824	—
CaO	3,093	—
FeO	8,465	19,702
Fe_2O_3 . . .	12,687	—
SiO_2	51,681	—
Glühverlust . .	0,960	—
	99,710	

Die zweite Zahl für FeO ist an frischer Substanz, die erste an zersetzter gefunden worden; diese gibt einen bedeutenden Gehalt an Fe_2O_3.

Analysen aus Meteoriten.

	76.	77.	78.	79.	80.	81.
δ . . .	3,310	3,313	3,238	—	—	—
Na_2O .	1,45	—	—	0,22	0,92	—
MgO . .	25,78	32,85	30,85	28,55	27,73	24,18
CaO . . .	2,12	0,58	—	0,90	0,09	0,50
MnO . .	0,49	—	—	—	—	—
FeO . . .	10,59	12,13	13,44	16,53	16,53	22,43
Al_2O_3 . .	2,08	0,60	—	0,47	—	—
Cr_2O_3 . .	—	—	—	0,26	—	—
SiO_2 . . .	57,49	55,35	56,05	53,07	55,55	52,78
	100,00	101,51	100,34	100,00	100,82	99,89

76. Aus dem Meteoriten von Rittersgrün; anal. Cl. Winkler, Mittel aus 2 Analysen, nach Abzug von 0,98% Chromeisen auf 100% berechnet, N. Acta Leop.-Car. **40**, Nr. 8 (1878).

77. Aus dem Meteoriten von Lodran; anal. G. Tschermak, Sitzber. Wiener Ak. **61**, 471 (1870).

78. Aus dem Meteoriten von Breitenbach; anal. N. St. Maskelyne, Phil. Trans. **161**, 361 (1870).

79. Aus dem Meteoriten von Shalka; anal. H. v. Foullon, nach Abzug von 0,39% Magnetkies und von 1,74% Chromeisen auf 100% berechnet, Ann. k. k. Nat. W.-Mus. Wien, **3**, 195.

80. Von ebenda, nach Abzug von 0,33% $FeO.Cr_2O_3$; anal. C. F. Rammelsberg, Abh. Berl. Ak. 1870, 120.

81. Von ebenda, anal. N. St. Maskelyne, Mittel von 2 Analysen, Phil. Tr. **160**, 367 (1871).

	82.	83.	84.	85.	86.
δ . . .	3,405	3,4265	3,198	—	3,35
MgO . .	26,12	26,43	23,57	22,80	16,05
CaO . . .	1,39	1,04	1,51	1,32	3,68
MnO . .	0,28	0,29	—	—	—
FeO . . .	17,15	17,53	20,70	20,54	24,54
Al_2O_3 . .	1,06	1,26	—	—	7,36
SiO_2 . . .	54,47	54,51	54,22	55,70	51,61
	100,47	101,06	100,00	100,36	103,24

82 und 83. Aus d. Met. von Ibbenbühren, graue und weiße Körner, lichtgelbgrüne Körner, beide anal. G. vom Rath, Mon.-Ber. Berl. Ak. 1872, 33.

84 und 85. Von Manegaon (Manegaum); anal. N. St. Maskelyne, Phil. Tr. **16**, 212 (1870), Grundmassen nach Abzug von 0,33% Chromeisen auf 100% ber. Blaßgelbgrüne ausgesuchte Körner.

86. Von d. Sierra d. Deesa; anal. St. Meunier, C. R. **100**, 583 (1869).

Die nachstehende Analyse wird als Enstatitanalyse bezeichnet, der hohe Eisengehalt weist sie aber hierher.

	87.
MgO	29,11
CaO	2,46
FeO	14,03
SiO_2	54,42
	100,02

87. Aus dem Meteoriten von S. Emigdio, S. Bernardino Cy; anal. J. Whitfield bei F. W. Clarke, l. c. 261.

Endlich sei hier noch eine Analyse von Bronzitfels angeführt, welche jedoch zeigt, daß dieses Gestein aus ziemlich reinem Bronzit besteht.

	88.
MgO	34,24
CaO	1,08
FeO	7,74
SiO_2	55,60
Glühverlust	1,32
	99,98

88. Bronzitfels von St. Lorenzen (Steiermark); anal. C. v. John u. C. F. Eichleiter, J. k. k. geol. R.A. **53**, 508 (1903).

Die nachstehend angeführten Analysen zeigen die Zusammensetzung von Gesteinsbestandteilen (mitgeteilt von P. v. Tschirwinsky):

	89.	90.	91.
Na_2O	—	—	0,80
K_2O	—	—	0,10
MgO	21,24	20,57	24,47
CaO	3,58	3,49	2,67
MnO	—	0,20	0,07
FeO	12,73	19,41	13,81
Al_2O_3	3,20	2,73	2,82
Cr_2O_3	—	0,04	—
Fe_2O_3	5,12	1,11	—
SiO_2	54,07	51,62	55,21
TiO_2	—	0,31	—
H_2O	—	0,06	—
	99,94	99,54	99,95

89. Aus Andesiten von Kely-Plato, südwestl. von Kasbek; anal. K. Timofejew, Ann. geol. und min. d. Russie **14**, 172 (1912).

90. Mittel aus 12 Analysen von rhombischen Pyroxenen aus Andesiten und Trachyten, nach P. v. Tschirwinsky.

91. Mittel aus 20 Analysen von rhombischen Pyroxenen aus Meteoriten, mitgeteilt von P. v. Tschirwinsky.

Demnach unterscheiden sich die Trachytpyroxene von jenen der Meteoriten durch niederen SiO_2-Gehalt, höheren FeO-Gehalt

Hier noch einige weniger genaue Analysen verunreinigter Hypersthene, welche zum Teil von der Zusammensetzung des Hypersthens als einer Mischung $MgSiO_3$ mit $FeSiO_3$ durch stärkern Gehalt an Al_2O_3 und Fe_2O_3, sowie durch Alkaligehalt abweichen. Ob diese Abweichungen durch die Verunreinigungen des pyroxenischen Bestandteils begründet sind, läßt sich nicht entscheiden, ist jedoch zu vermuten. Diese Analysen, welche wenig Wert haben, seien der Vollständigkeit halber angeführt.

	92.	93.
δ	3,5	—
MgO	22,15	32,46
CaO	4,04	1,79
MnO	—	—
FeO	17,08	7,63
Al_2O_3	2,74	4,51
Cr_2O_3	—	0,48
Fe_2O_3	2,34	—
SiO_2	52,37	54,16
TiO_2	0,35	—
H_2O (Glühverlust)	—	0,28
	101,07	101,31

92. Hypersthen aus Diorit mit Augit verunreinigt, Campo Maior (Portugal), anal. P. Merian, N. JB. Min. etc. Beil.-Bd. 3, 206 (1885). — H. Rosenbusch, Elemente der Gesteinslehre, 3. Aufl. (Stuttgart 1910), 340.

93. Enstatit aus Olivineinschluß mit Basalt; anal. K. Bleibtreu, Z. Dtsch. geol. Ges. **35**, 520 (1883). Vgl. auch Anal. von O. Hecker, N. JB. Min. etc. Beil.-Bd. **17**, 341 (1903).

Analysen zersetzter Bronzite und Hypersthene.

Die jetzt folgenden Analysen beziehen sich auf die Bronzitvarietäten Diaklasit, Phästin und Bastit; es sind auch darunter einzelne eisenarme Mineralien, welche ihrer chemischen Zusammensetzung nach eher zum Enstatit gehören. Da jedoch eine Trennung der betreffenden Mineralien nicht zweckmäßig wäre, so wurden sie hier angereiht.

	94.	95.	96.	97.
(Na_2O)	0,69	—	—	0,58
(K_2O)	0,47	—	—	
MgO	27,33	30,96	33,60	25,37
CaO	3,62	1,25	3,28	3,59
MnO	0,21	—	—	—
FeO	5,90	7,29	8,03	8,14
CuO	0,28	—	—	—
Al_2O_3	8,61	5,96	3,61	7,49
Cr_2O_3	—	—	—	0,29
Fe_2O_3	—	—	—	1,41
SiO_2	39,44	43,77	39,10	53,31
TiO_2	—	Spur	—	—
H_2O	12,45	11,30	12,60	1,55
	99,00	100,53	100,22	101,73

94. Bastit vom Brückenkopf (Harz); anal. A. Streng, Z. Dtsch. geol. Ges. **11**, 80 (1859).
95. Schillerspat, Todtmoos; anal. Hetzer, Pogg. Ann. **119**, 451 (1863).
96. Bastit, Elba; anal. F. Pisani, C. R. **83**, 168 (1876).
97. Diaklasit, Radautal, Harz; anal. A. Streng, N. JB. Min. etc. 1867, 532.

	98.	99.
MgO	32,87	32,92
CaO	1,55	—
MnO	—	0,20
FeO	3,52	3,33
Al_2O_3	2,95	0,23
Fe_2O_3	2,69	—
SiO_2	53,16	56,35
H_2O	3,50	6,88
	100,24	99,91

98. Phästin von Kupferberg; anal. J. Wolff bei G. Tschermak, Sitzber. Wiener Ak. **53**, 6 (1866).
99. Bastit von Kjörrestadkilen bei Bamle (Norw.); anal. K. Johansson, Bihang till. Vet. Ak. Handl. Stockholm, **17**, II, Nr. 4; Z. Kryst. **23**, 154 (1894).

	100.	101.	102.	103.	104.	105.
Na_2O	0,07	0,66	—	—	—	—
K_2O	1,40	0,82	—	—	—	—
MgO	32,42	26,80	37,01	25,93	31,93	27,41
CaO	2,91	3,52	—	2,53	0,45	—
MnO	0,51	—	0,08	—	0,56	1,07
FeO	8,48	8,57	2,09	8,77	9,28	12,63
Al_2O_3	2,18	6,28	2,12	0,95	0,12	1,54
Cr_2O_3	0,28	—	—	—	—	—
Fe_2O_3	0,03	—	5,07	—	—	—
SiO_2	38,19	41,82	37,78	53,46	51,64	52,81
H_2O	14,03	11,03	16,07	8,36	5,45	4,44
	100,50	99,50	100,22	100,00	99,43	99,90

100. Schillerspat, Aberdeen; anal. F. Heddle, Min. of Scottland, Trans. Roy. Soc. Edinburgh, **28**, 453 (1878); Z. Kryst. **4**, 311 (1880).
101. Zersetzter Bronzit von Dun Mountains; anal. J. Hilger, N. JB. Min. etc. 1879, 129.
102. Bastit, Ayrshire; anal. F. Heddle, l. c.
103. Zersetzter Bronzit; anal. N. St. Maskelyne u. Flight, Q. J. Geol. **30**, 411 (1874), von Colesberg Kopje. Es ist dies das Umwandlungsprodukt eines hellgrünen „Bronzits", dessen Analyse unter Enstatit S. 325 Nr. 8 angeführt wurde.
104. Zersetzter Enstatit (richtiger Bronzit) von Corundum Hills; anal. C. H. Baskerville bei J. H. Pratt, Am. Journ. **5**, 429 (1898).
105. Diaklasit, Würlitz; anal. Sander nach C. F. Rammelsberg, Mineralchemie (Leipzig 1875), 386.

Chemische Formel des Bronzits und Hypersthens.

Im allgemeinen haben wir bei den angeführten Analysen die Mischungen: $m(MgSiO_3).FeSiO_3$, wobei m zwischen 11 und 1 schwankt. Die Bronzite sind eisenärmere, von zirka 5% FeO an bis zu einem Gehalte von zirka 12%. Indessen gibt es im Gegensatz zu den Enstatiten doch nur wenige, die vollkommen der Formel $RSiO_3$ entsprechen. Es tritt hier Tonerde oft in nicht zu vernachlässigenden Mengen hinzu und einige (siehe S. 340) haben einen außergewöhnlichen Tonerdegehalt, wogegen Fe_2O_3 doch nur in wenigen Fällen mehr als 2–3% ausmacht. Der Ca-Gehalt fehlt in fast keiner Analyse, macht aber auch bis 5% aus. Demnach entsprechen die Verbindungen der angegebenen Formel mit kleinen Mengen von CaO, Al_2O_3, Fe_2O_3, und es entsteht die Frage, ob man diese kleinen Mengen als in fester Lösung befindliche, oder als besondere Silicate, $MgAl_2SiO_6$, $CaMgSi_2O_6$, $MgFe_2SiO_6$ aufzufassen hat.

Die Frage, wie Al_2O_3 und Fe_2O_3 in den Pyroxenen vorhanden ist, wird später ausführlich zu erörtern sein. Wie schon S. 69 bei Besprechung der chemischen Konstitution angeführt, müßte Mg größer sein als Ca, falls $\overset{III}{Al(Fe)}$ vorkommt. Dies ist bei den Bronziten und Hypersthenen und den Pyroxenen überhaupt nicht stets der Fall; und hat man sich damit geholfen, daß man noch einen Überschuß von $CaSiO_3$ angenommen hat, was aber willkürlich ist. So berechnet Z. Rozen aus seiner Analyse (S. 341): $\frac{1}{2}Na_2Fe_2Si_4O_{12}$, $0{,}8\,CaFe_2Si_4O_{12}$, $0{,}8\,MgAl_2SiO_6$, $5{,}9\,CaSiO_3$, $18{,}3\,FeSiO_3$, $20{,}7\,MgSiO_3$. Hier fehlt also zu dem Silicat $MgAl_2SiO_6$ der MgO-Gehalt. In anderen Fällen liegt die Sache einfacher; so berechnet J. Schiller die Analyse Nr. 14: $(MgSiO_3)_2$ 86%, $MgAl_2SiO_6$ 3,9%, $MgFe_2SiO_6$ 3,2% $(FeSiO_3)_2$. Hier ist also ein Überschuß von MgO wirklich vorhanden.

Bei den Analysen 2, 3, 19, 27, 33 und anderen fehlt dagegen entschieden der MgO-Gehalt für das Silicat $MgAl_2SiO_6$.

Durch Versuche, welche E. Fixek in meinem Laboratorium anstellte, hat es sich gezeigt, daß $MgSiO_3$ Tonerde bis 25% aufzunehmen imstande ist, ohne daß Inhomogenität oder merkliche Glasbildung eintritt, so daß man bei kleineren Mengen von Al_2O_3 wohl eine feste Lösung annehmen kann. Dort wo die Analyse zu wenig MgO ergibt, wird auch wohl keine andere Annahme möglich erscheinen und nur dort, wo dies nicht zutrifft, wird man zu der Annahme der sog. Pyroxensilicate greifen müssen, obgleich auch das berechnete Silicat $MgAl_2SiO_6$ getrennt werden kann in $MgSiO_3$ und Al_2O_3 (vgl. S. 69).

Was die in vielen Analysen auftretenden Mengen von Alkalien anbelangt, so sind dies durchwegs Analysen von Hypersthenen, die aus Gesteinen isoliert wurden und hier ist wohl die nächstliegende Annahme die, daß es sich um Verunreinigungen handelt, was bei der stets geringen Menge von Alkalien und überhaupt ihrem seltenen Auftreten (da auch viele neue Analysen keinen Alkaligehalt aufweisen), viel wahrscheinlicher ist, als die Annahme von Silicaten $NaAlSi_2O_6$ oder $Na\overset{III}{Fe}Si_2O_6$; dies um so mehr, als stets neben Na_2O Kali vorkommt. Es scheint überhaupt $MgSiO_3$ keine Neigung zur Aufnahme von Alkalien zu besitzen.

Manche Analysen zeigen, wie bemerkt, höheren CaO-Gehalt; es leitet uns dies hinüber zu den Wahlschen Enstatitaugiten. Man kann entweder eine Mischung mit $CaSiO_3$, oder eine solche mit $CaMgSi_2O_6$ annehmen, was sich aus dem MgO-Gehalt schließen läßt.

Aus den Analysen 61, 63, 70, 73 und 74 schließe ich, daß für die Annahme als Diopsidsilicat ($CaMgSi_2O_6$) nicht genug Mg vorhanden ist, so daß eher die erste Annahme den Tatsachen entspricht.

Umwandlungen.

Aus den Analysen zersetzter Bronzite und Hypersthene geht hervor, daß zuerst gewisse durch Wassergehalt ausgezeichnete Varietäten sich bilden, bei welchen zum Teil der Magnesiagehalt größer, der SiO_2-Gehalt kleiner wird (Anal. 83—85), so daß dieser unter 40% sinken kann. In anderen Fällen (Anal. 81, 86) jedoch verändert sich dieser nicht; bei der Talkbildung vergrößert er sich, während der MgO-Gehalt fällt.

Der chemische Gang der Zersetzung läßt sich erschließen aus dem Vergleich der Analysen 3 und 89, welcher zeigt, daß der SiO_2-Gehalt nur um weniges geringer geworden ist, während der MgO-Gehalt von 34,91 auf 25,93% gefallen ist, ferner 8,36% Wasser aufgenommen wurden und auch der CaO-Gehalt und jener an FeO sich prozentuell stark vergrößert haben. Ebenso zeigt der Vergleich der Enstatitanalysen (S. 327) von Snarum eine geringe Veränderung, welche namentlich in Wasseraufnahme besteht. Bei Enstatit von Kjörrestad zeigt sich die Veränderung hauptsächlich in der Wasseraufnahme und in der Verringerung der Magnesia, während der SiO_2-Gehalt der gleiche ist (S. 325).

Bastit und Schillerspat entstehen durch Serpentinisierung des Bronzits.

Weitgehende Umwandlungen sind die in Talk, wobei der Kieselsäuregehalt sich vergrößert und insbesondere viel H_2O aufgenommen wird (Anal. 82). Als weitere Pseudomorphosen werden namentlich angeführt Chlorit, wobei sich der Tonerdegehalt stark vergrößert, dann Chrysotil; auch Magnesiaglimmer wird erwähnt. Bemerkenswert ist auch die Beobachtung von K. Pettersen, wonach Magnesit sich aus Enstatit bilden kann, was erklärlich erscheint, da die Kohlensäure als bei niedriger Temperatur stärkere Säure die schwächere Kieselsäure verdrängen kann. E. Wülfing und H. Rosenbusch erwähnen auch, daß in Ergußgesteinen sich Bronzit zuerst in faserigen Serpentin und schließlich in ein Gemenge von wechselnden Mengen von Carbonaten, Eisenhydroxyden und Eisenoxyd und wohl auch mitunter von Quarz und Opal umwandelt, also eine völlige Verdrängung der ursprünglichen Substanz.

Ch. R. van Hise[1]) hat die Umwandlung in Talk durch Formeln versinnlicht. Für Enstatit hätte man:

$$4(MgSiO_3) + CO_2 + HO = H_2Mg_3Si_4O_{12} + MgCO_3 + k.$$

Für Hypersthen ergäbe sich:

$$3Mg_3FeSi_4O_{12} + 3H_2O + O = 3H_2Mg_3Si_4O_{12} + Fe_3O_4 + k.$$

Damit ist eine Volumvermehrung von 14,68—21,73% verbunden, je nachdem man die Dichte von Bronzit oder die von Hypersthen annimmt.

Für die Umwandlung von Enstatit oder von Hypersthen in Serpentin stellt er die Formeln auf:

$$3MgSiO_3 + 2HO = H_4Mg_3Si_2O_9 + SiO_2 + k,$$

$$2Mg_3FeSi_4O_{12} + 4H_2O + O = 2H_4Mg_3Si_2O_9 + Fe_2O_3 + 4SiO_2 + k.$$

Bei der Bastitbildung ist die Formel:

$$3Mg_3FeSi_4O_{12} + 8H_2O = H_{16}Mg_9Fe_3Si_8O_{36} + 4SiO_2 + k.$$

---

[1]) Ch. R. van Hise, Treatise on Metamorphisme (Washington 1904), 268.

Die Volumzunahme wäre 22,77 %.

Für die Bildung von Aktinolith aus Bronzit stellt Ch. R. van Hise die Formel auf:

$$3Mg_3FeSi_4O_{12} + 4CaCO_3 + 4SiO_2 = Mg_9Fe_3Ca_4Si_{16}O_{48} + 4CO_2 - k.$$

Die Volumabnahme wäre 7,40—10,77 %.

Chemische und physikalische Eigenschaften.

Schmelzbarkeit. — Diese wechselt mit dem Eisengehalt; je größer dieser, um so niedriger liegt der Schmelzpunkt; genauere Messungen liegen nicht vor (vgl. Bd. I, S. 660).

Für Bronzit von Bamle, welcher jedoch zesetzt ist, erhielt ich 1380—1400° und für Bronzit von Kraubat 1330—1380°, eine spätere Bestimmung ergab 1310—1370. Der Bronzit von Kupferberg schmolz bei 1350—1400°. Die verschiedenen Zahlen rühren von der verschiedenen Genauigkeit der Methoden, hauptsächlich aber von der verschiedenen chemischen Zusammensetzung der untersuchten Stücke her. J. Joly fand für Bronzit (ohne Fundortangabe 1300°, R. Cusack 1395°.[1])

Für Hypersthen fand A. Brun 1210° (Airolo) und 1270° (St. Paul). Für letzteren fand ich die Werte 1180—1210°.

Löslichkeit. — In Salzsäure nicht löslich, eisenreichere scheinen mehr löslich als eisenarme; die Unlöslichkeit in HCl wird manchmal benützt, um Bronzit von Olivin auch quantitativ zu trennen, was aber nicht genau ist, da auch der Bronzit etwas löslich ist.

Dichte. — Diese steigt mit dem Eisengehalt, wie aus den Angaben bei den Analysen ersichtlich ist; als Grenzen werden 3,1—3,5 angegeben.

Härte. — Zwischen 5—6.

Farbe. — Von grauweiß, gelblich-weiß bis olivengrüngrauschwarz; durch Einschlüsse metallartiger Perlmutterglanz.

Brechungsquotienten und optische Konstanten. — Wie S. 18 ausgeführt, schwanken diese mit dem Eisengehalt und zwar steigt mit dem FeO-Gehalt der Wert des Achsenwinkels; ebenso ändern sich die Brechungsquotienten; auch die Doppelbrechung steigt mit dem Gehalt an Fe. Auch der Pleochroismus wird mit steigendem Eisengehalt merklicher.

Spezifische Wärme. — Bei Hypersthen bestimmte J. Joly[2]) zwischen 13,3 und 100° deren Wert mit 0,179. R. Ullrich[3]) fand zwischen 98 und 19° diesen Wert mit 0,1914.

Vorkommen und Genesis.

Während der eisenarme Enstatit nur selten in Gesteinen vorkommt, sind die eisenreicheren Bronzite und Hypersthene in Gesteinen verbreitet und zwar besonders in den Gabbros, Noriten, Peridotiten und Serpentinen. Die eisenärmeren finden sich auch in den olivinführenden Gliedern der Schieferformation. Nach H. Rosenbusch und E. Wülfing[4]) zeichnen sich diese Pyroxene durch

[1]) Literatur siehe Bd. I, S. 660—661.
[2]) J. Joly, Proc. Roy. Soc. **41**, 250 (1887).
[3]) R. Ullrich, E. Wollny, Forsch. a. d. Geb. d. Agrikult.-Phys. **17**, 1 (1894).
[4]) H. Rosenbusch u. E. Wülfing, Mikrosk. Phys. d. Min. I, 2 (Stuttgart 1905) 149.

eine Faserstruktur aus, im Gegensatz zu den Hypersthenen der Ergußgesteine (Trachyte, Andesite), auch kommen jene häufig mit monoklinem Pyroxen in Durchwachsung vor.

In den Ergußgesteinen dürften eher eisenreichere Varietäten vorkommen, obgleich diese auch in manchen Tiefengesteinen nicht fehlen. Zonenbau, welcher auf eine verschiedene chemische Zusammensetzung und Absatz deutet, kommt bei Ergußgesteinen vor (F. Becke).[1]

Der Hypersthen ist nach dem Gesagten ein Schmelzprodukt, welches sich sowohl aus trockenen Schmelzen, wie auch aus solchen mit Kristallisatoren bilden kann. Es möge, um Wiederholungen zu vermeiden, auf das bei Enstatit Gesagte hingewiesen werden.

Noch wäre auf die verhältnismäßige Seltenheit eisenarmer Metasilicate im Gegensatz zu den häufigeren eisenreicheren hinzuweisen. Eisenarme, welche vir hier als Enstatit bezeichnen, kommen merkwürdigerweise eher in Meteoriten vor, allerdings nicht nur in Eisenmeteoriten, sondern auch in Steinmeteoriten. Im ganzen wird jedoch dort, wo eine eisenreiche Schmelze vorliegt, die Tendenz des Magnesiummetasilicats feste Lösungen mit dem isomorphen Eisensilicat zu bilden, die Ursache sein, daß sich kein reiner Enstatit bildet, nur dort, wo die Abkühlungsverhältnisse derart sind, daß das Eisen sich bereits vorher (etwa als Magneteisen) abgeschieden hat, wird dies eintreten.

Anthophyllit (Magnesiummetasilicat).

Von **C. Doelter** (Wien).

Synonyma: Antholit, Kupfferit,[2]) Gedrit, Snarumit.

Außer den zwei eben beschriebenen Arten vom $MgSiO_3$ haben wir in der Natur noch ein weiteres Silicat dieser Zusammensetzung, welches mit den erstgenannten dimorph ist, den Anthophyllit und eine künstlich erhaltene Kristallart, welche, wahrscheinlich wie der Anthophyllit, zum Amphibol gehören. Sehen wir von den künstlichen Kristallarten ab, so bleiben zwei dimorphe Arten: der zur Pyroxengruppe gehörige Enstatit und der zur Amphibolgruppe gehörigen Anthophyllit, welche beide rhombisch kristallisieren, jedoch mit verschiedenen Achsenverhältnissen:

Enstatit: $a:b:c$ 1,033 : 1 : 1,077, Prismenwinkel: 88°,
Anthophyllit: $a:b:c$ 0,5137 : 1 : ? „ 125° 37′,
Tonerde-Anthophyllit (Gedrit): 0,5229 : 1 : ? „ 124° 48′.

Außer dem Anthophyllit kommt noch eine Varietät, Gedrit genannt, vor, welche jedoch wegen des großen Gehaltes an Tonerde chemisch abzutrennen ist, und in manchen Hypersthenen ein Analogon findet. Ein reines Magnesiumsilicat existiert jedoch in der Natur als Anthophyllit überhaupt nicht, da alle diese Mineralien entweder, wie die Gedrite, tonerdehaltig sind, oder aber stark eisenhaltig sind, so daß sie chemisch zur Bronzit-Hypersthenreihe gehören, während das Analogon zum Enstatit fehlt.

[1]) F. Becke, Tsch. min. Mit. **18**, 537 (1899).
[2]) Die monokline Verbindung $MgSiO_3$ wurde von A. Des Cloizeaux Amphibolanthophyllit genannt.

Analysen von tonerdearmen Anthophylliten.

	1.	2.	3.	4.	5.	6.
CaO	0,69	—	Spur	0,76	—	0,61
MgO	29,08	30,79	41,02	28,03	31,02	28,82
MnO	—		Spur	0,28	—	—
FeO	6,53	7,93	6,21	7,98	8,27	8,37
Al_2O_3	2,04	0,18	1,01	0,92	0,19	0,10
Cr_2O_3	—	—	—	0,12	—	—
Fe_2O_3	0,42	—	—	—	—	—
SiO_2	57,39	58,19	51,88	57,19	59,23	58,38
H_2O hygrosk.	2,56	1,86	0,81	0,48	1,31	0,68
H_2O bei Rotglut				3,83		2,75
Summe:	98,71	98,95	100,93	99,59[1]	100,02	99,71

1. Von Hermannschlag; anal. A. Brezina, Tsch. min. Mit.; Beil. zu J. k. k. geol. R.A. 1874, 247.
2. Von den Quellen der Tschussowaja (Ural); anal. G. Rose, Reise nach d. Ural, **2**, 506 (1842).
3. Vom Schneeberg, Tirol; anal. J. Ippen, N. JB. Min. etc. 1894, II, 270 (unvollständig).
4. Von Böhmisch-Schützendorf bei Deutsch-Brod; anal. V. Rosicky, Abh. böhm. Ges. d. Wiss. **7**, Nr. 19 (1902).
5. Von d. Quellen d. Tschussowaja; anal. G. Rose, wie Anal. 2.
6. Von St. Germain-l'Hermite; anal. G. Friedel, Mittel aus drei Analysen, Bull. Soc. min. **25**, 102 (1902).

	7.	8.	9.	10.	11.	12.
δ	—	—	—	—	3,093	—
$Na_2O(K_2O)$	—	—	0,20	0,21	—	—
MgO	25,87	31,38	26,10	28,50	28,69	28,68
CaO	1,09	0,04	1,20	—	0,20	0,50
MnO	0,87	0,88	—	—	0,31	—
FeO	8,13	9,22	6,80	9,65	10,39	11,40
NiO	—	—	—	0,17	—	—
Al_2O_3	4,50	—	3,60	2,45	0,63	1,15
Fe_2O_3	—	—	3,70	—	—	—
SiO_2	56,86	58,48	50,80	56,88	57,98	56,40
H_2O	3,36	—	5,80	2,28	0,12[2] / 1,67	1,63
Summe:	100,68	100,00	98,20	100,14	99,99	99,76

7. Von der Shetland Insel Mainland; anal. F. Heddle, Min. Mag. **3**, 21 (1879).
8. Von Koruk (Grönland), weißer Asbest; anal. Lappe, Pogg. Ann. **35**, 486 (1835).
9. Aus Gabbro, eine Randzone um Olivin bildend, Lizard (Cornwall); anal. X. Player bei J. H. Teall, Bull. Soc. min. **8**, 116 (1888).
10. Castle Rock, Delaware Cy.; anal. F. A. Genth nach C. F. Rammelsberg II. Suppl. 1895, 320.
11. Jenks Corundum Mine (Macon Cy.), N.-Carolina; anal. S. L. Penfield, Am. Journ. **40**, 396 (1890).
12. Im Dunit, südlich von Baskerville, N.-Carolina; anal. J. Pratt, Am. Journ. **5**, 412 (1898).

[1] Spuren von NiO, CoO.
[2] Verlust bei 100°.

Umgewandelter Anthophyllit.

	13.
Na_2O	0,98
MgO	38,70
CaO	0,48
MnO	Spur
FeO	4,80
Al_2O_3	1,36
Fe_2O_3	0,34
SiO_2	33,66
H_2O bei 100° . . .	0,24
H_2O über 100° . . .	19,70
Summe:	100,26

13. Serpentinisierter Anthophyllit (Anthophyllit verbunden mit Serpentin, Magneteisen und Kalkspat) von S. Pablo, Calif.; anal. W. C. Blasdale, Bull. Dep. geol. Univ. Calif. **2**, Nr. 11, 327; N. JB. Min. etc. 1903, II, 402.

Die Analysen von monoklinem Amphibol–Anthophyllit siehe bei Amphibol.

Tonerde-Anthophyllite (Gedrite).

Durch ihren hohen Tonerdegehalt unterscheiden sich die Gedrite vom eigentlichen Anthophyllit, so daß sie unbedingt zu trennen sind. Sie verhalten sich zu diesen, wie Tonerdeaugit zu Diopsid. Ihre Zusammensetzung ist sehr wechselnd, da der Eisenoxydulgehalt von 1,20—28,09% schwankt. Ein ebenfalls als Gedrit bezeichnetes Mineral gibt sogar 45;83% FeO. Dieses Mineral steht chemisch dem Grünerit viel näher als dem Anthophyllit und halte ich es für richtiger, es bei den Eisenoxydulsilicaten zu bringen.

A. Eisenarme Gedrite.

	1.	2.	3.
δ	—	3,10	—
$Na_2O, (K_2O)$.	4,50	2,30	1,44
MgO . . .	19,40	25,05	27,60
CaO	0,87	—	—
FeO	1,90	2,77	3,67
Al_2O_3 . . .	13,55	21,78	12,40
Fe_2O_3 . . .	—	0,44	—
SiO_2	57,90	46,18	51,80
H_2O	2,86	1,37	3,00
Summe:	100,98	99,89	99,91

1. Von Snarum; anal. F. Pisani, C. R. **84**, 1509 (1877).
2. Von Fiskernäs (Grönland); anal. N. V. Ussing, Z. Kryst. **15**, 612 (1889).
3. Von Bamle (Norwegen); anal. F. Pisani, C. R. **84**, 1504 (1877).

B. Eisengedrite.

Man kann die Gedrite vom chemischen Standpunkt einteilen in eisenarme, zu welchen 1, 2, 3 gehören bis 3,67 % FeO und in solche, welche große Mengen von Eisen enthalten, und welche sogar mehr FeO als MgO enthalten, demnach dem Grünerit nahestehen. Auch das Mineral der Analyse 9 steht dem Grünerit näher als dem Anthophyllit.

Leider scheint bei älteren Analysen FeO nicht von Fe_2O_3 getrennt worden zu sein, so daß eine neue Untersuchung sehr erwünscht wäre.

	4.	5.	6.
Na_2O	0,93	—	—
K_2O	0,06	—	—
MgO	19,89	18,30	19,14
CaO	0,57	0,75	3,02
MnO	0,14	—	1,47
FeO	13,41	15,96	16,81
Al_2O_3	14,09	17,07	11,34
Fe_2O_3	0,33	—	—
SiO_2	47,86	43,58	43,92
TiO_2	0,63	—	—
H_2O	2,46	3,92	1,68
P_2O_5	0,05	—	—
Summe:	100,42	99,58	97,38

4. Von Warwick, Massach., als Gestein vorkommend; anal. E. A. Schneider bei B. K. Emerson, Bull. geol. Surv. U.S. 1895, 126; Z. Kryst. **27**, 503 (1897).
5. Von Gèdres, Hautes Pyr.; anal. F. Pisani nach A. Des Cloizeaux, Man. Minér. I, 542 (Paris 1872).
6. Von Hilsen bei Snarum; anal. J. Peterson bei Hj. Sjögren, Öf. Ak. Stockholm 1882, Nr. 10; Z. Kryst. **8**, 655 (1884).

Die Analyse entspricht der Formel $RSiO_3 + Al_2O_3$.

	7.	8.	9.	10.
MgO	15,51	16,45	17,24	8,76
CaO	1,90	1,79	1,35	0,77
MnO	—	0,41	0,26	} 28,09
FeO	18,82	20,35	20,72	
Al_2O_3	16,52	8,55	9,46	13,70
SiO_2	42,86	51,74	52,05	46;74
H_2O	4,50	—	—	1,90
Summe;	100,11	99,29	101,08	99,96

7. Von Gèdres; anal. F. Pisani, L'Institut, 1861, 190.
8. Von Stansvik (Finnland); anal. O. Rosenius bei F. J. Wiik, Z. Kryst. **2**, 498 (1878).
9. Von ebenda; anal. K. Stadius bei F. J. Wiik, ebenda.
10. Aus d. Ver. Staaten, Fundort weiter nicht bekannt; anal. G. Lechartier bei A. Des Cloizeaux, Nouv. Recherches, 1867, 542.

Die folgenden Analysen weisen (namentlich die letzte) einen schon merklichen Gehalt von Alkalien auf.

	11.	12.	13.
δ	3,196	—	3,243
Na_2O . . .	1,59	} 1,86	3,21
K_2O	—		Spur
MgO	19,75	15,95	7,32
CaO	0,84	0,77	—
MnO	—	0,09	2,36
FeO	15,89	16,88	23,38
Al_2O_3 . . .	10,82	16,04	13,68
Fe_2O_3 . . .	—	2,80	—
SiO_2 . . .	50,37	44,32	47,40
H_2O	—	1,31	1,97
Summe:	99,26	100,02	99,32

11. Von Avisisarfik, Grönl.; anal. Chr. Christensen bei O. Bøggild, Miner. Grönlandica, Meddel. om Grönl. 1905, 32; Z. Kryst. **43**, 631 (1907).
12. Aus Amphibolit von Harcourt, Ontario (Canada); anal. N. N. Evans und J. A. Bancroft, Am. Journ. **25**, 509 (1908).
13. Aus Gedritschiefer von der Vester-Silfberggrube (S.-Dalekarlien); anal. M. Weibull, Geol. Fören. Förh. **18**, 377 (1896); auch N. JB. Min. etc. 1897, II, 443.

Formel und Konstitution.

Die rhombischen Magnesium-Amphibole sind entweder Mischungen von vorwiegend $MgSiO_3$ mit $FeSiO_3$, welche zum Teil der Mischung

$$7(MgSiO_3) . (FeSiO_3)$$

entsprechen (Analyse 1 und 2), oder solche mit etwas höherem Eisengehalt, die, wie die Analysen 8, 9, 10 es zeigen, der Mischung

$$6(MgSiO_3) . (FeSiO_3)$$

entsprechen, oder endlich noch eisenreichere von der ungefähren Zusammensetzung

$$5(MgSiO_3) . (FeSiO_3),$$

wie die Analysen 9 und 10. Was die Analyse 11 anbelangt, so läßt sich schwer eine Formel geben, weil hier auch viel Eisenoxyd vorhanden ist. Würde man nur das Eisenoxyd in Betracht ziehen, so hätte man eine feste Lösung von zirka

$$5(MgSiO_3) . (FeSiO_3) . Fe_2O_3 .$$

Berechnet man Fe_2O_3 als FeO, so ergibt sich die Mischung

$$2(MgSiO_3) . FeSiO_3 .$$

Im ersteren Falle hätte man eine besondere Mischung, welche dem Gedrit entspräche, wenn in diesem statt Al_2O_3 eine isomorphe Vertretung von $\overset{III}{Fe_2O_3}$ angenommen würde. Ein Silicat $MgFe_2SiO_6$ kann man nicht annehmen, weil der Mg-Gehalt dazu zu gering ist und ebenso der SiO_2-Gehalt.

Bei den Tonerde-Anthophylliten oder Gedriten hat man Mischungen von $MgSiO_3 . FeSiO_3$, zu welchen entweder das Silicat $MgAl_2SiO_6$ bzw. das Silicat $FeAl_2SiO_6$ tritt, oder man hat feste Lösungen von vorwiegend $MgSiO_3$ mit mehr oder weniger $FeSiO_3$ und mit Al_2O_3. C. F. Rammelsberg[1]) hat bereits 1875 sich dahin ausgesprochen, daß der erste Fall nicht zuträfe, weil der MgO-Gehalt zu gering sei. Dies scheint im allgemeinen auch für die späteren Analysen zuzutreffen, so daß die zweite Annahme die wahrscheinlichere ist. Die Frage wurde bereits bei Hypersthen behandelt.

C. F. Rammelsberg berechnete für einige die Formel: $(RSiO_3)_4 . Al_2O_3$, aber der Tonerdegehalt ist doch ein schwankender, wenn er auch bei manchen diesem Verhältnisse entspricht. Alkaligehalt ist nur bei wenigen Analysen zu konstatieren. M. Weibull meint, daß auch das Silicat $NaAlSi_2O_6$ in einem Gedrit vorhanden sei; er berechnet für diese Analyse (13):

$$10\overset{II}{R}SiO_3 . 2\overset{II}{R}Al_2SiO_6 . \overset{I}{R}Al(SiO_3)_2 .$$

Chemische und physikalische Eigenschaften.

Vor dem Lötrohre zu schwarzem, magnetischem (bei eisenreicherem) Email schmelzend. Schmelzpunkt je nach dem Eisengehalt wechselnd. Für den von Hermannschlag erhielt A. Brun[2]) 1150–1230°, während ich[3]) 1325–1340° fand.

Durch Salzsäure nicht zersetzbar.

Einwirkung von Chlorwasserstoffgas und von Flußsäure.[4]) — Auf feines Pulver des Anthophyllits vom Schneeberg wurde durch 3 Stunden bei Rotglut trockenes HCl-Gas geleitet. Von 0,484 g werden gelöst: 0,0016, während bei Enstatit keine Löslichkeit wahrzunehmen war.

Bei Behandlung mit $2\,^0/_0$ iger Flußsäure wurden von 0,558 g gelöst $46,23\,^0/_0$; in der Lösung wurden 0,268 g MgO gefunden.

Einwirkung von Kalihydrat. — Der durch 12 Stunden mit $12\,^0/_0$ iger KOH-Lösung digerierte Anthophyllit vom Schneeberg hat folgende Zusammensetzung[4]) (die ursprüngliche siehe S. 350):

K_2O	7,01
MgO	35,66
SiO_2	56,54
H_2O	0,80
Summe:	100,01

In konzentrierter, $10\,^0/_0$ iger Sodalösung war nach 6 Wochen, trotz erhöhter Temperatur (180°), keine Einwirkung merklich.

Optische Eigenschaften. — Glasglanz, auf der vollkommenen Spaltfläche (110) und auch auf (010) Perlmutterglanz. Bräunlich bis nelkenbraun, auch grünlich bis smaragdgrün. Brechungsquotienten mit dem Eisengehalte schwankend (vgl. F. Becke, S. 20). Nach S. L. Penfield[5]) bei dem Vorkommen von Franklin für Natriumlicht $N_m = 1,6811$, nach A. Michel-Lévy und A. Lacroix[6]) am Königsberger Anthophyllit

$$N_\alpha = 1,6301, \quad N_\beta = 1,642, \quad N_\gamma = 1,657.$$

---

[1]) C. F. Rammelsberg, l. c. 398.
[2]) A. Brun, Ann. sc. phys. nat. Genève 1902, 1909.
[3]) C. Doelter, Tsch. min. Mit. **22**, 311 (1903).
[4]) C. Doelter, N. JB. Min. etc. 1894, II, 271.
[5]) S. L. Penfield, l. c. vgl. S. 350.
[6]) A. Michel-Lévy u. A. Lacroix, Min. d. roches (Paris 1888), 150.

Für den Gedrit von Fiskernäs (Anal. 2 S. 351) erhielt N. V. Ussing[1]) für rot:

$$N_\alpha = 1{,}623, \quad N_\beta = 1{,}6358, \quad N_\gamma = 1{,}6439.$$

Synthese des Anthophyllits.

Nach E. T. Allen, F. E. Wright und J. K. Clement[2]) bildet sich bei der Darstellung von $MgSiO_3$ bei niedrigerer Temperatur rhombischer Amphibol, welcher sich beim Erhitzen in monoklinen Pyroxen umwandelt; die Umwandlungstemperatur ist von der Dauer des Erhitzens abhängig und liegt zwischen 1077° und 1183°. Die Dichte dieser Form ist 2,857. Kristallisiert in Sphärolithen und faserigen Aggregaten, kleiner Auslöschungswinkel. Die Brechungsquotienten sind $N_\alpha = 1{,}578$, $N_\gamma = 1{,}591$, $N_\beta = 1{,}585$. Weitere Untersuchungen werden die Entscheidung bringen, ob hier wirklich ein rhombischer Amphibol vorliegt oder nicht.

Umwandlungen.

Die Umwandlungen sind im allgemeinen dieselben wie bei Bronzit und Hypersthen. Eine der häufigsten ist die in Talk, welche nach C. R. van Hise[3]) nach der Formel:

$$2\,Mg_3FeSi_4O_{12} + 2\,H_2O = 2\,H_2Mg_3Si_4O_{12} + Fe_2O_3 + k$$

vor sich geht, wobei eine Volumvermehrung von 11,41% verbunden ist.

Bastit bildet sich nach demselben Autor zufolge der Formel:

$$3\,Mg_3FeSi_4O_{12} + 8\,H_2O = H_{16}Mg_9Fe_3Si_8O_{36} + 4\,SiO_2 + k;$$

hierbei ist eine Volumvermehrung von 34,09% vorhanden; welche jedoch, wenn die Kieselsäure in Lösung war, sich auf 12,09% reduzieren würde.

Vorkommen und Genesis.

Während, wie wir gesehen haben, die als Pyroxen vorkommenden Metasilicate besonders in Eruptivgesteinen vorkommen, ist dies für die als Amphibol auftretenden nicht der Fall. Diese sind an die kristallinen Schiefer gebunden. Da hier Verbindungen von kleinerem Volumen vorkommen, so ist auch die Dichte eine andere, jedoch läßt sich ein Vergleich nicht ziehen, da die chemische Zusammensetzung nicht übereinstimmt.

Anthophyllit und Gedrit kommen in Schiefern vor und bilden auch Gesteine, in welchen sie den Hauptbestandteil ausmachen. Der Anthophyllit scheint häufig auf dem Wege der Dynamometamorphose aus Olivin zu entstehen; da jedoch ein Metasilicat sich nur durch Zufuhr von SiO_2 aus Orthosilicat bilden kann, so wäre die Umwandlung nach der Formel vor sich gegangen:

$$(Mg, Fe)_2SiO_4 + SiO_2 = 2\,(Mg, Fe)SiO_3\,.$$

Wenn, wie es nicht unwahrscheinlich ist, der Olivin ein Metasilicat mit Additionsprodukt von SiO_2 wäre, oder wenn Olivin einen Kern von Metasilicat

[1]) N. V. Ussing, Z. Kryst. **15**, 609 (1889).
[2]) E. A. Allen, F. E. Wright u. J. K. Clement, Am. Journ. **22**, 410 (1906).
[3]) C. R. van Hise, Treatise on Metamorphisme (Washington 1904), 282.

enthält, ist die Umwandlung so zu betrachten, daß aus $MgSiO_3 . MgO$ die Magnesia sich abscheidet und $MgSiO_3$ zurückbleibt, während F. Cornu und A. Himmelbauer[1]) sich die Umwandlung nach der oben genannten Formel denken. In Eruptivmagmen ist bei hoher Temperatur die Reaktion im entgegengesetzten Sinn vor sich gegangen, da hier dann der Olivin die stabilere Verbindung ist; wir haben auch keinen Anthophyllit bei hoher Temperatur entstehen sehen.

Auch aus Fayalit wird die Entstehung von Anthophyllit angegeben und zwar von Rockport (Massach.); als Nebenprodukt erscheint Magneteisen. Nach C. H. Warren wäre die Formel:

$$Fe_2SiO_4 + SiO_2 = Fe_2(SiO_3)_2 .$$

Es handelt sich also hier eigentlich nicht um einen Mg-Anthophyllit, sondern um Grüneritsilicat.

Talk (Steatit).

Von **C. Doelter** (Wien).

Kristallform wahrscheinlich monoklin.

Synonyma: Talcum, Speckstein. Die dichten Varietäten werden Speckstein und Steatit genannt, die blättrig-kristallinen Talk enthalten. Die Namen Rensselärit und Talkoid beziehen sich auf Talkvarietäten.

Analysen.

Es wurden nur solche ältere Analysen berücksichtigt, welche vom Jahre 1850 an herrühren, und diese nur dann, wenn seither keine neuere Analyse ausgeführt wurde. Die Zahl der neueren Analysen ist übrigens eine verhältnismäßig geringe. Die Anordnung erfolgt geographisch derart, daß zuerst die des deutschen Mittelgebirges, dann die von Böhmen, Mähren, Schlesien betrachtet werden, hierauf die der Alpen, dann von England, Schottland, Schweden und Norwegen, dann von Rußland und Asien und schließlich von Amerika.

Ältere Analysen.

	1.	2.	3.	4.	5.	6.
MgO . .	30,97	29,65	25,54	26,27	26,31	25,81
FeO . . .	0,64	1,05	1,59	1,17	1,19	1,19
Al_2O_3 . .	—	—	0,24	—	0,12	—
SiO_2 . . .	62,96	66,94	67,95	67,81	68,47	68,87
H_2O . . .	4,08	1,60	4,14	4,13	4,11	4,13
Summe:	98,65	99,24	99,46	99,38	100,20	100,00

1. Aus Gips von Stecklenberg; anal. Bromeis, Z. Dtsch. geol. Ges. **2**, 146 (1850).
2. Aus Gips, Kittelstal bei Eisenach; anal. F. Senft, **14**, 167 (1862).
3. Aus dem Magnetitlager von Engelsburg bei Preßnitz, sog. Talkoid, ölgrün; anal. R. Richter bei Th. Scheerer, Pogg. Ann. **84**, 386 (1851).
4. Von ebenda; anal. Th. Scheerer, Pogg. Ann. **84**, 381 (1851).
5. Von ebenda; anal. R. Richter, ebendort.
6. Von ebenda; anal. Th. Scheerer, ebendort.

[1]) F. Cornu u. A. Himmelbauer, Mitt. Naturw. Ver. a. d. Univ. Wien **3**, 2 (1905); N. JB. Min. etc. 1906, II, 169.

	7.	8.	9.	10.
δ	2,76	2,78	—	2,69
MgO	30,46	32,24	28,46	31,19
MnO	0,38	—	—	—
FeO	1,91	0,43	4,68	1,42
NiO	—	—	—	0,20
Al_2O_3	0,40	0,12	5,37	—
Fe_2O_3	—	—	3,13	—
SiO_2	62,01	62,58	51,06	62,38
H_2O	4,71	4,74	7,28	4,73
Summe:	99,87	100,11	99,98	99,92

7. Von Mautern (Steierm.); anal. H. Höfer, J. k. k. geol. R.A. **16**, 446 (1866).
8. Von Gloggnitz; anal. R. Richter bei Th. Scheerer, l. c. 357. (Mittelzahlen).
9. Gastein; anal. derselbe, ebenda.
10. Vom Greiner, Zillertal (apfelgrün, großblätterig); anal. Th. Scheerer, Pogg. Ann. **84**, 341 (1851).

Aus den schweizerischen Alpen und Ober-Italien:

	11.	12.	13.	14.
δ	—	—	2,79	—
MgO	30,93	33,04	31,55	30,46
CaO	3,70	0,07	—	—
FeO	0,12	0,38	1,22	2,53
Al_2O_3	0,83	1,01	0,15	—
SiO_2	61,51	62,15	62,29	62,18
H_2O	2,84	3,21	4,83	4,97
Summe:	99,93	99,86	100,04	100,14

11. Feinfaserig, asbestartig, weiß von Campo longo (Tessin); anal. Th. Scheerer, l. c.
12. Großblätterig vom Gotthard im Topfstein; anal. von demselben, ebenda S. 347.
13. Fenestrelle (Provinz Turin), stark durchscheinend, hellgrünlich weiß; anal. Th. Scheerer, l. c.
14. Lauchgrüner Speckstein, Niviatal (Parma); anal. R. Richter, ebenda.

	15.	16.	17.	18.	19.
δ	2,78	2,79	2,70	—	—
MgO	30,62	31,37	30,62	30,11	30,65
MnO	—	—	—	—	1,40
FeO	1,57	1,20	2,33	1,07	2,94
NiO	0,32	0,39	0,29	—	—
Al_2O_3	0,03	0,16	—	4,69	0,84
Fe_2O_3	—	—	—	0,81	—
SiO_2	62,03	61,63	61,69	57,10	61,73
H_2O	5,04	5,13	4,94	6,07	2,18
Summe:	99,61	99,88	99,87	99,85	99,74

Die folgenden Analysen beziehen sich auf Vorkommen von Norwegen und Schweden.

15. Blätterig apfelgrün von Röraas; anal. Th. Scheerer, wie oben.
16. Von Raubjirg; anal. wie oben.
17. Lichtapfelgrün von Yttre-Sogn (Bergen-Stift); anal. wie oben.

18. Ölgrün von Fahlun; anal. derselbe wie oben.
19. Derber grauer Speckstein von Floda (Södermanland); anal. Bahr, Journ. prakt. Chem. **53**, 319 (1851).

Die älteren amerikanischen Analysen wurden unter den neueren eingereiht, da diese letzteren hauptsächlich amerikanische Fundorte betreffen, während umgekehrt die älteren Analysen sich hauptsächlich auf europäische Fundorte beziehen.

Neuere Analysen.

Die folgenden Analysen beziehen sich auf deutsche und osterreichische Fundorte.

	20.	21.	22.	23.	24.	25.	26.
δ	—	—	—	—	—	—	2,787
MgO	31,72	31,62	31,49	31,36	31,77	30,27	30,22
CaO	—	—	—	—	1,09	0,36	—
FeO	—	—	—	—	1,26	1,38	2,66
SrO	—	—	—	—	—	0,70	—
Fe_2O_3	—	1,31	0,57	1,85	—	—	—
(Al_2O_3)	—	—	—	—	3,27	1,08	—
SiO_2	63,52	62,87	63,32	62,98	56,17	61,51	62,24
H_2O	4,76	3,93	4,38	4,32	7,51	4,88	4,97
Summe:	100,00	99,73	99,76	100,51	101,07	100,18	100,09

20. Theoret. Zusammensetzung nach E. Weinschenk.[1])
21. Gelblichweiße Pseudomorphose nach Quarz von Göpfersgrün; anal. E. Weinschenk, Z. Kryst. **14**, 311 (1888).
22. Aus einer rein weißen Dolomitpseudomorphose; anal. wie oben.
23. Grünlicher Speckstein; anal. wie oben.
24. Dichter grünlicher, mit Graphit gemengter Speckstein von Plaben (Böhmen); anal. A. Jarisch, Tsch. min. Mit., Beil.-Bd. J. k. k. geol. R.A. 1872, 257.
25. Vom Greiner (Zillertal); anal. F. Ullik, Sitzber. Wiener Ak. **57**, 947 (1868). (Muttergestein des Barytocölestins).
26. Von ebenda (mit Aktinolith-Grundmasse); anal. A. Cathrein, Tsch. min. Mit. **8**, 408 (1887).

Es folgen vier Analysen aus Schottland.

	27.	28.	29.	30.
MgO	31,84	28,09	28,67	23,30
CaO	—	—	0,43	—
MnO	—	—	0,23	—
FeO	0,53	1,24	3,25	1,82
(Al_2O_3)	0,45	4,14	0,46	1,59
Fe_2O_3	—	—	2,65	—
SiO_2	62,50	60,89	59,11	67,09
H_2O	4,79	4,72	5,16	6,04
Summe:	100,11	99,08	99,96	99,84

27. Apfelgrün aus Serpentin, Insel Ting; anal. F. Heddle, Min. Soc. London **2**, 9 (1878).
28. Mainland, Shetland; anal. wie oben.
29. Bei Cape Wrath, Sutherland; anal. wie oben.
30. Aus Gneis von Shiness, Sutherland; anal. wie oben.

---

[1]) Vgl. S. 369.

Die nächsten Analysen stammen aus skandinavischem Material.

	31.	32.	33.	34.
MgO	30,89	30,89	30,37	34,72
CaO	0,72	0,37	—	0,12
FeO	2,62	2,95	4,99	1,96
(Al_2O_3)	1,22	0,97	1,02	1,48
SiO_2	59,33	59,51	57,63	57,62
H_2O	5,89	6,01	7,21	4,38
Summe:	100,67	100,70	101,22	100,28

31. Pseudomorphosen nach Enstatit von Enden-Nordre-Olafsby; anal. A. Helland, Pogg. Ann. **145**, 483 (1872).
32. Von ebenda; anal. C. Krafft bei W. C. Brögger u. H. Reusch, Z. Dtsch. geol. Ges. **27**, 683 (1875).
33. Von Ödegarden (Bamle), Pseudomorphosen nach Enstatit; anal. C. Krafft bei W. C. Brögger u. H. Reusch, ebenda.
34. Pseudomorphosen nach Enstatit (siehe S. 368) von Kjörrestad (Bamle); anal. W. C. Brögger u. G. vom Rath, Z. Kryst. **1**, 18 (1877).

Es folgen noch Analysen aus dem Ural.

	35.	36.
δ	—	2,805
MgO	29,55	28,71
FeO	3,44	$(FeO + Fe_2O_3)$ 3,13
(Al_2O_3)	—	1,79
SiO_2	62,61	60,37
H_2O	5,18	5,18
Summe:	100,78	99,18

35. Grünlichweißer sog. Listwänit von der Poroschnaja Gora bei Nischne-Tagilsk; anal. M. v. Miklucho-Maklay, N. JB. Min. etc. 1885, II, 70.
36. Von Kassoi-Brod, an der Tschussowaja; anal. L. Iwanoff, Bull. soc. d. Natur. Moscou, **20**, 156 (1907); Ref. N. JB. Min. etc. 1909, II, 345.

Analysen amerikanischer Vorkommen.

	37.	38.	39.	40.	41.	42.	43.
Na_2O	—	—	—	—	0,79	0,62	0,72
MgO	26,56	30,95	33,19	25,54	28,76	26,03	23,98
CaO	1,41	—	—	4,19	0,30	0,82	1,40
MnO	0,65	Spur	—	Spur	—	—	—
FeO	0,72	0,85	1,39	0,77	0,67	1,68	1,84
NiO	—	—	0,23	—	—	—	—
(Al_2O_3)	1,02	0,15	0,48	3,04	1,56	4,42	9,06
Fe_2O_3	—	0,95	—	—	—	—	—
SiO_2	60,55	62,27	64,44	61,48	63,07	61,35	56,80
H_2O	9,30	4,91	0,34	5,54	4,36	5,10	6,14
Summe:	100,21	100,08	100,07	100,56	99,51	100,02	99,94

37. Vom Bergen-Hill-Turnel bei Hoboken (N.-Yersey); anal. A. Leeds, Am. Journ. **6**, 23 (1873).
38. Apfelgrün, blätterig von Huntersville, Fairfax Co (Virginia); anal. F. W. Clarke u. E. A. Schneider, Z. Kryst. **18**, 393 (1891).
39. Von Webster (N.-Carolina); anal. F. W. Genth, Am. Journ. **33**, 200 (1862).

40. Rosenfarbig aus Dolomit von Canaan (Conn.); anal. L. Kahlenberg bei Wm. H. Hobbs, Am. Journ. **45**, 404 (1893); Ref. N. JB. Min. etc. 1895, I, 23.

41, 42 u. 43. Weiße, graue und dunkelblaue Varietäten gesammelt an der Southern-Railway-Linie in den Grafschaften Cherokee, Macon; anal. Ch. Baskerville bei J. H. Pratt, N.-Carolina, Geol. S. Nr. 3, 1; Ref. N. JB. Min. etc. 1902, I, 12. [41 von der Kinsey-mine, 42 von der Hewitt-mine, 43 von der Maltby-mine].

	44.	45.	46.	47.	48.	49.
MgO	32,40	24,10	29,15	29,05	31,06	30,42
CaO	—	0,60	—	—	—	—
MnO	2,15	—	—	—	—	—
FeO	1,30	5,14	4,50	3,51	1,53	1,45
(Al_2O_3)	—	9,02	0,40	—	—	—
Fe_2O_3	—	1,10	—	—	—	—
SiO_2	62,10	56,02	59,50	59,10	61,60	61,90
H_2O bei 100°	—	0,16	—	—	—	—
H_2O über 100°	2,05	4,34	4,40	5,56	5,60	6,54
Summe:	100,00	100,48	97,95	97,22	99,79	100,31

44. Von St. Lawrence Cy., N.-York; anal. C. H. Smith jr., 15 th. ann. Rep. of St. Geol. N.-York 1895, 661.

45. Apfelgrün (amorph?) von Berkeley Hills, California; anal. W. C. Blasdale, Bull. Dep. geol. Univ. California **2**, Nr. 11, 327; Ref. N. JB. Min. etc. 1903, I, 404.

Es folgen nun einige ältere Analysen kanadischer Talke, welche zum sog. Rensselärit gehören, einer kryptokristallinen wachsartigen Specksteinvarietät.

46. Von Potton
47. Von Elzevir
48. Von Grenville
49. Von Charleston Lake

} sämtliche anal. T. St. Hunt, Rep. Geol. Canada 1857, 454, 469; 1863, 470.

Ferner noch amerikanische und afrikanische Varietäten.

	50.	51.	52.	53.	54.
δ	2,65	—	—	2,794	—
Na_2O	—	0,14	—	—	—
K_2O	—	0,16	—	—	—
MgO	29,84	28,53	31,36	27,13	29,40
CaO	0,16	—	—	—	—
FeO	2,04	0,99	—	4,68	2,60
NiO	0,50	—	—	—	—
(Al_2O_3)	0,27	0,25	0,55	1,24	—
Fe_2O_3	0,78	—	1,07	0,16	—
SiO_2	60,45	62,43	62,63	63,29	62,30
H_2O über 100°	5,42	Glühverl. 6,47	4,84	4,40	5,20
H_2O bei 100°	0,32				
Summe:	99,78	98,97	100,45	100,90	99,50

50. Von Grimsthorpe, Ontario; anal. F. G. Wait bei G. C. Hoffmann, Geol. Surv. Canada, **6**, II (1892/3); Z. Kryst. **25**, 279 (1896).

51. Talkartiges blaues Mineral, erdig von Silver City, N.-Mexico; anal. R. L. Packard, Proc. Nat. Mus. Washington, **17**, 19; Z. Kryst. **26**, 528 (1896).

52. Von Deep. River, N.-Carolina; anal. H. C. Mc. Neil bei F. W. Clarke, Bull. geol. Surv. U.S. **419**, 295 (1910).

53. Speckstein, Griqualand West; anal. van Riesen bei E. Cohen, Naturw. Ver. Neuvorpomm. und Rügen 1886, 77.

54. Faseriger Talk, etwas grünlich, Ambohi-Manga-Atsimo (Madagaskar); anal. E. Jannetaz, Bull. Soc. min. **14**, 67 (1891).

Es folgen noch zwei Analysen des Pyralloliths,[1]) einer Talkpseudomorphose nach Pyroxen (mitgeteilt von Prof. P. v. Tschirwinsky).

	55.	56.
MgO	28,60	31,94
CaO	2,27	0,74
MnO	1,23	0,31
FeO	1,10	—
(Al_2O_3) / Fe_2O_3	—	0,83
SiO_2	61,19	59,88
H_2O	5,80	6,26
CO_2	—	0,66
Summe:	100,19	100,62

55. Von Pytäri, Finnland; anal. S. Kurbatow bei P. P. Sustschinsky, Trav. soc. nat. Moscou, 36, 12 (1912).

56. Von Ostergård (Finnl.); anal. B. Slawsky bei P. P. Sustschinsky, wie oben. Die Analyse weist 1,31% $CaCO_3$ und 0,17% $MgCO_3$ auf.

Die nachstehende Analyse bezieht sich auf Talk, welcher nach Tremolit pseudomorph ist.

	57.
Na_2O	0,24
K_2O	0,09
MgO	30,52
FeO	1,96
NiO	0,03
(Al_2O_3)	0,63
Mn_3O_4	Spur
SiO_2	61,69
Glühverlust	5,45
Summe:	100,61

57. Lichtgrünlich von Kamaishi, Prov. Hizen; anal. T. Wada, Miner. of Japan, 129 (Tokyo 1904).

Die folgenden Analysen sind reine Specksteine, welche auch technisch Verwendung finden und daher besonders hervorgehoben werden.

	58.	59.	60.	60a.
MgO	32,67	30,71	28,28	24,96
CaO	—	0,41	Spur	3,46
FeO	0,40	0,37	1,13	1,04
(Al_2O_3)	1,00	1,51	3,52	4,88
Cr_2O_3	—	—	Spur	Spur
SiO_2	59,75	61,25	61,75	60,95
H_2O Hygroskopisch	5,07	0,10	0,23	0,24
H_2O über 110°		4,70[3])	5,05	5,09
CO_2	0,99	—	—	—
Summe:	99,88[2])	99,05	99,96	100,62

[1]) Hier handelt es sich der Zusammensetzung nach um Talk, während sich andere „Pyrallolith"-Analysen auf umgewandelte Pyroxene beziehen. Eine Anzahl von solchen Analysen siehe dort.

[2]) Spuren von Schwefelsäure. [3]) Nach Bestimmungen von M. Dittrich.

58. Von Oberdorf an der Lamming bei Bruck a. d. Mur; anal. vom k. Materialprüfungsamt in Berlin.
59. Von Jolsva, Ungarn; anal. C. Doelter (Unver. Mitt.).
60. Von Hoszuret, Ungarn, in Serpentinformation; anal. H. Michel (Unver. Mitt.).
60a. Von Geczelfalva (Ungarn); anal. J. Kaiser (Unv. Mitt.).

Es folgen einige Analysen von Specksteinvarietäten, welche besonders von technischem Wert sind. Ich entnehme sie der Arbeit von K. A. Redlich und F. Cornu, Z. prakt. Geol. **16**, 151 (1908). Der Analytiker ist nicht genannt.

	61.	62.	63.	64.	65.	66.
MgO	30,76	30,54	30,39	29,62	28,37	27,01
CaO	1,07	1,01	1,03	2,22	1,21	0,57
FeO	0,76	0,81	1,00	0,83	1,15	1,62
(Al_2O_3)	4,02	3,01	1,89	5,26	9,88	12,38
SiO_2	62,93	61,87	60,69	59,11	56,74	54,48
Hygr. Wasser	0,02	0,06	0,09	0,07	0,05	0,04
H_2O chemisch gebunden	2,70	2,95	5,20	3,07	4,33	6,40
Summe:	102,26	100,25	100,29	100,18	101,73	102,50

Sämtliche Analysen stammen von Mautern (Steiermark). Die drei ersten Analysen beziehen sich auf reine Specksteinsorten mit Bezeichnung 00, 0, 1, während die drei letzten sich auf verunreinigte Specksteinsorten beziehen mit der Bezeichnung II, g, V.

Ferner technisch wichtige Analysen amerikanischen Vorkommens.

	67.	68.	69.	70.	71.	72.
Na_2O	0,16	—	—	—	—	—
K_2O	0,32	—	—	—	—	—
MgO	25,71	26,79	28,62	26,88	26,97	32,72
CaO	3,27	1,17	3,90	1,77	1,70	1,34
MnO	Spur	0,32	Spur	—	—	0,21
FeO	13,07	8,45	8,86	7,63	9,59	7,38
(Al_2O_3)	6,08	5,22	5,64	5,57	10,86	0,45
SiO_2	42,43	51,20	38,37	52,70	40,03	33,47
H_2O	8,45	6,90	14,49	5,48	10,78	23,00
Summe:	99,49	100,05	99,88	100,03	99,93	98,57

67. Von Francestown, N.-H.; anal. G. P. Merill, Guide to the Study of the Collections in the Sect. of appl. Geol. Rep. U.S. Nat. Museum 1899, 155; Ref. Z. Kryst. **36**, 73 (1902).
68. Von Grafton, Vt., wie oben.
69. Von Dana, Mass, wie oben; weicht von der Talkformel bedeutend ab.
70. Von Baltimore Cy, wie oben.
71. Guilford Cy, N.-Car., wie oben. Auffallend hoher Tonerdegehalt.
72. Lafayette Pa., wie oben. Weicht im SiO_2-Gehalt und im H_2O-Gehalt sehr stark vom reinen Steatit ab und dürfte sich nicht auf solchen beziehen.

Alle diese Specksteine haben hohen Eisen- und Tonerdegehalt und sind sehr unrein.

Hier noch einige Analysen von Talk, welche J. Lemberg[1]) gelegentlich seiner Umwandlungsstudien veröffentlichte.

[1]) Das Eisen wird von J. Lemberg als Eisenoxyd angegeben, ist jedoch offenbar, wie in allen Talken, Eisenoxydul.

	72.	74.	75.
MgO	30,55	30,47	30,82
CaO	0,30	—	—
FeO_2	3,81	3,95	3,58
(Al_2O_3) . . .	2,57	1,19	2,11
SiO_2	56,89	58,50	57,03
H_2O	5,88	5,95	5,87
	100,00	100,06	99,41

73. u. 74. Talke aus Serpentin von Zöblitz; diese Talke lagen zwischen Serpentin und einem „Feldspatgang"; anal. J. Lemberg, Z. Dtsch. geol. Ges. **27**, 537 (1875).
75. Apfelgrüner, sehr feinkörniger Talk, aderförmig im Serpentin; anal. wie oben.

Manche Asbeste sind wahrscheinlich nichts anderes als Talk, so die von Th. Scheerer veröffentlichten Analysen vom Gotthard mit 5,28 % Wasser (siehe bei Amphibol).

Formel des Steatits.

Das Verhältnis des Si zu Mg wird, wenn man Fe als Vertreter von Mg ansieht, zirka 1,25:1 angenommen; es ist indessen ausnahmslos größer und nähert sich dem Verhältnis 1,3:1. C. F. Rammelsberg nimmt es in der Formel als 4:5 an. Schwieriger ist die Feststellung des Verhältnisses von H zu Si. C. F. Rammelsberg, welchem nur die älteren Analysen zur Verfügung standen, nimmt H:Si als 1:1,875 an, also 1:2, oder 8:15. Dies erfordert nach dem genannten Autor 4,94 % H_2O. E. Weinschenk nimmt 4,76 an.

In sehr vielen Analysen ist, wie die Tabellen zeigen, die Wassermenge geringer, oft bedeutend geringer, während in manchen, namentlich neueren Analysen andererseits ein Wassergehalt über 5 % erwiesen ist, so daß man nach den Analysen zu dem Resultate gelangen könnte, daß der Wassergehalt überhaupt ein schwankender sei. Sehen wir ab von den extremen Fällen, in welchen sogar über 9 % H_2O vorkommt und jenen, in denen der Wassergehalt ganz gering ist (Analysen 11, 19, 14), so hält sich derselbe zwischen 4 und 5 %. Der schwankende Wassergehalt kann verursacht sein entweder durch die verschiedenen Bestimmungsmethoden, oder durch Verunreinigungen des Talks, oder er kann wirklich durch die chemische Zusammensetzung des Minerals bedingt sein. In letzterem Falle kann dieses Schwanken durch Umwandlungsprozesse verursacht sein, was namentlich dort zutreffen könnte, wo der Talk aus anderen Mineralien entstanden ist, in welchem Falle noch Reste des ursprünglichen Minerals vorhanden sein könnten; er kann aber auch in der Natur der Verbindung seine Ursache haben.

Es ist schwer, im allgemeinen anzugeben, welches die Ursache der Schwankungen ist. Jedenfalls spielen Inhomogenität wie auch die Untersuchungsmethoden dabei eine Rolle. Viele Talke, namentlich die Specksteine, enthalten Carbonate und Chlorit.

Die zahlreichen Analysen von Th. Scheerer weisen zumeist einen Wassergehalt von 4,5—4,9 % auf. Bei diesen Analysen, wie bei allen älteren ist nur der Glühverlust angegeben worden, dabei oxydiert sich das Eisenoxydul, wie auch andererseits die etwa vorhandene Kohlensäure ausgetrieben wird. Aus diesem läßt sich der Schluß ziehen, daß eher zu viel Wasser als zu wenig erhalten wurde, so daß die Rammelsbergsche Zahl von 4,94 % eher zu hoch sein dürfte.

Die Frage, ob der Talk schwankende Mengen von H_2O enthält, oder nicht, kann nur durch neue Analysen oder besser durch ein genaues Studium der Entwässerungskurve gelöst werden; vorläufig müssen wir annehmen, daß der Talk fixe Mengen an H_2O und nicht schwankende enthält, welche wahrscheinlich eher weniger als 4,76%, keinenfalls mehr betragen, wenn es sich auch durch weitere Untersuchungen herausstellen könnte, daß das Wasser gelöst ist.

Unter jener Annahme würde die empirische Formel sein:

$$Mg_3Si_4O_{10} \,.\, H_2O = (H_2Mg_3Si_4O_{12}). \qquad (1)$$

Diese Formel von C. F. Rammelsberg setzt jedoch voraus, daß das Verhältnis von H : Si = 2 ist, während er selbst dieses aus den Analysen mit $1:1^7/_8$ berechnete. Es ist aber zweifelhaft, ob diese Abrundung nach oben den Tatsachen entspricht. Nehmen wir das Verhältnis zu 1 : 2 an, so ergäbe sich ein Wassergehalt von 4,76%.

Da der Wassergehalt von 4,5% den besseren Analysen zum Teil entspricht, so wäre die empirische Formel eher

$$6(Mg_4Si_5O_{14}) \,.\, 7\,H_2O = Mg_{24}Si_{30}O_{84} \,.\, 7\,H_2O.$$

Die daraus zu berechnende Formel wäre weit komplizierter, nämlich

$$24(MgSiO_3) \,.\, (SiO_2)_6 \,.\, 7\,H_2O = (MgSiO_3)_{24} \,.\, (H_2O \,.\, SiO_2)_6 \,.\, H_2O.$$

Die einfachere Formel wäre:

$$4(MgSiO_3) \,.\, (H_2SiO_3). \qquad (2)$$

Diese erfordert 3,75% Wasser, also doch weniger als die meisten Analysen aufweisen. Allerdings darf nicht übersehen werden, daß das Wasser in weitaus den meisten Fällen als Glühverlust bestimmt wurde; es wäre daher nicht ausgeschlossen, daß obige Formel den Tatsachen entspräche.

Konstitution. Unter der Voraussetzung, daß das Wasser im Talk in Molekularproportionen enthalten ist, kann man den Talk als ein saures Metasilicat auffassen und zwar je nachdem man die Formel (1) oder (2) annimmt als

$$3(MgSiO_3) \,.\, (H_2SiO_3) \text{ oder als } 4(MgSiO_3) \,.\, (H_2SiO_3).$$

Durch Versuche von F. W. Clarke und E. A. Schneider[1]) wurde festgestellt, daß in einem Talk durch Sodalösung 17,36% SiO_2 gelöst wurden, was der obigen Formel $3(MgSiO_3) \,.\, (H_2SiO_3)$ entsprechen würde (siehe S. 366). Daß im Steatit der Kern $MgSiO_3$ vorhanden ist, geht auch daraus hervor, daß bei der Umschmelzung dieses Minerals Enstatit ($MgSiO_3$) entsteht.

Seltenere Bestandteile. In allen Analysen von Talken finden sich geringe Mengen von Bestandteilen, welche in die Formel nicht aufgenommen wurden; man kann sie aber nicht ohne weiteres als Verunreinigungen annehmen. Dies sind FeO, Al_2O_3, Cr_2O_3, Na_2O, K_2O, CaO, NiO, MnO. Alkaligehalt ist sehr selten (allerdings ist meistens darauf nicht geprüft worden), immerhin ist es wahrscheinlich, daß der unbedeutende Alkaligehalt auf Verunreinigungen beruhen dürfte. FeO und MnO sind als isomorphe Silicate beigemengt und es liegt die Wahrscheinlichkeit vor, daß außer $MgSiO_3$ auch geringe Mengen der Silicate $MnSiO_3$ und $FeSiO_3$ im Talk vorkommen. Der Ni-Gehalt ist, wie

[1]) F. W. Clarke u. E. A. Schneider, Z. Kryst. **18**, 395 (1891).

aus den Analysen hervorgeht, kein seltener; es läßt sich jedoch nicht entscheiden, in welcher Form das Nickel vorkommt, ob ein isomorphes Silicat, oder eine feste Lösung eines Nickeloxyds vorliegt, während mechanische Beimengungen doch unwahrscheinlich sind.[1]) Chrom ist weit seltener als Nickel und dürfte vielleicht einem Gehalt an Chromeisen zuzuschreiben sein, vielleicht auch in einer festen Lösung vorkommen, doch kommt Chrom immer in Spuren vor; sehr selten sind wägbare Mengen. Dagegen ist Tonerde stets vorhanden, allerdings meist unter 1%, seltener in Mengen bis 5%. Man wird an Beimengungen des hypothetischen Amesitsilicats denken, indessen läßt sich sicher nur behaupten, daß ein Magnesium–Aluminiumsilicat in fester Lösung vielleicht in manchen Fällen beigemengt sein wird, als welches ein Silicat der Chloritreihe wohl das wahrscheinlichere sein wird; es kann sich dabei auch um mechanische Beimengung handeln. Es kann aber auch die Tonerde direkt als feste Lösung im Silicat vorhanden sein; eine Entscheidung kann bei tadellosen Analysen durch den Magnesiumgehalt gefällt werden in Verbindung mit dem SiO_2-Gehalt, aber nur in Fällen, in denen der Al_2O_3-Gehalt merklich ist, dann müßte der SiO_2-Gehalt kleiner, der MgO-Gehalt dagegen höher sein. In vielen Fällen liegt mechanische Beimengung vor.

Bei Analysen 18 und 24 wäre dies der Fall, bei 45 dagegen nicht, vielleicht können daher auch kleinere Mengen von Al_2O_3 als feste Lösung im Silicat existieren. Der Al_2O_3-Gehalt dürfte genetisch mit der Paragenesis Chlorit zusammenhängen, ebenso wie der Chromgehalt auf Zusammenhang mit Chromeisen im Serpentin, der Ca-Gehalt auf genetischen Zusammenhang mit Dolomitlagern. Was nun diesen Kalkgehalt anbelangt, so ist er zum Teil auf die nicht seltene Beimengung mit Carbonaten zurückzuführen, namentlich ist dies bei dichtem Speckstein der Fall; wo dies nicht zutrifft, können wir isomorphe Silicatbeimengung doch nicht annehmen, sondern wie für Al_2O_3 eine feste Lösung.

Färbemittel des Talkes. Die Frage, welcher Stoff die grüne Farbe des Talks verursacht, ist vielfach aufgeworfen worden; in vielen Fällen dürfte das isomorphe FeO-Silicat die Ursache sein, womit auch zusammenhängt, daß bei Oxydation diese Specksteine braun werden. Auch Ni dürfte, namentlich bei den apfelgrünen, welche zumeist einen NiO-Gehalt aufweisen, als Färbemittel vorkommen. F. Cornu und K. A. Redlich[2]) sind dagegen der Ansicht, daß der Chromgehalt die Grünfärbung hervorbringt, was jedoch nur mit Einschränkung auf die genetisch mit Serpentin zusammenhängenden Specksteine der Fall sein dürfte, bei denen auch häufig violette Flecken auftreten, was wohl nur durch Chrom verursacht worden sein kann. Dagegen zeigen viele schön grün gefärbte Specksteine keinen Chromgehalt und ich habe auch bei mehreren das Fehlen von Chrom konstatiert, insbesondere bei jenen von Mautern.

K. A. Redlich[3]) gibt an, daß mehrere steirische Talke ihre Grünfärbung einem Chromgehalt verdanken, welchen er aus serizitischen Schiefern ableitet, doch gibt er keine nähern Daten über den Chromgehalt der Talke an.

Chemische Eigenschaften.

Vor dem Lötrohr nahezu unschmelzbar. In der Hitze blättert er sich auf und leuchtet. Den Schmelzpunkt bzw. Erweichungspunkt bestimmte ich

[1]) Man könnte auch an gleichzeitige Bildung von Nickelgymnit denken.
[2]) F. Cornu u. K. A. Redlich, Z. prakt. Geol. **16**. 152 (1908).
[3]) K. A. Redlich, Z. prakt. Geol. **19**, 126 (1911).

zu zirka 1530°. Er gibt mit Phosphorsalz schwer ein Kieselskelett, nur die dichten Specksteine geben dies leicht. Das Wasser ist Konstitutionswasser, da es nach Th. Scheerer erst in der Weißglut ganz entweicht und bei 110° nur hygroskopisches Wasser abgeht.

Das Pulver reagiert nach A. Kenngott und nach F. Cornu alkalisch.[1])

M. W. Travers[2]) bestimmte die im Talk vom Greiner enthaltenden Gase und fand für $H_2 + CO$ 0,04%, für CO_2 0,070%. Die Gase werden durch gegenseitige Einwirkung von FeO (0,4%), H_2O (2,5%) und CO_2 entwickelt, sind also nicht okkludiert.

Löslichkeit. In Säuren, mit Ausnahme von HF, nicht zersetzbar. F. W. Clarke und E. A. Schneider[3]) haben Versuche mit Chlorwasserstoff bei Erhitzung ausgeführt, sie haben den Talk mit Chlorwasserstoff 15 Stunden lang bei 383—412° behandelt und keine Gewichtsänderung beobachtet. Bei Behandlung mit rauchender Salzsäure auf dem Wasserbad gingen 1,05% MgO und 0,15% Al_2O_3 in Lösung. Nach 8tägiger Digestion mit Salzsäure von 1,12 wurden 1,94% MgO und 0,23% Al_2O_3 gelöst. Nach 32tägiger Digestion erhöhten sich diese Mengen auf 3,94 und 0,41%. Ferner haben F. W. Clarke und E. A. Schneider geglühten Talk mit Soda gekocht und gefunden, daß der vierte Teil der Kieselsäure (17,36%) in Lösung ging. Dagegen war frischer, ungeglühter Talk so gut wie gar nicht angegriffen worden. Daher verändert sich Talk beim Glühen chemisch.

Physikalische Eigenschaften.

Dichte 2,6—2,8. **Härte** 1. Der Talk ist fettig anzufühlen, und zwar um so mehr, je reiner und dichter er ist, insbesondere ist diese Eigenschaft dem Speckstein eigen.

Brechungsquotienten. K. Zimányi[4]) fand für Na-Licht:

$$N_\alpha = 1{,}539; \quad N_\beta = 1{,}589; \quad N_\gamma = 1{,}589$$

für gelbes Licht. Die Doppelbrechung ist negativ und stark.

$$N_\gamma - N_\alpha = 0{,}050; \quad N_\beta - N_\alpha = 0{,}050$$

(K. Zimányi für Talk aus Pennsylvanien), während A. Michel-Lévy und A. Lacroix[5]) fanden: $N_\alpha - N_\gamma = 0{,}038—0{,}043$.

Perlmutterglanz auf der vollkommenen Spaltfläche (001).

Farbe: Weiß, grünlichweiß, apfelgrün, selten bläulich, auch gelblich. Verunreinigte Specksteine sind auch bräunlich und rötlich.

Spezifische Wärme nach J. Joly[6]): 0,2168.

---

[1]) A. Kenngott, N. JB. Min. etc. 1867, 305, 77. — F. Cornu, Tsch. min. Mit. **24**, 430 (1905).
[2]) M. W. Travers, Proc. R. Soc. **64**, 130 (1898); Z. Kryst. **32**, 285 (1900).
[3]) F. W. Clarke u. E. A. Schneider, Am. Journ. **40**, 306 (1890) und Z. Kryst. **18**, 394 (1891).
[4]) K. Zimányi, Z. Kryst. **22**, 341 (1894).
[5]) A. Michel-Lévy u. A. Lacroix, Bull. Soc. min. **7**, 46 (1884).
[6]) J. Joly, Proc. Roy. Soc. **41**, 250 (1887).

Synthese des Talks.

Eine solche ist bisher nicht gelungen. Indessen liegen einige Versuche vor, bei welchen talkähnliche Produkte erhalten wurden. Die eine Art der Versuche haben insofern mit möglichen natürlichen Vorgängen eine Analogie, als sie den Magnesit zum Ausgangspunkt nehmen und von der Idee ausgehen, daß sich aus Magnesiacarbonat ein saures Magnesiumsilicat bilden könnte; dabei darf jedoch nicht vergessen werden, daß die umgekehrte Reaktion ebenso wahrsclieinlich wäre, weil bei niedriger Temperatur die Kohlensäure die beständige ist. Um also eine Reaktion zu erhalten, welche Silicat ergibt, muß man hohe Temperatur anwenden und die Kohlensäure durch Kieselsäure verdrängen.

Einwirkung von Natriumsilicat. Bereits J. Lemberg[1]) ließ eine verdünnte Lösung von Natriumsilicat bei 100° auf Magnesit einwirken, wobei er ein Gemenge von Magnesiumcarbonat und Mg-Silicat erhielt.

C. Doelter und E. Dittler[2]) versuchten die Reaktion

$$3(MgCO_3) + 4(Na_2SiO_3).nH_2O \rightleftarrows 3(MgSiO_3) + 3(Na_2CO_3) + 2(NaOH)$$

durchzuführen. Die Reaktion wird von links nach rechts verlaufen, wenn erhöhte Temperatur angewandt wird. Sie wird aber nur dann vollständig gelingen, wenn man dafür Sorge trägt, daß NaOH und $NaCO_3$, welche die Reaktion zum Stillstande bringen können, entfernt werden; dies ist jedoch aus technischen Rücksichten nicht ganz durchführbar. Der Versuch, welcher bei 200° durchgeführt wurde, ergab ein Gemenge von Silicat und Carbonat

SiO_2	49,63
MgO	32,82
CO_2	5,92
H_2O	11,62
Summe:	99,99

Es berechnet sich daraus: eine Mischung von 13,48% $MgCO_3$ mit 21,42 Mol. eines Silicates: $(4SiO_2 . 3,3MgO . 3,2H_2O)$.

Einwirkung von $MgCl_2$ auf H_2SiO_3. Der Versuch wurde unternommen, um zu ersehen, ob sich ein wasserhaltiges Silicat bei hoher Temperatur in einem Wasserdampfstrom bilden kann. Dies ist zum Teil der Fall, da 0,99% Wasser aufgenommen wurden, jedoch ließ sich nicht entscheiden, ob Talk vorlag. Die Reaktion ist:

$$3MgCl_2 + 6H_2O + 4SiO_2 . 3H_2O = 3MgO . 4SiO_2 . H_2O + aq.$$

Bei einem weitern Versuch wurden Lösungen von $MgCl_2$, $MgSO_4$, sowie eine Lösung beider Salze auf SiO_2 durch mehrere Wochen einwirken gelassen, wobei des öftern die Lösungen erneuert wurden. Das Kieselsäuregel wurde stets im Überschuß verwendet; die Temperatur stieg nie über 80°, der Druck war gewöhnlicher Atmosphärendruck, weil die Gefäße mit durchlochten Stöpseln verschlossen wurden.

In dem Rohr, welches $MgCl_2$ enthielt, zeigten sich in dem Kieselsäuregel kleine zarte Schüppchen mit starker Doppelbrechung und einer Lichtbrechung,

---

[1]) J. Lemberg, Z. Dtsch. geol. Ges. **28**, 563 (1876).
[2]) C. Doelter u. E. Dittler, Sitzber. Wiener Ak. **121**, I, 898 (1912).

die sich zwischen der des Zimtöls ($n = 1,5887$) und der des Äthylenbromids ($n = 1,5350$) bewegt. Die andern Rohre ergaben negative Resultate. Wegen der Kleinheit der Schüppchen war die Ermittelung weiterer Daten ausgeschlossen.

Hydratisierung von $3(MgSiO_3).SiO_2$. Dieses Gemenge läßt sich durch Zusammenschmelzen herstellen. Enstatit ($MgSiO_3$) kann nach den Untersuchungen von C. Doelter und E. Dittler kleinere Mengen von SiO_2 aufnehmen und zwar mindestens 8%. Das erhaltene Produkt ist vollständig kristallisiert und dem Enstatit sehr ähnlich. Der Versuch, das Produkt $3(MgSiO_3)$ zu hydratisieren, gelingt nicht, weil die kristallisierte Masse schwer angreifbar ist.

Es wurde versucht, Talk auf dem Wege des Schmelzflusses dadurch darzustellen, daß $MgCl_2$ und SiO_2 unter Zusatz von Ammoniumfluorid geschmolzen wurden; die Kieselsäure wurde im Überschuß verwendet. Es gelang die Schmelztemperatur sehr beträchtlich herabzusetzen, der Ofen erreichte schätzungsweise nur 800—850°, doch schied sich in keinem Fall ein dem Talk analoges Silicat mit entsprechendem Wasser- oder Fluorgehalt aus, sondern es bildete sich stets Enstatit und ein sehr kieselsäurereiches Glas, dessen Lichtbrechung beträchtlich schwächer ist als die des Canadabalsams.

Umwandlung.

Talk ist ein Mineral, welches als Umwandlungsprodukt vieler Mineralien gilt, welches jedoch selbst wenig Tendenz zur Umwandlung zeigt; daher werden sich in der Natur wenig Umwandlungen des Talkes zeigen; der Talk ist ein bei niedriger Temperatur stabiles Mineral. Eine mögliche Umwandlung ist die in Magnesit, obgleich auch die entgegengesetzte möglich ist, jedoch nur bei höherer Temperatur (vgl. S. 373).

A. M. Finlayson[1]) beschreibt aus South Island (N. Seeland) die Umwandlung in Bowenit (Serpentin) und Magnesit. Durch Vergleich der Analysen ergibt sich, daß der CO_2-Gehalt allmählich zunimmt, während der Gehalt an SiO_2 bedeutend abnimmt; der Mg-Gehalt nimmt dabei stark zu.

MgO . . .	31,22	33,05	38,61
FeO	2,71	1,46	2,15
Cr_2O_3 . . .	0,56	0,31	0,45
SiO_2	56,15	48,41	36,41
CO_2	4,70	12,05	15,11
H_2O . . .	5,24	5,46	6,86
Summe:	100,58	100,74	99,59

Aus den Analysen geht dem Verf. zufolge hervor, daß eine allmähliche Umwandlung in Serpentin und Magnesit stattfindet.

Pseudomorphosen von Talk nach andern Mineralien. Talk ist wohl nie ein primäres, sondern ein durch metamorphe Prozesse entstandenes Mineral, auch dort, wo es wie manchmal der Fall in Eruptivgesteinen vorkommt, ist es pseudomorph.

Talk findet sich daher auch häufig als Pseudomorphose und zwar sind die häufigsten solche nach Olivin, Diopsid, Strahlstein, Enstatit, Augit und

[1]) A. M. Finlayson, Quart. J. geol. soc. **65**, 351 (1909); Ref. N. JB. Min. etc. 1912, II, 70.

Hornblende, also tonerdefreien oder armen Mg-Silicaten. Häufig scheint die Umwandlung aus Olivin zu sein, bei welcher nach J. Roth SiO_2 und MgO weg-, H_2O zugeführt wird, auch die aus Hornblende und Pyroxen sind häufig.

Ferner sind auch bekannt Umwandlungen aus Quarz. E. Weinschenk[1]) hat sich eingehend mit dieser Umwandlung beschäftigt und hat versucht, Quarz in Steatit durch Behandlung mit einer wäßrigen Lösung von Kaliumcarbonat und Magnesiumsulfat bei 100° durchzuführen. Nach acht Tagen hatte der Quarz 1,1% MgO aufgenommen. In verschlossener Eisenröhre bei 320° wurden 2,86% MgO aufgenommen. Bei Weglassung des Kaliumcarbonats ergab sich keine Veränderung des Quarzes. Dagegen führte eine Lösung von Wasserglas und Magnesiumcarbonat dieselbe Veränderung in Speckstein herbei.

Weitere Pseudomorphosen nach folgenden Silicaten sind zu erwähnen: Pektolith, Analcim, Granat, Chlorit, Orthoklas, Epidot, Turmalin Cyanit, Couseranit,[2]) Muskovit, Skapolith, Sillimanit, Spinell, Staurolith, Gehlenit, Andalusit, Calcit.

Andere kompliziertere Pseudomorphosen sind die nach Pyroxen, Disthen, Orthoklas und Magnesit. Auf letztere wird zurückzukommen sein.

Umschmelzung des Talks. Talk von Mautern wurde im Ruhstratofen umgeschmolzen. In einigen Fällen war, im Schmelzprodukt, Enstatit und Klinoenstatit nachzuweisen, neben ganz geringen Mengen von Glas; in einem Falle bildete sich jedoch merkwürdigerweise neben Enstatit und Klinoenstatit reichlich Olivin in langen spießigen Kristallen, die älter sind als die Enstatitkristalle. Daneben findet sich noch ein sehr kieselsäurereiches Glas.

Genesis der Talklagerstätten.

Über die Entstehung des Talkes herrscht noch Unklarheit; es ist sehr wahrscheinlich, daß der Talk auf verschiedene Weise in der Natur entstehen kann. Darauf deutet sein Vorkommen hin, welches sehr verschieden ist. Ein Teil kommt in Spalten und Klüften des Magnesits vor, andere finden sich in Schnüren und Nestern in Chloritschiefern, während ein Teil im Serpentin vorkommt. Als zusammen vorkommende Mineralien sind zu nennen: Quarz, Chlorit, Olivin, Strahlstein, Granat, dann Dolomit und Magnesit.

Die Talkschiefer bestehen aus Strahlstein, Talk, Chlorit, wozu Quarz und auch Rutil treten. Nach F. Cornu und K. A. Redlich[3]) ist in den alpinen Talklagerstätten das zur Chloritgruppe gehörige Mineral Rumpfit ein steter Begleiter des Talkes.

Wegen der technischen Wertung des Talks soll auf die Genesis desselben hier etwas näher eingegangen werden. Die Genesis der Talklager ist keineswegs allenthalben dieselbe, und sogar an benachbarten Stellen kann sie verschieden sein. Ich möchte viererlei Typen unterscheiden: 1. solche in Verbindung mit chloritischen und andern basischen Schiefern (oft mit Graphit), 2. in Verbindung mit Quarz, 3. Lager in Verbindung mit Serpentin, 4. solche, die im Magnesit vorkommen.

I. Dem ersten Typus entsprechen die Lager von Mautern, welche die ausgedehntesten Europas sind. Sie gehören der Carbonformation an. Der

[1]) E. Weinschenk, Z. Kryst. **14**, 305 (1888).
[2]) Siehe J. Roth, Chem. Geol. I (Berlin 1879).
[3]) F. Cornu u. K. A. Redlich, Z. prakt. Geol. **16**, 146 (1908).

Talk findet sich an der Grenze von Kalkstein und Graphitschiefer. Nach E. Weinschenk[1]) würde die Talkbildung mit der Intrusion des in einiger Entfernung vorkommenden Granits zusammenhängen und wäre die Umwandlung des Graphitchloritoidschiefers in Talk der postvulkanischen Tätigkeit zuzuschreiben, welche durch Eindringen ungeheurer Massen von magnesiahaltigen Lösungen charakterisiert war. K. A. Redlich und F. Cornu[2]) bestätigen das und sie erklären auch, wo die Tonerde des ursprünglichen Schiefers geblieben ist, indem sie nachwiesen, daß der Tonschiefer überall eine Chloritvarietät (Rumpfit) enthält. Daß nicht, wie einst J. Rumpf[3]) vermutete, ein sedimentärer Bodenabsatz vorliegt, sondern eine metamorphe Bildung, zeigt sich dadurch, daß das Hangendgestein, der Kalkstein, ebenfalls Magnesia aufgenommen hat und in Dolomit umgewandelt wurde. Der nicht unbeträchtliche Tonerdegehalt des Talks zeigt nach den genannten, daß er aus einem tonerdehaltigen Gestein hervorgegangen ist (siehe Analysen 52—57, S. 361).

Die Beobachtungen an dieser Art von Talklagern, wie sie in Mautern und an einigen andern Fundorten, z. B. in Jolsva vorliegen, ergeben mir einige Modifikationen der a. a. Orten aufgeworfenen Erklärungsweise, daß besonders Chloritschiefer das Muttergestein des Talks sei; abgesehen, daß dann zu erwarten wäre, daß Pseudomorphosen nach Chlorit häufig sein müßten, was nicht zutrifft, ist es in diesem Fall nicht erklärlich, was mit der Tonerde geschehen sein soll und wo das Eisenoxyd hingeraten ist.

Ich vermute daher eine mehr gleichzeitige Entstehung von Chlorit und Talk, aus gemeinsamem Muttergestein. Wahrscheinlicher ist hier doch, daß, falls die Magnesia nicht, wie es E. Weinschenk mit einiger Wahrscheinlichkeit für Mautern vermutet, zugeführt ist, die amphibol- und augithaltigen Schiefer das Muttergestein waren.

Ob sich Talk direkt aus chloritartigen Gesteinen bilden kann, wurde durch Experimente von C. Doelter und E. Dittler zu prüfen versucht. Es wurden zwei Chlorite mit verdünnten Lösungen von Natriumcarbonat und von Natronlauge behandelt, welche in der Natur möglich sind (besonders wahrscheinlich würde dies für die erstere gelten). Wenn nun aus Chlorit Talk entstehen soll, so muß in der Lösung eine Anreicherung von Tonerde stattfinden und das Produkt muß bedeutend kieselsäurereicher werden. Dies geht jedoch aus dem Vergleich der Analysen nicht hervor, denn in der Lösung ist auch Kieselsäure und viel Magnesia vorhanden.

Zersetzungsversuche an Chlorit mit Natroncarbonat und Natronlauge. Chlorit, mit 4%iger Natronhydratlösung behandelt, wurde stark zersetzt; im Filtrat war neben wenig Kieselsäure viel Tonerde und Magnesia enthalten; Talkbildung wurde unter dem Mikroskop nicht wahrgenommen; der Chlorit war sehr stark zersetzt; außerdem wurden Kriställchen beobachtet, welche Natriumzeolithe sein dürften. Bei der Behandlung mit 2%iger Natroncarbonatlösung acht Tage lang bei 220° war im Filtrat viel Tonerde, daneben Magnesia, Eisen und Kieselsäure enthalten; bei mikroskopischer Untersuchung zeigte sich eine Neubildung, welche eine Ähnlichkeit mit Pennin hat. Diese Versuche waren nur qualitativer Natur und zeigen alle, daß allerdings mehr Tonerde als Kieselsäure und Magnesia gelöst wurde, aber auch, daß sich kein Talk bildete.

[1]) E. Weinschenk, Z. prakt. Geol. **8**, 42 (1890).
[2]) K. A. Redlich u. F. Cornu, ebenda **16**, 149 (1908).
[3]) J. Rumpf, Mitt. naturw. Ver. Steiermark 1876, 91; Tsch. min. Mit. in J. k. k. geol. R.A. 1873, Heft IV.

Bei einem weitern quantitativen Versuch, welcher einen eisenreichen Chlorit betraf, waren von 0,8235 g nach 10tägiger Behandlung mit $^2/_{10}$ normal Natroncarbonatlösung bei 130° folgende Gewichtsmengen gelöst:

0,2217 g SiO_2, = 26,92%
0,0140 g Al_2O_3 = 1,7
0,0045 g MgO. = 0,54
Von Eisenoxyd nichts gelöst.

Daraus geht hervor, daß hier merkwürdig wenig Tonerde weggeführt worden war, dagegen mehr SiO_2 und dann auch MgO (die Analyse des zersetzten Produkts gibt 21,89% H_2O, 39,50% SiO_2, 33,85% $Fe_2O_3 + Al_2O_3$), nur ganz wenig MgO; daneben etwas Natron. Jedenfalls liegt nicht die geringste Analogie mit Talk vor, im Gegenteil, das Produkt ist magnesiaärmer und kieselsäureärmer (oder zum mindesten nicht reicher daran) geworden. Auffallend ist, daß Eisen nicht gelöst wurde.

Es ist demnach wahrscheinlich, daß sich das Zusammenvorkommen von Chlorit und Talk auf andere Art erklären muß (daß ein solches stattfindet, ist oft beobachtet, und namentlich der Rumpfit wird mit Recht von F. Cornu und K. Redlich als häufiger Begleiter des Talks nachgewiesen, was auch der Verfasser dieses bestätigen konnte). Es ist wahrscheinlicher, daß diese Paragenesis sich durch eine gleichzeitige oder durch eine Entstehung aus demselben Muttergestein erklären läßt. Die grünen augitischen Schiefer, welche mit dem Talk erscheinen, dürften sich in der Weise verändert haben, daß aus denselben sich einerseits ein tonerdefreies Mineral, eben der Talk, und daneben, mehr oder weniger gleichzeitig, aber wohl durch denselben Prozeß, ein tonerdehaltiges kieselsäurearmes Magnesiumsilicat der Chloritgruppe bildete. Würde sich direkt aus Chlorit Talk bilden, so müßten sich in der Nähe größere Mengen entweder von Tonerde (eventuell als Hydrat) oder zumindestens von Tonerdesilicaten, z. B. Kaolin, oder ein Glied der Kaolingruppe gebildet haben. Dies ist jedoch in der Natur nicht der Fall.

Eine weitere Frage ist die, woher die Magnesiumsalze, welche die Umwandlung in Talk zustande brachten, stammen. Bei der Entstehung aus Quarz oder Opal muß Magnesium zugeführt werden, während bei der Bildung aus basischen magnesiumreichen Schiefern die Magnesia im Gestein selbst vorhanden war. E. Weinschenk leitet den Magnesiumgehalt aus den vulkanischen Prozessen, welche die Graniteruptionen (speziell in Mautern) begleiteten her; doch könnte in andern Fällen wohl an eine gleichzeitige Auslaugung von magnesiareichen Gesteinen gedacht werden.

In dem zweiten Fall stammen die Bestandteile wohl meistens aus den pyroxen- und amphibolhaltigen Gesteinen.

II. **Das Specksteinlager von Göpfersgrün,** welches auf Kalkstein gelagert ist, ist ein metamorphes Produkt, welches von E. Weinschenk[1]) als Umwandlungsprodukt von Quarz dargestellt wird. Die Analysen wurden früher mitgeteilt, ebenso wie die Versuche, welche der Genannte ausgeführt hat, um eine teilweise Umwandlung der Quarzsubstanz in Magnesiumsilicat durchzuführen. E. Weinschenk nimmt an, daß es heiße magnesiahaltige Wässer, welche im Gefolge der Graniteruptionen auftraten, waren, die an Quarzen die Umwandlungen durchführten. Bei Göpfersgrün ist die Umwandlung direkt

[1]) E. Weinschenk, vgl. S. 370.

aus Quarz erfolgt, während sie an andern Orten auch an amorpher Kieselsäure oder an Chalcedon erfolgt sein kann.

Diese Bildungsweise findet ihre Erklärung durch die S. 368 erwähnten Versuche von E. Weinschenk, bei welchen jedoch nur kleine Mengen von Magnesium aufgenommen wurden, sowie durch noch unveröffentlichte Versuche von C. Doelter, bei welchen durch Einwirkung von Magnesiumchlorid eine unvollständige Umwandlung von amorpher Kieselsäure in Talk oder wenigstens in ein talkähnliches Produkt gelang. Während E. Weinschenk zu dem nicht sehr wahrscheinlichen Resultat gekommen war, daß amorphe Kieselsäure weniger die Tendenz hat, sich in ein Magnesiasilicat umzuwandeln, war dies bei den Versuchen von C. Doelter nicht der Fall; bei diesen gelang die Umwandlung leichter bei amorpher als bei kristallisierter Kieselsäure, was entsprechend dem größern Energieinhalt der amorphen Modifikation auch verständlich ist.

Indessen kann die Einwirkung von Magnesiasalzen auch andre Magnesiumsilicate erzeugen; es scheint sich in der Natur mitunter auch der Meerschaum, welcher ja dem Talk (namentlich gilt dies für die kristalline Varietät, den Parasepiolith) verwandt ist, zu bilden; so konnte A. Damour die Umwandlung opalartiger Massen in Meerschaum konstatieren (vgl. S. 376). Welches die Ursachen sind, daß das eine Mal Talk, das andre Mal sich Meerschaum bildet, ist nicht näher bekannt und wurde bereits früher auf die möglichen Ursachen hingewiesen.

Demnach ist es vom chemischen Standpunkt aus ganz erklärlich, daß ein Teil des Talks sich durch die Umwandlung von Quarz oder Opal infolge der Einwirkung von Magnesiumsulfat oder Magnesiumchlorid bildet. Dieselbe chemische Wirkung kann sich aber in der Natur auch dort zeigen, wo Silicatgesteine durch Gewässer gelöst wurden und sich Natriumsilicat bildete. Auch hierüber geben die Versuche Aufschluß. Denn auch durch Einwirkung von Magnesiumsalzen auf diese kann sich ein Magnesiumsilicat, entweder Talk oder ein verwandtes kolloides Silicat (Meerschaum) bilden.

III. Endlich treffen wir Specksteinlager auch in Verbindung mit Serpentin an. In diesen Fällen, die jedoch, was Verbreitung anbelangt, spärlicher sind, ist der Talk wohl nicht ein Umwandlungsprodukt des Serpentins, sondern beide sind aus demselben Material hervorgegangen, nämlich aus Olivin, Enstatit, Amphibol und ähnlichen Magnesiasilicaten.

Der chemische Prozeß, welcher hier eingetreten ist, wäre die Spaltung des Magnesiumorthosilicats in zwei Silicate, von welchen das eine ein basisches, das andere ein Kieselsäure im Überschuß enthaltendes Magnesiumsilicat (Talk) wäre. Die Quantität des erstern ist gegenüber dem zweiten stets im Überschuß, denn der Talk tritt im Serpentin nur in Nestern und Adern auf. In dem einen Fall, bei der Serpentinbildung, wurde Wasser in beträchtlichen Mengen aufgenommen, während die Talkbildung nur wenig Wasser benötigt. Es hat sich vielleicht der Talk auch später erst nach der Serpentinbildung abgesetzt, als die Lösung eine konzentriertere war, oder die wasserentziehenden Salze in größern Mengen vorhanden waren, ohne daß man einen erheblichen Temperaturunterschied anzunehmen braucht.

Als solche Vorkommen nenne ich das von St. Lorenzen (Steiermark), von Hoszuret (Ober-Ungarn). In ersterer Lokalität hat sich im Serpentin auch ein Chrysotil–Asbest gebildet.

In Geczelfalva (Ober-Ungarn) scheint eine Kombination der beiden Typen 2 und 3 vorzuliegen. Der Talk tritt in kristallinen Schiefern (Chloritschiefer) auf, in welchen auch Graphitschiefer vorkommen; in nächster Nähe treten große Mengen von Serpentin auf, in welchem jedoch kein Talk vorkommt. Es wäre möglich, daß hier die Magnesiasalze aus dem benachbarten Serpentin stammen.

IV. In den Magnesitlagern kommt häufig in Klüften Speckstein, mitunter in nicht unbeträchtlichen Mengen vor. Andererseits kommt Magnesit häufig mit Talk zusammen vor. Ein solches Vorkommen der letzten Art scheint das von F. Cornu und K. A. Redlich beschriebene vom Häuselberg bei Leoben[1]) zu sein, bei welchem aus chloritischem Grünschiefer Talk entstand. Es handelt sich hier nicht um eine Umwandlung des Magnesits in Talk, sondern um eine ursprüngliche Kalkbank, durch Magnesialösungen in Magnesit umgewandelt, während die in die Masse hineingepreßten Schiefer in Mg-Al-Silicate (Rumpfit) umgewandelt worden und an der Grenze des Magnesits und des Schiefers sich Talk bildete. Hier hatte sich also der Talk nicht aus Magnesit gebildet, sondern gleichzeitig mit Magnesit. Die an andern Orten beobachtete Paragenese von Magnesit und Talk (siehe K. A. Redlich, Bd. I, S. 251) dürfte auch durch gleichzeitige Bildung von beiden erklärt werden können und könnte hier die von K. A. Redlich und F. Cornu aufgestellte Art der Bildung zutreffen, wonach magnesiareiche Lösungen (wahrscheinlich Bicarbonate oder Sulfate) den Schiefer in Talk, den Kalkstein in Magnesit umwandelten. Auch ist auf das häufige Vorkommen von Quarzlinsen aufmerksam zu machen und auf die Umwandlungen von Quarz in Talk.

Es wäre jedoch auch auf die Möglichkeit einer Umwandlung des Magnesits in Talk nach der bei der Synthese (siehe S. 367) erfolgten Methode durch Natriumsilicatlösung aufmerksam zu machen, welche vielleicht dort anwendbar wäre, wo, wie am Semmering, Talk in Klüften des Magnesits erscheint, wobei im Talk stets Eisenkies vorkommt, was auf Gegenwart kleiner Mengen Sulfatlösungen hinweist.

Zusammenvorkommen von Graphit und Talk. An vielen Orten findet man in der Nähe der Talklager Graphitmassen, so bei Pinerolo, bei Mautern, St. Lorenzen, Geczelfalva, Nyustya (Ober-Ungarn). E. Weinschenk[2]) macht für Mautern besonders auf die Übergänge zwischen Graphitschiefer und Talkgesteinen aufmerksam. An andern Orten ist der Zusammenhang zwar kein so inniger, aber der Graphit liegt in der Nähe der Talklager.

Trotzdem ist der Zusammenhang vielleicht mehr ein indirekter. Wenn wir annehmen, daß der Graphit aus Kohle entstanden ist, so werden wir als Agenzien dieser Umwandlung namentlich die Hitze und Katalysatoren anzunehmen haben (vgl. Bd. I, S. 92 u. ff.). Als solche Katalysatoren sind namentlich Tonerde und Magnesia zu bezeichnen, was auch mit den Versuchen von H. Vogel und G. Tammann (vgl. Bd. I, S. 39) übereinstimmt.

Da nun anzunehmen ist, daß bei der Umwandlung der chloritischen Schiefer, welche das Material zur Talkbildung geliefert haben, erhöhte Temperatur (vielleicht keine sehr hohe Temperatur) die Hauptrolle spielte, so kann diese auch bei der Umwandlung der Kohle in Graphit förderlich gewesen sein, wobei bei beiden Umwandlungen auch der Druck einen gewissen fördernden

[1]) F. Cornu u. K. A. Redlich, Z. prakt. Geol. **16**, 149 (1908).
[2]) E. Weinschenk, Z. prakt. Geol. **8**, 42 (1900)

Einfluß gehabt haben mag. Es sind also dieselben Faktoren, welche gleichzeitig mit der Talkbildung auch die Graphitbildung gefördert haben. Es ist also auch erklärlich, daß es Talklager geben kann, welche nicht im Zusammenhang mit Graphit stehen, ebenso wie es ja bekannt ist, daß die meisten Graphitlager nicht mit Talklagern im Zusammenhang stehen.

Spadait.

Kryptokristallin, nach H. Fischer nicht amorph.

Analyse. Es existiert nur eine ältere Analyse des Spadaits.

	1.	2.
MgO	30,67	31,62
FeO	0,66	—
Al_2O_3	0,66	—
SiO_2	56,00	56,99
H_2O	11,34	11,39
Summe	99,33	100,00

1. Auskleidung von Hohlräumen des Leucitits vom Capo di Bove bei Rom; anal. Fr. v. Kobell, Geol. Anz. München, **17**, 945 (1843); Journ. prakt. Chem. **30**, 467 (1843).
2. Theoret. Zus. nach C. Hintze.[1]

Eigenschaften. Schmilzt vor dem Lötrohr zu blasigem Email. Wird von konz. Salzsäure unter Abscheidung von Kieselgallerte zersetzt. Gibt im Kölbchen Wasser und wird dabei grau. Dichte 2,5.

Chemische Formel. $H_8Mg_5Si_6O_{21}$. Es ist nicht untersucht, ob das Wasser zum Teil nur locker gebunden ist. C. F. Rammelsberg[2]) schreibt unter der Voraussetzung, daß drei Moleküle Wasser locker gebunden sind, die Formel $H_2Mg_5Si_6O_{18} + 3H_2O$, man hätte es dann mit einem Metasilicat zu tun.

Da das Material so selten ist, sind weitere Untersuchungen schwer.

Meerschaum (Sepiolith).

Von **C. Doelter** (Wien).

Synonyma: Écume de Mer, Magnésite, Parasepiolith.

Allgemeines. Der echte Meerschaum ist meist amorph, wogegen ein Teil davon deutlich kristallinisch ist. Es ist daher von W. Vernadsky[3]) der Versuch gemacht worden, zwei Sepiolithe zu unterscheiden, welche sich auch chemisch durch ihre Formeln unterscheiden und in ihrem Verhalten gegen Salzsäure voneinander abweichen. Die einen entsprechen der Formel:

$$H_8Mg_2Si_3O_{12} \ (\alpha\text{-Sepiolith}),$$

die andern zeigen die Formel:

$$H_4Mg_2Si_3O_{10} \ (\beta\text{-Sepiolith}).$$

[1]) C. Hintze, Handbuch II.
[2]) C. F. Rammelsberg, Mineralchemie, 581.
[3]) W. Vernadsky, Z. Kryst. **34**, 46 (1901).

Die ersteren geben mit Säuren eine gallertartige Ausscheidung von Kieselsäure, während die β-Sepiolithe keine Kieselgallerte geben. Nach A. Fersmann[1]) sind die zuerst genannten kristallinisch; er nennt sie Parasepiolithe. Dieser Parasepiolith ist dadurch charakterisiert, daß er eine Faserstruktur zeigt, und daß er bei 100° die Hälfte seines Wassers verliert; er enthält daher vier Moleküle Wasser. Demnach könnte man die beiden Arten voneinander unterscheiden.

Dagegen haben die Untersuchungen von F. Zambonini[2]) dazu geführt, daß in beiden Arten das Wasser adsorbiert erscheint, sowohl in dem deutlich kristallinen (z. B. dem von Paris, welchen A. Lacroix[3]) beschrieben hat), als auch in dem amorphen, gelartigen, wie er im kleinasiatischen Meerschaum vorliegt.

Die mikroskopische Untersuchung mehrerer, amorph aussehender Vorkommen hat mir gezeigt, daß auch in diesen kein reines Gel vorliegt, sondern, daß zwischen den gelartigen und den kristallinen ein Übergang vorhanden ist, welcher wohl genetisch durch die langsame und allmähliche Umwandlung des Gels in kristallinen Meerschaum seine Erklärung findet.

Analysenzusammenstellung.

Neuere Analysen sind nur in sehr geringer Zahl veröffentlicht worden, so daß wir uns ziemlich ausschließlich an die alten Analysen halten müssen. Die Anordnung ist eine geographische.

	1.	2.	3.	4.
MgO	23,66	24,0	19	23,80
FeO	—	—	8	—
(Al_2O_3)	—	1,4	—	1,20
SiO_2	54,16	54	54	53,80
H_2O	19,21	20,0	17	20,00
	99,06[4])	99,4	98	98,80

1. Von Chenevières; anal. P. A. Dufrénoy, Mineralogie **2**, 313 (Paris 1845).
2. Von Coulommiers; anal. P. Berthier, Ann. d. mines **7**, 313 (1830).
3. Von Quincy; anal. wie oben.
4. Von Vallecas (Spanien); anal. wie oben.

	5.	6.	7.	8.
MgO	18,70	25,87	27,32	28,00
CaO	—	—	—	1,01
MnO	0,30	—	—	—
FeO	0,80	2,59[5])	—	1,40
(Al_2O_3)	—	—	3,12[6])	1,20
SiO_2	61,20	61,09	57,80	55,00
H_2O	18,60	10,47	12,58	10,35
	99,60	100,02	100,82	98,98[7])

[1]) A. Fersmann, Bull. d. l'Acad. St. Petersbourg 1908, 255.
[2]) F. Zambonini, Atti Accad. sc. Napoli, Sér. 1, **14**, 78 (1908).
[3]) A. Lacroix, Bull. mus. hist. nat. 1896, Nr. 2.
[4]) Dazu 1,33% Sand.
[5]) Fe_2O_3.
[6]) $Fe_2O_3 + Al_2O_3$.
[7]) K_2O 0,52; Sand 1,50.

5. Überzug auf Kiesel von Ablon bei Paris; anal. A. Damour, Bull. Soc. min. **7**, 66 (1884) (vgl. S. 383).

6. Aus dem Lherzolith der Chromeisengrube von Milakovac (Bosnien); anal. M. Kišpatić, Wiss. Mitt. aus Bosnien, **7**, 377 (1900). Ref. Z. Kryst. **36**, 649 (1902).

7. Von Kremna (Bosnien), mit Magnesit verwachsene Gänge im Peridotit; anal. F. Katzer, Bg.- u. hütt. J. d. k. k. Mont. Hochsh. 1909, 65. $\delta = 1{,}79$—$1{,}94$.

8. Seifenstein von „Marocco"; anal. A. Damour, Ann. chim. phys. **7**, 316 (1843).

	9.	10.
MgO	28,39	20,06
FeO	0,08	12,40
SiO_2	61,30	48,00
H_2O bei 100° / H_2O über 100°	9,74	19,60
CO_2	0,56	—
	100,07	100,06

9. Von Griechenland ?; anal. Th. Scheerer, Pogg. Ann. **84**, 361 (1851).

10. Von Theben; anal. Fr. v. Kobell, Jonrn. prakt. Chem. **28**, 482 (1843).

Diese Analyse (10) wurde der Vollständigkeit halber angeführt, es ist aber sehr zweifelhaft, ob es sich um Sepiolith handelt, da die Analyse von allen andern abweicht.

Es folgen nunmehr die Analysen des wichtigsten kleinasiatischen Vorkommens.

	11.	12.	13.	14.	15.		16.	17.
MgO	28,43	28,13	28,19	27,73	23,25		22,75	27,49
CaO	—	0,60	—	1,53	—		—	—
FeO	0,06	0,12	0,09	—	—		—	—
Al_2O_3	—	—	0,11	—	0,80		4,77	—
SiO_2	61,17	61,49	60,45	58,20	52,45		51,65	59,46
H_2O	9,83	9,82	9,57	9,64	23,50	bei 100°	9,78	—
						über 100°	10,92	11,33
CO_2	0,67	0,67	1,74	2,73	—		0,47	1,72
	100,16	100,83	100,15	99,83	100,00		100,34	100,00

11. u. 12. Aus der „Türkei", wahrscheinlich Handelsware aus Kleinasien; anal. Th. Scheerer, Pogg. Ann. **84**, 361 (1851).

13. und 14. Von unbekanntem Fundort, wahrscheinlich Handelsware; anal. Th. Scheerer, ebenda.

15. Von Kleinasien, auf kieseligem Mineral einen Überzug von 1—4 cm bildend; anal. A. Damour, Bull. Soc. min. **7**, 66 (1884).

16. Weiß, undurchsichtig, aus Kleinasien (?); anal. A. Schrauf, Z. Kryst. **6**, 342 (1882).

17. Handelsware aus Kleinasien; anal. D. Fogy, Sitzber. Wiener Ak. **115**, I, 1081 (1906).

In New Mexico kommen in geringer Entfernung voneinander zwei Meerschaumlager vor, die technisch verwertet werden.

Die Analyse dieser beiden Vorkommen hatte ergeben:

	18.	19.
MgO . . .	27,16	10,00
CaO . . .	0,17	0,22
Al_2O_3 . . .	0,58	9,71
Fe_2O_3 . . .	Spur	
SiO_2 . . .	57,10	60,97
CO_2 . . .	0,32	—
H_2O . . .	14,78	19,14
	100,11	100,04

18. Vorkommen „Dorsey mine"; Analytiker G. Steiger.

19. Vorkommen „Sapillo Creek"; Analytiker W. T. Schaller, beide in Bull. geol. Surv. U.S. S. 470.

Die erste Analyse gehört zum Meerschaum, das andere Vorkommen „Sapillo Creek" weicht zu stark von der Zusammensetzung eines Meerschaums ab, als daß es noch zum Meerschaum gestellt werden könnte.

Nach H. Michel[1]) erweist sich das Vorkommen „Dorsey mine" unter dem Mikroskop als nahezu völlig kristallin und zwar besteht es aus einem innigen Geflecht von dünnen Fasern. Die Menge des beigemengten Kolloids ist sehr gering und deshalb kommt die Zusammensetzung dieses Meerschaums der Zusammensetzung des kristallinen Faserminerals ziemlich nahe. Aus diesem Grunde wurde von H. Michel[1]) eine neue Analyse durchgeführt, die folgende Zahlen ergab:

	20.
MgO	25,15
CaO	Spur
Al_2O_3	0,33
Fe_2O_3	Spur
SiO_2	54,76
H_2O	20,17
	100,41

Unter 110° entweichen 10,46% H_2O.

Vergleicht man diese Zahlen mit der theoretischen Zusammensetzung des Parasepioliths von A. Fersmann, so zeigt sich, daß eine große Übereinstimmung besteht. Man könnte also dem Fasermineral die Formel des Parasepioliths $H_4Mg_2Si_3O_{10} . 2H_2O$ zuschreiben, wobei die zwei Moleküle H_2O lockerer gebunden waren, vielleicht als zeolithisches Wasser.

Der Name Parasepiolith ist daher für dieses Mineral und für jene Vorkommen von Meerschaum, welche zum größten Teil aus kristallinem Anteil bestehen, gerechtfertigt.

---

[1]) H. Michel, bisher unveröffentlicht.

Analysenzusammenstellung von Parasepiolith, kristallinem Meerschaum von A. Fersmann.

	Thoret. Zus.	21.	22.	23.	24.
CaO	—	Spuren	0,88	Spuren	Spuren
MgO	24,17	22,88	26,30	22,29	29,25
FeO	—	1,03	—	0,94	0,79
MnO	—	Spuren	—	—	—
Al_2O_3	—	1,80	2,35	0,72	0,93
Fe_2O_3	—	—	1,96	3,16	3,62
SiO_2	54,25	54,74	53,48	52,56	52,86
H_2O unter 110°	10,79	6,83	—	9,81	9,75
H_2O über 110°	10,79	12,72	14,36	10,08	9,88
	100,00	100,00	99,33	99,56	99,78

21. Tammela, Finnland; anal. A. Fersmann, Mém. Ac. St. Petersburg 1913. Im stark zersetzten Granit. Nach Abzug von Eisenoxyd, als Hämatit.

22. Rothenzechau bei Landeshut, Schlesien; anal. C. F. Rammelsberg, Handb. d. Mineralch. I. 1860, 856. Als Bergholz bezeichnet.

23. Vaskö, Ungarn; anal. A. Fersmann, l. c. Dünnes Bergpapier, als Umhüllung von Uralitpseudomorphosen aus der Kontaktzone. Spuren von CO_2.

24. Vaskö, Ungarn; anal. A. Fersmann, l. c. Weniger blättrig, leicht, bergkorkähnlich. Spuren von CO_2.

	25.	26.	27.	28.	29.
CaO	0,80	0,02	—	—	—
MgO	22,91	23,37	21,35	24,82	22,99
FeO	—	1,14	—	—	—
MnO	0,59	—	2,32*	0,24*	0,58*
Al_2O_3	2,51	0,18	} 1,36	—	0,75
Fe_2O_3	1,13	3,28			Spuren
SiO_2	52,86	54,91	51,81	53,80	53,80
H_2O unter 110° C	8,49	8,32	14,30	11,77	14,30
H_2O über 110° C	10,71	8,89	8,87	9,70	8,58
	100,00	100,11	100,14**	100,33	100,00

25. Tempelstein, Mähren; anal. F. Kovař, Z. Kryst. **39**, 400 (1904). Faseriger Sepiolith auf Prehnit auf Spalten eines Hornblendegesteins. Spuren von CO_2.

26. Sclipio auf der Insel Rhodos; anal. H. B. v. Foullon, Sitzber. Wiener Ak. **100**, 169 (1891). Bergholz im Kalkstein, wahrscheinlich aus Rhodusit entstanden. Nach Auszug von beigemengtem Kalkspat.

27.—29. Bel-Air-Mine, Neu-Caledonien; anal. A. Liversidge, Miner. N. S. Wales. (London 1888), 279.

Bergkork- oder berglederähnliche Massen von Parasepiolith können durch Übergänge mit andern nickelhaltigen Mineralien verbunden sein. *NiO. **Inbegriffen 0,13 Quarz.

	30.	31.	32.	33.	34.	35.
CaO	0,53	—	—	—	—	—
MgO	22,85	22,04	24,54	22,50	18,29	31,58
FeO	—	0,41	—	—	—	—
MnO	—	—	—	3,14*	2,09*	—
Al_2O_3	—	—	} 1,51*	{ 0,86	2,06	1,40
Fe_2O_3	2,87*	0,67		0,70	1,02	1,70
SiO_2	54,88	57,54	51,84	52,97	50,15	55,19
H_2O unter 110°	10,02	9,39	10,55	8,80	10,32	—
H_2O über 110°	8,85	9,95	9,63	9,90	9,30	10,62
	100,00	100,00	98,07	99,74**	100,05**	100,49

30. Bradford, Idaho, Ver. St. Am.; anal. A. Fersmann, l. c. Nach Auszug von beigemischtem Kalkspat. * $Fe_2O_3 + FeO$.

31. Alberton, Marsland; anal. A. Fersmann, l. c. Auf Spalten im Kalkstein. Nach Auszug von $CaCO_3$.

32. Alberton, Maryland; anal. G. Merrill, Proced. Un. St. Nation. Mus. **18**, 283 (1895). Fehlerhafte Analyse. * $Fe_2O_3 + FeO + At_2O_3$.

33. Utah, Un. St. Am.; anal. A. Chester, Am. Journ. **13**, 296 (1877). Faseriger Sepiolith im Erzgang. * Mn_4O_3. ** CuO – 0,87 %.

34. Ebendaselbst; anal. A. Chester, Am. Journ. **13**, 296 (1877). * Mn_2O_3. ** CuO – 6,82 %.

35. Australien; anal. Knövenagel bei C. F. Rammelsberg, Mineralch. 1860, 475. Keine genaue Angaben.

Der Wassergehalt des Meerschaums.

Aus den Analysen geht hervor, daß die verschiedenen Vorkommen in bezug auf Wassergehalt sehr verschieden sind, was sich dadurch erklärt, daß bei manchen Analysen das hygroskopische oder Adsorptionswasser nicht von dem eigentlichen Wassergehalt getrennt wurde. Diese Analysen geben keine richtige Vorstellung von der Zusammensetzung des Minerals und dürfen bei der Berechnung der Formel nicht berücksichtigt werden, so die Analysen 2, 3, 4 von P. Berthier, von P. A. Dufrénoy (1) und von Fr. v. Kobell, also alte Analysen, sowie jene von A. Damour (5 u. 8).

Aus den Analysen, bei welchen das hygroskopische Wasser von dem bei hoher Temperatur entweichenden getrennt wurde, ergibt sich ein bedeutend niedrigerer Wassergehalt. Neuere Wasserbestimmungen rühren von E. Weinschenk[1]) und von Dorothea Fogy[2]) her. Ersterer zeigte, daß bei einem Versuche über Schwefelsäure 14,35 % H_2O abgingen, bei einem zweiten, über Chlorcalcium getrocknet, war der Verlust bei 210° 9,75 %. Ferner ergab sich bei Material, welches bei 210° getrocknet worden war, im Gebläsefeuer ein Verlust von 12 %.

D. Fogy erhielt bei Trocknung über Chlorcalcium 5,14 % Gewichtsverlust, über Schwefelsäure 6,53 %, bei 200° 0,52 % und nach dem Glühen 9,46 %, also im ganzen 21,84 % Wasser.

F. Zambonini,[3]) welcher sich eingehender mit dem Meerschaum beschäftigte, verwirft die Resultate von D. Fogy,[4]) da er einwendet, daß der Wassergehalt unter 100° nicht richtig sein könne. F. Zambonini hat die Entwässerungskurve des Meerschaums von Kleinasien aufgenommen. Er fand den Totalwassergehalt mit 26,49 %, machte aber darauf aufmerksam, daß der Wassergehalt abhängig sei von dem Dampfdruck des Wassers in dem benutzten Raum. Er hat die Entwässerungskurve über Schwefelsäure bestimmt und gefunden, daß nach 312 Stunden 18,84 % Wasser verloren gegangen waren, daß aber der so teilweise entwässerte Sepiolith imstande ist, viel mehr Wasser aufzunehmen, als er abgegeben hatte. Die Entwässerungsgeschwindigkeit über H_2SO_4 ist nicht konstant, sie nimmt sehr schnell ab. Die Geschwindigkeit der Entwässerung ist kleiner als die der Wiederaufnahme; je nach der Konzentration der Säure kann man dem Mineral ganz verschiedene Mengen entziehen.

---

[1]) E. Weinschenk, Z. Kryst. **27**, 576 (1897).
[2]) Dorothea Fogy, Sitzber. Wiener Ak. **115**, I, 1177 (1906).
[3]) F. Zambonini, Contr. Stud. d. Silicati idrati, Atti R. Acc. Napoli **14**, 77 (1908).
[4]) D. Fogy, Sitzber. Wiener Ak. **115**, I, 1197 (1906).

F. Zambonini hat auch die Entwässerung bei steigender Temperatur bis 475° verfolgt. Die Zahlen sind:

120°	165°	200°	280°	340°	400°	475°
18,69%	19,21%	19,33%	19,92%	20,92%	21,74%	21,96%

Dabei ist zu bemerken, daß der z. T. entwässerte Sepiolith die Fähigkeit besitzt, beträchtliche Mengen von Luft zu absorbieren. Bei den erwähnten Versuchen von E. Weinschenk (siehe S. 379), welcher gefunden hatte, daß Sepiolith zwischen 200—300° kein Wasser verliert, erklärt sich dies dadurch, daß die Luftabsorption den durch Wasserverlust bedingten Gewichtsverlust kompensierte. Der Wassergehalt des Meerschaums schwankt daher innerhalb weiter Grenzen. Aus weiteren Versuchen, bei welchen die Adsorption von Wasser an von 420—475° erhitztem Material versucht wurde, geht hervor, daß es mehr Wasser aufnehmen kann als es ursprünglich besaß. Man kann daher den Sepiolith mit den Gelen vergleichen.

Daß der Meerschaum zu den Gelen gehört, wurde bereits erwähnt, doch scheint in manchen die Umwandlung in kristalline Varietäten bereits sehr fortgeschritten zu sein, so daß man zweierlei Sepiolithe zu unterscheiden hat. Dem steht allerdings entgegen, daß nach Zambonini der kristallisierte Sepiolith von Paris auch wieder nach dem Glühen Wasser aufnehmen kann, was aber vielleicht auf die Faserstruktur zurückführbar ist.

W. Vernadsky[1]) hat nach dem Verhalten beim Gelatinieren mit Salzsäure zweierlei Sepiolithe unterschieden, ein Teil seiner α-Sepiolithe gehört zu den kristallinen Meerschaumen und es sind auch in diesem Werke von A. Fersmann einige Meerschaumanalysen unter α-Sepiolith = Parasepiolith zusammengefaßt (s. S. 378).

Bisher sind wir über den Unterschied zwischen Gel-Sepiolithen und kristallinen (α-Sepiolithen) noch nicht genügend unterrichtet.

Weitere Untersuchungen wurden auf Anregung C. Doelters von H. Michel[2]) ausgeführt. Da die Entwässerungskurve (s. S. 375) nach den neuesten Ansichten (vgl. G. Tschermak S. 225 u. ff.) auch nicht mehr als ausschließlich maßgebend angesehen werden kann, so wurde versucht, durch optische Untersuchung und Anwendung der in der Kolloidchemie üblichen Färbemethoden eine Entscheidung zu treffen.

Bei der Untersuchung einiger Vorkommen von dichter Struktur von Brussa, Eskischehir, Theben, sowie von Branesci und Kremna in Bosnien und auch von Hrubschitz (Mähren), zeigte es sich, daß in allen ein deutlich kristalliner Anteil vorhanden ist. Es sind feinste Fäserchen, welche einen verworrenen dichten Filz bilden; sie sind optisch gut charakterisiert und zeigen gerade Auslöschung, γ' in der Längsrichtung; die Brechungsquotienten liegen für γ bei 1,525—1,529, für α bei 1.515—1,519; die Doppelbrechung beträgt $\gamma - \alpha = 0{,}009$.

Diese in allen Vorkommen übereinstimmenden Eigenschaften lassen es vermuten, daß dem kristallinen Anteil doch vielleicht ein stöchiometrischer Wassergehalt entspricht. Bei dem Vorkommen von Tempelstein (Anal. 25), welches der typische Parasepiolith von R. Fersmann ist, fand F. Slavík die gleichen optischen Eigenschaften wie H. Michel, so daß wohl der kristalline Anteil

[1]) W. Vernadsky, Z. Kryst. **34**, 46 (1901).
[2]) H. Michel, Koll.-Z. **12**, 165 (1913).

mit diesem Parasepiolith übereinstimmen könnte. Der schwankende Wert des Wassergehalts der einzelnen Vorkommen zeigt aber, daß noch ein zweiter Anteil neben dem kristallinen vorhanden ist. Auf optischem Wege läßt es sich nicht entscheiden, ob der isotrope Anteil durch Überlagerung von feinen kristallinen Fasern zustande kommen könnte, was nicht unmöglich wäre.

Um dies zu entscheiden, wurden Färbungsversuche mit Fuchsin, Säureviolett und dem Ehrlichschen Methylenblau–Säurefuchsin angestellt. Die beiden ersten Farbstoffe werden rasch aufgenommen, das basische Fuchsin schneller; diese basophile Reaktion steht im Widerspruch mit der basischen Reaktion, welche alle Vorkommen deutlich zeigten; es klärt sich jedoch bei der Färbung mit Triazidgemisch dieser Widerspruch auf; es ist ein kolloider Anteil vorhanden, der intensiv basophil ist, sich mit basischem Methylenblau derart anfärbt, daß die viel schwächere oxyphile Färbung des kristallinen Anteils überdeckt wird. Der kristalline Anteil ist stärker in bezug auf die chemische Reaktion, während der kolloide Anteil hinsichtlich der Anfärbbarkeit stärker ist.

Demnach sind die untersuchten Vorkommen Gemenge eines kristallinen Faserminerals mit wechselnden Mengen eines Kolloids und dies erklärt auch, warum der Wassergehalt keine stöchiometrischen Verhältnisse zeigt.

Daraus geht hervor, daß der Unterschied zwischen dem Parasepiolith und dem dichten Meerschaum nur in dem Mengenverhältnis des kristallinen Anteils liegt; daher gehören beide eng zusammen. Wahrscheinlich ist der vielleicht ursprünglich ganz kolloide Meerschaum in einer Umwandlung in eine kristalline Modifikation, eben den Parasepiolith, begriffen.

W. Vernadsky hatte gezeigt, daß das Verhalten gegen Mineralsäuren einen Unterschied bedinge, auf welchem seine Unterscheidung in α- und β-Sepiolith basierte; dem widersprach F. Zambonini, da das Gelatinieren ihm zufolge lediglich von den Versuchsbedingungen abhängt; stärkere Konzentration und Erwärmen begünstigen das Gelatinieren. Auch H. Michel fand, daß die Vorkommen mit dichter Struktur gleichfalls beim Erwärmen und Behandeln mit konzentrierten Säuren gelatinieren; bei Behandlung in der Kälte und mit verdünnter Säure scheidet sich eine flockig-pulvrige Kieselsäure aus.

Was nun die Schlüsse aus diesen Untersuchungen auf den schwankenden Wassergehalt des Meerschaums anbelangt, so kann man es für wahrscheinlich annehmen, daß die Schwankungen im Wassergehalt dadurch entstehen, daß es sich um Anteile von verschiedner Provenienz handelt. Es können drei Arten von Wasser vorhanden sein. In stöchiometrischen Verhältnissen gebundenes, also chemisch gebundenes, ferner im kolloiden Anteil adsorbiertes Wasser, und endlich kapillar zwischen den kristallinen Fasern vorhandenes. Während ersterer Anteil ein fester ist, sind die beiden andern Anteile schwankende. Bei dem erstgenannten Anteil ist noch unentschieden, ob es als Hydratwasser oder als Konstitutionswasser oder vielleicht gar als Zeolithwasser vorhanden ist.

Die Entwässerungskurve kann keine Entscheidung bringen, weil sich diese je nach der Menge des Kolloids und des kapillar gebundenen Wassers ändern wird. Es wird versucht werden, den kristallinen Anteil von dem kolloiden durch Behandlung mit verdünnten Alkalien zu trennen, um dann den Wassergehalt der beiden zu bestimmen.

Weitere Untersuchungen werden ein endgültiges Urteil darüber bringen, in welchem Verhältnis der Meerschaum zu dem ganz kristallinen Parasepiolith steht. Es wurden, ohne die Frage präjudizieren zu wollen, die Analysen des Parasepioliths, welche von Prof. A. Fersmann zusammengestellt wurden, nach den eigentlichen Meerschaumanalysen angeführt, da eine solche Trennung vorteilhaft erscheint.

Formel des Meerschaums.

Was das Verhältnis der Magnesia zu der Kieselsäure anbelangt, wurde das Verhältnis zuerst als 1:1 angenommen. Th. Scheerer, welcher den Wassergehalt schon ziemlich genau bestimmte, nahm das Verhältnis $SiO_2 : MgO$ mit 9:4 an. C. F. Rammelsberg berechnet 3:2, welches ziemlich allgemein angenommen wurde. Daraus berechnet sich die Formel $H_4Mg_2Si_3O_{10}$ oder $Mg_2Si_3O_8 + 2H_2O$.

Die Formel läßt sich wie bei Talk schreiben $2(MgSiO_3).H_2SiO_3.H_2O$. D. Fogy hat versucht, nach der Tschermakschen Methode die Kieselsäure zu isolieren, und erhielt ungefähr eine der Metakieselsäure entsprechende Säure, sie schreibt die Formel $(MgOH)MgH_2Si_3O_9$.

F. Zambonini schreibt die Formel:

$$Mg_2Si_3O_8 . nH_2O .$$

Auch die kristallisierten Sepiolithe entsprechen nach ihm nicht der Formel $H_4Mg_2Si_3O_{10}$, da sie nicht genug Wasser enthalten, wenn man das über H_2SO_4 entwichene Wasser als physikalisch gebunden annimmt. Ich schreibe die Formel: $2(MgSiO_3).H_2SiO_3.nH_2O$, wobei $n = 1$ oder > 1.

Chemische und physikalische Eigenschaften.

Dichte nach dem Wassergehalt etwas verschieden, zirka 2.

Härte etwa 2; feinerdig bis tonig, klebt an der Zunge, Farbe weiß, grauweiß, auch mit rötlichem Stich.

Vor dem Lötrohr wird Meerschaum hart; nur an den Kanten zu weißem Email schmelzbar. — Schmelzpunkt nicht bestimmt; dürfte in der Nähe des Talkschmelzpunkts liegen.

Durch HCl unter Abscheidung von Kieselgallerte zersetzbar.

Nach F. Cornu[1]) reagierte ein Meerschaum von Theben schwach alkalisch.

Vorkommen und Genesis.

Der Meerschaum kommt auf seiner Hauptlagerstätte in Kleinasien sekundär vor und selten primär im Serpentin. Im Zusammenhang mit dem Serpentin stehen Magnesitgänge, und man hat auch an eine Entstehung aus Magnesit gedacht, welche allerdings nicht ausgeschlosen ist, die aber nach E. Weinschenk unwahrscheinlich ist, dagegen wird die Entstehung aus Serpentin vermutet. Eine solche ist immerhin wahrscheinlich, und es wäre dann der Magnesit ein Nebenprodukt bei dieser Serpentinzersetzung. Auch an andern Orten, z. B. in Bosnien, kommt er in Verbindung mit Serpentin oder Lherzolith vor

[1]) F. Cornu, Tsch. min. Mit. **24**, 430 (1905).

(vgl. S. 376). D. Fogy hat auf Grund der Entstehung aus Serpentin die Konstitutionsformeln des Meerschaums und des Serpentins aufgestellt. Die Umwandlung würde durch Austritt von $4(MgOH).SiO_4$ und Umlagerung des Hydroxyls erfolgen.

Eine andere Art des Vorkommens ist die in Verbindung mit Opal; hier ist die Beobachtung von A. Damour wichtig, welcher um opalähnliche Massen die Bildung von Meerschaum beobachtete (vgl. S. 265). Auch der Meerschaum von Theben kommt in Verbindung mit Mg-Opal vor,[1] obgleich nach Landerer[2] auch hier beide in Verbindung mit Serpentin stehen. Vielleicht hängt diese Meerschaumbildung und die Opalbildung mit der Serpentinzersetzung zusammen, welche also beide Umwandlungsprodukte des Serpentins wären.

Als Pseudomorphose nach Kalkspat erscheint der Meerschaum von Vallecas. Das Verhältnis des Meerschaums zum Talk, welcher ihm chemisch ja sehr nahe verwandt ist, ist noch nicht weiter verfolgt worden. Jedenfalls liegen ähnliche genetische Verhältnisse vor, doch kommen beide zusammen nicht vor. Immerhin können sich wohl beide aus denselben Mineralien, z. B. Quarz oder Opal bilden. möglicherweise hängt dies von den Temperatur- bzw. Konzentrationsverhältnissen der Lösungen ab.

Neolith.

Kristallinisch.

Analysen.

	1.	2.	3.	4.	5.
MgO	31,24	24,73	29,65	30,19	31,11
CaO	0,28	—	1,91	1,93	2,00
MnO	0,89	2,64	—	—	—
FeO	3,79	7,92	0,82	0,79	0,88
Al_2O_3	7,33	10,27	9,61	9,02	8,79
SiO_2	52,28	47,35	51,16	51,35	51,44
H_2O	4,04	6,28	6,50	6,50	6,50
	99,85	99,19	99,65	99,78	100,72

1. und 2. von Arendal, die übrigen von Eisenach. Sämtliche Analysen wurden von Th. Scheerer veröffentlicht und sind, mit Ausnahme der Analyse 5, welche von F. Richter stammt, auch von ihm. Pogg. Ann. **84**, 375 (1851) u. **71**, 285 (1847).

Unter Neolith werden übrigens verschiedene Gebilde angeführt, welche z. T. andre Zusammensetzung haben, z. B. Manganeisensilicate (vgl. unter Mangan- und Eisensilicaten).

Formel. Eine Formel läßt sich schwer aufstellen. Th. Scheerer[3] stellte für die Neolithe die Formel auf:

$$(\dot{R})_3 . (\dddot{Si})_2 .$$

---

[1]) Fiedler, Reise nach Griechenland I, 93, nach C. Hintze, l. c. II, 811.
[2]) Landerer, N. JB. Min. etc. 1850, 314.'
[3]) Th. Scheerer, Pogg. Ann. l. c.

Chemische und physikalische Eigenschaften. Dichte 2,8. Härte ungefähr 1. Wie Seife zerschneidbar, fettig. Vor dem Lötrohr schwer an den Kanten schmelzbar.

Genesis. Der Neolith ist wegen seiner Entstehung interessant; er ist, wie sein Name besagt, eine Neubildung, welche in Arendal derart entsteht, daß in einer alten Eisensteingrube, welche von Brunnen umgeben ist, durch deren Gewässer die magnesiahaltigen Gesteine zersetzt werden, wodurch sich in Spalten der Neolith absetzt. Ähnliches findet im Basalt von der Stoppelskuppe bei Eisenach statt. Das Gestein hier ist Basalt, welcher im hohen Grade zersetzt ist. Wahrscheinlich waren es kohlensäurehaltige Wässer, welche den Absatz hervorbrachten. Ähnlich ist auch die Bildung eines Neoliths zu Freiberg, welcher jedoch zu den Eisensilicaten gehört.

Ich vermute, daß man es hier mit einem Gel zu tun hat, welches sich allmählich in kristalline Substanz umwandelt.

Unklar ist die Rolle der Tonerde, wobei auch die Möglichkeit vorliegen könnte, daß es sich hier um eine nicht homogene Masse handelt. Ferner ist auch die Rolle des Wassers nicht klar; es ist nicht unwahrscheinlich, daß es sich um adsorbiertes Wasser handelt. Nach Th. Scheerer entspricht der Neolith der Augitformel.

Aphrodit.

Milchweißes erdiges Mineral, welches nach H. Fischer[1]) homogen und blättrig ist. Es steht dem Meerschaum nahe. Es wurde von Berlin untersucht.

	1.	2.	3.
MgO	33,90	35,25	38,05
MnO	1,55	—	—
FeO	0,57	—	1,33
Al_2O_3	0,17	—	—
SiO_2	51,56	52,86	46,66
H_2O	11,83	11,89	13,96
	99,58	100,00	100,00

1. Mittel aus zwei Analysen, nach C. F. Rammelsberg: Von Längsbanhyttan (Wermland); anal. Berlin, Berzelius, Jahresber. **21**, 170 und Ak. Handl. Stockholm 1840, 168.

2. Theor. Zus. nach C. F. Rammelsberg.

3. Gelblich-weißes erdiges Mineral in Spalten im „Rensselaerit" (vgl. S. 360) vorkommend; anal. N. St. Hunt, Am. Journ. **25**, 413 (1858).

Dichte 2,21.

Wird von C. F. Rammelsberg gedeutet als Magnesiummetasilicat

$$4(MgSiO_3) + 3H_2O = H_6Mg_4Si_4O_{15}.$$

[1]) H. Fischer, Z. Kryst. **4**, 368 (1881).

Serpentin, $H_4Mg_3Si_2O_9$.

Von **H. Leitmeier** (Wien).

Als Serpentingruppe faßt man eine Reihe wasserreicher Zersetzungsprodukte verschiedener Magnesiasilicate zusammen, die niemals primär, sondern als Hydratationsprodukte namentlich der Olivinarten aufzufassen sind.

Sie sind nicht deutlich kristallisiert, sondern makroskopisch, teils dicht, teils faserig struiert. Sie treten oft in großen Massen auf und bilden Gebirge; als solche sind sie durch Umwandlung (Serpentinisierung) ganzer Gesteinsmassen oder Gesteinkomplexe entstanden und sind dadurch selbst Gesteine, daß nicht das ganze Gestein, d. h. alle das betreffende Gestein bildenden Mineralien umgewandelt werden konnten; sie sind im wesentlichen Serpentin, enthalten daneben aber mehr oder minder größere Mengen primärer, dem Ausgangsmaterial entstammender Mineralien. Als primäre Gesteine kennt man vornehmlich Dunite (mehr oder weniger reine Olivinfelse), Gabbros mit und ohne Olivin und alle Hornblendegesteine, die tonerdearme Hornblenden enthalten; namentlich spielen wenigstens lokal umgewandelte Amphibolite eine größere Rolle und sind ziemlich verbreitet.

Es ist daher eine Trennung des Minerals Serpentin vom Gestein Serpentin notwendig und es wird sich im folgenden alles bezüglich der chemischen Eigenschaften Gesagte nur auf das Mineral Serpentin (auf das Gestein Serpentin nur insoweit, als es sich um reine, nur aus Serpentin selbst bestehende Gesteine, z. B. umgewandelten Olivinfels handelt) beziehen. Die Scheidung Gestein-Mineral ist hier so ähnlich, wie bei Dolomit Mineral und Dolomit-Gestein.

Zwischen dem primären Mineral und dem Serpentin als vorläufiges Endprodukt der Umwandlung gibt es Übergänge. Einen solchen zwischen Olivin und Serpentin stellt der Villarsit (S. 302) dar. Andere solche Übergangsglieder deren wahre Natur aber größtenteils noch nicht festgestellt ist, finden sich nach Serpentin im Anhang getrennt behandelt.

Der Serpentin kommt niemals in entwickelten Kristallen vor, sondern bildet dichte, faserige, blätterige Massen, die, wie die mikroskopische Untersuchung lehrt, alle aus sehr fein faserigen oder blätterigen Teilchen bestehen, die aber keine Bestimmung einer Kristallklasse zulassen.

Man hat nach der äußern Textur des Serpentins eine große Anzahl verschiedener Unterabteilungen geschaffen. In diesem Handbuch, das in erster Linie den chemischen Verhältnissen und erst in zweiter den rein physikalischen gewidmet ist, muß von einer derartigen Einteilung, die auch sonst noch auf manche Schwierigkeiten stoßen würde, abgesehen werden. Es soll eine kurze Übersicht über diese Abteilungen gebracht und kurz angegeben werden, wodurch sie charakterisiert sind; nur bei den rein physikalischen Eigenschaften, den optischen Eigenschaften, wird in einer Tabelle über die einzelnen Varietäten, soweit bekannt, das Wichtigste mitgeteilt werden.

Dichte Serpentinabarten.

Bowenit, eine lichte (manchmal sogar weiße) Abart, die früher wegen der großen äußeren Ähnlichkeit für Nephrit gehalten wurde und sich auch durch etwas größere Härte auszeichnet, chemisch aber sich in nichts vom Serpentin unterscheidet.

Retinalith, ein lichtgrün bis honiggelber Serpentin, der als Varietät mit einem um ein geringes höheren Wassergehalt angegeben wird, als er für Serpentin, gewöhnlich ist (bis zu 17 %). Es gibt aber sehr viele „echte" Serpentine, die den gleichen Wassergehalt haben; eine Abtrennung ist daher nicht gerechtfertigt.

Vorhauserit, ein dunkelgrünes bis schwarzes dichtes (amorphes?) Mineral vom Monzoni in Südtirol, wird nach der Analyse zum Serpentin gestellt.

Blätterig oder faserig sind:

Chrysotil, dies ist ein Name, der für alle faserigen Serpentine gebraucht wird; sehr feinfaserige Chrysotilarten bezeichnet man auch als Chrysotil- (oder Serpentin-) Asbeste.

Antigorit, als Bezeichnung für schieferige Serpentine, also blätterige oder grobfaserige.

Jenkinsit ist ein faseriger schwärzlicher Serpentin.

Marmolith, ein lichter, perlmutterglänzender, blätteriger Serpentin.

Metaxit unterscheidet sich von Chrysotil durch seine grobfaserige bis fast dichte Textur.

Durch seine Mikrostruktur, die dem Chalcedon ähnlich ist (radialfaserig, sphäroidisch) ist der Pikrolith ausgezeichnet, der dem Metaxit sehr nahe steht.

Bald faserig, bald dicht sind:

Hydrophit, der sich durch einen etwas höheren Wassergehalt auszeichnet und eisenreich ist; der Thermophyllit, der sich vor dem Lötrohr aufblättert.

Als reine **Synonyme** können gelten: Williamsit, Schweizerit, Baltimorit, welch letzterer irrtümlich vom Chrysotil abgetrennt worden ist.

Sehr eingehend mit historischer Darlegung hat C. Hintze[1]) diese Varietäten behandelt.

Analysenzusammenstellung.

In der folgenden Zusammenstellung sind alle neueren brauchbaren Analysen vom Jahre 1870 an aufgenommen worden. Von den alten Analysen sind den Grundsätzen dieses Handbuchs entsprechend nur einige wenige, die sich auf sehr reine Serpentine beziehen, berücksichtigt worden und dann solche von Fundorten, von denen keine neueren vorliegen.

Es wurde sehr darauf geachtet, nur Analysen von Serpentinmineralien und keine Gesteinsanalysen zu bringen, da die letzteren das Bild der chemischen Zusammensetzung des Serpentins nur trüben würden; es war aber nicht immer leicht, solche Gesteinsanalysen von Mineralanalysen auseinander zu halten, da die Angaben der Autoren oft unklar sind, oft aber direkt Gestein mit Mineral identifiziert worden war. Es wurden daher Analysen auch neueren Datums, bei denen die Angaben zur Entscheidung ungenügend waren, dann, wenn die Zahlen von der theoretischen Zusammensetzung bedeutend abwichen, weggelassen. Trotzdem wird es nicht zu vermeiden gewesen sein, daß sich die eine oder die andere Gesteinsanalyse mit eingeschlichen haben wird.

Die Einteilung der Analysen ist eine chemische. Zuerst reine Serpentine, die nach dem Alter der Analysen angeordnet sind; dann solche, deren Eisengehalt ($FeO + Fe_2O_3$, letzteres als FeO berechnet) bis zu 8 % reicht, dann

[1]) C. Hintze, Handbuch der Min. II, 765 ff.

drittens solche, die mehr Eisen enthalten. Diese zwei Gruppen zerfallen in Unterabteilungen, je nachdem sie tonerdefrei oder tonerdehaltig sind. IV. Tonerdereiche Serpentine, die über 3% Al_2O_3 enthalten; V. eisenreiche Serpentine, die sehr in der Minderzahl sind und schließlich VI. Serpentine, die durch abweichende Zusammensetzung charakterisiert sind, welche Gruppe in mehrere Unterabteilungen zerfällt. Innerhalb dieser Gruppen, mit Ausnahme der ersten, waren die Analysen nach steigendem Eisengehalt angeordnet. Bei dieser Berechnung war das Oxyd immer in das Oxydul umgerechnet worden.

Die Mineralbezeichnung war immer der Originalarbeit (soweit diese zugänglich war) entsprechend gewählt worden.

I. Reine Serpentine mit geringem Gehalt an Tonerde und Eisenoxyden ($FeO + Fe_2O_3 + Al_2O_3 < 3\%$).

1. Ältere Analysen:

	0.	1.	2.	3.	4.	5.
δ	—	—	2,23	—	—	—
MgO	43,46	44,20	42,61	42,67	43,10	42,97
FeO	—	0,18	1,69	0,27	1,88	1,80
Al_2O_3	—	—	0,42	0,55	—	—
(CO_2)	—	0,89	—	—	—	—
SiO_2	43,50	42,34	41,58	42,62	42,27	42,44
H_2O	13,04	12,38	13,70	14,25	13,59	13,48
	100,00	99,99	100,00	100,36	100,84	100,69

0. Theoretische Zusammensetzung nach der Formel $H_4Mg_3Si_2O_9$.
1. Serpentin von Gulsjö in Wermland, Schweden; anal. C. G. Mosander, Akad. Handl. Stockholm 1825, 127.
2. Chrysotil von Goujot in den Vogesen; öl- bis olivengrün, perlmutter- und seidenglänzend; anal. A. Delesse nach C. Hintze, Handb. d. Min. II, 772.
3. Chrysotil von Montville in New Jersey; anal. Reakirt, Am. Journ. **18**, 410 (1854).
4. Serpentin vom Findelengletscher bei Zermatt in der Schweiz; gelblichgrün; anal. V. Merz, Naturforschende Gesellschaft Zürich 1861 nach C. Hintze, Handb. d. Min. II, 780.
5. Serpentin vom gleichen Fundorte; gelblichgrün, gefasert; anal. wie oben.

	6.	7.	8.
δ	—	—	2,51
MgO	43,0	41,0	41,40
FeO	2,0	0,9	0,79
Al_2O_3	—	0,26	0,55
SiO_2	42,5	42,0	44,25
H_2O	13,1	15,0	13,76
	100,6	99,16	100,75

6. Chrysotil von Zermatt in der Schweiz; blaßgelbe faserige und dichte Massen; anal. F. Kobell, Sitzber. Bayr. Ak. 1874. Ref. N. JB. Min. etc. 1874, 733.
7. Marmolith von Hoboken, kristallinisch blätterig; anal. F. Kobell, Sitzber. Bayr. Ak. 1874. Ref. wie oben.
8. Edler Serpentin von New Jersey, Nord-Amerika; hellgrün, durchscheinend; entspricht der Formel $2SiO_2 3MgO + 2H_2O$; anal. F. Berwerth, Tsch. min. Mit. 1875, 110 in J. k. k. geol. R.A. **25**, (1875).

Neuere Analysen:

	9.	10.	11.	12.	13.	14.
δ	2,55	—	—	—	2,59	—
MgO	43,08	42,14	44,68	42,52	42,64	42,57
CaO	—	—	—	0,90	Spur	0,05
MnO	Spuren	—	—	—	—	—
FeO	1,88	0,17	0,99	—	0,33	0,10
Al_2O_3	—	0,07	—	0,08	0,32	—
Fe_2O_3	—	0,97	—	0,50	—	0,30
(CO_2)	—	—	—	1,64	—	—
SiO_2	42,33	42,38	41,46	39,92	44,73	42,05
H_2O unter 105° } H_2O über 105° }	13,63	14,12	14,07	{ 1,36 / 13,26 }	12,21	14,66
	100,92	99,85	101,20	100,18	100,23	99,73

9. Grüner, radialfaseriger Serpentin, wahrscheinlich aus Grammatit entstanden, in dichtem Serpentin vom Jupitertagbau bei Moravicza im Banat (Ungarn); anal. K. Hidegh bei V. v. Zepharovich, Z. Kryst. **5**, 105 (1881).

10. Gelber Serpentin, aus weißem (zersetztem) Pyroxen hervorgegangen, von Montville, New Jersey; anal. Ch. Catlett bei G. P. Merrill, Proc. U. S. Nat. Museum 1885, 105. Ref. Z. Kryst. **17**, 418 (1890).

11. Serpentin von der Weatfield Mine, Berks Co., Pennsylvanien; anal. K. Keller bei F. A. Genth, Am. Phil. Soc. 1885. Ref. Z. Kryst. **12**, 490 (1887).

12. Mehrfarbiger (gefleckter) Serpentin von Aqueduct Shaft; anal. G. P. Merrill, Proc. U. S. Nat. Museum **12**, 595 (1890). Ref. N. JB. Min. etc. 1891[II], 303.

13. Bowenit von Bhera im Shahpur-Distrikt, Panjab in Afghanistan, hart, jadeitähnlich; anal. G. T. Prior bei Mac Mahon, Min. Mag. **9**, 187 (1890).

14. Mattgrüner Serpentin, aus Pyroxen entstanden, von Montville bei New Jersey; anal. F. W. Clarke und E. A. Schneider, Z. Kryst. **18**, 396 (1891).

	15.	16.	17.	18.	19.	20.	21.
δ	—	—	—	2,565	2,520	2,587	2,5306
MgO	41,70	41,04	42,05	43,38	42,96	42,27	42,58
CaO	—	—	Spuren	—	—	0,38	—
MnO	—	—	Spuren	—	—	—	—
FeO	0,09	—	0,37	—	—	—	—
NiO	—	—	Spuren	—	—	0,27	—
Al_2O_3	—	—	—	0,20	0,29	0,11	—
Fe_2O_3	—	—	—	0,68	0,74	—	—
$Al_2O_3 + Fe_2O_3$	1,73	—	—	—	—	—	0,08
SiO_2	41,47	43,81	43,13	42,72	42,48	44,75	42,45
H_2O	15,06	13,65	13,88	13,40	13,56	12,89	15,30
Unzersetzt	—	0,99	—	—	—	—	—
	100,05	99,49	99,43	100,38	100,03	100,67	100,41

15. Dunkelgrüner, edler Serpentin von Newburyport, Massachusetts; anal. F. Clarke und E. A. Schneider, Z. Kryst. **18**, 396 (1891).

16. Atlasglänzender Chrysotil in bräunlichem Serpentin von Hrubschitz in Mähren; anal. A. Lindner, Dissertation. Breslau 1893. Ref. Z. Kryst. **25**, 590 (1896).

17. Serpentin von weißer bis apfelgrüner Farbe, bei Coleraine, südlich von Quebec in Canada; anal. B. J. Harrington, The Canada Record ot Science **4**, 93 (1890—1891). Ref. N. JB. Min. etc. 1895[I], 30.

18. Dichter, edler Serpentin, hell gefärbt, von Montville, New Jersey (bei 100° getrocknet und frei von FeO); anal. S. Hillebrand, Sitzber. Wiener Ak. 115[I], 699 (1906).
19. Chrysotil, bräunlichgelb bis braun, vom gleichen Fundorte; anal. wie oben 702.
20. Blätterserpentin (Bowenit), durchscheinend, hell apfelgrün, von Afghanistan; anal. wie oben 706.
21. Chrysotil vom Berg Bistag im Gouv. Jenisseisk; anal. L. Jaczewski, Explor. géol. d. l. régiors aurifères d. l. Siberie etc. 8, 31 (1909). Ref. N. JB. Min. etc. 1910[I], 175.

II. Serpentine mit einem Gehalt von FeO + Fe_2O_3 (auf FeO umgerechnet) bis zu 8 %.

1. Tonerdefreie.

	22.	23.	24.	25.	26.	27.
δ . .	—	—	—	2,142	2,194	2,52
(Na_2O) .	—	—	—	—	—	1,52
(Li_2O) .	—	—	—	—	—	
MgO .	41,61	40,18	39,49	41,99	42,32	40,37
CaO . .	Spur	0,95	Spur	—	—	0,40
FeO . .	2,06	2,10	2,13	2,23	—	2,79
Al_2O_3 .	—	—	Spur	—	—	Spur
Fe_2O_3 .	—	—	—	—	2,43	—
SiO_2 .	42,14	41,43	44,58	41,84	41,59	42,73
H_2O .	14,20	13,81	12,91	14,28	13,55	12,17
	100,01	98,47	99,11	100,34	99,89	99,98

22. Serpentin von der Ruth Mine, Berks Co., Pennsylvanien; anal. K. Keller bei F. A. Genth, Am. Phil. Soc. 1885. Ref. Z. Kryst. 12, 490 (1887).
23. Serpentin, grün durchscheinend, von der Tilly Foster Iron Mine bei Brewster in Putman Co.; anal. E. S. Breidenbaugh, Am. Journ. 6, 209 (1873).
24. Serpentin, sog. Meerschaum von Middletown, Delaware Co.; anal. J. Eyermann, Am. Geol. 34, 43 (1904). Ref. Z. Kryst. 42, 304 (1907).
25. Dunkelgrüner Chrysotil von Shipton, Richmond Co., Canada; anal. E. G. Smith, Am. Journ. 29, 32 (1885).
26. Dichter gelber Serpentin, pseudomorph nach Olivin, von Snarum (auf 100° getrocknet); anal. D. Fogy, Sitzber. Wiener Ak. 115, 1082 (1906). Math.-nat. Cl.
27. Metaxit, grünlichweiß, dickschalig, von Reichenstein in Schlesien; anal. Friederici bei M. Bauer, N. JB. Min. etc. 1882[I], 163.

	28.	29.	30.	31.	32.	33.
δ . . .	2,48	2,522	2,61	—	2,86	—
(Na_2O) . .	—	—	—	0,41	—	—
MgO . .	41,38	41,76	39,17	40,92	39,54	40,50
CaO . .	—	Spur	—	—	—	—
MnO . .	—	0,23	—	—	—	—
FeO . .	2,87	1,16	3,35	3,60	3,66	3,84
Al_2O_3 . .	—	0,01	—	—	—	—
Fe_2O_3 . .	—	2,42	—	—	—	—
SiO_2 . .	41,98	41,46	44,77	40,76	42,04	41,66
H_2O . .	13,78	12,43	12,94	13,81	14,31	13,19
Unzersetzt	—	—	—	—	—	0,63
	100,01	99,47	100,23	99,50	99,55	99,82

28. Blaßgrüner Serpentin, Pseudomorphosen nach einem unbekannten Minerale (von G. Friedel für echte Kristalle gehalten), von der Tilly Foster Iron Mine, Brewster, N.-A.; anal. G. Friedel, Bull. Soc. min. 14, 125 (1891).

29. Grüner bis gelber Serpentin von der Mündung des Nidister auf Mainland (Shetland); anal. F. Heddle; Min. Mag. 3, 18 (1879).
30. Serpentin, nephritähnlich („Tangiwai"), Neuseeland; anal. F. Berwerth, Sitzber. Wiener Ak. math.-nat. Kl. 80, 116 (1879).
31. Chrysotil von Reichenstein in Schlesien; anal. A. Lindner, Dissertation Breslau 1893. Ref. Z. Kryst. 25, 590 (1896).
32. Blaßgrüner Chrysotil von Shipton in Richmond Co., Canada; anal. E. G. Smith, Am. Journ. 29, 32 (1885).
33. Gelblichgrüner, dichter Serpentin vom Findelengletscher von Zermatt in der Schweiz; anal. A. Lindner, Dissertation. Breslau 1893. Ref. Z. Kryst. 25, 590 (1896).

	34.	35.	36.	37.	38.	39.
δ	—	2,551	2,564		—	—
(Na_2O)	0,47	—	—	—	—	—
(K_2O)	0,60	—	—	—	—	—
MgO	40,19	39,58	41,37	41,31	37,75	36,99
CaO	1,51	—	0,03	0,02	—	—
FeO	4,21	4,59	4,59	4,70	5,30	5,70
NiO	—	—	0,09	0,08	—	—
Al_2O_3	—	Spur	—	—	—	—
Cr_2O_3	—	—	0,03	0,02	—	—
SiO_2	37,51	43,19	40,86	40,90	42,50	41,65
H_2O	13,51	13,21	13,08	13,40	13,63	12,65
Unzersetzt	1,54	—	—	—	0,45	0,22
	99,54	100,57	100,05	100,43	99,63	97,21

34. Gelbgrüner Serpentin von Snarum in Norwegen; anal. A. Lindner, Inaug.-Diss. Breslau 1893. Ref. Z. Kryst. 25, 590 (1896).
35. Pikrolith, weißlich-grün, von Amelose in Nassau; anal. Gross bei R. Brauns, N. JB. Min. etc. Beil.-Bd. 5, 317 (1887).
36 und 37. Edler Serpentin, gelb bis grünlich, von der Moräne bei Verrages im Val. d'Aosta, Piemont; anal. A. Cossa, Accad. Lincei Rend. Costi 1878. Nach C. Hintze, Handbuch d. Min. II, 780.
38. Chrysotil, gelbgrün, seidenglänzend, aus dunklem Serpentin von der Grube Vulcan bei Oberschmiedeberg in Schlesien; anal. A. Lindner, Dissertation. Breslau 1893. Ref. Z. Kryst. 25, 590 (1896).
39. Chrysotil von Reichenstein in Schlesien; anal. A. Lindner (wie oben).

	40.	41.	42.	43.	44.
δ	—	—	—	2,628	—
(Na_2O)	Spur	—	—	—	—
MgO	36,71	37,00	35,51	37,13	35,55
MnO	—	—	—	0,26	0,53
FeO	6,29	6,62	7,15	4,83	5,77
NiO	—	—	0,06	—	—
Cr_2O_3	Spur	—	—	—	—
Fe_2O_3	0,11	—	—	4,01	2,39
SiO_2	44,00	42,00	43,58	41,47	41,05
H_2O	13,20	12,92	12,30	12,50	13,43
Unzersetzt	—	0,45	0,77	—	—
	100,31	98,99	99,37	100,20	98,72

40. Gelber Serpentin von der Insel Haaf-Grunay, südlich von Unst; anal. F. Heddle, Min. Mag. 1878, 106. Ref. Z. Kryst. 3, 334 (1879).
41. Chrysotil von Reichenstein in Schlesien; anal. A. Lindner, Dissertation (Breslau 1893). Ref. Z. Kryst. 25, 590 (1896).

42. Faseriger Serpentin vom gleichen Fundorte; anal. wie oben.

43. Sog. Baltimorit, dunkel-saftgrün, verworrenfaserige, spröde Aggregate mit Chromeisenstein und Ripidolith von Corrycharmaig in Perthshire, Schottland; anal. F. Heddle, Trans. Roy. Soc. Edinburgh **28**, 433 (1878). Ref. Z. Kryst. **4**, 320 (1880).

44. Sehr feinblätteriger Serpentin von Kellerangen in Bayern; anal. G. Schulze, Z. Dtsch. geol. Ges. **35**, 447 (1883).

2. Tonerdehaltige.

	45.	46.	47.	48.	49.	50.
δ	2,363	—	—	2,594	2,538	—
(K_2O)	—	—	—	—	—	—
MgO	40,55	40,93	42,31	40,92	42,92	42,21
CaO	0,24	Spur	—	Spur	—	—
MnO	—	Spur	—	—	0,11	—
FeO	0,52	0,28	1,25	1,50	—	1,81
Al_2O_3	2,72	2,74	1,43	1,70	0,51	1,84
Fe_2O_3	—	0,81	—	—	1,70	—
(CO_2)	—	—	—	—	1,03	0,48
SiO_2	44,21	40,64	41,03	42,30	41,48	41,02
H_2O unter 100°	12,42	14,73	13,72	0,90	12,70	12,91
H_2O über 100°				13,32		
	100,66	100,13	99,74	100,64	100,45	100,27

45. Serpentin, weiß; in der Nähe von Easton, Pennsylvanien; anal. J. Eyermann, Am. Geol. **34**, 43 (1904). Ref. Z. Kryst. **42**, 304 (1907).

46. Sehr heller, Gymnit-ähnlicher Serpentin von Montville, New Jersey; anal. L. G. Eakins; Bull. geol. Surv. U. S. **64**, 40 (1890). Ref. Z. Kryst. **20**, 500 (1892).

47. Chrysotil von Sala in Schweden; anal. Hultmark, Journ. prakt. Chem. **79**, 378 (1860).

48. Pikrolith, faserig, grün von Kuttenberg in Böhmen; anal. A. Bukowský, Programm der Kuttenberger Realschule 1906 (böhmisch) Ref. Z. Kryst. **45**, 403 (1908).

49. Serpentin, sternförmige Aggregate von Kuttenberg in Böhmen; anal. A. Bukowský, Programm der Kuttenberger Realschule 1906. Ref. Z. Kryst. **45**, 403 (1908).

50. Serpentin, dicht von Sala in Schweden; anal. Hultmark, Journ. prakt. Chem. **79**, 378 (1860).

	51.	52.	53.	54.	55.	56.
δ	—	2,52	—	2,65	2,45	—
(Na_2O)	—	—	—	—	—	0,48
MgO	41,33	41,69	42,52	40,98	40,80	40,29
CaO	—	1,05	—	—	Spur	1,35
MnO	Spur	—	—	—	—	—
FeO	0,64	1,81	2,25	2,25	2,46	2,57
Al_2O_3	0,30	1,11	0,06	1,26	0,92	0,86
Fe_2O_3	1,57	0,32	—	—	—	—
(CO_2)	—	0,66	—	—	—	—
SiO_2	42,17	41,02	42,72	43,46	41,84	42,28
H_2O	13,72	13,17	13,39	12,25	14,19	12,52
	99,73	100,83	100,94	100,20	100,21	100,35

51. Gelbgrüner Serpentin von Port Henry, Essex Co. N. J.; anal. Ch. Catlett bei G. P. Merrill, Proc. Nat. Mus. Washington. Ref. Z. Kryst. **20**, 500 (1392).

52. Lichter Serpentin von Hopunwara bei Pitkäranta in Finnland; anal. M. Tschajtschinsky, Travaux de la Soc. d. Nat. St. Petersbourg. 1888. Ref. Z. Kryst. **17**, 526 (1890).

53. Serpentin von Snarum; anal. A. Helland; Pogg. Ann. **148**, 330 (1873).

54. Pikrolith, zitronengelb bis dunkelgrün, bandartig struiert, in Serpentingestein von Endersdorf in Schlesien; anal. H. Traube, Inaug-Dissert (Greifswald 1884). Zitiert nach C. Hintze, Handb. d. Min. II, 775; auch Z. Kryst. **11**. 64 (1888).

55. Serpentin, marmolithartig, blättrig, lichtgrün, durchscheinend; zwischen Ferdinandowo und Izvor in Bulgarien; anal. F. Kovář, Abh. d. k. böhm. Ak. 1900. Ref. Z. Kryst. **36**, 203 (1902).

56. Serpentin, weiß, undurchsichtig, von der Tilly Foster Jron Mine bei Brewster in Putnam Co.; anal. E. S. Breidenbaugh, Am. Journ. **6**, 209 (1873).

	57.	58.[1])	59.	60.	61.	62.
δ	2,51	—	2,56	—	—	—
MgO	40,23	40,05	40,86	40,97	39,46	38,94
CaO	0,62	—	1,46	—	—	—
MnO	—	—	—	—	—	Spur
FeO	2,66	1,52	2,70	3,40	Spur	4,18
Al_2O_3	0,38	1,25	1,71	0,48	2,18	0,34
Fe_2O_3	—	1,56	0,57	—	4,02	—
SiO_2	42,85	42,55	39,66	41,78	40,23	43,68
H_2O unter 100°	13,06	0,21	13,51	12,78	14,24	12,03
H_2O über 100°		12,26				
	99,80	99,77	100,47	99,41	100,13	99,17

57. Chrysotil, dunkelgrün, parallelfaserig; von Ferdinandowo im Rhodope Vorgebirge, Bulgarien; anal. F. Kovář, Abh. d. k. böhm. Ak. 1900. Ref. Z. Kryst. **36**, 203 (1902).

58. Serpentin von Poldnewaja, Distrikt Syssert, Ural; anal. F. W. Clarke und E. A. Schneider; Am. Journ. **43**, 378 (1892).

59. Serpentin von Hopunwara bei Pitkäranta in Finnland; anal. M. Tschajtschinsky, Travaux de la Soc. de Nat. St. Petersbourg 1888. Ref. Z. Kryst. **17**, 526 (1890).

60. Grauer Pikrolith von Reichenstein in Schlesien; anal. A. Lindner; Dissertat. (Breslau 1893); Ref. Z. Kryst. **25**, 590 (1896).

61. Grüner Serpentin aus grauem Pyroxen hervorgegangen, Montville, New Jersey; anal. Ch. Catlett, bei G. P. Merrill, Proc. U. S. Nat. Museum. 1888, 105. Ref. Z. Kryst. **17**, 418 (1890).

62. Grünlichweißer, perlmutterglänzender Antigorit, würfelförmiger Habitus von Persberg im Wermland; anal. E. Cronquist bei A. Hamberg: Geol. Fören. Förh. **29**, 67 (1904). Ref. N. JB. Min. etc. 1905, II, 184.

	63.	64.	65.	66.	67.	68.
δ	2,65	—	—	—	—	2,52
(Na_2O)	0,37	—	—	—	—	—
(K_2O)	0,81	—	—	—	—	—
MgO	36,19	38,55	39,02	36,53	36,78	38,7
CaO	0,80	—	—	—	—	—
MnO	0,42	—	—	—	—	—
FeO	—	4,65	4,87	1,88	6,01	1,7
NiO	—	—	—	0,61	—	—
Al_2O_3	1,85	0,95	1,09	1,72	2,19	1,5
Fe_2O_3	5,10	—	—	3,33	—	4,8
SiO_2	42,93	41,80	40,54	42,49	40,82	37,8
H_2O unter 100°	11,50	13,95	1,13	13,21	13,48	14,8
H_2O über 100°			13,47			
	99,97	99,90	100,12	99,77[2])	99,28	99,3

[1]) Analyse 58 enthält noch 0,37 % Chromit.

[2]) Im Original ist als Summe 100,22 angegeben.

63. Serpentin; vollständig in S. umgewandelte strahlsteinähnliche, dunkelgrüne, prismatische Massen, von faseriger Struierung; von Pundy Geo bei Fethaland auf der Hauptinsel Shetlands; anal. F. Heddle; Trans. R. Soc. Edinburgh **28**, 433 (1878). Ref. Z. Kryst **4**, 320 (1880).

64. Serpentinpseudomorphosen in der Form rektangulärer Tafeln, Tilly Foster Jron Mine, Brewster in Putnam Co.; anal. Hawes bei J. D. Dana, Am. Journ. **8**, 371 (1874).

65. Faseriger Chrysotil (als Tremolit angesehen; sog. Amianth) vom Berge Troods bei Palaeandros auf der Insel Cypern; anal. G. S. Blake bei J. W. Evans, Min. Mag. **14**, 143 (1906).

66. Graugrüner Pikrolith von Buck-Creek, North Carolina; anal. F. W. Clarke und E. A. Schneider, Z. Kryst. **18**, 396 (1891).

67. Edler Serpentin, Snarum; anal. R. Müller, Tsch. min. Mit. 1877, 37 in J. k. k. geol. R. A. 27 (1877).

68. Antigorit, pseudomorph nach Pyroxen, großblätterig; aus dem Serpentin des Parîngu-Massivs; anal. G. Munteanu-Murgoci; Bull. Soc. Sci. Bukarest **9**, 568 (1900). Ref. Z. Kryst. **36**, 653 (1902).

	69.	70.	71.	72.	73.	74.
δ	2,67	—	—	2,617	2,69	—
(Na_2O)	—	Spuren	—	—	—	—
(K_2O)	—	Spuren	—	—	—	—
MgO	39,02	41,88	38,32	37,01	38,00	37,45
CaO	—	Spuren	—	0,72	—	0,30
MnO	0,09	Spuren	—	—	—	—
FeO	3,43	2,77	0,97	3,84	6,60	—
NiO	0,71	Spuren	0,23	—	—	—
Al_2O_3	1,37	0,84	1,01	1,45	2,56	2,08
Cr_2O_3	0,20	Spuren	—	—	—	—
Fe_2O_3	3,02	3,86	6,22	3,06	—	7,68
SiO_2	40,06	41,13	40,39	41,40	39,96	40,90
H_2O	12,10	10,88	12,86	13,27	12,84	12,15
	100,00	101,36	100,00	100,75	99,96	100,56

69. Serpentin, tiefgrün, durchscheinend, von Wilmington, Hartford Co. Nordamerika; anal. F. Genth, bei Kunz, Gems. 1890, 187; nach C. Hintze, Handbuch d. Min. II, 785.

70. Schwärzlichgrüner Serpentin aus dem Gneis von Bonhomme im Lebertal bei Markirch in den Vogesen; anal. B. Weigand; Tsch. min. Mit. 1875, 187 im J. k. k. geol. R.A. **25**, 1875.

71. Serpentin, schwarz gefleckt, Wilmington, Hartford Co. Nordamerika; anal. F. Genth bei Kunz, Gems. 1890, 187; nach C. Hintze, Handbuch d. Mineralogie II, 785.

72. Dünnschieferiger, hell-lauchgrüner Antigorit, vom Antigoriotal in Piemont; anal. S. Hillebrand, Sitzber. Wiener Ak. **115**, I, 708 (1906), math.-nat. Kl.

73. Blaugrüner Serpentin von Oaxaca in der Provinz Mixteca in Obermexico; anal. E. Jannettaz und L. Michel, Bull. Soc. min. **6**, 35 (1888).

74. Dichter Serpentin vom Sprechenstein bei Sterzing in Tirol; anal. E. Hussak; Tsch. min. Mit. **5**, 70, 1883.

	75.	76.	77.	78.	79.	80.
δ	—	—	—	—	—	2,67
MgO	37,61	36,51	34,62	38,33	37,033	35,14
CaO	—	—	—	—	—	0,98
MnO	Spuren	—	—	Spur	—	1,02
FeO	3,85	7,20	7,28	1,94	4,000	5,29
NiO	—	—	0,91	0,40	—	—
Al_2O_3	1,07	1,33	0,30	0,50	1,797	2,23
Cr_2O_3	—	Spuren	—	0,33	—	—
Fe_2O_3	3,53	—	—	6,04	4,056	2,82
(CO_2)	—	—	—	1,85	—	—
SiO_2	39,96	42,73	45,01	36,94	39,171	40,09
TiO_2	—	—	—	Spur	—	—
H_2O unter 100°	13,65	11,66	11,70	0,71	13,722	12,33
H_2O über 100°				12,07		
(SO_3)	—	—	—	0,20	—	—
(P_2O_5)	—	—	—	Spur	—	—
Unzersetzlich	—	—	— [1]	—	—	—
(Chromspinell)	-	—	—	—	—	0,62
	99,67	99,43	99,82	99,31	99,779	100,52

75. Dunkelgrüner Serpentin vom Essex Co., Nordamerika; anal. G. P. Merrill; Proc. Nat. Mus. U.S. **12**, 595 (1890). Ref. N. JB. Min. etc. 1891, II, 303.

76. Antigorit, dunkelgrüne, kristallinisch derbe Massen von Zermatt in der Schweiz; anal. F. Kobell, Sitzber. Bayr. Ak. München 1874; nach C. Hintze, Handbuch d. Min. II, 779.

77. Williamsit, apfelgrün, stark durchscheinend, dicht, von Easton in Pennsylvanien; anal. A. Lindner, Dissertation (Breslau 1893). Ref. Z. Kryst. **25**, 590 (1896).

78. Serpentin, fast schwarz (enthält etwas Bastit) von Russel Massachusetts; anal. G. Steiger bei B. K. Emerson; Bull. geol. Surv. U.S. Washington **126**, (1895). Ref. Z. Kryst. **28**, 504 (1897).

79. Serpentin von Odern, im Amarinertal in den Vogesen; anal. B. Weigand; Tsch. min. Mit. 1875, 205; Beil. zu J. k. k. geol. R.A. **25**, (1875).

80. Dunkelgrüner Serpentin von Jordansmühle in Schlesien; anal. H. Traube, Dissertation (Greifswald 1884). Ref. Z. Kryst. **11**, 64 (1885).

Als Anhang folgen hier drei Analysen von Serpentinen, bei denen Al_2O_3 und Fe_2O_3 nicht getrennt und FeO wahrscheinlich gar nicht bestimmt wurde.

	81.	82.	83.
δ	2,58	—	—
MgO	41,75	42,43	40,00
$Al_2O_3 + Fe_2O_3$	2,22	2,30	5,74
SiO_2	45,56	41,87	40,27
H_2O (unter 100°)	12,19	13,40	0,69
H_2O (über 100°)			13,61
	101,72	100,00	100,31

81. Blaß graugelber Serpentin aus Japan; anal. A. H. Church; Min. Mag. **1**, 99 (1877). Ref. Z. Kryst. 1, 518 (1877).

---

[1]) Enthält 10,66% Rückstand, der 38,7% SiO_2 und 30,98% MgO enthält. Diese Analyse, die ungenau ist, wurde nur deshalb hier angeführt, weil mit ihr experimentiert wurde (siehe S. 409).

82. Serpentin, pseudomorph nach einem kubischen Mineral von der Tilly Foster Jron Mine bei Brewster in Putnam Co. N. Y.; anal. O. D. Allen bei J. D. Dana, Am. Journ. **8**, 371 (1874).

83. Strohgelber, faseriger Serpentin, pseudomorph nach Olivin Middlefield, Massachusetts; anal. H. P. Cook bei B. K. Emerson; Bull. geol. Surv. U.S. Washington **126**, (1895). Ref. Z. Kryst. **28**, 504 (1897).

III. Eisenreiche Serpentine $FeO + Fe_2O_3$ über 8%.

1. Tonerdefreie.

	84.	85.	86.	87.	88.
δ	—	2,59	2,57	2,56	—
MgO	25,57	36,92	37,28	37,33	33,91
CaO	—	Spur	—	—	—
MnO	—	Spur	—	—	—
FeO	8,59	2,63	8,25	8,48	11,48
NiO	0,13	—	—	—	—
Al_2O_3	—	Spur	—	—	—
Cr_2O_3	—	0,27	0,29	0,36	—
Fe_2O_3	—	7,87	1,18	1,76	—
SiO_2	51,45	39,21	38,94	39,77	35,48
H_2O	12,00	12,54	13,90	12,10	11,67
Unzersetzt	1,62	—	—	—	7,38
	99,36	99,44	99,84	99,80	99,92

84. Grobfaseriger Serpentin, grünlich-silbergrau von Johnsdorf bei Jordansmühle in Schlesien; anal. A. Lindner, Dissertation. Breslau 1893. Ref. Z. Kryst. **25**, 590 (1896).

85. Olivinserpentin (sehr reines Gestein) von Rio Marina auf Elba; anal. A. Cossa; Accad. Lincei **5**, (1880). Ref. N. JB. Min. etc. 1881, II, 237.

86. Serpentin von Verde di Prato bei Florenz; anal. A. Cossa; Bollet. comit. geol. Rom 1881, Nr. 5; nach C. Hintze; Handbuch d. Min. II, 780.

87. Gesprenkelter Serpentin von Montemezzano bei Prato in der Nähe von Florenz; anal. wie oben.

88. Gelblichgrüner Serpentin von Praegraten in Tirol; anal. A. Lindner, Dissertation (Breslau 1893). Ref. Z. Kryst. **25**, 590 (1896).

	89.	90.	91.
δ	2,65	—	—
MgO	34,94	27,31	17,56
FeO	10,21	17,61	27,29
NiO	0,51	—	2,14
Fe_2O_3	2,05	—	—
SiO_2	40,88	42,34	40,53
H_2O	11,74	12,09	11,15
Unzersetzlich	—	0,42	1,75
	100,33	99,77	100,42

89. Serpentin von Corio in Piemont; anal. A. Cossa, Accad. Linc. 1878; nach C. Hintze, Handbuch d. Min. II, 780.

90. Pikrolith, hell, lauchgrün von Livorno; anal. A. Lindner, Dissertation (Breslau 1893). Ref. Z. Kryst. **25**, 590 (1896).

91. Serpentin, schwärzlichgrün, heller gefleckt, von Schwarzenbach an der Saale; anal. wie oben.

2. Tonerdehaltige.

	92.	93	94.	95.	96.	97.
δ	—	2,15	—	2,86	2,57	2,91
(Na_2O) / (K_2O)	Spuren	—	—	—	—	—
MgO	37,94	32,22	35,20	34,19	35,937	36,67
CaO	—	0,10	—	1,56	Spuren	0,64
MnO	—	—	—	0,89	Spuren	—
FeO	1,15	4,82	5,18	4,73	4,770	6,43
NiO	0,45	—	—	—	—	—
CoO	0,05	—	—	—	—	—
Al_2O_3	0,61	1,83	0,27	1,62	1,156	1,05
Cr_2O_3	0,19	—	—	—	0,232	—
Fe_2O_3	7,92	3,87	3,99	4,70	4,959	3,44
(CO_2)	—	—	—	0,37	—	—
SiO_2	37,82	42,88	41,46	39,42	40,892	41,13
TiO_2	Spur	—	—	—	Spuren	—
H_2O unter 100°	0,75	14,21	13,63	12,29	11,909	10,48
H_2O über 100°	12,50					
(P_2O_5)	Spur	—	—	—	—	—
Chromspinell	—	—	—	0,47	—	—
	99,38	99,93	99,73	100,24	99,855	99,84

92. Serpentin, pseudomorph nach Enstatit von Greenville, Massachusetts; anal. G. Steiger bei B. M. Emerson, Bull. geol. Surv. U.S. Washington 1895, 126. Ref. Z. Kryst. **28**, 504 (1897).

93. Serpentin, hellgrün bis gelbgrau, muschliger Bruch, von Wallenfels, in Nassau; anal. Oebbecke, Inaug.-Dissertat. (Würzburg 1877); bei A. Brauns, N. JB. Min. etc. Beil.-Bd. **5**, 284, (1887).

94. Metaxit, grün, schwach seidenglänzend, von Amelose in den Vogesen; anal. R. Brauns, N. JB. Min. etc. Beil.-Bd. **5**, 306 (1887).

95. Dunkelgrüner Serpentin von Kötschen in Schlesien; anal. H. Traube, Dissert. (Greifswald 1884). Ref. Z. Kryst. **11**, 64 (1885).

96. Serpentin aus dem Gabbro von Livorno; anal. A. Cossa, Accad. d. Lincei **5**, (1880). Ref. N. JB. Min. etc. 1881. II, 237.

97. Serpentin mit deutlicher Maschenstruktur, von Gumberg in Schlesien; anal. H. Traube, Dissertation (Greifswald 1889), wie Analyse 95.

	98.	99.	100.
δ	2,55	—	2,4
(Na_2O)	—	—	0,17
(K_2O)	—	—	
MgO	36,44	36,022	32,25
CaO	—	1,393	—
FeO	7,26	3,956	13,87
Al_2O_3	0,58	1,353	1,56
Cr_2O_3	0,39	—	—
Fe_2O_3	3,19	6,868	—
SiO_2	38,70	36,944	39,38
H_2O	13,23	13,089	11,90
	99,79	99,625	99,13

98. Serpentin aus dem Steinbruche von Benini bei Monteferrato in der Gegend von Florenz; anal. A. Cossa, Bollet. comit. geol. Rom. 1881, Nr. 5. Nach C. Hintze, Handb. d. Min. II, 780.

99. Serpentin, aus Hornblende entstanden, bei Rauental in den Vogesen; anal. B. Weigand, Tsch. min. Mit. 1875, 199; in J. k. k. geol. R.A. **25**, (1875).

100. Hellgrünlichgrauer Serpentin von der Tilly Foster-Iron Mine bei Brewster, Putnam Co. N. Y.; anal. E. S. Breidenbaugh, Am. Journ. **6**, 209 (1873).

IV. Tonerdereiche Serpentine (über 3 % Al_2O_3).

	101.	102.	103.	104.	105.	106.	107.
δ	—	—	2,668	2,56	—	—	2,64
(Na_2O)	—	—	—	—	1,12	—	—
(K_2O)	—	—	Spuren	—	0,29	—	—
MgO	37,26	39,16	35,44	38,77	36,83	31,92	37,77
CaO	—	0,40	Spuren	1,20	—	—	—
MnO	—	—	0,31	—	—	—	—
FeO	—	—	2,76	3,26	1,27	5,51	6,10
NiO	—	—	0,27	—	—	—	—
Al_2O_3	4,87	3,82	3,85	3,33	3,91	8,37	3,60
Cr_2O_3	—	Spuren	—	—	—	0,41	—
Fe_2O_3	0,65	3,01	1,57	0,61	3,76	—	—
(CO_2)	—	—	—	—	—	2,17	—
SiO_2	39,40	41,14	41,43	38,07	35,98	38,05	40,12
H_2O über 100°	12,90 (zus.)	11,85	0,92	13,83 (zus.)	14,77	13,60	12,40
H_2O unter 100°			12,65				
$CaCO_3$	5,14	—	—	—	—	—	—
	100,22	99,38	99,20	99,07	97,93	100,03	99,99

101. Gelblichweißer Serpentin im Kalk, Monzoni, Südtirol; anal. J. Lemberg, Z. Dtsch. geol. Ges. **24**, 216 (1872).

102. Antigorit, lichtgrüne, chloritähnliche Blättchen vom Sprechenstein bei Sterzing in Tirol; anal. E. Hussak, Tsch. min. Mit. **5**, 68 (1883).

103. Dunkelgrüner Serpentin von Kuttenberg in Böhmen; anal. A. Bukowský, Programm der Realschule in Kuttenberg 1906. Ref. Z. Kryst. **45**, 403 (1908).

104. Serpentin von Hopunwara bei Pitkäranta in Finnland; anal. M. Tschajtschinsky, Travaux de la Soc. Nat. d. St. Petersburg 1888. Ref. Z. Kryst. **17**, 526 (1890).

105. Grüner, durchscheinender Serpentin von Jelowski im südlichen Ural; anal. F. Loewinson Lessing, Travaux Soc. Nat. St. Petersburg. Sect. Géol. et Min. **30**, 169 (1900).

106. Antigorit aus unreinem Gestein getrennt von Norrland in Schweden; anal. Santesson bei F. Eichstädt, Geol. Fören Förh. **7**, 333 (1884); N. JB. Min. etc. 1885, I, 428.

107. Grünlichgrauer Serpentin von Oaxaca in der Provinz Mixteca im obern Mexico; anal. E. Jannettaz und L. Michel, Bull. Soc. min. **6**, 35 (1883).

	108.	109.	110.	111.	112.
δ	—	2,56	—	—	2,638
(Na_2O)	—	0,29 (zus.)	—	—	—
(K_2O)	—		—	—	—
MgO	31,24	32,80	30,48	32,63	30,98
CaO	—	0,10	—	—	—
FeO	0,66	8,80	5,57	7,07	5,77
Al_2O_3	5,08	5,60	3,78	3,85	4,00
Fe_2O_3	6,08	1,10	4,75	—	4,03
SiO_2	41,98	37,15	42,54	42,42	42,89
H_2O unter 100°	14,01 (zus.)	0,46	13,13 (zus.)	13,50	12,19
H_2O über 100°		13,70			
	99,05	100,00	100,25	99,47	99,86

108. Pikrolith, zarte Blättchen in diabasartigem Gestein (Diabantrachonym), von der Grube Landesfreude bei Lobenstein im Vogtlande; anal. K. L. Th. Liebe, N. JB. Min. etc. 1870, 19.

109. Serpentin, dunkel-ölgrün von Porthalla Cove, Cornwall; anal. J. H. Collins, Quart. Journ. London Geol. Soc. **40**, 458 (1884). Ref. Z. Kryst. **13**, 180 (1880).

110. Braungelber Chrysotil von Amelose in Nassau; anal. R. Brauns, N. JB. Min. etc. Beil.-Bd. **5**, 298 (1887).

111. Pikrolith in dünnen Platten in schwarzem Diabasgestein von Triebes bei Hohenleuben südl. von Gera; anal. K. L. Th. Liebe, N. JB. Min. etc. 1870, 19.

112. Dichter grüner Metaxit von Amelose bei Biedenkopf im hessischen Hinterlande; anal. R. Brauns, N. JB. Min. etc. Beil.-Bd. **5**, 321 (1887).

V. Eisenfreie, tonerdereiche Serpentine.

	113.	114.	115.	116.
MgO	39,21	38,37	38,70	38,50
CaO	1,68	1,96	1,75	1,74
Al_2O_3	1,88	1,68	3,22	3,14
SiO_2	39,27	39,31	39,37	39,94
H_2O	18,21	18,09	16,53	16,53
	100,25	99,41[1])	99,57[2])	99,85

113 u. 114. Grüner Serpentin von Wattegama, an der Eisenbahnlinie Kandy-Matulé, Ceylon, grüne gerundete Massen im Dolomit; anal. C. Schiffer bei J. Grünling, Z. Kryst. **33**, 219 (1900).

115. u. 116. Schneeweißer Serpentin vom gleichen Fundorte; anal. wie oben.

VI. Anormal zusammengesetzte Serpentine.

1. Serpentine mit hohem Wassergehalt.

Zu diesen gehören vor allen die unter V angeführten vier eisenfreien Serpentine 113—116, die sich, besonders die ersten zwei, durch abnorm hohen Wassergehalt auszeichnen. Ferner:

	117.	118.	119.	120.	121.	122.
δ	—	—	—	—	2,45	2,513
(K_2O)	—	—	—	—	—	Spur
MgO	41,01	40,11	40,16	38,50	39,24	40,49
CaO	Spur	—	—	—	—	—
MnO	—	—	—	—	0,30	—
FeO	nicht best.	—	nicht best.	1,00	1,72	1,99
NiO	0,23	—	0,10	—	—	—
Al_2O_3	0,63	0,60	0,71	—	—	2,36
Fe_2O_3	0,62		0,91			
SiO_2	42,42	43,54	41,90	42,00	41,21	40,06
H_2O unter 100°	15,64	15,75	16,16	17,5	16,16	1,78
H_2O über 100°						14,53
(Calciumphosphat und -chlorid)	—	—	—	—	0,96	—
	100,55	100,00	99,94	99,00	99,59	101,21

117. Seidenartiger Chrysotil, faserig, von Montville, New Jersey; anal. F. W. Clarke u. E. A. Schneider, Z. Kryst. **18**, 396 (1891).

118. Serpentin von Hoponsuo in Finnland; anal. J. Lemberg, Z. Dtsch. geol. Ges. **40**, 649 (1888).

[1]) Im Original steht 99,91.
[2]) Im Original steht 99,93.

119. Graugrüner Serpentin von Corundum Hill, North-Carolina; anal. F. W. Clarke u. E. A. Schneider, Z. Kryst. **18**, 396 (1891).

120. Marmolith, dicht gelblichweiß von Kraubath in Steiermark (Österreich); anal. F. Kobell, Sitzber. Bayr. Ak. **4**, 166 (1874).

121. Vorhauserit, braunschwarz, dicht, vom Le Selle, Monzoni, im Fassatal, Südtirol; anal. Oellacher, J. k. k. geol. R.A. **8**, 358 (1857).

122. Apfelgrüner, kantendurchscheinender Bowenit von Kuttenberg in Böhmen; anal. A. Bukowský, Programm der Kuttenberger Realschule 1906. Ref. Z. Kryst. **45**, 403 (1908).

	123.	124.	125.
δ	—	—	2,59
(Na_2O)	—	—	0,76
(K_2O)	—	—	0,31
MgO	41,61	39,94	34,47
FeO	2,92	5,73	5,07
NiO	—		0,29
Al_2O_3	0,10	Spur	3,01
Cr_2O_3	—	—	0,08
Fe_2O_3	—	—	1,90
SiO_2	39,73	37,10	38,72
H_2O	15,66	16,85	15,52
	100,02	99,62	100,13

123. Chrysotil, von Hesta Nass, an der Bai von Gruting, an der Ostseite von Fetlar, Schottland; anal F. Heddle, Min. Mag. 1878, 106.

124. Sehr feinfaseriger Chrysotil aus Canada; anal. A. Terreil, C. R. **100**, 251 (1885).

125. Dunkelgrüner Serpentin mit roten Flecken, Lizard in Cornwall; anal. Phillips, Phil. Mag. 1871, 97.

2. *Serpentine mit niedrigem Wassergehalt.*

	126.	127.	128.	129.	130.	131.
δ	2,718	—	—	—	—	—
(Na_2O)	1,11	Spuren	—	—	—	—
(K_2O)	—	Spuren	—	—	—	—
MgO	39,92	35,95	37,09	30,46	41,45	33,97
CaO	0,07	0,66	1,32	—	—	3,57
MnO	—	Spuren	0,64	—	—	—
FeO	1,71	4,27	5,02	6,98	3,14	4,67
NiO	—	0,53	—	—	0,47	—
CoO	—	Spuren	—	—	Spuren	—
CuO	—	—	—	2,05	—	—
Al_2O_3	6,39	1,86	1,09	3,16	1,18	1,46
Cr_2O_3	—	0,28	0,32	—	0,33	1,20
Fe_2O_3	—	2,75	1,98	—	4,46	3,85
(CO_2)	—	1,44	—	—	—	—
SiO_2	39,83	40,42	40,81	46,25	39,14	41,63
H_2O unter 100°	10,23	0,21	10,26	10,50	0,34	9,02
H_2O über 100°		10,51			9,48	
(SO_3)	—	Spuren	—	—	—	—
(P_2O_5)	—	Spuren	—	—	0,02	—
(FeS_2)	—	0,43	—	—	—	—
Unzersetzlich	—	—	—	0,36	—	—
	99,26	99,31	98,53	99,76	100,01	99,37

126. Blätteriger, etwas zersetzter Serpentin von Easton, Pennsylvanien; anal. J. Eyermann, Am. Geol. **34**, 43 (1904). Ref. Z. Kryst. **42**, 304 (1907).

127. Dunkelgrüner Serpentin von Rowe, Massachusetts; anal. G. Steiger bei B. K. Emerson, Bull. geol. Surv. U.S. Washington **126**, (1895). Ref. Z. Kryst. **28**, 504 (1897).

128. Dunkelgrüner Serpentin von Kraubath, Steiermark in Österreich; anal. H. Hoefer, J. k. k. geol. R.A. **16**, 443 (1866).

129. Hellgrüner Serpentin von Moravicza im Banat (Ungarn); anal. A. Lindner, Dissertation (Breslau 1893). Ref. Z. Kryst. **25**, 590 (1896).

130. Dunkelgrüner, chromhaltiger Serpentin von Nord-Blandfort, Massachusetts; anal. G. Steiger bei B. K. Emerson; Bull. geol. Surv. U.S. Washington **126**, (1895). Ref. Z. Kryst. **28**, 504 (1897).

131. Graugrüner Serpentin von Kühstein bei Erbendorf in Bayern; anal. G. Schulze, Z. Dtsch. geol. Ges. **35**, 447 (1883).

3. Serpentine mit Fluorgehalt.

	132.	133.	134.
δ	2,47	—	—
MgO	37,75	39,19	34,57
CaO	0,22	—	0,76
MnO	1,51	Spuren	3,36
FeO	1,66	3,90	4,31
Al_2O_3	—	0,51	—
Fe_2O_3	1,50	—	1,26
(CO_2)	Spuren	—	Spuren
SiO_2	42,30	42,90	42,07
H_2O	14,14	12,30	12,89
F	1,15	0,97	0,91
	100,23	99,77	100,13
	O=F 0,48	O=F 0,41	O=F 0,38
	99,75	99,36	99,75

132. Serpentin, pseudomorph nach Dolomit, von der Ko Grube, Nordmarken in Schweden; anal. R. Mauzelius bei Hj. Sjögren, Geol. Fören. Förh. **17**, 268 (1895). Ref. Z. Kryst. **28**, 507 (1897) (bei 120° getrocknet).

133. Gelbbrauner bis graubrauner Antigorit, pseudoreguläre Aggregate von der Ko Grube in Nordmarken, Schweden; anal. A. Hamberg, Geol. Fören. Förh. **26**, 73 (1904). Ref. N. JB. Min. etc. 1905, II, 185.

134. Serpentin, pseudomorph nach Chondrodit von der Ko Grube in Nordmarken; anal. R. Mauzelius bei Hj. Sjögren, Geol. Fören. Förh. **17**, 268 (1895). Ref. Z. Kryst. **28**, 507 (1897) (bei 120° getrocknet).

4. Serpentine mit hohem CO_2-Gehalt.

Hierher könnte man außer den nachstehenden auch folgende bereits aufgeführte Analysen einreihen: Nr. 78 und 106; dann:

	135.	136.	137.
δ	2,57	—	—
MgO	41,46	40,90	38,57
CaO	2,79	—	—
MnO	—	0,14	0,04
FeO	1,28	1,99	4,25
NiO	—	—	0,33
CoO	—	—	
Al_2O_3	0,41	0,62	0,77
Cr_2O_3	—	—	0,38
Fe_2O_3	0,41	—	2,81
CO_2	4,03	4,49	10,82
SiO_2	39,51	42,92	33,87
H_2O unter 100°	10,74	9,77	0,38
H_2O über 100°			7,00
(SO_3)	—	—	0,20
(P_2O_5)	—	—	Spuren
	100,63	100,83	99,42

135. Lichter Serpentin von Hopunwara bei Pitkäranta in Finnland; anal. M. Tschajtschinsky, Travaux d. !. Soc. Nat. St. Petersburg 1888. Ref. Z. Kryst. **17**, 526 (1890).

136. Pikrophyll, blaßgrün, fettig von Kuttenberg in Böhmen; anal. A. Bukowský, Programm der Kuttenberger Realschule 1906. Ref. Z. Kryst. **45**, 403 (1908).

137. Grauer Serpentin, im Talk, von Chester, Massachusetts; anal. G. Steiger bei B. K. Emerson, Bull. geol. Surv. U.S. Washington **126**, (1895). Ref. Z. Kryst. **28**, 504 (1897).

5. *Serpentine mit höherem CaO-Gehalt.*

Hierher gehören auch die Analysen:

	138.	139.	140.	141.	142.
δ	2,388	2,56	2,55	—	—
(Na_2O)	0,58	—	—	—	Spuren
(K_2O)	0,57	—	—	—	Spuren
MgO	25,85	38,16	39,48	32,70	23,7
CaO	9,91	6,09	2,63	4,04	12,3
MnO	0,77	—	—	—	Spuren
FeO	1,67	1,32	2,01	3,02	7,5
Al_2O_3	0,63	1,69	1,26	1,98	5,0
Fe_2O_3	0,01	0,72	0,55	—	—
(CO_2)	—	4,49	—	3,17	—
SiO_2	46,92	35,90	39,12	37,54	33,3
H_2O	12,84	12,11	14,36	16,69	17,4
Unzersetzl.	—	—	—	0,52	—
	99,75	100,48	99,41	99,66	99,2

138. Fast vollständig in Serpentin umgewandelter Augit; blaßgrünliche, verfilztfaserige Aggregate von Portsoy, Schottland, in einer asbestartigen Substanz; anal. F. Heddle, Travaux R. Soc. Edingburgh, **28**, 433 (1878). Ref. Z. Kryst. **4**, 320 (1880).

139. Lichter Serpentin von Hopunwara bei Pitkäranta in Finnland; anal. M. Tschajtschinsky, Travaux R. Soc. Nat. St. Petersburg 1888. Ref. Z. Kryst. **17**, 526 (1890).

140. Dunkler Serpentin vom gleichen Fundorte; anal. wie oben.

141. Gelbgrüner Serpentin, weißgefleckt, dicht von Lancaster Co., Pennsylvanien; anal. A. Lindner, Disseration. Breslau 1893. Ref. Z. Kryst. **25**, 590 (1896).

142. Apfelgrün bis goldgelber Chrysotil von Medoux bei Bàgnères-de-Bigorre in den Pyrenäen; anal. H. Goguel, Bull. Soc. Min. **11**, 155 (1888), etwas verunreinigt.

6. Serpentine mit größern Mengen von NiO, ZnO, MnO u. a.

Hierher gehören auch Analysen:

	143.	144.	145.	146.	147.
δ	—	2,635	2,437	—	—
(Na_2O)	—	—	0,47	—	0,35
(K_2O)	—	—	0,04	—	—
MgO	39,67	29,24	24,60	30,24	19,85
CaO	—	—	2,80	—	12,14
MnO	—	7,44	7,77	—	—
FeO	1,93	—	1,84	10,87	—
NiO	1,72	—	—	2,83	—
CoO	—	—	—	—	2,49 (CoO + ZnO)
ZnO	—	3,90	—	—	
PbO	—	—	0,30	—	—
Al_2O_3	0,73	—	0,90	0,60	2,34
Fe_2O_3	—	2,80	7,51	—	15,88
SiO_2	43,98	42,20[1])	42,40	41,79	38,23
H_2O	11,71	14,04	10,00	12,63	8,72
(P_2O_5)	—	—	Spuren	—	—
Unzersetzl.	0,44	—	—	0,51	—
	100,18	99,62	98,63	99,47	100,00

143. Hellgrüner Bowenit, stark durchscheinend, von Smithfield in Rhode Island; anal. A. Lindner, Dissertation (Breslau 1893). Ref. Z. Kryst. **25**,590 (1896).

144. Mangan-Zink-Serpentin von Franklin-Furnace, New Jersey, dunkelbraun; anal. G. A. Koenig; Proc. Acad. Nat. Sc. Philad. 1886, 350. Ref. Z. Kryst. **13**, 649 (1888).

145. Brauner Serpentin von Långban; anal. S. R. Paikull, Geol. Fören. Förh. **3**, 350 (1877). Ref. Z. Kryst. **2**, 309 (1878).

146. Serpentin, aus bräunlichgrünen Fasern bestehend, von Portsoy in Schottland; anal. A. Lindner, Dissertation. Breslau 1893. Ref. Z. Kryst. **25**, 590 (1896).

147. Serpentin von Josephina und Jackson Co. in Oregon, Nordamerika; als Begleitmineral von Nickeleisen (Josephinit): anal. W. H. Melville, Am. Journ. **43**, 509 (1892).

Analysen einiger Serpentingesteine.

Ein Übersichtsbild über die chemische Zusammensetzung der Serpentingesteine soll nachstehende kleine Auswahl neuerer Gesteinsanalysen geben.

Sie sind geographisch angeordnet:

	148.	149.	150.	151.	152.	153.
δ	2,79	2,69	3,172	—	—	—
MgO	30,12	36,66	33,59	35,31	34,46	31,89
CaO	4,78	1,22	4,40	0,96	2,43	6,75
MnO	—	—	—	Spur	Spur	Spur
FeO	3,32	5,31	—	4,07	3,60	3,94
Al_2O_3	1,68	0,67	2,70	2,20	2,79	1,60
Cr_2O_3	—	—	—	0,89	1,00	Spur
Fe_2O_3	9,98	2,63	10,40	7,11	6,58	4,24
(CO_2)	—	0,51	—	—	—	—
H_2O	9,86	11,88	9,32	11,14	9,87	11,43
SiO_2	40,39	41,57	40,55	38,00	39,35	40,31
	100,13	100,45	100,96	99,68	100,08	100,16

[1]) SiO_2 enthält 0,30% MgO und 0,20% ZnO.

148. Serpentingestein von Heiligenblut in Kärnten; anal. R. v. Drasche, Tsch. min. Mit. 1871, 8; Beil. vom J. k. k. geol. R.A. **21** (1871).

149. Serpentingestein von Windisch-Matrey in Tirol; anal. R. v. Drasche, wie oben.

150. Serpentinschiefer von Sprechenstein bei Sterzing in Tirol; anal. E. Hussak, Tsch. min. Mit. **5**, 67 (1883).

151. Serpentingestein (magnetisch) vom Lacknerberg, Tauerntal in Kärnten; anal. B. Granigg, J. k. k. geol. R.A. **56**, 367 (1906).

152. Serpentingestein vom Federweißpalfen im Zirknitztal in Kärnten; anal. B. Granigg, wie oben.

153. Serpentingestein von Palik in Kärnten, Mittel aus zwei Analysen; anal. B. Granigg, wie oben.

	154.	155.	156.	157.	158.
δ	2,69	2,70	—	—	—
MgO	34,70	33,89	34,22	30,06	33,62
CaO	2,61	2,00	2,37	5,35	2,02
FeO	4,97	5,32	5,46	3,64	5,84
Al_2O_3	2,95	3,02	3,22	4,31	3,00
Cr_2O_3	1,32	1,99	2,06	2,30	1,65
Fe_2O_3	3,31	4,26	4,29	8,23	4,29
(CO_2)	—	—	—	0,60	—
SiO_2	40,14	38,36	38,23	35,89	39,77
H_2O	11,64	10,97	10,81	9,37	11,25
	101,64	99,81	100,66	99,75	101,44 [1]

154. Serpentin der Schuttmasse des Manibodentals im Binnental in der Schweiz, faserig; anal. L. Duparc und L. Mrazec, Bull. Soc. min. **16**, 210 (1893).

155. Sehr hartes und festes Serpentingestein vom Ufer des Geißpfadsees im Binnental in der Schweiz; anal. wie oben.

156. u. 157. Serpentingestein vom Gipfel des Geißpfads im Binnental in der Schweiz; anal. wie oben.

158. Dichtes Serpentingestein nördlich vom Geißpfadsee im Binnental in der Schweiz; anal. wie oben.

	159.	160.	161.
MgO	36,86	37,17	38,94
MnO	0,50	0,37	0,26
FeO	2,49	4,72	5,64
Al_2O_3	2,11	2,17	1,03
Cr_2O_3	—	0,59	0,34
Fe_2O_3	5,47	1,87	—
SiO_2	39,80	41,30	42,44
TiO_2	0,21	0,18	0,11
H_2O (Glühverl.)	12,34	11,90	11,65
	99,78	100,27	100,41

159. Serpentinierter Harzburgit von Krebet-Salatim am Wege nach B. Toschemka im nördlichen Ural; anal. L. Duparc u. M. Wunder, C. R. **152**, 884 (1912).

160. Serpentine vom Kamme westlich von Krebet-Salatim im nördlichen Ural; anal. wie oben.

161. Serpentin vom Kamme zwischen Tokta und Wijai im nördlichen Ural; anal. wie oben.

[1]) Im Original steht 100,44.

Chemische Zusammensetzung.

Beimengungen. Ein Teil der Serpentine entspricht gut der empirischen Formel. Weitaus die meisten Serpentine enthalten aber fremde Beimengungen, die weit über das Maß von Verunreinigungen hinausragen.

Da ist namentlich der Gehalt der Serpentine an FeO und Fe_2O_3. Die Erklärung dieses Eisengehalts ist für FeO einfach: es handelt sich um beigemengtes Eisensilicat. Die Magnesiasilicate, die primären Mineralien, aus denen sich Serpentin bildet, vor allem der Olivin, sind selbst keine reinen einkomponentigen Systeme, sondern isomorphe Mischungen von viel Magnesiasilicat mit mehr oder weniger Eisenoxydulsilicat. Bei der Serpentinisierung ist nun Eisenoxydulsilicat im Mineral geblieben, und wie ein reiner Magnesiaolivin zu den Seltenheiten gehört, so ist dies auch mit dem Serpentin der Fall. Unter den neueren Analysen fand sich ein einziges eisenfreies Vorkommen, das von Wattegama auf Ceylon, das C. Schiffer und F. Grünling untersuchten (Analysen 112—115) und das nach des letzteren Ausführungen aus Forsterit entstanden ist. Außerdem ist noch ein von A. Lindner untersuchter Chrysotil von Hrubschitz in Mähren eisenfrei (Analyse 16 S. 388), es werden aber über dieses Material von ihm leider keine näheren Angaben gemacht. Daß es sich beim Eisengehalt hauptsächlich um die Beimengung eines Silicats handelt, sieht man auch daraus, daß bei höherem Eisengehalt die Magnesia zurücktritt. Natürlich gibt es Ausnahmen. Es ist sehr wahrscheinlich, daß der Eisengehalt keinen Schluß auf die Menge des im Ausgangsmaterial vorhandenen Eisens im allgemeinen zuläßt, da die Eisenmenge durch den Serpentinisierungsprozeß verändert sein kann, indem sowohl Eisen fortgeführt, aber auch Eisen zugeführt worden sein kann. Ein Teil des Eisens ist auch sehr häufig als Oxyd und nicht als Oxydul vorhanden, was einerseits auf ein gewisses Zersetzungsstadium des Serpentins, anderseits auf Verunreinigung schließen läßt. Letzteres ist freilich dann nicht in der Form des Silicats im Mineral vorhanden, sondern es handelt sich dann um eine Verunreinigung. Daß Eisenoxyd auch in größeren Mengen, namentlich in einem faserigen Mineral beigemengt sein kann, bedarf wohl keiner weiteren Erörterung.

Der Tonerdegehalt ist nicht so einfach zu deuten. Sehr häufig war ein tonerdearmer Augit oder Hornblende Anlaß zur Serpentinbildung, da erklärt sich dann der ganze Tonerdegehalt als beigemengtes Silicat. Da dieser Gehalt indessen verhältnismäßig gering ist und, wie die Analysenzusammenstellung zeigt, 3 % nur selten übersteigt, so ist, namentlich wenn eine größere Eisenmenge vorhanden ist, ein Schluß aus dem Verhältnis der Kieselsäure zur Magnesia nicht möglich. Sehr häufig wird indessen die Tonerde, mechanisch beigemengt, in Silicaten vorhanden sein, da ja Chloritmineralien in Serpentin sehr häufig und nicht immer leicht beim Analysenmaterial auszuscheiden sind. Nach dem Analysenresultat kann man eine solche mechanische Beimengung von einer chemischen Beimengung nicht unterscheiden. Es ist auch sehr leicht möglich, daß geringe Mengen von Tonerde als feste Lösung im Serpentin enthalten sind. Durch diesen Tonerdegehalt ist nach mehreren Forschern ein Übergang zum Chlorit gegeben, wie im späteren ausgeführt werden wird.

Der Calciumgehalt ist in Serpentinen, die Kohlensäure enthalten, sehr einfach durch einen Carbonatgehalt, der mechanisch beigemengt oder durch Carbonatisierung entstanden ist, erklärt. Letzteres setzt das Vorhandensein von Ca im Serpentin bzw. im ursprünglichen Silicat voraus. Man wird dabei an eine Beimengung eines Silicats denken, vielleicht an Diopsid. Dies trifft bei der Analyse 138 zu. Als Carbonat ist das Ca in Analyse 139 gebunden. In Analyse 140 und 141, namentlich in letzterer, dürfte wohl ein Carbonatgehalt vorhanden sein, der aber nicht analytisch bestimmt wurde, er findet im hohen Wassergehalt (als Glühverlust bestimmt) seinen Ausdruck.

Der Kohlensäuregehalt zeigt die beginnende Umwandlung in Carbonat an. Typisch hierfür ist die Analyse 137, wo man deutlich sieht, wie mit dem Kohlensäuregehalt gleichzeitig eine bedeutende Abnahme des Kieselsäuregehalts verbunden ist, was bei der vorhergehenden Analyse nicht der Fall ist.

Die andern Verunreinigungen sind wohl alle auf beigemengte Mineralien zurückzuführen, z. B. der Chromgehalt auf das häufige Auftreten von Chromit im Olivinfels und Serpentin. Der Nickelgehalt der Serpentine hat seine Erklärung im Nickelgehalt der Olivine.

Gehalt an Gasen. M. W. Travers[1]) fand in einem Serpentin von Zermatt, der 2,7% FeO und 9,5% H_2O enthielt, 0,80% Wasserstoff; er vertritt die Meinung, daß dieser Gasgehalt nicht von Einschlüssen, sondern davon herrührt, daß im Mineral nichtgasförmige Bestandteile durch gegenseitige Einwirkung Gase bilden.

Analysen von Serpentin von Zöblitz in Sachsen finden sich auch bei J. Lemberg[2]), bei denen aber FeO von Fe_2O_3 nicht getrennt wurde, sondern alles als Fe_2O_3 bestimmt wurde; da sie sich auch nicht auf Ausgangsmaterial für Versuche beziehen, wurden sie hier nicht gebracht.

Konstitution und Wassergehalt.

Wassergehalt. Als wichtigster Faktor zur Deutung der Konstitution des Serpentins ist das Wasser anzusehen. Wenn wir die Analysen überblicken, so sieht man, daß von einem vollkommen einheitlichen Wassergehalt der Serpentinmineralien nicht die Rede sein kann. Es war daher von Wichtigkeit, die Art und Weise der Dehydratation kennen zu lernen.

J. Lemberg[3]) hat den Serpentin von Hoponsuo in Finnland (s. Analyse 118 S. 398) bei schwacher Rotglut entwässert und dann 174 Stunden bei 200—210° mit H_2O behandelt, wobei 18,80% H_2O vom Silicat aufgenommen wurden. Beim Stehen über Schwefelsäure verlor der so behandelte Serpentin 6,64% H_2O, die bei Behandlung mit Wasser abermals aufgenommen wurden. Diese Wiederhydratation des schwach geglühten Serpentins erfolgt auch bei 100°, aber langsamer; es wurden nach einem Monat 14,45% aufgenommen.

Wichtig sind die Untersuchungen von F. W. Clarke und E. A. Schneider[4]), die an 5 analysierten Serpentinen bei mehreren Temperaturen das Wasser bestimmten und zu dem Schluß kamen, daß das ganze Wasser in den Serpentinen Konstitutionswasser sei und alles unter 205° entweichende Wasser der hygroskopischen Feuchtigkeit und dem mechanisch eingeschlossenen Wasser

[1]) M. W. Travers, Proc. R. Soc. London **64**, 130 (1898). Ref. Z. Kryst. **32**, 284 (1900) und Z. f. phys. Chem. **22**, 469 (1897).
[2]) J. Lemberg, Z. Dtsch. geol. Ges. **27**, 532 (1875).
[3]) J. Lemberg, Z. Dtsch. geol. Ges. **40**, 649 (1888).
[4]) F. W. Clarke u. E. A. Schneider, Z. Kryst. **18**, 396 (1891).

zuzuschreiben sei. In nachstehender Tabelle beziehen sich die Zahlen der ersten Horizontalreihe auf die betreffende Analyse des Untersuchungsmaterials in der vorstehenden Zusammenstellung. Sie erhielten folgende Verluste:

	14.	15.	117.	66.	119.
H_2O bei 105° . . .	0,96	1,20	2,04	1,53	2,26
" " 250° . . .	0,55	0,55	0,71	0,44	1,01
" " 383—412° .	0,27	13,01	0,27	0,62	0,98
" " 498—527° .	0,23		0,56	—	0,42
" " Rotglut . . .	12,37		11,81	10,58	11,32
" " Weißglut . .	0,28	0,30	0,25	0,04	0,17
(Ges.-Wasser nach Abzug[1]) des bei 105° entweich.	13,70	13,86	13,60	11,68	13,30

Daß die Wassergehalte nicht so weit verschieden sind, wenn man berücksichtigt, daß alle Serpentine, wie die mikroskopische Untersuchung gezeigt hat, nicht dicht sind, sondern sich in Fasern oder Blättchen auflösen lassen, das zeigt, wie ich glaube, der Umstand, daß, wenn man, soweit Angaben gemacht worden sind, in den Analysen das unter 105° entweichende Wasser abzieht, Zahlen resultieren, die in den meisten Fällen übereinstimmen. Die letzte Horizontalreihe in obiger Tabelle gibt diese Zahlen, die bei 4 Analysen ziemlich übereinstimmen. Wenn man diese Zahlen mit den wenigen Wasserbestimmungen in der Analysenzusammenstellung, bei denen eine getrennte Wasserbestimmung vorgenommen worden war, vergleicht, so findet man angenäherte Übereinstimmung bei 48, 83, 108 und 65. Nur wenig hiervon weichen 38, 92 und 102 ab. Dabei muß man freilich berücksichtigen, daß das Resultat durch mechanische Beimengungen getrübt werden kann.

In neuester Zeit hat sich mit der Dehydratation des Serpentins F. Zambonini[2]) eingehend beschäftigt. Chrysotil von Reichenstein gibt über konzentrierter Schwefelsäure ($\delta = 1{,}835$) ab:

nach	2	6	25	73	121 Stunden
	1,71	1,98	2,18	2,37	2,18% ab.

Unter Luftabschluß unter Wasser gebracht, adsorbiert er:

nach	1	25	73 Stunden
	0,21	2,03	2,03% des ursprünglichen Gewichts.

Er nimmt also sehr rasch das verlorene Wasser wieder auf. Im feuchten Luftstrom konnte bei erhöhter Temperatur folgende Wasserabnahme beobachtet werden:

	Bei 125°	250°	320°	395°	480°
betrug die Menge des abgegebenen Wassers	2,62	2,87	3,18	3,35	3,32%.

Der untersuchte Chrysotil enthielt im ganzen 15,40% Wasser.

Edler Serpentin von der Eyres-Halbinsel, mit feuchtem Luftstrom behandelt, ergab:

[1]) Die Zahlen wurden durch Abzug des Wassers bei 105° von dem Gesamtwasser der Analysen (siehe Zusammenstellung) festgestellt.

[2]) F. Zambonini, Atti R. Accad. de Sc. Neapel **16**, 1 (1908). Ausführliches Autoreferat Z. Kryst. **49**, 73 (1911).

	Bei	115°	172°	275°	320°	390°	477°
betrug die Menge des abgegebenen Wassers		0,84	0,95	0,99	1,09	1,12	1,12%

Ein Bowenit von Neuseeland ergab:

	Bei	115°	160°	250°	300°	395°	440°	465°
betrug die Menge des abgegebenen Wassers . .		0,28	0,47	0,59	0,69	0,76	0,81	0,84%.

Wird der Bowenit etwas höher erhitzt, so steigt der Gewichtsverlust nicht merklich an; bei noch höherer, nicht genau bestimmter Temperatur entwich plötzlich fast alles Wasser. Die Gesamtmenge betrug 13,20%. Die Versuche bestätigen nicht die Ergebnisse von C. F. Rammelsberg[1]), stehen aber mit denen von F. W. Clarke und E. A. Schneider im Einklang. Die drei Serpentinvarietäten befinden sich mit dem von der Formel verlangten Wassergehalt nicht in Übereinstimmmng, da sie zu viel Wasser enthalten. Dies ist aber wohl der Fall, wenn man das bis 500° entweichende Wasser abzieht, das nach Zambonini als gelöst zu betrachten ist. Der höhere Wassergehalt des Chrysotils dürfte auf von den Fasern capillar adsorbiertes Wasser zurückzuführen sein. Die Wasserabgabe bis zu 500° erfolgt ohne Veränderung der Durchsichtigkeit. Da das der Formel entsprechende Wasser also mit Abzug des bis 500° abgegebenen zu gleicher Zeit entweicht, ist ein Schluß auf die Rolle der verschiedenen Wasserstoffatome nicht zulässig. F. Zambonini wendet sich gegen die Ansicht S. Hillebrands, daß zwischen dichtem Serpentin und Bowenit das Verhältnis der Isomerie bestünde (siehe unten S. 410), sondern glaubt, daß der verschiedene Wasserstoffgehalt der Säuren wahrscheinlich mit verschiedener Textur im Zusammenhang stünde.

Andre Forscher haben versucht, der Frage nach der Konstitution des Serpentins durch *sein Verhalten gegen zersetzende Agenzien* näherzutreten.

Versuche von F. W. Clarke und E. A. Schneider. Eingehende Versuche über die Konstitution des Serpentins haben F. W. Clarke und E. A. Schneider[2]) ausgeführt, die auch mehrere Vorkommen analysiert und detallierte Wasserbestimmungen damit verbunden haben. Sie bedienten sich der Abbaumethode, indem sie Gase und Säuren auf Serpentine einwirken ließen und die chemischen Veränderungen bzw. Lösungserscheinungen verfolgten.

Im trocknen Chlorwasserstoffstrom wurden im Gegensatz zu Talk alle 6 untersuchten Serpentine angegriffen. Die Temperatur betrug 383–412°; hierbei lösten sich, wenn man die einzelnen Serpentine, an denen die Untersuchungen ausgeführt wurden, mit den Ziffern bezeichnet, die sie in der Analysentabelle führen:

	14.	15.	117.	66.	119.
Dauer der Erhitzung in Stunden	54	68	54	78	41
MgO als Chlorid extrahiert .	10,15	16,73	9,98	11,38	15,25
R_2O_3 als Chlorid extrahiert .	—	0,43	—	0,66	0,51

[1]) C. F. Rammelsberg glaubt nämlich auf Grund von Versuchen annehmen zu können, daß die halbe Menge des Wassers vor, die andre Hälfte beim Glühen entweicht und daß Serpentin ein Singulosilicat sei, dem die Formel $H_2Mg_3Si_2O_8 + aq$ zukomme, also ein Molekül Kristallwasser und ein Molekül Konstitutionswasser (Z. Dtsch. geol. Ges. **21**, 98 [1869]).

[2]) F. W. Clarke u. E. A. Schneider, l. c.

Die beiden Forscher schließen daraus, daß etwa ein Drittel der Magnesia des Serpentins auf diese Weise in Chlorid übergeführt worden ist, also loser mit der Kieselsäure verbunden sei, während die andern beiden Drittel sich widerstandsfähig zeigten.

Wäßrige Salzsäure konzentriert zersetzte alle untersuchten Serpentine vollkommen und es blieb nur die Kieselsäure übrig, es wird also alles Magnesium des Silicats in das Chlorid übergeführt. Verdünnte Salzsäure zersetzte diese Serpentine nur teilweise und nicht alle Vorkommen in gleicher Stärke.

Da nach G. Daubrée[1]) beim Schmelzen eine Spaltung in Olivin und Enstatit eintritt, so erhitzten F. W. Clarke und E. A. Schneider einige dieser Serpentine eine Stunde lang über dem Gebläse, sie wurden also nicht so hoch erhitzt, wie dies G. Daubrée tat, und dann mit Salzsäure behandelt, wobei der etwa gebildete Enstatit zurückbleiben mußte. Diese Rückstände betrugen:

Bei	14.	117.	66.
	4,32 %	20,80 %	39,96 %
MgO enthaltend	43,28 %	41,34 %	36,31 % und dazu noch 9,26 % R_2O_3, das übrige SiO_2.

Enstatit verlangt 40 % MgO.

F. W. Clarke und E. A. Schneider sind der Meinung, daß man diese Rückstände als unreine Enstatite auffassen könne. Im letzten Falle scheint nach ihnen die Spaltung eine vollkommene gewesen zu sein, im gewöhnlichen Serpentin hat die Spaltung kaum begonnen.

Wenn Serpentin entwässert wird (F. W. Clarke und E. R. Schneider halten alles Wasser des Serpentins für Konstitutionswasser, siehe S. 405), so restiert die Verbindung $Mg_3Si_2O_7$, die durch Säuren zersetzbar ist und bei höherer Temperatur in Olivin und Enstatit gespalten wird.

Die Konstitutionsformel des Serpentins ist nach F. W. Clarke und E. A. Schneider $Mg_2(SiO_4)_2H_3(MgOH)$.

Versuche von A. Lindner. Um die Ergebnisse der Untersuchungen der beiden Vorgenannten nachzuprüfen, hat A. Lindner[2]) 19 Serpentine untersucht (Analysen in der Zusammenstellung S. 237 ff.). In nachstehender Tabelle sind seine Untersuchungen der Veränderung der Serpentine in Chlorwasserstoffgas, das vollkommen trocken war, wiedergegeben. *A* bedeutet die Gewichtszunahme in Prozenten, *B* das Verhältnis vom neugebildeten Chlorid zur gesamten MgO-Menge und *C* die Menge des Magnesiumchlorids in Prozenten, die Ziffern der ersten Vertikalreihe sind die der betreffenden Analysen in der Zusammenstellung:

	A	*B*	*C*
38	8,26	7,52 : 37,75	20,0
16	5,02	3,10 : 41,04	7,5
39	5,28	5,44 : 36,99	14,7
41	9,68	11,08 : 37,00	30,0
84	6,04	15,02 : 25,57	58,7
42	19,72	23,66 : 35,51	66,7
144	11,78	12,24 : 30,24	40,0
34	4,40	6,45 : 44,40[3])	—

[1]) G. Daubrée, C. R. 62, 661 (1866).
[2]) A. Lindner, Inaug.-Diss. Breslau 1893. Ref. Z. Kryst. 25, 589 (1896).
[3]) MgO + FeO.

	A	*B*	*C*
141	14,38	5,58 : 32,70	17,0
143	3,90	2,10 : 39,67	5,3
77	5,78	3,02 : 30,98	9,7
33	9,18	6,14 : 40,50	15,1
60	7,20	5,50 : 40,97	13,4
90	11,92	7,60 : 27,31	27,8
88	15,34	6,36 : 33,91	18,7
129	16,92	6,98 : 30,46	22,9
91	5,12	3,30 : 17,56	18,7

Daraus geht hervor, daß das gebildete Magnesiumchlorid bei den einzelnen Serpentinen in keiner Weise auch nur angenähert konstant ist; A. Lindner konnte somit die Resultate F. W. Clarkes und E. A. Schneiders nicht bestätigen. Auch gegen andre Reagenzien verhielten sich die untersuchten Serpentine ganz verschieden (siehe weitere Versuche bei Löslichkeit).

Gegen die Resultate der Versuche F. W. Clarkes und G. A. Schneiders und gegen die daraus aufgestellten Hypothesen hat sich dann später R. Brauns[1]) ausgesprochen, der darauf aufmerksam machte, daß das Chlorwasserstoffgas, dessen sie sich bedient hatten und das die Zersetzung bewirkt hat, nicht trocknes, sondern feuchtes Gas gewesen sei, und daß diese Feuchtigkeit es sei, die dem Gase die stark zersetzende Wirkung verliehen habe; es fällt somit nach R. Brauns prinzipiell der Unterschied in der Wirkung der Versuche mit Gas und Säure bei den Versuchen der beiden Forscher weg, und es sei nicht bewiesen, daß Chlorwasserstoffgas nur den Teil des Magnesiums angreift, welcher in der einwertigen —Mg—OH-Gruppe vorhanden ist. Dagegen sprechen auch die Versuche von A. Lindner, der gezeigt hat, in welchen weiten Grenzen die Zersetzbarkeit der Serpentine schwankt.

R. Brauns geht von der Überlegung aus, daß bei der Serpentinisierung des Olivins ein Teil der basischen Bestandteile, als Erz oder als Carbonat ausgeschieden, Wasser aufgenommen und zur Sättigung der freien Valenzen verwendet werde. Es bildet sich so ein Zwischenstadium nach der Formel $H_2Mg_3Si_2O_8$, das man auch $Si_2O_7Mg_2(MgOH)H$ schreiben kann.

Da Magnesia eine große Neigung zur Bildung wasserhaltiger Verbindungen hat, so geht auch bei der Verwitterung des Olivins die Hydratisierung weiter und es entsteht Serpentin:

$$Si_2O_7Mg(MgOH)_2H_2 .$$

Diese anschauliche Formel soll auch erklären, daß das Wasser der Serpentine bei verschiedenen Temperaturen entweicht. Auch die Spaltung des Serpentins bei hoher Temperatur unter Austritt von Wasser in $MgSiO_3$ (Enstatit) und in Mg_2SiO_4 (Olivin), die G. Daubrée fand und F. W. Clarke und E. A. Schneider auch bei Temperaturen unterhalb des Schmelzpunkts bestätigt fanden, ist aus der Konstitutionsformel, die R. Brauns gibt, erklärlich.

Später faßte F. W. Clarke[2]) Serpentin als ein Orthosilicat auf, das sich von dem polymeren Silicat $Mg_4(SiO_4)_2$ ableitet, und gibt folgende Strukturformel:

---

[1]) R. Brauns, N. JB. Min. etc. 1894¹, 205.
[2]) F. W. Clarke, Bull. geol. Surv. U.S. **125**, 1 (1895). Ref. Z. Kryst. **28**, 326 (1897).

$$\begin{array}{c} H_2 \\ \| \\ Mg\left\langle \begin{array}{l} Si\ O_4 \\ Si\ O_4 \end{array} \right\rangle Mg \\ H \qquad MgOH \end{array}$$

S. Hillebrand[1]) untersuchte verschiedene Serpentinvarietäten nach der von G. Tschermak angegebenen Methode. Analysen dieser Serpentine (Analysen 19—21 S. 388). Dem edlen Serpentin (Analyse 19) entspricht die Säure $Si_2O_6H_4$, der Chrysotil (20) ist wahrscheinlich ein Salz der Säure $Si_4O_{13}H_{10}$; Antigorit (21) hingegen dürfte von derselben Säure abzuleiten sein, als der edle dichte. Die Strukturformeln wären für Olivin, Serpentin, Chrysotil:

Olivin	Serpentin (und Antigorit)	Chrysotil[2])
$Si_2O_6(MgOMg)_2$	$Si_4O_{12}(MgOH)_6H_2$	$Si_4O_{13}(MgOMg)(MgOH)_4H_4$

Die summarische Formel für beide, Serpentin und Chrysotil, aber wäre $Si_4O_{18}Mg_6H_8$ und die beiden stünden sonach im Verhältnis der Isomerie. D. Fogy[3]) untersuchte auf ähnliche Weise noch Serpentinpseudomorphosen von Snarum (Analyse 26 S. 389) und hat hierfür eine ähnliche Strukturformel gegeben.

G. Tschermak hat in seiner großen Arbeit über die Chloritgruppe die Annahme gemacht, daß die Chlorite aus 2 Silicaten bestehen, von denen das eine das Serpentinsilicat ist.

Er hat für dieses Serpentinsilicat zwei Konstitutionsformeln gegeben, eine symmetrische:

$$\begin{array}{c} OH{-}Mg{-}O \\ H{-}O \end{array}\!\!>\!Si{-}O{-}Si\!<\!\!\begin{array}{c} O{-}Mg{-}OH \\ O{-}H \end{array}$$
$$\begin{array}{c} | \qquad\qquad | \\ O \qquad\qquad O \\ \diagdown \;\; Mg \;\; \diagup \end{array}$$

und eine unsymmetrische:

$$\begin{array}{c} H{-}O \\ H{-}O \end{array}\!\!>\!Si{-}O{-}Si\!<\!\!\begin{array}{c} O{-}Mg{-}OH \\ O{-}Mg{-}OH \end{array}$$
$$\begin{array}{c} | \qquad\qquad | \\ O \qquad\qquad O \\ \diagdown \;\; Mg \;\; \diagup \end{array}$$

G. Tschermak hält die symmetrische für wahrscheinlicher, da die Ableitung von zwei Molekülen Olivin auf die symmetrische führt. R. Brauns (l. c.) gibt der unsymmetrischen deshalb den Vorzug, weil sie die beim Erhitzen eintretende Spaltung in Olivin und Enstatit begreiflich macht. Da nun aber diese Spaltung nicht als vollständig bewiesen erscheint, so glaube ich, dürfte dieser Vorzug vielleicht doch nur ein scheinbarer sein, abgesehen davon, daß man bei der Unkenntnis der Rolle des Wassers bei der Aufstellung einer Konstitutionsformel nur auf theoretische, recht unsicher gestützte Überlegungen angewiesen ist.

[1]) S. Hillebrand, Sitzber. Wiener Ak. math.-nat. Kl. **115**, 697 (1906).
[2]) Vgl. Bd. II, S. 309.
[3]) D. Fogy, ebenda S. 1081.

Auf Grund rein theoretischer Überlegungen hat auch R. Scharizer[1]) seine Ansichten über die Konstitution des Serpentins geäußert.

Es sind noch von einigen andern gelegentlich Vorschläge zur Veranschaulichung der Konstitution des Serpentins (bzw. der „Serpentinminerale") gemacht worden, die aber oft jeder Grundlage entbehren und rein spekulativ sind.

Beziehungen zu den Chloriten. Trotzdem der Serpentin im reinen Zustand frei von Tonerde ist, bestehen doch gewisse Beziehungen in den physikalischen Eigenschaften zu den Chloriten, auf die vor allem G. Tschermak[2]) aufmerksam gemacht hat. Der Unterschied zwischen Serpentin und Pennin ist nach ihm derselbe wie zwischen dem Pennin und dem Korundophilit oder dem Klinochlor und Amesit, so daß man eine Reihe mit steigendem Tonerdegehalt bilden kann: Serpentin–Pennin–Klinochlor–Korundophilit–Klinochlor–Amesit. Auch äußerlich unterscheidet sich z. B. ein dichter Serpentin nicht im geringsten von Pseudophit, einem dichten Pennin, und feinschuppiger Serpentin ist dem Pennin und Klinochlor von derselben Textur nicht nur äußerlich zum Verwechseln ähnlich, sondern auch die optischen Eigenschaften befinden sich in einer fast vollkommenen Übereinstimmung, wie G. Tschermak hervorhebt; und daß sich Serpentin vom Chrysotil, der ein feinfaseriger Serpentin ist, eben nur durch seine Textur unterscheidet, kann wohl als allgemein anerkannt angenommen werden. Auch in der Spaltbarkeit ist die Ähnlichkeit von Chrysotil und Pennin sehr groß. Nach G. Tschermak dürften in den blätterigen Serpentinen Übergangsstufen zu finden sein, für eine solche bezeichnet er das serpentinähnliche Mineral, das E. Hussak[3]) vom Sprechenstein bei Sterzing in Tirol beschrieben hat (Analyse 102 S. 397).

V. Wartha[4]) stellte in einer Tabelle die Analysen tonerdefreier Serpentine zusammen und fand, daß auch die typischsten Serpentine Tonerde, wenn auch in geringen Mengen, enthalten. Er verglich sie mit den Gliedern der Chlorit-, Ripidolith- und Penningruppe und fand, daß in bezug auf den Tonerdegehalt zwischen Serpentin und Pennin ein kontinuierlicher Übergang bestünde. V. Wartha nimmt an, daß der Serpentin nichts anderes sei als ein charakteristisches Glied der Chloritgruppe, bei dem der Tonerdegehalt bis auf Null sinken kann. V. Wartha weist auf das häufige Nebeneinandervorkommen von Serpentin und Chloritmineralien hin.

Es ist unverkennbar, daß, wenn man die neueren Analysen von Serpentinen überblickt, die Zahl der tonerdefreien gegen die der tonerdehaltigen zurücktritt. Daß aber in bezug auf den Tonerdegehalt tatsächlich solche Übergänge allgemein sind, scheint mir aus der vorstehenden Analysenzusammenstellung nicht hervorzugehen, wenn man nach Möglichkeit auf das bei der Analyse verarbeitete Material Rücksicht nimmt, und es scheint sich vielleicht tatsächlich auf den von G. Tschermak angegebenen Fall zu beschränken. Ein Schluß aus den Analysen, daß das Mineral Serpentin nur ein tonerdearmes Glied der Chloritgruppe ist, scheint wohl kaum berechtigt. Ein näheres Studium der Serpentine, namentlich die chemische Untersuchung der physikalischen Einheiten der Serpentine, auf deren Trennung man bei den chemischen Untersuchungen wohl wenig Rücksicht genommen

---

[1]) R. Scharizer, Z. Kryst. **22**, 373 (1894).
[2]) G. Tschermak, Sitzber. Wiener Ak. math.-nat. Kl. **99**, 253 (1890).
[3]) E. Hussak, Tsch. min. Mit. **5**, 68 (1883).
[4]) V. Wartha, Földtani Közlöny **16**, 79 (1886).

hat und sehr oft auch nicht nehmen konnte, könnte vielleicht näheren Aufschluß darüber geben, ob die aus den physikalischen Eigenschaften abgeleiteten Schlüsse auf die Verwandtschaft von Serpentin mit den Chloriten auch durch chemische Untersuchungen gestützt werden. Man müßte vor allem versuchen, ob der Aluminiumgehalt mehrerer Analysen, die von demselben Vorkommen ausgeführt sind, ein ähnlicher ist.

G. Tschermak weist in seiner Arbeit ausdrücklich auf die ungenügende Reinheit des Analysenmaterials hin, um aus den bisher bekannten Analysen Schlüsse über dieses Thema ziehen zu können.

Formel. Es existieren somit mehrere Theorien, zu einem greifbaren Resultat hat aber wohl keine geführt, und eine allgemein gültige Konstitutionsformel kann daher dermalen nicht gegeben werden; man muß sich mit der empirischen $H_4Mg_3Si_2O_9$ begnügen. Da nun aber alle Serpentine mit wenig Ausnahmen Eisen führen, so wird man gut tun, dies auch in der allgemein üblichen Weise in der Formel ersichtlich zu machen und sie $H_4(MgFe)_3Si_2O_9$ schreiben.

Es soll an dieser Stelle bemerkt sein, daß es nicht ausgeschlossen ist, daß man unter Serpentin mehrere Mineralien zusammengestellt hat, die zu unterscheiden man heute noch nicht in der Lage ist. Dafür sprechen die verschiedenen Angaben über die optischen Eigenschaften, die man ab und zu findet und vielleicht doch nicht nur auf der mangelnden Genauigkeit der Untersuchungsmethode allein beruhen. Hier wäre für eine genaue physikalische Untersuchung, namentlich optische, ein zwar sehr schwieriges, aber weites Feld. Ich gehe vielleicht nicht fehl, wenn ich annehme, daß es möglicherweise gerade diese Schwierigkeiten sind, die heute unsre Kenntnis der Serpentine so sehr vom Ideal entfernt erscheinen lassen. Und wenn durch sehr genaue optische Untersuchungen ein Einheitswert für Serpentin aufgestellt sein wird, dürften auch die Schwierigkeiten, die die Konstitution des Serpentins uns bietet, leichter zu lösen sein.

Chemische Eigenschaften.

Lötrohrverhalten. Serpentin bläht sich vor dem Lötrohr auf, ist schwer schmelzbar. Im Kölbchen gibt er schon beim gelinden Erhitzen eine geringe Menge Wasser ab, die Hauptmenge verliert er aber erst bei Rotglut. Wenn er eisenhaltig ist, so gibt er die Eisenperle; manchmal kann man geringe Mengen von Chrom auch durch die Perle oder durch die Soda–Salpeterschmelze erkennen. Von Säuren wird er beim Erhitzen stark angegriffen.

Löslichkeit. Über die Löslichkeit des Serpentins in Salzsäuregas und in Salzsäure ist schon aus den Versuchen von F. W. Clarke und E. R. Schneider und A. Lindner vieles mitgeteilt worden (siehe S. 405 ff). Einiges sei noch hinzugefügt.

Löslichkeit in HCl.

A. Lindner[1]) hat Serpentine in trocknem Gas bei Tag bei 130—150°, bei Nacht bei gewöhnlicher Temperatur mehrere Tage lang behandelt und auch hier in weiten Grenzen divergierende Resultate erhalten. Einige Zahlen sollen dies erläutern. Die Gewichtszunahmen betrugen:

---

[1]) A. Lindner, Dissertation (Breslau 1893). Ref. Z. Kryst. **25**, 589 (1896).

Bei Serpentin[1]:	140	33	141	144	16	39	31
Gewichtszunahmen:	15,42	22,70	10,92	31,50	25,90	14,96	39,64

Auch das Eisensilicat wird angegriffen und es verhielten sich die Chloride bei den eisenreichsten:

Bei	91	90	88	144
$\frac{MgCl_2}{MgO}$	$\frac{5}{17}$	$\frac{5}{23}$	$\frac{5}{23}$	$\frac{10}{57}$
$\frac{FeCl_2}{FeO}$	$\frac{1}{17}$	$\frac{1}{26}$	$\frac{1}{25}$	$\frac{10}{25}$

A. Terreil[2]) behandelte sehr feinfaserigen Chrysotil von Canada (Analyse 124 S. 399) mit konzentrierter kochender Salzsäure und fand, daß diese ihm alle Magnesia und das gesamte Eisen entzieht. Die zurückbleibende Kieselsäure verliert beim Glühen 9,80 % Wasser, sie ist doppelbrechend, in kochender Kalilauge löslich und hat vollständig die Struktur des Minerals und seine Biegsamkeit behalten. Das gleiche Verhalten zeigen andere Vorkommen faseriger oder blätteriger Serpentinvarietäten, so der Antigorit von Zermatt, der Chrysotil von Montville, während dichte Serpentine nur schwer zersetzt wurden. Das gleiche trat bei Behandlung mit kochender Schwefelsäure ein.

In Ammoniumchlorid.

F. W. Clarke und G. Steiger[3]) untersuchten die Zersetzung von Serpentin von Newburyport in Massachusetts durch Ammoniumchlorid. Feinstes Mineralpulver wurde mit der vierfachen Menge von trockenem Ammoniumchlorid 5—6 Stunden lang in einem zugeschmolzenen Verbrennungsrohr bei einer Temperatur von 350° erhitzt, das abgekühlte Gemisch mit Wasser ausgelaugt und der unlösliche Rückstand analysiert. Die Analyse des Minerals in der Zusammenstellung Analyse 15, S. 388. Der Rückstand ergab die Zusammensetzung:

MgO	39,54
$Fe_2O_3 + Al_2O_3$	0,88
SiO_2	45,42
H_2O	14,01
NH_3	0,09
	99,94

Es waren 0,18 % SiO_2 und 5,53 % MgO in Lösung gegangen; im Rückstand befanden sich 1,06 % lösliche Kieselsäure. Die Angreifbarkeit des Ammoniumchlorids auf Serpentin ist im Vergleich zu andern Silicaten eine geringe zu nennen.

Löslichkeit in kohlensäurehaltigem Wasser.

Die Löslichkeit des Serpentins in CO_2 haltigem Wasser ist eine sehr große; in der Natur spielt die Zersetzung des Serpentins durch diese Säure eine sehr wichtige Rolle, ihr verdanken die Magnesitlagerstätten in den Serpentinen ihre Entstehung.

---

[1]) Die Nummern beziehen sich auf die Zahlen, die die betreffenden Serpentine in der Analysenzusammenstellung tragen.

[2]) A. Terreil, C. R. **100**, 262 (1885).

[3]) F. W. Clarke u. G. Steiger, Z. anorg. Chem. **29**, 350 (1902).

R. Müller[1]) ließ in versiegelten Flaschen während 7 Wochen solches Wasser bei Kellertemperatur (eine nähere Angabe fehlt) auf feinst gepulverten edlen Serpentin von Snarum einwirken. Von diesem Mineral, dessen chemische Zusammensetzung in Analyse 67 auf S. 392 angegeben ist, wurden gelöst:

MgO	2,649
Al_2O_3	Spuren
FeO	1,527
SiO_2	0,354

Es waren 13,8 g verwendet worden und es hatten sich im ganzen 1,24% gelöst. Die Angabe auf 3 Dezimalen überschätzt die Genauigkeit der Analysenresultate, besonders wo es sich um so geringe Mengen handelt. Weitere Schlüsse werden aus diesem Resultat nicht gezogen.

H. Leitmeier[2]) behandelte 1 g Serpentin von Kraubath in Steiermark mit 100 g Wasser, in das geringe Mengen von CO_2 eingeleitet worden waren, in einer zugeschmolzenen Glasröhre 6 Monate lang bei Zimmertemperatur (15—18°) auf der Schüttelmaschine und erhielt folgendes Resultat:

Gelöst:		Rückstand:	
MgO	3,07%	MgO	33,64%
FeO	0,38	CaO	0,28
SiO_2	0,23	Al_2O_3	0,32
Ges.-Resultat d. Gelösten	3,68	FeO als F_2O_3 bestimmt und als FeO berechnet	9,64
		SiO_2	39,72
		H_2O	12,88
			96,48
		Gelöstes	3,68
			100,16

Die Löslichkeit von 3½% ist für die sehr geringe Kohlensäurekonzentration als eine sehr hohe zu bezeichnen und es macht dieser Versuch es verständlich, wie in der Natur so große Mengen Carbonat sich aus Serpentin (und Olivin) bilden. Kristallisationsversuche mit der Lösung ergaben denn auch die Bildung eines Magnesiumcarbonats. Die Kieselsäure des Rückstands war zum Teil etwas gallertig. Dies erklärt die Opalbildungen, die häufig bei der Carbonatisierung zu beobachten sind.

In Sodalösung.

Kochende Sodalösung greift nach F. W. Clarke und E. A. Schneider[3]) frischen Serpentin nicht an, starkes Glühen über dem Gebläse aber machte bei ihren Versuchen in einigen Fällen eine kleine Menge Kieselsäure frei, die von Sodalösung aufgenommen wurde:

Bei Serpentin:		15.	16.	117.	119.
War SiO_2 gelöst:	I.	6,23%	2,00%	2,18%	6,05%
(eine zweite Probe)	II.	6,34	2,63	—	4,93

[1]) R. Müller, Tsch. min. Mit. 1877, 25, in J. k. k. geol. R.A. **27** (1877).
[2]) H. Leitmeier, unveröffentlicht.
[3]) F. W. Clarke u. E. A. Schneider, l. c.

A. Lindner[1]) hat noch Versuche mit anderen Reagenzien angestellt, mit Brom, trocknem Salmiak, Essigsäure, Kalihydrat; es ergaben sich stets verschiedene Lösungswerte.

Physikalische Eigenschaften.

Die Dichte der eisen- und tonerdearmen Serpentinmineralien schwankt zwischen $\delta = 2{,}55$ und 2,59. Je nach dem Eisen- und Tonerdegehalt wird dieser Wert größer oder kleiner (ersichtlich aus der Analysenzusammenstellung).

Die Härte des frischen Serpentins liegt zwischen 3 und 4 der Moosschen Härteskala, sie erscheint häufig durch Opal oder Chalcedon, auch wenn nur sehr geringe Mengen beigemengt sind, höher. Auf diese Weise erklären sich Härteangaben bis über 5.

Kristallklasse. Nach P. Groth[2]) scheint der Antigorit monoklin, der Chrysotil rhombisch zu sein. Er hält diese beiden Varietäten für isomer. Vgl. die Versuche von S. Hillebrand S. 410.

Optische Eigenschaften. Die Fasern des Serpentins sind teils optisch negativ, teils optisch positiv, der Achsenwinkel wird verschieden angegeben, die Angaben schwanken zwischen bedeutenden Grenzen. Es handelt sich wahrscheinlich um mehrere optisch verschiedene Mineralien. Eine tabellarische Übersicht der optischen Eigenschaften einer großen Anzahl Serpentinmineralien gibt H. Michel[3]), aus der einige Daten hier entnommen seien.

Name	System	Farbe	Brechungsquotienten	Doppelbrechung	Optischer Charakter	Achsenwinkel
Faserserpentin	rhombisch	gelblich grün farblos	ca. 1,54	0,013	(+)	2 E = 16–50°
Antigorit . .	rhombisch	grün	1,56, 1,57, 1,571	0,011	(—)	2 E = 16—98°
Villarsit . .			starker Pleochroismus	stark		
Webskyit . .	amorph	gelbgrün				
Radiotin . .				mittelstark	(-)	

Dazu kommen noch optisch verschiedene Serpentinmineralien, die K. Schuster[4]), F. Becke[5]), H. Wiegel[6]) und M. Stark[7]) beschrieben haben.

Spezifische Wärme. O. E. W. Öberg[8]) fand an sehr reinem edlen Serpentin von Persberg, Wermland, der von gelber Farbe und frei von Kohlensäure und Bitumen war, 0,2586. J. Joly[9]) gibt für Serpentin 0,2529 an. In neuerer Zeit hat H. Hecht[10]) die spezifische Wärme von Serpentin mit der

[1]) A. Lindner, l. c.
[2]) P. Groth, Chem. Kryst. II, 258 (Leipzig 1908).
[3]) H. Michel, Tsch. min. Mit. 1913.
[4]) K. Schuster, Sitzber. Wiener Ak. math.-nat. Kl. **116**, 40 (1907).
[5]) F. Becke, Tsch. min. Mit. **16**, 311 (1897).
[6]) H. Wiegel, ZB. Min. etc. 1907, 372.
[7]) M. Stark, Tsch. min. Mit. **27**, 410 ff. (1908).
[8]) P. W. E. Öberg, Öfvers. Vet. Akad. Förh. 1885, 43. Ref. Z. Kryst. **14**, 622 (1888).
[9]) J. Joly, Proc. Roy. Soc. London **41**, 250 (1887). Ref. Z. Kryst. **15**, 523 (1889).
[10]) H. Hecht, Ann. d. Phys. [4] **14**, 1023 (1904).

Dichte $\delta = 2{,}45$ mit $c = 0{,}251$ zwischen 1—100° bestimmt. Es liegen also bei diesem Mineral verhältnismäßig gut übereinstimmende Werte vor.

Die Färbung des Serpentins. Der edle Serpentin kommt in verschiedenen Färbungen vor, die alle Varietäten von grün und gelb umfassen. Der Strich ist gelbgrün. Wahrscheinlich rührt die grüne Färbung von Nickel oder Chrom her, die, wenn auch gewöhnlich in geringen Mengen, in sehr vielen Serpentinen analytisch gefunden worden sind und wahrscheinlich allgemeiner sein werden, als es die Analysen dartun, da sehr häufig bei der Analyse auf die beiden Substanzen nicht geprüft worden sein dürfte.

Nach W. Suida[1]) färbt sich Serpentin mit Teerfarbstoffen, Fuchsin und Methylenblau stark an.

Serpentinasbest und dichter Serpentin, mit Fuchsin und mit Methylenblau angefärbt, zeigen nach F. Cornu[2]) starken Pleochroismus. Absorptionsschema $\gamma > \alpha$.

Verhalten beim Erhitzen. Wenn man Serpentin bis zum Schmelzen erhitzt, so tritt, wie G. A. Daubrée[3]) angegeben hat, nach der Gleichung

$$H_4Mg_3Si_2O_9 = 2H_2O + Mg_2SiO_4 + MgSiO_3$$

Spaltung in Olivin und Enstatit ein.

Ich habe edlen Serpentin von Snarum im Ruhstrat-Kohlekurzschlußofen zum Schmelzen gebracht.[4]) Die Erweichung findet bei ca. 1480° statt, vollständige Verflüssigung trat bei der raschen Erhitzung erst bei ca. 1550° ein. Der Erstarrungspunkt lag bei 1400°. Die Abkühlung erfolgte ziemlich langsam. Die Untersuchung unter dem Mikroskop ergab, daß nur Olivin auskristallisiert war. Daneben hatte sich ein Glas gebildet, dessen Menge schätzungsweise aus der Untersuchung von zwei Dünnschliffen 5—8% betrug. Enstatit hatte sich nicht gebildet. Mehrere Proben zeigten auch, daß sich das Erstarrungsprodukt in verdünnter Salzsäure bei 20° innerhalb kurzer Zeit vollständig löste. Es war also keine Spaltung in Enstatit und Olivin eingetreten, wenn nicht der glasige Teil dem Enstatit entsprechen sollte.

Die Umwandlung des Serpentins in Olivin tritt schon bei Temperaturen unter dem Schmelzpunkt ein. Als der gleiche Serpentin mehrere Stunden lang im Fourquignon-Leclercq-Gasofen auf ca. 1350° erhitzt worden war, hatte sich, ohne daß Schmelzung oder Erweichung eingetreten war, teilweise Olivin gebildet.

Synthese.[5])

Durch Einwirkung einer Lösung von Na_2SiO_3 auf Magnesit in der Dauer von 10 Tagen bei einer Temperatur von 100° erhielt J. Lemberg[6]):

$MgCO_3$	25,85%
$CaCO_3$	2,90
MgO	26,12
SiO_2	45,13
	100,00

[1]) W. Suida, Sitzber. Wiener Ak. math.-nat. Kl. **113**, IIb, 725 (1909).
[2]) F. Cornu, Tsch. min. Mit. **25**, 453 (1906).
[3]) G. A. Daubrée, C. R. **62**, 661 (1866).
[4]) Unveröffentlicht.
[5]) Die öfters angegebene Synthese des Serpentins von Gages hat ein Produkt geliefert, das alles andere eher als Serpentin ist. Rep. Brit. Ass. **33**, 203 (1863).
[6]) J. Lemberg, Z. Dtsch. geol. Ges. **28**, 563 (1876).

J. Lemberg denkt daran, daß unter Umständen in der Natur die Talk–Serpentin–Specksteineinlagerungen im Magnesit durch einen ähnlichen Prozeß entstanden sein mögen. Eine Reaktion, die aber nur bei Temperaturerhöhung möglich sein dürfte und nur sehr beschränkte Anwendbarkeit auf natürliche Vorgänge haben wird.

Er hat später[1]) aus einem Monticellitmineral (Batrachit) von Rizzoni in Südtirol serpentinähnliche Umwandlungsprodukte von folgender Zusammensetzung erhalten:

	1.	2.	3.	4.	5.
MgO	33,36	38,54	26,06	23,91	23,49
CaO	12,11	3,09	28,61	32,08	34,15
FeO	3,42	4,55	4,63	4,89	4,68
(CO_2)	0,37	1,09	—	—	—
SiO_2	39,43	34,66	36,12	36,88	38,07
H_2O	11,30	17,23	4,48	2,45	0,53
	99,99	99,16	99,90	100,21	100,92

1. Fein gepulverter Batrachit wurde 18 Stunden lang bei 2000° im zugeschmolzenen Glasrohre mit Magnesiumchloridlösung behandelt.
2. 5 Monate lang bei 100°.
3. 1 Jahr lang bei 35—40°.
4. 1 Jahr lang bei Zimmertemperatur.
5. Ist die chemische Zusammensetzung des Batrachits.

Aus diesen Versuchen geht hervor, daß in einem Ca–Mg-Silicat durch Einwirkung von Magnesiumchlorid Anreicherung mit Mg-Silicat stattfindet, daß sich also ein Austausch der Basen in diesem Sinne vornehmen läßt. Diese Reaktion ist in erster Linie von der Temperatur abhängig, indem sie nur bei erhöhter Temperatur stattfindet. Die Zeit scheint auch von Einfluß, aber von weit geringerem zu sein. Bei Zimmertemperatur gelingt auch bei langer Zeit die Umwandlung nicht. Die günstigsten Versuchsbedingungen waren 100° und 5 Monate. Ob dieser interessante Vorgang daher für die natürlichen Verhältnisse von Bedeutung ist, ist möglich, aber allgemein ist sie jedenfalls nicht.

Genesis.

Ursprünglich wurde der Serpentin für ein primäres Mineral gehalten und die bekannten Pseudomorphosen von Snarum für seine echten Kristalle. A. Quenstedt[2]) erkannte als erster die pseudomorphe Natur dieser Gebilde. G. Rose[3]) hat dann, als sich die Ansicht A. Quenstedts längere Zeit keine allgemeine Geltung zu verschaffen vermochte, auf Grund chemischer Untersuchungen dasselbe Resultat erhalten. Auch dann war die Meinung, es handle sich um echte Serpentinkristalle, noch nicht vollständig zum Schweigen gebracht, bis M. Websky[4]) durch optische Beobachtungen die pseudomorphe Natur dieser Gebilde zur unumstößlichen Tatsache gemacht hatte. G. Tschermak[5])

[1]) J. Lemberg, Z. Dtsch. geol. Ges. **29**, 475 (1877).
[2]) A. Quenstedt, Pogg. Ann. **36**, 370 (1835).
[3]) G. Rose, Pogg. Ann. **82**, 517 (1851).
[4]) M. Websky, Z. Dtsch. geol. Ges. **10**, 277 (1858).
[5]) G. Tschermak, Sitzber. Wiener Ak. **56**, 283 (1867).

wies dann auf die allgemeine Verbreitung dieser Bildungsweise durch Zersetzung des Olivins hin. (Siehe auch bei Olivin, S. 309). J. Roth[1]) wies dann nach, daß nicht nur aus Olivin, sondern auch aus tonerdefreien Augiten und Hornblenden[2]) Serpentin entstehen könne, was A. Breithaupt schon weit früher für Hornblende erkannt hat. Pseudomorphosen dieser Art hatte früher auch schon G. Rose beschrieben. Es ist nicht Sache dieses Handbuchs, eine weitere mit literarischen Belegen versehene historische Schilderung zu geben, wie sich diese zuerst vereinzelt ausgesprochenen und immer mehr anerkannten Ansichten allgemeinste Geltung verschafften. Eine große Anzahl von Arbeiten von allen möglichen Lokalitäten handeln hierüber. Heute wissen wir, daß der Serpentin stets ein Zersetzungsprodukt ist. Über die Art dieser Zersetzung des Olivins ist das Wichtigste schon bei Olivin gesagt. Der aus dem Olivin gebildete Serpentin ist durch die sog. Maschenstruktur gekennzeichnet. Die Umwandlung des Olivins beginnt längs der Spalten und Risse in dem Olivinkristall,

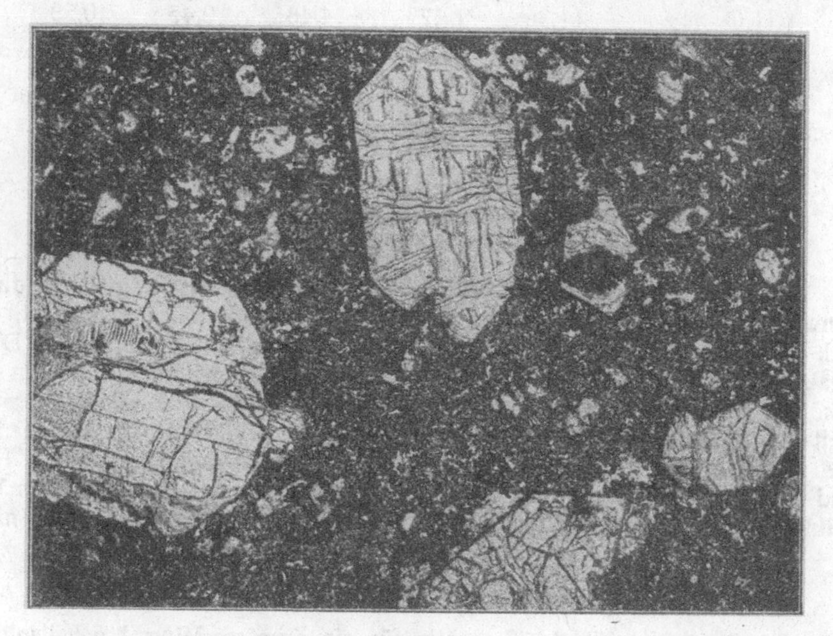

Fig. 34. Olivinkristalle, die sich in Serpentin umzuwandeln beginnen.

wie es die nebenstehende Fig. 34 zeigt. Von dort aus schreitet die Umwandlung immer weiter. In diesen so gebildeten, das Mineral netzartig durchziehenden Bändern haben sich bei der Umwandlung gebildete dunkle Substanzen, vor allem Magnetit, ausgeschieden; diese regellos gelagerten dunklen

[1]) J. Roth, Sitzber. Berliner Ak. 1870, 352. Siehe ausführliche Literaturangaben in C. Hintzes Handbuch Bd. II bei Serpentin und Olivin. Die alte Literatur bei G. Bischof, Chem. Geol. II, 1468 (1855).

[2]) A. Breithaupt hatte als erster überhaupt die Ansicht der Entstehung des Serpentins (aus Hornblende) als Umwandlungsprodukt ausgesprochen; Schweigers Jahrb. d. Chem. u. Phys. **53**, 282 (1834); auch nach G. Bischof, Chem. Geol. II, 866 (1855).

Streifen bleiben erhalten und bilden so ein Maschenwerk oder Gitter. In den Massen sind nicht selten noch unveränderte Olivinreste erhalten geblieben. E. Weinschenk[1]) ist der Ansicht, daß der Umwandlungsprozeß, der zur Gitterstruktur führte, energischer verlaufen sei als der, der zur Maschenstruktur führte. Die Umwandlung des Olivins in den Serpentin geht nach G. Tschermak[2]) nach folgender Gleichung vor sich:

$$2 Mg_2SiO_4 + CO_2 + 2 H_2O = H_4Mg_3Si_2O_9 + MgCO_3.$$

Den Beginn der Umwandlung stellt der Villarsit dar (vgl. S. 302). Als serpentinisierendes Agens gilt heute allgemein die Kohlensäure. Aber auch aus andern Mineralien, die im wesentlichen aus Magnesiasilicat bestehen, kann sich Serpentin bilden, so aus tonerdearmen Augiten, wie Bronzit und Enstatit, Diallag und Diopsid, tonerdearmen Hornblenden Tremolit und Aktinolith, dann aus Monticellit und in geringem Maße auch aus Chondrodit, Vesuvian und Granat. Alle diese Umwandlungen lehren uns die Pseudomorphosen, die bei diesem Mineral eine wichtige Rolle spielen. Die wirksamen Agenzien bei diesen Umwandlungsprozessen sind dieselben wie bei Olivin. Bei Serpentinen, die aus Hornblende entstanden sind, kann man, wie B. Weigand ausführt, ein Gitter unter dem Mikroskop im Dünnschliff sehen, das den Prismenwinkel der Hornblende (124°) erkennen läßt.

Die Entstehung des Serpentins aus Diopsid kann man sich nach folgender Gleichung vorstellen:

$$3 MgCaSi_2O_6 + 3 CO_2 + 2 H_2O = 4 H_4Mg_3Si_2O_9 + 3 CaCO_3 + 4 SiO_2.$$

Hier wird also gleichzeitig Calcit gebildet, man kann bei Serpentinen, die mit diesem Mineral zusammen vorkommen, daher an Entstehung aus Diopsid (bzw. Hornblende) denken. Ein zuverlässiges Kriterium für die Genesis ist dies aber nicht.

Nach A. M. Finlayson[3]) kann auch aus Talk Serpentin entstehen (siehe S. 367 und 368 bei Talk).

Bei Serpentinen, die aus Augiten entstanden sind, bildet sich nach E. Hussak[4]) die sog. gestrickte Struktur, die mit den Spaltrissen des Augits in Verbindung steht, die aber nach T. G. Bonney und C. A. Raisin[5]), wenn sie überhaupt existiert, keine Beziehung zur ursprünglichen Spaltbarkeit des Augits hat.

Sehr eingehend hat sich mit der Struktur der Serpentine auch M. Bauer[6]) beschäftigt.

F. Heddle[7]) hat mehrere zum größten Teil in Serpentin umgewandelte Hornblenden analysiert, von denen einige charakteristische hier wiedergegeben seien:

---

[1]) E. Weinschenk, Grundzüge der Gesteinskunde, II. Teil (Freiburg 1905), 173.
[2]) G. Tschermak, Lehrbuch d. Min. (Wien 1905), 579.
[3]) A. M. Finlayson, Quart Journ. Geol. Soc. **65**, 351 (1909).
[4]) E. Hussak, Tsch. min. Mit. **5**, 68 (1883).
[5]) T. G. Bonney u. C. A. Raisin, Quart Journ. Geol. Soc. **61**, 690 (1905).
[6]) M. Bauer, N. JB. Min. etc 1896¹, 28ff.
[7]) F. Heddle, Trans. R. Soc. Edinburgh **28**, 299 (1878). Ref. Z. Kryst. **4**, 303ff. (1880).

	1.	2.	3.
δ	2,695	2,634	2,61
(Na_2O) . . .	0,74	0,34	—
MgO . . .	29,23	31,57	23,93
CaO	5,07	0,86	23,44
MnO . . .	0,01	0,23	0,72
FeO	4,39	6,09	1,53
Al_2O_3 . . .	2,10	1,88	—
(CO_2) . . .	—	—	18,07
SiO_2 . . .	50,19	50,08	24,83
H_2O . . .	8,50	9,30	6,65
F.	—	—	1,95
	100,23	100,35	101,12
		F = O . .	0,82
			100,30

1. Fast ganz in Pikrolith umgewandelte Hornblende von Doos Geo auf Balta (Schottland), dunkelgrüne fettige Massen, feinfaserig; anal. F. Heddle, l. c.
2. Stärker umgewandelte Hornblende (Amianth), weniger faserig als die frühere vom gleichen Fundorte; anal. wie oben.
3. Serpentinisierter Tremolit von der Ko-Grube Nordmarken in Schweden; anal. R. Mauzelius bei H. Sjögren, Geol. Fören Förh. **17**, 268 (1895). Ref. Z. Kryst. **28**, 507 (1897) (bei 120° getrocknet).

2 ist viel stärker umgewandelt wie 1, 3 ist am wenigsten umgewandelt. Auffallend ist der Kalkreichtum.

Umgewandelte Augite hat ebenfalls F. Heddle untersucht; es sei eine Analyse mitgeteilt. Auch Mineralien der Humitgruppe wandeln sich, wie H. Sjögren fand, in Serpentin um; es folgt ebenfalls eine Analyse.

	1.	2.
(Na_2O)	0,73	—
(K_2O)	0,88	—
MgO	36,71	29,60
CaO	1,20	15,98
MnO	0,38	0,74
FeO	4,05	2,37
Al_2O_3	1,13	—
Fe_2O_3	4,36	—
(CO_2)	—	7,08
SiO_2	37,33	31,19
H_2O	13,37	9,46
F	—	4,83
	100,14	101,25
	O = F . .	2,03
		99,22

1. Umgewandelter Augit aus dem Serpentin von Portsoy; anal. F. Heddle, l. c.
2. In Serpentin teilweise umgewandelter Chondrodit von der Ko-Grube bei Nordmarken in Schweden; anal. J. G. Andersson, bei H. Sjögren, Geol. För. Förh. **17**, 268 (1895). Ref. Z. Kryst. **28**, 509 (1897).

Der unter 2 angeführte umgewandelte Chondrodit stellt ein Zwischenstadium zwischen dem reinen Mineral und dem vollständig zu Serpentin umgewandelten dar, dessen Analyse S. 400 Anal. 134 wiedergegeben ist.

Aus Pyroxenen sind auch die den Analysen 137, 61 und 110 entsprechenden Serpentine hervorgegangen; von diesen sind die beiden letzten so vollständig umgewandelt, daß man aus der Analyse nicht den geringsten Schluß auf die Genesis ziehen kann.

Die Umwandlung aus Olivin, Hornblende, Augit und Granat beschrieb schon G. Bischoff,[1]) und im wesentlichen sind wir in bezug auf die Genesis nicht sehr weit über die Ansichten dieses großen Forschers hinausgekommen, der vieles von dem als seine Ansicht aussprach, was in späteren Jahren bewiesen wurde.

Aus Monticellit bildete sich vom Pesmedakamm im Monzonigebiet in Südtirol nach J. Lemberg[2]) Serpentin, der fünf solcher Pseudomorphosen analysierte.

	1.	2.	3.	4.	5.
MgO	30,38	28,30	38,05	38,99	38,51
CaO	5,99	4,77	1,26	0,30	0,74
Al_2O_3	2,56	5,40	0,43	1,09	0,27
Fe_2O_3	4,98	5,20	4,14	3,74	4,13
SiO_2	38,83	39,69	39,63	41,38	42,02
H_2O	12,87	14,45	14,11	14,60	14,33
Rückstand unlösl.	3,69	1,72	2,31	—	—
	99,30	99,53	99,93	100,30	100,00

Die drei letzten stellen fast reinen Serpentin dar und sind nur, weil das FeO nicht bestimmt worden ist, nicht in die Analysenzusammenstellung aufgenommen worden.

Auch von Talk, der sich in Serpentin umwandelt, sind Analysen bekannt. Siehe S. 368.

Auch aus Feldspat soll sich Serpentin bilden können.

L. Finckh,[3]) der die aus Gabbro entstandenen Serpentine Nordsyriens untersucht hat, beschreibt ausführlich die Bildung von Serpentin aus Plagioklas. Diese Serpentinisierung des Plagioklases entsteht durch die Einwirkung von Magnesiasilicatlösungen von außen, die von benachbarten serpentinisierten Olivingesteinen eindringen. Der Plagioklas geht hierbei nicht direkt in Serpentin über, sondern es bildet sich zuerst eine pseudophitartige Substanz, die allmählich durch Verdrängung der chloritischen Mineralien in reinen Serpentin übergeht. Die Umwandlung selbst beginnt mit einer undulösen Auslöschung der Plagioklaskristalle, die mit der Hydratbildung, bei der Volumzunahme eintritt, zusammenhängt; dabei verschwindet auch die Zwillingsstreifung, und die ursprünglich einheitlichen Feldspate zerfallen in mehrere Felder; durch verschiedene Orientierung dieser Felder entsteht eine Briefkuvertform. Im weiteren Verlauf der Umwandlung bemerkt man eine Aggregatpolarisation, die nach der Meinung L. Finckhs damit zusammenhängt, daß die ehemals homogene Plagioklassubstanz in ein Haufenwerk feinster Partikelchen aufgelöst worden ist. Die Struktur, die hierbei entsteht, nennt L. Finckh Pseudomaschenstruktur, die sich von der echten durch Serpentinisierung der Olivine entstandenen dadurch unterscheiden soll, daß die Erzschnüre fehlen und im Zwischenstadium eben diese Felderteilung eintritt.

---

[1]) G. Bischoff, Chem. Geologie II, 1490 (1855).
[2]) J. Lemberg, Z. Dtsch. geol. Ges. **29**, 470 (1877).
[3]) L. Finckh, Z. Dtsch. geol. Ges. **50**, 79 (1898).

J. Lemberg[1]) hat an Feldspatgängen in sächsischen Serpentinen die Umwandlung von Feldspaten in serpentinähnliche Massen gezeigt, die an den dem Serpentin zugekehrten Rändern des Ganges am stärksten ist; wenn sie wenig mächtig sind, sind sie auch öfters in ihrer Gänze umgewandelt worden. Die Natronfeldspate waren viel leichter angreifbar, als die Kalifeldspate. Es werden Kalk und Alkalien ausgeschieden und durch Magnesia ersetzt. Die Kieselsäure wird vermindert, Wasser und öfter Eisenoxyd treten ein. Es folgen einige Analysen:

	1.	2.	3.	4.	5.
(Na_2O) . .	10,41	4,68	—	3,45	—
(K_2O) . .	0,13	—	—	8,69	—
MgO . .	—	15,84	29,74	4,69	30,36
CaO . . .	2,07	0,39	—	0,37	—
Al_2O_3 . .	21,43	14,45	10,61	18,45	16,15
Fe_2O_3 . .	0,18	1,02	1,32	0,50	6,24
SiO_2 . . .	65,73	54,77	38,86	61,21	33,79
H_2O . . .	0,40	8,85	17,57	2,64	13,46
	100,35	100,00	98,10	100,00	100,00

1. Frischer Oligoklas aus dem Serpentin von Zöblitz in Sachsen, Mitte des Ganges.
2. u. 3. Umgewandelter Oligoklas 2. schwächer, 3. stärker; aus demselben Gange, mehr am Rande.
4. Schwach umgewandelter roter Kalifeldspat von Waldheim in Sachsen.
5. Derselbe, stark umgewandelt.

Einen zu Serpentin umgewandelten Labrador beschrieb F. Heddle:

	6.
δ	2,616
MgO	38,76
CaO	1,07
MnO	0,77
FeO	2,03
Fe_2O_3	2,02
SiO_2	38,83
H_2O	16,58
.	100,06

6. Hellgrüne aus Labrador hervorgegangene Massen von Portsoy in Schottland; anal. F. Heddle, Trans. R. Soc. of Edinburgh **28**, 453 (1878). Ref. Z. Kryst. **4**, 310 (1880).

Einige Theorien über die Art der Umwandlung primärer Mineralien (Gesteine) in Serpentin.

Th. H. Holland[2]) stellte auf Grund seiner Forschungen über die Verwitterung von Gesteinen Vorderindiens die Theorie auf, daß die Serpentinisierung des Olivin(fels) kein subaerischer, sondern ein submariner Verwitterungsvorgang wäre. Er fand nämlich, daß in diesen Gegenden Gesteine, die sonst leicht zur Verwitterung neigen, unter der allerdings ziemlich mächtigen Zersetzungskruste (Humusboden u. a.) nur oberflächlich und auch da nur geringe Verwitterungsspuren zeigen, im Innern aber völlig intakt sind. Es finden sich

[1]) J. Lemberg, Z. Dtsch. Geol. Ges. **27**, 531 (1875).
[2]) Th. H. Holland, Geol. Mag. London 1899, 30 und 540.

daher zahlreiche Olivinfelsvorkommen, aber keine Serpentine. Hingegen sind in Burma, Kaschmir, Beludschistan und an der Nordwestgrenze Indiens, wo ebenfalls viele solche Gesteine auftreten, sämtliche in Serpentin umgewandelt. Da diese Gebiete nun im Tertiär unter Meeresbedeckung standen, die früher erwähnten Vorkommen unveränderten Olivingesteins aber nicht, denkt Th. H. Holland an submarine Umwandlung. Analoge Verhältnisse versuchte er auch für Nordamerika und Europa zu konstatieren. Diese starke Wirkung der submarinen Verwitterung führte Th. H. Holland auf den größeren Gehalt an CO_2 und auf hohen Druck zurück.

G. P. Merrill[1]) wandte sich gegen diese Hypothese. Auch er sprach sich gegen die serpentinisierende Wirkung der gewöhnlichen subaerischen Verwitterung aus, und ist nicht der Meinung, daß die begonnene Umwandlung der Oivinkristalle in Serpentin an der Erdoberfläche weiter vor sich gehen könne, da man sonst auch öfter Massen finden müßte, die an der Oberfläche aus Serpentin, im Innern aber aus Olivin beständen, was nach G. P. Merrill nicht der Fall ist. Auch klimatische Verschiedenheit habe keinen Einfluß. Er glaubt vielmehr, daß die Serpentinisierung durch aus größeren Tiefen ascendierende Wässer oder Dampf zustande gekommen sei. Wäre Serpentinbildung normale Zersetzung, so müßte sie allgemein sein, und es gäbe keinen frischen Olivin an der Oberfläche. G. P. Merrill führte als Stützpunkt seiner ascendierenden Agenzien auch den Umstand an, daß der Serpentin höheren Wassergehalt habe, als seine (ganz) oberflächlichen Zersetzungsprodukte und belegte dies durch einige Beispiele. Diese Begründung ist, glaube ich, wohl hinfällig, da auch an der Oberfläche Hydrate [namentlich Kolloide (siehe unten d. S. bei G. P. Merrill selbst)] gebildet werden können, die später ihr Wasser partiell abgeben. — Daß aber trotzdem diese Hypothese G. P. Merrills weitgehendster Beachtung wert ist, führt auch W. Salomon[2]) aus.

A. W. G. Bleeck hält Serpentin von Upper Burma aus Peridotit durch thermale Prozesse oder Kontaktmetamorphose umgewandelt. Eine Ansicht, die, wie man aus der Literatur sieht, ziemlich verbreitet zu sein scheint.[3])

So hält auch V. Novarese[4]) Serpentine bei Traversella, die an die Grenze einer dioritischen Intrusion gebunden sind, für ein Kontaktprodukt pneumatolytischer Natur.

Bildung faseriger Serpentinvarietäten in der Natur.

Faserige und blätterige Serpentine sind häufig Neubildungen in Serpentinmassen, in denen sie Klüfte ausfüllen, so z. B. der Marmolith.

G. P. Merrill[5]) studierte an Serpentin von den Thetford-Minen in Canada die Bildung von faserigem Serpentin (Chrysotil) in dichtem. Aus der scharfen seitlichen Absetzung gegen den dichten Serpentin schließt er auf eine nachträgliche Ausfüllung von Klüften. Über die Bildung der Klüfte stellt G. P. Merrill[5]) die Ansicht als die wahrscheinlichste hin, daß sich sehr wasserreiche Kolloide gebildet haben, die durch teilweisen Verlust des Wassers Trockenrisse gebildet haben.

---

[1]) G. P. Merrill, Geol. Mag. London 1899, 354.
[2]) W. Salomon, Referat beider Arbeiten N. JB. Min. etc. 1901, I, 229.
[3]) A. W. G. Bleeck, Z. prakt. Geol. **15**, II, 391 (1907).
[4]) V. Novarese, Boll. Soc. Geol. Ital. **31**, 36 (1902).
[5]) G. P. Merrill, Bull. Geol. Soc. Amer. **16**, 131 (1905).

T. G. Bonney und C. A. Raisin nehmen an, daß die faserige Struktur des Antigorits mit dem Gebirgsdruck in Zusammenhang stehe, die Antigoritindividuen werden kleiner, je stärker der Gebirgsdruck war.

Nach T. G. Bonney und C. A. Raisin[1]) ist typischer Antigorit in der Mehrzahl der Fälle aus Augit, in der Minderzahl aus Olivin und Enstatit entstanden. Zur Bildung des Antigorits (faserigen Serpentins) sind sonach zwei Faktoren wesentlich wichtig: Vorhandensein von Augit und Gebirgsdruck. Ob man diese Schlüsse, die auf ausgedehnte Beobachtungen, namentlich an Dünnschliff-Material, angestellt sind, verallgemeinern darf, scheint wohl kaum sicher.

An eine primäre Antigoritbildung denkt B. Krotow,[2]) der im Gebiete von Kyschtym und bei der Nischne-Karkadinskschen Grube im Gebiete von Werchne-Ufalei im Mittelural Gesteine fand, die hauptsächlich aus frischem Olivin bestanden, der Antigoriteinschlüsse enthält und die mehr oder weniger serpentinisiert sind; von peripheren Stellen des Olivinkernes dringen Antigoritlamellen in das Innere des Olivins, der selbst primäre Antigoriteinschlüsse birgt. Die Bildung glaubt B. Krotow so vor sich gegangen: Zuerst bildet sich primär Antigorit, er wird von später ausgeschiedenem Olivin umhüllt; durch erhöhten Druck und Wasserdampf erfolgt eine magmatische Einwirkung auf Olivin, wobei sich sekundär Antigorit bildet; der Magmarest sei dann selbst als ein Antigoritaggregat erstarrt. Auch in Pyroxeniten soll auf diese Weise Antigorit gebildet worden sein. Sehr wahrscheinlich klingt diese genetische Deutung nicht, und es ist wohl zu überprüfen, ob es sich nicht um Verwechslung sekundärer mit primären Bildungen handelt.

Umwandlung des Serpentins.

Es sind in der Literatur eine größere Anzahl von Umwandlungsprodukten des Serpentins beschrieben worden, die zum Teil recht zweifelhafter Natur sind. Im folgenden Anhange sind einige dieser Umwandlungsprodukte angeführt. Sie sind aber genetisch von geringer Bedeutung. Weit wichtiger ist die Umwandlung des Serpentins in das Carbonat. Vgl. auch den genetischen Teil bei Magnesit, Bd. I, S. 243ff. Aus den Löslichkeitsversuchen (siehe S. 412ff.) geht hervor, daß der Serpentin durch Kohlensäure leicht zersetzt werden kann, und dadurch schon die Möglichkeit zur Carbonatbildung gegeben ist. Diese Umwandlung geht nur bei niederen Temperaturen vor sich, bei denen die Kohlensäure stärker ist als die Kieselsäure. A. Schrauf[3]) hat sich eingehend mit der Zersetzung der Serpentinfelse bei Křemže im südlichen Böhmerwalde beschäftigt. Wirksamer Faktor sind die mit den Humusextraktivstoffen der Ackerkrume angereicherten Tageswässer, die im Lauf der Zeit eine vollständige Zersetzung zustande bringen, die in der Trennung der Säure von den Basen CaO, MgO, FeO besteht. Heute wissen wir, daß wirksamster Faktor in diesen Wässern die Kohlensäure ist. A. Schrauf unterscheidet bei dieser Umwandlung, die eine Reihe von Zwischenstufen erkennen läßt, zwei verschiedene chemische Prozesse: I. Die Auslaugung des Serpentins und die Bildung neuer Mineralien aus dessen ge-

[1]) T. G. Bonney und C. A. Raisin, Quart. Journ. Geol. Soc. **61**, 690 (1905).
[2]) B. Krotow, Sitzber. Nat. Ges. d. Univ. Kasan. 1910—11 Nr. 260. Nach Referat von B. Doss, N. JB. Min. etc. 1912, I, 405.
[3]) A. Schrauf, Z. Kryst. **6**, 336 (1882).

lösten Bestandteilen; dies sind die Carbonate von Kalk und Magnesia, Kieselsäurebildungen, vor allem Opal und einige Hydrosilicate. II. Die partielle Auslaugung und gleichzeitige Imprägnation des Serpentins durch Abgabe und Aufnahme von Bestandteilen.

Es soll hier auf diese Verhältnisse nur insoweit eingegangen werden, als sich A. Schraufs Untersuchungen auf das Mineral Serpentin im Gegensatz zu dem Gestein Serpentin beziehen. Da A. Schrauf aber oft von Serpentinfels spricht, so scheint es sich bei seinen Untersuchungen um ziemlich reinen Serpentin zu handeln. Zu I. Im Serpentin treten kluftartige Ausfüllungsmassen auf, die aus einem Gemenge von Magnesiumsilicat und Carbonat bestehen, die calciumhaltig sind. Zwei Analysen ergaben:

	1.	2.
MgO	44,09	42,46
CaO	2,30	2,92
FeO	0,66	0,80
SiO_2	3,05	4,27
CO_2	48,87	48,34
Glühverlust H_2O	0,77	1,75
	99,74	100,54

Daraus ergibt sich, daß alle CO_2 nicht ausreicht, um alle zweiwertigen Basen als Carbonate zu binden, es müssen daher noch Magnesiasilicate vorhanden sein. A. Schrauf glaubt, daß das Calciumcarbonat aus dem Serpentin stamme. Da er in reinem Magnesit, der an der gleichen Lokalität auftritt und der die vollendete Umwandlung in das Carbonat darstellt, kein CaO oder nur sehr wenig davon vorfindet, so glaubt er, daß der Kalk bei der Umwandlung Serpentin in Magnesit allmählich ausgewaschen wird. Es ist hinzuzufügen, daß das wichtigste Agens dieser Tageswässer jedenfalls die Kohlensäure ist. Daß nicht nur die Basen vom Wasser aufgelöst und umgesetzt werden, sondern auch die Kieselsäure zum Teil selbst gelöst wird, sieht A. Schrauf in der in Serpentinen häufigen Opalbildung (Opal vom gleichen Fundort siehe bei Opal Analyse 8, S. 243, ferner auch S. 244). Daneben findet sich auch Chalcedon (vgl. Analyse 6, S. 168). Auch kleine Quarzkriställchen fand A. Schrauf. An Hydrosilicaten tritt der Enophit auf, über dessen Entstehung an dieser Lokalität S. 430 ausführlicher berichtet werden wird; ferner Lernilith, ein Chloritmineral; es unterscheidet sich vom Enophit durch seinen größern Tonerdegehalt.

Zu II. Durch Wegführen der Basen wird das zurückbleibende Mineral (oder Gestein) in ein Kieselskelett verwandelt, das in Verbindung mit der partiell in Lösung übergegangenen und wieder abgeschiedenen Kieselsäure Pseudomorphosen nach dem ursprünglichen Serpentin bildet. Die dadurch entstandenen Gesteine nannte A. Schrauf wegen ihres hohen Kieselsäuregehalts Siliciophite. Diese Gesteine enthalten Magnesiahydrosilicate, die Ähnlichkeit mit Kerolith, Zöblitzit u. a. haben. Dann treten Siliciophite auf, die Ähnlichkeit mit Talk und mit Opal haben. Die Opalsiliciophite, die kieselsäurereichen dieser Gebilde stellen nach A. Schrauf das Endprodukt der Metamorphosierung der Serpentine dar. Die Analyse eines solchen Endprodukts dieser Lokalität ergab:

MgO	1,92
CaO	0,44
MnO	0,37
FeO	0,95
Fe_2O_3	1,48
SiO_2	88,75
Glühverlust	6,58
	100,49

Es liegt eigentlich reiner Opal vor.

Dies sind die Umwandlungsprodukte des Serpentins selbst, ohne Berücksichtigung der (unter I. angeführten) Neubildungen aus den Lösungsprodukten. Diese Umwandlung ist nach A. Schrauf die Fortsetzung des Serpentinisierungsprozesses selbst und es existiert also gewissermaßen eine Reihe, die von Olivin über Serpentin zu den immer saurer werdenden Siliciophiten führt.

Ch. R. van Hise[1]) hat drei Umwandlungsmöglichkeiten für den Serpentin gegeben, bei denen sich Magnesit (Hydromagnesit), Brucit, Opal und Quarz bilden, und hat diese Prozesse auf folgende Weise dargestellt:

(I) $$H_4Mg_3Si_2O_9 + CO_2 = MgCO_3 + 2Mg(OH)_2 + 2SiO_2 + K.$$

Die Volumsvermehrung beträgt hierbei 13,02 %.

(II) $$H_4Mg_3Si_2O_9 + H_2O = 3Mg(OH)_2 + 2SiO_2 + K.$$

Hier, wo sich Brucit und Quarz bilden, ist die Volumsvermehrung von Ch. R. van Hise mit 9,82 % angegeben.

(III) $$H_4Mg_3Si_2O_9 + 3CO_2 = 3MgCO_3 + 2SiO_2 + 2H_2O + K.$$

Hier bilden sich also Quarz und Magnesit und die Volumsvermehrung beträgt hier 18,84 %.

Diese Volumsvermehrung wird noch wesentlich erhöht, wenn sich an Stelle des Magnesits der Hydromagnesit und an Stelle des Quarzes Opal bildet; namentlich letzteres ist häufig, da sich bei der Carbonatisierung des Serpentins, wie zahlreiche Naturbeobachtungen lehren, immer mehr Opal bildet als Quarz. Zu dieser Formel könnte man noch die Umwandlung in Webskyit stellen, die bei diesem Mineral auf S. 428 gegeben wird.

Natürliche Umwandlung des Serpentins durch fumarolare Gasexhalationen. A. Lacroix[2]) untersuchte die Wirkung einer Fumarole in der Schlucht von Susaki bei Kalamaki (Corinth), die Wasserdampf, Kohlensäure und Schwefelwasserstoff exhaliert auf dort anstehenden Serpentin. Es bildete sich Bittersalz, Opal, Quarz, Markasit und Schwefel; da sich der Markasit aber weiter in sekundäre Sulfate umwandelt, die von geringem Bestand sind, so bleibt vom Magnesiumsilicat schließlich nur kristallisierte und amorphe Kieselsäure übrig. Wenn man diese Ergebnisse mit den Löslichkeitsversuchen des Laboratoriums (siehe S. 412ff.) vergleicht, so sieht man, daß die Kohlensäure (und wohl auch der Wasserdampf) das wirksame Agens bei der Zersetzung war, der Schwefel-

[1]) Ch. R. van Hise, Treatise on Metamorphism, U.S. Geol. Surv. Washington 1904, 349.

[2]) A. Lacroix, C. R. **124**, 513 (1897).

wasserstoff die neue Mineralisierung herbeiführte. Dieses Restieren der Kieselsäure hat ja in eingehender Weise durch langsam wirkende Zersetzungsprozesse A. Schrauf (siehe S. 424) geschildert, wobei sicher auch die Kohlensäure die Hauptrolle gespielt hat.

Anhang.

Im folgenden soll über einige Mineralien berichtet werden, über deren Stellung in einem chemischen Mineralsystem man zu wenig Anhaltspunkte hat, um sie mit Sicherheit einreihen zu können. Es sind Mineralien, die dem Serpentin mehr oder weniger nahe stehen, die teilweise vielleicht selbst Serpentine sind, teilweise aber ihm nur in der chemischen Zusammensetzung ähnlich sind. Ob sie Zwischenstufen zwischen Serpentin und einem primären Mineral, ob sie Zersetzungsprodukte des Serpentins selbst sind, oder ob sie Umwandlungsprodukte in einer andern Richtung, oder ob sie endlich selbst direkte Bildungen aus wäßriger Lösung sind, ist bei den meisten von ihnen noch eine offene Frage.

Sie sollen daher mangels einer definitiven Stellung hier angeführt werden. Ihnen reiht man häufig noch eine ziemliche Zahl andrer Mineralien, die mit ihnen die Unsicherheit ihrer Stellung gemein haben, an, die chemisch aber gar nichts mit Serpentin zu tun haben.

Zöblitzit. (Tonerdereicher weißer Serpentin).

Kristallform nicht bekannt.

Der Zöblitzit wurde ursprünglich zum Kerolith gestellt, unterscheidet sich aber von diesem dadurch beträchtlich, daß er ärmer an Kieselsäure, reicher an Magnesia und Wasser ist als der Kerolith, und etwas Tonerde enthält. Er steht jedenfalls dem Serpentin näher, als dem Kerolith und es ist eigentlich kein rechter Grund vorhanden, den Zöblitzit vom Serpentin abzutrennen. Es sei denn, daß der Tonerdegehalt etwas höher ist; ursprünglich nahm man die Trennung deshalb vor, weil das Mineral weiß ist und man noch keine weißen Serpentine kannte. A. Frenzel, der den Zöblitzit aufgestellt hat, denkt selbst daran, ihn mit dem Serpentin zu vereinen. Deshalb sei er hier gleich an den Serpentin angeschlossen.

Analysen.

	1.	2.	3.
MgO	36,13	38,49	32,90
FeO	2,92	0,91	1,82
Al_2O_3	2,57	4,67	9,12
SiO_2	47,13	42,44	42,57
H_2O	11,50	13,48	13,19
	100,25	99,99	99,60

1. Zöblitzit von Zöblitz in Sachsen; anal. Melling nach C. F. Rammelsberg, Handbuch der Mineralchemie 1875, 503.
2. Zöblitzit von Limbach in Sachsen; anal. A. Frenzel, N. JB. Min. etc. 1873, 681.
3. Zöblitzit von Hrubschitz in Mähren; anal. wie oben.

Die Tonerde scheint wohl zum Teil als Aluminiumsilicat im Mineral enthalten zu sein, da bei höherm Tonerdegehalt der Magnesiagehalt sinkt.

Eigenschaften. Das Mineral ist von schnee-graulich bis gelblichweißer Farbe, hat eine Dichte von $\delta = 2{,}49$ und die Härte 3—4. Nach den Beschreibungen scheint es sich um ein Mineralgel zu handeln, da es an der Zunge klebt. Im Dünnschliff ist er teils doppelbrechend, teils amorph, was A. Frenzel auf die Inhomogenität des Zöblitzits zurückführen zu müssen glaubt. Es ist indessen sehr wahrscheinlich, daß es sich, wie z. B. beim Meerschaum (S. 374), um ein Gemenge kolloider und kristallisierter Substanz handelt, oder um den teilweisen Übergang der kolloiden Phase in die kristallisierte.

Das Mineral tritt als Überzug auf Serpentin und auf Chromit auf. Über die Art seiner Entstehung ist indessen nichts Näheres bekannt.

Auch wegen seiner sehr wahrscheinlichen Kolloidnatur ist dieses Mineral vom Serpentin hier abgetrennt worden.

Radiotin.

Radialfaserig. Kristallklasse unbekannt.

Analysen.

	1.	2.
δ	2,70	
MgO	35,84	35,73
CaO	1,50	0,55
Fe_2O_3	8,40	8,50
SiO_2	41,48	41,50
H_2O	11,96	12,13
	99,18	98,41

1. und 2. Radiotin von den schwarzen Steinen bei Wallenfels in Nassau; anal. F. W. Küster bei R. Brauns, N. JB. Min. etc. Beil.-Bd. **18**, 314 (1904). 1. unreinere Substanz als 2.

Radiotin ist also, was die Zusammensetzung anbelangt, vom Serpentin nicht unterschieden und weicht nur darin von diesem ab, daß er sich in verdünnter Salzsäure nicht löst. Die chemische Formel ist daher dieselbe, wie die des Serpentins. Über das Verhältnis zu Serpentin läßt sich aus Mangel besserer Kenntnis der physikalischen Eigenschaften des Serpentins und der Serpentinmineralien nichts sagen.

Eigenschaften. Er bildet kleine radialfaserige, innig mit Serpentin verwachsene Aggregate. Da Radiotin widerstandsfähiger ist als der Serpentin, so hebt er sich bei der Verwitterung desselben in Form kugeliger Aggregate mit warziger Oberfläche ab. Zwischen diesen Kugeln und dem Serpentin tritt Webskyit auf. Die Doppelbrechung ist mittelstark, die Auslöschung gerade. In der Färbung vom Serpentin kaum verschieden.

Webskyit.

Amorph.

Von dem Mineral, das R. Brauns in den Serpentinen von Amelose im hessischen Hinterlande entdeckt hat, existieren zwei **Analysen:**

	1.	1a.	2.	2a.
δ	1,771	—	1,745	—
MgO	21,97	22,46	17,38	17,11
FeO	3,03	13,48	3,06	13,20
Al_2O_3	0,49	—	—	—
Fe_2O_3	9,13	—	11,52	—
SiO_2	34,96	33,71	36,74	36,74
H_2O unter 110°	21,2	20,22	21,25	22,00
H_2O über 110°	9,84	10,11	10,77	11,00
	100,62		100,72	

1. Webskyit von Amelose in Hessen; anal. R. Brauns, N. JB. Min. etc. Beil.-Bd. **5**, 318 (1887).

1a. Theoretische Zusammensetzung nach der Formel I. Nach R. Brauns.

2. Webskyit von Bottenhorn im hessischen Hinterlande; anal. R. Brauns, Z. Dtsch. geol. Ges. **40**, 465 (1888).

2a. Theoretische Zusammensetzung nach der Formel II. Nach R. Brauns.

Die chemische Formel für 1. ist nach R. Brauns $H_6R_4Si_2O_{13} + 6aq.$ (I), worin R Mg und Fe ist.

Das unter 110° entweichende Wasser ist bei wiederholten Bestimmungen mit 21—27% gefunden worden. Die Tonerde dürfte als Kaolin beigemengt sein und gehört nicht zum Mineral. Das gesamte Eisen dürfte als Oxydul vorhanden sein. Das Mineral unterscheidet sich ohne das bei 110° entweichende Wasser durch seinen größern Kieselsäuregehalt vom Serpentin. Die Kieselsäurezahl war bei zwei Bestimmungen die gleiche, es scheint daher unwahrscheinlich, daß amorphe Kieselsäure beigemischt ist.

Die zweite Analyse entspricht der Formel $H_2(MgFe)SiO_4 + 2aq$ (II). R. Brauns leitete diese Formel vom Olivin in der Weise ab, daß Mg durch H_2 ersetzt und aq hinzugetreten sei. R. Brauns[1]) gab später eine Konstitutionsformel und wies auf die Ähnlichkeit mit der Formel für den Kaolin hin.

Nach F. Cornu[2]) ist der Webskyit ein Mineralgel; das erklärt auch die verschiedene Zusammensetzung beider analysierter Vorkommen. Dafür sprechen auch die von R. Brauns[3]) vorgenommenen Adsorptionsversuche mit Wasser.

Eigenschaften. Die Härte ist 3. Die Farbe ist in größern Stücken pechschwarz, in dünnen Splittern hellgrün bis grünlichbraun; der Strich ist hell bräunlichgrün. Vor dem Lötrohr ist er unschmelzbar. Wird von Salz- und Schwefelsäure unter Abscheidung pulveriger Kieselsäure gelöst.

Vorkommen. Das Mineral, das gewöhnlich in kleinkugeligen Aggregaten mit warziger Oberfläche auftritt, entsteht unter Volumzunahme aus dem Serpentin, was man auch in der Art des Vorkommens sehen kann. Die Umwandlung denkt sich R. Brauns beiläufig nach der Formel:

$$\underset{\text{(3 mal Serpentin)}}{H_{12}R_9Si_6O_{27}} - RO + 12aq = \underset{\text{Webskyit}}{2(H_6R_4Si_3O_{13} + 6aq)},$$

[1]) R. Brauns, N. JB. Min. etc. 1894, I, 219.

[2]) F. Cornu, ZB. Min. etc. 1909, 332.

[3]) F. Brauns, N. JB. Min. etc. Beil.-Bd. **18**, 318 (1904).

Limbachit.

Kristallform unbekannt, vielleicht amorph.

Dieses Mineral ist mit dem Zöblitzit zuerst zum Kerolith gestellt worden, von A. Frenzel aber als selbständig abgetrennt worden. Es besitzt einen bedeutend höhern Tonerdegehalt, als der Zöblitzit. Wohin man es nach seiner chemischen Zusammensetzung stellen soll ist mangels genauerer Kenntnis und guter Analysen nicht zu entscheiden. Man könnte es ebensogut zu den Alumosilicaten stellen. Da es aber genetisch in engen Beziehungen mit den Serpentinmineralien steht, so soll es in diesem Handbuche hier Platz finden.

Analysen.

	1.	2.	3.
MgO . . .	23,67	25,61	26,26
Al_2O_3 . . .	22,09	19,56	22,54
Fe_2O_3 . . .	—	1,46	—
SiO_2 . . .	41,42	42,03	39,38
H_2O	12,47	12,34	11,82
	99,65	101,00	100,00

1. u. 2. Limbachit von Limbach in Sachsen; anal. A. Frenzel, N. JB. Min. etc. 1873, 789.

3. Theoretische Zusammensetzung von A. Frenzel nach untenstehender Formel berechnet.

A. Frenzel hat für den Limbachit die Formel $3MgO.2SiO_2 + Al_2O_3.SiO_2 + 3H_2O$ aufgestellt, mit der die Analysen angenäherte Übereinstimmung zeigen.

Eigenschaften. Schwach fettglänzende, derbe Massen, von graulich- bis grünlichweißer Farbe, von ziemlicher Härte, spröde; die Dichte ist $\delta = 2,359$. Unter dem Mikroskope ist dieses Mineral teilweise amorph, teilweise kann man sternförmige, strahlige, polarisierende Partien erkennen. Es klebt nicht an der Zunge. Ob es sich hier um ein Gemenge kristallisierter mit amorpher Substanz, wie man es ziemlich sicher für den Zöblitzit annehmen kann, handelt, läßt sich nicht entscheiden.

Das Material, das zur Analyse verwendet worden war, war bei 100° getrocknet worden und es waren dabei übereinstimmend bei beiden Proben 4,4% Wasser entwichen. Es ist dementsprechend die Zahl des Gesamtwassers zu erhöhen. Der Limbachit kommt als Kluftausfüllung im Serpentin vor.

Enophit.

Kryptokristallin.

Dieses von A. Schrauf aufgestellte Mineral, das kein Gemenge ist, wird häufig zum Chlorit gestellt, gehört aber im Sinne des Entdeckers wegen seiner chemischen Zusammensetzung und der Art seines Vorkommens eher zum Serpentin.

Analysen.

	1.	1a.	2.
δ	2,64	—	—
MgO	30,46	31,12	44,9
CaO	3,21	3,28	
FeO	4,51	7,47[1]	
Al_2O_3	3,71	3,79	—
Cr_2O_3 . . .	Spuren	—	—
Fe_2O_3	3,11	—	—
SiO_2	38,40	39,22	41,6
H_2O	17,06	15,12	14,1
	100,46	100,00	100,6

1. Mit Magnesiakalkcarbonat im Serpentin von Křemže in Böhmen; anal. A. Schrauf, Z. Kryst. **6**, 346 (1882).

1a. Die bei 100° getrocknete Substanz berechnet.

2. Enophit isoliert aus einer erdigen, talkähnlichen Masse von Křemže bei Budweis in Böhmen; anal. A. Schrauf, Z. Kryst. **6**, 350 (1882).

Daraus berechnet A. Schrauf für das über Schwefelsäure getrocknete Mineral

$$H_4R_6Si_4O_{16} + 4H_2O = 2 \text{ Serpentin} + 2 \text{ aq},$$

für die bei 100° getrocknete Substanz:

$$H_4R_6Si_4O_{16} + 3H_2O = 2 \text{ Serpentin} + 1 \text{ aq}.$$

Dabei ist die Tonerde und das Eisenoxyd auf Verunreinigung zurückgeführt worden.

Eigenschaften. Der Enophit bildet kleine Blättchen von meist graugrüner, seltener intensiver grüner oder blaugrüner Farbe, die Chloriten sehr ähnlich sehen. Unter dem Mikroskop erkennt man schwache Doppelbrechung. Beim Erhitzen wird er sehr rasch lichtgelb bis bräunlichrot, eine Farbenänderung, die schon bei 270° vor sich geht; A. Schrauf schloß daraus auf eine sehr geringe Stabilität der Oxydationsstufe des Eisens. Die Durchsichtigkeit verändert sich dabei nur wenig. In Säuren ist der Enophit leicht löslich.

Vorkommen. Dieses Mineral ist eine rezente Bildung im Serpentin und kommt teils mit carbonatischen Zersetzungsprodukten des Serpentins, teils mit bei dieser Zersetzung neugebildetem Hyalit und Tridymit vor. (Tridymit nicht mit voller Sicherheit nachgewiesen).

Dermatin.

Wahrscheinlich kolloid.

Analysen.

	1.	2.
(Na_2O)	0,50	1,33
MgO	23,70	19,33
CaO	0,83	0,83
MnO	2,25	1,17
FeO	11,33	14,00
Al_2O_3	0,42	0,83
SiO_2	35,80	40,17
$CO_2 + H_2O$	25,20	22,00
(SO_3)	—	0,43
	100,03	100,09

[1]) Das gesamte Eisen als FeO berechnet.

1. und 2. Dermatin von Waldheim in Sachsen; anal. Ficinus, Schrift d. min. Ges. Dresden **2**, 215; nach C. Hintze, Handb. d. Min. II, 796.

Neuere und bessere Analysen (Trennung von H_2O und CO_2) liegen nicht vor.

Dermatin unterscheidet sich chemisch vom Serpentin durch einen größern Wassergehalt.

Eigenschaften. Der Dermatin bildet nierige, traubige Massen, oft hautartige Überzüge auf Serpentin. Die Farbe ist schwärzlich bis lauchgrün und bräunlich; Fettglanz. Die Dichte $\delta = 2{,}13$; nach H. Fischer[1]) ist das Mineral nicht vollkommen homogen, sondern enthält Einschlüsse, die wahrscheinlich Chrysotil sind.

Es kommt im Serpentin vor.

Totaigit.

Kryptokristallin (vielleicht teilweise amorph).

Dieses Mineral wurde von F. Heddle in Kalkstein entdeckt und scheint eine Zwischenstufe der Umwandlung von Salit in Serpentin zu sein.

Analysen.

	1.	2.
δ	—	2,84—2,89
(Na_2O)	—	0,42
(K_2O)	—	0,25
MgO	44,97	45,57
CaO	5,24	3,27
MnO	0,23	0,45
FeO	1,05	2,96
Al_2O_3	0,76	0,26
Fe_2O_3	—	0,29
SiO_2	37,22	36,19
H_2O	10,64	10,20
	100,11	99,86

1. Totaigit, hell rehbraun, aus Kalk von Totaig in Rosshire, Schottland; anal. F. Heddle, Trans. Roy. Soc. of Edinburgh **28**, 453 (1878). Ref. Z. Kryst. **4**, 310 (1889).
2. Totaigit blauschwarz, vom selben Fundorte; anal. wie oben.

Es ist bemerkenswert, daß dieses Mineral mehr Magnesia, als der Serpentin selbst enthält.

Eigenschaften. Der Totaigit tritt bald in kleinen hell-rehbraunen Körnern, bald in blauschwarzen Massen auf und ist oberflächlich durch Zersetzung ockergelb, weich, serpentinähnlich.

Eine nicht näher definierte Spaltbarkeit ist konstatiert worden. Er besitzt äußere Ähnlichkeit mit Damburit und Chondrodit, die dunkle Varietät mit dem Malakolith, den sie umhüllt. Letztere Varietät wird in schwachen Säuren weiß.

Pikrosmin.

Der Pikrosmin ist ein Mineral, das gewöhnlich zum Serpentin gestellt wird, aber seiner chemischen Eigenschaften nach eigentlich zum Talk gehört und sich von diesem nur durch seine größere Härte unterscheidet.

---

[1]) H. Fischer, Kritische Studien 1871, 37.

	1.	2.	3.
MgO	33,35	26,01	25,18
CaO	—	1,25	3,30
MnO	0,42	—	—
FeO	—	6,34	6,30
Al_2O_3	0,79	0,50	0,12
Fe_2O_3	1,40	—	—
SiO_2	54,89	60,45	59,80
H_2O	7,30	5,05	5,40
	98,15	99,60	100,10

1. Pikrosmin von der Grube Engelsburg bei Preßnitz in Böhmen, grün, in Gneis auftretend; anal. G. Magnus, Pogg. Ann. 6, 53 (1826).

2. und 3. Pikrosmin, licht grünlichgrau bis berggrün, oberhalb Haslau bei Zwickau; anal. A. Frenzel, Tsch. min. Mit. 3, 512 (1881).

Die chemische Zusammensetzung zeigt seine Ähnlichkeit mit Talk. Die Analysen 2 und 3 geben nach C. Hintze die Formel $H_4Mg_4Si_5O_{16}$. Nach H. Fischer[1]) ist das Mineral aber nicht vollkommen rein, sondern enthält mikroskopische Blättchen eines als Chrysotil gedeuteten Minerals.

Eigenschaften. Die Dichte des Minerals ist nach den Bestimmungen von A. Frenzel $\delta = 2{,}80$. Nach andern etwas niediger, stimmt also vollkommen mit der des Talkes überein, Die Härte des Pikrosmins ist über 2—3.

Die Doppelbrechung ist ziemlich groß, auch der Achsenwinkel ist groß. Das Mineral bildet ein feinfaseriges Aggregat. Beim Befeuchten gibt es Tongeruch. Kristallsystem ist nicht bekannt.

Vor dem Lötrohr wird Pikrosmin nach den Untersuchungen von A. Frenzel weiß und ist leicht schmelzbar. Nach C. F. Rammelsberg[2]) ist er unschmelzbar und wird schwarz. Die Farbe des Pikrosmins umfaßt alle Nuancen von grün, an der Oberfläche ist er oft durch Umwandlung schmutziggrau bis braun.

Pelhamin (Pelhamit).

Kristallform unbekannt.

Analysen. Es existiert eine einzige Analyse, die der Entdecker dieses Minerals S. U. Shepard ausgeführt:

MgO	39,88
FeO	15,52
Al_2O_3	2,80
SiO_2	38,40
H_2O	3,40
	100,00

Pelhamin von der Asbestgrube zu Pelham in Massachussetts; anal. S. U. Shepard, Contrib. Min. 1876.

Dieses Mineral entfernt sich sehr vom Serpentin durch seinen geringen Wassergehalt und stellt wahrscheinlich ein Zwischenglied zwischen Serpentin und einem Hornblende- oder Augitmineral dar.

[1]) H. Fischer, Krit. Stud. 1871, 45.

[2]) C. F. Rammelsberg, Handb. d. Mineralchemie 1875, 502.

Eigenschaften. Es ist vor dem Lötrohr unschmelzbar. Die Farbe ist dunkelgrün bis grau. Die Dichte $\delta = 2{,}9-3{,}2$. Die Härte liegt bei 5.

Der Pelhamin kommt mit Asbest zusammen vor.

Es wurden öfters auch inhomogene Gemenge als Abarten des Serpentins hingestellt, so der Pikrofluit Arppes, der ein Gemenge von Serpentin und Flußspat darstellt; das Gemenge, das Galindo analysierte, enthielt 11,16 % F.; die Analyse besagt aber nichts; es handelt sich um kein Mineral, der Name ist aus der Mineralogie zu streichen.

Unter Metaxoid hat man ein Mineral beschrieben, das auch zum Serpentin gehören, aber ein Gemenge sein soll. Auch hat seine chemische Zusammensetzung mit Serpentin kaum mehr etwas gemein.

Ferner werden eine Reihe von teils zweifelhaften Mineralien öfter zum Serpentin gestellt, die aber alle einen hohen Tonerdegehalt besitzen und später in diesem Werk Erwähnung finden sollen. Da man sie eventuell hier suchen könnte, seien sie hier genannt: Leukotil, Nigrescit, Duporthit, Balvraidit, Allophit und der sehr zweifelhafte Chlorophäit.

Zermattit und Schweizerit.

Von **A. v. Fersmann** (St. Petersburg).

Im Gegensatz zu der verbreiteten Meinung, sind die Bergkorke und Bergleder von der Zusammensetzung der Serpentine ziemlich selten. In einigen Fällen bilden sie höchst zerfaserte, verwickelte, weiche und fette Massen, die aus gebogenen und geknickten Chrysotilfasern bestehen. Für solche Bildungen wurde der Name Zermattit nach ihrem Fundort (Zermatt, Schweiz) vorgeschlagen. In andern Fällen sehen diese Mineralien wie leichte, aber zähe holzähnliche Massen aus, die aus mikroskopischem Gewebe von Chrysotilfasern gebildet sind (sogenannte Schweizerite).

Durch den beträchtlichen Wassergehalt sind die Serpentinkorke leicht von den Zilleriten zu unterscheiden, durch die Abwesenheit der Tonerde und durch die grüne Farbe — von den meisten Palygorskiten.

Sie werden fast ausschließlich in den Gebieten der Serpentine oder Hornblendeschiefern getroffen und bilden niemals größere Anhäufungen.

Es folgen einige neuere Analysen dieser Asbestvarietäten:

	1.	2.	3.	4.	5.
CaO	—	—	—	Spuren	—
MgO	42,13	42,14	43,32	38,22	39,03
MnO	Spuren	—	Spuren	—	—
FeO	1,40	1,25	0,90	4,64	4,80
Al_2O_3	Spuren	0,18	0,25	3,13	1,70
SiO_2	40,73	40,65	40,94	42,02	41,66
H_2O unterh. 110° C	1,58	1,94	1,89	0,55	0,72
H_2O oberh. 110° C	14,09	13,81	12,99	11,47	12,11
	99,93	99,97	100,29	100,03	100,02

1. Rymphishorn bei Zermatt; anal. A. v. Fersmann (l. c.), „Zermattit" als Umhüllung von grünen Granaten. Spuren von CO_2. Im Serpentin.

2. Gosau, Ober-Österreich; anal. A. v. Fersmann (l. c.), Zermattit in weichen filzigen Fäden. Im Serpentin.

3. Geißpfadpaß, Schweiz; anal. A. v. Fersmann (l. c.), Schweizerit. In Serpentin und Amphibolitgesteinen.

4. u. 5. Kleinitz bei Pregratten, Tirol; anal. A. v. Fersmann (l. c.), grünlicher, holzähnlicher Schweizerit. Im Serpentin.

In der Analyse 4 Spuren von Alkalien.

Kerolith.

Von **H. Leitmeier** (Wien).

Kryptokristallin, zum Teil amorph.

Mit diesem Namen wird ein Magnesiumhydrosilicat bezeichnet, das im Vergleich mit den im folgenden beschriebenen dadurch charakterisiert ist, daß es fast nur aus Magnesia, Kieselsäure und Wasser besteht.

Analysen.

Es gibt von diesem Minerale keine neueren Analysen, daher seien einige alte hier angeführt.

	1.	2.	3.	4.	5.	6.
δ . . .	—	—	—	2,27	—	—
MgO . . .	31,26	29,84	30,16	31,81	28,28	31,48
FeO . . .	—	—	—	—	0,23	—
NiO . . .	—	—	—	2,80	—	—
SiO_2 . . .	46,96	47,34	49,70	47,06	51,09	47,27
H_2O . . .	21,22	21,04	19,09	18,33	20,91	21,25
	99,44	98,22	98,95	100,00	100,51	100,00

1.—3. Kerolith von Frankenstein in Schlesien; anal. Kühn und seine Schüler, Ann. Chem. Pharm. **59**, 368 (1846).

4. Kerolith, wachsgelb, frisch apfelgrün; anal. R. Hermann; Journ. prakt. Chem. **95**, 1341 (1865).

5. Kerolith, bläulichweiß; anal. F. A. Genth, Am. Journ. **33**, 203 (1862).

Formel. Die unter 6 angeführten Zahlen entsprechen der Formel:

$$H_6Mg_2Si_2O_9.$$

Eigenschaften. Der Kerolith ist nach den Angaben H. Fischers[1]) teilweise sicher kristallisiert. Er hat eine weiße, rötliche auch grünliche oder schmutziggraue Farbe, ist oft durchscheinend, aber auch undurchsichtig; klebt an der Zunge. Die Dichte ist zwischen 2,3 und 2,4 gelegen; die Härte über 2. (Bei allen diesen wenigstens teilweise gelartigen Mineralien, die zum Teil einen hohen Dispersitätsgrad besitzen, ist die Angabe der Härte äußerst ungenau und für die Charakterisierung des Minerals ziemlich unwesentlich.) Vor dem Lötrohr ist Kerolith an den Kanten schmelzbar. Von Säuren wird er ziemlich leicht zersetzt.

Der Kerolith scheint gewöhnlich ein Zersetzungsprodukt des Serpentins zu sein.

Da in neuerer Zeit über dieses Mineral, soviel mir bekannt geworden ist, überhaupt keine Untersuchungen angestellt worden sind, wäre eine Neubearbeitung wünschenswert.

[1]) H. Fischer, Kritische Studien 1869, 28.

Deweylith und Pseudodeweylith. (Gymnit.)

Von **H. Leitmeier** (Wien).

Unter dem Namen Deweylith wurden, wie F. Zambonini[1]) vor kurzem ausgeführt hat, zwei in ihrer chemischen Zusammensetzung verschiedene Mineralien zusammengefaßt, die aber einander äußerlich sehr ähnlich sind. Es soll hier zuerst der Deweylith behandelt werden und dann über den Pseudodeweylith die Untersuchungen mitgeteilt werden, die an ihm gemacht worden sind. Da sich die beiden Mineralien nur in ihrer chemischen Zusammensetzung unterscheiden, so läßt es sich dort, wo Untersuchungen an nicht analysiertem Materiale angestellt worden sind, natürlich nicht sagen, um welches der beiden Mineralien es sich handelt. Die betreffenden Untersuchungen, die nicht zahlreich sind, sind beim Deweylith gebracht worden.

I. Deweylith.

Synonym: Gymnit. (Der in Deutschland allgemein übliche Name Gymnit ist erst nach der einzig richtigen Bezeichnung Deweylith geschaffen worden und daher zu streichen.) Eisengymnit.

Der Deweylith hat äußerlich die Form einer eingetrockneten Gallerte. Nach Untersuchungen von M. Websky[2]) an dem Gymnit von Mezzavalle im Fassatale in Südosttirol ist dieses Mineral zum Teil kristallin und hat eine dem Chalcedon vergleichbare Struktur. Ich habe eine Anzahl Deweylithe untersucht, darunter auch den von Mezzavalle, konnte aber nur amorphe, opalartige, isotrope Deweylithe finden. Jedenfalls ist der Deweylith als Gel gebildet worden und hat sich allmählich in einen kristallisierten Körper umgewandelt, so daß zwei Phasen, eine kristallisierte und eine kolloide vorliegen.

Analysen.

Ältere Analysen.

	1.	2.	3.	4.
δ	2,136	—	2,216	—
MgO	35,85	38,30	36,00	35,95
CaO	—	—	0,80	—
Al_2O_3	—	—	1,16	—
Fe_2O_3	0,38	—	—	Spuren
SiO_2	40,40	41,50	40,16	43,15
H_2O	22,60	20,50	21,60	20,25
(Apatit)	0,77	—	—	—
	100,00	100,30	99,72	99,35

1. Durchsichtiger honiggelber Deweylith von Mezzavalle bei Predazzo in Südosttirol; anal. Oellacher, Z. Dtsch. geol. Ges. **3**, 224 (1851).
2. Deweylith vom gleichen Fundorte; anal. F. Kobell, Münch. gel. Anz. **33**, 1 (1851), zitiert nach C. Hintze, Handb. d. Min. II, 803.
3. Orangegelber Deweylith von den Bare Hills bei Baltimore in Nordamerika; anal. Thomsen, Phil. Mag. **22**, 191 (1843).
4. Deweylith von Texas in Pennsylvanien; G. J. Brush bei J. Dana, Min. 1854, 236.

---

[1]) F. Zambonini, Atti R. Acc. Napoli **16**, 84 (1908).
[2]) M. Websky, Z. Dtsch. geol. Ges. **10**, 288 (1885).

Neuere Analysen.

	5.	6.	7.	7a.	8.	8a.
δ	2,371	—	2,498	—	—	—
MgO	36,57	39,44	25,71	36,43	32,87	37,0
CaO	—	—	15,29	—	9,17	4,5
MnO	0,09	0,10	0,33	—	—	—
FeO	0,37	0,40	1,14	—	—	—
Al_2O_3	1,48	1,60	0,11	— }	2,52	—
Fe_2O_3	1,17	1,27	nicht bestimmt	}		
(CO_2)	—	—	13,19	—	3,95	—
SiO_2	40,52	43,71	29,19	41,80	36,77	41,4
H_2O unter 100°	} 20,92	13,65	7,61	} 21,77	15,16	17,1
H_2O über 100°			7,59			
	101,12	100,17	100,16	100,00	100,44	100,0

5. Gelber durchsichtiger Deweylith aus Serpentin von Kuttenberg in Böhmen; anal. A. Bukovský, Programm der Realschule in Kuttenberg 1906. Ref. Z. Kryst. **45**, 404 (1908).

6. Derselbe Deweylith nach einer zwölfstündigen Trocknung im Exsiccator; anal. wie oben.

7. Körniger an der Zunge haftender Deweylith vom gleichen Fundorte; anal. wie oben.

7a. Derselbe Deweylith nach Abzug der Carbonate auf 100,00 berechnet.

8. Weißer Deweylith vom gleichen Fundorte; anal. wie oben.

8a. Derselbe Deweylith nach Abzug der Carbonate auf 100,00 berechnet.

	9.	10.	11.
δ	1,99	—	—
MgO	30,81	34,38	36,77
CaO	—	Spur	Spur
FeO	4,89	—	—
Fe_2O_3	—	0,20	1,39
SiO_2	42,32	45,65	42,34
H_2O	20,47	19,49	19,03
	98,49	99,72	99,53

9. Scharlachroter Deweylith (Eisengymnit) vom Mitterberg bei Kraubath in Steiermark mit Magnesit im Serpentin; anal. E. Hatle u. H. Tauss, Verh. k. k. geol. R.A. 1887, 226.

10. u. 11. Deweylith von der Ruths Mine, Berks Co. Pennsylvanien; anal. E. F. Smith u. D. B. Brunner, Am. Chem. Journ. **5**, 279 (1883).

Die Analysen lassen eine ziemlich unsichere Zusammensetzung erkennen. Der Wassergehalt ist nicht konstant, was auf die wenigstens teilweise Gelnatur des Deweyliths deutet. Nach den Untersuchungen von E. Hatle u. H. Tauss[1]) entweicht bei den Deweylithen von Kraubath — die beiden Forscher untersuchten mehrere Arten dieses Vorkommens — genau die Hälfte des Wassers bei 110—120°. Nach F. Zambonini[2]) ist der Deweylith wahrscheinlich gleich dem Pseudodeweylith eine Adsorptionsverbindung.

Formel: Nach den verschiedenen Wassergehalten führen die Analysen zum Teil zur Formel Mg_4SiO_{10} mit $5H_2O$ oder teils mit $6H_2O$; ihnen ent-

[1]) E. Hatle u. H. Tauss, Verh. k. k. geol. R.A. 1887, 226.

[2]) F. Zambonini, Atti R. Acc. Neapoli **16** (1908). Ref. Z. Kryst. **49**, 100 (1911).

sprechen die Zahlen 37,19 MgO; 41,89 SiO_2 und 20,92 H_2O bzw. 35,70 MgO; 40,20 SiO_2 und 24,10 H_2O, also $Mg_4SiO_{10} + nH_4O$, wobei n = 5 oder n = 6 ist.

Für den eisenreichen Deweylith der Analyse 9 geben E. Hatle und H. Tauss die Formel $H_{20}Mg_{12}FeSi_{11}O_{45} . 9H_2O$.

Eigenschaften. Vor dem Lötrohr dekrepitiert Deweylith, wird undurchsichtig und schmilzt am Rande; im Kölbchen gibt er natürlich Wasser.

In Säuren ist er nur schwer zu zersetzen.

Über seine optischen Eigenschaften ist nichts Näheres bekannt.

Die Dichte schwankt zwischen 2,2 und 2,4; der von E. Hatle und H. Tauss gefundene Wert von 1,99 wird wohl zu niedrig ausgefallen sein.

Die Härte ist sehr verschieden und kann zwischen 2 und 4 liegend angegeben werden.

Nach F. Cornu[1]) reagiert Deweylith stark alkalisch.

Vorkommen. Deweylith kommt hauptsächlich im zersetzten Serpentin mit andern Zersetzungsprodukten desselben vor. Sehr häufig enthält er Carbonate eingeschlossen. Er tritt oft in Pseudomorphosen nach Talk auf; auch solche nach Kämmererit und nach Aragonit sind bekannt geworden.

II. Pseudodeweylith.

Dieses Mineral wurde, wie bereits früher erwähnt, erst unlängst durch F. Zambonini vom Deweylith abgetrennt.

Es hat das Aussehen einer amorphen Substanz oder vielmehr einer gehärteten Gallerte.

Analysen.

Nach F. Zambonini gehören die unter 1 und 2 angeführten als Deweylithe analysierten Vorkommen nicht zum Deweylith, sondern Pseudodeweylith, sie sind daher aus dem Verzeichnisse der Deweylithvorkommen zu streichen.

	1.	2.	3.	4.
δ	2,747	—	—	—
MgO	41,25	41,14	40,50	40,91
CaO	—	Spuren	—	—
FeO	—	0,51	0,41	—
Fe_2O_3	0,79	—	—	—
SiO_2	41,57	39,32	40,25	40,82
H_2O	16,36	18,41	18,31	18,27
	99,97	99,38	99,47	100,00

1. Pseudodeweylith hellgelb, durchscheinend von Mezzavalle in Südosttirol; anal. D. Fogy, Sitzber. Wiener Ak. math.-nat. Kl. **115**, 1090 (1910).

2. Pseudodeweylith aus einem Magnesiasilicat entstanden, von Berks Co. Pennsylvanien; anal. H. J. Keller bei A. Genth, Am. Phil. Soc. 1885. Ref. Z. Kryst. **12**, 489 (1887).

3. Schwach gelblich gefärbter Pseudodeweylith von Chester Co. Pennsylvanien; anal. F. Zambonini, Atti R. Acc. Neapoli **16**, 85 (1908). Ref. Z. Kryst. **49**, 99 (1911).

4. Theoretische Zusammensetzung berechnet von F. Zambonini (l. c.).

[1]) F. Cornu, Tsch. min. Mit. **24**, 428 (1905) und **25**, 502 (1906).

Diese Analysen führen auf die Formel $Mg_3Si_2O_7 . 3H_2O$.

Wassergehalt. Der Pseudodeweylith von Mezzavalle, siehe Analyse 1, gibt nach Untersuchungen von D. Fogy folgende Wasserverluste:

Über Chlorcalcium	über Schwefelsäure	bei 100°	bei 200°	beim Glühen
1,03 %	1,75 %	0,39 %	0,92 %	14,52 %

über dem Gebläse	Gesamtwassergehalt
14,25 %	18,96 %

Der Pseudodeweylith von Chester Co. (Analyse 3) gibt über Schwefelsäure von der Dichte 1,840 folgende Wassermengen nach F. Zambonini[1]) ab:

nach	1	2	5	25	76	124	219	387 Stunden
Gewichtsverlust	0,68	1,27	2,65	6,08	7,20	7,44	7,61	7,83 %

auch bei 200° höher tritt kein weiterer Wasserverlust ein.

Bei ansteigender Temperatur im feuchten Luftstrom wurden die unten stehenden Gewichtsverluste beobachtet:

bei	120°	210°	300°	400°	450°
Gewichtsverlust	7,89	8,58	9,23	9,78	10,12 %

Man sieht aus dieser Zusammenstellung, daß eine nicht unbeträchtliche Wassermenge zuerst verhältnismäßig rasch abgegeben wird, dann aber erfolgt nur geringe Wasserabgabe. Dies gilt sowohl für Wasser entziehende Substanzen, wie die Schwefelsäure, als auch für die Erhitzung. Ein beträchtlicher Teil des Wassers scheint erst über 450° (Gesamtwasser 18 %, siehe Anal. 3 im vorstehenden) zu entweichen, was aber nach F. Zambonini nur scheinbar der Fall ist, da die beobachteten Gewichtsverluste niedriger sind als die wahren entwichenen Wassermengen. Der Pseudodeweylith adsorbiert während des Erkaltens im Exsiccator bedeutende Luftmengen, gleich dem Meerschaum.

Die Wasseradsorption des getrockneten Pseudodeweyliths in feuchter Luft ist gering.

nach	18	64	114 Stunden
Zunahme des ursprünglichen Gewichts	1,71	1,86	1,88 %

Nach F. Zambonini ist der Pseudodeweylith gleich dem Deweylith eine Adsorptionsverbindung und das Wasser ist nach Art der Hydrogele gebunden.

Die andern Eigenschaften stimmen mit dem Deweylith überein; auffällig ist nur die von D. Fogy erhaltene hohe Dichte. Nach den Beobachtungen desselben ist auch das optische Verhalten, dem von M. Websky am Deweylith (es kann sich bei M. Webskys Untersuchungen übrigens auch um Pseudodeweylith gehandelt haben) beobachteten ähnlich.

Melopsit.

Von **H. Leitmeier** (Wien).

Dieses von A. Breithaupt[2]) aufgestellte Mineral wird gewöhnlich hier angereiht. Es unterscheidet sich vom Deweylith durch den höheren Aluminiumgehalt und durch den geringern Wassergehalt, soweit man aus einer einzigen

[1]) F. Zambonini, l. c.
[2]) A. Breithaupt, Mineralogie 1841, 360.

Analyse überhaupt Schlüsse auf die Zusammensetzung einer wasserhaltigen Substanz ziehen kann, bei der man nicht weiß, welche Rolle das Wasser dabei spielt.

MgO	31,59
CaO	3,40
Al_2O_3	4,95
Fe_2O_3	0,02
SiO_2	44,15
H_2O bei 160°	11,54
beim Glühen	4,02
	99,67

Melopsit von Neudeck in Böhmen; anal. F. Goppelsroeder, Verh. naturf. Ges. Basel 5, 134 (1868).

Nach C. F. Plattners Untersuchungen (bei A. Breithaupt, l. c.) enthält dieses Mineral auch etwas Ammoniak und Bitumen.

Eigenschaften. Die Dichte ist $\delta = 2{,}583$ nach A. Breithaupt. Die Farbe ist schmutzig weißgraulich, auch grünlich; durchscheinend, Bruch muschelig. Es kommt in Lagen und Knollen auf Hämatit führenden Gängen in einem Gestein vor, das aus Amphibol (Hornblende und Aktinolith) und Granat besteht.

Saponit.

Von **H. Leitmeier** (Wien).

Synonyme und Varietäten: Seifenstein, Piotin, Thalit, Bowlingit, Cathkinit. Schon diese verhältnismäßig große Zahl von Synonymen, die fast alle Lokalnamen sind, zeigt, daß die Zusammensetzung dieses Minerals wenig einheitlich ist.

Analysen.

Die meisten Analysen sind im Sinne dieses Handbuchs neuern Datums und es wurden, um alle wichtigern Vorkommen zu berücksichtigen, die allerdings sehr wenig zahlreich sind, nur einige wenige alte Analysen gebracht. Die Anordnung derselben ist eine geographische. Alle neuern stammen aus Schottland, diese sind nach steigendem Tonerdegehalte aneinandergereiht.

Alte Analysen.

	1.	2.	3.	4.	5.
δ	—	—	—	2,548	—
(Na_2O)	—	—	—	} 0,45	0,81
(K_2O)	—	—	—		
MgO	28,83	30,57	26,52	24,10	24,17
CaO	—	—	0,78	1,07	—
Al_2O_3	6,65	7,67	9,40	4,87	7,23
Fe_2O_3	—	—	2,06	2,09	2,46
SiO_2	42,47	42,10	50,89	45,60	48,89
H_2O	19,37	18,46	10,50	20,66	15,66
	97,32	98,80	100,15	98,84	99,22

1. Saponit von Kynance Cove in Cornwall; anal. Haugthon, Phil. Mag. 10, 254 (1855).

2. Saponit von Que Graze in Cornwall; anal. wie oben.

3. Saponit, frisch butterweich, an der Luft erhärtend, weiß bis gelblichrot (Piotin) von der Brusksveds- und Svartviks-Grube bei Svärdsjö, Dalarne, Schweden; anal. A. N. Svanberg, Akad. Handl. Stockholm 1846, 157.

4. u. 5. Saponit (sog. Thalit) zwischen Pigeon Point und Fond du Lac am nördlichen Ufer des Lake Superior in Mandelsteinen; anal. W. Smith u. G. J. Brush, Am. Journ. **16**, 368 (1853).

Neuere Analysen aus Schottland.

Geordnet nach steigendem Al_2O_3-Gehalt.

	6.	7.	8.	9.	10.	11.
δ	2,214	—	2,214	—	—	2,280
(Na_2O)	—	—	—	0,45	0,21	0,47
(K_2O)	—	Spur	—	0,17	0,49	0,19
MgO	18,62	21,81	19,85	23,95	20,22	20,74
CaO	2,83	2,16	3,05	3,27	3,06	2,13
MnO	—	0,20	—	0,23	0,08	0,12
FeO	8,71	2,36	13,54	—	6,96	0,12
Al_2O_3	4,20	4,83	4,94	5,06	5,35	5,88
Fe_2O_3	6,92	6,50	0,44	0,85	5,94	4,91
(CO_2)	0,40	—	0,40	—	—	—
SiO_2	39,98	42,84	40,44	42,50	36,74	42,50
H_2O	17,28	20,70	17,24	23,68	21,28	22,75
	98,94	101,40	99,90	100,16	100,33	99,81

6. Saponit (sog. Cathkinit) von Cathkin in Schottland, aus Dolerit; anal. J. J. Dobbie, Trans. Geol. Soc. Glasg. **7**, 212 (1883—1885). Ref. Z. Kryst. **12**, 620 (1887).

7. Dichter, opaker, grasgrüner Saponit aus den Eruptivgesteinen des Old Red von Tay Bridge in Fifeshire; anal. F. Heddle, Trans. R. Soc. Edinb. **29**, 91 (1897). Ref. Z. Kryst. **5**, 634 (1881).

8. Saponit, der noch Teilchen des Silicats enthält, aus dem er sich gebildet hat, von Cathkin; anal. wie Analyse 6.

9. Saponit in Drusen mit Gyrolith und Apophyllit, beim Öffnen plastisch an der Luft rasch erhärtend, von milchweißer Farbe; anal. F. Heddle, wie Analyse 7.

10. Saponit von Bowling Guarry, Clyde, Dumbarton, dunkelglasgrün, feinblätterig; anal. Dalziel bei F. Heddle, wie oben.

11. Grauer, rotgefleckter Saponit von Kinneff in der Grafschaft Kincardineshire; anal. F. Heddle, wie oben.

	12.	13.	14.	15.	16.	17.
δ	—	2,308	2,282	—	—	—
(Na_2O)	0,46	0,11	0,21	Spur	—	Spur
(K_2O)	0,28	0,95	0,32			
MgO	20,98	21,46	21,67	19,24	20,39	19,76
CaO	2,15	2,97	2,01	2,67	1,89	2,09
MnO	0,09	0,23	Spur	—	—	—
FeO	0,18	4,98	2,37	8,69	9,45	8,73
Al_2O_3	5,95	6,26	6,49	6,61	6,70	6,77
Fe_2O_3	4,96	4,36	5,61	4,16	3,79	4,28
(CO_2)	—	—	—	0,38	0,14	0,36
SiO_2	42,10	38,08	40,11	40,07	39,38	40,81
H_2O unter 100°	14,09	12,13	13,96	17,16	17,11	17,11
H_2O über 100°	8,84	8,35	7,64			
	100,08	99,88	100,39	98,98	98,85	99,91

12. Saponit von Kinneff in Kincardineshire, blaßolivgrüne, kugelige Überzüge von faseriger Struktur auf Quarz in Hohlräumen eines Labradorporphyrs; anal. F. Heddle, wie oben.

13. Saponit, gleiches Material, wie Analyse 10; anal. F. Heddle, wie oben.

14. Saponit, dichte bläulichgrüne, wachsähnliche, durchscheinende Massen von Tayport, Fifeshire; anal. wie oben.

15. Homogener Saponit, schokoladebraun von den Cathkin Hills, südsüdöstlich von Glasgow; anal. J. J. Dobbie, Min. Mag. **5**, 132. Ref. Z. Kryst. **9**, 201 (1884).

16. Wie Analyse 6.

17. Wie Analyse 15.

	18.	19.	20.	21.	22.	23.
δ	—	2,179	5,288	—	2,296	2,235
(Na_2O)	} Spur	2,09	—	—	—	—
(K_2O)		0,58	—	—	—	—
MgO	19,28	19,33	21,23	21,71	22,80	21,62
CaO	2,32	0,80	0,92	2,80	1,86	2,50
MnO	—	0,13	0,07	0,13	0,11	0,15
FeO	8,91	0,19	4,88	—	—	5,25
Al_2O_3	6,94	7,25	8,52	8,72	9,08	9,39
Fe_2O_3	3,75	6,57	2,99	1,97	2,05	2,85
(CO_2)	0,40	—	—	—	—	—
SiO_2	39,90	42,13	42,22	40,33	41,41	36,54
H_2O unter 100°	} 17,28	14,75	14,76	15,13	13,65	12,96
H_2O über 100°		6,32	4,73	9,21	9,78	8,72
	98,78	100,14	100,32	100,00	100,74	99,98

18. Saponit von den Cathkin Hills, wie Analyse 15.

19. Dichter, weicher, grüner Saponit von Gapol bei Tod Head in Kincardineshire, in zersetztem Mandelstein; anal. F. Heddle, wie Analyse 7.

20. Faseriger dunkelgrüner Saponit von den Cathkin Hills in Lanarkshire; anal. F. Heddle, wie oben.

21. Dunkelwachsgelber Saponit von Quiraing, Skye; anal. wie oben.

22. Dunkelolivgrüner, sehr harter Saponit, die Unterlage von Zeolithen bildend von Storr, auf der Insel Skye; anal. wie oben.

23. Dichter, ölgrüner, halb durchscheinender Saponit von Glen Farg in Perthshire, in Mandelsteinen auftretend; anal. F. Heddle, wie oben.

	24.	25.	26.	27.	28.
δ	2,279	—	—	—	—
(Na_2O)	0,37	—	—	—	—
(K_2O)	0,05	—	—	—	—
MgO	21,07	12,41	11,73	10,22	9,57
CaO	1,22	—	—	—	—
MnO	0,09	—	—	—	—
FeO	3,84	7,02	6,99	6,95	6,81
Al_2O_3	10,53	15,09	16,14	16,85	18,07
Fe_2O_3	1,86	5,22	4,85	3,92	3,65
SiO_2	41,34	35,66	35,82	35,08	34,32
H_2O unter 100°	15,61	} 19,89	19,63	21,85	22,70
H_2O über 100°	3,87				
$(CaCO_3)$	—	5,02	4,87	4,89	5,14
	99,85	100,31	100,03	99,76	100,26

24. Saponit, hellgrüne, feinschuppige Ausfüllungen kleiner Drusen in einem Eruptivgesteine; anal. F. Heddle, wie oben.

25. u. 26. Dunkelgrüner (sog. Bowlingit) Saponit sehr weich, kleine Gänge in einem Dolerit von Cathkin in Lanarkshire; anal. J. B. Hannay, Min. Mag. 1, 154 (1877). Ref. Z. Kryst. 3, 110 (1879).

27. u. 28. Ähnlicher (Bowlingit) Saponit aus Dolerit von Bowling, Clyde, Dumbarton; anal. J. B. Hannay, wie oben.

Eine Analyse eines russischen Saponits mitzuteilen hatte Herr Prof. P. v. Tschirwinsky die Güte:

	29.
Na_2O	0,53
K_2O	0,24
MgO	24,15
Al_2O_3	5,06
SiO_2	48,46
H_2O bei 110°	10,31
H_2O	8,90
	97,65

29. Saponit vom Borsowka-Fluß, Ural; anal. Beljankin, Nachr. d. Petersbg. Polytechn. 13, 92 (1910).

Analysen zweier Substanzen, die wahrscheinlich Saponit sind:

	30.	31.
MgO	16,34	14,15
CaO	5,71	7,75
MnO	0,24	0,38
FeO	9,82	3,07
Al_2O_3	0,83	13,16
Fe_2O_3	2,60	1,88
SiO_2	54,70	46,23
H_2O unter 100°	6,10	7,66
H_2O über 100°	4,72	5,65
	101,06	99,93

30. Dichte, dunkelgrünlichbraune Ausfüllungen von Blasenräumen im Trapp von Cally in Perthshire in Schottland, wahrscheinlich ein Saponit mit Chalcedon gemengt, mit dem er auch zusammen vorkommt (hoher SiO_2-Gehalt); anal. F. Heddle, Trans. R. of Edinb. 29, 91 f. (1879). Ref. Z. Kryst. 5, 636 (1881).

31. Dunkelgrüne, feinkörnige oder blätterige Lagen im körnigen Kalk von Reelig bei Beauly Firth, wahrscheinlich ein Gemenge von Saponit mit etwas Talk, mit dem er zusammen vorkommt; anal. F. Heddle, wie oben.

Die Übereinstimmung der Analysen ist eine ziemlich geringe, namentlich der Wassergehalt, über dessen Natur so gut wie gar keine Untersuchungen vorliegen, schwankt innerhalb bedeutender Grenzen, die noch größer werden, wenn man nur das über 100° enthaltene Wasser in Betracht zieht, wie man es bei den Analysen F. Heddles tun kann.

F. Heddle beschrieb einen Saponit von Quiraing auf der Insel Skye, der getrocknet weiß wird und trübe, an feuchter Luft aber Wasser adsorbiert und durchscheinend wird (Analyse 21 S. 442).

Nach ihm sind alle Saponite dadurch charakterisiert, daß sie bei geringer Temperaturerhöhnng einen Teil ihres Wassers mit großer Schnelligkeit abgeben, und in feuchter Luft sehr rasch wieder aufnehmen.

Formel. Aus seinen Analysen leitet F. Heddle die Formel ab:

$$\overset{II}{R}_6\overset{III}{R}_2Si_7O_{23} + 13H_2O.$$

Dieser Formel entsprechen folgende Werte der theoretischen Zusammensetzung:

MgO	20,61
CaO	2,04
FeO	2,62
Al_2O_3	7,51
Fe_2O_3	3,88
SiO_2	40,81
H_2O	22,53
	100,00

Für die kalkreichen schottischen Vorkommen der Analysen 25—28 hat J. B. Hannay mit Vernachlässigung des Calciumcarbonats folgende Formel berechnet:

$$\overset{II}{R}_2\overset{III}{R}_2Si_3O_{11} + 5H_2O.$$

Er hält aber diesen Kalkgehalt für keine fremde Beimengung, sondern zum Minerale gehörig, das 1 Molekül $CaCO_3$ auf 4 Moleküle der eben angegebenen Verbindung habe; er nannte dieses Mineral Bowlingit. H. Fischer[1]) hält dies für wenig wahrscheinlich.

Es wird sich wohl auch hier, ähnlich wie beim Deweylith, um eine Adsorptionsverbindung handeln.

Chemisch-physikalische Eigenschaften.

Nach den meisten Angaben sind die Saponite dichte amorphe Massen. Nur der schon mehrfach erwähnte Bowlingit soll nach J. B. Hannays Angaben aus hellgrünen durchsichtigen Kristallen bestehen, wie er aus einer mikroskopischen Untersuchung schloß. Vielleicht handelt es sich auch hier um ein allmählich oder gelegentlich kristallin gewordenes Gel.

Die zwischen 2,15 und 2,3 schwankende Dichte ist bereits bei den einzelnen Vorkommen in der Analysenzusammenstellung angegeben. Die Härte ist ungleich und liegt nach den Angaben zwischen 1 und 2 aber meist bei 2. Die Farbe ist sehr verschieden, weiß gelblich, grün, braun in allen Abstufungen.

Vor dem Lötrohr schwer schmelzend gibt er ein blasiges weißes Glas; im Kölbchen wird Wasser abgegeben. In Schwefelsäure ist der Saponit leicht löslich. Auch in Salzsäure unter Gelatinieren zersetzbar.

Vorkommen und Entstehung.

Saponit kommt gewöhnlich in Blasenräumen von Ergußgesteinen meist basischen Charakters vor. Er kommt mit Kalkspat, Kieselsäuremineralien, Zeolithen und andern zusammen vor und besitzt die bekannte Paragenesis der Hohlraumsausfüllungen basischer Effusivgesteine. Nach Beobachtungen von

[1]) H. Fischer, Z. Kryst. **4**, 364 (1880).

F. Heddle ist er gewöhnlich das jüngste Mineral dieser Hohlraumsausfüllung. In einem Falle war aber auch das Umgekehrte der Fall; Saponit bildete die Unterlage von Zeolithkristallen (vor allem Gyrolit und Apophyllit).

Saponit kann sich aus Magnesiasilicaten durch Hydratisierung bilden und J. B. Hannay beschrieb Saponit, der zuweilen Körner von Olivin einschließt und hält es für wahrscheinlich, daß er sich aus Olivin gebildet habe.

Calciumsilicate.

Von **C. Doelter** (Wien).

Wir unterscheiden hier, wie bei den Magnesiumsilicaten, wasserfreie und wasserführende. Die wasserfreien in der Natur vorkommenden sind das Orthosilicat und das Metasilicat; letzteres kommt jedoch in der Natur nur in Mischungen vor und bildet mit Mg_2SiO_4 den Monticellit, welcher vielleicht ein Doppelsalz ist; in den Zementen kommt es möglicherweise vor. A. L. Day[1]) und Mitarbeiter haben das System $CaO—SiO_2$ eingehend untersucht und fanden aus der Schmelzkurve, daß andere Verbindungen als Metasilicat und das Orthosilicat nicht vorkommen (vgl. S. 449).

Der Cuspidin ist ein fluorhaltiges, wasserfreies Calciumsilicat, der Spurrit dagegen ein kohlensäurehaltiges.

Was die wasserhaltigen Calciumsilicate anbelangt, so haben wir hauptsächlich Metasilicate, doch existiert auch ein Orthosilicat, der Hillebrandit $Ca_2SiO_4 . H_2O$, gegen die Stabilität dieses Silicats spricht die leichte Zersetzbarkeit aller Kalksilicate durch Wasser. Unter den Metasilicaten sind zu nennen: Okenit, Apophyllit (welcher auch mitunter etwas Fluor enthält) Gyrolith und Reyerit.

Ein fluorhaltiges, wasserhaltiges Calciumsilicat ist der Zeagonit. Aus dem Gesagten ergibt sich, daß die wasserhaltigen Calciumsilicate der Zahl nach hinter den Magnesiumsilicaten zurückstehen, wie sie auch weit seltener sind; dies ist genetisch von Wichtigkeit.

Calciumorthosilicat Ca_2SiO_4.

Die Verbindung kommt, wie oben bemerkt, in der Natur in reinem Zustand nicht vor und sie wurde von A. L. Day und Mitarbeitern[1]) dargestellt, nachdem schon frühere Experimentatoren dasselbe erhalten hatten und namentlich in den Zementen seine Anwesenheit vermutet hatten, und es wurde die Ursache des Zerrieselns oder Zerfallens des Portlandzements in dessen Anwesenheit vermutet. H. Le Chatelier vermutetete seine Dimorphie und V. Pöschl stellte mehrere Modifikationen her. Die erwähnten amerikanischen Forscher stellten drei Formen von Ca_2SiO_4 her, indem sie ein Gemenge von 65 $^0/_0$ CaO und 35 $^0/_0$ SiO_2 zusammenschmolzen. Da dieser Gegenstand schon in Bd. I, 808 von E. Dittler behandelt wurde, so verweise ich auf die dort angeführten Angaben.[2])

[1]) A. L. Day, Tsch. min. Mit. **26**, 201 (1907).
[2]) Vgl. D. A. Tschernobajeff, Rev. d. Metallurgie **2**, 729 (1905).

Calciummetasilicat $CaSiO_3$.

Dieses Silicat ist dimorph, und kommt als monokliner Wollastonit in dieser alleinigen natürlichen Kristallart vor, während eine zweite Art das hexagonale Kalksilicat, auch α-Wollastonit oder Pseudowollastonit genannt, in der Natur zwar nicht vorkommt, jedoch in Schlacken, Gläsern als Entglasungsprodukt beobachtet wurde und künstlich leicht herzustellen ist.

Bildungswärme der Calciumsilicate. — Diese wurde, nachdem schon H. Le Chatelier darüber Untersuchungen ausgeführt hatte, neuerdings von D. A. Tschernobajeff und S. P. Wologdin[1]) untersucht. Sie fanden:

$$CaO \cdot SiO_2 + 17{,}4 \text{ Kal.}$$
$$2CaO \cdot SiO_2 + 28{,}7 \text{ Kal.}$$

Wollastonit.

Synonyma. Tafelspat, Schalstein, Grammit.

Monoklin; $a:b:c = 1{,}0523:1.0{,}9694$, $\beta = 95^0 24\frac{1}{2}'$ (P. Grosser).

Analysenresultate.

	1.	2.	3.	4.	5.	6.
δ	—	2,81	—	—	3,921	2,74–2,83
Na_2O . . .	—	—	0,11	—	—	} 0,72
K_2O . . .	—	—	0,13	—	—	
MgO . . .	—	—	1,08	—	0,05	0,42
CaO . . .	46,74	47,41	46,29	44,08	46,69	46,55
MnO . . .	—	—	0,47	—	0,51	—
FeO . . .	—	—	0,51	—	0,30	—
(Al_2O_3) . .	1,87	—	—	} 0,46	—	0,36
(Fe_2O_3) . .	0,93	—	—		—	0,18
SiO_2 . . .	52,01	51,15	51,61	53,53	51,87	49,95
H_2O . . .	—	0,71	0,54	1,51	1,14	2,98
Summe:	101,55	99,27	100,74	99,58	100,56	101,16

1. Im körnigen Kalk von Auerbach; anal. Hampe, Bg. u. hütt. Z. **20**, 267 (1861).
2. Von Neudeck, Schlesien; anal. H. Traube, N. JB. Min. etc. 1890, I, 230.
3. Von Cziklowa im Kalkstein; anal. J. Loczka, Z. Kryst. **10**, 89 (1885).
4. Von Cziklowa im Kalkstein; anal. J. Lemberg, Z. Dtsch. geol. Ges. **24**, 251 (1872).
5. Von Orawicza (Banat.); G. Tschermak, Sitzber. Wiener Ak. **115**, 231 (1906).
6. Von Mte. Castelli (Toscana) aus Serpentin; von A. d'Achiardi[2]) als Pektolith bezeichnet; anal. E. Manasse, Proc. verb. soc. Tosc. sc. nat. Pisa, 14. Jan. 1896, 20; Ref. N. JB. Min. etc. 1907, II, 40.

---

[1]) D. A. Tschernobajeff u. S. P. Wologdin, C. R. **154**, 209 (1912).
[2]) A. d'Achiardi, Min. Toscan. 2, 67 (1873), siehe dort Analyse von F. Stagi.

	7.	8.	9.	10.	10a.	11.	12.
MgO	1,20	0,55	0,73	1,2	Spur	1,50	1,30
CaO	45,12	45,45	45,66	46,3	47,43	41,80	46,41
Al_2O_3	—	—	1,37	—	—	7,10	1,56
Fe_2O_3	2,20	—	—	—	1,83	2,90	—
SiO_2	49,78	51,50	51,31	51,4	50,85	46,20	48,36
CO_2	—	—	—	—	—	—	1,00
SO_3	—	—	—	—	—	—	0,56
H_2O	0,60	2,00	0,75	—	—	—	1,11
Summe:	98,90	99,50	99,82	98,9	100,11	99,50	100,30

7. Von Sarrabus (Sardinien); anal. A. Funaro bei A. Funaro und Bussati, Gazz. chim. it. **13**, 433 (1883); Z. Kryst. **11**, 162 (1886).

8. Von Capo di Bove bei Rom; anal. Fr. v. Kobell, Journ. prakt. Chem. **30**, 469 (1843).

9. Vom Vesuv, aus Auswürflingen des Mte. Somma; anal. G. vom Rath, Pogg. Ann. **144**, 392 (1871).

10. Von ebenda; anal. A. v. Reis, Z. Kryst. **19**, 605 (1891).

10a. Von ebenda; anal. A. C. Miele bei F. Zambonini, Min. Ves. 1910, 160.

11. Von Santorin; anal. F. Fouqué, C. R. **631**, 80 (1875); Bull. Soc. min. **13**, 248 (1890).

12. Von Merida (Spanien); anal. Clemencin bei Piquet; Ann. d. mines 1872, II, 415.

	13.	14.	15.	16.
MgO	0,40	8,63	—	—
CaO	43,92	20,00	47,65	47,37
FeO	—	2,70	0,26	1,08
(Al_2O_3)	—	7,00	—	—
(Fe_2O_3)	0,84	—	—	—
SiO_2	50,43	61,36	51,49	51,23
H_2O	1,36	—	0,60	0,32
(CO_2)	2,37	—	—	—
Summe:	99,32	99,69	100,00	100,00

13. Mit Kalkstein und Serpentin, von Mourne Mts.; anal. F. Heddle, Phil. Mag. **9**, 452 (1855).

14. Sog. Ädelforsit, von Ädelfors (Schweden); anal. Fr. v. Kobell, unreines Material, Journ. prakt. Chem. **9**, 1, 344 (1864).

15. Von Perheniemi, Finnl.; anal. O. Carlgren bei O. Widman, Geol. Fören. Förh. Stockholm **12**, 20 (1890).

16. Von ebenda; anal. P. J. Holmquist, ebenda.

	17.	18.	18a.	19.	20.	21.
δ	2,902	—	—	2,889	—	—
MgO	Spur	0,70	—	Spur	1,87	0,09
CaO	47,65	46,34	47,21	45,61	44,82	47,65
MnO	—	0,08	—	0,14	—	—
(Al_2O_3)	—	} 0,30	0,14	0,68	0,73	—
Fe_2O_3	0,14					
SiO_2	51,77	51,78	50,60	47,66	49,18	51,51
H_2O	0,29	0,51	—	1,24	3,05	0,43
Rückstand	—	—	—	4,10	—	—
Summe:	99,85	99,71	97,95	99,43	99,65	99,68

17. Von Kimito, Finnland; anal. E. Dittler bei C. Doelter, Sitzber. Wiener Ak. **120**, 858 (1911).

18. Von Östergård (Finnl.); anal. B. Slawsky bei P. P. Sustchinsky, Trav. Soc. d. natur. Moskau, **36**, 75 (1912), mitgeteilt von P. v. Tschirwinsky.

18a. Von Pargas (Finnland); anal. Palander nach C. F. Rammelsberg, Mineralchemie, 1860, 450.

19. Von Karkaralinsk (Kirgisensteppe); anal. P. D. Nikolajew bei N. v. Kokscharow, Min. Rußlands **9**, 29.

20. u. 21. Beide von Tokiwa (Japan); anal. T. Wada, Miner. Japans (Tokyo 1904) 126.

	22.	23.	24.	25.	26.
δ	—	—	—	2,81	—
MgO	Spur	—	—	0,93	—
CaO	47,61	45,55	40,85	42,48	47,65
MnO	0,60	—	—	—	—
FeO	—	1,34	0,70	—	—
(Al_2O_3)	0,24	2,01	1,77	—	—
Fe_2O_3		—	—	5,78	1,08
SiO_2	51,48	51,28	54,59	49,25	51,18
TiO_2	—	—	—	Spur	—
H_2O	0,02	—	2,29	—	0,42
Summe:	99,95	100,18	100,20	98,44	100,33

22. Aus Kalkstein (mit Gold und Platin) vom Singengoe-Fluß (Sumatra); anal. L. Hundeshagen, Ch. N. **85**, 270 (1902); Z. Kryst. **42**, 387 (1907).

23. und 24. Von Ceylon, aus Seifenablagerungen; anal. E. S. Shepherd bei A. K. Coomáraswámy, Q. J. geol. Soc. London **56**, 590 (1900).

25. Aus Wollastonit-Augitgneis von Reed (Hereroland); anal. H. Wulf, Tsch. min. Mit. **8**, 193 (1887).

26. Aus Wollastonit-Diopsidgestein von der Kupfermine, ebenda; anal. wie oben.

	27.	28.	29.	30.	31.	32.
Na_2O	0,46	—	—	—	—	4,41
K_2O	—	—	—	—	—	0,90
MgO	0,05	0,09	0,14	—	0,44	0,57
CaO	47,98	47,10	46,38	45,74	42,55	36,72
MnO	—	—	0,48	—	2,08	1,40
FeO	0,07	—	—	1,20	2,03	1,69
Al_2O_3	—	1,13	0,23	—	—	—
Fe_2O_3	—					
SiO_2	50,66	50,05	49,09	53,05	51,93	50,96
H_2O (Glühverl.)	0,72	0,45	2,96	—	1,23	2,74
Summe:	99,94	98,82	99,28	99,99	100,26	99,39

27. Von Bonaparte Lake; anal. E. S. Sperry nach J. D. Dana, Mineralogie N. York, 1892, 372.

28. Derbe Varietät von Diana, N.Y.; anal. E. A. Schneider, Bull. geol. Surv. U.S. Nr. 207 (1902).

29. Von der Cliff-Mine, Michigan; anal. Whitney, Boston. J. Nat. Hist. **5**, 486.

30. Von Grenville, Canada, aus Laurentian-Kalkstein; anal. Bunce nach J. D. Danas Miner. 1850, 696.

31. Aus Potash-Sulfur, Spring Region, im Eläolith-Syenitgebiet; anal. R. N. Brackett bei J. Fr. Williams, Rep. Geol. Surv. Arkansas for 1990, II, 457 (1891).

32. Von ebenda, rosenrote Var.; anal. wie oben.

Formel und Konstitution. — Die Analysen ergeben $CaSiO_3$, also Metacalciumsilicat. G. Tschermak hat aus Wollastonit von Oravicza eine Kieselsäure von der Formel $H_6Si_3O_9$ isoliert, welche er auch in Pektolith fand (vgl. diesen). Dagegen ist die Säure des künstlichen Calciumsilicats die Metakieselsäure H_2SiO_3, und hat G. Tschermak[1]) für dieses Metasilicat die Formel $CaSiO_3$ aufgestellt und dazu eine Konstitutionsformel von ringförmiger Anordnung gegeben (vgl. S. 98). Demnach wären nach dieser Ansicht die beiden Kristallarten des Metacalciumsilicats nicht dimorph, sondern polymer.

Die theoretische Zusammensetzung ist unter Benutzung der letzten Werte für die Atomgewichte:

CaO	48,183
SiO_2	51,817
Summe:	100,000

Metacalciumsilicat mit höherem Kieselsäuregehalt. — E. Dittler und C. Doelter[2]) haben die Löslichkeit von SiO_2 in $CaSiO_3$ untersucht und fanden, daß letzteres imstande ist, Kieselsäure aufzunehmen und zwar fanden sie, daß mindestens 13% aufgenommen wurden; es bildete sich eine Kristallart, welche dem Pseudowollastonit sehr nahe steht, doch waren die optischen Eigenschaften entsprechend dem höheren Kieselsäuregehalt verändert. In der Natur gibt es nur wenige Wollastonite, die einen höheren Kieselsäuregehalt aufweisen (Anal. 14, 22, 24, 30).

Mischungen von $2CaO.3SiO_2$ (40% CaO) schmelzen im Kurzschlußofen zu einer zähen Flüssigkeit. Das Erstarrungsprodukt zerfällt nach dem Abkühlen zu Staub. Nach der Untersuchung erweist sich das Pulverpräparat zusammengesetzt aus der γ-Form des Calciumorthosilicats und Kieselsäure in der Form des Tridymits. A. L. Day und Genossen erhielten bei niedrigerer Temperatur (1460°) aus derselben Schmelze $CaSiO_3$ und Tridymit.

Wird ein Gemenge von $3CaO$ und $2SiO_2$ nur bis zum Sintern gebrannt, so erhält man nach ca. 10 Stunden und bei einer durchschnittlichen Temperatur von 1400° im Heraeusofen neben amorphen Teilchen (Kieselsäure, Kalk) nur Pseudo-Wollastonit.

Chemische und physikalische Eigenschaften.

Optische Eigenschaften. Brechungsquotienten: Nach A. Michel-Lévy und A. Lacroix und nach E. Mallard sind die drei Hauptbrechungsquotienten

Cziklowa $N_\alpha = 1,621$ $N_\beta = 1,6333$ $N_\gamma = 1,636$ (Michel-Lévy u. A. Lacroix),[3])
Pargas $N_\alpha = 1,619$ $N_\beta = 1,632$ $N_\gamma = 1,634$ (E. Mallard).[4])

Optische Achsenebene: die Symmetrieebene. $2E = 70°40'$ (rot), 69° (grün), 68°24' (viollet) (nach C. Hintze, Min. II).

Farbe: Weiß, grau, gelblich, bräunlich.

Härte: 4—5.

Dichte: 2,8—2,9.

Löslichkeit. In Salzsäure unter Bildung von Gallerte löslich.

Pulver zeigt nach A. Kenngott alkalische Reaktion, auch nach dem Glühen.

---

1) G. Tschermak, Sitzber. Wiener Ak. **115**, I, 227 (1906).
2) C. Doelter u. E. Dittler, Sitzber. Wiener Ak. **121**, 906 (1912).
3) Michel-Lévy u. A. Lacroix, Min. d. roches (Paris 1888), 271.
4) E. Mallard, C. R. **107**, 302 (1888).

Durch konzentrierte Natronlauge werden nach W. Flight[1]) Kalk und Kieselsäure gleichmäßig und zwar stark ausgezogen.

J. Lemberg[2]) gelang es durch Behandlung mit einer Lösung von Magnesiumsulfat oder von Chlormagnesium, eine Umwandlung in ein wasserhaltiges Magnesiumsilicat zu erhalten (vgl. S. 455).

Schmelzpunkt.

Je nach der Reinheit des Minerals variiert der Schmelzpunkt. $CaCO_3$-haltiger hat den höchsten Schmelzpunkt, eisenhaltiger den niedrigsten. Ich erhielt[3])

Wollastonit von	Auerbach:	1240—1265°
" "	Ciklowa:	1245—1265°
" "	Diana:	1250—1300°
" "	Elba:	1235—1275°
" "	Kimito:	1260—1325°

Der erste Punkt ist der Schmelzbeginn, der zweite der des Flüssigwerdens. A. Brun[4]) erhielt für Kristalle von Auerbach: 1366°.

Spezifische Wärme. — M. Kopp[5]) bestimmte diese zwischen 19 und 51° mit 0,178. W. P. White[6]) hat die spezifische Wärme, sowohl für das hexagonale Kalksilicat (Pseudowollastonit, siehe die Werte unter I), als auch für die monokline Kristallart, den Wollastonit bestimmt (Werte siehe unter II), und zwar für Temperaturen zwischen 100—1300°.

	I	II
100°		0,1833
500°	0,2159—0,2169	0,2168—0,2180
700°		0,2286—0,2289
900°		0,2354—0,2355
1100°	0,2375—0,2380	0,2403—0,2404
1300°	0,2416—0,2422	

Hexagonales Metacalciumsilicat, Pseudowollastonit, β-Wollastonit.

Beim Schmelzen des Wollastonits ergibt sich nach der Erstarrung eine zweite Modifikation, welche häufig als α-Silicat bezeichnet wird. Da jedoch gewöhnlich die bei höherer Temperatur entstehende Kristallart als β-Art bezeichnet wird, so ist es richtiger, sie als β-Calciumsilicat zu bezeichnen. Die von A. L. Day eingeführte Bezeichnung Pseudowollastonit wird häufig gebraucht.

Synthese des Metacalciumsilicats.

Schmilzt man natürlichen Wollastonit und läßt ihn wieder erstarren, so bildet sich eine dimorphe Form, welche anscheinend hexagonal erstarrt; diese

---

1) W. Flight, Journ. chem. Soc. London **41**, 159 (1882).
2) J. Lemberg, l. c. vgl. S. 454.
3) C. Doelter, Sitzber. Wiener Ak. **120**, 862 (1911).
4) A. Brun, Ann. sc. phys. nat. Genève, **18**, 537 (1904).
5) M. Kopp, Liebigs Ann. Suppl. III, 289 (1864/5).
6) W. P. White, Am. Journ. **28**, 342 (1909).

zweite Art kommt in der Natur nicht vor; sie wurde hexagonales Kalksilicat, auch α-Wollastonit oder Pseudowollastonit genannt. Diese Kristallart des Metacalciumsilicats wurde von C. Doelter, später von A. L. Day und seinen Mitarbeitern an künstlich hergestellten Kristallen studiert, während sie in Schlacken schon früher bekannt war und insbesondere von J. H. L. Vogt untersucht wurde. L. Bourgeois[1]) hatte sie schon früher gelegentlich erhalten. C. Doelter[2]) und J. H. L. Vogt[3]) hielten sie für hexagonal, während L. Bourgeois, sowie A. L. Day[4]) nach optischer Untersuchung von Fr. E. Wright eine kleine Abweichung von der geraden Auslöschung hervorheben, welche auf monoklines System hinweist. Indessen bezeichnen sie den Pseudowollastonit, wohl mit viel Wahrscheinlichkeit als pseudohexagonal. F. E. Wright hat auch die Brechungsquotienten geschätzt; sie liegen zwischen 1,615 und 1,645. Doppelbrechung ungefähr 0,025—0,035. $2E = 0-8^0$. Dichte: 2,905.

Ich[2]) stellte den β-Wollastonit durch Zusammenschmelzen von $CaCO_3$ mit SiO_2 im Fourquignonofen dar, ebenso bei der Umschmelzung des natürlichen Wollastonits. Die Analyse des synthetisch hergestellten Produktes ergab:

CaO	47,89
SiO_2	50,99
Summe:	98,88

Umwandlung des Wollastonits in Pseudowollastonit. — A. L. Day und Mitarbeiter haben natürlichen Wollastonit bei 1200° erhitzt und kamen zu dem Resultat, daß er bei 1190° in die zweite Kristallart übergeht, was sie aus einer eingetretenen Körnelung schließen. Ich[5]) kam bei ähnlichen Versuchen zu etwas anderen Resultaten. Verschiedene natürliche Vorkommen wurden durch mehrere Stunden bis 1240° erhitzt und verhielten sich optisch unverändert. Auch Schnitte senkrecht zur ersten Mittellinie zeigten den Achsenwinkel 38° 40′, waren also Wollastonit, ja selbst bei 1260° war keine Veränderung zu ersehen. Bei 1300° erhitztes Pulver zeigte z. T. eine Veränderung, indem sich Neubildungen bei der eingetretenen Sinterung gebildet hatten, welche einachsig waren, während die ungesintert gebliebenen Stücke unverändert zweiachsig waren. Demnach tritt die Umwandlung erst in der Nähe des Schmelzpunktes bei der Sinterung ein. Wenn ein Umwandlungspunkt bei 1190° existiert, so wird er jedenfalls häufig bedeutend überschritten werden.

Darstellung des monoklinen Wollastonits. — Es liegen ältere Beobachtungen vor, welche jedoch zweifelhaft sind in Hinsicht darauf, ob das erhaltene Produkt dem Naturprodukte entsprach.

H. Lechartier[6]) hat ein Gemenge von Kieselsäure und Kalk mit einem Überschusse von Chlorcalcium geschmolzen und war der Ansicht, daß Wollastonit vorliege. A. Gorgeu[7]) hat einen ähnlichen Versuch mit CaO und $CaCl_2$ in einer Wasserdampfatmosphäre unternommen und nach seiner Ansicht Wollastonit erhalten. Dagegen erhielt ich bei ähnlichen Versuchen mit Calcium-

[1]) L. Bourgeois, Thèse présentée etc. (Paris 1883).
[2]) C. Doelter, N. JB. Min. etc. 1886, I, 124.
[3]) J. H. L. Vogt, Beitr. z. Kenntnis d. Ges. d. Mineralbild. in Schmelzen (Kristiania 1892), I, 66.
[4]) A. L. Day, Tsch. min. Mit. **26**, 219 (1906).
[5]) C. Doelter, Sitzber. Wiener Ak. **120**, I, 856 (1911).
[6]) H. Lechartier, C. R. **67**, 42 (1868).
[7]) A. Gorgeu, C. R. **99**, 258 (1884).

chlorid keinen Wollastonit, sondern das hexagonale Silicat. J. H. L. Vogt[1]) kommt in einer kritischen Besprechung dieser Arbeiten zu dem Resultate, daß bei den erwähnten Versuchen kein Wollastonit entstanden sein kann. Vgl. B. Mauritz, Földt. Közl. **39**, 396, 505 (1909).

E. Hussak[2]) hat wirklich monoklinen Wollastonit erhalten, indem er als Schmelzmittel eine Glasschmelze benutzte. Der von Schuhmacher ausgeführte Versuch wurde durch Eintragen von $CaSiO_3$ in eine Schmelze von der Zusammensetzung $3(Na_2SiO)_3 . 2(CaBO_4)$ durchgeführt. Es hatten sich zwar auch einzelne hexagonale Kristalle gebildet, aber auch kleine Stäbchen, die monoklin waren und die optische Orientierung des Wollastonits zeigten.

Da in der Natur Wollastonit in Kontaktbildungen entsteht, so habe ich[3]) Fluor als Kristallisator angewandt, nachdem es sich gezeigt hatte, daß die Zugabe von Chlorcalcium keinen Wollastonit ergab. Durch Zusammenschmelzen von Kieselsäure mit CaF_2 oder durch Schmelzen von Wollastonit mit CaF_2 erhält man schöne lange Wollastonitkristalle. Bei allen diesen Versuchen, sowie den noch zu erwähnenden gelang es, den Erstarrungspunkt unter der oberen Existenzgrenze des Wollastonits, welche nach meinen Versuchen gegen 1250° gelegen sein dürfte, zu erreichen. Die Kristallisatoren, welche zur Anwendung gelangten, haben in diesen Fällen den Erstarrungspunkt des Calciumsilicats ermäßigt.

Die schönsten Kristalle ergab ein Versuch, bei welchem Wollastonit von Auerbach mit wenig NaF und etwas CaF_2 zusammengeschmolzen wurde. Die Auslöschungsschiefe war 0—30°, zweiachsig, Härte $4^1/_2$, Dichte 2,699. Statt natürlichem Wollastonit kann man auch künstliches $CaSiO_3$ anwenden; bei Zusatz von mehr CaF_2 ergab sich ein faseriges Produkt. Die Analyse ergab mir bei dem durch den zweiten Versuch erhaltenen Produkt:

CaO	46,688
SiO_2	51,31

was der Zusammensetzung des Wollastonits entspricht. Fluor war nicht aufgenommen worden.[3])

Von weiteren Versuchen sind die in der neuesten Zeit von L. A. Day und Mitarbeitern[4]) ausgeführten zu erwähnen. Sie erhitzten künstlich hergestellten Pseudowollastonit mit Calciumvanadat bei 800—900°. Die Analyse des erhaltenen Produktes ergab:

	1.	2.
CaO	47,69	47,46
Fe_2O_3	0,19	0,18
SiO_2	51,94	52,00
V_2O_4 (?)	0,38	0,49

Die Brechungsquotienten schwankten zwischen 1,621—1,636. $2E = 69° 30'$ bis 70°. Beobachtete Kristallformen: (001), (101), ($\bar{1}0\bar{1}$), (110), ($\bar{1}02$).

---

[1]) J. H. L. Vogt, Beitr. z. Kenntnis d. Ges. d. Mineralbild. in Schmelzen (Kristiania 1892), I, 66.

[2]) E. Hussak, Verh. d. naturh. Ver. f. Rheinl.-Westf. (Bonn 1887), 95; Z. Kryst. **17**, 101 (1890).

[3]) C. Doelter, Tsch. min. Mit. **10**, 82 (1888).

[4]) A. L. Day, Tsch. min. Mit. **26**, 192 (1906).

Wollastonit in sehr kleinen Kristallen kann nach E. Dittler auch durch bloße Sinterung erhalten werden, wenn man dafür sorgt, daß die Kalksilicatmasse von Fluordämpfen durchströmt wird. Man muß darauf achten, daß das Gas wirklich durch die Masse hindurchstreicht, was am besten so bewerkstelligt wird, daß auf eine Schicht von NH_4F Kalk und Kieselsäure im entsprechenden Verhältnis aufgetragen und auf 1200° durch 7—8 Stunden erhitzt wird. Sobald man das Flußmittel mit dem Gemenge mischt, tritt Schmelzpunkterniedrigung und wirkliches Schmelzen ein, während im ersten Falle ausschließlich eine Reaktion im festen statthat. (Unveröff. Mitt.)

F. Tursky,[1]) der Gemenge von CaF_2 mit $CaSiO_3$ untersuchte, fand im Gegensatz zu B. Karandeeff, daß das Fluor bei den CaF_2-armen Mischungen gänzlich verflüchtigt, bei den Mischungen mit größerm CaF_2-Gehalt aber nur teilweise verflüchtigt und teilweise als Flußspat auskristallisiert, nicht aber in Form einer festen Lösung vom Calciummetasilicat aufgenommen wird.

Vorkommen von Wollastonit in Schlacken und Gläsern. — Es sind verschiedene Angaben über derartige Vorkommen in Schlacken verbreitet, welche jedoch einer Prüfung von J. H. L. Vogt[2]) zufolge nicht Wollastonit sind, sondern die hexagonale Modifikation betreffen, insbesondere betrifft dies die von A. Gurlt[3]) angeführten Fälle, ebenso ist dies der Fall für den von Ch. Vélain[4]) beobachteten Wollastonit, welcher bei einem Brande eines Getreideschobers in Glas sich gebildet haben soll. J. H. L. Vogt hat eine große Anzahl von Schlacken geprüft und in ihnen das hexagonale Kalksilicat, nicht aber Wollastonit gefunden; es steht dies im Einklange mit den synthetischen Versuchen.

Daß jedoch auch in Hochofenschlacken sich Wollastonit bilden kann, hat J. H. L. Vogt bei Untersuchung einer Hochofenschlacke von Högfors (Schweden) nachgewiesen; es sind dünne Tafeln, (100) und (001) oder (101) und (102); Auslöschung unter 34—36° mit *c*.

Die Analysen ergaben[5]):

	1.	2.
MgO	4,43	2,60
CaO	32,46	35,40
MnO	3,04	3,60
FeO	1,16	2,60
Al_2O_3	2,35	2,20
SiO_2	55,92	53,50
Summe:	99,36	99,90

Analyse 1 Schlacke von Högfors; anal. J. G. Classon.
Material der Analyse 2, anal. von B. Santesson, stammt von Tansa.

Weitere Angaben beziehen sich auf eine Untersuchung von Appert und M. J. Henrivaux,[6]) welche behaupteten, daß man Wollastonit erhält,

[1]) F. Tursky, Z. anorg. Chem. Im Erscheinen (1913).
[2]) J. H. L. Vogt, Beitr. z. Kenntnis d. Ges. d. Mineralbild. in Schlacken (Kristiania 1857), 69; 1894, 61.
[3]) A. Gurlt, Übersicht d. künstl. Mineralien (Freiberg 1875).
[4]) Ch. Vélain, Bull. Soc. min. 1, 113 (1878).
[5]) J. H. L. Vogt, Beitr. z. Kenntnis d. Ges. d. Mineralbild. in Schlacken (Kristiania 1894), 71.
[6]) Appert u. M. J. Henrivaux, C. R. **109**, 827 (1889).

wenn man Glas bei einer dem Schmelzpunkt nahestehenden Temperatur entglast; auch in diesem Falle dürfte sich die zweite Kristallart gebildet haben. Dagegen beschrieb R. Breñosa[1]) aus Rückständen der Glasfabrik La Granja ein granatrotes Manganglas, welches nach seinen kristallographischen und optischen Eigenschaften mit dem Wollastonit übereinstimmt; der Winkel der optischen Achsen ist zirka 70^0, die Auslöschungsschiefe auf (010) ist 22^0 30'. Da nach Versuchen von Schuhmacher in Glas sich Wollastonit bildete, so wäre es nicht ausgeschlossen, daß hier sich Wollastonit bildete.

In einem obsidianartigen Glas soll sich demselben Autor zufolge eine tetragonale Kristallart gebildet haben; Dichte 2,83; doch ist es nicht sichergestellt, ob hier Calciummetasilicat vorgelegen hat (vgl. auch F. Fouqués Beobachtung).[2])

Auch J. Morozewicz[3]) hat die Bildung von Wollastonit aus Kalknatrongläsern beobachtet, sowie in einer Schlacke einer Glasfabrik; er schrieb diese Bildung dem Einflusse des Wasserdampfes zu.[4])

Synthese des Wollastonits auf nassem Wege. — Nach G. A. Daubrée[5]) soll sich dieses Mineral mit Quarz bei der Einwirkung überhitzten Wassers auf Glasröhren bei einem seiner Versuche gebildet haben, was jedoch von J. H. L. Vogt bestritten wird, obwohl aus geologischen Gründen dies möglich wäre, doch meint J. H. L. Vogt, daß vielleicht das hexagonale Kalksilicat vorgelegen sein könne, was jedoch, da die Bildung bei niederer Temperatur stattfand, unwahrscheinlich ist.

Ich habe einen ähnlichen Versuch unternommen, bei welchem Calciumcarbonat und Kieselsäurehydrat in verschlossenen Eisenröhren bei 400—425^0 erhitzt wurden, wobei auf 11 g des Gemenges 45 cm^3 verwendet wurden. Die Zusammensetzung war SiO_2 55,01$^0/_0$, H_2O 0,91$^0/_0$, doch war es nicht möglich, das Mineral von der anhaftenden Kieselsäure ganz zu trennen, daher der SiO_2-Gehalt etwas zu hoch ist. Es könnte hier auch Okenit vorliegen, doch ist dieser in heißer verdünnter HCl löslich, was bei dem erhaltenen Produkt nicht der Fall war. Das Produkt ist monoklin mit Auslöschung zur Vertikalachse von 0—30^0. Dichte 2,75. Härte $4^1/_2$. Es waren teils radialfaserige Büschel, teils längliche Tafeln. Die Ähnlichkeit mit Wollastonit ist daher eine bedeutende.[6])

Umwandlungen des Wollastonits.

Als Umwandlungsprodukte des Wollastonits treten vor allem wasserhaltige einfache Kalksilicate auf, zu diesen gehört der Xonotlit und Apophyllit, welcher jedoch auch auf andere Weise entstehen kann als durch direkte Umwandlung von Wollastonit, und dasselbe gilt für die anderen zeolithartigen Calciumhydrosilicate, wie Gyrolith, Okenit, Zeagonit u. a. Die Umwandlung in Apophyllit dürfte nach A. Streng,[7]) welcher sie in Mamor von Auerbach beobachtete, derart zustande kommen, daß durch kohlensaure Wässer der

[1]) R. Breñosa, Ann. Soc. esp. hist. nat. **14**, 115 (1885); Z. Kryst. **13**, 388 (1888).
[2]) F. Fouqué, C. R. **109**, 5 (1883).
[3]) J. Morozewicz, Tsch. min. Mit. **18**, 125 (1899).
[4]) J. Morozewicz, C. R. soc. nat. Varsovie III, Nr. 7 (1891). Ref. N. JB. Min. etc. 1894, II, 223.
[5]) G. A. Daubrée, Ann. d. mines **12**, (1857).
[6]) C. Doelter, Tsch. min. Mit. **25**, 90 (1906).
[7]) A. Streng, N. JB. Min. etc. 1875, 394. — J. Roth, Chem. Geol. I, 296.

Wollastonit zerlegt wurde, und daß sich aus Calciumcarbonat und Kieselsäure, sowie Wasser der Apophyllit bildete. Dies kann natürlich in ähnlicher Weise auch direkt, ohne daß Wollastonit vorhanden gewesen wäre, zur Bildung von Apophyllit aus Calciumcarbonat und Kieselsäure führen.[1])

In ähnlicher Weise dürfte sich der Xonotlit und der Tobermorit bilden. Eine komplexere Umwandlung ist die in Spadait, hierbei wird das Calcium durch Magnesium ersetzt unter gleichzeitiger Hydratisierung, eine Umwandlung, welche J. Lemberg[2]) im Laboratorium durchführte. Er erwärmte Wollastonit 25 Tage lang bei 100° mit Lösung von Magnesiumsulfat und Magnesiumchlorid und bekam die Zusammensetzung des Spadaits (siehe diesen S. 374). Eine komplexe Umwandlung ist die von A. Bergeat[3]) beobachtete in Nontronit, welche bei diesem Mineral zu behandeln sein wird.

Einen zersetzten Wollastonit analysierte Chr. Christensen.[4])

Laboratoriumsversuche. — J. Lemberg[5]) hat mehrere Versuche mit Wollastonit ausgeführt. Zuerst wurde Wollastonit von Oravitza mit Magnesiumsulfatlösung durch 25 Tage, dann ebenso lange mit $MgCl_2$-Lösung behandelt, und schließlich der erste Versuch bei Zimmertemperatur wiederholt; er dauerte 2 Jahre, die Temperatur der beiden ersten Versuche war 100°. Die Resultate dieser Versuche finden sich unter 2., 3., 4., während die Zusammensetzung des unzersetzten Wollastonits unter 1 angeführt ist.

	1.	2.	3.	4.
MgO	—	31,97	30,73	11,46
CaO	44,08	1,02	1,29	27,39
Al_2O_3, Fe_2O_3	0,46	0,41	0,39	0,30
SiO_2	53,53	53,67	53,47	53,41
CO_2	—	—	—	3,20
H_2O	1,51	12,88	13,02	4,19
	99,58	99,95	98,90	99,95

Aus diesen Versuchen geht hervor, daß der Einfluß der Temperatur ein sehr großer ist, bei Zimmertemperatur wären zur Serpentinisierung eines Melaphyrs bloß auf einige Zentimeter Jahrtausende notwendig. Später hat J. Lemberg[6]) denselben Versuch nochmals ausgeführt, jedoch wesentlich andere Resultate erhalten, vielleicht waren in der Versuchsanordnung Änderungen vorgenommen worden, oder lag anderes Material vor? J. Lemberg hat sich über die bedeutenden Unterschiede im Kieselsäuregehalt und im Wasser nicht ausgesprochen.

	5.	6.
MgO	28,44	27,26
Al_2O_3	0,40	0,35
SiO_2	43,42	41,43
H_2O	27,74	30,96
	100,00	100,00

[1]) Fr. Sandberger, N. JB. Min. etc. 1875, 625.
[2]) J. Lemberg, Z. Dtsch. geol. Ges. **24**, 251 (1872).
[3]) A. Bergeat, ZB. Min. etc. 1909, 161.
[4]) O. B. Böggild, Min. Grönl. 1905, 386.
[5]) J. Lemberg, l. c.
[6]) J. Lemberg, Z. Dtsch. geol. Ges. **40**, 647 (1888).

Offenbar war dieses Mal die Einwirkung eine kräftigere. Merkwürdigerweise war die Einwirkung auf geschmolzenen Wollastonit von der des ungeschmolzenen nicht sehr verschieden, was offenbar mit dem J. Lemberg unbekannten Umstande zusammenhing, daß der Wollastonit keine Tendenz zur Glasbildung hat.

Bei Versuch 5. war Wollastonit einen Monat bei 100° behandelt worden; bei Versuch 6. war derselbe Versuch mit umgeschmolzenen wiederholt worden. Das Resultat entspricht nicht ganz der Formel $MgSiO_3 . 2H_2O$, da diese nur 26,4 % Wasser verlangt; als der Versuch 6. statt mit reinem Wasser mit 15 %iger K_2CO_3-Lösung wiederholt wurde, sank der Wassergehalt auf 26,98 %, was der Formel entspricht; dabei ergab sich die große Widerstandsfähigkeit der kieselsauren Magnesia gegen Alkalicarbonate.

Genesis des Wollastonits.

In der Natur kommt dieses Mineral hauptsächlich als Kontaktprodukt in kristallinem Kalk vor, während das Vorkommen in Eruptivgesteinen sich meistens durch Einschlüsse von Kalkstein erklären läßt. Als selbständiges Gesteinsgemenge kommt Wollastonit in diesen nicht vor, oder jedenfalls sehr selten. Dagegen wird er in einzelnen Paragneisen angeführt, ist aber auch hier selten. Sein Vorkommen steht im Einklange mit den durch die Synthesen bestimmten Stabilitätsbedingungen. A. L. Day fand einen Umwandlungspunkt bei 1190°; wenn auch Wollastonit, wie wir gesehen haben, diese Temperatur nicht unbeträchtlich überschreiten kann (auch bei Quarz sahen wir eine beträchtliche Überschreitung), so dürfte doch, wie aus den Synthesen hervorgeht, Wollastonit aus Schmelzfluß nicht viel über 1200° entstehen, in der Natur wird daher Wollastonit nicht aus direktem Schmelzfluß entstehen, oder nur ausnahmsweise. Die Existenzbedingungen hängen jedoch nicht nur von der Temperatur, sondern auch von der Natur der Lösung (Schmelze) ab. Wenn, wie dies der Fall in der Natur ist, neben CaO noch MgO vorhanden ist, so bildet sich der stabilere Diopsid, was wohl auch im allgemeinen der Fall sein dürfte, wodurch die relative Seltenheit des Wollastonits ihre Erklärung findet.

Der Wollastonit bildet sich in der Natur bei Einwirkung von Kieselsäure auf Kalkstein, und zwar unter Mitwirkung von Mineralisatoren bei nicht zu hoher Temperatur. Die Synthesen, bei welchen Fluor oder Vanadinsäure vorhanden waren, ahmen am meisten die natürliche Bildung nach.

In Sedimenten wird sich Wollastonit nicht bilden, da bei niedriger Temperatur die entsprechenden Hydrate stabil sind. Man hat auch die Vermutung ausgesprochen, daß der Druck die Wollastonitbildung begünstigt, und wird dies gegenüber wasserhaltigen Kalksilicaten wohl schon deshalb der Fall sein, weil Wollastonit ein kleineres Volumen hat, und hoher Druck die Verbindung mit kleinem Volumen begünstigt. U. Grubenmann[1]) vermutet, daß sich nach dieser Volumregel auch aus Calcit Wollastonit bildet, dies wird von G. Spezia[2]) bestritten. Es ist jedoch nicht sehr wahrscheinlich, daß sich durch Druck allein der in Gneisen vorkommende Wollastonit bildet; wenn aber, wie dies bei dem Dynamometamorphismus der Fall ist, gleichzeitig Temperaturerhöhung eintritt, so wird sich Kieselsäure mit CaO verbinden und die Kohlen-

[1]) U. Grubenmann, Die kristallinen Schiefer (Berlin 1904).
[2]) G. Spezia, Atti R. Accad. Torino, **35** (1905).

säure des Kalksteins verdrängen; bei gewöhnlicher Temperatur würde jedoch, da die Kohlensäure die stärkere ist, eher die Tendenz der Umsetzung des Wollastonits in Kalkspat vorhanden sein.[1]) Die Bildung von Wollastonit in Eruptivgesteinen wird nur dann erfolgen, wenn Kieselsäure auf Kalkstein in Gegenwart von Fluor oder Vanadinsäure einwirkt.

V. M. Goldschmidt[2]) macht auch darauf aufmerksam, daß der Wollastonit in den tiefen Teilen der Schieferzone vorkomme, nicht aber in den äußeren, was mit der Reaktion zwischen CaO, CO_2 und SiO_2 zusammenhängt; C. Doelter hat bereits früher gezeigt, daß die Reaktion

$$CaCO_3 + SiO_2 \rightleftarrows CaSiO_3 + CO_2$$

je nach der Temperatur nach rechts oder nach links verläuft, wobei auch der Druck von allerdings geringerem Einfluß ist.

Nach R. van Hise geht die Reaktion unter Volumverminderung von 31,48% vor sich, wenn in der Formel:

$$CaCO_3 + SiO_2 = CaSiO_3 + CO_2 + k,$$

SiO_2 fest, CO_2 dagegen als Gas entweicht; wenn jedoch SiO_2 in Lösung wäre, würde eine Volumzunahme von 10,81% eintreten, Wollastonit kann nach demselben Autor bei der Einwirkung von Dolomit auf SiO_2 entstehen.

V. M. Goldschmidt[3]) u. a. sind der Ansicht, daß der Wollastonit auch als geologisches Thermometer zu verwenden wäre, indem der von A. W. Day und Mitarbeitern gefundene Umwandlungspunkt der α- und β-Art benutzt werden kann. Indessen ist, wie in diesem Werke J. Koenigsberger ausgeführt hat, diesen Umwandlungspunkten praktisch kein so hoher Wert zuzuschreiben, als dies gegenwärtig der Fall ist. Vor allem hängt die Bestimmung von der Erhitzungsgeschwindigkeit und der Dauer der Erhitzung ab; so wurde für Quarz der Punkt von 800°, welchen A. L. Day und Mitarbeiter fanden, von Cl. N. Fenner mit 870° gefunden. Ich konstatierte durch eine Reihe von Versuchen, daß natürlicher Wollastonit mindestens bis 1240° und sogar darüber erhitzt werden kann, wenn er sehr langsam und lange Zeit erhitzt wird.

Abgesehen davon können aber solche Umwandlungspunkte bedeutend überschritten werden und zwar nach beiden Richtungen; ferner ist, namentlich dort, wo die Volumdifferenz eine größere für die beiden Kristallarten ist, auch der Druck von Einfluß, man muß daher diese Punkte nur als ganz angenäherte betrachten.

Akermanit.

Diese Verbindung, welcher theoretisch die Formel $4(CaO).3SiO_2$ zukommt, kommt in dieser Zusammensetzung in der Natur nicht sicher vor und kann im reinen Zustand auch künstlich nicht erhalten werden, da sie instabil ist und erst durch Aufnahme von MgO stabil wird. Aus Schlacken und vom Vesuv wurde eine Verbindung von der Zusammensetzung $(Ca,R)_4Si_3O_{10}4(CaMg)O.3SiO_2$ von J. H. L. Vogt[4]) mit dem Namen Akermanit benannt (vgl. Bd. I, S. 933).

[1]) C. Doelter, Tsch. min. Mit. **25**, 91 (1906).
[2]) V. M. Goldschmidt, Vedensk. Skr. Hist.-nat. Kl. 1912, Nr. 22.
[3]) Auch bei Calciumcarbonat ist der Umwandlungspunkt nach H. Boeke und H. Leitmeier ein schwankender, trotzdem diese Temperaturen verhältnismäßig niedrig gelegen sind. Dieses Handbuch d. Mineralchem. Bd. I, S. 344.
[4]) J. H. L. Vogt, Beitr. z. Kenntnis d. Gesetze d. Mineralbild. in Schmelzmassen (Kristiania 1894), 104.

	1.	2.	3.
MgO . . .	11,16	13,38	13,30
CaO . . .	36,24	39,62	39,30
MnO . . .	2,39	—	—
FeO . . .	1,14	—	0,12
Al_2O_3 . . .	4,24	1,09	0,96
SiO_2 . . .	44,21	46,70	46,55
CaS . . .	0,38	—	—

1. Aus schwedischer Holzkohlenschlacke nach J. H. L. Vogt siehe Bd. I, S. 934.
2. u. 3. Vom Vesuv; 2., anal. G. Freda, 3., anal. F. Zambonini, Min. Vesuv. 1910, 255.

E. S. Shepherd u. G. A. Rankin[1]) versuchten den Akermanit künstlich darzustellen, kamen aber zu dem Resultate, daß das reine Calciumsilicat $4CaO . 3SiO_2$ nicht herstellbar ist.

Sie konnten eine Verbindung $3(CaO) . 2SiO_2$ herstellen, deren optische Eigenschaften dem Akermanit teilweise nahe kommen, zum Teil, z. B. im Achsenwinkel sich unterscheiden. Sie fanden $N_\gamma = 1,640$, $N_\alpha = 1,635$. Nach denselben wäre also der chemisch reine Akermanit $3CaO . 2SiO_2$.

Nach Versuchen von E. Dittler entstehen aus einem Gemisch von $3CaO . 2SiO_2$ bei 1600° deutlich optisch einachsige, positive Kristalle mit der Lichtbrechung $N_\gamma = 1,649$. Die Schmelze erstarrt einheitlich und ohne Glas, so daß diesen Kristallen wirklich obige Formel zukommt.

Chemische und physikalische Eigenschaften. — Tetragonal, optisch positiv nach J. H. L. Vogt. $N_\omega = 1,630$ (C. Hlawatsch).[2])

Spurrit (Calciumsilicocarbonat, Calciumsilicatcarbonat).

Triklin oder monoklin.[3])

Analyse.

	1.	2.
Na_2O	0,05	—
K_2O	Spur	—
MgO	0,23	—
CaO	62,34	62,98
MnO	0,03	
FeO, Fe_2O_3	0,11	—
Al_2O_3	0,39	—
SiO_2	26,96	27,13
TiO_2	0,01	
CO_2	9,73	9,89
	99,85	100,00

Formel. Aus den Zahlen der Analyse 1, von Velardeña, Mexico; anal. E. T. Allen, Am. Journ. **26**, 550 (1908), ergibt sich das Molekularverhältnis:

$$CaO : SiO_2 : CO_2 = 1,1114 : 0,4467 : 0,2212,$$

daher die Formel:

$$2(Ca_2SiO_4) . CaCO_3 .$$

Unter 2. sind die aus dieser Formel berechneten Zahlen vermerkt.

[1]) E. S. Shepherd u. G. A. Rankin, Z. anorg. Chem. **71**, 22 (1911).
[2]) C. Hlawatsch, Tsch. min. Mit. **23**, 415 (1904).
[3]) Fr. E. Wright, Am. Journ. **26**, 537 (1908).

Eigenschaften. — Dichte 3,014 bei 25° C. Härte 7, Glasglanz, hellgrau mit Stich in blau oder gelblich. Die Brechungsquotienten sind:

$N_\gamma = 1{,}679 \quad N_\beta = 1{,}674 \quad N_\alpha = 1{,}640$ (Natriumlicht),

Doppelbrechung $\gamma - \alpha = 0{,}039 \quad \beta - \alpha = 0{,}034$.

Wird von HCl unter Gelatinieren gelöst. Vor dem Lötrohr nicht schmelzbar, wird weiß und porzellanartig.

Synthese und Genesis. — E. S. Shepherd hat Versuche ausgeführt, um den Spurrit auf künstlichem Wege darzustellen. Es wurde ein Gemenge von $CaSiO_3$ und $CaCO_3$ mit einer 10%igen Lösung von NaCl in geschlossener Bombe durch 6—9 Tage bei einer Temperatur von 350—400° erhitzt. Es wurden rhombische Kristalle erhalten, welche in bezug auf die Brechungsquotienten α und γ mit Spurrit übereinstimmen, welche aber demnach ein anderes Kristallsystem als die natürlichen zeigten.

Das Mineral kommt in körnigen Massen in Marmor vor, es dürfte durch die Einwirkung von Kieselsäure auf Kalkstein entstanden sein.

Calciumfluorsilicate.

Cuspidin.

Monoklin; $a:b:c = 0{,}7343:1:1{,}9342$ β 89° 32′, nach G. vom Rath.[1])

Analyse. Von diesem seltenen Mineral vom Vesuv existierte anfangs keine vollständige Analyse. E. Fischer[2]) fand:

CaO	58,8 %
Fe_2O_3	1,18 „
CO_2	1,2 „
F	9–10 „

Er schließt auf die Zusammensetzung:

$$Ca_2SiO_4 . CaF_2 .$$

Erst später wurden vollständige Analysen ausgeführt, welche die Resultate der frühern unvollständigen bestätigten.

	1.	2.
δ	2,465–2,989	—
K_2O	0,27	—
Na_2O	0,48	—
CaO	61,37	61,12
MnO	0,71	FeO 0,23
SiO_2	32,36	32,80
F	9,05	9,88
	104,24	104,22*
O = F	3,81	3,98
	100,43	100,24

1. Von Franklin Furnace; anal. C. H. Warren bei C. Palache, Am. Journ. **29**, 185 (1910).
2. Vom Vesuv; anal. F. Zambonini, Min. Vesuv. 1910, 274. * $CO_2 = 0{,}19$%.

[1]) G. vom Rath, Z. Kryst. **8**, 38 (1884).
[2]) E. Fischer, ebenda.

Aus Analyse 1 berechnet sich:

Si	15,10
Ca	44,63
F_2	9,05
O	31,22

Das Verhältnis Ca : Si : (O, F_2) = 2 : 1 : 4, daher die Formel: $Ca_2Si(O, F_2)_4$. Man kann daher schreiben: $CaSiO_3 . CaF_2$.

Härte 5—6. Dichte 2,853—2,860, für die amerikanischen ist die Dichte höher. Farbe blaßrosenrot.

Vor dem Lötrohre schwer schmelzbar. In Salpetersäure leicht löslich; auch in Essigsäure zersetzbar, wobei SiO_2 und CaF_2 ungelöst beiben (E. Fischer).

Vorkommen. — In den Auswürflingen des Vesuvs mit Calcit und verschiedenen Silicaten, darunter Augit, Biotit, Granat, dann in Franklin Furnace.

Zeophyllit.

Von **A. Himmelbauer** (Wien).

Kristallform: Trigonal. (Rhomboedrisch und trapezoedrisch).
$a:c = 1:2{,}2451$ ($02\bar{2}1 : 01\bar{1}0 = 31^0 45'$), O. B. Böggild.[1])

Analyse.

	1.
δ	2,764
(Na_2O)	0,38
(K_2O)	0,24
CaO	44,32
(MgO)	0,17
(Al_2O_3)	1,73
(Fe_2O_3)	0,10
SiO_2	38,84
H_2O	8,98
F	8,23
	102,99
O entspr. F_2	3,47
	99,52

1. Zeophyllit von Großpriesen (Böhmen); anal. F. Zdarek, bei A. Pelikan, Sitzber. Wiener Ak. **111** (I), 334 (1902).

Bei 110° werden 0,98 % H_2O abgegeben.

A. Pelikan schreibt die Formel des Minerals $Si_3O_{11}Ca_4H_4F_2$.

Für den Zeophyllit von Radzein wird eine Dichte 2,748,[2]), von Schönpriesen 2,768 angegeben.[3]) Gute Spaltbarkeit nach der Endfläche ist für ihn charakteristisch. Härte 3.

Zeophyllit ist farblos bis leicht grünlich gefärbt. Für den Brechungsquotienten N_ω finden sich in den Arbeiten von F. Cornu folgende Angaben:

[1]) O. B. Böggild, Meddelser om Grönland **34**, 91 (1908).
[2]) F. Cornu, Tsch. min. Mit. **24**, 127 (1905).
[3]) F. Cornu, ZB. Min. etc. 1909, 154.

Großpriesen 1,545, Radzein 1,545, Schönpriesen 1,542 (A. Himmelbauer). Das Mineral ist optisch einachsig bis schwach zweiachsig, negativ. Zeophyllit ist in Salzsäure unter Abscheidung flockig schleimiger Kieselsäure leicht löslich. Mit Wasser befeuchtet, reagiert das Pulver des Minerals schwach alkalisch.

Vor dem Lötrohr bläht sich der Zeophyllit auf und schmilzt leicht zu weißem Email. In Kölbchen gibt er Wasser ab.

Bezüglich der Paragenesis gilt das beim Gyrolith Gesagte (vgl. S. 471). Der Zeophyllit erleidet manchmal eine Umwandlung in Calciumcarbonat.

Calciumhydrosilicate.

Von **C. Doelter** (Wien).

Allgemeines.

An die wasserfreien Calciumsilicate reihen sich die wasserführenden. Leider ist bei vielen dieser, welche nur wenig vollständig untersucht sind und die außerdem sehr selten sind, nicht bestimmt worden, ob das Wasser in ihnen chemisch gebunden ist, oder ob es sich um gelöstes Wasser bzw. adsorbiertes Wasser handelt. Einige darunter, wie der Xonotlit, Natroxonotlit sind vielleicht nur zersetzte Wollastonite und ist auch die Selbständigkeit mancher dieser Silicate nicht ganz sicher.

Eine Bedeutung kommt nur dem Apophyllit und Okenit zu; diese sind wohldefinierte Silicate.

In erstern ist das Calciummetasilicat, in dem Hillebrandit das Calciumorthosilicat vorhanden. An den Okenit reihen sich dann solche Silicate an, welche ebenfalls von $CaSiO_3$ ableitbar sind und zum Teil dem Wollastonit chemisch nahe stehen.

Hillebrandit (Calciumorthohydrosilicat).

Radialfaserig, vielleicht rhombisch.

Analysen.

	1.	2.
Na_2O	0,03	—
K_2O	0,05	—
MgO	0,04	—
CaO	57,76	58,81
MnO	0,01	—
FeO, Fe_2O_3	0,15	—
Al_2O_3	0,23	—
SiO_2	32,59	31,74
TiO_2	0,02	—
H_2O	9,36	9,45
	100,24 [1])	100,00

Von Velardeña bei Durango, anal. E. T. Allen, Am. Journ. **26**, 551 (1908).

[1]) Spuren von Fluor und Kohlensäure.

Formel. Aus der Analyse 1 berechnet sich das Molekularverhältnis:

$$CaO : SiO_2 : H_2O = 1{,}0296 : 0{,}5398 : 0{,}5019,$$

daher die Zusammensetzung ausdrückbar ist durch

$$2(CaO) . SiO_2 . H_2O \quad \text{oder} \quad Ca_2SiO_4 . H_2O.$$

Unter 2 sind die daraus berechneten Zahlen angeführt.

Eigenschaften. Dichte $\delta = 2{,}692$ bei 25° C. Härte 5—6. Brechungsquotienten: $N_\alpha = 1{,}605$, $N_\gamma = 1{,}612$. 2 E = 60—80°. Optisch negativ. Vor dem Lötrohr schwer zu weißem Glas schmelzbar, gibt dabei in der Flamme die Calciumfärbung. In HCl angreifbar. Wasser, welches einige Tropfen Phenolphthalein enthält, zersetzt das Mineral.

Hillebrandit kommt mit Spurrit (vgl. S. 458) und Wollastonit im Kontaktkalkstein von Velardeña vor. Das Eruptivgestein ist basischer Diorit.

Okenit.

Synonyma: Dyklasit. Bordit.

Rhombisch.

	1.	2.	3.	4.
Na_2O	1,04	0,23	—	—
MgO	—	1,58	Spur	—
CaO	25,14	26,09	27,31	27,41
Al_2O_3	0,67	—	—	0,62
SiO_2	56,92	57,85	54,80	55,12
H_2O über 100°	14,19	13,97	14,38	16,88
H_2O bis 100°			3,67	
	97,96	99,72	100,16	100,03

1. Feinfaserig (Bordit) von Bordö, Färöer, anal. Adam bei Dufrénoy, Miner. **4**, 697 (1859).
2. Von Stromö, Färöer, anal. E. E. Schmid, Pogg. Ann. **126**, 143 (1865).
3. Von Island, anal. K. v. Hauer, J. k. k. geol. RA. **5**, 190 (1854).
4. Von Grönland (Disko?), anal. J. Lemberg, Z. Dtsch. geol. Ges. **29**, 476 (1877).

	5.	6.	7.
Na_2O	0,07	1,06	—
CaO	27,44	29,52	26,32
SiO_2	54,24	54,60	56,75
H_2O	17,04	15,03	16,93
	98,79	100,21	100,00

5. Im Basalt von Poonah (Indien), anal. Haughton, Geol. Soc. of Dublin **2**, 114 (1868).
6. Auf Lava, Rio Putagan, (Chile), anal. L. Darapsky, N. JB. Min. etc. 1888, I, 32.
7. Theor. Zusamm.: $CaO . 2SiO_2 . 2H_2O$.

Formel. C. F. Rammelsberg[1]) berechnete aus den älteren Analysen das Verhältnis

$$\begin{gathered} Ca : Si : H \\ 1 : 1{,}9—1{,}97 : 4—4{,}1, \end{gathered}$$

[1]) C. F. Rammelsberg, Mineralchemie (Leipzig 1875), 605.

also rund 1 : 2 : 4. Daraus erhält er die Formel:

$$CaSi_2O_5 . 2H_2O.$$

Demnach haben wir im Okenit dasselbe Silicat wie im Apophyllit. Von dieser Formel ausgehend, stellte ich[1]) für die Konstitution des Okenits die Formel auf:

$$CaSiO_3 . SiO_2(OH)_2 . H_2O,$$

wobei ich von der Erwägung ausging, daß ein Teil des Wassers bei 100° entweicht, und daher lockerer gebunden ist. Spätere Untersuchungen an Zeolithen zeigten, daß es sich hier wohl um zeolithisches Wasser handeln dürfte, was jedoch nicht gegen die Annahme spricht, daß der Okenit aus $CaSiO_3$ mit Kieselsäure H_2SiO_3 besteht, welche adsorbiertes Wasser enthält.

Eigenschaften. Der Okenit, welcher dichte bis faserige Aggregate bildet, ist durchscheinend und perlmutterglänzend, zumeist weiß, auch mit blauem oder gelbem Stich. Dichte $\delta = 2{,}3$. Härte 4—5. Zweiachsig, mit großem Achsenwinkel. Brechungsquotient nach A. Michel-Lévy und A. Lacroix $N = 1{,}556$. $\gamma - \alpha = 0{,}0091$. Im Kölbchen gibt Okenit Wasser. Vor dem Lötrohr wird er undurchsichtig, schmilzt unter Aufschäumen zu Email. Salzsäure, auch kalte, löst ihn unter Bildung von Kieselgallerte.

Dampfspannung. G. Tammann[2]) hat, wie bei anderen Zeolithen, auch für den Okenit die Dampfspannungen gemessen. Im Okenit von Grönland fand er 17,83% Wasser.

Konzentration der Schwefelsäurelösungen	Zeit in Tagen	Gewichtsverlust in %	Δ_n in g-Mol. Wasser
10 %	3	0,05	0,014
20,3	6; 10	0,08	0,024
29,2	1; 3	0,18	0,036
40,6	3; 5	0,42	0,116
50,1	4	0,75	0,210
60,4	8	1,40	0,391
70,3	13	2,48	0,692
80,5	4; 4; 6	3,40; 3,86; 4,19	0,948; 1,078; 1,170
85,1	5	4,58	1,277
80,5	3	4,58	1,278
70,3	5	3,11	0,867
60,4	4	1,41	0,394
10,0	3	0,05	0,014

Aus den Dampfspannungen der benutzten Schwefelsäurelösungen, interpoliert nach Regnault, für die mittlere Versuchstemperatur von 19° und der Wasserverluste in Grammolekülen sind von G. Tammann die Dampfspannungen für Okenit berechnet worden und graphisch eingetragen; die Okenitkurve verläuft von Anfang an sehr steil und wird fast parallel der Ordinatenachse.

Synthese.

Okenit, geschmolzen und langsam erstarrt, ergibt, wie der Apophyllit, eine kristalline Schmelze, welche aus dem hexagonalen Kalksilicat

[1]) C. Doelter, N. JB. Min. etc. 1890, I, 123.

[2]) G. Tammann, Z. phys. Chem. 27, 329 (1898).

(Pseudowollastonit) besteht.[1]) Daher ist hier eine feste Lösung von $CaSiO_3$ mit SiO_2 entstanden. Durch direkte Versuche haben C. Doelter und E. Dittler[2]) feste Lösungen von $CaSiO_3$ mit SiO_2 hergestellt, welche diesem Kalksilicat (Pseudowollastonit) sehr ähnlich sind (vgl. S. 449). Man kann ähnlich wie es Fr. Wöhler für den Apophyllit nachgewiesen hat, auch den Okenit umkristallisieren, wenn man ihn in verschlossener Röhre mit kohlensäurehaltigem Wasser erhitzt.

Okenit mit Chloraluminium und Natriumcarbonat in einer zugeschmolzenen Röhre mit kohlensäurehaltigem Wasser bei 220° erhitzt, ergab Neubildungen von Analcim, Apophyllit und Chabasit.[1])

A. de Schulten[3]) hat ein natron- und kalihaltiges Kalksilicat hergestellt, welches er dem Okenit verglich, doch weicht es in seiner Zusammensetzung bedeutend davon ab. Die Analyse ergab:

Na_2O	3,3
K_2O	2,2
CaO	14,7
Al_2O_3	0,7
SiO_2	64,2
H_2O	14,5
	99,6

Die Darstellung dieser Verbindung geschah in der Weise, daß in eine konzentrierte Lösung von Kaliumsilicat Kalkwasser eingetragen wurde, bis sich ein Niederschlag bildete, worauf die Mischung während 24 Stunden in verschlossener Glasröhre bei 180—220° erhitzt wurde; es bildeten sich prismatische Kristalle, welche die erwähnte Zusammensetzung hatten. Verglichen mit dem Okenit ist der SiO_2-Gehalt zu hoch, der Calciumgehalt viel zu niedrig. Die Alkalien stammen aus der Glasröhre.

Umwandlung des Okenits.

J. Lemberg[4]) hat auf künstlichem Wege den Okenit in ein pektolithähnliches Silicat umgewandelt. Im ersten Versuche war Okenit von Grönland mit Na_2SiO_3-Lösung bei 100° erhitzt worden (Analyse 1); ferner wurde derselbe durch 81 Stunden mit Na(OH) in 10%iger Lösung erhitzt (Analyse 2), wobei er sich fast ganz in Büschel und Garben von Kristallnadeln umgewandelt hatte; es spaltete sich SiO_2 ab; bei Anwendung von verdünnter Natronlauge könnte es, Lemberg zufolge, vielleicht gelingen, die Umwandlung des Okenits in Pektolith nach der Formel:

$$2(CaO \, . \, SiO_2) + Na_2O = 2(CaSiO_3) + Na_2SiO_3 \, . \, SiO_2$$

durchzuführen:

	1.	2.
Na_2O	9,21	9,75
CaO	28,64	32,25
SiO_2	53,03	52,33
H_2O	8,62	5,67
	99,50	100,00

[1]) C. Doelter, N. JB. Min. etc. 1890, I, 123.
[2]) C. Doelter und E. Dittler, Sitzber. Wiener Ak. 1912, 121.
[3]) A. de Schulten, Bull. Soc. min. 5, 92 (1882).
[4]) J. Lemberg, Z. Dtsch. geol. Ges. 35, 616 (1883).

Dies wäre demnach eine unvollständige Synthese des Pektoliths gewesen (vgl. unten die weiteren von J. Lemberg durchgeführten Umwandlungen in eine pektolithartige Verbindung).

J. Lemberg[1]) hat auch Okenit mit 10%iger K(OH)-Lösung behandelt; es bildete sich eine schleimige tonerdeähnliche Masse, doch war wenig Kali aufgenommen.

Behandlung des Okenits mit Chlormagnesiumlösung. J. Lemberg hat Okenit von Grönland durch 15 Tage mit $MgCl_2$-Lösung bei 100° behandelt und erhielt folgendes Produkt, während die Analyse des Ausgangsprodukts unter Analyse 4 S. 462 angegeben ist.

MgO	22,43
CaO	—
Al_2O_3	0,50
SiO_2	59,61
H_2O	17,46
	100,00

Es ist also das ganze Calcium durch Magnesium ersetzt worden und ein Magnesiumokenit erhalten worden.

Dem Okenit stehen nahe die unter dem Namen Xonotlit, Centrallassit, Cerinit, Tobermorit eingeführten Mineralien. Letzterer wird von J. D. Dana dem Gyrolith nahe gebracht, während C. F. Rammelsberg den Cerinit, Centrallassit, Cyanolith dem Apophyllit zur Seite stellt und den Xonotlit zum Wollastonit stellt.

Der Cerinit wird von A. des Cloizeaux dagegen wohl mit Recht dem Heulandit zur Seite gestellt, und da er ein Tonerdekalkzeolith ist, wollen wir diesen ebenfalls dorthin stellen.

Ferner wäre zu erwähnen das unter dem Namen Chalkomorphit aufgestellte Mineral, welches eine mehr abweichende Zusammensetzung hat, aber zu den wasserhaltigen Kalksilicaten gehört.

Centrallassit.

Nierenförmige Massen.

Analysen.

	1.	2.	3.
K_2O	—	0,59	0,76
CaO	27,86	27,97	31,53
MgO	0,20	0,13	—
Al_2O_3	1,00	1,28	2,19
SiO_2	59,05	58,67	54,72
H_2O	11,40	11,43	11,58
	99,51	100,07	100,78

1—3. Aus dem Trapp von der Fundy-Bay Nova Scotia, anal. Ed. How, N. Phil. Journ. **10**, 84 (1859); Phil. Mag. 1876, I, 128.

Chemisch-physikalische Eigenschaften. Blättrige weiße bis gelbliche Masse, perlmutterglänzend. Dichte $\delta = 2,45—2,46$. Härte 3—4. Vor dem Lötrohr leicht unter Aufschäumen schmelzbar, gibt ein undurchsichtiges Glas. In Salzsäure ohne Gallertbildung löslich.

[1]) J. Lemberg, Z. Dtsch. geol. Ges. **29**, 476 (1877).

Xonotlit.

Varietät: Natroxonotlit.

Analysen.

	1.	2.	3.	4.
δ	2,710		2,718	2,05
Na_2O	—	—	—	0,22
K_2O	—	—	—	1,16
MgO	—	0,74	0,19	0,56
CaO	43,56	43,65	43,92	40,39
MnO	1,79	} 2,42	2,28	2,27
FeO	1,31			2,97
Al_2O_3	—	—	—	0,11
SiO_2	49,58	47,91	50,25	48,91
H_2O	3,70	3,76	4,07	4,17
	99,94	98,48	100,71	100,76

1.—3. Von Tetela de Xonotla, Mexico; anal. C. F. Rammelsberg,[1]) Z. Dtsch. geol. Ges. 18, 17 (1866). Kommt in konzentrischen Lagen mit Bustamit und Apophyllit vor.

4. Mit Gyrolith, von Kilfinnichan, Loch Screden, Insel Mull (Schottland); anal. F. Heddle, Min. Mag. London, 5, 4 (1882).

Formel. C. F. Rammelsberg berechnete die Formel $4(CaSiO_3).H_2O$, welche nach der Berechnung gut mit den Analysen übereinstimmt. Über die Art, wie das Wasser gebunden ist, ist nichts mitgeteilt worden.

Eigenschaften. Dicht, zäh, weiß bis blaugrau; erstere haben etwas geringere Dichte als letztere: 2,710 und 2,718.

Vor dem Lötrohr unschmelzbar, beim Erhitzen im Kölbchen Wasser gebend. Durch konz. Salzsäure unter Abscheidung pulveriger Kieselsäure zersetzbar.

Nach C. F. Rammelsberg wäre der Xonotlit ein Umwandlungsprodukt des Wollastonits und er stellte ihn daher zu diesem. Andere, wie A. Lacroix, P. Groth,[2]) stellen ihn, namentlich auch wegen seiner optischen und strukturellen Ähnlichkeit zum Okenit, dem er ja auch chemisch verwandt ist.

Natroxonotlit.

Das von J. F. Williams mit diesem Namen bezeichnete Mineral ist vielleicht nur ein zersetzter Wollastonit und kein selbständiges Mineral, auch steht es dem Wollastonit näher als dem Xonotlit.

Analysen.

	1.	2.
Na_2O	4,41	—
K_2O	0,90	—
MgO	0,57	0,44
CaO	36,72	42,55
MnO	1,40	2,08
FeO	1,69	2,03
SiO_2	50,96	51,93
H_2O	2,74	1,23
	99,39	100,26

[1]) C. F. Rammelsberg, Bull. Soc. min. 8, 342 (1885).

[2]) P. Groth, Tabellar. Übers. Braunschweig 1898, 163.

Beide aus kontaktmetamorphen Schiefern von Potash Sulphur Springs bei Magnet Cove (Arkansas); anal. J. F. Williams, Ann. Rep. Geol. Arkansas **2**, 355 (1890).

Formel. Die Analyse 1 entspricht ungefähr der Formel $5(RSiO_3).H_2O$, worin R = 0,9, Ca 0,1 Na ist. In der zweiten Analyse ist bedeutend weniger Wasser vorhanden.

Eigenschaften. Das zur Analyse 2 verwendete Material stimmt kristallographisch und optisch mit Wollastonit überein, dürfte demnach ein zersetzter Wollastonit sein. Das Material der Analyse 1 ist blaßrosa, tafelig und schuppig.

Cyanolith.

Amorph.

Analysen.

K_2O	0,53	0,61
MgO	Spur	Spur
CaO	17,52	18,19
Al_2O_3	0,84	1,24
SiO_2	74,15	72,52
H_2O	7,39	6,91
	100,43	99,47

Mit Centrallassit und Cerinit von der Fundy-Bay; anal. wie oben (s. Centrallassit).

Eigenschaften. Graublau. Dichte 2,495. Schmilzt kaum vor dem Lötrohr. Von Salzsäure unter Abscheidung von gallertartiger Kieselsäure zersetzbar.

Nach J. D. Dana wäre der Cyanolith ein Gemenge von Chalcedon mit Centrallassit, was nicht unwahrscheinlich ist, da eine Formel für dieses Mineral kaum aufstellbar ist.

Tobermorit.

Derb bis feinkörnig.

Analysen.

	1.	2.
Na_2O	0,36	0,89
K_2O	1,45	0,57
MgO	0,47	—
CaO	33,40	33,98
FeO	1,85	1,08
Al_2O_3	2,40	3,90
Fe_2O_3	1,14	0,66
SiO_2	46,51	46,62
H_2O	12,61	12,11
	100,19	99,81

Nördlich von Tobermory, Insel Mull (Hebriden); anal. F. Heddle, Min. Mag. **4**, 119 (1880).

Formel. Nach F. Heddle $3(4CaO + H_2O)5SiO_2.10H_2O$. P. Groth gibt dafür die Formel: $H_2Ca_4.(SiO_3)_5.3H_2O$ an. Wahrscheinlich liegt das

Silicat $CaSiO_3$ zugrunde und haben wir ein Hydrat des Calciummetasilicats, wie bei den ähnlichen Silicaten vor uns.

Eigenschaften. Rötlichweiß, durchscheinend, muscheliger Bruch. Dichte 2,423. Unebener Bruch ohne Spaltbarkeit. Kommt mit Mesolith zusammen vor.

Chalkomorphit.

Hexagonal: $a:c = 1:1{,}90914$. G. vom Rath.

Analyse.

CaO	44,7
Al_2O_3	4,0
SiO_2	25,4
Glühverlust ($H_2O + CO_2$)	16,4

Aus einem Kalkeinschluß einer Lava von Nieder-Mendig; anal. G. vom Rath, Pogg. Ann. Erg.-Bd. **6**, 376 (1873).

Im Glühverlust ist Wasser und etwas Kohlensäure enthalten, außerdem ist Natron in merklicher Menge da.

Eigenschaften. Dichte 2,51—2,57. Härte 5. Spaltbar nach der Basis. Vor dem Lötrohr schwer an den Kanten schmelzbar, durch Salzsäure unter Abscheidung von Kieselgallerte (auch nach dem Glühen) zersetzbar.

Im Kölbchen weiß und matt werdend, wobei Wasser entweicht.

Die Analyse ist zu unvollständig, um eine Formel aufzustellen.

Plombièrit.

Analyse.

CaO	34,1
Al_2O_3	1,3
SiO_2	40,6
H_2O	23,2
	99,2

Neubildung aus dem Thermalwasser von Plombières, ist im Wasser gelatinös und erhärtet an der Luft; anal. G. A. Daubrée, C. R. **46**, 1088 (1858); Ann. des Mines. **13**, 244 (1858).

Die Verbindung entspricht der Formel

$$CaSiO_3 \cdot 2H_2O.$$

Entstehung. Der Plombièrit ist deshalb von großem Interesse, weil er eine juvenile Bildung ist, welche durch die Einwirkung der Therme von Plombières, deren Temperatur dort 50—60° betrug, auf einen Beton, welcher von der von den Römern angelegten Thermalwasserleitung stammt, sich gebildet hat. Neben diesem Mineral hatten sich noch andere Zeolithe, insbesondere Apophyllit und Chabasit, dann Opal und Aragonit gebildet.

Gyrolith.

Von **A. Himmelbauer** (Wien).

Kristallform: Trigonal (rhomboedrisch).

$a:c = 1:1,9360$, $10\bar{1}1 : 0001 = 65^\circ 57'$ [O. B. Böggild[1])].

Synonyma: Gurolith.

Analysen:

	1.	2.	3.	4.	5
δ	—	—	—	2,39	2,409
Na_2O . .	—	—	0,27	1,25	0,35
K_2O . . .	—	1,60	1,56	—	0,41
CaO . . .	33,24	29,95	29,97	32,00	33,04
(MgO) . .	0,18	0,08	—	—	—
Al_2O_3 . .	1,48	1,27	0,71	0,22	0,73
SiO_2 . . .	50,70	51,90	52,54	53,47	52,77
H_2O . . .	14,18	15,05	14,60	13,21	12,58
F	—	—	0,65	—	—
	99,78	99,85	100,30	100,15	99,88
		O entsp. F_2	0,27		
			100,03		

1. Gyrolith von Portree, Skye; anal. von Th. Anderson, Phil. Mag. **1**, 111 (1851).
2. Gyrolith von Port George, Annapolis Co., Nova Scotia; anal. von O. How, Edinb. N. Phil. Journ. **14**, 117 (1861); Phil. Mag. **22**, 326 (1861).
3. Gyrolith von New Almaden, Californien; anal. von F. W. Clarke, Am. Journ. **38**, 128 (1889).
4. Gyrolith von Fort Point, Californien; anal. von W. T. Schaller, U.S. Geol. Surv. Nr. 262, 124 (1905).
5. Gyrolith von Mogy Guassù, Brasilien; anal. von G. Florence bei E. Hussak, ZB. Min. etc. 1906, 330. Eine grüne Varietät enthielt $Fe_2O_3 + Al_2O_3$ 7,36%, MnO 0,32%.

	6.	7.	8.	9.	10.	11.
δ	2,391 2,379	2,342 2,410	2,397	2,35–2,40	—	—
CaO	32,02	32,23	32,35	30,44	—	—
Al_2O_3	—	Spur	—	3,64	—	—
SiO_2	51,99	52,63	52,05	51,69	—	—
H_2O	12,80	12,96	13,06	13,44	13,06	13,30
	—	—	—	99,21	—	—

6. Gyrolith von Skye; anal. von F. Cornu, Sitzber. Wiener Ak., math.-nat. Kl. **116**, 1213 (1907).
7. Gyrolith von Poonah, Indien; anal. von F. Cornu, ebenda.
8. Gyrolith von Böhmisch-Leipa; anal. von F. Cornu, ebenda. In der Analyse noch angegeben $Al_2O_3 + Fe_2O_3$ 0,80.
9. Gyrolith von Legoniel, County Antrim; anal. von F. N. A. Fleischmann, Min. Mag. **15**, Nr. 71, 288 (1910).
10. Gyrolith von Collinward, County Antrim; Wasserbestimmung von F. N. A. Fleischmann, ebenda.
11. Gyrolith von Ballyhenry, County Antrim; Wasserbestimmung von F. N. A. Fleischmann, ebenda.

---

[1]) O. B. Böggild, Meddelser om Grönland **34**, 91 (1908).

Als Formel gibt F. Cornu[1]) an: $6SiO_2 . 4CaO . 5(HKNa)_2O$, Edw. Dana[2]): $H_2Ca_2(SiO_3)_3 + H_2O$, F. W. Clarke[3]): $Ca_4(SiO_7)_3H_{10}$. Der Wassergehalt schwankt etwas.

Dichte. Außer den bei den Analysen angegebenen Dichtebestimmungen finden sich noch folgende Daten: Scharfenstein, Böhmen, 2,343, 2,344, 2,368; Korosuak, Grönland, 2,388; Karartut, Grönland, 2,422; Mogy Guassù, Brasilien 2,420; F. Cornu.[4]) Ferner von grönländischen Fundorten nach O. B. Böggild[5]): Iglorsuit 2,446, Nusak 2,412, Niakornarsuk 2,382 (sehr unrein), Ipanek, Disko 2,387, Ritenbenker Distrikt 2,383, Ivarsuit und Karartut auf Disko 2,418, Karusuit auf Disko 2,417.

Optische Eigenschaften. Das Mineral ist farblos oder weiß, optisch einachsig bis schwach zweiachsig, negativ. Bestimmungen des N_ω von einigen Vorkommen, ausgeführt von A. Himmelbauer, bei F. Cornu[4]) (Immersionsmethode):

Mückenhanberg, Böhmen	1,542	Niakornak, Grönland	1,548
Scharfenstein "	1,543		1,546
	1,544		1,540
Skorr auf Skye . . .	1,54	Mogy Guassù	1,542
Korosuak, Grönland . .	1,445	Poonah	1,546

An manchen Vorkommen wurden optische Anomalien (Felderteilung) beobachtet.

Die Härte schwankt bei den einzelnen Vorkommen zwischen 3 und 4. Das Mineral hat eine sehr gute Spaltbarkeit nach der Endfläche.

Gyrolith ist in verdünnten Säuren (HCl, HNO_3, H_2SO_4) leicht löslich. Er zeigt nach F. Cornu[6]) starke alkalische Reaktion beim Befeuchten mit Wasser.

Vor dem Lötrohr ist das Mineral schwer unter Anschwellen zu einem weißen Glase schmelzbar. Im Kölbchen gibt es unter Aufblättern Wasser ab.

Synthese. E. Baur[7]) erhielt ein Silicat, welches von F. Becke als in die Nähe des Gryolithes gehörig bezeichnet wurde, bei Versuchen, bei denen folgende Bestandteile in einem Autoclaven auf 450° erhitzt worden waren:

1. 8,14 g Kaliwasserglas	0,5 g $KAlO_2$	1 g $CaCO_3$	2 g $KHCO_3$	
2. 7,8 " Wasserglas	0,4 " $NaAlO_2$	1 " $CaCO_3$		
3. 7,8 " Wasserglas	0,4 " $NaAlO_2$	0,3 " SiO_2	1,2 g $CaCO_3$.	

Beim ersten Versuch bildete sich daneben Kalkspat, beim zweiten Versuch Pektolith, beim dritten Versuch Pektolith und Quarz.

F. Becke bestimmte den Brechungsquotienten N_ω des Gyroliths mit 1,529, die Doppelbrechung $N_\omega - N_\varepsilon = 0{,}06$; er bemerkte, daß durch diese Lichtbrechung die scheinbar hexagonalen Kristalle in die Nähe des Gyroliths kämen, daß sie sich jedoch mit keinem der bekannten Glimmerzeolithe vollständig identifizieren ließen.

[1]) F. Cornu, l. c.

[2]) Edw. Dana, Descriptive Mineralogie 1892, 566.

[3]) F. W. Clarke, Bull. geol. Surv. U.S. Nr. 125, 101 (1895). Siehe auch bei Apophyllit.

[4]) F. Cornu, Sitzber. Wiener Ak. **116**, 1213 (1907).

[5]) O. B. Böggild, l. c.

[6]) F. Cornu, Tsch. min. Mit. **25**, 489 (1906).

[7]) E. Baur, Z. anorg. Chem. **72**, 119 (1911).

Vorkommen. Die Gyrolithe wurden bis jetzt nur in Trappbasalten beobachtet. Als paragenetische Regel kann gelten, daß Analcim ungefähr mit Gyrolith gleichalterig, Natrolith, Thomsonit, Laumontit, dann Apophyllit und Okenit jünger sind. Manchmal folgt als Rekurrenzbildung eine zweite Generation von Gyrolith (F. Cornu, O. B. Böggild). Eine Ausnahme bildet der Fundort Poonah.

Umwandlung. Gyrolith unterliegt häufig einer „Albinisierung", Umwandlung in Kalkspat.

Reyerit.

Von Gyrolith trennen F. Cornu und A. Himmelbauer ein Mineral von Niakornat (Grönland) ab, das in seinen physikalischen und chemischen Eigenschaften eine nicht unbeträchtliche Abweichung von ersterem zeigt. O. B. Böggild gibt diese Abweichungen zwar zu, spricht sich aber für eine Vereinigung mit dem Gyrolith aus.

Kristallform wie beim Gyrolith.

Analysen.

	1.	2.
Na_2O	—	1,74
CaO	32,22	31,15
Al_2O_3	3,72	4,58
SiO_2	53,31	54,83
H_2O	6,73	8,14
	—	100,44

1. Reyerit von Niakornat; anal. von Cornu, Tsch. min. Mit. **25**, 513 (1906).
2. Reyerit von Niakornat; anal. von Chr. Christensen bei O. B. Böggild, Meddelser on Grönland **34**, 91 (1908); 2,45% des Wassergehalts gingen bei 100° fort. Fluor war nicht nachweisbar.

Charakteristisch ist der kleine Wassergehalt und der bedeutende Gehalt an Al_2O_3. Vielleicht ist das Mineral ein Mischungsglied von Gyrolith mit einem isomorphen noch unbekannten zweiten Endgliede, das Aluminium enthält.

Für die Dichte fand F. Cornu Werte zwischen 2,499 und 2,578, O. B. Böggild 2,578 (also höher als beim Gyrolith).

Bei F. Cornu findet sich eine Angabe $N_\omega = 1,564$;

bei O. B. Böggild $N_\omega = 1,5645$;

$N_\varepsilon = 1,5590$ (wieder höher als bei Gyrolith).

Das Mineral ist optisch einachsig, negativ.

Härte, Löslichkeit und Lötrohrverhalten sind analog wie beim Gyrolith.

In diese Gruppe dürfte endlich noch ein Mineral vom Aussehen eines Glimmerzeoliths, farblos, mit deutlicher Spaltbarkeit, gehören, das W. Freudenberg[1]) am Katzenbuckel im Odenwald fand. Das Mineral ist optisch einachsig, positiv, mit einem $N_\omega = 1,536$ (A. Himmelbauer).

---

[1]) W. Freudenberg, Mitt. d. großh. badischen geol. L.A. **5**, 185 (1906).

Die Minerale Gyrolith, Reyerit, das unbenannte Mineral W. Freudenbergs und den Zeophyllit (vgl. S. 460) haben F. Cornu und A. Himmelbauer[1]) als Glimmerzeolithe zusammengefaßt. Ähnliche physikalische Eigenschaften, so Kristallform, Spaltbarkeit, optisches Verhalten und auch eine gewisse chemische Analogie machen eine nahe Verwandtschaft dieser Minerale sehr wahrscheinlich.

Calciumfluoro-Hydrosilicate.

Von **A. Himmelbauer** (Wien).

Apophyllit.

Kristallform: Ditetragonal bipyramidal.

Das Achsenverhältnis ist bei den einzelnen Vorkommen ein verschiedenes, offenbar in Übereinstimmung mit der wechselnden chemischen Zusammensetzung.

$a:c =$ 1 : 1,2464 Apophyllit von den Nordmarken (G. Flink),[2])
1 : 1,24215 „ „ „ Taberg (G. Flink),[2])
1 : 1,2435 „ „ „ Teigarhorn (O. B. Böggild)[3].)

Ältere Angaben sind bei O. Luedecke (Kristallographische Beobachtungen, Habil.-Schrift, Halle 1878) zusammengestellt.

Synonyma: „Zeolith von Hellesta", Zeolithes lamellaris (?), Ichthyophthalmit, Fischaugenstein, Tesselit, Albin (verw. Ap.).

Analysen.

	1.	2.	3.	4.	5.	6.
δ	—	—	—	1,961	2,305	—
K_2O . . .	5,29	4,90	—	4,75	5,07	5,14
CaO	25,22	25,86	—	25,52	25,60	24,88
SiO_2	51,86	51,33	52,29	52,69	51,89	52,60
F	—	1,18	0,74	0,46	0,91	1,71
H_2O . . .	16,91	—	—	16,73	16,00	16,67
	99,28	—	—	100,15	99,47	101,00
O entspr. F_2 .	—	—	—	0,19	0,38	0,72
	—	—	—	99,96	99,09	100,28

1. Apophyllit von Karartut, Disko (Grönland); anal. von F. Stromeyer, Göttinger gel. Anzeiger 1819, 1995; Gilberts Ann. d. Phys. **63**, 372 (1819).
2. Apophyllit von Andreasberg (Deutschland); anal. von C. F. Rammelsberg, Ann. d. Phys. **68**, 505 (1846).
3. Apophyllit von Utö (Schweden); anal. von C. F. Rammelsberg, ebenda; Mineralchemie 1875, 606.
4. Apophyllit vom Radautale (Deutschland); anal. von C. F. Rammelsberg, Ann. d. Phys. **77**, 236 (1849); Mineralchemie 1875, 606.
5. Apophyllit von Cliff Mine, Mich. (N.-Amerika); anal. von Ch. T. Jackson in J. D. Dana's Mineralogie 1850, 249.
6. Apophyllit von der Fundy Bay, N. S. (N.-Amerika); anal. von E. L. Reakirt bei F. A. Genth, Am. Journ. **16**, 81 (1853).

---

[1]) In F. Cornu, Zur Unterscheidung der Minerale der Glimmerzeolithgruppe, Tsch. min. Mit. **25**, 513 (1906). Der Name Glimmerzeolith wurde zuerst von C. L. Giesecke (A descriptive catalogue of a collection of minerals in the museum of the Royal Dublin Society, 1832) gebraucht.

[2]) G. Flink, Geol. Fören. Förh. i. Stockholm **28**, 423 (1906). Ref. Z. Kryst. **45**, 104 (1908).

[3]) O. B. Böggild, Z. Kryst. **49**, 239 (1911).

	7.	8.	9.	10.	11.	12.
δ	2,37	—	2,4	—	—	—
(Na_2O) . . .	—	—	—	1,75	0,37	0,63
K_2O . . .	4,93	5,10	5,75	3,10	3,93	5,04
(MgO) . . .	—	—	—	—	Spur	0,08
CaO . . .	25,30	25,02	24,99	23,54	25,03	25,08
(Al_2O_3) . . .	—	—	—	2,23	1,71	0,24
(Fe_2O_3) . . .						—
SiO_2 . . .	52,08	51,73	52,12	53,28	51,33	51,60
F	0,96	—	0,84	0,02	—	0,97
H_2O . . .	15,92	15,73	16,47	15,15	—	16,20
	99,19	97,58[1]	100,17	99,07	—	99,84
O entspr. F_2 .	0,40	—	0,35	0,01	—	0,41
	98,79	—	99,82	99,06	—	99,43

7. Apophyllit vom Lake Superior (N.-Amerika); anal. von L. Smith, Am. Journ. **18**, 380 (1854).
8. Apophyllit von Andreasberg (Deutschland); anal. von H. Stölting, Bg.- u. hütt. Z. **20**, 267 (1861).
9. Apophyllit von Pyterlax (Finnland); anal. von W. Beck, Verh. d. kais. russ. min. Ges. 1862, 87.
10. Apophyllit von der Seiser Alpe (Tirol); anal. von G. Bischof, Chem. und phys. Geologie **2**, 388 (1864). (Unfrisches Material!)
11. Apophyllit von Andreasberg (Deutschland); anal. von G. Bischof, ebenda 390.
12. Apophyllit von Bombay (Indien); anal. von S. Houghton, Phil. Mag. **32**, 220 (1866).

	13.	14.	15.	16.	17.	18.
δ	—	—	—	2,365	2,339	—
(Na_2O) . . .	—	—	0,69	—	0,58	0,59
K_2O . . .	5,44	—	3,79	5,60	3,26	3,81
CaO . . .	25,23	23,69	25,25	24,78	26,67	24,51
(Al_2O_3) . . .	—	3,24	—	—	1,19	1,54
(Fe_2O_3) . . .	—	—	—	—	—	0,13
SiO_2 . . .	53,13	51,95	52,78	53,35	51,43	51,89
F	—	—	Spur	1,33	—	1,70
H_2O . . .	16,20	—	16,98	15,42	16,04	16,52
	100,00	—	99,49	100,48	100,02	100,69
O entspr. F_2 .	—	—	—	0,56	—	0,72
	—	—	99,49	99,92	—	99,97

13. Apophyllit von der Seiser Alpe (Tirol); anal. von J. Lemberg, Z. Dtsch. geol. Ges. **22**, 353 (1870).
14. Apophyllit von Buchholz (Rheinpreußen); anal. von A. Streng, N. JB. Min. etc. 1874, 572.
15. Apophyllit von der Cipit Alpe (Tirol); anal. von E. Mattersdorf bei C. Doelter u. E. Mattersdorf, Verh. k. k. geol. R.A. 1876, 32.
16. Apophyllit von Freiberg (Sachsen); anal. von H. Schulze bei A. Weisbach, N. JB. Min. etc. 1879, 563.
17. Apophyllit von Montecchio-Maggiore (Italien); anal. von L. Sipöcz bei J. Rumpf, Tsch. min. Mit. **2**, 369 (1880). In der Analyse noch angegeben: H 0,07%, C 0,78%.
18. Apophyllit von Golden, Col. (N.-Amerika); anal. von W. Hillebrand bei Whitmann Cross u. W. F. Hillebrand, Am. Journ. **24**, 132 (1882).

[1]) Im Originale ist die Summe 99,58 angegeben.

	19.	20.	21.	22.	23.	24.
δ	2,5	—	2,30	2,359	2,35	2,337
(Na_2O) . . .	—	—	—	—	—	0,43
K_2O . . .	5,87	—	6,30	4,05	6,27	4,10
(MgO) . . .	—	1,30	—	—	—	—
CaO . . .	24,40	23,20	25,31	25,03	25,42	25,00
(Al_2O_3) . . .	—	—	—	—	—	0,30
(Fe_2O_3) . .	1,49	—	—	—	—	—
SiO_2 . . .	51,02	52,00	51,88	52,24	51,63	51,96
F	0,40	—	—	2,21	—	0,86
H_2O . . .	16,75	16,40	16,80	16,61	16,58	16,96
	99,93	—	100,29	100,14	99,90	99,61
O entspr. F_2 .	0,17	—	—	0,93	—	0,36
	99,76	—	—	99,21	—	99,25

19. Apophyllit von Fritz Island, Pa. (N.-Amerika); anal. von B. Sadtler, Am. Chem. Journ. **4**, 357 (1883).

20. Apophyllit von Nordmarken (Schweden); anal. von L. J. Igelström, Geol. Fören. Förh. **7**, 4 (1884). Referat Z. Kryst. **10**, 517 (1885). In der Analyse noch angegeben: $K_2O + Na_2O + F = 7,10\%$, davon etwa 3% K_2O.

21. Apophyllit von French Creek, Pa. (N.-Amerika); anal. von E. B. Knerr u. J. Schönfeld bei Edg. F. Smith, Am. Chem. Journ. **6**, 411 (1885).

22. Apophyllit von Bergen Hill, N. Y. (N.-Amerika); anal. von C. Hersch, Diss. Zürich 1887, 26.

23. Apophyllit von French Creek, Pa. (N.-Amerika); anal. von J. Eyermann. N. Y. Acad. Sc. 1889, 14.

24. Apophyllit von Grängesberg (Schweden); anal. von G. Hallberg, Geol. Fören. Förh. **15**, 327 (1893). Referat Z. Kryst. **25**, 424 (1896).

	25.	26.	27.	28.	29.	30.
δ	2,372	2,371	—	—	—	—
(Na_2O) . . .	0,80	0,43	0,05	0,54	Spur	—
K_2O . . .	4,83	3,35	4,96	2,34	5,42	4,29
(MgO) . . .	0,57	0,29	—	0,12	—	—
CaO . . .	25,30	25,44	23,82	25,14	24,46	26,06
(FeO) . . .	—	—	—	0,23	—	—
(Al_2O_3) . . . }	—	1,60	2,23	{ 0,20	Spur	—
(Fe_2O_3) . . }				—	—	—
SiO_2 . . .	52,32	51,16	52,61	53,16	52,84	53,03
F	—	1,04	—	—	—	0,87
H_2O . . .	16,66	16,73	16,91	16,96	16,48	15,85
	100,48	100,15	100,58	98,69	99,20	100,10
O entspr. F_2 .	—	0,44	—	—	—	0,37
	—	99,71	—	—	—	99,73

25. Apophyllit von Collo (Algier); anal. von L. Gentil, C. R. **118**, 369 (1894); Bull. Soc. min. **17**, 11 (1894).

26. Apophyllit aus dem blue ground in Südafrika; anal. von Röhrig bei J. A. L. Henderson, Min. Mag. Nr. 53, **11**, 318 (1897). In der Analyse 0,11% (NH_3) angegeben.

27. Apophyllit von Sulitelma (Schweden); anal. von L. Ramberg bei A. Hennig, Geol. Fören. Förh. **21**, 349 (1899).

28. Apophyllit von Hatsuneura in Chichijima (Japan); anal. von T. Tamura bei T. Wada, Mineralien Japans (Tokyo 1904).

29. Apophyllit von Erythrea; anal. von E. Manasse, Processi verbali soc. Tosc. di sc. nat. **15** (8. Juli 1906).

30. Apophyllit von Traversella (Italien); anal. von L. Colomba, Rend. R. Acad. Lincei Rom [5a], **16**, 1. sem., 966 (1907).

	31.	32.	33.	34.	35.	36.
δ	—	—	—	2,352	2,3638	2,37
(Na_2O) . . .	—	1,09	—	0,37	0,73	0,65
K_2O . . .	3,16	4,90	5,23	3,62	4,02	5,14
(MgO) . . .	—	—	—	0,48	0,24	0,05
CaO . . .	26,10	24,90	24,56	23,76	24,16	23,69
Al_2O_3 . . .	} 1,33	{ —	—	—	1,78	—
Fe_2O_3 . . .		{ —	0,26	—	0,02	—
SiO_2 . . .	50,18	52,39	52,12	53,01	52,15	52,76
F . . .	0,95	—	1,73	1,91	0,29	1,35
H_2O . . .	17,83	16,22	16,63	16,78	16,57	16,85
	99,55	99,50	100,55	99,93	100,15	100,49
O entspr. F_2 .	0,40	—	0,73	0,80	0,12	0,72
	99,15	—	99,82	99,13	100,03	99,77

31. Apophyllit von Maze, Provinz Echigo (Japan); anal. Tsukamoto bei K. Jimbo, Beitr. z. Mineralogie von Japan Nr. 3, 115 (1907).

32. Apophyllit von der Seiser Alpe (Tirol); anal. von E. Baschieri, Atti della soc. Tosc. di sc. nat. in Pisa, Mem. **24**, 133 (1908).

33. Apophyllit von der untern Terja (Rußland); anal. von P. P. Pilipenko, Annuaire géol. et minéral. de la Russie **10**, 189 (1908). In der Analyse noch angegeben N 0,02%.

34. Apophyllit von Guanojuato (Mexiko); anal. von St. J. Thugutt, ZB. Min. etc. 1909, 677. (Die Analyse ist auf den Wassergehalt des groben Pulvers umgerechnet, der Kieselsäuregehalt besteht aus dem direkt bestimmten SiO_2 und dem Anteil, der dem SiF_4 entspricht).

35. Apophyllit vom Radautal (Deutschland); anal. von J. Fromme, Tsch. min. Mit. **28**, 305 (1909). In der Analyse noch angegeben $(NH_4)_2O$ 0,19%.

36. Apophyllit von einem Analcim-Apophyllit-Auswürfling des Vesuvs; anal. von St. J. Thugutt, ZB. Min. etc. 1911, 761. (Der Gehalt an Fluor ist nach St. J. Thugutt, zu niedrig bestimmt).

Der Fluorgehalt wurde bei vielen (namentlich älteren) Analysen nicht bestimmt; Angaben über Fehlen von Fluor finden sich bei Analyse 17, 23, 25 und 32.[1]) Diese Apophyllite würden also dem fluorfreien Endgliede entsprechen. Spezielle Angaben über den Fluorgehalt finden sich noch bei A. E. Nordenskiöld.[2])

In mehreren Apophylliten wurde ferner ein Gehalt an Ammoniak nachgewiesen; zuerst von V. Rose,[3]) dann von Ch. Friedel;[4]) nach diesem Autor enthält der Apophyllit von Collo 0,37%, von Guanojuato 0,51%, von Poonah 0,065%, von den Faröern 0,033% Ammoniak. Ferner konstatierte

---

[1]) Aus einer Anmerkung von Ch. Friedel, Z. Kryst. **26**, 22 (1896), scheint hervorzugehen, daß dieser Autor schließlich auch beim Apophyllit von Collo Fluor nachweisen konnte, allerdings nicht bei einem Aufschluß mit H_2SO_4, sondern mit HCl und Fällung mit NH_3; der Niederschlag enthält neben dem Si und Ca auch das F.

[2]) A. E. Nordenskiöld, Geol. Fören. Förh. **16**, 579 (1894). Ref. Z. Kryst. **26**, 92 (1896).

[3]) V. Rose, Gehlens Journ. **5**, 37 (1805).

[4]) Ch. Friedel, C. R. **118**, 1232 (1894); Bull. Soc. min. **17**, 142 (1894).

O. Luedecke[1]) im Apophyllit von Samson (Andreasberg) und vom Radautale Ammoniak. Vgl. auch die Analysen 26, 33 und 35.

St. J. Thugutt[2]) zeigte am Apophyllit von Guanojuato, daß der Wassergehalt des feinen Pulvers ein geringerer war (15,87 %) als der der groben Körner (16,78 %). Beim Zerreiben im Achatmörser unterliegt der Aphophyllit also einer teilweisen Veränderung.

Ferner machte derselbe Autor darauf aufmerksam, daß anscheinend bei vielen Apophyllitanalysen nicht darauf Rücksicht genommen wurde, daß beim Aufschluß mit Salzsäure (namentlich konzentrierter) SiF_4 entweicht. Es dürften daher viele Angaben von SiO_2 zu klein sein.

Nach C. F. Rammelsberg[3]) erleidet Apophyllit weder über Schwefelsäure noch bei 100° einen Gewichtsverlust. Erst bei 200° tritt Wasser aus. Bis 260° ist der (etwa 4 % betragende) Wasserverlust wieder ersetzbar, über dieser Temperatur nicht mehr.

C. F. Rammelsberg schreibt daher die Formel des Apophyllits:

$\left\{\begin{matrix} 4(H_2CaSi_2O_6 + aq \\ KF \end{matrix}\right\}$[4]), später $[59(R_2CaSi_2O_6 + aq]$ $[R_2CaSi_2F_{12} + aq]$ neben $H_7KCa_4Si_8O_{124} + 4{,}5\,aq$ und $R_2CaSi_2O_6 + aq$[5]).

C. Doelter[6]) fand bei seinen Entwässerungsversuchen, daß bei 240° ca. 45 % des Wassergehalts, bei 260° ca. 55 % entweichen (und fast gänzlich wieder aufgenommen werden können); er nimmt also die Hälfte des Wassers als Kristallwasser und schreibt die Formel:

$$H_2{}^{Ca}_{K_2}Si_2O_6 + aq \quad \text{oder} \quad \binom{Ca}{K_2} SiO_3 + H_2SiO_3 + aq\,.$$

Dabei ist die geringe Fluormenge nicht berücksichtigt; C. Doelter betont aber, daß man Fluor nicht als KF in die Formel bringen dürfe, da manche K-haltige Apophyllite fluorfrei sind; er sieht es als Vertreter des O an.

F. W. Clarke[7]) sucht einen Zusammenhang zwischen Apophyllit, Gyrolith und Okenit unter Zugrundelegung der Säure $H_6Si_2O_7$ herzustellen.

Er schreibt die Konstitutionsformeln:

Apophyllit	Gyrolith	Okenit
$Ca<^{Si_2O_7-H_2(CaOH)}_{Si_2O_7-H_4}$ $Ca<_{Si_2O_7-H_4(CaOH)}$	$Ca<^{Si_2O_7-CaH_3}_{Si_2O_7-H_4}$ $Ca<_{Si_2O_7-CaH_3}$	$Ca<^{Si_2O_7-H_5}_{Si_2O_7-CaH_2}$ $Ca<_{Si_2O_7-H_5}$

Im Apophyllit wäre ein Teil der einwertigen Gruppe (Ca OH) durch K ersetzt.

G. Tschermak[8]) gibt für den Apophyllit die Formel

$$4(H_6Ca_2Si_3O_{11})H_8K_2Si_3O_{11}$$

an, P. Groth[9])

$$Si_8O_{24}Ca_4KH_7 \cdot 4^1/_2H_2O \quad \text{oder} \quad (SiO_3)_8Ca_4KH_7 \cdot 4^1/_2H_2O\,.$$

---

[1]) O. Luedecke, Die Minerale des Harzes. Berlin 1896.
[2]) St. J. Thugutt, ZB. Min. etc. 1909, 677.
[3]) C. F. Rammelsberg, Z. Dtsch. geol. Ges. **20**, 446 (1868).
[4]) C. F. Rammelsberg, Handbuch d Mineralchemie. Leipzig 1875, 606.
[5]) C. F. Rammelsberg, Handbuch d. Mineralchemie. Leipzig 1895, 367.
[6]) C. Doelter, N. JB. Min. etc. 1890, I, 118.
[7]) F. W. Clarke, Am. Journ. **48**, 187 (1894).
[8]) G. Tschermak, Lehrbuch d. Mineralogie. Wien 1906, 571.
[9]) P. Groth, Chem. Krystallographie. Leipzig **2**, 263 (1908).

E. Baschieri[1]) schreibt dem Apophyllit auf Grund seiner Zersetzungsversuche nach G. Tschermak folgende Formel zu:

$$\begin{matrix} O=Si-O \\ O\!<\quad>\!R + 2H_2O \\ O=Si-O \end{matrix}$$

R = Ca, K_2 [und Na_2, vielleicht auch $(CaOH)_2$].

Entwässerung bei höheren Temperaturen.

Nach C. F. Rammelsberg[2]) verlor Apophyllit von Andreasberg

bei 250°	266°	325°	Erhitzen,	Glühen
2,5%	3,83%	9,15%	15,15%	16,73%

endlich bei längerem Glühen 18,31% (– 2,26 SiF_4 für 1,65 F = 16,05% H_2O).

C. Hersch[3]) bestimmte am Apophyllit von Bergenhill den Gewichtsverlust

bei	100°	160°	200°	240°	275°	300°	Rotglut
zu	0,11%	0,38%	0,77%	2,03%	9,08%	9,91%	16,61%

Entwässerungsversuche von J. Unterweissacher[4]) ergaben bei Apophyllit vom Rammelsberg nach 2stündigem Erhitzen auf 240° 8,037%, nach 4stündigem Erhitzen bei Rotglut 9,204%, zusammen 17,241% Gewichtsverlust.

Apophyllit vom Fassatale, 2 Stunden auf 263° erhitzt, hatte einen Gewichtsverlust von 9,59%, das Mineral nahm an feuchter Luft wieder Wasser auf und zwar nach 40 Stunden 0,395%, nach 332 Stunden 1,147%, nach 524 Stunden 1,656%, nach 758,5 Stunden 5,240%, 2719 Stunden 7,724% und nach 3586 Stunden die Gesamtmenge des ausgetriebenen Wassers im Betrage von 9,59%.

Derselbe Apophyllit auf 200° erhitzt, zeigte einen Gewichtsverlust von 2,456%. Davon wurden nach 96 Stunden 1,293%, nach 168 Stunden 1,469%, nach 288 Stunden 1,701%, nach 408 Stunden 1,858%, nach 576 Stunden 2,060% und nach 768 Stunden 2,194% aufgenommen (der Versuch wurde nicht länger fortgesetzt).

Beim Erhitzen über 270° trat Trübung ein.

A. Hennig[5]) untersuchte den Gewichtsverlust bei mehreren Vorkommen von Apophyllit.

Temperatur	Gewichtsverlust bei dem Apophyllit von				
	Sulitelma	Utö	Bergenhill	Nordmarken	Poonah
200°	0,75	1,15	1,15	2,05	2,55
235	3,25	3,70	3,75	4,44	4,93
267	5,32	6,23	6,32	6,73	7,17
310	8,70	9,04	9,20	9,90	9,93
350	12,52	12,50	12,50	12,99	12,99
400	15,67	16,31	16,85	16,95	16,85
schw. Rotglut	16,91	17,75	18,10	18,23	18,67
v. d. Gebläse	16,91	17,98	18,10	18,23	18,67

[1]) E. Baschieri, Atti della soc. Tosc. di sc. nat. in Pissa, Mem. **24**, 133 (1908).
[2]) C. F. Rammelsberg, Z. Dtsch. geol. Ges. **20**, 443 (1868).
[3]) C. Hersch, Dissert. Zürich 1887.
[4]) Bei C. Doelter, N. JB. Min. etc. 1890 I, 118.
[5]) A. Hennig, Geol. Fören. Förh. **21**, 349 (1899). Ref. Z. Kryst. **34**, 691 (1901).

Nach diesem Autor ist alles Wasser als feste Lösung im Apophyllite enthalten, da die Entwässerungskurve bis 350° keine Diskontinuität zeigt.

E. Manasse[1]) fand beim Apophyllite von Seiket bei 3tägigem Trocknen über Schwefelsäure im Exsikkator einen Gewichtsverlust von 0,10%, ferner beim Erwärmen auf

90°	150°	215°	295°	360°
0,48%	0,63%	6,52%	11,10%	15,42%'

endlich beim Glühen 16,48% Gewichtsverlust.

Am Apophyllite von Traversella beobachtete L. Colomba[2]) bei zwei Versuchen folgendes:

Temperatur	Gewichtsverlust in %	
	1. Versuch	2. Versuch
100°	0,17	—
160°	0,51	—
200°	0,86	—
205°	—	1,15
240°	—	5,35
250°	6,51	—
270°	8,49	—
280°	—	9,29
285°	9,89	—
300°	—	10,70
325°	11,60	—
350°	—	12,70
360°	13,35	—
400°	15,85	15,87

Bei etwa 400° begann Fluor zu entweichen. Die Entwässerungskurve zeigt zwei deutliche Knicke bei ca. 200° und 285°.

Ferner erhitzte derselbe Autor feingepulverten Apophyllit auf 260°, bzw. 400° und ließ das Pulver dann 25 Tage im Exsiccator mit Wasser stehen. Die erste Probe hatte beim Erhitzen auf 260° 6,50% verloren, 2,41% über Wasser wieder aufgenommen, die zweite Probe bei 400° 16,03% verloren und 2,54% wieder angenommen.

F. Zambonini[3]) fand am Apophyllit von Bergenhill einen Gewichtsverlust

bei 115°	200°	245°	273°	297°	334°	405°
0,13%	0,70%	1,77%	8,94%	9,28%	10,44%	13,60%

Auch er konstatierte einen Knick in der Entwässerungskurve, der eine Trennung von gelöstem und von Konstitutionswasser ermöglichen sollte. Apophyllit bei 273° im trocknen Luftstrom erhitzt, zeigte dasselbe Verhalten wie im feuchten Luftstrom.

---

[1]) E. Manasse, Processi verbali Soc. Tosc. di sc. nat. **15** (8. Juli 1906).
[2]) L. Colomba, R. Acc. Linc. Rom **16** (5a) 1. sem., 966 (1907). Ref. Z. Kryst. **46**, 397.
[3]) F. Zambonini, Atti R. Accad. delle Sc. Fis. e Mal. di Napoli **16**, Nr. 1, 1 (1908). Ref. Z. Kryst. **49**, 73 (1911).

Vor dem Lötrohr schmilzt der Apophyllit unter Aufblättern zu einem weißen, blasigen Email und bewirkt violette Färbung der Flamme. Im Kölbchen wird er trüb, gibt Wasser ab und zeigt die Fluorreaktion.

Löslichkeit. Bereits Fr. Wöhler[1]) fand, daß sich Apophyllit in Wasser bei 180—190° C unter einem Druck von 10—12 Atm. löste (und nach dem Erkalten wieder auskristallisierte).

R. Bunsen[2]) wies nach, daß dabei die Temperatur das Wesentliche sei.

Nach G. Bischof[3]) löste sich ein Teil Apophyllit in 28802 Teilen kalten Wassers.

Nach C. Doelter[4]) wurden nach 14 tägiger Behandlung von Apophyllit mit destilliertem Wasser (bei 90°) in letzterem Spuren von SiO_2 und CaO nachgewiesen. In kohlensäurehaltigem Wasser betrug die Summe der löslichen Bestandteile nach 21 tägiger Einwirkung (bei 120°) 2,98%. In diesen wurde bestimmt: 64,2% SiO_2, der Rest CaO und nicht wägbar K_2O.

G. Spezia[5]) konnte auch bei 6 monatlicher Einwirkung von Wasser auf Apophyllit von Poonah bei 25° keine Löslichkeit konstatieren, trotzdem der Druck in dem Versuchsrohre 1750 Atm. betrug. Bei einem zweiten Versuche, bei dem größere Spaltplättchen 13 Tage lang mit Wasser einer Temperatur von 193—211° und einem Druck von ca. 14 Atm. ausgesetzt wurden, war eine Lösung eingetreten, nicht aber bei einem dritten Versuche, bei welchem analoge Plättchen bei einer Temperatur von 93—107° einem Drucke von 500—1056 Atm. ausgesetzt worden waren.

J. Lemberg[6]) behandelte Apophyllitpulver (von der Seiser Alpe) (1.) in zugeschmolzenen Glasröhren mit Magnesiumsulfatlösungen und zwar (2.) 4½ Stunden bei 180° (bei 100° zur Analyse getrocknet), (3.) 15 Stunden bei 100°, (4.) 18 Tage bei 90°.

	1.	2.	3.	4.
K_2O	5,44	2,41	0,80	3,30
MgO	—	13,36	23,41	9,33
CaO	25,23	13,41	4,49	15,47
SiO_2	53,13	57,04	58,99	53,09
H_2O	16,20	13,78	12,31	18,81
	100,00	100,00	100,00	100,00

Die Umsetzung ging bereits bei gewöhnlicher Temperatur vor sich, wurde aber durch höhere Temperatur beschleunigt.

Bei Behandlung des Apophyllits mit kalter $MgCl_2$-Lösung durch 3 Monate erhielt J. Lemberg[7]) ein Produkt von der Zusammensetzung 1 (auf der folgenden Seite).

Ein zweiter Apophyllit, 18 Tage mit $MgCl_2$-Lösung (bei hoher Temperatur?) behandelt, ergab die Zusammensetzung 2.

[1]) Fr. Wöhler, Ann. Chem. Pharm. **65**, 80 (1848).
[2]) R. Bunsen, Ann. Chem. Pharm. **65**, 82 (1848); Ann. des mines **19**, 260 (1851).
[3]) G. Bischof, Chem. und phys. Geologie **2**, 386 (1864).
[4]) C. Doelter, Tsch. min. Mit. **11**, 319 (1890).
[5]) G. Spezia, Accad. R. delle Sc. di Torino **30**, 245 (1895). Ref. Z. Kryst. **28**, 200 (1897).
[6]) J. Lemberg, Z. Dtsch. geol. Ges. **22**, 335 (1870).
[7]) J. Lemberg, Z. Dtsch. geol. Ges. **29**, 457 (1877).

	N_ω	N_ε	
Apophyllit von Naalsöe . . .	1,5317	1,5331 (rot)	A. Des Cloizeaux.
" " Andreasberg .	1,5337	1,5356 (Na)	O. Luedecke.
	1,5309	1,5332 (Li)	
" " Faröer . . .	1,5356	1,5368 (Na)	
	1,5311	1,5335 (Cs)	
" " Hestö (Faröer) .	1,5331	1,5414 (Na)	
" " Tirol	1,5405	1,5429 (Tl)	C. Pulfrich.
	1,5379	1,5404 (Na)	
	1,5340	1,5369 (Li)	
" " Andreasberg .	1,5346	1,5365 (Na)	K. Zimanyi.
" " der Seisser Alpe	1,5340	1,5362 (Na)	
" " Poonah . . .	1,5343	1,5369 (Na)	
" " Algerien . . .	1,5347	1,5368 (Na)	L. Gentil.
	1,5328	1,5343 (Li)	

Apophyllit ist gut pyroelektrisch erregbar, und zwar laden sich beim Abkühlen die Enden der *c*-Achse positiv, die mittlere Region negativ (W. G. Hankel).[1])

Synthesen.

Fr. Wöhler,[2]) später C. Doelter[3]) erhielten Apophyllit durch einfaches Umkristallisieren in verschlossenen Röhren bei Temperaturen von 180°, bzw. 150—160° (letzterer leitete noch Kohlendioxyd ein). Ferner erhielt C. Doelter[3]) noch Apophyllit, als er Okenitpulver mit Kaliumsilicat und Kohlendioxyd bei 200° in einem Flintenlaufe durch ca. 30 Tage erhitzte. Daneben bildete sich auch neuer Okenit. Ebenso bildete sich aus Okenit bei Behandeln mit Natriumcarbonat und Chloraluminium bei 220° Apophyllit (neben Analcim und Chabasit).

Vorkommen.

Apophyllit tritt als einer der häufiger vorkommenden Zeolithe in Hohlräumen von Eruptivgesteinen (Basalten, Diabasen, foyaitischen Gesteinen, selten in sauren Gesteinen) auf, und zwar stellt er nach der paragenetischen Regel von F. Cornu einen der jüngern Zeolithe dar.[4])

Überdies wurde der Apophyllit auf Erzgängen (Andreasberg, Freiberg, Kongsberg) und auf Klüften im Kalkstein von Cziklowa im Banate beobachtet.

Eine sehr junge Bildung von Apophyllit wurde im Mauerwerke der Thermen von Plombières festgestellt.[5])

Umwandlungen.

G. Tschermak[6]) beschrieb Pseudomorphosen von Quarz nach (wahrscheinlich) Apophyllit vom Fassatale. Ein analoges Umwandlungsprodukt unter-

---

[1]) W. G. Hankel, Ann. d. Phys. **157**, 163 (1876).

[2]) Fr. Wöhler, Ann. d. Chem. Pharm. **65**, 80 (1848).

[3]) C. Doelter, N. JB. Min. etc. 1890 I, 118.

[4]) F. Cornu, Österr. Zeitschr. f. Berg.- u. Hüttenwesen **56**. Siehe auch die Zusammenstellung bei J. Roth, Allg. u. chem. Geologie **1**, 398 (1879). — A. Himmelbauer, Mitt. d. naturw. Vereine Wien **8**, 96 (1910). — R. Görgey, N. JB. Min. etc. Beil.-Bd. **29**, 269 (1910). — H. Michel, Tsch. min. Mit. **30**, 475 (1911). — J. Koenigsberger, Z. Kryst. **52**, 151 (1913).

[5]) G. A. Daubrée, Ann. mines **12**, 294 (1857).

[6]) G. Tschermak, Sitzber. Wiener Ak. **47**, 455 (1863).

suchte auch W. T. Schaller[1]) vom Fort Point, San Francisco, Calif., und fand folgende Zusammensetzung:

MgO	2,30
CaO	1,87
Al_2O_3	1,58
SiO_2	90,58
H_2O	4,32
	100,65

Eine Pseudomorphose von Opal nach Apophyllit vom Weschener Berge (böhm. Mittelgebirge) beschrieb A. Scheit.[2])

Sehr häufig ist die Umwandlung des Apophyllits in Calcit (Albin), R. Blum.[3])

M. Websky[4]) fand in Drusenräumen des Striegauer Granits Zersetzungsprodukte des Apophyllits, aus Calcit (1.) und aus einer weißen, erdigen Masse bestehend, die bei zwei verschiedenen Vorkommen eine verschiedene Zusammensetzung hatten (2. und 3.).

	1.
$CaCO_3$	99,35
$FeCO_3$	0,36
$MnCO_3$	0,31
	100,02

	2.	3.
CaO	17,59	13,92
Al_2O_3	14,55	6,74
Fe_2O_3	19,58	17,90
Mn_2O_3	2,78	1,33
SiO_2	39,31	48,51
H_2O	6,19	11,93
	100,00	100,33

A. Streng[5]) gab an, daß Apophyllite von Harburg in ihrem Kern aus einem Umwandlungsprodukt aus Calcit und Asbest (?) bestanden.

Von Tierno am Monte Baldo führte E. S. Dana[6]) Pseudomorphosen von Pektolith nach Apophyllit an, F. v. Richthofen[7]) solche von Natrolith nach Apophyllit, ebenso von der Giumellaalpe, von der dieser Autor auch eine Pseudomorphose Laumontit nach Apophyllit (?) beschrieb.

Das Vorkommen des Apophyllits in Cziklowa läßt nach C. F. Peters[8]) erkennen, daß sich dieses Mineral auf Kosten des Kalkspats, teilweise vielleicht auch des Wollastonits gebildet hat.

Bildung des Apophyllits auf Kosten von Wollastonit nimmt auch A. Streng[9]) bei dem Vorkommen Auerbach an; er schreibt die Reaktionsgleichung:

$$2CaSiO_3 + CO_2 + 2H_2O = CaCO_3 + (H_2CaSi_2O_6 + H_2O).$$

[1]) W. T. Schaller, Bull. geol. Surv. U.S. **262**, 121 (1895).
[2]) A. Scheit, Tsch. min. Mit. **29**, 263 (1910).
[3]) R. Blum, Die Pseudomorphosen des Mineralreichs (Stuttgart 1843), 22; dritter Nachtrag 1863, 41.
[4]) M. Websky, Tsch. min. Mit. Beil. J. k. k. geol. R.A. 1872, 66.
[5]) A. Streng, N. JB. Min. etc. 1870, 427.
[6]) E. S. Dana, Describing mineralogy New York 1892, 568.
[7]) F. v. Richthofen, Sitzber. Wiener Ak. **27**, 293 (1858).
[8]) C. F. Peters, N. JB. Min. etc. 1861, 434; auch von F. Sandberger angegeben (N. JB. Min. etc. 1875, 625).
[9]) A. Streng, N. JB. Min. etc. 1875, 393.

		N_ω	N_ε	
Apophyllit von	Naalsöe . . .	1,5317	1,5331 (rot)	A. Des Cloizeaux.
„ „	Andreasberg .	1,5337 1,5309	1,5356 (Na) 1,5332 (Li)	O. Luedecke.
„ „	Faröer . . .	1,5356 1,5311	1,5368 (Na) 1,5335 (Cs)	
„ „	Hestö (Faröer) .	1,5331	1,5414 (Na)	
„ „	Tirol	1,5405 1,5379 1,5340	1,5429 (Tl) 1,5404 (Na) 1,5369 (Li)	C. Pulfrich.
„ „	Andreasberg .	1,5346	1,5365 (Na)	K. Zimanyi.
„ „	der Seisser Alpe	1,5340	1,5362 (Na)	
„ „	Poonah . . .	1,5343	1,5369 (Na)	
„ „	Algerien . . .	1,5347 1,5328	1,5368 (Na) 1,5343 (Li)	L. Gentil.

Apophyllit ist gut pyroelektrisch erregbar, und zwar laden sich beim Abkühlen die Enden der *c*-Achse positiv, die mittlere Region negativ (W. G. Hankel).[1])

Synthesen.

Fr. Wöhler,[2]) später C. Doelter[3]) erhielten Apophyllit durch einfaches Umkristallisieren in verschlossenen Röhren bei Temperaturen von 180°, bzw. 150—160° (letzterer leitete noch Kohlendioxyd ein). Ferner erhielt C. Doelter[3]) noch Apophyllit, als er Okenitpulver mit Kaliumsilicat und Kohlendioxyd bei 200° in einem Flintenlaufe durch ca. 30 Tage erhitzte. Daneben bildete sich auch neuer Okenit. Ebenso bildete sich aus Okenit bei Behandeln mit Natriumcarbonat und Chloraluminium bei 220° Apophyllit (neben Analcim und Chabasit).

Vorkommen.

Apophyllit tritt als einer der häufiger vorkommenden Zeolithe in Hohlräumen von Eruptivgesteinen (Basalten, Diabasen, foyaitischen Gesteinen, selten in sauren Gesteinen) auf, und zwar stellt er nach der paragenetischen Regel von F. Cornu einen der jüngern Zeolithe dar.[4])

Überdies wurde der Apophyllit auf Erzgängen (Andreasberg, Freiberg, Kongsberg) und auf Klüften im Kalkstein von Cziklowa im Banate beobachtet.

Eine sehr junge Bildung von Apophyllit wurde im Mauerwerke der Thermen von Plombières festgestellt.[5])

Umwandlungen.

G. Tschermak[6]) beschrieb Pseudomorphosen von Quarz nach (wahrscheinlich) Apophyllit vom Fassatale. Ein analoges Umwandlungsprodukt unter-

---

[1]) W. G. Hankel, Ann. d. Phys. **157**, 163 (1876).
[2]) Fr. Wöhler, Ann. d. Chem. Pharm. **65**, 80 (1848).
[3]) C. Doelter, N. JB. Min. etc. 1890 I, 118.
[4]) F. Cornu, Österr. Zeitschr. f. Berg.- u. Hüttenwesen **56**. Siehe auch die Zusammenstellung bei J. Roth, Allg. u. chem. Geologie **1**, 398 (1879). — A. Himmelbauer, Mitt. d. naturw. Vereine Wien **8**, 96 (1910). — R. Görgey, N. JB. Min. etc. Beil.-Bd. **29**, 269 (1910). — H. Michel, Tsch. min. Mit. **30**, 475 (1911). — J. Koenigsberger, Z. Kryst. **52**, 151 (1913).
[5]) G. A. Daubrée, Ann. mines **12**, 294 (1857).
[6]) G. Tschermak, Sitzber. Wiener Ak. **47**, 455 (1863).

suchte auch W. T. Schaller[1]) vom Fort Point, San Francisco, Calif., und fand folgende Zusammensetzung:

MgO	2,30
CaO	1,87
Al_2O_3	1,58
SiO_2	90,58
H_2O	4,32
	100,65

Eine Pseudomorphose von Opal nach Apophyllit vom Weschener Berge (böhm. Mittelgebirge) beschrieb A. Scheit.[2])

Sehr häufig ist die Umwandlung des Apophyllits in Calcit (Albin), R. Blum.[3])

M. Websky[4]) fand in Drusenräumen des Striegauer Granits Zersetzungsprodukte des Apophyllits, aus Calcit (1.) und aus einer weißen, erdigen Masse bestehend, die bei zwei verschiedenen Vorkommen eine verschiedene Zusammensetzung hatten (2. und 3.).

	1.
$CaCO_3$	99,35
$FeCO_3$	0,36
$MnCO_3$	0,31
	100,02

	2.	3.
CaO	17,59	13,92
Al_2O_3	14,55	6,74
Fe_2O_3	19,58	17,90
Mn_2O_3	2,78	1,33
SiO_2	39,31	48,51
H_2O	6,19	11,93
	100,00	100,33

A. Streng[5]) gab an, daß Apophyllite von Harburg in ihrem Kern aus einem Umwandlungsprodukt aus Calcit und Asbest (?) bestanden.

Von Tierno am Monte Baldo führte E. S. Dana[6]) Pseudomorphosen von Pektolith nach Apophyllit an, F. v. Richthofen[7]) solche von Natrolith nach Apophyllit, ebenso von der Giumellaalpe, von der dieser Autor auch eine Pseudomorphose Laumontit nach Apophyllit (?) beschrieb.

Das Vorkommen des Apophyllits in Ciklowa läßt nach C. F. Peters[8]) erkennen, daß sich dieses Mineral auf Kosten des Kalkspats, teilweise vielleicht auch des Wollastonits gebildet hat.

Bildung des Apophyllits auf Kosten von Wollastonit nimmt auch A. Streng[9]) bei dem Vorkommen Auerbach an; er schreibt die Reaktionsgleichung:

$$2\,CaSiO_3 + CO_2 + 2\,H_2O = CaCO_3 + (H_2CaSi_2O_6 + H_2O).$$

---

[1]) W. T. Schaller, Bull. geol. Surv. U.S. **262**, 121 (1895).
[2]) A. Scheit, Tsch. min. Mit. **29**, 263 (1910).
[3]) R. Blum, Die Pseudomorphosen des Mineralreichs (Stuttgart 1843), 22; dritter Nachtrag 1863, 41.
[4]) M. Websky, Tsch. min. Mit. Beil. J. k. k. geol. R.A. 1872, 66.
[5]) A. Streng, N. JB. Min. etc. 1870, 427.
[6]) E. S. Dana, Describing mineralogy New York 1892, 568.
[7]) F. v. Richthofen, Sitzber. Wiener Ak. **27**, 293 (1858).
[8]) C. F. Peters, N. JB. Min. etc. 1861, 434; auch von F. Sandberger angegeben (N. JB. Min. etc. 1875, 625).
[9]) A. Streng, N. JB. Min. etc. 1875, 393.

St. J. Thugutt,[1]) der ebenfalls diese Entstehung für das Vorkommen am Vesuv (Analyse 36) annimmt, erklärt die Bildung (ohne Volumveränderung!) nach der Formel:

$$5\,Ca_2Si_2O_6 + 2\,H_2O + 4\,CO_2 + KF = 4\,(CaSi_2O_5 . 2\,H_2O)KF + 4\,CaCO_3 + Ca_2Si_2O_6.$$

Das fünfte Molekül führt angeblich zur Bildung vom Reaktionsort weiter entfernter Apophyllite.

Zum Apophyllit gehört noch der:

Oxhaverit, blaßgrüne Kristalle in einem versteinerten Holze bei den Quellen des Oxhaver bei Husavik, Island (aufgestellt von D. Brewster);[2]) nach E. Turner[3]) unterscheidet er sich von Apophyllit nur durch einen etwas größern Gehalt an Fe_2O_3 und Al_2O_3, seine Analyse lautet:

K_2O	4,18
CaO	22,39
Al_2O_3	1,00
Fe_2O_3	3,39
SiO_2	50,76
H_2O	17,36
	99,08

Nach A. Des Cloizeaux[4]) ist das Mineral optisch positiv. Ebenso der

Xylochlor, der olivengrüne, pyramidale Kristalle in einem fossilen Baumstamm im Tuff zwischen Husavik und Halbjarna-Stadr Kambur bildet. Eine Analyse ergab nach Sart. von Waltershausen[5]):

δ	2,904
Na_2O	0,55
K_2O	3,77
MgO	0,33
CaO	20,57
FeO	3,40
Al_2O_3	1,54
SiO_2	52,07
$H_2O + CO_2$	17,14
	99,37

Die Zugehörigkeit dieses Minerals zum Apophyllit wurde von A. Kenngott[6]) nachgewiesen.

---

[1]) St. J. Thugutt, ZB. Min. etc. 1911, 761.
[2]) D. Brewster, Edinb. Journ. Sc. **7**, 115 (1827); Karstn. Arch. **11**, 368, 373 (1827).
[3]) E. Turner, Årsber. 1828, 194; Edinb. Journ. Sc. **7**, 118 (1827).
[4]) A. Des Cloizeaux, Minéralogie 1862, 128.
[5]) Sart. von Waltershausen, Vulkan. Gesteine 1853, 297.
[6]) A. Kenngott, Journ. prakt. Chem. **89**, 455 (1863); Übers. min. Forsch. 1853, 66; 1862—1865, 137.

Calcium-Natriumsilicate.

Von **C. Doelter** (Wien).

Wir haben hier einige Verbindungen, welche einen unbedeutenden Gehalt an Wasser zeigen und daher oft unter die wasserfreien eingereiht wurden; zu diesen gehören Rivait und auch der Pektolith. Ein Calcium-Kaliumsilicat, jedoch fluor- und wasserhaltig, ist der Apophyllit, welcher oben behandelt wurde.

Pektolith.

Monoklin: $a:b:c = 1{,}1141:1:0{,}9864$ (J. Dana) $\beta = 84^0\,40'$.

Synonym: Photolith, Stellit, Osmelith, Walkerit.

Der Pektolith hat kristallographische Ähnlichkeit mit den Pyroxenen und steht in den Winkeln dem Wollastonit nahe.

Analysenzusammenstellung.

	1.	2.	3.	4.	5.	6.	7.
Na_2O	8,95	8,28	9,87	9,57	9,26	9,75	7,20
MgO	—	—	—	—	—	—	Spur
CaO	32,54	34,47	34,38	32,24	33,75	32,79	33,68
MnO	—	1,75	—	—	—	—	—
FeO	—	0,37	—	—	—	—	—
Al_2O_3	—	—	0,41	1,00	1,45	0,88	Spur
Fe_2O_3	1,68	—	—	—	—	—	—
SiO_2	54,21	52,63	53,48	53,24	52,58	52,53	55,38
H_2O	3,01	2,94	3,26	3,60	2,80	3,04	3,30
	100,39	100,44	101,40	99,65	99,84	98,99	99,56

1. Pozza-Alpe (Fassa), anal. J. Lemberg, Z. Dtsch. geol. Ges. **24**, 252 (1872).
2. Sogenannter Osmelith Breithaupts, von Wolfstein bei Niederkirchen (Pfalz); Fr. v. Kobell, Sitzber. Bayr. Ak. 1866, I, 296; Journ. prakt. Chem. **97**, 473.
3. Von Girvan, Ayrshire, anal. F. Heddle, Phil. Mag. **9**, 248 (1855).
4. Von Knockdolian, Ayrshire; anal. wie oben.
5. u. 6. Von Ratho (Edinburgshire); anal. wie oben.
7. Von South Quarry bei Johnstone Renfrewshire; anal. R. S. Houghton, Trans. geol. Soc. Glasgow **12**, 354 (1906); Z. Kryst **15**, 304 (1908).

	8.	9.	10.	11.	12.	13.	14.
δ	—	—	—	—	—	—	2,892
Na_2O	9,60	9,98	9,55	8,48	8,96	9,11	9,20
K_2O	—	0,29	—	—	—	—	—
MgO	1,52	—	—	—	—	—	—
CaO	31,68	33,48	29,88	33,83	32,94	33,23	31,96
MnO	—	—	—	} 1,75	1,11	0,45	0,93
FeO	1,20	—	—			—	—[1]
Al_2O_3	0,67	0,46	2,73	—	—	} 0,33	Spur
Fe_2O_3	—	—	—	—	—		0,39
SiO_2	52,74	53,06	53,82	52,24	54,62	53,34	54,39
H_2O	2,00	3,13	3,76	3,70	2,37	2,97	3,57
CO_2	—	—	—	—	—	0,67	—
	99,59	100,40	99,74	100,00	100,00	100,10	100,44

[1]) Als Fe_2O_3 bestimmt.

8. Von Kilsyth, Schottland, aus Dolerit; anal. J. Young, Trans. geol. Soc. Glasgow **7**, 166 (1883); Z. Kyrst. **12**, 620 (1887).

9. Von Castle Rock, Schottland; anal. F. Heddle, Phil. Mag. **9**, 248 (1855).

10. Von Talisker, Insel Skye; anal. wie oben.

11. Von Langban, Schweden; anal. J. L. Igelström, Akad. Stockholm Förhandl. 1859, 399; Journ. prakt. Chem. **81**, 397 (1860).

12. Von Bergen Hill aus Dioritklüften; anal. Whitney, Am. Journ. **29**, 205 (1860).

13. Von ebenda; anal. F. W. Clarke u. G. Steiger, Am. Journ. **8**, 245 (1899).

14. Von Bergen Hill; anal. G. Tschermak, Sitzber. Wiener Ak. **115**, 229 (1906).

	15.	16.	17.	18.	19.
Na_2O . . .	8,62	7,61	9,02	7,31	8,57
K_2O	—	—	0,37	—	—
MgO . . .	—	—	—	—	1,43
CaO . . .	33,88	30,56	30,00	32,86	32,21
MnO . . .	0,81	—	—	—	—
Al_2O_3 . . .	} 0,40	3,87	—	1,45	0,58
Fe_2O_3 . . .			0,80	—	—
SiO_2	53,11	53,40	55,17	55,66	53,94
H_2O	0,04 [1] 0,14 [2] 2,86 [3]	4,46	4,63	2,72	4,09
	99,86	99,90	99,99	100,00	100,82

15. Von Bergen Hill; anal. E. A. Schneider, bei F. W. Clarke, Bull. geol. Surv. US. 1910, 419, 264.

16. Aus Serpentin, von Fort Point bei S. Francisco; anal. A. S. Eakle, Bull. Dept. Geol. of Univ. of California, 1901, II, Nr. 10, 315. Ref. Z. Kryst. **37**, 82 (1903).

17. Von Station Hosensack, Lehigh Cy, Pennsylvania; anal. Edg. F. Smith und E. B. Knorr, Am. chem. J. **6**, 411 (1885). Ref. Z. Kryst. **11**, 293 (1886).

18. Von Isle Royale; anal. Whitney, Am. Journ. **7**, 434 (1849).

19. Point Barrow, Alaska; anal. F. W. Clarke, Am. Journ. **29**, 20 (1884).

	20.	21.	22.	23.
δ	2,85/86	2,85/86	—	—
Na_2O	11,21	9,40	9,32	7,50
K_2O	—	—	—	0,47
MgO	0,61	0,64	—	—
CaO	33,60	33,26	34,00	34,33
FeO	0,45	—	—	—
Al_2O_3	—	—	—	0,71
Fe_2O_3	—	—	0,11	—
SiO_2	52,60	53,20	54,32	52,86
H_2O	3,50	3,50	2,55	4,70
	101,97	100,00	100,30	100,57

[1]) Bei 105°.
[2]) Von 250—300°.
[3]) Bei Rotglut.

20. Von Point Barrow, Alaska; anal. A. Frenzel bei A. B. Meyer, 21. Jahresber. d. Ver. f. Erdkunde, (Dresden 1884), Ref. Z. Kryst 10, 613 (1885).
21. Von ebenda; anal. wie oben.
22. Von Niakornat, Grönland; anal. Chr. Christensen, bei O. B. Bøggild, Min. Grönl., Meddelelser om Grönl., 32, 1 (1905).
23. Von der Insel Disco, Grönl.; anal. A. N. Chester, Am. Journ. 33, 287.

Magnesium- und manganhaltige Pektolithe.

	24.	25.	26.	27.
Na_2O	nicht bestimmt	6,50	6,63	8,99
K_2O	—	0,85	0,21	—
MgO	6,91	5,12	5,54	—
MnO	—	—	—	4,25
CaO	26,18	28,64	24,84	30,28
FeO	0,21	—	—	—
Al_2O_3	0,09	—	0,64	—
Fe_2O_3	—	1,33	—	0,10
SiO_2	53,22	52,20	54,11	53,03
CO_2	—	—	0,82	0,82
H_2O unter 110°	5,23	5,28	1,78	2,43
H_2O über 110°			5,32	—
		99,92	99,89	99,90

24. u. 25. Sog. Walkerit, von Costorphine Hills (Schottland); anal. F. Heddle, Min. Soc. London 4, 121 (1880).
26. Aus hornblende- und glimmerführendem Diabas von Burg bei Herborn; anal. E. Reuning, ZB. Min. etc. 1907, 739.
27. Von Magnet Cove (Arkansas); anal. J. Fr. Williams, Z. Kryst, 18, 386 (1891).

Formel des Pektoliths. C. F. Rammelsberg[1]) hat eine Anzahl älterer Analysen berechnet und fand für diese Verhältnisse:

Na : Ca : Si	$Na_2O : SiO_2$
1 : 2 : 2,65	1 : 3,85
1 : 2 : 3,14	1 : 5,7
1 : 1,9 : 2,8	1 : 4,9
1 : 2 : 2,9	1 : 5,7
1 : 2,4 : 3,47	1 : 3.

Man sieht also, daß die Resultate nicht übereinstimmende sind; auch bezüglich des Wassers sind diese stark schwankende. Es ist auch die Frage noch ungelöst, ob das Wasser zeolithisches oder Konstitutionswasser ist. Ich[2]) erhielt bei der Erhitzung auf 300° bei Weißglut einen Verlust von 4,09%; bei frischem Pulver gingen nach 14 Tagen über Schwefelsäure 0,405% weg; hernach entwichen bei 100° nur 0,09%, bei 200° 0,128%; so daß bei 300° der ganze Wasserverlust 0,959% betrug. Demnach wäre dieser Teil vielleicht lockerer gebunden, was damit übereinstimmt, daß viele Analysen überhaupt Wassermengen ergeben, welche unter 3% bleiben. Man müßte also die

[1]) C. F. Rammelsberg, Mineralchemie (Leipzig 1875), 381.
[2]) C. Doelter, N. JB. Min. etc. 1886, I, 127.

Analysen mit höherem Wassergehalt nicht zur Berechnung verwenden. A. Kenngott[1]) sowie P. Groth[2]) rechneten das Wasser nicht zur Konstitution des Silicats, sondern nehmen an, daß es Zersetzungswasser sei, sie nehmen die Formel $NaCaSi_2O_6$ an. Später scheinen sich jedoch die meisten Forscher (auch J. Dana u. P. Groth[3]) der Auffassung Rammelsbergs angeschlossen zu haben, welcher das Wasser als zur Konstitution gehörig annimmt, demnach gestaltet sich die Formel:

$$HNaCaSi_2O_6.$$

Diese verlangt 2,71 % Wasser, während wohl mit Recht anzunehmen ist, daß Analysen mit mehr Wasser an zersetztem Material, oder nach ungenauen Methoden ausgeführt wurden.

Aus den neueren guten Analysen ergibt sich zum größten Teil ein ähnliches Verhältnis, wie es C. F. Rammelsberg fand, z. B. gibt die Analyse G. Tschermaks (N. 17) Na : Ca : Si = 1 : 1,9 : 3,1 und die Analyse 18 von F. W. Clarke gibt 1 : 2,1 : 3,1. Was den Wassergehalt anbelangt, so übersteigt er gewöhnlich den der Rammelsbergschen Formel. Man kann also den Wassergehalt nicht aus der Formel ausschalten und muß den Pektolith als wasserhaltiges Mineral annehmen.

Chemische Eigenschaften.

Vor dem Lötrohr leicht zu Email schmelzend, auch in der Spiritusflamme. Im Kölbchen gibt er Wasser; Splitter färben die Lötrohrflamme gelb.

Löslichkeit.

In Salzsäure löslich bei Abscheidung von flockiger Kieselsäure, während nach dem Glühen die sich mit HCl abscheidende gallertartig ist. G. Tschermak[4]) fand im Pektolith dieselbe Kieselsäure wie im Wollastonit und nannte sie Pektolithsäure; es ist eine polymere Metakieselsäure $H_3Si_3O_9$. Bemerkenswert ist es jedenfalls, daß die Kieselsäure nach dem Glühen bei der Abscheidung mit HCl sich anders verhält, als vor dem Glühen.

Pektolith zeigt nach F. W. Clarke[5]) alkalische Reaktion. G. Steiger[6]) hat die Löslichkeit des Pektoliths von Bergen Hill bestimmt; er fand, daß in Wasser bei 70° Fahrenheit nach einem Monat 0,57 % Na_2O in die Lösung gehen, bei einem Totalgehalt an Alkalien von 9,11 %.

F. W. Clarke und G. Steiger[7]) haben auch die Einwirkung von Chlorammonium auf Pektolith geprüft und gefunden, daß sich eine Ammoniumverbindung bildet, welche die approximative Formel $\overset{I}{R}_2Ca_2Si_3O_9 . 6H_2O$ hat, wobei $\overset{I}{R}$ = ungefähr 0,666 NH_4 und 0,333 Na_2O ist; wahrscheinlich hat sich ein wasserhaltiger Ammoniumpektolith gebildet.

---

[1]) A. Kenngott, Übers. Min. Forsch. 1855, 53.
[2]) P. Groth, Tabellar. Übers. d. Min. (Braunschweig 1889).
[3]) P. Groth, Ebenda (vierte Aufl. 1898), 146.
[4]) G. Tschermak, Sitzber. Wiener Ak. **115**, 229 1906.
[5]) F. W. Clarke, Journ. chem. Soc. **20**, 608 (1898).
[6]) G. Steiger, Journ. chem. Soc. **21**, 437 (1899).
[7]) F. W. Clarke u. G. Steiger, Am. Journ. **9**, 345 (1900); Bull. geol. Surv. US. N = 207,57 (N. JB. Min. etc. 1901, II, 341; 1903, I, 393 und 1904, II, 3).

F. W. Clarke und G. Steiger[1]) haben die Zersetzbarkeit in Natriumcarbonatlösung untersucht. Sie gingen von der Erwägung aus, daß, wenn Pektolith ein Metasilicat ist, durch Glühen und nachherige Behandlung mit einer solchen Lösung ein Sechstel der Kieselsäure abgespaltet werden kann. Die Lösung enthielt 250 g Natriumcarbonat in einem Liter Wasser. Im Mittel ergab sich, daß 8,68% Kieselsäure in Lösung gegangen waren, was ungefähr einem Sechstel, 8,89%, entspricht.

Ungeglühter Pektolith ergab nach 15 Minuten 2,07 und 2,55% Kieselsäure, nach 4 Tagen 4,80%.

Pektolithpulver zeigte in Wasser nach 14stündigem Kochen: SiO_2 2,98%, CaO 0,30%, Na_2O 0,81%, in Summe 4,09%. Geglühtes Pektolithpulver gab nach 4 Stunden 3,03% SiO_2, 0,10% CaO, 1,50% Na_2O; also 4,63%.

Daher ist die Einwirkung keine einfache Lösung, sondern Zersetzung.

Physikalische Eigenschaften.

Dichte 2,74—2,88. Härte 4,5—5. Farbe weiß; glasiger Perlmutterglanz, auf Bruchflächen seidenglänzend. Spaltbar nach (100) und auch nach (001). Nach A. Michel-Lévy und A. Lacroix ist $N\frac{\alpha+\beta+\gamma}{3} = 1,61$; $N\alpha - N\gamma = 0,038$; $2V = 60^0$. Beim Manganpektolith ist die optische Orientierung dieselbe, jedoch der Winkel der optischen Achsen etwas kleiner $2E = 15^0$.

Beim Zerbrechen Phosphorescenz. Mit Radium Luminescenz.

Umwandlungen von Pektolith.

Eine sehr wichtige Umwandlung ist die in Talk. J. Roth[2]) erwähnt eine Analyse von Leeds, an umgewandeltem Pektolith von Bergen-Hill ausgeführt, wobei sich ein talkähnliches Produkt bildete, wie die folgende Analyse zeigt:

δ	2,565
MgO	26,56
CaO	1,41
MnO	0,65
Fe_2O_3	0,72
Al_2O_3	1,02
SiO_2	60,55
H_2O	9,30
	100,21

Umwandlung des Pektoliths in Spadait.

Der Spadait kommt im Wollastonit vor, wie wir gesehen haben, woraus G. Bischof schloß, daß derselbe aus Wollastonit durch Ersatz des Kalks durch Magnesia und Wasser entstanden sei. J. Lemberg[3]) hat, um diese

[1]) F. W. Clarke u. G. Steiger, Am. Journ. **8**, 245, 1899; N. JB. Min. etc. 1901, I,25.
[2]) Leeds, Am. Journ. [3] **6**, 23 (1873). — J. Roth, Chem. Geol. I, 400 (Berlin 1879).
[3]) J. Lemberg, Z. Dtsch. Ges. **24**, 252 (1872).

Annahme zu prüfen, Versuche ausgeführt. Aus den bei Wollastonit angeführten Analysen geht hervor, daß das Umwandlungsprodukt desselben durch Chlormagnesium und Magnesiumsulfat der Zusammensetzung des Spadaits sehr nahe kommt. Weitere Versuche wurden mit Pektolith ausgeführt.

Pektolith aus dem Fassatal (siehe Analyse 1) wurde 25 Tage lang mit einer Magnesiumsulfatlösung behandelt und ergab das unter 1 angeführte Resultat. Ferner wurde dasselbe Material 25 Tage lang mit Chlormagnesiumlösung behandelt und das Produkt hatte die unter 2 angeführte Zusammensetzung.

	1.	2.
Na_2O	0,29	1,37
MgO	30,81	26,99
CaO	1,26	4,48
Fe_2O_3	1,80	1,94
SiO_2	54,03	55,00
H_2O	10,93	9,14
	99,12	98,92

Durch diese Versuche wird die Tendenz der Magnesia, wasserhaltige Silicate zu liefern dargetan; erhöhte Temperatur beschleunigt die Umwandlung der Kalksilicate in magnesiahaltige, sie ist jedoch nicht unbedingt erforderlich.

Es gelang also, das Natron durch Magnesium zu ersetzen; von Talk unterscheidet sich das Produkt durch höheren Wassergehalt.

Versuch bei Zimmertemperatur mit $MgCl_2$. Später hatte J. Lemberg[1]) Versuche mit $MgCl_2$-Lösung, jedoch bei Zimmertemperatur, ausgeführt; wie die Analyse zeigt, gelang es jedoch nicht, den Magnesiumgehalt stark zu vergrößern. Die Analyse des drei Monate lang behandelten Pektoliths ergab:

Na_2O	8,06
MgO	2,51
CaO	29,60
Al_2O_3, Fe_2O_3	1,74
SiO_2	52,93
H_2O	4,76
	99,60

Trotz der langen Dauer ist die Umwandlung unbedeutend gewesen, der Einfluß der Temperatur ist eben sehr groß.

Synthese.

Beim Schmelzen verhält sich der Pektolith ähnlich wie der Wollastonit. Ein Stück von Bergenhill ergab ein Produkt, welches dem hexagonalen Kalksilicat (Pseudowollastonit) sehr nahe steht, jedoch ist etwas Glas vorhanden, welches vielleicht den größern Teil des Natrons enthält. Die Dichte ist $\delta = 2,73$.[2])

Ein weiterer Versuch, welchen ich ausführte, bezog sich auf die Synthese des Silicats $CaSiO_3 . Na_2SiO_3$. Es bildete sich ein augitähnliches Produkt,

[1]) J. Lemberg, Z. Dtsch. geol. Ges. **29**, 477 (1877).
[2]) C. Doelter, N. JB. Min. etc. 1886, I, 126.

wohl monoklin $\delta = 2{,}766$. Das Natron hat demnach auf die Kristallart einen gewichtigen Einfluß.

Versuche, das Silicat auf nassem Wege herzustellen, hat J. Lemberg[1]) ausgeführt. Je 30 g von $Na_2SiO_3 . 8H_2O$ wurden vorsichtig geschmolzen und dabei 2—3 g Datolith (1), oder Wollastonit (2), oder Gips (3), oder endlich $CaCO_3$ (4) eingetragen, und dann die Masse bei 190—200° während 78—100 Stunden erwärmt. Es bildete sich ein Gemenge von Pektolith mit einem andern doppelbrechenden Körper. Die Zusammensetzung des pektolithähnlichen Silicats war bei den vier Versuchen folgende:

	1.[2])	2.	3.	4.
Na_2O	13,03	12,14	12,72	13,50
CaO	27,34	26,97	27,22	26,88
SiO_2	53,31	53,45	53,90	54,06
H_2O	5,84	7,44	6,16	5,56
	99,52	100,00	100,00	100,00

Man bekommt auch ein pektolithähnliches Silicat, wenn man $CaCl_2 . 3Na_2SiO_3$ oder $CaCl_2 . 4Na_2SiO_3$ lange Zeit wie oben erwärmt.

E. Baur[3]) ist es gelungen, Pektolith in einem Autoklaven bei einer Temperatur von zirka 400° darzustellen. Eine chemische Analyse des erhaltenen Produkts war nicht ausführbar, jedoch weisen die optischen Eigenschaften auf Pektolith.

Pektolith bildete sich bei mehreren seiner Versuche und zwar aus folgenden Mischungen:

1.	0,7 SiO_2	0,37 Al_2O_3	0,48 K_2O	0,1 $CaCO_3$	4,0 H_2O
2.	0,6 „	0,29 „	0,53 „	0,21 CaO	6,0 „
3.	1,94 „	0,16 „	0,5 Na_2O	1,26 „	4,5 „
4.	2,73 „	0,12 „	0,8 „	0,9 „	7,2 „
5.	3,0 „	0,27 „	0,8 „	0,35 „	8,6 „
6.	1,8 „	0,09 „	0,64 „	—	5,5 „
7.	2,1 „	0,09 „	0,64 „	0,7 „	5,5 „
8.	2,1 „	0,09 „	0,64 „	1,2 $CaCO_3$	5,5 „
9.	2,1 „	0,22 „	0,72 „	1,2 „	5,6 „
10.	0,75 „	0,18 „	0,23 „	0,12 CaO	7,1 „
11.	1,8 „	0,27 „	0,59 „	0,35 „	5,8 „
12.	1,8 „	0,3 „	0,77 „	—[4]) „	5,6 „
13.	1,8 „	— „	0,59 „	—[4]) „	5,4 „

Bei allen diesen Versuchen entstanden, mit Ausnahme des Versuchs 3, bei welchem nur Pektolith gebildet war, neben Pektolith noch andere Silicate, nämlich Oligoklas, Gyrolith, Desmin und auch Quarz.

Die Kristalle sind sehr kleine feine Nadeln, auch Büschel von solchen. Der größte Brechungsquotient ist nach F. Becke $\gamma = 1{,}620$.

[1]) J. Lemberg, Z. Dtsch. geol. Ges. **37**, 959 (1885) und **35**, 614 (1883).

[2]) Bei einem früheren Versuch war kein definitives Resultat erzielt worden. Z. Dtsch. geol. Ges. **35**, 616 (1883).

[3]) E. Baur, Z. anorg. Chem. **72**, 137 (1911).

[4]) Zahlen fehlen.

Die Bildungstemperatur ist nicht genau bestimmbar, die Höchsttemperatur war 450°.

Kaliumpektolith. Bei den zwei ersten Versuchen, bei denen statt Natron Kali verwendet worden war, bildete sich ein in der Natur nicht vorkommender Kaliumpektolith. F. Becke, welcher die Kristalle untersuchte, fand in optischer Hinsicht keinen Unterschied von dem Natriumpektolith.

J. Lemberg[1]) hat auch sogenannten asbestartigen Wollastonit von Grönland mit einer Lösung von kieselsaurem Natron behandelt, ebenso Wollastonit von Oravitza. Auf 3 g Wollastonit entfielen 4 g Na_2SiO_3 und 40 g Wasser. Die Versuche dauerten 75 Stunden, die Temperatur war 100°.

Die Resultate für letzteren Versuch sind unter 1 und 2, die für ersteren unter 3 angeführt.

	1	2	3
Na_2O	8,65	7,70	9,97
CaO	32,46	33,64	30,57
Al_2O_3	0,50	0,63	—
SiO_2	53,04	52,78	53,35
H_2O	5,35	4,80	6,11
	100,00	99,55	100,00

Es wurde also eine Zusammensetzung erzielt, wie sie dem Pektolith entspricht. Ähnliche Resultate wurden mit Apophyllit und auch mit Datolith erzielt.

Ebenso wird nach den Untersuchungen von J. Lemberg der Okenit durch Na_2SiO_3 in Pektolith umgewandelt (vgl. S. 464).

Genesis und Vorkommen.

Pektolith kommt mit Apophyllit und Okenit vor, auch mit Natrolith, Prehnit und Kalkspat. Er findet sich in Klüften und Hohlräumen von vulkanischen Gesteinen, im Basalttuff, Melaphyr. Nach H. Rosenbusch und E. Wülfing[2]) auch im Gesteinskörper selbst. Seltener ist er in metamorphen Gesteinen, z. B. Amphibolit.

Der Genesis nach dürfte der Pektolith den Zeolithen nahe stehen, wenigstens jenen, welche durch geringeren Wassergehalt ausgezeichnet sind; bekanntlich ist die Altersfolge dieser ungefähr parallel dem Wassergehalte, wie F. Cornu[3]) nachgewiesen hat. Er dürfte zu jenen Verbindungen gehören, welche sich unmittelbar nach der Verfestigung des Magmas bilden, also wohl in der sog. postvulkanischen Periode. Über die Temperaturen läßt sich nicht viel Positives mitteilen, da aus den Versuchen von J. Lemberg und E. Baur nicht hervorgeht, welches die Entstehungstemperaturen sind. Man kann daraus nur schätzungsweise vermuten, daß diese zwischen 100—450° liegen dürften. Als eigentliches Kontaktmineral scheint er nicht vorzukommen und seine Entstehung ist nicht mit jener des Wollastonits identisch, wenngleich er dort, wo er in

[1]) J. Lemberg, l. c. **35**, 615 (1883).
[2]) H. Rosenbusch u. E. Wülfing, Mikrosk. Phys. d. Min. (Stuttgart 1905), 196.
[3]) F. Cornu, Bg.- u. hütt. Z. **56**, 89 (1908).

kristallinen Schiefern vorkommt, eher darin mit Wollastonit Ähnlichkeit haben könnte. Es scheint jedoch seine Bildungstemperatur doch niedriger zu liegen. Genetisch steht er also den Kalkzeolithen näher als dem Wollastonit.

Täniolith (Tainiolith).

Ein den Glimmern morphologisch in mancher Hinsicht ähnliches Mineral. Monoklin.

$$a:b:c = 0{,}5773:1:3{,}2743 \text{ (G. Flink).}^{1)}$$

Vom chemischen Standpunkte kann das Mineral nicht zu den Glimmern gestellt werden, da es nur wenig Tonerde enthält.

Analyse.

Li_2O	3,8
Na_2O	1,8
K_2O	11,5
MgO	19,1
FeO	0,6
Al_2O_3	2,7
SiO_2	52,2
Glühverlust	8,7[2]

$$Li_2O + Na_2O + K_2O : MgO + FeO + Al_2O_3 : SiO_2 : H_2O$$
$$0{,}264 : 0{,}553 : 0{,}864 : 0{,}483$$
$$0{,}94 : 2{,}0 : 3{,}07 : 1{,}72$$

Es ist nicht festgestellt, ob der Glühverlust Wasser oder Fluor ist. Unter der ersten Annahme wäre nach G. Flink die Formel:

$$(Li, Na, K)_2 . (Mg, Fe)_2 . Si_3O_8 . H_2O.$$

Eine nochmalige Untersuchung wäre sehr wünschenswert.

Das Material stammt von Narsasuk; anal. R. Mauzelius, Meddel. om Grönland **24**, 115 (1899); Z. Kryst. **34**, 668 (1901).

Chemisch-physikalische Eigenschaften.

Farblos bis blau. Doppelbrechung nicht stark, negativ.
Dichte 2,86. Härte 2,5—3.

Vor dem Lötrohr zu blasigem Glas, unter intensiver Rotfärbung der Flamme schmelzbar. Von Salzsäure langsam, aber vollständig zersetzt.

Rivait.

Von **F. Zambonini** (Palermo).

Dieses seltene Mineral wurde am Monte Somma von F. Zambonini[3] entdeckt, beschrieben und zu Ehren des zu früh verstorbenen italienischen Mineralogen C. Riva benannt.

Das neue Mineral ist wahrscheinlich monoklin.

[1] G. Flink, Über Mineralien von Narsasuk, Meddel. om Grönland, **24**, 981 (1899).
[2] Aus der Differenz ergibt sich nur 8,3.
[3] F. Zambonini, Appendice alla Mineralogia vesuviana, 1912, 16.

Analyse. Die von F. Zambonini ausgeführte Analyse ergab:

Na_2O	10,96	12,16
K_2O	1,20	
MgO	0,74	19,87
CaO	18,45	
MnO	Sp.	
FeO	0,30	
CoO	0,38	
NiO	Sp.	
Al_2O_3	0,79	
SiO_2	66,38	66.47
TiO_2	0,10	
H_2O	1,39	
	100,69	

Formel. Aus der Analyse folgt die Formel $(Ca, Na_2)Si_2O_5$. Was die Rolle des Aluminiums betrifft, so ist Verf. geneigt, anzunehmen, daß es als Al_2SiO_5 in der Verbindung $(Ca, Na_2)Si_2O_5$ gelöst sei, welche den Hauptbestandteil des Rivait darstellt.

Chemisch-physikalisches Verhalten. Vor dem Lötrohr ist der Rivait ziemlich leicht schmelzbar,[1]) die Flamme wird intensiv gelb gefärbt. Salzsäure zersetzt das Mineral nur unvollständig. Härte = 5. Dichte 2,55—2,56 (bei + 20° C).

Der Rivait bildet ein hellblaues Aggregat mit radialfaseriger Struktur; die einzelnen Nädelchen des Minerals sind nur schwach gefärbt; einige erscheinen nahezu farblos. Die Nädelchen sind wahrscheinlich monoklin und nach der *b*-Achse verlängert; die Doppelbrechung ist schwach und die Verlängerungsrichtung meist positiv. Pleochroismus ist kaum wahrnehmbar.

Paragenetische Verhältnisse. Das Rivaitaggregat wurde in Lapillo, in der Nähe der Straße der Due Fave gefunden. Ähnliche kristallinische Aggregate, welche aus Wollastonit bestehen, kommen nicht selten in den Tuffen des Monte Somma vor: sie stellen die später freigewordene Ausfüllung der Drusen einiger Kalkblöcke dar. Es ist wahrscheinlich, daß das Rivaitaggregat denselben Ursprung hat.

Doppelsalze und Mischungen von Magnesium-, Calcium- und Eisensilicaten.

Von **C. Doelter** (Wien).

Bei Betrachtung der Magnesiumsilicate kamen wir bereits zu dem Schlusse, daß in der Natur zu Magnesiumsilicaten immer gewisse Mengen von Eisenoxydulsilicaten in Mischung sich zugesellen (oft auch kleine Mengen von isomorphen Manganoxydulsilicaten). Dies ist nun auch bei den Mischungen von Calciumsilicaten mit Magnesiumsilicaten, welche in der Natur eine große Rolle spielen, der Fall; es läßt sich daher keine Trennung zwischen den eisenfreien Mischungen und den eisenhaltigen ausführen. Diese Mischungen gehören nur zum geringen Teil den Orthosilicaten an, die meisten sind Metasilicate. Zu

[1]) Das bei 950° erhitzte Rivaitpulver lieferte ein blasiges Glas von hellbläulicher Farbe.

letzteren gehören die in der Natur so sehr verbreiteten Amphibole und Pyroxene, während wir in der Reihe der Orthosilicate nur den Monticellit haben. Wir behandeln zuerst letztere.

Die Pyroxengruppe und die Amphibolgruppe enthalten außerdem auch noch tonerdehaltige Glieder, welche wenig Calcium und Magnesium enthalten, sondern Alumosilicate des Natriums oder des Lithiums sind; diese sollen hier nicht mit behandelt werden, sondern erst später.

Calcium-Magnesium-Orthosilicat.

Calcium-Magnesium-Olivine.

Isomorphe Mischungen von Ca_2SiO_4 und Mg_2SiO_4 scheinen in der Natur selten zu sein; die in der Natur vorkommende Verbindung $MgCaSiO_4$ ist wahrscheinlich ein Doppelsalz. V. Pöschl[1]) hat eine Reihe von Mischungen künstlich aus Schmelzfluß hergestellt, er bekam homogene, den Olivinen sehr ähnliche Mischkristalle von 100 Mg_2SiO_4 bis 50 Mg_2SiO_4, aus zwei Arten von Kristallen, während die kalkreichen homogen zu sein scheinen. Jedenfalls handelt es sich um eine isodimorphe Gruppe, wie aus den Kurven der Dichten hervorgeht. Die Schmelzkurve entspricht vielleicht dem Typus V, indessen hat sie auch Ähnlichkeit mit Typus III (vgl. Bd. I, S. 772). Der Monticellit $MgCaSiO_4$ steht außer der Reihe, da er einen viel höheren Schmelzpunkt hat; auch ist seine Dichte höher. G. Tschermak[2]) hat für den Monticellit eine andere Kieselsäure gefunden, als für den Olivin.

V. Schumoff-Deleano[3]) hat gefunden, daß infolge der Umwandlung des αCa_2SiO_4 in die γ-Form alle Mischungen der Kalk-Magnesiaolivine bis zu einer Konzentration von 80 Kalkolivin—20 Magnesiaolivin zufallen. Die übrigen Mischungen erstarren zu festen Lösungen und bei 80 Mg_2SiO_4—20 Ca_2SiO_4 zu einem Eutektikum von der Temperatur 1410°.

Monticellit.

Rhombisch: $a:b:c = 0{,}433689:1:0{,}57569$ (nach C. Hintze).
Synonyma: Batrachit.

Analysenresultate.

	1.	2.	3.	4.	5.	6.	6a.
δ . . .	—	—	3,108		3,022	3,047	3,098
MgO . .	25,72	22,04	20,71	20,52	21,44	21,75	23,15
CaO . .	35,79	34,92	35,18	35,31	34,23	34,39	34,46
MnO . .	—	—	1,11	1,13	1,58	1,67	0,66
FeO . .	—	5,61	5,09	4,93	4,61	4,89	5,08
(Al_2O_3) .	—	—	0,16	0,19	—	—	0,11
SiO_2 . .	38,49	37,89	33,47	33,46	36,86	36,70	35,30
H_2O . .	—	—	2,28	2,29	0,97	0,93	2,10
(P_2O_5) . .	—	—	1,98	2,08	—	—	—
	100,00	100,46	99,98	99,91	99,69	100,33	100,86

[1]) V. Pöschl, Tsch. min. Mit. **26**, 442 (1907).
[2]) G. Tschermak, Sitzber. Wiener Ak. **115**, 221 (1906).
[3]) V. Schumoff-Deleano, unveröff. Beobachtungen.

1. Theoretische Zusammensetzung.
2. Vom Vesuv; anal. C. F. Rammelsberg, Pogg. Ann. **109**, 569 (1860).
3. u. 4. Von Magnet-Cove; anal. H. Genth, Am. Journ. **41**, 394 (1891); Z. Kryst. **22**, 413 (1894), mit Apatit verunreinigt.
5. u. 6. Von ebenda; anal. S. L. Penfield u. E. H. Forbes, Z. Kryst. **26**, 148 (1894).
6a. Von ebenda; anal. A. Himmelbauer bei G. Tschermak, Sitzber. Wiener Ak. **114**, 221 (1906).

Hier noch eine Monticellitanalyse, einer Pseudomorphose nach Olivin, welche von P. v. Jeremejew veröffentlicht wurde.

	7.
MgO	25,35
CaO	32,11
MnO	Spur
FeO	2,80
Al_2O_3	0,62
SiO_2	36,44
Glühverlust	1,68
	99,00

7. Schischimsk-Gebirge (Ural); anal. P. D. Nikolajew bei P. v. Jeremejew, Verh. k. russ. min. Ges. 1899, 19; Z. Kryst. **32**, 430 (1900).

Batrachit.

Amorph. Dieses von N. L. Liebener und Vorhauser aufgestellte Mineral dürfte ein umgewandelter Monticellit sein.

Analyse.

	8.	9.	10.	11.
			$\delta = 3,054$	
CaO	35,45	34,15	23,15	22,94
MgO	21,79	23,49	34,76	34,75
FeO	2,99	4,68	4,29	4,31
SiO_2	37,69	38,07	38,35	38,15
H_2O	1,27	0,53	—	—
	99,19	100,92	100,55	100,15

8. Vom Rizzoni, Monzoni, Fassatal; anal. C. F. Rammelsberg, Pogg. Ann. **51**, 446; Mineralchemie 1875, 433.
9. Batrachit von ebenda; anal. J. Lemberg, Z. Dtsch. geol. Ges. **29**, 475 (1877).
10. u. 11. Von ebenda; anal. G. vom Rath, Pogg. Ann. **155**, 32 (1876).

Konstitution. Der Monticellit kann entweder ein Doppelsalz oder eine isomorphe Mischung von $CaSiO_3$ mit $MgSiO_3$ sein. Die früher mitgeteilten Beobachtungen, wie auch das Fehlen von Mischungen in andern Verhältnissen als 1 : 1 sprechen für ein Doppelsalz. Auch die Versuche von V. Pöschl machen es wahrscheinlich, daß der letztere Fall vorliegt.

Was die Frage des Eisenoxydulgehalts anbelangt, so sehen wir auch, daß derselbe kein schwankender ist, da die Grenzen ungefähr um 4—5% schwanken, was dem verschiedenen Grad der Zersetzung und den analytischen Methoden zugeschrieben werden kann. Demnach ist es wahrscheinlich, daß auch ein Silicat $CaFeSiO_4$ existiert, was durch die Eisenmonticellite wahrscheinlich gemacht wird (vgl. S. 489).

Endlich spricht dafür die Beobachtung von G. Tschermak, daß die Kieselsäure des Monticellits vielleicht eine andere Zusammensetzung hat, wie die des Olivins.

Physikalische Eigenschaften.

Dichte 3,109—3,27. **Härte** 5—6.

Doppelbrechung negativ. **Brechungsquotienten:**

Natriumlicht	Lithiumlicht
$N_\alpha = 1,6505$	
$N_\beta = 1,6616$	$N_\beta = 1,6594$ (nach S. L. Penfield u. E. H. Forbes).[1])
$N_\gamma = 1,6679$	
$N_\gamma - N_\alpha = 0,0174$.	

Schmelzpunkt. Vor dem Lötrohr unschmelzbar. V. Pöschl fand nach der Tetraedermethode (vgl. Bd. I, S. 658) 1460°.[2])

In **Säuren** unter Abscheidung von Kieselsäure löslich. G. Tschermak[3]) isolierte die Säure des Monticellits und fand Orthokieselsäure.

Synthese. V. Pöschl stellte aus Mischungen von gleichen Teilen von Ca_2SiO_4 und Mg_2SiO_4 ein Produkt her, welches jedoch nicht die Dichte und den Schmelzpunkt des Monticellits hatte, sondern ein Gemenge zweier Olivinarten zu sein schien. Siehe auch die Synthese eines monticellitartigen Olivins durch J. Morozewicz.[4])

Vorkommen und Genesis. Der Batrachit ist ein Kontaktprodukt zwischen magnesiahaltigem Kalkstein und dem Eruptivgestein Monzonit, an der großen Kalkscholle des Monzoni, zwischen Toal del Rizzoni und Toal del Mason.

Kommt mit Spinell und Calcit vor.

Der Monticellit scheint seinem Vorkommen nach ein Kontaktprodukt zu sein, durch Einwirkung von Kieselsäure auf Dolomit entstanden.

Monticellit kommt, wie auch Olivin, oft in Schlacken vor. Näheres siehe bei J. H. L. Vogt.[5])

Umwandlung des Monticellits.

Wie Olivin (vgl. S. 309), so ist auch der Monticellit einer Umwandlung unterworfen, welche als Serpentinisierung bezeichnet werden kann, mit welcher also in diesem letztern Fall außer der Wasseraufnahme eine starke Abnahme des Calciumgehalts verbunden ist, doch ist es, da das Ursprungsmaterial nicht bekannt ist, nicht festzustellen, ob wirklich normaler Monticellit, welcher auch in der Natur sehr selten ist, als solches Ausgangsmaterial bezeichnet werden kann. Nach P. v. Sustschinsky[6]) handelt es sich bei den hier in Betracht kommenden Pseudomorphosen vom Monzoni um ein in den Mengenverhältnissen äußerst wechselndes Aggregat von Fassait (siehe unten) und Serpentin. Nach dem genannten Autor sind die einen merklichen Kalkgehalt aufweisenden

[1]) S. L. Penfield u. E. H. Forbes, Z. Kryst. **26**, 149 (1896).
[2]) V. Pöschl, Tsch. min. Mit. **26**, 446 (1907).
[3]) G. Tschermak, Sitzber. Wiener Ak. **115**, 217 (1906).
[4]) J. Morozewicz, Tsch. min. Mit. **18**, Abschnitt VI (1899).
[5]) J. H. L. Vogt, Beitr. z. Kennt. d. Gesetze d. Mineralbild. in Schmelzm. (Kristiania 1894).
[6]) P. v. Sustschinsky, Z. Kryst. **37**, 64 (1903).

Analysen kein Beweis dafür, daß dieser Kalkgehalt ein ursprünglicher war. Nach der qualitativen Analyse von P. v. Sustschinsky waren die unzersetzten Reste des Minerals kalkfrei und somit läge eine Olivin- bzw. Forsterit-Pseudomorphose vor. Der Gehalt an Tonerde und Kalkerde wäre also zugeführt worden.

Die Analysen von G. vom Rath ergaben:

	12.	13.	14.	15.
δ	—	3,119—3,245		2,960
MgO	nicht best.	33,08	34,42	16,10
CaO	6,25	6,47	6,59	24,57
FeO	6,79	5,73	6,08	3,62
Al_2O_3 . . .	0,81	1,34	1,99	7,01
SiO_2	39,51	41,31	39,67	47,69
H_2O	11,87	12,35	12,36	1,05
	—	100,28	101,11	100,04

12.—14. Von Pizmeda (Monzoni); anal. G. vom Rath, Pogg. Ann. **155**, 24 (1875); Sitzber. Berliner Ak. 1874, 744.

15. Umwandlung in Fassait; anal. von demselben, ebenda.

J. Lemberg hatte übrigens schon früher diese Pseudomorphosen ebenfalls untersucht und bezweifelt, daß, wie es G. vom Rath angab, Umwandlungsprodukte des Monticellits vorgelegen seien; er ist der Ansicht, daß Fassait und Monticellit gleichzeitige Bildungen waren, welch letztere in Serpentin umgewandelt wurden. Die Analysen J. Lembergs gaben folgende Resultate:

	16.	17.
MgO	30,38	28,30
CaO	5,99	4,77
Al_2O_3	2,56	5,40
Fe_2O_3	4,98	5,20
SiO_2	38,83	39,69
H_2O	12,87	14,45
Unlösl. Rückst. .	3,69	1,72
	99,30	99,53

16. u. 17. Beide von Pesmeda (Pizmeda), Monzoni; anal. J. Lemberg, Z. Dtsch. geol. Ges. **29**, 472 (1877).

Die künstliche Umwandlung von Batrachit (vom Monzoni) hat J. Lemberg durch Behandlung mit $MgCl_2$-Lösung durchgeführt, wobei das Ca durch Mg ersetzt wurde; dies gelingt jedoch nur bei Behandlung bei 100°. (Siehe die Resultate bei Serpentin, S. 421).

Hierher gehört ein Kalkolivin aus Paläopikrit von den schwarzen Steinen bei Wallenfels unweit Herborn (Nassau), welchen man auch unter Olivin einreihen könnte. Das Verhältnis von Ca : Mg ist aber nicht wie bei den erwähnten Monticelliten 1 : 1, sondern Mg ist in ganz bedeutendem Überschuß.

Die Analyse von C. Oebbeke ergab (Inaug.-Diss., Würzburg 1877, nach C. Hintze, Miner. (Leipzig 1897), II, 8.

MgO	35,68	MnO	6,48
CaO	14,09	SiO_2	42,53

R. Brauns[1]) analysierte jedoch später einen Olivin von demselben Fundort und fand andere Resultate. Die Analyse des mit Augit gemengten Olivins ergab nur 1,28 % CaO.

Kalkeisenolivin.

Eisenmonticellit. In der Natur scheint kein Monticellit vorzukommen, in welchem das Eisenoxydul die Magnesia ersetzt, und das Silicat $CaFeSiO_4$ kommt nur als isomorphe Beimengung in kleinen Mengen vor. C. F. Rammelsberg berechnete für die Monticellite (Batrachite) das Verhältnis Mg : Fe = 1 : 6 = 1 : 13.

W. v. Gümbel[2]) beschrieb eine bei dem Bleihüttenprozeß in Freyhung entstandene Schlacke, welche Monticellitkristalle aufwies, welche von G. G. Corstorphine aus Edinburgh gemessen waren und ein Achsenverhältnis

$$a:b:c = 0,4336:1:0,5757$$

besaßen. Die Analyse von A. Schwager ergab:

Na_2O	0,24
K_2O	0,58
MgO	1,18
CaO	23,52
MnO	1,16
FeO	31,53
Al_2O_3	1,10
Fe_2O_3	7,91
SiO_2	33,04
P_2O_5	0,31
	100,57

Dies entspricht der Formel $CaFeSiO_4$ mit geringen Beimengungen von $CaMgSiO_4$ und $CaMnSiO_4$.

J. H. L. Vogt hat Schlacken beschrieben, welche dem Monticellit nahe stehen und solche, welche CaO, FeO, MgO und MnO enthalten (vgl. S. 487).

Eine in solchen Schlacken vorgefundene Masse entspricht einem Kalkeisenolivin. Sie stammt vom Gässjö-Hochofen in Schweden. Die Analyse von D. A. Kruhs ergab[3]):

	18.
MgO	4,68
MnO	0,86
CaO	33,72
FeO	25,64
Al_2O_3	0,78
SiO_2	34,30
	99,98

[1]) R. Brauns, N. JB. Min. etc., Beil.-Bd. **18**, 303 (1904).
[2]) W. v. Gümbel, Z. Kryst. **22**, 269 (1894).
[3]) J. H. L. Vogt, Beitr. z. Kenntn. d. G. d. Mineralbild. in Schlacken (Kristiania 1894).

Daraus ergibt sich:

$$R_2SiO_4,$$

in welchem ungefähr

$$1{,}25\ Ca_2SiO_4 + (Fe, Mg)_2SiO_4 \text{ ist.}$$

Das Sauerstoffverhältnis CaO : (FeO + MgO + MnO) ist 5,33 : 4,47.

Eine Analyse von C. T. Jackson ergab:

	19.
CaO	31,80
Fe_2O_3	18,00
MnO + Mn_2O_3	14,90
Al_2O_3	3,50
SiO_2	33,70
	101,90

Das Eisen ist in der Analyse als Eisenoxyd angegeben, was aber wohl unrichtig sein dürfte. Wir haben hier Mischungen von Ca_2SiO_4, Fe_2SiO_4 und Mn_2SiO_4, wobei die ersten vorwiegen. Man hätte also auch $MnFeSiO_4$ beigemengt.

Die Analyse wurde an nelkenbraunen Kristallen aus einer Eisenhochofenschlacke von Easton (Pennsylvanien) von C. T. Jackson ausgeführt, Am. Journ. (2), **19**, 358.

Calcium-Magnesium-Metasilicate.

Von **C. Doelter** (Wien).

Pyroxengruppe und Amphibolgruppe.

Die Pyroxengruppe enthält eine Anzahl von chemisch verschiedenen, aber kristallographisch zusammengehörigen Verbindungen, welche Metasilicate sind. Die Metalle, welche vorkommen, sind sehr zahlreich: Li, Na, K, Mg, Ca, Mn, Fe, Zn, Al. Man rechnet wegen der kristallographischen Ähnlichkeit auch eine Anzahl von Silicozirkoniaten, wie Rosenbuschit, Låvenit und Wöhlerit zu den Pyroxenen als „Zirkonpyroxene". Mitunter werden zu diesen gerechnet: Rinkit, Johnstrupit, Mosandrit. Diese werden in Bd. III bei Titan, bzw. Zirkon behandelt. Sehen wir von diesen ab, so zerfallen die Pyroxene in zwei Gruppen, in einfache Metasilicate von Mg, Ca, Mn, Zn, Fe und isomorphe Mischungen derselben, wobei mitunter die Tonerde und das isomorphe Fe_2O_3 hinzutreten, jedoch zumeist nur in wenigen Prozenten. Eine zweite Gruppe sind Tonerdesilicate von der Formel: $RAlSi_2O_6$, also ebenfalls Metasilicate, so daß die allgemeine Formel der Pyroxene $RSiO_3$ ist. Wir werden nach der hier adoptierten Reihenfolge einteilen in einfache Silicate: $Mg(Fe)SiO_3$, $CaSiO_3$, $MgCaSi_2O_6$, $CaFeSi_2O_6$, $MnCaSi_2O_6$, an diese schließen sich an die Tonerdesilicate, welche bei Lithium, Natrium zu betrachten sein werden. Für Zwecke der Mineralchemie empfiehlt es sich nicht, wegen der isomorphen Beziehungen die wenigen Lithium- und Natriumpyroxene mit den zuerst genannten zu betrachten, da sie chemisch nicht zusammengehören.

Was nun die Amphibolgruppe anbelangt, so haben wir dieselben Metasilicate wie im Pyroxen; während jedoch in den Pyroxenen, in welchen zwei Metalle Mg, Ca oder Ca, Fe(Ca, Mn) enthalten sind, das Verhältnis dieser Metalle 1 : 1 ist, finden wir bei den Amphibolen häufig das Verhältnis Ca : Mg oder Ca : Fe wie 1 : 3. Im übrigen haben wir bei den Amphibolen auch wieder dieselben Tonerdesilicate von der Formel $RAlSi_2O_6$ und ein isomorphes Silicat mit Fe_2O_3. Die entsprechenden Li-Silicate fehlen bei den Amphibolen.

Die konstituierenden Silicate.

Es möge hier eine Zusammenstellung der im Pyroxen und Amphibol vermuteten Silicate gegeben werden, wobei jedoch hervorzuheben ist, daß ein großer Teil dieser Silicate hypothetisch ist; es sind nämlich eine große Zahl solcher Silicate nicht selbständig gefunden worden, sondern nur durch Rechnung ermittelt worden, wobei jedoch bei diesen Berechnungen zu viel Freiheiten existieren, um diese Berechnung als einwandfrei zu betrachten; die Versuche zur Herstellung einiger dieser hypothetischen Silicate sind ebenfalls nicht gelungen, so daß die ziemlich allgemein angenommene Existenz dieser Silicate zwar eine gewisse Wahrscheinlichkeit besitzt, aber doch nicht als ganz sicher gelten kann.

Tonerdefreie.

K_2SiO_3**), Na_2SiO_3, $MgSiO_3$, $CaSiO_3$, $FeSiO_3$, $MnSiO_3$, $ZnSiO_3$**), $CaMgSi_2O_6$, $CaFeSi_2O_6$, $CaMnSi_2O_6$, $CaZnSi_2O_6$*), $MgFeSi_2O_6$, $CaMg_3Si_4O_{12}$, $CaFe_3Si_4O_{12}$.

Tonerdehaltige. (Eisenoxydhaltige.)

$LiAlSi_2O_6$, $NaAlSi_2O_6$, $NaFeSi_2O_6$, $NaFe_2SiO_6$*), $NaAl_2SiO_6$*), $MgAl_2SiO_6$*), $CaAl_2SiO_6$*), $Mg\overset{III}{Fe}_2SiO_6$*), $Ca\overset{III}{Fe}_2SiO_6$*).

Die hypothetischen Silicate sind mit *), die seltnen mit **) bezeichnet.

Übersicht der zur Pyroxen- und Amphibolreihe gehörigen Mineralien.[1])

Ca-, Mg-, Fe-, Mn-, Zn-Silicate.

Rhombische:

A. Enstatit, Bronzit und Hypersthen.
B. Anthophyllit, Gedrit (Eisengedrit).

Monokline:

A. Magnesium-Augit (Klino-Enstatit).
B. Amphibol-Anthophyllit, Kupfferit, Cummingtonit.
A. Wollastonit (Pektolith?).
A. Diopsid.
B. Tremolit, Aktinolith (Nephrit, Richterit).
A. Hedenbergit, Schefferit (Urbanit, Eisenschefferit), Violan.
B. Dannemorit, Grunerit.

Zinkhaltige:

A. Jeffersonit.

---

[1]) Die zu Pyroxen gehörigen Mineralien sind mit A, die zu Amphibol gehörigen mit B bezeichnet.

Tonerdehaltige:

A. Tonerde-Augit.
B. Tornerde-Hornblende.

Sesquioxyd- und natronhaltige:

A. Ägirin-Augit, Jadeit.
B. Glaukophan, Arfvedsonit, Barkevikit, Kataphorit, Anaphorit.
A. Akmit (Ägirin).
B. Riebeckit.

Lithiumhaltige:

A. Spodumen.

Trikline:

Eisenhaltige:

A. Babingtonit.

Manganhaltige:

A. Rhodonit, Fowlerit.

Die Zirkon-Pyroxene siehe Bd. III, S. 164. Änigmatit sowie Cossyrit (Crossit) werden von manchen zum Amphibol gerechnet.

Unterschiede zwischen Amphibol und Pyroxen.

Die kristallographischen, sowie physikalischen Unterschiede (namentlich die optischen) sollen hier nicht näher erörtert werden, da sie ja unserm Thema fernliegen. Diese gestatten die genaue Trennung der beiden Kristallarten. Wenden wir uns zu den chemischen Unterschieden, so tritt die Frage auf, ob es sich hier um Dimorphie handelt, oder ob zwischen Amphibol und Pyroxen, wenn auch nur geringfügige chemische Unterschiede existieren, ferner ob eigentliche Polymorphie oder etwa chemische Isomerie vorliegt.

Nicht alle Metasilicate, welche in den genannten Mineralien vorkommen, sind dimorph.[1] So ist dies von $CaSiO_3$ nicht erwiesen, da wir kein Calciummetasilicat kennen, welches selbständig als zur Amphibolgruppe gehörig erkannt wäre. Aber in Mischkristallen kann dieses Silicat als Amphibol vorkommen, wenn auch die Amphibole einen Überschuß von Magnesia enthalten.

Dagegen dürfte das Magnesiummetasilicat dimorph sein, denn abgesehen von den natürlichen Vorkommen deuten die Versuche von E. T. Allen (vgl. S. 331) darauf hin, daß das Silicat $MgSiO_3$ auch als Amphibol synthetisch hergestellt werden kann.

Das Silicat $FeSiO_3$ dürfte ebenfalls dimorph sein, da wir im Cummingtonit und Anthophyllit wie im Hypersthen und Grunerit dasselbe kennen; wir hätten demnach von diesem Silicat zwei Amphibolformen und zwei Pyroxenformen.

Für $MnSiO_3$ dürfte es wahrscheinlich sein, daß es zwei monokline Arten gibt, welche im Pyroxen und im Amphibol vorkommen, wenn auch zumeist nur in untergeordneten Mengen. Ob in der triklinen Klasse eine Dimorphie von $MnSiO_3$ existiert, ist noch nicht sichergestellt.

Die Lithium-Aluminiumsilicate sind nicht dimorph, da sie als Amphibole fehlen. Das Silicat $NaAlSi_2O_6$ kommt selbständig nur als Pyroxen vor, aber

[1]) Auf Grund dessen erklärt sich W. C. Brögger gegen eine Polymorphie der Metasilicate [Ref. Z. Kryst. 10, 500 (1885)], ebenso C. Hintze, Mineral. II, 959.

in Mischungen auch als Amphibol, während $NaFeSi_2O_6$ vorwiegend als Pyroxen vorkommt, aber auch als Amphibol im Riebeckit. So zeigt es sich, daß die meisten Verbindungen mit ganz wenig Ausnahmen den beiden Mineralgruppen gemeinschaftlich sind und wenigstens in Mischungen vorkommen.

Es tritt aber noch die Frage auf, ob die komplexeren Verbindungen, in welchen mehrere Metalle vertreten sind, wie Diopsid, Tonerde-Augit einerseits, Tremolit und Hornblende anderseits dimorph sind. Der Vergleich von Diopsid und Tremolit ergibt bei dem ersteren für Ca:Mg die Zahl 1, während sie bei den analogen Amphibolen 3 ist; aber wenn wir annehmen, daß es sich um isomorphe Mischungen von $CaSiO_3$ und $MgSiO_3$ handelt, ist dies kein Hindernis, Polymorphie anzunehmen. Ein solches wäre jedoch vorhanden, wenn, wie behauptet worden ist, Amphibol durch konstanten Fluor- und Hydroxylgehalt, im Gegensatz zu den Pyroxenen, ausgezeichnet wäre.

Es handelt sich also um die wichtige Frage: ist Hornblende im Gegensatz zu Augit ein wasserhaltiges Mineral auch im frischen Zustande? Der auch in Pyroxenen ziemlich allgemein vorkommende kleine Wassergehalt wurde bisher zumeist der beginnenden Zersetzung zugeschrieben, was wohl in vielen Fällen richtig sein dürfte, da er ja in frischen Pyroxenen meistens sehr klein ist; indessen dürfte es nicht ausgeschlossen sein, daß hier das Wasser auch nicht zur Gänze der Zersetzung zuzuschreiben ist. Für Amphibol bestand anfangs erstere Annahme, indessen zeigte sich auch in anscheinend ganz frischen Amphibolen, daß der Wassergehalt kein zu vernachlässigender Faktor ist; insbesondere ist durch Untersuchungen von S. L. Penfield und C. K. Stanley[1]) gezeigt worden, daß in solchen Hydroxyl vorkommt, und auch Fluor, welches ja schon früher in vielen Amphibolen gefunden worden war.

Für Augit existieren solche genaue Untersuchungen nicht, und es ist nicht unmöglich, daß man auch in diesen kleine Mengen von Hydroxyl finden könnte. Trotzdem brauchen wir die Amphibole doch nicht als hydroxylhaltige Mineralien zu betrachten und die Annahme, daß die Amphibole unter die Hydrosilicate einzureihen wären, entfällt. Es wurde nämlich durch spätere Untersuchungen von E. T. Allen und J. K. Clement[2]) gezeigt, daß das Wasser weder Kristall- noch Konstitutionswasser ist, sondern gelöstes Wasser (vgl. unten).

Was das Fluor anbelangt, so sind die Mengen, in welchen dieses Element in den Amphibolen vorkommt, so gering, daß sie kaum in den Formeln in Betracht kommen können. Ich halte es für wahrscheinlich, daß vielleicht ein ähnlicher Fall vorliegt wie bei Wasser.

Bemerkungen über die Polymorphie von Amphibol und Pyroxen. Nachdem wir gesehen haben, daß die beiden Arten auch in den verschiedenen Kristallsystemen, rhombisch, monoklin und triklin, polymorph sind, da dieselben Grundsilicate als Komponenten in den beiden Reihen vorhanden sind und da das Wasser, welches vorwiegend im Amphibol vorkommt, als gelöstes betrachtet werden kann, tritt noch die weitere Frage an uns, ob wir eigentliche Dimorphie oder nicht etwa chemische Isomerie annehmen sollen; die

---

[1]) S. L. Penfield u. C. K. Stanley, Z. Kryst. **43**, 233 (1907) u. Am. Journ. **23**, 23 (1907).

[2]) E. T. Allen u. J. K. Clement, Am. Journ. **26**, 101 (1908).

Frage ist wohl noch nicht vollkommen gelöst, da zu wenig Untersuchungen experimenteller Natur vorliegen. Folgende Gründe sprechen für Polymorphie:

Geschmolzene Hornblende erstarrt als Augit,[1]) ein Resultat, welches mehrfach sichergestellt wurde; allerdings habe ich mich davon überzeugt, daß dies bei eisenreicheren oder stark tonerdereichen Amphibolen nicht zutrifft, weil in der Schmelze Dissoziation vor sich geht und sich infolge dieser Magneteisen, bzw. Spinell[2]) bildet, weil die Silicate $MgAl_2SiO_6$ und $MgFe_2SiO_6$ nicht stabil sind und in Metasilicat plus Al_2O_3 (bzw. Fe_2O_3) sich dissoziieren.

Trotzdem ist es, falls nicht dieser komplizierte Fall eintritt, wohl sicher, daß Amphibol in Pyroxen in der Hitze sich umwandelt und zwar nach meinen Versuchen schon unter dem Schmelzpunkt.

Dagegen ist es nicht gelungen, Pyroxen in Amphibol umzuwandeln. Die Umwandlung ist somit eine einseitige, was also der Monotropie entspricht. Dagegen kennen wir im Uralit eine Pseudomorphose von Hornblende nach Augit (vgl. unten).

Es ist die Frage aufgeworfen worden, ob die beiden Arten im Verhältnis der Polymerie stehen. G. Tschermak[3]) schloß dies aus den Umschmelzungsversuchen, sowie aus dem Vergleich der Formeln von Diopsid und Tremolit, daß dem Amphibolmolekül die doppelte Größe des Pyroxenmoleküls zukomme.

Dagegen ist F. W. Clarke[4]) der Ansicht, daß die Formeln zu schreiben seien:

$$\text{Pyroxen: } R_8Si_8O_{24}\,; \quad \text{Amphibol: } R_4Si_4O_{12}\,.$$

J. H. L. Vogt[5]) hat versucht, die Molekulargewichte zu berechnen, aber nicht für die festen Verbindungen, sondern für die flüssigen, in Lösung befindlichen; er kommt zu dem Resultat, daß für gelösten Diopsid die Formel $CaMgSi_2O_6$ sei, also jene, welche gewöhnlich für den festen Diopsid angenommen wird; er schließt sich daher der G. Tschermakschen Ansicht an.

Bezüglich morphotropischer Beziehungen hat sich J. H. L. Vogt geäußert.[5])

Was das Verhältnis von Amphibol zu Pyroxen anbelangt, so ist ihr gegenseitiges Stabilitätsfeld nicht näher bekannt. Bei niedriger Temperatur können beide Arten nebeneinander vorkommen und wir kennen auch Verwachsungen beider; allerdings zeigt der nicht seltene Uralit das Umwandlungsbestreben des Pyroxens in Amphibol; indessen ist Uralit vielleicht keine einfache Paramorphose, sondern es sind chemische Umsetzungen damit verbunden, indem namentlich Kalkerde austritt.

Wenn Augit und Hornblende polymorph sind, so müssen die Schmelzpunkte beider verschieden sein, und da sie monotrop sind, so muß der Schmelzpunkt des Augits höher liegen als der des Amphibols; da ganz gleich zusammengesetzte Amphibole und Pyroxene nicht existieren, so ist der Beweis nicht mit Sicherheit durchgeführt, aber im allgemeinen scheint der Schmelz-

---

[1]) P. Berthier, Ann. chim. phys. **24**, 374 (1823). — G. Rose u. C. F. Rammelsberg, Pogg. Ann. **103**, 281 (1858).

[2]) C. Doelter u. G. Hussak, N. JB. Min. etc. 1884, I. — Vgl. auch O. Lehmann, Molekularphysik I, 215 u. E. Esch, Gest. der Ost-Cordillere. Berlin 1896.

[3]) G. Tschermak, Min. Mitt., Beil. k. k. geol. R.A. 1871, 37.

[4]) F. W. Clarke, Bull. geol. Surv. U.S. **128** (1895).

[5]) J. H. L. Vogt, Silicatschmelzlösungen I. Kristiania 1903, 37.

punkt des Amphibols niedriger zu liegen. Bei ihren Untersuchungen über die verschiedenen Arten des Magnesiummetasilicats fanden E. T. Allen, F. E. Wright und J. K. Clement, daß die Existenzgebiete der Amphibolarten bei tieferen Temperaturen liegen, als die Stabilitätsgebiete der Pyroxenarten (vgl. S. 331).

Immerhin geht aus vielen Versuchen, wie auch aus den Beobachtungen hervor, daß zwar der Amphibol bei hoher Temperatur im Gegensatz zu Pyroxen instabil wird, daß jedoch die Wahrscheinlichkeit vorhanden ist, daß bei mittleren Temperaturen beide ein gemeinsames Stabilitätsfeld besitzen, ähnlich wie es bei Diamant und Graphit, sowie auch beim Calciumcarbonat vermutet wird. Anderseits zeigt das Studium der kristallinen Schiefer, daß bei hohem Druck der Amphibol an Stabilität gewinnt, er dürfte das kleinere Volumen haben.[1])

A. Pyroxen.

Einteilung der Pyroxene vom chemischen Standpunkt.

Wir unterscheiden:

1. Mg-Pyroxene (Enstatit, Bronzit, Hypersthen, Magnesiumaugit).

2. Calciumpyroxene, als welcher der Wollastonit zu nennen ist (welcher jedoch von manchen nicht zur Pyroxengruppe gezählt wird).

3. Calciummagnesiumpyroxene: Diopsid, Salit, Malakolith und ähnliche Varietäten, von welchen oft der Chromdiopsid hervorgehoben wird, der aber nur wenige Prozente Chrom enthält.

4. Calciumeisenoxydulpyroxen, als welcher der Hedenbergit hervorzuheben ist, dann der Manganhedenbergit, ein Hedenbergit, welcher die isomorphe Verbindung $CaMnSi_2O_6$ enthält.

Die isomorphen Mischungen zwischen dem Diopsidsilicat $CaMgSi_2O_6$ und dem Hedenbergitsilicat $CaFeSi_2O_6$ werden bei Diopsid, bzw. wenn das Hedenbergitsilicat bedeutend überwiegt, bei Hedenbergit betrachtet.

5. Calciummanganpyroxen. Hierher gehört der Schefferit, welcher die isomorphen Elemente Mg, Ca, Mn und Fe enthält; wir können dazu rechnen den Jeffersonit, welcher auch das Silicat $CaZnSi_2O_6$ enthält.

6. Manganpyroxen. Hierher gehören Rhodonit, Bustamit, Pajsbergit, sowie der $ZnSiO_3$-haltige Fowlerit; nur herrscht das Silicat $MnSiO_3$ vor.

7. Tonerdeaugite. Es handelt sich hier um Diopside, in welchen mehrere Prozente Al_2O_3 und auch Fe_2O_3 vorkommen, dies sind die eigentlichen Augite, von denen aber wieder viele chemisch nicht verschiedene Varietäten existieren, wie der Fassait, der Omphacit u. a. Sehr schwer einzureihen ist der Diallag, welcher überhaupt vom chemischen Standpunkt keine bestimmte Charakteristik besitzt, was schon 1871 G. Tschermak hervorgehoben hatte; ein Teil davon sind Diopside, einige sind Tonerdeaugite. Er unterscheidet sich nur durch seine lamellare Struktur.

---

[1]) Vgl. F. Becke, Tsch. min. Mit. **16**, 337 (1897).

Es werden alle Tonerdeaugite anhangsweise beim Diopsid behandelt.

8. Eisenkalkaugit (Babingtonit).

9. Eine chemisch ganz verschiedene Gruppe sind die weiteren Alumosilicate des Pyroxens, welche jedoch ebenfalls Metasilicate sind. Wir haben: Das Silicat $LiAlSi_2O_6$ (Spodumen), dann das Silicat $NaAlSi_2O_6$ (Jadeit), das Ägirinsilicat $NaFe^{III}Si_2O_6$, im Akmit (vielleicht auch im Urbanit, Eisenschefferit[1])).

Endlich wären die Zirkonpyroxene zu erwähnen, über welche jedoch geteilte Ansichten herrschen: Rosenbuschit, Låvenit, Wöhlerit, Johnstrupit, Rinkit und Hjortdahlit. Diese werden in Band III bei Zirkon behandelt.

Die hier getroffene Anordnung richtet sich nach der chemischen Zusammensetzung; daher werden zuerst die Magnesiumsilicate behandelt, dann die Calciumsilicate (diese sind bereits betrachtet worden). Hierauf gelangen die CaMg-Silicate, also die Diopsidreihe, zur Behandlung, wobei auch, wie bei Olivin und Bronzit die eisenhaltigen, welche neben dem Diopsidsilicat das Hedenbergitsilicat ($CaFeSi_2O_6$) isomorph beigemengt enthalten, behandelt werden. Die isomorphen Mischungen dieser Silicate werden mitunter als Salite bezeichnet. Hieran reihen sich der Schefferit und der Eisenschefferit oder Urbanit. Dagegen sind die reinen Fe-Silicate später zu erörtern, während die Mangansilicate und Mangankalksilicate bei Mangansilicaten betrachtet werden. Da die sogenannten Tonerdeaugite im wesentlichen doch chemisch den Diopsiden nahe stehen, so schließen sie sich diesen an. Die reinen Tonerdepyroxene, wie der Ägirin, Spodumen werden erst bei den Alumosilicaten zu behandeln sein.

Reihenfolge der Analysen. Bei einer chemischen Klassifikation der Pyroxene müssen wir uns an die chemische Zusammensetzung halten und nicht an die mineralogische Nomenklatur, bei welcher oft chemisch sehr verschiedene Dinge mit demselben Namen bekleidet sind, wie bei Diallag, welcher keine eigentliche Mineralspezies ist, und welcher Tonerdeaugite, wie auch tonerdefreie enthält; auch die Varietätennamen wie Baikalit, Malakolith, Salit sind chemisch nicht ganz gleich und besonders unter den Tonerdeaugiten herrschen große Verschiedenheiten.

Hier soll möglichst getrachtet werden, die chemisch verschiedenen Pyroxene zu sondern; auch durch Vorkommen seltener auftretender Elemente, wie Chrom, Vanadin, Titan, ausgezeichnete Varietäten: Chromdiopsid, Vanadinaugit und Titanaugit wurden besonders hervorgehoben.

Demnach reihen wir die Augite derart an, daß zuerst diejenigen, welche tonerdefrei sind, kommen, an diese reihen sich solche Diopside an, die nur geringe Mengen von Tonerde und Eisen enthalten, an diese reihen wir die eisenreicheren und schließlich die Chromdiopside an. Hierauf folgen die wesentlich aus $CaFeSi_2O_6$ bestehenden, die also als Hedenbergite bezeichnet werden, wobei es vorgezogen wurde, sie bei den Diopsiden zu betrachten, obgleich sie in ihren Endgliedern bei den Eisensilicaten behandelt werden könnten.

---

[1]) Babingtonit, dessen Konstitution noch problematisch ist, ist nicht leicht einzureihen.

Die Achsenverhältnisse der monoklinen Pyroxene sind:

	a : b : c	β
Diopsid	1,0522 : 1 : 0,5917	90° 22′
Hedenbergit	1,050 : 1 : 0,587	90$^1/_2$°
Schefferit	1,0574 : 1 : 0,5926	90$^1/_2$°
Urbanit, Eisenschefferit .	1,0482 : 0,7460	91° 55′
Augit	1,052 : 1 : 0,592	90° 22′
Akmit	1,0527 : 1 : 0,6012	90° 59$^1/_2$′
Spodumen	1,0539 : 0,7686	90° 47′

B. Diopsid.

Eisenfreier Diopsid.

Ein Fall ist unter den zahlreichen Analysen bekannt, in welchem weder Tonerde noch Eisen gefunden wurde. Diese Analyse würde demnach dem theoretischen Diopsid $CaMgSi_2O_6$ entsprechen.

	1.	2.
MgO	18,52	16,76
CaO	25,93	27,67
SiO_2	55,55	54,90
H_2O	—	0,80
	100,00	100,13

1. Theoretische Zusammensetzung $CaMgSi_2O_6$.
2. Grünlicher Diopsid von Calumet Island; anal. T. Sterry Hunt, Rep. Geol. (Canada 1863), 467. Vgl. auch Anal. eines unreinen Diopsids vom Urgutschanfluß bei S. Kusnezow, Mém. Ac. St. Petersb. 4, 487 (1910).

Ob die Abweichung von der theoretischen Zusammensetzung vielleicht doch darin zu suchen ist, daß doch eine kleine Menge von Eisen, welche dem Analysator entgangen ist, vorhanden war, oder ob die beginnende Zersetzung die Ursache ist, läßt sich nicht bestimmen.

Wir haben dann einige Analysen, welche einen sehr geringen Gehalt an Eisenoxyden und an Tonerde aufweisen.

Die folgende Analyse zeigt zwar einen minimalen Gehalt an Eisenoxyd, der aber derart ist, daß man das Mineral wohl als eisenfrei betrachten kann.

	3.
δ	4,268
Na_2O	0,03
K_2O	0,07
MgO	18,78
CaO	25,27
Fe_2O_3	0,13
SiO_2	54,65
H_2O	1,45
	100,38

3. Von Ham Island (Alaska); anal. E. T. Allen u. J. K. Clement, Am. Journ. **26**, 101 (1908); siehe auch Am. Journ. **27**, 13 (1909).

Diopside ohne Tonerde.

Ich gebe zuerst solche Diopside, welche keine Tonerde enthalten, bemerke jedoch, daß es nicht ganz ausgeschlossen ist, namentlich bei ältern Analysen, daß dies auf ungenügender Bestimmung beruht.

	4.	5.	6.	7.	8.	8a.
Na_2O . . .	—	—	—	—	1,11	—
K_2O . . .	—	—	—	—	0,63	—
MgO . . .	18,39	18,33	17,36	18,14	17,08	17,59
CaO . . .	25,63	25,00	25,05	25,87	26,36	26,68
MnO . . .	—	—	—	—	0,38	0,11
FeO . . .	0,54	1,11	1,38	1,98	1,60	1,10
Fe_2O_3 . . .	—	—	—	—	1,37	1,16
SiO_2 . . .	55,11	54,30	56,03	54,50	51,00	52,52
H_2O . . .	—	—	—	0,40	0,26	0,93
	99,67	98,74	99,82	100,89	99,79	100,09

4. Weißer Diopsid von Gulsjö; anal. C. F. Rammelsberg, Mon.-Ber. Berliner Ak. 1862, 245; Journ. prakt. Chem. **86**, 347 (1902).
5. Malakolith von Rézbanya; anal. Range bei C. F. Rammelsberg, Pogg. Ann. **103**, 294 (1858).
6. Diopsid vom Matterhorn; anal. A. Streng, N. JB. Min. etc. 1885, I, 239.
7. Weißer Salit von Ottawa; anal. T. St. Hunt, wie oben.
8. Malakolith von Coyle, Aberdeenshire; anal. F. Heddle, Tr. R. Soc. Edinb. **28**, 453 (1878). Ref. Z. Kryst. **4**, 304 (1881).
8a. Piz dal Sass; anal. L. Hezner bei H. P. Cornelius, N. JB. Min. etc. Beil.-Bd. **35**, 460 (1913).

	9.	10.	11.	12.
MgO	17,42	18,86	16,12	17,02
CaO	25,70	22,77	25,05	26,03
MnO	0,14	0,13	0,68 [1])	—
FeO	2,49	2,71	2,80	2,91
Fe_2O_3	0,11	—	—	—
SiO_2	54,59	53,24	53,45	54,74
H_2O	—	2,17	—	—
	100,45	99,88	98,10	100,70

9. Von Nordmarken, wasserhell (Typus V); anal. G. Flink, Z. Kryst. **11**, 463 (1886).
10. Malakolith von Glen Tilt (Schottl.); anal. F. Heddle, wie oben.
11. Von Orijärvi, grüner Malakolith; anal. Lemström bei F. J. Wiik, Z. Kryst. **71**, 110 (1883).
12. Farbloser Diopsid vom Alatal; anal. C. Doelter, Tsch. min. Mit. **1**, 289 (1877).

	13.	14.	15.	16.
δ	—	—	3,294	—
Na_2O	0,79	—	—	—
K_2O	0,44	—	—	—
MgO	17,58	15,58	16,95	15,88
CaO	22,82	24,51	22,80	25,48
MnO	0,25	Spur	—	0,22
FeO	3,13	3,65	4,95	4,97
SiO_2	54,48	55,56	55,01	53,03
H_2O	0,42	—	0,36	—
	99,91	99,30	100,07	99,58

[1]) Als Mn_2O_3 bestimmt.

13. Salit, blaßgrün von Ben Chourn bei Totaig (Schottl.); anal. F. Heddle, Tr. R. Soc. Edinb. **28**, 453 (1878). Ref. Z. Kryst. **4**, 305 (1881).

14. Salit in Klüften von Paläo-Pikrit von Medenbach bei Herborn; anal. R. Brauns, N. JB. Min. etc. 1898, II, 83.

15. Bläulich, von Edenville; anal. C. F. Rammelsberg, Min.-Chem. 1875, 386.

16. Grüner Malakolith von Hermala (Finnl.): anal. E. Hjelf bei F. J. Wiik, Z. Kryst. **7**, 79 (1883).

Die folgenden Analysen sind solche, welche nur sehr geringe Mengen von Tonerde enthalten:

	17.	18.	19.
δ	—	3,2	3,155
Na_2O	—	1,43	1,01
K_2O	—	0,50	0,49
MgO	20,24	18,09	19,59
CaO	22,76	25,78	22,01
MnO	0,43	0,07	—
FeO	2,05	—	—
Al_2O_3	0,07	0,03	0,11
Fe_2O_3	—	0,94	0,33
SiO_2	54,19	50,69	51,58
H_2O	—	2,62	4,64
	99,74	100,15	99,76

17. Lichtgrün, durchsichtig von der Goslerwand (Groß-Venediger); anal. E. Weinschenk, Z. Kryst. **26**, 488 (1896).

18. Blaßbläulicher Malakolith von Loch Ailsh bei Totaig (Schottl.); anal. F. Heddle, Tr. R. Soc. Edinburgh **28**, 453 (1878); Z. Kryst. **4**, 304 (1881).

19. Aus dem körnigen Kalk von Ben Chourn (Schottl.); anal. F. Heddle, Tr. R. Soc. Edinb. **28**, 453 (1878).

Dieser Diopsid ist, wie der Wassergehalt zeigt, stark zersetzt.

Hierher gehört auch der smaragditähnliche Diopsid von Glen Elg; anal. F. Heddle, vgl. S. 513 Anal. 57.

Diopside mit geringem Gehalt an Tonerde und Eisenoxyden.

Es gibt eine kleine Anzahl von Diopsiden, welche nur geringe Mengen von Eisenoxydul (unter 1 %) und außerdem auch nur geringe Mengen von Tonerde enthalten; diese schließen sich also den ganz eisenfreien an.

	20.	21.	22.	23.	24.	25.
Na_2O } K_2O }	—	—	—	—	—	0,13
MgO	19,82	19,30	19,53	18,34	19,04	18,14
CaO	24,71	23,63	24,48	26,77	25,45	24,13
MnO	—	0,15	—	—	—	—
FeO	0,27	0,47	0,57	0,56	0,65	1,30
Al_2O_3	0,59	0,19	0,22	0,16	0,95	0,75
Fe_2O_3	0,20	1,77	0,18	—	0,32	—
SiO_2	54,22	53,06	55,36	55,60	53,70	54,86
H_2O	0,14	1,55	—	—	0,47	0,10
	99,95	100,12	100,34	101,43	100,58	99,41

20. Weißer Pyroxen im Serpentin von Montville (N.-Jersey); anal. Ch. Catlett bei G. P. Merill, Proc. U.S. N. Mus. 105; Z. Kryst. **17**, 418 (1890).

21. Malakolith von Shiness (Schottl.); anal. F. Heddle, Tr. R. Soc. Edinburgh **28**, 453 (1878).

22. Mit Serpentin von Moriah, N.-York; anal. Ch. Catlett bei F. W. Clarke, Bull. geol. Surv. U.S. Nr. 419, 1910, 262.

23. Salit vom Albrechtsberg, weiß; anal. E. v. Bamberger, Tsch. min. Mit. Beil. k. k. geol. R.A. 1877, 273.

24. Aus dem Eozoonkalk von Côte St. Pierre (Canada); anal. H. Preiswerk, Z. Kryst. **40**, 498 (1904).

H. Preiswerk berechnet aus seiner Analyse die Zusammensetzung mit 96,25 % $CaMgSi_2O_6$, 1,92 % $CaFeSi_2O_6$, während der kleine Rest auf die Tonerdesilicate kommen würde.

25. Von De Kalb, St. Lawrence Cy; anal. H. Ries, Ann. N. Y. Acad. **9**, 124; Z. Kryst. **30**, 396 (1899).

Diopside mit wenig Tonerde und Eisenoxydul (1—4 %) nach steigendem Eisenoxydulgehalt geordnet.

Wenn wir bis jetzt die tonerdefreien Diopside besonders betrachtet hatten, so ist es bei der weitern Anordnung nicht möglich, sowohl den Eisengehalt, als auch den Tonerdegehalt zu berücksichtigen und wird daher in der Folge nur nach dem Eisenoxydulgehalt angeordnet. Eine scharfe Abtrennung der Diopside von den Augiten mit Al_2O_3 und Fe_2O_3 ist jedoch auch nicht vollkommen durchführbar. Es sollen hier unter Diopsid (zu welchem natürlich auch die Malakolithe, Salite, Omphazite, Chromdiopside gehören), solche Pyroxene verstanden werden, in welchen das Silicat $CaMgSi_2O_6$ vorherrscht und nur geringe Mengen von Tonerde und Eisenoxyd enthalten sind. Pyroxene, die mehr als 3 % Al_2O_3 enthalten, gehören schon zu den Tonerde-Augiten.

Die Abgrenzung gegenüber dem Hedenbergit ist ebenso, wie die gegenüber dem Tonerde-Augit einigermaßen willkürlich; wir rechnen unter Hedenbergit solche Pyroxene, die vorherrschend das Silicat $CaFeSi_2O_6$ enthalten.

	26.	27.	28.	29.	30.	31.
δ	—	—	3,287	—	—	—
Na_2O . . .	0,86	—	0,45	} 0,28	0,48	—
K_2O	—	—	0,02	} —	0,48	0,70
MgO . . .	18,35	18,43	18,15	17,60	18,10	17,78
CaO . . .	25,78	24,02	25,04	25,38	23,56	23,25
MnO . . .	—	Spur	—	—	Spur	—
FeO	0,69	0,96	1,12	1,29	1,57	1,62
Al_2O_3	1,65	2,94	0,40	2,42	1,18	1,32
Fe_2O_3 . . .	0,35	1,06	—	—	1,59	—
SiO_2 . . .	51,76	51,45	55,12	54,94	52,09	54,57
TiO_2	—	—	—	—	0,95*)	—
H_2O . . .	0,51	1,08	0,17	—	—	—
C	0,52	—	—	—	—	0,32
	100,47	99,94	100,47	101,91[1])	100,00	99,56

[1]) Die Zahlen nach dem Referat Z. Kryst. **30**, 396 (1889), die Summe ist dort mit 99,91 angegeben.

26. Sehr reiner Diopsid aus kristallinischem Kalk von Mährisch-Altstadt; anal. R. v. Zeynek bei A. Pelikan, Tsch. min. Mit. **19**, 338 (1900).

27. Grauer Pyroxen von Montville, N.-Jersey, aus Serpentin, welcher aus ihm entstanden ist (vgl. auch Anal. 21); anal. Ch. Catlett bei G. P. Merill, Proc. U.S. N. Mus. 105; Z. Kryst. **17**, 418 (1890).

28. Von de Kalb; anal. E. S. Sperry nach J. D. Dana, Miner. (N.-York 1892), 359.

29. Von Russel (St. Lawrence Cy); anal. H. Ries, Z. Kryst. **30**, 396 (1899).

30. Aus dem Kalkstein vom Badloch (Kaiserstuhl), gelbgrüner Augit, welcher jedoch wegen seines geringen Eisengehalts hierher gestellt wurde; anal. A. Knop, Z. Kryst. **10**, 72 (1885). *) Wahrscheinlich niobsäurehaltig.

31. Diopsid von Port Henry, Essex Cy; anal. H. Ries bei J. F. Kemp, Bull. geol. soc. Am. **6**, 241 (1895). Ref. Z. Kryst. **28**, 322 (1897).

Mischungen $12(CaMgSi_2O_6) . CaFeSi_2O_6$
bis
$9(CaMgSi_2O_6) . CaFeSi_2O_6$.

	32.	33.	34.
MgO	17,30	16,96	16,60
CaO	25,04	25,55	25,20
FeO	1,91	2,52	—
Al_2O_3	0,51	—	2,80
Fe_2O_3	0,98	—	1,80
SiO_2	54,28	54,97	52,80
H_2O	—	—	0,50
	100,02	100,00	99,70

32. Dunkelgrüner Diopsid vom Alatal; anal. C. Doelter, Tsch. min. Mit. Beil. k. k. geol. R.A. **27**, 289 (1877).

33. Theor. Zus. $12(CaMgSi_2O_6) . CaFeSi_2O_6$.

34. Malakolith von Karakclews; anal. J. H. Teall, Min. Soc. London **8**, 116 (1888).

	35.	36.	37.	38.	39.	40.
Na_2O	—	0,34	—	—	—	0,58
K_2O	—	—	—	—	—	0,63
MgO	19,30	16,89	17,20	17,72	15,67	18,46
CaO	23,40	24,06	24,34	25,37	25,09	22,10
MnO	—	0,20	0,63	—	0,20	0,31
FeO	2,30	2,33	2,68	2,74	2,94	2,95
Al_2O_3	1,50	0,08	2,17	0,54	0,40	2,10
Fe_2O_3	—	—	—	—	0,88	—
SiO_2	53,20	53,20	52,49	54,00	53,71	51,77
H_2O	0,20	1,26	—	0,45	0,30	1,09
	99,90	98,36	99,51	100,82	99,19	99,99

35. Gelber Augit vom Vesuv; anal. G. vom Rath, Pogg. Ann. **158**, 413 (1876); Mon.-Ber. Berliner Ak. 1875, 540.

Dieser Pyroxen wurde zwar mit Augit bezeichnet, wenn jedoch die Analyse richtig ist, so wäre seine Zusammensetzung die eines Diopsids, es wäre denn, daß das Eisen als Eisenoxyd und nicht als Eisenoxydul vorhanden wäre.

36. Von Nordmarksberg; anal. Naukhoff, Geol. Fören. Förh. Stockholm 1873, 167; nach C. Hintze, l. c. II, 2, 1100.

37. Graugrüner Malakolith von Karis-Lojö; anal. J. Ch. Moberg bei F. J. Wiik, Z. Kryst. **7**, 79 (1883).

38. Diopsid von Zermatt; anal. W. Wartha bei A. Kenngott, Min. d. Schweiz 1866, 288.

39. Grüner Diopsid von Taberg; anal. G. Nordenskjöld, Geol. Fören. Förh. Stockholm 12, 349 (1890).

40. Diallag von Penbain, Ayrshire (Schottl.); anal. F. Heddle, Tr. R. Soc. Edinburgh 28, 453 (1878). Ref. Z. Kryst. 4, 306 (1880).

Mischungen $8(CaMgSi_2O_6) . CaFeSi_2O_6$.

	41.	42.	43.	44.
Na_2O, K_2O	—	—	—	Vorhanden
MgO	16,25	17,12	16,04	16,06
CaO	25,43	25,41	24,82	23,33
MnO	—	0,26	0,45	Spur
FeO	3,62	3,36	3,51	3,06
Al_2O_3	—	0,28	0,33	1,28
Fe_2O_3	—	0,19	0,48	0,42
SiO_2	54,70	54,09	54,26	55,44
H_2O	—	—	—	Spur
	100,00	100,71	99,89	99,59

41. Theoretische Zusammensetzung: $8(CaMgSi_2O_6) . CaFeSi_2O_6$.

42. Diopsid, gelbgrün durchsichtig von Nordmarken; anal. G. Flink, Z. Kryst. 11, 468 (1886). Zusammensetzung $CaMgSi_2O_6$ 86,7%, $CaFeSi_2O_6$ 12,42%.

43. Diopsid von Nordmarken; anal. G. Flink, wie oben.

Zusammensetzung nach G. Flink:

$CaMgSi_2O_6$ 84,4%, $CaFeSi_2O_6$ 13,8%, $MgFe_2SiO_6$ 1,4%.

44. Diopsid aus Kontaktmarmor vom Carmon de Tomellin, Estado de Oaxaca (S.-Mexico); anal. W. Freudenberg, Mitt. an d. Herausgeber.

	45.	46.	47.	48.	49.	50.
δ	—	3,192	—	3,242	3,308	—
MgO	18,96	16,38	16,02	16,40	17,76	14,39
CaO	21,41	24,69	24,99	25,14	20,99	24,01
MnO	—	—	—	—	Spur	0,78
FeO	3,00	3,09	3,29	3,49	3,50	3,73
Al_2O_3	1,10	1,22	0,25	0,97	2,21	2,46
Cr_2O_3	—	—	—	—	0,51	—
Fe_2O_3	—	0,89	0,15	0,78	1,29	—
SiO_2	54,50	54,23	54,85	53,95	51,80	54,46
TiO_2	—	—	—	—	0,13	—
H_2O	1,19	—	—	—	0,65	—
	100,16	100,50	99,55	100,73	98,84[1])	99,83

45. Von Reichenstein; anal. R. Richter bei Th. Scheerer, Pogg. Ann. 84, 384 (1851).

46. Vom Zillertal, dunkelgrün; anal. C. Doelter Tsch. min. Mit. 1, 54 (1878).

47. Vom Zillertal, hellgrün; anal. C. Doelter, ebenda 1, 53 (1878).

48. Baikalit vom Baikalsee; anal. C. Doelter, wie oben.

C. Doelter berechnet daraus

$$81\,CaMgSi_2O_6 . 10\,CaFeSi_2O_6 . 2\,MgAl_2SiO_6 . MgFe_2SiO_6,$$

oder in Prozenten:

85,7%	$CaMgSi_2O_6$	2,2%	$MgAl_2SiO_6$
11 „	$CaFeSi_2O_6$	1,1 „	$MgFe_2SiO_6$.

1) Spuren von Phosphorsäure.

49. Smaragdgrüner Diopsid von Hebville (könnte vielleicht schon unter Chromdiopsid eingereiht werden); anal. T. M. Chatard, Am. Geol. **6**, 35 (1890). Ref. Z. Kryst. **20**, 501 (1900). *) Spuren von Phosphorsaure.

50. Von Meseritz; anal. Winchenbach nach C. F. Rammelsberg, Mineralchemie (Leipzig 1875), 387.

Mischungen $7(CaMgSi_2O_6) . CaFeSi_2O_6$.

	51.	52.	53.	54.	55.
δ	—	—	—	—	3,242
MgO	15,97	15,31	17,80	17,09	15,63
CaO	25,38	25,46	24,18	23,88	24,29
MnO	—	0,27	—	0,89	—
FeO	4,06	—	4,22	4,32	4,50
Al_2O_3	—	0,62	1,06	1,19	1,37
Fe_2O_3	—	4,20	—	—	1,08
SiO_2	54,59	54,00	52,73	51,88	53,28
	100,00	99,86	100,93[1]	99,25	100,15

51. Theoretische Zusammensetzung: $7(CaMgSi_2O_6) . CaFeSi_2O_6$.

52. Malakolith von Gefrees (Bayern); anal. K. Haushofer, Journ. prakt. Chem. **102**, 35 (1867).

Es ist wahrscheinlich, daß es sich hier um FeO und nicht um Fe_2O_3 handelt.

53. Blauer Augit vom Vesuv, gehört chemisch hierher; anal. G. Freda, Gazz. chim. it. **13**, 428 nach Chem. Jahr.-Ber. 1883, 1889.

54. Farbloser Malakolith aus Kalkstein von Wampula (Finnl.); anal. Suchsdorff bei F. J. Wiik, Z. Kryst. **2**, 498 (1878).

55. Von Arendal; anal. C. Doelter, Tsch. min. Mit. **1**, 57 (1878).

Die Analyse ergibt:

$$79,9\,\%\ CaMgSi_2O_6, \quad 15,3\,\%\ CaFeSi_2O_6,$$

der Rest kann als

$$1,8\,\%\ CaFe_2SiO_6 \text{ und } 2,8\,\%\ MgAl_2SiO_6$$

gedeutet werden.

Eisenreichere Diopside.

Mischungen $4(CaMgSi_2O_6) . CaFeSi_2O_6$.

	56.	57.	58.	59.	60.
δ	—	3,242	3,33	3,197	—
Na_2O	—	0,45	1,13	—	—
K_2O	—	0,50	Spur	—	—
MgO	14,45	16,97	13,77	14,04	13,65
CaO	25,11	19,57	23,63	23,98	22,98
MnO	—	0,40	0,20	—	1,13
FeO	6,43	6,72	5,75	6,78	7,34
Al_2O_3	—	0,17	1,00	1,31	0,75
Fe_2O_3	—	—	2,14	0,68	0,32
SiO_2	54,01	54,22	51,72	52,46	53,03
TiO_2	—	0,96	0,59	—	—
	100,00	99,96	99,93	99,25	99,20

[1]) Dazu 0,94 % CuO.

56. Theoretische Zusammensetzung: $4(CaMgSi_2O_6) . CaFeSi_2O_6$.
57. Von Glen Elg (Schottl.); anal. F. Heddle, Tr. R. Soc. Edinb. **28**, 453 (1878); Z. Kryst. **4**, 306 (1881).
58. Diopsid von Gora Magnetaia; anal. J. Morozewicz, Mém. Comité géol. 1901, 18; Z. Kryst. **38**, 201 (1903).
59. Sierra de Ejutla, Oaxaca (Mex.); anal. H. Lenk, Z. Kryst. **23**, 656 (1903).
60. Von Nordmarken, Typus II, grünschwarz; anal. G. Flink, Z. Kryst. **11**, 463 (1886). Dieser Diopsid steht zwischen der erwähnten Mischung und der nächsten.

	61.	62.
MgO	15,12	16,09
CaO	25,23	24,91
FeO	5,39	5,02
Al_2O_3	—	1,45
Fe_2O_3	—	0,62
SiO_2	54,26	52,79
	100,00	100,88

61. Theoretische Zusammensetzung: $(CaMgSi_2O_6) . CaFeSi_2O_6$.
62. Diopsid aus dem Staate N.-York; anal. C. Doelter, Tsch. min. Mit. **1**, 55 (1878).

Aus der Analyse berechnet sich:

78,9% $CaMgSi_2O_6$, 17,2% $CaFeSi_2O_6$, 2,9% $MgAl_2SiO_6$, 1% $MgFe_2SiO_6$.

Die folgende Analyse wurde mir von Herrn Prof. v. Tschirwinsky mitgeteilt:

	63.
MgO	14,52
CaO	21,91
MnO	2,17
FeO	6,40
Al_2O_3	1,49
Fe_2O_3	0,80
SiO_2	50,95
H_2O	1,99
	100,23

63. Salit von Lojo (Finnl.); anal. Bender u. Hobein, Tr. soc. imp. Nat. St. Petersbourg **36**, 161 (1912).

	64.	65.	66.
MgO	14,50	16,54	13,65
CaO	23,62	21,48	22,98
MnO	0,60	—	1,13
FeO	6,01	7,17	7,34
Al_2O_3	1,06	0,42	0,75
Fe_2O_3	—	—	0,32
Cr_2O_3	—	Spur	—
SiO_2	53,12	50,84	53,03
H_2O	0,47	4,23	—
	99,38	100,68	99,20

64. Salit von N.-Haven (Conn.); anal. F. Heddle, Tr. R. Soc. Edinburgh **28**, 453 (1878).
65. Aus dem Lherzolith von der Chromeisengrube am Malakovać (Bosnien); anal. M. Kispatič, Wiss. Mitt. a. Bosnien **7**, 377 (1900); Z. Kryst. **36**, 649 (1902).

66. Grünschwarz von Nordmarken, anal. G. Flink, Z. Kryst. 11, 463 (1886).

G. Flink berechnet daraus (Tonerde wurde mit Fe_2O_3 zusammengezogen):

$CaMgSi_2O_6$ 66,80%, $CaFeSi_2O_6$ 31,21%, $MgFe_2SiO_6$ 2%.

Mischungen $3(CaMgSi_2O_6) . CaFeSi_2O_6$.

	67.	68.	69.	70.	71.	72.
δ	—	3,26	—	3,381	3,329	—
Na_2O	—	—	—	2,06	—	—
MgO	13,44	12,07	13,08	10,61	16,47	12,75
CaO	24,93	24,35	21,06	21,59	20,84	23,31
MnO	—	—	0,28	0,49	0,33	0,35
FeO	7,99	8,13	8,95	8,93	8,97	9,21
Al_2O_3	—	2,09	1,99	1,36	1,66	1,96
Fe_2O_3	—	—	—	2,56	—	—
SiO_2	53,63	52,62	53,60	52,08	51,36	52,08
H_2O	—	—	0,86	—	0,54	—
	99,99	99,26	99,82	99,68 [1])	100,17	99,66

67. Theoretische Zusammensetzung.
68. Kokkolith von Neudeck (Schlesien); anal. H. Traube, N. JB. Min. etc. 1890, I, 231.
69. Diallag von Neurode (Schles.); anal. G. vom Rath, Pogg. Ann. 95, 543 (1855).
70. Vom Krimmlertal; anal. C. Lepéz, Z. Kryst. 13, 87 (1888).

C. Lepéz berechnet aus seiner Analyse:

$17 CaMgSi_2O_6 . 9 CaFeSi_2O_6 . Na_2Al_2SiO_6 . Na_2Fe_2Si_4O_{12} . MgSiO_3$.

Das Silicat $Na_2Al_2SiO_6$ dürfte vielleicht nicht existieren und eher $MgAl_2SiO_6$ und Na_2SiO_3 anzunehmen sein, wenn man hier überhaupt nicht besser annehmen wollte, daß kleine Mengen von Al_2O_3 in fester Lösung vorhanden sind.

C. Lepéz bemerkt auch, daß dieser Pyroxen der Form und Zusammensetzung nach Diopsid sei, daß aber die Auslöschungsschiefe auf Augit weist.

71. Augit von Hart O'Corry (Scholl.); anal. F. Heddle, Tr. R. Soc. Edinb. 28, 453 (1878); Z. Kryst. 4, 308 (1881).
72. Vom Seebachkaar, Gr.-Venediger; anal. E. Weinschenk, Z. Kryst. 26, 484 (1896).

Mischungen $2(CaMgSi_2O_6) . (CaFeSi_2O_6)$.

	73.	74.	75.	76.	77.	78.
δ	—	—	—	—	3,321	3,401
Na_2O	—	—	0,80	—	—	2,14
K_2O	—	—	0,57	—	—	0,94
MgO	11,82	16,11	10,81	14,90	14,81	10,98
CaO	24,65	17,07	24,08	19,78	20,26	22,01
MnO	—	1,26	0,40	—	0,38	—
FeO	10,52	11,57	11,06	12,07	12,15	12,37
Al_2O_3	—	1,21	1,96	0,63	0,22	0,30
Fe_2O_3	—	—	—	—	2,17	—
SiO_2	53,01	51,23	49,50	52,90	49,27	50,33
TiO_2	—	—	—	—	—	0,66
H_2O	—	1,31	0,69	0,42	0,72	—
	100,00	99,76	99,87	100,70	99,98	99,73

[1]) Im Referat (Z. Kryst.) steht 99,70.

73. Theoretische Zusammensetzung.
74. Buchberg bei Baumgarten (Schles.); anal. H. Traube, Inaug.-Diss. (Greifswald 1884), 5.
75. Salit von Eslie (Schottl.); anal. F. Heddle, wie oben, Anal. 71.
76. Diallag von Neurode; anal. G. Rose, Z. Dtsch. geol. Ges. **19**, 281 (1867).
77. Von Loch Scavaig (Schottl.); anal. F. Heddle, wie oben, 308.
78. Aus dem Augitsyenit von der Farriswand bei Laurvik (Norw.); anal. A. Merian, N. JB. Min. etc. Beil.-Bd. **3**, 266 (1885).

Diese nicht gerade genaue Analyse berechnet A. Merian und schließt auf folgende Zusammensetzung:

$93\,CaMgSi_2O_6$ oder 60 %, $30\,NaFeSi_2O_6$ oder 19,5 %,
$30\,CaFeSi_2O_6$ „ 19,5 „ $MgAl_2SiO_6$ „ 1 „

Er erwähnt auch die Möglichkeit, daß das Natron als Silicat $Na_2Fe_2SiO_6$ vorhanden sein könnte, wobei ein Überschuß von 4 % $Ca_2Si_2O_6$ sich herausstellen würde. Ich halte diese letztere Annahme für unwahrscheinlich.

Die folgenden Analysen stehen zwischen den Mischungen $2(CaMgSi_2O_6)$. $CaFeSi_2O_6$ und $CaMgSi_2O_6 . CaFeSi_2O_6$.

	79.	80.
δ	3,33	3,335
MgO	9,54	13,85
CaO	24,81	19,36
MgO	Spur	0,25
FeO	13,08	13,90
Al_2O_3	1,35	1,32
SiO_2	51,62	51,94
TiO_2	—	0,38
H_2O	—	0,20
	100,40	101,20

79. Aus Wollastonit-Diopsidgestein von der Kupfermine (Herreroland); anal. H. Wulf, Tsch. min. Mit. **8**, 231 (1887).

Aus den Zahlen wurden berechnet:

$$18\,CaMgSi_2O_6 . 14\,CaFeSi_2O_6 . CaAl_2SiO_6 \text{ oder } 37\,RSiO_3 + \overset{II}{R}\overset{III}{R_2}SiO_6 .$$

Nach H. Wulf stimmt die Analyse nur mit der Rammelsbergschen Theorie.

80. Von Drum na Rave (Schottl.); anal. F. Heddle; l. c.; Z. Kryst. **4**, 308 (1881). Bräunlichgrün.

Hierher gehören zwei Analysen an unreinem Material; anal. A. Martelli, R. Acc. d. Linc. **21** (1803); N. JB. Min. etc. 1913, I, 19.

Eine besondere Sellung nimmt folgender tonerdefreier Diopsid ein, welcher als Titandiopsid bezeichnet werden kann, allerdings wäre noch die Möglichkeit vorhanden, daß dieser Diopsid, welcher als Gemengteil eines Gesteins, des „Wyomingits“ vorkommt, beigemengtes Titaneisen oder eine andere Titanverbindung enthielt.

	81.
δ	3,290
Na_2O	0,76
K_2O	0,42
MgO	17,42
CaO	23,32
MnO	0,03
FeO	1,82
Fe_2O_3	1,19
SiO_2	50,86
TiO_2	3,03 (mit P_2O_5)
H_2O	0,31
	99,16

81. Von Leucit-Hill; anal. W. F. Hillebrand bei Wh. Cross, Eruptivgesteine d. Leucit-Hill etc.; Am. Journ. 4, 115 (1897). Ref. Z. Kryst. 31, 297 (1899).

Diopside aus Meteoriten.

Die Zahl dieser Diopside ist eine sehr geringe, was sich übrigens vielleicht genetisch erklären läßt, da sich ja aus den eisen- und auch tonerdereichen Meteoriten seltener ein Diopsid, sondern eher ein Augit bilden dürfte.

Als Diopsid ist der Pyroxen aus dem Meteoriten von Bustee zu bezeichnen:

	82.
Li_2O	Spur
Na_2O	0,55
MgO	23,33
CaO	19,98
Fe_2O_3	0,54
SiO_2	55,49
	99,89

Hieraus berechnet sich:

$CaSiO_3$ 41,41 %, $MgSiO_3$ 58,37 %, $Na_2Fe_2Si_4O_{12}$ 1,56 %.

82. Von Bustee, N. St. anal. N. S. Maskelyne, Tr. R. Soc. 160, 240 (1870).

Der Magnesiumgehalt ist hier gegenüber dem Calciumgehalt zu hoch, so daß ein Überschuß von $MgSiO_3$ vorliegt. Ein Pyroxen, in welchem nur sehr wenig Kalk vorkommt, ist folgender:

	83.
MgO	41,85
CaO	3,89
SiO_2	55,76
	101,50

83. Monokliner Pyroxen aus dem Meteoriten der Sierra de Deesa; anal. St. Meunier, C. R. 584 (1869).

Hier liegt also ein Klino-Enstatit vor.

Diopside aus Schlacken.

	84.	85.	86.	87.	88.
MgO . . .	13,23	16,70	18,90	14,45	16,49
CaO	23,66	20,92	27,80	19,50	21,00
MnO . . .	1,73	—	—	—	—
FeO	1,66	3,83	—	1,63	1,63
Al_2O_3 . . .	2,33	2,68	—	2,47	2,47
Fe_2O_3 . . .	—	—	0,30	—	—
SiO_2	57,26	49,32	52,60	63,00	58,75
	99,87	93,45[1])	99,60	101,05	100,34

84. Aus der Schlacke von Jenbach; anal. P. v. Kobell, N. JB. Min. etc. 1845, 107.
85. Von Oberschlema, Sachsen; anal. G. vom Rath, Verh. Niederrh. Ges. Bonn 1877, 194.
86. Von Blaenavon (Wales); anal. L. Gruner, C. R. **87**, 937 (1878).
87. u. 88. Von ebenda; anal. P. S. Gilchrist, Phil. Mag. **7**, 937 (1879).

Mischungen von $CaMgSi_2O_6$ und $CaFeSi_2O_6$ mit überwiegendem Kalkeisensilicat (Hedenbergite).

Wir sehen, daß die eisenhaltigen Diopside aus den Komponenten Diopsid und reinem Hedenbergit bestehen; es lassen sich diese allerdings auch auffassen als aus drei Komponenten $MgSiO_3$, $CaSiO_3$ und $FeSiO_3$ zusammengesetzt. Welches die richtige Annahme ist, läßt sich nicht entscheiden und nur die Tatsache, daß häufig Diopside vorkommen, welche bei kleinem Eisengehalt nahezu gleiche Mengen von Ca und Mg enthalten, spricht für die erstere Annahme.

Das nahezu reine Silicat $CaFeSi_2O_6$ ist der Hedenbergit; im allgemeinen sind die eisenreichen Mischungen seltener wie die eisenarmen; bei diesen ergibt sich keine Schwierigkeit in der Abgrenzung, ebensowenig wie bei den sehr eisenreichen. Es gibt aber auch zwischen diesen stehende Glieder, von welchen wir bereits die eisenärmeren betrachtet haben; bei solchen Zwischengliedern ist es schwer zu sagen, ob Diopsid oder Hedenbergit vorliegt; ich benenne solche in der Mitte stehenden Pyroxene Hedenbergit-Diopside; das sind also jene aus den Silicaten $CaMgSi_2O_6$ und $CaFeSi_2O_6$ bestehenden Mischungen, welche mehr als 50$^0/_0$ des Kalkeisensilicats enthalten; streng genommen sollte man auch diejenigen Glieder dazu rechnen, welche zwar weniger als 50$^0/_0$ enthalten, sich jedoch vom Diopsid mit wenig Eisen stark entfernen.

Endlich ist aber auf einen weiteren Umstand aufmerksam zu machen, nämlich, daß mit der Eisenaufnahme auch die Tendenz zur Aufnahme von Mangan wächst, so dass dann außer den genannten Silicaten noch $CaMnSi_2O_6$ hinzutritt. Man hat (vgl. S. 522) solche Pyroxene Schefferit genannt; die Grenze zwischen diesen und den Hedenbergiten ist natürlich keine scharfe und gibt es auch Zwischenglieder von Hedenbergit, Diopsid und dem Silicat $CaMnSi_2O_6$.

[1]) Der Verlust entfällt wahrscheinlich auf Alkalien. Vgl. auch bei J. H. L. Vogt, Mineralbild. in Schmelzmassen (Kristiania 1892), 51, die Anal. XXI, XXX, XXXI, LXVIII.

Diopside mit überwiegendem Kalkeisensilicat und mit geringen Mengen von Mangankalksilicat (Hedenbergit-Diopside).

$3(CaFeSi_2O_6) . 2(CaMgSi_2O_6)$.

	1.	2.	3.	4.	5.
δ	—	—	—	3,367	—
MgO	6,84	10,13	5,49	5,92	7,21
CaO	23,77	21,14	22,55	22,44	22,93
MnO	—	—	0,86	0,60	0,21
FeO	18,27	15,94	16,70	17,31	17,34
Al_2O_3	—	1,31	0,29	1,10	0,17
Fe_2O_3	—	—	4,92	0,95	0,76
SiO_2	51,12	51,46	49,29	51,05	50,91
	100,00	99,98	100,10	99,37	99,53

1. Theor. Zus. $3(CaFeSi_2O_6) . 2(CaMgSi_2O_6)$.
2. Diallag von Le Prese, anal. G. vom Rath, Pogg. Ann. **144**, 250 (1872).
3. Aus dem Kontaktgestein von Dartmoor Forest (Devonshire); anal. K. Busz, N. JB. Min. etc. Beil.-Bd. **13**, 129 (1900).
4. Pyroxen von Nordmarken; anal. Hj. Sjögren, Geol. För. Förh. Stockholm, **4**, Nr. 13, 364. Ref. Z. Kryst. **4**, 527 (1880). Vgl. E. Wülfing, Habilitations-Schrift (Heidelberg 1891), 47.

Hj. Sjögren berechnet daraus die Zusammensetzung:

64% $CaFeSi_2O_6$, 32% $CaMgSi_2O_6$, 4% $MgFeSi_2O_6$.

5. Von ebenda, anal. C. Doelter, Tsch. min. Mit. 1, 60 (1878).

Aus der Analyse berechnet sich: 57,06% $CaFeSi_2O_6$, 41,40% $CaMgSi_2O_6$ und 1,54% $MgFe_2SiO_6$.

	6.	7.	8.	8a.
δ	—	—	3,37	—
Na_2O	0,86	3,10 (Na₂O + K₂O)	1,40	1,54
K_2O	0,37	—	6,43	0,16
MgO	12,89	7,67	22,82	1,75
CaO	11,40	10,97	18,75	19,89
FeO	18,34	21,25	2,73	18,81
Al_2O_3	3,44	5,50	—	5,93
Fe_2O_3	5,93	2,77	—	5,77
SiO_2	47,72	48,54	48,23	45,50
H_2O	—	0,82	—	0,33
	100,95	100,62	100,36	99,68*

6. u. 7. Aus Diabas von Rocky Hills, N.-Jersey, anal. A. H. Phillips, Am. Journ. **8**, 267 (1899).

Aus der ersten Analyse berechnet sich:

$$R_2O : RO : R_2O_3 : SiO_2$$
$$0,016 : 0,779 : 0,051 : 0,795$$
$$0,039 : 0,682 : 0,070 : 0,804$$

Es liegt eine Mischung von vorwiegend $CaFeSi_2O_6$ mit $CaMgSi_2O_6$ nebst kleinen Mengen von $Na\overset{III}{Fe}Si_2O_6$ vor.

Die zweite Analyse ergibt mehr einen Tonerde-Augit.

8. Von der Kupfermine, Herreroland; anal. H. Wulf, Tsch. min. Mit. **8**, 223 (1887). H. Wulf berechnet daraus:

$$18\,CaFeSi_2O_6 \,.\, 9\,CaMgSi_2O_6 \,.\, 2\,MgAl_2SiO_6 \text{ oder}$$

$$65\,\%\ CaFeSi_2O_6,\quad 29{,}60\,\%\ CaMgSi_2O_6,\quad 5{,}40\,\%\ MgAl_2SiO_6.$$

8a. Aus Nephelinsyenit von Wansau, Wisconsin, nach H. Rosenbusch, El. Gest. 139. — * Spur MnO.

Hedenbergite.

Mischungen $CaMgSi_2O_6 \,.\, 2(CaFeSi_2O_6)$.

	9.	10.	11.
Na_2O . . .	0,45 (Na₂O + K₂O)	0,98	—
K_2O		0,13	—
MgO . . .	1,64	2,40	5,65
CaO	22,13	23,23	23,56
MnO . . .	1,48	0,73	—
FeO	23,76	24,46	20,12
Al_2O_3 . . .	1,14	—	—
SiO_2	49,56	47,13	50,67
H_2O	—	1,08	—
	100,16	100,14	100,00

9. u. 10. Beide von Obira (Japan); anal. T. Wada, Miner. of Japan (Tokyo 1904), 122.
11. Theoretische Zusammensetzung $CaMgSi_2O_6 \,.\, 2(CaFeSi_2O_6)$.

Mischungen $9(CaFeSi_2O_6) \,.\, CaMgSi_2O_6$.

	12.	13.	14.
MgO . . .	1,65	2,76	3,00
CaO	22,85	21,53	20,58
FeO	26,35	26,29	27,50
Al_2O_3 . . .	—	1,88	4,15
Fe_2O_3 . . .	—	0,10	—
SiO_2 . . .	49,15	47,62	46,37
	100,00	100,18	101,60

12. Theoretische Zusammensetzung: $9(CaFeSi_2O_6) \,.\, CaMgSi_2O_6$.
13. Hedenbergit von Tunaberg, schwarzgrau; anal. C. Doelter, Tsch. min. Mit. 1, 62 (1878).

Die Zusammensetzung dieses Minerals ist:

$$87\,\%\ CaFeSi_2O_6,\quad 9\,\%\ CaMgSi_2O_6,\quad 4\,\%\ MgAl_2SiO_6.$$

14. Hedenbergit von Ojamo (Finnl.); anal. Castrén bei F. J. Wiik, Z. Kryst. 7, 79 (1883). Verglichen mit der theoretischen Zusammensetzung (12) ergibt sich viel MgO, welches offenbar an Al_2O_3 gebunden ist, eventuell im Silicat $MgAl_2SiO_6$.

Manganhaltige Hedenbergite.

Die nachstehenden Hedenbergite zeichnen sich durch einen etwas höhern Gehalt an Manganoxydul aus, weshalb sie oft als Manganhedenbergite bezeichnet wurden; indessen ist der Mn-Gehalt im ganzen ein geringer.

	15.	16.	17.	18.
δ	3,377	—	—	—
MgO	0,58	1,20	0,49	4,18
CaO	24,41	22,20	20,17	17,00
MnO	2,64	4,65	2,60	4,12
FeO	19 91	20,81	23,29	22,24
Al_2O_3	1,78	3,66	5,03	—
SiO_2	50,91	48,40	47,50	48,48
H_2O	—	—	—	2,83
	100,23	100,92	99,08	98,85

15. Hellgrüner Manganhedenbergit von Galle (Ceylon); anal. E. S. Shepherd bei A. K. Coomáraswámy, Quart. Journ. of Geol. **56**, 521 (1900).

16. Von Sasagatani (Japan); anal. T. Wada, Min. of. Japan (Tokyo 1904), 122.

17. Von Yanagigaura (Japan); anal. wie oben.

18. Von Nordmarken, sog. Asteroit; anal. L. J. Igelström, Bg.- u. hütt. Z. **29**, 8 (1870).

Titan-Hedenbergit (Pigeonit).

Der nachstehend angegebene Pyroxen ist ein Hedenbergit, welcher einen nicht unbeträchtlichen Gehalt an Titansäure enthält.

	19.
Na_2O	1,27
K_2O	0,78
MgO	15,15
CaO	10,72
MnO	1,58
FeO	14,90
Al_2O_3	0,16
Fe_2O_3	5,50
SiO_2	45,05
TiO_2	4,39
H_2O	0,13
	99,63

19. Aus Gabbro von Minnesota bei Pigeon Point; anal. A. N. Winchell, Am. Geologist **26**, 1 (1900). Z. Kryst. **36**, 70 (1904).

Der Verf. bemerkt, daß dieser Pyroxen sich optisch anormal verhält, indem der Achsenwinkel $2E$ von 13° 16′ bis 110° variiere; er schlägt daher für denselben einen neuen Namen vor: Pigeonit.

Vom chemischen Standpunkt aus muß man sagen, daß er ebenfalls anormal ist. Er ist tonerdefrei, enthält jedoch Eisenoxyd, sonst würde man ihn als Diopsid–Hedenbergit bezeichnen; er stellt also ein Übergangsglied zwischen Diopsid–Hedenbergit und Augit dar und ist außerdem ein titanhaltiger Augit.

Aus Schlacken.

Die folgende Analyse bezieht sich auf einen Hedenbergit:

	20.
MgO	0,26
CaO	15,59
FeO	28,98
Al_2O_3	3,90
CuO	0,73
SiO_2	47,54
	97,00

20. Von Nanzenbach (Nassau); anal. C. F. Rammelsberg, N. JB. Min. etc. 1853, 650.

Diese Analyse bezieht sich auf einen ziemlich reinen Hedenbergit.

Mischungen von $CaMgSi_2O_6$, $CaFeSi_2O_6$ und $CaMnSi_2O_6$ (Schefferit).

Diese Mischungen werden meistens unter dem Namen Schefferit bezeichnet. Es gibt aber zweierlei Mischungen, welche auseinanderzuhalten sind, solche mit viel Magnesia und wenig Eisenoxydul und solche, bei denen minimale Mengen von Magnesia enthalten sind, diese sind dann wieder reich an Mangan und namentlich an Eisenoxydul. Letztere sind auch als „Eisen–Schefferite" bezeichnet worden.

Man kann diese Mischkristalle auch auffassen als Mischungen von $CaSiO_3$, $MgSiO_3$, $MnSiO_3$ und $FeSiO_3$.

Schefferit.

Zuerst folgen die eisenärmeren Mischungen mit viel Magnesia.

	1.	2.	3.	4.	5.
Na_2O . . .	0,09	—	—	—	—
MgO . . .	12,35	15,17	10,86	10,93	8,59
CaO	21,07	19,62	19,09	14,57	28,96
MnO . . .	9,69	8,32	10,46	6,20	5,76
FeO	1,61	3,83	1,63	14,98	2,96
Al_2O_3 . . .	0,26	—	—	0,88	—
Fe_2O_3 . . .	1,46	—	3,97	—	—
SiO_2 . . .	49,80	52,28	52,31	52,19	51,98
H_2O bei 105°	1,55	—	—	—	—
H_2O über 105°	1,31	—	0,60	—	0,56
CO_2	0,43	—	—	—	—
F	0,31	—	—	—	—
	99,93 [1])	99,22 [2])	98,92	99,75	98,81
abz. O – F	99,80				

1. Mangan-Pyroxen von Sterling Hill (N.-Jersey); anal. W. T. Schaller bei F. W. Clarke, l. c. 263.
2. Von Långban (Schweden); anal. G. Flink, Z. Kryst 11, 488 (1886).
3. Von ebenda; anal. C. A. Mikaelson, Öfv. of Vet. Ak. Förh. Stockholm 1862, Nr. 9, 506.

---

[1]) Spuren von Zink.
[2]) Im Original 99,29.

4. Brauner Eisenschefferit von ebenda; anal. G. Flink, wie oben.

G. Flink berechnet:

$$24\,MgCaSi_2O_6 \, . \, 11\,Fe_2Si_2O_6 \, . \, 5\,Mn_2Si_2O_6 \, . \, 4\,FeAl_2SiO_6.$$

5. Von Moravicza; anal. Schindelbeck bei E. Weinschenk, Tsch. min. Mit. **22**, 364 (1903).

Mischungen mit wenig Magnesia, viel Eisenoxydul (Eisenschefferit).

Eine scharfe Abgrenzung gegenüber den erstern ist natürlich nicht vorhanden, da z. B. der braune Eisenschefferit Nr. 3 zwar ziemlich viel Eisenoxydul, aber nicht wenig Magnesia enthält, so daß er nicht hier einzustellen ist.

	6.	7.	8.	9.	10.	11.	12.	12a.
δ	—	—	—	—	—	3,5573	—	—
Na_2O	—	0,22	—	—	—	0,18	—	—
K_2O						0,10	—	—
MgO	9,08	2,83	1,26	0,32	3,42	2,22	1,34	2,11
CaO	12,72	17,69	13,43	22,62	11,36	22,10	21,30	11,08
MnO	6,67	6,47	7,14	10,92	9,04	7,94	8,52	7,59
FeO	17,48	24,01	21,93	17,46	26,23	15,88	17,24	24,31
Al_2O_3	1,97	—	5,47	—	0,19	0,68	0,91	0,33
Fe_2O_3	—	—	—	—	—	3,23	2,85	2,23
SiO_2	50,88	48,29	48,52	48,48	49,06	48,38	49,00	53,04
H_2O	—	—	1,88	0,32	0,38	—	—	0,56
	98,80[1])	99,51	99,63	100,12	99,68	100,71	101,16	101,25

6. Eisenschefferit von Långban; anal. G. Flink, wie oben. Daraus berechnet sich $6\,CaMgSi_2O_6 \, . \, MgFeSi_2O_6 \, . \, MnSi_2O_6$.

7. Manganhedenbergit von Vester-Silfberget (Schweden); anal. M. Weibull, Geol. För. Förh. Stockholm **6**, 499 (1883); Z. Kryst. **8**, 649 (1884).

8. Von Furstenberg (Harz); anal. Fröhlich bei C. F. Rammelsberg, Mineralchemie. Suppl. 1853; 62.

9. Von Su Porru (Sardinien); anal. C. Lovisato, Atti R. Acc. Linc. 1895, I, 11. Ref. Z. Kryst. **28**, 184 (1897).

Die Analyse führt zu der Formel:

$$2\,MnO \, . \, 3\,FeO \, . \, 5\,CaO \, . \, 10\,SiO_2.$$

10. Eisen-Augit von Campiglia (Elba); anal. G. vom Rath, Z. Dtsch. geol. Ges. **20**, 335 (1868).

11. Augit von Dognaczka; anal. J. Loczka, Z. Kryst. **11**, 262 (1886).

12. Von ebenda; anal. K. Hidegh, Z. Kryst. **8**, 534 (1884).

12a. Von Torre del Rio; anal. A. Martelli, R. Acc. d. Linc. **21**, 803; N. JB. Min. etc. 1913, II, 19.

Mischungen von $CaMgSi_2O_6$, $CaFeSi_2O_6$, $CaMnSi_2O_6$ und $CaZnSi_2O_6$ oder von $CaSiO_3$, $MgSiO_3$, $MnSiO_3$, $FeSiO_3$ und $ZnSiO_3$ (Jeffersonit).

Manche Mangan-Hedenbergite enthalten noch außerdem Zinkoxydul, welches entweder als $CaZnSi_2O_6$ oder als $ZnSiO_3$ vorhanden ist. Die Entscheidung darüber hängt vom Mg- und Ca-Gehalt ab.

	1.	2.	3.	4.
Na_2O	—	—	0,12	—
K_2O	—	—	Spur	—
MgO	8,18	3,61	12,57	5,81
CaO	15,48	21,55	23,68	19,88
MnO	7,00	10,20	7,43	7,91
FeO	10,53	8,91	—	3,95
ZnO	4,39	10,15	3,31	7,14
Al_2O_3	1,93	0,85	0,36	0,86
Fe_2O_3	—	—	0,37	4,22
SiO_2	49,91	45,95	51,70	49,03
H_2O	1,20	0,35	0,65	1,30
	98,62	101,57	100,19	100,10

1. Jeffersonit von Franklin Furnace (N.-Jersey); anal. R. Hermann, Journ. prakt. Chem. **47**, 13 (1849).
2. Von ebenda; anal. F. Pisani, C. R. **76**, 237 (1873).
3. Von ebenda; anal. W. F. Hillebrand, Bull. geol. Surv. U.S. Nr. 167, siehe F. W. Clarke, ebenda Nr. 419, 263 (1910).
4. Von Parker Mine, Franklin Furnace; anal. G. Steiger, ebenda.

Violan (Anthochroit).

Der Violan ist vom chemischen Standpunkt kein besonderes Mineral, da er als ein manganreicherer Natron-Diopsid oder auch als natronhaltiger Schefferit aufzufassen ist, welcher sich von dieser Verbindung nur durch einen ziemlich hohen Natrongehalt unterscheidet. Dies ist wohl auch der Hauptgrund, warum er als selbständiges Mineral angenommen wurde.

Hierher gehört wohl auch der chemisch gleich zusammengesetzte Anthochroit von L. J. Igelström, welcher aber nach E. Bertrand optisch verschieden sein soll; sein kristallographisches Verhalten ist unbekannt.

Analysen.

	1.	2.		3.
δ	3,21	3,231		—
Na_2O	5,03	4,94	}	6,80
K_2O	—	0,75	}	
MgO	14,80	15,18		13,50
CaO	22,35	22,94		23,30
MnO	0,76	2,87		3,40
FeO	4,15	0,80		—
NiO	—	0,39	Al_2O_3 + }	1,40
Al_2O_3	2,31	2,60	Fe_2O_3 }	
SiO_2	50,30	52,02		51,60
H_2O	0,30	—		—
	100,00	102,49		100,00

1. Von St. Marcel (Piemont) mit Tremolit, Manganepidot, Quarz usw. in Braunit; anal. F. Pisani bei A. Des Cloizeaux, Nouv. Rech. 1867, 694.
2. Von ebenda; anal. E. Schluttig, Dissert. (Leipzig 1884); Z. Kryst. **13**, 74 (1888); er berechnet aus seiner Analyse $(Mg, Fe)CaSi_2O_6 . MgAl_2SiO_6 . (Na, K)Si_2O_6$.
3. Anthochroit von Jakobsberg, Wermland (Schweden), in Braunit, mit andern Mangansilicaten; anal. L. J. Igelström, N. JB. Min. etc. 1889, II, 37, auch 1890, II, 270.

Formel. Die Frage, wie das Natrium gebunden ist, wird verschiedenartig beantwortet. P. Groth nimmt ein Silicat $NaMnSi_2O_6$ an. Man kann jedenfalls aus dem geringen Gehalt an Tonerde schließen, daß hier nicht das Silicat $NaAlSi_2O_6$ vorhanden sein kann, sondern man wird eher auf die Silicate Na_2SiO_3 neben den Silicaten $CaMgSi_2O_6$, $MgAl_2SiO_6$ schließen oder auf das Diopsidsilicat mit Al_2O_3 und Natriumsilicat.

Konstitution des Diopsids.

Der reine Diopsid $CaMgSi_2O_6$ kann entweder ein Doppelsalz von $CaSiO_3$ mit $MgSiO_3$ oder eine isomorphe Mischung dieser beiden Komponenten sein; wir haben demnach eine ähnliche Frage, wie bei Dolomit. Die Mischungen von $CaSiO_3$ und $MgSiO_3$ wurden, bereits in Bd. I, S. 785 mitgeteilt, hergestellt. Aus der Kurve von E. T. Allen und W. P. White[1]) geht hervor, daß Diopsid einen singulären Punkt darstellt und man eine Verbindung und keine feste Lösung anzunehmen hat (vgl. Fig. 101, Bd. I, S. 786); allerdings sind die Unterschiede der Schmelzpunkte sehr geringe. Auch V. Pöschl[2]) ist der Ansicht, daß Diopsid ein singulärer Punkt, charakterisiert durch Volumkonzentration sei; er glaubt an eine dimorphe Modifikation, ebenfalls monoklin, deren Existenz bisher jedoch nicht nachgewiesen ist.

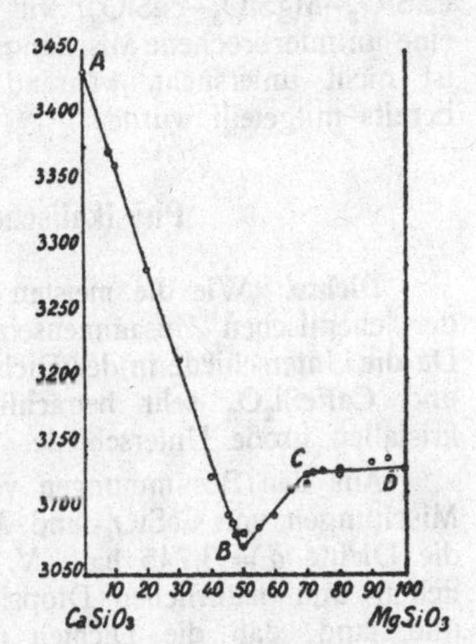

Fig. 35. Dichten der Mischungen $CaSiO_3$ u. $MgSiO_3$ nach E. T. Allen u. W. P. White.

Die Löslichkeit des Diopsids in $CaSiO_3$ und $MgSiO_3$ siehe ebenfalls in Bd. I. Jedenfalls geht aus allen Untersuchungen von E. T. Allen und W. P. White, von J. H. L. Vogt, von V. Pöschl und G. Zinke hervor, daß bei dem System $MgSiO_3$ und $CaMgSi_2O_6$, ein Eutektikum in der Schmelzkurve vorkommt, so daß Typus V oder Typus IV vorliegt, es dürfte sich also um isodimorphe Stoffe handeln, daher wahrscheinlich der Diopsid wie der Dolomit und der Monticellit ein Doppelsalz ist. Die Betrachtung der spezifischen Gewichte ergab, wie erwähnt, V. Pöschl dasselbe Resultat und E. T. Allen und W. P. White zeigen durch Bestimmung der spezifischen Gewichte der Mischungen von $CaSiO_3$ mit $MgSiO_3$, daß die spezifischen Volumina bei der dem Diopsid entsprechenden Mischung ein Minimum haben (Fig. 35).

Was nun die natürlichen Diopside anbelangt, so sind sie Mischungen der Silicate $CaMgSi_2O_6$ und $CaFeSi_2O_6$, denn wir müssen auch annehmen, daß, wenn das Diopsidsilicat ein Doppelsalz ist, dies auch für den Hedenbergit zu gelten hat, so daß wir also nicht Mischungen von $CaSiO_3$, $MgSiO_3$ und $FeSiO_3$ anzunehmen haben.

Die natürlichen Diopside bilden eine fortlaufende Reihe der beiden Komponenten, so daß man annehmen kann, daß die beiden konstituierenden

[1]) E. T. Allen u. W. P. White, Am. Journ. **27**, 8 (1909).
[2]) V. Pöschl, Tsch. min. Min. **26**, 425 (1907).

Verbindungen eine lückenlose Mischungsreihe bilden. Dies wird durch die experimentellen Untersuchungen von V. Pöschl[1]) bestätigt. Er hat diese Mischungen hergestellt und ihre Dichten, Schmelzpunkte, sowie ihre optischen Auslöschungsschiefen auf (010) untersucht. Bei Bestimmung der Dichten (vgl. unten) ergab es sich, daß eine Dimorphie von $CaMgSi_2O_6$ wahrscheinlich sei. Die Auslöschungsschiefen sind nach ihm nahezu additive. Die Schmelzpunkte entsprechen dem Typus I von H. W. Bakhuis-Roozeboom.

Was nun die natürlichen Mischungen anbelangt, so sind manche Mischungen, wie aus den Analysen hervorgeht, häufiger wie andere; so sind gerade Mischungen mit geringem Gehalt an FeO besonders häufig. Bei den eisenreichen Mischungen bemerken wir, daß gewisse Mischungen, z. B. jene im Verhältnis $CaMgSi_2O_6 : CaFeSi_2O_6 = 2:3$ oder $= 2:1$ häufiger sind, während dann eine kleine Lücke bis zum Verhältnis 2:9 eintritt.

Das System $CaMgSi_2O_6$—$CaFeSi_2O_6$ wurde von V. Pöschl untersucht (vgl. Bd. I, S. 785). Die beiden Komponenten bilden eine ununterbrochene Mischungsreihe. Es fehlt noch eine Untersuchung des ternären Systems $CaSiO_3$–$MgSiO_3$–$FeSiO_3$; wir wissen jedoch, daß das System $MgSiO_3$–$FeSiO_3$ eine ununterbrochene Mischungsreihe bildet; die Mischungsreihe $CaSiO_3$–$FeSiO_3$ ist nicht untersucht, während über das System $CaSiO_3$–$MgSiO_3$ das nötige bereits mitgeteilt wurde.

Physikalische Eigenschaften des Diopsids.

Dichte. Wie die meisten Eigenschaften, so wechselt auch die Dichte mit der chemischen Zusammensetzung, also insbesondere mit dem Eisengehalt. Da die Unterschiede in der Dichte zwischen den beiden Endgliedern, $CaMgSi_2O_6$ und $CaFeSi_2O_6$ sehr beträchtliche sind, so haben wir auch bei den Mischkristallen große Unterschiede.

Aus den Bestimmungen von E. T. Allen und W. P. White[2]) über die Mischungen von $CaSiO_3$ und $MgSiO_3$ geht hervor, daß der künstliche Diopsid die Dichte $\delta = 3{,}245$ hat. V. Pöschl[3]) hat sich mit der Dichte von künstlichen und natürlichen Diopsiden mit verschiedenem Eisengehalt beschäftigt und fand, daß die Dichten der Mischungen (namentlich wohl infolge des Vorkommens von Glaseinschlüssen und Gasporen) immer geringer bei den künstlich dargestellten Mischkristallen als bei den entsprechenden natürlichen Kristallen waren und sie keine geradlinige Kurve bildeten, indem einige eisenärmere Mischungen unter die Dichten der Komponenten zu liegen kommen. Diese bestimmte er mit $\delta = 3{,}08$ und $3{,}53$.

Für die natürlichen Mischungen läßt sich eine Gesetzmäßigkeit überhaupt nicht ableiten. V. Pöschl hat eine Konstruktion gegeben, in welcher auch die Dichten der natürlichen Diopside in Abhängigkeit von dem Gehalt an $CaFeSi_2O_6$ angegeben sind, aber die Unterschiede selbst bei Diopsiden, welche sich chemisch nur wenig unterscheiden, sind schon so große, daß man keine regelmäßige Kurve erhält, und nur sagen kann, daß mit steigendem Eisengehalt die Dichte wächst.

---

[1]) V. Pöschl, Tsch. min. Mit. **26**, 422 (1907).
[2]) E. T. Allen u. W. P. White, Am. Journ. **27**, 26 (1909).
[3]) V. Pöschl, Tsch. min. Mit. **26**, 424 (1907).

Als die geringste Dichte von Diopsiden wird meistens $\delta = 3{,}1$ angesehen. Für Hedenbergit ist die Dichte $\delta = 3{,}5$. Für Mangan-Hedenbergit ist sie 3,55 (nach M. Weibull).[1]

Härte 5.

Spaltbar nach dem Prisma.

Glasglanz, farblos bis grasgrün, lauchgrün, olivengrün. Die Hedenbergite sind grünlichschwarz.

Optische Konstanten. Da bereits in Bd. II, S. 16 von F. Becke ausführliche Mitteilungen über die Abhängigkeit der optischen Konstanten von der chemischen Zusammensetzung angegeben wurden, so erübrigt sich, darauf weiter einzugehen. Nur die optischen Konstanten des Diopsidsilicats seien hier nach E. Wülfing[2]) wiedergegeben:

$$N_\alpha = 1{,}6685, \quad N_\beta = 1{,}6755, \quad N_\gamma = 1{,}6980.$$
$$2V = 58^0\,40'.$$

Siehe auch die Veränderungen der Auslöschungsschiefen mit dem Eisengehalt bei künstlich dargestellten Mischungen.

Ferner seien hier noch die optischen Konstanten eines Diopsids von Ala gegeben, welcher jedoch nicht eisenfrei war (nach E. Dufet)[3]):

	N_α	N_β	N_γ	$2V$[4])
Für Li:	1,6669	1,6738	1,6956	$59^0\,8^2/_3{}'$
„ C:	1,6675	1,6744	1,6962	$59^0\,8^1/_2{}'$
„ D:	1,6707	1,6776	1,6996	$59^0\,7'$
„ Tl:	1,6742	1,6812	1,7035	$59^0\,3^1/_3{}'$
„ F:	1,6780	1,6850	1,70777	$59^0\,1^1/_3{}'$

Der Achsenwinkel $2V$ hat also bei der Linie F ein Minimum. Nach E. Wülfing[5]) hat der Achsenwinkel $2V$ und die Auslöschungsschiefe $c:\gamma$ für verschiedene Lichtarten folgende Werte bei Diopsid von Ala:

	Li	Na	Tl
$2V$ . .	$59^0\,28'$	$59^0\,15'$	$58^0\,58'$
$c:\gamma$ . .	$38^0\,47'$	$38^0\,41^1/_2{}'$	$38^0\,37'$

Für Hedenbergit von Tunaberg erhielt E. Wülfing:

	Li	Eosin	Na	Tl
N . .		1,7297	1,7320	1,7359
N . .	1,7319	1,7320	1,7366	1,7411
N . .		1,7472	1,7506	1,7573
$2V$ . .	$59^0\,48'$		$59^0\,52'$	$59^0\,38'$
c: . .	$47^0\,8'$		$47^0\,10'$	$47^0\,2'$

Siehe auch die Messungen von A. Schmidt,[6]) sowie von G. Flink.[7])

Temperaturerhöhung hat nach A. des Cloizeaux[8]) den Effekt, daß die Lage der optischen Achsen und Mittellinien sich in demselben Sinne verändert.

---

[1]) M. Weibull, Geol. Fören. Förh. Stockholm **6**, 499 (1883); Z. Kryst. **8**, 649 (1884) und **10**, 515 (1885).

[2]) E. Wülfing, Habilitationsschrift (Heidelberg 1891), 51.

[3]) E. Dufet, Bull. Soc. min. **10**, 221 (1887).

[4]) Nach P. Groth, Chem. Krist. **2**, 236 (1908).

[5]) E. Wülfing, Beitr. z. Kenntn. d. Pyroxenfam. Habilit.-Schrift (Heidelberg 1891), 17.

[6]) A. Schmidt, Z. Kryst. **21**, 34 (1886).

[7]) G. Flink, Z. Kryst. **11**, 495 (1893).

[8]) A. des Cloizeaux, Neue Beitr. Paris 1867, 640.

Schmelzpunkte.

Diese Schmelzpunkte variieren auch mit dem Gehalt an Eisenoxydul. Nach V. Pöschl variieren die Mischkristalle von $CaMgSi_2O_6$ mit $CaFeSi_2O_6$ in bezug auf ihren Schmelzpunkt. Die Kurve ist nicht geradlinig, was ja auch bei Typus I von H. W. Bakhuis-Roozeboom zumeist auch nicht zutrifft; jedoch liegt Typus I sicher vor. V. Pöschl fand die Schmelzpunkte zwischen 1140° (für $CaFeSi_2O_6$) und 1325° (für $CaMgSi_2O_6$). Die Schmelzpunkte der Diopside wechseln also ziemlich stark mit dem Eisengehalt, was für die Bestimmung von natürlichen Kristallen von Wichtigkeit ist. Da ein absolut eisenfreier Diopsid nicht untersucht wurde, so muß der Schmelzpunkt der natürlichen Kristalle tiefer liegen, als der der Kunstdiopside und sind die Unterschiede nicht zu vernachlässigen.

Der Schmelzpunkt des künstlichen Diopsids, nach der Formel $CaMgSi_2O_6$ zusammengesetzt, wurde von E. T. Allen und W. P. White[1]) mit 1381° bestimmt und später von A. L. Day und R. B. Sosman[2]) auf 1395° festgestellt. Die Bestimmung erfolgte nach der thermischen Methode. Ich[3]) erhielt nach der optischen Methode mit dem Heizmikroskop keinen scharfen Schmelzpunkt, sondern für den Beginn des Schmelzens 1305° und für den Eintritt des Flüssigwerdens 1345°; später erhielten V. Deleano-Schumoff[4]) und E. Dittler 1280—1310°. H. Leitmeier[5]) konstatierte bei sehr langsamer Erhitzung während 24 Stunden 1305—1315°.

Bei der thermischen Methode erhält man stets höhere Daten als bei der optischen mit langsamer Erhitzung.

Was nun die Schmelzpunkte der natürlichen Diopside anbelangt, so wechseln sie mit dem Eisengehalt. Nach der optischen Methode mit dem Heizmikroskop erhielt ich:

Ala	1250—1270°
Zermatt . . .	1270—1300
Zillertal . . .	1300—1340

H. Leitmeier hat auf meine Veranlassung einen fast eisenfreien Diopsid vom Greiner und einen 1,53°/₀ FeO-haltigen vom Zillertal untersucht, und zwar wurde geschlämmtes Pulver angewandt, weil, wie wir gesehen haben (vgl. Bd. I, S. 642), die Korngröße von Einfluß ist. Die Pulver begannen bei 1295° (Greiner) und 1260° (Zillertal) zu schmelzen; während die Verflüssigungstemperaturen bei 1310°, im zweiten Fall bei 1290° liegen, wenn die Pulver zwischen diesen Temperaturen 36 Stunden lang erhitzt worden waren.[6])

Vor dem **Lötrohr** schmelzbar.

Spezifische Wärme. Die Daten von P. Öberg und namentlich von W. P. White an künstlichem $CaMgSi_2O_6$ siehe Bd. I, S. 702. Vgl. auch K. Schulz, Fortschr. d. Min. etc. 2, 260, 273 (1912). Die Daten für die Lösungswärme siehe Bd. I, S. 710. Kristallisationswärme pro 1 g: 93 Kal. nach O. Mulert, Z. anorg. Chem. **75**, 198 (1912).

---

[1]) E. T. Allen u. W. P. White, Am. Journ. **27**, 8 (1909).
[2]) A. Day u. R. B. Sosman, Z. anorg. Chem. **72**, 1 (1911).
[3]) C. Doelter, Sitzber. Wiener Ak. **115**, 1333 (1906).
[4]) V. Deleano-Schumoff, vgl. Bd. I, S. 656.
[5]) H. Leitmeier, Tsch. min. Mit. **31**, 71 (1912).
[6]) H. Leitmeier, Z. anorg. Chem. **81**, 127 (1913).

Elektrische Eigenschaften. Die Leitfähigkeit bei gewöhnlicher Temperatur ist null.

Erst bei 1478° absoluter Temperatur konstatierte ich merkliche Leitfähigkeit, welche mit steigender Temperatur stark zunimmt und im Schmelzzustande noch größer ist. Es wurden Diopside vom Zillertal und von Ala untersucht; bezüglich der Zahlenwerte für die verschiedenen Temperaturen verweise ich auf Bd. I, S. 716, 719 und 728.

Kristallisationsvermögen und Kristallisationsgeschwindigkeit. E. Kittl[1]) hat einige Messungen ausgeführt; die Kurve für die Kristallisationsgeschwindigkeit steigt zuerst geradlinig diagonal an, erreicht das Maximum, auf welchem sie sich verflacht, um schließlich rapid abzufallen. Die Kristallisationsgeschwindigkeit ist eine für Silicate merklich große. Angewandt wurde Diopsid von Zermatt.

Das Kristallisationsvermögen des Diopsids ist nach E. Kittl ein großes, indem bei rascher Abkühlung sich nur Spuren von Glas bilden. Dies ist jedoch mehr der großen Kristallisationsgeschwindigkeit zu verdanken, da die Kernzahl keine große ist, im Vergleich zu $CaSiO_3$ und $MgSiO_3$ sogar sehr gering ist. Dies stimmt mit älteren Versuchen von mir an natürlichem Diopsid, welche eine glasige Masse ergaben, überein.

Physikalische Eigenschaften des Schefferits.

G. Flink[2]) hat für den Schefferit von Langban gefunden:

	Li	Na	Tl
$2H_a$ . .	65° 22′	64° 58′	64° 22′
$2H_a$.		114° 45′	
$2V_a$.		65° 3′	

Auslöschungsschiefe: $c\gamma = 44° 25'$, bei Eisenschefferit 69° 3′; J. Sioma[3]) fand für den vom Kaukasus für Na-Licht: 62° 30′.

Dichte für Schefferit vom Kaukasus nach J. Sioma: $\delta = 3{,}457$—$3{,}546$.

Farbe rotbraun bis gelbbraun (G. Flink), auch schwarzbraun.

Schmelzpunkt des Schefferits. Nach unveröffentlichter Mitteilung von H. Michel ist der Schmelzpunkt zwischen 1200—1250° gelegen; der Schmelzbeginn ist 1200°, während bei dem zweiten Punkt das Mineral flüssig erscheint.

Eigenschaften des Violans. Kristallographisch dem Augit angehörig. Die Auslöschungsrichtung auf (010) mit der Vertikalachse einen Winkel von 27½° bildend. Härte 6; Dichte nach A. Breithaupt $\delta = 3{,}21$; spätere, genauere Bestimmungen s. bei den Analysen.

Der Anthochroit zeigt nach E. Bertrand optisch verschiedenes Verhalten, da der sehr große Achsenwinkel des Violans verschieden sein soll.

Farbe des Violans violett; der Anthochroit ist blaßrosa. Vor dem Lötrohr sehr schwer zu blaßrotem Email schmelzbar. In Salz- und Salpetersäure unlöslich. Mit Borax und Soda Manganreaktion.

Der Violan zeigt auch Eisenreaktion nach C. F. Plattner, was E. Schluttig nicht bestätigen konnte.

---

[1]) E. Kittl, Z. anorg. Chem. **77**, 335 (1912); **80**, 91 (1913).
[2]) G. Flink, Z. Kryst. **11**, 495 (1886).
[3]) J. Sioma, Z. Kryst. **34**, 279 (1901).

Synthese des Diopsids.

Außer den Pyroxensynthesen von P. Berthier und jenen von St. Claire Ch. Deville, welche unter Augit erwähnt werden, sind von älteren Synthesen, namentlich die von G. Lechartier[1]) zu besprechen.

Er schmolz die Bestandteile mit einem Überschuß von Chlorcalcium in einem Graphittiegel, welcher sich in einem Tontiegel befand, zusammen. Die Temperatur wurde nur zur hellen Rotglut getrieben. Bei Anwendung von Eisenoxydul oxydierte sich dieses und es wurde ein eisenoxydhaltiger Pyroxen, also ein Augit erhalten. Doch muß man zur Herstellung solcher Augite einen Überschuß von Fe_2O_3 verwenden, weil ein Teil des Eisens sich mit Chlor verbindet und dann sich verflüchtigt. Es wurden Diopside und eisenhaltige Augite dargestellt.

F. Fouqué und A. Michel-Lévy[2]) haben bei ihren Versuchen ebenfalls Pyroxene erhalten. Über die Darstellung von Magnesiaaugiten (Klinoenstatiten) wurde bereits früher berichtet.

Ausführliche Versuche, welche die Herstellung verschiedener Pyroxene bezweckten, hat C. Doelter ausgeführt (vgl. S. 582 bei Augit). Durch Zusammenschmelzen der Bestandteile nach der zuerst von P. Berthier erprobten Methode wurden später öfters Diopside erhalten.

Auch MgO im Überschuß enthaltende Diopside wurden hergestellt, so wurde von V. Pöschl das System $CaMgSi_2O_6$—$MgSiO_3$, untersucht, dann von F. Zinke ebenfalls derartige Mischungen hergestellt, während eine ausführliche Untersuchung des Systems $CaSiO_3$—$MgSiO_3$ von E. T. Allen und W. P. White durchgeführt wurde. Darüber wurde bereits in Bd. I, S. 786 berichtet. Aus diesen Untersuchungen geht hervor, daß Mischungen von Diopsid mit $MgSiO_3$ möglich sind und daß Diopsid das Silicat $CaSiO_3$ in kleinen Mengen lösen kann.

V. Pöschl[3]) hat auch die Mischungen $CaMgSi_2O_6$—$CaFeSi_2O_6$ hergestellt die Schmelzpunktskurve entspricht dem Typus I von H. W. Bakhuis-Roozeboom. Die Auslöschungsschiefe wächst mit dem Eisengehalt. Es ist vollkommene Mischbarkeit vorhanden.

Geschmolzener Diopsid erstarrt wieder als solcher, was zuerst G. Rose[5]) am Diopsid vom Zillertal konstatierte (vgl. auch bei Kristallisationsgeschwindigkeit S. 529).

Synthese des Diopsids auf nassem Wege. Diese wurde bereits von A. Daubrée[4]) im Jahre 1875 ausgeführt. Er erhielt Diopsid durch Einwirkung von Wasser von Plombières, welches sich in einem Glasrohr befand, das bis zur dunklen Rotglut (?) erhitzt wurde. Es bildeten sich deutliche Kristalle, welche später von A. Lacroix untersucht wurden. Es waren einfache Kristalle, wie auch Zwillinge, pleochroitisch, Achsenwinkel ca. $2V = 60^0$. Der Diopsid war ein eisenhaltiger; seine ungefähre Zusammensetzung war:

CaO 26 %, FeO 22 %, SiO_2 51 %, also ein Hedenbergit.

---

[1]) G. Lechartier, C. R. **67**, 41 (1868).
[2]) F. Fouqué u. A. Michel-Lévy, Synth. d. min. etc. (Paris 1882), 182.
[3]) V. Pöschl, Tsch. min. Mit. **26**, 418 (1907).
[4]) G. A. Daubrée C. R. **45**, 792 (1857).
[5]) G. Rose, Reise nach dem Ural.

Synthese des Schefferits.

C. Doelter und H. Michel erhielten dieses Silicat, als sie ein Gemenge, welches die Zusammensetzung des Schefferits von Sterling Hill, nach der Analyse von W. T. Schaller (vgl. Anal. 1) besaß, zusammenschmolzen. Die Bestandteile wurden im Fourquignonofen geschmolzen und es ergab sich eine homogene Schmelze, welche aus einem grobkörnigen Aggregat farbloser Kristalle besteht. Die Doppelbrechung ist stark, der optische Charakter positiv, der Achsenwinkel $2V_\gamma$ beträgt zwischen 60 und 70°. Doppelbrechung $N_\gamma - N_\alpha = 0{,}035$.

$$N_\gamma = 1{,}698; \quad N_\alpha = 1{,}660.$$

Die Auslöschungsschiefe $c:\gamma$ auf (010) ist = 39—41°. Es stimmt dies mit den Angaben von G. Flink[1]) überein, wenn man berücksichtigt, daß die Auslöschungsschiefe von dem relativen Gehalt an FeO und MnO abhängig ist.

Synthese des Jeffersonits.

Jeffersonit kann nach C. Doelter und H. Michel wie Schefferit erhalten werden, wenn man die Bestandteile desselben zusammenschmilzt und die Schmelze langsam abkühlen läßt. (Unver. Beobachtung).

Als Mischung diente dasjenige Verhältnis der Bestandteile, welches die Analyse von G. Steiger an dem Vorkommen von Parker Mine Franklin Fournace (vgl. S. 524) ergeben hatte. Die Mischung wurde im Kohle-Kurzschlußofen geschmolzen, wobei sich etwas ZnO verflüchtigte, so daß die erstarrte Masse etwas weniger Zink enthielt als die Analyse des natürlichen Vorkommens ergibt. Der erhaltene Pyroxen ist schwach pleochroitisch, graugrün bis gelbgrün; Doppelbrechung $\gamma - \alpha = 0{,}030$; Spaltbarkeit, wie bei Augit sehr deutlich:

Die nach der Immersionsmethode von H. Michel bestimmten Brechungsquotienten sind:

$$N_\gamma = 1{,}703; \quad N_\alpha = 1{,}668.$$

Die Auslöschungsschiefe $c:\gamma$ ergab nur 46°, während die natürlichen nach A. Des Cloizeaux 50° 32′ besaßen. Es erklärt sich der Unterschied durch den geringeren Gehalt an ZnO und auch an MnO und FeO, da Des Cloizeaux einen Jeffersonit von Franklin benutzte, welcher eine andre Zusammensetzung hatte.

Umwandlungen des Diopsids.

Die Umwandlungen des Diopsids sind ähnliche wie der Augite; indessen ist es zweckmäßig, hier die Veränderungen der tonerdefreien Pyroxene zu betrachten. Die folgende Analysenreihe zeigt die Umwandlung des Salits von Sala in Pykrophyll:

	1.	2.	3.	4.
MgO	16,49	21,58	25,07	30,10
CaO	23,57	10,89	4,94	0,78
FeO	4,44	5,13	4,16	6,86
Al_2O_3	0,21	0,45	—	1,11
SiO_2	54,86	56,27	60,35	49,80
H_2O	0,42	3,12	4,52	9,83
	99,99	97,44	99,82[2])	98,48

[1]) G. Flink, Z. Kryst. 11, 487 (1886).

[2]) MnO = 0,78%.

Unveränderter Salit; anal. L. Svanberg, Berz. J.-Ber. 1839, 217; nach J. Roth, Chem. Geol. I, 126.
Veränderte Salite; anal. wie oben.
Pikrophyll; anal. H. Rose, Gilb. Ann. **72**, 66 (1822).

J. Roth berechnet daraus:

RO : SiO_2		
1 : 2	RO = 8 CaO + 9 MgO	
1 : 2,33	RO = 1 „ + 3 MgFeO	
1 : 2,57	RO = 1 „ + 8 MgFeO	
1 : 1,93	RO = 1 „ + 62 MgFeO	

Es handelt sich hier wesentlich um eine Vermehrung des Mg und eine Verminderung des Ca; damit ist eine starke Zunahme an Wasser verbunden. Eine sehr häufige Neubildung aus Augiten ist die Talkbildung und die des diesem nahe stehenden Pyralloliths (vgl. S. 575 bei Augit). Weitere Veränderungen siehe bei Augit.

Häufig ist die Serpentinbildung, die mehrfach erwähnt ist. Hierher gehört auch der aus Augit entstandene Vorhauserit von Monzoni.

L. Jaczewski beschrieb ein Diopsidgestein, welches er Diopsid nennt und das die beginnende Umwandlung in Chrysotilserpentin zeigt.

	5.	6.
MgO	19,04	18,10
CaO	24,74	21,52
Al_2O_3	} 0,70	0,71
Fe_2O_3	} 54,32	56,33
H_2O über 110°	0,54	3,74
	99,34	100,40

Diopsidgestein von Bis-tag, Minusinscher Kreis (Sibir.); anal. L. Jaczewski, Explor. géol. rég. aurif. Sibérie **8**, 31, 73 (1909). Nach N. JB. Min. etc. 1910, I, 176.

Das frische Mineral besitzt die Formel $3\,CaSiO_3 . 5\,MgSiO_3$.

Das endgültige Zersetzungsprodukt ist ein sehr reiner Chrysotil, dessen Analyse S. 388 verzeichnet ist. Der Verf. stellt für den Serpentinisierungsgang folgende Formel auf:

$$3\,(CaSiO_3 . MgSiO_3) + 5\,H_2O = H_4Mg_3Si_2O_9 + 3\,Ca(OH)_2 + 4\,SiO_2 + 2\,H_2.$$

Diopsid von Reichenstein geht in Asbest über (vgl. die Analyse von R. Richter bei J. Roth, l. c.).

Der Pitkärandit ist ein Umwandlungsprodukt von Diopsid (siehe bei Augit S. 575).

Der Traversellit ist ein Umwandlungsprodukt des Diopsids (siehe bei Uralit).

R. van Hise[1]) hat sich mit der Volumänderung bei Umwandlung des Diopsids beschäftigt; er stellt folgende Formeln auf:

Bei Talkbildung

$$3\,CaMgSi_2O_6 + 3\,CO_2 + H_2O = H_2Mg_3Si_4O_{12} + 3\,CaCO_3 + 2\,SiO_2 + k.$$

Die Volumzunahme beträgt 48,74%, wenn alle Komponenten fest sind.

[1]) R. van Hise, Tr. on Metam. (New York 1904), 274.

Bei der Serpentinbildung ergibt sich:

$$3\,CaMgSi_2O_6 + 3\,CO_2 + 2\,H_2O = H_4Mg_3Si_2O_9 + 4\,SiO_2 + 3\,CaCO_3 + k\,.$$

Die Volumzunahme, wenn alle Komponenten fest sind, wäre 56,32%.

Die Umwandlung von eisenhaltigem Salit (Malakolith) ist:

$$3\,Ca_4Mg_4Si_8O_{24} + 12\,CO_2 + 8\,H_2O = H_{16}Mg_{12}Si_8O_{36} + 16\,SiO_2 + 12\,CaCO_3 + k.$$

Die Volumzunahme wäre 56,41%.

Die Umwandlung von Diopsid in Tremolit wird durch folgende Formel gegeben:

$$2\,Ca_2Mg_2Si_4O_{12} + FeCO_3 + MgCO_3 = Ca_2Mg_5FeSi_8O_{24} + 2\,CaCO_3 + k\,.$$

Die Volumvermehrung beträgt 7,28% (vgl. auch bei Augit).

Pyroxene mit Tonerde und Eisenoxyd (Tonerdeaugite).

Eine ganz scharfe Grenze zwischen den jetzt zu betrachtenden Pyroxenen und den früher behandelten Diopsiden existiert in chemischer Hinsicht nicht, und wir haben eine Reihe, welche durch allmähliche Aufnahme von Tonerde und Eisenoxyd gekennzeichnet ist; es geht ja schon aus den Diopsidanalysen hervor, daß das Diopsidsilicat stets kleine Mengen dieser Bestandteile aufnimmt, so daß die Grenze zwischen beiden Abteilungen verwischt wird und z. B. mancher sog. Augit (ich erwähne den vom Vesuv) chemisch zum Diopsid gehört.

Was nun die obere Grenze der Sesquioxydmengen anbelangt, so läßt sie sich nur annähernd aus den vorhandenen Analysen bestimmen; aus diesen geht hervor, daß bereits ein Tonerdegehalt über 10% zu den Seltenheiten gehört, da unter zirka 300 Analysen kaum 20 einen solchen aufweisen. Dabei muß man noch diejenigen Analysen, welche einen hohen Gehalt an Alkalien (7—10%) zeigen, besonders behandeln, da bei diesen das Silicat $NaAlSi_2O_6$ enthalten ist und diese einen Übergang zum Jadeit und Akmit darstellen. Sieht man von diesen ab, so ergibt sich, daß nur in ganz wenig Analysen etwas mehr als 12% Al_2O_3 vorhanden ist und daß in der großen Mehrzahl von Analysen der Tonerdegehalt nicht an 10% reicht.

Ähnliches gilt für das Eisensesquioxyd. Auch hier ist, wenn wir von den stark alkalihaltigen absehen, die zum Ägirin gehören oder Übergänge dazu bilden — sie sind überdies auch sehr selten —, der Gehalt an Fe_2O_3 zumeist ein geringer. In einigen wenigen alkalihaltigen Augiten wird der Gehalt von 17% erreicht, während, was die nicht alkalihaltigen anbelangt, unter der genannten Zahl von 300 ganz wenige 12% erreichen, die allermeisten aber kaum 8%. Es scheint sogar, daß die Aufnahmefähigkeit eher für Tonerde etwas größer ist als für Eisenoxyd, wenn man die vorliegenden Analysen vergleicht.

Eine weitere Frage ist die, ob großer Tonerdegehalt und großer Eisenoxydgehalt zusammen vorkommen. Es zeigt sich nun, daß nur in den seltensten Fällen ein hoher Gehalt beider Sesquioxyde vorkommt; einen sehr hohen Gehalt an beiden zeigt nur eine Analyse von C. Doelter Nr. 114 mit 16,97% Tonerde und 15,37% Eisenoxyd.

Sonst zeigen im allgemeinen jene Pyroxene, welche durch sehr hohen Tonerdegehalt ausgezeichnet sind, keinen sehr hohen Gehalt an Fe_2O_3 und ebenso umgekehrt.

Anordnung der Analysen.

Wenn wir die Diopside, Hedenbergite, Schefferite (Eisenschefferite) abtrennen, so bleiben unter den sesquioxydhaltigen solche, welche durch besondere Zusammensetzung sich auszeichnen. Da sind zuerst solche, welche hohen Gehalt an Na_2O, weniger an K_2O aufweisen. Diejenigen Pyroxene, die über 3 % an Alkalien enthalten, wurden besonders betrachtet, was gerechtfertigt erscheint, da hier die Anwesenheit von $NaAlSi_2O_6$ und $NaFeSi_2O_6$ anzunehmen ist.

Abgesehen von diesen sind einige ganz seltene Pyroxene durch einen Gehalt an Vanadium ausgezeichnet; diese wurden besonders abgetrennt. Was nun die titanhaltigen Augite anbelangt, so kann man von einem eigentlichen „Titanaugit", wie dies in der Petrographie üblich ist, nicht sprechen, da der Titangehalt ein unbedeutender ist und hier dasselbe zutrifft, was auch für den Chromdiopsid gilt (vgl. S. 561); überdies enthalten die meisten Augite, wie die neuen Analysen beweisen, kleine Mengen von Titan, so daß es schwer ist, die stärker titanhaltigen zu trennen; mancher sog. Titanaugit, welcher nach seiner Farbe und seinen optischen Eigenschaften so benannt wurde, enthält nur ganz wenig Titan. Ich habe daher als titanhaltige Augite nur solche ausgeschieden, welche mehr als $1^1/_2$ % TiO_2 aufweisen.

Reihenfolge der Augitanalysen.

Ein einfaches klassifikatorisches Prinzip existiert nicht. Man könnte hier nach dem Eisengehalt vorgehen, doch ist es ja nicht angängig, Eisenoxydul und Eisenoxyd zusammenzuwerfen; und da Augite sich von Diopsiden wesentlich durch den Gehalt an Tonerde und Eisenoxyd unterscheiden, muß vor allem auf den Gehalt an Tonerde Gewicht gelegt werden. Es wurden hier eine Anzahl Gruppen unterschieden, welche z. T. charakterisiert sind durch das Fehlen des Eisens, durch geringen Gehalt an Tonerde, und es wurde dann fernerhin besonders auf die Summe der Sesquioxyde Gewicht gelegt.

Wir haben demnach: 1. Augite, welche sich an den Hypersthen anschließen, indem sie weniger Ca enthalten, als die Formel $CaMgSi_2O_6$ erfordert, welche demnach einen Überschuß von $MgSiO_3$ enthalten (Wahls Klinohypersthene); 2. Augite, welche nahezu eisenfrei sind; 3. Augite mit sehr wenig Tonerde und großem Gehalt an Eisenoxyd; 4. Augite mit geringen Mengen an Sesquioxyden; 5. Augite mit viel Eisenoxyd und Tonerde, nach aufsteigendem Gehalt an Sesquioxyden geordnet; 6. Augite mit hohem Gehalt an Sesquioxyden und hohem Gehalt an Alkalien (Ägyrinaugite); 7. Augite mit merklichem Gehalt an Chromoxyd oder Titanoxyd oder auch an Vanadin.

Zuerst behandeln wir die magnesiumreichen Augite (Klinobronzite und ähnliche), welche durch Überschuß von $MgSiO_3$ oder $MgFeSi_2O_6$ ausgezeichnet sind.

Magnesiumaugit (Bronzitaugit, Hypersthenaugit).

An den Bronzit und den Hypersthen schließen sich in chemischer Hinsicht solche Pyroxene an, welche das Silicat $MgSiO_3$ enthalten, daneben auch das Diopsidsilicat $CaMgSi_2O_6$. Diese sind ziemlich selten in der Natur vertreten und sind erst vor verhältnismäßig kurzer Zeit von andern Augiten abgeschieden worden.

In diesen finden wir zwar auch das Diopsidsilicat $CaMgSi_2O_6$ (eventuell mit isomorpher Beimengung von $CaFeSi_2O_6$), jedoch findet sich ein Überschuß von $MgSiO_3$ und auch von $FeSiO_3$, welche Verbindungen möglicherweise ein Doppelsalz $MgFeSi_2O_6$ bilden, was sich nicht entscheiden läßt.

Die Übersicht der Analysen zeigt, daß hier doch zwei verschiedene Arten von Pyroxenen zusammengebracht sind: die eine Art ist sehr kalkarm 6—9% zirka, und das sind die eigentlichen Enstatitaugite, die andere Art mit Kalkgehalt bis zu 16 und sogar 19% stellen eigentlich nur kalkarme Diopside vor.

Analysen kalkarmer Augite mit Überschuß von $MgSiO_3$ oder $(MgFe)SiO_3$.

	1.	2.	3.	4.	5.	6.
δ	3,448	3,30–3,38	—	—	3,31	—
Na_2O	0,82	—	0,86	3,10	0,57	—
K_2O	0,47	—	0,37		0,20	—
MgO	15,72	22,22	12,89	7,67	18,77	19,53
CaO	8,73	8,17	11,40	10,97	6,19	10,58
MnO	—	—	—	—	—	0,78
FeO	17,40	12,63	18,34	21,25	13,54	10,66
Al_2O_3	1,25	2,24	3,44	5,50	3,12	3,71
Fe_2O_3	5,86	1,51	5,93	2,77	5,09	2,85
SiO_2	50,25	53,36	47,72	48,54	53,53	51,37
TiO_2	0,45	0,71	—	—	—	—
H_2O	—	—	—	0,82	—	—
	100,95	100,84	100,95	100,62	101,01	99,48

1. Pyroxen aus dem Hunnediabas von Halleberg (Schweden); anal. A. Merian, N. JB. Min. etc. Beil.-Bd. 3, 289 (1885).

2. Pyroxen aus dem Diabas von Richmond (Kapkolonie); anal. J. Götz und E. Cohen, N. JB. Min. etc. Beil.-Bd. 5, 235 (1887).

3. Pyroxen aus mittelkörnigem Diabas, Steinbruch 2, Rocky Hill, N. J. U. S. A.; anal. A. H. Phillipps, Am. Journ. 8, 267 (1899).

4. Pyroxen aus grobkörnigem Diabas, Steinbruch 3, Rocky Hill, N. J. U. S. A.; anal. A. H. Phillipps, ebenda.

5. Pyroxen aus Gabbro, Hexriver bei Rustenburg, Transvaal, S.-A.; anal. P. Dahms, N. JB. Min. etc. Beil.-Bd. 7, 95 (1891).

6. Pyroxen aus Pyroxenandesit, Spitze von Mariveles, Luzon, Philippinen; anal. A. Schwager bei K. Oebbeke, N. JB. Min. etc. Beil.-Bd. 1, 473 (1881). (Mittel aus zwei Analysen.)

Was die Berechnung dieser Analysen anbelangt, so berechnete A. Merian für Analyse 1 folgende Zusammensetzung:

13 $CaMgSi_2O_6$	36 %
2 $MgFe_2SiO_6$	$5^1/_2$
$MgAl_2SiO_6$	3
2 $NaFeSi_2O_6$	$5^1/_2$
10 $Fe_2Si_2O_6$	28
8 $Mg_2Si_2O_6$	22

E. Cohen berechnet aus den Analysendaten von J. Götz (Analyse 2) folgende Zusammensetzung, welche einem tonerdearmen Augit entspricht:

$MgSiO_3$	52,42 %
$FeSiO_3$	23,15
$CaSiO_3$	16,92
$MgAl_2SiO_6$	4,42
$MgFe_2Si_4O_{12}$	4,15

Dieses letztgenannte Silicat ist ganz hypothetisch.

A. H. Phillipps berechnet aus seiner Analyse 3 das Verhältnis:

$15\,CaMgSi_2O_6$
$12\,(Mg, Fe)SiO_3$
$3\,(Mg, Fe)\,(Al, Fe)_2SiO_6$
$NaFeSi_2O_6$.

Analyse 5. Der Kalkgehalt dieses Augits ist auffallend gering. Der Verfasser berechnet:

$19\,(Mg, Ca, Fe)O \cdot SiO_2$
$2\,MgO \cdot (Al, Fe)_2O_3 \cdot 4\,SiO_2$
$MgO \cdot Al_2O_3 \cdot SiO_2$
$Na_2O \cdot Fe_2O_3 \cdot 4\,SiO_2$.

Die Annahme eines Silicats $MgO \cdot Al_2O_3 \cdot 4\,SiO_2$ ist natürlich willkürlich; durch die gewöhnlich angenommenen Pyroxensilicate läßt sich dieser Augit nicht erklären.

Analyse 6. K. Oebbeke hat das Verhältnis R : Si mit 1,03 : 1,02 angegeben, während er für $\overset{III}{R} : \overset{II}{R} = 1{,}003 : 1{,}001$ findet. Das Verhältnis Fe(Mn) : Ca : Mg ist 1 : 1,2 : 3. Es ist also ein großer Überschuß von Mg vorhanden, welcher auf ein Silicat $MgSiO_3$ hinweist.

	7.	8.	9.	10.
δ	—	—	3,356	3,42
Na_2O	—	—	0,16	0,21
K_2O	—	—	0,04	0,37
MgO	14,65	13,97	21,89	16,56
CaO	10,15	7,63	5,94	6,96
MnO	Spur	—	0,36	0,57
FeO	14,07	22,89	15,16	18,83
NiO	—	—	—	0,05
Al_2O_3	4,01	—	3,00	2,36
Fe_2O_3	3,42	—	0,45	2,22
SiO_2	53,26	55,51	52,16	51,30
TiO_2	—	—	—	0,72
H_2O	—	—	0,08	1,00
	99,56	100,00	99,24	101,15

7. Pyroxen aus Pyroxenandesit, Ihama, Provinz Izu, Japan; anal. J. Koto. Ref. N. JB. Min. etc. 1887, I, 285.

8. Pyroxen aus Pyroxen-Hornblendeandesit von Hacienda Zechzech, Ecuador; anal. J. Siemiradski, N. JB. Min. etc. Beil.-Bd. 4, 209 (1886).

9. Pyroxen aus dem Hypersthendiabas von Twins; anal. A. Campbell u. Brown, Bull. geol. Soc. II, 344.

10. Pyroxen aus dem Diabas von Föglö, Ålands-Inseln; anal. W. Wahl, Tsch. min. Mit. **26**, 19 (1907).

Augite mit kleinerem Überschuß von $MgSiO_3$.

An die eben betrachteten Augite schließen sich einige an, bei denen der Gehalt an CaO merklich geringer ist als bei Augiten.

	11.	12.
δ	3,465	—
Na_2O	0,39	0,72
K_2O	0,25	0,28
MgO	14,52	16,91
CaO	13,47	14,56
MnO	1,44	0,50
FeO	7,20	7,94
Al_2O_3	5,66	6,14
Fe_2O_3	5,84	2,40
SiO_2	50,04	51,19
TiO_2	2,35	0,72
	101,16	101,36

11. Aus olivinfreiem Dolerit vom Taufstein, Breitfirst; anal. R. Wedel, J. preuß. geol. L.A. 1890. Ref. Z. Kryst. **21**, 259 (1898).

12. Aus Dolerit von Uifak, Disko, Grönland; anal. Th. Nicolau, Meddel. om Grönland **24**, 228.

Eisenfreier Tonerdeaugit.

Eine chemisch von den übrigen Pyroxenen abweichende Art ist der eisenfreie Tonerdeaugit, welchem bei den Diopsiden ein vollkommen eisenfreier Diopsid entsprechen würde, also das reine Silicat $CaMgSi_2O_6$, eine sehr seltene Varietät, welche, wie wir gesehen haben, ebenfalls von T. St. Hunt, der auch einen eisenfreien Tonerdeaugit aufstellte, gefunden wurde.

	13.	14.	15.
MgO	18,14	17,69	14,48
CaO	23,74	23,80	25,63
FeO	—	0,35	—
Al_2O_3	6,77	6,15	7,16
Fe_2O_3	—	—	0,56
SiO_2	50,90	51,50	50,05
H_2O	0,90	1,10	1,66
	100,45	100,59	99,54

13. Weißer Pyroxen von Bathurst; anal. T. St. Hunt, Journ. prakt. Chem. **62**, 496 (1854).

14. Die zweite Analyse stammt von ebenda; anal. von demselben. Diese Analyse weist einen minimalen Gehalt von Eisenoxyd (oder Eisenoxydul) auf.

15. Von Amity, Newyork; anal. Leeds, Am. Journ. **6**, 24 (1873).

Augite mit Tonerde und Eisenoxydul ohne Eisenoxyd.

Die folgenden Analysen, welche dem Anschein nach genaue sind, zeigen den bemerkenswerten Fall, daß trotz merklichen Tonerdegehalts kein Eisenoxyd vorhanden ist, wohl aber Eisenoxydul.

	16.	17.
δ	2,746	3,295
Na_2O	0,95	—
K_2O	0,33	—
MgO	14,80	12,92
CaO	23,48	24,29
MnO	0,28	—
FeO	4,71	7,66 [1]
Al_2O_3	5,97	4,21
SiO_2	48,65	50,29
TiO_2	0,90	—
H_2O	0,14	—
	100,21	99,37

16. Aus der Paschkopole bei Boreslau, Böhmen; anal. F. Hanusch bei J. Hampel, Tsch. min. Mit. **27**; 272 (1908).

J. Hampel berechnet daraus:

$CaSiO_3$ 43,91%; $MgSiO_3$ 33,04%; $FeSiO_3$ 8,11%; $MgAl_2SiO_6$ 3,71%; $CaAl_2SiO_6$ 4,01%; $NaAlSi_2O_6$ 7,22%.

Man erhält die Formel:

$$21\,CaSiO_3 . 18\,MgSiO_3 . 3\,FeSiO_3 . MgAl_2SiO_6 . CaAl_2SiO_6 . 2\,NaAlSi_2O_6 .$$

J. Hampel verzichtet demnach darauf, die G. v. Tschermakschen Silicate $CaMgSi_2O_6$, $CaFeSi_2O_6$ anzunehmen, offenbar weil hier Ca genau gleich Mg + Fe; die Formel wäre:

$$\left[Ca\binom{Mg}{Fe}Si_2O_6\right]_{22} . Al_2O_3 . NaAlSi_2O_6 .$$

Siehe die Analysendaten bei J. Hibsch, Geologische Karte des böhmischen Mittelgebirges, Tsch. min. Mit. **27**, 55 (1908).

Auf Fluor und Phosphorsäure wurde vergeblich geprüft.

17. Diopsid als Kontaktprodukt aus dem oberen Zebrutal, Veltlin; anal. A. A. Ferro, R. C. Inst. Lombardo **39**, 288 (1906). Nach Ansicht des Verfassers kann man diesen Pyroxen nicht zu den Fassaiten rechnen, weil er zu wenig Tonerde enthält.

Augite mit viel Tonerde und wenig Eisen.

	18.	19.
δ	3,312	—
Na_2O	Spur	0,86
MgO	14,43	7,54
CaO	25,46	22,46
MnO	Spur	—
FeO	0,91	1,27
Al_2O_3	9,88	10,82
Fe_2O_3	1,79	2,13
SiO_2	47,53	53,81
H_2O	0,30	0,41 [2]
	100,30	

[1] Fe_2O_3 Spur.

[2] Davon sind 0,07 hykroskopisches Wasser.

18. Von Italian Mts., Gunnison, Col.; anal. L. G. Eakins bei F. W. Clarke, l. c. 263.

19. Grüner Augit von Castelnuovo di Porto; anal. N. Parravano, Atti R. Acc. d. Linc. **21**, II, 469; Chem. ZB. 1912, II, 1987.

Dieser Augit zeichnet sich durch verhältnismäßig geringen Gehalt an Magnesia aus, und ist demnach die Summe von MgO + FeO, eine sehr geringe gegenüber dem CaO-Gehalte, es muß also ein Überschuß von $CaSiO_3$ vorhanden sein.

Augite mit hohem Gehalt an Tonerde, geringem Gehalt an Eisenoxyd.

Diese Art von Augiten ist selten.

	20.	21.	22.	23.	24.
δ	—	—	3,33	—	3,225
Na_2O	—	0,50	4,51	1,09	0,19
K_2O	—	0,80	0,92	—	—
MgO	14,01	13,06	10,03	10,88	14,67
CaO	20,62	22,14	14,61	19,42	16,79
MnO	—	—	—	0,30	0,34
FeO	4,54	4,43	1,33	8,84	6,34
Al_2O_3	8,63	7,27	10,91	14,01	9,27
Fe_2O_3	2,73	2,22	3,12	2,09	3,77
SiO_2	48,86	49,62	54,21	43,99	48,72
H_2O	—	0,70	0,46[1]	—	0,18
	99,39	100,74	100,15	100,62	100,27

20. Aus der Vesuvlava vom Jahre 1631; anal. H. Wedding, Z. Dtsch. geol. Ges. **1**, 395 (1858).

21. Von Koschkserai Maraud (Persien); anal. Steinecke, Z. Naturw. **17**, **110**, nach C. Hintze, Mineralogie II, 1111.

22. Omphacit von Burgstein, Ötztal (Tirol); anal. zitiert bei H. Rosenbusch, El. d. Gesteinsl. (Stuttgart 1910), 657.

23. Aus dem Phonolith von Praya (Capverd.); anal. C. Doelter, Tsch. min. Mit. **5**, 230 (1883).

Die Berechnung nach C. Doelter ergibt:

$$\begin{array}{l} 21\,CaMgSi_2O_6 \\ 2\,CaFeSi_2O_6 \\ 8\,FeAl_2SiO_6 \\ 2\,CaAl_2SiO_6 \\ Na_2Fe_2SiO_6\,. \end{array}$$

Hier ist also zu wenig MgO vorhanden, so daß es nötig ist, das Silicat $CaAl_2SiO_6$ anzunehmen. Das Silicat $Na_2Fe_2SiO_6$ ist hypothetisch; es fehlt an Kieselsäure, um anzunehmen, daß $NaAlSi_2O_6$ vorhanden ist, obgleich letzteres Silicat eher anzunehmen wäre.

24. Aus Granit, Nordende der Blue Mts. Silver Cliff (Col.); anal. L. G. Eakins bei F. W. Clarke, Bull. geol. Surv. U.S. **419**, 262 (1910).

Diese Analyse bezieht sich auf eine wahrscheinlich primäre Verwachsung von Augit mit Hornblende.

---

[1]) Außerdem 0,05 hygroskop. Wasser.

	25.	26.
δ	2,338	3,105—3,329
(Na_2O, K_2O) .	1,23	{ 0,55 / 0,19
MgO	13,89	14,58
CaO	21,38	16,36
FeO	4,75	9,05
Al_2O_3 . . .	9,69	9,15
Fe_2O_3 . . .	1,03	0,27
SiO_2	46,59	49,33
Glühverlust .	1,22	0,25
	99,78	99,73

25. Aus Augitteschenit von Pt. Sal (Calif.); anal. H. W. Fairbanks, Bull. Dept. Geol., Univ. Calif. **2**, 1 (1896); Z. Kryst. **33**, 658 (1900).

26. Aus Hyperstehendiabas von Twins bei Rappidan, Virg.; anal. A. Campbell u. Brown, Bull. Soc. geol. Am. **2**, 344.

Er gehört zu den kalkarmen Augiten.[1]) Hierher gehört auch die Analyse des Augits aus Norit von Sugar Loaf, Boulder Cy (Col.); anal. L. G. Eakins bei F. W. Clarke, l. c. (vgl. S. 547).

Augite mit merklichem Tonerdegehalt, jedoch wenig Eisenoxyd.

	27.	28.	29.
δ	—	3,337	—
Na_2O	} 0,37	1,55	0,33
K_2O		0,42	0,11
MgO	15,08	15,33	13,52
CaO	19,68	21,34	19,33
MnO	—	—	0,20
FeO	6,67	6,57	8,15
Al_2O_3	5,41	4,05	7,77
Cr_2O_3	0,08	0,60	—
Fe_2O_3	—	0,11	1,30
SiO_2	51,70	50,41	47,06
TiO_2	0,57	0,88	1,82
H_2O	0,82	0,37	0,20
P_2O_5	—	—	0,06
	100,38	101,63	99,85

27. Augit von der Baste; anal. A. Streng, N. JB. Min. etc. 1862, 939.

28. Diallag von Wildschönau; anal. A. Cathrein, Z. Kryst. **7**, 251 (1883).

Diese Augite enthalten zwar nur wenig Fe_2O_3, jedoch merkliche Mengen von FeO.

29. Aus Olivinbasalt von Grants, Mt. Taylor Region, New Mexico; anal. M. T. Chatard bei F. W. Clarke, Bull. geol. Surv. U.S. **419**, 262 (1910).

---

[1]) Vgl. W. Wahl, Tsch. min. Mit. **26**, 15 (1907).

A. Cathrein berechnet aus seiner Analyse:

$$\overset{I}{R} : \overset{II}{R} : \overset{III}{R} : (Si, Ti) : O$$
$$0{,}78 \quad 11{,}33 \quad 1{,}17 \quad 11{,}27 \quad 36$$

Dem entspricht die Formel:

$$\left.\begin{array}{l} 2K_6Si_3O_9 \\ 12Na_6Si_3O_9 \end{array}\right\} 3\overset{I}{R}_6Si_3O_9$$
$$\left.\begin{array}{l} 5Ca_3Ti_3O_9 \\ 176Ca_3Si_3O_9 \\ 43Fe_3Si_3O_9 \\ 157Mg_3Si_3O_9 \end{array}\right\} 76\overset{II}{R}_3(Si,Ti)_3O_6$$
$$\left.\begin{array}{l} 6Cr_2Si_3O_9 \\ Fe_2Si_3O_9 \\ Al_2Si_3O_9 \end{array}\right\} 2\overset{III}{R}_2Si_3O_9$$
$$26Mg_3Al_4O_9 \quad 5\overset{II}{R}_3\overset{III}{R}_4O_9$$
$$= 3\overset{I}{R}_6Si_3O_9 \; 76\overset{II}{R}_3(Si,Ti)_3O_9 \; 2\overset{III}{R}_2Si_3O_9 \; 5\overset{II}{R}_3\overset{III}{R}_4O_9$$

Augite mit hohem Eisenoxydgehalt und niederem Tonerdegehalt.

Solche Augite scheinen sehr selten zu sein, was immerhin bemerkenswert ist. Allerdings gibt es eine Anzahl davon, welche jedoch durch gleichzeitigen bedeutenden Alkaliengehalt ausgezeichnet sind und demnach zu den Ägirinaugiten gehören.

	30.	31.	32.
δ	—	—	3,489
Na_2O	1,26 (Na₂O + K₂O)	2,26	2,88
K_2O		—	1,00
MgO	13,08	4,55	6,63
CaO	18,93	16,72	20,06
MnO	—	1,09	0,27
FeO	7,69	9,66	7,41
Al_2O_3	0,92	0,53	2,80
Fe_2O_3	7,53	13,23	11,11
SiO_2	49,81	49,75	45,80
TiO_2	—	1,45	0,52
	99,22	99,24	98,48[1]

30. Vom Rimbachtal (Elsaß), aus Porphyr; anal. A. Osann, Abh. geol. Spez.-Karte Els.-Lothr. 3 (1887); Z. Kryst. 18, 663 (1891).

31. Augit aus Phonolith von Oberschaffhausen; anal. A. Knop, Z. Kryst. 10, 72 (1885).

Als Titanaugit kann man diesen Pyroxen kaum bezeichnen, da er wenig Titansäure enthält. Es gehört jedoch dieser Augit auch zu jenen S. 548 erwähnten Augiten, welche einen abnorm geringen Gehalt an Magnesia zeigen.

32. Aus dem Leucitophyr von Rieden am Laacher See; anal. A. Merian, N. JB. Min. etc. Beil.-Bd. 3, 276 (1885).

[1]) Summe im Original unrichtig.

Der Analytiker berechnet daraus:

$8\,CaMgSi_2O_6$	= 26%	$2\,MgAl_2SiO_6$	= 6,5
$8\,CaFeSi_2O_6$	= 26	$2\,MgFe_2SiO_6$	= 6,5
$6\,NaFeSi_2O_6$	= 19	$5\,Ca_2Si_2O_6$	= 16

Doch ergibt es sich, daß, wenn man die aus dieser Formel berechnete Zusammensetzung mit den gefundenen Zahlen vergleicht, sich namentlich im Gehalt an Natron doch eine Differenz zeigt.

Diopsidähnliche Augite mit wenig Tonerde und Eisenoxyd.

Eine etwas abweichende Zusammensetzung haben folgende Augite, welche nahezu tonerdefrei sind:

	33.	34.
δ	3,42	—
Na_2O	2,64	—
K_2O	0,21	—
MgO	1,70	11,13
CaO	30,16	24,14
MnO	—	0,66
FeO	8,69	8,86
Al_2O_3	0,26	0,22
Fe_2O_3	2,75	5,07
SiO_2	53,56	49,68
	99,97	99,76

33. Diese Analyse zeigt fast keine Tonerde und äußerst wenig Magnesia, weicht daher von allen bekannten Analysen ab. Man müßte, die Richtigkeit der Analyse vorausgesetzt, schließen, daß eine Mischung von wesentlich $CaSiO_3$ mit $CaFeSi_2O_6$ und etwas $NaFeSi_2O_6$ vorliegt. Diese Analyse wurde an Kristallen von Onnadani Prode Echigo (Japan) durch H. Yoshida ausgeführt (Miner. of Japan von T. Ogawa, Tokyo 1904, 124).

Die zweite Analyse zeigt einen ähnlichen Augit, welcher jedoch merklichen Gehalt an Eisenoxyd hat.

34. Aus Para-Augitgneis des Grundbauerhofs bei Rohrbach (Schwarzwald); anal. H. Rosenbusch, Mitt. Bad. geol. L.A. **4**, 369 (1901); N. JB. Min. etc. 1903, I, 231.

	35.	36.
Na_2O	2,54	0,44
K_2O	—	0,61
MgO	14,40	13,55
CaO	24,63	22,72
MnO	—	—
FeO	1,94	4,46
Al_2O_3	2,24	2,43
Fe_2O_3	2,38	4,14
SiO_2	52,35	51,37
H_2O	—	0,94
	100,48	100,66

35. Fedorowit, ein von C. Viola u. E. H. Kraus benannter Pyroxen, welcher eine Auslöschungsschiefe von 65—75° zeigt, in den Eruptivgesteinen der Provinz Rom sehr verbreitet; Z. Kryst. **33**, 36 (1900).

36. Augit vom Lützelberg (Kaiserstuhl); anal. A. Knop, Z. Kryst. **10**, 72 (1885). Hierher gehört auch der Chromdiopsid von Kremže; anal. A. Schrauf, Z. Kryst. **6**, 329 (1883).

Die hier verzeichneten Analysen zeigen zwischen 2—3% Al_2O_3 mit wechselnden Mengen von Fe_2O_3, jedoch mit geringen Mengen dieses. Diese Pyroxene stehen dem Diopsid nahe.

Hierher gehören noch folgende Augite, welche chemisch sehr an Diopsid erinnern.

	37.	38.	39.
δ	3,196	—	—
Na_2O	0,82	—	0,53
K_2O	Spur	—	0,25
MgO	14,37	19,23	17,05
CaO	17,87	21,47	21,42
MnO	0,60	—	0,23
FeO	11,20	2,13	4,42
Al_2O_3	2,26	2,04	3,35
Fe_2O_3	2,42	2,99	1,34
SiO_2	50,65	51,45	50,54
H_2O	0,58	1,12	0,71
	100,77	100,43	99,84

37. Augit von der Magnitnaia (Atatsch); anal. J. Morozewicz, Mém. Com. géol. russe **18** (1901); Ref. Z. Kryst. **38**, 201 (1903); Tsch. min. Mit. **23**, 132 (1904).

Aus dieser Analyse wurde folgende Zusammenstellung berechnet:

$$\begin{pmatrix} 2\,CaMgSi_2O_6 \\ \frac{1}{2}\,FeFeSi_2O_6 \end{pmatrix} \; 91\,\%$$

$$\begin{pmatrix} \frac{5}{3\cdot 2}\,MgAl_2SiO_6 \\ \frac{3}{3\cdot 2}\,NaAl_2SiO_6 \end{pmatrix} \; 9\,\%$$

38. Diallag von der Poldnewaja; anal. E. Mattirolo u. E. Monaco, R. C. R. Acc. Torino, 19. Mai 1884; Z. Kryst. **9**, 581 (1884).

39. Olivengrüner Augit von der Insel Rum (Schottl.); anal. F. Heddle, Z. Kryst. **4**, 304 (1880).

Die beiden letzten Analysen nähern sich dem Diopsid, während die erstere einem Diopsid–Hedenbergit entspricht.

Die erstere ergibt:

$$21\,RSiO_3 \,.\, \overset{II}{R}(Al,\,Fe)_2SiO_6 \,.\, H_2O\,.$$

Die folgende Analyse ähnelt sehr den Hedenbergit–Diopsidanalysen.

	40.
Na_2O	0,19
K_2O	0,29
MgO	7,01
CaO	20,93
FeO	16,85
Al_2O_3	1,28
Fe_2O_3	1,20
SiO_2	51,62
H_2O	0,07
	99,44

40. Von Harzburg; anal. C. W. C. Fuchs, N. JB. Min. etc. 1862, 802.

	41.	42.	43.
δ	3,187	3,380	—
Na_2O	—	1,08	1,21
K_2O	—	0,26	0,29
MgO	18,31	12,15	13,42
CaO	20,00	20,19	20,50
MnO	1,55	0,13	0,40
FeO	2,45	7,62	10,37
NiO	—	0,04	—
Al_2O_3	3,58	4,31	3,27
Cr_2O_3	—	0,02	—
Fe_2O_3	—	3,28	2,22
SiO_2	52,23	49,44	47,19
TiO_2	—	0,60	0,97
H_2O	1,79	0,66 [1]	—
		99,78	99,84

41. Diopsidähnlicher Augit von Berks Cy. (Penns.); anal. E. P. Smith, Proc. Ac. Nat. Sc. Philad. **62**, 538 (1910); Z. Kryst. **52**, 80 (1913).

42. Aus Lesestein von dem Hannebacher Kessel; anal. J. Uhlig, Verh. Naturh. Ver. f. Rheinl. u. Westf. **67**, 307 (1910); N. JB. Min. etc. 1912, I, 25.

Die Zusammensetzung ist:

$$9\,Ca(Mg, Fe)Si_2O_6$$
$$(Mg, Fe)Al_2SiO_6$$
$$NaFeSi_2O_6.$$

43. Aus Diabas von Schönbach (Westerwald); anal. E. Reuning, N. JB. Min. etc. Beil.-Bd. **24**, 433 (1909).

Zahlreicher sind jene Augite, welche einen Gehalt von 2—6% Tonerde aufweisen.

	44.	45.	46.	47.	48.
δ	—	3,181	—	3,376	3,60
Na_2O	0,35	0,22	0,50	—	0,50 (Na₂O + K₂O)
K_2O	0,07	0,50	—	—	
MgO	17,11	15,37	13,78	15,26	11,26
CaO	21,70	24,44	22,96	19,10	26,90
MnO	—	0,15	Spur	0,10	—
FeO	2,47	1,96	4,67	7,89	6,86
Al_2O_3	2,26	4,57	5,36	5,52	5,82
Cr_2O_3	1,07	—	—	—	—
Fe_2O_3	2,05	0,97	1,21	3,85	0,67
SiO_2	52,50	50,87	50,88	47,38	52,01
TiO_2	—	—	1,02	—	—
H_2O	0,64	1,44	0,34	0,43	—
	100,22	100,49	100,72	99,53	104,02

44. Aus Basalt, Bozemen Creek (Montana); anal. L. G. Eakins, beschrieben von G. P. Merill, Proc. U. S. N. Mus. **17**, 637; F. W. Clarke, l. c. 263.

45. Aus Apatitgängen von Ottawa (Can.); anal. J. B. Harrington, Geol. S. Canada, Z. Kryst. **4**, 383 (1880).

Siehe auch Analyse des Augits von Glatz aus Syenit; anal. H. Traube, N. JB. Min. etc. **1**, 193 (1890).

[1]) Spur CoO und V_2O_3.

46. Von Canale Monterano, Ital.; anal. F. Zambonini, Z. Kryst. **40**, 57 (1890).
47. Von Monti Rossi, Sicil.; anal. C. F. Rammelsberg, Pogg. Ann. **104**, 436 (1858).
48. Von Warwick, Orange Cy.; anal. H. Ries, Ann. N. York Ac. **9**, 124; Z. Kryst. **30**, 396 (1899).

	49.	50.	51.
δ	3,3203	—	3,005
Na_2O	—	0,84	—
K_2O	—	0,15	—
MgO	16,58	14,08	13,02
CaO	20,80	21,12	23,13
FeO	3,16	4,42	6,57
Al_2O_3	4,84	5,35	4,55
Cr_2O_3	—	0,43	—
Fe_2O_3	3,51	0,48	1,51
SiO_2	51,01	51,34	50,69
TiO_2	—	0,58	—
H_2O	—	0,70	0,91
	99,90	99,49	100,38

49. Dunkelgrüner Augit vom Vesuv; anal. C. Doelter, Tsch. min. Mitt. Beil. J. k. k. geol. R.A. 1877, 285.

Die Berechnung nach der G. Tschermakschen Methode ergibt:

$$16\,CaMgSi_2O_6 \,.\, 2\,CaFeSi_2O_6 \,.\, MgFe_2SiO_6 \,.\, 2\,MgAl_2SiO_6 \,.$$

50. Diallag von Ehrsberg; anal. A. Cathrein, Z. Kryst. **7**, 254 (1883). Weitere Analysen stammen von Th. Petersen, N. JB. Min. etc. **1**, 264 (1881) und von K. Kloos, ebenda, Beil.-Bd. **3**, 21.
51. Vom Monte Vultur, Melfi; anal. L. Ricciardi, Gazz. chim. it. 1882, 130; Z. Kryst. **14**, 519 (1888).

	52.	53.	54.	55.	56.
δ	3,45	—	—	—	—
Na_2O	0,67	—	0,90	—	1,04
K_2O	0,06	—	0,19	—	0,38
MgO	14,21	13,48	16,61	13,16	13,58
CaO	22,58	22,85	17,58	24,64	22,35
MnO	0,28	0,15	0,31	—	0,10
FeO	4,34	6,65	5,76	3,76	5,56
Al_2O_3	3,05	3,72	4,48	4,87	4,28
Fe_2O_3	3,08	2,36	3,92	1,59	2,86
SiO_2	51,27	50,03	50,31	50,31	49,42
TiO_2	0,70	—	—	—	0,55
H_2O	—	—	0,38	0,35	0,09 [2])
	100,27 [1])	99,24	100,44	98,68	100,21

52. Aus syenitischem Lamprophyr, von Two Buttes, Colorado; anal. W. F. Hillebrand bei F. W. Clarke, Bull. geol. Surv. U.S. **419**, 262 (1910).
53. Vom Laacher See; anal. C. F. Rammelsberg, Pogg. Ann. **103**, 437 (1888).
54. Brauner Augit von Craig Buroch (Schottl.); anal. F. Heddle, Trans. Roy. Soc. Edinburgh **28**, 453 (1878); Z. Kryst. **4**, 304 (1880).
55. Pyroxen aus Leucitit vom Albaner Gebirge (Ital.); anal. Piccini, Atti Acc. Rom. III, 225 (1880).
56. Aus Shonkinit von Square Butte, Montana; anal. L. V. Pirsson, Bull. geol. soc. Aner. **6**, 389 (1895); Z. Kryst. **28**, 333 (1897).

[1]) Außerdem 0,03% NiO. [2]) Bei 110°.

Die Analyse führt zu der Formel:

$$13(MgFe)Si_2O_6 + (2Na_2, \overset{II}{R})\,(Al, Fe)_2SiO_6.$$

Augite mit wenig Sesquioxyden, aber viel Eisenoxydul.

	57.	58.	59.	60.	61.
δ	3,372	—	—	—	—
Na_2O	1,02	—	} 0,31	0,51	1,89
K_2O	0,50	—		0,12	0,30
MgO	13,01	12,14	15,58	16,50	13,07
CaO	21,30	15,98	11,39	15,33	20,30
MnO	—	0,37	0,26	0,37	—
FeO	8,39	15,08	13,86	10,82	9,04
Al_2O_3	0,87	4,05	2,72	2,86	2,15
Fe_2O_3	3,33	2,36	1,70	2,48	4,96
SiO_2	50,63	48,41	50,95	49,80	49,18
TiO_2	0,79	—	1,42	1,29	—
H_2O	—	1,19	1,80	0,33	—
	99,84	99,58	99,99	100,41	100,89

57. Von Laveline; anal. A. Merian, N. JB. Min. etc., Beil.-Bd. **3**, 262 (1885).

Die Berechnung ergibt:

$$\begin{aligned} 58\,CaMgSi_2O_6 &= 56\% \\ 27\,CaFeSi_2O_6 &= 26 \\ 10\,NaFeSi_2O_6 &= 10 \\ 2\,MgAl_2SiO_6 &= 2 \\ 6\,(Mg_2Si_2O_7)\,.\,2\,(H_2O) &= 6 \end{aligned}$$

Das letztgenannte Silicat wird als durch Serpentinisierung verursacht angenommen.

58. Von Tyne Head; anal. Teall, Q. J. of geol. Soc. **40**, 640 (1884).

59. Aus Orthoklasgabbro, Haystack Mount. (Montana); anal. G. Steiger bei W. H. Emmons, J. Geology **16**, 193 (1866), auch bei F. W. Clarke, l. c. 262.

60. Diallag von Ashland Cy., Wisconsin aus Gabbro; anal. W. F. Hillebrand (siehe F. W. Clarke, l. c. 262).

61. Vom Roßberg bei Darmstadt; anal. K. v. Chroustschoff, Bull. Soc. min. **8**, 89 (1885).

	62.	63.	64.	65.	66.
δ	3,198	—	3,343	3,299	—
Na_2O	1,90	—	1,86	—	—
K_2O	Spur	—	0,82	—	—
MgO	14,41	13,43	14,41	14,55	16,69
CaO	17,91	16,08	21,31	20,01	19,18
MnO	0,20	—	—	—	—
FeO	6,25	14,40	7,15	7,74	9,11
Al_2O_3	4,77	6,37	5,60	5,09	3,62
Cr_2O_3	—	—	0,20	—	—
Fe_2O_3	3,95	2,56	0,45	3,77	1,03
SiO_2	49,42	47,32	49,25	49,01	51,26
TiO_2	—	—	0,70	—	—
H_2O	1,51	—	0,30	—	0,34
	100,32	100,16	102,05	100,17	101,23

Hierher gehört auch die Analyse des Augits aus Andesit von Ihama (Japan); anal. Bundjiro Koto, J. of geol. Soc. **40**, 431 (1884); Z. Kryst. **13**, 179 (1888).

62. Diopsid von der Gora Magnitnaia; anal. J. Morozewicz, Mém. Comité géol. russe, **18** (1901), nach Ref. Z. Kryst. **38**, 201 (1903).
Infolge seines beträchtlichen Gehalts an Sesquioxyden gehört dieser Pyroxen eher zum Tonerdeaugit, wenigstens in chemischer Hinsicht.

63. Aus Norit von Sugar Loaf (Color.); anal. J. G. Eakins, bei F. W. Clarke, l. c. 262.

Die Zusammensetzung ist nach J. Morozewicz:

$$\begin{pmatrix} 4\,CaMgSi_2O_6 \\ \frac{1}{2}\,FeFeSi_2O_6 \end{pmatrix} \; 85\,\%$$

$$\begin{pmatrix} \frac{3}{8}\,MgAl_2SiO_6 \\ \frac{5}{8}\,Na_2Al_2SiO_6 \end{pmatrix} \; 15\,\%$$

64. Von Wildschönau bei Berchtesgaden; anal. A. Cathrein, Z. Kryst. **7**, 251 (1883).

Die Analyse gibt folgende Formel:

$$3\overset{I}{R}_6(Si, Ti_3)O_9 \,.\, 65\overset{II}{R}_3Si_3O_9 \,.\, 2\overset{III}{R}_2Si_3O_9 \,.\, 6R_3R_4O_9 \,.$$

65. Aus dem Melaphyr vom Bufaure (Südtirol); anal. C. Doelter, Tsch. min. Mit. Beil. J. k. k. geol. R. A. **27**, 287 (1877).

Aus der Analyse berechnet sich:

$$71\,SiO_2 \,.\, 30\,CaO \,.\, 32\,MgO \,.\, 9\,FeO \,.\, 2\,Fe_2O_3 \,.\, 4\,Al_2O_3 \,.$$

Eine Berechnung auf Silicate nach der G. Tschermakschen Formel gibt hier auffallend wenig Ca. Daher dürfte vielleicht das auch von E. Wülfing angenommene Silicat $MgFeSi_2O_6$ vorkommen.

66. Von Ettersberg (Harz); anal. A. Streng, N. JB. Min. etc. 1862, 943.

Vgl. auch die Analyse Nr. 142 vom Kilimandscharo, anal. G. Becker, S. 560.

Hierher gehört auch eine unvollständige Analyse von Augit aus Diabas von Chatam (Va.); anal. T. L. Watzon, Am. Journ. **21**, 85 (1898); Z. Kryst. **32**, 601 (1900).

Hierher gehört auch der „Violait“ genannte Augit, welcher gekenntzeichnet ist durch einen Achsenwinkel von 64—65° und durch eine Auslöschungsschiefe $c:\gamma$ von $52^1/_2$—$56^1/_2$°.

	67.	68.
Na_2O	0,28	0,30
MgO	8,09	7,99
CaO	22,61	22,96
FeO	15,77	14,45
Al_2O_3	3,84	4,93
Fe_2O_3	1,15	1,23
SiO_2	48,26	48,14

67. u. 68. Aus der Gesteinsart „Kedabekit“ von der Kupfergrube Kedabek (Kauk.); anal. Kupfer bei E. v. Fedorow, Ann. Inst. 1901 43; Z. Krist. **37**, 414 (1903).

Die folgende Analyse wird von W. Wahl als kalkarmer Pyroxen bezeichnet; sie zeichnet sich durch merklichen Gehalt an Tonerde und geringen Gehalt an Eisenoxyd aus.

	69.
MgO	12,52
CaO	21,70
FeO	7,65
Al_2O_3	8,43
Fe_2O_3	2,20
SiO_2	48,04
H_2O	0,63
	101,17

69. Aus Diabas, Mägdesprung (Harz); anal. H. Rosenbusch, Elem. d. Gest. (Stuttgart 1910) 334.

Der folgende Augit zeigt wenig Tonerde und Eisenoxyd, jedoch viel Eisenoxydul. Er ähnelt einem Hedenbergit, zeichnet sich auch dadurch aus, daß er kalkarm ist, und wird daher von W. Wahl zu den kalkarmen Augiten gerechnet.

	70.
δ	3,460
Na_2O	0,26
K_2O	0,19
MgO	11,37
CaO	13,97
MnO	0,56
FeO	18,15
NiO	0,04
Al_2O_3	2,49
Fe_2O_3	2,35
SiO_2	50,36
TiO_2	0,80
H_2O	0,55
	101,09

70. Aus Quarzdiabas von Schtscheliki (Finnl.); anal. W. Wahl, Tsch. min. Mit. **26**, 29 (1906).

Augite mit größerem Gehalt an Eisenoxydul, geringem Magnesiagehalt und merklichem Tonerdegehalt.

	71.	72.	73.	74.
δ	—	3,291	3,456	—
Na_2O	—	—	2,61	—
K_2O	—	—	0,74	—
MgO	3,00	8,45	7,24	5,78
CaO	20,58	22,25	19,23	25,22
MnO	0,14	—	—	0,04
FeO	27,50	15,59	12,17	9,14
Al_2O_3	4,15	7,17	4,28	10,29
Fe_2O_3	—	0,60	5,95	2,95
SiO_2	46,37	45,50	46,47	44,53
TiO_2	—	—	0,73	0,69
H_2O	—	—	—	0,02
	101,74	99,56	99,42	—

71. Schwarzer Augit von Ojamo (Finnl.); anal. Castrén bei J. Wiik, Z. Kryst. **7**, 79 (1883).

72. Augit von Arendal; anal. C. Doelter, Tsch. min. Mit. **1**, 64 (1878).

Daraus berechnet sich:

$$2\,CaMgSi_2O_6 \,.\, 3\,CaFeSi_2O_6 \,.\, MgAl_2SiO_6$$

oder

$$51\,CaFeSi_2O_6$$
$$32\,CaMgSi_2O_6$$
$$16\,MgAl_2SiO_6 .$$

73. Vom Burgberg bei Rieden; anal. P. Mann, N. JB. Min. etc. 1884, II, 199.

Die Berechnung ergibt:

$$10\,CaMgSi_2O_6$$
$$8\,CaFeSi_2O_6$$
$$FeAl_2SiO_6$$
$$Na_2Fe_2SiO_6$$
$$Na_2Al_2SiO_6$$
$$Na_2Fe_2Si_4O_{12}$$

Diese Berechnung ist etwas willkürlich, da die Existenz des Silicats $Na_2Fe_2SiO_6$ unsicher ist.

74. Schwarzer Augit der Albanerberge; anal. N. Parravano, Atti R. Acc. d. Linc. **21**, II, 469; Chem. ZB. 1912, II, 1987.

Augite mit zirka 8—10% Tonerde und Eisenoxyd.

Größern Tonerdegehalt, über 6%, zeigen noch folgende Augitanalysen:

	75.	76.	77.	78.
δ	3,298	3,225	—	3,417
Na_2O	—	—	0,32	—
K_2O	—	—	0,92	—
MgO	12,92	14,35	9,37	13,51
CaO	22,75	20,30	20,60	23,45
MnO	—	—	—	Spur
FeO	6,78	6,94	8,07	4,42
Al_2O_3	6,07	6,68	7,80	6,24
Fe_2O_3	1,09	3,57	7,23	5,88
SiO_2	50,41	48,45	44,82	46,48
TiO_2	—	—	0,60	—
H_2O	—	—	0,62	0,20
	100,02	100,29	100,35	100,18

75. Gelber Augit vom Vesuv; anal. C. Doelter, Min. Mitt. Beil.-Bd. J. k. k. geol. R.A. 1877, 292.

Die Zahlen für die Elemente sind:

Si : Ca : Mg : Fe : Fe : Al : O
120 : 58 : 46 : 14 : 2 : 16 : 386.

76. Augit von Lipari; anal. C. Doelter, wie oben.

Die Berechnung ergibt:

$$12\,CaMgSi_2O_6 \,.\, 4\,CaFeSi_2O_6 \,.\, 3\,MgAl_2SiO_6 \,.\, MgFe_2SiO_6 .$$

77. Einschluß im Basalt (Nephelin-Basanit) vom Kreuzberg bei Schluckenau (Böhmen); anal. C. v. John, J. k. k. geol. R.A. **52**, 145 (1903).

Dieser Augit vermittelt den Übergang zu den an Sesquioxyden reichen Augiten und könnte auch S. 552 Platz finden. Auffallend ist der geringe Magnesiagehalt.

78. Aus Nephelinbasalt von Oberleinleiten; anal. A. Schwager, Z. Kryst. **20**, 301 (1892).

	79.	80.	81.	82.	83.	84.
δ	—	3,281	—	3.398	3,359	—
Na_2O	0,79	0,28	—	0,87	—	1,05
K_2O	0,41	—	—	0,82	—	
Li_2O	0,06	—	—	—	—	—
MgO	12,40	14,47	14,41	16,10	14,94	11,75
CaO	21,79	15,87	21,43	21,36	18,77	19,04
MnO	—	0,14	—	—	3,72	—
FeO	4,23	4,61	3,46	3,30	—	4,35
Al_2O_3	6,01	6,34	6,25	6,90	6,55	6,53
Fe_2O_3	3,31	2,88	4,95	3,31	3,17	4,04
SiO_2	49,26	54,87	50,12	46,72[1])	51,45	50,20
TiO_2	1,53	—	—	—	—	—
H_2O	—	0,31	—	—	1,39	1,26
	99,79	99,77	100,62	99,38	99,99	98,22

79. Aus Analcim-Basalt von Colorado; anal. W. Hillebrand bei W. Cross, J. Geol. **5**, 687 (1897); Z. Kryst. **31**, 299 (1899).

80. Von Silver Cliff (Color.); anal, L. G. Eakins bei W. Cross, Am. Journ. **39**, 360 (1890).

81. Vom Vogelsgebirge; anal. E. Reyer, Beil. J. k. k. geol. R.A. Min. Mitt. 1872, 258.

82. Von Reichenweier, anal. G. Linck, Z. Kryst. **18**, 663 (1891).

83. Diallag von Prabsch (Böhmen); anal. A. Schrauf, Z. Kryst. **6**, 325 (1882).

Daraus berechnet sich:

$$22\,MgO\,.\,20\,CaO\,.\,3\,FeO\,.\,4\,Al_2O_3\,.\,1\,Fe_2O_3\,.\,52\,SiO_2\,.\,6\,H_2O.$$

84. Von Gaddbo (Schweden); anal. Hummel bei P. Öberg, Geol. För. Förh. Stockholm **7**, 811 (1885).

	85.	86.	87.	88.	89.
δ	—	2,94	3,205	—	3,295
Na_2O	0,44	1,44	0,29	0,67	—
K_2O		Spur	0,44	0.52	—
MgO	17,23	12,61	12,09	15,84	20,62
CaO	22,69	21,24	18,85	19,85	16,83
MnO	0,12	Spur	1,12	—	—
FeO	—	7,35	7,28	5,01	2,55
Al_2O_3	4,24	3,51	4,89	5,28	5,09
Fe_2O_3	4,36	2,39	5,32	4,83	5,05
SiO_2	50,58	50,53	49,68	48,23	49,18
TiO_2	—	—	0,11	—	—
H_2O	—	—	—	0,45	—
	99,66	99,07	100,07	100,68	99,32

[1]) Mit TiO_2.

85. Von Kami-Sano (Japan); anal. S. Shimizu, Miner. of Japan, T. Wada, Tokyo (1904).

86. Aus Augitgestein von Neudeck (Schlesien); anal. H. Traube, N. JB. Min. etc. 1890, I, 227.

87. Aus Plagioklasbasalt vom Taufstein, Doleritgebiet der Breitfirst zwischen Rhön und Spessart; anal. R. Wedel, J. preuß. geol. L.A. 1890. Ref. Z. Kryst. **21**, 259 (1898).

88. Aus Minette; anal. G. Linck, Geogn.-petr. Beschr. des Grauwackengebiets von Weiler, Inaug.-Diss. (Straßburg 1884); Z. Kryst. 11, 64 (1886).

Die Berechnung ergibt:

$(Na, K)_2Al_2SiO_6$ . .	3,85 %
$MgAl_2SiO_6$	7,10
$MgFe_2SiO_6$	7,85
$FeSiO_3$	9,19
$CaSiO_3$	41,12
$MgSiO_3$	33,08

Für das wahrscheinlichere Silicat $NaAlSi_2O_6$ statt $Na_2Al_2SiO_6$ fehlt es an SiO_2.

89. Von Greenwood Fournace; anal. C. Doelter, Min. Mitt. Beil. J. k. k. geol. R.A. **27**, 286 (1977).

Aus der Analyse berechnet sich:

$19\,CaMgSi_2O_6$
$2\,CaFeSi_2O_6$
$2\,MgFe_2SiO_6$
$3\,MgAl_2SiO_6$.

Augite mit hohem Gehalt an Tonerde und an Eisenoxyd.

Wir kommen jetzt zu der zahlreich vertretenen Klasse von Pyroxenen, welche sowohl an Tonerde als auch an Eisenoxyd reich sind und überdies auch einen nicht unbeträchtlichen Gehalt an Eisenoxydul zeigen. Eine weitere Klassifikation dieser sehr verbreiteten Augite ist recht schwierig, da sich kein weiteres Einteilungsprinzip ergibt; am besten ist es noch, den totalen Gehalt an Sesquioxyden als maßgebend bei der Einteilung anzunehmen.

a) Summe der Sesquioxyde zirka von 10—15 %.

Die folgenden Analysen zeigen keinen großen Gehalt an Sesquioxyden (zirka 10—13 %) und haben die Eigentümlichkeit, daß der Eisenoxydgehalt den Tonerdegehalt, wenn man die Prozente vergleicht, überwiegt. Auch der Eisenoxydulgehalt ist gering. Da es sich jedoch um Analysen von Gesteinsbestandteilen handelt, welche dem Phosphorsäuregehalt nach Apatit enthalten dürften, so können die Analysen wohl nicht als an reinem Material ausgeführt betrachtet werden.

	90.	91.	92.	93.	94.
δ	3,402	3,414	3,435	3,298	3,287
Na_2O	0,80	0,71	1,60	0,91	1,42
K_2O	0,36	0,43	0,34	0,35	0,39
MgO	12,91	10,31	12,12	12,09	11,35
CaO	21,81	22,09	22,18	22,48	22,15
FeO	3,26	2,52	2,65	2,96	3,84
Al_2O_3	4,52	6,21	4,21	5,48	5,96
Fe_2O_3	6,54	7,73	7,28	7,42	5,74
SiO_2	48,24	48,14	47,76	45,52	48,13
TiO_2	1,44	1,36	1,24	2,05	1,62
P_2O_5	0,36	0,12	0,71	0,52	0,71
H_2O	0,11	0,31	0,13	0,37	6,18
	100,35	99,93	100,22	100,15	101,49

90. Von Sparbrod (Rhön) aus Hornblendebasalt; anal. X. Galkin, N. JB. Min. etc. Beil.-Bd. **29**, 687 (1910).
91. Vom Totenköpfchen; anal. wie oben, 689.
92. Aus Basalt vom Gehülfensberg; anal. wie oben, 691.
93. Von Liebhards; anal. wie oben, 686.
94. Aus Tuff vom Pferdskopf; anal. wie oben.

X. Galkin hat die Analysen auch berechnet und findet das Verhältnis $SiO_2 : \overset{II}{R}O$ zwischen 1 und 1,11. Was die Sesquioxyde anbelangt, so ergibt die Berechnung, daß sie mit Ausnahme der Analyse des Augits vom Totenköpfchen nicht mit der Annahme des G. Tschermakschen Silicats $R\overset{III}{R}_2SiO_6$ vereinbar sind; auch das Silicat $Na_2Al_2SiO_6$ kann nicht vorhanden sein, es ist überall ein Überschuß von SiO_2 vorhanden; daher die Vermutung ausgesprochen wird, daß die Annahme von Radikalen, wie sie S. L. Penfield aufstellte, wahrscheinlich sei (vgl. unten).

	95.	96.	97.	98.	99.	100.	101.
δ	3,416	—	—	—	—	—	3,425
Na_2O	1,47	0,61	1,83	1,55	Spur	1,46	1,20
K_2O	0,52	—	—	—	—	—	Spur
MgO	10,44	14,35	14,18	14,81	14,06	14,76	11,63
CaO	22,83	16,01	17,83	21,60	21,92	19,57	23,26
FeO	5,91	5,95	5,43	4,81	5,43	5,20	5,75[1])
Al_2O_3	7,27	14,24	5,67	7,89	9,66	8,15	8,48
Fe_2O_3	6,06	7,89	6,18	3,51	4,95	5,25	6,21
SiO_2	44,55	40,81	46,94	45,79	44,11	45,14	45,18
TiO_2	1,36	—	—	—	—	—	—
H_2O	—	—	—	—	—	—	0,79
	100,41	99,86	98,06	99,96	100,13	99,53	102,50

95. Aus dem Hauynophyr vom Mte. Vultur bei Melfi; anal. P. Mann, N. JB. Min. etc. 1884, II, 203.

Aus der Analyse wird auf folgende Zusammensetzung geschlossen:

$$9\,CaMgSi_2O_6 \,.\, 3\,CaFeSi_2O_6 \,.\, 2\,CaAl_2SiO_6 \,.\, Na_2Fe_2SiO_6.$$

[1]) Inkl. Spur MnO.

96. Von Rib. das Patas (Capverden); anal. C. Doelter, Vulk. d. Capverden (Graz 1883), 129.

Die Berechnung ergibt:

$$4\,CaMgSi_2O_6 \,.\, 2\,CaFeSi_2O_6 \,.\, 3\,MgAl_2SiO_6 \,.\, MgFe_2SiO_6.$$

97. Von Pedra Molar (Capverden); anal. C. Doelter, wie oben.

98. Augitkristall von Aguas caldeiras; anal. C. Doelter, wie oben.

99. Augitkristall von Garzatal; anal. C. Doelter, wie oben.

Die Berechnung dieser Analyse ergibt [Tsch. min. Mit. etc. 5, 227 (1883)]:

$$10\,CaMgSi_2O_6 \,.\, 2\,CaAl_2SiO_6 \,.\, FeAl_2SiO_6 \,.\, FeFe_2SiO_6.$$

Diese Analyse ist deshalb von Wichtigkeit, weil sich hier ein sonst seltener Überschuß von $CaSiO_3$ ergibt (vgl. S. 554).

100. Aus Dolerit von St. Vincent (Capverden); anal. F. Kertscher bei C. Doelter, wie oben.

Die Berechnung ergibt:

$$11\,CaMgSi_2O_6 \,.\, MgFeSi_2O_6 \,.\, 2\,CaFeSi_2O_6 \,.\, 2\,MgAl_2SiO_6 \,.\, MgFe_2SiO_6 \,.\, Na_2Al_2SiO_6.$$

Hier ist die Annahme des Silicats $NaAlSi_2O_6$ nicht angängig, weil es an SiO_2 fehlt. MgO ist in größern Mengen vorhanden, daher die Annahme des Silicats $MgFeSi_2O_6$ wahrscheinlich ist.

101. Von Heidepriem, Löbau (Sachsen); anal. A. Merian, N. JB. Min. etc. Beil.-Bd. 3, 281 (1885).

A. Merian berechnet daraus:

$$10\,CaMgSi_2O_6 = 44\ \%$$
$$4\,CaFeSi_2O_6 = 17{,}5$$
$$4\,MgAl_2SiO_6 = 17{,}5$$
$$1\,MgFe_2SiO_6 = 4$$
$$1\,Na_2Fe_2SiO_6 = 4$$
$$3\,Ca_2Si_2O_6 = 13$$

Es ist also in dieser Analyse ein bedeutender Überschuß von $CaSiO_3$ vorhanden, dagegen wird nicht das Silicat $Na_2FeSi_2O_6$ angenommen, sondern das Silicat $Na_2Fe_2SiO_6$, dessen Existenz weniger wahrscheinlich ist; dieses Silicat würde jedoch mehr SiO_2 erfordern. Die Berechnung ist also nicht ohne Zwang.

Hierher gehören auch einige Analysen von Augiten aus der Umgebung von Neapel.

	102.	103.
MgO	13,55	13,19
CaO	20,20	20,86
MnO	—	0,14
FeO	9,09	4,87
Al_2O_3	7,80	9,14
Fe_2O_3	—	5,03
SiO_2	49,30	46,42
	99,94	99,65

102. Aus der Lava der Straße von Pompeji; anal. E. Casoria, Ann. R. Soc. Agricoltura **6** (1904); Z. Kryst. **42**, 88 (1907).

In dieser Analyse wurde keine Trennung der Eisenoxyde durchgeführt.

103. Aus Lava eines erratischen Blocks von ebenda; anal. E. Casoria, wie oben.

b) Summe der Sesquioxyde 15—20 %.

	104.	105.	106.	107.	108.
δ	3,380	—	—	3,311	—
Na_2O	—	—	—	1,11	—
K_2O	—	—	—	0,82	—
MgO	12,76	11,81	8,97	5,44	16,04
CaO	18,25	20,57	19,73	21,98	19,02
MnO	0,40	—	0,29	0,35	—
FeO	7,77	4,17	5,11	7,25	4,09
Al_2O_3	8,13	6,91	11,12	11,72	9,75
Cr_2O_3	—	—	0,13	—	—
Fe_2O_3	5,83	9,20	5,50	4,40	4,47
SiO_2	47,52	48,49	47,21	44,16	46,95
TiO_2	—	—	0,79		
H_2O	—	—	100° 0,41 über 100° 1,25	1,58	—
	100,66	101,15	100,51	98,81	100,32

104. Schwarzer Augit von Härtlingen; anal. C. F. Rammelsberg, Pogg. Ann. **103**, 437 (1858).

105. Aus Basalttuff von Naurod; anal. H. Sommerlad, N. JB. Min. etc. Beil.-Bd. **2**, 177 (1883).

Die Berechnung ergibt:

$$5\,CaMgSi_2O_6 \,.\, 2\,CaFeSi_2O_6 \,.\, 2\,MgAl_2SiO_6 \,.\, 2\,MgFe_2SiO_6 ,$$

jedoch verbleibt ein Überschuß von $6\,CaSiO_3$. Bereits in andern Pyroxenen hatten wir einen derartigen Überschuß zu erwähnen.

Da in dieser Analyse sehr viel Kalk, aber wenig Magnesia vorhanden ist, so müßte die Tonerde im Silicat $CaAl_2SiO_6$ vorhanden sein.

106. Schwarzer Augit vom Vesuv; anal. C. Doelter, Min. Mitt. Beil. J. k. k. geol. R.A. **28**, 283 (1877).

Die Berechnung ergibt:

$$10\,CaMgSi_2O_6 \,.\, 2\,CaFeSi_2O_6 \,.\, 3\,MgAl_2SiO_6 \,.\, MgFe_2SiO_6 .$$

107. Lose Kristalle aus Tuff von Gerringong, N. S.-Wales; anal. H. G. Foxall, J. R. Soc. N. S.-Wales **38**, 402 (1904); Z. Kryst. **48**, 685 (1911.

108. Von der Magnitnaia (Magnetberg); anal. J. Morozewicz, Mém. Com. géol. russe **18** (1901) nach Z. Kryst. **38**, 201 (1903).

Daraus berechnet J. Morozewicz folgende Zusammensetzung:

$2\frac{3}{5}\,(Ca_2(MgFe)_2Si_4O_{12})$	58 %
$1\frac{3}{10}\,(Ca_2Al_4Si_2O_{12})$	30
$\frac{1}{2}\,(Na_2Fe_2Si_4O_{12})$	12.

Vor kurzem erschien noch eine hierhergehörige Analyse.

	109.
Na_2O	1,91
MgO	9,61
CaO	19,76
MnO	0,23
FeO	5,88
Al_2O_3	7,84
Fe_2O_3	7,97
SiO_2	45,03
TiO_2	0,24
P_2O_5	0,32
H_2O	0,87
Feuchtigkeit	0,15
	99,81

109. Aus Leucittephrit vom Sormandskegel; anal. A. Lindner bei G. Rack, N. JB. Min. etc. Beil.-Bd. **34**, 68 (1912).

Diese Analyse zeigt wie Analyse 107 geringen Gehalt an MgO. G. Rack stellt die Formel auf:

$$5\,MgAl_2SiO_6\,.\,(Ca_{14}, Mg_6, Fe_3)(SiO_2)_{23}\,.\,5\,Na\overset{III}{Fe}Si_2O_6\,.$$

	110.	111.	112.	113.
δ	—	3,010	3,162	—
MgO	10,57	20,34	16,17	12,05
CaO	23,22	8,73	9,70	20,15
MnO	—	0,26	0,36	—
FeO	3,50	4,04	7,92	6,63
Al_2O_3	8,00	11,90	12,98	7,13
Fe_2O_3	11,00	6,45	5,21	5,47
SiO_2	44,18	44,12	43,22	48,09
H_2O	—	4,72	3,98	—
	100,47	100,56	99,54	99,52

110. Aus Tuffen des nördl. Böhmens; anal. W. Schmidt, Tsch. min. Mit. **4**, 14 (1884).
111. Diallag von Kirkjö; anal. P. Oberg, Geol. För. Förh. Stockh. **7**, 811 (1885).
112. Von ebenda; anal. wie oben.
113. Aus Amphibolpikrit von Sechshelden bei Dillenburg; anal. L. Doermer, N. JB. Min. etc. Beil.-Bd. **15**, 594 (1902).

c) Augite mit sehr hohem Gehalt an Sesquioxyden (20—30%).

	114.	115.	116.	117.
δ	—	—	—	3,376–3,421
Na_2O	0,60	4,32	3,66	—
K_2O	—	—	2,12	—
CaO	18,90	11,73	10,95	22,54
MgO	8,99	14,80	12,32	7,02
FeO	2,23	9,14	6,24	5,77.
Al_2O_3	16,97	13,08	8,67	10,49
Fe_2O_3	15,37	9,29	13,93	11,98
SiO_2	36,79	38,22	42,27	44,22
TiO_2	—	—	0,92	—
	99,85	100,58	101,08	102,02

114. Aus einem Auswürfling vom Pico da Cruz; anal. C. Doelter, Vulk. d. Capverden 150.

Die Berechnung ergibt:

$$6\,CaMgSi_2O_6 \,.\, 2\,CaAl_2SiO_6 \,.\, 3\,CaFe_2SiO_6 \,.\, 2\,MgAl_2SiO_6 \,.\, FeAl_2SiO_6.$$

Dieser Augit ergibt insofern ein anomales Verhältnis, als das Verhältnis der Oxydsilicate zu den Oxydulsilicaten, d. h. von solchen, welche kein R_2O_3, sondern nur RO enthalten, 8:6 ist; die SiO_2-Menge ist die geringste aller Augite; ferner fällt die große Menge von CaO auf. Man kann die Formel auch schreiben:

$$10\,CaSiO_3 \,.\, CaMgSi_2O_6 \,.\, 4\,MgAl_2SiO_6 \,.\, 3\,MgFe_2SiO_6 \,.\, FeAl_2SiO_6.$$

115. Aus dem Leucitit (Einschluß) vom Siderão, Capverden; anal. wie oben.

Dieser Augit ergibt: Tsch. min. Mit. **5**, 229 (1883).

$$4\,CaMgSi_2O_6 \,.\, MgAl_2SiO_6 \,.\, \overset{III}{Fe}Fe_2SiO_6 \,.\, Na_2Al_2SiO_6.$$

Dieser Augit enthält nicht das Silicat $Na_2Al_2Si_4O_{12}$, da hierzu zu wenig SiO_2 vorhanden ist. Andere Augite mit hohem Gehalt an Sesquioxyden weisen einen noch höheren Gehalt an Natron auf; diese sind unter den Augiten mit hohem Natrongehalt eingereiht.

116. Aus Eläolithsyenit von Caldas de Monchique; anal. A. Merian, N. JB. Min. etc. Beil.-Bd. **3**, 272 (1885).

Aus der Analyse berechnet sich:

$$4\,CaMgSi_2O_6 \,.\, 2\,CaFeSi_2O_6 \,.\, 2\,MgAl_2SiO_6 \,.\, 2\,Na_2Fe_2SiO_6.$$

Das Verhältnis Ca : Mg : Fe = 0,220 : 0,274 : 0,087.

117. Vom Teufelsgrund, Schlesien; anal. E. M. Rohrbach, Tsch. min. Mit. **27**, 25 (1886).

d) Augite mit hohem Gehalt an Sesquioxyden und an Alkalien.

Diese Abteilung vermittelt den Übergang zu den Alkaliaugiten, dem Jadeit und dem Ägyrin; wie allgemein in der Pyroxengruppe,[1]) welche ja aus vielen isomorphen Mischungen besteht, ist eine ganz scharfe Trennung nicht durchführbar; es wurden daher hier solche Pyroxene aufgenommen, welche nicht ausgesprochene Jadeite oder Ägirine sind.

Auch zu den oben erwähnten eisenoxydreichen und stark tonerdehaltigen Augiten gibt es einen Übergang und so repräsentiert der Augit vom Siderão einen solchen.

Diese Pyroxene sind bereits als Ägyrinaugite zu bezeichnen; indessen ist ihr Eisenoxydulgehalt ein derartiger, daß man sie noch nicht als Ägyrine einreihen könnte; auch der Alkaligehalt ist noch zu niedrig.

---

[1]) Eine unvollständige Analyse von L. Jaczewsky, Explor. gèol. et min. chem. de fer Sibérie **11**, 48 (1899); Z. Kryst. **38**, 197 (1903); mit 39,54 Fe_2O_3 gehört hierher; da diese Eisenoxyde nicht getrennt sind, hat diese Analyse für uns keinen Wert.

	118.	119.	120.	121.	122.
δ . . .	—	—	—	3,359	3,465
Na_2O .	6,60	5,06	8,70	10,69	8,68
K_2O . .	—	—	—	2,64	0,68
MgO . .	6,16	6,89	2,29	3,56	4,28
CaO . .	5,14	14,81	6,09	10,39	9,39
MnO . .	—	—	Spur	Spur	—
FeO . .	10,39	3,55	15,99	8,54	5,65
Al_2O_3 . .	13,30	16,93	9,11	5,17	4,88
Fe_2O_3 . .	11,32	15,07	17,18	16,86	16,28
SiO_2 . .	47,99	37,20	41,08	42,15	49,32
TiO_2 . .	—	—	—	Spur	1,25
	100,90	99,51	100,44	100,00	100,41

118. Aus dioritischem Gestein von St. Vincent (Capverden); anal. C. Doelter, Vulk. d. Capverden, 81.

119. Aus Tephrit von Pico da Cruz (Capverden); anal. C. Doelter, wie oben.

Die Berechnung ergibt:

$$6\,CaMgSi_2O_6 \,.\, CaFeSi_2O_6 \,.\, 2\,CaAl_2SiO_6 \,.\, 2\,CaFe_2SiO_6 \,.\, MgFe_2SiO_6 \,.\, FeAl_2SiO_6 \,.\, 3\,NaAl_2SiO_6.$$

120. Aus Foyait von St. Vincent (Capverden); anal. C. Doelter, wie oben.

121. Aus dem Phonolith vom Hohentwiel; anal. P. Mann, N. JB. Min. etc. 1884, II, 190.

Diese Analyse zeigt einen überaus hohen Alkaligehalt, wie er sonst dem Akmit eigen ist; dabei ist jedoch der Eisenoxydgehalt kein so großer, daß man berechtigt wäre, diesen Pyroxen zum Akmit zu stellen. Nicht unmöglich wäre es, daß ein Teil des hohen Alkaligehaltes aus Verunreinigungen herstammt, da ja das Mineral erst isoliert werden mußte; insbesondere der K_2O-Gehalt ist ganz abnorm.

Die Berechnung ergibt:

$$3\,CaMgSi_2O_6 \,.\, 4\,CaFe_2SiO_6 \,.\, Na_2Fe_2Si_4O_{12} \,.\, K_2CaSi_2O_6 \,.\, 2\,Na_2Al_2SiO_6 \,.\, 3\,Na_2Fe_2SiO_6.$$

Diese Formel ist jedoch sehr willkürlich, da die Annahme ganz hypothetisch ist, daß ein Silicat $K_2CaSi_2O_6$ existiere.

122. Aus Phonolith von Elfdalen; anal. wie oben.

Was den Pyroxen von Elfdalen anbelangt, so ergibt die Berechnung:

$$2\,CaMgSi_2O_6 \,.\, 2\,CaFeSi_2O_6 \,.\, 3\,Na_2Fe_2Si_4O_{12} \,.\, Na_2Al_2SiO_6.$$

Zur Annahme eines Silicats $Na_2Al_2Si_4O_{12}$, welche wahrscheinlicher wäre, fehlt es an Kieselsäure.

Die nächste Analyse betrifft einen Ägyrinaugit, welcher dem Ägyrin (siehe unten) zuneigt. Die Analyse wurde mir von Prof. v. Tschirwinsky mitgeteilt:

	123.
Na_2O	7,77
K_2O	0,85
MgO	4,95
CaO	9,89
MnO	0,48
FeO	6,80
Al_2O_3	3,47
Fe_2O_3	15,64
SiO_2	49,81
TiO_2	0,54
	100,50

123. Aus Augitsyenit, Tscherenschavda (Ilmengeb.); anal. Beljankin, Nachrichten des St. Petersburger Polytechnikums 1910, 144.

Die folgenden Analysen zeigen uns Natronaugite mit hohem Tonerdegehalt, welchem jedoch kein sehr hoher Gehalt an Eisenoxyd entspricht.

	124.	125.	126.
Na_2O	2,23	3,20	2,98
K_2O	0,93	4,70	—
MgO	7,15	4,75	7,55
CaO	13,52	15,52	12,28
FeO	12,62[1])	11,20[1])	9,43
Al_2O_3	15,59	14,80	21,51
Fe_2O_3	—	—	3,79
SiO_2	46,40	46,00	42,15
H_2O	1,60	—	—
	100,04	100,17	99,69

124. Diallag? von Izusho (Japan); anal. Bundjiro Koto, Z. Kryst. **14**, 401 (1888).
125. Von Rosetown, N. J. (Amer.); anal. Kemp, Am. Journ. **36**, 247 (1888).
126. Aus Basalt vom Picostal (Capverden); anal. C. Doelter, l. c. 113.

Augite mit hohem Gehalt an Sesquioxyden, jedoch mit geringem Gehalt an Eisenoxydul und Kalkerde.

Zu diesen gehören namentlich die Fassaite, welche stark tonerdehaltig und magnesiareich sind.

	127.	128.	129.	130.
δ	—	2,965	—	2,979
MgO	25,10	25,20	24,90	26,60
CaO	12,51	13,10	13,65	10,29
FeO	1,52	1,67	2,09	0,55
Al_2O_3	9,97	10,43	10,10	10,63
Fe_2O_3	7,01	5,91	5,01	7,36
SiO_2	43,81	44,06	44,76	41,97
H_2O	0,51	0,15	—	2,70
	100,43	100,52	100,51	100,10

127. Kristalle vom Toal de la Foja (Monzoni); anal. C. Doelter, Min. Mitt. Beil.-Bd. k. k. geol. R.A. **27**, 71 (1877).
128. Von ebenda, kristalliner Fassait; anal. C. Doelter, wie oben.
129. Von derselben Lokalität; anal. von demselben, l. c. 288.
130. Kristalle vom Malinverno; anal. von demselben, l. c. 71.

Auffallend ist hier der hohe Magnesiagehalt, welcher auf das Silicat $MgAl_2SiO_6$ schließen läßt.

Siehe auch die Analyse von eine Pseudomorphose von Fassait nach Gehlenit, von A. Cathrein.[2])

Eine andere Zusammensetzung hat folgender Augit, welcher im Gegenteil magnesiaarm ist und einen Überschuß von $CaSiO_3$ aufweist:

---

[1] Die beiden ersten Analysen habe ich, obzwar sie keine Trennung der Eisenoxyde aufweisen, wegen ihres so hohen Tonerdegehaltes gebracht.

[2]) A. Cathrein, Tsch. Min. Mit. **8**, 410 (1887).

	131.
δ	3,253
MgO	6,80
CaO	24,90
Al_2O_3	10,10
Fe_2O_3	10,40
SiO_2	46,80
	99,00

131. Fassait von Santorin; anal. F. Fouqué, C. R. 1875 (März).

Die Fassaite schließen sich an die Klinohypersthene von W. Wahl an, da in diesen der Kalkgehalt ein verhältnismäßig geringer ist; die Mengen von Sesquioxyden sind in allen sehr beträchtliche. Nimmt man in ihnen das Diopsidsilicat $CaMgSi_2O_6$ an, so verbleibt ein Überschuß von $MgSiO_3$, welcher zum Teil an die Sesquioxyde in Form der Tschermakschen Silicate $MgAl_2SiO_6$ und $MgFe_2SiO_6$ gebunden sein kann.

Titanhaltiger Augit.

Synonym: Titanaugit.

Vom chemischen Standpunkt besteht eigentlich kein Bedürfnis, die titanhaltigen Augite besonders zu behandeln, da der Titangehalt dieser Pryoxene ja kein großer ist — er übersteigt kaum 4% — und daher dieses Klassifikationsprinzip gegenüber den übrigen, bereits früher erwähnten, zurücktreten muß. Wenn hier trotzdem diejenigen Augite, welche sich von den übrigen durch merklichen Titangehalt auszeichnen, doch besonders behandelt werden, so geschieht dies im Hinblick darauf, daß diese „Titanaugite" auch durch einige optische Eigenschaften sich hervorheben. Der Name Titanaugit ist weniger empfehlenswert, da, wie bemerkt, der Gehalt an TiO_2 stets ein geringer ist; es trifft dasselbe zu, was bei Olivin bemerkt wurde.

Bemerkt soll noch werden, daß die Abgrenzung gegenüber den andern tonerdehaltigen Augiten keine scharfe sein kann, da ja die meisten dieser Pyroxene kleine Mengen von Titansäure enthalten.

	132.	133.	134.	135.	136.	137.
Na_2O	—	—	—	—	—	1,20
MgO	15,43	13,19	12,79	10,92	12,28	11,63
CaO	24,24	21,29	23,02	22,83	22,79	23,26
FeO	2,95	4,32	4,76	4,11	3,49	5,75[1]
Al_2O_3	4,34	8,20	5,80	7,47	6,90	8,48
Fe_2O_3	7,79	— 3,72	3,17	4,90	6,02	6,21
SiO_2	42,10	46,54	47,20	45,83	44,15	45,18
TiO_2	3,55	2,85	2,70	3,57	4,57	0,79
	100,40	100,11	99,44	99,63	100,20	102,50

132. Vom Horberig (Kaiserstuhl); anal. A. Knop, Z. Kryst. 1, 64 (1877).
133. Braun von Horberig; anal. A. Knop, Z. Kryst. 10, 72 (1885).
134. Von Anoltern; anal. A. Cathrein bei A. Knop, wie oben.
135. Von Burkheim; anal. A. Knop, wie oben.
136. Von der Limburg; anal. A. Knop, wie oben.
137. Von Löbau; anal. P. Merian, N. JB. Min. etc. Beil.-Bd. 3, 281 (1881).

[1] Inkl. MnO.

	138.	139.	140.	141.	142.	143.
δ . .	3,441	—	3,382	—	—	—
Na_2O .	1,29	0,69	—	1,50	—	1,67
K_2O . .	0,49	0,44	—	0,50	—	—
MgO .	14,76	9,28	15,27	11,89	12,79	7,86
CaO . .	20,32	22,55	16,55	22,44	22,13	21,47
MnO .	—	1,40	—	—	—	0,37
FeO . .	3,87	8,60	12,36	3,70	10,54	5,56
Al_2O_3 .	6,62	9,86	2,82	6,19	3,93	10,63
Fe_2O_3 .	5,02	—	—	6,99	2,72	6,52
SiO_2 . .	44,65	48,15	48,74	43,85	44,89	42,59
TiO_2 .	2,93	1,10	3,35	3,14	2,39	3,54
H_2O . .	—	—	0,10	—	0,11	—
	99,95	102,26 [1])	99,19	100,20	99,50	100,21

138. Von der Limburg; anal. P. Merian, N. JB. Min. etc., Beil.-Bd. 3, 285 (1895).

139. Von Meiches, schwarz; anal. A. Knop, N. JB. Min. etc. 694 (1865).

140. Von Londorf (Vogelsgebirge); anal. A. Streng, ebenda II, 192 (1888).

141. Von der Limburg; anal. E. Lord, Inaug.-Dissert. Heidelberg 1894; Z. Kryst. **27**, 431 (1897). Der Verf. hat mit diesem Augit Löslichkeitsversuche ausgeführt (vgl. S. 581).

142. Vom Kilimandjaro; anal. C. Becker, Sitzber. phys.-med. Soz. Erlangen **33**, 219 (1901); Z. Kryst. **38**, 317 (1903). Der Verf. hat ebenfalls Versuche mit HCl gemacht.

A. Merian berechnet aus seiner Analyse:

$$22\,CaMgSi_2O_6 \,.\, 4\,CaFeSi_2O_6 \,.\, 5\,MgAl_2SiO_6 \,.\, 2\,Na_2Fe_2SiO_6.$$

Das Silicat $Na_2Fe_2SiO_6$ ist jedoch hypothetisch und es wäre verständlicher, das wirklich vorkommende Silicat $NaAlSi_2O_6$ anzunehmen, dann wäre auch bei Berechnung der Analyse nach der angenommenen Zusammensetzung der SiO_2-Gehalt höher ausgefallen, ebenso der Fe_2O_3-Gehalt, so daß die Bezeichnung sich der Wirklichkeit mehr nähern würde.

143. Einschluß im Basalt von Medves, S. Tarjan (Ungarn); anal. B. Mauritz, Földt. Közlöny **40**, 590 (1910).

Endlich noch zwei Analysen, bei welchen jedoch keine Trennung der Eisenoxyde vorgenommen wurde.

	144.	145.
$Na_2O + K_2O$ . .	0,81	0,91
MgO	13,51	13,94
CaO	19,11	19,01
Al_2O_3	8,09	10,93
Fe_2O_3	9,79	6,46
SiO_2	45,16	45,50
TiO_2	3,42	3,12
	99,89	99,87

144. Vom Puy de la Rodde (Auvergne), Auswürflinge; anal. F. Gonnard und Ph. Barbier, Bull. Soc. min. **34**, 233 (1911).

145. Von Maillargues (Cantal); anal. F. Gonnard und Ph. Barbier. wie oben.

[1]) BaO + SrO = 0,19%.

Chromhaltige Pyroxene.

Es ist fraglich, ob es gerechtfertigt erscheint, jene Diopside, welche einen kleinen Chromgehalt aufweisen, als besondere Art abzutrennen; da indessen diese Diopside unter diesem besondern Namen, welcher von Fr. Sandberger eingeführt wurde, bekannt sind und jedenfalls durch die Anwesenheit von Chrom eine bestimmte chemische Charakteristik gegeben ist, so wurden die Analysen hier besonders angeführt. In welcher Weise das Chrom im Silicat vorhanden ist, kann dermalen noch nicht festgestellt werden; es mag in einzelnen Fällen sogar die Möglichkeit vorliegen, daß ein Teil von Verunreinigungen durch Picotit, Chromeisen herrührt. Indessen ist es doch sehr wahrscheinlich, daß auch das Chrom als Silicat vorkommen kann, wobei es wahrscheinlich ist, daß Cr_2O_3 die Tonerde und das Eisenoxyd vertritt und analoge Silicate bildet wie Eisenoxyd. Anderseits wäre es nicht ganz ausgeschlossen, daß auch das Chromoxydul vorkommt, in welchem Falle man an eine analoge Verbindung wie Hedenbergit denken könnte. Ich habe, um diese Fragen zu lösen, einige Versuche zur Herstellung solcher Chrompyroxene ausgeführt, welche ergeben, daß nur kleine Mengen, unter 5% Chromoxyd von Diopsid in fester Lösung aufgenommen werden (Sitzber. Wiener Ak. **122**, 16 (1913).

Unter dem Namen Chromdiopsid zirkulieren Pyroxene, welche einen geringen Gehalt an Chromoxyd aufweisen, so daß der Name Chromdiopsid nicht recht diesem geringen Chromgehalt entspricht. Nicht alle haben die einfache Diopsidzusammensetzung, manche weisen einen größeren Gehalt an Tonerde auf und gehören eher zu den Tonerdeaugiten.

1. Mit geringeren Mengen von Sesquioxyden.

	146.	147.	148.	149.	150.	151.
δ	—	3,259	3,313	3,26	—	—
Na_2O	—	1,29	—	—	—	—
K_2O	—	1,48	—	—	—	—
MgO	17,30	13,57	17,40	15,50	14,30	20,08
CaO	20,04	20,34	22,15	20,50	21,52	13,11
FeO	6,84	3,84	3,46	6,50	4,71	2,67
Al_2O_3	2,24	2,45	1,56	0,60	1,50	1,90
Cr_2O_3	0,72	1,49	0,73	2,80	2,08	0,70
Fe_2O_3	—	2,07	2,44	—	—	5,97
SiO_2	52,63	53,67	51,86	52,40	54,97	53,93
H_2O	0,57	—	0,12	1,50	—	1,63
	100,34	100,20	99,72	99,80	99,08	—

146. Chromdiopsid von Trogen bei Hof; anal. O. Loretz bei C. W. v. Gümbel, Geogn. Beschr. v. Bayern **3**, 152 (1879).

147. Omphacit (Chromdiopsid) von Křemže; anal. A. Schrauf, Z. Kryst. **6**, 329 (1882).

148. Chromdiopsid von Jan Mayen; anal. R. Scharitzer, J. k. k. geol. R.A. **34**, 707 (1884).

149. Chromdiopsid von der Capkolonie; anal. E. Jannetaz, Bull. Soc. min. **5**, 281 (1882).

150. Von Jagersfontein (Südafrika); anal. A. Knop, Z. Kryst. **20**, 299 (1892).

151. Chromdiopsid von der Kimberleygrube; anal. F. P. Menell, Q. J. Geol. Soc. **66**, 372 (1910).

2. Chromhaltige Pyroxene mit höherem Tonerdegehalt.

	152.	153.	154.	155.	156.	157.	158.
MgO .	14,58	15,47	17,84	17,42	14,60	12,48	15,60
CaO .	17,87	19,73	17,39	14,63	18,00	20,37	20,34
MnO .	0,70	0,54	—	—	—	—	—
FeO .	4,00	4,40	5,03	9,70	5,06	8,52	—
Al_2O_3 .	6,46	4,76	7,42	5,10	4,75	4,07	3,53
Cr_2O_3 .	1,98	1,09	2,61	1,40	2,95	1,30	1,01
Fe_2O_3 .	—	—	—	—	—	—	9,50
SiO_2 .	54,50	51,89	49,71	50,44	51,62	53,63	49,43
TiO_2 .	—	—	—	—	2,99	—	—
H_2O .	—	2,30[2]	—	—	—	—	—
	100,32[1]	100,18	100,00	98,69	99,97	100,37	99,41

152. Chromdiopsid vom Kreuzberg (Rhön); anal. H. Lenk, Inaug.-Diss. Würzburg 96 (1887).
153. Chromdiopsid vom Lützelberg (Kaiserstuhl); anal. A. Knop, N. JB. Min. etc. 698 (1877).
154. Chromdiopsid vom Dreiser Weiher; anal. C. F. Rammelsberg, Pogg. Ann. **141**, 516 (1870).
155. Von den fünf schwarzen Steinen bei Wallenfels; anal. K. Oebbeke, Z. Kryst. **2**, 105 (1878).
156. Augit aus Pikrit der schwarzen Steine; anal. R. Brauns, N. JB. Min. etc., Beil.-Bd. **18**, 307 (1904).
157. Chromdiopsid von Lherz (Pyren.); anal. A. Damour, Bull. Soc. géol. **19**, 413 (1862).
158. Hempla bei Steben; anal. O. Loretz, in W. v. Gümbels geogn. Beschr. von Bayern **3**, 152 (1879).

R. Scharitzer berechnet aus seiner Analyse folgende Zusammensetzung:

$$26\,(Mg, Fe, Ca)SiO_3(Al, Fe, Cr)_2O_3$$

oder

$$83\,CaMgSi_2O_6 . 5\,FeMgSi_2O_6 . 3\,MgAl_2SiO_6 . 3\,MgFe_2SiO_6 . MgCr_2SiO_6.$$

Die Annahme des letzten Silicats ist jedoch meinen Synthesen zufolge unwahrscheinlich. Die Ansicht, daß der Chromgehalt durch Picotiteinschlüsse entstanden sei, wird von R. Scharizer nach mikroskopischer Untersuchung abgelehnt.

Folgende Analyse von Chromdiopsid wurde mir von Prof. P. v. Tschirwinsky mitgeteilt:

	159.
Na_2O	1,057
K_2O	0,167
MgO	17,451
CaO	22,341
Al_2O_3	0,546
Cr_2O_3	0,800
Fe_2O_3	1,754
SiO_2	54,349
H_2O	0,457
	98,922

159. Von Mokraja-Jama, S.W. von Miasc, Ural; anal. W. Szedelstschikow, unveröff.

[1] BaO 0,23 %.
[2] Diese 2,30 % sind eine nicht näher bestimmte Substanz, vielleicht ein Gemenge von TiO_2, ZrO_2, Nb_2O_5.

Omphazite.

Die folgenden Analysen 160 und 162 entbehren der Trennung der Oxyde des Eisens.

	160.	161.	162.
δ	—	3,33	—
Na_2O	0,88	4,51	1,73
K_2O	0,88	0,92	9,85
MgO	15,22	10,03	16,58
CaO	21,50	14,61	18,51
FeO	3,26	1,33	5,21
Al_2O_3	6,67	10,91	4,28
Cr_2O_3	2,07	—	—
Fe_2O_3	—	3,12	—
SiO_2	50,29	54,21	51,28
TiO_2	—	0,46	—
Wasser	0,45	0,05	1,20
	101,22	100,15	99,64

160. Omphazit aus dem Bachergebirger, Steiermark; anal. Fikenscher, Bg.- u. hütt. Z. **24**, 397 (1865).
161. Aus Eklogit vom Ötztal; anal. L. Hezner, Tsch. min. Mitt. **22**, 447 (1903).
162. Von Tainach (Bacherg.); anal. J. Ippen, Mitt. nat. Ver. Steierm. 1893, 14.

Aus 161 berechnet sich:

$$7\,(Na, K)Al(SiO_3)_2$$
$$3\,(Mg, Fe)(Al, Fe_2)SiO_6$$
$$28\,(Na_2, Ca, Mg)(SiO_3)_2 .$$

Vanadinhaltige Augite (Lawronit).

Bei den vanadinhaltigen Pyroxenen verhält es sich ebenso wie bei den titanhaltigen und den Chromdiopsiden; es sind Pyroxene, welche verschiedene Zusammensetzung haben und welche kleine Mengen der sonst in Pyroxenen nicht vorhandenen Elemente Ti, Cr und V enthalten.

Die bekannten Analysen sind solche, welche der Diopsidreihe sich nähern, also wenig Sesquioxydgehalt aufweisen.

	163.	164.
Na_2O	3,75	—
MgO	14,12	16,00
CaO	18,13	23,05
FeO	3,28	2,48
Al_2O_3	5,55	2,25
V_2O_3	3,65	2,57
SiO_2	49,50	53,65
H_2O	1,77	—
	99,75	100,00

163. Vanadinbronzit, in Wirklichkeit ein Diallag, von Genua; anal. K. v. Schafhäutl, Münch. gel. Anz. 1844, 817. Die Eisenoxyde wurden nicht getrennt.
164. Malakolithartiger Pyroxen „Lawronit" vom Sludjanka, Baikalsee; anal. R. Herrmann, Journ. prakt. Chem, 1, 444 (1870).

Abnorm zusammengesetzte Augite.

Einen sehr merkwürdigen Augit analysierte J. Morozewicz:

	165.	166.
Na_2O	2,10	—
MgO	0,50	1,73
CaO	16,88	8,17
FeO	0,72	11,12
Al_2O_3	28,27	27,21
SiO_2	47,72	50,23
H_2O	3,78	—
	99,97	98,46

165. Aus Dioritgestein aus dem Kremstale, Senftenberg, n. ö. Waldviertel; Verh. d. kais. russ. min. Ges. **40**, 113 (1903) nach Ref. Z. Kryst. **39**, 610 (1903).

Falls hier nicht, wie zu vermuten, ein ganz unreiner Augit vorliegt, so wäre eine ganz anormale Zusammensetzung hervorzuheben; insbesondere der Magnesiagehalt von nur $^1/_2$% ist sonderbar.[1])

166. Aus Pyroxenit, nördlich von Ottawa, Canada; anal. C. H. Gordon, J. Geol. **12**, 316 (1904); N. JB. f. Min. 1906, II, 2/8.

Auch dieser Augit ist sehr zweifelhafter Natur, da er nicht nur sehr wenig MgO, sondern auch wenig CaO und sehr viel Al_2O_3 enthält.

Pyroxen, dem Jadeit sehr nahestehend.

Folgende Analyse bezieht sich auf einen Pyroxen, welcher nach F. Zambonini, der denselben analysierte, kein Jadeit, sondern ein jadeitischer Augit wäre.

	167.
Na_2O	7,73
K_2O	0,27
MgO	3,59
CaO	14,83
Al_2O_3	14,79
Fe_2O_3	5,14
SiO_2	53,54
Glühverlust	0,28
	100,17

167. Aus Eklogit von Oropo, Biella; anal. F. Zambonini, R. Acc. d. Linc. **10**, 209 (1901).

Daraus berechnet sich:

$8(Na_2Al_2Si_4O_{12})$
$2(CaFe_2SiO_6)$
$(CaAl_2SiO_6)$
$(6\,CaMgSi_2O_6)$
$(8\,CaSiO_3)$.

[1]) Nach späterer gütiger Mitteilung von Prof. F. Becke, welcher das Gestein untersucht hat, liegt kein Pyroxen, sondern wahrscheinlich Zoisit vor; wenn ich diese Analyse trotzdem erwähnt habe, so geschah dies besonders deshalb, weil auch der zweite Augit eine ähnliche abnorme Zusammensetzung hat.

P. v. Tschirwinsky hat aus 60 Analysen von Augiten aus Basalten, Diabasen und Melaphyren das Mittel berechnet:

Na_2O	0,63
K_2O	0,16
MgO	13,35
CaO	18,00
MnO	0,14
FeO	8,17
Al_2O_3	5,85
Fe_2O_3	3,96
SiO_2	48,79
TiO_2	0,50
H_2O	0,35
	99,90

Analysen von Augiten aus Schlacken.

Bei mehreren älteren Analysen fehlt die Trennung der Eisenoxyde, diese wurden weggelassen und nur solche angeführt, die einen sehr geringen Gehalt an Eisen überhaupt zeigen.

	168.	169.	170.
Na_2O	2,16	—	—
K_2O	1,42	—	—
MgO	17,33	11,07	16,43
CaO	23,63	24,90	18,80
MnO	—	1,09	0,10
FeO	0,40	1,30	0,48
Al_2O_3	5,01	5,86	7,04
SiO_2	49,91	55,60	56,73
CaS	0,56	—	—
	100,42	99,82	99,58

168. Von Phillipsburg (N. Jersey); anal. J. Brush, Am. Journ. **39**, 132 (1865).

169. Von Sannemo (Schweden); anal. C. G. Särnström bei J. H. L. Vogt, Mineralbg. in Schmelzmassen (Kristiania 1892), 47.

170. Von Carlsdal (Schweden); anal. E. W. Wahlmann, wie oben.[1])

Analysen von Augiten aus Meteoriten.

Analysen von mechanisch gesondertem Material existieren nur in geringer Anzahl; die meisten analysierten derartigen Augite sind entweder durch Säuren isolierte oder nur berechnete. Beide haben für uns keinen Wert, da ja, wie wir sahen, der Augit in Säuren nicht unlöslich ist.

---

[1]) Vgl. weitere Analysen von Augitschlacken, ebendort.

	171.	172.
Na_2O	0,30	—
K_2O	0,22	—
MgO	9,72	14,29
CaO	24,30	10,49
MnO	—	Spur
FeO	7,47	23,19
Al_2O_3	9,60	0,25
Fe_2O_3	2,70	—
SiO_2	46,40	52,34
	100,71	100,56

171. Aus Angrit, Angra dos Reis; anal. E. Ludwig, Tsch. min. Mit. **8**, 348 (1887); vgl. auch ibid. **28**, 110 (1909).

172. Aus Shergottit von Shergotty; anal. G. Tschermak, Sitzber. Wiener Ak. **65**, 126 (1872) und Tsch. min. Mit. 1872, 88.

Bei diesem Augit fehlt die Trennung der Oxyde; der Augit hat Ähnlichkeit mit Hedenbergit, worauf auch der geringe Prozentsatz von Tonerde hinweist.

P. v. Tschirwinsky hat aus sieben Meteoritenanalysen das Mittel berechnet.

Na_2O	0,12
K_2O	0,03
MgO	15,87
CaO	10,93
MnO	0,05
FeO	18,57
Al_2O_3	1,77
Fe_2O_3	0,46
SiO_2	52,35
	100,15

Konstitution der Pyroxene.

Wir wollen vorerst diejenigen Silicate, welche reine Alumosilicate sind, wie $LiAlSi_2O_6$, $NaAlSi_2O_6$, $NaFeSi_2O_6$ und $NaAlSi_2O_6$ beiseite lassen und uns nur mit denjenigen Verbindungen befassen, welche dem Typus $RSiO_3$ entsprechen, worin R und Q zweiwertige Elemente sind.

Wir haben also einfache Metasilicate, ableitbar von der Kieselsäure H_2SiO_3 oder einer polymeren Säure. Wir schreiben diese:

$$\mathrm{Si}\begin{cases}\overset{\mathrm{I}}{\mathrm{OR}}\\ \mathrm{OR}\\ \mathrm{OR}\end{cases} \quad \text{oder auch} \quad \begin{matrix}\overset{\mathrm{I}}{\mathrm{RO}}\\ \mathrm{RO}\end{matrix}\!\!>\!\mathrm{Si{-}O}.$$

Bei einer polymeren Säure, wie sie G. Tschermak für das Calciumsilicat annimmt, hätten wir:

$$\begin{matrix} & \mathrm{Si} & \\ \diagup & & \diagdown \\ \mathrm{Ca} & & \mathrm{Ca} \\ | & & | \\ \mathrm{Si} & & \mathrm{Si} \\ \diagdown & & \diagup \\ & \mathrm{Ca} & \end{matrix}$$

wobei der Strich — bedeutet: —O—

Wo zwei Metalle, wie Ca, Mg, Fe, Mn vorkommen, können wir entweder isomorphe Mischungen von $CaSiO_3$, $MgSiO_3$, $FeSiO_3$ und $MnSiO_3$ annehmen, oder es können Doppelsalze

$$CaMgSi_2O_6,\ CaFeSi_2O_6,\ CaMnSi_2O_6$$

vorliegen. Da diese Salze häufig vorkommen und überdies beobachtet wird, daß in den Analysen von Pyroxenen, welche keine Tonerde enthalten, meistens Ca = Mg oder Ca = Fe ist, so ist die Wahrscheinlichkeit groß, daß auch bei solchen die Doppelverbindungen vorkommen. E. Wülfing hat auch darauf hingewiesen, daß in manchen eisenhaltigen Diopsiden CaO nicht gleich MgO oder MgO + FeO sei, sondern daß ein Überschuß von FeO bzw. von MnO vorhanden sei, so daß die Annahme eines Silicats $MgFeSi_2O_6$ in diesen Diopsiden notwendig sei, trotzdem dieses Silicat selbständig nicht vorkomme. W. Wahl hat dann gezeigt, daß in vielen Pyroxenen ein Überschuß von MgO vorkommt, und hat dann einen besondern Typus solcher Pyroxene aufgestellt, es sind dies solche, welche optisch und chemisch zwischen Enstatit-Bronzit einerseits und Diopsid (Hedenbergit) andererseits stehen; diese Enstatitaugite sind durch kleinen Achsenwinkel und bedeutenden MgO-Gehalt, dagegen durch geringen Kalkgehalt gekennzeichnet.

W. Wahl[1]) hat dann eine Einteilung der Augite gegeben, in der er außer den erwähnten Bezeichnungen noch die Namen Klinoenstatit, Klinobronzit, Klinohypersthen für solche Pyroxene vorschlägt, welche chemisch den Enstatiten, Bronziten und Hypersthenen entsprechen, die jedoch monoklin sind. Ferner unterscheidet er Bronzitaugit, Hypersthenaugit, Augitbronzit und Augithypersthen.

Tonerdeaugite. Am schwierigsten ist die Zusammensetzung der Tonerdeaugite zu erklären. Es sind dies solche Pyroxene, welche außer den eben genannten Diopsidsilicaten noch Al_2O_3 und Fe_2O_3 enthalten. Es wurde bereits bei Besprechung der Konstitution der Silicate (vgl. Bd. II, S. 69) bemerkt, daß die Ansicht von C. F. Rammelsberg, nach welcher die Tonerde einfach dem Metasilicat beigemengt sei, keinen Anklang gefunden habe, weil man allgemein von der Ansicht ausging, daß nur analoge Verbindungen sich mischen können. Wenngleich auch jetzt noch die Ansicht vorherrscht, daß besonders die analogen Silicate sich mischen können, so ist doch heute erwiesen, daß Silicate mit Oxyden wie SiO_2 oder Al_2O_3 sich mischen können (vgl. S. 70); wir kennen auch feste Lösungen von TiO_2 mit Titanaten, Niobaten und andere Fälle (vgl. Bd. III, Titanate).

G. Tschermak hat seinerzeit eine Hypothese aufgestellt, welche für die damals bekannten Analysen eine einfache Erklärung gab und welche darauf gegründet war, daß in den Tonerdeaugiten Mg > Ca sei; er war der Ansicht, daß ein isomorphes Silicat $MgAl_2SiO_6$ mit dem Diopsidsilicat $CaMgSi_2O_6$ in isomorpher Mischung vorläge. Durch zahlreiche spätere Analysen ergab es sich jedoch, daß in manchen dieser Pyroxene Ca nicht kleiner war als Mg und man war zu der Ansicht gedrängt, daß außer dem genannten Silicat noch die Silicate $Mg\overset{III}{Fe_2}SiO_6$, $CaAl_2SiO_6$, $Ca\overset{III}{Fe_2}SiO_6$ und $\overset{II}{Fe}\overset{III}{Fe_2}SiO_6$ anwesend sein müßten (vgl. S. 69); auch ergab sich die Notwendigkeit anzunehmen, daß in

[1]) W. Wahl, Tsch. min. Mit. **26**, 1 (1907).

einigen Fällen ein Überschuß von $MgSiO_3$, $MgFeSi_2O_6$, oder auch von $CaSiO_3$ vorhanden sein müßte.

Ein wichtiger Punkt in dieser Frage war der, ob das Silicat $MgAl_2SiO_6$ und die analogen herstellbar seien. Es gelang zuerst mir[1]) und später J. Morozewicz[2]), Pyroxene darzustellen, welche tatsächlich die Silicate $MgAl_2SiO_6$ $CaAl_2SiO_6$ in größerer Menge enthielten; J. Morozewicz gelang es sogar, einen Augit mit 73 % $MgAl_2SiO_6$ darzustellen, daher solche isomorphe Mischungen wirklich vorkommen können. Dagegen sind die Versuche, die Silicate $CaAl_2SiO_6$ und $MgAl_2SiO_6$ für sich allein darzustellen, nicht gelungen; beide zersetzten sich im Schmelzfluß und nur für das Silicat $MgAl_2SiO_6$ erhielten C. Doelter und E. Dittler[3]) bei der Sinterung, rhombische Kristalle. Andererseits versuchte E. Fixek[4]) auf meine Veranlassung, Mischungen von $MgSiO_3$ und von $CaMgSi_2O_6$ mit Al_2O_3 und Fe_2O_3 herzustellen und es gelang ihr, bis zu dem Gehalt von zirka 30 % Mischkristalle zu erhalten; wobei allerdings mit der Zunahme dieser Sesquioxyde die Tendenz zur Glasbildung wächst, so daß es besser ist, die obere Grenze mit 25 % anzunehmen. Die natürlichen Augite enthalten keine größern Mengen von Sesquioxyden (vgl. S. 533), jedoch enthält der von J. Morozewicz dargestellte den Höchstgehalt an Sesquioxyden von 40,1 %.

Formel der eisenfreien Tonerdeaugite. Überblickt man die Analysen dieser Augite (S. 537), so fällt es sofort auf, daß der Gehalt an Magnesia, welcher im Diopsid enthalten ist, nämlich 18,52 % in diesen Analysen ausnahmslos fast nicht erreicht wird, ja daß sogar der Magnesiagehalt zum Teil etwas darunter bleibt. Dies beweist, daß hier von der Gegenwart des Silicats $MgAl_2SiO_6$ wohl abzusehen ist; auch der Kalkgehalt von 25,93 % wird kaum erreicht, geschweige überschritten, so daß auch die Annahme eines Silicats $CaAl_2SiO_6$ ausgeschlossen ist.

Diese eisenarmen oder eisenfreien Tonerdeaugite können daher nur bestehen aus

$$n\,(CaMgSi_2O_6)\,.\,Al_2O_3\,.$$

Man muß daher annehmen, daß es sich hier um feste Lösungen des Diopsidsilicats mit Tonerde handelt. Dies ist für die Pyroxenformel von Wichtigkeit.

Daraus geht hervor, daß die Frage nach der Konstitution der Tonerdeaugite noch nicht als entschieden betrachtet werden kann und daß beide Möglichkeiten denkbar sind.

Es wurden bereits S. 501 die hypothetischen Silicate angeführt, welche in den Pyroxenen angegeben wurden. Außer den einfachsten von der Formel $RSiO_3$, sind nachgewiesen die Silicate $NaAlSi_2O_6$, sowie $NaFeSi_2O_6$, die, wenn auch nicht ganz rein, doch vorherrschend in Mischungen mit $RSiO_3$ vorkommen. Auch $LiAlSi_2O_6$ ist nachgewiesen (Spodumen); alle übrigen Silicate sind hypothetisch. Das Silicat $CaAl_2SiO_6$ konnte nicht hergestellt werden und zerfällt. Alle andern aus Berechnung hervorgegangenen Silicate, welche nach dem Vorbild G. Tschermaks später aufgestellt wurden, sind hypothetisch, da sie noch nicht dargestellt sind. Insbesondere ist es nicht wahrscheinlich, daß die

[1]) C. Doelter, Tsch. min. Mit. **3**, 450 (1881); N. JB. Min. etc. 1884, II, 51.
[2]) J. Morozewicz, Tsch. min. Mit. **18**, 113 (1899).
[3]) C. Doelter u. E. Dittler, Sitzber. Wiener Ak. **121**, 903 (1912).
[4]) E. Fixek, unveröffentlicht.

Silicate $Na_2Al_2SiO_6$ und $Na_2Fe_2SiO_6$ vorhanden sind, wie dies aus manchen Analysen herausgerechnet wurde (z. B. Nr. 23, 37 u. 101).

Trotzdem genügen auch die Silicate $\overset{II}{R}\overset{III}{R}_2SiO_6$ neben dem Diopsidsilicat allein nicht, um eine einwandfreie Berechnung in allen Fällen zu ermöglichen. In einigen Augiten ist ein Überschuß von $RSiO_3$ vorhanden, bald $CaSiO_3$, bald $MgSiO_3$ oder $FeSiO_3$. Eine größere Zahl von Augiten (vgl. S. 535) hat, wie wir sahen, einen Überschuß von $MgSiO_3$. Aber auch Überschuß von $CaSiO_3$ kann vorliegen.

Außer den beiden am meisten umstrittenen Ansichten, jener von G. Tschermak und jener von C. F. Rammelsberg (vgl. S. 567), sind auch noch andere Hypothesen aufgetaucht. So hat A. Knop,[1]) welcher sich gegen die Ansicht G. Tschermaks wendet, weil in vielen Fällen ein Überschuß von Kalkerde (bzw. von $CaSiO_3$) vorhanden ist, die Meinung ausgesprochen, daß man die Pyroxene zurückführen könne auf $RSiO_3 . Al(Fe)_2O_3 . Fe_2Si_3O_9$. Im übrigen ist er der Ansicht, daß zwischen den beiden eben erwähnten Ansichten mehr ein formeller, als ein wirklicher Gegensatz vorhanden sei.

Nach N. Parravano[2]) kommt den Pyroxenen keine bestimmte chemische Zusammensetzung zu, es sind feste Lösungen verschiedener Silicate.

Konstitutionsformeln. Für die einfachsten Metasilicate: Diopsid und Hedenbergit hat man auch ringförmige Konstitutionsformeln gegeben, wenn man annimmt, daß die Verbindung $CaMgSi_2O_6(CaFeSi_2O_6)$ eine einheitliche Atomverbindung sei und nicht eine isomorphe Mischung oder ein Doppelsalz. Die wahrscheinlichste Annahme ist zurzeit die, daß es sich um ein Doppelsalz handelt und demnach würde es sich erübrigen, eine solche Konstitutionsformel aufzustellen. P. Groth stellt folgende Konstitutionsformeln auf:

Diopsid

```
   /O—Mg—O\
Si<=O     O=>Si
   \O—Ca—O/
```

Hedenbergit

```
   /O—Fe—O\
Si<=O     O=>Si.
   \O—Ca—O/
```

Nimmt man die G. Tschermaksche ringförmige Formel (S. 266) an, so hätten wir hier zwei solche Ringe anzunehmen.

Die einfachste Auffassung ist jedenfalls die als Doppelsalz.

Was nun die Tonerdesilicate, bzw. Sesquioxydsilicate im allgemeinen anbelangt, so scheint es vielleicht heute noch gewagt, für diese eine Formel bezüglich ihrer Konstitution zu geben. Man hat für diese Silicate eine isomorphe Vertretung von RSi und von CaSi angenommen, also z. B. von AlSi und CaSi, wobei die Summe der Valenzen der sich vertretenden Atomgruppen die gleiche ist.

P. Groth[3]) schreibt von diesem Gesichtspunkt dieses von G. Tschermak aufgestellte Silicat $MgAl_2SiO_6$ (vgl. S. 568) in folgender Weise:

```
   /O—Mg—O\
Si<=O     O >O=Al.
   \O—Al—O/
```

[1]) A. Knop, Z. Kryst. **10**, 78 (1885). — G. Tschermak, Tsch. min. Mit. Beil. J. k. k. geol. R.A. 1871.

[2]) N. Parravano, siehe S. 549.

[3]) P. Groth, Tab. Übers. d. Miner. (Braunschweig 1898).

L. Duparc[1]) schreibt dieses:

$$=O-Si-O-\overset{III}{R}<\underset{O}{\overset{O}{}}>\overset{III}{R}$$
$$\qquad | \qquad\qquad\qquad |$$
$$\qquad O \qquad\qquad\qquad O.$$
$$\qquad | \qquad\qquad\qquad |$$
$$\qquad \overset{I}{R} \qquad\qquad\qquad \overset{I}{R}$$

Durch erstere Schreibart tritt die Analogie mit dem Diopsidsilicat hervor.

Die isomorphen Alumosilicate Jadeit, Akmit und Spodumen können analog der Diopsidformel geschrieben werden:

$$NaAlSi_2O_6,\ Na\overset{III}{Fe}Si_2O_6,\ LiAlSi_2O_6.$$

Es wird hier die Gruppe CaMg des Diopsids vertreten durch die dieselbe Anzahl von Valenzen enthaltende Gruppe NaAl, $Na\overset{III}{Fe}$, LiAl, was verständlich erscheint.

Weitere Konstitutionsformeln des Pyroxens können hier, weil sie allzu hypothetisch sind, nicht berücksichtigt werden. G. Becker[2]) hat auf Grund seiner Löslichkeitsversuche (vgl. S. 580) eine Konstitutionsformel speziell für Titanaugite aufgestellt; er nimmt Radikale an:

$$O{=}Ti<\begin{matrix}O-Fe\\O-Fa\end{matrix}<\begin{matrix}O-\\O\\O\\O-\end{matrix} \qquad O{=}Si<\begin{matrix}O-Al\\O-Al\end{matrix}<\begin{matrix}O-\\O\\O\\O-\end{matrix}.$$

Umwandlungen des Pyroxens.

Die mannigfaltigen Umwandlungsprodukte der Pyroxenmineralien sind vom chemischen Standpunkt schwer zu klassifizieren. J. Roth unterschied die Verwitterung und die komplizierte Verwitterung, was also einer völligen Zersetzung gleich kommt.

Wir haben auch heute zu unterscheiden zwischen zersetzten Augiten, welche also noch eine gewisse Ähnlichkeit in ihrer Zusammensetzung mit dem ursprünglichen Material besitzen und solchen, bei welchen eine totale Veränderung vor sich gegangen ist, so daß sich ein neues Mineral gebildet hat. Letztere sind Mineralien, deren Zusammensetzung mit der des Pyroxens gar keine Ähnlichkeit besitzt. Die aus Augit gebildeten neuen Verbindungen sind Talk, Epidot, Glimmer, Chlorit, Opal, Quarz, Serpentin und Granat. Auch Nichtsilicate können sich bilden, wie Magneteisen und Pyrit. Als Zersetzungsprodukte treten eine Anzahl von Substanzen auf, welche spezielle Namen erhalten haben. Ich nenne darunter folgende:

Traversellit, Cimolit, Grengesit, Grünerde, Glaukonit, Pyrallolith, Pitkärandit, Pyrosklerit, Pykrophyllit, Monradit. Von diesen haben aber viele kein Anrecht, als besondere Mineralspezies zu gelten, da bei vielen die chemische Zusammensetzung nicht einer bestimmten Formel entspricht; manche dürften Gemenge zweier Substanzen sein, zum Teil auch Gemenge von wenig zersetztem Augit mit dem Umwandlungsprodukt. Die hierher gehörigen Analysen haben nur dann Wert, wenn homogene Gebilde vor-

---

[1]) L. Duparc u. Th. Hornung, Arch. sc. phys. et nat. Genève **33**, Mai (1906).
[2]) G. Becker, Z. Kryst. **38**, 318 (1903).

gelegen haben. Einer besondern Würdigung bedarf die Amphibolvarietät Uralit, welche wir bei Amphibol behandeln.

Da die meisten Umwandlungsprodukte in ihrer chemischen Zusammensetzung gar keine Ähnlichkeit mehr mit dem ursprünglichen Pyroxen besitzen, überdies auch aus andern Substanzen hervorgehen können, so scheint es weniger passend, ihre Besprechung hier zu bringen, außer wenn, wie dies bei einigen Arbeiten von J. Lemberg[1]) der Fall ist, durch eine Analysenreihe der Gang der Zersetzung nachgewiesen werden kann. Im übrigen wurden hier nur solche Umwandlungsprodukte im Anschluß an das Muttermineral gebracht, bei welchen nur von einem Zersetzungsprodukt gesprochen werden kann, ohne besondere chemische Charakteristik, und welches in manchen Fällen auch inhomogen ist.

Bei anderen dieser Umwandlungsprodukte hat man jedoch mit dem betreffenden Namen auch eine bestimmte chemische Formel verbunden und man wird sie daher eher in jene Gruppe einreihen, zu welcher sie gemäß ihrer chemischen Zusammensetzung gehören. So den Delessit und Grünerde, Cimolit. Der Monradit und der Pikrosmin gehören zu den Magnesium-Aluminiumsilicaten, ebenso der Pyrosklerit zu den Tonen oder zu den Vermikuliten.

Es sind also hier einige wasserhaltige Magnesiasilicate zu behandeln, welche nicht als eigene Mineralspezies mit charakteristischer chemischer Zusammensetzung zu betrachten sind, sondern Gemenge, welche zum Teil auch aus Zersetzungsprodukt mit Resten von noch unzersetzter Substanz bestehen und meistens inhomogen sind. Hierher gehören: Pyrallolith, Pyrosklerit, Pikrophyllit.

Eine besondere Stellung nimmt der Uralit ein, welcher früher nur als Paramorphose aufgefaßt wurde, während jetzt auch die Ansicht vorherrscht, in demselben eine chemisch von der Pyroxengruppe abweichende Pseudomorphose zu erblicken. Zum Uralit gehört auch der Traversellit. Bei der Betrachtung der Umwandlungen werden wir naturgemäß zuerst jene Umwandlungen betrachten, welche noch keine tiefgehende Veränderungen zeigen, also die zersetzten Augite.

Analysen umgewandelter Pyroxene.

Nicht näher ist die Umwandlung, welche N. Sterry Hunt beschrieb, zu definieren; es bildete sich ein grüngelbes, wachsglänzendes Verwitterungsprodukt von folgender Zusammensetzung:

	1.
δ	2,32—2,35
MgO	25,84
FeO	4,50
Al_2O_3	14,20
SiO_2	39,70
H_2O	16,20
	100,44

1. Im Augitgestein von North Burgess (Can.); anal. N. Sterry Hunt, Geol. of. Can. 491, nach J. Roth, Chem. Geol. 1, 155 (1879).

[1]) J. Lemberg, Z. Dtsch. geol. Ges. 29, 495 (1877).

Veränderungen des Diallags.

	2.	3.	4.	5.
Alkalien	0,55	—	27,17	—
MgO	12,55	6,92	—	24,56
CaO	8,86	27,82	3,80	11,35
FeO	8,00	9,44	13,59	8,73
Al_2O_3	5,60	2,10	—	3,45
Fe_2O_3	12,18	—	—	—
SiO_2	45,73	46,45	50,00	47,15
H_2O	4,68	4,46	6,30	5,83
	98,15	97,19	100,86	101,07

2. Zersetzter Diallag aus Gabbro, Baste (Harz); anal. A. Streng, N. JB. Min. etc. 1862, 939.
3. Aus Serpentin von Resinar (Siebenbürgen); anal. Schwarz bei G. Tschermak, Sitzber. Wiener Ak. **56**, 267 (1867).
4. Aus Serpentin von Ham (Can.); anal. N. Sterry Hunt, Geol. of Can. 469 (1863).
5. Von Oxford; anal. N. Sterry Hunt, ebenda.

J. Lemberg hat durch systematische Analysen den Gang der Umwandlung in einigen Fällen gezeigt:

Umwandlung des Augits von Bufaure.

	1.	2.	3.	4.	5.
Na_2O	—	0,20	0,46	—	0,62
K_2O	—		0,23	—	3,67
MgO	14,33	14,21	12,35	14,22	5,84
CaO	19,49	2,79	2,43	19,20	0,55
Al_2O_3	4,14	13,67	12,69	3,81	15,07
Fe_2O_3	12,36	23,03	21,69	12,66	19,54
SiO	48,80	36,24	37,75	49,32	46,44
H_2O	0,88	9,87	12,10	0,67	8,27
	100,00	100,01	99,70[1]	99,88	100,00

1. Unzersetzter Augit vom Bufaure, anal. J. Lemberg, Z. Dtsch. geol. Ges. **29**, 495 (1877).

Die übrigen Analysen betreffen Gemenge von braunem Ton und Calcit, wobei der kohlensaure Kalk in Abzug gebracht wurde.

Die Umwandlung des frischen Augits erfolgt unter Beibehaltung der Form des Augits. Die Analysen zeigen, daß bei der ersten Unwandlung alle Stoffe im Verhältnis zur Tonerde in großen Mengen ausgeschieden sind, am meisten jedoch CaO, dagegen H_2O aufgenommen wird. Bei der Umwandlung in Grünerde (Anal. 5) ist ein Teil der Basen durch K_2O ersetzt worden.

Umwandlung des Augits von Forno.

Die Veränderung ist hier weniger ausgesprochen, sie ist ähnlich der eben beschriebenen, sie scheint aber erst im Anfangsstadium zu sein.

[1] Im Original steht 100,00.

	6.	7.
MgO	14,80	13,56
CaO	18,79	15,50
Al_2O	5,26	8,15
Fe_2O_3	10,70	11,77
SiO_2	49,42	48,48
H_2O	1,03	2,54
	100,00	100,00

Anal. J. Lemberg, l. c. 496.

An einer andern Stelle war der Augit in Epidot umgewandelt.

	8.
MgO	11,66
CaO	20,08
Al_2O_3	8,50
Fe_2O_3	11,16
SiO_2	46,69
H_2O	1,91
	100,00

Anal. J. Lemberg, l. c. 499.

Vom Fassatal analysierte Hlasiwetz[1]) einen umgewandelten Augit von folgender Zusammensetzung:

	9.
MgO	24,12
CaO	12,12
Al_2O_3	8,40
Fe_2O_3	5,00
SiO_2	33,42
H_2O	12,64
	95,70

Serpentinisierung.

Die Analysen folgender schottischer zersetzter Augite zeigen fortgeschrittene Serpentinisierung (siehe auch bei Serpentin).

Mit wenig Eisenoxyden:

	10.	11.
Na_2O	Spur	0,73
K_2O	Spur	0,88
MgO	37,01	36,71
CaO	—	1,20
MnO	0,08	0,38
FeO	2,09	4,05
Al_2O_3	2,12	1,13
Fe_2O_3	5,07	4,36
SiO_2	37,78	37,33
H_2O	16,07	13,37
	100,22	100,14

[1]) Siehe A. Kenngotts Übers. min. Forsch. 1858, 147.

Eisenreiche:

	12.	13.
δ	—	2,158
MgO	34,76	36,38
CaO	0,18	—
MnO	0,24	0,28
FeO	0,06	0,33
Al_2O_3	—	1,16
Fe_2O_3	13,54	15,20
SiO_2	37,41	34,54
H_2O	13,59	12,20
	99,78	100,09

10. Von Balhammie Hill (Ayrshire), in Serpentin, wahrscheinlich aus Enstatit hervorgegangen.

11. Aus dem Serpentin von Portsoy.

12. Von Green Hill, Aberdeenshire.

13. Aus Diallag hervorgegangen, dem Hydrophit von Taberg ähnlich.

Sämtliche Analysen von F. Heddle, Trans. Roy. Soc. Edinburgh, **28**, 453 (1878); Z. Kryst. **4**, 310 (1880).

Eine Umwandlung, welche zur Bastitbildung führt, beschrieb M. Kispatič. Das umgewandelte Mineral war Salit.

	14.
MgO	31,11
CaO	2,21
Al_2O_3	8,86
Fe_2O_3	5,02
SiO_2	40,46
H_2O	11,95

Im Serpentin des Cerevicki Potok (Syrmien); anal. M. Kispatič, J. k. k. geol. R.A. **8**, 197 (1889); Z. Kryst. **20**, 301 (1892).

Opalbildung.

Auch Opalbildung ist möglich, wie folgende Analyse zeigt:

	15.
MgO	1,70
CaO	2,66
Al_2O_3	1,58
Fe_2O_3	1,67
SiO_2	85,34
H_2O	5,47
	98,42

15. Pseudomorphose nach Augit vom Vesuv; anal. C. F. Rammelsberg, Pogg. Ann. **49**, 388 (1840).

Pitkärandit.

Eine Analyse zeigt:

	16.
MgO	12,52
CaO	14,42
MnO	0,60
FeO	12,84
Al_2O_3	1,34
SiO_2	54,67
H_2O	2,80
	99,19

16. Von Pitkarända, Finnland; anal. Frankenhauser bei C. F. Rammelsberg, Min.-Chemie 1875, 401.

Eine ältere Analyse durch R. Richter ergab einen SiO_2-Gehalt von 31,25%. Nach A. Des Cloizeaux würde ein Uralit vorliegen.

Analysen zersetzter Diallage aus älterer Zeit hat J. Roth zusammengestellt. Schlüsse lassen sich nicht daraus ziehen, bald ist der CaO-Gehalt stark vergrößert, bald der MgO-Gehalt. Wasser wurde bis 6,30% aufgenommen.

Umwandlungen in Strahlstein, Asbest und andere Amphibolarten kommen vor (vgl. bei Uralit).

Pyrallolith.

Der Pyrallolith ist kein homogenes Mineral, daher auch keine Mineralspezies. Er ist ein Gemenge von verschiedener Zusammensetzung; ein Teil davon ist übrigens ganz so wie Talk zusammengesetzt, und es wurden bei Talk auch Analysen von sog. Pyrallolith gebracht. Einige andere Analysen von abweichender Zusammensetzung folgen hier.

	17.	18.	19.	20.
MgO	26,12	30,05	23,19	28,70
CaO	6,34	2,90	3,74	3,90
MnO	1,68	0,69	—	—
FeO	1,86	1,26	2,18	0,60
Al_2O_3	1,55	1,11	0,34	1,40
SiO_2	55,92	57,49	63,87	56,90
H_2O	7,56	7,30	7,32	8,50
	101,03	100,80	100,64	100,00

17. Von Skräboe, Finnland; anal. Arppe, Akt. Soc. Finn. 5, 467 (1857).
18. Von Haapakyla; anal Arppe, wie oben.
19. Von Frugard; anal. Arppe, wie oben.
20. Von Kulla, Kimito; anal. Arppe, wie oben.

	21.	22.
MgO	18,39	18,77
CaO	11,72	5,53
FeO	0,57	1,83
Al_2O_3	1,79	0,87
SiO_2	58,87	66,18
H_2O	8,78	6,48
	100,12	99,66

21. Von Kulla; anal. Selin, wie oben.
22. Von Kulla; anal. Furuhjelm, wie oben.

Neuere Analysen scheinen keine weiteren ausgeführt worden zu sein, mit Ausnahme einiger russischer, welche ich Herrn Prof. P. v. Tschirwinsky verdanke. Aus diesen Analysen geht hervor, daß es sich um sehr verschiedene Dinge handelt; ein Teil nähert sich dem Talk (vgl. auch S. 361).

Bezüglich Traversellit vgl. den Uralit bei Besprechung der Amphibole.

Umwandlung in Chlorit.

Die Umwandlung in Chlorit kommt in der Natur vor. G. Friedel und Th. Grandjean[1]) haben versucht, die Umwandlung nachzuahmen. Sie wendeten Natronhydrat an; dieses greift Augit nur wenig an, außer im konzentrierten Zustand. Eine Lösung im Verhältnis 1:12 war wirkungslos; selbst bei 450°; erst bei 550° erfolgte Zersetzung und Neubildung.

Es wurde die Wirkung von Natriumaluminat auf basaltischen Augit, welcher vorher in konzentrierter HCl gekocht worden war, versucht (dabei dürfte jedoch wohl eine kleine Zersetzung des Augits erfolgt sein, vgl. S. 580). Die alkalische Lösung enthielt 4% Tonerde und 5% Soda. Die Einwirkung erfolgte durch 36 Stunden bei 550—560°. Es bildeten sich Mesotyp, dann Oktaeder, welche vielleicht dem Spinell angehören können; endlich grüne Tafeln, glimmerähnlich, sowie nicht näher bestimmbare Mineralien.

Weitere Versuche wurden mit Natronhydrat von 1:4 Konzentration angestellt. Der Versuch dauerte 40 Stunden und die Temperatur betrug 550 bis 570°. Dabei bildete sich u. a. ein braunes Mineral in sechsseitigen Tafeln; manche derselben sind auch grünlich. Dichte 2,67—2,70.

Die Analyse dieses Minerals ergab:

MgO	36,2
CaO	2,3
Al_2O_3	15,2
Fe_2O_3	4,4
SiO_2	28,4
H_2O	11,5
	98,0

Das Silicat ist vor dem Lötrohr unschmelzbar; von konzentrierter Salzsäure wird es in der Kälte wenig angegriffen, dagegen in der Wärme stärker. Wie auch die natürlichen Chlorite verblieb nach langer Behandlung mit konzentrierter Salzsäure ein weißes Produkt, welches seine ursprüngliche Form behalten hatte und von weißer Farbe war.

Das Silicat ist zweiachsig, positiv; der optische Achsenwinkel wechselt zwischen 10—35°. Doppelbrechung schwach, ungefähr 0,009. Starke Dispersion, starker Pleochroismus.

Alle diese Eigenschaften stimmen nach G. Friedel und Th. Grandjean mit denen der magnesiahaltigen Chlorite überein, besonders mit Pennin, und

[1]) G. Friedel u. Th. Grandjean, Bull. Soc. min. 32, 150 (1909).

nur ein kleiner Unterschied bezüglich der Farbenabsorption liegt vor. Auch die Kristallwinkel der scheinbar hexagonalen Lamellen stimmen überein; die Abweichung von 120° beträgt 4, ausnahmsweise 7°.

Physikalische Eigenschaften des Tonerdeaugits.

Da diese Verbindungen infolge der isomorphen Vertretung der Metalle Ca, Mg, Fe, Na usw. schwankende Zusammensetzung besitzen, so werden alle Eigenschaften, welche von der chemischen Zusammensetzung abhängig sind, wie Dichte, Brechungsquotienten, Auslöschungsschiefen, optische Achsenwinkel, ferner Schmelzpunkt, keine festen sein, sondern schwankende. Dies wurde bereits bei Diopsid gezeigt.

Dichte. Nach dem Gesagten läßt sich für die Dichte kein Wert angeben, sondern nur Grenzwerte, zwischen welchen die Dichte schwankt. Im allgemeinen wird der Ersatz von Mg durch Na eine Verminderung herbeiführen, der Ersatz von Ca und Mg durch Fe und Mn eine Erhöhung. Ersatz von Al durch Fe erhöht die Dichte.

Als Grenzen werden angegeben: 3,15—3,6.

Optische Eigenschaften. Über diesen Gegenstand hat bereits F. Becke[1]) (S. 18 ff.) berichtet. Ausführliche Daten hat E. Wülfing[2]) gegeben.

Speziell für Tonerdeaugit gebe ich die Zahlen, welche E. Wülfing[3]) für Augit von Renfrew (Canada) angegeben hat:

$$\text{Natriumlicht } N_\alpha = 1{,}6975$$
$$N_\beta = 1{,}7039$$
$$N_\gamma = 1{,}7227$$
$$c:\gamma = 44^0 33' \quad 2V = 61^0 12'$$

Diese Werte haben für andere Augite keine Gültigkeit, so zeigte nach G. Tschermak[4]) Augit von Frascati eine Auslöschungsschiefe von 54°, einen Achsenwinkel $2V$ von 68° und $N_\beta = 1{,}74$.

Farbe. Die Farbe wechselt mit der chemischen Zusammensetzung, da es sich um ein isomorph beigemengtes Färbemittel handelt; doch können oft sehr kleine Beimengungen auf die Farbe einwirken. Die Augite, welche kein Eisen enthalten, sind weiß (Leukaugite), jene, welche mehr Oxydul enthalten, grün, manganhaltige dunkelbraun, eisenoxydhaltige gelb bis braunschwarz; chromhaltige sind grün, während solche Pyroxene, die neben Titansäure auch Eisenoxyd enthalten (vielleicht ist auch Eisentitanat in diesen vorhanden), eine charakteristische, von den Petrographen besonders gewürdigte nelkenbraune bis violettbraune Farbe haben (der Name Titanaugit ist wie die Bezeichnung Titanolivin nicht richtig, da es sich ja nur um Beimengung einiger weniger Prozente von TiO_2 handelt). Augite, welche TiO_2 enthalten, jedoch kein Eisen, sind farblos, wie ich durch Synthesen feststellte. Manganoxydul bringt häufig eine violette oder rosenfarbene Färbung hervor, wie beim Violan.

---

[1]) F. Becke, Tsch. min. Mit. **15**, 29 (1896).
[2]) E. Wülfing, Habil.-Schrift, Heidelberg 1891.
[3]) E. Wülfing, Tsch. min. Mit. **15**, 47 (1896).
[4]) G. Tschermak, Tsch. min Mit. (Beil. JB. k. k. geol. R.A.) 1871, 17.

Nach G. Becker[1]) ist die Ursache der Färbung der titanhaltigen Augite die Gegenwart eines Titaneisenoxyduls, zu welchem Resultat er auf Grund seiner Löslichkeitsversuche kommt.

Bemerkenswert ist, daß manche natron- und eisenoxydhaltigen Pyroxene nicht braun, sondern grün sind (auch die Fassaite).

Wenn neben Mangan viel FeO vorhanden ist, wie im Eisenschefferit, ist die Farbe schwarzbraun.

Spezifische Wärme (siehe bei Diopsid).

Elektrische Eigenschaften. Augit ist bei gewöhnlicher Temperatur Nichtleiter. Bei hoher Temperatur wird Augit Leiter. Ich habe die Leitfähigkeit des festen Augitpulvers und der Schmelze annähernd zu bestimmen versucht. Als Elektroden dienten vertikal stehende Platinplatten (vgl. Bd. I, S. 712). Der Schmelzpunkt war bei 1225° gelegen.

Leitfähigkeit ließ sich erst bei 980° konstatieren. Die Zahlen sind:

	I.			II.		
(Θ)	1000°	8315 Ohm		1215°	7,54 Ohm	
	1050	5361		1200	9,45	
	1100	2936		1160	17,7	
	1160	1118,6	Pulver zusammengebacken	1115	172	Schmelze ganz fest
	1200	28,88		1050	493,4	
	1225	15,69		1000	669	
	1250	5,8				
	1270	5,4				

Unter I. sind die Zahlen, welche sich für den Widerstand bei der Erhitzung des zusammengepreßten Pulvers ergaben, angeführt, während unter II. die Zahlen bei der Abkühlung der Schmelze angegeben sind; die Masse erstarrte kristallin, und daher sind die Zahlen andere als bei dem Pulver für dieselbe Temperatur. Von 1225—1270° gelten die Werte für den flüssigen Zustand und ebenso bei der Abkühlung bis zirka 1115°.

Der Temperaturkoeffizient, welcher im festen Zustand ein sehr großer ist, ist für den flüssigen Zustand kein sehr bedeutender und somit ist die Temperaturwiderstandskurve eine nahezu horizontale. Für den Augit von Mt. Rossi ist die spezifische Leitfähigkeit folgende:

1115°: 0,000122; 1200°: 0,00099; 1250°: 0,0437.

Diese Werte haben natürlich keinen Anspruch auf Genauigkeit (besonders im festen Zustand).

Schmelzpunkte. Auch diese variieren stark mit der chemischen Zusammensetzung. Der Schmelzpunkt der Tonerdeaugite liegt immer niedriger als der des reinen Diopsids. Die Elemente Na, Al, Fe und Mn erniedrigen den Schmelzpunkt des Diopsidsilicats. Da außerdem der Kieselsäuregehalt des Augits, wie die Analysen zeigen, immer geringer ist als der des reinen Diopsids, so wird auch dadurch der Schmelzpunkt erniedrigt. Von den gleich konstituierten Silicaten $NaAlSi_2O_6$, $NaFeSi_2O_6$, $LiAlSi_2O_6$ hat das Eisensilicat (Akmit)

[1]) G. Becker, Sitzber. phys.-med. Soc. Erlangen **33**, 219 (1901). Vgl. S. 580.

den niedrigsten Schmelzpunkt, hierauf folgt der des Jadeitsilicats, während der des Spodumens den höchsten Wert aufweist:

Akmit	970—1020°
Jadeit	1035—1055°
Spodumen . . .	1380°

Der Schmelzpunkt von $MgAl_2SiO_6$, welches jedoch nicht als homogenes, kristallisiertes Silicat hergestellt werden konnte, ist ungefähr 1300°. Demnach werden Tonerdeaugite, welche nur aus Diopsidsilicat und letzterem bestehen, ungefähr den Schmelzpunkt des Diopsids besitzen; ein Gehalt an $CaFeSi_2O_6$ wird diesen bedeutend ermäßigen, da der Hedenbergit den Schmelzpunkt von 1100—1160° aufweist.

Wenn zu dem Diopsidsilicat das Silicat $MnFeSi_2O_6$ hinzutritt, so wird der Schmelzpunkt erniedrigt. Bei Hinzutreten von $MgSiO_3$ wird er bedeutend erhöht, $MnSiO_3$ soll allerdings nach einer andern Methode bestimmt 1400° zeigen und würde erhöhend wirken.

Es sind noch nicht viele Schmelzpunkte von natürlichen Augiten gemessen worden, so daß wir noch nicht genügend Daten darüber besitzen.

Augit von Monti Rossi	1230—1260°

Ferner ältere Bestimmungen, welche etwas zu niedrig ausgefallen sind (C. Doelter[1]):

Vom Bufaure	1180—1200°
Fassait vom Monzoni	1195—1230
Augit vom Vesuv	1175—1195
Augit von Arendal, schwarz . . .	1110—1140
Augit von Rib. das Patas	1100—1110
Diallag von Prato	1160—1180
Natronaugit vom Siderão	1085—1190
Natronaugit von Rib. das Caldas . .	1090—1110
Natronaugit von Garza	1105—1115
Augit von Picostal	1090—1100

Kristallisationsgeschwindigkeit. Bei verschiedenen Augiten ist diese verschieden, doch ist es nicht möglich, zu sagen, welche Augite größere Kristallisationsgeschwindigkeit besitzen; ein gewisser Zusatz von Eisenoxyden scheint sie zu vergrößern, während viel Tonerde diese eher verringert.

Was die Kurve als Funktion der Unterkühlung anbelangt, so besitzt sie bei Augit von Mt. Rossi ein kleines horizontales Stück. Jedenfalls ist dieses Kurvenstück bei Augit (vgl. Bd. I, S. 682) größer als bei Diopsid und Bronzit.

Was das Kristallisationsvermögen anbelangt, so ist Augit jedenfalls ein Silicat, welches nur bei rascher Abkühlung glasig erhalten werden kann, das jedoch bei einigermaßen langsamerer Abkühlung leicht vollkommen kristallisiert erhalten werden kann, es hat daher großes Kristallisationsvermögen. Letzteres scheint bei sehr hohem Sesquioxydgehalt abzunehmen.[2]

Nach W. Vernadsky zeigt Pyroxen schwache Triboluminescenz.

[1] C. Doelter, Tsch. min. Mit. **22**, 310 (1913). Vgl. auch über Volumänderung von Augit nahe dem Schmelzpunkt J. Joly, Z. Kryst. **31**, 184.

[2] E. Kittl, Z. anorg. Chem. **77**, 335 (1912).

Die Durchlässigkeit für Röntgenstrahlen variiert nach C. Doelter[1]) mit dem Eisengehalt; eisenfreier Pyroxen ist ziemlich durchlässig wie Kalkspat, während eisenhaltige nur wenig durchlässig sind.

Chemische Eigenschaften.

Löslichkeit. Es sind nur wenig Versuche ausgeführt worden. W. B. Schmidt[2]) versuchte die Einwirkung von schwefliger Säure; der Versuch dauerte ein Jahr lang; angewandt wurde mit SO_2 gesättigtes Wasser. Die unter I. angeführten Zahlen betreffen den natürlichen Augit, die unter II. jene nach der Zersetzung. In Lösung waren gegangen 15,52%.

	I.	II.
MgO	10,57	9,49
CaO	23,22	22,24
FeO	3,50	—
Al_2O_3	8,00	7,42
Fe_2O_3	11,00	13,44
SiO_2	44,18	48,43
	100,47	101,02

Eine Bleichung war nicht eingetreten. Daraus folgt, daß die Zersetzung keine sehr weitgehende war. Vgl. auch H. Lotz, N. JB. Min. etc. 1913, II, 181.

G. Becker[3]) hat Versuche mit Augit vom Kilimandjaro, vom Falkenberg, von der Höhl (Rhön) ausgeführt, welche er mit verdünnter Salzsäure (1 : 2) bei 60° gemacht, er hat den löslichen wie den unlöslichen Teil analysiert, wobei sich 15% des Augits lösten. Das Verhältnis im Löslichen war:

$$SiO_2 : Al_2O_3 : CaO : MgO$$
$$1 : 1 : 2 : 1^1/_2$$
$$(TiO_2 : FeO).$$
$$1$$

Der Verfasser kommt auch zu dem Schluß, daß die Reinigung von Augit für analytische Zwecke durch Salzsäure eine bedenkliche Manipulation sei. Vgl. auch die Versuche von C. Doelter (S. 582) sowie von J. Morozewicz, welch letzterer konstatierte, daß die stark sesquioxydhaltigen synthetischen Pyroxene in Säure löslich sind (S. 583).

F. Sestini[4]) hat die Einwirkung des Wassers auf die natürlichen Metasilicate untersucht; er konstatierte, daß Augit vom Vesuv stark alkalisch reagiert. Die Versuche wurden derart ausgeführt, daß in zwei Flaschen von einem Liter 280 g des Pulvers mit destilliertem Wasser in dem einen Fall, mit CO_2 gesättigtem Wasser im andern Fall behandelt wurden. Beide Flaschen wurden, nachdem sie verschlossen waren, 50 Stunden lang in einer Rührmaschine geschüttelt. Die Zusammensetzung des gelösten Anteils betrug bei den beiden Versuchen:

---

[1]) C. Doelter, N. JB. Min. etc. 1896, II, 94.
[2]) W. B. Schmidt, Tsch. min. Mit. **4**, 14 (1882).
[3]) G. Becker, Sitzber. phys.-med. Soc. Erlangen **33**, 219 (1901); Z. Kryst. **38**, 317 (1903).
[4]) F. Sestini, Atti Soc. Tosc. Sc. nat. Pisa **12**, 127 (1900); Z. Kryst. **35**, 511 (1902).

	I.	II.
Löslicher Teil . . .	0,161	0,2668
Na_2O	nicht bestimmt	
MgO	0,0140	0,036
CaO	0,0271	0,0246
Fe_2O_3	0,0043	0,0195
SiO_2	0,0243	0,033
Cl	Spuren	
SO_3	sehr wenig	
CO_2	Spur	nicht bestimmt

Aus den Beobachtungen geht hervor, daß das Wasser den Augit in ein weißes unlösliches Al-Silicat und in einen löslichen Teil, welcher aus Orthosilicaten von Ca, Mg und Fe besteht, zersetzt.

Versuche mit Diopsid von Reichenstein. 20 g des Pulvers wurden bei 105° mit 2 Liter Wasser während 50 Stunden, wie bei Augit beschrieben, geschüttelt. Der lösliche Teil betrug 0,0467 g; die Analyse dieses Teils ergab folgende Zahlen:

MgO	0,0058
CaO	0,0146
Fe_2O_3	0,0018
SiO_2	0,007

Aus den Versuchen geht hervor, daß Wasser bei gewöhnlicher Temperatur die Augite in zwei Reihen von Verbindungen zersetzt; in dem einen löslichen Teil finden sich Ca- und Mg-Silicate, im unlöslichen die Al- und Fe-Silicate.

Endlich sind auch Arbeiten von E. Lord[1]) zu erwähnen, welcher den Versuch machen wollte, ob titanhaltige Augite sich in einen titanhaltigen und einen titanfreien Anteil zerlegen lassen.

	1.	2.	3.
Na_2O	1,50	1,50	1,17[2])
K_2O	0,50	0,50	
MgO	11,89	11,64	12,75
CaO	22,44	22,54	12,34
FeO	3,70	3,38	4,04
Al_2O_3	6,19	6,92	5,46
Fe_2O_3	6,99	7,04	6,85
SiO_2	43,85	43,41	44,30
TiO_2	3,14	3,19	3,09
	100,20	100,12	100,00

1. Unzersetzter Augit von der Limburg; anal. E. Lord, l. c.
2. Nach 12 stündiger Behandlung mit konz. HCl auf dem Wasserbad gelöster Teil, er betrug 57 % der Gesamtmenge.
3. Zusammensetzung des unlöslichen Teils.

Daraus folgt, daß eine solche Trennung nicht möglich ist.

---

[1]) E. Lord, Inaug.-Diss. (Heidelberg 1894); Z. Kryst. **27**, 431 (1897).
[2]) Aus der Differenz bestimmt.

Synthese des Augits.

Die erste Augitsynthese wurde von P. Berthier[1]) ausgeführt. Eine interessante Synthese ist die von Ch. Ste. Claire Deville[2]) ausgeführte; er erhitzte einen etwas eisenhaltigen Sandstein, welchen er mit Chlormagnesium getränkt und zur Rotglut erhitzt hatte. Es hatten sich zwischen den Quarzkörnern kleine schwarze Augite gebildet.

Eine systematische Arbeit über die Darstellung von Augiten hat G. Lechartier[3]) im Jahre 1868 veröffentlicht. Er erhitzte die Bestandteile des Pyroxens mit Chlorcalcium auf Rotglut; er erhielt Kristalle von 6—10 mm Länge. Um eisenhaltige Pyroxene zu erhalten, muß man Eisenoxyd zusetzen. Die von G. Lechartier hergestellten Pyroxene scheinen indessen doch der Diopsidreihe angehört zu haben.

F. Fouqué und A. Michel-Lévy haben bei ihren Gesteinssynthesen (vgl. S. 596) auch Pyroxene dargestellt; sie machten dabei die interessante Beobachtung, daß die Augite, welche mit Feldspäten zusammen entstanden, braun und kurz waren wie in den Basalten; mit Nephelin und Leucit zusammen entstanden grüne, längliche Kristalle.

Durch diese Arbeiten der französischen Forscher war namentlich vom genetischen Standpunkt die Augitsynthese durchgeführt. Es handelte sich bei den späteren Arbeiten besonders darum, die Konstitution der Pyroxene zu erforschen.

C. Doelter[4]) hat sich zur Aufgabe gestellt, die chemische Zusammensetzung der Tonerdeaugite aufzuklären. Es wurden Versuche gemacht, um Diopsid von Arendal, von Achmatowsk und von Nordmarken direkt mit größeren Mengen von (21—32 %) Sesquioxyden zusammenzuschmelzen. Dabei zeigte es sich, daß Differentiation der eisenreicheren Teile und der eisenärmeren eintrat, so daß verschiedene Augitvarietäten auftraten und daß sich daneben auch noch etwas Glas bildete; in einem Fall sonderte sich der nahezu tonerdefreie Augit von dem tonerdehaltigen ab. Die Versuche konnten keine Entscheidung bringen; sie zeigen aber, daß bei so großem Gehalt an Sesquioxyden keine homogene Masse entsteht, namentlich wenn, wie dies hier der Fall war, die Abkühlung eine verhältnismäßig rasche war.

Weitere Versuche bezogen sich auf die Herstellung von Pyroxenen, in welchen sich die Silicate $FeO . Al_2O_3 . SiO_2$ und $MgO . Al_2O_3 . SiO_2$, sowie $MgO . Fe_2O_3 . SiO_2$ als Hauptbestandteile befanden. Bei solchen wurden stets Augite erhalten, welche sich durch starke Löslichkeit in Salzsäure auszeichnen und deren Dichte zwischen 3 und 3,16 lag. Doch wurden in diesen Fällen keine rein kristallinen Massen erhalten, sondern es war noch etwas Glas vorhanden und es schied sich auch Magneteisen aus. Besser gelangen die Versuche, bei denen neben den genannten Tonerde- und Eisenoxydsilicaten auch größere Mengen von Diopsid vorhanden waren. So erstarrte die Mischung: $CaMgSi_2O_6 . MgFe_2SiO_6$ kristallin und als Augit; diese enthält 30,77 % Fe_2O_3, allerdings war eine kleine Reduktion des Oxyds eingetreten, indem sich 1,05 % FeO gebildet hatte. Bei der Mischung:

---

[1]) P. Berthier, vgl. Bd. I, S. 5.
[2]) Nach Fouqué u. A. Michel-Lévy, l. c. 103.
[3]) G. Lehartier. C. R. **67**, 41 (1868).
[4]) C. Doelter, N. JB. Min. etc. 1884, II, 51.

$$12(MgAl_2SiO_6).(2Mg\overset{III}{Fe_2}SiO_6).(Ca\overset{III}{Fe_2}SiO_6).CaMgSi_2O_6$$

war rhombischer Augit von der Dichte 3,05 gebildet worden.

Aus den Versuchen geht hervor, daß reine Sesquioxydpyroxene sich nicht leicht bilden, daß aber Mischungen, wie sie den natürlichen stark sesquioxydhaltigen Augiten entsprechen, herstellbar sind, was für die Existenz der Tschermakschen Silicate spricht.

Aus diesen Synthesen geht hervor, daß die Silicate $\overset{II}{R}\overset{III}{Q_2}SiO_6$ zwar für sich glasfrei nicht dargestellt werden können, daß sie aber in Mischungen, wenn sie mit Diopsidsilicat gemengt werden, herstellbar sind.

Weitere Versuche desselben Autors[1]) betrafen natronhaltige Augite. Rein kristalline Schmelzen konnten aus Mischungen der ebengenannten Sesquioxydsilicate $MgAl_2SiO_6$ und $Ca\overset{III}{Fe_2}SiO_6$ mit dem Silicat $NaAlSi_2O_6$ nicht erzielt werden, so daß wahrscheinlich solche Augite nicht darstellbar sind. Dagegen wurde ein Ägirinaugit hergestellt, welcher aus Diopsidsilicat und $NaAlSi_2O_6$ mit $NaFeSi_2O_6$ besteht Der Gehalt an Al_2O_3 betrug 12,15 %, der an Natron 7,65 %, Fe_2O_3 0,95 %, weil der größere Teil von Fe_2O_3 zu FeO reduziert worden war.

Diese Untersuchungen von C. Doelter wurden durch ausgedehnte Experimente von J. Morozewicz[2]) bestätigt. J. Morozewicz arbeitete, wie schon früher Bd. I, S. 597 erwähnt, mit großen Massen, welche sich in Tontiegeln befanden und in einem Siemensfabriksofen erhitzt wurden. Ein etwaiger Angriff durch das Tiegelmaterial störte in bezug auf die chemische Zusammensetzung nicht, da er genügend große Kristalle erhielt, um diese analysieren zu können. Er stellte ein entsprechendes Magma her, aus welchem sich Kristalle abschieden, welche er dann isolierte und chemisch untersuchte. Er erhielt bei zwei Versuchen die folgenden Zahlen:

	1.	2.
Na_2O	1,72	1,51
K_2O	Spur	0,43
MgO	12,70	1,54
CaO	20,00	22,17
MnO	—	4,08
FeO	0,70	1,12
Al_2O_3	6,76	13,82
Fe_2O_3	10,82	25,35
SiO_2	46,93	30,87
TiO_2	Spur	—
	99,63	100,89

Aus diesen Analysen, von welchen 1 unter jenen natürlicher Augite ihre Analoga findet (vgl. S. 554), berechnet J. Morozewicz folgende Zusammensetzung:

---

[1]) C. Doelter, N. JB. Min. etc. 1884, II, 51.
[2]) J. Morozewicz, Tsch. Min. Mit. **18**, 116 (1899).

1.

$$\begin{bmatrix} 3\tfrac{1}{2}CaSiO_3 \\ 2\,MgSiO_3 \\ \tfrac{1}{10}FeSiO_3 \end{bmatrix} \begin{bmatrix} Mg(\tfrac{1}{2}Al_2,\ \tfrac{1}{2}Fe_2)SiO_6 \\ \tfrac{3}{10}Na_2(\tfrac{1}{10}Al_2,\ \tfrac{2}{10}Fe_2)Si_4O_{12} \end{bmatrix} \begin{matrix} 25\,\% \\ 8\,\% \end{matrix}$$

67% 33%

2.

$$10 \begin{bmatrix} 5\,Ca\overset{III}{Fe_2}SiO_6 \\ 2\,MnAl_2SiO_6 \\ 1\tfrac{1}{2}MgAl_2SiO_6 \\ Na_2Fe_2SiO_6 \\ \tfrac{1}{2}\overset{II}{Fe}Al_2SiO_6 \end{bmatrix} \quad 8\,CaSiO_3$$

73% 27%

oder

$$10\begin{pmatrix} 4\,CaAl_2SiO_6 \\ 6\,CaFe_2SiO_6 \end{pmatrix} . \ 8\begin{pmatrix} 3\,CaSiO_3 \\ 2\,MnSiO_3 \\ 1\tfrac{1}{2}\,MgSiO_3 \\ Na_2SiO_3 \\ \tfrac{1}{2}\,FeSiO_3 \end{pmatrix}$$

73% 27%

J. Morozewicz machte auch die von C. Doelter gemachte Beobachtung wieder, daß der künstliche Pyroxen mit überwiegendem Silicat $\overset{II}{R}\overset{III}{Q}_2SiO_6$ (73% bei seinem Versuch) wahrscheinlich rhombisch kristallisiert.

Alle diese Versuche zeigen, daß man die in der Natur vorhandenen Pyroxene mit hohem Gehalt an Sesquioxyden künstlich darstellen kann.

Ferner hat J. Morozewicz auch Alkalipyroxene (Ägyrinaugite) dargestellt. Er erhielt in einem basaltischen Magma Sphärolithe, welche bei der Analyse folgende Zahlen ergaben:

	3.	4.
δ	2,886	2,724
Na_2O	10,03	4,98
K_2O	1,10	1,00
MgO	5,73	4,34
CaO	8,70	10,12
FeO	5,17	1,86
Al_2O_3	7,87	10,81
Fe_2O_3	7,19	7,12
SiO_2	53,72	58,91
	99,51	99,14

Die Berechnung führt zu folgenden Formeln:

3.

$$1\tfrac{1}{5}\begin{pmatrix} \tfrac{4}{5}\,Na_2Al_2Si_4O_{12} \\ \tfrac{2}{5}\,Na_2\overset{III}{Fe_2}Si_4O_{12} \end{pmatrix} . \ 4\tfrac{1}{2}\begin{pmatrix} 1\tfrac{3}{5}\ CaSiO_3 \\ 1\tfrac{2}{5}\ MgSiO_3 \\ \tfrac{7}{10}\ FeSiO_3 \\ \tfrac{1}{2}\ Na_2SiO_3 \end{pmatrix}$$

51,5% 48,5%

4.

$$1\tfrac{1}{2}\begin{pmatrix} Na_2Al_2Si_4O_{12} \\ \tfrac{1}{2}\,CaFe_2Si_4O_{12} \end{pmatrix} . \; 2\tfrac{3}{4}\begin{pmatrix} 1\tfrac{1}{2}\,CaSiO_3 \\ MgSiO_3 \\ \tfrac{1}{4}\,FeSiO_3 \end{pmatrix}$$

65 % 35 %

Durch diese Versuche wurden also in der Natur vorkommende Pyroxene mit Gehalt an Alkalien und Sesquioxyden nachgeahmt. Gegen die Versuche von C. Doelter sowie von J. Morozewicz kann, was ihre Deutung anbelangt, daß die Sesquioxyde als Silicate von der Formel $\overset{II}{R}\overset{III}{Q_2}SiO_6$ vorhanden sein müssen, allerdings auch der Einwurf gemacht werden, daß die Verbindung auch als feste Lösungen von $RSiO_3$ mit Al_2O_3 oder Fe_2O_3 gedeutet werden könnte.

Durch neuere Arbeiten scheint es nämlich bestätigt zu werden, daß unter den Mineralien, speziell unter den Silicaten, feste Lösungen häufig sind, und die aus theoretischen Gründen früher gänzlich verworfene Ansicht, daß ein Oxyd mit einem Silicat feste Lösungen bilden könnte, ist heute nicht mehr als unmöglich zu bezeichnen (vgl. S. 67). So wird bei den Titanaten in manchen Fällen angenommen, daß feste Lösungen von TiO_2 mit Titanaten (auch Niobaten und Tantalaten) möglich sind (vgl. Bd. III).

Von weiteren künstlichen Darstellungen des Augits erwähne ich noch die bei den Experimenten unter Druck erhaltenen Augite von E. Oetling (vgl. Bd. I, S. 617 u. 691). Ferner wurde bei der Herstellung künstlicher Gesteine häufig Augit erhalten, so von K. Bauer[1]) aus chemischen Mischungen. Siehe auch die Versuche von K. B. Schmutz, von K. Petrasch, von G. Medanich und J. Lenarčić[2]), welch letzterer durch Umschmelzung von Schiefergesteinen u. a. auch augitführende gesteinähnliche Schmelzen erhielt (siehe darüber Bd. I, S. 610).

Bei der Umschmelzung von Mineralien und deren Umschmelzung mit Fluoriden erhielt ich Augit, wie ja besonders die Umschmelzung von Amphibol Pyroxen ergibt (vgl. S. 503). Dagegen ergibt die Umschmelzung von Augit wieder einen solchen, wobei bei eisenreichen sich manchmal daneben etwas Magneteisen abscheidet.

Auch bei Versuchen, bei denen vulkanische Gesteine mit Marmor zusammengeschmolzen wurden, ergab sich als Kontaktprodukt Pyroxen.[3]) Auf nassem Wege ist wohl Diopsid (vgl. S. 530), jedoch nicht Augit hergestellt worden.

Genesis.

Augit ist Bestandteil sowohl der Oberflächengesteine, wie Basalt, Andesit, Trachyt, wie auch der Tiefengesteine Syenit, Diorit, Granit u. a.; ebenso kommt er in Gneisen und kristallinen Schiefern vor. Die Synthesen zeigen, daß Augit aus Schmelzfluß leicht entstehen kann und daß sein Stabilitätsgebiet bis zu seinem Schmelzpunkt reicht. Dagegen ist es nicht bekannt, ob er bei niederen Temperaturen sich bilden kann. Der Versuch G. A. Daubrées

[1]) K. Bauer, N. JB. Min. etc. Beil.-Bd. **12**, 535 (1899).
[2]) J. Lenarčić, N. JB. Min. etc. Beil.-Bd. **19**, 152 (1904).
[3]) L. Bourgeois, Thèse, Paris 1883; N. JB. Min. etc. 1884, II, 196 und C. Doelter, N.. JB. Min. etc. 1886, I, 128.

würde die Existenzgrenze auf 400—500° hinunterrücken. Auch dort, wo Diopsid in Drusenräumen vorkommt, würde immerhin eine dieser gleichkommende Temperatur möglich sein. Ob sich Augit, speziell Diopsid, für welchen ja eine niedere Temperatur erwiesen ist, noch bei niederen Temperaturen bilden wird, ist unsicher; jedenfalls ist Amphibol bei weit niederen Temperaturen stabil wie Augit, während anderseits das häufigere Vorkommen von Amphibol in Schiefern, dagegen sein selteneres Vorkommen in basaltischen Gesteinen darauf hinweist, daß der Druck die Amphibolbildung befördert.

Daß manche Pyroxene sich speziell als Kontaktprodukte bilden, ist bekannt; die Fassaite sind solche Kontaktprodukte; die S. 582 erwähnten Synthesen zeigen, wie dies möglich ist.

Junge Bildungen. Augit kommt oft in Schlacken vor; eine Anzahl Analysen wurde früher gegeben (vgl. auch J. H. L. Vogt, Bd. I, S. 932).

Nach H. J. Johnston-Lavis[1]) kann sich Augit wie auch Hornblende unter Einwirkung von Fluor auch bei niederer Temperatur bilden, da er in einem Knochen in der campanischen Ebene Neubildungen fand.

Amphibolgruppe.

Von **C. Doelter** (Wien).

Einteilung der Amphibole.

Die Einteilung der Amphibole vom chemischen Standpunkt macht eher noch größere Schwierigkeiten als die der Pyroxene, obgleich die Analogie mit den letzteren eine große ist.

Verhältnismäßig einfach ist die Einteilung jener Amphibole, welche keine Sesquioxyde enthalten, die also dem Salit, Diopsid und Hedenbergit der Pyroxengruppe analog sind.

Die Parallelreihe zu den Bronziten und Hypersthenen sind die jedoch in der Natur viel seltener auftretenden Anthophyllite. Hier kommt eine Gruppe hinzu, welche in der Pyroxenreihe nur wenig Vertreter hat, die Tonerdeanthophyllite oder Gedrite.

Ein Teil der Mischungen der einfachen Metasilicate $MgSiO_3$ und $FeSiO_3$ ist jedoch nicht rhombisch wie die Anthophyllite, sondern monoklin, und diese Mineralien haben andere Benennungen, welche leider nicht einheitliche sind; während die einen die Mischungen von $MgSiO_3$ mit $FeSiO_3$ Cummingtonite nennen, hat z. B. C. F. Rammelsberg unter diesem Namen diejenigen Amphibole verstanden, welche als Hauptbestandteil das Silicat $MnSiO_3$ enthalten, während wieder manche die Mischungen, welche wesentlich $FeSiO_3$ und $MnSiO_3$ enthalten, als Dannemorite bezeichnen. Auch der Name Richterit wird nicht ganz gleichmäßig gebraucht. P. Groth[2]) und C. Hintze[3]) verstehen darunter Mischungen mit wesentlich Mg, Ca, Mn nebst Na und K. Das reine $FeSiO_3$, welches unter den Pyroxenen fehlt, kommt in der Amphibolgruppe als Grunerit vor (siehe unten).

Ferner haben wir in der Amphibolgruppe wie in der Pyroxengruppe die Mischungen von $CaSiO_3$, $MgSiO_3$ und $FeSiO_3$, welche, wenn letzteres fehlt,

[1]) H. J. Johnston-Lavis, Geol. Mag. London **2**, 309 (1895); Z. Kryst. **28**, 214 (1887).
[2]) P. Groth, Tabell. Übung (Braunschweig 1898).
[3]) C. Hintze, Mineralogie II. 1186.

als Tremolite bezeichnet werden, wobei zum Unterschied von der Pyroxengruppe, wo das Silicat $CaMgSi_2O_6$ auftritt, das Silicat $CaMg_3Si_4O_{12}$ angenommen wird. Wo außerdem noch das Silicat $CaFe_3Si_4O_{12}$ auftritt, haben wir die Aktinolithe oder Strahlsteine.

Dann gelangen wir zu den teilweise recht komplexen tonerdehaltigen Hornblenden; es gibt darunter solche, deren Al_2O_3- und Fe_2O_3-Gehalt oft sehr bedeutend, meist größer als in der Pyroxengruppe bei den Tonerdeaugiten ist; man kann dabei tonerdereichere unterscheiden, welche als Edenite bezeichnet wurden, und solche, welche außer Al_2O_3 auch beträchtliche Mengen von FeO und von Fe_2O_3 führen. Während nun in der Pyroxenreihe bei hohem Gehalt an diesen Sesquioxyden kein nennenswerter Gehalt an Alkalien wahrnehmbar ist, tritt in der Amphibolreihe meistens auch ein merklicher Gehalt an solchen dort auf, wo auch ein beträchtlicher Gehalt an Tonerde vorliegt, was man durch das Auftreten des Silicats $NaAlSi_2O_6$, des Glaukophansilicats erklärt hat, was zwar wahrscheinlich, aber immerhin etwas hypothetisch ist. Es kann ja derselbe Fall wie bei den Pyroxenen eintreten, wo die Möglichkeit einer isomorphen Beimengung von Al_2O_3, welche schon C. F. Rammelsberg vermutet hatte, nicht ausgeschlossen ist. Die Zerlegung der Formel der Tonerdehornblenden in einfache Silicate mit analogen Formeln ist immerhin schwierig (vgl. S. 67).

Endlich haben wir die eigentlichen Natronhornblenden, in welchen zum Teil das Silicat Na_2SiO_3 vorhanden ist, während in einem andern Teil die Silicate $NaAlSi_2O_6$ und $Na\overset{III}{Fe}Si_2O_6$ vorwiegen, welche sich in Mischung mit den einfachen Metasilicaten von Ca, Mg und Fe befinden. Je nach dem Vorwiegen von Al oder Fe unterscheiden wir Arfvedsonit, Glaukophan einerseits, Riebeckit anderseits.

Dieselben Silicate des Al und des Fe enthält der Änigmatit, welcher überdies durch starken Gehalt an Titan ausgezeichnet ist. Ob dieser Änigmatit zur Amphibolgruppe gehört oder von dieser ganz abzutrennen ist, muß noch entschieden werden (hierher gehört der Cossyrit [Rhönit und Crossit]).

Zu den eigentlichen Titanmineralien gehört der Änigmatit jedoch kaum, da sein Ti-Gehalt doch nicht gerade sehr bedeutend ist.

Die mineralogische Einteilung der Amphibole entspricht nicht ganz der chemischen, da bei der ersteren besonders auf die optischen Eigenschaften Bedacht genommen wird, so wurden auch verschiedene Amphibolarten aufgestellt, wie Sorétit, Osannit, Anaphorit, Hastingsit u. a., welche keine genaue chemische Charakteristik besitzen, die sie von ähnlichen Amphibolarten genügend unterscheiden würde; ausschlaggebend ist hier die optische Charakteristik.

G. Murgoci[1]) hat versucht eine Einteilung der Amphibole, namentlich auf Grund der optischen Eigenschaften zu geben, jedoch unter Berücksichtigung der chemischen Zusammensetzung; wobei er die verschiedenen Mischungen von $MgSiO_3$ mit $FeSiO_3$ und dem Syntagmatitmolekül (vgl. darüber unten) unterscheidet.

Übersicht der verschiedenen Amphibolarten.

Die Anordnung ist daher folgende: 1. Amphibole mit überwiegendem Mg- und Fe-Silicat: Kupfferit, Cummingtonit (entsprechend dem Gedrit).

[1]) G. Murgoci, Univ. Calif. Public. **4**, Nr. 15, 359 (Berkeley 1896); Z. Kryst. **36**, 391 (1909).

2. Mischungen von $MnSiO_3$, $FeSiO_3$ und $MgSiO_3$, Dannemorit; 3. Ca- und Mg-Silicate: Tremolit (Grammatit, Calamit), Mischung von $CaSiO_3$, $MgSiO_3$. 4. Mischungen von $CaSiO_3$, $MgSiO_3$ und $FeSiO_3$: Strahlstein, Aktinolith. Hierher gehört auch der Nephrit, welcher in diesem Werke wegen seiner etnographischen Wichtigkeit und seiner engen Verwandtschaft mit Jadeit (Chloromelanit) zusammen mit diesem von M. Bauer behandelt wird. 5. Richterit. Mischungen von $MgSiO_3$, $CaSiO_3$, $FeSiO_3$ und Na_2SiO_3, K_2SiO_3. 6. Hornblenden. Mischungen der genannten Silicate mit einem Aluminiumsilicat, wie es bei Pyroxen angenommen wurde (oder mit Tonerde und Eisenoxyd). Der Alkaligehalt ist in einem Alumosilicat vorhanden, vielleicht auch als Metasilicat Na_2SiO_3. 7. Arfvedsonit. Mischungen von Na_2SiO_3, $CaSiO_3$, $MgSiO_3$ und $FeSiO_3$ mit kleinen Mengen von Aluminiumsilicat. Hierher gehört auch der Barkevikit. 8. Glaukophan. Vorwiegend $NaAlSi_2O_6$ mit Mischungen von $CaSiO_3$, $MgSiO_3$ und $FeSiO_3$. 9. Riebeckit. Mischungen von $NaFeSi_2O_6$ mit $FeSiO_3$. 10. Grünerit. Vorwiegend $FeSiO_3$ mit $MgSiO_3$ und $CaSiO_3$. 11. Diesem schließt sich der Änigmatit (Cossyrit, Rhönit, Crossit) an, welcher wesentlich aus $FeSiO_3$ mit Na_2SiO_3 oder $Na(Al,Fe)Si_2O_6$ und dem Tremolitsilicat besteht (bedeutender Titangehalt),[1]) diese werden später zu behandeln sein.

Wir trennen hier, wie bei den Pyroxenen, diejenigen Amphibole, welche ein Alumosilicat (oder ein entsprechendes Ferrisilicat) als vorwiegenden Bestandteil enthalten. Zu diesen gehören die Analoga des Akmits und des Jadeits, demnach der Riebeckit und der Glaukophan, an welche jedoch als nicht sicher zur Amphibolgruppe gehörig sich der Änigmatit, wie eben erwähnt, anschließt. Diese drei werden bei den Alumosilicaten behandelt werden. Ich gebe hier nach P. Groth noch einen Vergleich der kristallographischen Achsen der verschiedenen Varietäten bzw. Glieder der Amphibolgruppe.

	$a:b:c$	β
Kupfferit, Tremolit und Aktinolith .	0,5415 : 1 : 0,2886	105° 11½′
Richterit	0,5499 : 1 : 0,2854	104 14
Hornblende	0,5318 : 1 : 0,2936	104 58
Arfvedsonit	0,5496 : 1 : 0,2975	104 15½
Glaukophan	0,53 : 1 : 0,29	103
Riebeckit	0,5475 : 1 : 0,2295	103 50

Amphibole mit geringem Gehalt an Al_2O_3 und Fe_2O_3.

Zu diesen gehören die hauptsächlich der Formel $CaMg_3Si_4O_{12}$ entsprechenden Amphibole, welche wir wieder in eisenfreie bzw. eisenarme und in eisenoxydulreiche einteilen können. Erstere entsprechen dem Diopsid, letztere dem Hedenbergit der Pyroxenreihe. Die hierher gehörigen Amphibole werden als Grammatite, Tremolite, Calamite bezeichnet, die eisenreicheren sind die Aktinolithe (Strahlsteine). Manche zum Tremolit gehörige Varietäten, welche jedoch durch merklichen Gehalt an Na- und K-Silicat ausgezeichnet sind, werden als Richterit bezeichnet.

Ferner gehören hierher die eisenreichen Magnesiummetasilicate ohne nennenswerten Gehalt an Sesquioxyden, welche also den eisenreichen rhombi-

[1]) Andere wenig wichtige Varietäten die chemisch nicht genau definiert sind, werden in der Analysenzusammenstellung erwähnt werden.

schen Anthophylliten entsprechen. Diese haben wir im Anschluß an die rhombischen Anthophyllite zuerst zu behandeln.

Wir können diese Amphibole, welche also die Formel $RSiO_3$, in welcher R = Mg und Fe ist, besitzen, in solche einteilen, in denen das Magnesium vorwiegt, das sind der Kupfferit und ihm ähnlich zusammengesetzte Amphibole und in Cummingtonit mit überwiegendem Eisenoxydgehalt.

Das Endglied dieser Metasilicatreihe ist der Grünerit, welcher bei den Eisenoxydulsilicaten zu behandeln sein wird.

Abgetrennt müssen diejenigen $RSiO_3$-Silicate werden, welche durch hohen Gehalt an Manganoxydul ausgezeichnet sind. Für diese bestand früher der Name Cummingtonit, welcher jedoch jetzt in anderem Sinn verwendet wird. Hierher gehören der Dannemorit, der Silfbergit, der Hillangsit und Asbeferrit.

Wir haben also zuerst die Amphibolanthophyllite, den Kupfferit, dann die Cummingtonite und die alkalihaltigen Richterite. Dann kommen wir zu den Aktinolithen und Tremoliten, welchen sich die eigentliche Hornblende mit merklichem Gehalt an Sesquioxyden anreiht. Dann reihen sich an die Dannemorite und ähnliche mit wesentlichem Gehalt an $MnSiO_3$.

Kalkfreie und kalkarme Magnesium-Amphibole.

Diese führen, wenn sie chemisch den Anthophylliten entsprechen, den Namen Amphibol-Anthophyllit, nach A. Des Cloizeaux, während J. Dana und auch C. Hintze jene Amphibole, welche monoklin sind und in ihrer Zusammensetzung der Bronzit-Hypersthenreihe entsprechen, unter dem Namen „Cummingtonit" anführen; die asbestartigen werden auch mit dem A. Breithauptschen Namen „Antholith" bezeichnet. Richtiger wäre jedenfalls der von A. Des Cloizeaux eingeführte Name, weil diese Amphibole wirklich in ihrer Zusammensetzung den tonerdefreien Anthophylliten entsprechen, C. F. Rammelsberg führt unter Cummingtonit das nahezu reine Manganmetasilicat an. Ich führe unter Amphibol-Anthophyllit alle jene monoklinen Amphibole an, welche im wesentlichen die Zusammensetzung (Mg, Fe)SiO_3 haben, wobei Mg > Fe ist. Die hierher gehörigen Asbeste sind die Antholithe.

Amphibol-Anthophyllite.

Analysen.

Vor allem einige ältere Analysen, welche ursprünglich als Amphibol-Anthophyllite bezeichnet wurden.

	1.	2.	3.	4.
δ	—	3,14	3,20	—
Na_2O	—	—	0,75	0,54
MgO	20,61	21,17	10,29	10,31
CaO	1,14	1,85	Spur	Spur
MnO	20,22 (MnO + FeO)	2,00	1,50	1,77
FeO		17,63	32,07	33,14
Al_2O_3	0,47	0,18	0,95	0,89
SiO_2	55,82	55,24	51,09	50,74
H_2O	2,10	2,41	3,04	3,04
	100,36	100,48	99,69	100,43

1. Gelblichgrau, von Grönland; anal. H. Lechartier bei A. Des Cloizeaux, Nouv. Rerch. Paris 1867, 627.
2. Blätterig graubraun, von Kongsberg (Norw.); anal. wie oben.
3. u. 4. Cummingtonit von Cummington (Mass.), aschgrau bis bräunlich; anal. L. Smith u. G. J. Brush, Am. Journ. **16**, 48 (1853).

Eine ältere Analyse von Thomson hatte eine unrichtige Vorstellung von der Zusammensetzung ergeben, da ein hoher Natrongehalt und viel Manganoxydul gefunden wurde.

Endlich sei hier noch eine Analyse eines „monoklinen" Anthophyllits gebracht, welcher also ein Seitenstück zum Klinoenstatit wäre.

	5.
δ	3,24
K_2O	2,23
MgO	22,17
FeO	12,60
Al_2O_3	1,59
Fe_2O_3	7,10
SiO_2	52,89
H_2O	0,71
(PbS)	0,17
Summe:	99,46

5. Hangendes der Zinklagerstätte in der Längfallsgrube bei Räfvala (Schweden); anal. R. Beck, Tsch. min. Mit. **20**, 382 (1901).

Kupfferit.

Im Kupfferit wiegt das Silicat $MgSiO_3$ vor, dies ist ein Analogon zu den Klino-Bronziten und reihen sich die betreffenden Amphibole an den Anthophyllit, bzw. den Amphibol-Anthophylliten an. Zu diesen gehören auch einige Asbeste. Solche Amphibole scheinen jedoch sehr selten zu sein. Der Kupfferit ist eine Varietät des Amphibol-Anthophyllits.

	6.
δ	3,08
MgO	30,88
CaO	2,94
FeO	6,05
NiO	0,65
Cr_2O_3	1,21
SiO_2	57,46
H_2O	0,81
	100,00

5. Kupfferit aus dem Ilmengebirge (Ural), im Granit; anal. R. Hermann, Bull. soc. nat. Moscou **35**, 243 (1862); Journ. prakt. Chem. **88**, 195 (1863).

Eine abweichende Zusammensetzung besitzt folgender Amphibol, welcher infolge seines Überwiegens an dem Silicat $RSiO_3$ zu dem Kupfferit gehört, jedoch als Eisenkupfferit bezeichnet werden könnte. Er stellt ein Zwischenglied von Kupfferit und Grunerit dar.

	7.
MgO	18,61
CaO	2,44
FeO	21,26
Al_2O_3	3,85
SiO_2	51,40
H_2O	0,50
	98,06

7. Von Szarvaskö bei Erlau (Ungarn), dunkelbraun; anal. L. Kaleczinsky, Földt. Közl. **12**, 196 (1882); Z. Kryst. **8**, 536 (1884).

Leider ist die Trennung von Eisenoxyd und von Eisenoxydul nicht vorgenommen worden.

Den reinen Kupfferit ohne das isomorphe Eisensilicat ergibt folgende Analyse:

	8.
Na_2O	0,37
K_2O	0,19
MgO	30,98
CaO	1,26
MnO	2,77
FeO	0,06
Al_2O_3	0,59
Fe_2O_3	0,29
SiO_2	59,29
TiO_2	0,03
H_2O	3,80
F	0,20
	99,83
abzüglich O—F	0,08
	99,75

8. Von Edwards, N.-York; anal. E. T. Allen u. J. K. Clement, Am. Journ. **26**, 101 (1908).

Tremolit.

Ein vollkommen reiner, der theoretischen Formel $CaMg_3Si_4O_{12}$ entsprechender Tremolit existiert in der Natur nicht, was uns nicht wundern kann, da ja ganz reine Stoffe in der Natur überhaupt nicht vorkommen, aber mehrere Analysen, welche hier gebracht werden, entsprechen ziemlich genau dieser Formel. Ich gebe zuerst einige Analysen, welche keinen Eisengehalt zeigen, welche aber einen kleinen Gehalt an Eisenoxydul zeigen und an diese reihen sich solche, welche einen geringen Gehalt sowohl an Tonerde als auch an Eisenoxydul jedesmal unter 1 % aufweisen. Hiernach folgen jene, welche einen Eisenoxydulgehalt von 1—3 % zeigen. Bei höherem Gehalt an diesem Bestandteil haben wir Übergänge in den Aktinolith.

Nahezu eisen- und tonerdefreie Kalk-Magnesiumamphibole (Grammatit, Tremolit und Calamit).

A. Ohne Eisenoxydul.

	9.	10.	11.	12.
δ	2,930	—	—	—
Na_2O	—	1,25	—	—
K_2O	—	0,42	—	—
MgO	28,19	25,93	24,76	24,70
CaO	11,00	11,90	13,51	13,54
MnO	—	0,08	—	—
Al_2O_3	1,77	0,33	0,91	1,56
SiO_2	58,87	58,27	58,60	58,39
H_2O	0,18	1,22	2,22	1,43
	100,01	99,40[1]	100,00	99,62

9. Weißer Tremolit von Gulsjö (Schweden); anal. C. F. Rammelsberg, Pogg. Ann. **103**, 295 (1858).

10. Aus Serpentin von Easton (Penns.); anal. L. G. Eakins, Am. Geologist **6**, 35 (1890); Z. Kryst. **20**, 501 (1892).

11. Weißer Tremolit vom Gotthard; anal. J. Lemberg, Z. Dtsch. geol. Ges. **40**, 646 (1888).

12. Im Kalk vom Reichenstein (Schles.); anal. H. Traube, Miner. Schlesiens 1888, 9.

Es existiert auch eine Analyse eines Tremolits, welcher weder Eisen noch Tonerde aufweist. Daneben gebe ich die Analyse einer Zusammensetzung des theoretischen Tremolits von der Formel $CaMg_3Si_4O_{12}$ (14).

	13.	14.
MgO	27,18	28,92
CaO	13,91	13,41
SiO_2	58,05	57,67
H_2O	0,34	—
	99,48	100,00

13. Weißer Tremolit vom Gotthard; anal. C. F. Rammelsberg, Mineralchemie 1875, 395.

14. Theoretische Zusammensetzung.

Die nachstehenden Analysen betreffen Tremolite, welche kein Eisenoxydul jedoch etwas Tonerde enthalten.

	15.	16.
δ	—	2,937
CaO	12,30	13,37
MgO	26,80	25,33
FeO	Spur	—
Al_2O_3	1,40	0,92
SiO_2	59,50	58,22
H_2O	—	1,76
	100,00	99,60

15. Weißer Tremolit von Cziklova; anal. F. S. Beudant, Ann. mines **5**, 307 (1829).

16. Aus körnigem Dolomit von Banar, Distrikt Suceva (Rumänien); anal. P. Poni, Ann. sc. Université Jassy **1**, 15 (1900); Z. Kryst. **36**, 200 (1902).

---

[1]) Spuren von Eisenoxyd.

B. Tonerdefreie Tremolite mit geringen Mengen von Eisenoxydul.

Bei alten Analysen ist die Möglichkeit vorhanden, daß die Tonerde überhaupt nicht bestimmt wurde; solche Analysen wurden weggelassen.

	17.	18.	19.	20.	21.
MgO . .	23,92	24,74	24,73	23,59	28,05
CaO . . .	15,06	15,58	15,92	13,92	13,43
FeO . . .	2,41	2,48	2,95	3,03	2,27
SiO_2 . . .	54,71	56,60	55,77	57,83	54,35
H_2O . . .	3,33	—	—	1,55	1,25
	99,43	99,40	99,37	99,92	99,35

17. u. 18. Grünlichweißer, faseriger Tremolit im körnigen Kalk von der Inselreihe von Manecstock (Grönl.); anal. C. F. Rammelsberg, Pogg. Ann. **103**, 295 (1858).

19. Grammatit im Dolomit von Nordmarken; anal. G. Flink, Bih. Sver. Ak. Handl. **2**, Nr. 7, 13 (1887); Z. Kryst. **15**, 91 (1889).

20. Von Slataoust (Ural); anal. W. Smirnoff, Trav. soc. nat. St. Petersburg, **33**, 45 (1905); N. JB. Min. etc. 1909, II, 17.

21. Von Easton (Mass.); anal. J. Eyermann, Am. Geol. **34**, 43; N. JB. Min. etc. 1906, I, 353 (vgl. auch Analyse Nr. 13).

Es folgt eine ältere Analyse, in welcher sich keine Tonerde und wenig Eisenoxydul befindet.

	22.
MgO	26,12
CaO	14,90
FeO	0,84
SiO_2	57,62
	99,48

22. Weißer Tremolit von Gulsjö (Schweden); anal. C. F. Rammelsberg, Journ. prakt. Chem. **86**, 346 (1862).

Hier dann noch einige Analysen, in welchen so geringe Mengen von Tonerde enthalten sind, daß diese Tremolite als tonerdefreie zu betrachten sind.

	23.	24.
Na_2O	0,20	1,12
K_2O	0,12	0,14
MgO	22,45	22,70
CaO	15,05	13,24
MnO	Spur	0,01
FeO	0,18	5,20
Al_2O_3	0,09	0,04
Fe_2O_3	0,11	55,73
SiO_2	57,97	—
H_2O bei 100° . . .	0,03	2,44
H_2O über 100° . . .	2,57	
CO_2	1,69	
	100,46	100,62

23. Pseudomorphose nach Salit von Canaan Mountains (Conn.); anal. W. F. Hillebrand bei F. W. Clarke, Analyses of Minerals; Bull. geol. Surv. U.S. **419**, 265 (1910).

24. Blätterig, im Äußern Antigorit ähnlich, von der Insel Balta (Schottl.); anal. F. Heddle, Min. Mag. **2**, 106 (1878); Z. Kryst. **3**, 332 (1880).

Es gibt auch Tremolite, welche keine Tonerde enthalten, jedoch einen größeren Gehalt an Eisenoxydul aufweisen.

C. Tremolite mit ganz geringen Mengen von Tonerde und Eisenoxyd.

	25.	26.	27.	28.	29.
δ	2,96	3,027	2,98	3,00	2,997
Na_2O	—	—	0,24	—	0,67
K_2O	—	—	0,04	—	0,54
MgO	27,98	24,82	23,97	25,69	24,85
CaO	13,62	13,63	12,95	13,89	12,89
MnO	—	—	0,04	—	0,07
FeO	0,95	0,26	0,61	1,36	0,22
Al_2O_3	0,29	0,56	1,37	0,38	1,30
Fe_2O_3	—	—	0,04	—	0,18
SiO_2	57,01	58,40	58,22	57,40	57,45
H_2O	0,33	1,85	2,17	0,40	1,25
F_2	—	—	0,17	—	0,77
	100,18	99,52	99,82	99,12	100,19 [1])

25. Grammatit von Bistře (Böhmen), im Urkalk; anal. F. Kovář, Abh. böhm. Ak. **28**, 12 (1899); Ref. N. JB. Min. etc. II, 203 (1901).

26. Tremolit von Campo longo; anal. F. Berwerth, Sitzber. Wiener Ak. **85**, 185 (1888).

27. Von demselben Fundort; anal. St. Kreutz, Sitzber. Wiener Ak. **117**, 917 (1908).

28. Von Gouverneur, St. Lawrence (Cy.); anal. C. F. Rammelsberg, Pogg. Ann. **103**, 295 (1858).

29. Von Richville bei Gouverneur, mit Turmalin; anal. S. L. Penfield und F. C. Stanley, Z. Kryst. **43**, 241 (1907).

	30.	31.	32.	33.
δ	—	2,964	2,993	2,98
Na_2O	1,15	0,21	1,10	—
K_2O	—	0,44	1,12	0,61
MgO	24,42	24,14	23,31	27,35
CaO	13,69	13,31	10,38	8,26
MnO	—	0,07	0,31	1,17
FeO	2,36	0,72	3,46	2,71
Al_2O_3	1,10	0,86	1,51	2,34
Fe_2O_3	0,69	1,62	0,99	—
SiO_2	56,54	56,15	55,00	56,06
H_2O	—	2,50	2,90	2,33
	99,95	100,02	100,08	100,83 [2])

30. Grün, mit Pyroxen im körnigen Kalk von Rusell (N. York); anal. W. M. Burton, Am. Journ. **79**, 352 (1890).

31. Farbloser fasriger Tremolit von Shiness (Schottl.), aus Kalkstein; anal. F. Heddle, Trans. Roy. Soc. **28**, 453 (1878).

32. Hellgrün, in Talk und Chlorit, von Nidister, Hillswick (Schottland); anal. F. Heddle, wie oben.

[1]) Ab $O = F_2 = 0,32$.

[2]) Spur von Cr_2O_3.

Trotz der Bezeichnung Strahlstein gehört dieses Mineral hierher, während der von F. Heddle als Tremolit bezeichnete Amphibol von Milltown (vgl. S. 613) ein Edenit ist.

33. Von Ouro Preto (Bras.); anal. J. A. da Costa, Bull. Soc. min. **16**, 208 (1893); neigt zum Anthophyllit-Amphibol.

Es folgen zwei Analysen des sog. Hexagonits, eines etwas manganhaltigen Tremolits.

	34.	35.
δ	2,996	2,998
Na_2O	1,90	0,98
MgO	24,14	25,16
CaO	12,20	10,43
MnO	1,37	2,39
FeO	—	0,44
Al_2O_3	} 1,40	0,30
Fe_2O_3		—
SiO_2	58,20	58,54
H_2O	—	0,63
F	—	0,41
	99,21	99,28

34. Violette Kriställchen des „Hexagonits", irrtümlich von Ed. Goldsmith für ein neues Mineral gehalten, von Edwards St. Lawrence Cy. (N. York); anal. G. A König, Z. Kryst. **1**, 49 (1877).
35. Dasselbe Vorkommen; anal. E. S. Sperry bei J. D. Dana, Miner. 1892, 393.

	36.	37.	38.	39.	40.
Li_2O	—	2,99	—	—	0,26
Na_2O	0,48	—	—	1,93	3,03
K_2O	0,22	—	—	0,62	0,91
MgO	24,12	24,70	24,03	22,61	21,86
CaO	13,19	13,61	13,75	12,59	12,09
MnO	Spur	0,85	—	—	—
FeO	0,55	1,18	1,35	0,69	1,35
Al_2O_3	1,80	1,09	0,82	3,21	2,10
Fe_2O_3	0,00	—	—	0,82	0,29
SiO_2	57,69	57,32	57,45	55,82	57,13
TiO_2	0,14	—	—	0,16	0,20
H_2O	1,66	0,20	—	1,27	1,42
F_2	0,37	0,35	2,32	1,31	0,90
	100,22	99,30	99,72	101,03	101,54
$O = F_2$	0,15				
	100,07				

36. Von Lee, Maß; anal. S. L. Penfield u. F. C. Stanley, Z. Kryst. **43**, 242 (1907).
37. Berggrüner Tremolit von Fahlun, im Talkschiefer eingewachsen; anal. C. A. Mikaelson, Öfv., Ak. Stockholm 1863, 196.
38. Fasriger Tremolit, mit Muskovit und Turmalin in Quarz, von Guneck, Lavanttal; anal. A. Hofmann, Tsch. min. Mit. **4**, 537 (1882).
39. u. 40. Alle zwei von Pierrepoint (N. York); anal. H. Haeffke, N. JB. Min. etc. 1892, II, 1228; Anal. 43 blaugrüne Kristalle, 42 braune Kristalle.

Als braune Hornblende wird folgender Amphibol bezeichnet, welcher jedoch seiner Zusammensetzung nach ein Tremolit ist:

	41.
Na_2O	2,13
K_2O	0,75
MgO	22,98
CaO	11,83
MnO	0,11
FeO	0,73
Al_2O_3	1,77
Fe_2O_3	0,84
SiO_2	56,44
TiO_2	0,11
H_2O bei 100°	0,05
H_2O über 100°	2,41
P_2O_5	Spur
	100,15

41. Von Pierrepoint, N. York; anal. T. M. Chatard bei F. W. Clarke, Bull. geol. Surv. U.S. **410**, 266 (1910).

Folgende neue Analysen zeigen den reinen Tremolit:

	42.	43.	44.	45.	46.
Na_2O	0,12	0,42	1,22	0,94	0,82
K_2O	0,10	0,19	0,60	0,74	0,19
MgO	24,78	23,87	23,81	22,97	25,16
CaO	13,95	14,02	12,51	12,82	10,85
MnO	—	0,01	—	0,04	1,28
FeO	—	0,23	—	0,01	—
Al_2O_3	0,10	1,21	1,65	1,88	0,60
Fe_2O_3	—	0,11	0,36	0,61	0,43
SiO_2	58,59	57,35	56,92	56,36	58,24
TiO_2	—	0,07	0,10	0,06	0,04
H_2O	2,31	2,21	2,01	1,72	2,50
F	—	0,11	1,03	1,23	0,24
$O=F_2$ (abzüglich)	—	0,05	0,43	0,53	0,10
	99,95	99,75	99,78	99,85	100,25

42. Von Ham Island, Alaska; anal. E. T. Allen u. J. K. Clement, Am. Journ. **26**, 101 (1908).
43. Von Ossining, N. York; anal. E. T. Allen u. J. K. Clement, wie oben.
44. Von Gouverneur; anal. E. T. Allen u. J. K. Clement, wie oben.
45. Von Rusell, N. York; anal. E. T. Allen u. J. K. Clement, wie oben.
46. Von Edwards, N. York; anal. E. T. Allen u. J. K. Clement, wie oben.

Aktinolith (Strahlstein).

Mischungen von $CaMg_3Si_4O_{12}$ mit geringeren Mengen von $Ca_3FeSi_4O_{12}$.

Ein prinzipieller Unterschied existiert nicht zwischen dem Tremolit und dem Aktinolith, wenigstens in chemischer Beziehung nicht, und gehört sogar manches, was als Tremolit bezeichnet wird, in chemischer Beziehung zum Strahlstein und auch umgekehrt. Unter Aktinolith und Strahlstein sind gewöhnlich die Amphibole aus den genannten Mischungen zu verstehen, welche nicht so minimale Mengen von Eisen enthalten, wie die Tremolite, aber immerhin überwiegend aus der Verbindung $CaMg_3Si_4O_{12}$ bestehen, wobei jedoch eine scharfe Abgrenzung gegenüber dem Tremolit (Grammatit) nicht besteht, aber auch die obere Grenze nicht fixierbar ist. Es liegt eben eine kontinuierlich verlaufende Mischungsreihe der beiden Komponenten $CaMg_3Si_4O_{12}$ und $CaFe_3Si_4O_{12}$ vor, ohne merkliche Lücke, wobei allerdings gewisse Mischungen häufiger wiederkehren können, wie dies bei isomorphen Verbindungen häufig vorkommt.

	47.	48.	49.	50.
δ	3,062	—	—	—
Na_2O	0,58	—	—	1,77
K_2O		—	—	—
MgO	22,31	22,59	24,00	17,49
CaO	13,36	13,29	10,67	20,47
MnO	0,26	0,15	—	—
FeO	2,51	4,33	4,30	4,52
Al_2O_3	3,04	1,13	1,67	1,94
Cr_2O_3	0,19	—	—	—
Fe_2O_3	1,88	—	—	—
SiO_2	55,23	57,44	56,33	52,97
H_2O	—	1,52	1,03	0,58
H_2O bei 100°	0,04	—	—	—
H_2O über 100°	0,52	—	—	—
	99,92	100,45	98,00	99,74

47. Aktinolith (?) von Corundum Hill, N. Carolina; anal. T. M. Chatard bei F. W. Clarke, Bull. geol. Surv. U.S. Nr. 419, 265 (1910).

48. Als Hornblende bezeichnet, grauschwarz, grobkristallin, von Tilly Foster Ironmine bei Brewster (N. York); anal. E. A. Breitenbaugh, Am. Journ. **6**, 211 (1873).

49. Strahlstein von Concord (Penns.); anal. Seyberth, Am. Journ. **6**, 333 (1873).

50. Smaragdit von Du Toits Pan (S. Afrika); N. Maskelyne u. Flight, Q. J. of geol. Soc. **30**, 412 (1874).

	51.	52.	53.	54.	55.
δ	2,953	—	—	—	—
K_2O	1,75	—	—	—	—
MgO	24,99	22,98	22,72	22,46	23,99
CaO	13,34	13,96	13,57	11,99	11,66
MnO	1,61	—	—	—	CuO 0,40
FeO	4,45	4,87	4,74	5,77	5,22
Al_2O_3	—	1,89	2,83	3,17	0,56
SiO_2	51,25	55,45	55,26	55,95	55,85
H_2O	2,59	—	—	—	2,15
	99,98	99,15	99,12	99,34	99,83

51. Aus dem Kieslager von Kallwang; anal. R. Canaval, Mitt. naturw. Ver. Steyermark 1894; Z. Kryst. **29**, 166 (1897).

Die drei Analysen Nr. 52—54 beziehen sich auf lichtgrünen Strahlstein von Hermala auf Lojo; anal. A. Nykopp, K. Akerstedt und A. Blomgren, sämtliche bei F. J. Wiik; Z. Kryst. **7**, 79 (1883).

55. Von Reichenstein (Schlesien); anal. F. Richter bei Th. Scheerer, Pogg. Ann. **84**, 384 (1851).

	56.	57.	58.	59.
δ	—	3,047	3,092	3,027—3,043
Na_2O	0,48	0,19	0,82	2,52
K_2O	0,22	0,28	0,24	1,30
MgO	21,74	21,19	20,30	22,29
CaO	12,41	12,08	12,08	11,55
MnO	0,30	0,48	Spur	0,15
FeO	5,26	5,50	4,75	1,49
Al_2O_3	1,23	1,24	2,58	2,23
Fe_2O_3	0,15	0,78	2,50	0,90
SiO_2	56,38	56,25	54,80	54,70
TiO_2	—	—	0,10	—
H_2O	1,96	1,81	1,71	2,05
F_2	0,09	0,04	0,77	0,85
	100,22	99,84	100,65	100,03
$O = F_2$	0,04	—	0,32	0,38
	100,18	—	100,33	99,65

	60.	61.	62.	63.	64.
δ	—	—	2,913	—	—
Na_2O	2,15	0,78	0,07	2,21	0,46
K_2O	0,35	0,50	0,19	—	2,20
MgO	19,48	19,27	19,22	16,43	21,87
CaO	10,60	11,88	13,00	14,88	11,17
MnO	0,35	0,70	0,09	—	0,49
FeO	5,46	6,68	6,90	7,39	7,66
NiO	—	—	0,15	—	—
CaO	—	—	0,19	—	—
Al_2O_3	4,36	2,69	0,81	3,72	2,22
Cr_2O_3	—	—	—	0,60	—
Fe_2O_3	2,58	3,09	1,15	—	0,16
SiO_2	51,85	52,31	56,50	52,34	51,31
TiO_2	1,26	0,28	—	—	—
H_2O	1,21	1,42	0,90	1,16	2,12
H_2O bei 100° . .	0,13	0,08	—	—	—
F_2	0,46	0,93	—	—	—
	100,24	100,61	99,17	98,73	99,66
$O = F_2$	0,22	0,39	—	—	—
	100,02	100,22	—	—	—

56. Aktinolith vom Zillertal; anal. St. Kreutz, Sitzber. Wiener Ak. **117**, 920 (1908).

57. Aktinolith von ebenda; anal. S. L. Penfield u. F. C. Stanley, Z. Kryst. **43**, 242 (1907).

58. Aktinolith von Russell, St. Lawrence Cy. (N. York); anal. von denselben, wie oben.

59. Grüne „Hornblende" von ebenda; anal. St. Kreutz, Sitzber. Wiener Ak. **117**, 932 (1907).

Diese Hornblende gehört nach St. Kreutz nicht zum Aktinolith, da die Summe der Molekularverhältnisse der Monoxyde (inkl. Wasser) größer ist wie die Zahl für die Kieselsäure. Es ist jedoch fraglich, ob man berechtigt ist, das Wasser, das vielleicht nur gelöstes ist, zu den Monoxyden zu rechnen; zieht man das Wasser von jener Zahl ab, so ist die Summe der Monoxyde nicht größer, sondern kleiner als die für Kieselsäure.

Nach St. Kreutz läge hier kein Aktinolith, sondern eine dem Pargasit ähnliche Hornblende vor, und ist auch ein anderes optisches Verhalten als bei Aktinolith zu beobachten. Ich stelle trotzdem diese Analyse hierher, weil die chemische Zusammensetzung mehr der Tremolit-Aktinolithreihe entspricht.

60. Aktinolith von Pierrepoint, St. Lawrence Cy. (vgl. auch Analysen Nr. 42, 43 u. 44; anal. S. L. Penfield u. F. C. Stanley, Z. Kryst. **43**, 243 (1907).

61. Aktinolith von Kragerö (Norw.); anal. wie oben. Summe im Orignal unrichtig.

62. Smaragdgrün, vom Monte Plebi, Terranova Pausania; anal. D. Lovisato, Atti R. Acc. Lincei **21**, 109; Chem. ZB. 1912, I, 943.

63. Smaragdit aus Smaragditgabbro, in Blöcken am Genfer See; anal. Fikenscher, Journ. prakt. Chem. **89**, 456 (1863).

64. Sog. Edenit, chemisch jedoch zum Strahlstein gehörig, von Glen Urquhart; anal. F. Heddle, Trans. Roy. Soc. Edinburgh **28**, 453 (1878). Die Analyse weist auffallend wenig MgO, dagegen viel mehr CaO auf als der Formel entspricht, daher ein Überschuß von $CaSiO_3$ vorhanden ist.

	65.	66.	67.	68.	69.	70.
δ	2,955	—	—	3,26	3,116	—
Na_2O	—	—	—	—	2,45	1,94
K_2O	—	—	—	—	—	0,30
MgO	22,08	21,81	19,30	14,66	18,97	19,45
CaO	12,32	12,40	12,65	23,13	10,50	12,13
MnO	0,08	0,63	—	Spur	—	—
FeO	4,65	6,67	8,60	7,80	7,49	5,97
Al_2O_3	0,22	0,22	—	0,17	3,45	2,05
SiO_2	56,92	57,25	59,50	53,92	55,21	55,56
H_2O	3,40	—	—	0,14	1,75	2,58
F	—	0,83	—	—	—	—
	99,67	99,81	100,05	99,82	99,82	99,98

65. Von Fetlar; anal. F. Heddle, Trans. Roy. Soc. Edinburgh **28**, 453 (1878).

66. Vom Riffelberg bei Zermatt; anal. Merz bei A. Kenngott, Min. Forsch. 1860, 202.

67. Vom Tafelberg (Schweden); anal. A. Murray bei C. F. Rammelsberg, Min.-Chem. Suppl. II, 60 (1895).

68. Kokkolith von Bistre (Böhmen); anal. Fr. Kovář, lauchgrün im Kalkstein; Abh. böhm. Ak. Prag **28**, 12 (1899). Ref. N. JB. Min. etc. 1901, II, 203.

69. Von Berkeley (Calif.); anal. W. C. Blasdale, Bull. Univ. Cal. **2**, 327 (1901); Z. Kryst. **38**, 689 (1903).

Der hohe Gehalt an Tonerde weist dieses Mineral bereits zur Hornblende.

70. Von S. Pablo, ebenda; anal. W. C. Blasdale, wie oben. Die Berechnung, bei welcher Si_8O_8 und SiO_4 angenommen wurden, siehe in der Originalschrift.

Die folgende Analyse ist durch geringen Tonerdegehalt und durch fast gänzliche Abwesenheit von Fe_2O_3 bemerkbar. (In den Analysen 65—70 fehlt die Trennung der Eisenoxyde.)

	72.
δ	3,062
Na_2O	0,50
K_2O	Spur
MgO	20,52
CaO	14,03
MnO	0,10
FeO	7,14
Al_2O_3	1,00
Fe_2O_3	0,10
SiO_2	56,00
TiO_2	Spur
H_2O	0,80
	100,19

72. Aus Cumberlandit; anal. C. H. Warren, Am. Journ. **175**, 1 (1908); N. JB. Min. etc. 1910, II, 66.

Folgende Analyse ergibt einen Übergang zwischen Aktinolith und den eisenreichen Hornblenden mit vorherrschendem Eisensilicat, doch ist hier das Magnesiumsilicat noch vorherrschend, dagegen auffallend viel CaO vorhanden.

	71.
MgO	13,30
CaO	21,34
FeO	9,89
Al_2O_3	6,00
SiO_2	44,56
H_2O	4,65
	99,74

71. Aktinolith, einziger Bestandteil des Schiefers an der Straße von Kopaliste nach Dubostica (Bosnien); anal. M. Kispatič, Wiss. Mitt. a. Bosnien u. Herzeg. **7**, 377 (1900); Z. Kryst. **36**, 649 (1902).

Aktinolith als sekundäre Bildung nach wahrscheinlich Diopsid, analysierte S. Hillebrand.

	73.
δ	3,059
Na_2O	0,77
K_2O	0,59
MgO	17,86
CaO	12,76
FeO	8,18
Al_2O_3	1,48
Fe_2O_3	1,96
SiO_2	54,42
H_2O	2,03
	100,05

73. Von Kragerö (Norw.); anal. S. Hillebrand, Tsch. min. Mit. **27**, 273 (1908).

Mischungen von $CaMg_3Si_4O_{12}$ mit vorherrschendem $CaFe_3Si_4O_{12}$. (Mischungen von $CaSiO_3$, $FeSiO_3$ und $MgSiO_3$.)

Ebenso wie wir von der Pyroxenreihe Mischungen mit überwiegendem $CaFeSi_2O_6$ hatten, welche man als Hedenbergite bezeichnet, haben wir auch in der Amphibolreihe bei den tonerdearmen, bzw. tonerdefreien Amphibolen, solche Mischungen, in welchen das Eisensilicat gegenüber dem Calciummagnesiumsilicat vorherrscht. Diese sind zum Teil auch solche Mischungen, in denen auch das Silicat $MnCaSi_2O_6$ auftritt, diese werden als Dannemorite bezeichnet. Ferner ist eine Anzahl von Mischungen zu verzeichnen, in welchen außer dem Mangansilicat auch das Silicat Na_2SiO_3 und das Kaliummetasilicat K_2SiO_3 enthalten ist.

Dagegen sind solche Amphibole, welche nur die Mischungen $CaMg_3Si_4O_{12}$ mit überwiegendem $CaFe_3Si_4O_{12}$ aufweisen, sehr selten und es fehlt auch für diese ein besonderer mineralogischer Namen. Man kann solche beim Grunerit, welcher ungefähr das reine Eisenoxydulmetasilicat darstellt, abhandeln.

Mischungen mit viel $CaFe_3Si_4O_{12}$.

	74.	75.
δ	3,166	—
MgO	9,45	12,01
CaO	21,20	11,25
MnO	1,15	—
FeO	11,75	25,21
Al_2O_3	0,20	0,82
SiO_2	57,20	48,70
H_2O	—	1,01
	100,95	99,00

74. Graugrüner Strahlstein von Helsingfors; anal. Moberg, Berz. Jahrb. **27**, 252 (1847). Diese Analyse entspricht nach G. Tschermak[1]) der Diopsidformel; vielleicht liegt ein solcher vor.

75. Grünlichschwarze Hornblende im Gabbro in Neurode; anal. G. vom Rath, Pogg. Ann. **95**, 557 (1855). Das Mineral ähnelt dem Grunerit.

Hierher gehören auch zwei alte Analysen F. S. Beudants.

Natronhaltige tonerdearme Amphibole (Richterit).

Mischungen von $\overset{II}{R}SiO_3$ und Na_2SiO_3.

Die natronhaltigen Amphibole, wobei wir hier nur solche behandeln, welche einen hohen Gehalt an Alkalien aufweisen, zerfallen in tonerdefreie und Natrium-Aluminium-Amphibole (bzw. Na-Fe-Amphibole). Zu letzteren gehören die später zu behandelnden Glaukophane, Riebeckite (eventuell auch die Änigmatite). Zu ersteren gehören der Richterit, welcher tonerdefrei ist, ferner die Arfvedsonite. Das Silicat $NaAlSi_2O_6$ ist auch in kleinen Mengen in der gewöhnlichen Hornblende vorhanden.

Hervorzuheben sind auch die Natronasbeste, welche Mischungen des Tremolitsilicats mit kleineren Mengen von Na_2SiO_3 oder auch von $NaAlSi_2O_6$ enthalten.

Wir wollen jetzt zuerst die Richterite behandeln, welche außer durch den Alkaligehalt durch einen solchen an Calcium, Magnesium und Mangan ausgezeichnet sind, welche dagegen einen merklichen Gehalt an Eisenoxydul führen.

[1]) G. Tschermak, Min. Mitt., Beil. J. k. k. geol. R.A. 1871, 38.

	76.	77.	78.	79.	80.
δ . . .	3,07	3,05	3,10	—	—
Na_2O . .	1,89	6,17	4,02	8,31	8,82
K_2O . .	5,94	1,60	1,65		
MgO . .	21,36	21,89	17,82	20,23	21,03
CaO . . .	6,33	5,44	5,83	6,64	5,20
MnO . .	4,86	6,49	12,71	10,89	11,37
FeO . . .	2,03	0,15	0,21	2,62	1,35
SiO_2 . . .	56,27	56,25	54,76	50,00	52,23
H_2O . . .	0,90	1,56	2,77	1,31	—
F	—	0,15	0,09	—	—
	99,58	99,70	99,86	100,00	100,00

76. Sog. Marmairolith, von N. O. Holst für eine Enstatitvarietät angesehen, ist aber strahliger Richterit in manganhaltigem Kalk, zu Langban; anal. N. O. Holst, Ceol. För. Förh. **2**, 530 (1875).

77. „Natronrichterit" oder Astorit nach H. Sjögren, himmelblau von der Langbansgrube; anal. R. Mauzelius, Geol. För. Förh. **13**, 604 (1891).

78. Von ebenda, grauviolett; anal. R. Mauzelius, wie oben.

79. Von Pajsberg, mit Magnetit, gelb; anal. L. J. Igelström, Öfv. Ak. Stockholm **24**, 12 (1867).

80. Von ebenda, nach C. Hintze, Min. II, 1224.

	81.	82.	83.
δ	3,07	—	—
Li_2O. . . .	—	0,66	—
Na_2O . . .	2,77	6,33	3,69
K_2O	6,37	—	0,47
MgO . . .	20,18	19,20	20,99
CaO	6,06	8,43	8,29
MnO . . .	5,09	7,54	5,81
FeO	2,80	1,62	—
Al_2O_3 . . .	0,52	2,31	0,14
Fe_2O_3 . . .	1,77	—	2,14
SiO_2 . . .	54,15	53,28	56,01
H_2O . . .	0,12	0,71	1,94
F_2	—	—	0,18
	99,83	100,08	99,66
		$O=F_2$	0,07
			99,59

81. Von Langbanshyttan (Schweden); anal. C. A. Mikaelson, Öfv. Ak. Stockholm 1863, 199.

82. Von ebenda; anal. N. Engström, Geol. För. Förh. **2**, 470 (1875).

83. Richterit von Langban; anal. St. Kreutz, Sitzber. Wiener Ak. **117**, 926 (1908).

Die aus dieser Analyse berechneten Atomverhältnisse sind

$$Si : \overset{III}{R} : \overset{II}{R} = 0,935 : 0,014 : 0,934.$$

Dabei wird jedoch H_2O zu den Erden gerechnet, was nicht ratsam ist, da die Wahrscheinlichkeit vorliegt, daß das Wasser gelöstes ist.

Amphibol mit wenig Eisenoxydul, jedoch viel Eisenoxyd und Manganoxydul:

	84.
Na_2O	1,53[1]
MgO	7,87
CaO	13,77
MnO	6,17
FeO	2,73
Al_2O_3	0,57
Fe_2O_3	15,19
SiO_2	51,66
H_2O	0,51
	100,00

84. Von Pajsberg, Richterit ?; anal. Tamm, Inaug.-Diss. Stockholm, nach J. D. Dana, Min. 1892, 396.

Man ist geneigt, hier eine ungenaue Bestimmung oder einen zersetzten Richterit anzunehmen, da der Eisenoxydgehalt für Richterit nicht stimmt.

Wir können zweierlei Mischungen unterscheiden, solche mit großem Manganoxydulgehalt, diese bilden den Richterit und einige Mischungen mit hohem Natrongehalt und minimalem Gehalt an Manganoxydul. Es wäre verfehlt, diese doch ganz verschiedenen Amphibole zusammenzuwerfen; ich möchte daher den Namen Waldheimit, welchen C. F. Rammelsberg dafür gab, aufrechterhalten.

Analyse von Waldheimit.

	87.
Na_2O	12,641
MgO	10,654
CaO	10,842
MnO	0,362
FeO	5,657
Al_2O_3	1,725
SiO_2	58,581
	100,462

87. Mittel von drei Analysen aus dem Serpentin von Waldheim; anal. A. Knop, Ann. Chem. und Pharm. **110**, 366 (1859).

Asbest.

Allgemeine Bemerkungen über Asbest.

Unter Asbest zirkulieren die verschiedensten Silicate. Ihre Zusammensetzung ist sehr verschieden, da Asbest ein morphologischer Begriff, zum Teil

[1]) Aus der Differenz bestimmt.

ein technischer Begriff ist. Ein Teil der Asbeste gehört zum Amphibol, dieser enthält nur wenig Waser und Magnesia, sowie beträchtliche Mengen von Kalkerde, wie sie die Tremolitformel verlangt, ein anderer Teil enthält keinen Kalk oder nur ganz geringe Mengen. Davon ist ein Teil nahezu wasserfrei, dies sind Anthophyllitasbeste, auf welche schon G. P. Merrill aufmerksam gemacht hat. Es läßt sich nicht immer unterscheiden, ob die Analysen einem rhombischen oder einem monoklinen Anthophyllit entsprechen. Endlich gibt es kalkfreie oder nahezu kalkfreie Asbeste, welche merklichen Wassergehalt enthalten. Von diesen gehören jene mit kleineren Mengen Wasser eher zum Talk, da sie dessen Zusammensetzung haben, während ein anderer Teil, durch hohen Wassergehalt ausgezeichnet, zum Chrysotil-Asbest gehört.

Verworrenfaserige Asbeste. (Von R. Fersmann).

Endlich haben wir die sogenannten verworrenfaserigen Asbeste, zu denen ebenfalls sehr verschiedene Silicate gehören. Mit diesen hat sich R. Fersmann beschäftigt und er schreibt darüber folgendes:

Synonyma. Asbestartiger Meerschaum, Bergkork, Bergleder, Bergholz, Bergfleisch, Bergschleier u. dgl., Hydroanthophyllit (zum Teil), Dermatin, Lassallit, Moreneit, Paramontmorillonit, Parasepiolith, Palygorskit, Pilolith, Schweizerit (zum Teil) verworrenfaseriger Asbest, Zermattit, Zillerit, Xylotil u. a., daneben verschiedene ältere lateinische Namen in den Arbeiten des XVIII. Jahrhunderts.

Die verworrenfaserigen Asbeste werden meistens mit den trivialen Namen Bergleder, Bergkork oder Bergholz belegt und finden stets in der mineralogischen Systematik ihren Platz bei den Amphibol- oder Serpentinasbesten.[2]) Diese Auffassung war bis zu den letzten Jahren herrschend, obgleich keine genauen quantitativen Analysen oder optischen Bestimmungen dieselbe bestätigen konnten. Indessen wurde von verschiedenen Autoren eine Anzahl magnesiahaltiger Silicate von verworrenfaseriger Struktur beschrieben und mit besonderen Namen versehen: Palygorskit,[3]) Pilolith,[4]) Lassallit[5]) usw.

Alle diese Substanzen von verschiedenster Zusammensetzung bildeten somit die künstlich zusammengestellte Gruppe der Bergkorke und Bergleder. Man begnügte sich, dieselben kurz bei der Besprechung der parallel-faserigen Asbeste zu erwähnen und ahnte nicht, daß es sich um eine Gruppe handelte, deren einzelne Glieder in den obersten Schichten der Erdkruste höchst verbreitet sind und in einigen Gegenden (z. B. im Gouv. Nishnij Nowgorod in Rußland, in China, in New-Mexico) in abbauwürdigen Mengen vorkommen.

Diese ganze Gruppe wurde vom Autor einer näheren Untersuchung und Beschreibung unterzogen,[6]) und es gelang ihm auf Grund zahlreicher neuer Analysen folgende Klassifikation festzustellen:

---

[1]) G. P. Merrill, Proc. U.S. Nat. Mus. **18**, 281 (1895).
[2]) G. Friedel, Bull. Soc. min. **24**, 12 (1901); **30**, 80 (1907).
[3]) F. Heddle, Mineral. Magaz. London **2**, 206—219 (1879).
[4]) T. Ssaftschenkow, Verh. d. kais. russ. min. Ges. 1862, 102—104.
[5]) Vgl. C. Hintze, Handb. d. Mineralogie (Leipzig 1898), II, 766, 1226.
[6]) A. Fersmann, Bull. Acad. Sc. Petersb. 1908, 255, 637; Mém. Acad. Sc. Pétersb. Serie. Classe Phys.-Math. (1912).

Klassifikationstabelle der verworrenfaserigen Asbeste
von R. Fersmann.

Mineral-gruppe	Mineralgattung	Chemische Zusammensetzung	Bemerkungen
I. *Zillerite*	Tremolit. Zillerit Aktinolit. Zillerit	$Mg_3CaSi_4O_{12} . nH_2O$ $(Mg, Fe)CaSi_4O_{12} . nH_2O$	nH_2O immer klein, als feste Lösung. Meistens Zwischenglieder, oder reine Tremolit-Asbeste
II. *Serpentin-bergkorke*		$H_4Mg_3Si_2O_9$ $H_4(Mg, Fe)_3Si_2O_9$	Durch Übergänge mit andern Serpentin-varietäten verbunden
III. Gruppe d. *Palygorskite*	Paramontmorillonit	$H_6Al_2Si_4O_{14} . 2H_2O$	Silicat B. Sehr selten kristallisiert
	Lassallit (= α-Pal.)	$H_{16}Mg_2Al_4Si_{11}O_{38} . 3H_2O$	1A + 2B
	β-Palygorskit	$H_{10}Mg_2Al_2Si_7O_{21} . 4H_2O$	1A + 1B, am meisten verbreitet
	α-Pilolith	$H_{14}Mg_4Al_2Si_{10}O_{34} . 6H_2O$	2A + 1B, selten
	β-Pilolith	$H_{18}Mg_6Al_2Si_{13}O_{44} . 8H_2O$	3A + 1B, problemat. (?)
	Parasepiolith	$H_4Mg_2Si_3O_{10} . 2H_2O$	Silicat A, kristallinische Modif. d. Meerschaums
IV. Gruppe d. *Xylotile*	Ferri-Glieder der Palygorskitreihe	Zusammensetzung analog der Tonerdereihe; als Mischung von $H_2\overset{III}{Fe_2}Si_3O_{10} . 2H_2O$ $H_4Mg_2Si_3O_{10} . 2H_2O$	Am meisten verbreitet sind die Glieder: $H_8Mg_2Fe_2Si_8O_{21} . 3H_2O$ $H_{12}Mg_4Fe_2Si_9O_{31} . 5H_2O$

Die Verbreitung dieser vier Hauptgruppen ist recht verschieden: die Zillerite und die Serpentinbergkorke sind ziemlich selten und bilden niemals größere Anhäufungen. Auch die Eisenpalygorskite (= Xylotile) kommen nicht häufig vor, dagegen sollen die tonerdehaltigen Glieder der Reihe als höchst verbreitete Mineralarten betrachtet werden. Es genügt die Angabe, daß überhaupt zirka 300 Fundorte der Palygorskite bekannt sind.[1])

Einteilung der Amphibolasbeste. Sehen wir ab von den Chrysotilasbesten und den Faserserpentinen, sowie den als Tonerdesilicaten nicht hierher gehörigen Palygorskiten und andern verworrenfaserigen Asbesten, welche zu den Tonerdesilicaten gehören, so verbleiben als hier zu behandeln: Die Anthophyllitasbeste oder Antholithe, welche nach G. P. Merrill zahlreich sein sollen, dann die Zillerite und die eigentlichen Hornblendeasbeste; diese sind unter den Namen Amianth und Byssolith bekannt. Endlich gehört zu den Asbesten der Krokydolith und der asbestartige Rhodusit, die später behandelt werden sollen.

Antholithe. Wir haben hier Asbeste, welche die Zusammensetzung des Anthophyllits haben.

	1.	2.	3.
MgO . . .	30,93	30,73	26,34
CaO	3,70	—	0,64
FeO	0,12	11,82	—
Al_2O_3 . . .	0,83	—	2,41
Fe_2O_3 . . .	—	—	6,58
SiO_2 . . .	61,51	55,20	59,49
H_2O	2,84	2,25	4,36
	99,93	100,00	99,82

[1]) Hier endet die Mitteilung R. Fersmanns.

1. Asbest vom Gotthard; anal. Th. Scheerer, Pogg. Ann. **84**, 389 (1851).

2. Bergleder von Staaten-Island; anal. Beck bei J. D. Dana, Syst. Miner. — C. F. Rammelsberg, Mineralchemie 1875, 401.

3. Bergleder von Rotenzechau, Schlesien; anal. C. F. Rammelsberg, Mineralchem. 1875, 401. Summe im Original unrichtig.

Hierher gehören noch einige ältere Analysen, welche in C. F. Rammelsberg, Mineralchemie, nachgesehen werden können, so die von der Tschussowaja (Ural) und von Koruk (Grönland). Die folgende Analyse nimmt eine besondere Stellung ein, da die Zusammensetzung an Talk erinnert, doch ist der FeO-Gehalt zu groß.

	4.
MgO	26,08
FeO	12,60
Al_2O_3	1,64
SiO_2	54,92
H_2O	5,28
	100,52

4. Aus dem Zillertal, Asbest; anal. Th. Scheerer, wie oben.

Ein weiterer Antholith, durch starken Gehalt an Alkali ausgezeichnet, ist folgender:

	5.
$Na_2O + K_2O$	5,93
MgO	20,48
CaO	1,00
Al_2O_3	3,85
Fe_2O_3	8,03
SiO_2	56,79
SO_3	0,59
H_2O	3,73

5. Ohne Fundortsangabe; anal. E. van Bellen, Chem. Ztg. 1900, I, 392.

Tremolitasbeste ohne Tonerde.

	6.	7.	8.	9.
δ	—	—	—	3,007
MgO	22,85	23,97	30,19	22,23
CaO	13,39	15,02	12,66	16,47
MnO	—	0,48	—	—
FeO	4,37	5,72	2,18	3,05
SiO_2	57,20	54,83	55,25	58,80
H_2O	2,43	—	—	—
	100,24	100,02	100,28	100,55

6. u. 7. Beides Asbest (der erste locker, filzartig und weiß), beide von Schwarzenstein (Zillertal); anal. Th. Scheerer, Pogg. Ann. **84**, 389 (1851). — H. Seger bei C. F. Rammelsberg, Mineralchemie 1875, 400.

8. Weißer Asbest vom Delaware River-Steinbruch, Easton, N.-Jersey; anal. J. Eyermann, Am. Geol. **34**, 43; N. JB. Min. etc. 1906, I, 354.

9. Dichter Asbest von Bolton (Mass.); anal. Th. Petersen bei C. F. Rammelsberg, Mineralchem. 1875, 400.

	10.	11.
MgO	22,85	23,97
CaO	13,39	15,02
MnO	—	0,48
FeO	4,37	5,72
SiO_2	57,20	54,83
H_2O	2,43	—
	100,24	100,02

10. Vom Zillertal, locker, filzartig, Bergkork; anal. Th. Scheerer, Pogg. Ann. **84**, 383 (1851).

11. Von ebenda; anal. H. Seger bei C. F. Rammelsberg, Mineralchem. 1875, 400.

Eisenärmere Tremolit-Asbeste.

	12.	13.	14.	15.	15a.
δ	2,949	—	2,986	2,96	—
Na_2O	0,69	0,54	0,63	3,14	—
K_2O	0,19	0,44	0,44	—	—
MgO	22,46	23,92	23,31	23,68	21,47
CaO	11,72	12,54	12,58	13,39	17,00
MnO	0,77	0,23	0,15	0,13	0,11
FeO	3,11	2,12	2,32	2,46	5,00
Al_2O_3	1,54	0,23	0,77	—	1,94
Fe_2O_3	0,39	0,48	0,53	—	—
SiO_2	56,15	56,86	56,31	57,69	53,20
H_2O	2,50	2,53	2,94	0,17	1,05
Unlöslich in HF	—	—	—	0,10	—
	99,52	99,89	99,98	100,76	99,77

12. Olivengrüner Amianth im Diallaggestein von der Insel Balta (Schottl.); anal. F. Heddle, Min. Mag. (London) **2**, 106 (1878).

13. Aus dem körnigen Kalk von Shiness; anal. F. Heddle, Trans. R. Soc. Edinburgh **28**, 453 (1878).

14. Aus dem Serpentin von Portsoy (Schottl.); anal. F. Heddle, wie oben; vgl. Z. Kryst. **4**, 312 (1880).

15. Natronhaltiger Asbest von Frankenstein (Schlesien); anal. Friderici bei M. Bauer, N. JB. Min. etc 1881, II, 107.

15a. Von Mistijsky Prichod (Kauk.); anal. N. A. Orlow (Mitt. von P. v. Tschirwinsky).

Ein Asbest von Poschiavo (Graubündten), anal. L. Hezner, ZB. Min. etc. 1902, 492, ist ein Gemenge.

Der von H. Rosenbusch, Elemente d. Gest.-Kunde (Stuttgart 1910), erwähnte Asbest aus Finnland ist Talkasbest.

Einen unreinen Manganzinkasbest (Amphibol oder Pyroxen?) analysierte G. A. König von Franklin, N. J. Proc. Ac. Nat. Sc. Philad. 1887, 47; N. JB. Min. 1888, I, 188.

Eisenreichere Asbeste.

	16.	17.	18.	19.	20.
δ	2,848	—	3,14	3,05	—
Na_2O . . .	1,54	—	—	—	—
MgO . . .	17,23	16,20	16,98	16,25	21,90
CaO	10,35	12,34	12,81	12,53	17,45
MnO . . .	—	—	1,16	2,19	—
FeO	—	13,62	12,80	10,99	3,83
Al_2O_3 . . .	2,01	4,04	—	0,55	—
Fe_2O_3 . . .	12,32	—	—	1,00	—
SiO_2	55,48	52,47	54,60	53,99	52,09
H_2O	1,47	0,88	0,61	2,56	3,48
	100,40	99,55	98,96	100,06	98,75

16. Eisenhaltiger Asbest von Mexico; anal. Friderici bei M. Bauer, N. JB. Min. etc. 1882, I, 138.

Aus dieser Analyse berechnet M. Bauer:

$$21\,Na_2O \, . \, Al_2O_3 \, . \, 4\,SiO_2$$
$$28\,MgO \, . \, Fe_2O_3 \, . \, 4\,SiO_2$$
$$50\,CaO \, . \, Fe_2O_3 \, . \, 4\,SiO_2$$
$$137\,CaO \, . \, 3\,MgO \, . \, 4\,SiO_2 .$$

17. u. 18. Beide von der Knappenwand, Sulzbachtal (Salzburg). Die erste ausgeführt von Janeček in V. v. Zepharovich, Miner. Lexikon 1873, 360 u. 436. — C. F. Rammelsberg, Min.-Chem. 1875, 396.

19. „Bergkork“ von Buckingham (Canada); anal. B. J. Harrington, Can. Rec. Sc. Okt. 1890 nach Z. Kryst. **22**, 310 (1894).

20. Asbestartiger Tremolit von Taberg mit Magnetit; anal. C. F. Rammelsberg, Min.-Chem. 1875, 396.

Chemisch-physikalische Eigenschaften.

Bezüglich dieser siehe unter Tremolit und Anthophyllit.

Wichtig sind in technischer Hinsicht die Schmelzbarkeit und die Angreifbarkeit durch Säuren. E. van Bellen[1]) bestimmte die Schmelzpunkte des Asbestes (Anal. Nr. 5) mit Segerkegeln zu 1150°. Dieser Asbest ist reich an Alkalien. Ich erhielt für einen Asbest (Handelsware) 1285—1300°. Manche dürften einen noch höhern Schmelzpunkt haben.

Für die Angreifbarkeit durch Säuren erhielt E. van Bellen mit kochender Salzsäure von $\delta = 1{,}124$ bei einstündiger Einwirkung $5\,^0/_0$ gelösten Anteil.

P. Didier[2]) hat die Einwirkung von H_2S-Gas bei 1400° versucht, es findet eine teilweise Zersetzung statt unter Bildung von Sulfiden.

---

[1]) E. van Bellen, Chem.-Ztg. 1900, I, 392.
[2]) P. Didier, C. R. **128**, 1286 (1899).

Zilleritanalysen.

Von **A. Fersmann** (Petersburg).

Mit diesem Namen hat der Autor diejenigen verworrenfaserigen Asbeste belegt, deren Zusammensetzung dem Tremolit, Aktinolith oder den isomorphen Zwischengliedern entspricht. Somit sind die Zillerite nur als Strukturvarietäten der monoklinen Amphibole zu betrachten, mit welchen sie übrigens durch allmähliche Übergänge verbunden sind. Sie unterscheiden sich von den übrigen Bergkorken und Bergledern durch geradlinige, spröde Fasern von gleichmäßiger Dicke und durch Widerstandsfähigkeit gegen Säuren. Bemerkenswert ist das stete Vorhandensein von 2—4% fest gebundenen Wassers.

Es mögen zur Charakteristik der Zillerite folgende neue **Analysen** dienen[1]):

	1.	2.	3.	4.	5.
Na_2O	—	Spuren	—	0,25 (} Na_2O + K_2O)	—
K_2O	—	Spuren	—		—
CaO	13,31	11,28	11,82	12,52	12,01
MgO	23,43	12,75	16,45	17,04	7,07
MnO	0,11	Spuren	0,72	Spuren	1,18
FeO	3,65	21,22	13,42	12,75	25,87
Al_2O_3	0,14	0,48	1,64	1,44	0,36
Fe_2O_3	Spuren	Spuren	Spuren	Spuren	—
SiO_2	57,33	49,88	52,08	54,55	50,66
H_2O unterh. 110° C	0,15	0,73	0,95	0,06	0,11
H_2O oberh. 110° C	2,37	3,39	2,37	2,06	1,67
	100,49	99,73	99,70*	100,67	100,28**

1. Von Pregratten (Goslerwand), Tirol; anal. A. Fersmann, Mém. Acad. Pétersb. 1913 (im Druck). Weißer, seidenglänzender Zillerit von der Zusammensetzung des Tremolits. Spuren von Alkalien und F. Im Serpentin und Amphibolitschiefer.

2. Chamonix (Frankreich); anal. A. Fersmann (l. c.). Spuren von F. Weiche, grüne, filzige Masse. Im Hornblendeschiefer.

3. Radautal (Harz); anal. A. Fersmann (l. c.). Kleine Beimengung von Calciumcarbonat. (* CO_2 0,25, dazu). Auf Quarzgängen im Gabbro.

4. Süd-Oranais (Algerien); anal. A. Fersmann (l. c.). Saponitartige, weiche, grünliche Masse aus verfilzten Aktinolithnadeln.

5. French-Creck, Pennsylvanien (Ver. St. Am.); anal. A. Fersmann (l. c.). Grüne verfilzte Masse von Aktinolithnadeln. Im Aktinolithschiefer mit Pyrit und Chalkopyrit. ** Inbegriffen FeS_2 (Pyrit) — 1,35%.

Ferner gehören hierher folgende corsicanische Asbeste:

	6.	7.
δ	2,99	3,09
MgO	23,56	24,05
CaO	14,64	14,18
FeO	0,13	0,36
Al_2O_3	1,73	2,64
Fe_2O_3	2,45	1,05
SiO_2	55,65	56,84
H_2O	0,98	1,89
	99,14	101,01

[1]) Es wurde von einer Zusammenstellung aller bekannten Analysen abgesehen, da dieselben bei den Amphibolen bzw. Asbesten den richtigen Platz finden werden. Näheres bei den betreffenden Mineralien.

6. Aktinolith-Asbeste von Luri (Corsica); anal. M. Oels, Inaug.-Diss. (Erlangen 1894); N. JB. Min. etc. 1896, I, 47.
7. Von Morosaglia; anal. wie oben.

Hornblende.

Von **C. Doelter** (Wien).

Synonyma: Basaltische Hornblende.

$a:b:c = 0{,}5318:1:0{,}2936.$ $\beta = 104\ 58$ (nach P. Groth).

Varietäten: Edenit, Pargasit, Smaragdit, Karinthin, Soretit, Kaersutit, Xiphonit, Hudsonit, Kokscharowit.

Abgrenzung. Gegenüber den andern Amphibolarten, zeichnet sich die Hornblende durch höhern Gehalt an Sesquioxyden aus, sowie sich der Tonerdeaugit von Diopsid unterscheidet; es ist daher der Name Tonerde-Hornblende besser als der Ausdruck basaltische Hornblende.

Analysen.

Einteilung der Hornblendeanalysen. Die Einteilung erfolgt hier in ähnlicher Weise wie bei den Augitanalysen. Zuerst kommen solche Analysen, welche einen geringen Gehalt an Tonerde oder an Sesquioxyd enthalten, dann solche, die wenig Sesquioxyde zeigen. Eine besondere Abteilung bilden auch hier jene Amphibole, welche merklichen Gehalt an Tonerde, wenig Eisenoxyd, aber viel Eisenoxydul enthalten.

Hieran reihen sich die Hornblenden mit größern Mengen von Tonerde und Eisenoxyd, wobei beide annähernd in gleichen prozentualen Mengen vorhanden sind. Die Analysen sind nach der Summe der Sesquioxyde geordnet. Dann haben wir, wie bei Pyroxen, einige Analysen, welche durch hohen Gehalt an Alkali ausgezeichnet sind; den Schluß bilden solche Hornblenden, welche wie bei den titanhaltigen Augiten einen höhern Gehalt an Titandioxyd zeigen (Kaersutit).

Nur solche Analysen wurden angeführt, bei welchen die Trennung der Eisenoxyde durchgeführt wurde, da die übrigen vom chemischen Standpunkt keinen Wert haben, auch Analysen an stark verunreinigtem Material wurden weggelassen.

Tonerde-Hornblende ohne Eisen.

Einen ganz eigenen Typus repräsentiert folgende Hornblende, welche nur eine Spur Eisen enthält.

	1.
δ	2,92
Na_2O	4,01
MgO	21,26
CaO	13,39
Al_2O_3	13,76
SiO_2	47,04
H_2O	0,60
C	0,30
	100,36

1. Dieser Amphibol wird als faseriger Tremolit bezeichnet; im Marmor von Ceylon; anal. W. C. Hancock bei A. K. Coomáraswámy, Quart. Journ. geol. Soc. **58**, 399 (1902); Z. Kryst. **39**, 83 (1903).

Als Tremolit kann man diesen Amphibol vom chemischen Standpunkt aus nicht bezeichnen, da er sehr viel Al_2O_3 enthält.

Der Kohlenstoff ist als beigemengter Graphit vorhanden.

Hornblenden mit wenig Tonerde, viel Eisenoxyd.

Solche Hornblenden sind im allgemeinen selten, da unter den Sesquioxyden zumeist die Tonerde vorwiegt.

	2.	3.
Na_2O	0,37	0,98
K_2O	0,38	1,04
MgO	16,01	11,26
CaO	12,08	11,76
MnO	—	1,70
FeO	7,46	0,94
Al_2O_3	1,50	5,65
Fe_2O_3	5,06	19,11
SiO_2	54,89	47,25
H_2O	2,72	—
	100,47	99,69

2. Von Durbach; anal. Sauer, Bad. geol. L.A. **2**, 252 (1891).
3. Aus Syenit von Donegal; anal. Haughton, Q. J. Geol. Soc. **18**, 403; Ref. N. JB. Min. etc. 1863, 477.

Aktinolithähnliche Hornblenden mit wenig Tonerde und wenig Eisenoxyd.

	4.	5.	6.
δ	3,04	—	—
Na_2O	—	1,16	0,73
K_2O	—	0,12	0,27
MgO	22,33	15,85	14,24
CaO	11,44	14,33	11,20
MnO	—	0,11	0,60
FeO	2,24	8,36	12,83
Al_2O_3	4,32	3,15	3,05
Fe_2O_3	2,45	3,60	4,35
SiO_2	56,96	52,42	51,00
H_2O	0,31	1,25	2,00
	100,05	100,35	100,27

4. Amalia Cy (Virginia); anal. Massie bei F. R. Mallet, Ch. N. **42**, 194 (1880).
5. Aus Gabbro, Wasserwerke, Washington, D. C.; anal. R. B. Riggs bei F. W. Clarke, Bull. geol. Surv. U.S. Nr. 419, 266 (1910); siehe auch bei Asbest S. 608.
6. Faserig, von Nilson Co., Virg.; anal. W. B. Brown, Am. Chem. Journ. **6**, 172 (1885); Z. Kryst. **13**, 77 (1888).

Hornblenden mit wenig Tonerde, wenig Eisenoxyd, jedoch mit viel Eisenoxydul.

Wie bei den Pyroxenen diopsidartige Tonerdeaugite existieren (vgl. S. 542), die viel Eisenoxydul und wenig Oxyd zeigen, so haben wir auch unter den

Amphibolen solche, an Grammatit oder Malakolith sich anlehnende und in diese übergehende Hornblenden. Diese scheinen jedoch sehr selten zu sein.

	7.	8.	9.	10.
δ	3,091	—	—	3,11–3,14
Na_2O . . .	3,17	1,31	0,69	0,82
K_2O	0,14	0,68	0,57	0,79
MgO . . .	18,22	10,46	15,77	17,17
CaO	10,28	20,07	11,42	12,17
MnO . . .	—	1,08	0,23	—
FeO	7,36	9,66	9,77	9,83
Al_2O_3 . . .	3,12	2,97	2,56	4,17
Fe_2O_3 . . .	2,52	2,45	4,09	2,34
SiO_2	53,42	51,46	52,69	51,69
TiO_2	0,23	—	—	0,14
F	1,52	—	—	—
H_2O	1,11	0,68	2,12	1,13
	101,09	100,82	99,91	100,25

7. Von Snarum (Norw.), schwarz; anal. Haeffke (Inaug.-Diss. 1890), 32.

8. Aus Hornblendegneis, uralitähnlich von Kyle (Schottl.); anal. F. Heddle, Tr. R. soc. Edinb. **28**, 453 (1878); Z. Kryst. **4**, 317 (1880).

9. Grün, gangförmig im Gneis vom Mt. Errins (Schottl.); anal. F. Heddle, wie oben, S. 315.

10. Aus Amphibolgranit, Pré du Fauchon, Vogesen; nach H. Rosenbusch, El. Gest. 83 (Stuttgart 1910).

Hornblenden nahezu frei von Eisenoxyd.

	11.	12.	13.
Na_2O . . .	0,58	2,23	1,16
K_2O	1,12	1,36	0,50
MgO . . .	12,01	19,39	20,77
CaO	10,57	12,84	11,63
MnO . . .	0,14	0,14	0,08
FeO	14,48	0,59	2,76
Al_2O_3 . . .	11,28	17,41	8,54
Fe_2O_3 . . .	0,20	0,71	0,12
SiO_2 . . .	49,16	43,31	50,31
TiO_2 . . .	0,18	—	—
H_2O . . .	0,98	1,17	4,13
(P_2O_5) . . .	0,09	—	—
	100,79	99,15	100,00

11. Aus dem Diorit der Riesgegend (Bayern), anal. A. Schwager bei C. W. v. Gümbel, Geogn. Beschr. v. Bayern **4**, 210 (1891).

12. Aus dem Serpentin von Montville (N. Jers.); anal. L. G. Eakins, Z. Kryst. **20**, 500 (1892); Bull. geol. Surv. U.S. **64**, 40 (1890).

Das Mineral wird als Aktinolith bezeichnet, womit jedoch der hohe Gehalt an Tonerde nicht stimmt. Die beiden Analysen 1 und 2 unterscheiden sich dadurch, daß die erste eisenoxydulreich ist, während die zweite fast eisenfrei ist; letzterer ist ein Leukoamphibol.

13. Edenit (Pargasit) von Milltown, Glen Urquhart; anal. F. Heddle, wie oben, im körnigen Kalk.

Hornblenden mit geringen Mengen (2 %) an Eisenoxyd.

	14.	15.	16.	17.	18.
δ	—	3,05	3,375	—	—
Na_2O	1,22	—	—	—	2,25
K_2O	0,63	—	—	—	0,63
MgO	18,51	18,60	17,50	16,62	17,44
CaO	9,25	12,20	11,54	12,36	9,91
MnO	0,31	—	0,46	0,31	—
FeO	8,95	4,70	7,28	3,23	4,63
Al_2O_3	11,63	10,60	19,01	6,68	12,72
Fe_2O_3	1,85	1,70	2,12	1,08	1,72
SiO_2	41,63	48,80	40,38	57,31	49,33
H_2O	5,40	1,80	1,17	2,50	0,29
F	—	—	—	—	0,21
	99,38	98,40	99,46	100,09	99,13

14. Schwarze Hornblende von der Insel Fetlar (Schottl.); anal. F. Heddle, Min. Mag. **2**, 9 (1878); Z. Kryst. **3**, 335 (1879).
15. Aus Gabbroschiefer von Pen Voose (Cornwall); anal. J. H. Teall, Min. Mag. **8**, 116 (1888).
16. Aus Tuff von Elie (Schottl.); anal. F. Heddle, Trans. Roy. Soc. Edinburgh **28**, 453 (1878); Z. Kryst. **4**, 317 (1880), enthält ganz abnorm viel Al_2O_3.
17. Tremolit von Milltown, Glen Urquhart (Schottl.); anal. F. Heddle, wie oben.
18. Von der Saualpe (Kärnten); anal. C. F. Rammelsberg, Pogg. Ann. **103**, 443 (1858).

Hornblenden mit 2—5% Fe_2O_3.

	19.	20.	21.	22.	23.	24.	25.
δ	—	3,03	—	3,104	3,224	3,057	—
Na_2O	2,40	—	1,63	2,48	3,09	3,38	1,22
K_2O	2,13	—	0,53	1,29	0,40	0,57	0,46
MgO	14,37	11,71	14,04	21,22	11,46	20,58	16,31
CaO	12,21	14,05	12,75	13,70	11,60	12,53	11,21
MnO	—	—	—	—	0,84	0,14	0,49
FeO	8,60	9,69	5,63	2,27	13,69	3,94	6,71
Al_2O_3	15,55	12,85	7,59	7,56	9,46	8,20	7,97
Cr_2O_3	—	—	—	—	—	—	0,16
Fe_2O_3	3,44	3,80	4,92	—	4,19	4,67	2,69
SiO_2	40,02	47,47	49,23	46,12	44,74	46,56	50,08
TiO_2	—	—	—	—	2,36	0,13	0,76
H_2O	1,81	—	2,51	1,10	—	—	1,40
F	—	—	—	2,76	—	—	—
	100,53	99,57	98,83	98,50	—	—	99,46[1]

19. Mit Magnetit von South Sherbroke, Bathurst; anal. J. O. Harrington, Rep. geol. Canada 1873/74, 201.
20. In Dioritschiefer von Buchinhout Kop (Transv.); anal. J. Götz, N. JB. Min. etc. Beil.-Bd. **4**, 126 (1886).
21. Pargasit von Pargas; anal. C. F. Rammelsberg, Pogg. Ann. **103**, 441.
22. Im Diorit vom Kyffhäuser; anal. A. Streng, N. JB. Min. etc. 1867, 529.
23. Aus Granit vom Julier; anal. L. Duparc u. Th. Hornung, Arch. sc. nat. u. phys. **23**, 3 (1907).

[1] Spuren von P_2O_5.

24. Aus Amphibolit, Pierre l'Echelle; anal. wie oben.
25. Aus Quarzdiorit, South of Table Mountain (Calif.); anal. William Valentine bei Turner, siehe F. W. Clarke, Bull. geol. Surv. U.S. Nr. 419, 267 (1910).

	26.	27.
δ	—	3,203
Na_2O	0,91	0,75
K_2O	0,36	0,49
MgO	16,17	13,06
CaO	13,59	11,92
MnO	Spur	0,51
FeO	7,39	10,69
Al_2O_3	6,11	7,07
Fe_2O_3	3,28	4,88
SiO_2	51,32	47,49
TiO_2	0,84	1,21
H_2O	0,30	1,86
	100,27	100,05 [1]

26. Aus den Drusen des Syenits von Biella (Piemont); anal. F. Zambonini, Z. Kryst. **40**, 236 (1904).
27. Aus Quarzdiorit, Tioga Road Mt. Hoffmann (Calif.); anal. W. F. Hillebrand bei F. W. Clarke, l. c. 267.

Die Zusammensetzung des Amphibols 26 ist ganz verschieden von dem vom gleichen Fundort, welchen A. Cossa untersuchte, was F. Zambonini dadurch erklärt, daß letztere Analyse an dem Amphibol des Gesteins selbst ausgeführt wurde. Die Zusammensetzung ist folgende:

$$
\begin{array}{l}
3\,Mg_2Al_4Si_2O_{12} \\
3\,FeFe_2Si_4O_{12} \\
2(Na_2,\,K_2,\,H_2)_4Si_4O_{12} \\
32(Mg,\,Ca)_4Si_4O_{12} \\
5\,Fe_4Si_4O_{12}
\end{array}
$$

Der Annahme R. Scharizers entspricht die Analyse nicht, sie zeigt große Ähnlichkeit mit jener des Amphibols von Tioga Road (Calif.).

Hierher gehört auch folgende Analyse, welche von Prof. P. v. Tschirwinsky mitgeteilt wurde:

	28.
Na_2O	2,93
K_2O	1,33
MgO	14,98
CaO	12,73
MnO	0,38
FeO	5,66
Al_2O_3	4,78
Fe_2O_3	4,48
SiO_2	49,72
TiO_2	0,47
H_2O	1,33
F	1,14
	99,93

[1]) 0,04 V_2O_3, 0,02% NiO + CoO, 0,06 F, Spur Li.

28. Aus Augitpegmatit, Tscheremschankafluß (Ilmengeb.); anal. D. Beljankin, Nachr. St. Petersb. Polyt. **13**, 159 (1910).

Hornblenden mit sehr viel Tonerde und wenig Eisenoxyden (Kokscharowit).

Einige Hornblenden weisen auffallend wenig Eisen (sowohl Oxyd wie Oxydul) auf, dagegen sehr viel Tonerde. Zu diesen gehört der Kokscharowit, welcher wirklich vom chemischen Standpunkt einen eigentümlichen Typus darstellt.

	29.	30.	31.	32.
δ	2,97	3,06–3,07	3,206	3,052
Na_2O	1,53	—	2,58	—
K_2O	1,06	—	1,87	—
MgO	16,45	20,17	14,11	13,24
CaO	12,78	13,11	12,57	11,21
MnO	—	—	0,74	Spur
FeO	2,40	2,38	2,26	—
Al_2O_3	18,20	15,36	18,51	17,52
Cr_2O_3	—	0,69	—	—
Fe_2O_3	—	—	5,50	4,74
SiO_2	45,99	46,79	39,60	48,58
TiO_2	—	—	2,50	—
H_2O	0,60	2,13	0,26	5,00
CO_2	—	—	0,07	—
F	—	—	0,10	—
	99,01	100,63	100,67	100,29
		O=F	0,04	
			100,63	

29. Kokscharowit von Sljudjanka, Baikalsee, farblos bis braun, mit Lasurstein im Kalkstein; anal. R. Hermann, Soc. nat. Moscou **35**, 245 (1862).

30. Pargasit oder Edenit von Fiskernäs mit Gedrit (Grönl.); anal. J. Lorenzen, Medd. om Grönl. **7**, (1884); Z. Kryst. **11**, 317 (1886).

J. Lorenzen berechnet daraus:

$$5\,RSiO_3 + Al_2O_3$$

31. Von Lukow (Böhmen); anal. F. Hanusch bei J. E. Hibsch, Tsch. min. Mit. **24**, 271 (1905); **27**, 292 (1908).

32. Fälschlich früher Anthophyllit benannt, von Bodenmais; anal. E. Weinschenk, Z. Kryst. **28**, 161 (1897).

Die Analyse führt zu folgenden Resultaten:

$$3\,R_4Si_4O_{12} + 2\,R_4\overset{III}{R}_4Si_2O_{12},$$

darin ist das Verhältnis CaO : MgO = 3 : 5.

FeO ist nicht vorhanden, daher auch beim Glühen sich diese Hornblende nicht verändert.

Besonders hervorzuheben sind folgende Analysen, welche einen ganz abnorm hohen Gehalt an Tonerde aufweisen; hier ist fast mehr Aluminiumsilicat vorhanden als Tremolitsilicat.

	33.	34.
Na_2O	1,17	2,18
K_2O	0,65	0,98
MgO	12,40	8,59
CaO	10,49	9,64
FeO	9,05	7,62
Al_2O_3	22,62	22,73
Fe_2O_3	2,44	3,17
SiO_2	40,09	42,73
TiO_2	1,17	1,37
H_2O	0,24	1,03 [1]
P_2O_5	0,21	—
	100,53	100,04

33. Einschlüsse im Basalt von Seigertshausen (N. Hessen); anal. C. Trenzen, N. JB. Min. etc. 1902, II, 37.

34. Aus Amphibol-Glimmerschiefer von Airolo, bei H. Rosenbusch, l. c. 631.

Aus seiner Analyse berechnet C. Trenzen:

$$SiO_2 : (Al, Fe)_2O_3 : (\overset{I}{R}_2, \overset{II}{R})O$$
$$3 : 1 : 3$$

Es ergibt sich die Formel $R_3R_2Si_3O_{12}$ oder $3RSiO_3 . R_2O_3$. Das Syntagmatitsilicat R. Scharizers stimmt nach C. Trenzen nicht mit der Analyse.

Hierher gehören auch die **Pargasite und Edenite.** Diese sind zum Teil eisenreich, zum Teil aber auch eisenarm. Vgl. Anal. 13 u. 30.

Die zwei ersten Analysen beziehen sich auf eisenarme:

	35.	36.	37.
δ	—	3,095	—
Na_2O	1,53	2,69	3,12
K_2O	2,85	1,38	Spur
MgO	20,14	20,78	11,57
CaO	14,99	12,24	10,04
MnO	—	0,04	Spur
FeO	1,32	1,56	9,78
Al_2O_3	16,42	10,83	17,77
Fe_2O_3	—	0,76	3,22
SiO_2	42,97	48,38	43,19
TiO_2	—	0,05	—
H_2O	0,87	0,91	1,05
F	1,66	1,82	—
	102,75	101,44	99,74
	O=F	0,76	
		100,68	

35. Von Pargas; anal. F. Berwerth, Sitzber. Wiener Ak. **85**, 158 (1882).

36. Von Pargas; anal. St. Kreutz, Sitzber. Wiener Ak. **117**, 934 (1908).

St. Kreutz berechnet aus seiner Analyse:

$$R_2O + RO : Al_2O_3 + Fe_2O_3 : SiO_2$$
$$0,816 : 0,111 : 0,807 .$$

[1]) Davon 0,06% hygroskopisches Wasser.

Daraus schließt er auf folgende Zusammensetzung:

$CaAl_2Mg_2Si_4O_{12}$	44,24 %
$CaMg_3Si_4O_{12}$	42,64
Rest	13,76

37. Aus Amphiboltrappgranulit von der Salaja (Süd-Ural); anal. F. Löwinson-Lessing, Tr. Soc. Natur. St. Petersburg **30**, 169 (1900); Z. Kryst. **36**; 653 (1902).

Es wird aus der Analyse die Formel berechnet:

$$2\overset{I}{R_2}\overset{II}{R}Si_2O_6 \,.\, 3\overset{II}{R}\overset{III}{R_2}SiO_6 \,.\, 9\overset{II}{R}SiO_3 \,.$$

Die folgende Analyse von Pargasit verdanke ich Herrn Prof. P. v. Tschirwinsky.

	38.
K_2O	2,60
MgO	20,03
CaO	12,86
FeO	2,24
Al_2O_3	8,23
Fe_2O_3 . . .	1,66
SiO_2 . . .	50,30

38. Von Skarn, Hermola (Finnl.); anal. W. Ssedelstschikow bei P. Sustchinsky, Trans. Soc. imp. Natur. St. Petersburg **36**, 34 (1912).

Vgl. auch Analyse 20 von C. F. Rammelsberg.

Der Smaragdit gehört hierher:

	39.	40.
δ	3,075	3,120
Na_2O	1,24	2,25
K_2O	0,38	0,36
MgO	15,48	16,69
CaO	11,51	12,51
MnO	0,90	—
FeO	3,83	3,45
NiO	—	0,21
Al_2O_3	17,32	17,59
Cr_2O_3	0,38	0,79
SiO_2	44,38	45,14
H_2O	4,63	1,34
	100,05	100,33

39. Aus Korund, Corundum Hill, N. Car.; anal. Ch. Baskerville bei J. V. Lewis, Trans. Am. Inst. Mus. Eng. **25**, 65 (1896); Z. Kryst. **31**, 291 (1899).

40. Dasselbe Vorkommen; anal. F. A. Genth, Bull. geol. Surv. U.S. **74**; Z. Kryst. **31**, 291 (1891).

Hornblenden mit wenig Eisenoxyd, viel Tonerde und sehr schwachem Gehalt an Eisenoxydul.

	41.	42.	43.	44.
δ	3,10	3,288		3,11
Na_2O	—	0,75	1,66	2,76
K_2O	—	2,63	1,36	1,76
MgO	10,78	12,66	11,19	20,63
CaO	15,34	14,01	11,24	13,31
MnO	15,44	12,38	16,76	0,11
FeO	—	0,68	0,33	0,75
Al_2O_3	11,53	12,05	9,41	12,25
Fe_2O_3	4,98	4,37	1,55	0,28
SiO_2	41,86	37,84	45,00	45,50
TiO_2	—	—	—	0,68
H_2O	—	0,30	1,35	0,40
F	—	—	—	2,80
	99,93	97,67	99,85	101,23
F—O	—	—	—	1,17
				100,06

41. Aus Gneis, Schapbachtal (Schwarzw.); anal. C. Hebenstreit, Inaug.-Dissert. (Würzburg 1877); Z. Kryst. **2**, 102 (1878).

42. Schwarz mit rötlichem Kalkspat und grünlichweißen Glimmern, Phillipstad; anal. C. F. Rammelsberg, Pogg. Ann. **107**, 447 (1858).

43. Schwarz im weißen Labradorit, Glen Bucket (Schottl.); anal. F. Heddle, wie oben.

44. Rötlichbrauner Amphibol von Grenville (Prov. Quebec); anal. B. J. Harrington, Am. Journ. **15**, 392 (1903); Z. Kryst. **41**, 193 (1906).

Diese Analyse zeichnet sich durch auffallend geringen Gehalt an Eisen aus.

Durch höhern Gehalt an Alkali und Tonerde, dagegen verhältnismäßig niedern Gehalt an Eisen ist folgende Hornblende charakterisiert:

	45.
Na_2O	3,44
K_2O	1,98
MgO	15,15
CaO	12,26
FeO	4,67
Al_2O_3	15,40
Fe_2O_3	2,49
SiO_2	41,20
TiO_2	0,43
H_2O	1,31
F	1,86
	100,19

45. Stahlblau bis schwarz von Ersby (Finnland); anal. Haeffke, Inaug.-Dissert. (Göttingen 1890), 36.

Diese Hornblende ist im Gegensatz zu den alkalireichen durch hohen MgO-Gehalt ausgezeichnet, sie gehört nicht zum Arfvedsonit.

Hornblenden mit viel Tonerde und viel Eisenoxydul..

Analog sind folgende Analysen, welche jedoch viel höhern Gehalt an FeO zeigen:

	46.	47.	48.
δ	3,159	—	3,275
Na_2O	3,05	1,62	0,80
K_2O	0,98	0,34	0,37
MgO	13,01	14,40	8,40
CaO	11,70	12,64	12,30
MnO	0,65	0,15	1,52
FeO	8,56	8,30	15,80
Al_2O_3	14,38	10,56	7,34
Fe_2O_3	2,92	2,81	7,55
SiO_2	39,23	46,08	45,20
TiO_2	4,53	0,77	0,84
H_2O bei 100°	0,36	0,17	0,70
H_2O über 100°		1,97	
P_2O_5	—	0,18	—
	99,37	99,99	100,82

46. Schwarzer Amphibol aus Essexit; anal. B. J. Harrington, Am. Journ. **19**, 392 (1903); Z. Kryst. **41**, 193 (1906).

47. Aus Amphibolgabbro, Breaver Creek (Calif.); anal. Will. Valentine, Bull. geol. Surv. U.S. **168**, 206 bei F. W. Clarke, ebenda **419**, 267 (1910).

48. Von Phillipstad (Schweden); anal. M. Pisani bei R. A. Daly, Am. Journ. **34**, 344 (1899); Z. Kryst. **34**, 208 (1901).

	49.	50.	51.	52.	53.
δ	—	—	—	—	3,171
Na_2O	3,14	1,75	1,19	0,95	2,13
K_2O	1,49	0,80	0,71	0,64	0,65
MgO	10,20	4,90	7,22	9,55	11,70
CaO	12,81	13,00	14,03	14,41	11,46
MnO	0,73	—	—	—	0,30
FeO	11,52	15,00	12,86	12,07	10,72
Al_2O_3	11,97	15,25	12,24	14,16	14,98
Fe_2O_3	3,90	4,25	4,80	4,88	2,30
SiO_2	38,63	44,48	46,09	43,46	43,71
TiO_2	5,04	—	—	—	0,31
H_2O	0,33	0,29	0,33	0,10	1,48
	99,76	99,72	99,47	100,22	99,74

49. Von Monteregian Hills; anal. N. N. Evans, Journ. of Geol. 11, 239 (1903); Z. Kryst. **41**, 198 (1906).

50. Aus Hornblendegneis von Rimpy; anal. G. A. Rhein, Mitt. geol. L.A. Elsaß-Lothr. **6**, 132 (1907); Z. Kryst. **47**, 308 (1910).

51. Im Hornblendegneis von Rimpy; anal. G. A. Rhein, wie oben.

52. Aus Hornblendegneis von Kleinhöhe; anal. G. A. Rhein, wie eben.
53. Aus Anorthitdioritschiefer aus dem Kremstal (N.-Österr.); anal. J. Morozewicz, Verh. d. kais. russ. min. Ges. **40**, 113 (1903); Z. Kryst. **39**, 610 (1903).

	54.	55.	56.	57.	58.	59.	60.
δ	3,220	3,217	3,285	3,298	3,283	—	—
Na_2O	1,18	1,19	2,49	1,79	1,70	2,00	3,14
K_2O	1,27	0,88	0,98	2,85	2,39	0,81	1,49
MgO	9,35	10,75	11,17	9,10	11,47	10,64	10,20
CaO	11,76	11,58	11,52	10,73	12,01	10,16	12,81
MnO	0,43	0,32	0,25	—	1,00	—	0,73
FeO	13,04	12,96	14,32	19,02	10,73	8,21	11,52
NiO	Spur	Spur	—	—	—	—	—
Al_2O_3	11,10	10,68	11,62	14,28	12,99	13,31	11,97
Cr_2O_3	Spur	Spur	—	—	—	—	—
Fe_2O_3	4,97	2,72	2,67	2,56	7,25	9,86	3,90
SiO_2	43,11	44,09	41,99	39,80	39,48	43,03	38,63
TiO_2	1,32	1,73	1,46	—	0,30	—	5,04
H_2O bei 100°	0,16	0,21	0,08	—	0,76	—	—
H_2O über 100°	1,92	1,91	0,61	1,42	—	2,15	0,33
(P_2O_5)	0,10	0,10	—	—	—	—	—
(V_2O_3)	0,07	—	—	—	—	—	—
F	—	—	0,80	—	0,05	—	—
	99,78	99,12	99,96	101,55	100,25[1]	100,17	99,76
O=F	—	—	0,33	—	0,02	—	—
			99,63		100,23		

54. Aus Amphibolitgang von Palmer Center, Mass.; anal. W. F. Hillebrand bei F. W. Clarke, Bull. geol. Surv. U.S. **49**, 266 (1910).
55. Aus Amphibolit von Palmer Center, Mass.; anal. W. F. Hillebrand, wie oben.
56. Von Edenville; anal. S. L. Penfield u. F. C. Stanley, Z. Kryst. **43**, 249 (1907).
57. Schwarze Hornblende vom Vesuv; anal. F. Berwerth, Sitzber. Wiener Ak. **85**, 158 (1882).
58. Grünlichschwarz vom Monte Somma; anal. S. L. Penfield u. F. C. Stanley, Z. Kryst. **47**, 250 (1907).
59. Aus Diorit, Schwarzenberg, Vogesen; nach H. Rosenbusch, l. c. 160.
60. Aus Essexit, Mt. Johnston (Canada); nach H. Rosenbusch, l. c. 194.

	61.	62.	63.	64.	65.	66.
δ	3,277	—	3,225	3,092	3,276	—
Na_2O	1,26	2,10	1,64	0,92	2,16	3,66
K_2O	1,79	0,63	1,54	—	1,30	2,33
MgO	13,48	11,44	14,06	15,68	9,48	8,61
CaO	9,31	10,93	12,55	10,74	11,20	10,97
MnO	—	—	—	—	0,29	0,43
FeO	10,75	10,33	7,18	5,93	14,48	10,43
Al_2O_3	13,04	13,48	14,31	13,82	10,01	13,41
Fe_2O_3	5,38	5,14	5,81	6,33	6,97	6,33
SiO_2	41,01	41,35	40,95	45,77	43,18	37,69
TiO_2	1,53	4,97	0,80	—	—	5,67
H_2O	0,79	0,48	0,26	—	0,37	—
	98,34	100,85	99,10	99,19	99,44	99,53

[1]) Verl. bei 110° = 0,12%.

61. In Basaltwacke von Honef (Rheinpreußen); anal. C. F. Rammelsberg, Pogg. Ann. **107**, 453 (1858).

62. Aus Hornblendediabas von Gräveneck bei Weilburg (Nassau); anal. C. Schneider bei A. Streng, Z. Kryst. **18**, 581 (1891).

63. Von Czernoschin bei Pilsen; anal. C. F. Rammelsberg, Pogg. Ann. **107**, 453 (1858).

64. Aus Kugeldiorit vom Valle d'Orezza (Corsica); anal. E. Rupprecht, Inaug.-Diss. (Erlangen 1889), 20; Z. Kryst. **20**, 311 (1892).

65. Schwarz mit Babingtonit von Arendal; anal. C. F. Rammelsberg, Pogg. Ann. **107**, 446 (1858).

66. Aus dem Eläolithsyenit von Ditró; anal. B. Mauritz, Földt. Közlöni **40**, 581 (1910); N. JB. Min. etc. II, 192 (1911). Vgl. Analyse 88.

Hierher kann man folgende Analyse stellen:

	67.
δ	3,29
Na_2O	2,41
K_2O	1,06
MgO	11,71
CaO	10,32
FeO	8,29
Al_2O_3	14,37
Fe_2O_3	4,00
SiO_2	46,68
TiO_2	0,35
H_2O unter 110°	0,23
H_2O über 110°	0,54
	99,96

Aus der Analyse wurde folgende Formel berechnet:

$$2\,(Na, K)_2Al_2Si_4O_{12}$$
$$6\,Ca(Mg, Fe)_2(SiO_3)$$
$$6\,CaMgAl_2SiO_6.$$

67. Aus Amphibolit von Umhausen (Tirol); anal. L. Hezner, Tsch. min. Mit. **22**, 562 (1903).

Folgen einige Analysen stark tonerdereicher Hornblenden, welche ich Herrn Prof. P. v. Tschirwinsky verdanke:

	68.	69.
Na_2O	2,32	—
K_2O	1,24	—
MgO	10,87	12,33
CaO	12,06	17,23
MnO	0,29	—
FeO	13,06	5,28
Al_2O_3	10,53	16,63
Fe_2O_3	4,69	—
SiO_2	43,62	41,97
TiO_2	0,66	—
H_2O	0,70	5,03
	100,04	98,47

68. Aus Granodiorit vom Ilmengebirge (Ural); anal. D. Beljankin, Nachr. d. Petersburger Polyt. **17**, 150 (1910).

69. Aus Hornblendefels von Zarewo-Alexandrowsky-Goldseife bei Miasc; anal. B. Slawsky, Ann. Inst. des Mines **7**, Nr. 2124.

Hornblenden mit zirka 13% Sesquioxyden und großem Gehalt an Eisenoxydul.

	70.	71.	72.	73.	74.	75.
δ	3,225	3,204	3,210	—	3,212	—
Na_2O	3,99	4,07	3,21	2,91	1,39	1,13
K_2O	0,60	0,64	0,41	1,28	0,26	1,73
MgO	13,84	13,95	12,28	10,72	14,08	8,95
CaO	10,81	11,14	14,43	11,42	10,62	8,28
MnO	1,02	1,24	0,73	—	0,57	1,07
FeO	11,53	9,80	11,60	11,32	11,23	12,78
Al_2O_3	6,68	6,48	7,88	8,86	8,80	7,34
Fe_2O_3	6,18	7,04	5,55	4,77	5,32	9,65
SiO_2	45,06	44,80	44,82	46,13	45,76	48,07
TiO_2	1,88	2,22	2,72	—	1,43	—
F	—	—	—	0,70	—	—
H_2O	—	—	—	2,45	0,85	2,00
				100,56	100,31	101,00

70. Aus Syenit von Plauen; anal. L. Duparc u. Th. Hornung, Arch. sc. phys. et nat. Genève **33**, 3 (1907).

71. Von Coschütz; anal. L. Duparc u. Th. Hornung, wie oben.

72. Aus Diorit vom Odenwald; anal. L. Duparc u. Th. Hornung, wie oben.

Aus den Analysen berechnet sich das Verhältnis:

	Nr. 70	Nr. 71	Nr. 72
$\overset{II}{R}_4Si_4O_{12}$	5	4	5
$\overset{II}{R}_2\overset{III}{R}_2Si_3O_{12}$	1	1	1
$\overset{I}{R}_2\overset{III}{R}_2SiO_6$	2	2	2

73. Von Granatilla, Cabo di Gata; anal. K. Pfeil, Inaug.-Diss. (Heidelberg 1901); Ref. ZB. Min. etc. 1902, 143.

74. Von Granatilla, Cabo di Gata; anal. A. Osann, Z. Dtsch. geol. Ges. **43**, 697 (1891).

75. Grün aus Gneis, Schapbachtal; anal. H. Rosenbusch, l. c. 594.

Mit ca. 18—26 % Sesquioxyden und wechselndem Eisenoxydulgehalt.

	76.	77.	78.	79.	80.	81.	82.
δ	3,2—3,3	3,247	—	3,247	—	3,313	3,157
Na_2O	3,19	2,08	2,22	2,31	1,92	3,08	2,46
K_2O	1,61	0,24	1,35	1,14	1,61	2,61	1,23
CaO	11,83	10,82	12,00	11,75	12,97	11,70	5,20
MgO	9,78	13,46	11,62	13,14	14,16	11,41	10,08
MnO	0,15	—	0,21	—	—	—	—
FeO	9,70	11,80	6,27	4,53	2,89	10,90	15,18
Al_2O_3	10,93	8,85	14,30	14,34	15,00	13,70	8,12
Fe_2O_3	7,84	5,13	7,07	7,80	7,86	6,63	9,33
SiO_2	40,29	44,24	40,14	40,15	39,75	38,84	46,22
TiO_2	4,37	1,01	4,26	5,21	5,40	—	1,08
H_2O	—	0,39	—	—	—	1,74	—
F	0,31	0,25	—	—	—	0,70	1,36
	100,00	98,27	99,44	100,37	101,56	101,31	100,26

76. Aus Diorit von Konschewskoi-Kamen (Ural); anal. C. F. Rammelsberg, Pogg. Ann. **103**, 444 (1858).

77. Von Hoheberg bei Gießen; anal. C. Schneider, Z. Kryst. **18**, 581 (1891).

Das Atomverhältnis ist:

RO	:	R_2O_3	:	RO_2
3,53	:	n 1	:	3,91

78. Von Härtlingen im Westerwald; anal. C. Schneider, wie oben.

Das Atomverhältnis ist:

RO	:	R_2O_3	:	RO_2
3,28	:	7	:	3,87

79. Von Nordböhmen, Mittelgebirge; anal. C. Schneider, wie oben.

Das Atomverhältnis ist:

RO	:	R_2O_3	:	RO_2
3,44	:	7	:	3,72

80. Vom Vesuv; anal. Haeffke, Inaug.-Dissert. (Göttingen 1890), 40.

81. Aus Heumit von Heum (Norw.); anal. W. C. Brögger, Gangfolge des Laurdalits, Kristiania 1899.

82. Aus Syenit von Biella; anal. A. Cossa, Mem. Acc. Torino **28**, 30 (1876); vgl. auch Anal. 26.

	83.	84.
δ	3,217–3,222	—
Na_2O	2,87	—
K_2O	0,62	—
MgO	13,06	12,82
CaO	11,76	12,53
MnO	Spur	0,21
FeO	10,67	4,87
Al_2O_3	14,91	16,44
Fe_2O_3	4,01	12,74
SiO_2	39,58	39,51
TiO_2	Spuren	1,29
H_2O	2,79	—
	100,27	100,41

83. Braune Hornblende aus Hornblendegabbro vom Pavone bei Ivrea in Oberitalien; anal. F. v. Horn, Tsch. min. Mit. **17**, 410 (1898).

F. v. Horn berechnet daraus das Verhältnis:

$$12 H_2O : 4 Na_2O : 16 CaO : 36 MgO : 13 Al_2O_3 : 50 SiO_2$$

und daraus die vereinfachte, sich einem Orthosilicate nähernde Formel:

$$(H, K, Na)_2(\overset{II}{Mg, Fe, Ca})_4(\overset{III}{Al, Fe})_2Si_4O_{16}.$$

84. Von Liebhards; anal. H. Lotz, nach N. JB. Min. etc. 1913, II, 181.

	85.	86	87.	88.	89.
δ	3,245	3,287		—	3,18
Na_2O	1,34	2,53	5,25	2,74	3,58
K_2O	0,94	2,72		—	1,56
MgO	11,28	11,51	7,51	11,74	10,31
CaO	13,75	10,26	11,28	16,88	12,53
MnO	0,31	1,03	1,85	—	Spur
FeO	7,03	11,04	13,38	6,48	7,17
Al_2O_3	15,45	8,00	7,37	7,22	15,39
Fe_2O_3	6,39	10,10	10,45	11,46	7,01
SiO_2	39,05	40,00	40,00	36,02	41,40
TiO_2	4,68	0,80	1,07	3,38	—
H_2O	—	0,60	0,54	3,18	0,81
	100,22	98,59	98,70	100,10	99,76

85. Vom Laacher See; anal. C. Schneider, Z. Kryst. **18**, 580 (1891).

Bei dieser Hornblende ist das Verhältnis:

$$RO : R_2O_3 : (Si, Ti)O_2$$
$$3{,}47 : 1 : 6{,}77$$

Zählt man jedoch die Titansäure zu den Sesquioxyden, so wird das Verhältnis: 3,02 : 1 : 2,95, entsprechend der Formel $R_3Al_2Si_3O_{12}$.

86 und 87. Beide von Frederiksvärn (Norwegen); anal. C. F. Rammelsberg, Pogg. Ann. **103**, 450 (1858).

88. Aus Eläeolithsyenit von Alnö; nach H. Rosenbusch, El. Gest. 139.

89. Aus Anorthosit von R. Sherbroake (Ontario); nach H. Rosenbusch, l. c. 173.

	90.	91.	92.	93.
δ	3,195	3,213	3,221	3,316
Na_2O	1,84	1,90	1,98	3,66
K_2O	0,20	0,24	0,14	1,29
MgO	12,80	12,52	12,26	7,02
CaO	13,00	12,91	13,88	10,11
MnO	Spur	Spur	0,12	1,16
FeO	7,71	7,92	8,09	13,43
Al_2O_3	12,48	12,60	12,92	11,53
Fe_2O_3	10,50	10,44	10,26	13,78
SiO_2	43,70	43,34	42,52	35,66
TiO_2	—	—	—	4,17

90. Aus uralisiertem Gabbro von Katechersky (Ural); anal. L. Duparc und Th. Hornung, Arch. sc. nat. u. phys. Genève **23**, 3 (1907).
91. Aus Gabbro, Cerebriansky (Ural); anal. Th. Hornung, wie oben.
92. Von Konjakowsky (Ural); anal. Th. Hornung, wie oben.
93. Aus Nephelinsyenit von Ditró; anal. Th. Hornung, wie oben.

Letzterer Amphibol hat eine ganz andere Zusammensetzung wie der von B. Mauritz analysierte (vgl. S. 621 Nr. 99).

Die Zusammensetzung dieser Hornblenden läßt sich durch Annahme der Silicate $\overset{I}{R}_4Si_4O_{12}$, $\overset{II}{R}_2\overset{III}{R}_2Si_3O_{12}$, $\overset{I}{R}_2(Al, Fe)_2SiO_6$ erklären. Für Analyse 90 ergibt sich das Verhältnis 3:10:2, für Analyse 91 ebenfalls 3:10:2, für Analyse 92 3:9:2, schließlich für Analyse 93 5:14:8.

	94.	95.	96.	97.	98.	99.	99a.
δ . .	3,266	—	3,249	3,331	3,331	—	—
Na_2O .	1,12	nicht bekannt	1,59	2,478	3,9	1,4	0,55
K_2O . .	2,18	„ „	1,77	2,013	11,1	0,3	3,37
MgO . .	11,32	10,40	12,38	10,521			10,72
CaO . .	12,65	12,90	12,80	11,183	9,5	13,5	12,62
MnO . .	0,24	—	—	1,505	0,4	13,1	0,30
FeO . .	7,67	3,19	0,57	5,856	4,0	3,2	11,03
Al_2O_3 . .	14,92	16,57	14,89	14,370	12,5	15,6	14,20
Fe_2O_3 .	10,28	9,18	10,84	12,423	12,2	11,5	6,00
SiO_2 . .	39,62	39,39	40,66	39,167	44,5	41,3	39,62
TiO_2 . .	0,19	4,86	4,99	—	1,5	—	—
H_2O . .	0,48	—	—	0,396	0,5	—	0,37
	100,67 [1])	—	100,49	99,912	100,1	99,9	98,78

94. Aus Hornblendeandesit vom Stenzelberg (Siebengebirge); anal. C. F. Rammelsberg, Pogg. Ann. **103**, 454 (1858).
95. Von der Wolkenburg (Siebengebirge); anal. C. Schneider, Z. Kryst. **18**, 581 (1891).

Das Atomverhältnis ist:

$$\begin{array}{c} RO : R_2O_3 : SiO_2 \\ — : \ 1 \ : 3{,}22 \end{array}$$

96. Aus Basalttuff vom Ortenberg (Vogelsberg); anal. C. Schneider, wie oben.

Das Atomverhältnis ist:

$$\begin{array}{c} RO : R_2O_3 : SiO_2 \\ 2{,}81 : \ 1 \ : 3{,}46 \end{array}$$

97. Von Jan Mayen; anal. R. Scharizer, J. k. k. geol. R.A. **34**, 707 (1884).

Aus der Analyse berechnet sich:

$$\begin{array}{c} R_2O + RO : R_2O_3 : SiO_2 \\ 2{,}97 : \ 1 \ : \ 3 \end{array}$$

Die Formel ist: $R_3R_2Si_3O_{12}$ oder $3\,RSiO_3(Al, Fe)_2O_3$ (vgl. S. 640).

98. Aus Andesit von Wadi Abu Mäammel (Egypten); anal. J. Couyat, C. R. **147**, 988 (1908).
99. Gelbbraun, vom Lioran (Cantal); anal. F. Fouqué, Bull. Soc. min. **17**, 283 (1894).
99a. Vesuv; anal. C. F. Rammelsberg, Min. Chem. (1875), 418.

[1]) Im Original steht 99,67.

Die folgenden Analysen von der Rhön haben ähnliche Zusammensetzung; sie zeigen viel mehr Tonerde als Eisenoxyd und dabei nicht viel Eisenoxydul.

	100.	101.	102.	103.	104.	105.	106.
δ	3,223	3,231	3,198	3,212	3,207	3,235	3,229
Na_2O	2,20	2,13	2,48	2,37	2,12	2,18	2,38
K_2O	1,06	1,15	1,23	0,97	1,11	1,33	1,17
MgO	12,41	11,99	12,36	11,57	12,59	12,46	13,02
CaO	11,37	12,27	11,70	13,01	13,02	12,42	11,86
FeO	5,21	4,97	5,06	4,87	3,52	3,50	4,87
Al_2O_3	14,74	14,21	13,44	13,25	13,30	14,15	14,02
Fe_2O_3	8,29	7,36	8,97	7,77	8,86	8,95	8,35
SiO_2	40,62	40,82	41,38	41,56	41,47	39,58	39,15
TiO_2	4,07	4,06	2,93	3,52	3,32	4,39	4,01
H_2O	0,43	0,49	0,39	0,51	0,40	0,57	0,38
P_2O_5	0,67	0,83	0,87	1,14	0,90	0,79	0,98
	101,07	100,28	100,81	100,54	100,61	100,32	100,19

100. Aus Hornblendebasalt von Sparbrod; anal. X. Galkin; N. JB. Min. etc. Beil.-Bd. **29**, 687 (1910).
101. Vom Totenköpfchen aus Hornblendebasalt; anal. wie oben, 689.
102. Vom kleinen Suchenberg; anal. wie oben.
103. Vom Gehülfensberg; anal. wie oben, 692.
104. Lose Kristalle von Spahl; anal. wie oben, 694.
105. Von Liebhards, lose Kristalle; anal. wie oben.
106. Aus Tuff, vom Pferdskopf; anal. wie oben, 690.

X. Galkin hat eine ausführliche Berechnung ausgeführt und hat versucht, die G. Tschermakschen Silicate zu berechnen; es ergibt sich dabei außer den Silicaten $Ca(Fe, Mg)Si_4O_{12}$, $NaAlSi_2O_6$ und $CaMgAl_4Si_2O_{12}$ stets ein sehr bedeutender Rest. Das Verhältnis Ca : Mg ist nicht 1 : 3, sondern 1 : 2. Was die Hypothese R. Scharizers anbelangt, kann man die Analysen auffassen als Mischungen des Syntagmatitmoleküls und des G. Tschermakschen Aktinolithmoleküls; jedoch nur, wenn man Ti, sowie die Alkalien vernachlässigt. Dagegen würde die Annahme S. L. Penfields, welcher eine Anzahl von Radikalen aufstellte, befriedigen, wenn man sein Al-Radikal (vgl. unten) verdoppelt; hierbei wird auch das Wasser als OH an Al gebunden gedacht, was aber unwahrscheinlich ist (vgl. S. 636).

Ferner wird die nicht ganz wahrscheinliche, wenn auch mögliche Hypothese gemacht, daß die Phosphorsäure die Kieselsäure vertritt.

Chromhaltiger Smaragdit.

Während wir bei Pyroxen eine Anzahl von Analysen hatten, in welchen nicht unbeträchtliche Mengen von Chromoxyd vorkommen, ist dies bei Amphibol nicht der Fall, der Chromgehalt tritt nur selten auf und ist stets unbedeutend. Die folgende ältere Analyse des grünen Smaragdits weist einen merklichen Gehalt auf an Cr_2O_3.

	107.
MgO	11,20
CaO	23,00
MnO	1,40
FeO	3,20
Al_2O_3	12,60
Cr_2O_3	2,00
SiO_2	40,80
H_2O	5,20
	99,40

107. Aus Saussurit-Gabbro, Fiumalto (Corsica); anal. Boulanger, Ann. min. **8**, 159; nach J. D. Dana, Min. 1868, 239.

Sorétit.

Diese von L. Duparc und F. Pearce aufgestellte Varietät unterscheidet sich optisch von andern Hornblenden, nicht aber chemisch.

	108.
δ	3,223
Na_2O	2,38
K_2O	0,68
MgO	11,82
CaO	12,33
MnO	Spur
FeO	9,83
Al_2O_3	10,99
Fe_2O_3	9,64
SiO_2	40,52
TiO_2	1,71
Glühverlust . .	0,50
	100,40

108. Von Koswinsky Kamen (Ural); anal. Gabaglio bei L. Duparc u. F. Pearce, Bull. Soc. min. **26**, 131 (1903).

Die Brechungsquotienten sind:

N_α	N_β	N_γ
1,6853	1,6765	1,66275

Achsenwinkel für D ist $2V = 82^0 30'$. Die Auslöschungsschiefe ist auf (010) $17^0 30'$.

Amphibole mit hohem Gehalt an $FeSiO_3$.

Diese vermitteln den Übergang zum Grunerit.

Hornblenden mit sehr viel Eisen und wenig Magnesia.

	109.	110.	111.	112.	113.
δ	—	—	—	3,404	3,433
Li_2O	Spur	—	—	—	—
Na_2O	4,28	—	—	0,71	3,290
K_2O	2,68	—	—	1,36	2,286
MgO	2,98	2,15	6,60	2,86	1,353
CaO	0,81	6,46	0,85	11,57	9,867
MnO	3,07	2,60	0,40	0,62	0,629
FeO	22,65	27,62	33,19	15,96	21,979
CoO	Spur	—	—	—	—
CuO	0,71	—	—	—	—
PbO	Spur	—	—	—	—
Al_2O_3	8,80	8,19	2,00	11,51	11,517
Fe_2O_3	8,13	7,05	7,53	16,88	12,621
Sb_2O_3	Spur	—	—	—	—
SiO_2	45,07	44,45	49,10	38,79	34,184
SnO_2	Spur	1,13[1]	0,73[2]	—	—
TiO_2	—	—	—	—	1,527
H_2O bei 100°	—	—	—	0,09	0,348
H_2O über 100°	—	—	—	0,83	—
	99,18	99,65	100,40	101,18	99,601

109. Aus dem Phonolith von Hohenkrähen (Hegau); anal. Föhr, Phon. d. Hegaus Würzb. 1883; E. Sandberger, Unters. über Erzgänge, Wiesbaden 1855, II, 159. Ref. Z. Kryst. **13**, 411 (1888).

Dieser Amphibol hat eine etwas abnorme Zusammensetzung, sehr wenig MgO und CaO, dagegen äußerst viel FeO. Er entspricht der Formel $FeSiO_3 n(Al, Fe)_2O_3$, gehört also eher zum Grunerit.

110 u. 111. Aus der Timasche-Waja-Balka; anal. W. Tarassenko, Bull. Comm. géol. St. Petersburg **22**, 65; N. JB. Min. etc. 1907, II, 360.

Aus der ersten Analyse berechnet sich, daß auf $2 CaR_2Al_2Si_3O_{12}$ und $CaR_3Si_4O_{12}$ ungefähr $R_2Si_3O_9$ und $6 RSiO_3$ kommen ($R = Fe, Mn, Mg$ $R_2 = Fe_2$). Bei dem zweiten hellen Amphibol kommen auf $CaFe_2Al_2Si_3O_{12}$ ungefähr $4 Fe_2Si_3O_9$, $12 MgSiO_3$ und $38 FeSiO_3$. Hier herrscht das Gruneritsilicat vor.

112. Von Foster Bar, British Columbia, schwarzgrün, faserig; anal. G. Chr. Hoffmann, Ann. Rep. geol. S. Canada **69**, 1892/93; Z. Kryst. **28**, 322 (1897).

113. Aus Nephelinsyenit von Dungannow, Hastings Co, Canada; anal. D. Adams und B. J. Harrington, Am. Journ. **1**, 210 (1896); Z. Kryst. **30**, 391 (1899).

Aus der Analyse berechnet sich:

$$(Fe, Mn, Ca, Mg, K_2, Na_2)_3(Fe, Al)_2(Si, Ti)_3O_{12}.$$

Es liegt also ein Orthosilicat wie bei Granat vor, wie im Syntagmatitmolekül R. Scharizers (S. 640).

Eine eigentümliche, fast magnesiafreie und kalkarme Varietät ist der **Bergamaskit**.

---

[1]) Davon 0,13% bei 120°.
[2]) Davon 0,28% bei 120°.

	114.
Na_2O	4,00
K_2O	0,42
MgO	0,93
CaO	5,14
FeO	22,89
Al_2O_3	15,13
Fe_2O_3	14,46
SiO_2	36,78
H_2O	0,25
	100,00

114. Aus Amphibolporphyr, Mt. Altino (Bergamo); anal. P. Lucchetti, Mem. Acc. Bologna **2**, 397 (1881); Z. Kryst. **6**, 199 (1882).

Zum Arfvedsonit gehört dieser Amphibol nicht, da er zu wenig Alkalien enthält; auch ist er nicht wie dieser leicht schmelzbar; er stellt daher einen besondern Typus dar.

Hudsonit.

Eine Hornblende mit sehr großem FeO-Gehalt, welche ein Seitenstück zum Hedenbergitsilicat bildet, dabei aber hohen Gehalt an Al_2O_3 aufweist, zeigen folgende Analysen:

	115.		116.
δ	—		3,486
Na_2O	1,20		3,74
K_2O	3,20		2,86
MgO	1,90		2,60
CaO	10,59		7,52
MnO	0,77		1,77
FeO	23,35		22,15
Al_2O_3	12,10		13,04
Fe_2O_3	7,41		5,84
SiO_2	36,86		37,01
TiO_2	1,04		0,74
H_2O	1,30	bei 110°	0,28
		über 110°	0,97
F	0,27		0,35
	99,99		98,87
$O = F_2$	0,11		
	99,88		

115. Von Cornwall, Orange Co, N.-York; anal. J. L. Nellson bei S. Weidman, Am. Journ. **15**, 227 (1903). Fluorbestimmung von S. L. Penfield u. F. C. Stanley, l. c.

Letztere berechnen:

$$(Si, Ti)O_2 : R_2O_3 : RO^{1)} : CaO : R_2O : H_2O : F_2$$
$$0,627 : 0,165 : 0,376 : 0,189 : 0,065 : 0,072 : 0,007$$

---

[1]) R = Fe + Mg + Mn.

$[Al_2O(F, OH)_2]''O$	0,076 = 12,2%
$[Al_2O_4RNa_2]''O$	0,089 = 14,3
[Fe, Mn, Mg]O	0,287 = 46,3
CaO	0,165 = 26,6
H_2O	0,003 = 0,5

116. Hudsonit aus Nephelinsyenit vom Ilmengebirge (Ural); anal. D. Beljankin, Nachr. St. Petersburger Polyt. **13**, 150 (1910); mitgeteilt von P. v. Tschirwinsky.

Hornblenden mit viel Alkalien und viel Sesquioxyden. (Kataphorit).

	117.
δ	3,43
Na_2O	6,07
K_2O	0,88
MgO.	2,46
CaO	4,89
MnO	2,96
FeO	23,72
Al_2O_3	4,10
Fe_2O_3	9,35
SiO_2	45,53
	99,96

117. Von São Miguel (Azoren); anal. A. Osann, N. JB. Min. etc. 1888 I, 121.

Aus der Analyse ergibt sich das Verhältnis:

$$Ca : Mg, Fe, Mn = 9 : 43.$$

Für das Silicat $R\overset{III}{R}_2Si_2O_6$ ist der Gehalt an SiO_2 zu gering, daher eine Berechnung nicht möglich ist.

Wir haben es hier mit einer magnesiaarmen, alkalireichen und auch an Fe_2O_3 ziemlich reichen Hornblende zu tun, welche dem Arfvedsonit nahesteht.

Eine sehr manganreiche, jedoch infolge hohen Tonerdegehalts nicht zum Dannemorit oder Richterit zu stellende Hornblende ist die folgende, bei deren Analyse jedoch die Oxyde des Eisens nicht getrennt wurden.

	118.
MgO . . .	1,50
CaO . . .	12,00
MnO . . .	5,30
FeO . . .	12,20
Al_2O_3 . . .	15,10
SiO_2 . . .	40,90

118. Aus dem Syenit von Auerbach (Rheinhessen); anal. Suckow, Z. ges. Naturw. **25**, 144 (1865).

Der Magnesiagehalt ist nach C. Hintze[1]) wahrscheinlich irrtümlich niedrig.

Kaersutit (Linosit).

Der Kaersutit möge wegen seines hohen Titangehalts besonders behandelt werden.

[1]) C. Hintze, Min. II, 1233.

	119.	120.	121.
δ	3,04	3,137	3,336
Na_2O	—	2,93	2,01
K_2O	—	1,06	0,63
MgO	13,51	13,24	12,47
CaO	12,97	11,29	12,16
MnO	—	0,06	0,12
FeO	11,28	8,76	3,96
NiO	—	—	0,10
Al_2O_3	14,41	11,16	9,89
Fe_2O_3	—	1,21	8,85
SiO_2	41,38	39,30	40,85
TiO_2	6,75	10,25	8,47
SnO_2	0,26	—	—
H_2O	—	0,59	0,19
P_2O_5	—	0,32	—
F	—	—	0,28
	100,56	100,17	99,98

119. Mit Plagioklas, Titaneisenerz und Glimmer im Olivingestein von Kaersut, (Grönland); anal. J. Lorenzen, Meddels. om Grönland **7**, 27 (1884); Z. Kryst. **11**, 318 (1886).

Die Formel ist nach J. Lorenzen:

$$5\,R(Si, Ti)O_3 \,.\, Al_2O_3 .$$

Die Härte ist 5,5, der Prismenwinkel $55^0\,29'$.

120. Kaersutit von Kaersut; anal. H. Washington, Am. Journ. **26**, 198 (1908).
121. Linosit von Linosa; anal. H. Washington, wie oben.

Auf Grundlage der Ausführungen von S. L. Penfield und F. C. Stanley (vgl. unten) wird folgende Formel berechnet:

	Linosa	Kaersut
$(Al, Fe)_2O(F.OH)_2.SiO_3$	0,017	0,033
$[(Al, Fe)_2O_4RNa_2]SiO_3$	0,039	0,059
$[(Al, Fe)_2O_3R]SiO_3$	0,097	0,026
(Mg, Fe)O	0,234	0,370
CaO	0,217	0,195
Rest an SiO_2	0,634	0,670

Eine abweichende Zusammensetzung zeigt die Hornblende aus dem Phonolith von Mayo (Capverden), welche einen abnormen Gehalt an Tonerde und Natron zeigt, dabei aber zu wenig SiO_2 hat, als daß man sie zu den Arfvedsoniten stellen könnte. Allerdings darf man nicht vergessen, daß es sich um eine Hornblende handelt, welche aus Gestein isoliert wurde, so daß vielleicht aus dem Feldspat Tonerde und Natron eingegangen sind.

	122.
Na_2O	9,01
MgO	6,03
CaO	15,94
FeO	8,86
Al_2O_3	16,91
Fe_2O_3	3,42
SiO_2	39,96
	100,13

122. Von Mayo; anal. C. Doelter, Vulk. d. Capverden, S. 96 (Graz 1882).

Anophorit.

	123.
δ	3,166
Na_2O	7,92
K_2O	1,85
MgO	11,59
CaO	3,16
MnO	0,36
FeO	9,18
SrO	Spur
Al_2O_3	1,98
Fe_2O_3	7,54
SiO_2	49,79
TiO_2	5,37
H_2O	1,52
	100,26

123. Aus dem Shonkinit vom Katzenbuckel, anal. W. Freudenberg, Sep.-Abdr. aus Mitt. k. preuß. geol. L.A. 3 (1908). Ref. N. JB. Min. etc. 1910 I, 34.

Diese Hornblende gehört optisch der Reihe Hornblende–Arfvedsonit an; vom Kataphorit unterscheidet sie sich durch höheren Gehalt an MgO, geringen Gehalt an FeO. Samtschwarz, Auslöschungsschiefe 20– 27°, $2E = 44^0 20'$.

Vom chemischen Standpunkt ist jedoch diese Hornblende eine an Eisenoxyden mittelreiche Hornblende mit höherem Natrongehalt. Da wenig Tonerde und mäßig Eisenoxyd vorhanden sind, dürfte das Natron nicht als $NaAlSi_2O_6$ vorhanden sein, sondern zum Teil jedenfalls als Na_2SiO_3.

Chemische und physikalische Eigenschaften. Nach Formel und Konstitution.

Ein Teil dieser Eigenschaften schwankt sehr mit der chemischen Zusammensetzung, vor allem die Dichte, welche, wie wir gesehen haben, mit dem Eisengehalt bedeutend steigt. Die Dichte des reinen Tremolits ist zirka 2,93. Für Strahlstein läßt sich keine Zahl angeben. Der Kupfferit zeigt den Wert von 3,21. Im übrigen wird auf die bei den Analysen angegebenen Zahlen verwiesen.

Spaltbarkeit nach (110) ist bekanntlich eine charakteristische Eigenschaft der Amphibole.

Glasglanz, durchsichtig bis wenig durchscheinend. Farbe weiß, bei eisenreicheren grün bis schwärzlichgrün, selten gelbe Nuancen. Härte 5—6°.

Optische Eigenschaften. Die optischen Eigenschaften wechseln sehr mit der chemischen Zusammensetzung, insbesondere gilt dies für die Brechungsquotienten, die Auslöschungsschiefe und den Winkel der optischen Achsen. (Vgl. darüber S. 18).

Für Tremolit einige Daten:

Brechungsquotienten:

	N_α	N_β	N_γ
Tremolit von Skutterud	1,6065	1,6233	1,6340
Felsö-Sebes	1,5996	1,6144	1,6206
St. Gotthard	1,609	1,624	1,635

H. Rosenbusch und E. Wülfing, l. c. 228, berechnen die Mittelzahlen:

$N_\beta = 1{,}619 \quad N_\gamma - N_\alpha \; 0{,}0264 \quad N_\gamma - N_\beta \; 0{,}0114 \quad N_\beta - N_\alpha \; 0{,}0148$

Für den Winkel der optischen Achsen fand A. Des Cloizeaux:

Tremolit vom St. Gotthard:

$$2V = 87^\circ 27' \text{ (rot)}; \quad 87^\circ 31' \text{ (gelb)}.$$

Auslöschungswinkel auf (010), $c:\gamma$ 15—16°.

Hier einige Daten für die optischen Konstanten der Hornblenden:

	N_α	N_β	N_γ	
Pargasit (Pargas) . .	1,613	1,620	1,632	A. Michel-Lévy u. A. Lacroix[1])
	1,616	1,620	1,635	A. Zimányi[2])
Hornblende (Böhmen)	1,680	1,725	1,752	A. Michel-Lévy u. A. Lacroix.

Der Achsenwinkel ist für erstere 58—60° nach A. Michel-Lévy und A. Lacroix, 55° 22′ nach A. Zimányi. Die Auslöschungsschiefe ist nach ersteren zirka 18—20° für Pargasit und 0—10° für böhmische Hornblende.

Veränderungen der optischen Eigenschaften mit der Temperatur wurden von A. Des Cloizeaux, später von A. Belovsky[3]) erkannt; letzterer fand, daß durch Glühen grüner Hornblenden die Doppelbrechung, der Auslöschungswinkel und der Pleochroismus gleich jenen der basaltischen Hornblenden werden.

A. Becker[1]) hat durch Eintauchen von Hornblendenkristallen in andesitische oder basaltische Schmelze dunkle Umrandungen erzielt, wie sie auch in der Natur auftreten. Vgl. auch C. Doelter und E. Hussak.[4])

Schmelzpunkt. Dieser fällt mit dem Eisengehalt. Es liegen nicht viele Bestimmungen vor.

A. Brun[5]) fand für einen Tremolit 1270°. Ich fand 1200—1220°. H. Leitmeier und A. Ledoux fanden mit dem Heizmikroskop für vollkommen durchsichtigen vom Binnental 1225—1250°.

Für Aktinolith fand R. Cusack 1272—1288°. A. Brun fand für den von Zermatt 1190°. Ich fand für den von Pfitsch 1145—1170° (vgl. Bd. I,

---

[1]) A. Michel-Lévy u. A. Lacroix, Min. d. roches, Paris 1888, 144.
[2]) A. Zimányi, Z. Kryst. **22**, 347 (1894).
[3]) A. Becker, N. JB. Min. etc. 1883, I, 1.
[4]) C. Doelter u. E. Hussak, N. JB. Min. etc. 1884, I, 18.
[5]) A. Brun, Ann. sc. phys. etc. Genève 1902.

S. 662). Asbest von der Knappenwand, Pinzgau hat einen Schmelzpunkt von 1220—1240° (A. Ledoux und H. Leitmeier).

Schmelzpunkte der Hornblenden:

Lukow . . .	1180—1220°	nach C. Doelter.
	1130—1180	bei feinem Korn nach H. Leitmeier.
	1180—1200	bei grobem Korn.
Risör	1180—1220	
Cervin . . .	1070	nach A. Brun.
Pargasit . . .	1155—1175	nach C. Doelter.
Pargasit . . .	1100—1140	nach A. Ledoux.

Spezifische Wärme. Die Daten wurden in Bd. I, S. 701ff. gegeben.

Die Schmelzlöslichkeit von Hornblende in Gesteinsschmelzen untersuchte C. Doelter.[1])

Nach W. Vernadsky[2]) zeigt Tremolit wie auch Aktinolith Triboluminiszenz.

Über die Einwirkung von Radiumbromid und die dadurch in Hornblende erzeugten pleochroitischen Höfe siehe O. Mügge.[3])

Für Röntgenstrahlen sind eisenfreie Amphibole durchlässig, eisenreiche nicht.

Löslichkeit. Die eisenarmen Tremolite und Aktinolithe werden von konz. HCl wenig angegriffen, dagegen die eisenreicheren merklich. Vor dem Lötrohr mehr oder weniger leicht zu grünlichem Glas schmelzbar. C. Doelter behandelte Aktinolith von Zermatt im Chlorwasserstoffstrom drei Stunden lang bei Rotglut. Von 0,7057 g wurden gelöst: 0,03 g oder 4,25% CaO, 0,011 g oder 1,57% MgO.

Einwirkung von Sodalösung. Aktinolith von Zermatt wurde in einer verschlossenen Eisenröhre zwei Monate lang bei 180° behandelt. Von 0,7197 g waren gelöst 1,12 g oder 4,11%; der Gehalt der Lösung an MgO ergab 0,091 g oder 1,12%; der Gehalt an MgO des ursprünglichen Minerals betrug 21,81%.

R. Müller[4]) versuchte den Einfluß von kohlensäurehaltigem Wasser. Er verwendete einen vom Quarz befreiten Hornblendefels von Altenburg. Die unter I. angegebenen Zahlen sind die im Mineral enthaltenen Mengen, während unter II. die durch das kohlensäurehaltige Wasser entzogen Mengen angegeben sind:

	I	II
Na_2O . . .	0,2172	Spur
MgO . . .	0,6038	Spur
CaO	0,8936	0,0762%
FeO	1,0511	0,0594
Al_2O_3 . . .	0,9184	Spur
Fe_2O_3 . . .	1,4912	
SiO_2 . . .	5,0102	0,021
	10,1855	0,1566 = 1,536%.

[1]) C. Doelter, Tsch. min. Mit. **20**, 307 (1901); ZB. Min. etc. 1902, 294.
[2]) W. Vernadsky, N. JB. Min. etc. I, 381 (1912).
[3]) O. Mügge, ZB. Min. etc. 1909, 144.
[4]) R. Müller, Tsch. min. Mit., Beil. z. J. k. k. geol. R.A. 1877, 32.

Von 100 Teilen wurden gelöst:

Na_2O	Spur
MgO	Spur
CaO	8,528 %
FeO	4,829
Al_2O_3	Spur
SiO_2	0,419

W. B. Schmidt[1]) untersuchte die Einwirkung von schwefliger Säure bei Hornblende aus den Tuffen des nördlichen Böhmens.

In Lösung gegangen waren die unter A. angegebenen Mengen, nicht gelöst die unter B. angegebenen Mengen, während die Zusammensetzung des zurückgebliebenen Teiles unter C. sich findet.

	A.	B.	C.
Na_2O	—	—	2,42 %
K_2O	—	—	1,31
MgO	12,66 %	1,8661 g	12,82
CaO	13,20	1,6580	12,65
Al_2O_3	6,06	2,0887	14,61
Fe_2O_3	12,02	1,9772	13,82
SiO_2	1,53	5,9244	42,30

Im ganzen wurden gelöst 6,7 %.

Verhalten bei Erhitzung.

Eisenhaltige Hornblenden oxydieren sich bei Erhitzen wie Olivine (vgl. S. 306). C. Schneider hat Versuche ausgeführt, indem er basaltische Hornblenden im Wasserdampf erhitzte. Das Eisenoxydul ging in Oxyd über, dabei wurde auch eine optische Veränderung konstatiert, indem die Auslöschungsschiefe, welche auf der Prismenfläche bis 8° betragen hatte, gleich Null wurde; auch waren die untersuchten Hornblenden (s. S. 625) stark dichroitisch geworden.

Über die Umwandlung in Pyroxen wurde bereits früher berichtet; sie tritt nicht nur nach dem Schmelzen ein, sondern wohl vor dem Schmelzen in der Nähe des Schmelzpunktes. Vgl. darüber C. Doelter[2]) und E. Hussak, sowie A. Becker.

Veränderungen durch Schmelzmittel. Umwandlungen in andere Mineralien treten beim Zusammenschmelzen mit Schmelzmitteln ein. Mit Fluoriden wandelt sich Hornblende, falls solche im Überschuß sind, in Biotit um; mit geringen Mengen ergibt sich Olivin. Mit Kaliumwolframat zusammengeschmolzen, erhält man Augit und Orthoklas, mit Natriumvanadat bildet sich Glas, Anorthit und Melilith.

Formel und Konstitution der Tremolite und Aktinolithe.

Die Amphibole, welche nur geringe Mengen von Tonerde und Eisenoxyd enthalten, sind im allgemeinen Mischungen von der Formel $RSiO_3$ und

[1]) W. B. Schmidt, Tsch. min. Mit. 4, 23 (1882); vgl. auch die soeben erschienenen Untersuchungen von H. Lotz, N. JB. Min. etc. 1913, II, 81.

[2]) C. Doelter u. E. Hussak, N. JB. Min. etc. 1884, I, 18.

man kann alle diese Mineralien als Mischungen von $CaSiO_3$ mit $MgSiO_3$ und $FeSiO_3$ event. auch mit Na_2SiO_3 (K_2SiO_3) ansehen.

Die Frage, welche weiter zu entscheiden ist, ist die, in welchem Verhältnis Ca zu Mg und Fe stehen; es handelt sich darum, ob das Verhältnis Ca:Mg:Fe ein konstantes ist, oder ein wechselndes; dieselbe Frage wäre dann bei den natronhaltigen bezüglich Na:Ca und Mg zu entscheiden.

Eine weitere wichtige Frage ist die, wie sich die allerdings in frischen Amphibolen geringen Mengen von Wasser verhalten und endlich bleibt noch die Rolle des Fluors zu besprechen, welche noch immer nicht aufgeklärt ist. Was nun das Wasser anbelangt, so zeigen sowohl die neueren Analysen, als auch die meisten alten, daß in den genannten Silicaten wirklich Wasser vorhanden ist. Wenn auch in frischem Material kaum mehr als 2% Wasser enthalten ist, so ändert sich das Verhältnis SiO_2 : RO immerhin, wenn man unter RO nicht nur die Alkalien und alkalischen Erden einbezieht, sondern dazu auch H_2O rechnet. Die älteren Autoren vernachlässigten das Wasser, und selbst in seinem Ergänzungshefte zur Mineralchemie wurde von C. F. Rammelsberg das Wasser nicht berücksichtigt; erst späteren Arbeiten war dies vorbehalten; insbesondere S. L. Penfield beschäftigte sich mit dem Wasser und dem Fluor. Nach ihm ist das Hydroxyl im Konnex mit dem Fluor, aber er betont, daß Radikale $\overset{III}{R}_2OF_2$ und $R_2O.(OH)_2$ im Amphibol enthalten sind; diese genügen dem Verhältnis von SiO_2 zu den Monoxyden. Demnach würde nach diesem Forscher die Anwesenheit der Sesquioxyde mit der Anwesenheit von Hydroxyl und von Fluor zusammenhängen.

Man kann gegen die sonst immerhin mögliche Theorie S. L. Penfields einwenden, daß bei ihrer Annahme bei höherem Gehalt an Sesquioxyden der H_2O-Gehalt und der Fluorgehalt steigen müßte; auch ist nicht einzusehen, warum dann der Fluorgehalt ein so minimaler ist, wie dies zumeist der Fall ist.

S. L. Penfield und F. C. Stanley fanden bei der Diskussion ihrer Analysen, daß $SiO_2 : \overset{II}{R}O + F = 1:1$ ist; nur bei einer Analyse (Pierpoint Nr. 60) war das Verhältnis 1 : 1,05, was sie auf analytische Fehler oder vielleicht auf geringe Verunreinigungen zurückführen.

Bezüglich des Wassers ist eine wichtige Arbeit von E. T. Allen und J. K. Clement[1]) zu verzeichnen; diese Chemiker fanden in vielen Amphibolen Wasser, sogar bis zu $2^1/_2$%. Ihre Untersuchungen bezüglich der Wasserabgabe führten sie jedoch zu einem andern Schluß, nämlich, daß es sich bei Amphibol um „gelöstes" Wasser handle. Demnach würde das Wasser nicht zur eigentlichen Konstitution des Amphibolmoleküls nötig sein und ist dies jedenfalls eine einfachere und plausiblere Auffassung. Wir wissen auch, daß dies bei einer nicht unbeträchtlichen Reihe von Silicaten und andern Verbindungen vorkommen kann. Wenn auch noch die Auffassung als adsorbiertes Wasser möglich ist, wie wir es bei Zeolithen annehmen können, so ist das für die Frage nach der Formel nicht von absoluter Bedeutung.

Wenn wir jetzt zu der zuerst formulierten Frage zurückkehren, so handelt es sich darum, ob die von G. Tschermak aufgestellte, von vielen Forschern angenommene Ansicht, daß das Verhältnis Ca : Mg + Fe = 1 : 3 ist, die richtige sei. Bei der Entscheidung dieser Frage soll man nur solche Analysen heranziehen, in welchen nur geringe Mengen von Sesquioxyden enthalten sind, denn

---

[1]) E. T. Allen u. J. K. Clement, Am. Journ. **25**, 101 (1908).

sobald merkliche Mengen derselben vorhanden sind, tritt die Komplikation auf, daß möglicherweise diese mit Mg und Si in den hypothetischen Silicaten $MgAl_2SiO_6$ und $MgFe_2SiO_6$ gebunden enthalten sein können. Bei der Suche nach diesem Verhältnis von Ca zu Mg + Fe stören auch etwaige Mengen von Alkalien, da vielleicht das Aluminium an Natrium gebunden im Silicat $NaAlSi_2O_6$ vorhanden sein kann, wobei jedoch der einfachere Fall auch eintreten kann, daß das Silicat Na_2SiO_3 vorkommt; man wird sich jedenfalls nur auf solche, nicht gar häufige Fälle beschränken müssen, in welchen wenig Sesquioxyde und auch wenig Alkalien enthalten sind. Das Wasser sollte, nach den Untersuchungen von E. T. Allen und J. K. Clement, nicht mehr in Verbindung mit den Oxyden RO oder R_2O_3 gebracht werden, wie es früher manches Mal geschah und z. B. in den neuen Analysenberechnungen von St. Kreutz[1]) und von S. L. Penfield und F. C. Stanley[2]) ebenfalls noch vor kurzem geschehen ist. C. F. Rammelsberg fand bei den älteren Analysen der Tremolite das Verhältnis Ca : Mg + Fe schwankend zwischen 1 : 2,34 und 1 : 3,6, wobei am häufigsten die Zahl 2,6—2,7 wiederkehrte.

Bei den Aktinolithen war das Verhältnis zwischen 1 : 2 und 1 : 3,7. Demnach war dasselbe nicht konstant. Für Ca : Mg : Fe fand derselbe Forscher schwankende Verhältnisse, so 2 : 1 : 1 bis 3 : 6,5 : 1, ja sogar 4 : 9,6 : 1. Im zweiten Ergänzungshefte wurden wieder eine Anzahl von neueren Analysen berechnet und bei Tremolit gefunden:

Easton (Nr. 10) . . .	1 : 3,0
Gotthard (Nr. 13) . . .	1 : 2,7
Nordmarken (Nr. 19) .	1 : 2,4

Ferner wurde gefunden:

Ouro Preto (Nr. 33) . . .	1 : 5
Sulzbachtal (Nr. 18) (Asbest)	1 : 3,3
Zillertal (Nr. 6) (Asbest) . .	1 : 2,7
Taberg (Nr. 67)	1 : 2,2
Lojo (Nr. 52)	1 : 1,6

Daraus schließt C. F. Rammelsberg, daß das Verhältnis zwischen 1 : 5 und 1 : 1 schwankt. Jedoch ist aus diesen Analysen zu ersehen, daß das Verhältnis 1 : 3 öfters wiederkehrt, wenn auch manche Abweichungen und sogar bedeutende vorkommen. Aus den Daten von S. L. Penfield und F. C. Stanley stelle ich folgende Zahlen zusammen:

	Ca : Mg + Fe
Leeville . .	0,236 : 0,613
Greiner . .	0,216 : 0,635
Rusell . .	0,216 : 0,573
Kragerö . .	0,189 : 0,567
Pierrepoint .	0,212 : 0,585

Wir haben also auch hier schwankende Verhältnisse, welche sich jedoch in weit engeren Grenzen halten, als bei den früher erwähnten Analysen C. F. Rammelsbergs, so daß das Verhältnis sich in mehreren Fällen dem von 1 : 3 wenigstens nähert.

[1]) St. Kreutz, Sitzber. Wiener Ak. **117**, I, 877 (1908).
[2]) S. L. Penfield u. F. C. Stanley, Z. Kryst. **43**, 233 (1907).

In den Analysen von St. Kreutz haben wir ein ähnliches Resultat.

Bei Tremolit vom Gotthard fand St. Kreutz das Verhältnis 0,233 : 0,601. In dem von Zillertal fand er unter Hinzurechnung von Manganoxydul zum Eisenoxydul 0,222 : 0,615. In der aktinolithartigen Hornblende von Rusell, welche ihrer Zusammensetzung nach einem Aktinolith entspricht, wurde das Verhältnis 0,203 : 0,587 gefunden.

Das durch die theoretische Zusammensetzung der Verbindung $CaMg_3Si_4O_{12}$ verlangte Verhältnis von CaO : MgO ist in Prozenten 28,83 : 12,45 und das Verhältnis Ca : Mg ist 0,22 : 0,6. Schon bei dem Durchsehen der nicht berechneten Analysen fällt es auf, daß bei vielen Analysen jene Zahlen sich wirklich vorfinden (natürlich nur bei solchen, welche wenig Tonerde und Eisenoxydul oder Eisenoxyd enthalten, denn bei den andern haben wir ja, wie die Zahlen für die theoretische Zusammensetzung zeigen, andere Zahlen). Dagegen gibt es auch nicht wenige, welche abweichende Zahlen geben, und man muß zu dem Schluß kommen, daß dies in der verschiedenen Mischung begründet ist.

Stärker abweichend sind z. B. folgende Analysen, und zwar mit Überschuß von CaO:

Nr. 22. W. F. Hillebrand;
„ 12. von Lojo (A. Nykopp);
„ 39. von Pierrepoint (H. Häfke);
„ 64. von Urquhart (F. Heddle);
„ 4. vom Zillertal (Asbest; anal. Th. Scheerer);
„ 9. von Bolton (Th. Petersen).

Ferner verweise ich auf die bei den berechneten Analysen erhaltenen Abweichungen.

Einen selten vorkommenden Überschuß an MgO zeigen nur ganz wenig Analysen, z. B. der Tremolit von Easton (J. Eyerman). Bei Asbesten kennen wir jedoch sehr viel Anthophyllitasbeste, welche wesentlich aus $(Mg, Fe)SiO_3$ bestehen.

Aus der Übersicht der Analysen geht aber doch hervor, daß das Verhältnis 1 : 3 das häufigere ist.

Wenn aus den Analysen sich also oft eine Annäherung an das Verhältnis 1 : 3 wohl erkennen läßt, sind jedoch die Abweichungen nicht zu vernachlässigen, da diese auch bei zuverlässigen Analysen vorkommen. Man kann daher die Analysenresultate auf zwei Arten erklären. Entweder ist das Silicat $CaMg_3Si_4O_{12}$ vorhanden und die Abweichungen erklären sich durch Überschuß von $MgSiO_3$ bzw. von $CaSiO_3$, oder aber wir haben es mit Mischungen von $CaSiO_3$ mit $MgSiO_3$ ($FeSiO_3$) zu tun, wobei, wie dies bei isomorphen Verbindungen der Fall häufig ist, gewisse Mischungen sich leichter, also auch häufiger bilden und dies wären eben die Verbindungen mit dem Verhältnis Ca : Mg = 1 : 3 oder auch Ca : Fe = 1 : 3. Die abweichenden Mischungen ließen sich dann leichter erklären, da die erstgenannte Annahme, daß außer den Verbindungen $CaMg_3Si_4O_{12}$ und $CaFe_3Si_4O_{12}$ noch gewisse Mengen von $CaSiO_3$, $MgSiO_3$ und $FeSiO_3$ im Überschuß sind, keine einfache ist. Auf synthetischem Wege ließe sich eine Entscheidung durch Herstellung der Schmelzkurven treffen, was jedoch leider nicht möglich ist, da aus Schmelzfluß kein Amphibol, sondern Pyroxen entsteht.

Noch haben wir die übrigen in kleinen Mengen auftretenden Bestandteile Al_2O_3, Fe_2O_3, Na_2O und K_2O zu besprechen. Für die Alkalien wäre die nächstliegende Ansicht die, daß wir es mit den in Amphibolen und Pyroxenen nachgewiesenen Silicaten $NaAlSi_2O_6$ und $NaFeSi_2O_6$ zu tun haben.

Dies scheint bei Tremoliten und Aktinolithen indessen nicht mit zwingender Notwendigkeit anzunehmen zu sein. S. L. Penfield (vgl. S. 594 ff.) schloß aus seinen Analysen, daß hier diese Hypothese nicht zutreffend sei. In der Tat kommt oft zu wenig Alkali für die Bindung der Tonerde vor, seltener das Umgekehrte; außerdem machte S. L. Penfield den Einwand, daß nicht genügend Kieselsäure für das Silicat $Na_2O . Al_2O_3 . 4SiO_2$ vorhanden sei.

Auch aus den Analysen von St. Kreutz ergibt sich ähnliches. Allerdings kann man einwenden, daß Al_2O_3 im Überschuß vorhanden sein müsse, weil ein Teil der Tonerde auch an Mg im Silicat $MgAl_2SiO_6$ gebunden ist. Aber auch ein Fehlen von Tonerde kommt vor, d. h. es ist Überschuß von Alkali auch in manchen Analysen, welche zuverlässig sind, vorhanden, z. B. Nr. 59 (St. Kreutz). Wenn wir dann auch den verwandten Richterit heranziehen, wo der Alkaligehalt sehr groß, der Tonerdegehalt dagegen sehr klein ist, so werden wir eher zu der Annahme neigen, daß das Silicat Na_2SiO_3 vorhanden sein wird.

Eine weitere Frage betrifft die Sesquioxyde, welche nur in kleinen Mengen vorhanden sind. Es läßt sich nicht entscheiden, ob das hypothetische Silicat $MgAl_2SiO_6$ bzw. $CaAl_2SiO_6$ vorhanden ist; ersteres kann nicht aus den Analysen herausgerechnet werden, weil, wie wir gesehen haben, es zumeist an Magnesia fehlt; bei so kleinen Mengen ist es wahrscheinlicher, daß es sich um feste Lösungen von Al_2O_3 und Fe_2O_3 handelt.

Fluorgehalt. — S. L. Penfield und F. C. Stanley bemerken, daß in ihren Analysen (S. 594 ff.) das Verhältnis $SiO_2 : RO + F_2$ fast genau 1 : 1 ist. Es kann daher dieses Verhältnis nicht zufällig sein. Nur bei einer Analyse (Nr. 60) war weniger SiO_2 vorhanden; vielleicht liegt ein Übergang zu den Hornblenden, bei welchen dies der Fall ist, vor. Nach ihrer Auffassung wird daher die Ansicht C. F. Rammelsbergs bestätigt, während sie auch für jene G. Tschermaks sprechen (abgesehen von der Vernachlässigung des Fluors). Sie denken sich das Fluor und das Hydroxyl gebunden an Al und Fe und stellen Radikale auf (s. unten).

Dazu ist aber zu bemerken, daß nach späteren Untersuchungen das Wasser als gelöstes zu betrachten ist (vielleicht auch Fluor), daher die aufgestellten Formeln an Bedeutung verlieren.

Was das Verhältnis Mg : Ca : Fe anlangt, so sind in der Amphibolsäure drei Viertel durch Mg vertreten, der Rest durch Ca, wenn man die Formel $CaMgSi_2O_6$ annimmt. Dies entspricht jedoch nicht den Analysen, da stets Ca : Mg + Fe = ca. 65 % ausmacht. Ca allein vertritt niemals 25 % des Wasserstoffs. Sie sprechen sich daher gegen diese Formel aus.

Formel der Richterite.

Wir haben es hier offenbar im wesentlichen mit isomorphen Mischungen von $FeSiO_3$, $MnSiO_3$, $CaSiO_3$ und Na_2SiO_3 zu tun. Aus den Analysen geht hervor, daß das Verhältnis Ca : Mg kein fixes ist. Im allgemeinen wäre für das Silicat $CaFe_3Si_4O_{12}$, bzw. für $CaMg_3Si_4O_{12}$ zu wenig Calcium vorhanden. Auch der Natriumgehalt ist für die Annahme der Silicate $NaAlSi_2O_6$ und $NaFe_2Si_2O_6$ zu hoch. Wir müssen daher annehmen, wie es schon C. F. Rammelsberg machte, daß hier die einfachen Metasilicate des Natriums, Calciums, Magnesiums und des Eisenoxyduls in isomorpher Mischung vorhanden sind.

Die Berechnung der Analysen durch C. F. Rammelsberg ergab für das Verhältnis $R:\overset{III}{R}_2$ keinen konstanten, sondern einen sehr schwankenden Wert ebenso für das Verhältnis Ca:Mg.

Eher scheint das Verhältnis Ca:Mn bei manchen Analysen, aber nicht bei allen, ungefähr = 1:1 zu sein. Was die Tonerde anbelangt, so ist sie meist in sehr kleinen Mengen vorhanden, so daß es wahrscheinlich ist, daß wir sie, ebenso wie die kleinen Mengen von Eisenoxyd, als in fester Lösung betrachten können.

Demnach ergibt sich für Richterit, Silfsbergit, Dannemorit, Marmairolith und analoge die Formel: $RSiO_3$ oder, wenn wir den Dannemorit mit dem Richterit und den übrigen ähnlichen Varietäten zusammenziehen:

$$(Mn, Fe, Mg, Ca, Na_2, K_2)SiO_3.$$

Formel und Konstitution der Hornblende.

Nach der zuerst von G. Tschermak[1]) aufgestellten und vielfach angenommenen Ansicht sind die tonerdehaltigen Amphibole Mischungen des Tremolitsilicats mit dem bereits bei Pyroxen angenommenen Silicat $MgAl_2SiO_6$. Es ergab sich die Notwendigkeit, neben diesem letzteren Silicat auch analoge Silicate $CaAl_2SiO_6$, $CaFe_2SiO_6$ anzunehmen, wie dies bereits bei Augit ausgeführt worden ist, so daß wir also Silicate von der Formel $R\overset{III}{R}_2SiO_6$ anzunehmen haben. Was den Alkaligehalt anbelangt, so erklärt er sich am einfachsten durch Annahme des Silicats $NaFeSi_2O_6$ bzw. $NaAlSi_2O_6$; dagegen ist die Annahme von $NaAl_3SiO_6$ bereits viel hypothetischer.

C. F. Rammelsberg hatte im Gegensatz dazu auch für die Amphibole eine ähnliche Ansicht wie für die Pyroxene aufgestellt, nämlich, daß es sich um Mischungen von $RSiO_3$ mit Al_2O_3 (oder Fe_2O_3) handle.

R. Scharizer[2]) kam zu dem Resultat, daß die Hornblende aus einem Metasilicat $(Mg, Fe)_3CaSi_3O_{13}$ und einem besonderen Silicat

$$R_3\overset{III}{R}_2Si_3O_{12}$$

bestehe, welche in variabeln Proportionen gemengt sind.

R. Scharizer hat eine Reihe von Analysen darauf geprüft und schreibt folgende Formeln:

Edenville	10 $R_3R_2Si_3O_{12}$	+ 20	$(Mg_3Fe)CaSi_3O_{12}$
Schapbachtal (Anal. 45)	36 „	+ 20	„
Arendal (Anal. 65)	42 „	+ 20	„
Härtlingen	49 „	+ 20	„
Smaragdit von Cullakenen (Anal. 40)	59 „	+ 20	„
Vesuv (Anal. 99a)	83 „	+ 20	„
Wolfsberg bei Czernosin (Anal. 63)	112 „	+ 20	„

[1]) G. Tschermak, Tsch. min. Mit. Beil. k. k. geol. R.A. **21**, 17 (1871).
[2]) R. Scharizer, N. JB. Min. etc. 1884, II, 143.

Auch H. Häffke hat sich über die Konstitution der von ihm analysierten Hornblenden ausgesprochen; jedoch ist dabei einzuwenden, daß in mehreren seiner Hornblenden Phlogopit eingeschlossen war; er hat nun diesen Phlogopit analysiert und dabei die Hypothese gemacht, daß in den der Tremolitreihe angehörigen Amphibolen die Tonerde zum Phlogopit gehöre, was aber willkürlich ist. Es haben daher seine Berechnungen nur geringeren Wert und man kann aus ihnen nur schließen, daß bei dieser Reihe das Verhältnis Ca : Mg, Fe nicht 1 : 3 ist, sondern erheblich davon abweicht (vgl. auch S. L. Penfield, s. unten). In andern Analysen von Tonerdehornblenden nimmt er das Aluminium als $Si_3Al_4O_{12}$ an. Das Wasser nimmt er in der Verbindung H_2SiO_4 in den Tonerdehornblenden an, während er in der Tremolitreihe die Metakieselsäure annimmt. Alle diese Hypothesen sind recht komplizierte.

A. Sauer nimmt an, daß in der von ihm analysierten Hornblende von Durbach sich das Silicat Al_2SiO_5 befindet (vgl. Analyse 2).

Fr. R. von Horn[1]) macht darauf aufmerksam, daß die von ihm analisierte Hornblende vom Mte. Pavone (Nr. 83) einem Orthosilicat entspricht. Die entspricht dem Syntagmatit + $\overset{II}{R}_2SiO_4$.

Auch J. Soellner[2]) betont das Vorkommen von Orthosilicat in Amphibolen.

X. Galkin[3]) nimmt ebenfalls wie S. L. Penfield Radikale an.

In letzterer Zeit wurde das Problem der Konstitution der Amphibole namentlich von S. L. Penfield besprochen. Er bemerkt, daß im wesentlichen die Formeln von C. F. Rammelsberg einerseits, von G. Tschermak anderseits gleich seien, wenn man vom Alkaligehalt absieht, welchen der erstere im Silicat Na_2SiO_3, der letztere im Silicat $NaAlSi_2O_6$ annimmt. S. L. Penfield[4]) nimmt mit G. Tschermak an, daß die Säure in den Amphibolen $H_8Si_4O_{12}$ sei oder ein Vielfaches davon, also eine Metakieselsäure. Nach S. L. Penfield hat die Amphibolsäure Ringstruktur, er schreibt sie:

$$\begin{array}{c}
\begin{matrix}H{-}O\\H{-}O\end{matrix}{>}Si{-}O{-}Si{<}\begin{matrix}O{-}H\\O{-}H\end{matrix}\\
\quad | \qquad\quad |\\
\quad O \qquad\quad O\\
\quad | \qquad\quad |\\
\begin{matrix}H{-}O\\H{-}O\end{matrix}{>}Si{-}O{-}Si{<}\begin{matrix}O{-}H\\O{-}H\end{matrix}
\end{array}$$

Was das Fluor anbelangt, so legt S. L. Penfield auf das Vorkommen dieses sowie des Hydroxyls den größten Wert, er nimmt folgende Radikale an:

$$\begin{matrix}-Al{-}F\\ >O\\ -Al{-}F\end{matrix} \qquad \begin{matrix}-Al{-}OH\\ >O\\ -Al{-}OH\end{matrix}$$

sowie analoge Radikale mit Fe statt Al. Wir wissen jedoch, aus den Arbeiten von E. T. Allen und J. K. Clement, daß das Wasser nur gelöstes ist, und somit wäre die S. L. Penfieldsche Hypothese hinfällig, vielleicht bezieht sich dies auch auf das Fluor.)

Er berechnet bei den von ihm und F. C. Stanley ausgeführten Analysen die Mengen dieser Radikale.

[1]) Fr. R. von Horn, Tsch. min. Min. **17**, 410 (1898).
[2]) J. Soellner, N. JB. Min. etc. Beil.-Bd. **24**, 503 (1907).
[3]) X. Galkin, ebenda, Beil.-Bd. **29**, 695 (1910).
[4]) S. L. Penfield u. F. C. Stanley, Z. Kryst. **43**, 233 (1907).

Im ganzen sind die Berechnungen etwas problematisch und läßt sich eine Formel der Amphibole auf Grund dieser Annahmen nicht mit einiger Sicherheit aufstellen.

Überblicken wir die verschiedenen Ansichten, so treten unter den geäußerten Hypothesen besonders zwei als mit den Tatsachen am meisten vereinbar hervor: jene, welche analog der bei Pyroxen gegebenen ist, nämlich, daß die Sesquioxyde in Silicaten von der Formel $R\overset{III}{R}_2SiO_6$ vorhanden sind, und dann jene, nach welcher es sich um Mischungen von $RSiO_3$ mit Al_2O_3 oder Fe_2O_3 handelt.

H. Washington hat auch eine Konstitutionsformel des Kaersutits wie folgt gegeben.

```
Na—O         O—Na
    >Si—O—Si<
   O  |   |  O
  /   O   O   \
Fe<—O |   | O—>Fe
  \  >Si—O—Si<
   O         O
```

Synthese der Hornblende.

Aus Schmelzfluß ist Hornblende nicht mit Gewißheit künstlich erhalten worden.

Ich[1]) hatte durch Zusammenschmelzen von CaO, MgO und $4SiO_2$ sowie von $CaO.FeO.4SiO_2$ mit Borax Kristalle erhalten, welche in ihren optischen Eigenschaften der Hornblende entsprachen, die aber nicht genauer untersucht werden konnten; die Temperatur war bei diesen Versuchen möglichst niedrig gehalten worden.

Über die Herstellung eines Amphibolanthophyllits durch E. T. Allen, Fr. E. Wright und J. K. Clement wurde bereits früher berichtet. Ferner hat K. Bauer[2]) bei einem Versuch der Umschmelzung von Biotit mit Borsäure, Natriumphosphat und Calciumfluorid bei Abkühlung auf 800° neben anderen Silicaten hornblendeähnliche Schüppchen erhalten.

Auf nassem Wege hat K. v. Chroustchoff[3]) Hornblende dargestellt. Als Apparat diente eine Birne aus dickem Glas, in welche die Reagenzien eingebracht wurden, worauf die Birne zugeschmolzen und in einem besonders konstruierten Ofen erhitzt wurde. Die angewandte Temperatur war höchstens 550°, angewandt wurde eine etwa 3% SiO_2 enthaltende wäßrige Lösung von kolloider Kieselsäure, eine wäßrige Lösung von Tonerde, Eisenoxydhydrat, unter besondern Vorsichtsmaßregeln dargestelltes Eisenoxydulhydrat, Ka..wasser und einige Tropfen Natronkalilauge. Der Versuch dauerte drei Monate.

Es bildeten sich etwa 1 mm lange Kristalle, an welchen die Formen (010), (110), (011) bemerkbar waren. Der Winkel der Flächen (110):(110) konnte nur annähernd gemessen werden, der Winkel (011):(011) war 148° 28′. Die Auslöschungsschiefe wurde zu 17° 56′ gemessen; optischer Charakter negativ, Pleochroismus nicht stark. Der mittlere Brechungsquotient betrug N = 1,628, 2 V = 82°, $\gamma - \alpha = 0{,}025$.

---

[1]) C. Doelter, Chem. Min. (Leipzig 1890).
[2]) K. Bauer, N. JB. Min. etc., Beil.-Bd. **12**, 535 (1899).
[3]) K. v. Chroustchoff, N. JB. Min. etc. 1891, II, 86.

Die Analyse der Kristalle ergab:

δ	3,2452
Na_2O	2,18
K_2O	1,87
MgO	14,33
CaO	13,21
FeO	10,11
Al_2O_3	8,11
Fe_2O_3	7,91
SiO_2	42,35
H_2O	0,91
	100,98

Außerdem hatten sich noch andere Kriställchen gebildet, welche wahrscheinlich Analcim, Quarz und Orthoklas waren.

Umwandlungen der Amphibole.

Umwandlungen des Tremolits in Talk sind häufig, wobei sich auch als Nebenprodukt Kalkspat bilden kann. Ferner ist häufig die Serpentinbildung (vgl. S. 419), dann sind zu nennen: Bastit, Chlorit, Epidot, sowie auch Biotit. Die Umwandlung in Biotit im Schmelzfluß kann sehr leicht künstlich hervorgebracht werden (vgl. S. 698). Als Nebenprodukte der Umwandlung erscheinen häufig Eisenoxyde, Magneteisen, Hämatit und Limonit. Seltener sind Umwandlungen in Pinit, Zeolithe, namentlich Chabasit.

Die Bastitbildung tritt nach C. R. van Hise namentlich bei Cummingtonit auf.

C. R. van Hise hat eine Anzahl von Formeln für die Umwandlungen der Amphobile gegeben (l. c.).

Die Umwandlung in Talk stellt er durch folgende Formel dar:

$$CaMg_3Si_4O_{12} + H_2O + CO_2 = H_2Mg_3Si_4O_{12} + CaCO_3 + K.$$

Die Volumvermehrung beträgt 25,61 %.

Analog wäre die Umwandlung des Aktinoliths, bei welcher sich noch Eisenoxyd bildet und welche mit einer Volumvermehrung von 20,33 % verbunden ist.

Die Umwandlung in Serpentin stellt derselbe Autor durch folgende Formel dar:

$$Ca(Mg, Fe)_3Si_4O_{12} + 2H_2O + CO_2 = H_4(Mg, Fe)_3Si_2O_9 + CaCO_3 + 2SiO_5 + k.$$

Die Volumvermehrung beträgt 38,67 %.

Für die Umwandlung des Cummingtonits in Serpentin (Bastit) gibt er die Formel:

$$3(Mg, Fe)SiO_3 + 2H_2O = H_4(Mg, Fe)_3Si_2O_9 + SiO_2 + k.$$

Die Volumvermehrung ist 36,76 %.

Komplizierter ist die Umwandlung in Chlorit, welche mit einer Volumvermehrung von 25,39 % verbunden ist. Vgl. auch G. Tschermak, Chloritgruppe S. 563.

Die Umwandlungen in Biotit, bei welcher mit Zufuhr von Kalium zu rechnen ist, sind zu kompliziert, um durch einfache Formeln gegeben zu werden.

Analysen umgewandelter Amphibole.

Zuerst sei hier eine Analyse eines „Hydrous Anthophyllits" angeführt.

	1.
MgO	28,80
CaO	5,06
FeO	9,38
MnO	1,38
SiO_2	46,43
H_2O	8,58
	99,63

1. Von N.York; anal. Joy, Ann. Lyc. N.York 8, 123; nach J. D. Dana, Miner. 1868, 242.

Eine große Anzahl zersetzter Amphibole aus Schottland hat F. Heddle analysiert.

Davon werden einige als anthophyllitähnliche bezeichnet:

	2.	3.
δ	2,811	2,806
Na_2O	0,26	0,11
K_2O	0,19	0,76
MgO	28,75	26,25
CaO	5,64	6,27
MnO	0,16	0,23
FeO	5,74	4,11
Al_2O_3	3,84	0,49
Fe_2O_3	0,18	5,30
SiO_2	47,72	39,75
H_2O	7,65	16,83
	100,13	100,10

2. Langfaseriges, grünlich braunes, seidenglänzendes Mineral von Free Church of, Milltown; anal. F. Heddle, Trans. Roy. Soc. Edinburgh, **28**, 299 (1878); Z. Kryst. **4**. 319 (1880).
3. Sternförmig, faserig, von Airshire; anal. F. Heddle, wie oben.

J. Lemberg hat einige Analysen ausgeführt, welche über die Veränderung der Hornblende einigen Aufschluß geben.

	4.	5.	6.
MgO	18,30	23,17	23,08
CaO	19,10	10,71	8,39
Al_2O_3	4,52	6,66	6,47
Fe_2O_3	4,08	4,99	5,28
SiO_2	52,23	51,75	52,31
H_2O	1,77	2,72	4,47
	100,00	100,00	100,00

4. Lauchgrüne Hornblende aus Eklogit von Griefendorf (Sachsen); anal. J. Lemberg, Z. Dtsch. geol. Ges. **27**, 541 (1875).
5. Etwas veränderte Hornblende; anal. J. Lemberg, wie oben.
6. Pistaziengrüne Hornblende, stark verändert; anal. J. Lemberg, wie oben.

Ältere Analysen von zersetzten Hornblenden finden sich noch in C. F. Rammelsbergs Mineralchemie (Leipzig 1875). Bei diesen schwankt der Wassergehalt sehr bedeutend; ein systematischer Gang der Zersetzung läßt sich nicht daraus schließen; im allgemeinen sinkt der Kieselsäuregehalt, und auch der Gehalt an MgO und CaO, während der Gehalt an Al_2O_3 ziemlich unverändert erscheint. Von diesen bringe ich zwei, welche besonders diese Umwandlungsart zeigen; in diesen ist namentlich auch der hohe Gehalt an Eisenoxyd bemerkbar.

	7.	8.
Na_2O	—	3,63
K_2O	—	0,77
MgO	9,23	4,98
CaO	5,37	4,78
MnO	2,14	—
Al_2O_3	17,49	10,73
Fe_2O_3	18,26	20,48
SiO_2	40,32	34,87
H_2O	8,00	20,24
	100,81	100,48

7. Tonige Masse von Fillefjeld (Norw.); anal. Suckow nach C. F. Rammelsberg, Min.-Chem. 1875, 421.

8. Vom Margarethenkreuz, Siebengeb., gelb aus Trachyt; anal. Wiehage be C. F. Rammelsberg, wie oben.

Wenig zersetzte Hornblenden sind folgende:

	9.	10.	11.
Na_2O	0,58	0,43	—
K_2O	0,57	0,34	—
MgO	25,85	21,58	22,14
CaO	9,91	8,64	4,44
MnO	0,77	0,31	—
FeO	1,67	2,09	14,29
Al_2O_3	0,63	1,89	6,39
Fe_2O_3	0,01	9,43	—
SiO_2	46,92	50,92	45,51
H_2O	12,84	4,54	6,72
	99,75	100,17	99,49

Einen wenig zersetzten Amphibol zeigt auch eine ältere Analyse von Schultz bei C. F. Rammelsberg, Min.-Chem. 1860, 499; 1875, 421.

9. Aus dem Serpentin von Portsoy; anal. F. Heddle, wie oben.

10. Von Green Hill of Strathdon; anal. F. Heddle, wie oben.

11. Bai von Scoorie, Sutherland; anal. F. Heddle, wie oben.

Eine weitere Zersetzung ist die in Palygorskit (Bergleder), welche namentlich an einigen schottischen Amphibolen durch F. Heddle analytisch untersucht wurde; dabei werden große Mengen von Wasser aufgenommen, dagegen der Kalk fast ganz entfernt. Diese Analysen finden sich unter Palygorskit (siehe den Aufsatz von R. Fersmann unten).

Nicht unwichtig ist die ziemlich häufige Umwandlung in Epidot, welche namentlich in den Propyliten häufig vorkommt.

	12.
δ	3,446
Na_2O	2,25
K_2O	1,03
CaO	21,46
FeO	8,87
Al_2O_3	10,73
Fe_2O_3	17,57
SiO_2	38,10
H_2O	0,48
	100,49

12. Aus Hornblendegranit von Kingkigtok (Grönl.); anal. Belohoubek bei K. Vrba, Sitzber. Wiener Ak. **69**, 96 (1874).

Im Vergleich zu den Hornblendeanalysen ergibt es sich, daß die ganze Magnesia weggeführt wurde und ebenso stellt sich eine Verminderung des SiO_2-Gehalts heraus.

Versuche zur Umwandlung von Amphibol wurden von J. Lemberg[1]) ausgeführt. Tremolit vom St. Gotthard wurde geschmolzen und dann während 150 Stunden mit Wasser bei 200—210° behandelt. Die Resultate sind unter 3 angeführt, während die Analyse des frischen Materials sich unter 4 befindet.

	13.	14.
MgO	24,76	18,60
CaO_2	13,51	10,48
Al_2O_3	0,91	0,60
SiO_2	58,60	45,47
H_2O	2,22	21,37
CO_2	—	3,48
	100,00	100,00

Die Versuche wurden unternommen, um die Beziehung zwischen Hornblende und Augit zu untersuchen.

Genesis.

Aus den mißlungenen synthetischen Versuchen, dann aus dem experimentell erforschten Verhalten der Hornblende geht hervor, daß bei höherer Temperatur die Hornblende nicht stabil ist, während Pyroxen auch bei hoher Temperatur stabil ist. Aus der Beobachtung der Eruptivgesteine kann man den Schluß ziehen, daß sich Hornblende nur in Gegenwart von Kristallisatoren aus Schmelzfluß bei einer verhältnismäßig hohen Temperatur bilden kann.

F. Becke hat darauf aufmerksam gemacht, daß der Druck die Hornblendebildung begünstigt, dieses wird durch das Vorkommen derselben in kristallinen Schiefern, welche wohl bei höherem Druck entstanden sind, bestätigt. Allerdings kommt auch in manchen Ergußgesteinen, z. B. in Basalten, die Hornblende vor; es ist also möglich, daß sie in Gegenwart von Kristallisatoren, auch bei geringem Druck und wohl auch mitunter bei dem Druck einer Atmosphäre sich bilden kann (vgl. S. 649).

---

[1]) J. Lemberg, Z. Dtsch. geol. Ges. **40**, 646 (1888).

Die untere Temperaturgrenze, bei welcher Hornblende noch existenzfähig bzw. stabil ist, dürfte nicht zu tief liegen. Der Versuch von K. v. Chroustchoff wurde bei zirka 500° ausgeführt; es ist nicht wahrscheinlich, daß sich aus Lösungen Hornblende bei viel niedrigerer Temperatur bildet, außer in kristallinen Schiefern, bei welchen der Druck besonders günstig wirkt. Das Existenzgebiet der Hornblende wäre demnach viel begrenzter als das des Pyroxens und könnte zwischen 450—1000° annähernd gelegt werden.

In Schlacken ist die Anwesenheit von Hornblende nicht mit Sicherheit konstatiert; ältere Angaben beruhen wohl auf unrichtiger Bestimmung.

Traversellit.

Es liegt ein ähnlicher Fall wie bei der Uralitisierung vor, jedoch ist hier die Amphibolbildung (vgl. S. 648) bei einem diopsidartigen Pyroxen eingetreten, daher der hohe Tonerdegehalt nicht vorhanden ist.

	17.
CaO	7,93
MnO	14,41
FeO	20,46
Al_2O_3	1,21
SiO_2	52,39
H_2O	3,69
	100,09

17. Von Traversella; anal. R. Richter, Pogg. Ann. **93**, 101 (1854); N. JB. Min. etc. 1859, 206.

Uralit.

Neuere Analysen existieren in geringer Zahl, so daß wir auch auf die alten angewiesen sind.

	1.	2.	3.	4.	5.
δ	3,143	3,003	3,181	3,038	3,31
Na_2O	—	0,90	0,22	0,23	0,57
K_2O	—	0,69	0,50	0,06	0,20
MgO	12,28	19,04	15,37	12,59	18,77
CaO	11,59	15,39	24,44	12,58	6,19
MnO	0,79	0,28	0,15	—	—
FeO	16,48	2,71	1,96	10,21	13,54
Al_2O_3	5,65	3,21	4,57	4,70	3,12
Fe_2O_3	—	2,07	0,97	5,26	5,09
SiO_2	50,75	52,82	50,87	52,73	53,53
H_2O	1,80	2,40	1,44	1,54	—
	99,34	99,51	100,49	99,90	101,01

1. Vom See Baltym; anal. C. F. Rammelsberg, Min.-Chem. 1875, 421.
2. Vom Templeton (Can.); anal. B. J. Harrington, R. Geol. S. Canada 1879, 21; Z. Kryst. **4**, 383 (1880).
3. Unzersetztes Innere des Kristalls; wie oben.
4. Von Loskop Zwartkoppjes, Transvaal; anal. P. Dahms, N. JB. Min. etc. Beil.-Bd. **7**, 99 (1891).
5. Unzersetzter Diallag von dort, Muttermineral des Uralits; wie oben.

P. Dahms hat versucht, die Resultate der Analyse zu berechnen, wobei er folgende Silicate annimmt:

$Na_2Al_2Si_4O_{12}$	. $MgFe_2Si_4O_{12}$	. $MgAl_2Si_4O_{12}$	. $CaSiO_3$	. $MgSiO_3$	. $FeSiO_3$	. $MgAl_2SiO_6$
1,61 %	12,02 %	9,46 %	27,42 %	29,33 %	17,28 %	2,88 %

Er schließt daraus, daß das Strahlsteinmolekül sich zu etwa $^3/_4$ an der Zusammensetzung des Uralits beteiligt.

P. Dahms hat auch versucht die übrigen Analysen zu berechnen. Er findet für die Analysen von B. J. Harrington und von C. F. Rammelsberg folgende Zahlen:

	Rammelsberg (1)	Harrington (2)
$Na_2Al_2Si_4O_{12}$ . .	—	7,51 %
$MgAl_2Si_4O_{12}$ . .	10,77	—
$MgFe_2SiO_6$	—	2,24
$MgAl_2SiO_6$ . . .	4,66	1,67
$MgSiO_3$	30,50	52,18
$CaSiO_3$	25,05	31,63
$FeSiO_3$	29,02	4,77

Vergleicht man den Gang der Zersetzung bei den Vorkommen von Canada und von Transvaal, so ergibt sich, daß bei der Umwandlung des canadischen Augits in Uralit der Gehalt an CaO bedeutend abnimmt, der Gehalt an MgO zunimmt, während bei dem aus Diallag entstandenen Uralit von Transvaal das umgekehrte Verhältnis zutrifft. In keinem dieser Fälle kann jedoch von einer reinen molekularen Umformung allein die Rede sein.

Weitere Analysen rühren von L. Duparc und Th. Hornung her.

	6.	7.	8.	9.
δ	3,358	3,213	3,342	3,065
Na_2O	—	1,90	0,48	0,45
K_2O	—	0,02	0,19	0,26
MgO	13,30	12,60	10,92	9,63
CaO	23,33	13,06	24,51	20,90
MnO	Spur	Spur	1,99	0,94
FeO	10,07	7,92	7,81	9,30
Al_2O_3	2,64	12,60	0,27	3,25
Fe_2O_3	—	10,44	1,91	2,30
SiO_2	50,91	43,34	50,53	42,02
Glühverlust . . .	—	0,22	0,26	1,07
	100,25	102,10	100,37*)	100,04**)

6. Pyroxen von Cérebriansky (Ural); anal. L. Duparc u. Th. Hornung, C. R. (1904).
7. Amphibol von ebenda; anal. L. Duparc u. Th. Hornung, wie oben.
8. Vom Grua-Tunnel (Norw.); anal. M. Dittrich bei V. M. Goldschmidt, Kontaktmet. d. Kristianiagebietes. *) Kern des Kristalles, CO_2 = 1,50 %.
9. Von ebenda, wie oben. **) Hülle des Kristalles, CO_2 = 9,92 %.

Die Analysen zeigen die Umwandlung des Pyroxens in Amphibol und zeigen, daß es sich nicht um eine molekulare Umwandlung handeln kann, wobei hervorgehoben wird, daß beide Mineralien sehr frisch sind; andererseits sieht man aus dem Analysenvergleich, daß im Kalk und Tonerdegehalt ein großer Unterschied besteht, wie auch im Alkaligehalt; auch der Eisenoxydgehalt, welcher im Pyroxen Null ist, ist im Amphibol beträchtlich. Die genannten

Autoren sind der Ansicht, daß nicht eine Umwandlung auf wäßrigem Wege, sondern eine solche durch die Einwirkung des Magmas stattgefunden habe. Nachdem sich die Schicht von Augit, welche im Innern zu beobachten ist, zuerst gebildet hatte, ist eine chemisch veränderte Ablagerung durch Einwirkung des noch flüssigen Magmas erzeugt worden, wobei die chemische Zusammensetzung dieser äußern Schicht eine andere werden mußte. Daß die Hornblendebildung durch hohen Druck gegenüber der Pyroxenbildung begünstigt wird, hat F. Becke[1]) nachgewiesen.

Oehrnit.[2])

Monoklin.

Analyse.

Na_2O	0,38
K_2O	0,18
MgO	16,80
CaO	17,74
MnO	Spur
FeO	6,33
Al_2O_3	6,74
Fe_2O_3	0,28
SiO_2	49,47
H_2O	2,41
	100,33

Von Kuturli, Daschkesaner Lagerstätte (Kaukasus); anal. A. Kupffer bei E. Fedorow, Gornyi Journal 3, 264 (1905). Ref. N. JB. Min. etc. 1907, II, 183.

E. Fedorow leitete daraus die Formel:

$$6(MgCa.Fe)O.6SiO_2.H_2O$$

also $$6(RSiO_3).H_2O$$

Er macht auf die Ähnlichkeit mit Bastit aufmerksam. Nach der Analyse handelt es sich offenbar um einen zersetzten Pyroxen. Die Zusammensetzung erinnert an Diopsid.

Eigenschaften: Spaltbar nach (001), (100) und weniger vollkommen nach (100); Härte 2—3; sehr spröde.

Beim Erhitzen grau werdend; vor dem Lötrohr schmilzt er ohne Flammenfärbung zu dunkelgrauem Glas.

Nephrit und Jadeit.[3])

Von **Max Bauer** (Marburg i. H.).

Trotz ihres im allgemeinen recht unscheinbaren Äußeren gehören Nephrit und Jadeit mit Chloromelanit, alle drei von E. v. Fellenberg unter dem Namen der Nephritoide zusammengefaßt, zu den in mancher Hinsicht merk-

[1]) F. Becke, Tsch. min. Mit. 16, 327 (1897).

[2]) Als selbständiges Mineral wird man den Oehrnit kaum anerkennen können, auch ist seine Stellung im Mineralsystem unklar.

[3]) Allgemeine Literatur: H. Fischer, Nephrit und Jadeit, 2. Aufl. 1875. — Heber Reginald Bishop, Investigations and studies in Jade (New York 1906) 2. Bde. — Otto A. Welter, Bericht über neuere Nephritarbeiten, Geolog. Rundschau, 2, 75 (1911).

würdigsten und namentlich kulturhistorisch interessantesten Mineralien, denen daher seit Jahrhunderten eine umfangreiche Literatur gewidmet worden ist. Sie zeigen bezüglich ihrer stets dichten Struktur, ihrer nicht unbeträchtlichen Härte und ihrer enormen Zähigkeit und Festigkeit, ihrer Durchscheinenheit und Farbe, kurz ihres ganzen Aussehens und ihrer Beschaffenheit, vielleicht auch bezüglich ihrer Entstehung und endlich hinsichtlich ihrer Verwendung in der prähistorischen Vergangenheit und in der Jetztzeit so viel Übereinstimmendes, daß es nicht unangebracht ist, sie trotz ihrer mineralogischen Verschiedenheit, getrennt von den Spezies, zu denen sie systematisch gehören, zusammen zu behandeln und so ihre gegenseitigen Beziehungen deutlicher hervortreten zu lassen. Trotzdem der Nephrit als dichter Tremolit oder Strahlstein zu der Gruppe der Amphibole, der Jadeit zu der Gruppe der Pyroxene gehört, sind sie beide äußerlich doch oft so ähnlich, daß sie auch heute noch häufig durch bloßes Betrachten sogar mit der Lupe nicht sicher erkannt und voneinander, sowie auch von andern Mineralsubstanzen unterschieden werden können. Dies war jedenfalls in noch höherem Grade früher der Fall, als die Mineralien, die man heute Nephrit und Jadeit nennt, mit andern zusammen unter der Bezeichnung „grüner Jaspis", später unter dem gemeinsamen Namen „Nephrit" oder „Jade" gingen, in der Zeit als der mineralogische Unterschied zwischen beiden noch nicht erkannt war. Der Natur der Sache nach konnte eine Klärung nur von der Seite der chemischen Untersuchung kommen.

Chemische Zusammensetzung.

Historisches. Um die Wende des 17. und 18. Jahrhunderts beurteilte man die Zusammensetzung des Nephrits — Jadeit war damals noch nicht bekannt — vorwiegend nach einer Analyse von Kastner.[1]) Diese ergab aber soweit von den dem richtigen Nephrit entsprechenden, abweichende Werte, daß man annehmen muß, Kastner habe irgend ein anderes Mineral in Händen gehabt, oder seine Analyse sei fehlerhaft. Die erste richtige Analyse von wahrem Nephrit im heutigen Sinne des Worts stammt von K. E. Schafhäutl,[2]) der im Jahre 1844 einen Ring und ein Amulett von unbekannter Herkunft untersuchte. Ihr folgten im gleichen Jahre 1844 die Arbeiten von C. F. Rammelsberg[3]) und gleich darauf, 1845 und 1846, die von A. Damour,[4]) ferner die Analyse von Th. Scheerer,[5]) E. v. Fellenberg,[6]) abermals A. Damour[7]) und von manchen andern. Ein Teil dieser Analysen soll unten noch ausführlicher besprochen werden.

Die erwähnten Mitteilungen von A. Damour sind von besonderer Bedeutung, da durch sie die systematische Stellung des Nephrits festgestellt wurde. Schon 1845 hatte er den von ihm analysierten Nephrit (jade oriental), entgegen den recht verschiedenartigen Ansichten der andern, namentlich der älteren

[1]) Kastner, Gehlens Journ. **2**, 459 (1806); Beiträge zur Begründung einer wissenschaftl. Chemie **1**, 14.
[2]) K. E. Schafhäutl, Ann. d. Chemie u. Pharmazie **46**, 338 (1844).
[3]) C. F. Rammelsberg, Pogg. Ann. **62**, 148 (1844).
[4]) A. Damour, C. R. **21**, 1382 (1845) und Ann. chim. phys. [3] **16**, 469 (1846).
[5]) Th. Scheerer, Pogg. Ann. **84**, 379 (1851).
[6]) E. v. Fellenberg, Berner nat. Gesellsch. 1865, 112; vgl. auch unten bei A. Kenngott, S. 651.
[7]) A. Damour, C. R. **56**, 861 (1863); **61**, 357 (1865).

Mineralogen über die systematische Stellung des Nephrits, auf Grund seiner Untersuchungen für eine Varietät des Tremolits erklärt. Diese Ansicht wurde dann von ihm später ausdrücklich wiederholt und neu begründet, aber zunächst noch nicht allgemein angenommen. Das geschah erst allmählich, besonders nachdem 1871 A. Kenngott[1]) durch die Berechnung der bis dahin bekannten 25 korrekten Nephritanalysen zu der Überzeugung gelangt war, daß „sie alle auf eine mikrokristallinische, unvollkommen schiefrige Varietät des Grammatits hinweisen, die, als Gebirgsart auftretend, durch geringe Beimengungen wechselt". F. Berwerth[2]) hat dies dann durch seine Analysen neuseeländischer Nephrite bestätigt. Heute zweifelt niemand mehr, daß dieser Standpunkt der richtige ist. Die theoretische Zusammensetzung des Nephrits wäre demnach:

SiO_2	57,69
MgO	28,85
CaO	13,46
	100,00

was durch die Formel $CaMg_3(SiO_3)_4$ ausgedrückt werden kann.

Aber auch noch in anderer Hinsicht waren die Untersuchungen von A. Damour von Wichtigkeit. Er analysierte 1863 (l. c. 861) eine grünlichgraue Halsbandperle von „jade vert" aus China, fand aber nicht die erwartete Zusammensetzung des Nephrits (Tremolit), sondern ein fast MgO- und CaO-freies, dagegen Na_2O- und Al_2O_3-reiches neues Mineral, das er zunächst der Familie der Wernerite zurechnete, und dem er, wegen seiner Ähnlichkeit mit dem von den Franzosen und Engländern „jade" genannten Nephrit den Namen Jadeit gab. Zugleich stellte er fest, daß diesem nicht das niedrige spezifische Gewicht des Nephrits, $\delta = 3{,}0$ cca, sondern das höhere, $\delta = 3{,}34$ zukommt. Diese Analyse und einige andere desselben Forschers[3]) haben dann dargetan, daß dem Mineral die Formel $NaAl(SiO_3)_2$ zukommt, entsprechend der Zusammensetzung:

SiO_2	59,40
Al_2O_3	25,25
Na_2O	15,35
	100,00

Man kann dies durch die Konstitutionsformel eines Metasilicats:

$$SiO_3 \genfrac{}{}{0pt}{}{\diagup Na}{\diagdown Al{=}SiO_3}$$

zum Ausdruck bringen, denn die kristallographischen und optischen Untersuchungen von A. Des Cloizeaux, J. Krenner u. a., von denen noch die Rede sein wird, haben die Zugehörigkeit zur Pyroxengruppe nachgewiesen und der letztere hat noch darauf aufmerksam gemacht, daß der Jadeit chemisch dem Spodumen $LiAl(SiO_3)_2$ analog ist, dem das entsprechende Na-Silicat des Jadeits zuweilen isomorph beigemischt ist, ebenso auch dem Ägirin (Akmit): $NaFe(SiO_3)_2$. J. Krenner nannte den Jadeit daher auch Natronspodumen. E. Cohen

[1]) A. Kenngott, Züricher Vierteljahrsschrift **15**, 372 (1871); vgl. auch N. JB. Min. etc. 1871, 293.
[2]) F. Berwerth, Sitzber. Wiener Ak. **80**, I. Abteil. 102 (1879).
[3]) A. Damour, Bull. Soc. min. **4**, 157 (1881); Ann. chim. phys. **24**, 136 (1881).

kam bei der Untersuchung eines Jadeits von Tibet zu derselben Formel, die durch spätere Analysen immer aufs neue bestätigt wurden. Sie wird jetzt allgemein als die richtige anerkannt und ebenso die Zugehörigkeit zur Pyroxengruppe, nachdem allerdings auch andere Ansichten über die Natur des Jadeits vorübergehend geäußert worden waren.

A. Damour hatte (l. c. 1865, 364) u. a. auch ein prähistorisches Beil, von Excideuil (Dordogne) und ein solches von Mané-er-h'rock (Morbihan, Bretagne) analysiert, beide dunkelgrün bis grünlichschwarz, und fand, daß hier eine eisenreiche (Fe_2O_3 und FeO) Abart des Jadeits mit dem höhern spezifischen Gewicht $\delta = 3{,}41$ vorliegt, die diesem stärkern Eisengehalt die größere Dichte und die dunklere Farbe verdankt, sonst aber mit dem Jadeit in allem übereinstimmt. A. Damour gab dieser Varietät den Namen Chloromelanit und verstand darunter eine Varietät des Jadeits, in der das die Tonerde teilweise ersetzende Eisenoxyd die sehr dunkle grüne Farbe erzeugt. Spätere mikroskopische Untersuchungen haben aber dann gezeigt, daß nicht aller dunkelgrüne Jadeit Chlormelanit in diesem Sinne ist, sondern vielfach ein mit fremden Mineralien, besonders einer blaugrünen Hornblende, durchsetzter und verunreinigter gewöhnlicher (farbloser) Jadeit.[1])

Ältere Analysen von 1875 bis zum Jahre 1894.

Auf ganz alte wurde bei der großen Anzahl von Jadeit- und Nephritanalysen, die existieren, hier vollkommen verzichtet. Die im folgenden angeführten sind nach ihrer Reinheit, die reineren zuerst angeordnet.

Jadeit.

	1.	2.	3.	4.	5.	6.
δ	—	—	3,33	3,227	3,34	—
Na_2O . . .	14,70	14,72	13,82	14,64	13,94	13,04
K_2O . . .	—	—	—	—	—	0,21
MgO . . .	0,47	0,71	0,48	0,52	0,91	0,96
CaO . . .	0,41	0,37	0,62	1,41	1,62	1,28
FeO . . .	—	—	—	0,60	—	0,65
Al_2O_3 . . .	24,59	24,57	25,33	22,82	23,11	22,20
Fe_2O_3 . . .	0,58	0,63	0,71	—	0,64	—
SiO_2 . . .	58,95	58,56	59,27	59,68	58,28	60,99
H_2O . . .	0,30	0,44	—	0,24	—	0,74
	100,00	100,00	100,23	99,91	98,50	100,07

1. und 2. Jadeit von Birma, weiß mit einem Stich ins Grünliche; anal. J. Lemberg, Z. Dtsch. geol. Ges. **39**, 586 (1887).
3. Jadeit, weiß, durchsichtig von China; anal. A. Damour, Bull. Soc. min. **4**, 158 (1881).
4. Jadeit von Birma; anal. O. Schoetensack, Dissertation (Berlin 1885) und Ztschr. f. Ethn. 1885, 162. Nach C. Hintze, Handb. d. Min. II, 1173.
5. Fragment einer Tasse aus Jadeit, durchsichtig grün; anal. A. Damour, wie Analyse 3.
6. Jadeit aus Mexico; anal. G. W. Hawes; J. Danas Mineralogie, 6. Aufl., 1892, 370.

---

[1]) A. Bodmer-Beder, N. JB. Min. etc. Beil.-Bd. **16**, 177 (1902); vgl. auch Luigi Colomba, Rivista di mineralogia e cristallografia italiana **30**, 4 des Sep.-Abdr. 1903.

	7.	8.	9.	10.	11.	12.
δ	3,30	3,007	—	2,88	3,24	3,27
Na_2O . . .	13,00	11,64	14,70	10,20	11,62	13,66
K_2O . . .	—	0,63	—	—		
MgO . . .	0,89	0,36	0,45	0,86	0,93	0,99
CaO . . .	1,34	0,40	0,69	1,70	0,33	1,03
MnO . . .	—	—	—	Spur	—	—
FeO . . .	—	0,24	—	0,81	—	—
Al_2O_3 . . .	24,94	25,93	24,47	21,25	17,95	22,21
Cr_2O_3 . . .	—	0,12	—	—	—	—
Fe_2O_3 . . .	1,48	—	—	—	2,76	2,72
$FeO+Fe_2O_3$.	—	—	1,01	—	—	—
SiO_2 . . .	58,64	58,88	58,24	64,30	63,79	59,12
H_2O . . .	—	1,81	1,55	0,55	—	—
	100,29	100,01	101,11	99,67	97,38	99,73

7. Olivengrüner Jadeit, Mexico; anal. A. Damour, wie Analyse 3.

8. Lichtgefärbte, stellenweise smaragdgrüne Jadeitperle von Oaxaca, Mexico; anal. Clarke bei F. W. Clarke u. G. P. Merrill, Proc. U.S. Nation. Mus. 1888, 115. Ref. Z. Kryst. **17**, 413 (1890).

9. Jadeit von Birma; anal. A. Damour, wie Analyse 3.

10. Jadeit aus einem mexikanischen Gräberfunde; anal. A. Frenzel bei A. B. Meyer, Jadeit und Nephrit. (Leipzig 1882), 9.

11. Jadeit, Beil von Lüscherz am Bieler See, Schweiz; anal. stud. Braun bei H. Fischer, Nephrit und Jadeit 1880, 375.

12. Durchscheinender Jadeit von China; anal. A. Damour, wie Analyse 3.

	13.	14.	15.	16.	17.	18.
δ	3,32	3,138	3,06	3,31	—	3,190
Na_2O . . .	12,71	13,19	11,00	14,09	13,09	11,81
K_2O . . .	Spur	—	—	—	0,49	0,77
MgO . . .	0,67	1,87	4,25	0,67	2,49	1,72
CaO . . .	1,52	2,52	Spur	2,51	3,37	2,35
MnO . . .	—	—	—	0,20	—	—
FeO . . .	—	0,61	—	3,19	0,94	1,67
Al_2O_3 . . .	22,96	22,77	22,53	22,08	21,56	23,53
Fe_2O_3 . . .	1,87	—	—	—	—	—
SiO_2 . . .	59,18	59,70	61,51	57,84	58,68	58,18
H_2O . . .	0,90	0,54	1,29	0,38	—	0,53
	99,81	101,20	100,58	100,96	100,62	100,56

13. Blaßgrüner durchsichtiger Jadeit von Sardinal in Costa Rica; anal. F. W. Clarke und G. P. Merrill, Proc. U.S. Nat. Mus. 1888, 115. Ref. Z. Kryst. **17**, 413 (1890).

14. Jadeit aus Birma; anal. O. Schoetensack, Dissertation (Berlin 1885), Z. Ethnogr. 1885, 162; zitiert nach C. Hintze, Handb. d. Min. II, 1173.

15. Jadeit, Rohmaterial aus Birma; anal. A. Damour, wie Anal. 3.

16. Jadeit-Beil vom Neuenburger See in der Schweiz; anal. A. Frenzel bei A. B. Meyer, Antiqua (Zürich 1884). Ref. N. JB. Min. etc. 1885, II, 6.

17. Jadeit von China; anal. G. W. Hawes bei J. Dana, Min., 6. Aufl., 1892, 371.

18. Hellgrüner Jadeit (Skulptur) von Zaachita, Mexico; anal. F. W. Clarke und G. P. Merrill, wie Analyse 13.

	19.	20.	21.	22.	23.	24.
δ	3,35	3,25	3,27	3,30	3,16	3,26
Na_2O . . .	11,84	9,23	8,13	11,05	9,42	10,91
K_2O . . .	—	—	0,22	—	1,50	0,27
MgO . . .	1,70	1,04	3,09	3,36	3,33	3,39
CaO . . .	5,05	3,06	4,92	5,60	4,89	5,60
MnO . . .	—	—	—	0,10	—	0,07
FeO . . .	—	4,94	0,73	1,50	—	—
Al_2O_3 . . .	21,98	23,00	21,63	20,34	20,61	19,54
Cr_2O_3 . . .	—	—	—	—	—	0,34
Fe_2O_3 . . .	1,10	—	1,71	—	2,84	1,97
SiO_2 . . .	58,51	58,28	58,33	58,02	57,99	58,20
H_2O . . .	—	—	0,93	0,35	—	—
	100,18	99,55	99,69	100,32	100,58	100,29

19. Blaßgrüner Jadeit vom Monte Viso in Piemont (für Jaspis gehalten); anal. A. Damour, wie Analyse 3.

20. Jadeit aus Thibet; anal. stud. Eckstein bei H. Fischer, Nephrit und Jadeit 1880, 375.

21. Jadeit von Culebra in Costa-Rica; anal. F. W. Clarke u. G. P. Merrill, wie Analyse 13.

22. Jadeit aus einem mexikanischen Grab; anal. A. Frenzel bei A. B. Meyer, Jadeit und Nephrit (Leipzig 1882), 9.

23. Grasgrüner Jadeit von einem nicht näher bekannten Fundorte in Frankreich; anal. A. Damour, wie Analyse 3.

24. Grüner Jadeit aus Mexico; anal. A. Damour, wie Analyse 3.

	25.	26.	27.	28.	29.	30.
δ	3,07	3,36	3,17	3,36–3,42	3,36–3,42	3,31
Na_2O . . .	9,37	10,77	11,46	7,44	6,30	6,21
K_2O . . .	—	Spuren	—	—	—	—
MgO . . .	7,17	2,21	2,32	3,56	4,45	7,50
CaO . . .	2,42	5,16	4,76	9,05	11,00	12,40
MnO . . .	—	0,76	—	—	—	—
FeO. . . .	—	—	—	2,02	2,79	—
Al_2O_3 . . .	21,96	14,64	17,02	26,00	25,68	14,25
Fe_2O_3 . . .	0,76	8,89	7,62	—	—	3,29
SiO_2 . . .	53,95	57,90	56,45	52,42	50,30	54,53
H_2O . . .	3,70	—	—	0,20	0,40	—
	99,33	100,33	99,63	100,69	100,92	98,18

25. Jadeit von Birma; anal. A. Damour, wie Analyse 3.

26. Sehr dunkler Jadeit von Oaxaca, Mexico; anal. wie oben.

27. Meergrün, Jadeit von Ouchy bei Lausanne am Genfer See; anal. wie oben.

28. Rohjadeit (Gerölle) vom Ufer des Neuenburger Sees zwischen Font und Cheires in der Schweiz; anal. A. Frenzel bei A. B. Meyer, Antiqua 1884. Ref. N. JB. Min. etc. 1885, II, 7.

29. Jadeitgerölle vom gleichen See zwischen La Tène und Champréveyres; anal. A. Frenzel bei A. B. Meyer, wie oben.

30. Grüner Jadeit von Fait bei Nantes (Loire-Inférieure) in Eklogit zusammen mit Granat; anal. A. Damour, wie oben An. 3.

	31.	32.	33.	34.
δ	3,22	3,32	3,32	3,27
Na_2O	6,74	5,40	6,38	5,35
MgO	9,05	9,10	8,41	8,62
CaO	13,42	14,00	14,80	14,57
Al_2O_3	10,95	10,02	8,40	8,97
Cr_2O_3	—	0,03	0,66	0,42
Fe_2O_3	5,68	4,69	5,60	5,49
SiO_2	55,82	56,74	55,34	57,14
	101,66	99,98	99,59	100,56

31. Meergrüner Jadeit von St. Marcel in Piemont; anal. A. Damour, wie Anal. 3.

32. Schön grasgrün gefärbter Jadeit vom Val d'Aosta in Italien; anal. A. Damour, wie oben.

33. Jadeit aus China; anal. wie oben.

34. Einheitlich grasgrüner Jadeit aus China; anal. wie oben.

Nephrit.

	1.	2.	3.	4.	5.	6.
δ	2,962	2,949	2,98	2,956	2,8–2,94	2,98
Na_2O	—	—	0,25	—	0,16 (Na₂O + K₂O)	—
K_2O	—	—	0,23	—		—
MgO	25,43	25,24	22,73	25,31	23,44	24,17
CaO	13,22	13,27	13,40	13,01	12,45	13,02
MnO	—	—	—	—	—	0,58
FeO	0,31	0,46	1,22	0,38	1,82	1,32
Al_2O_3	0,91	1,04	1,03	1,41	—	0,90
Fe_2O_3	—	—	—	—	3,32	
SiO_2	57,07	56,56	57,35	56,86	57,30	57,40
H_2O	3,14	3,23	2,69	3,59	1,13	2,85
	100,08	99,80	98,90	100,56	99,62	100,24

1. Nephrit aus dem Tale Jarkend, Kwen-Lun-Gebirge; lose Blöcke, weiß, wenig durchscheinend, sehr zähe; anal. P. D. Nikolajew bei W. v. Beck u. J. W. v. Muschketow, Verh. k. russ. min. Ges. **18**, II, 1882. Ref. Z. Kryst. **10**, 537 (1885).

2. Nephrit vom gleichen Fundorte; anal. wie oben.

3. Blaß-meergrüner Nephrit vom Karakásh-Tal bei Gulbashén im Kwen-Lun-Gebirge; anal. C. L. Allen, Ch. N. **44**, 189 (1881). Ref. Z. Kryst. **9**, 630 (1884).

4. Graublauer Nephrit von Peking; anal. W. v. Beck u. J. W. v. Muschketow, wie Analyse 1.

5. Brauner (gebrannter?) Nephrit; Gerät von Maurach in Baden; anal. K. Seubert u. G. Linck, Ber. Dtsch. Chem. Ges. **15**, 219 (1882).

6. Grüngraue Nephritperle aus China; anal. A. Frenzel bei A. B. Meyer, Jadeit und Nephrit 1882, 44.

	7.	8.	9.	10.	11.	12.
δ	2,95	2,947	2,948	2,97	3,043	—
Na_2O . . .	Spur	0,36	—	—	—	—
K_2O . . .	Spur	0,14	—	—	—	—
MgO . . .	22,51	24,16	24,62	24,50	20,81	25,19
CaO . . .	13,71	12,88	12,98	12,95	14,08	13,11
MnO . . .	Spur	0,20	—	0,22	0,80	—
FeO . . .	2,60	0,31	0,92	2,66	2,40	0,53
Al_2O_3 . . .	1,58	0,74	1,23	—	1,16	2,18
SiO_2 . . .	57,81	57,06	56,71	57,39	59,21	55,23
H_2O . . .	1,75	4,33	3,74	3,13	1,81	3,99
	99,96	100,18	100,20	100,85	100,27	100,23

7. Grüngrauer, aus längeren parallelstrahligen und radialstrahligen kürzern Fasern bestehender Nephrit mit Hornblende und Pyroxen, von Schahidulla-Chodja im Kwen-Lun-Gebirge; anal. A. Arzruni; Z. f. Ethnologie 1892, 19. Ref. Z. Kryst. **24**, 632 (1895).

8. Violettgrauer Nephrit von „Khótan", vielleicht vom Karakásh-Tal im Kwen-Lun; anal. A. Schoetensack, Z. f. Ethnograph. 1885, 159, zitiert nach C. Hintze, Handb. d. Min. II, 1246.

9. Grünlichweißer Nephrit aus den Ruinen von Termes am Amu-Darja in Buchara; anal. wie Analyse 4.

10. Graugrünes Nephritgeschiebe von Stubbenkammer auf Rügen; anal. A. Frenzel bei A. B. Meyer, Nephrit 1891, 6.

11. Weiß bis hellgrüner Nephrit in Serpentin in Knollen auftretend, von Jordansmühl in Schlesien; anal. H. Traube, Die Minerale Schlesiens (Breslau 1888) 148.

12. Halbzersetzter Nephrit, gelblich, weich, als Zersetzungsrinde des Nephrits der Analyse 4; anal. wie dort.

	13.	14.	15.	16.	17.	18.
δ	3,15	3,01	—	2,982	—	3,03
Na_2O . . . } K_2O . . . }	—	—	—	—	0,46	—
MgO . . .	23,04	22,77	25,70	19,21	22,25	22,38
CaO . . .	13,45	13,64	12,06	14,54	12,62	12,99
MnO . . .	—	0,16	—	0,71	—	0,17
FeO . . .	2,38	3,61	2,01	4,99	4,71	4,59
Al_2O_3 . . .	1,37	0,40	1,10	1,01	—	0,18
Fe_2O_3 . . .	—	—	—	—	0,95	—
SiO_2 . . .	56,60	56,54	55,44	56,93	57,57	56,98
H_2O . . .	3,03	2,92	4,01	1,93	1,21	2,64
	99,87	100,04	100,32	99,32	99,77	99,93

13. Lichter Nephrit in Blöcken vom Bache Onot (Anotte) beim Berge Batogol im Gouv. Irkutsk in Sibirien; anal. E. Jannetaz u. L. Michel, Bull. Soc. min. **4**, 179 (1881).

14. Bearbeitetes Nephritfragment von blaßgrüner Farbe, etwas schieferig, aus der Umgegend von Lytton in British Columbia; anal. B. J. Harrington, Trans. R. Soc. Canada 1890, 61. Ref. Z. Kryst. **22**, 310 (1899).

15. Gelbliche Zersetzungsrinde des Nephrits der Analyse 4; von einer dem Nephrit vollkommen entsprechenden Zusammensetzung; anal. wie dort An. 4.

16. Dunkelgrüner bis bläulichgrüner Nephrit zwischen Serpentin und Granulit eingelagert, ziemlich mächtige Lagen bildend, von Jordansmühl in Schlesien; anal. H. Traube, Die Minerale Schlesiens (Breslau 1888), 148.

17. Lauchgrüner Nephrit aus Bodenseepfahlbauten von Maurach; anal. K. Seubert u. G. Linck, Ber. Dtsch. Chem. Ges. **15**, 219 (1882).

18. Stück eines bearbeiteten Beils von graugrüner Farbe, aus einem Begräbnisplatz bei Lytton am Fraser-River; British Columbia; anal. wie Analyse 14.

	19.	20.	21.	22.	23.	24.
δ	3,04	—	—	3,06	3,007	—
MgO . . .	21,86	22,71	21,97	20,54	22,41	23,39
CaO . . .	12,06	12,14	12,01	15,80	13,29	11,49
MnO . . .	—	—	—	—	0,53	—
FeO . . .	5,85	1,25	0,38	5,67	3,81	3,46
Al_2O_3 . . .	1,41	0,19	0,24	—	0,51	1,54
Fe_2O_3 . . .	—	4,43	5,44	—	—	—
SiO_2 . . .	56,59	57,38	58,11	55,80	56,96	56,88
H_2O . . .	1,33	1,73	1,78	2,10	2,91	3,14
	99,10	99,83	99,93	99,91	100,42	99,90

19. Nephrit von hellgraulichgrüner Farbe in einem Diopsidgestein vom Fürstenstollen, Reichenstein in Schlesien; anal. H. Traube, wie Analyse 16.

20. Bräunlicher, blätteriger Nephrit von den Jade Mts. 150 Meilen vom Kowak-River in Alaska; anal. F. W. Clarke bei F. W. Clarke u. G. P. Merrill, Proc. U.S. Nat. Mus. 1888, 115. Ref. Z. Kryst. **17**, 413 (1890).

21. Grünlichgrauer, blätteriger Nephrit vom gleichen Fundorte; anal. wie oben.

22. Hellgrüner Nephrit aus Neu-Caledonien; anal. A. Frenzel bei A. B. Meyer, Nephrit und Jadeit 1883, 54.

23. Graugrüner zäher Nephrit (Fragment) vom obern Lewes-River nahe der Grenze von Alaska in British Columbia; anal. wie Analyse 4.

24. Dunkelgrüner Nephrit mit kleinen Pyriten, Grabstein Timurs in der Moschee Gur-Emir in Samarkand; anal. P. D. Nikolajew bei W. v. Beck u. J. W. Muschketow, wie Analyse 1.

	25.	26.	27.	28.	29.	30.
δ	—	—	2,98	3,010	3,012	2,980
Na_2O . . .	} —	0,62	—	—	—	0,37
K_2O . . .						0,12
MgO . . .	21,56	21,71	21,95	19,96	21,36	21,95
CaO . . .	13,09	13,89	14,30	13,35	12,75	12,13
MnO . . .	—	—	—	—	—	0,29
FeO . . .	1,45	4,27	5,62	7,67	6,95	3,88
Al_2O_3 . . .	0,88	—	—	1,01	0,42	0,47
Fe_2O_3 . . .	4,33	0,96	—	—	—	—
CO_2 . . .	—	0,98	—	—	—	—
SiO_2 . . .	56,85	55,49	56,30	56,08	57,01	56,72
H_2O . . .	1,76	1,87	2,90	2,03	1,41	4,31
	99,92	99,79	101,07	100,10	99,90	100,24

25. Fast weißer, dichtkörniger Nephrit von den Jade Mts. am Kowak-River in Alaska; anal. wie Analyse 20.

26. Stark verwitterter Nephrit aus den Pfahlbauten von Maurach am Bodensee; anal. K. Seubert u. G. Linck, Ber. Dtsch. Chem. Ges. **15**, 219 (1882).

27. Graugrünes Nephritbeil von Neu-Seeland; anal. A. Frenzel bei A. B. Meyer, Nephrit und Jadeit 1883, 59.

28. Schwarzgrüner blätteriger Nephrit aus Alaska; anal. wie Analyse 20.

29. Dunkelgrüner Nephrit (von den Verf. als echter Jadeit bezeichnet) von Point Barrow in Alaska; anal. F. W. Clarke bei F. W. Clarke u. J. M. Chatard, Am. Journ. **28**, 20 (1884).

30. Dunkelgrüner Nephrit, in Manas am Nordabhange des Tienshan-Gebirges in der Dsungarei gekauftes Stück; anal. O. Schoetensack, Z. f. Ethnologie 1885, 159, nach C. Hintze, l. c. II, 1246.

	31.	32.	33.	34.	35.	36.
δ	3,004	—	3,035	3,035	3,084–3,095	3,084
Na_2O . . .	—	0,34	—	0,28	—	—
K_2O . . .	—	0,41	—	0,79	—	—
MgO . . .	22,25	22,51	22,12	23,25	19,78	20,70
CaO . . .	13,23	13,05	12,99	12,87	13,60	13,47
MnO . . .	0,24	0,21	—	—	—	—
FeO . . .	3,58	3,51	3,82	3,12	6,21	5,94
Al_2O_3 . . .	1,87	1,61	1,98	2,12	0,21	0,22
Cr_2O_3 . . .	0,31	0,34	—	—	—	—
SiO_2 . . .	56,20	55,00	55,97	54,73	56,55	57,35
H_2O . . .	3,11	3,41	3,21	2,99	2,81	3,13
	100,79	100,39	100,09	100,15	99,16	100,81

31. Grüner Nephrit vom Flusse Belaya im Gouvern. Irkutsk in Sibirien; anal. W. v. Beck u. J. W. Muschketow, wie Analyse 1.

32. Schieferiges Nephritgerölle von lauchgrüner Farbe mit hellem Bruche und Einschlüssen von Chromit und Pyrit vom Flusse Kitoy im Gouv. Irkutsk; anal. wie oben.

33. Dunkelgrüner Nephrit mit hellen Flecken vom Flusse Büstraja im Gouv. Irkutsk in Sibirien; anal. wie oben.

34. Dunkellauchgrüner Nephrit mit hellen Flecken vom Flusse Kitoy im Gouv. Irkutsk in Sibirien; anal. wie oben.

35. Durchsichtige Kristallpartikel aus einem Nephritblocke vom Greenstone-Creek, einem Nebenflusse des Teramuku, in der Gegend des Hokitika an der Westküste der Südinsel Neu-Seelands; anal. F. Berwerth, Sitzber. Wiener Ak. **80**, 102 (1879). Ref. Z. Kryst. **5**, 401 (1881).

36. Grundmasse desselben Nephrits, Mittel aus mehreren Analysen; anal. wie oben.

	37.	38.	39.	40.	41.	42.
δ . . .	3,006	—	3,00	3,035–3,020	2,922	3,00
Na_2O . .	—	—	—	0,46	—	—
K_2O . . .	—	—	—	0,43	—	—
MgO . . .	20,92	21,62	22,55	22,10	21,38	20,51
CaO . . .	12,72	12,43	12,88	12,35	11,54	13,60
FeO . . .	7,45	0,38	6,27	4,01	5,15	7,11
Al_2O_3 . .	0,63	2,07	0,31	1,89	2,57	—
Cr_2O_3 . .	—	—	—	Spuren	—	—
Fe_2O_3 . .	—	5,79	—	—	—	—
SiO_2 . . .	56,12	55,87	55,48	55,61	57,11	56,10
H_2O . . .	1,42	1,38	2,65	3,51	2,06	2,60
	99,26	99,54	100,14	100,36	99,81	99,92

37. Zeisiggrüner durchsichtiger Nephrit aus Alaska; anal. F. W. Clarke bei F. W. Clarke u. G. P. Merrill, wie Analyse 20.

38. Grünlichgrauer körniger Nephrit von den Jade Mts. in der Nähe des Kowak-River in Alaska; anal. wie oben.

39. Dunkellauchgrünes Nephritgeschiebe aus einer Schottergrube bei Graz im Murtale in Steiermark; anal. A. Frenzel bei A. B. Meyer, Anthrop. Ges. Wien **13** (1883). Ref. N. JB. Min etc. 1884, II, 324.

40. Dunkellauchgrüner Nephrit mit hellen Flecken vom Flusse Kitoy im Gouv. Irkutsk in Sibirien; anal. wie Analyse 1.

41. Beinahe schwarzer Nephrit aus Alaska; anal. wie Analyse 20.

42. Grüner Nephrit aus China; anal. A. Frenzel bei A. B. Meyer, Jadeit und Nephrit 1883, 45.

	43.	44.	45.	46.	47.
δ	—	—	2,92	2,989	3,0278
Na_2O, K_2O	0,11	—	—	—	—
MgO	20,41	19,42	21,99	21,54	20,16
CaO	12,48	13,24	13,60	12,54	14,00
MnO	—	—	Spur	—	0,52
FeO	3,38	5,96	1,22	6,34	5,35
Al_2O_3	—	3,22	5,00	1,98	2,42
Fe_2O_3	5,45	—	—	—	—
SiO_2	56,82	56,73	56,30	56,01	55,32
H_2O	1,31	0,83	2,72	1,91	2,16
	99,96	99,40	100,83	100,32	99,93

43. Verwitterter grüner Nephrit aus dem Pfahlbau bei Maurach am Bodensee; anal. K. Seubert und G. Linck, Ber. Dtsch. Chem. Ges. **15**, 219 (1882).

44. Dunkelgrünes Nephrit-Rollstück aus Neu-Seeland; anal. wie Analyse 20.

45. Fast weißer Nephrit aus China; anal. A. Frenzel bei A. B. Meyer, Jadeit und Nephrit 1883, 44.

46. Gelblichgrüner Nephrit aus Alaska; anal. wie Analyse 20.

47. Olivengrünes Nephritgeschiebe, Begräbnisplatz bei Lytton am Fraser-River in British Columbia; anal. B. J. Harrington, Trans. R. Soc. Canada 1890, 61. Ref. Z. Kryst. **22**, 310 (1894).

	48.	49.	50.	51.	52.
δ	3,02	3,08	—	2,84	3,087
Na_2O, K_2O	—	—	0,50	—	—
MgO	19,53	19,67	21,20	20,85	17,36
CaO	14,19	14,13	12,66	12,20	12,93
MnO	—	—	—	0,08	0,32
FeO	4,39	8,50 (FeO + Al_2O_3)	9,10	7,67	11,75
Al_2O_3	3,46		—	—	0,90
SiO_2	54,49	55,13	54,94	55,68	55,88
H_2O	2,89	3,10	2,42	4,54	1,40
	98,95	100,53	100,82	101,02	100,54

48. Licht-lauchgrünes kantendurchscheinendes Nephritgerölle, angeblich von Cilli in Untersteiermark; anal. F. Berwerth, Mitt. d. Anthrop. Ges. Wien **13** (1883). Ref. Z. Kryst. **10**, 542 (1885).

49. Grüner Nephrit vom Bache Onot (Anotte) beim Berge Batogol im Gouv. Irkutsk in Sibirien; anal. E. Jannetaz u. L. Michel, Bull. Soc. min. **4**, 197 (1881).

50. Schwarzgrüner Nephrit von Maurach, Pfahlbau am Bodensee; anal. K. Seubert u. G. Linck, wie Analyse 43.

51. Verwittertes Nephritbeil vom gleichen Fundorte; anal. A. Frenzel bei A. B. Meyer, Jadeit und Nephrit 1891, 23.

52. Nephrit, dunkellauchgrün, „aus dem Orient"; anal. E. v. Fellenberg bei H. Fischer, Nephrit und Jadeit 1880, 351.

	53.	54.	55.	56.
δ	3,026	2,92	—	—
Na_2O	0,27	—	4,19	—
K_2O	0,31	—	Spur	—
MgO	20,23	22,36	12,87	26,66
CaO	13,51	10,45	12,34	2,52
MnO	—	—	—	0,71
FeO	4,86	4,82	—	14,03
Al_2O_3	1,60	4,31	7,24	0,32
Fe_2O_3	—	—		—
SiO_2	56,34	51,63	62,86	52,79
H_2O	3,57	4,84	0,57	2,41
	100,69	98,41	100,07	99,44

53. Dunkelgrüner Nephrit von Hokotika auf South Island, Neu-Seeland; anal. C. L. Allen bei J. W. Mallet, Ch. N. **44**, 189 (1881). Ref. Z. Kryst. **9**, 630 (1884).

54. Ungleichmäßig grün gefärbtes Nephritbeil aus dem südöstlichen Alaska; anal. A. Frenzel bei A. B. Meyer, Jahresber. d. Ver. f. Erdkunde, Dresden 1884. Ref. Z. Kryst. **10**, 612 (1885).

55. Nephritbeil aus Brasilien; anal. Scheidt bei H. Fischer, N. JB. Min. etc. 1884, II, 115. (Die Analyse ist wohl etwas bedenklich!)

56. Nephritbeil von Antioquia in Columbien; anal. A. Damour, Rev. arch. **36**, 19 (1878); zitiert nach C. Hintze, Handb. d. Min. II, 1253.

Analysen aus dem Werk von Heber R. Bishop.

Die eingehendste und umfassendste neuere chemische Untersuchung der beiden hier in Rede stehenden Mineralsubstanzen ist enthalten in dem schon oben (S. 649) erwähnten großen Werk von H. R. Bishop.[1]) Die hier mitgeteilten 57 Analysen (l. c. 120 ff.) sind zum größten Teil unter der Leitung von S. L. Penfield ausgeführt von P. T. Walden und H. W. Foote, nur einige wenige stammen von C. Busz in Münster in Westfalen und von Steiger. Sie sind in der folgenden Zusammenstellung angeordnet, erst die Jadeite, dann die Nephrite, je nach dem Grade ihrer Reinheit, d. h. nach der mehr oder weniger großen Übereinstimmung mit der oben erwähnten theoretischen Zusammensetzung, die jedesmal an der Spitze zum Vergleich mit angeführt ist. Unter den Analysenzahlen folgt die Angabe der Herkunft und eine kurze Beschreibung des betreffenden Stücks, sowie der Name des Analytikers, außerdem sind in einzelnen Fällen noch besondere Bemerkungen beigefügt. Der Name in Klammer bezieht sich auf die Diskussion dieser Analysen, siehe weiter unten S. 670.

[1]) Investigations and Studies in jade, 2 Bde., (New York 1906) (vgl. ZB. Min. etc.). Dieses große und wichtige Prachtwerk ist nur in 100 Exemplaren gedruckt und an öffentliche Anstalten verteilt worden. Im Buchhandel ist es nicht zu haben. Es ist daher schwer zugänglich und deswegen ein ausführlicheres Eingehen auf seinen vielfach ganz besonders wichtigen Inhalt gerechtfertigt.

A. Jadeit.

	Theorie	1.	2.	3.	4.	5.
δ	—	3,3303	3,3269	3,3359	3,3287	3,3316
Na_2O . . .	15,35	13,31	14,62	14,65	13,09	12,90
K_2O . . .	—	2,20	0,08	0,05	1,54	1,63
MgO . . .	—	0,13	0,27	0,25	0,11	0,29
CaO . . .	—	0,58	0,44	0,58	0,58	0,72
MnO . . .	—	Spur	Spur	—	Spur	Spur
FeO . . .	—	—	0,12	—	—	—
Al_2O_3 . . .	25,25	25,75	25,12	25,37	25,56	25,39
Fe_2O_3 . . .	—	—	0,16	0,33	—	—
SiO_2 . . .	59,40	57,60	58,86	58,80	58,69	58,93
TiO_2 . . .	—	—	—	—	—	0,15
H_2O . . .	—	0,25	0,19	0,14	0,17	0,23
	100,00	99,82	99,86	100,17	99,74	100,24

Theoretische Zusammensetzung nach der Formel $NaAl(SiO_3)_2$.

1. China. Weiß. P. T. Walden (F. W. Clarke).

2. Birma. Weiß ins Lavendelblaue. H. W. Foote (F. W. Clarke), Wassergehalt unten S. 666.

3. Tibet. Lavendelblau mit weißen Flecken. H. W. Foote (F. W. Clarke).

4. China (wahrscheinlich Birma). Hellgrün u. hellgrau. P. T. Walden (F. W. Clarke).

5. China. Hellgrau mit blauen, stellenweiße braunen Flecken; etwas Albit enthaltend. P. T. Walden (F. W. Clarke).

	6.	7.	8.	9.	10.	11.
δ	3,3122		3,2578		3,3373	3,3394
Na_2O . . .	13,80	12,13	12,36	11,98	11,37	10,33
K_2O . . .	Spur	—	—	—	2,20	3,09
MgO . . .	1,35	3,96	4,72	4,79	0,57	1,33
CaO . . .	1,67	3,10	3,06	2,90	0,65	1,62
MnO . . .	—	Spur	Spur	Spur	Spur	Spur
FeO . . .	0,24	—	—	—	—	—
Al_2O_3 . . .	23,71	21,94	21,40	21,56	27,05	23,57
Fe_2O_3 . . .	0,51	0,91	0,80	1,05	—	1,68
SiO_2 . . .	58,58	57,45	57,79	57,49	58,40	58,48
H_2O . . .	0,30	0,79	0,76	0,45	0,18	0,16
	100,16	100,28	100,89	100,22	100,42	100,26

6. Birma. Hellgrau mit zart meergrünen Flecken. Etwas Plagioklas, in dem die Jadeitkristalle eingeschlossen sind. H. W. Foote (F. W. Clarke).

7.—9. Birma. Lavendelblau gemischt mit Grau, und Smaragdgrün mit schwarzen Flecken. Beide Teile wurden getrennt analysiert, sowie beide gemengt und zwar bedeutet: Nr. 8 Lavendelblau; Nr. 9 Grün; Nr. 7 Gemenge beider. P. T. Walden (S. L. Penfield).

10. China. Weiß mit grünen Flecken. P. T. Walden (F. W. Clarke).

11. China. Blaßmeergrün. P. T. Walden (F. W. Clarke).

	12.	13.	14.	15.	16.	17.
δ	3,3381	3,3034	3,4392	3,2176	3,1223	2,8320
Na_2O . . .	11,21	11,65	11,61	12,76	11,32	11,98
K_2O . . .	1,34	1,15	0,26	0,58	0,53	0,34
MgO . . .	1,10	1,64	2,08	1,24	11,07	11,11
CaO . . .	1,15	3,28	4,94	1,43	1,91	1,16
MnO . . .	0,19	Spur	—	—	—	Spur
FeO . . .	0,28	0,75	2,26	—	0,79	—
Al_2O_3 . . .	24,88	20,46	19,05	24,64	14,01	20,76
Fe_2O_3 . . .	1,23	4,49	3,76	0,67	1,37	1,27
SiO_2 . . .	59,02	56,69	56,08	58,41	57,36	63,47
H_2O . . .	0,07	0,48	0,18	1,19	1,55	0,36
	100,47	100,59	100,22	100,92	99,91	100,45

12. China. Grünlichgrau. P. T. Walden (F. W. Clarke).

13. Mexico. Schwarz. Stark zersetzt. Enthält blaue Prismen (Glaukophan) und farblose Prismen eines unbekannten Minerals. P. T. Walden (S. L. Penfield).

14. Neuenburger See (Axt). Dunkelgrün. Enthält blaßgrünen Amphibol (Nephrit?), Zirkon und wenig Magneteisen. H. W. Foote (F. W. Clarke).

15. Birma. Hellgrau mit hellgrünen Flecken. Enthält Analcim. P. T. Walden.

16. Birma. Lauchgrün. Gemenge von Jadeit und Amphibolen, Verhältnis 3 : 2. H. W. Foote (F. W. Clarke).

17. Mexico. Hell smaragdgrün und grau. Enthält Albit. P. T. Walden (S. L. Penfield). NB. Die Summe beträgt 110,45. Wahrscheinlich ist nur 53,47 statt 63,47 SiO_2 vorhanden.

B. Nephrit.

	Theorie	18.	19.	20.	21.	22.
δ	—	2,9430	2,9168	2,9487	2,9832	2,9604
Na_2O . . .	—	unbest.	0,29	0,21	0,15	0,22
K_2O . . .	—	unbest.	0,08	—	0,07	—
MgO . . .	28,9	23,96	25,67	22,28	22,68	21,56
CaO . . .	13,4	13,03	12,65	11,75	12,85	12,63
MnO . . .	—	Spur	0,04	—	0,07	—
FeO . . .	—	—	0,21	3,98	3,62	4,33
NiO . . .	—	—	—	—	0,06	—
Al_2O_3 . . .	—	1,03	1,20	0,53	0,88	0,70
Fe_2O_3 . . .	—	0,78	0,12	0,81	0,54	1,04
Cr_2O_3 . . .	—	—	—	—	0,15	—
SiO_2 . . .	57,7	57,37	57,14	57,09	56,43	57,02
H_2O . . .	—	3,63	2,54	3,57	2,36	3,01
	100,0	99,80	99,94	100,22	99,86	100,51

18. China. Hellgraulichgelb mit braunen Flecken. P. T. Walden (F. W. Clarke). Soll aus Jadeit entstanden sein, von dem noch Reste vorhanden sind. Wassergehalt unten S. 666. 0,78 ist der Gesamtgehalt an Fe_2O_3+FeO.

19. Khotan. Dunkelgrau fast schwarz. Enthält etwas Jadeit und zahlreiche Pyritpünktchen. H. W. Foote (F. W. Clarke).

20. Alaska (Jade Mountain). Lauchgrün. H. W. Foote (F. W. Clarke).

21. Chinesisch Turkestan. Lauchgrün. Mit etwas Chlorit und Chromit. H. W. Foote (F. W. Clarke). Wassergehalt unten S. 666.

22. Alaska (Jade Mountain). Olivengrün und Graulichgrün mit kleinen braunen Flecken. H. W. Foote (F. W. Clarke).

	23.	24.	25a.	25b.	25c.	26.	27.
δ . . .	2,9987	2,9896	2,9044	2,9527	2,9960	2,9546	2,9490
Na_2O . .	0,14	unbest.	—	0,54	0,22	0,33	0,70
K_2O . . .	—	unbest.	—	0,28	Spur	—	0,54
MgO . .	21,91	23,01	24,63	21,02	21,75	23,37	25,88
CaO . .	12,12	14,77	7,92	9,84	13,09	13,14	13,70
MnO . .	—	Spur	0,26	Spur	0,06	Spur	Spur
FeO . .	5,09	—	3,70	1,72	3,64	Spur	0,34
NiO . . .	—	—	0,13	—	0,09	—	—
Al_2O_3 . .	2,01	1,05	1,63	6,74	0,93	0,83	0,82
Fe_2O_3 . .	—	1,05	1,72	2,76	0,75	1,71	0,38
Cr_2O_3 . .	—	—	—	—	0,13	—	—
SiO_2 . .	56,70	57,02	56,39	52,58	56,74	57,38	54,44
TiO_2 . .	—	—	Spur	0,12	—	—	—
P_2O_5 . .	—	—	Spur	—	—	—	—
H_2O . .	2,56	3,00	4,07	4,79	2,42	3,51	3,48
	100,53	99,95	100,45	100,39	99,82	100,27	100,28

23. British Columbia. Graulichgrün gefleckt mit schwarzen Adern. Zum Teil aus Pyroxen entstanden. H. W. Foote (F. W. Clarke).

24. China. Wolkig grau mit dunkelbraunen Adern. Enthält Jadeitprismen. P. T. Walden (F. W. Clarke). Die Zahl 1,05 gilt für $FeO + Fe_2O_3$.

25a—c. Jordansmühl (Schlesien). Großer Block von 2140 kg. a) Grau und blaßgrün mit fast schwarzen Flecken. Enthält Chlorit. G. Steiger (F. W. Clarke); b) etwas dunkler und gleichmäßiger gefärbt. C. Busz (F. W. Clarke); c) dunkel spinatgrün mit sehr dunkeln, fast schwarzen Flecken. H. W. Foote (F. W. Clarke). (Bezüglich des Wassergehalts siehe noch weiter unten am Schluß der Tabellen S. 666).

26. China. Spinatgrün. Spuren von Pyroxen. P. T. Walden (F. W. Clarke).

27. China. Gelb ins Grünliche. P. T. Walden (F. W. Clarke).

	28.	29.	30.	31.	32.	33.
δ	2,9513	2,9044	3,0034	2,9102	2,9510	2,9836
Na_2O . . .	2,61	—	0,80	0,40	Spur	0,48
K_2O . . .	1,23	—	0,44	0,19	Spur	0,10
MgO . . .	20,88	24,63	22,69	26,05	20,91	22,43
CaO . . .	13,15	7,92	12,89	11,59	13,61	(13,34)
MnO . . .	0,28	0,26	Spur	0,16	Spur	0,02
FeO	1,19	3,70	3,47	0,29	—	3,48
NiO	—	0,13	—	—	—	—
Al_2O_3 . . .	1,46	1,63	0,89	1,64	2,50	0,50
Fe_2O_3 . . .	0,56	1,72	0,90	0,12	2,76	1,76
SiO_2 . . .	57,28	56,39	55,48	55,93	57,77	58,66
TiO_2 . . .	—	Spur	—	—	—	—
P_2O_5 . . .	—	Spur	—	—	—	—
H_2O . . .	1,79	4,07	3,12	3,43	3,52	0,12
	100,43	100,45	100,68	99,80	101,07	100,89

28. China. Weiß ins Grünliche. P. T. Walden (F. W. Clarke).

29. Jordansmühl, siehe Nr. 25a.

30. Neuenburger See, Pfahlbau. Olivengrün mit einem prächtigen Lichtschein. P. T. Walden (F. W. Clarke).

31. Khotan. Weiß ins Grünliche. Einige Muscovitschüppchen und Apatitkörnchen. H. W. Foote (F. W. Clarke). Wassergehalt unten S. 666.

32. China. Weiß ins Grauliche. Umgewandelt aus grobkörnigem Jadeit. P. T. Walden (F. W. Clarke).

33. Schweiz, Pfahlbau. Hellgrün. P. T. Walden (F. W. Clarke). Die Summe stimmt nicht; wahrscheinlich fehlt unter CaO die Zahl 13,34.

	34.	35.	36.	37.	38.	39.
δ	3,0783	3,0103	2,9825	2,9609	2,9706	2,9550
Na_2O . . .	0,41	0,36	0,98	1,16	0,31	2,06
K_2O . . .	—	—	0,21	—	—	—
MgO . . .	18,80	22,38	22,30	23,42	20,49	20,74
CaO . . .	13,17	12,53	12,41	12,52	13,93	12,60
MnO . . .	—	0,22	0,35	Spur	Spur	Spur
FeO . . .	7,69	0,85	0,11	0,51	—	—
Al_2O_3 . . .	1,72	0,98	2,33	2,74	1,14	1,99
Fe_2O_3 . . .	1,33	3,39	0,97	0,56	4,10	1,36
SiO_2 . . .	55,51	58,14	58,59	56,66	57,82	57,89
H_2O . . .	1,82	1,69	1,54	2,23	3,08	3,38
	100,45	100,54	99,79	99,80	100,87	100,02

34. Indien. Sehr dunkel grünlichschwarz. H. W. Foote (F. W. Clarke).

35. Neuseeland. Saftgrün. P. T. Walden (F. W. Clarke).

36. China (wahrsch. Turkestan). Hell spinatgrün. P. T. Walden (F. W. Clarke). Etwas Jadeit.

37. China. Weiß ins Grünliche. Umgewandelt aus Jadeit. Vielleicht etwas Muscovit. P. T. Walden (F. W. Clarke).

38. China. Weiß ins Grauliche. Spuren von Pyroxen. P. T. Walden (F. W. Clarke).

39. China. Weiß ins Grünliche. P. T. Walden (F. W. Clarke).

	40.	41.	42.	43.	44.	45.
δ	3,0118	2,9545	3,0070	2,9758	3,0122	3,000
Na_2O . . .	0,20	1,79	0,51	1,93	1,63	2,64
K_2O . . .	1,44	1,64	Spur	—	1,00	—
MgO . . .	21,97	20,87	20,35	14,30	14,80	19,09
CaO . . .	13,16	12,49	13,49	16,19	15,02	12,81
MnO . . .	Spur	Spur	Spur	0,28	—	0,15
FeO . . .	1,10	—	—	1,78	2,83	1,92
Al_2O_3 . . .	2,24	2,70	2,33	2,66	2,35	0,91
Fe_2O_3 . . .	1,60	0,83	4,28	1,31	1,60	3,84
SiO_2 . . .	57,19	57,46	55,96	57,42	57,78	56,41
H_2O . . .	1,82	2,71	2,72	3,69	2,75	2,56
	100,72	100,49	99,64	99,56	99,76	100,53

40. Neuenburg, Pfahlbauten. Olivengrün. P. T. Walden (S. L. Penfield).

41. China. Perlgrau. Entstanden aus Pyroxen oder Jadeit, von denen noch Reste vorhanden sind. P. T. Walden (F. W. Clarke).

42. Sibirien. Dunkelgrün mit braunen Flecken. P. T. Walden (F. W. Clarke).

43. China. Dunkelgrün. Vielleicht mit Rückständen von Jadeit. Etwas Glimmer. P. T. Walden (F. W. Clarke).

44. Neuseeland. Schön dunkelgrün. P. T. Walden (S. L. Penfield).

45. Neuseeland. Spinatgrün mit olivengrünen Flecken. P. T. Walden (F. W. Clarke). Die Summe beträgt 100,33.

	46.	47.	48.	49.	50.	51.
δ	3,0019	2,9243	3,0138	2,9690	2,9564	2,9527
Na_2O . . .	0,20	1,62	2,38	2,87	2,25	0,54
K_2O . . .	0,69	1,19	0,93	—	—	0,28
MgO . . .	21,69	21,82	14,95	19,68	19,38	21,02
CaO . . .	13,41	11,56	16,05	12,04	13,11	9,84
MnO . . .	—	Spur	—	Spur	Spur	TiO_2 0,12
FeO . . .	—	—	0,11	0,47	—	1,72
Al_2O_3 . . .	2,14	2,84	1,06	3,14	5,33	6,74
Fe_2O_3 . . .	3,99	1,56	4,93	1,88	0,46	2,76
SiO_2 . . .	56,63	56,91	57,65	57,43	56,83	52,58
H_2O . . .	1,67	3,07	2,46	2,61	3,44	4,79
	100,42	100,57	100,52	100,12	100,80	100,39

46. Neuseeland. Hellgrün. P. T. Walden (F. W. Clarke).

47. China. Hellgrau mit braunen Adern. Entstanden aus Pyroxen. P. T. Walden (F. W. Clarke).

48. Sibirien. Lauchgrün. P. T. Walden (S. L. Penfield).

49. China (?Turkestan). Lauchgrün. Aus Pyroxen (Jadeit) entstanden. P. T. Walden (F. W. Clarke).

50. China. Weiß ins Gelbliche. Aus Pyroxen entstanden. P. T. Walden (F. W. Clarke).

51. Jordansmühl, siehe Nr. 25b.

	52.	53.	54.	55.	56.	57.
δ	3,0033	2,9680	2,9311	2,9506	2,9758	2,9451
Na_2O . . .	4,83	1,19	0,93	1,11	0,15	4,64
K_2O . . .	0,39	1,90	0,57	0,71	0,05	0,28
MgO . . .	14,50	19,20	23,06	25,49	24,78	16,79
CaO . . .	12,68	11,88	12,72	13,39	9,54	7,51
MnO . . .	0,38	Spur	0,10	0,05	0,07	0,22
FeO . . .	0,16	1,01	2,14	0,46	4,44	2,56
NiO . . .	—	—	—	—	0,18	—
Al_2O_3 . . .	2,23	5,06	1,45	1,79	5,20	5,92
Fe_2O_3 . . .	4,64	2,12	2,10	0,05	0,78	3,72
Cr_2O_3 . . .	—	—	—	—	0,24	—
SiO_2 . . .	58,04	56,13	52,60	52,08	49,55	54,44
H_2O . . .	2,83	2,29	3,62	3,50	4,68	4,12
	100,68	100,78	99,29	99,53	99,66	100,20

52. Turkestan. Lauchgrün. P. T. Walden (F. W. Clarke).

53. China. Dunkelolivengrün mit braunroten Adern. Aus Pyroxen entstanden. P. T. Walden (F. W. Clarke).

54. Neukaledonien. Braun in verschiedenen Nüancen. P. T. Walden (F. W. Clarke).

55. China. Hellgrau und braun in verschiedenen Nüancen. Enthält etwas Jadeit. P. T. Walden (F. W. Clarke). Die Summe ist 98,63.

56. Sibirien. Dunkelolivengrün mit einem hellgrünen Fleck und fast schwarzen Adern. Enthält viel Chlorit. H. W. Foote (F. W. Clarke). Wassergehalt unten S. 666.

57. Jordansmühl (Schlesien). Spinatgrün mit schwarzen Adern. P. T. Walden (F. W. Clarke).

In der vorstehenden Tabelle ist überall der Glühverlust als Wassergehalt angegeben. Bei den folgenden, den Tabellen S. 660 ff. entsprechenden Nummern wurde das Wasser bei verschiedenenen Temperaturen besonders bestimmt und gefunden.

Nr. 2. Jadeit von Birma:

bei 100° . . .	0,04 H_2O	0,19 H_2O
bei 180° . . .	0,05 „	
über 180° . . .	0,10 „	

Nr. 19. Nephrit von Khotan:

bei 100° . . .	0,38 H_2O	2,54 H_2O
bei 180° . . .	0,27 „	
über 180° . . .	1,89 „	

Nr. 21. Nephrit, chinesisch Turkestan:

bei 100° . . .	0,30 H_2O	2,36 H_2O
bei 180° . . .	0,14 „	
über 180° . . .	1,92 „	

Nr. 25. Nephrit von Jordansmühl (Schlesien).

a) = Nr. 29:

unter 100° . .	0,65 H_2O	4,07 H_2O
über 100° . . .	3,42 „	

b) = Nr. 51:

bei 100° . . .	0,21 H_2O	4,79 H_2O
bei 180° . . .	0,19 „	
bei Rotglut . .	3,07 „	
vor dem Gebläse	1,32 „	

c) = Nr. 25:

bei 100° . . .	0,45 H_2O	2,42 H_2O
bei 180° . . .	0,25 „	
über 180° . . .	1,72 „	

Nr. 31. Nephrit von Khotan:

bei 100° . . .	0,52 H_2O	3,43 H_2O
bei 180° . . .	0,32 „	
über 180° . . .	2,59 „	

Nr. 56. Nephrit von Sibirien:

bei 100° . . .	0,28 H_2O	4,68 H_2O
bei 180° . . .	0,19 „	
über 180° . . .	4,21 „	

Weitere neuere Analysen.

Auch von anderer Seite sind seit dem Jahre 1894 zahlreiche Analysen von Nephrit und Jadeit ausgeführt worden, die in den folgenden Tabellen zusammengestellt sind, wobei aber eine absolute Vollständigkeit nicht angestrebt wurde.

Jadeït.

	1.	2.	3.	4.	5.	6.
δ	—	—	—	3,361	3,418	3,418
Na_2O	15,60	12,07	12,12	12,03	12,39	11,42
K_2O	—	1,08	Spur	0,77	0,27	0,37
MgO	Spur	0,95	3,18	2,01	1,27	2,54
CaO	3,71	1,37	3,77	3,45	1,70	5,05
FeO	—	—	1,95	0,31	0,27	1,52
Al_2O_3	22,80	22,76	20,22	21,35	22,77	13,49
Fe_2O_3	1,83	1,83	6,42	1,31	2,42	10,09
MnO	—	—	—	Spur	Spur	0,45
SiO_2	55,48	58,94	50,82	58,41	58,39	55,11
TiO_2	—	—	0,33	0,17	0,13	0,36
H_2O (Glühverlust) .	—	—	2,25	0,40	0,32	0,35
			101,06	100,21	99,93	100,75

1. Mondsee (Oberösterreich); anal. F. Lincke bei F. Berwerth, Min. u. petr. Mittlgen. **20**, 358 (1901). Beilchen.

2. Zalalepáthi (am Plattensee); anal. wie oben. Beilchen.

3. Syra; anal. K. A. Ktenas, Min. u. petr. Mittlgen. **26**, 257 (1907).

4. Schweiz, Bauschanze, Zürich; anal. V. H. Hirschy bei A. Bodmer-Beder, N. JB. Min. etc. Beil.-Bd. **16**, 176 (1903).

5. Schweiz, Mörigen, Bielersee; anal. wie oben.

6. Schweiz, ebendaher (Chloromelanit); anal. wie oben S. 178.

	7.	8.	9	10.	11.	12.
δ	3,452	3,40	3,346	—	3,407	3,33
Na_2O	8,35	4,67	12,11		7,84	6,91
K_2O	2,06	1,00	Spur	Spur	—	0,28
MgO	2,85	6,33	2,64	2,46	7,33	4,57
CaO	2,04	10,86	4,31	4,83	12,04	12,16
MnO	—	—	Spur	Spur	—	—
FeO	1,05	2,59	—		—	1,12
Al_2O_3	21,23	25,29	18,74	18,33	9,66	8,42
Fe_2O_3	4,01	—	5,73	6,41	7,55	9,82
Cr_2O_3	—	—	—		Spur	—
SiO_2	57,86	48,45	56,92	56,64	55,11	56,85
TiO_2	0,57	0,19	Spur	Spur	—	—
H_2O (Glühverlust)	0,29	0,58	0,25	—	0,33	0,59
	100,31	99,96	100,70		99,86	100,72

7. Schweiz, Bielersee; Beilfragment (chloromelanitischer Pyroxenit) L. Hezner, N. JB. Min. etc. Beil.-Bd. **16**, 180 (1903).

8. Schweiz. Schaffis, Bielersee, Beilchen; anal. L. Hezner, N. JB. Min. etc. **20**, 140 (1904). Granatreich.

9. u. 10. Piemont. Grün mit weißen Flecken; anal. L. Mrazec, Bull. soc. des sciences, Bukarest **7**, Nr. 2, 12 (1898). (Das Grüne.)

11. Piemont, Susatal bei Rivoli, im Moränenschutt; anal. G. Piolti, Atti R. Accad. Torino **34**, 5 (1899). (Chloromelanit.)

12. Piemont, Susatal, Le Sinette bei Mocchie. Dunkelgrün, anstehend; anal. G. Aichino bei S. Franchi, Boll. R. Comitato geologico 1900 Nr. 2. (Chloromelanit.)

	13.	14.	15.	16.	17.	18.
δ	3,34	3,323	3,332	3,3308	—	3,28
Na_2O	6,80	13,61	13,93	14,51	14,42	12,15
K_2O	—	0,17	—	—	—	0,46
MgO	4,36	0,29	0,34	Spur	Spur	3,99
CaO	13,35	0,62	0,63	0,14	0,22	2,97
FeO	0,22	—	—	—	—	0,56
Al_2O_3	17,33	24,10	25,75	24,77	24,32	20,16
Fe_2O_3	1,74	0,54	—	0,32	0,36	1,66
Cr_2O_3	Spur	—	—	—	—	0,09
SiO_2	56,63	59,77	58,46	58,99	59,45	56,65
TiO_2	—	—	—	—	—	Spur
H_2O (Glühverlust)	0,10	0,36	1,00	1,14	1,15	0,96
	100,53	99,46	100,11	99,87	99,92	99,65

13. Piemont, Susatal, Seen von Prato Fiorito. Smaragdgrün; anal. G. Aichino bei S. Franchi, Boll. R. Comitato geologico 1900, Nr. 2.

14. Tammaw; anal. J. Loczka u. J. Krenner, Wissensch. Ergebnisse der Reisen des Grafen Szechenyi in Ostasien **3**, 4. Abtlg., 345 (1899). Farblos.

15. Tammaw; anal. C. Busz bei Max Bauer, N. JB. Min. etc. 1896, I. Farblos.

16. u. 17. Tammaw; anal. Oliver C. Farrington, Proceed. Nat. Museum. Washington **17**, 29 (1894). Weiß mit hellgrünen Flecken. (Beide Analysen von derselben Probe).

18. Anal. U. Grubenmann, Kristalline Schiefer. 2. Aufl. 1910, S. 234. Grün.

Nephrit.

	1.	2.	3.	4.	5.	6.
δ	2,982	3,080	2,996	3,025		3,01
Na_2O	0,76	—	—	—	—	—
K_2O	Spur	—	—	—	—	—
MgO	23,51	22,37	23,28	21,20	23,00	20,20
CaO	11,09	11,72	13,32	13,40	12,40	13,70
FeO.	1,02	5,65	1,38	—	—	—
Al_2O_3	2,49	0,85	0,50	2,30	1,10	6,40
Fe_2O_3	4,98	0,16	1,40	4,00	5,00	2,10
SiO_2	53,21	57,37	58,37	57,10	57,10	56,10
TiO_2	Spur	—	—	—	—	—
H_2O	3,52	2,23	2,22	1,90	—	2,40
	100,58	100,35	100,47	99,90	98,60	100,90

1. Schweiz. Flachbeil von Zug. H = 3; anal. L. Hezner bei A. Bodmer-Beder, N. JB. Min. etc. Beil.-Bd. **16**, 172 (1903).

2. Beilfragment, Cham am Zuger See. H = 4; anal. wie oben.

3. Beil von Font, Neuenburger See. H = 6—7; anal. wie oben.

4. Salux, Oberhalbstein, Graubünden; anal. F. Mathei (Meigen) bei O. A. Welter, N. JB. Min. etc. 1911, II, S. 89.

5. Salux; anal. H. Ludwig (Meigen), ebenda.

6. Mühlen, Val Faller, Oberhalbstein; anal. W. Mau (Meigen), ebenda S. 93.

	7.	8.	9.	10.	11.	12.
δ	2,88	—	3,01-3,02	2,94	—	2,913-2,946
Na_2O	Spur	—	—	0,03 NiO	—	—
K_2O	0,12	—	—	0,06 MnO	Spur MnO	—
MgO	26,98	23,60	22,41	21,32	15,71	21,41
CaO	9,95	12,80	11,75	12,72	17,33	12,97
FeO	2,02	6,60	3,32	4,38	5,67	2,91
Al_2O_3	4,65	1,80	2,79	1,80	0,51	2,73
Fe_2O_3	1,28	—	—	Spur Cr_2O_3	0,49	—
SiO_2	47,85	54,20	55,41	56,51	56,22	56,51
TiO_2	0,39 P_2O_5	—	—	0,02	—	—
H_2O	5,99	1,70	3,91	2,98	2,95	2,96
	99,85	100,70	99,59	99,82	98,88	99,49

7. Forschella, Val Faller, unfrisch; anal. L. Hezner, N. JB. Min. etc. 1911, II, S. 106 (0,15 MnO und 0,47 NiO).

8. Forschella, Val Faller, extrem schiefrig; anal. W. Meyer (Meigen), ebenda S. 163.

9. Frankenwald, Schwarzenbach a. Saale; anal. Stoepel (Rimbach) bei O. A. Welter, ebenda S. 103 (Mittel aus 2 Analysen).

10. Harz, Radautal bei Harzburg, lichtgrau, etwas Chlorit; anal. J. Uhlig, N. JB. Min. etc. 1910, II, S. 90 (H_2O bei 125°: 0,28; über Teclubrenner: 1,33; vor Gebläse: 1,37).

11. Harz, Radautal bei Harzburg; anal. J. Fromme, Tsch. min. Mit. **28**, 305 (1909).

12. Ligurien, Monte Bianco, chorithaltig; anal. E. Kalkowsky, Z. Dtsch. geol. Ges. 1906, Heft 3. Hellgraugrün, homogen.

	13.	14.	15.	16.	17.
δ	2,865-2,878	—	—	—	—
Na_2O	—	0,35	0,45	0,51	—
K_2O	—	—	0,28	—	0,51
MgO	—	20,55	20,65	18,72	20,61
CaO	—	12,67	13,41	13,97	15,41
MnO	—	0,33	0,29	0,41	0,28
FeO	6,48	5,61	5,02	2,34	1,35
Al_2O_3	6,24	0,42	0,65	2,34	1,09
Fe_2O_3	—	1,67	1,88	2,39	0,24
SiO_2	48,27	56,25	56,01	55,89	57,45
H_2O	7,14	1,89	2,03	2,21	2,65
		99,74	100,67	98,78	99,59

13. Ligurien, grünschwarz, porphyrisch.

14.—19. Neuseeland; anal. A. M. Finlayson, Quart. Journ. Geol. Soc. **65**, 351 (1909). Tiefgrün.

15. Neuseeland, grün.

16. Neuseeland, olivengrün.

17. Neuseeland, blaßgrün.

	18.	19.	20.	21.	22.
Na_2O	0,42	0,31	—	—	0,33
K_2O	0,38	0,24	—	—	
MgO	22,08	10,65	21,26	21,80	20,17
CaO	14,98	32,24	14,31	14,65	12,90
MnO	Spur	—	0,40 P_2O_5	—	0,26 Cr_2O_3
FeO	0,35	4,68	1,80	—	6,36
Al_2O_3	0,88	2,35	4,08	3,11	1,36
Fe_2O_3	0,29	2,09	—	Spur	0,78
SiO_2	58,28	43,00	54,76	57,51	56,10
H_2O	1,98	4,07	3,72	3,39	1,90
	99,64	99,63	100,33	100,46	100,16

18. Neuseeland, grünlichweiß.

19. Neuseeland, Umwandlung von Olivin in Hornblende (Nephrit), wahrscheinlich aus West-Otaga stammend.

20. u. 21. Baytinga, Bahia, Brasilien, Geschiebe; anal. E. Hussak, Ann. k. k. Hofmuseum Wien **19**, 85 (1904).

22. Luknow Mine, Neu-Süd-Wales, roh; anal. J. C. H. Mingaye bei A. B. Meyer, Globus **86**, 53 (1904). Spuren von MnO, NiO, SrO und P_2O_5.

Diskussion der Analysen. Die sämtlichen in dem Werk von H. R. Bishop mitgeteilten 57 Analysen sind, die meisten von F. W. Clarke, einige auch von S. L. Penfield, diskutiert und berechnet worden. Die Ergebnisse dieser Diskussion sollen unten mitgeteilt, hier aber zunächst nur die Grundlagen der Berechnung auseinandergesetzt werden.

In allen obigen Analysen treten beim Jadeit sowohl wie beim Nephrit, außer den nach den Formeln erforderlichen Bestandteilen noch geringe Mengen anderer auf, die zum Teil auf unter dem Mikroskop nachweisbaren mechanischen Verunreinigungen durch andere Mineralien, zum Teil auf isomorphen Beimischungen zu der theoretisch reinen Substanz beruhen. Außer Spuren von TiO_2, P_2O_5, Cr_2O_3, MnO und NiO, die in einzelnen Fällen gefunden wurden, sind es hauptsächlich beim Jadeit Fe_2O_3 und FeO, MgO, CaO und H_2O, beim Nephrit Al_2O_3, Fe_2O_3, FeO, Na_2O, K_2O und H_2O, die fast nie gänzlich fehlen.

Betrachten wir die Analysen des Jadeits etwas genauer, so finden wir, daß der Gehalt an SiO_2 bei mechanisch nicht verunreinigten Proben fast überall beinahe gleichmäßig derselbe ist, stets sehr nahe entsprechend den Erfordernissen der Formel. Dasselbe gilt für Al_2O_3. Hier sinkt aber die Zahl etwas bei Anwesenheit von Fe_2O_3, das einen Teil der Al_2O_3 vertritt. Es ist dann also dem Jadeitmolekül $NaAl(SiO_3)_2$ eine dem Fe_2O_3-Gehalt entsprechende Menge des Ägirinmoleküls $NaFe(SiO_3)_2$ isomorph beigemischt. Der Na_2O-Gehalt, den die Analyse ergibt, liegt stets nicht unbeträchtlich unter dem aus der Formel berechneten theoretischen. Der Mangel wird zum größten Teil durch das vorhandene K_2O ausgeglichen, das hier offenbar Na_2O isomorph vertritt, wie das ja nicht selten in komplexen Verbindungen auch anderer Art der Fall ist. Aber der Ausgleich ist doch nicht ganz genügend. Hierzu kommt noch CaO und MgO in Betracht. Es wäre denkbar, daß sie zusammen das dem Jadeit isomorphe Al_2O_3-freie Diopsidmolekül $CaMg(SiO_3)_2$ bilden. Dies ist aber nur möglich, wenn gleichzeitig der gesamte Al_2O_3-Gehalt entsprechend kleiner ist. Wie wir gesehen haben, ist dies jedoch nicht, oder doch nur ausnahmsweise der Fall. CaO und MgO könnten demnach meist nur wie K_2O einen Teil des Na_2O isomorph ersetzen.

Daß diese Vertretungen in der Tat möglich sind, zeigen u. a. beispielsweise die fünf Analysen Nr. 1, 4, 10, 11 und 12 (Nummern der obigen Tabelle, S. 661), die hier zu diesem Zweck daraufhin berechnet sind. Es ist Fe_2O_3 in Al_2O_3, und MgO, CaO und K_2O in Na_2O umgerechnet (siehe folgende Tabelle, erste Reihe) und sodann jede Analyse auf 100 reduziert (zweite Reihe). Die Zahlen, die man dabei erhält, entsprechen sehr nahe der zum Vergleich beigefügten theoretischen Zusammensetzung des Jadeits.

Tabelle 2.

	11	12	10	1	4	Theorie
I. SiO_2	58,48	59,02	58,40	57,60	58,69	
Al_2O_3	24,59	25,59	27,05	25,75	25,56	
Na_2O	16,22	15,01	14,34	15,54	14,88	
	99,29	99,62	99,79	98,89	99,13	
II. SiO_2	58,90	59,25	58,52	58,25	59,20	59,40
Al_2O_3	24,77	25,69	27,12	26,04	25,79	25,25
Na_2O	16,33	15,07	14,36	15,71	15,01	15,35
	100,00	100,01	100,00	100,00	100,00	100,00

In der angegebenen Weise verfährt S. L. Penfield bei seinen Berechnungen. Er nimmt an, daß CaO, MgO und auch FeO die Alkalien vertreten, und in dem, was er Jadeit nennt, ist CaO, MgO und FeO neben Na_2O und K_2O enthalten. Etwas anders ist die Auffassung von F. W. Clarke. Er nennt Jadeit nur die nach der reinen Formel $NaAl(SiO_3)_2$ zusammengesetzte Substanz, in der ausschließlich K_2O als Vertreter der äquivalenten Menge Na_2O auftritt, nicht aber auch CaO und MgO. Daneben nimmt er dann den übrig bleibenden Teil von S. L. Penfields Jadeit als besonderes isomorph beigemischtes Molekül an, dem er den Namen Pseudojadeit beigelegt hat, und dem die Formel (Ca, Mg, Fe) $Al_2(SiO_3)_4$ zukommen würde. F. W. Clarkes Jadeit und Pseudojadeit entsprechen also zusammen S. L. Penfields Jadeit. Nimmt man die Formel des theoretisch reinen Jadeits doppelt, $Na_2Al_2(SiO_3)_4$, so würde diese Beziehung durch die Formel ausgedrückt werden:

$$Na_2Al_2(SiO_3)_4 + (Ca, Mg, Fe)Al_2(SiO_3)_4 = (Na_2, Ca, Mg, Fe)Al_2(SiO_3)_4 .$$

Isoliert, als besonderes Mineral ist der Pseudojadeit bis jetzt noch nicht beobachtet worden.

Als einfaches Beispiel einer solchen Berechnung diene der blaßmeergrüne Jadeit von China, Nr. 11 der obigen Analysentabelle (S. 661).

Tabelle 3.

		Jadeit	$\overset{II}{R}\overset{III}{R}_2(SiO_3)_4$	Überschuß
SiO_2	58,48	47,85	10,12	0,51
Al_2O_3 . . .	23,57	20,34	3,23	—
Fe_2O_3 . . .	1,68	—	1,68	— .
MgO	1,33	—	0,53	0,80
CaO	1,62	—	1,62	—
Na_2O	10,33	10,33	—	—
K_2O	3,09	3,09	—	—
H_2O	0,16	—	—	0,16
	100,26	81,61	17,18	1,47

Jadeit	81,61
Pseudojadeit	17,18
Überschuß	1,47
	100,26

Aus der Menge des vorhandenen Na_2O und K_2O, letzteres in Na_2O umgerechnet, ergibt sich die nach der Formel für den reinen normalen Jadeit erforderliche Menge Al_2O_3 (20,34 %) und SiO_2 (47,85 %). Das vorhandene CaO genügt gerade, um mit Al_2O_3 und Fe_2O_3 (letzteres in Al_2O_3 umgerechnet) Pseudojadeit zu bilden, wozu noch 0,53 % MgO, sowie 10,12 % SiO_2 nötig ist. Es bleiben dann 0,51 % SiO_2 und 0,80 % MgO, sowie die 0,16 % H_2O übrig. Ebenso hätte man auch alles MgO für den Pseudojadeit benutzen können, man hätte dann einen kleinen Überschuß von CaO erhalten.

Bei den Analysen des Nephrits sieht man, daß der Gehalt an SiO_2 und CaO fast durchweg ganz gleichmäßig den theoretischen Anforderungen der Formel entspricht. Dagegen variiert der MgO-Gehalt recht beträchtlich und steht stets unter dem aus der Formel berechneten. Es ist zu vermuten, daß wie beim Anthophyllit[1]) ein Teil der MgO durch H_2O vertreten wird. Die Zusammensetzung des Nephrits wird dann durch die Formel: $Ca(H_2Mg)_3(SiO_3)_4$ oder eine ähnliche dargestellt. Selbstverständlich ist die Vertretung von MgO durch FeO. Wenn die Analyse neben einer gewissen Menge MgO weniger als die theoretische Menge SiO_2, sowie etwas H_2O ergibt, und gleichzeitig das spezifische Gewicht etwas erniedrigt ist, weist das auf die Anwesenheit von Serpentin hin, mit dem der Nephrit nicht selten verwachsen ist und von dem er demgemäß nicht selten kleine Mengen umschließt. Die Anwesenheit von Al_2O_3 (und Fe_2O_3) weist vielfach auf die Gegenwart von Chlorit hin, der ein sehr gewöhnlicher Begleiter des Nephrits ist und der meist unter dem Mikroskop sicher und leicht als Beimengung nachgewiesen werden kann. Öfters ist dies jedoch nicht der Fall und unter Umständen kann er sich nach E. Kalkowsky der mikroskopischen Beobachtung gänzlich entziehen. Meist ist aber neben den gewöhnlich nur kleinen Mengen Al_2O_3 und Fe_2O_3 so viel Na_2O vorhanden, daß das dem Jadeit entsprechende Molekül: $Na_2Al_2(SiO_3)_4$ des Glaukophans und das des Riebeckits: $Na_2Fe(SiO_3)_4$ als in isomorpher Beimischung vorhanden angenommen werden kann. Etwas K_2O ersetzt dabei nicht selten die äquivalente Menge Na_2O.

[1]) L. Penfield, Am. Journ. **40**, 394 (1890).

Bei der Berechnung der Analysen wurden zuerst Al_2O_3 und Fe_2O_3 mit der erforderlichen Menge Na_2O (bzw. K_2O) und SiO_2 verbunden, zur Bildung der beiden letztgenannten Silicate des Glaukophans und des Riebeckits. Der Rest der SiO_2 wurde mit MgO, FeO, MnO, CaO und H_2O vereinigt zum Nephritmolekül von der allgemeinen Formel $RSiO_3$. Wenn Alkalien, Na_2O und K_2O, im Überschuß über Al_2O_3 und Fe_2O_3 vorhanden waren, wurden auch sie dem Nephritmolekül zugerechnet. Waren dagegen die Sesquioxyde im Überschuß über die Alkalien anwesend, so wurde bei normalem SiO_2-Gehalt (Si : O = 1 : 3) das Molekül $\overset{III}{R}_2(SiO_3)_3$ angenommen. War dagegen der Gesamtsauerstoffgehalt größer als in SiO_3, so mußte noch das auch beim Jadeit in einzelnen Fällen anzunehmende G. v. Tschermaksche Molekül $Ca(Al, Fe)_2SiO_6$ oder $Ca\overset{III}{R}_2SiO_6$ eingeführt werden. Die folgenden drei Beispiele zeigen das Nähere. Sie beziehen sich auf folgende Nummern der obigen Analysentabellen (S. 660 ff.).

Nr. 48, grünes, durchscheinendes Gerölle aus Sibirien mit vereinzelten exakten Einschlüssen, vielleicht von Chromit.

Nr. 44, Gerölle von Neuseeland, durchscheinend dunkelgrün.

Nr. 40, Beil aus den Pfahlbauten des Neuenburger Sees in der Schweiz, olivengrün, kantendurchscheinend.

Die folgende Tabelle zeigt die Ergebnisse der Berechnung dieser Analysen auf der auseinandergesetzten Grundlage.

Nr. 48.		Glaukophan $Na_2Al_2(SiO_3)_4$	Riebeckit $Na_2Al_2(SiO_3)_4$	Nephrit $R_4(SiO_3)_4$ R = Mg, Ca, Fe, H_2	Nephrit berechnet auf 100	Nephrit Theorie
SiO_2 . .	57,65	2,40	7,44	47,81	56,76	57,69
Al_2O_3 . .	1,06	1,06	—	—	—	—
Fe_2O_3 . .	4,93	—	4,93	—	—	—
FeO . .	0,11	—	—	0,11	—	—
MgO . .	14,95	—	—	14,95	24,19	28,85
CaO . .	16,05	—	—	16,05	19,05	13,46
Na_2O . .	2,38	0,62	1,76	—	—	—
K_2O . .	0,93	—	0,28	—	—	—
H_2O . .	2,46	—	—	2,42	—	—
	100,52	4,08	14,41	81,34	100,00	100,00

Überschüssig: 0,65 K_2O und 0,04 H_2O = 0,69.

Nr. 44.		Glaukophan	Riebeckit	Nephrit	Nephrit berechnet	Nephrit Theorie
SiO_2 . .	57,78	5,52	2,40	49,86	57,52	57,69
Al_2O_3 . .	2,35	2,35	—	—	—	—
Fe_2O_3 . .	1,60	—	1,60	—	—	—
FeO . .	2,83	—	—	2,83	—	—
MgO . .	14,80	—	—	14,80	25,15	28,85
CaO . .	15,02	—	—	15,02	17,33	13,46
Na_2O . .	1,63	1,01	0,62	—	—	—
K_2O . .	1,00	0,66	—	—	—	—
H_2O . .	2,75	—	—	2,45	—	—
	99,76	9,54	4,62	84,96	100,00	100,00

Überschüssig: 0,34 K_2O und 0,30 H_2O = 0,64.

Nr. 40.		Glaukophan u. Riebeckit	Nephrit	Überschuß	Nephrit berechnet	Nephrit Theorie
SiO_2 . .	57,19	7,44	49,75	—	57,35	57,69
Al_2O_3 . .	2,24	2,24	—	—	—	—
Fe_2O_3 . .	1,60	1,60	—	—	—	—
FeO . .	1,10	—	1,10	—	—	—
MgO . .	21,97	—	21,97	—	28,32	28,85
CaO . .	13,16	0,73	12,43	—	14,33	13,46
Na_2O . .	0,20	0,20	—	—	—	—
K_2O . .	1,44	1,44	—	—	—	—
H_2O . .	1,82	—	0,90	0,92	—	—
	100,72	13,65	86,15	0,92	100,00	100,00

Bei der letzten Analyse (Nr. 40) fand sich etwas zu wenig Alkali $Na_2O + K_2O$ (letzteres hier überwiegend) zur Bildung von Glaukophan und Riebeckit, es wurde daher hier in diesen beiden Verbindungen noch etwas CaO angenommen.

Im Nachstehenden sind die Resultate der Berechnungen der obigen 57 Analysen (S. 660 ff.) zusammengestellt. Sie sind von F. W. Clarke und S. L. Penfield durchgeführt nach den oben besprochenen Grundsätzen, unter gleichzeitiger Berücksichtigung von mikroskopischen Untersuchungen der analysierten Proben durch J. P. Iddings. Wenn diese letztere die Anwesenheit von Einschlüssen eines fremden Minerals ergaben, wurde dies im folgenden mit seinem Namen angeführt, z. B. Jadeit oder Serpentin im Nephrit, Albit im Jadeit usw. Wenn dies nicht der Fall war, wurden die chemischen Formeln der nach der Analyse anzunehmenden Substanzen gesetzt, und zwar die folgenden:

$$NaAlSi_2O_6$$

$$Na\overset{III}{Fe}Si_2O_6$$

$$(Na, R)AlSi_2O_6 \quad \text{oder:} \quad \overset{I}{R}AlSi_2O_6$$

$$(Na, R)\overset{III}{Fe}Si_2O_6 \quad \text{oder:} \quad \overset{I}{R}\overset{III}{Fe}Si_2O_6$$

$$\left.\begin{matrix} Na\overset{III}{R}Si_2O_6 \\ K\overset{III}{R}Si_2O_6 \end{matrix}\right\} \quad \text{oder auch:} \quad \overset{I}{R}\overset{III}{R}Si_2O_6 \text{ usw.}$$

(vgl. die vorhergehenden Bemerkungen). Für die oben angeführten und analysierten 57 Proben Jadeit und Nephrit gilt danach das Folgende (der Name des Berechners der Analyse ist jedesmal in Klammern beigefügt):

Nr. 1. Jadeit, China (F. W. Clarke).

Jadeit	97,27
Pseudojadeit	0,55
Überschuß	2,00
	99,82

Nr. 2. Jadeit, Birma (F. W. Clarke).

Jadeit	95,81
Pyroxen	1,85
Überschuß	2,20
	99,86

Nr. 3. Jadeit, Tibet (F. W. Clarke).

Jadeit	95,71
Pseudojadeit	3,14
Überschuß	1,32
	100,17

Nr. 4. Jadeit, China (F. W. Clarke).

Jadeit	92,42
Pseudojadeit	5,05
Überschuß	2,27
	99,74

Nr. 5. Jadeit, China (F. W. Clarke).

Jadeit	91,62
Pseudojadeit	7,89
Überschuß	0,73
	100,24

Nr. 6. Jadeit, Birma (F. W. Clarke).

Jadeit	86,27
Albit	4,73
Anorthit	0,55
$CaAl_2SiO_6$	1,72
$\overset{II}{R}SiO_3$	5,99
Überschuß	0,90
	100,16

Nr. 7. Jadeit, Birma (S. L. Penfield).

Jadeit	85,59
Diopsid	13,90
	99,49

H_2O wurde nicht berücksichtigt.

Nr. 10. Jadeit, China (F. W. Clarke).

Jadeit	84,29
Pseudojadeit	10,07
Überschuß	6,06
	100,42

Nr. 11. Jadeit, China (F. W. Clarke).

Jadeit	81,61
Pseudojadeit	17,18
Überschuß	1,47
	100,26

Nr. 12. Jadeit, China (F. W. Clarke).

Jadeit	79,24
Pseudojadeit	20,00
Überschuß	1,23
	100,47

Nr. 13. Chlormelanit, Mexico (Penfield).

Jadeit	77,86
Ägirin	12,95
Diopsid	9,30
Wasser	0,48
	100,59

Nr. 14. Chlormelanit, Neuenburg (Clarke).

Jadeit	75,61
$Ca\overset{III}{Fe_2}SiO_6$	4,82
Magnetit	1,36
Nephrit	16,81
Überschuß	1,62
	100,22

Nr. 15. Jadeit, Birma (L. S. Penfield).

Jadeit	70,38
Analcim	27,85
Diopsid	2,69
	100,92

Nr. 16. Jadeit, Birma (F. W. Clarke).

Jadeit	55,68
Ägirin	3,99
Amphibol ($Na_2Mg_7Si_8O_{24}$)	38,79
Wasserüberschuß	1,45
	99,91

Nr. 17. Jadeit, Mexico (S. L. Penfield).

Jadeit	48,89
Albit	47,39
Nephrit	3,81
Wasserüberschuß	0,36
	100,45

Nr. 18. Nephrit, China (F. W. Clarke).

Nephrit	96,00
Jadeit	4,00
	100,00

Nr. 19. Nephrit, Turkestan (F. W. Clarke).

Nephrit	95,83
$\overset{I}{R}AlSi_2O_6$	1,59
$Ca\overset{III}{R_2}SiO_6$	1,57
Wasserüberschuß	0,95
	99,94

Nr. 20. Nephrit, Alaska (F. W. Clarke).

Nephrit	95,58
$NaAlSi_2O_6$	1,36
$Ca\overset{III}{R_2}SiO_6$	1,79
Wasserüberschuß	1,49
	100,22

Nr. 21. Nephrit, Turkestan (F. W. Clarke).

Nephrit	95,32
$Ca\overset{III}{R_2}SiO_6$	2,11
Chromit	0,22
$\overset{I}{R}AlSi_2O_6$	1,29
Wasserüberschuß	0,92
	99,86

Nr. 22. Nephrit, Alaska (F. W. Clarke).

Nephrit	95,57
$NaAlSi_2O_6$	1,43
$Ca\overset{III}{R}_2SiO_6$	2,50
Wasserüberschuß	1,01
	100,51

Nr. 23. Nephrit, Britisch Columbia (Clarke).

Nephrit	95,05
$NaAlSi_2O_6$	0,92
$CaAl_2SiO_6$	3,81
Wasserüberschuß	0,75
	100,53

Nr. 24. Nephrit, China (F. W. Clarke).

Nephrit	94,33
Jadeit	4,15
Wasserüberschuß	2,05
	100,53

Nr. 25. 29. 51. Nephrit, Jordansmühl, Schlesien (F. W. Clarke) (vgl. auch Nr. 57).

Nr. 25.

Nephrit	93,01
$\overset{I}{R}\overset{III}{R}Si_2O_6$	5,74
Wasserüberschuß	1,07
	99,82

Nr. 29.

Nephrit	92,21
$Ca\overset{III}{R}_2SiO_6$	6,44
Überschuß	1,80
	100,45

Nr. 51.

Nephrit	79,58
$Ca\overset{III}{R}_2SiO_6$	18,41
Überschuß	2,40
	100,39

Nr. 26. Nephrit, China (F. W. Clarke).

Nephrit	92,83
$NaAlSi_2O_6$	2,15
$Ca\overset{III}{R}_2SiO_6$	3,57
Wasserüberschuß	1,72
	100,27

Nr. 27. Nephrit, China (F. W. Clarke).

Nephrit	92,72
Serpentin	1,93
$Ca\overset{III}{R}_2SiO_6$	2,40
Wasserüberschuß	3,23
	100,28

Nr. 28. Nephrit, China (F. W. Clarke).

Nephrit	92,48
Jadeit	5,77
Ägirin	1,62
Wasserüberschuß	0,56
	100,43

Nr. 30. Nephrit, Neuenburger See (Clarke).

Nephrit	92,09
$Na\overset{III}{R}Si_2O_2$	5,91
Wasserüberschuß	2,68
	100,68

Nr. 29. Nephrit, Jordansmühl (Schlesien), siehe unter Nr. 25.

Nr. 31. Nephrit, Khotan (F. W. Clarke).

Nephrit	91,65
$Ca\overset{III}{R}_2SiO_6$	1,86
$(Na, K)AlSi_2O_6$	3,47
Wasserüberschuß	2,82
	99,80

Nr. 32. Nephrit, China (F. W. Clarke)

Nephrit	91,21
$Ca\overset{III}{R}_2SiO_6$	9,53
Überschuß Fe_2O_3	0,33
	101,07

Nr. 33. Nephrit, Schweiz, Pfahlbau (Clarke).

Nephrit	90,64
$NaFeSi_2O_6$	3,58
$\overset{III}{R}_2(SiO_3)_3$	2,48
Überschuß	4,19
	100,89

Nr. 34. Nephrit, Indien (F. W. Clarke)

Nephrit	89,78
$NaAlSi_2O_6$	2,67
$\overset{III}{R}_2(SiO_3)_3$	6,73
Wasserüberschuß	1,27
	100,45

Nr. 35. Nephrit, Neuseeland (F. W. Clarke).

Nephrit	89,52
$NaAlSi_2O_6$	2,35
$\overset{III}{R}_2(SiO_3)_3$	8,28
Wasserüberschuß	0,39
	100,54

Nr. 36. Nephrit, China (F. W. Clarke).

Nephrit	89,02
Jadeit	7,36
$\overset{III}{R}_2(SiO_3)_3$	3,41
	99,79

Nr. 37. Nephrit, China (F. W. Clarke).

Nephrit	88,20
Jadeit	7,56
$Ca\overset{III}{R}_2SiO_6$	2,74
Wasserüberschuß	1,30
	99,80

Nr. 38. Nephrit, China (F. W. Clarke).

Nephrit	86,89
$\overset{III}{R}_2(SiO_3)_3$	10,45
$NaAlSi_2O_6$	2,02
Wasserüberschuß	1,51
	100,87

Nr. 39. Nephrit, China (F. W. Clarke).

Nephrit	86,70
$Na\overset{III}{R}Si_2O_6$	11,81
Wasserüberschuß	1,51
	100,02

Nr. 40. Nephrit, Schweiz (S. L. Penfield).

Nephrit	86,15
Glaukophan u. Riebeckit	13,65
Überschuß	0,92
	100,72

Nr. 41. Nephrit, China (F. W. Clarke).

Nephrit	85,87
Jadeit	10,70
Ägirin	2,49
Wasserüberschuß	1,43
	100,49

Nr. 42. Nephrit, Sibirien (F. W. Clarke).

Nephrit	85,86
$NaAlSi_2O_6$ (Glaukophan?)	3,32
$Ca\overset{III}{R}_2SiO_6$	10,30
Überschuß Fe_2O_3	0,16
	99,64

Nr. 43. Nephrit, China (F. W. Clarke).

Nephrit	85,51
$NaAlSi_2O_6$	9,26
$NaFeSi_2O_6$	3,78
Wasserüberschuß	1,01
	99,56

Nr. 44. Nephrit, Neuseeland (Penfield).

Nephrit	84,96
Riebeckit	4,62
Glaukophan	9,54
Überschuß	0,64
	99,76

Nr. 45. Nephrit, Neuseeland (F. W. Clarke).

Nephrit	84,23
$Na\overset{III}{R}Si_2O_6$	14,69
Wasserüberschuß	1,41
	100,33

Nr. 46. Nephrit, Neuseeland (F. W. Clarke).

Nephrit	83,10
$\overset{III}{R}_2(SiO_3)_3$	11,47
$\overset{I}{R}AlSi_2O_6$ (Glaukophan?)	4,44
Wasserüberschuß	1,41
	100,42

Nr. 47. Nephrit, China (F. W. Clarke).

Nephrit	81,61
$\overset{I}{R}\overset{III}{R}Si_2O_6$	16,36
Wasserüberschuß	2,58
unbestimmt	0,02
	100,57

Nr. 48. Nephrit, Sibirien (S. L. Penfield).

Nephrit	81,34
Riebeckit, $Na_2Fe_2Si_4O_{12}$	14,41
Glaukophan, $Na_2Al_2Si_4O_{12}$	4,08
Überschuß	0,69
	100,52

Nr. 49. Nephrit, China (F. W. Clarke).

Nephrit	80,90
Jadeit	12,44
Ägirin	5,43
Wasserüberschuß	1,35
	100,12

Nr. 50. Nephrit, China (F. W. Clarke).

Nephrit	79,97
$NaAl_2Si_2O_6$	14,66
$CaAl_2SiO_6$	4,23
Wasserüberschuß	1,94
	100,80

Nr. 51. Nephrit, Jordansmühl, Schlesien (vgl. unter Nr. 25).

Nr. 52. Nephrit, Turkestan (F. W. Clarke).

Nephrit	78,14
$Na\overset{III}{R}Si_2O_6$	22,22
Wasserüberschuß	0,32
	100,68

Nr. 53. Nephrit, China (F. W. Clarke).

Nephrit	77,34
$\overset{I}{R}\overset{III}{R}Si_2O_6$	16,57
$Ca\overset{III}{R}_2SiO_6$	5,87
Wasserüberschuß	1,00
	100,78

Nr. 54. Nephrit, Neukaledonien (Clarke).

Nephrit	75,76
Serpentin	11,32
$(Na, R)\overset{III}{R}Si_2O_6$	9,05
Überschuß	3,16
	99,29

Nr. 55. Nephrit, China (F. W. Clarke).

Nephrit	69,87
Serpentin	21,80
Jadeit	7,15
Überschuß	0,71
	99,53

Nr. 56. Nephrit, Sibirien (F. W. Clarke).

Nephrit	70,61
Klinochlor	23,82
$\overset{I}{R}AlSi_2O_6$	1,20
Überschuß	4,03
	99,66

Nr. 57. Nephrit, Jordansmühl (F. W. Clarke).

Nephrit	62,81
$NaFeSi_2O_6$	9,29
$NaAlSi_2O_6$	23,45
Überschuß	4,65
	100,20

(vgl. auch Nr. 25).

Schon früher sind ähnliche Berechnungen von Jadeitanalysen ausgeführt worden, so u. a. von E. Cohen.[1]) Die Analysen sind von A. Damour.[2]) Bei einigen ist eine kleine Menge Cr_2O_3 und K_2O in die äquivalenten Mengen Al_2O_3 und Na_2O umgerechnet. Vergleicht man in der zweiten der nachstehenden Tabellen die gefundene und die berechnete Menge SiO_2, so zeigt die erstere durchweg einen mehr oder weniger großen Überschuß. Bei Analyse 1 ergibt sich eine vollkommene Übereinstimmung, wenn man die Verbindung $CaO.Al_2O_3.4SiO_2$ einführt, bei allen übrigen Analysen fehlt es dafür aber an SiO_2 oder an Al_2O_3. Es wird daher zur Erleichterung des Überblicks vorgezogen, überall nur gleiche Verbindungen zu wählen. Die Berechnungen von E. Cohen sind in den folgenden beiden Tabellen zusammengestellt und die berechneten Zahlen in der zweiten Tabelle aus den Formeln der ersten abgeleitet.

Jadeit	$Na_2O.Al_2O_3.4SiO_2$	$MgO.Al_2O_3.4SiO_2$	$MgO.SiO_2$	$CaO.SiO_2$	$FeO.SiO_2$	$Na_2O.Al_2O_3.4SiO_2 + MgO.Al_2O_3.4SiO_2$	$RO.SiO_2$
1. Asien	90,19	4,59	—	1,28	1,30	94,78	2,58
2. Mexico	84,83	8,51	—	2,78	2,71	93,34	5,49
3. Asien	90,97	0,30	2,23	3,35	1,17	91,27	6,75
4. Asien	87,58	—	2,47	2,13	4,99	87,58[3])	9,59[3])
5. Tibet	84,38	4,40	1,72	3,71	2,86	88,78	8,29
6. Mexico	72,13	5,62	7,00	11,60	3,74	77,75	22,34
7. Asien	34,91	1,50	21,15	30,18	10,07	36,41	61,40

[1]) E. Cohen, N. JB. Min. etc. 1884, I, 71.

[2]) A. Damour, Ann. chim. phys. (5), **24**, 136 (1881); Bull. soc. min. **4**, 116 (1881). Siehe auch oben S. 650.

[3]) Im Original steht hier 90,05 und 7,12, was mit den andern Zahlen der Reihe nicht stimmt.

	1		2		3		4		5		6		7	
	gef.	ber.	gef.	ber.	gef.	ber.	gef.	ber.	gef.	ber.	gef.	ber.	gef.	ber.
SiO_2	59,27	57,63	58,64	58,33	58,28	57,80	59,12	56,80	59,17	56,17	58,20	58,24	57,14	54,53
Al_2O_3	25,33	24,10	24,94	23,79	23,11	23,11	22,21	22,21	22,58	22,58	19,77	19,77	9,25	9,25
FeO	0,71	0,71	1,48	1,48	0,64	0,64	2,72	2,72	1,56	1,56	2,04	2,04	5,49 Fe_2O_3	5,49
CaO	0,62	0,62	1,34	1,34	1,62	1,62	1,03	1,03	2,68	2,68	5,60	5,60	14,57	14,57
MgO	0,48	0,48	0,89	0,89	0,91	0,91	0,99	0,99	1,15	1,15	3,39	3,39	8,62	8,62
Na_2O	13,82	13,82	13,00	13,00	13,94	13,94	13,66	13,42	12,93	12,93	11,05	11,05	5,35	5,35
	100,23	97,36	100,29	98,83	98,50	98,02	99,73	97,17	100,07	97,07	100,05	100,09	100,42	97,81

S. L. Penfield[1]) hat den rötlichgrauen Jadeit (Chloromelanit) von St. Marcel in Piemont analysiert und für zwei etwas verschieden schwere Proben die Zahlen unter 1. und 2. gefunden.

	1.	2.	Mittel
Na_2O	9,40	9,24	9,32
K_2O	0,24	0,24	0,24
MgO	5,01	5,06	5,03
CaO	7,29	7,19	7,24
MnO	0,66	0,50	0,58
Al_2O_3	9,93	9,56	9,74
Mn_2O_3	1,21	0,92	1,06
Fe_2O_3	11,78	12,19	11,99
SiO_2	54,39	54,78	54,59
Glühverlust . . .	0,38	0,35	0,37
	100,29	100,03	

$\delta = 3{,}382$—$3{,}338$ $\qquad \delta = 3{,}338$—$3{,}257$.

Die nahe Übereinstimmung beider Analysen, deren Mittel in der dritten Kolumne steht, zeigen daß das Material gleichmäßig rein ist. Nach der Rechnung von S. L. Penfield besteht es aus: 28,0 % Diopsid, $MgCa(SiO_3)_2$ + 35,7 % Jadeit, $NaAl(SiO_3)_2$ + 32,5 % Ägirin, $NaFe(SiO_3)_2$ + 3,0 % $NaMn(SiO_3)_2$. Es besteht eine große Ähnlichkeit mit dem von A. Damour[2]) analysierten Jadeit (Chloromelanit) von Mexico.

L. Colomba[3]) fand für den Jadeit von Cassine (Aqui) die Zahlen unter 1:

	1.	2.
Na_2O	7,04	7,33
K_2O	Spur	—
MgO	3,63	3,77
CaO	5,30	5,28
FeO	10,01	10,18
Al_2O_3	18,02	16,84
Fe_2O_3	Spur	—
SiO_2	55,98	56,60
Glühverlust	0,29	—
	100,27	100,00

[1]) S. L. Penfield, Am. Journ. **46**, 292 (1893).
[2]) A. Damour, Bull. Soc. min. **4**, 157 (1881).
[3]) L. Colomba, Rivista di mineralogia e cristallografia italiana **27**, 18 (1901).

Hieraus berechnete er folgende Zusammensetzung:

$$7\,Al_2(SiO_3)_3 + 6\,FeSiO_3 + 4\,MgSiO_3 + 4\,CaSiO_3 + 5\,Na_2SiO_3,$$

woraus sich die Zahlen unter 2 ergeben.

Bei der Berechnung der Jadeitanalysen sind auch die Verhältnisse der Dispersion der optischen Elastizitätsachsen zu berücksichtigen (S. 684).

Physikalische Eigenschaften.

Spezifisches Gewicht. Das spezifische Gewicht des Jadeits ist schon im vorhergehenden nahe = 3,3, das des Chloromelanits im Mittel = 3,4 und das des Nephrits nahe = 3,0 angegeben worden. Eine umfassende Bestimmung wurde von William Hallock[1]) ausgeführt an ca. 500 Nephriten und an ca. 100 Jadeiten und Chloromelaniten der Sammlung von H. R. Bishop und zwar mit der hydrostatischen Wage. Die Ergebnisse der Untersuchung sind die folgenden:

Nephrit.

Stück		Mittel
3 Stück:	$\delta > 3{,}10$	(Mittel: 3,1311)
71 „	$\delta > 3{,}00$	(„ 3,0109)
34 „	$\delta > 2{,}99$	(„ 2,9949)
28 „	$\delta > 2{,}98$	(„ 2,9843)
45 „	$\delta > 2{,}97$	(„ 2,9748)
69 „	$\delta > 2{,}96$	(„ 2,9642)
145 „	$\delta > 2{,}95$	(„ 2,9545)
65 „	$\delta > 2{,}94$	(„ 2,9461)
24 „	$\delta > 2{,}93$	(„ 2,9356)
4 „	$\delta > 2{,}92$	(„ 2,9256)
1 „	$\delta > 2{,}91$	(„ 2,9171)
2 „	$\delta > 2{,}90$	(„ 2,9035)

Also:

$\delta = 2{,}9$—$3{,}0$: 417 Stück Nephrit (Mittel: 2,9389)
$\delta = 3{,}0$—$3{,}2$: 74 „ „ („ 3,0159)

Jadeit und Chloromelanit.

6 Chloromelanite: Mittel: $\delta = 3{,}4039$

Stück		Mittel
43 Stück Jadeit:	$\delta > 3{,}33$	(Mittel: 3,3351)
27 „ „	$\delta > 3{,}32$	(„ 3,3252)
8 „ „	$\delta > 3{,}31$	(„ 3,3182)
4 „ „	$\delta > 3{,}30$	(„ 3,3041)
19 „ „	$\delta > 3{,}20$	(„ 3,2527)

Also:

$\delta = 3{,}2$—$3{,}34$: 101 Stück Jadeit (Mittel: 3,3152)
$\delta = 3{,}34$: 6 Stück Chloromelanit („ 3,4039)

Nimmt man alle Nephrite, sodann alle Jadeite und Chloromelanite zusammen, so erhält man folgende Werte:

Nephrit . . . . $\delta = 2{,}9505$
Jadeit und Chloromelanit . . $\delta = 3{,}3202$

Die spezifischen Gewichte werden beeinflußt von der chemischen Zusammensetzung und von der Anwesenheit fremder Beimengungen. Letzteres ist besonders bei dem Jadeit der Fall. Für diesen hat man an einzelnen

[1]) H. R. Bishop 1, 115 (1906).

Stücken Werte gefunden, die erheblich niedriger sind, als die oben angegebenen, die sich den für Nephrit gültigen Werten nähern und sogar noch unter diese heruntersinken können. Man hat solche abnorm niedrige Werte durch eine teilweise Umänderung des Jadeits in ein amphibolartiges Mineral (Uralitisierung) zu erklären gesucht, was ja wohl manchmal bis zu einem gewissen Grade richtig sein kann. Die mikroskopische Untersuchung derartiger spezifisch leichter Jadeite hat aber in den meisten Fällen eine Beimengung von Feldspat, besonders von Albit ($\delta = 2{,}8345$), auch von Nephelin ($\delta = 2{,}58$—$2{,}64$) ergeben, wodurch das Herabsinken des spezifischen Gewichts selbst noch unter das des Nephrits verständlich wird.[1])

Das spezifische Gewicht ist ein vortreffliches Mittel, Nephrit und Jadeit voneinander zu unterscheiden, das einzige, wenn es sich um künstlerisch bearbeitete Stücke handelt, die keine Verletzung zulassen. Immerhin muß aber nach dem Vorhergehenden mit einiger Vorsicht davon Gebrauch gemacht werden.

Kristallform und Blätterbrüche. Die Form der einzelnen kleinen Körner, Prismen und Fasern in den Aggregaten des Jadeits ist meist ganz, oder wenigstens an den Enden unregelmäßig. Die Kristallisation des Minerals war daher bis vor kurzem nur unvollständig bekannt und nur aus den beiden etwas schief zueinander stehenden vollkommenen Blätterbrüchen und aus den optischen Eigenschaften zu erschließen.

In neuerer Zeit hat S. L. Penfield[2]) einige regelmäßig ausgebildete und scharf begrenzte Kristalle von Jadeit aufgefunden und gemessen, und so nicht nur die Zugehörigkeit zum monoklinen System auf das Bestimmteste bestätigt, sondern auch die kristallographischen Konstanten bestimmt, und aus ihnen und den Formverhältnissen die vollkommene kristallographische Übereinstimmung mit andern Gliedern der Pyroxengruppe (Augit, Spodumen) nachgewiesen.

Achsensystem:

Jadeit . . . $a:b:c = 1{,}103:1:0{,}613;\quad \beta = 72^0\ 44^1/_2{}'$.

Verglichen mit:

Ägirin . . . $a:b:c = 1{,}098:1:0{,}601;\quad \beta = 73^0\ 09'$;
Augit . . . $a:b:c = 1{,}092:1:0{,}5891;\quad \beta = 74^0\ 10'$;
Spodumen . . $a:b:c = 1{,}124:1:0{,}635;\quad \beta = 69^0\ 40'$.

Wie der Habitus aller dieser Kristalle, so stimmen also auch die Achsensysteme derselben nahe miteinander überein. Diese sind bestimmt: für Ägirin aus dem südlichen Norwegen von W. C. Brögger[3]), für Augit vom Vesuv von G. vom Rath[4]) und für Spodumen von J. D. Dana.[5]) Man begreift nicht, wie angesichts dieser Tatsache, angesichts der chemischen Zusammensetzung und der optischen Eigenschaften, die ihm alle bekannt waren, Alfred W. D. Bleeck[6]) sich wundern kann, daß man den Jadeit als einen monoklinen Pyroxen

[1]) Vgl. Max Bauer, N. JB. Min. etc. 1896, I, S. 20.
[2]) H. R. Bishop, **1**, 78 (1906). Siehe dort auf die genauere kristallographische Beschreibung und die Abbildungen der beobachteten Formen die mit denen der gewöhnlichen Augitformen vollkommen übereinstimmen.
[3]) W. C. Brögger, Z. Kryst. **16**, 319 (1889).
[4]) G. vom Rath, Pogg. Ann. 6. Ergänzbd. 370 (1873).
[5]) J. D. Dana, The system of mineralogy, 6. Aufl. 1892, p. 366.
[6]) Alfred W. D. Bleeck, Z. prakt. Geol. 1907 Heft 11. Auch Inaug.-Diss. Münch. 1907, S. 19 des Sep.-Abdr.

auffaßt, und daß er behaupten mag, tatsächlich zwingende Beweise dafür, daß der Jadeit ein Pyroxen ist, seien nicht vorhanden. Dasselbe müßte dann auch für den doch auch häufig etwas Na_2O enthaltenden Spodumen und für den Ägirin gelten.

Nicht selten beobachtet man in Dünnschliffen meist sehr schmale und feine Zwillingslamellen, die nach der gewöhnlichen Zwillingsfläche des Pyroxens, der Querfläche (100) eingelagert und miteinander verwachsen sind, zuweilen in großer Zahl. Sie finden sich nur dort, wo das Jadeitaggregat durch den Gebirgsdruck stark in Anspruch genommen ist und wo auch zahlreiche andere Erscheinungen einer ausgesprochenen Kataklasstruktur zu beobachten sind, von denen unten (S. 693) noch weiter die Rede sein wird. Wir haben es also hier wohl mit Druckzwillingen nach einer Gleitfläche zu tun, die hier $\parallel a$ (100) gehen würde.[1]) Auch nach der Basis (001) sind solche Zwillingslamellen zuweilen eingelagert, die entsprechend zu deuten wären und die wohl mit den oben erwähnten Absonderungen nach dieser Richtung zusammenhängen.

In den fast stets sehr feinfasrigen Nephritaggregaten ist meist von der Kristallform der einzelnen Tremolitindividuen wenig zu erkennen, doch findet man zuweilen einzeln größere Prismen, die aber nur seitlich, niemals jedoch an den Enden regelmäßig begrenzt sind. U. d. M. zeigen sie manchmal auf Querschnitten die charakteristische Spaltbarkeit des Amphibols und auf Längsschnitten ein System von Spaltungsrissen mit den optischen Eigenschaften des Tremolits. Etwas genauer konnte F. Berwerth[2]) die Kristallform bestimmen. Aus einer gröber kristallinischen Partie eines größern Nephritblocks von Neuseeland ließen sich bis 5 mm lange prismatische Kriställchen mit vollkommener Spaltbarkeit nach den beiden Prismenflächen herauslösen. Die Hohlformen gaben dann die Gestalt des Hornblendenprismas mit wenig abgestumpften scharfen Kanten zu erkennen. An zwei Spaltungsprismen wurden die Winkel gemessen.

$$110:1\bar{1}0 = 54^0\ 38', \text{ bzw. } 125^0\ 32' \text{ und}$$
$$= 54^0\ 35', \text{ bzw. } 125^0\ 25'$$

Es besteht also in der Tat Übereinstimmung mit dem Tremolit (bzw. Strahlstein), für den A. Des Cloizeaux[3]) einen Spaltungswinkel $= 124^0\ 30'$ angibt (Tremolit vom St. Gotthard). Beim Amphibol überhaupt schwankt der Prismenwinkel nach A. Scacchi[4]) zwischen $123^0\ 57'$ und $125^0\ 50'$. Auch beim Nephrit hat F. Berwerth (l. c. S. 105) Zwillingslamellen nach der Querfläche (100) beobachtet.

Optische Eigenschaften. Für das Studium der optischen Eigenschaften des Nephrits und Jadeits ist hauptsächlich die Beobachtung von Dünnschliffen unter dem Mikroskop von Wichtigkeit. Beide erweisen sich hier als stark licht- und doppeltbrechend, meist farblos oder auch grün gefärbt, und dann, wenn nicht zu schwach, mehr oder weniger deutlich pleochroitisch. In einzelnen Fällen ist es auch gelungen, kleine Spaltungsprismen, die aus grobkörnigen Aggregaten gewonnen wurden, eingehender zu untersuchen. Dies ist besonders beim Jadeit von Bedeutung, der ja in anderer Form, als in dieser bisher noch

---

[1]) Vgl. Max Bauer l. c., 27.
[2]) F. Berwerth, Sitzber. Wiener Ak. **80**, Abt. I, 104 (1879).
[3]) A. Des Cloizeaux, Manuel de minéralogie **1**, 79 (1862).
[4]) Vgl. A. Des Cloizeaux, Manuel de minéralogie **1**, 77 (1862).

nicht bekannt geworden ist, und der daher hier vorzugsweise besprochen werden wird. Die optischen Eigenschaften des Nephrits stimmen in jeder Hinsicht so vollkommen mit denen des Tremolits bzw. Aktinolits überein, daß ein weiteres Eingehen hierauf an dieser Stelle nicht notwendig erscheint.

Die erste, wenn auch nicht ganz vollständige optische Untersuchung des Jadeits an Spaltungsprismen wurde im Anschluß an kristallographische Beobachtungen von A. Des Cloizeaux[1]) ausgeführt. Auf der Querfläche h^1 (100) beobachtete er ein schönes System von exzentrischen Ringen mit schwacher Dispersion $\varrho < v$ und negativer Doppelbrechung. Die Mittellinie, um die es sich hier handelt, muß nach der sofort zu besprechenden Untersuchung von A. Krenner die zweite sein. Auf der der Symmetrieebene parallelen Längsfläche g^1 (010) beobachtete A. Des Cloizeaux im weißen Licht eine Auslöschungsschiefe von 31—32° gegen die Prismenkante. Er hebt die nahe Übereinstimmung des Jadeits mit dem Diopsid in optischer Hinsicht besonders hervor.

Eingehender und umfassender sind die Untersuchungen, die A. Krenner[2]) an genügend großen Spaltungsprismen des Jadeits von Birma angestellt hat. Auch nach seiner Beobachtung ist die Ebene der optischen Achsen der Symmetrieebene parallel, und die erste Mittellinie macht im Na-Licht 33° 34′ mit der Vertikalachse (Prismenkante) und zwar im stumpfen Achsenwinkel β, wie bei den übrigen monoklinen Pyroxenen. Auf den Prismenflächen wurden die Auslöschungsschiefen im Na-Licht = 32° 16′ gefunden, und zwar auf beiden vollkommen übereinstimmend, entsprechend der Symmetrie eines monoklinen Kristalls. Demgemäß war auch auf allen orthodiagonalen Schliffen die Auslöschung gerade. Die erste Mittellinie ist positiv und das Achsenbild, das sie umgibt, zeigt schwache geneigte Dispersion, alles wie bei den andern monoklinen Gliedern der Pyroxengruppe. Plättchen senkrecht zur Prismenkante lassen nahe der Mitte des Gesichtsfelds eine optische Achse austreten, die einen Winkel von wenigen Graden mit der Plattennormale einschließt. Es wurde gemessen in Öl im Na-Licht:

$$2H_a = 82^0\,48', \qquad 2H_0 = 131^0\,22',$$

woraus folgt:

$$2V_a = 71^0\,56', \qquad \beta = 1{,}654.$$

Nach A. Michel-Lévy und A. Lacroix[3]) ist die Doppelbrechung:

$$\alpha - \gamma = 0{,}0029.$$

E. Cohen (l. c., 71) schloß sich A. Krenners Ansicht von der monoklinen Kristallisation des Jadeits an, entgegen A. Arzruni (S. 700), der auch aus den optischen Eigenschaften die Zugehörigkeit zum triklinen Kristallsystem geschlossen hatte. Die späteren Beobachtungen von Max Bauer (l. c., 24) konnten nur mit denen von A. Krenner in Einklang gebracht werden.

Die Dispersion der optischen Achsen ist: $\varrho > v$.

Häufig ist die Auslöschungsschiefe bestimmt worden (vgl. H. R. Bishop 1, 80). Es werden hier sehr verschiedene Werte angegeben, die von 34° 10

[1]) A. Des Cloizeaux, Bull. Soc. min. **4**, 158, Fußnote (1881).
[2]) A. Krenner, Wissenschaftl. Ergebnisse der Reise des Grafen Béla Széchenyi in Ostasien **3**, 4. Abt. 1899, 345; vgl. auch N. JB. Min. etc. 1883 II, 173.
[3]) A. Michel-Lévy u. A. Lacroix, Minéraux des roches 1888, 266.

bis 43°45′ ansteigen. Diese höchste Zahl bezieht sich auf einen Jadeit von China, also wahrscheinlich aus Birma stammend. Nach A. Michel-Lévy und Alf. Lacroix (l. c. 266) sind die beiden Grenzen = 31° und 45°. Für verschiedene Farben bestehen nur sehr geringe Unterschiede, da die Dispersion der optischen Elastizitätsachsen meist nur sehr gering ist. Es gibt jedoch auch einzelne Jadeite und Chloromelanite mit starker Dispersion. L. Mrazec[1]) beschreibt einen Jadeit aus Piemont mit so beträchtlicher Dispersion, daß sie im weißen Licht die genaue Messung der Auslöschungsschiefe hindert, und führt diese Erscheinung auf einen kleinen Titangehalt zurück. Aber auch titanfreie Jadeite und Chloromelanite zeigen sie, wie die von Antioche und die von Le Sinette bei Mocchie in Piemont, während dies bei den Jadeiten von Prato Fiorito und Cassina nicht der Fall ist. Aus den Erörterungen zwischen S. Franchi und L. Colomba[2]) über diesen Punkt geht wohl hervor, daß dieser Unterschied auf der Anwesenheit von Fe_2O_3, bzw. des Ägirinmoleküls beruht. Etwa vorhandenes FeO spielt dabei keine Rolle. Nach L. Colomba zerfallen diese Pyroxene in akmitoidische mit und jadeitoidische ohne Dispersion. Dieser Unterschied muß bei der Berechnung der Analysen berücksichtigt werden. Ist Dispersion vorhanden, so muß Fe_2O_3 und Na_2O zum Akmit- (Ägirin-)-molekül vereinigt werden, im andern Fall gehören Na_2O und Al_2O_3 zusammen und bilden das Jadeitsilicat.

Die Farbe der Individuen des Jadeits sowohl als des Nephrits im Dünnschliff ist, wenn sie nicht ganz farblos sind, fast stets nur ziemlich schwach grünlich, doch trifft man zuweilen intensiv smaragdgrüne Jadeitindividuen, die dann, im Gegensatz zu den schwach gefärbten, einen ziemlich kräftigen Pleochroismus zwischen smaragdgrün und gelblichgrün zeigen. Auf Querschnitten ist ein Unterschied zwischen den beiden Diagonalen der Spaltungsprismen fast nicht zu erkennen; in beiden Richtungen ist die Absorptionsfarbe scheinbar gleich, smaragdgrün, während die Schwingungen nach der Längsrichtung in der Richtung der Prismenkanten hell gelblichgrün sind. Das Absorptionsschema ist also:

$$\mathfrak{a} = \mathfrak{b} > \mathfrak{c}.$$

$\mathfrak{a} = \mathfrak{b}$ smaragdgrün, $\mathfrak{c}$ gelblichgrün.

(Siehe auch: Farbe der Aggregate S. 696.)

Kohäsionsverhältnisse.

Nephrit sowohl wie Jadeit, namentlich aber der erstere, sind durch ihre ganz enorme Zähigkeit und Festigkeit bekannt, in bezug auf welche sie an der Spitze aller bekannten natürlichen und künstlichen Substanzen stehen. Um Nephrit oder Jadeit zu schleifen ist eine mehrfach längere Zeit nötig, als bei gleich großen Stücken Bergkristall oder Achat, obgleich diese härter sind.

1860 suchte der Mineralienhändler F. Krantz in Bonn vergeblich mit dem Hammer einen größern Nephritblock zu zerschlagen. In den Kruppschen Werkstätten in Essen wurde dieser sodann mit dem Dampfhammer bearbeitet, aber der Amboß ging in Trümmer, der Nephritblock blieb ganz. Erst

---

[1]) L. Mrazec, Bull. soc. des sciences Bucarest-Roumanie 1898, 187.

[2]) S. Franchi u. L. Colomba, Bolletino R. Comitato geologico, Rom 1900, Nr. 2 u. 1901, Nr. 4; Rivista di mineralogia e cristallografia italiana **28**, 81 (1903); **29**, (1903); **30**, (1903); **31**, (1904); vgl. auch A. Krenner, oben S. 683.

starkes Erhitzen und Abschrecken in Wasser bewirkte die Zertrümmerung. Im folgenden ist eine Anzahl von quantitativen Versuchen zur genaueren Erforschung der Kohäsion mitgeteilt. Nephrit sowohl wie Jadeit sind danach als spröde zu bezeichnen, da sie keine bleibende elastische Deformation annehmen.

Widerstand gegen Stoß. Eine Reihe von Versuchen hierüber wurden von Logan Waller Page[1]) angestellt. Dazu wurden Würfel von je $^1/_2$ Zoll Kantenlänge benutzt. Der Apparat war so eingerichtet, daß ein Hammer von 1 kg Gewicht zuerst 1 cm, dann 2, 3 . . . cm hoch auf die Oberfläche des mit der untern Seite auf einer harten Unterlage liegenden Würfels fiel, daß also die Fallhöhe bei jedem Stoß um je 1 cm zunahm, bis der Würfel zerbrach. Dabei fiel der Hammer entweder auf die Schieferungsfläche (siehe unten), oder auf eine zu dieser senkrechten Fläche, d. h. der Schlag ging senkrecht (⊥), bzw. parallel (∥) zur Schieferungsfläche. In der folgenden Tabelle, in der die Ergebnisse dieser Untersuchung zusammengestellt sind, findet man die Zahl der zur Zertrümmerung des Würfels erforderlichen Schläge, die Energie des letzten Schlags in Zentimetergramm ausgedrückt und die Gesamtenergie durch alle Schläge zusammen, die auf den Würfel bis zu dessen Zertrümmerung ausgeführt worden sind, ebenfalls in Zentimetergramm. Die meisten Zahlen sind Mittel aus den Versuchen an mehreren Würfeln.

Fundort	Schlagrichtung zur Schieferung	Zahl der Schläge	Energie des letzten Schlags	Gesamtenergie aller Schläge
Jadeit.				
Birma (6)	∥	107,5[2])	107 500	5 842 000
	⊥	115,5[2])	115 500	6 848 000
Nephrit.				
China (49) (?Turkestan)	∥	39	39 000	780 000
	⊥	81	81 000	3 321 000
Neuseeland (44) . .	⊥	85	85 000	3 655 000
Jordansmühl (29) . .	∥	32	32 000	528 000
	⊥	37	37 000	703 000
	45°	39	39 000	780 000
Sibirien (56) . . .	∥	32	32 000	528 000
	40°	48	48 000	1 176 000
	45°	48	48 000	1 176 000
Turkestan, grün (21)[3])	keine Schieferung	68	68 000	2 346 000
	∥	76	76 000	2 926 000
	⊥	82	82 000	3 403 000
Turkestan, weiß (31)	keine Schieferung	37	37 000	710 000
Turkestan, dunkelgrau (19)	⊥	152	152 000	11 628 000
	schief	118	118 000	6 786 000
	∥	102	102 000	5 253 000

Die eingeklammerten Zahlen in der ersten Kolumne beziehen sich auf die Analyentabellen S. 660.

Im Mittel betrug die Anzahl der zur Zertrümmerung des Würfels erforderlichen Schläge bei den untersuchten acht Proben Nephrit und Jadeit in abnehmender Reihenfolge:

[1]) H. R. Bishop, l. c. 98.
[2]) Mittel aus zwei Würfeln.
[3]) Zwei Würfel, einer ohne, der andere mit Schieferung.

Nephrit, Turkestan, Nr. 19 . . .	124 Schläge
Jadeit, Birma, Nr. 6	112 "
Nephrit, Neuseeland, Nr. 44 . .	85 "
" Turkestan, Nr. 21 . . .	75 "
" China, Nr. 49	60 "
" Sibirien, Nr. 56	43 "
" Turkestan, Nr. 31 . . .	37 "
" Jordansmühl, Nr. 29 . .	36 "

Der Widerstand gegen Schläge ist also wenigstens zum Teil sehr stark. Im allgemeinen ist er senkrecht zur Schieferfläche größer als parallel zu ihr, und der Jadeit von Birma ist widerstandsfähiger, als die meisten Nephrite, ausgenommen ist allein der graue Nephrit von Turkestan (19), der die größten Werte von allen geliefert hat. Die großen Unterschiede zwischen den Nephriten stammen wohl zum Teil von äußern Ursachen, unbemerkbar feinen Rissen usw. Im Durchschnitt aller Stücke sind zur Zertrümmerung ca. 72 Schläge nötig. Bei vier gleich großen Würfeln von Tonschiefer waren es im Durchschnitt 16 und bei 3 Granitwürfeln 32 Schläge. Ein Diabaswürfel von 2 Zoll Kantenlänge zerbrach bei 68 Schlägen, wegen der abweichenden Größe ist aber eine direkte Vergleichung hier nicht möglich.

Ähnliche Versuche hat schon früher H. v. Schlagintweit[1]) gemacht. Auf ein 70 ccm großes Stück des feinsten hellgrünen Nephrits von Turkestan mit zwei natürlichen Bruchflächen, das auf einem Amboß lag, fiel ein Stahlmeisel mit einer $2^1/_2$ cm langen und nicht ganz $^1/_{10}$ mm breiten Schneide mit einer Belastung von 50 kg 35 cm hoch herab. Dabei wurde die Schneide umgebogen und auf dem Stein entstand, da, wo sie auffiel, eine feine Linie, wie ein Bleistiftstrich. Der Stein blieb gänzlich unverletzt bis auf drei kleine weiße Flecke an der Unterseite, wo vorher drei kleine Hervorragungen gewesen waren.

A. Rosival[2]) hat die „Zermalmungsfestigkeit" von Nephrit und Jadeit bestimmt, die Arbeit, die erforderlich ist, 1 ccm zu Sand und Staub zu zermalmen (ausgedrückt in Meterkilogramm). Er erhielt folgende Maximalwerte:

Nephrit, Neuseeland	20,6 Meterkg.
Jadeit, Hinterindien .	13,0 "

Zum Vergleich seien die entsprechenden Zahlen für einige andere Gesteine beigefügt:

Nephelinbasalt, Topkowitz . . .	8,46 Meterkg.
Basalt, Messendorf	7,70 "
Eklogit, Marienbad	7,17 "
Quarzporphyr, Tirol	5,80 "
Amphibolgranit, Brünn . . .	4,36 "
Grauwacke, Wischau, Mähren .	3,60 "

Weitaus am größten ist der Wert für

Gußeisen . . . . 132,2 Meterkg.

Widerstand gegen Druck. Eine zusammenhängende Reihe von Versuchen hierüber wurde von Ira Harvey Woolson[3]) ausgeführt und zwar an Würfeln von sehr nahe 1 Zoll Kantenlänge mit schwach polierten Flächen. Dabei wurde der Druck, der immer, wo diese erkennbar war, senkrecht zur Schieferung ging,

---

1) H. v. Schlagintweit, Sitzber. Münchener Ak. math.-phys. Kl. 1873, 254.
2) A. Rosival, Verh. k. k. geol. R.A. 1909, 386.
3) H. R. Bishop, l. c. 103.

bis zum Zersprengen der Würfel gesteigert, was plötzlich mit einem scharfen Knall geschah. Gemessen wurde auch die Verkürzung der in der Richtung des Drucks liegenden Kanten. In der folgenden Tabelle sind die Ergebnisse (ausgedrückt in Pfunden und Zollen) mitgeteilt. Sie enthält die Herkunft der Proben, den gesamten zum Zerbrechen nötigen Druck, den Druck pro Quadratzoll unter Berücksichtigung der kleinen Abweichungen der Kantenlängen von 1 Zoll, die Gesamtverkürzung der Kanten ausgedrückt in Zollen nebst Angabe der Belastung, bei der sie gemessen wurde und des Betrags in Prozenten der ursprünglichen Kantenlängen:

Herkunft	Gesamtdruck	Druck pro □ Zoll	Gesamtverkürzung	bei Druck	Verkürzung in Proz.
Jadeit.					
Birma (6)	94450	92416	0,0027	75000	0,36%
Birma (6)	79180	76208	Nicht bestimmt		
Birma	38934	41000	0,00075	40000	0,10
Birma (15)	41987	55000	0,0012	54000	0,16
Nephrit.					
China (?Turkestan) (49)	94500	91836	0,0036	75000	0,48
Neuseeland (44)	87800	92332	0,0037	75000	0,49
China (?Turkestan) (36)	91600	95150	0,00206	75000	0,27
Jordansmühl (29)	23800	23992	Nicht bestimmt		
Jordansmühl (29)	26000	25540	"	"	
Sibirien (56)	52600	53238	0,0027	50000	0,36
Sibirien (56)	36200	35877	Nicht bestimmt		
Turkestan (21)	20000	19569	"	"	
Turkestan (21)	28100	27414	"	"	
Khotan (31)	52100	52732	"	"	
Khotan (31)	65400	66463	0,0024	50000	0,33
Khotan (19)	85600	82387	0,0024	75000	0,38
Khotan (19)	70000	66225	0,0034	66000	0,45

Die eingeklammerten Zahlen in der ersten Kolumne geben die Nummern in der obigen Analysentabellen (S. 660 ff.) an.

Für andere Materialien sind die entsprechenden Zahlen, die zum Zerbrechen nötigen Drucke in Pfunden pro Quadratzoll, die folgenden:

Sandstein	5000—15000	Pfund
Kalkstein	7000—20000	"
Granit	15000—35000	"
Weicher Stahl	40000—60000	"
Mittlerer Stahl	60000—80000	"
Gußeisen	60000—80000	"
Nephritoide	20000—95000	"

Die letztern übertreffen also in ihren besten Exemplaren alle übrigen zum Vergleich untersuchten Stoffe, auch den Stahl, in Beziehung auf die Festigkeit weit. Namentlich gilt dies für den Nephrit, doch steht der Jadeit mit 92416 Pfund im Maximum nicht weit hinter dem Nephrit mit 95150 Pfund zurück.

Früher schon, im Jahr 1897, sind ähnliche Versuche von L. Jaczewsky[1]) mit dem sibirischen Nephrit angestellt worden. Er prüfte zwei Würfel, die bei steigendem Druck endlich mit lautem Knall zersprangen.

[1]) L. Jaczewsky, Verhandlungen russ. mineralog. Gesellsch. St. Petersburg **35**, 1. Liefg., Protokoll 13, 14 (1897) und **37**, 2. Liefg., Protokoll 56, 57 (1899).

1. Würfel, $\delta = 3{,}003$. Etwas kantendurchscheinend, mit Spuren von Rissen. Endgewicht = 4222 kg auf 1 qcm = 60050 Pfund auf 1 Quadratzoll.

2. Würfel, $\delta = 2{,}993$. Fast schwarz, ohne Risse. Endgewicht = 7759 kg auf 1 qcm. = 110000 Pfund pro Quadratzoll. Diese Zahl ist also noch erheblich größer, als die größte bei den obigen Bestimmungen (95150 bei dem Nephrit von China). Das weit geringere Endgewicht bei dem ersten Würfel hängt wohl mit den an ihm beobachteten Rissen zusammen.

In einem dritten Würfel entstanden bei einem Druck von 6017,7 kg pro Quadratzentimeter nur unbedeutende Sprünge.

Elastizitätskoeffizienten. Bei den im vorstehenden betrachteten Kompressionsversuchen wurde auch die bei jeder Belastung eintretende Deformation bestimmt und der zugehörige Elastizitätskoeffizient für drei Jadeite und drei Nephrite berechnet. Die Resultate sind aus der folgenden Tabelle zu ersehen:

Elastizitätskoeffizienten.

Druck in Pfunden pro Quadratzoll	Jadeit, Birma (6)	Jadeit, Birma	Jadeit, Birma (15)	Nephrit, China (49) (? Turkestan)	Nephrit, Neuseeland (44)	Nephrit, China (36) (? Turkestan)
600	—	—	—	—	—	9 000 000
700	—	—	—	—	—	5 200 000
800	—	—	—	—	3 000 000	6 000 000
900	—	—	—	—	—	4 500 000
1 000	—	—	7 500 000	7 500 000?	3 800 000	5 000 000
2 000	14 900 000?	37 500 000	10 700 000	3 000 000	4 300 000	7 100 000
3 000	11 200 000	22 500 000	13 200 000	3 300 000	5 200 000	8 300 000
5 000	14 400 000	28 800 000	17 900 000	4 700 000	7 400 000	11 700 000
6 000	14 500 000	25 000 000	21 400 000	5 200 000	8 500 000	11 800 000
10 000	20 200 000	34 100 000	25 800 000	7 000 000	11 000 000	19 700 000
12 000	24 300 000	41 000 000	27 300 000	7 200 000	12 800 000	20 900 000
13 000	26 400 000	36 200 000	29 600 000	7 300 000	13 400 000	22 600 000
20 000	25 400 000	35 700 000	36 600 000	9 100 000	18 700 000	27 800 000
21 000	23 900 000	33 500 000	34 300 000	9 600 000	18 100 000	26 300 000
23 000	24 600 000	36 700 000	37 500 000	9 700 000	18 500 000	26 500 000
25 000	25 000 000	35 800 000	40 700 000	10 200 000	18 000 000	28 900 000
29 000	25 600 000	38 800 000	40 200 000	10 700 000	18 100 000	28 600 000
30 000	26 500 000	40 100 000	38 800 000	11 100 000	18 500 000	29 600 000
34 000	28 400 000	45 500 000	41 100 000	11 600 000	18 200 000	27 400 000
35 000	29 200 000	47 000 000	39 800 000	11 600 000	18 200 000	26 800 000
38 000	30 000 000	43 200 000	40 700 000	12 000 000	17 800 000	27 400 000
40 000	30 000 000	40 000 000	40 500 000	12 100 000	17 700 000	27 500 000
43 000	30 700 000	—	41 700 000	12 400 000	18 200 000	28 000 000
45 000	29 100 000	—	41 200 000	13 000 000	17 300 000	29 300 000
49 000	28 600 000	—	38 300 000	13 200 000	17 200 000	28 200 000
50 000	27 200 000	—	39 000 000	13 400 000	17 200 000	28 800 000
54 000	27 200 000	—	34 300 000	13 900 000	16 800 000	28 900 000
55 000	27 700 000	—	19 800 000	13 900 000	16 700 000	29 400 000
57 000	27 700 000	—	—	14 100 000	16 700 000	28 500 000
60 000	26 400 000	—	—	14 300 000	16 900 000	27 300 000
62 000	26 400 000	—	—	14 600 000	17 100 000	26 700 000
65 000	26 100 000	—	—	14 600 000	16 800 000	26 400 000
70 000	22 700 000	—	—	15 200 000	16 300 000	26 800 000
75 000	20 500 000	—	—	15 300 000	15 700 000	27 300 000
80 000	—	—	—	—	—	26 300 000
Bruch bei	92 416 ℔	41 000 ℔	55 000 ℔	91 836 ℔	92 332 ℔	95 150 ℔

Die eingeklammerten Zahlen beziehen sich auf die Analysentabellen S. 660 ff. Der Jadeit ohne Nummer ist nicht analysiert.

Übersichtlich sind die Elastizitätskoeffizienten in den Diagrammen Fig. 36 dargestellt. Sie sind angegeben in Pfunden und Quadratzollen. Für verschiedene Exemplare derselben Substanz sind sie recht verschieden und wachsen im allgemeinen bei jeder einzelnen stark mit zunehmendem Druck. In einzelnen Fällen erreicht der Elastizitätskoeffizient bei einer gewissen Belastung ein Maximum, um dann bei weiterer Zunahme der letztern wieder abzunehmen; bei dem einen Jadeit ist sogar bei zwei verschiedenen Belastungen ein sehr ausgeprägtes Maximum beobachtet. Es ist dies derselbe Jadeit, der die beiden andern Jadeite und alle drei Nephrite in Beziehung auf die Elastizität weit

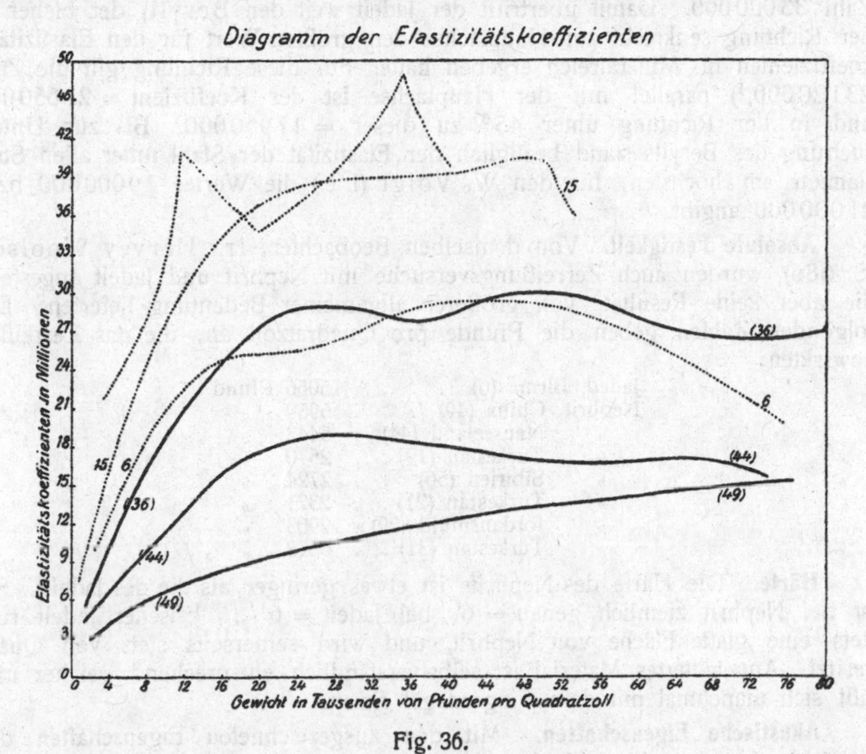

Fig. 36.

übertrifft. Der höchste bei ihm gefundene Elastizitätskoeffizient ist = 47 000 000 bei einer Belastung von 35 000 Pfund. Da die Tabelle und die Diagramme die Verhältnisse der Elastizität von Jadeit und Nephrit in allen Einzelheiten leicht übersichtlich darstellen, sind weitere Bemerkungen hierüber nicht erforderlich. Im Diagramm beziehen sich die punktierten Kurven auf den Jadeit, die voll ausgezogenen auf den Nephrit.

Die Maximalzahlen für die Elastizitätskoeffizienten sind bei Nephrit und Jadeit besonders hohe. Zum Vergleich sind die Elastizitätskoeffizienten einiger andern Materialien hier beigefügt:

Stahl	28000000—30000000	Granit	2000000—9000000
Gußeisen . . .	12000000—27000000	Kalkstein	3000000—5000000
Marmor	6000000—14000000	Sandstein	1000000—5000000
	Nephritoide	3000000—47000000	

Die letztern, namentlich der Jadeit, übertreffen also in der Tat in ihren besten Exemplaren und unter den günstigsten Umständen die andern bekannten Substanzen weit in Beziehung auf die Elastizität, auch den Stahl, den man für den Körper mit dem höchsten Elastizitätskoeffizienten zu halten gewohnt ist und sogar den Beryll, der bisher die höchsten überhaupt bekannten Werte für die Elastizitätskoeffizienten geliefert hat.

Rechnet man die höchsten der obigen Zahlen für den Elastizitätskoeffizienten, 47000000 vom Jadeit von Birma (15) bei einem Druck von 35000 Pfund pro Quadratzoll, auf Gramm und Quadratmillimeter um, so erhält man die Zahl 33000000. Damit übertrifft der Jadeit weit den Beryll, der bisher in der Richtung senkrecht zur Hauptachse den größten Wert für den Elastizitätskoeffizienten in Mineralreich ergeben hatte. Für diese Richtung gilt die Zahl 23120000,[1]) parallel mit der Hauptachse ist der Koeffizient = 21650000 und in der Richtung unter 45° zu dieser = 17960000. Bis zur Untersuchung des Berylls stand bezüglich der Elastizität der Stahl unter allen Substanzen am höchsten, für den W. Voigt (l. c.) die Werte: 19000000 bzw. 21000000 angibt.

Absolute Festigkeit. Von demselben Beobachter, Ira Harvey Woolson (S. 686), wurden auch Zerreißungsversuche mit Nephrit und Jadeit angestellt, die aber keine Resultate von größerer allgemeiner Bedeutung lieferten. Die folgenden Zahlen geben die Pfunde pro Quadratzoll an, die das Zerreißen bewirkten:

Jadeit, Birma (6)	5056 Pfund
Nephrit, China (49) . . .	5959 „
„ Neuseeland (44) .	5442 „
„ Turkestan (19) . .	2570 „
„ Sibirien (56) . .	2724 „
„ Turkestan (21) . .	2321 „
„ Jordansmühl (29) .	2903 „
„ Turkestan (31) . .	5518 „

Härte. Die Härte des Nephrits ist etwas geringer als die des Jadeits. Sie ist bei Nephrit ziemlich genau = 6, bei Jadeit = $6^1/_2$. Frischer Jadeit ritzt stets eine glatte Fläche von Nephrit, und wird seinerseits stets von Quarz geritzt. Angewittertes Material ist selbstverständlich entsprechend weicher und läßt sich manchmal mit dem Fingernagel ritzen.

Akustische Eigenschaften. Mit den ausgezeichneteu Eigenschaften der Kohäsion hängt wohl auch der helle, fast metallische Klang zusammen, den geeignet gestaltete Körper aus Nephrit beim Anschlagen ergeben, worauf dessen Verwendung zu Klangplatten und Klangstäben bei manchen Völkerschaften der Jetztzeit und des Altertums beruht. Näheres hierüber vgl. H. R. Bishop, **1**, 117.

Schmelzbarkeit und Zersetzbarkeit durch Säuren und Salzlösungen.

Nephrit schmilzt schwer und nur in feinen Splittern vor dem Lötrohr. Das Verhalten ist wie bei dem Tremolit und Strahlsteine. Jadeit schmilzt sehr leicht und schon in der gewöhnlichen Bunsenflamme, nach C. Doelter bei 1000—1060° (Jadeit von Tibet), wobei diese sehr lebhaft gelb gefärbt wird

[1]) W. Voigt, N. JB. Min. etc. Beil.-Bd. 5, 82 (1887). Festschrift zum 60jährigen Doktorjubiläum des Herrn Geheimrat Professor Dr. F. E. Neumann in Königsberg (Göttingen 1886), 22—24.

(Na-Reaktion). Hierin liegt ein Mittel, die beiden oft sehr ähnlich aussehenden Mineralien leicht voneinander zu unterscheiden. Aus dem Schmelzfluß erstarrt der Jadeit als Glas und die Härte sinkt von nahezu 7 auf 6. Die Dichte des Glases läßt sich wegen zahlreicher kleiner Luftblasen nicht bestimmen.

Natürlicher Jadeit wird durch Säuren (HCl) äußerst langsam zerlegt, wird aber als Glas nach dem Schmelzen von HCl ziemlich leicht zersetzt und die Kieselsäure gallertartig ausgeschieden. Ganz entsprechend verhält sich das Mineral gegen Salzlösungen. Natürlicher Jadeit wird von solchen viel schwieriger umgewandelt, als geschmolzener, wie besonders J. Lemberg[1]) eingehend gezeigt hat. Er hat im Anschluß an seine Untersuchung des Spodumens auch Versuche über die Umwandlung des analog zusammengesetzten Jadeits im natürlichen und geschmolzenem Zustand durch Salzlösungen angestellt und eine im großen und ganzen vollkommene Übereinstimmung beider Mineralien konstatiert.

a) Natürlicher Jadeit. In der folgenden Tabelle geben die Kolumnen *a* und *b* die Analysen zweier Jadeite aus Birma. Der Jadeit *a* gab, als er

	a	*b*	*c*	*d*	*e*
H_2O	0,44	0,30	11,78	8,38	0,85
SiO_2	58,56	58,95	46,97	52,04	52,59
Al_2O_3	25,20[2])	25,17[3])	21,49	24,60	25,05
CaO	0,37	0,41	—	—	—
K_2O	—	—	19,28	—	21,11
Na_2O	14,72	14,70	—	14,49	—
MgO	0,71	0,47	0,48	0,49	0,40
	100,00	100,00	100,00	100,00	100,00

1566 Stunden mit einer $10\,^0/_0$ igen Lösung von K_2CO_3, die mit KCl gesättigt war, auf 220—230° erhitzt wurde, unter teilweiser SiO_2-Abspaltung das Silicat *c*. Behandelt man dieses 98 Stunden lang bei 210—220° mit einer Lösung, die $15\,^0/_0$ NaCl und $5\,^0/_0$ Na_2CO_3 enthält, so wird es „analcimisiert"; es entstehen neben runden Körnern auch Würfel und die Zusammensetzung ist die unter *d*. Dieses letztere Silicat gibt, 100 Stunden mit KCl-Lösung, auf 210—220° erhitzt, die Verbindung *e*. Der Versuch, Jadeit durch Einwirkung von Na_2CO_3-Lösung direkt zu „analcimisieren", ging, anders als beim Spodumen, so langsam vor sich, daß er nach 1368 Stunden abgebrochen wurde, ebenso auch der Versuch, Jadeit durch überschüssiges, in seinem Kristallwasser geschmolzenes $Na_2O \cdot SiO_2 \cdot 8\,H_2O$ bei 200—210° umzuwandeln.

b) Geschmolzener Jadeit. Dieser gibt, 170 Stunden bei 210—220° mit $8\,^0/_0$ iger Na_2CO_3-Lösung behandelt, unter teilweiser SiO_2-Abspaltung runde Körner des dem Analcim sehr nahestehenden Silicats *f*. Aus diesem erhält man durch 100stündiges Digerieren mit KCl-Lösung bei 210—220° das Silicat *g*. Geschmolzener Jadeit lieferte, 194 Stunden mit einer $20\,^0/_0$ igen K_2CO_3-Lösung auf 200—210° erwärmt, unter Auflösung von etwas SiO_2 das Produkt *h* in unregelmäßigen Körnern mit kleinen Säulen, und letzteres, 12 Tage mit einer NaCl-Lösung auf 100° erhitzt, das Silicat *i*. Wird dieses

[1]) J. Lemberg, Z. Dtsch. geol. Ges. **39**, 586 (1887). (Siehe Anal. 1 u. 2 S. 652.)
[2]) Darin 0,63 Fe_2O_3.
[3]) Darin 0,58 Fe_2O_3.

	f	g	h	i	k	l
H_2O	9,15	1,20	12,10	17,44	8,70	0,77
SiO_2	53,46	53,11	48,32	48,45	53,18	53,75
Al_2O_3	23,13	23,61	20,88	21,09	23,68	24,04
K_2O	—	21,49	18,20	1,25	—	21,03
Na_2O	13,46	—	—	11,24	14,00	—
MgO	0,80	0,50	0,50	0,53	0,44	0,41
	100,00	100,00	100,00	100,00	100,00	100,00

100 Stunden lang bei 210—220° mit einer Lösung behandelt, die 15 % NaCl und 5 % Na_2CO_3 enthält, so wird es „analcimisiert" und es entstehen schlechte Würfel und spärliche Säulen von der Zusammensetzung *k*, die, 100 Stunden mit einer KCl-Lösung auf 210—220° erwärmt, die Zusammensetzung unter *l* annehmen. Geschmolzener Jadeit 3 Monate mit 30 %iger K_2CO_3-Lösung bei 100° behandelt, ging unter teilweiser SiO_2-Abspaltung in das Silicat *m* über

	m	n	o	p	q
H_2O	15,70	20,08	8,65	0,85	8,76
SiO_2	46,60	46,99	52,75	53,60	54,57
Al_2O_3	19,82	20,50	23,77	24,13	23,13
K_2O	17,39	—	—	20,92	—
Na_2O	—	11,92	14,30	—	13,54
MgO	0,49	0,51	0,53	0,50	—
CaO	—	—	—	—	—
	100,00	100,00	100,00	100,00	100,00

und dieses, 10 Tage lang mit einer NaCl-Lösung auf 100° erwärmt, lieferte die Verbindung *n*. *m* und *n* gehören wohl der Chabasitreihe an. Das Silicat *n* ließ sich durch 100-stündiges Erhitzen auf 210—220° in einer Lösung mit 15 % NaCl und 5 % Na_2CO_3 unter Bildung von schlechtentwickelten Würfeln mit sehr spärlichen Säulen von der Zusammensetzung *o* „analcimisieren" und dieses Silicat verwandelte sich durch 100stündiges Erwärmen auf 210—220° mit KCl-Lösung in die Verbindung *p*.

Geschmolzener Jadeit verhält sich gegen alkalische Lösungen genau wie geschmolzener Analcim; beide sind höchst wahrscheinlich wesensgleich. Der zu Glas geschmolzene Jadeit ging, 339 Stunden lang mit reinem Wasser auf 225—235° erwärmt, in Analcim von der Zusammensetzung *q* über, wobei sich Körner und schlecht entwickelte Würfel bildeten und das Wasser eine schwach alkalische Reaktion annahm.

Bei der chemischen Konstitution des Jadeits spielt, wie wir gesehen haben, der Diopsid eine große Rolle, der dem Jadeit teils mechanisch beigemengt, teils isomorph beigemischt ist. Vera Schumoff-Deleano[1]) suchte durch Schmelzen Mischkristalle von Jadeit und Diopsid herzustellen. Sie fand, daß sich, bis 15 % Jadeitsilicat mit Diopsid zusammengeschmolzen, stets neben fast reinem Diopsid Mischkristalle beider Silicate bildeten. Bei einem Zusatz von mehr als 15 % Jadeit erstarrten die Schmelzen ganz glasig. Homogene Diopsidmischungen mit mehr als 5 % Jadeit konnten nicht dargestellt werden.

[1]) Vera Schumoff-Deleano, ZB. Min. etc. 1913, 227.

Nephrit und Jadeit als Gesteine.

Nephrit sowohl wie Jadeit kommen in der Natur nur in der Art vor daß man sie als Gesteine betrachten muß. Der Nephrit bildet so ein Aggregat von Strahlstein- oder Tremolitindividuen, der Jadeit ein solches von Individuen des Minerals Jadeit, das bisher in anderer Weise noch nicht bekannt geworden ist. Für das Gestein wird vielfach auch der von L. Mrazec[1]) eingeführte Namen Jadeitit gebraucht. Der Chloromelanit ist ein eisenhaltiger Jadeit, bei dem der Eisengehalt aber, wie wir gesehen haben (S. 652), auf der Beimengung fremder Mineralien, namentlich von Hornblende beruhen kann. Als Gestein wird er zuweilen Chloromelanitit genannt. Übrigens enthält auch der Nephrit (Nephritit) und der Jadeitit häufig allerlei Einschlüsse fremder Mineralien. Die besondere Beschaffenheit dieser Aggregate erfordert wohl hier noch eine kurze Besprechung, soweit diese nicht schon oben bei der Betrachtung der chemischen Zusammensetzung und der physikalischen Eigenschaften erfolgt ist. Hier handelt es sich vorzugsweise um ihre Struktur und ihr Vorkommen, sowie um ihre Entstehung. Sie sind fast alle sehr feinkörnig bis dicht, mehr oder weniger deutlich, in manchen Fällen sogar sehr ausgesprochen schiefrig und haben einen splittrigen Bruch, letzteres im allgemeinen um so ausgezeichneter, je feinkörniger das Aggregat ist.

Struktur der Aggregate.[2]) Beim Jadeit sieht man in vielen Stücken die einzelnen Körner, die bis 3 mm groß werden, noch deutlich mit der Lupe oder sogar mit bloßem Auge. Meist ist dies jedoch nicht der Fall, erst unter dem Mikroskop erkennt man die Strukturformen und die Unterschiede, die in dieser Beziehung vorhanden sind. In vielen Fällen besteht das Gestein nur aus gedrungenen, seitlich regelmäßig begrenzten Prismen, die ohne irgend eine regelmäßige Anordnung wirr durcheinander liegen. Zwischen diesen Prismen bemerkt man nicht selten eine Art feinfaseriger Mesostasis, deren einzelne Fasern nach ihrer ganzen Beschaffenheit in der Hauptsache ebenfalls Jadeit sind. Stücke, die viel davon enthalten, zeigen auch bei der Analyse eine von der des ideal reinens Jadeit kaum abweichende Zusammensetzung. Nicht selten besteht die Zwischenmasse auch aus wasserhellem Feldspat, triklinem sowohl (Albit), als auch monoklinem. In diesen ragen die umliegenden Jadeitindividuen dann mit wohlausgebildeten Enden hinein, an denen man öfter unter dem Mikroskop die charakteristischen Gestalten des Pyroxens deutlich erkennt. Von einer derartigen Stelle stammen auch die von S. L. Penfield gemessenen Kristalle (S. 681). Sehr häufig trifft man im Jadeit ausgesprochene Kataklasstruktur. Die Prismen sind gebogen oder gebrochen und zeigen, auch wenn derartiges nicht deutlich zu sehen ist, vielfach undulöse Auslöschung. Zwillingslamellen nach der Querfläche (100), wohl auch nach der Basis (001) stellen sich ein, aber meist nur in Stücken, die auch sonst Merkmale mechanischer Einwirkung erkennen lassen, so daß auch sie ohne Zweifel darauf zurückzuführen sind. In einzelnen Fällen ist das ganze Gestein zermalmt und besteht aus sehr kleinen, unregelmäßig begrenzten Körnchen, die manchmal mit Streifen größerer, weniger stark zerdrückter Körner abwechseln oder einzelne größere Körner oder Aggregate von solchen einschließen, so daß eine charakteristische

---

[1]) L. Mrazec, Bulletin de la société des sciences de Bucarest-Roumanie **7**, 6 (1898).

[2]) Vgl. Max Bauer, N. JB. Min. etc. 1896, I, 18. — A. Bodmer-Beder, ibid. Beil.-Bd. **16**, 173 (1903).

Mörtelstruktur oder auch dann und wann eine ausgesprochene Augenstruktur zustande kommt.

Vielfach besteht der Jadeitit nur aus Individuen des Minerals Jadeit, meist sind diesen aber doch auch andere Mineralien beigemengt. Dies sind die schon erwähnten Feldspate, und zwar Orthoklas und Albit, wasserhell wie Quarz und daher früher für solchen gehalten, der aber tatsächlich in Jadeit bisher noch nicht beobachtet worden ist. Nephelin wurde im Jadeit von „Tibet“ in Form einzelner Körner oder schmaler langgezogener Streifen nachgewiesen.[1]) Analcim ist zweifelhaft. Neben Jadeit scheint zuweilen auch Diopsid vorhanden zu sein. Amphibol in verschiedenen Varietäten teilweise farblos, auch Glaukophan und Arfvedsonit ist verbreitet und ist wohl zum Teil durch Umwandlung aus Jadeit (Uralitisierung) entstanden, womit nicht selten eine auffällige Zerfaserung der Prismen an den Enden verbunden war. Kleine Körner von Chromeisenstein sind nicht selten und färben öfters ihre Umgebung durch ihre Zersetzungsprodukte lebhaft smaragdgrün, doch ist das schöne Grün, das die Jadeitkriställchen manchmal zeigen, nicht hierauf zurückzuführen. Grün ist auch der Chromepidot (Tammawit), doch fehlt auch gewöhnlicher Epidot nicht. Endlich seien als Seltenheiten noch Rutil und Apatit erwähnt.

Stärker verunreinigt durch Beimengungen sind manche Chloromelanite, die sonst in der Struktur mit dem Jadeit übereinstimmen. Am häufigsten ist wohl nach A. Bodmer-Beder (l. c. 176) eine blaugrüne natronhaltige Hornblende; außer den schon beim Jadeit angeführten Mineralien sind noch Zoisit, Granat (Almandin usw.), Titanit, Zirkon, Biotit, Muscovit, Pyrit, Eisenglanz nebst Titaneisen und Magneteisen zu erwähnen. Manchmal spielt Pyroxen von anderer Art als der Jadeit, z. B. Diopsid eine größere Rolle (vgl. auch den chloromelanitischen Pyroxenit von A. Bodmer-Beder, l. c. 179).

Mannigfaltiger sind die Strukturverhältnisse des Nephrits, die u. a. von A. Arzruni und später von E. Kalkowsky[2]) studiert worden sind. Demnach ist der Nephrit ein „Aktinolitfilz“, der meist wesentlich aus Nadeln und Fasern von Aktinolit besteht, neben denen nur noch der Chlorit in manchen Vorkommnissen eine die Struktur beeinflussende Rolle spielt. Der Strahlstein ist in einzelnen Fällen asbestartig locker und wird auch wohl von einer grünen und braunen Hornblende begleitet.

Die Struktur schwankt innerhalb weiter Grenzen und variiert schon an verschiedenen Stellen eines und desselben Handstücks, ja eines und desselben Dünnschliffs. Eine sehr große Anzahl von Nephritstücken zeigt die Hauptstruktur, die danach als die gemeine Nephritstruktur bezeichnet werden kann. Fasern, Bündel und Flocken, sowie größere, einheitlich polarisierende, aber ebenfalls aus Fasern zusammengesetzte Partien von Strahlstein sind in wechselnden Mengen miteinander auf das innigste verfilzt. Eine wenig bedeutungsvolle Abart davon ist die gespreiztstrahlige Struktur mit an Hahnenkämme erinnernden Fasernbündeln, bei der die Verfilzung eine weniger innige ist. Nicht sehr verbreitet, daher um so auffälliger, sind einige andere Strukturformen, die, wie alle besonderen Gesteinsstrukturen, auf besondere Entstehungsverhältnisse hinweisen. Nicht gar so selten ist eine deutlich sphärolithische Struktur. Bei der fasrigen Struktur, die stets schon makroskopisch erkennbar

[1]) Max Bauer, N. JB. Min. etc. 1896, I, 85.
[2]) E. Kalkowsky, Z. Dtsch. geol. Ges. 1906, Heft 3, 22 des Sep.-Abdr.

ist, und bei der nach der Faserrichtung angeschliffene und polierte Stücke einen mehr oder weniger starken schillernden Seidenglanz zeigen, liegen lange Strahlsteinfasern so, daß größere Partien des Präparats zwischen gekreuzten Nicols ein entschiedenes Maximum der Dunkelheit aufweisen. Die Fasern liegen nicht genau parallel, sondern sind ein wenig durcheinander gedreht, so daß sie lange, dünne Bündel bilden, die eine Richtung einhalten. Trotzdem ist aber die Masse so fest und zäh wie die Nephrite mit wirr durcheinander liegenden Fasern. Derartige Nephrite gelten wenigstens zum Teil als Pseudomorphosen nach Chrysotil. Dieser fasrige Nephrit ist es, der zuweilen eine Lichterscheinung zeigt, wie das Katzenauge (Nephritkatzenauge, vgl. H. Bishop I, 77, 78). Bei der welligen Struktur, die auf einzelne Stellen der Präparate beschränkt oder auch herrschend sein kann, zeigen die mehr oder weniger genau parallelen stets sehr feinen Fasern eine oft erstaunlich regelmäßige kurzwellige Biegung, die zuweilen schon ganz gut mit bloßem Auge zu sehen ist. Wenn bei allen diesen Strukturen die Fasern unter dem Mikroskop noch deutlich erkennbar waren, allerdings meist ohne die Möglichkeit einer genaueren optischen Untersuchung der einzelnen, so ist dies nicht mehr möglich bei der flaumigen Struktur. Hier sind einzelne Fasern nicht mehr unterscheidbar und zwischen gekreuzten Nicols erscheint die ganze Masse wie ein grober Flaum mit sehr weich ineinander übergehenden Interferenzfarben, oft in der Weise, daß größere Teile eines Präparats, oder auch seine ganze Fläche infolge subparalleler Lagerung der Fäserchen ein entschiedenes Maximum der Dunkelheit aufweisen. Derartige Stücke sind stets sehr deutlich schiefrig, und die Schieferflächen oft fein gefältelt. Die flaumige Masse wird nicht selten von vereinzelten, in verschiedenen Richtungen liegenden längern und kürzern Strahlsteinnadeln durchsetzt. Die Großkornstruktur (Mosaikstruktur A. Arzrunis) ist meist ganz rein entwickelt, zuweilen ist sie allerdings auch auf einzelne Stellen beschränkt. Zwischen gekreuzten Nicols zerfällt das Präparat in 2—3 mm messende Großkörner, die ein kurzfasriges Aggregat sehr feiner Strahlsteinfasern mit deutlichem Maximum der Auslöschung darstellen. Sehr oft haben die Großkörner geradlinige Grenzen, auch werden sie von schmalen, geradlinigen, einander parallelen Bändern mit anderer Auslöschung als in der Hauptmasse durchzogen. Die Großkörner sollen durch Umwandlung aus Diallag (vielleicht auch aus Jadeit) entstanden sein. Auch mit bloßem Auge ist diese Struktur manchmal schon zu sehen.

Neben dem Strahlstein ist der Chlorit das wichtigste Mineral, in vielen Nephriten der zweite Hauptgemengteil. Er ist zuweilen so reichlich vorhanden, daß E. Kalkowsky (l. c. 13) von Chloritnephriten spricht. Diese müssen dann auch viel Al_2O_3 enthalten. Lichtgrüne und -braune pleochroitische Hornblende ist selten. Von Gliedern der Pyroxengruppe findet man Diopsid und Diallag und nach J. P. Iddings zuweilen auch Jadeit. Granat, besonders grüner, ist in manchen Nephriten ein ziemlich verbreiteter akzessorischer Gemengteil. Erwähnt werden als solche noch: chromhaltiger Spinell (Picotit), Magneteisen und Eisenhydroxyde, Schwefelkies, Markasit und Magnetkies, Apatit, Kalkspat, Graphit, Titanit, Epidot und Zoisit mit Klinozoisit, endlich Kupfererze. Sie sind alle stets nur spärlich vorhanden und zum Teil wohl zweifelhaft, so z. B. der Titanit. Quarz und Feldspat werden ebenfalls mehrfach als akzessorische Gemengteile angegeben, nach E. Kalkowsky (l. c. 21) wäre dies aber in allen Fällen irrtümlich und beruhte auf Verwechslung mit andern Mineralien.

Glanz, Durchscheinenheit und Farbe der Aggregate. Auf dem splittrigen Bruch ist der Glanz bei Nephrit und Jadeit mehr oder weniger wachsähnlich. Polierter Jadeit ist meist glasglänzend, polierter Nephrit geht meist deutlich ins fettige, was besonders für grüne Stücke charakteristisch ist.

Die Durchscheinenheit wechselt mit Farbe und Struktur innerhalb weiter Grenzen. Ungeschliffene Stücke sind durchscheinend bis opak, Politur erhöht die Durchscheinenheit sehr. Jadeit ist im allgemeinen weniger durchscheinend als Nephrit, der fast stets ein wenig kantendurchscheinend ist, und sich sogar manchmal dem Chalcedon nähert. Einzelne weiße Stücke sind halb durchsichtig, auch manche grüne, besonders neuseeländische (edler Nephrit). Noch stärker durchscheinend ist der schön smaragdgrüne Jadeit von Tammaw in Oberbirma, der zuweilen beinahe durchsichtig ist. Demgegenüber ist der Chloromelanit fast durchweg opak und läßt auch an den Kanten kaum mehr etwas Licht hindurch.

Die Farbe ist bei Jadeit und Nephrit sehr mannigfaltig und wechselt häufig in einem und demselben Stück in flockigen, wolkigen, geaderten und andern Zeichnungen. In ganz reinem Zustand sind beide farblos, doch ist auch Grün in verschiedenen Nuancen, hell bis ganz dunkel, fast schwarz sehr verbreitet. Braun, Gelb, Blau und Grau sind seltener und meist nur fleckenweise vorhanden. Ausgezeichnet ist die prachtvoll smaragdgrüne Färbung einzelner mehr oder weniger ausgedehnter Stellen im weißen Jadeit von Tammaw, die von einem kleinen Chromgehalt herrührt. Beim Nephrit findet sich diese schöne Farbe nie. Bei ihm ist die Färbung stets auf einen Eisengehalt zurückzuführen, und ist um so dunkler, je mehr Eisen vorhanden ist, doch bestehen in dieser Hinsicht Ausnahmen, wie die folgende Zusammenstellung zeigt:

Nr.	Fe_2O_3	Farbe
38	4,10	weiß mit einem sehr leichten Stich ins Graue;
42	4,28	lichtgrün mit braunen Flecken;
46	3,99	hellgrün;
35	3,39	dunkelgrünlichschwarz.

Die Nummern beziehen sich auf die Analysentabellen S. 660 ff. FeO ist in keinem dieser Nephrite vorhanden (vgl. H. Bishop 1, 75).

Die Kohäsionsverhältnisse des Nephrits und Jadeits sind schon oben (S. 684 ff.) besprochen worden.

Vorkommen und Entstehung.

Die Ansichten hierüber sind noch wenig geklärt und gehen zum Teil noch weit auseinander. Der Beobachtung des Vorkommens steht mehrfach die schwierige Zugänglichkeit wichtiger Fundorte in fernen, wenig besuchten Ländern entgegen, sowie die oftmals recht mangelhafte Beschreibung der betreffenden geologischen Verhältnisse. Demgemäß ist man auch bezüglich der Entstehung bei beiden Gesteinen noch nicht zu ganz feststehenden und allgemein befriedigenden Ergebnissen gelangt. Es soll daher nur kurz hierüber berichtet und dabei selbstverständlich nur auf die anstehend bekannten Nephrite und Jadeite Rücksicht genommen werden, da nur aus ihnen auf die Entstehung geschlossen werden kann. Es soll dagegen nur nebenbei die Rede sein von den erratischen Vorkommnissen und von den ja ethnologisch allerdings recht wichtigen und interessanten verarbeiteten Nephritoiden aus prähistorischen Zeiten und aus fernen Gegenden.

Vom Jadeit ist z. B. hauptsächlich das anstehende Vorkommen von Tammaw in Oberbirma im Flußgebiet des Uru bekannt, das von Fritz Noetling[1]) und später von Alfred W. G. Bleeck[2]) besucht und beschrieben worden ist. Der Jadeit findet sich dort in dem großen zu seiner Gewinnung angelegten Steinbruch lagerförmig in dem aus Olivin entstandenen Serpentin. Die beiden genannten Beobachter halten den Jadeit sowohl wie den begleitenden Peridotit, bzw. den daraus entstandenen Serpentin für gangförmig auftretende Eruptivgesteine. Demgegenüber vertrat Max Bauer (l. c. S. 49) die Ansicht, daß es sich hier um eine aus dem ringsum anstehenden Tertiär aufragende Klippe kristallinischer Schiefer handle. In der Tat umgeben kristallinische Schiefer den den Jadeit einschließenden Serpentin ringsum (vgl. die Karte bei Alfred W. G. Bleeck, S. 5 des Sep.-Abdr.) und er wird u. a. begleitet von Albit- und Glaukophangesteinen in innigster Verbindung, wie man sie bisher bloß aus der Reihe der kristallinischen Schiefer kennen gelernt hat. Ja der dortige Jadeit ist selbst nichts anderes als ein Jadeit-Albit-Glaukophangestein, in dem lokal der Jadeit überwiegt bis zum gänzlichen Verschwinden des Feldspats und des Glaukophans, so daß der Jadeit vielfach ganz allein vorhanden ist in völliger Reinheit.

Vielleicht kann hier noch bemerkt werden, daß der in abgerollten Stücken in den Handel kommende, mit der Fundortsangabe „Tibet" bezeichnete und danach wohl aus den an Oberbirma nördlich angrenzenden Gegenden stammende Jadeit, über dessen Vorkommen man keine Nachrichten besitzt, in einzelnen Stücken an Chloritschiefer angewachsen ist,[3]) ebenfalls einem charakteristischen Gliede der kristallinischen Schiefer. Auch in den piemontesischen Alpen (St. Marcel, Susatal usw.) hat sich der Jadeit in den kristallinischen Schiefern gefunden[4]) und ebenso auf den Kykladen (Insel Syra und Skifnos.[5])

Der Auffassung von Max Bauer hat sich auch Louis V. Pirsson[6]) angeschlossen. Er hat gleichzeitig die Ansicht ausgesprochen, daß der Jadeit wohl ein später metamorphisiertes Eruptivgestein aus der Reihe der Nephelinsyenite oder der Phonolithe gewesen sein möchte, und zwar wäre der weiße Jadeit aus den aplitischen leukokraten, der dunkelgrüne aus den mehr eisenhaltige Mineralien führenden Varietäten hervorgegangen. Die Metamorphose wäre wohl unter starkem Gebirgsdruck erfolgt, wofür die Kataklaserscheinungen im Jadeit sprechen, und dieser Druck hätte wohl auch das innige Durcheinandergreifen der einzelnen Körner verursacht, auf dem die große Festigkeit der Aggregate beruht. Für einen Zusammenhang mit den Nephelinsyeniten deutet vielleicht das von Max Bauer[7]) nachgewiesene Vorkommen von Ne-

[1]) Fritz Noetling, N. JB. Min. etc. 1896, I, 1; vgl. auch Max Bauer, ibid. 18.

[2]) Alfred W. G. Bleeck, Z. prakt. Geol. 1907 Heft 11; auch Inaug.-Dissertation. München 1907.

[3]) Max Bauer, N. JB. Min. etc. 1897, I, 258.

[4]) Vgl. u. a. L. Colomba, Rivista di mineralogia e cristallografia italiana **27**, 5 (1901). — S. Franchi, N. JB. Min. etc. 1902, II, 112; Boll. R. Com. geol. **19**, Nr. 2 (1900); Atti congresso internationale di scienze storiche. Rom 1903. **5**, (1904). Sezione IV. — S. Franchi, V. Novarese e A. Stella, Boll. R. Com. geol. **22**, fasc. I, 120 (1903). — L. Mrazec, Bull. de la soc. des sciences de Bucarest-Roumanie **7**, Nr. 2, 137 (1898). — G. Piolti, Atti R. Accad. d. Scienze di Torino **34**, 3 (1899) und **37**, 3 (1902).

[5]) R. A. Ktenas, Min. u. petr. Mitt. **26**, 257 (1907).

[6]) Louis V. Pirsson, H. R. Bishop **1**, 162.

[7]) Max Bauer, N. JB. Min. etc. 1896, I, 85.

phelin in dem Jadeit von „Tibet" und das Vorkommen von Kalifeldspat in manchen Jadeiten hin. Louis V. Pirsson hat aber auch auf chemischem Weg den Nachweis zu führen gesucht, indem er die folgenden Analysen zusammenstellte.

	1.	2.	3.	4.	5.
Na_2O . . .	9,42	10,04	10,63	9,05	9,95
K_2O	1,50	4,71	3,50	4,77	5,31
MgO . . .	3,33	0,31	0,19	0,87	0,11
CaO . . .	4,89	1,53	0,59	2,26	0,67
FeO	—	—	—	1,88	0,48
Al_2O_3 . . .	20,61	19,66	19,05	23,59	20,54
Fe_2O_3 . . .	2,84	3,43	4,22	3,57	1,65
SiO_2 . . .	57,99	58,51	60,52	53,80	58,98
H_2O . . .	—	1,00	0,04	1,50	0,97

1. Jadeit, roh, Frankreich; anal. A. Damour, Bull. Soc. min. **4**, 157 (1881).
2. Phonolith, Mte. Miaune, Velay; anal. H. Emmons, Diss. Leipzig 1874, 20.
3. Phonolithobsidian, Teneriffa; anal. K. v. Fritsch u. W. Reiss, 1868, 337.
4. Phonolith, S. Thiago, Kap Verden; anal. C. Doelter, Vulkane der Kap Verden, 1882, 90.
5. Phonolith, Cripple Creek, Col.; anal. W. F. Hillebrand, Bull. geol. Surv. U.S. **148**, 161 (1897).

	6.	7. (11)	8. (1)	9. (13)	10. (6)
Na_2O . . .	9,37	10,33	13,31	12,76	13,80
K_2O	3,70	3,09	2,20	0,58	Spur
MgO . . .	7,17	1,33	0,13	1,24	1,35
CaO	2,42	1,62	0,58	1,43	1,67
FeO	—	—	—	—	0,24
Al_2O_3 . . .	21,96	23,57	25,75	24,64	23,71
Fe_2O_3 . . .	0,76	1,68	—	0,67	0,51
SiO_2	53,95	58,48	57,60	58,41	58,58
H_2O	—	0,16	0,25	1,19	0,16

6. Jadeit, Birma; anal. A. Damour, l. c.
7. (11) Jadeit, China, P. T. Walden.
8. (1) Jadeit, China, P. T. Walden.
9. (13) Jadeit, Birma, P. T. Walden.
10. (6) Jadeit, Birma, H. W. Foote.

Die Zahlen in ( ) sind die der Analysentabellen S. 660 ff. In der vorstehenden Zusammenstellung sind nur die wesentlichen Bestandteile berücksichtigt, die kleinen Mengen der andern sind, als für diese Vergleichung nicht von Bedeutung, weggelassen worden.

Es ist nicht zu verkennen, daß die Vergleichung dieser Analysen vielfach große Ähnlichkeit zeigt, immerhin ist aber der fast durchweg weit geringere Kalkgehalt der Jadeite gegenüber den Phonolithen auffällig.

Zu ganz ähnlichen Betrachtungen kommt auch H. Rosenbusch;[1]) auch er hebt aber ausdrücklich hervor, daß diese Deutung wegen verschiedenen Unstimmigkeiten noch nicht als eine Definition betrachtet werden darf. U. Grubenmann[2]) rechnet Jadeit und Chloromelanit ebenfalls zu den kristallinischen Schiefern und reiht sie bei den Gesteinen der tiefsten Stufe, den

[1]) H. Rosenbusch, Elemente der Gesteinslehre. 3. Aufl. (Stuttgart 1910) S. 647.
[2]) U. Grubenmann, Die kristallinen Schiefer. 2. Aufl. (Berlin 1910) 218, 228, 238, 287.

Katagesteinen ein, nur die von ihm unterschiedene Abteilung der Hornblende-Chloromelanite bringt er bei den Gesteinen der mittleren Tiefenstufe, seinen Meso-Gesteinen, unter.

Wie mit Nephelinsyenit und Phonolith, so sind die Jadeite auch mit andern Gesteinen wegen ihrer chemischen Zusammensetzung in Beziehung gebracht worden. Auf Grund der oben (S. 667) mitgeteilten Analyse eines Beilfragments aus Chloromelanit vom Bieler See und der Analyse eines französischen Jadeits von unbekannter Herkunft von A. Damour[1]) hat A. Bodmer Beder[2]) diese beiden Jadeite mit einer basischen Konkretion im Granit von Barr im Elsaß verglichen.

Auch hier treten manche Ähnlichkeiten hervor, ebenso, was gleichfalls von A. Bodmer-Beder geschieht, wenn man den Chloromelanit von Le Sinette bei Mocchie in Piemont mit dem Augitgneis von La Hingrie im Weilertal im Elsaß vergleicht.[3])

	Beil, Bielersee		Jadeitbeil, Frankreich		Bas. Konkret. im Granit		Chloromelanit, La Sinette		Augitgneis, La Hingrie, Elsaß	
Na_2O	8,35		9,42		5,87		6,91		4,30	
K_2O	2,06	15,30	1,50	19,14	2,96		0,28		1,23	
MgO	2,85		3,33		3,51	15,35	4,57		3,70	
CaO	2,04		4,89		3,01		12,16		13,15	
MnO	—		—		0,14		Spur		—	
FeO	1,05		—		2,83	25,40	1,12		4,68	
Al_2O_3	21,23	26,29	20,61	23,45	16,82		8,42	19,36	14,37	20,07
Fe_2O_3	4,01		2,84		5,61		9,82		1,02	
SiO_2	57,86		57,99		57,89		56,85		56,44	
TiO_2	0,57		—		0,57		—		0,62	
H_2O (unter 110°)	0,05		—		—			0,59		0,47
H_2O (über 110°)	0,24		—		1,38					
	100,31		100,58		100,59		100,72		99,98	

Die Berechnung der Analyse des freilich sehr unreinen Jadeits in dem Beil von Schaffis in der Schweiz durch L. Hezner hat eine gewisse Ähnlichkeit mit Gabbro, und zwar am meisten mit dem vom Torfhaus bei Harzburg ergeben.[4]) Größere Bedeutung kommt diesen nur auf einzelnen Analysen beruhenden Vergleichen nicht zu.

Näher scheinen die Beziehungen mancher Jadeite, besonders der piemontischen, zu gewissen Eklogiten zu sein, die H. Rosenbusch[5]) als Jadeit-Eklogite bezeichnet. Durch das Studium des Jadeits und Chloromelanits der Beile usw. der Schweizer Pfahlbauten kommt L. Hezner[6]) zu der Ansicht, daß diesem Gestein die auffallendste strukturelle Ähnlichkeit mit den Eklogiten des Oetzthals zeigen, so daß sie vollkommen das mikroskopische Bild eines sehr granatarmen Eklogits bieten. Die Form des Pyroxens, Art der Kataklase und auch der optischen Merkmale der beiden Mineralien, Auslöschungsschiefe bis 42°,

[1]) A. Damour, Bull. Soc. min. **4**, 162 (1881).
[2]) A. Bodmer-Beder, N. JB. Min. etc. Beil.-Bd. **16**, 180 (1903).
[3]) A. Bodmer-Beder, l. c. S. 183.
[4]) L. Hezner, N. JB. Min. etc. Beil.-Bd. **20**, 142 (1904).
[5]) H. Rosenbusch, Elemente der Gesteinslehre. 3. Aufl. 1910, 661.
[6]) L. Hezner, Min. u. petr. Mitt. **22**, 453, Fußnote (1903).

Doppelbrechung von gleicher Höhe, unterscheiden sich kaum voneinander. Dazu kommen überall die Anfänge randlicher Zerfaserung mit Übergang in Hornblende. Die Chloromelanite, chemisch eisen- und kalkreicher, sind einfach weiter fortgeschrittene Stadien der Zerfaserung und Amphibolisierung (vgl. auch A. Bodmer-Beder, l. c. 16, 1902).

Derartige Beziehungen zum Eklogit hat S. Franchi[1]) schon bei Gelegenheit der Untersuchung der aus den piemontischen Alpen stammenden Jadeite und Chloromelanite festgestellt. F. Zambonini[2]) untersuchte einen natronreichen jadeitischen Pyroxen aus dem Eklogit der Cima Cucco östlich Oropa in der Gegend von Biella in Piemont und fand in zwei Proben:

	Oropa 1.	Oropa 2.	Jagersfontein
Na_2O	7,73	7,89	4,84
K_2O	0,27	—	0,48
CaO	14,83	15,15	15,89
MgO	3,59	3,82	9,92
FeO	—	—	1,19
Al_2O_3	14,79	14,60	13,27
Fe_2O_3	5,14	5,09	—
SrO	—	—	0,31
SiO_2	53,54	53,45	53,75
H_2O Glühverlust	0,28	—	1,09
	100,17	100,00	100,74

Die Zusammensetzung berechnet F. Zambonini aus der zweiten Reihe folgendermaßen:

$$8\,Na_2Al_2Si_4O_{12} + 2\,CaFe_2SiO_6 + CaAl_2SiO_6 + 6\,CaMgSi_2O_6 + 8\,CaSiO_3\,;$$

der Pyroxen enthält also 51,4% Jadeitsilicat. Schon 1879 hat E. Cohen[3]) einen jadeitartigen natronreichen Pyroxen aus einem Eklogit von Jagersfontein in Südafrika analysiert und die Zahlen in der dritten Kolumne der obigen Tabelle erhalten.

Diese Analyse wurde von E. Cohen berechnet und danach folgendermaßen gedeutet: Die Substanz bestand aus: 0,498 $Na_2Al_2Si_4O_{12}$ + 0,138 $MgAl_2SiO_6$ + 0,404 $MgSiO_3$ + 0,574 $CaSiO_3$ + 0,034 $FeSiO_3$. Die Analyse gibt dabei einen Überschuß von 0,72 SiO_2, also namentlich angesichts des nicht mehr ganz frischen Zustands des Minerals eine recht gute Übereinstimmung. Es ist also auch eine sehr große chemische Ähnlichkeit zwischen dem Jadeit und dem augitischen Gemengteil mancher Eklogite vorhanden.

Noch weniger geklärt als beim Jadeit sind die Meinungen über das Vorkommen und die Entstehung beim Nephrit.

Zunächst unterscheidet man nach dem Vorgang von A. Arzruni[4]) primären und sekundären Nephrit, je nachdem derselbe gleich ursprünglich in seiner jetzigen chemischen und physikalischen Beschaffenheit entstanden, oder

[1]) S. Franchi, Boll. R. Com. Geol. ital. **31**, 149 (1900); R. Acc. d. Linc. **9**, 349 (1900).
[2]) F. Zambonini, R. Acc. d. Linc. **10**, 240 (1901).
[3]) E. Cohen, N. JB. Min. etc. 1879, 864.
[4]) A. Arzruni, Z. f. Ethnologie 1883, 186. 188.

durch Umwandlung aus andern Mineralien gebildet worden ist. Im ersten Falle wäre es ein dichtes Strahlsteinaggregat, das wohl erst durch den starken Gebirgsdruck, der auch beim Nephrit vielfach an der ausgesprochenen Kataklase zu erkennen ist, seine dichte und verworrenfasrige Struktur, und damit seine große Festigkeit erlangt hat. Im andern Fall dachte man früher in erster Linie und mit Recht an Umwandlungen aus Pyroxenmineralien durch den Uralitisierungsprozeß, und das um so mehr, als man in dem sekundären Nephrit vielfach Reste, Relikte, solcher Mineralien, Diopsid, Diallag, Jadeit usw. unter dem Mikroskop nachweisen konnte. Diese Überreste waren sogar das hauptsächlichste Kriterium für die sekundäre Natur dieser Nephrite. Was den Jadeit anbelangt, so haben wir ja schon oben gesehen, daß in ihm nicht selten Amphibolteile in einer Form auftreten, daß an der Entstehung aus dem Jadeit nicht gezweifelt werden kann. Es steht also wohl fest, daß der Jadeit neben den andern genannten Pyroxenmineralien als Urmineral bei der Entstehung des Nephrits zu betrachten ist. Selbstverständlich muß bei dieser Umwandlung auch die entsprechende chemische Veränderung des ursprünglichen Pyroxens eingetreten sein. Heutzutage spielen aber auch andere Umwandlungsprozesse in den Vorstellungen betr. die Entstehung des Nephrits eine große Rolle, von denen wir unten noch zu sprechen haben werden; das Urmineral wäre in diesem Fall u. a. auch Serpentin.

Bezüglich des Vorkommens des Nephrits haben sich in neuerer Zeit die Ansichten ebenfalls geändert. Früher betrachtete man allen Nephrit, primären sowohl wie sekundären, als ein Gestein aus der Reihe der kristallinischen Schiefer und nannte ihn kurz einen dichten Strahlsteinschiefer. Diese Ansicht ist wohl auch heute noch für manche Nephrite als die richtige zu betrachten, so für die aus dem Sajanschen Gebirge am westlichen Ende des Baikalsees. Lose Blöcke sind dort in den Wasserläufen schon lange gefunden worden, neuererzeit hat aber L. A. Jaczewsky[1]) das Anstehende in den Tälern des Onots, Uriks usw. entdeckt, in der Nähe der bekannten früheren Alibert-Graphitgruben. L. A. Jaczewsky hält den dortigen Nephrit für einen dynamometamorph veränderten Strahlsteinschiefer und für ein Glied einer Reihe von stark gestauchten metamorphischen Schiefern. W. Beck und J. W. Muschketow[2]) hatten in dem dortigen Nephrit Merkmale von Uralitisierung erkannt, die ihn zu den sekundären Nephriten stellen würden. Auch H. Rosenbusch[3]) zählt den sibirischen Nephrit unter die kristallinischen Schiefer und stellt ihm die Vorkommen von Zentralasien, Neuseeland und Jordansmühl in Schlesien zur Seite. U. Grubenmann[4]) bringt die sämtlichen Nephrite (Nephritite) mit den Strahlsteinschiefern zusammen und reiht sie bei seinen Gesteinen der mittlern Tiefenzone, den Meso-Gesteinen ein.

An allen andern Orten, an denen Nephrit anstehend genauer bekannt ist, ist er in mehr oder weniger ausgesprochener Verbindung mit Serpentin, so bei Jordansmühl und bei Reichenstein in Schlesien, in Alaska am Mount Jade, in Neuseeland und besonders in Ligurien bei Sestri Levante und Spezia. Zweifelhaft ist die Art des Vorkommens in Khotan (im Kwen Lun) und an andern Orten in Zentralasien.

---

[1]) L. A. Jaczewsky, Bishop 1, 172 (1906); vgl. auch N. JB. Min. etc. 1900, I, 389.
[2]) W. Beck u. J. W. Muschketow, N. JB. Min. etc. 1883, II, 171.
[3]) H. Rosenbusch, Elemente der Gesteinslehre. 3. Aufl. (Stuttgart 1910), 643.
[4]) U. Grubenmann, Die kristallinen Schiefer. 2. Aufl. (Berlin 1910), 218, 228, 238, 287.

Den ligurischen Nephrit hat E. Kalkowsky[1]) entdeckt und dort zuerst seine zurzeit vielbesprochenen Ansichten über die Entstehung des Nephrits überhaupt gewonnen. Dieser, vielfach stark zersetzt und in eine weiche Masse umgewandelt, daher und auch noch aus andern Gründen schwer erkennbar, findet sich im südlichen Ligurien mit einem außerordentlich zähen und festen Diopsidgestein, dem Carcaro, zusammen, in großen Knollen (Gesteinsnephrit) oder in Gängen (Gangnephrit) in einem Diallag führenden Serpentin, da, wo dieser auf Verwerfungsklüften an tertiären Schiefer (Flysch) anstößt, und zwar in sehr unregelmäßiger, „launenhafter" Verteilung. E. Kalkowsky ist der Ansicht, daß der Nephrit hier ein in der jüngeren Tertiärzeit, zur Zeit der Bildung des Apenninengebirgs durch Dislokations-Metamorphismus aus dem Serpentin entstandenes Gestein sei. Höchst unwahrscheinlich sei dieser Prozeß, die Nephritisierung des Serpentins, an der Erdoberfläche oder in geringer Tiefe vor sich gegangen. Dem Wasser wäre dabei eine bedeutende Rolle zuzuschreiben, die namentlich in der Zufuhr von Calciumoxyd zu dem Ca-freien Serpentin besteht.

G. Steinmann[2]) hat dann dasselbe Vorkommen ebenfalls untersucht und ist dabei zu etwas andern Anschauungen gelangt. Er nimmt an, daß aller Nephrit ursprünglich gangförmig gelagert gewesen sei, aber diese Gänge seien stark zusammengestaucht, und die Knollen des Gesteinsnephrits seien Teile solcher stark gestauchter und dadurch auch vielfach zerrissener Gänge. Die Masse dieser letzteren sei ursprünglich Websterit oder ein Diopsid, d. h. Carcaro gewesen, der hier also als das Ursprungsmineral aufgefaßt wird, von dem noch spärliche Reste im ursprünglichen Zustand erhalten geblieben sind. Diese Gänge durchsetzen den Serpentin. Dieser ist aus einem Olivingestein entstanden, der bei seinem allmählichen Übergang in Serpentin infolge der Wasseraufnahme eine Volumenzunahme von 15—20% erfahren habe. Infolgedessen mußte er nach G. Steinmann einen beträchtlichen Druck auf die ihn durchsetzenden Gänge ausüben, deren Inhalt, der Websterit oder das Diopsidgestein, dadurch in Nephrit umgewandelt worden seien (Schwellungs- oder Ödemmetamorphose). Es ist aber doch sehr fraglich, ob bei der Serpentinisierung eines Olivingesteins eine erhebliche Volumenvermehrung und dadurch eine so starke Druckwirkung entsteht, denn es wird nicht nur Wasser aufgenommen, sondern es werden auch Teile des Olivins fortgeführt und von Druckwirkungen in derartig umgewandelten Olivinfelsmassen ist auch unter dem Mikroskop nichts zu beobachten, wenn sie nicht zugleich dem Gebirgsdruck ausgesetzt gewesen sind. Solcher ist aber in einer weit transportierten und wurzellosen Decke, wie sie die Ligurischen Apenninen nach G. Steinmann u. a. darstellen, in für die Nephritbildung ausreichendem Maße vorhanden gewesen. G. Steinmann leugnet aber, daß diese überhaupt mit Dislokationen in Zusammenhang stehe, wie es E. Kalkowsky annimmt. Er sagt, daß Nephrit fast regelmäßig da zu finden sei, wo ophitische Gänge, Gabbro, Diabas, Spilit usw. den Serpentin durchsetzen, wo überhaupt eine große Mannigfaltigkeit von Gesteinen herrscht, namentlich wo Gabbro, meist saussüritisiert und oft (olivin-) serpentinführend, an Serpentin angrenzt. Der Nephrit steckt dabei häufig nicht im Serpentin, sondern er liegt zwischen diesem und dem Gabbro oder dem Spilit.

---

[1]) E. Kalkowsky, Geologie des Nephrits im südlichen Ligurien. Z. Dtsch. geol. Ges. 1906, Heft 3.

[2]) G. Steinmann, Sitzber. Niederrhein. Gesellsch. f. Natur- und Heilkunde. Bonn 1908 (siehe auch S. Martius, ZB. Min. etc. 1914).

E. Kalkowsky glaubt genügende Gründe zu der Vermutung zu haben, daß auch alle andern Nephrite ähnlichen Ursprungs seien, wie er es für die ligurischen annimmt. Er führt dies besonders aus für den Nephrit der Gegend von Gulbaschen am Nordabhang des Kwen Lun in Khotan.[1]) Zu dieser Ansicht gelangt er durch eingehende Diskussion der nicht sehr klaren Beschreibungen des dortigen Nephritvorkommens von H. v. Schlagintweit,[2]) der den anstehenden Nephrit von dieser Lagerstätte als „metamorphische Ausscheidung in kristallinischen Gesteinen" erklärte, und von F. Stoliczka,[3]) sowie der eingehenden Untersuchung des von ersterem mitgebrachten Materials.

Auf Grund der von G. Steinmann in Ligurien gewonnenen Ansicht, daß Nephrit an Gänge von Gabbro, Diabas und andere basische Eruptivgesteine im Serpentin gebunden sei, hat man dann auch anderwärts Nephrit unter den gleichen Umständen gesucht und nicht ohne Erfolg. So fand ihn O. A. Welter[4]) im Radautal bei Harzburg im Harz, wo er allerdings schon vorher von J. Uhlig[5]) auf Grund anderer Anzeichen entdeckt worden war. Es ist ein ca. 20 cm mächtiger Gang, den man früher der äußern Erscheinung wegen für einen „Talkgang" gehalten hatte (vgl. die Analysen S. 669). Es soll hier ein Gang von ursprünglichem diallagreichem und feldspatarmem Gabbro zusammengestaucht und mit dem angrenzenden Muttergestein des Serpentins verknetet und so Nephrit gebildet worden sein. Die Tonerde des Feldspats würde dann wohl zur Entstehung des Chlorits Veranlassung gegeben haben, der den Harzburger Nephrit in reichlicher Menge begleitet.

Noch wichtiger ist die Auffindung anstehenden Nephrits unter denselben Umständen wie in Ligurien in den Alpen, wo er schon früher in Form von Geschieben an verschiedenen Orten bekannt geworden war. O. A. Welter[6]) suchte ihn in der rhätischen Decke in Unterengadin, dessen geologische Verhältnisse denen in Ligurien sehr ähnlich sind, und fand ihn im Fimbertal, Alp Fid (oder Id) und gleich darauf in derselben Gegend im Antirhätikon, W. Paulcke[7]) an dem Grat zwischen Flimspitz und Greitspitz. Aus demselben Grunde suchte O. A. Welter dann das Mineral im Oberhalbtal, dem vom Julier- und Septimerpaß aus nach Norden verlaufenden Tal. Auch hier fand er Nephrit bei Salux und bei Mühlen im Val Falfer (vgl. die Analysen S. 669). Dieser Fund ist von besonderem ethnologischen Interesse, weil von hier wohl das Rohmaterial für den zu Beilen, Meiseln usw. verarbeiteten Nephrit der Pfahlbauten im Bodensee stammte, das durch Gletscher in die Tiefe geführt worden ist.

Nach derselben Methode suchte O. A. Welter[8]) dann Nephrit auch in dem Serpentin des Fichtelgebirgs und fand ihn bei Schwarzbach an der Saale, wo C. W. v. Gümbel in seiner geologischen Beschreibung dieses Gebirgs Talkschiefer auf der Grenze zwischen Serpentin und Gabbro angegeben hatte.

---

[1]) E. Kalkowsky, N. JB. Min. etc. Festband 1907, 159.
[2]) H. v. Schlagintweit, Sitzber. Münchner Akad. (Math.-phys. Kl.) 1873, 227. 237.
[3]) F. Stoliczka, Z. Dtsch. geol. Ges. **26**, 615 (1874).
[4]) O. A. Welter, Verh. naturw. Vereins Karlsruhe **23**, 1 (1910) u. ZB. Min. etc. 1910, 722.
[5]) J. Uhlig, N. Jahrb. Min. etc. 1910, II, 80 u. Aus der Natur 1911, 39, 43; vgl. auch J. Fromme, Min. u. petr. Mitt. **28**, 305 (1909).
[6]) O. A. Welter, N. JB. Min. etc. 1911, II, 86.
[7]) W. Paulcke, Verh. Naturw. Vereins Karlsruhe (Baden) **23**, 10 (1910).
[8]) O. A. Welter, N. JB. Min. etc. 1911, II, 102.

Der Talkschiefer erwies sich auch hier als Nephrit, doch vermochte O. A. Welter den Gabbro nur einige Kilometer entfernt in Berührung mit Serpentin nachzuweisen. R. Schreiter[1]) traf Nephrit im Serpentin von Erbendorf. Auch hier konnte in der Nähe weder Gabbro, noch ein anderes basisches Eruptivgestein aufgefunden werden. Daher lehnt R. Schreiter die Auffassung von G. Steinmann zugunsten der von E. Kalkowsky ab, um so mehr als das mikroskopische Verhalten des Serpentins und der darin eingeschlossenen Olivinreste zu der Annahme führen, daß bei der Serpentinisierung keine erhebliche Volumenzunahme stattgefunden hat.

In Deutschland ist Nephrit anstehend längst bekannt in Schlesien und zwar bei Jordansmühl und bei Reichenstein. Die viele Jahre lang vergessenen Fundorte sind neuerdings wieder aufgefunden und beschrieben von H. Traube.[2]) Bei Jordansmühl liegt der Nephrit in bis über Fuß mächtigen Lagern zwischen Serpentin und „Weißstein“, der nach A. Sachs[3]) ein saures Differentiationsprodukt eines gabbroiden Magmas darstellt, oder er bildet bis 5 cm große Knollen im Serpentin. Bei Reichenstein findet sich, nicht sehr häufig, der Nephrit in Form bis 7 cm großer Lagen in einem Diopsidgestein, aus dem er entstanden ist. In der Umgebung ist Serpentin weit verbreitet. Es sind also Verhältnisse an beiden Orten, die sehr an die ligurischen erinnern.

Eins der ältesten und berühmtesten Vorkommen von Nephrit, zuerst durch J. Cook und seinen Begleiter J. R. Forster bekannt geworden, ist das von Neuseeland. Die Fundorte liegen alle in der Provinz Otaga an der Westküste des südlichen Teils der Südinsel am Awarua- (Arahuera-)fluß, Milford Sound usw., wo die Flüsse früher nur Gerölle geliefert haben. Er soll hier Cossyrit eingeschlossen enthalten. Durch A. M. Finlayson[4]) kennt man jetzt aber auch das Anstehende und zwar gleichfalls im Serpentin, überhaupt in einer Zone magnesiareicher Eruptivgesteine. Der Nephrit ist nach seiner Ansicht von verschiedener Entstehung, und zwar ist die Nephritbildung eine Uralitisierung des Pyroxens der Magnesiagesteine; oder der Nephrit ist ein Kontaktprodukt am Kalkkontakt; oder er ist ein Umwandlungsprodukt des Olivins unter bestimmten Verhältnissen; oder er ist endlich ein Produkt des Tiefenmetamorphismus von Serpentin-Talk-Carbonatgesteinen. Man sieht, daß auch die Verhältnisse in Neuseeland mancherlei Anklänge an die ligurischen zeigen.

Andere Vorkommen anstehenden Nephrits sind teils zu unwichtig, teils zu wenig bekannt, so daß es nicht nötig ist, sie hier eingehend zu besprechen, um so weniger, als sie anscheinend keine neuen Gesichtspunkte zu bieten imstande sind. Berichte über neuere Arbeiten über Nephrit, vgl. O. A. Welter.[5])

---

[1]) R. Schreiter, Sitzber. u. Abhandl. der Gesellsch. Isis in Dresden 1911, 44 u. 76.

[2]) H. Traube, Die Minerale Schlesiens 1888, 148; N. JB. Min. etc. Beil.-Bd. **3**, 412 (1884) (Jordansmühl); ebenda II, 276 (1887) (Reichenstein).

[3]) A. Sachs, ZB. Min. etc. 1902, 385.

[4]) A. M. Finlayson, Quarterley Journal Geol. Soc. London **65**, 351 (1909); vgl. auch A. Diesseldorff, ZB. Min. etc. 1901, 334 u. Inaug.-Diss. (Marburg 1902). — Beiträge zur Kenntnis der Gesteine u. Fossilien, sowie einige Gesteine und neuere Nephritfundorte Neuseelands, sowie F. v. Hochstetter, Sitzber. Wiener Ak. **49**, 466 (1864) u. F. Berwerth, ebenda **80**, 102 (1879).

[5]) O. A. Welter, Geologische Rundschau **2**, 75 (1911).

Anhang zur Amphibolgruppe.

Von **C. Doelter** (Wien).

Außer den später S. 736 betrachteten Eisen-Amphibolen: Grunerit, Arfvedsonit, Änigmatit haben wir eine Anzahl von eisenhaltigen Amphibolen, welche zwar letzteren verwandt sind, die aber nicht als Eisensilicate bezeichnet werden, wie Rhodusit, Rhönit, Crossit. Von vielen werden übrigens die beiden letzteren nicht zur Amphibolgruppe gerechnet.

Szechenyit (Imerinit).

Die Stellung dieser Amphibolvarietäten ist unsicher. Sie stehen dem Richterit nahe, haben aber auch Ähnlichkeit mit Nephrit.

	1.	2.
δ	3,033	3,02
Na_2O	6,71	7,42
K_2O	1,52	1,82
MgO	20,36	20,60
CaO	8,00	2,73
FeO	3,28	4,70
Al_2O_3	4,53	2,72
Fe_2O_3	1,04	4,72
SiO_2	55,02	53,73
H_2O	0,51	0,85
	100,97	100,62*)

1. Mit Jadeit von Bhamo (Birma); anal. J. Loczka, Wiss. Ergebn. d. Reise des Grafen B. Szechenyi, herausgeg. von J. Krenner; Ref. Z. Kryst. **31**, 502 (1899).

Aus der Analyse berechnen sich:

$$2Na_2O . 10MgO . 3CaO . Al_2O_3 . 16SiO_2 ,$$

daher:

$$2Na_2SiO_3 . 10MgSiO_3 . 3CaSiO_3 . Al_2O_3 . SiO_2 .$$

Nimmt man Al_2O_3 in der Verbindung $MgAl_2SiO_6$ an, so bleibt immerhin noch ein Molekül SiO_2 übrig.

2. Imerinit von Madagaskar; anal. F. Pisani bei A. Lacroix, Min. France, Paris **4**, 787 (1910). *) Dazu 0,41 TiO_2 und 0,92 Fluor.

Eigenschaften. Braungrün und schwärzlichgrün. Spaltbar nach einem Prisma von 56° 8′ Auslöschungsschiefe auf (010) 16° 16′. Pleochroismus gering.

Leicht schmelzbar zu schmutzigweißem Email mit starker Gelbfärbung der Flamme. Eigenschaften des Imerinits siehe bei A. Lacroix, l. c.

Rhodusit (Abriachanit).

Der Abriachanit F. Heddles ist dem Rhodusit von H. v. Foullon sehr ähnlich, so daß eigentlich dieser Name die Priorität hat. Er steht dem Riebeckit und insbesondere dessen Varietät Krokydolith sehr nahe (vgl. S. 746).

	1.	2.	3.
Na_2O	4,95	6,46	6,38
K_2O	0,33	0,43	0,80
MgO	8,92	11,47	11,49
CaO	13,65	0,78	0,98
FeO	6,07	7,60	7,40
Al_2O_3	0,56	0,73	0,49
Fe_2O_3	11,69	15,25	15,48
SiO_2	42,00	54,78	55,06
H_2O	—	2,50	1,98
Glühverlust[1]	11,79	—	—
	99,96[2]	100,00	100,06

1. Hell lavendelblau, von der Insel Rhodus; mit $CaCO_3$ gemengt; anal. H. v. Foullon, Sitzber. Wiener Ak. **100**, 150 (1894). Ref. Z. Kryst. **23**, 294 (1894).
2. Dieselbe Analyse nach Abzug von $CaCO_3$ auf 100 berechnet.
3. Material ohne $CaCO_3$ (mit verdünnter Salzsäure ausgezogen).

	4.	5.	6.
δ	3,120	—	—
Na_2O	6,22	6,86	6,52
K_2O	0,35	0,31	0,23
MgO	10,01	10,54	12,30
CaO	1,52	1,28	1,17
MnO	0,14	0,11	0,09
FeO	9,42	9,21	7,17
Al_2O_3	0,23	0,28	0,18
Fe_2O_3	15,70	15,12	14,54
SiO_2	54,01	54,38	55,06
TiO_2	Spur	Spur	Spur
H_2O	2,25	2,16	2,44
	99,85	100,25	99,70

4. Blau, vom Flusse Asskys (Sibirien); anal. W. Isküll, Z. Kryst. **44**, 371 (1907).
5. Von ebenda, dunkelblau, parallelfaserig, wie oben.
6. Graublau, dünnfaserig, schwach seidenglänzend; anal. wie oben.

Analysen zersetzter Rhodusite.

	7.	8.	9.	10.	11.
Na_2O	3,67	3,63	—	—	—
K_2O	0,14	0,21	—	—	—
MgO	17,40	17,07	23,75	24,07	9,28
CaO	0,33	0,38	4,36	2,85	9,64
MnO	—	—	—	—	0,93
FeO	5,92	5,62	1,17 FeO	4,85	—
Al_2O_3	0,22	0,35	0,07	0,31	20,29
Fe_2O_3	9,47	9,32	3,36	—	—
SiO_2	59,41	58,85	55,12	57,19	43,85
CO_2	—	—	3,60	2,05	7,10
H_2O	4,14	4,79	8,71	9,47	8,72
	100,70	100,22	100,14	100,79	99,81

[1]) Davon 1,96 als Wasser bestimmt. [2]) Im Original unrichtig.

7. Von Rhodus, obere Seite; anal. H. v. Foullon, wie oben Analyse 1.
8. Untere Seite; anal. wie oben.
9. u. 10. Von Rhodus anal. wie oben.
11. Vom Flusse Asskys; anal. W. Isküll, wie oben Analyse 4.

Abriachanit.

	12.	13.	14.
δ	3,326	2,01	—
Na_2O	6,52	7,11	1,74
K_2O	0,63	0,61	—
MgO	10,80	10,50	12,95
CaO	1,12	1,18	2,53
MnO	0,30	0,40	—
FeO	9,80	15,17	3,83
Al_2O_3	—	—	3,37
Fe_2O_3	14,92	9,34	19,03
SiO_2	51,15	52,40	55,02
H_2O	4,77	2,97	1,45
P_2O_5	—	—	0,33
	100,01	100,68	100,25

12. u. 13. Von Abriachan (Schottl.), blau, teils erdig, teils faserig; anal. F. Heddle, Min. Mag. **3**, 61 (1879); Proc. Irish Ac. **3**, 61 u. 193 (1879); Z. Kryst. **5**, 620 (1881).

14. Von ebenda; anal. W. Jolly u. M. Cameron, Q. J. of Geol. Soc. London **36**, 109 (1889); Z. Kryst. **7**, 604 (1883). Amorph, blau.

Die beiden ersten Analysen sind sehr verschieden, wie auch die Dichten ungleich sind.

Die Analyse W. Jollys läßt sich auf keine Formel zurückführen, sie stimmt nicht mit einem höheren Gehalt an $NaFeSi_2O_6$.

Formel des Rhodusits und Abriachanits. W. Isküll berechnet aus seinen Analysen 1, 5, 6:

SiO_2 : $Al_2O_3 + Fe_2O_3$	: $FeO + (MnO \cdot MgO) + CaO$	: $Na_2O + K_2O$	: H_2O
0,9002 : 0,1004	: 0,4102	: 0,1039	: 0,1248
0,9064 : 0,0972	: 0,4160	: 0,1139	: 0,12
0,9176 : 0,0927	: 0,4292	: 0,1075	: 0,1354

Aus der Analyse H. v. Foullons ergibt sich:

$$0{,}9172 : 0{,}1015 : 0{,}4071 : 0{,}1124 : 0{,}11.$$

Aus F. Heddles Analyse erhält man:

$$SiO_2 : Fe_2O_3 : RO + R_2O = 1{,}750 : 0{,}117 : 1{,}581.$$

Aus seiner ersten Analyse schließt W. Isküll auf die Formel

$$H_2O \cdot Na_2O \cdot 4\,(Mg, Fe, Ca)O \cdot Fe_2O_3 \cdot 9\,SiO_2\,.$$

Die Formel wäre ausdrückbar durch:

$$5\,RSiO_3 \cdot Na_2Fe_2Si_4O_{12}\,;$$

dies würde auch mit der Formel des Krokydoliths stimmen, wobei das Wasser mit den zweiwertigen Elementen berechnet ist.

Was das Verhältnis MgO : FeO anbelangt, so ist im Rhodusit im Gegensatz zum Riebeckit und Krokydolith, in welchen der Gehalt an alkalischen Erden gering ist, dieser bedeutend; während in jenen das Eisenoxydulmetasilicat vorherrscht.

Das Wasser wird von W. Isküll als Konstitutionswasser gedeutet, es wäre jedoch nicht ausgeschlossen, daß es sich hier um gelöstes Wasser handelt.

Eigenschaften. Die Ausbildung ist faserig, stengelig. Dichte 3,120. Härte fast 4. Farbe blau bis blaugrau. Maximum der Auslöschung 2—3°.

Einwirkung von Salzsäure. W. Isküll hat die Einwirkung von 10%iger Salzsäure versucht; hierbei wurden SiO_2 und RO im Vergleich zu R_2O_3 und Na_2O weniger gelöst. Es ist daher zu vermuten, daß der Metasilicatkern im ungelösten Reste und damit das Magnesiumsilicat sich gegenüber dem natronhaltigen Ferrisilicat anreichert. Bei der Zersetzung zerfällt der Rhodusit; der FeO-Kern geht ganz in Lösung und der Ferrokern scheidet eine geringe Menge eines wasserhaltigen Mg-Silicats aus.

Umwandlung. Die Umwandlung besteht in Bildung von Talk, wobei sich daneben auch Kalkcarbonat und Eisenoxydhydrat bilden.

Crossit.

Die Stellung dieses Minerals ist unsicher, da es zur Hornblende oder auch zum Riebeckit gestellt werden kann, während es in anderer Hinsicht mit dem Glaukophan Ähnlichkeit hat.

	1.	2.
Na_2O	7,62	5,11
K_2O	0,27	0,43
MgO	9,30	11,54
CaO	2,38	5,45
MnO	Spur	1,44
FeO	9,46	13,40
Al_2O_3	4,75	3,76
Fe_2O_3	10,91	—
SiO_2	55,02	52,94
H_2O bei 110 . .	—	1,31
Glühverlust . . .	—	3,72
	99,71	99,10

1. Von Coast Range bei Berkeley (Calif.); anal. C. Palache, Dep. geol. Univ. Calif. 1894, I, 181; Ref. Z. Kryst. **26**, 527 (1896).

Nach C. Palache steht der Crossit zwischen Glaukophan und Riebeckit. Indessen überwiegen hier doch die Metasilicate, insbesondere das Silicat $FeSiO_3$ und $MgSiO_3$. Nach C. Palache ist die Formel:

$$9(RSiO_3) . 2(Na_2\overset{III}{Fe_2}Si_4O_{12}) . Na_2Al_2Si_4O_{12}.$$

2. Crossitähnlicher Amphibol von S. Benito (Calif.); anal. W. C. Blasdale bei G. D. Louderback, Univ. Calif. Publ. **5**, Nr. 23, 331—380 (1909); N. JB. Min. etc. 1910, II, 19.

R ist gewöhnlich Mg, Fe.

Optisch steht der Crossit dem Riebeckit nahe.

Eine eigentümliche Zusammensetzung hat folgender Amphibol, welcher wegen seines verhältnismäßig geringen Eisengehalts nicht zum Riebeckit oder zu den Eisenamphibolen gezählt werden kann, auch zu wenig Tonerde enthält, um zum Glaukophan gezählt zu werden.

	3.
δ	3,165
Na_2O	11,30
K_2O	2,41
MgO	9,43
CaO	0,35
MnO	0,52
FeO	1,90
ZnO	0,67
Al_2O_3	5,47
Fe_2O_3	9,49
SiO_2	56,45
TiO_2	0,39
H_2O	0,33
F	2,59
	101,30

3. Grünblauer Amphibol aus Katapleitsyenit von Nerra Kärr (Schweden); nach H. Rosenbusch, l. c. 139.

Dieser Amphibol hat eine abnorme Zusammensetzung, da er offenbar das Silicat Na_2SiO_3 im Überschuß enthält.

Rhönit.

Der Rhönit ist seiner Konstitution nach von den Amphibolen zu unterscheiden; er enthält mehr Tonerde als die meisten Amphibole. Chemisch entfernt er sich auch vom Änigmatit und Cossyrit, welche wesentlich Eisenoxydulsilicate sind und sich dem Grunerit nähern.

	1.	2.
δ	3,58	3,56
Na_2O	0,67	0,76
K_2O	0,63	0,61
MgO	12,62	9,08
CaO	12,43	12,20
MnO	Spur	—
FeO	11,39	6,80
Al_2O_3	17,25	17,65
Fe_2O_3	11,69	15,20
SiO_2	24,42	30,90
TiO_2	9,46	8,04
H_2O	—	0,20
	100,56	101,44[1])

1. Aus Nephelinbasanit von Platz bei Brückenau in der Rhön; anal. M. Dittrich bei J. Söllner, N. JB. Min. etc. Beil.-Bd. **24**, 498 (1907).

[1]) Summe im Original unrichtig.

J. Söllner berechnet

$$SiO_2 + TiO_2 : Al_2O_3 + Fe_2O_3 : FeO + MgO + CaO + Na_2O + K_2O$$
$$0{,}52213 \quad 0{,}24195 \quad 0{,}71005$$

also ungefähr 2 : 1 : 3.

Die Formel wäre demnach:

$$(Ca, Na_2, K_2)_8Mg_4Fe_2Al_4(Si, Ti)_6O_{30},$$

was zu dem Schema führt:

$$R_3R_2(Si, Ti)_2O_{10}.$$

Ähnlich wären nach J. Söllner der Lawsonit, der Karpholith und der Gehlenit zusammengesetzt. Man hat es mit einem Orthosilicat zu tun. Die Formel läßt sich auch schreiben:

$$R . R_2(Si, Ti)_2O_6 \text{ mit } R_2SiO_4.$$

2. Puy de Barneire, St. Sandoux; anal. F. Pisani bei A. Lacroix, Bull. Soc. min. **32**, 325 (1909).

Aus der Analyse berechnet A. Lacroix:

$$(Na, K, H)_2Ca_8(Fe, Mg)_{15}(Al, Fe)_{16}(Si, Ti)_{21}O_{90}.$$

Es zeigt sich ein bedeutender Unterschied beider Analysen, sowohl im Titangehalt als auch im Eisengehalt.

Formel. Nach J. Söllner ist die Formel des Rhönits:

$$3\overset{II}{R}_2\overset{III}{R}_4Si_2O_{12} . 2\overset{II}{R}_6(SiO_4)_3$$

oder man kann annehmen:

$$FeFe_2(Si . Ti)O_6 \qquad MgAl_2(Si . Ti)O_6$$
$$FeAl_2(Si . Ti)O_6 \qquad 3(Mg, Ca)_2SiO_4.$$

Chemisch-physikalische Eigenschaften. Dichte = 3,58. Spaltbar nach (110) und (1$\bar{1}$0). Schwarz bis braunschwarz. Lichtbrechung ungefähr wie bei Hornblende. Starker Pleochroismus.

Von konz. Salzsäure langsam angegriffen.

Vorkommen in basaltischen Gesteinen, namentlich Nephelinbasaniten.

Aloisiit.[1])

Von **H. Leitmeier** (Wien).

Calcium-Magnesium-Eisen-Natrium-Hydrosilicat.

Amorph.

Analysen.

	1.	2.	3.
Na_2O	7,23	6,81	9,96
MgO	8,15	7,48	11,08
CaO	33,48	33,68	26,50
FeO	14,95	14,03	20,56
Al_2O_3	Spur	Spur	—
SiO_2	17,65	16,93	24,52
CO_2	11,15	12,27	—
H_2O	5,05	4,75	6,95
Unzersetzlich	2,31	3,97	—
	99,97	99,92[2])	99,57

[1]) Dieses in Bezug auf seine Selbständigkeit noch nicht sichergestellte Mineral sei hier angereiht.

[2]) Im Original steht 99,52.

1. u. 2. Aloisiit von den Tuffen bei Fort Portal in Uganda; anal. L. Colomba, R. Acc. d. Linc. Rom. **17**, 233 (1908). Ref. Z. Kryst. **49**, 70 (1911).
3. Mittel aus der Berechnung der beiden vorstehenden Analysen, wenn man das in Salzsäure ungelöste Material und das der Kohlensäure entsprechende Calciumcarbonat abgezogen hat.

L. Colomba hält diese Substanz für ein selbständiges Mineral, leitet es von der Säure H_8SiO_6, ab und gibt ihm die **Formel:**

$$(\overset{II}{R}, \overset{I}{R}_2)_4SiO_6 \text{ worin } \overset{II}{R} = CaO, FeO, MgO \text{ und } \overset{I}{R} = Na_2O, H_2O \text{ ist.}$$

Eigenschaften. Dieses Mineral ist ein braunviolettes koaguliertes Gel. Das Wasser wird innerhalb der Temperaturgrenzen von 100 bis 350° kontinuierlich abgegeben; bei höheren Temperaturen wird kein Wasser weiter abgegeben.

Vorkommen. Der Aloisiit kommt in Tuffen vor und bildet dort eine Art Grundmasse, die mit einem vulkanischen Glas Ähnlichkeit besitzt. Er kommt zusammen vor mit Calcit, Biotit, Magnetit, Augit, Opal und Aragonit. In plastischen Partien der Tuffe ist der Aloisiit stark zersetzt, welche Zersetzung in der Weise stattfindet, daß der Aloisiit allmählich ärmer an Basen wird und sie schließlich ganz verliert, und dabei Kieselsäure frei wird. Die mit ihm zusammen vorkommenden Mineralien bleiben dabei vollkommen intakt; die zersetzenden Agenzien scheinen eine sehr geringe Aktivität besessen zu haben und L. Colomba meint, daß auch Wasser den Aloisiit allmählich zersetzen könne.

Mangan- und Eisenoxydulsilicate.

Von **C. Doelter** (Wien).

Da die Zahl der hier in Betracht kommenden Silicate nicht sehr groß ist, so empfiehlt es sich (auch wegen der engen Verwandtschaft beider), diese beiden Arten von Silicaten zusammenzufassen. Es sind zum Teil Ortho-, zum Teil Metasilicate, an welche sich dann noch einige andere anschließen. Unter den Orthosilicaten sind die der Olivingruppe hervorzuheben, welche mit dem Magnesiumsilicat Mg_2SiO_4 isomorph sind; es sind dies Mn_2SiO_4 und Fe_2SiO_4.

Ferner gehören einige Glieder der Amphibol- und Pyroxengruppe, also Metasilicate hierher; doch sind diese recht selten. Man wird übrigens auch die an $FeSiO_3$ reichen Glieder der Amphibolgruppe, wie den Arfvedsonit und ähnliche hierher stellen; doch könnte man sie mit Ägirin, Änigmatit und ähnlichen bei den komplexen Alumo- und Eisenoxydsilicaten behandeln.

Hervorzuheben sind dann ferner die schwefelhaltigen Mangansilicate wie der Danalith, der Helvin; ferner die chlorhaltigen: Pyrosmalith und Friedelit.

Endlich sind einige wasserhaltige Mangansilicate zu nennen: wie Agnolith, Poechit.

Orthosilicate.

Zuerst betrachten wir die zur Olivingruppe gehörigen Silicate: Tephroit Mn_2SiO_4, Knebelit $(Mn, Fe)_2SiO_4$, dann den zinkhaltigen Stirlingit oder

Röpperit $(Mn, Fe, Zn)_2SiO_4$. Ferner gehören hierher Fayalit, Fe_2SiO_4 und die Mischungen, welche das Fayalitsilicat mit Mg_2SiO_4 in geringen Mengen bildet; diese werden als Horthonolithe bezeichnet. Hierher kann man auch den Leukophönicit, welcher als Manganhumit aufgefaßt wird, stellen.

Tephroit. Manganorthosilicat.

Rhombisch, isomorph mit Olivin.

$$a:b:c = 0,4621:1:0,5914.$$

Analysenzusammenstellung.

Es sind mit wenigen Ausnahmen sehr alte Analysen, welche vorliegen, so daß es genügt, wenn hier nur die wenigen neuen Analysen gebracht werden, und einige ältere, um von jedem Fundort ein Bild von der Zusammensetzung zu geben.

Man kann die Tephroitanalysen einteilen in solche, welche nahezu das reine Mangansilicat ergeben, dann in solche mit höherem Gehalt an Magnesia, welche demnach Mischungen sind von Mn_2SiO_4 und Mg_2SiO_4, und endlich in solche, in welchen noch ZnO vorhanden ist.

1. Tephroite mit geringem Gehalt an MgO und ZnO.

	1.	2.	3.	4.	5.	6.
Na_2O	—	—	—	0,20	0,60	—
K_2O	—	2,79	—	0,11	2,80	—
MgO	—	—	3,15	0,36	2,67	1,38
CaO	—	5,37	—	0,96	8,43	1,04
MnO	68,88	56,83	65,34	64,38	35,65	65,59
FeO	2,92	—	—	3,78	0,50	1,09
BaO	—	—	—	—	1,40	—
Al_2O_3	—	—	—	1,32	7,84	—
SiO_2	28,66	30,82	31,39	27,55	40,91	30,19
P_2O_5	—	—	—	0,07	—	—
Glühverl.	—	2,20	—	{ 1,08 0,40[1])	—	0,37
	100,46	98,01	99,88	100,21	100,80	99,93[2])

1. Von Sparta (N. Y.); anal. C. F. Rammelsberg, Pogg. Ann. **62**, 146.
2. Von Pajsberg; anal. L. J. Igelström, Vet. Ak. Stockholm 1865, 282.
3. Wiborgh bei H. Sjögren, Geol. För. Forh. Stockholm **6**, 531 (1883).
4. Von Bendemeer (W.-Austr.); anal. J. C. H. Mingaye, H. P. White und W. A. Greig, Rep. geol. S. N. South Wales **8**, 182 (1905).
5. Schlacke, Sunnemo; anal. Pihlgren bei J. H. L. Vogt, Vet. Ak. Stockholm **9**, Nr. 1.
6. Von Sparta; anal. J. Brush, Am. Journ. **37**, II, 66.

---

[1]) Hygroskopisch.
[2]) ZnO 0,27%.

Mischungen von Mn_2SiO_4 mit Mg_2SiO_4 (Magnesiumtephroite).

	7.	8.
MgO	11,89	17,71
CaO	—	Spur
MnO	53,44	44,07
FeO	—	4,15
Mn_2O_3	0,49	—
SiO_2	28,46	31,36
Glühverlust	5,85	0,87
	100,13	98,16

7. Von Pajsberg, braun; anal. L. J. Igelström, Öfv. Vet. Ak. Stockholm **22**, 605 (1866).
8. Von Pajsberg, braun; anal. L. J. Igelström, Öfv. Vet. Ak. Stockholm **21**, 282 (1865).

Zinkhaltige Tephroite. Mischungen von Mn_2SiO_4, Mg_2SiO_4 mit ZnO.

Das ZnO wird als Beimengung vorausgesetzt.

	9.	10.	11.
MgO	10,16	10,78	7,73
CaO	—	—	1,60
MnO	49,80	52,84	52,32
FeO	3,33	3,53	1,52
SiO_2	30,63	32,50	30,55
ZnO	5,74	—	5,93
Glühverl.	—	—	0,28
	99,66	99,65	99,93

9. Von Franklin (N. Jersey); anal. Mixter, Am. Journ. **46**, II, 531.
10. Dieselbe Analyse nach Abzug des Zinkoxyds.
11. Braune Varietät von Sparta; anal. Collier bei L. Brush, Am. Journ. **37**, 66 (C. F. Rammelsberg, l. c. 432).

Einen sehr hohen Gehalt an MgO zeigt folgende Analyse:

	12.
MgO	14,03
CaO	0,54
MnO	47,62
FeO	0,23
ZnO	4,77
SiO_2	31,73
Glühverl.	0,35
	99,27

12. Rote Var. von Sparta; anal. Hague bei L. Brush, Am. Journ. **37**, 66.

Der Zinkgehalt wurde von den meisten Autoren als mechanische Beimengung vermutet, doch ließ sich dies nicht immer beweisen. Dafür tritt A. Des Cloizeaux ein, welcher vermutet, daß Franklinit die Ursache der Beimengung sei; C. F. Rammelsberg schließt sich dieser Ansicht an, namentlich auch aus dem Grunde, weil die Analysen nur dann ein Orthosilicat ergeben, wenn man die Berechnung mit Ausschluß des Zinkoxyds vornimmt; immerhin wäre es nicht ganz ausgeschlossen, daß ZnO in fester Lösung vorhanden wäre.

Formel der Tephroits. Das reine Silicat Mn_2SiO_4 kommt in der Natur nur selten vor, das Vorkommen von Sparta kommt dieser Zusammensetzung sehr nahe. Häufiger sind die Mischungen Mn_2SiO_4 mit Mg_2SiO_4, wobei das Verhältnis MnO : MgO innerhalb weiter Grenzen schwankt; in vielen Fällen nähert es sich sogar 1 : 1, häufiger 2 : 1. In vielen Tephroiten ist jedoch Mn_2SiO_4 stark vorwiegend. C. F. Rammelsberg stellte für die älteren Analysen das Verhältnis als zwischen 1 : 1 und 14 : 1 fest. Die neueren Analysen zeigen zum Teil das Verhältnis 2 : 1.

Im allgemeinen wird man die Tephroite als Mischungen:

$$n\,Mn_2SiO_4 . Mg_2SiO_4$$

bezeichnen können, in welchen n größer als 1 ist.

Eigenschaften. Dichte 3,95—4,15. Härte 6—7. Farbe braun, rosenrot, rötlich; zersetzte auch bräunlichgrau. Stark pleochroitisch, Doppelbrechung negativ. Vor dem Lötrohr schmelzbar.

Der Schmelzpunkt von Mn_2SiO_4 ist nach E. Kittl 1170—1200° (Bd. I, S. 661).

Synthese. Durch Zusammenschmelzen von SiO_2 und 2MnO hat P. Berthier Tephroit erhalten, die Hauptfläche der tafeligen Kristalle ist nach L. Bourgeois (010). Die Kristalle zeigen große Achsenwinkel. L. Bourgeois fand auch, daß, wenn das Verhältnis SiO_2 : MnO ein anderes ist, sich neben Tephroit auch Rhodonit und Hausmannit bildet.

A. Gorgeu[1]) hat bei seinen Synthesen des Mangangranats auch Tephroit und Rhodonit erhalten, ferner durch Zusammenschmelzen von SiO_2 und $MnCl_2$ im Wasserstoffstrom (Taf. III, Fig. 3).

Ich habe ähnliche Versuche ausgeführt, ohne Anwendung von Wasserstoff und ebenfalls neben Mangangranat die beiden Mangansilicate erhalten; Tephroit kristallisiert in sehr schönen Prismen, welche ein spitzes Brachydoma (120) zeigen; am besten erhält man Tephroit (neben Rhodonit), wenn man Kieselsäure mit einem Überschuß von $MnCl_2$ zusammenschmilzt.

Schmilzt man im Kohlekurzschlußofen 2MnO und SiO_2 zusammen, so erhält man kristallisierten Tephroit (Tafel II, Fig. 2).[2])

Leukophönicit.

Analyse.

Na_2O	0,39
K_2O	0,24
MgO	0,21
CaO	5,67
MnO	60,63
FeO	Spur
ZnO	3,87
SiO_2	26,36
H_2O	2,64
	100,01

Von der Franklin-Zinkmine (N. Jersey); anal. S. L. Penfield u. C. H. Warren, Am. Journ. **8**, 339 (1899); N. JB. Min. etc. 1901, I, 371.

[1]) A. Gorgeu, C. R. **97**, 320 (1883) und Bull. Soc. min. **10**, 264 (1887).
[2]) Unveröffentlicht.

Das Verhältnis $SiO_2 : RO : H_2O$ ist 3:7:1,01, daher die Formel: $H_2R_7Si_3O_{14}$. Da das Wasser nicht unter Rotglut abgegeben wird, muß man schreiben:

$$R_5(R.HO)_2(SiO_4)_3.$$

Es entspricht dies einem Humit, wenn man OH als Vertreter von Fluor ansieht. Die Konstitutionsformel des Silicats wäre analog der des Humits, wobei die Gruppe (OH) statt (OH, F) wie im Humit auftritt; man hätte es mit einem fluorfreien Manganhumit zu tun.

Eigenschaften. Vor dem Lötrohr zu einer bräunlichschwarzen Kugel ruhig schmelzend. Im Röhrchen Wasser gebend. In HCl leicht löslich unter Abscheidung von Kieselgallert.

Farbe blaßpurpurrot. Härte 5,5—6. Dichte 2,848.

Bementit.

Wahrscheinlich ein Zersetzungsprodukt des Tephroits. Rhomboedrisch.

	1.	2.	3.	4.
δ	2,981	—	—	—
MgO	3,83	3,35	—	—
CaO	—	0,62	—	—
MnO	42,12	39,22	47,61	54,53
FeO	3,75	4,94	—	—
ZnO	2,86	2,93	—	—
Al_2O_3	—	0,96	—	—
Fe_2O_3	—	0,71	—	—
SiO_2	39,00	38,36	40,31	37,18
H_2O	8,44	8,61	12,08	8,29
	100,00	99,70	100,00	100,00

1. Trotter Mine, Franklin (N. Jersey); anal. G. A. König, Proc. Ac. Nat. Sc. Philadelphia 1870, 310; Ref. Z. Kryst. **15**, 334 (1889).
2. Von ebenda; anal. G. Steiger bei Ch. Palache, Z. Kryst. **47**, 581 (1910); auch bei F. W. Clarke, Bull. geol. Surv. U.S. **409**, 297 (1910).
3. Theoretische Zusammensetzung H_2MnSiO_4.
4. Theoretische Zusammensetzung $H_6Mn_5(SiO_4)_4$.

Das Verhältnis $R:Si:H_2O = 1,2:1:0,7$ nach C. F. Rammelsberg; er nimmt die Formel an:

$$H_6R_6Si_5O_{19},$$

wobei (Mn, Fe) : Mg : Zn = 18 : 3 : 1; nach C. F. Rammelsberg wäre der Bementit eine Verbindung von Metasilicat und Orthosilicat.

Das Wasser entweicht erst bei 300° und wird daher in die Formel eingerechnet.

C. Hintze und P. Groth führen die Formel H_2MnSiO_4 an.[1]

Eigenschaften. Faserig, blaß graugelb; zerreiblich. Dichte 2,981. Vor dem Lötrohr zu schwarzem Glas leicht schmelzbar. Im Kölbchen Wasser gebend, wobei er braun wird. Ohne Gelatinierung in HCl löslich.

[1] Ch. Palache nimmt die Formel $H_6Mn_5(SiO_4)_4$ an, woraus sich obige Zusammensetzung berechnet.

Fayalit (Eisenoxydulorthosilicat).

Nahezu reiner Fayalit. Eine Anzahl von Analysen ergibt nahezu das Silicat Fe_2SiO_4 ohne merkliche Mengen von Mn_2SiO_4, während andere durch größeren Gehalt an letzteren den Übergang zum Horthonolith vermitteln, diese werden oft als Manganfayalite bezeichnet.

	1.	2.	3.	4.	5.
δ	—	4,138	—	—	3,885
MgO	1,66	—	—	2,38	—
CaO	—	—	0,43	0,72	—
MnO	—	2,94	0,79	0,69	1,78
FeO	51,75	65,84	62,57	60,95	68,73
CuO	—	0,60	0,32	0,31	—
PbO	—	—	1,71	1,55	—
Al_2O_3	Spur	1,84	3,27	4,06	—
Fe_2O_3	14,92	—	—	—	—
SiO_2	25,61	24,93	31,04	29,15	29,60
Unlösl.	7,02	FeS 2,77	—	—	—
	100,96	98,92	100,13	99,81	100,11

1. Aus Lithophysen des Obsidians, Yellowstone Park; anal. F. A. Gooch, Am. Journ. **30**, 58 (1888); Z. Kryst. **11**, 306 (1886).
2. Von der Insel Fayal; anal. K. Gmelin, Pogg. Ann. **51**, 160 (1840).
3. Von ebenda; anal. R. v. Fellenberg, Pogg. Ann. **51**, 260 (1840).
4. Von ebenda; anal. C. F. Rammelsberg, Mineralchem. 1875, 425.
5. Aus Pegmatit der Mourne Mountains (Irland); anal. Thomson nach C. F. Rammelsberg, Min.-Chem. 1875, 425.

	6.	7.	8.	9.
δ	4,211	—	—	4,318
Na_2O	0,21	—	—	—
K_2O	0,17	—	—	—
MgO	0,15	0,13	—	—
CaO	0,32	0,57	—	—
MnO	0,19	—	—	0,72
FeO	68,39	68,43	62,09	68,12
Al_2O_3	1,84	—	—	—
Fe_2O_3	—	—	0,23	—
SiO_2	28,16	30,10	33,77	30,08
S	0,24	—	—	—
H_2O	—	—	3,91 (Unbest.)	0,80
	99,67	99,23		

6. Fundort nicht angegeben; anal. Ed. Classen, Am. Journ. **31**, 405 (1886).
7. Kowance (Illinois); anal. G. O. Smith, John Hopkins Univ. **112**, 31; Ref. N. JB. Min. etc. 1895, II, 24.
8. Von Wansau, Wisconsin; anal. S. Weidmann, J. Geol. **12**, 551 (1904).
9. Von Rockport (Mass.); anal. S. L. Penfield u. E. H. Forbes, Z. Kryst. **26**, 144 (1896).

Weitere reine Fayalite stammen aus **Schlacken:**

	10.	11.
δ	—	4,28
CaO	0,68	—
MnO	0,54	Spur
FeO	70,14	69,18
CuO	3,18	—
CoO	0,15	—
Al_2O_3	—	1,54
SiO_2	23,81	29,59
Schwefel	—	Spur

10. Aus Schlacke von Fahlun; anal. Lundborg bei J. H. L. Vogt, Ofv. Vet. Ak. Stockholm **9**, nach C. Hintze.

11. Gute Hoffnungshütte bei Oberhausen; anal. K. Busz u. F. W. Rüsberg, ZB. Min. etc. 1913, 625.

Mischungen von vorwiegendem Eisenorthosilicat mit Manganorthosilicat (Mangan-Fayalite).

	12.	13.	14.	15.	16.	17.	18.
Na_2O .	—	—	—	—	—	0,17	—
K_2O . .	—	—	—	—	—	1,34	—
MgO .	3,04	1,10	—	—	} 1,09	0,75	1,06
CaO .	3,07	1,30	0,47	—	}	1,24	1,75
MnO .	8,39	5,10	4,17	8,56	8,83	5,39	7,63
FeO . .	54,71	60,23	65,79	17,25	17,55	47,77	58,20
Al_2O_3 .	1,21	2,07	—	—	—	1,61	—
Fe_2O_3 .	—	—	—	44,73	43,09	14,83	—
SiO_2 . .	29,34	30,75	27,66	28,75	28,61	25,66	31,36
TiO_2 . .	—	—	—	—	—	0,08	—
P_2O_5 .	—	—	—	—	—	0,37	—
SO_3 . .	—	—	—	—	—	0,24	—
Fe . .	—	0,07	—	—	—	—	—
	99,76	100,62	98,09	99,29	99,17	99,45	100,00

12. Aus Eulysit, Tunaberg (Schwed.); anal. Erdmann nach C. F. Rammelsberg, Min.-Chem. 1853, 180; Mittel aus drei Analysen, N. JB. Min. etc. 1853, 704.

13. Aus Martinschlacke von Donawitz (Steierm.); anal. A. Harpf, Öst. Z. f. Berg- u. Hüttenw. 1895, Nr. 7; N. JB. Min. etc. 1896, II, 37.

14. Cheyenne Mts. (Color.); anal. J. B. Mackinthosh, Am. Journ. **41**, 439 (1894).

15. u. 16. Stark zersetzter Fayalit aus Granulit vom Villacidronathal; anal. D. Lovisato, Atti R. Acc. Linc. **9**, 10 (1900); N. JB. Min. etc. 1901, II, 20.

17. Fayalitschlacke aus dem Agramer Gebirge; anal. M. Kispatić, Abh. südslav. Ak. 1906, 167; Chem. ZB. 1908, II, 1203.

18. Fayalit daraus auf 100 berechnet.

Einen besonderen Typus bietet folgender Fayalit, da er Mn_2SiO_4 und Mg_2SiO_4 in merklichen Mengen enthält.

	19.
δ	4,24
Alkalien	0,42
MgO	3,11
CaO	0,74
MnO	3,39
FeO	56,05
Fe_2O_3	5,08
SiO_2	28,89
TiO_2	1,19
H_2O	1,07
	99,94

19. Von Cuddia Mida (Pantelleria); anal. J. Söllner, Z. Kryst. **49**, 144 (1911).

$$SiO_2 + TiO_2 : RO = 0{,}5035 : 1{,}00197 \quad \text{oder} \quad 1:2,$$

wenn man von H_2O und den Alkalien absieht; ferner ist:

$$FeO + MnO : MgO + CaO = 0{,}90989 : 0{,}09208,$$

die Formel ist nach J. Söllner:

$$\begin{matrix} 10\,(Fe, Mn)_2SiO_4 \\ 1\,(Mg, Ca)_2SiO_4. \end{matrix}$$

Knebelit, Mischungen von Fe_2SiO_4 mit Mn_2SiO_4.

Der Knebelit kommt sowohl in der Natur, als auch in Schlacken vor.

Analysen.

	1.	2.	3.	4.
MgO	2,33	3,01	—	1,98
CaO	1,00	—	—	—
MnO	29,69	18,83	18,86	18,57
FeO	36,73	46,88	47,24	48,59
Al_2O_3	1,07	—	—	—
SiO_2	28,96	29,94	29,24	28,76
$CaCO_3$	—	1,14	—	2,25
	99,78	99,80		100,15

1—4. Sämtliche von Dannemora; anal. M. Weibull, Tsch. min. Mit. **7**, 120 (1886); Geol. För. Förh. **6**, 499; **7**, 263 (1883). 2 ist der Igelströmit.

	5.	6.	7.	8.
MgO	1,47	2,22	1,84	—
CaO	0,40	0,69	2,34	—
MnO	25,64	23,20	24,20	34,97
FeO	42,57	43,77	41,46	35,47
SiO_2	29,92	30,12	30,16	39,56
	100,00	100,00	100,00	100,00

5. u. 6. Vom Kopatakagraben bei Macskamezö; anal. C. v. John bei Fr. Kossmat u. C. v. John, Z. prakt. Geol. **13**, 305 (1905).

7. Frinturatagbau bei Macskamezö; anal. wie oben.

8. Theoretische Zusammensetzung $FeMnSiO_4$.

Knebelite (Manganfayalite) aus Schlacken.

	9.	10.	11.
δ	4,25	—	—
MgO	—	2,65	2,92
CaO	0,88	3,29	2,26
MnO	17,44	10,19	9,68
FeO	51,90	51,99	49,65
Al_2O_3	0,39	3,09	2,42
SiO_2	27,79	28,41	28,13
TiO_2	—	0,60	0,55
S	1,45	—	—
Unlöslich . . .	—	—	4,48
	99,85	100,22	100,09

9.—11. Gute Hoffnungshütte bei Oberhausen; anal. K. Busz u. E. W. Rüsberg, ZB. Min. etc. 1913, 626.

Formel. Im Igelströmit (Analyse 2): FeO + MgO : MnO = 10,48 : 5,45, daher die Formel: $2\,Fe_2SiO_4 \,.\, Mn_2SiO_4$.

Aus Analyse 9 berechnet sich

$$FeO : MnO = 68{,}53 : 23{,}46,$$

dies entspricht der Formel:

$$3\,Fe_2SiO_4 \,.\, Mn_2SiO_4.$$

Analyse 10 und 11 stammen von demselben Stück, wobei jedoch die erstgenannte Probe mit Soda aufgeschlossen wurde, während die andere Probe durch Lösung in konz. Salzsäure untersucht wurde. Der Rückstand bei letzterer war Spinell.

Das Verhältnis FeO : MnO ist:

für 1 = 5,03 : 1

für 2 = 5,06 : 1.

Die Formel wäre: $5\,Fe_2SiO_4 \,.\, Mn_2SiO_4$.

Die **Synthese des Fayalits** hat A. Gorgeu durchgeführt; er verwendete $FeCl_2$ im großen Überschuß (1 : 20), welche er mit Kieselsäure mischte. Um die Oxydation des Eisenoxyduls zu verhindern, leitete er über die Schmelze Wasserdampf und Wasserstoffgas; ähnlich wie bei Tephroit. Nach meinen Versuchen genügt es, den Tiegel mit Salmiak oder Kohle zu bedecken.

Ich habe den Fayalit auch durch Zusammenschmelzen von Siderit mit Kieselsäure im Kurzschlußkohleofen erhalten (Tafel II, Fig. 1).

Formel. Der reine oder nahezu reine Fayalit ist Fe_2SiO_4 mit sehr geringen Beimengungen von Mg_2SiO_4 und Mn_2SiO_4; die Manganfayalite sind Mischungen von $n\,Fe_2SiO_4 \,.\, Mn_2SiO_4$ mit kleinen Mengen von Mg_2SiO_4 und Ca_2SiO_4.

Das Verhältnis FeO : MnO ist wechselnd 8 : 1, 5 : 1, 4 : 1, manchmal ist n noch größer. Manganfayalite mit dem Verhältnis nahezu 1 : 1 werden als Knebelite bezeichnet (siehe oben).

Eigenschaften. Dichte zirka 4. Härte 6—7.

Die neuesten optischen Untersuchungen rühren von S. L. Penfield und E. H. Forbes her; sie bestimmten die Brechungsquotienten

$$N_\alpha = 1{,}8236, \quad N_\beta = 1{,}8642 \quad N_\gamma = 1{,}8736.$$

Stärke der Doppelbrechung $\gamma - \alpha = 0{,}050$

$$2H_{Li} = 57{,}27, \quad 2H_{Na} = 56{,}32, \quad 2H_{Ti} = 55{,}2.$$

Farbe weingelb bis olivengrün.

In HCl unter Abscheidung von Gallerte löslich. Schmelzpunkt ca. 1065° (Bd. I, S. 660).

M. Theile[1]) hat ebenso wie für Forsterit, auch für Fayalit eine Isolierung der Kieselsäure nach der Methode von G. Tschermak unternommen. Für Fayalit fand er eine Orthokielsäure, für Forsterit Metakieselsäure. G. Tschermak hatte bei Olivin Metakieselsäure gefunden. M. Theile verwirft auf Grund weniger Versuche diese Methode (vgl. S. 233).

Mischungen von Fe_2SiO_4 mit Mg_2SiO_4 (Horthonolith).

Diese Mischung schließt sich dem S. 312 behandelten Hyalosiderit an; doch ist der Magnesiumgehalt schwankend.

	1.	2.	3.	4.
δ	—	3,91	4,038	4,054
K_2O	—	0,39	—	—
MgO	26,24	26,68	13,74	16,08
MnO	0,58	4,35	4,32	1,50
FeO	35,55	44,37	47,32	49,32
NiO	Spur	—	—	—
Al_2O_3	1,93	—	—	—
Fe_2O_3	—	—	—	0,37
SiO_2	35,20	33,59	33,94	33,27
TiO_2	—	—	—	Spur
SnO_2	Spur	—	—	—
Glühverl. . .	—	0,26	0,48	—
	99,50	99,64	99,80	100,54

1. Von Dalarne; anal. H. Struve, Am. Journ. [2] **48**, 19 (1869).
2. Von Monroe, Orange Cy., N. York; anal. W. G. Mixter, Am. Journ. ebendort.
3. Von ebenda; anal. S. L. Penfield, Am. Journ. **151**, 132 (1896); Z. Kryst. **26**, 145 (1896).
4. Von Cumberland (Rhode Island); anal. C. H. Warren, Z. Kryst. **44**, 211 (1907).

Formel des Horthonoliths. Das Verhältnis MgO : FeO ist, namentlich bei den neueren Analysen, schwankend, während bei den älteren dieses Verhältnis ungefähr 1 : 1 ist. Nach den neueren Ergebnissen wird man lieber die Formel

$$n\,Fe_2SiO_4 . Mg_2SiO_4$$

annehmen, worin $n = 1$ oder $n = 2$ ist.

[1]) M. Theile, Inaug.-Dissert. (Leipzig 1913).

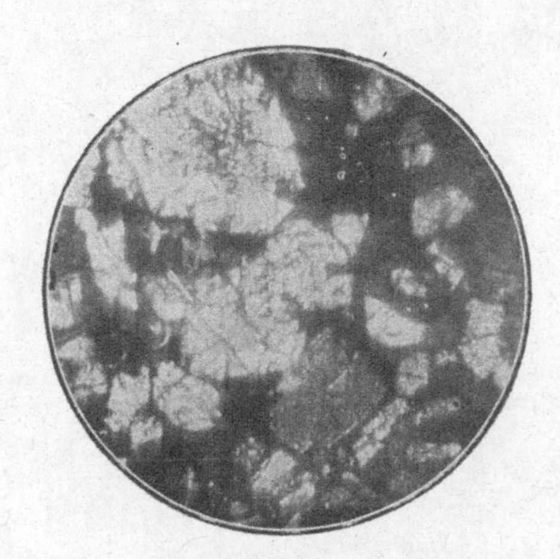

Fig. 1.
Künstlicher Fayalit.

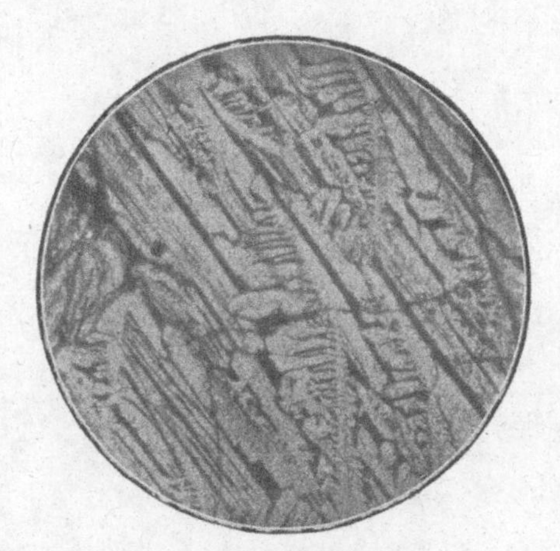

Fig. 2.
Künstlicher Tephroit.

Fig. 3.
Künstlicher Chromdiopsid.

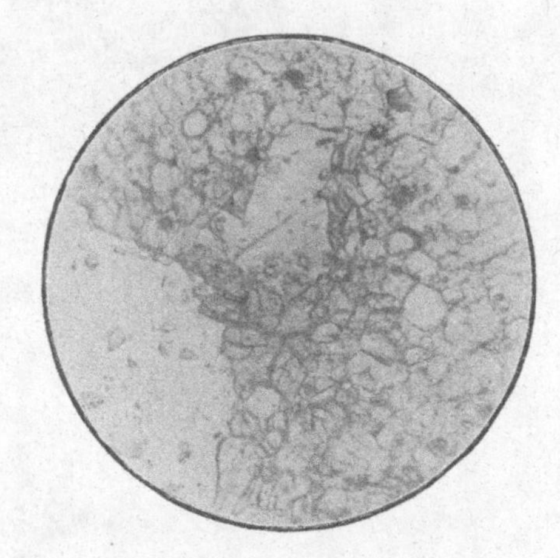

Fig. 4.
Künstlicher Schefferit.

Verlag von THEODOR STEINKOPFF, Dresden und Leipzig.

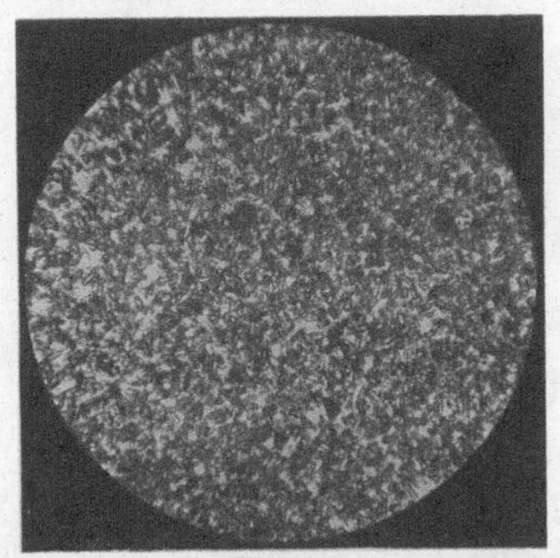

Fig. 1.
Künstlicher Willemit (nach A. Gorgeu).
50 × vergr.

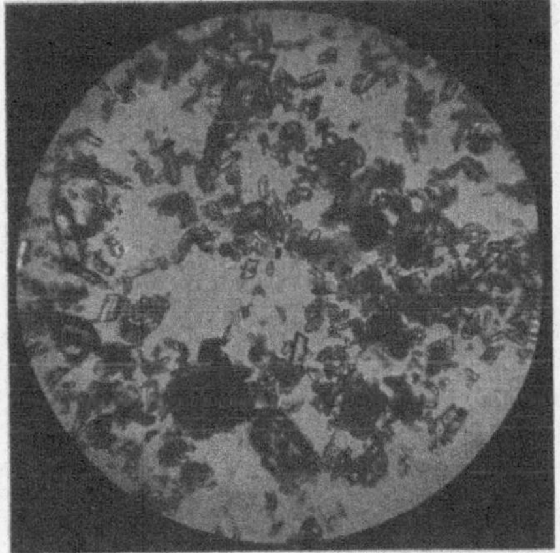

Fig. 2.
Künstlicher Rhodonit (nach A. Gorgeu).
50 × vergr.

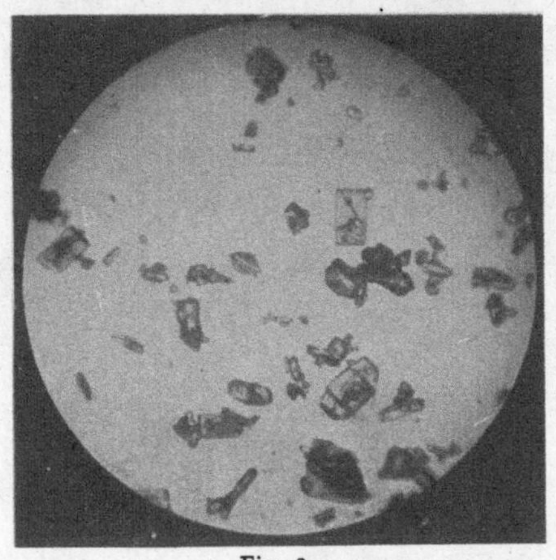

Fig. 3.
Künstlicher Tephroit (nach A. Gorgeu).
Stärkere Vergr.

Verlag von THEODOR STEINKOPFF, Dresden und Leipzig.

Eigenschaften. $\delta = 3{,}91$. Härte 6—7. Gelb und gelblichgrün, Glasglanz. Die Brechungsquotienten sind nach S. L. Penfield u. E. H. Forbes:

$$N_\alpha = 1{,}7684 \quad N_\beta = 1{,}7925 \quad N_\gamma = 1{,}8031$$

$$2H_{Li} = 76^0\,59' \quad 2H_{Na} = 76^0 \quad 2H_{Tl} = 75^0\,46'.$$

Genesis. Der Horthonolith dürfte nach seinem Vorkommen mit Magneteisen, Ilmenit, Spinell sich als eine magmatische Ausscheidung darstellen.

Glaucochroit (Calciummanganorthosilicat).

Rhombisch isomorph mit Olivin. $a:b:c = 0{,}440:1:0.566$.

Analyse.

	1.	2.
MnO	38,00	37,97
CaO	28,95	29,95
FeO	Spur	—
PbO	1,74	—
SiO_2	31,48	32,08
	100,17	100,00

1. In Nasonit mit Granat und Axinit in den Zinkminen von Franklin (N. Jersey); anal. S. L. Penfield u. C. H. Warren, Am. Journ. **8**, 339 (1899); N. JB. Min. etc. 1901, I, 368.
2. Theoretische Zusammensetzung $CaMnSiO_4$.

Formel: $(Ca, Mn)_2SiO_4$.

Eigenschaften. Dichte 3,407. Härte 6. Glasglanz, bläulichgraue Färbung. Die Brechungsquotienten sind:

$$N_\alpha = 1{,}686 \quad N_\beta = 1{,}722 \quad N_\gamma = 1{,}735 \quad \gamma - \alpha = 0{,}049.$$

Achsenwinkel $2V = 60^0\,51'$.

Vor dem Lötrohr ruhig zu einer bräunlichschwarzen Kugel schmelzend. Mit Soda oder Borax starke Manganreaktion.

In HCl leicht löslich.

Schlacken, welche die Zusammensetzung von $Ca_2SiO_4 . Mg_2SiO_4 . Fe_2SiO_4$ und Mn_2SiO_4 haben, wurden S. 408 erwähnt.

Mischungen von Fe_2SiO_4, Mn_2SiO_4 und Zn_2SiO_4 (Stirlingit, Röpperit).

Während bei den früher erwähnten Mischungen angenommen wird, daß ZnO als Beimengung vorhanden ist, haben wir hier unzweifelhaft isomorphe Mischungen.

	1.	2.	3.
MgO	7,60	5,81	5,44
MnO	16,25	16,90	16,93
FeO	33,78	35,60	35,44
ZnO	10,96	10,66	10,70
SiO_2	30,76	29,90	30,56
Spinell	—	1,03	1,04
	99,35	99,90	100,11

1—3. Von Stirling Hall; anal. W. T. Röpper, Am. Journ. **50**, 35 (1872),

Formel. Da Fe, Mn und Zn nahezu in gleichen Mengen vorhanden sind, so ist die Formel $Mn_2SiO_4 . Zn_2SiO_4 . Fe_2SiO_4$.

Eigenschaften. Dichte 3,95—4,08. Härte 6. Vor dem Lötrohr schwer schmelzbar. In Säuren zersetzbar.

Synthese. Eine Synthese ist nicht vorhanden. Eine **Neubildung** aus den Freiberger Hüttenwerken hat insofern mit dem Röpperit Ähnlichkeit, als eine Mischung von $Fe_2SiO_4 . Zn_2SiO_4$ vorliegt, also ein Zinkfayalit. (Anal. W. Stelzner, N. JB. Min. etc. 1882, I, 170).

MgO	0,84
CaO	3,00
FeO	41,98
ZnO	18,55
CuO	0,60
PbO	2,50
BaO	1,80
Al_2O_3	1,31
SiO_2	28,45
SnO_2	0,75
S	1,70

Schwefelhaltige Orthosilicate von Be, Mn, Fe.

Von **C. Doelter** (Wien).

Analysenmethoden von schwefelhaltigen Silicaten (Helvin u. Danalith).

Von **M. Dittrich** (Heidelberg).

Hauptbestandteile: SiO_2, MnO, BeO FeO, ZnO, S.

Kieselsäure, Mangan, Eisen, Beryllium. Nachdem das Mineral durch Salzsäure (in einer Porzellanschale, des Mangans wegen) zersetzt und die Kieselsäure abgeschieden ist, wird das salzsaure Filtrat durch Ammoniak möglichst neutralisiert. Nebenher bereitet man in einem Becherglase eine Lösung von Ammoniumcarbonat, welche genügt, um das vorhandene Beryllium in Lösung zu halten und setzt zur Überführung des Eisens und Mangans in Sulfide noch eine genügende Menge Ammoniumsulfid hinzu. In diese Mischung trägt man die obige, mit Ammoniak neutralisierte Lösung ein, wobei sich Eisen und Mangan als Sulfide ausscheiden, während Beryllium gelöst bleibt. Zur sicheren Trennung löst man den Eisen-Mangan-Niederschlag nochmals in Salzäure und wiederholt die Fällung. Zur Abscheidung des Berylliums wird die Ammoniumcarbonatlösung eine Stunde lang gekocht, wodurch das Beryllium quantitativ ausfällt. Nach dem Abfiltrieren und Auswaschen wird es nach Glühen im Platintiegel als Be_2O_3 gewogen.

Zink. Ist auch Zink zugegen, so gibt man das Filtrat der Kieselsäure in eine Lösung gleicher Teile kohlensäurefreien Ammoniaks und 3% Wasserstoffsuperoxyds. Dadurch geht Zink als komplexes Salz in Lösung, während die anderen Metalle ausgefällt werden. Zur vollständigen Trennung löst man besser den Niederschlag nochmals in Salzsäure und fällt ihn wie oben. Die weitere Behandlung des Niederschlags geschieht nach nochmaliger Lösung in

Salzsäure wie oben beschrieben; in den vereinigten Filtraten wird das Zink bestimmt, wie das Bd. I, S. 409 angegeben.

Schwefel. Zur Bestimmung des Schwefels zersetzt man das Mineral mit Königswasser oder Bromsalzsäure, dampft zur Verjagung der Kieselsäure zur Trockne und fällt im Filtrat davon das gebildete SO_4-Ion durch Bariumchlorid als $BaSO_4$.

Helvin.

Von **C. Doelter** (Wien).

Regulär-tetraedrisch.

Synonym: Tetraedrischer Granat.

Analysenresultate.

	1.	2.	3.	4.	5.	6.	7.
δ	3,166		3,165	—	—	3,383	—
BeO	12,03	8,03	11,46	10,51	10,40	13,46	13,57
CaO	—	—	—	4,03	4,10	—	—
MgO	—	—	—	0,69	0,66	—	—
MnO	41,76	42,12	49,12	37,87	37,90	35,31	36,51
FeO	5,56	8,00	4,00	10,37	10,37	15,21	15,03
Al_2O_3	—	1,44	—	—	—	0,78	0,75
SiO_2	33,26	35,27	33,13	30,31	30,38	32,42	32,57
S	5,05	—	5,71	5,95	—	5,77	—
H_2O	1,15	—	—	0,22	0,22	—	—
	98,81		103,42	99,95		102,95	—

1. u. 2. Von Schwarzenberg (Sachsen); anal. K. Gmelin, Pogg. Ann. **3**, 53.

3. Aus dem Zirkonsyenit von Südnorwegen; anal. C. F. Rammelsberg, Pogg. Ann. **93**, 453; auch Mineralchemie 1875, 460.

4. u. 5. Von Luppiko (Finnland); anal. N. Teich, Russ. Bergjournal 1868, Nr. 10, 61.

6. u. 7. Von Miasc (Ural); anal. Lissenko, Russ. Bergjournal 1868, Nr. 10. — N. Teich bei N. v. Kokscharow, Min. Rußl. **5**, 320.

	8.	9.	10.	11.	12.	
δ	—	—	—	3,202	—	3,318
BeO	12,63	10,97	11,19	14,25	14,92	13,17
Na_2O	1,01	—	—	—	—	—
K_2O	0,43	—	—	—	—	—
CaO	0,71	—	0,40	3,16	—	7,65 (ZnO)
MnO	50,25	51,65	39,68	42,47	44,43	28,46
FeO	2,26[1]	2,99	13,02	4,26	4,45	15,55
Al_2O_3	2,95	0,36	1,00	0,74	0,77	—
SiO_2	25,48[2]	31,42	32,85	31,85	33,33	31,95
S	4,96	4,90	5,71	4,81	5,03	5,86
	100,68	102,29	103,85	101,54	102,93	102,64

[1]) Das Eisen als Fe_2O_3 berechnet.

[2]) Nach Abzug von 9,22% Gangart.

8. Von Amelia County; anal. Haines, Proc. Ac. Philad. 1882, 100.

9. Von ebenda; anal. Sloan, Am. Journ. **25**, 330 (1883).

10. Von der Insel Sigtesö (Norwegen); anal. H. Bäckström bei W. C. Brögger, Z. Kryst. **16**, 176 (1889).

11. Von Schwarzenberg, mit Flußspat gemengt; anal. H. A. Miers u. G. T. Prior, Min. Mag. **10**, 11 (1892).

12. Dieselbe Analyse, nach Abzug des aus der CaO-Menge berechneten Fluorits.

13. Von Hörte Kollen (Norwegen); anal. V. M. Goldschmidt, Kontaktmet. (Kristiania) 396.

Chemische Formel des Helvins.

C. F. Rammelsberg[1]) hat die unter 1, 2, 3, 4 angeführten Analysen berechnet, das Verhältnis von R:Si ist 1,87 bzw. 1,87, 2 und 2, also im Durchschnitt 2:1. Das Verhältnis des zweiwertigen Metalls im Sulfid (RS) und im Silicat R_2SiO_2 ist bei den vier genannten Analysen

$$1:6; \quad 1:5{,}7; \quad 1:6; \quad 1:5{,}4.$$

Demnach ist sechsmal so viel R im Silicat wie im Sulfid vorhanden, daher die Formel

$$(Mn, Fe)S + 3(Be, Mn, Fe)_2SiO_4.$$

A. Kenngott[2]) stützt sich namentlich auf die Analyse von H. Bäckström; er berechnet daraus

$$6SiO_2 : 13{,}0899\ RO : 0{,}1072\ Al_2O_3 : 1{,}9541\ S.$$

Die C. F. Rammelsbergsche Analyse (3) ergibt:

$$6SiO_2 : 13{,}1039\ RO : 1{,}9376\ S.$$

Daraus ergibt sich die Formel

$$MnS_2 . 6(2RO . SiO_2).$$

Dagegen erhielt A. Kenngott für uralischen Helvin nach der Analyse von N. Teich, das Verhältnis

$$6SiO_2 : 13{,}8553\ RO : 2{,}0008\ S,$$

daraus berechnet er die Formel $MnS . 3(2RO . SiO_2)$.

Die Frage, in welcher Weise der Schwefel im Silicat gebunden ist, wird verschiedentlich beantwortet. C. F. Rammelsberg nimmt Molekularverbindungen an. Andere glauben, daß er atomistisch gebunden sei. Eine ganz besondere Auffassung hat W. C. Brögger, welcher diese Mineralien mit Zunyit und Eulytin der Granatgruppe einverleibt. Er hält das Verhältnis zwischen Be und den übrigen zweiwertigen Metallen für 3:1, und glaubt nicht, daß man berechtigt sei einen Ersatz von Be durch Mn, Zn, Fe anzunehmen. Dagegen vergleicht er die Helvinformel mit der Granatformel und nimmt einen Ersatz von Al durch Be an. Auf Grund der Annahme, daß Al und Be sich ersetzen können, konstruiert er für Granat und Helvin analoge Konstitutionsformeln. Diese Hypothese von W. C. Brögger und H. Bäckström[3]) findet jedoch in

[1]) C. F. Rammelsberg, Mineralchemie 1875, 460.
[2]) A. Kenngott, N. JB. Min. etc. 1893, II, 72.
[3]) W. C. Brögger, u. H. Bäckström, Z. Kryst. **18**, 212 (1891).

den Tatsachen keine Stütze, da kaum anzunehmen ist, daß Be ein dreiwertiges Element Al ersetzen kann. Dem widerspricht auch das Vorkommen eines Aluminats des (Chrysoberylls) und diese Vermutung hat vom chemischen Standpunkt weniger Wahrscheinlichkelt. V. M. Goldschmidt schrieb $3RBeSiO_4.RS$.

P. Groth[1]) nimmt im Helvin und Danalith die Atomgruppe —R—S—R—, analog der Gruppe —R—O—R— an, also eine Vertretung des S durch O. Die Formel ist: $(Be, Mn, Fe)_7S.(SiO_4)_3$.

Von Wichtigkeit wäre es, zu wissen, ob alle Helvine und Danalithe ein einziges feststehendes Verhältnis $R_2SiO_4 : RS$ haben, oder ob mehrere möglich sind. Wäre letzteres der Fall, so könnte man eher an Molekularverbindungen, welche eigentlich wahrscheinlicher sind, denken und dann wäre noch die Möglichkeit von festen Lösungen gegeben (vgl. S. 68).

Als Pseudomorphose nach Helvin wird von manchen ein Tonerde-Eisensilicat gedeutet, welches den Namen Achtaragdit führt; da dies jedoch unsicher ist und auch andere Deutungen vorliegen, so wird dieses Mineral an anderer Stelle anzuführen sein, da es kein Berylliummineral ist.

Chemische und physikalische Eigenschaften.

Dichte 3,1—3,3. Härte etwas über 6.

Farbe: schwefel- bis honiggelb, oder gelb- bis braunrot, auch grüne, ölgrüne bis zeisiggrüne Varietäten kommen vor. Fetter Glasglanz. Brechungsquotient = 1,739.[2])

Pyroelektrisch nach G. Hankel[3]) und nach J. und P. Curie.[4])

Vor dem Lötrohr schmelzbar, und zwar unter Aufschäumen; es entsteht eine undurchsichtige gelbbraune Schmelze.

In Salzsäure unter Abscheidung von Kieselgallerte löslich, dabei entwickelt sich Schwefelwasserstoff.

Vorkommen und Genesis.

Der Helvin kommt in Gängen meistens mit Quarz, Hornblende und Eisenerzen zusammen vor, anderseits auch auf Pegmatitgängen. Demgemäß dürfte seine Entstehung wohl zum Teil auf wäßrigem Wege bei verhältnismäßig niederer Temperatur erfolgt sein, während das Vorkommen in Schriftgranitgängen wohl auf Entstehung aus Schmelzfluß in Gegenwart von Kristallisatoren hindeutet.

Synthese. Eine Synthese, welche zur Bildung von Helvin oder Danalith geführt hätte, liegt nicht vor, doch haben Versuche von A. Woloskow insofern hier eine gewisse Bedeutung, als er das System Mn_2SiO_4—MnS untersucht hat. Er fand ein Eutektikum bei einem Gehalt von 6,85 Mol.-Proz. MnS (vgl. Bd. I, S. 769).

[1]) P. Groth, Chem. Krystall. II (Leipzig 1910) u. Tabell. Übers. Braunschweig 1898.
[2]) A. Michel-Lévy et A. Lacroix, Minéraux d. roches (Paris 1888) 222.
[3]) G. Hankel, Sitzber. sächs. Ak. 12, 551 (1882).
[4]) J. u. P. Curie, C. R. 91, 383 (1880).

Danalith.

Regulär.

Analysenzusammenstellung.

Ältere Analysen.

	1.	2.	3.	4.	5.
BeO	13,86	13,79	—	—	14,72
MgO . . .	—	—	—	—	Spur
CaO . . .	—	—	—	—	0,83
MnO . . .	6,17	6,47	5,83	6,64	5,71
FeO	25,71	29,09	—	—	28,13
ZnO . . .	19,11	16,14	17,90	16,90	18,15
SiO_2 . . .	31,96	31,69	31,74	31,54	29,88
S	5,93	5,02	—	—	4,82
	102,74	102,20			102,24

1.—4. Von Rockport (Mass); anal. J. P. Cooke, Am. Journ. **42**, 73 (1866).
5. Von Gloucester (Mass); anal. J. P. Cooke, ebenda **42**, 73 (1866).

Neuere Analysen.

	6.	7.
δ	—	3,626—3,661
BeO	14,17	12,70
CaO	Spur	—
MnO	11,53	1,22
FeO	37,53	6,81
ZnO	4,87	46,20
CuO	—	0,30
SiO_2	29,48	30,26
S	5,04	5,49
H_2O	—	0,21
	102,62	103,19 [1]

6. Von Cornwall; anal. G. T. Prior bei H. A. Miers u. G. T. Prior, Min. Mag. **11**, 11 (1892).
7. Von West Cheyenne Cañon (Colorado); anal. F. A. Genth, Am. Journ. **44**, 381 (1892).

Formel des Danaliths.

C. F. Rammelsberg berechnet aus den älteren Analysen:

	R : Si im Silicat	R im Sulfid : R im Silicat
Analyse 1	2 : 1	1 : 6,2
Analyse 2	2,2 : 1	1 : 7,4

Daraus ergibt sich die Formel:

$$RS + 3(R_2SiO_4).$$

[1]) Nach Abzug von 2,78 für S ergibt sich die Summe von 100,41.

Die Analyse von F. A. Genth ergibt nach A. Kenngott:

$$3\,SiO_2,\ 7{,}0959\ RO,\ 1{,}0198\ S,$$

daher die Formel:

$$ZnS + 3(2RO.SiO_2).$$

Zu derselben Formel führen die Analysen von J. P. Cooke.

A. Kenngott macht darauf aufmerksam, daß auch die Analyse des uralischen Helvins diese Formel gibt und daß sie vielleicht auch für den norwegischen gilt.

P. Groth schreibt die Formel des Danaliths ähnlich wie die des Helvins: $(SiO_4)_3(Fe, Zn, Be, Mn)_7S$.

Chemische und physikalische Eigenschaften.

Dichte 3,427. Härte 5—6. Glasglänzend, durchscheinend, harzähnlich. Farbe grau, auch fleischrot, hyazinthrot und hellbraun. Vor dem Lötrohr ziemlich leicht schmelzbar unter Emailbildung. Auf Kohle mit Soda zeigt sich die Zinkreaktion. Bei Erhitzung schwindet die Farbe.

In Salzsäure löslich unter Abscheidung von Kieselgallerte und unter Entwicklung von Schwefelwasserstoff.

Vorkommen und Genesis.

Die Entstehung dürfte eine ähnliche sein wie die des Helvins, doch beweist das Vorkommen im Granit, daß das Mineral bei höherer Temperatur entstehen kann, also aus Schmelzfluß unter Einfluß von Kristallisatoren. Anderseits zeigt das Vorkommen von Bartlett (N.-Hampshire) auf einer Eisengrube, daß die Entstehung des Minerals auch bei nicht hoher Temperatur möglich ist.

Metasilicate des Mangans und Eisens.

Von **C. Doelter** (Wien).

Wir haben hier die zur Pyroxen- und Amphibolgruppe gehörigen Silicate zu betrachten. Zur Pyroxengruppe gehören Rhodonit $MnSiO_3$ und Bustamit $(Mn, Ca)SiO_3$, sowie der zinkhaltige Fowlerit $(Mn, Fe, Zn, Ca)SiO_3$.

Man könnte auch den Babingtonit hier behandeln, welcher jedoch ein komplexes Silicat ist, in welchem sowohl zweiwertige Metalle Ca, Mn, Fe als auch das dreiwertige Eisen vorkommen. Es ist nicht ganz entschieden, ob nun ein den Alumosilicaten entsprechendes Salz vorliegt, etwa RR_2SiO_6, ob wir eine analoge Verbindung, wie bei Tonerde–Augit haben. Daher kann man nach dem gegenwärtigen Stand unserer Kenntnisse den Babingtonit entweder hier oder auch bei den Kalk-Alumosilicaten (bzw. Kalk-Eisensilicaten) behandeln. Was die Amphibolgruppe anbelangt, gehören hierher der Grunerit, $FeSiO_3$, sowie der S. 738 erwähnte Dannemorit. Cummingtonit und Dannemorit gehen, wie wir sehen werden, ineinander über.

Für den Arfvedsonit tritt dieselbe Frage auf, wie für den Babingtonit; hier sind wir jedoch eher in der Lage, eine Entscheidung zu treffen, weil die den einfachen Silicaten von Na, Ca und Fe beigemengten Mengen des Silicats $RFeSi_2O_6$ geringe sind; wir können daher dieses Mineral als eine wesentlich aus Gruneritsilicat, $FeSiO_3$, bestehende Verbindung betrachten.

Hierher stellen wir auch den Barkevikit.

Der Riebeckit hat eine Zwischenstellung wie der Babingtonit. Je nachdem wir die chemische Konstitution dieser Mischung auffassen, werden wir ihn hier bei Arfvedsonit oder aber als komplexes Salz bei den Alumosilicaten behandeln können. Um nicht eine zu große Zersplitterung der eisenhaltigen Amphibole eintreten zu lassen, möge er hier angereiht werden, ebenso der ihm verwandte Krokydolith.

Dagegen stellten wir anhangsweise Rhodusit, den Crossit und den Rhönit, da ihr Gehalt an Eisensilicaten nicht so bedeutend ist, zum Amphibol (S. 708).

Rhodonit, Manganoxydulmetasilicat.

Wir kennen den eigentlichen Rhodonit und den Eisenrhodonit. Unter Bustamit verstehen wir die Mischungen von $MnSiO_3$, $CaSiO_3$ und $FeSiO_3$. Die $ZnSiO_3$-haltigen Mangansilicate werden als Fowlerit bezeichnet.

Triklin. $a:b:c = 1,07285:1:0,62127$ (nach G. Flink).

$\alpha = 103^0 18' 7''$ $\beta = 108^0 44' 8''$ $\gamma = 81^0 39' 16'$.

Synonyma: Rotstein, Totspat, Totbraunsteinerz, roter Braunstein, Kieselmangan, Allagit, Hydropit, Photizit, Hornmangan, Mangankiesel, Manganolith, Hermannit, Pajsbergit.

Analysen.

Folgende Analysen beziehen sich auf eisenfreie Rhodonite:

	1.	2.	3.
MgO	0,22	—	—
CaO	3,12	9,60	5,41
MnO	49,04	42,08	47,73
SiO_2	48,00	47,35	46,71
H_2O	—	0,72	—
	100,38	99,75	99,85

1. Von Langban; anal. J. Berzelius, Schweigg. Journ. **21**, 254 (1817).
2. Von Tetela (Mexico); anal. C. F. Rammelsberg, Z. Dtsch. geol. Ges. **18**, 34 (1866). Nähert sich dem Bustamit, S. 731.
3. Von St. Marcel (Piemont); anal. L. Colomba, Atti R. Acc. Torino **39**, 644 (1904).

Die Analyse stimmt gut überein mit einer älteren Analyse von L. Ebelmen, C. R. **20**, 1045 (1845). L. Colomba berechnet aus seiner Analyse die Zusammensetzung:

$$7 MnSiO_3 . CaSiO_3 .$$

	4.	5.	6.
δ	—	—	3,59
K_2O	—	—	1,02
MgO	1,47	Spur	1,33
CaO	4,22	2,93	—
MnO	46,09	42,65	53,25
FeO	2,17	4,34	0,67
SiO_2	44,57	51,21	43,18
H_2O	1,00	—	—
	99,52	101,13	99,45

4. Aus Tonglimmerschiefer von Csucsom; anal. H. v. Foullon, J. k. k. geol. R.A. **38**, 25 (1888).
5. Von Cummington (Mass.); anal. Schlieper nach J. D. Dana, Miner. 1850, 463.
6. Von Chiaves (Lanzotal); anal. A. Roccati, Atti R. Acc. Torino **41**, 365 (1906),

Weitere eisenarme Rhodonite sind folgende von A. Hamberg analysierte Rhodonite:

	7.	8.	9.
MgO	0,90	0,84	1,65
CaO	7,18	6,96	6,40
MnO	43,60	45,25	45,92
FeO	0,84	0,53	0,36
Al_2O_3	0,41	—	—
SiO_2	46,49	46,35	45,86
	99,42	99,93	100,19

7.—9. Sämtlich von Harstigen, Pajsberg (Schweden); anal. Ivon Naima Sahlborn u. G. Paikull bei A. Hamberg, Geol. För. Förh. **13**, 537 (1891); Z. Kryst. **23**, 159 (1894).

	10.	11.
MgO	0,72	0,91
CaO	6,50	8,13
MnO	43,20	41,88
FeO	3,03	3,31
Al_2O_3	0,15	—
SiO_2	46,53	46,46
	100,13	100,69

10. Anal. G. Pajkull bei A. Hamberg, wie oben (Nr. 6).
11. Von ebenda; anal. L. J. Igelström, J. prakt. Chem. **54**, 190 (1851).

A. Hamberg hat die Zusammensetzung der Rhodonite von Pajsberg mit dem Kristalltypus verglichen.

Die beiden ersten Typen (Anal. Nr. 7 und Nr. 8) zeigen ähnlichen Habitus, charakterisiert durch die Fläche (423). Der eisenarme Rhodonit Nr. 9 ist der häufigste kristallographische Typus, (010) und (001) herrschen vor. Bei dem eisenreicheren Typus Nr. 11 (prismatischer Typus) herrschen die Flächen (010) und (021) vor.

	12.	13.	14.
MgO	—	2,60	4,85
CaO	4,52	4,66	—
MnO	48,70	39,46	38,40
FeO	1,51	6,42	4,87
Al_2O_3	—	—	4,21
SiO_2	44,27	45,49	44,07
H_2O	1,24	—	1,26
CO_2	—	—	2,34
	100,24	98,63	100,00

12. Von Viu bei Turin; anal. D. Fino, Gazz. chim. It. **13**, 277; Z. Kryst. **7**, 622 (1883).
13. Algier; anal. L. Ebelmen, Ann. mines **7**, 18 (1845).
14. Aus Gabbro, Radautal; anal. Ulrich bei F. A. Römer, N. JB. Min. etc. 1850, 683, siehe F. Fromme, Tsch. min. Mit. **28**, 315 (1909).

Eisenreiche Rhodonite.

Einige Rhodonite enthalten das Eisensilicat $FeSiO_3$ in größeren Mengen.

	15.	16.	17.	18.
MgO	2,50	—	1,20	1,17
CaO	5,70	1,53	5,62	6,08
MnO	31,20	31,74	24,25	23,70
FeO	10,60	13,16	22,44	23,44
Al_2O_3	—	—	1,38	1,35
SiO_2	47,00	53,57	45,12	44,19
H_2O	0,80	—	—	—
	97,80	100,00	100,01	99,93

15. Stalmalsgrube (Schweden); anal. L. J. Igelström, Öfvers. Ak. Stockholm 7, 91 (1883).
16. Von Vester Silfvberg; anal. M. Weibull, Tsch. min. Mit. 7, 118 (1886).
17. Der Eisen-Rhodonit von Vester Silfvberg, entspricht ungefähr einer Mischung $5 MnSiO_3 . 5 FeSiO_3 . (Ca, Mg)SiO_3$.
18. Jackson Cy.; anal. W. N. de Regt bei A. H. Chester, N. JB. Min. etc. 1888, I, 188.

Synthese.

Rhodonit wurde von L. Bourgeois[1]) durch Zusammenschmelzen von MnO und SiO_2 dargestellt; es bildeten sich Prismen, spaltbar nach zwei Richtungen. Auch durch Zusammenschmelzen der Bestandteile mit $MnCl_2$ erhielt er neben Hausmannit und Tephroit, Kristalle von Rhodonit, welche bis 0,5 mm lang sind; es wurden die Flächen des Prismas (110) der Basis (001), dann (100) und (010) beobachtet; der Prismenwinkel betrug 87° 30′.

A. Gorgeu[2]) erhielt nach seiner Methode (siehe bei Tephroit, S. 714) durch Zusammenschmelzen von SiO_2 und $MnCl_2$ im feuchten Wasserstoff- oder Kohlensäurestrom ebenfalls Rhodonitkristalle neben Tephroit. Besonders bei Zusatz von Chloralkali. Die Zusammensetzung war folgende:

δ	3,68
MnO	54,00
SiO_2	45,90

A. Ginsberg hat durch Zusammenschmelzen der Bestandteile ebenfalls Rhodonit, sowie auch mit $CaSiO_3$ den Bustamit hergestellt. A. S. Ginsberg hält das Manganmetasilicat für dimorph (vgl. S. 731). Ich erhielt es durch Zusammenschmelzen von MnO und SiO_2 im Kurzschlußkohleofen.

Als zufällige Bildung wurde Rhodonit mehrfach gefunden, so beschrieb D. F. Wiser[3]) im Hochofen von Plons bei Saargans gefundene Kristalle von rötlichgelber Farbe; ihre Zusammensetzung war MnO 53,7 und SiO_2 46,3%. Dichte 3,5—3,6.

Auch P. v. Jeremêjeff beschrieb bis 7½ mm große Kristalle von der St. Petersburger Eisengießerei. Auch J. H. L. Vogt beschrieb rhodonithaltige Schlacken.[4])

[1]) L. Bourgeois, Bull. Soc. min. 6, 64 (1885).
[2]) A. Gorgeu, C. R. 97, 323 (1883); Bull. Soc. min. 10, 263 (1887).
[3]) D. F. Wiser, N. JB. Min. etc. 1843, 462.
[4]) J. H. L. Vogt, Stud. Slagger 1884, 29; siehe auch dessen Mitteilung in Bd. I.

Mischungen von $MnSiO_3$ mit $CaSiO_3$ (Bustamit).

Diese Mischungen schließen sich den Rhodoniten an; sie enthalten außer den vorwiegenden Bestandteilen $MnSiO_3$ und $CaSiO_3$ zum Teil auch $FeSiO_3$; man kann daher auch in dieser Reihe unterscheiden, eisenarme Bustamite und eisenreichere; es ist aber doch bemerkenswert, daß Mischungen mit viel CaO und gleichzeitig FeO nicht existieren. Demnach scheint sich, soweit aus den Analysen der Rhodonite zu urteilen ist, $MnSiO_3$ entweder mit $FeSiO_3$ oder mit $CaSiO_3$ zu mischen, dann kommt der dritte Bestandteil nur in geringer Menge vor; demnach kommt in Mischungen $MnSiO_3$ mit $FeSiO_3$ nur wenig $CaSiO_3$ vor und noch ausgeprägter ist dies bei den Mischungen $MnSiO_3$ mit $CaSiO_3$, welche nur wenig $FeSiO_3$ aufnehmen. Es wäre von Interesse, durch Synthesen festzustellen, ob in den Mischungsreihen der drei Komponenten Lücken vorhanden sind. Was die Reihe $MnSiO_3$—$CaSiO_3$ anbelangt, so liegen Untersuchungen von A. S. Ginsberg[1]) vor, welcher zu dem Resultat gelangte, daß eine ununterbrochene Mischungsreihe existiert, wie bei isomorphen Körpern; da jedoch die beiden Verbindungen nicht im selben System kristallisieren, so wäre Isodimorphie zu vermuten. Die Schmelzkurve könnte ebenso auf Typus III als auf Typus V H. W. Bakhuis Roozebooms zurückgeführt werden. Die Untersuchungen mußten fortgesetzt werden, um die Frage zu entscheiden (vgl. Bd. I, S. 778).

S. Kallenberg[2]) ist entgegen A. S. Ginsberg[1]) der Ansicht, daß $MnSiO_3$ und $CaSiO_3$ eine isodimorphe Reihe bilden. Die Schmelzkurve hat ein Minimum bei einer Zusammensetzung von 10% $CaSiO_3$ und 90% $MnSiO_3$ mit einem Schmelzpunkt von 1150°. Der Schmelzpunkt des reinen Fe-freien Rhodonits wurde zu 1180° gefunden. Die Lichtbrechung der Mischungen steigt allmählich von 1,636 bei $CaSiO_3$ bis zu der des Rhodonits, der beinahe dieselbe wie Methylenjodid hat.

Die Mischungen von $CaSiO_3$ und $MnSiO_3$ kristallisieren sehr gut in langgestreckten Prismen. Im Konoskop zeigen sie alle ein Kreuz, das sich bei Drehung des Tisches ein wenig öffnet. Sie besitzen, ausgenommen die Mischung 10% $MnSiO_3$ und 90% $CaSiO_3$, optisch negativen Charakter. Der reine künstliche Rhodonit ist im Konoskop zweiachsig aber mit großem Winkel der optischen Achsen. Der optische Charakter ist positiv.

Analysen.

	1.	2.	3.	4.	5.
δ	—	—	—	3,3868	—
Na_2O	—	0,15	—	—	—
K_2O	—	0,12	—	—	—
MgO	2,17	1,18	1,81	2,42	—
CaO	13,23	18,16	18,72	14,18	14,57
MnO	28,70	31,65	26,99	33,41	36,06
FeO	1,05	0,48	1,72	0,95	0,81
BaO	—	0,19	—	—	—
Al_2O_3	—	—	0,37	0,46	—
SiO_2	46,19	47,66	49,23	48,24	48,90
H_2O	3,06	—	1,54	—	—
$CaCO_3$	6,95	—	—	—	—
	101,35	99,59	100,38	99,66	100,34

[1]) A. S. Ginsberg, Z. anorg. Chem. **59**, 746 (1908).
[2]) S. Kallenberg, Unveröffentl. Mitt.

1. Von Mte. Civillina (Piemont); anal. F. Pisani, C. R. **62**, 102 (1866).
2. Von Langban; anal. G. Lindström, Öfv. Vet. Ak. Stockholm 1880, 53.
3. Von Campiglia; anal. G. vom Rath, Z. Dtsch. geol. Ges. **20**, 337 (1868).
4. Aus dem Radautale (Harz); anal. J. Fromme, Tsch. min. Mit. **28**, 308 (1909).
5. Von Mexico; anal. L. J. Igelström, Öfv. Vet. Ak. Förh. 1851, 134.

Die Bustamite haben die Formel:

$$n\,MnSiO_3 \,.\, CaSiO_3 .$$

Der Koeffizient n hat verschiedene Werte. Im Bustamit vom Monte Civillina ist $n = 1$, hat also den niedrigsten Wert, während im Rhodonit von Tetela der Wert $= 3$ ist. Die übrigen Mischungen mit nur wenig CaO sind unter Rhodonit erwähnt.

Der Name Bustamit hat also keine besondere Bedeutung, da die Rhodonite immer kalkhaltig sind (vgl. S. 728).

Zersetzter Rhodonit.

Zersetzungsprodukte scheinen häufiger zu sein, als die frischen Rhodonite und ist die Zahl der Analysen sogar größer.

Die Zersetzungsprodukte führen verschiedene Namen: Allagit, Hydropit, Photizit, Hornmangan, Klipsteinit, Marcellin, Heteroklin, Hydrorhodonit, Karyopilit, Stratopeit, Vittingit, Neotokit, Dyssnit.

	1.	2.	3.	4.
MgO	—	1,31	2,00	—
CaO	—	1,75	—	Spur
MnO	57,16	39,26	25,00	41,33
Al_2O_3	—	2,59	1,70	0,24
Fe_2O_3	0,25	3,02	4,00	1,00
Mn_2O_3	—	—	32,17	—
SiO_2	35,00	35,64	25,00	53,50
CO_2	5,00	0,60	—	—
H_2O	2,50	13,94	9,00	3,00
	99,91	98,11	98,87	99,07

1. Hornmangan von Elbingerode; anal. C. Brandes, Schweigger J. **26**, 136 (1819).
2. Von Nanzenbach (Nassau); anal. C. Bärwald, J. preuß. geol. L.A. 1887, 479.
3. Klipsteinit von Herborn; anal. F. v. Kobell, K. bayr. Ak. **2**, 340 (1865); Journ. prakt. Chem. **97**, 180 (1866).
4. Hydropit von Kapnik; anal. C. Brandes, wie oben.

	5.	6.	7.	8.
Li_2O	—	1,23	—	—
Na_2O	—	0,39	0,20	—
MgO	1,40	6,98	4,80	8,66
CaO	1,40	3,60	0,28	—
PbO	—	—	0,37	2,13
MnO	67,23 [1]	30,83 [1]	46,46	29,37
FeO	1,23	1,04	1,33	8,20
SiO_2	26,00	44,07	36,16	35,83
Al_2O_3	3,00	—	0,35	—
H_2O	—	11,84	9,81	16,11
Cl	—	—	0,09	—
	100,26	99,98	99,85	100,30

[1] Mn_2O_3.

5. Marcelin von St. Marcel; anal. P. Berthier, Ann. chim. phys. **51**, 79 (1832).
6. Hydrorhodonit von Langban; anal. N. Engström, Geol. För. Förh. 1875, II, 468.
7. Karyopilit von Pajsberg; anal. A. Hamberg, Geol. För. Förh. 1889, 468.
8. Stratopeit von Pajsberg; anal. L. J. Igelström, Öfv. Ak. Stockh. **8**, 143 (1851).

	9.	10.	11.	12.	13.
MgO	1,21	—	2,44	2,90	0,91
CaO	0,69	—	0,52	0,55	6,21
MnO	34,76*)	43,20*)	20,51	24,12 (Mn_2O_3)	30,66
FeO	—	—	13,93	—	—
Al_2O_3	—	—	—	0,40	—
Fe_2O_3	2,06	3,50	10,90	25,08	10,85 (FeO)
SiO_2	39,72	35,01	35,79	35,69	48,75
CO_2	—	7,21	—	—	1,70
H_2O	21,98	11,03	15,77	10,37	0,80
	100,42	99,95	99,86	99,11	99,88

9. Vittingit von Brevik; anal. A. E. Nordenskjöld, Journ. prakt. Chem. 1867, 100—122. *) MnO + Mn_2O_0.
10. Vittingit von Vittinge; anal. Arppe, Finsk. Miner. 1857, 21.
11. Neotokit von Gestrikland; anal. A. E. Nordenskjöld, wie oben.
12. Neotokit von Ingoa; anal. L. J. Igelström bei A. E. Nordenskjöld, Beskr. Finland Miner 1863, 138.
13. Photizit von Cumberland; anal. W. N. de Regt bei A. H. Chester, N. JB. Min. etc. 1888, I, 189.

Eigenschaften. Spaltbar nach (110) und ($1\bar{1}0$) vollkommen. Härte 5 bis $6^1/_2$. Dichte 3,4—3,7.

Brechungsquotienten. Für mittlere Farben 1,726 nach G. Flink. Nach A. Michel-Lévy u. A. Lacroix[1]) $N_\beta = 1,73$, $\gamma - \alpha = 0,010$ bis 0,011. Achsenwinkel $2V = 76^0 12'$ für Natriumlicht, nach G. Flink.[2]) Deutlich pleochroitisch. Spezifische Wärme 0,1699, nach P. Öberg.

Vor dem Lötrohr unter Schwarzwerden zu braunem Glas schmelzbar. Schmelzpunkt des reinen $MnSiO_3$ nach A. S. Ginsberg 1219°, nach G. Stein 1470—1500°.

Schmelzpunkt von Rhodonit von Pajsberg nach C. Doelter 1220 bis 1240°, nach A. Woloskow 1216°, nach N. V. Kultascheff 1180°.[3])

Nach neuesten Messungen von S. Kallenberg 1180°[4]) an künstlich dargestellten Kristallen.

Schmelzpunkt von künstlichem $CaMnSi_2O_6$ nach A. S. Ginsberg 1319°. Kristallisationswärme[5]) pro 1 g = 0,0649 Kal.

Mischungen von $MnSiO_3$, $FeSiO_3$, $ZnSiO_3$ und $CaSiO_3$ (Fowlerit).

Unter dem Namen Fowlerit werden die zinkhaltigen Manganmetasilicate bezeichnet, welche stets noch $CaSiO_3$ und $FeSiO_3$ in untergeordneter Menge enthalten. Diese Mischungen sind im allgemeinen nicht häufig.

[1]) A. Michel-Lévy u. A. Lacroix, Minéraux des roches (Paris 1888), 269.
[2]) G. Flink, Z. Kryst. **11**, 526 (1886).
[3]) N. V. Kultascheff, Literatur siehe Bd. I, 656.
[4]) Unveröff. Mitt.
[5]) O. Mulert, Z. anorg. Chem. **75**, 222 (1912).

Analysen.

Eine Sonderstellung nimmt der eisenfreie, aber sehr kalkreiche Fowlerit von Franklin Furnace ein, welcher einer Zusammensetzung $MnSiO_3 . CaSiO_3$ mit $ZnSiO_3$ gleichkommt und einen besonderen Namen verdient; er wurde als Koatingit bezeichnet.

	1.
CaO	18,00
MnO	27,70
ZnO	5,60
SiO_2	47,80
H_2O	0,80
	99,90

1. Von Franklin Furnace; anal. C. U. Shepard, Bull. Soc. min 1, 136 (1876).

Die Zusammensetzung entspricht ungefähr der Formel:

$$MnSiO_3 . CaSiO_3 . ZnSiO_3 .$$

Die übrigen enthalten wechselnde Mengen von Eisenoxydul und Kalk, jedoch nie in beträchtlichen Mengen.

	2.	3.	4.
K_2O	—	0,60	—
MgO	2,81	5,27	1,30
CaO	6,30	9,66	7,04
MnO	31,20	25,37	34,28
FeO	8,35	11,00	3,63
ZnO	5,10	4,15	7,33
Al_2O_3	—	0,67	—
SiO_2	46,70	44,50	46,06
H_2O	0,28	—	—
	100,74	101,22	99,64

2. Von Stirling (Mass.); anal. C. F. Rammelsberg, Pogg. Ann. **85**, 297 (1852).
3. Von ebenda; anal. Camac, Am. Journ. **14**, 418 (1852).
4. Von Franklin Furnace; anal. C. Pirsson, ebenda **40**, 488 (1890).

Formel des Rhodonits, Bustamits und Fowlerits.

Das ganz reine Manganoxydulsilicat $MnSiO_3$ kommt in der Natur nicht vor, da stets kleine Mengen von $CaSiO_3$ beigemengt sind. Ein Teil der hierher gehörigen Silicate entspricht der Formel $n(MnSiO_3) . CaSiO_3$, worin n zwischen weiten Grenzen schwankt, ohne daß das Verhältnis 2 : 1 überschritten wird; dies sind die Bustamite. Ein kleiner Teil von $CaSiO_3$ kann durch $MgSiO_3$ vertreten sein. Auch ist oft $FeSiO_3$ in geringerer Menge vorhanden.

In einer anderen Reihe, in den Eisenrhodoniten, haben wir Mischungen von wesentlich $n(MnSiO_3) . (FeSiO_3)$ mit kleinen Mengen von $CaSiO_3$, wobei Mn : Fe schwankend ist und schließlich 1 : 1 wird. Auch hier sind kleine Mengen von $MgSiO_3$ vorhanden.

Die Fowlerite sind Rhodonite mit verhältnismäßig geringen Mengen von isomorph beigemengtem $ZnSiO_3$, wobei dieses letztere jedoch stets in geringerer Menge vorhanden ist; das Verhältnis Mn : Zn ist meist unter 1 : 1; demnach ist Fowlerit nur ein zinkhaltiger Rhodonit.

Umwandlungen des Rhodonits.

Die Umwandlungsprodukte sind sehr zahlreich und sind mit verschiedenen Namen belegt worden (vgl. S. 732). Man hat es einerseits mit der Oxydation zu tun, bei welcher SiO_2 weggeführt wird und bei der Manganoxyd und Eisenoxyd entsteht, was gewöhnlich mit Aufnahme von Wasser verbunden ist, so daß sich die entsprechenden Hydrate bilden; anderseits können sich auch Carbonate bilden, welcher Prozeß jedoch auch mit dem Oxydationsprozeß teilweise verbunden sein kann. Es bilden sich oft auch Silicate, bei welchen eine Veränderung des Wassergehaltes nicht eingetreten ist, bei welchen jedoch eine Anreicherung von Oxydhydraten stattgefunden hat; diese Silicate sind amorph oder scheinbar amorph, dunkelfarbig (Stratopit, Wittingit, Neotokit, Klipsteinit).

Mit der Carbonatbildung ist auch häufig die Hydratisierung verbunden (bei Allagit, Hydropit, Hornmangan, Photizit).

Vorkommen. Der Rhodonit ist ein Mineral der Manganlagerstätten; ist meistens mit Mangancarbonat vergesellschaftet.

Pyroxmangit.

Mit diesem Namen wird von W. E. Ford und W. M. Bradley ein kristallographisch und optisch vom Rhodonit abweichendes Glied der Pyroxengruppe bezeichnet, welches jedoch chemisch wenig von dem genannten abweicht.

Analyse.

CaO	1,88
MnO	20,63
FeO	28,34
Al_2O_3	2,38
SiO_2	47,14
H_2O	0,33
	100,70

Mittel zweier Analysen von Iva, Anderson Co. S.-Carolina; anal. W. E. Ford und W. M. Bradley, Z. Kryst. **53**, 226 (1913).

Es wird das Verhältnis berechnet:

$$SiO_2 : RO$$
$$1 : 0{,}917.$$

Sie nehmen an, daß Al_2O_3 im Silicat $RO . Al_2O_3 . SiO_2$ vorhanden sei; zieht man die für Al_2O_3 erforderlichen Mengen von SiO_2 und RO ab, so wird die Formel: $(Mn, Fe)SiO_3$.

Eigenschaften. Dichte 3,80. Härte $5^1/_2 - 6$. Schmilzt zu einer magnetischen schwarzen Kugel. In Säuren unlöslich. Der Achsenwinkel $2V = 30^0$ ist klein, im Gegensatz zu dem des Rhodonits. Brechungsquotient 1,75—1,76. Optisch positiv.

Eisenoxydulmetasilicate.

Wir haben hier das Eisenmetasilicat $FeSiO_3$, den Grunerit, wogegen $MnSiO_3$ nur in Mischungen vorkommt. Außer dem Grunerit, welcher das nahezu reine Eisenmetasilicat darstellt, haben wir eine Anzahl von Mischungen, in welchen neben vorwiegendem Eisensilicat noch das Tremolitsilicat vorkommt (Arfvedsonit, Barkevikit). In den Mineralien Cossyrit, Rhönit, Änigmatit, Crossit, welche durch höheren Gehalt an TiO_2 ausgezeichnet sind, kommt auch das Silicat $NaAlSi_2O_6$ und $NaFeSi_2O_6$ vor. Ersteres ist Hauptbestandteil des Glaukophans, welcher bei den komplexen Silicaten behandelt werden wird. Dieses Silicat kommt, wie wir sahen, im Jadeit vor.

Grunerit. Eisenmetasilicat.

Synonyma: Grunerit.

Außer dem nahezu reinen Eisensilicat haben wir eine Anzahl von Amphibolen, in welchen die Silicate $MgSiO_3$ und $CaSiO_3$, wenn auch mehr untergeordnet, vorkommen. Einige derartige Analysen mit sehr hohem Gehalt an $FeSiO_3$ wurden S. 628 angeführt. Alle diese enthalten jedoch auch viel Tonerde und Eisenoxyd.

MgO	1,10
CaO	0,50
FeO	52,20
Al_2O_3	1,90
SiO_2	43,90
	99,60

Von Collobrières (Var.); anal. F. Gruner, C. R. **24**, 794 (1847).

Ein von A. C. Lane und Fr. Sharpless als Grunerit von Michigan bezeichneter Amphibol enthält nur wenig Eisen und gehört nicht hierher; da ein SiO_2-Gehalt von 76,32% angeführt ist, dürfte die Analyse überhaupt unrichtig sein.

Ein Grunerit von La Mallière bei Colobrières wurde neuerdings von St. Kreutz untersucht [Sitzber. Wiener Ak. **117**, 912 (1908)].

δ	3,518
Na_2O	0,47
K_2O	0,07
MgO	2,61
CaO	1,90
MnO	0,08
FeO	43,40
Al_2O_3	1,00
Fe_2O_3	1,12
SiO_2	47,17
H_2O	2,22
F_2	0,07
	100,11
$O = F_2$	− 0,03
	100,08

Das Verhältnis $SiO_2 : Al_2O_3 + Fe_2O_3 : RO + R_2O$ ist
0,787 : 0,027 : 0,837

Die Formel ist nach St. Kreutz:

$FeSiO_3$	73,85 %
$FeFe_2SiO_6$	2,04
$CaFe_3Si_4O_{12}$	6,21
$CaMg_3Si_4O_{12}$ . . .	9,05
$Na_2Al_2Si_4O_{12}$ . . .	3,35

Die angenommene Verteilung ist etwas willkürlich. Rechnet man, was wohl richtiger ist, den ganzen FeO-Gehalt als $FeSiO_3$, so erhält man 80 % $FeSiO_3$.

Das Mineral ist asbestartig. Die Brechungsquotienten sind für Na-Licht:

$N_\gamma = 1,717 \quad N_\beta = 1,697 \quad N_\alpha = 1,672 \quad \gamma - \alpha = 0,045.$

Asbeferrit.

MgO (mit MnO) .	10,88
FeO	40,40
SiO_2	46,25
H_2O	2,47
	100,00

Von Brunsjö; anal. L. J. Igelström, Bg.- u. hütt. Z. **26**, 23 (1867).

In den folgenden Analysen herrscht $FeSiO_3$ bedeutend vor, doch ist CaO in merklichen Mengen vorhanden, so daß man das Silicat $CaFeSi_2O_6$ neben $FeSiO_3$ anzunehmen hat.

	1.	2.	3.	4.
MgO	0,48	0,23	1,79	2,96
CaO	5,05	8,60	10,92	9,24
MnO + FeO .	45,20	40,80	35,63	36,22
Al_2O_3	14,30	14,60	11,19	12,30
SiO_2	36,56	36,60	39,53	39,36
	101,59	100,83	99,06	100,08

Das Eisen wurde hier als Eisenoxyd bestimmt, ist jedoch wohl zum größten Teil Eisenoxydul.

1. u. 2. Von der Karböle-Eisengrube (Finnland); anal. F. J. Wiik, Z. Kryst. **11**, 314 (1886).

3. u. 4. Von der Sjundby-Grube; anal. wie oben.

Die Mineralien wurden von F. J. Wiik als Hornblenden bezeichnet.

Die folgende Analyse bezieht sich auf ein Mineral, welches als Dannemorit bezeichnet wurde, in welchem jedoch der FeO-Gehalt gegenüber dem

MnO-Gehalt bedeutend überwiegt. Man könnte es als Mangangrunerit bezeichnen.

MgO . . .	2,92
CaO . . .	0,73
MnO . . .	8,46
FeO . . .	38,21
Al_2O_3 . . .	1,46
SiO_2 . . .	48,89
	100,67

Von Dannemora; anal. R. Erdmann, Dann. Journ. Stockholm 1851, 52.

Die Formel siehe bei Dannemorit S. 739.

Dannemorit.[1])

Die Mischungen von wesentlich vorherrschendem Eisenoxydulmetasilicat und Manganoxydulmetasilicat mit kleineren Mengen von $MgSiO_3$ (auch $CaSiO_3$) werden Dannemorite genannt. C. F. Rammelsberg gebrauchte dafür den Namen Cummingtonit. Man kann hier nicht die Annahme machen, daß etwa das Silicat $MnFeSi_2O_6$ vorliege, da der FeO-Gehalt viel zu groß dafür ist.

Synonyma u. Varietäten: Silfvbergit, Hillängsit, Cummingtonit zum Teil.

Analysen.

	1.	2.	3.	4.
δ	3,446	—	—	—
MgO . .	8,39	8,10	6,12	5,86
CaO . . .	1,74	2,02	1,96	3,22
MnO. . .	8,34	8,24	7,32	12,08
FeO . . .	30,49	30,69	33,65	28,17
Al_2O_3 . .	—	0,69	1,33	—
SiO_2 . . .	48,83	49,50	48,63	48,25
H_2O . . .	0,44	0,40	0,60	—
	98,23	99,64	99,61	97,58

1., 2. u. 3. Silfvbergit von Vester-Silfvberg mit Igelströmit (vgl. S. 718); anal. M. Weibull, Geol. För. Förh. 6, 499; Tsch. min. Mit. 7, 116 (1886).

4. Hillängsit von Hilläng (Schweden) mit Granat, Igelströmit und Magneteisen; anal. L. J. Igelström, Bull. Soc. min. 7, 233 (1884).

---

[1]) Der Cummingtonit von Cummington, welcher früher bei Kupfferit S. 590 angeführt wurde, gehört eigentlich hierher zu den Dannemoriten, da Mg + Ca < Fe + Mn ist, am besten wäre es den Namen Cummingtonit zu streichen und die Mg-Silicate mit kleineren Mengen von Ca, Mn und Fe als Kupfferite oder als Amphibol-Anthophyllite zu bezeichnen, dagegen solche Amphibole, welche einen höheren Gehalt an Fe + Mn und wenig Mg + Ca zeigen als Dannemorit zu bezeichnen.

	5.
Na_2O	0,83
K_2O	1,31
MgO	3,11
CaO	8,84
MnO	2,21
FeO	29,46
Al_2O_3	1,80
Fe_2O_3	4,27
SiO_2	44,24
P_2O_5	2,33
H_2O	1,35
	99,75

5. Arfvedsonitähnlich von Kikkertasursurock (Grönl.); anal. J. Janovsky, Ber. Dtsch. Chem. Ges. 1873, 1232.

Durch den höheren Tonerdegehalt unterscheidet sich dieser Amphibol vom Dannemorit, gehört aber auch nicht zum eigentlichen Arfvedsonit, da er zu wenig oder gar keine Alkalien aufweisen, er steht dem Mangangrunerit (S. 738) nahe. Jedenfalls läßt sich eine exakte Trennung derartiger Dannemorite und Grunerite nicht durchführen.

Neuere Analysen existieren nur in geringer Zahl.

	7.	8.	9.
MgO . . .	9,60	8,45	9,22
CaO . . .	2,93	2,15	2,53
MnO . . .	10,81	9,75	11,09
FeO . . .	25,50	28,50	28,38
Al_2O_3 . . .	0,53	0,56	—
Fe_2O_3 . . .	1,05	1,79	—
SiO_2 . . .	49,58	48,98	48,78
	100,00	100,18	100,00

7. und 8. Vom Kopatakagraben bei Macskamezö (Ung.); anal. C. v. John, Z. prakt. Geol. **13**, 305 (1905); in Fr. Kossmat u. C. v. John, Manganeisenerzlager von Macskamezö. Ref. Z. Kryst. **44**, 293 (1907).
9. Vom Frinturatagbau; anal. wie oben.

Formel. Das Verhältnis MnO + FeO : MgO + CaO ist bei den verschiedenen Analysen verschieden. In den von Sjundby sind letztere Oxyde stark vertreten, auch ist in diesen, sowie in jenen von Karböle CaO gegenüber MgO vorherrschend, was sonst in den Analysen des eigentlichen Dannemoris nicht der Fall ist. Jene Analysen beziehen sich somit auf eine besondere Art, nämlich auf Mischungen

$$(Fe, Mn, Mg, Ca)SiO_3 .$$

Die echten Analysen des eigentlichen Dannemorits (Silfvbergits) entsprechen der Formel $(Fe, Mn, Mg)SiO_3$, wobei Fe + Mn bedeutend vorwiegt; in einigen, wie in jenen C. v. Johns, wächst der Gehalt an MgO.

Für Silfvbergit ist die Formel:

$$4\,FeSiO_3 . MnSiO_3 . 2\,(Mg, Ca)SiO_3 .$$

Eigenschaften. Sonstige Eigenschaften nur wenig bekannt. Härte 5,5. Dunkelgelb bis braungrau.

Eisen-Natronamphibole.

Diese Amphibole lassen sich vom hier allein maßgebenden Standpunkte einteilen in solche, welche wesentlich aus Na_2SiO_3 mit $FeSiO_3$ bestehen, und solche, welche noch Sesquioxyde enthalten, besonders Fe_2O_3. Die ersteren sind die Analoga des früher behandelten Richterits, wären also Richterite, in welchen MgO und CaO vorwiegend durch FeO vertreten sind; die anderen nähern sich gewissen Tonerdehornblenden mit dem Unterschiede, daß die alkalischen Erden durch Eisenoxydul vertreten sind. Eine besondere Stellung nimmt der Riebeckit ein, welcher aus $FeSiO_3$ mit Na_2O und Fe_2O_3 besteht, wobei die Hypothese gemacht wurde, daß diese letzteren zu einem Silicat $NaFeSi_2O_6$ vereinigt sind; diese Riebeckite können entweder hier oder bei den komplexen Alumosilicaten, also insbesondere bei Glaukophan (Rhodusit) behandelt werden. Der Änigmatit und der Cossyrit sind chemisch den Arfvedsoniten nahestehend; sie zeichnen sich durch höheren Gehalt an TiO_2 aus. Schwer zu klassifizieren ist der Rhönit, weil er zwar wegen seines optischen Verhaltens meist mit den genannten zusammen behandelt wird, sich jedoch wegen seines kaum merklichen Alkaligehaltes von diesen wesentlich unterscheidet; bei allen diesen zuletzt genannten Mineralien ist überhaupt ihre Zugehörigkeit zum Amphibol noch nicht ganz sichergestellt.

Änigmatit.

Triklin. $a:b:c = 0,68:1:0,35$ (H. Förstner).

δ	3,80—3,852
Na_2O	6,58
K_2O	0,51
MgO	0,33
CaO	1,36
MnO	1,00
FeO	35,88
Al_2O_3	3,23
Fe_2O_3	5,81
SiO_2	37,92
TiO_2	7,57
	100,19

Von Naujakasik (Grönl.); anal. Forsberg bei W. C. Brögger, Z. Kryst. **16**, 428 (1886).

W. C. Brögger berechnet daraus:

$$2\,Na_2Al_2Si_4O_{12}$$
$$2\,Ca(Mg, Mn, Fe)_3Si_4O_{12}$$
$$\overset{III}{Fe_2}Fe_4Si_2O_{12}$$
$$10\,(Na_2, K_2, Fe)_4(Si, Ti)_4O_{12}\,.$$

J. Söllner[1]) hat nachgewiesen, daß diese Art der Berechnung fehlerhaft ist und daß in Wirklichkeit die Formel zu lauten hat:

[1]) J. Söllner, Z. Kryst. **46**, 546 (1909).

$$2\,Na_2Al_2Si_4O_{12}$$
$$1{,}6\,Ca(Mn, Mg, Fe)_3Si_4O_{12}$$
$$1\,\overset{II}{Fe_2}\overset{III}{Fe_4}Si_2O_{12}$$
$$8\,(Na_2, K_2Fe)_4(Si, Ti)_4O_{12}.$$

Er berechnet:

$$(Na_2, K_2, H_2)_2(\overset{II}{Fe}, Mn, Ca, Mg)_9(\overset{III}{Fe}, Al)_2(Si, Ti)_{12}O_{38}$$

oder

$$6\,(R_2\overset{III}{R_2}Si_2O_{12})\,.\,8\,(\overset{II}{R}, \overset{I}{R_2})_3(SiO_4)_3\,.\,12\,R_6(Si_3O_8)_3\,.$$

Dadurch wird die Ähnlichkeit mit dem Cossyrit hervorgehoben.

Barkevikit.

Dieser ist eine Varietät des Arfvedsonits.

Analysen.

	1.	2.	3.
δ	—	3,428	—
Na_2O	7,79	3,14	6,08
K_2O	2,96	2,65	1,44
MgO	5,88	3,62	1,11
CaO	5,91	9,68	10,24
MnO	2,07	1,13	0,75
FeO	24,38	21,72	19,93
Al_2O_3	3,41	6,31	11,45
Fe_2O_3	—	6,62	6,18
SiO_2	46,57	42,27	42,46
TiO_2	2,02	1,01	—
Glühverlust	—	0,48	—
	100,99	98,63	99,64

1. Von Brevik; anal. Ph. Plantamour, l'Institut 1841, 308.
2. Von ebenda; anal. C. F. Rammelsberg, Pogg. Ann. **103**, 447.
3. Von Barkevik; anal. G. Flink bei W. C. Brögger, Z. Kryst. **16**, 412 (1890).

W. C. Brögger berechnet aus den beiden letzteren Analysen:

$SiO_2 + TiO_2$	:	$Al_2O_3 + Fe_2O_3$	:	$\overset{I}{R_2}O + \overset{II}{R}O$	
0,717	:	0,100	:	0,639	(Analyse 2)
0,707	:	0,148	:	0,612	(Analyse 3)

Es ergibt sich die Formel:

Analyse 2:	Analyse 3.
$10\,Mg_2(Al_2, Fe_2)_2Si_2O_{12}$	$14\,(Ca, Mg)_2Al_4Si_2O_{12}$
$4\,MnFe_2Si_4O_{12}$	$9\,(Mn, Fe)Fe_2Si_4O_{12}$
$15\,(Mg, Ca)_4Si_4O_{12}$	$8\,Ca_4Si_4O_{12}$
$7\,(Na_2, K_2)_4Si_4O_{12}$	$9\,(Na_2, K_2)_4Si_4O_{12}$
$25\,Fe_4Si_4O_{12}$	$21\,Fe_4Si_4O_{12}$.

Arfvedsonit.

Der Arfvedsonit ist ein tonerdearmer Amphibol, welcher wesentlich aus $FeSiO_3$, dann aus Na_2SiO_3 und $CaSiO_3$ besteht, vielleicht auch $NaFeSi_2O_6$ enthält. Höherer Eisenoxydgehalt deutet auf Zersetzung.

	1.	2.	3.
Na_2O	8,15	7,14	10,50
K_2O	1,06	2,88	1,60
MgO	0,81	—	0,17
CaO	4,65	2,32	0,13
MnO	0,45	—	0,50
FeO	33,43	35,65	27,70
Al_2O_3	4,45	1,44	5,50
Fe_2O_3	3,80	1,70	4,20
SiO_2	43,85	47,08	49,10
H_2O	0,15	2,08	—
	100,80	100,29	99,40

1. u. 2. Beide von Kanderdluarsuk (Grönl.); 1. anal. J. Lorenzen, Min. Mag. **5**, 53 (1882); 2. anal. F. Berwerth, Sitzber. Wiener Ak. **85**, 168 (1882).

3. Von S. Pietro (Sardinien); anal. S. Bertolio, Bull. R. Con. geol. 1896, 405; Z. Kryst. **30**, 201 (1899).

Aus der Analyse von J. Lorenzen ergibt sich:

$$SiO_2 : Al_2O_3 + Fe_2O_3 : CaO + MgO + MnO + FeO : Na_2O + K_2O + H_2O$$
$$726 : 67{,}3 : 574{,}3 : 150{,}7$$

oder 11 : 1 : 11; wenn man die beiden Gruppen RO und R_2O zusammennimmt, daher

$$\overset{II}{R}\overset{III}{R}_2Si_2O_6 \,.\, 10\,(\overset{II}{R}, R_2)SiO_3 \,.$$

Die nach derselben Methode berechnete Analyse F. Berwerths ergibt die Zahlen:

$$780 : 25 : 780 \quad \text{oder} \quad 31 : 1 : 31 \quad \text{oder} \quad RR_2SiO_6 \,.\, 30\,(R_2R)SiO_3 \,.$$

Die Analyse von C. Bertolio ergibt:

$$SiO_2 : R_2O_3 : RO : R_2O$$
$$10 : 1 : 5 : 2{,}5 \,;$$

daraus ergibt sich die Formel:

$$(Na_2, K_2, H_2)_5(Fe, Mn, Mg, Ca)_{10}(Al_2, Fe_2)_2Si_{20}O_{61} \,.$$

J. Söllner[1]) ist jedoch der Ansicht, daß es sich hier nicht um Metasilicate handelt, sondern daß eine Mischung von Metasilicaten, Orthosilicaten und sauren Silicaten vorliegt. Die drei genannten Analysen ergeben nach ihm folgende Formeln:

[1]) J. Söllner, Z. Kryst. **46**, 560 (1909).

J. Lorenzen	F. Berwerth	S. Bertolio
$6\,\overset{II}{R}_2\overset{III}{R}_4Si_2O_{12}$	$6\,\overset{II}{R}_2\overset{III}{R}_4Si_2O_{12}$	$6\,\overset{II}{R}_2\overset{III}{R}_4Si_2O_{12}$
$10\,(\overset{II}{R},\overset{I}{R}_2)_6(SiO_4)_3$	$33\,(\overset{II}{R},\overset{I}{R}_2)_6(SiO_4)_3$	$1{,}5\,(\overset{II}{R},\overset{I}{R}_2)_6(SiO_4)_3$
$10\,(\overset{II}{R},\overset{I}{R}_2)_6(Si_3O_8)_3$	$29\,(\overset{II}{R},\overset{I}{R}_2)_6(Si_3O_8)_3$	$11{,}5\,(\overset{II}{R},\overset{I}{R}_2)_6(Si_3O_8)_3$.

Unter dieser allerdings hypothetischen Annahme hätten dann Cossyrit, Änigmatit und Arfvedsonit dieselbe Zusammensetzung.

Das Verhältnis der Orthosilicatmoleküle zu den Trisilicatmolekülen wäre dann nach J. Söllner in den Mineralien folgendes:

Arfvedsonit			Änigmatit	Cossyrit
F. Berwerth	J. Lorenzen	S. Bertolio		
33	10	1,5	8	15
29	10	11,5	12	23

J. Söllner ist der Ansicht, daß diese Mineralien eine Gruppe bilden, welche den Pyroxenen und Amphibolen koordiniert ist und die kristallographisch zwischen beiden steht. Der Rhönit wäre ein sesquioxydreicher Änigmatit, Alkaliänigmatite sind der eigentliche Änigmatit und der Cossyrit.

Zersetzter Arfvedsonit.

Die folgenden Analysen umgewandelter Arfvedsonite entbehren der Eisenoxydulbestimmung.

	1.	2.	3.
Na_2O	10,24	12,88	13,01
K_2O	0,82	0,10	—
MgO	0,58	0,57	0,60
CaO	—	0,05	0,06
Al_2O_3	2,18	2,62	2,75
Fe_2O_3	37,32	32,99	32,86
SiO_2	48,73	49,90	49,50
H_2O	0,72	1,07	1,53
	100,59	100,18	100,31

1.—3. Von Grönland; anal. Kr. Rördam bei W. C. Brögger, Z. Kryst. **16**, 405 (1890).

Bei der Umwandlung bildet sich ein ägirinähnliches Mineral, auch Lepidomelan, jedoch kein Magneteisen. In anderen Fällen bildet sich letzteres.

Chemisch-physikalische Eigenschaften. Dichte 3,4—3,5. Spaltbar vollkommen nach (110) und (010). Glasglanz. Härte 6. Schwarz in dünnen Blättchen durchscheinend, dunkelgrün. Stark pleochroitisch. Auslöschungsschiefe $c:\gamma = 12^0$.

Vor dem Lötrohr leicht schmelzbar, wobei die Flamme gelb gefärbt wird. Von Säuren wird er nur wenig angegriffen.

Cossyrit.

Monoklin. $a:b:c = 0{,}66856:1:0{,}35173 \quad \beta = 77^0\,30'$.

	1.	2.
Na_2O . . .	6,61	5,29
K_2O . . .	Spur	0,33
MgO . . .	0,57	0,86
CaO . . .	0,77	2,01
MnO . . .	1,39	1,98
FeO . . .	34,69	32,87
CaO . . .	—	0,39
Al_2O_3 . . .	0,20	4,96
Fe_2O_3 . . .	5,31	7,97
SiO_2 . . .	40,80	43,55
TiO_2 . . .	8,22	—
H_2O . . .	1,29	—
	99,85	100,21

1. Aus Pantellerit von der Insel Pantelleria; anal. J. Söllner, Z. Kryst. **46**, 539 (1909).
2. Von ebenda; anal. H. Förstner, Z. Kryst. **5**, 348 (1881).

Die beiden Analysen unterscheiden sich wesentlich im Titangehalt, welcher H. Förstner entgangen war; ein Teil findet sich offenbar beim Eisenoxyd, welches zu hoch erscheint.

Formel. J. Söllner stellt die Formel auf:

$$H_4Na_6Fe_{15}\overset{III}{Fe_2}(Si, Ti)_{22}O_{67}$$

daraus läßt sich ableiten:

$$6\,\overset{II}{R_2}\overset{III}{R_4}Si_2O_{12}$$
$$15\,(R, R_2)_6(SiO_4)_3$$
$$23\,\overset{II}{R_6}(Si_3O_8)_3$$

H. Förstner hatte erhalten:

$$7\,R\overset{III}{R_2}SiO_6$$
$$6\,RR_2Si_4O_{12}$$
$$36\,\overset{II}{R}SiO_3$$

Nach J. Söllner läßt sich der Cossyrit nicht auf Metasilicate zurückführen.

Physikalische und chemische Eigenschaften. Dichte 3,802. Härte 5,5. Farbe schwarz, undurchsichtig. Glasglanz. Spaltbarkeit nach (110) und (110). Lichtbrechung ungefähr wie bei Hornblende. Schwache Doppelbrechung. Auslöschungsschiefe auf (100) 3^0.

Von Säuren mehr oder weniger angegriffen. Von HF vollständig zersetzt. Vor dem Lötrohr zu schwarzem Glas schmelzbar.

Die folgenden Amphibole mögen, um keine zu große Zersplitterung dieser Gruppe zu erhalten, hier angereiht werden, obgleich sie eigentlich komplexe Ferrisilicate enthalten.

Riebeckit.

Der Riebeckit enthält das Ägirinsilicat $NaFeSi_2O_6$, so daß man ihn auch bei den komplexen Silicaten, welche neben einem einwertigen Metall noch das dreiwertige Eisen enthalten, behandeln könnte; da man ihn aber als wesentlich $RSiO_3$ mit Fe_2O_3 betrachten kann, so möge er wegen seines hohen Eisengehaltes hier Platz finden.

Analysen.

	1.	2.	3.	4.	5.
δ	—	—	—	3,391	—
Na_2O	8,27	8,79	8,33 (Na_2O+Li_2O)	6,16	7,61
K_2O	0,68	0,72	1,44	1,10	—
MgO	0,32	0,34	0,41	0,10	—
CaO	1,24	1,32	—	1,28	3,16
MnO	0,60	0,63	1,75	1,15	—
FeO	9,28	9,87	18,86	21,43	19,55
Al_2O_3	—	—	—	0,68	1,34
Fe_2O_3	26,62	28,30	14,87	14,51	17,66
SiO_2	49,45	50,01	49,83	51,79	49,65
TiO_2	—	—	1,43	1,28	—
ZrO_2	4,70	—	0,75	—	—
H_2O bis 115° .	—	—	—	0,10	1,67[1]
H_2O über 115°	—	—	—	1,30	
F	—	—	—	0,20	—
Glühverlust . .	—	—	0,20	—	—
	101,16	99,98	97,87	101,08	100,64

1. u. 2. Von Socotra; anal. A. Sauer, Z. Dtsch. geol. Ges. **40**, 139 (1888).
3. Von El Paso (Color.); anal. G. A. König, Z. Kryst. **1**, 431 (1877).
4. Aus Granitpegmatit von Quincy; anal. Ch. Palache und Ch. H. Warren, Z. Kryst. **49**, 349 (1911).
5. Aus Alkaligranit von Cap Anné (Mass. U.S.A.) nach H. Rosenbusch, El. d. Gesteinsl. Stuttgart 1910, 83.

Formel. Der Riebeckit hat eine wechselnde Zusammensetzung, da die Analysen bald viel FeO, bald im Verhältnis zum Fe_2O_3 weniger FeO zeigen. A. Sauer berechnet aus seinen Analysen

$$4Na_2SiO_3 . 5FeSiO_3 . 5Fe_2Si_3O_9.$$

G. A. König berechnet:

$$Na_2Fe_2Fe_2Si_4O_{12}.$$

Ch. Palache und Ch. H. Warren berechnen:

$$\begin{matrix} Na_2Fe_2Si_4O_{12} & : & R_4Si_4O_{12} & : & SiO_2 \\ 0,582 & : & 0,834 & : & 0,058 \end{matrix}$$

$$R = Fe, Mn, Ca, Mg.$$

[1]) Glühverlust.

Wahrscheinlich ist der Überschuß von SiO_2 mit Al_2O_3 und K_2O als Mikroklin vorhanden.

Der Riebeckit dürfte eine Mischung von wesentlich $FeSiO_3$ mit Na_2SiO_3, und mit $\overset{III}{Fe_2}Si_3O_9$ oder von $FeSiO_3$ mit $NaFeSi_2O_6$ sein, worin wohl $FeSiO_3$ vorherrscht, nur in dem von Socotra herrscht das Eisenoxydsilicat vor.

Eigenschaften. Spaltbar nach (110); Dichte 3,33—3,49; Härte 5,5—6. Glasglanz, Farbe blauschwarz bis schwarz. Starke Lichtbrechung. Doppelbrechung sehr schwach. Auslöschung auf (110) $c:\gamma = 1$ verschieden. 1,5—8°, meistens 4—5°. Brechungsquotient für gelb 1,693 nach Ch. Palache. Doppelbrechung $\gamma-\alpha$ 0,0051 für blau, 0,003 für rot, negativ.

Vor dem Lötrohr leicht schmelzbar, unter intensiver Gelbfärbung der Flamme.

Die Einwirkung von NH_4Cl auf Riebeckit von El Paso haben F. W. Clarke und G. Steiger[1]) untersucht, sie fanden einen löslichen und einen unlöslichen Teil, in ersterem war nur Eisen sowie etwas Mangan vorhanden.

Krokydolith.

Synonyma: Crocidolite. Blauer Asbest.

Varietäten: Abriachanit z. T. Griqualandit.

	1.	2.	3.	4.	5.	6.
Na_2O	6,16	7,71	5,79	5,69	6,26	6,41
K_2O	—	0,15	—	0,39	—	—
MgO	1,77	2,43	1,88	10,14	0,22	0,09
CaO	—	0,40	0,75	1,10	—	—
MnO	—	—	—	0,50	—	—
FeO	16,75	17,53	16,51	25,62	21,25	21,19
Al_2O_3	1,01	—	—	—	—	—
Fe_2O_3	20,62	19,22	20,26	—	15,93	17,88
SiO_2	52,11	51,89	52,11	53,02	52,13	51,03
H_2O	1,58	2,36	3,53	2,52	3,95	3,64
P_2O_5	—	—	—	0,17	—	—
Cl	—	—	—	0,51	—	—
	100,00	101,69	100,83	99,66	99,74	100,24

1. Faserig vom Oranje River (S. Africa); anal. C. Doelter, Z. Kryst. **4**, 40 (1880).
2. Von ebenda; anal. A. Renard u. C. Klement, Bull. Ac. Belge, **8**, 530 (1884).
3. Von ebenda; anal. A. H. Chester u. F. J. Cairns, Am. Journ. **34**, 116 (1887).
4. Aus den Vogesen; anal. A. Delesse, C. R. **44**, 766 (1847).
5. u. 6. Von Rhode Island; anal. A. H. Chester u. F. J. Cairns, Am. Journ. **34**, 108 (1887).

Umgewandelter Krokydolith (Griqualandit).

Synonyma: Faserquarz, Tigerauge, Falkenauge. Ein umgewandelter Krokydolith führt diese Namen.

---

[1]) F. W. Clarke u. G. Steiger, Am. Journ. **13**, 27 (1902); Z. anorg. Chem. **29**, 338 (1902).

	1.	2.
δ	3,136	3,05
MgO	0,10	—
FeO	1,09	—
Fe_2O_3	37,64	37,56
SiO_2	56,75	57,46
H_2O	5,23	5,15
	100,81	100,17

1. Vom Oranje River; anal. G. Hepburn, Ch. N. 55, 240 (1887).
2. Braune Varietät, von ebenda; anal. wie oben. — F. Wibel u. F. Neelsen, N. JB. Min. etc. 1873, 367.

Die folgenden Analysen sind an dem bekannten Tigerauge ausgeführt, einem durch Quarz infiltrierten Krokydolith.

	3.	4.	5.	6.
δ	—	—	2,684	2,69
MgO	0,26	0,22	—	—
CaO	0,44	0,13	—	0,15
FeO	—	1,43	—	—
Al_2O_3	0,66	0,23	—	—
Fe_2O_3	4,94	2,41	4,50	1,67
SiO_2	93,05	93,43	94,45	97,27
H_2O	0,76	0,82	0,80	0,76
	100,11	98,67	99,75	99,85

3. u. 4. Von Griqualand; anal. A. Renard u. C. Klement, Bull. Ac. Belge 8, 530 (1884).
5. Von ebenda; anal. C. F. Rammelsberg, Erg.-Heft (Leipzig 1886), 194.
6. Von ebenda; anal. F. Wibel u. F. Neelsen, N. JB. Min. etc. 1873, 367.

Eine andere Varietät des Krokydoliths, welche von W. Isküll als Rhodusit bezeichnet wird, ist folgende:

K_2O	nicht best.
MgO	11,20
CaO	0,44
FeO	7,92
Fe_2O_3	16,89
SiO_2	53,90
TiO_2	Spur
H_2O	0,96

Vom Bergbezirk Minussinsk (Sib.); anal. P. Tschirwinsky, ZB. Min. etc. 1907, 425.

Die physikalischen Eigenschaften stimmen mit Rhodusit.

In einer zweiten Arbeit wurden Fehler in der ersten berichtigt und das Mineral als Rhodusit bezeichnet. N. JB. Min. etc. 1909, II, 21.

Ein „krokydolithartiges", jedoch mehr dem Abriachanit (vgl. S. 707) nahestehendes Mineral wurde von R. Doht analysiert.

δ	3,20
Na_2O	5,42
K_2O	0,57
MgO	9,62
CaO	Spur
FeO	7,60
Al_2O_3	2,38
Fe_2O_3	14,70
SiO_2	56,71
H_2O	3,69
	100,69

Faseriges blaues Mineral von Golling (Salzburg); anal. R. Doht bei R. Doht u. C. Hlawatsch, Verh. k. k. geol. R.A. 1913, 92.

Das Mineral hat mit dem von P. v. Tschirwinsky untersuchten Ähnlichkeit und dürfte daher eher bei Abriachanit unterzubringen sein. Optisch hat es aber Ähnlichkeit mit Krokydolith, da die Auslöschung dieselbe ist, aber in der optischen Orientierung sind doch Unterschiede.

Osannit.

Hierher gehört auch ein Amphibol, welcher zwischen Riebeckit und Arfvedsonit steht.

Na_2O	6,53
K_2O	0,85
MgO	0,16
CaO	0,90
MnO	1,30
FeO	20,38
Al_2O_3	0,97
Fe_2O_3	16,52
SiO_2	49,55
TiO_2	0,34
H_2O	1,85
	99,35

Amphibol von Cevadães; anal. M. Dittrich bei C. Hlawatsch, Rosenbusch-Festschrift, Stuttgart 1906, 74.

Die Berechnung ergibt:

$$54{,}7\ (Na, K)_2(Fe, Al)_2Si_4O_{12} + 39\,\%\ (Fe, Mn, Mg, Ca)_4Si_4O_{12} + 6{,}3\,\%\ H_2O$$

Eigenschaften. $\delta = 3{,}4$. Härte 5—6. Doppelbrechung $\gamma - \alpha = 0{,}005$.

Chlorhaltige Mangan- und Eisenhydrosilicate.

Friedelit.

Hexagonal-rhomboedrisch. $a:c = 1:0{,}5624$.

Analysen.

	1.	2.	3.	4.
δ	3,07	—	—	3,21
MgO	} 2,96	1,20	0,98	Spur
CaO		0,40	0,63	Spur
MnO	53,05	48,25	48,00	51,51
FeO	—	—	1,45	1,81
ZnO	—	—	1,05	—
SiO_2	36,12	34,45	34,69	35,12
Cl	—	3,40	3,43	2,28
Mn (an Cl geb.)	—	2,60		
H_2O über 110°	7,87	9,60	9,08	9,14
H_2O unter 110°	—	—	1,94	—
	100,00	99,90	101,25	99,86
		$O = Cl_2$	−0,77	
			100,48	

1. Adervielle, Vallée du Louron (Pyren.); anal. E. Bertrand, C. R. 1876, 3.
2. Von ebenda; anal. A. Gorgeu bei E. Bertrand, Bull. Soc. min. **7**, 8 (1884).
3. Franklin Furnace (N. Jersey); anal. W. T. Schaller bei Ch. Palache, Z. Kryst. **47**, 582 (1907).
4. Von ebenda; anal. H. Lienau, Chem.-Ztg. 1905, I, 361.

	5.	6.	7.	8.
δ	3,058	—	3,067	
MgO	1,31	1,50	0,64	1,53
CaO	0,74	1,50	0,76	1,68
MnO	49,08	45,88	56,94	56,11
FeO	3,83	1,35	Spur	Spur
SiO_2	33,36	34,36	33,29	32,87
Cl	4,19	3,00	1,16	0,37
Mn	—	2,79	—	—
H_2O	8,45	9,00	8,08	7,91
	100,96	99,38	100,87	100,47

5. Von Harstigen (Schweden); anal. G. Lindström, Geol. För. Förh. **13**, 81 (1891); Z. Kryst. **23**, 156 (1894).
6. Sjögrube, Orebrom; anal. L. J. Igelström, Z. Kryst. **21**, 94 (1891).
7. u. 8. Veitsch (Steiermark); anal. F. Kovář bei A. Hoffmann u. F. Slavík, Bull. Ac. Bohême **14**, 4 (1909).

Formel. C. F. Rammelsberg berechnete aus den älteren Analysen:

$$Cl : R : Si : H_2O$$
$$0,2 : 1,38 : 1 : 0,85.$$

Unter Annahme, daß das wirkliche Verhältnis 0,16 : 1,33 : 1 : 0,92 sei, wäre nach ihm die Formel:

$$\overset{II}{R}_{16}Si_{12}O_{39}Cl_2 . 11 H_2O .$$

Weitere Berechnungen rühren von Ch. Palache her (S. 750); er kommt zu der Formel:

$$H_9(MnCl)Mn_7(SiO_4)_6$$

oder

$$H_{26}(MnCl)_2Mn_{14}Si_{12}O_{49} ,$$

welche der Analyse am besten entspricht.

P. Groth und E. Dana nehmen an:

$$H_7(MnCl)Mn_4(SiO_4)_4,$$

während F. Zambonini auf Grund der Analogie von Pyrosmalith und Friedelit (s. unten) zu der Formel:

$$12RO . 10SiO_2 . RCl . 8H_2O$$

gelangt.

Für den Friedelit der Veitsch berechnen F. Slavík und A. Hoffmann:

$$H_8R_7Si_5O_{21} = 7RO . 5SiO_2 . 4H_2O,$$

wobei das Chlor zu Wasser gerechnet wird. Die chemische Zusammensetzung weicht bedeutend von der der anderen Friedelite ab.

Die theoretische Zusammensetzung nach den erwähnten Formeln ist:

	9.	10.	11.	12.
MnO	46,57	54,80	54,33	53,60
SiO_2	35,06	34,73	34,43	34,84
Cl	5,17	3,42	3,39	4,12
H_2O	9,19	7,82	8,60	8,36
Mn	4,01	—	—	—
	100,00	100,77	100,75	100,92
ab O = Cl		0,77	0,75	0,92

9. Nach C. Hintze, Handb. Min. II, 511, für $H_7Mn_8Si_4O_{18}Cl$.
10. Nach Ch. Palache für die Formel $H_9(MnCl)Mn_7(SiO_4)_6$.
11. Nach Ch. Palache für die Formel $H_{20}(MnCl)_2Mn_{14}Si_{12}O_{49}$.
12. Nach F. Zambonini für die Formel $H_{16}(MnCl)_2\overset{II}{R}_{11}Si_{10}O_{40}$.

Eigenschaften. Spaltbar nach der Basis. Karmin- bis rosenrot. Dichte 3,07. Härte unter 5. Doppelbrechung negativ, stark. Vor dem Lötrohr leicht zu schwarzem Glas schmelzbar. Im Kölbchen gibt das Mineral Wasser. In HCl unter Gallertbildung löslich. Die Wasserabgabe erfolgt erst bei Rotglut. Salpetersäure entzieht nach A. Gorgeu beim Kochen Chlor.

Vorkommen. Kommt mit Manganspat und Manganblende vor.

Pyrosmalith.

Hexagonal-rhomboedrisch. $a:c = 1:0,5308$ (A. E. Nordenskjöld).

Analysen.

	1.	2.	3.	4.	5.
MgO	—	0,93	1,47	1,70	1,11
CaO	—	0,52	0,35	0,40	0,43
MnO	22,43	25,60	27,22	24,65	24,30
FeO	31,82	27,05	26,04	23,50	27,76
Al_2O_3	—	—	1,14	—	0,26
SiO_2	35,76	34,66	34,00	34,20	34,71
Fe an Cl_2 geb.	—	—	—	2,92	—
Cl	—	4,88	3,58	3,70	4,16
H_2O	6,38	8,31	7,34	8,55	8,31
		101,95	101,14	99,62	101,04
				O = Cl_2	0,94
					100,10

1. Von Nordmarken; anal. F. Wöhler, Ann. Chem. Pharm. **156**, 86 (1870).
2. Von ebenda; anal. E. Ludwig, Tsch. min. Mit.; Beil. J. k. k. geol. R.A. 1875, 212.
3. Von Dannemora (Schweden); anal. N. Engström, Geol. För. Förh. **3**, 117 (1876).
4. Von ebenda; anal. A. Gorgeu, Bull. Soc. min. **7**, 60 (1884).
5. Aus der Bjelkegrube von Nordmarken; anal. F. Zambonini, Z. Kryst. **34**, 556 (1901).

Formel. Pyrosmalith und Friedelit zeigen vollkommenen Isomorphismus sowohl in kristallographischer, als auch in chemischer Hinsicht, daher analoge Formeln vorhanden sind.

C. F. Rammelsberg berechnet für Pyrosmalith wie für Friedelit das Verhältnis:

$$Cl : R : Si : H_2O$$
$$0{,}16 : 1{,}33 : 1 : 0{,}92.$$

Nach E. Ludwig ist das Eisen als Ferroverbindung vorhanden, die Formel wäre:

$$\overset{II}{R}Cl_2 . 9\overset{II}{R}O . 8SiO_2 . 7H_2O,$$

G. Tschermak berechnet aus der Analyse von E. Ludwig Nr. 2:

$$H_{14}Fe_{12}Si_9O_{37}Cl_2,$$

während F. Zambonini aus derselben Analyse die Formel rechnet:

$$RCl_2 . 10RO . 8SiO_2 . 7H_2O.$$

A. Gorgeu stellt die Formel auf:

$$RCl_2 . 14RO . 11SiO_2 . 9H_2O.$$

Das Verhältnis FeO : MnO ist in den Analysen:

Analyse	1	1,37 : 1
„	2	1,04 : 1
„	3	1 : 1,06
„	4	1 : 1,05.

F. Zambonini schließt aus seiner Analyse auf die Formel:

$$\overset{II}{R}Cl_2 . 12\overset{II}{R}O . 10SiO_2 . 8H_2O.$$

Diese Formel stimmt auch für die übrigen. Man kann sie auch schreiben:

$$H_{16}(MnCl)_2\overset{II}{R}_{12}Si_{10}O_{40}.$$

F. Zambonini kommt auch für Friedelit zu dieser Formel, während Ch. Palache eine etwas abweichende erhält; jedenfalls dürften die Formeln identisch sein, wenn man Fe und Mn durch $\overset{II}{R}$ bezeichnet.

F. Zambonini fand in einer weiteren Arbeit,[1]) daß in jenen Analysen, von welchen mehr Wasser gefunden wurde, entsprechend weniger Chlor nachgewiesen wurde, daher eine Substitution von Cl und HO wahrscheinlich ist.

Ferner hat F. Zambonini[1]) Untersuchungen über den Wassergehalt ausgeführt; ein bemerkenswerter Wasserverlust tritt erst bei 400° ein; es verändert sich aber der Pyrosmalith schon von 220° an: wahrscheinlich entsteht

[1]) F. Zambonini, Atti R. Acc. Napoli **14**, Nr. 1 (1908).

Eisenoxychlorid, daher schon bei dieser Temperatur auf Wasserverlust zu schließen ist. Er vermutet die Existenz von (ROH), das Hydroxyl kann durch Chlor substituiert werden, als RCl. Man kann also nach dem Genannten die Formeln schreiben:

$$[R(OH, Cl)]_4H_2(SiO_3)_3\,.$$

Auch bei Ekmannit (vgl. S. 753) wurde konstatiert, daß die Menge des oberhalb 200° entweichenden Wassers nur die Hälfte des Wassers beträgt, welches die Formel des Pyrosmaliths verlangt; er wäre daher kein chlorfreier Pyrosmalith, sondern gehört eher zu den Chloriten. Demnach wäre Pyrosmalith ein Metasilicat. Weitere Untersuchungen müssen hier entscheiden.

Eigenschaften. Nach der Basis spaltbar. Dichte 3,15—3,19. Härte über 4. Starke negative Doppelbrechung. Farbe pistazien- bis schwärzlichgrün. Glasglanz, harzartiges Aussehen.

Spezifische Wärme nach P. Öberg 0,1978.[1]

Vor dem Lötrohr leicht schmelzbar, wobei er ein schwarzes magnetisches Glas gibt. Auf Kohle entwickelt sich Salzsäuregas. Deutliche Chlorreaktion mit Phosphorsalz und Kupferoxyd. Im Kölbchen Wasser und Salzsäure abgebend. Durch Salpetersäure unter Abscheidung von Kieselgallerte löslich.

Dem **Vorkommen** nach kann der Pyrosmalith ein pneumatolytisches Mineral sein.

Wasserhaltige Mangan- und Eisenoxydulsilicate.

Agnolith.

Synonyma: Manganocalcit. Von A. Breithaupt irrtümlich für ein Carbonat gehalten, Bd. I, S. 277.

	1.	2.	3.	4.
MgO	0,51	1,39	1,69	—
CaO	8,22	8,47	5,20	8,17
MnO	35,88	35,88	36,67	34,73
FeO	1,12	1,11	1,54	1,15
SiO_2	42,15	39,63	42,71	43,07
CO_2	6,14	7,60	5,81[2]	6,42
H_2O	6,37	5,92[2]	6,38[2]	6,53
	100,39	100,00	100,00	100,07

Sämtliche Stücke stammen von Schemnitz (Ungarn).

1. Mittel aus drei Analysen des faserigen Braunspats Werners, des späteren Manganocalcits.
2. „Manganocalcit" der Freiberger Sammlung.
3. A. Breithaupts echter Manganocalcit (Berliner Sammlung); sämtlich anal. M. Breusing; N. JB. Min. etc. Beil.-Bd. 13, 389 (1901).
4. Analyse C. Winklers. Siehe A. Des Cloizeaux, Bull. Soc. min. 7, 74 (1884).

Die Analysen beziehen sich auf ein Gemenge von Carbonat und Silicat, rechnet man das erstere ab, so erhält man folgende Zahlen:

MnO + FeO	43,26	44,81	43,51	41,98
SiO_2	49,29	48,01	49,15	50,39
H_2O	7,45	7,18	7,34	7,63

[1] P. Öberg, Z. Kryst. 14, 623 (1888).

[2] Aus der Differenz bestimmt, bzw. berechnet.

Daraus berechnet sich:

$H_2O:MnO:SiO_2$:

Analyse 1 2:3:4 Analyse 2 2:3:4
" 3 2:3:4 " 4 2:3:4.

Die Formel ist: $H_2Mn_3(SiO_3)_4 . H_2O$.

Härte 5. Dichte 3,054—3,067.

Glasglanz, fleischrot bis rosa.

Ekmanit.

	1.	2.	3.	4.	5.
MgO	2,99	Spur	7,64	7,53	6,32
CaO	—	Spur	—	Spur	2,73
MnO	11,45	21,56	7,13	9,29	} 38,20
FeO	35,78	24,27	25,51	31,09	
Al_2O_3	Spur	1,07	5,08	3,63	5,85
Fe_2O_3	4,97	4,79	3,60	—	—
SiO_2	34,30	36,42	40,30	36,82	37,07
H_2O	10,51	9,91	10,74	10,71	9,71
	100,00	98,02	100,00	99,07	99,88

Sämtliche von der Eisengrube Brunsjö bei Grythyttan (Schweden); anal. L. J. Igelström, Öfv. Vet. Ak. Stockholm 1865; Bg.- u. hütt. Z. **26**, Nr. 3 (1367).

1. Grasgrüne, blätterige Varietät.
2. Graulichweiß, säuligstrahlig.
3. Lauchgrün, blätterig.
4. Grün, kleinblätterig.
5. Grasgrün, körnig derb.

F. Zambonini hat an Ekmanit von Brunsjö Versuche ausgeführt. Der ursprüngliche Wassergehalt war 8,33 %. Über Schwefelsäure verliert der Ekmanit nach 29 Stunden 0,78 %; in feuchter Luft wurde ein Teil des Wassers wieder aufgenommen, nach 1 Stunde war nämlich der Wasserverlust auf 0,03 % gefallen und nach 17 Stunden war ein Gewichtsüberschuß von 0,26 % zu konstatieren.

In einem Strom trockener Luft erhitzt, entweichen bei 100° 2,44 %, ohne daß eine Veränderung zu konstatieren ist. Erst über 200° ändert sich die Farbe; bei 175° waren 3,10 % entwichen.

F. Zambonini schließt aus den Versuchen, daß der Ekmanit nicht als chlorfreier Pyrosmalit angesehen werden kann, da das Wasser unter 200° nicht als Konstitutionswasser angesehen werden kann und das höher entweichende Wasser nur 5,23 % ausmachen kann, was nur die Hälfte des für die Formel

$$4RO . 3SiO_2 . 3H_2O$$

notwendigen Wassers beträgt, nämlich 10,34 %. F. Zambonini verwirft daher jene von L. J. Igelström aufgestellte Formel.

Bei Erhitzen schwarz werdend und Wasser abgebend, durch Glühen stark magnetisch. Vor dem Lötrohr schmelzbar. In HCl unter Abscheidung von Kieselsäure löslich.

Penwithit.

Dieses Mineral ist chemisch dem Neotokit, welcher früher als selbständiges Mineral behandelt wurde, jedoch jetzt besser als Zersetzungsprodukt des Rhodonits aufzufassen ist, nahe.

Analyse.

MnO	37,62
Fe_2O_3	2,52
SiO_2	36,40
UO_2	0,30
H_2O	21,80
	98,64

Es enthält auch Spuren von Cu und Mangansäure (MnO_3).

Von Penwith, Cornwall; anal. J. H. Collins, Min. Mag. **3**, 89 (1878).

Daraus die Formel: $MnSiO_3 . 2H_2O$, welcher folgende Zusammensetzung entspricht:

MnO	42,5
SiO_2	35,9
H_2O	21,5
	99,9

Eigenschaften. Rotbraun. Härte 3,5. Dichte 2,49. Muscheliger Bruch. Glasig, durchsichtig.

Im Kölbchen erhitzt, Wasserentwickelung. In Salzsäure löslich, unter Abscheidung von Kieselsäure.

Kommt mit Quarz und Rhodochrosit vor.

Gageit und Neotesit.

	1.	2.
MgO	11,91	20,05
MnO	50,19	40,60
ZnO	8,76	—
SiO_2	24,71	29,50
H_2O	(4,43)[1]	(9,85)[1]
	100,00	100,00

1. Gageit von Parkers Shaft mit Zinkit, Willemit, Calcit und Leukophönizit, Franklin (N. Jersey); anal. R. B. Gage bei A. H. Phillips, Am. Journ. **30**, 283 (1910); Z. Kryst. **52**, 72 (1913).

Das Verhältnis $RO:SiO_2:H_2O$ ist: 4:1,48:0,9, die Formel wäre:

$$(RO)_8(SiO_2)_3 . 2H_2O.$$

Das Mineral ist durchsichtig und farblos, starker Glasglanz. Kristallisiert in

[1]) Aus der Differenz bestimmt.

dünnen nadelförmigen Kristallen. Vor dem Lötrohr unschmelzbar, färbt sich schwarz in warmer verdünnter Salpetersäure.

2. Neotesit von der Sjögrube; anal. L. J. Igelström, N. JB. Min. etc. 1890, I, 258 (Formel $R_2SiO_4 . H_2O$).

Poechit.

Amorph.

MgO	0,84
CaO	1,96
Al_2O_3	3,66
Mn_2O_3	14,77
Fe_2O_3	49,50
SiO_2	15,28
$BaSO_4$	0,86
P	0,42
S	0,03
H_2O	12,06
	99,38

Von Vares in Bosnien; anal. F. Katzer, Öst. Z. Berg- u. Hüttenw. 1911, Nr. 17, 11; N. JB. Min. etc. 1912, I, 16.

Bei dieser Analyse sind die Oxyde des Eisens und Mangans nicht getrennt, daher eine Formel überhaupt nicht gut aufstellbar ist. F. Katzer stellt die Formel auf:

$$H_{16}Fe_8Mn_2Si_8O_{29}.$$

Eigenschaften. Dichte 3,65—3,75. Härte $3^1/_2$—4. Rotbraun bis kastanienbraun, fettglänzend, undurchsichtig, fettig. Nach dem Glühen starke alkalische Reaktion. Schmilzt vor dem Lötrohr schwer zu schwarzem Glas; gibt im Kolben Wasser und wird schwarzbraun. Von HCl zersetzt, weniger von Schwefelsäure und ganz wenig von Salpetersäure.

Vorkommen. Als Begleiter erscheinen Roteisen, Hornstein, Manganspat, Schwerspat, Kupfer, vielleicht auch Hausmannit oder Polianit. Entsteht wie Roteisen aus Kalk durch thermale Einwirkung.

Wasserhaltige Mangan-Calciumsilicate.

Außer bereits erwähnten Gliedern der Pyroxen- bzw. Amphibolgruppe haben wir noch zwei Mineralien, den Inesit und den Schizolith.

Schizolith.

Triklin.[1])

$a:b:c = 1,1061 : 1 : 0,9863. \quad \alpha = 90^0\,11' \quad \beta = 94^0\,45^3/_4' \quad \gamma = 103^0\,47^1/_4'.$

[1]) Nach neueren Untersuchungen von O. W. Böggild, Medd. om Grönland 26, 193 (1903).

Analysen.

	1.	2.	3.	4.	5.
δ	3,084	3,089	—	—	—
Na_2O	9,50	10,71	9,96	12,36	9,27
MgO	0,13	—	—	—	—
CaO	20,53	19,48	19,50	18,90	22,89
MnO	11,69	12,90	12,91	12,50	9,84
FeO	2,01	2,79	2,80	2,70	2,74
Ce_2O_3	—	1,47	1,41	1,36	0,94
Y_2O_3	2,40	—	—	—	1,03
SiO_2	51,44	51,06	51,46	49,97	51,06
TiO_2	—	0,68	0,69	0,67	0,62
H_2O	2,25	1,36	1,27	1,54	0,55
	99,95	100,45	100,00	100,00	—

1. Varietät A aus Pegmatit, von Kangerdluarsuk (Grönl.); anal. Chr. Winther, Medd. om Grönland **24**, 181 (1899); Z. Kryst. **34**, 687 (1902).
2. Schizolith, in Albit von Tutop Agdlerkofia (Grönl.); Chr. Winther, wie oben.
3. Theoretische Zusammensetzung nach Formel I.
4. Theoretische Zusammensetzung nach Formel II.
5. Von Kangerdluarsuk; anal. Ch. Christensen, Medd. om Grönland **26**, 93 (1903); Z. Kryst. **41**, 429 (1906); N. JB. Min. 1905, II, 188.

Formel. Das Verhältnis $(Si, Ti)O_2 : RO : \overset{I}{R}_2O$ ist $= 85,95 : 57,7 : 24,8$ bei Analyse II, bei Varietät A ist es $85,7 : 57,9 : 27,8$. Das Ceroxyd wird zu RO gerechnet.

Folgende zwei Formeln wurden aufgestellt:

(I) $$15\,(Si, Ti)O_2 \,.\, 10\,(Ca, Mn, Fe, Ce)O \,.\, 4\,(Na_2, H_2)O$$

oder:

(II) $$3\,(Si, Ti)O_2 \,.\, 2\,(Ca, Mn, Fe, Ce)O \,.\, (Na_2, H_2)O.$$

Vergleicht man die Analysenresultate mit den theoretischen, aus den Formeln berechneten Werten, so sieht man, daß besser die erste Formel entspricht. Sie kann geschrieben werden:

$$15\,SiO_2 \,.\, 10\,RO \,.\, 4\,\overset{I}{R}_2O.$$

Chr. Winther vergleicht sie mit seiner Pektolithformel: $2\,RO \,.\, \overset{I}{R}_2O \,.\, 3\,SiO_2$ und stellt das Mineral als selbständiges zum Pektolith (vgl. dagegen S. 488).

Eigenschaften. Dichte 3,084—3,089. Härte 5—5$^1/_2$.

Farbe rot bis braun. Mehr oder minder durchsichtig. Glasglanz schwach. Höchst vollkommene Spaltbarkeit nach der Basis und dem Makropinakoid. Doppelbrechung für Natriumlicht: auf (100) gemessen 0,0271. Optisch positiv. Achsenwinkel für N_α-Licht: $2E = 82^0\,40'$ $N_\beta = 1,632$.

Wahrscheinlich pneumatolytisches Mineral. Begleiter: Ägyrin, Feldspate, Steenstrupin, auch Zinkblende.

Inesit.

Synonym: Rhodotilit.

Triklin. $a:b:c = 0,97527 : 1 : 1,32078$ (R. Scheibe).

$$\alpha = 92^0\,18' \qquad \beta = 132^0\,56' \qquad \gamma = 93^0\,51.$$

Analysen.

	1.	2.	3.	4.
δ	—	—	3,0295	—
MgO	0,28	0,33	0,15	0,37
CaO	8,00	8,40	9,38	8,68
MnO	38,23	37,87	37,04	36,31
FeO	0,69	0,69	1,11	—
PbO	—	—	0,77	0,73
Al_2O_3	0,29	0,29	—	—
SiO_2	43,92	43,92	43,67	42,92
H_2O	8,49	9,22	7,17	10,48 [1]
	99,90	100,72	99,29	99,49

1. Von Dillenburg (Nassau); anal. Hampe bei A. Schneider, Z. Dtsch. geol. Ges. **39**, 833 (1887).
2. Von ebenda; anal. C. Bärwald bei A. Schneider, J. preuß. geol. L.A. 1887, 484; Z. Dtsch. geol. Ges. **39**, 829 (1887).
3. Von Pajsberg (Schweden); anal. G. Flink, Öfv. Akad. Förh. Stockholm **45**, 572 (1888).
4. Von Jakobsberg (Schweden); anal. G. Lundell bei A. Hamberg, Geol. För. Förh. **16**, 325 (1898); Z. Kryst. **26**, 90 (1896).

A. Schneider kam zu der Formel:

$$(Mn, Ca)(Mn . OH)_2Si_2O_8 . H_2O.$$

Nach der letzten Analyse wäre die Formel:

$$RO : SiO_2 : H_2O$$
$$0,678 : 0,715 : 0,582,$$

daher
$$H_2(Mn, Ca)SiO_4$$
oder auch:
$$(Mn, Ca)SiO_3 . H_2O.$$

A. Hamberg konstatierte, daß der Wassergehalt mit der Luftfeuchtigkeit stark wechselt, daher ein Unterschied zwischen gebundenem und Kristallwasser nicht zu erkennen ist; vielleicht ist ein Teil nur adsorbiertes Wasser.

Eine neue Analyse stammt von O. C. Farrington.

	5.	6.
δ	2,965	—
MgO	Spur	—
CaO	8,24	8,00
MnO	36,53	40,51
FeO	2,48	—
SiO_2	44,89	42,91
H_2O [2]	5,99	8,58
H_2O [3]	2,21	
	100,34	100,00

5. S. Cayetano Mine bei Durango (Mexico); anal. O. C. Farrington, Bull. Field Columbian Mus. Geol. Soc. 1900, I, 221; Z. Kryst. **36**, 76 (1902).
6. Theoretische Zusammensetzung.

[1]) Davon 0,62% hygroskopisch.
[2]) Chemisch gebundenes Wasser.
[3]) Kristallwasser.

Formel. Aus der Analyse 5 ergibt sich:

$$RO : SiO_2 : H_2O \quad \text{und}\ Mn : Ca$$
$$1{,}5 : 1{,}5 : 1 \qquad 4 : 1,$$

daher die Formel:

$$4\,H_2O \,.\, 6\,(Mn, Ca)O \,.\, 6\,SiO_2$$

oder

$$H_2(Mn, Ca)_6Si_6O_{19} \,.\, 3\,H_2O.$$

Unter 6 ist die theoretische Zusammensetzung nach dieser Formel angegeben.

Für die Frage nach einer befriedigenden Formel kommt der Wassergehalt hier in Betracht.

F. Zambonini hat Versuche über die Wasserabgabe ausgeführt. Bei 110° gehen 1,98% H_2O ab, bei 310° 5,98%. Bei 310° wechselt das Mineral die Farbe. Die Dehydratationskurve des Minerals besteht aus zwei Teilen: Der erste Teil bis zirka 200° entweicht, ohne daß das Mineral verändert würde, wenn dagegen das andere Wasser entweicht verändert sich das Mineral; in trockener Luft war der Verlust bei 202° fast gerade so groß, wie in feuchter: 3,85%.

F. Zambonini[1]) stellt die Formel auf

$$(Mn, Ca)SiO_3 \,.\, 0{,}8\,H_2O\,,$$

welche 10,09% verlangt, wenn $MnO : CaO = 4 : 1$.

Da in dem auf 202° erhitzten Inesit 6,14% H_2O verbleiben, so kann dieses als Konstitutionswasser angesehen werden. Die Formel wird dann:

$$H_2(Mn, Ca)_2Si_2O_7 \,.\, 0{,}6\,H_2O.$$

Eine ähnliche Formel, jedoch unter Verdreifachung, hatte F. W. Clarke[2]) aus theoretischen Gründen schon früher angenommen.

Nickelsilicate.

Von **H. Leitmeier** (Wien).

Die Gruppe der Nickelsilicate ist eine in ihrer Gesamtheit sehr wenig und schlecht studierte Mineralgruppe. Eine systematische Einteilung, aufgebaut auf unseren heutigen Kenntnissen, wie sie im nachstehenden zum ersten Male auf chemischer Grundlage gegeben wird, kann nur eine provisorische sein.

Man kann eine Zweiteilung in Nickelsilicate als solche und in Nickel–Magnesiumsilicate vornehmen, welch letztere in wechselnden Mengen aus Nickel- und Magnesiumsilicat bestehen.

Zwischen beiden Gruppen gibt es Übergänge, indem Nickelsilicate auftreten, die nur ganz geringe Mengen MgO enthalten, wie es Magnesiumsilicate gibt, die geringe Mengen NiO enthalten und die zum Talk oder Meerschaum (Sepiolith) gehören.

---

[1]) F. Zambonini, Atti R. Accad. Napoli **14**, 125 (1908).
[2]) F. W. Clarke, Bull. geol. Surv. U.S. Nr. 125, 1895, 82; Z. Kryst. **28**, 326 (1897).

Alle Nickelsilicate enthalten Wasser. Da die meisten oder fast alle Nickelsilicate kristalline Aggregate (im Sinne des Chalcedons) oder Mineralgele darstellen, so ist ein Teil des Wassers stets Adsorptionswasser. Über die Art des Wassergehaltes liegen nur wenige eingehende Untersuchungen vor.

Magnesiumfreie Nickelsilicate.

Diese sind bei weitem in der Minderzahl.

Von den in der Literatur beschriebenen Nickelsilicaten, die als Mineraltypen bezeichnet wurden, gehören hierher der Comarit und der Röttisit und ein recht unsicherer Mineraltypus, der Saulesit.

Röttisit und Comarit.

Unter diesen Namen wurden magnesiumfreie, in ihrer Zusammensetzung dem Meerschaum analoge Nickelsilicate beschrieben. Nach den Untersuchungen A. Breithaupts ist der Comarit kristallisiert, während der Röttisit amorph ist. Da die Zusammensetzung die gleiche ist, so liegen in diesen beiden Mineralien die beiden Phasen kristallin und amorph vor; der Röttisit ist also die Kolloidform des Comarits.

Comarit.

Synonyma: Conarit, Konarit, Komarit.

Vielleicht hexagonal.

Analyse.

	1.	2.	3.
NiO	36,13	40,1	40,8
CuO	0,04	—	—
Al_2O_3	1,91	—	—
Fe_2O_3	4,49	—	—
SiO_2	43,36	48,2	49,3
P_2O_5	1,86	—	—
As_2O_5	0,71	—	—
H_2O	10,56	11,7	9,9
	99,06	100,0	100,0

1. Comarit von Röttis im sächsischen Voigtlande; anal. Cl. Winkler bei A. Breithaupt, Bg.- u. hütt. Z. **24**, 335 (1865).
2. Die gleiche Analyse nach Abzug des CuO, Al_2O_3, Fe_2O_3, P_2O_5 und As_2O_5 auf 100° umgerechnet.
3. Die Werte der theoretischen Zusammensetzung.

Der Comarit entspricht angenähert der dem Meerschaum analogen **Formel:**

$$H_4Ni_2Si_3O_{10} \quad \text{oder} \quad 2NiO.3SiO_2.2H_2O.$$

Eigenschaften. Das Mineral kommt in kristallinischen Lamellen und kleinen Körnern vor; die Farbe ist gelblichgrün, durchscheinend bis undurchsichtig; die Dichte ist nach A. Breithaupts Untersuchungen zuerst[1]) mit

[1]) A. Breithaupt, Bg.- u. hütt. Z. **18**, 2 (1859).

2,459—2,490 und später[1]) mit 2,539—2,619 (am Material der Analyse) angegeben worden. Die Härte ist 2—3, (näher bei 3).

Die Doppelbrechung ist nach den Untersuchungen E. Bertrands[2]) hoch und von negativem Charakter.

Vorkommen. Dieses kristalline Nickelsilicat kommt zusammen mit Siderit, Limonit und Quarz gemeinsam mit dem kolloiden Röttisit vor. Nach A. Breithaupts Angaben kommt der Comarit öfter gleichsam im porodinen Röttisit schwimmend und durch seine scharfe Umgrenzung sich von diesem abhebend vor.

Das Mineral wurde zuerst für ein wasserhaltiges Nickelphosphat gehalten.

Röttisit.

Die Gelform des Comarits.

Analyse.

	4.
δ	2,37
NiO	35,87
CoO	0,68
CuO	0,41
Al_2O_3	4,68
Fe_2O_3	0,81
SiO_2	43,70
P_2O_5	2,70
As_2O_5	0,81
H_2O	11,18
	100,84

4. Röttisit von der Grube Hans Georg bei Röttis im sächsischen Voigtlande; anal. Cl. Winkler bei A. Kenngott[3]), Mineral. Forschungen 1862—65, 47.

Diese Analyse entspricht angenähert der bei Comarit mitgeteilten **Formel:**

$$H_4Ni_2Si_3O_{10} \quad \text{oder} \quad 2NiO.3SiO_2.2H_2O.$$

Eigenschaften. Der Röttisit kommt in smaragd- bis apfelgrünen amorphen Massen von erdigem Bruche vor. Die Härte ist ungefähr 2, die Dichte ist bereits bei der Analyse angegeben. Sie kann auch niedriger (2,356) sein.

Vorkommen wie bei Comarit angegeben.

Zum Röttisit stellte C. F. Rammelsberg ein eisenoxydulhaltiges Nickelsilicat, das aber in seiner Zusammensetzung sehr von jenem abweicht.

	5.
FeO	4,42
NiO	46,65
SiO_2	34,86
H_2O	13,88
	99,81

5. Röttisit (?) aus dem Banat, auf Chromit; anal. Vortmann bei C. F. Rammelsberg, Mineralchem. I. Ergänzungsheft 1886, 197.

[1]) A. Breithaupt, Bg.- u. hütt. Z. **24**, 335 (1865).
[2]) E. Bertrand, Bull. Soc. min. **5**, 75 (1882).
[3]) Die früher von A. Breithaupt Bg- u. hütt. Z. **18**, 1 (1859), mitgeteilte Analyse Cl. Winklers ist unrichtig.

Dieses Silicat führt auf die Formel:

$$R_6Si_5O_{16} . 6H_2O \quad \text{oder angenähert auf} \quad \overset{II}{R}SiO_3 . H_2O,$$

also ein Metasilicat mit einem Moleküle Wasser.

C. F. Rammelsberg gibt nur noch an, daß das Mineral dem Nickelgymnit nahesteht.

Hier reiht sich noch ein fast magnesiumfreies Nickelsilicatmineral an, das kieselsäurereich ist, entsprechend den unten S. 769 angeführten Silicaten, und auch dort angereiht werden könnte:

	6.
δ	2,468
MgO	0,18
CaO	Spuren
NiO	35,57
$Al_2O_3 + Fe_2O_3$	0,82
SiO_2	55,90
H_2O bei 100°	4,40
H_2O über 100°	3,11
	99,98

6. Amorphes apfelgrünes bis olivengrünes Nickelsilicat von Neu-Caledonien; anal. P. G. W. Typke, Ch. N. **34**, 194 (1876).

Dieses Mineral entspricht der Formel

$$NiSi_2O_5 . H_2O.$$

Man kann dieses Silicat somit als ein saures Nickelsilicat auffassen.

Saulesit.

Hier kann man dieses Nickelsilicatmineral einreihen, das ebenfalls amorph zu sein scheint.

	7.
MgO	0,42
CaO	0,70
FeO	2,25
NiO	38,22
ZnO	4,00
SiO_2	31,02
As_2O_5	4,77
H_2O bei 100°	9,44
H_2O über 100° (bei 600°)	7,14
	97,96

7. Saulesit von der Trotter Mine bei Franklin (N. Jersey); anal. G. A. König, Proc. Acc. Philad. 1889, 185 und Z. Kryst. **17**, 92 (1890).

Dieses Mineral bildet dichte weiche Massen in Höhlungen von Cloanthit und stellt ein mit Nickelarseniat gemengtes Nickelsilicat dar, das in seiner Zusammensetzung dem Röttisit ähnlich sein dürfte. Auf eine Formel führt die Analyse nicht; es ist auch nicht angegeben, worauf der Verlust von 2,04% zurückzuführen sein könnte.

Im Kölbchen wird es bei Rotglut braun. Von Salzsäure wird es unter Abscheidung von flockiger Kieselsäure zersetzt.

Nickelmagnesiumsilicate.

Diese sind weit zahlreicher als die magnesiumfreien Nickelsilicate. Ein einziges von ihnen kommt in deutlich erkennbaren, wenn auch nicht deutlich ausgebildeten Kristallen vor; es ist dies der Nepouit.

Die meisten sind teils kristalline Aggregate, teils amorphe Gele. Es läßt sich heute noch nicht entscheiden, ob zwischen diesen 3 Typen, deren chemische Ähnlichkeit bei der wechselnden Zusammensetzung dieser Mineralgruppen nicht deutlich hervortreten kann, das Verhältnis besteht, das in der Reihe Quarz—Chalcedon—Opal vorliegt.

Es ist sehr wahrscheinlich, daß unter den kristallinen und amorphen Typen, die sich bei der Behandlung nicht trennen lassen, mehrere verschiedene Silicate existieren, deren Existenz sich heute noch nicht mit Sicherheit erkennen läßt.

Was die chemische Zusammensetzung betrifft, so finden wir unter den Nickelmagnesiumsilicaten solche, die dem Serpentin, dem Talk, dem Meerschaum und dem Deweylith (Gymnit) ähnlich sind. Weitaus die meisten ähneln dem Gymnit und deshalb werden die kristallinen und amorphen Nickelmagnesiumsilicate hier auch unter dem Namen Nickelgymnit zusammengefaßt. Der kristallisierte Nepouit entspricht einem Serpentin, bei dem ein Teil des MgO durch NiO ersetzt ist; man kann ihn daher auch als Nickelserpentin bezeichnen.

Nepouit.

Kristallform wahrscheinlich hexagonal.

Analysen.

Es wurden 8 Analysen an 5 Stücken vorgenommen. Sie stammen alle von Nepoui auf Neu-Caledonien.

	1.	2.	3.	4.	5.
δ	3,24	—	3,18	3,20	—
MgO . . .	3,64	3,75	6,47	3,00	3,47
CaO	0,50	nicht best.	Spuren	Spuren	nicht best.
FeO	1,90	1,65	2,20	0,62	0,83
NiO	49,05	49,75	46,11	50,70	50,20
Al_2O_3 . . .	0,97	0,89	1,39	0,69	0,82
SiO_2	32,84	32,30	33,03	32,36	32,50
H_2O . . .	9,64	10,48	10,61	12,31	10,20
	98,54	98,82	99,81	99,68	98,02

1. Anal. E. Glasser, C. R. **143**, 1173 (1906).
2. Anal. F. Pisani bei E. Glasser, wie oben; ausgeführt am selben Material wie 1.
3. Anal. E. Glasser, wie oben.
4. Anal. wie oben.
5. Anal. F. Pisani bei E. Glasser, wie oben; ausgeführt am selben Material wie 4.

	6.	7.	8.
δ	2,89	2,47	—
MgO . . .	11,80	29,84	30,0
CaO . . .	0,58	0,53	nicht best.
FeO. . . .	1,22	0,25	nicht best.
NiO. . . .	39,99	18,21	18,1
Al_2O_3 . . .	1,13	0,72	nicht best.
SiO_2 . . .	35,05	40,07	41,1
H_2O . . .	10,05	11,98	nicht best.
	99,82	101,60	—

6. Anal. E. Glasser, C. R. **143**, 1173 (1906).
7. Anal. E. Glasser, wie oben.
8. Anal. F. Pisani bei E. Glasser, wie oben; ausgeführt am selben Material wie 7.

Der Nepouit entspricht der **Formel**

$$2SiO_2 . 3(Ni, Mg)O . 2H_2O \quad \text{oder} \quad H_4(Ni, Mg)_3Si_2O_9,$$

also einem Serpentin, bei dem an Stelle des MgO mehr oder weniger NiO tritt.

Eigenschaften.[1]) Das Mineral bildet kleine undeutliche, längliche Kriställchen und Blättchen von hexagonalen Umrissen. Die Farbe ist nach dem Nickelgehalt verschieden; je größer dieser ist, um so intensiver das Grün, wie bei dem Nickelgymnit.

Die Dichte ändert sich ebenfalls mit dem Ni-Gehalt, wie aus den Analysen ersichtlich ist. Die Härte ist ungefähr 2.

Die Doppelbrechung ist für das Material der An. 1 $\gamma - \alpha = 0,036$
" " " " " 4 $\gamma - \alpha = 0,038$
" " " " " 7 $\gamma - \alpha = 0,03$

Die Lichtbrechung ist für An. 1 und 4 ungefähr $N_m = 1,62-1,63$
" " 7 " $N_m = 1,56$

Doppelbrechung und Lichtbrechung steigt also mit dem Nickelgehalte.
Charakter der Doppelbrechung negativ.
In Salzsäure ist das Mineral langsam, aber völlig löslich.
Der Nepouit ist in physikalischer Hinsicht ähnlich dem Comarit.
Vorkommen. Mit Garnierit zusammen in Hohlräumen von nickelhaltigem Serpentin.

Nickelgymnit.

Synonyma. Unter diesem Namen sind eine Reihe von Mineralnamen vereinigt, die zum Teil auf Grund verschiedener Kennzeichen gegeben worden sind und die von den verschiedenen Autoren auch verschieden gebraucht worden sind: Garnierit, Genthit, Numeait, Numeit, Nouméaite.

Den Nickelgymniten, die im allgemeinen dem Gymnit ähnlich zusammengesetzt sind, für die man aber keine einheitliche Formel geben kann, angeschlossen sind Nickelmagnesiumsilicate, die reicher an Kieselsäure sind und in der Zusammensetzung eher an Talk und Meerschaum (Sepiolith) erinnern.

[1]) Siehe E. Glasser, l. c.

Analysenzusammenstellung.

Die Analysen sind hier nach steigendem Nickelgehalt angeordnet.

	1.	2.	3.	4.	5.
MgO	21,03	17,43	16,81	17,03	16,40
FeO	9,87	—	—	—	—
NiO	5,45	—	—	—	—
Al_2O_3	—	0,57	Spuren	Spuren	0,55 (Al₂O₃ + Fe₂O₃)
Fe_2O_3	—	Spuren	Spuren	Spuren	
NiO_2	—	10,20	11,50	13,75	14,60
SiO_2	44,55	50,15	48,85	49,53	48,25
H_2O bei 100°	18,71 (zusammen)	11,28	12,71	12,38	10,95
H_2O über 100°		10,37	9,26	7,31	8,82
	99,61	100,00	99,13	100,00	99,57

1. Garnierit von Foldalen (Norwegen), als dünner Überzug auf Topfstein; anal. Chr. A. Münster, Arch. f. Math. u. Naturvid. **14**, 240. Ref. Z. Kryst. **20**, 402 (1892).

2. Numeait von der Grube Bel Air, Ouailou, East Coast (Neu-Caledonien), sehr hart, lichtgrün gefärbt; anal. A. Liversidge, R. Society of N. S. Wales 1880, 1.

3. Numeait vom selben Fundorte, lichtgrün; anal. wie oben.

4. Numeait, lichtgrün vom gleichen Fundorte; anal. A. Liversidge, wie oben.

5. Numeait vom gleichen Fundorte, sehr hart, licht; anal. Leibius bei A. Liversidge, wie oben.

	6.	7.	8.	9.	10.	11.	12.
MgO	17,43	16,22	16,92	19,08	22,35	15,75	12,93
CaO	—	—	—	—	—	2,65	—
NiO	—	—	—	14,54	16,06	18,50	—
Al_2O_3	0,56 (Al₂O₃ + Fe₂O₃)	Spuren (Al₂O₃ + Fe₂O₃)	—	1,38	—	—	—
Fe_2O_3			—	0,16	—	3,50	—
NiO_2	14,62	14,85	15,39	—	—	—	20,88
SiO_2	45,52	48,90	48,00	47,04	49,89	50,00[1]	46,20
H_2O bei 100°	14,47	10,01	11,05	8,77	12,36 (zusammen)	10,00 (zusammen)	11,15
H_2O über 100°	6,77	9,62	9,70	9,03			8,50
	99,37	99,60	101,06	100,00	100,66	100,40	99,66

6. Numeait von der Grube Bel Air, Ouailou, East Coast (Neu-Caledonien), lichtgrün; anal. A. Liversidge, Notes upon some minerals from New-Caledonia, Royal Soc. N. S. Wales 1880, 1.

7. Ein ähnlicher Numeait vom gleichen Fundorte; anal. Leibius bei A. Liversidge, wie oben.

8. Numeait, lichtgrün, durchscheinend; wie oben.

9. Numeait von Kanala (Neu-Caledonien), dunkelgrün; anal. A. Liversidge, wie oben.

10. Genthit von Webster, Jakson Co. (Nord-Carolina); anal. Dunington, Ch. N. **25**, 770 (1872).

11. Garnierit von Neu-Caledonien; anal. Thiollier, Ann. d. Mines 1876, 533 (Serie 7, T. 10).

12. Numeait von der Grube Bel Air (Neu-Caledonien), lebhaft grün mit lichteren Partien; anal. Leibius bei A. Liversidge, l. c.

[1] Dabei unlösliche Gangmasse.

	13.	14.	15.	16.	17.	18.	19.
δ	—	—	2,87	2,20	—	2,58	2,27
MgO	16,3	17,52	18,27	19,90	13,44	12,51	21,66
NiO	19,0	19,89	21,91	23,88	—	24,00	24,01
Al_2O_3	0,6	1,31	—	1,38	0,85	3,00	1,67
Fe_2O_3			0,89		Spur		
NiO_2	—	—	—	—	29,65	—	—
SiO_2	41,0	44,05	42,61	48,21	35,50	47,90	47,24
H_2O bei 100°	20,0	9,46	15,40	6,63	7,24	12,73	5,27
H_2O über 100°		7,77			12,92		
Gangmasse	3,0	—	—	—	—	—	—
	99,9	100,00	99,08	100,00	99,60	100,14	99,85

13. Garnierit von Neu-Caledonien; anal. im Laboratorium der École des Mines, Paris; Ann. d. Min. 1876, 395 (T. 9).

14. Numeait von Kanala (Neu-Caledonien); anal. A. Liversidge, l. c.

15. Garnierit (Numeait) aus Neu-Caledonien, glasglänzend, stalaktitisch, schön grün gefärbt; anal. A. Damour bei A. Des Cloizeaux, Bull. Soc. min. **1**, 29 (1878).

16. Garnierit von Piney Mountain, Douglas Co. (Oregon); anal. W. Hood, Min. Recources U.S. 1883; Min. Mag. **5**, 193 (1883).

17. Numeait von der Grube Boa Kaine, Kanala (Neu-Caledonien), dunkelgrün durchscheinend; anal. Leibius bei A. Liversidge, l. c.

18. Numeait von Piney Mountain, Douglas Co. (Oregon), dunkelapfelgrün; anal. W. Hood, wie Analyse 16.

19. Numeait von Numea in Neu-Caledonien, apfelgrün; anal. A. Liversidge, Journ. chem. Soc. **12**, 613 (1874).

A. Liversidge rechnete aus dieser Analyse die Formel, die auch für Analyse 16 gilt:

$$(NiO, MgO)_{10}(SiO_2)_8 . 3H_2O$$

oder

$$(Ni, Mg)_{10}Si_8O_{26} . 3H_2O \text{ [angenähert: } (Mg, Ni)SiO_3 . \tfrac{1}{3}H_2O].$$

	20.	21.	22.	23.	24.	25.
δ	—	—	—	—	2,20	—
MgO	14,97	12,84	10,61	10,56	21,70	14,97
NiO	24,72	—	—	27,57	29,66	29,72
Al_2O_3	5,36	Spuren	0,40	1,18	1,33	0,11
Fe_2O_3		Spuren	0,15			
NiO_2	—	29,10	32,52	—	—	—
SiO_2	37,49	39,75	38,35	44,73	40,35	37,49
H_2O bei 100°	8,95	6,70	6,44	8,87	7,00	8,65
H_2O üb. 100°	8,65	12,39	11,53	6,99		8,95
	100,14	100,78	100,00	99,90	100,04	99,89

20. Numeait von Kanala, Neu-Caledonien, dunkelgrün; anal. A. Liversidge, wie Analyse 6, l. c.

21. Numeait von Nakety, Neu-Caledonien, dunkelgrün, durchscheinend; anal. Leibius bei A. Liversidge, wie oben.

22. Numeait, ähnliches Stück vom selben Fundort; anal. A. Liversidge, wie oben.

23. Garnierit von Douglas Co. Oregon; anal. F. W. Clarke, Am. Journ. **35**, 483 (1888).

24. Garnierit von Piney Mountain, Douglas Co. Oregon; anal. W. Hood, Recources Min. U.S. 1883 und Min. Mag. **5**, 193 (1883).

25. Numeait von der Boa-Kaine Mine, Kanala, Neu-Caledonien; anal. A. Liversidge, l. c.

	26.	27.	27a.	28.	29.	29a.
δ	—	2,409	—	—	—	—
MgO . . .	3,55	14,60	15,45	11,75	10,66	9,06
CaO . . .	4,09	0,26	—	Spur	—	—
FeO . . .	2,25	0,24	—	—	—	—
NiO . . .	30,40	30,64	28,88	31,85	33,91	33,86
Al_2O_3 . . .	8,40	—	—	2,58	} 1,57	—
Fe_2O_3 . . .	—	—	—	1,14		—
SiO_2 . . .	33,60	35,36	34,81	38,11	37,78	40,77
H_2O bei 100°	} 17,10	19,09	20,86	8,02	} 15,83	16,31
H_2O üb. 100°				6,55		
	99,39	100,19	100,00	100,00	99,75	100,00

26. Nickelgymnit von Michipicoten, Island, am Lake Superior, Provinz Ontario, weich (wie die Garnierit genannten Vorkommen), im Wasser zerfallend; anal. E. Brunner bei St. Hunt, Rep. Geol. Can. 1863, 507 und Am. Journ. **19**, 417 (1855).

27. Nickelgymnit von Texas, Lancaster Co. Pennsylvanien, spangrün, als Überzug auf Chromit; anal. F. A. Genth, Keller u. Tiedemanns nordam. Monatsberichte f. Nat. u. Heilk. Philadelphia **3**, 487 (1851).

27a. Die Zahlen für die aus vorstehender Analyse gerechnete Formel (s. S. 767).

28. Numeait von Kanala, Neu-Caledonien, dünkelgrün; anal. A. Liversidge, 1880, l. c.

29. Garnierit von der Boa Kaine Mine, Neu-Caledonia; anal. Kiepenheuer bei G. vom Rath, Sitzber. d. Niederrhein. Ges. Nat. Heilk. Bonn 1879; Ref. Z. Kryst. **4**, 430 (1880).

29a. Die Zahlen für die aus vorstehender Analyse berechnete Formel (s. S. 767).

	30.	31.	31a.
MgO	3,45	2,47	—
CaO	1,07	—	—
FeO	0,43	—	—
NiO	38,61	45,15	45,96
Al_2O_3	1,68	} 0,50	—
Fe_2O_3	—		—
SiO_2	44,40	35,45	37,27
H_2O	10,34	15,55	16,77
	99,98	99,12	100,00

30. Garnierit von Neu-Caledonien; anal. J. Garnier, C. R. **86**, 685 (1878).

31. Numeait von der Grube Boa Kaine, Neu-Caledonien, sehr reines und frisches Material; anal. Ulrich bei G. vom Rath, Sitzber. Niederrhein. Ges. f. Nat. u. Heilk. Bonn 1878; Ref. Z. Kryst. **4**, 425 (1880).

31a. Zahlen nach der für vorstehende Analyse gerechneten Formel.

Ein Vergleich der hier angegebenen Analysen ist dadurch sehr erschwert, daß von manchen Analytikern die Substanz bei 100° getrocknet analysiert wurde, von den anderen aber das bei 100° entweichende Wasser mit in die Berechnung der Zusammensetzung aufgenommen wurde. Bei einer Substanz, die adsorbiertes Wasser enthält, richtet sich der Wassergehalt nach der Dampftension der Umgebung. Einen direkten Vergleich lassen nur die Analysen von A. Liversidge bzw. Leibius zu, der aber dadurch wieder eingeschränkt wird, als bei allen Analysen, die 100,00 zur Summe haben, das über 100° entweichende Wasser aus der Differenz gerechnet worden war.

Im allgemeinen sinkt mit dem NiO-Gehalt der MgO-Gehalt, doch trifft dies durchaus nicht immer zu, ebenso wie durchaus nicht immer mit dem NiO-Gehalt, der an SiO_2 abnimmt, ein Beweis wie verschieden zusammengesetzt diese Mineralien sind und wie schwierig die Beantwortung der Frage nach der Konstitution der Nickel-Magnesiumsilicate ist.

Auch der Wassergehalt über 100° schwankt in ziemlich weiten Grenzen.

Wenige Analytiker haben den Versuch gemacht, aus erhaltenen Werten Formeln auszurechnen.

F. A. Genth rechnete aus der Analyse 27 die Formel:

$$H_{12}Mg_2Ni_2Si_3O_{16} \quad \text{oder} \quad Mg_2Ni_2Si_3O_{10} . 6H_2O.$$

Also eine Formel die dem Deweylith (Gymnit) entspricht; die Übereinstimmung ist indessen ziemlich gering. Nicht viel besser ist die Übereinstimmung bei Analyse 29, für die G. vom Rath rechnete:

$$MgNi_2Si_3O_9 . 4H_2O \quad \text{oder} \quad H_8MgNi_2Si_3O_{13}.$$

Aus Analyse 31 rechnete er:

$$2NiSiO_3 . 3H_2O \quad \text{oder} \quad H_6Ni_2Si_2O_9.$$

Diese letztere Analyse ist so arm an MgO, daß es vernachlässigt wurde. Dieses Vorkommen ist in seiner Zusammensetzung sehr ähnlich dem Röttisit vom Banat (Anal. 5, S. 760) und könnte auch dort eingereiht werden; von der hierfür von C. F. Rammelsberg gegebenen Formel unterscheidet sich die obige durch einen etwas größeren Wassergehalt (um $^1/_2$ H_2O).

Es ist unmöglich, für diese Silicate eine einfache Formel zu geben, und es muß sich die chemische Definition darauf beschränken: Die als Nickelgymnit, Garnierit, Genthit, Numeait u. a. bezeichneten Hydrosilicatmineralien sind Silicate, die Nickelsilicat und Magnesiumsilicat, häufig wahrscheinlich Metasilicat, in wechselnden Mengen enthalten. Es gibt dabei Mischungen vom vollständig magnesiumfreien Silicatmineral bis zum nickelfreien Mineral, welch letzteres zum Gymnit zu stellen wäre. Eine solche Analyse gab J. Garnier. Dieses Silicat kommt mit seinen Garnieriten zusammen vor und stellt einen echten Deweylith (Gymnit) dar.

	32.
MgO	37,38
FeO	1,36
SiO_2	41,80
H_2O	20,39
	100,93

32. Weiße meerschaumähnliche Masse von Neu-Caledonien zusammen mit dem Nickelgymnit Anal. 30 S. 766; J. Garnier, C. R. **86**, 684 (1878).

F. Zambonini ist daher und auf Grund seiner Dehydrationskurven der Ansicht, daß die Nickelgymnite, Gymnite (Deweylithe) sind, bei denen ein Teil der Magnesia durch Nickel ersetzt ist.

Mit den von A. Liversidge als Numeait bezeichneten Nickelsilicaten kommt ebenfalls ein NiO-armes Silicat vor, das aber in seiner Zusammensetzung keinem Deweylith entspricht, sondern weit eher an Meerschaum (Sepiolith) erinnert, und auch auf dieselbe Formel führt:

	33.	34.
MgO	24,82	22,99
Al_2O_3	—	0,75
Fe_2O_3	—	Spuren
NiO_2	0,24	0,58
SiO_2	53,80	53,80
H_2O bei 100°	11,77	13,30
H_2O über 100°	9,70	8,58
	100,33	100,00

33. u. 34. Magnesiasilicat (Sepiolith) von der Bel Air Mine, Neu-Caledonien; anal. A. Liversidge (33), Leibius (34) bei A. Liversidge, Notes upon some Min. f. New Caledonia 1880 (l. c.), vgl. bei Parasepiolith S. 378.

Daraus ergibt sich die Formel, die mit Meerschaum bis auf den Wassergehalt, in Übereinstimmung ist:

$$Mg_2Si_3O_8 . 5H_2O.$$

Kieselsäurereiche Nickelmagnesiumsilicate.

Den eben angegebenen Silicaten (Anal. 33, 34) entsprechend sind Nickelsilicatmineralien bekannt, bei denen an Stelle des MgO das NiO tritt:

	35.	36.
δ	—	2,53
MgO	21,35	15,62
NiO	2,32	17,84
Al_2O_3, Fe_2O_3	1,36	0,56
SiO_2	51,94	55,38
H_2O bei 100°	14,30	5,18
H_2O über 100°	8,87	5,59
	100,14	100,17

35. Numeait von der Bel Air Mine, Kanala; anal. A. Liversidge, l. c.
36. Genthit von Webster Jackson Co. N. Carolina; amorph, licht, apfelgrün, durchscheinend, aus Sandstein; anal. P. H. Walker, Am. Chem. Journ. **10**, 44 (1888); Ref. Z. Kryst. **17**, 399 (1890).

Die Analyse 35 kann ganz gut auf die Formel $Mg_2Si_3O_8 . 5H_2O$ zurückgeführt werden. Auch der Genthit der Analyse 36 entspricht einem Sepiolith, der wasserärmer ist. P. H. Walker rechnete die Formel:

$$(Mg, Ni)_2Si_3O_8 . 2H_2O.$$

Da bei 100° die Hälfte des Wassers weggeht, kann man sie auch schreiben:

$$H_2(Mg, Ni)_2Si_3O_9 . H_2O.$$

Es folgt ein anderes kieselsäurereiches Nickelsilicat, das in seiner Zusammensetzung eher einem Talk entspricht:

	37.
δ	2,31
MgO	19,39
NiO	15,91
Al_2O_3	2,65
Fe_2O_3	1,46
SiO_2	53,91
H_2O bei 100°	0,80
H_2O über 100°	5,50
	99,62

37. „Nickelhaltiger Talk" von Webster, Jackson Co. N. Carolina; glimmerartig, blaßgelbgrün; anal. J. A. Bachmann, Am. Chem. Journ. **10**, 45 (1888); Ref. Z. Kryst. **17**, 400 (1890).

Dieses Silicat, das zusammen mit dem eben angeführten (Anal. 36) vorkommt, führt auf die Formel:

$$4[(Mg, Ni)SiO_3] . (H_2SiO_3) . H_2O,$$

also Talk + H_2O (vgl. S. 364).

Hierher gehört auch das von E. F. Glocker[1]) **Alipit** genannte Mineral, das C. Schmidt analysiert und irrtümlich mit dem Pimelit identifiziert hatte.

	38.
MgO	5,89
CaO	0,16
FeO	1,13
NiO	32,66
Al_2O_3	0,30
SiO_2	54,63
H_2O	5,23
	100,00

38. Alipit, wahrscheinlich aus dem Serpentingebiete von Grochau in der Nähe von Frankenstein; anal. C. Schmidt, Pogg. Ann. **61**, 389 (1844).

Dieses Mineral stellt ein amorphes, entwässertes Produkt dar, das an der Zunge klebt und in seiner Zusammensetzung etwas an Talk erinnert. Die Dichte soll nach C. Schmidt angeblich 1,458 sein, was ganz unmöglich ist.

Ein fast MgO-freies, sehr reines Nickelsilicat, das ebenfalls kieselsäurereich ist, ist bereits nach dem Nickelsilicat Comarit bzw. Röttisit, S. 761, angeführt. Man könnte diese Analyse auch hier einreihen, als nickelreichstes dieser kieselsäurereichen Nickel-Magnesiumsilicate.

Die Analyse eines wahrscheinlich mit Kieselsäure (Quarz oder Opal) vermengten Nickelgymnites ist die folgende.

	39.
MgO	12,86
NiO	12,25
$Al_2O_3 + Fe_2O_3$	2,51
SiO_2	63,81
H_2O	7,86
	99,29

[1]) E. F. Glocker, Journ. prakt. Chem. **34**, 504 (1845).

39. Nickelgymnit von Near Riddle's Oregon; anal. in Naval Torpedo Station, Newport. R. I bei W. L. Austin, The Nickel Deposits Near Riddle's, Oregon. Read before the Colorado scient. soc. Denver 1896.

Der Wassergehalt des Nickelgymnites.

F. Zambonini[1]) studierte am Nickelgymnit die Dehydration und Hydratation und fand, daß sich dieses Mineral wie eine feste Lösung verhielt.

Er untersuchte eine Numeait genannte Varietät mit 34,84 % SiO_2 und 22,56 % H_2O.

Wasserabgabe unter einem Druck von 6 cm Hg über 90 % iger H_2SO_4:

Nach Stunden:	1	2	5	8	32
Gewichtsabnahme:	4,57	5,95	6,98	7,34	7,61 %.

Weiter nahm der Gewichtsverlust nicht mehr zu.

Dieser partiell entwässerte Nickelgymnit nimmt wieder Wasser auf und zwar um fast 4 % seines ursprünglichen Gewichtes mehr:

Nach Stunden:	1	2	6	9	23	143	528	1128	3216.
Wieder adsorbiertes Wasser:	2,19	4,09	8,75	9,67	10,62	11,16	11,52	11,57	11,54 %.

Bei der Entwässerung durch die Hitze verhielt sich der Nickelgymnit folgendermaßen:

Bei Θ:	69–70	108–110	146	238	291	367	420–425	480°
Entwichenes Wasser:	5,98	7,24	7,79	8,62	9,08	9,85	10,60	11,98 %.

Diesen Zahlen entspricht eine kontinuierliche und sehr regelmäßige Kurve. Bei dieser Entwässerung ändert sich von 110° an die Farbe des Minerals kontinuierlich; siehe unten S. 771.

Auch der so partiell entwässerte Nickelgymnit nimmt eine Menge Wasser wieder auf, bekommt aber die ursprüngliche Farbe nicht wieder. Die nachstehenden Zahlen geben den Unterschied vom ursprünglichen Gewicht nach 15 stündigem Stehen an feuchter Luft für den bei verschiedenen Temperaturen erhitzten Nickelgymnit:

Temperatur der Erhitzung, Θ:	69—70	108—110	146	238	291	367	420—425	480°
Unterschied vom ursprünglichen Gewichte:	+2,59	+2,56	+2,41	+1,70	+1,03	−0,09	−1,25	−2,49 %.

Die Geschwindigkeit der Wiederaufnahme des Wassers ist bei beiden Versuchen in den ersten Stunden eine bedeutende und nimmt dann sehr rasch ab, ein Verhalten, das F. Zambonini bei manchen Zeolithen (Heulandit) beobachten konnte.

Die Art der Abgabe und Wiederaufnahme des Wassers ist nach F. Zamboninis Untersuchungen von der bei typischen Hydraten völlig verschieden und er betrachtet das Mineral als feste Lösung.

[1]) F. Zambonini, Mem. R. Acc. Linc. Rom. 6, 102, 1905; Autorreferat: Z. Kryst. 43, 401 (1907).

Durch spätere Untersuchungen an anderem Material zeigte derselbe Forscher,[1]) daß sich der Nickelgymnit genau so wie Deweylith bzw. Pseudodeweylith verhält (vgl. S. 439) und er hält einen Teil der Nickelgymnite für Adsorptionsverbindungen.

Chemische und physikalische Eigenschaften.

Der Nickelgymnit bildet nierenförmige, traubige, warzige Gebilde nach Art des Chalcedons und Opals. Oft tritt er auch in erdigen zerreiblichen Massen auf. Seine Farbe umfaßt alle Nüancen zwischen gelbgrün und grün; manchmal ist er auch bräunlich gefärbt.

Die Veränderung der Farbe beim Erhitzen hat F. Zambonini[2]) bei seinen Dehydrationsversuchen studiert, sie verläuft kontinuierlich mit der Wasserabgabe (vgl. oben). Bei 146^0 beobachtet man eine kleine Veränderung der Farbe, sie wird mehr grau, als sie ursprünglich war; bei 238^0 ist die Farbe des Pulvers schmutziggrün, bei 291 graugrün, bei 367^0 schmutzig grünlichgrau, bei 420^0 hell stahlgrau, bei 480^0 schwärzlichgrau. Mit der Wasserwiederaufnahme erhielt der Nickelgymnit seine ursprüngliche Farbe nicht wieder.

Die Dichte ist schwankend nach dem Mischungsverhältnis der Basen und nach dem Wassergehalt. Die Härte ist für die kristallinen Varietäten ungefähr 3—4.

Optische Eigenschaften. Hierüber ist wenig bekannt. Nach E. Bertrand[3]) zeigen die hier vereinten kristallinen Varietäten unter dem Mikroskope im parallel polarisierten Lichte das Interferenzbild einachsiger sphärolitischer Körper.

A. de Gramont[4]) hat das in Flußmitteln geschmolzene Mineral spektroskopisch untersucht, konnte aber trotz Anwendung verschiedenster Flußmittel nicht die Linien des Ni erhalten.

Vor dem Lötrohre ist der Nickelgymnit unschmelzbar; in Säuren ist er vollständig löslich. Im Kölbchen gibt er Wasser ab und gibt mit Borax und Phosphorsalz die braunrote Nickelperle.

In Wasser zerfallen manche Varietäten.

Vorkommen und Genesis.

Die Nickelgymnite treten in Serpentinen oder ähnlichen metamorphen Magnesiumsilicatgesteinen auf und füllen teils kleine Klüfte und Spalten aus, teils bilden sie Einschlüsse im Serpentin selbst. Sie sind aus dem Serpentin durch Lateralsekretion entstanden.[5]) Sehr viele Serpentine enthalten Nickel, wenn auch in geringen Mengen. Auch ein Topfstein[6]) von Foldalen in Norwegen, der Garnierit (Anal. 1, S. 764) führt, enthielt 0,33% NiO.

---

[1]) F. Zambonini, Z. Kryst. **49**, 100 (1911); Autoreferat zu Atti R. Acc. Napoli **16**, (1908).

[2]) F. Zambonini, l. c.

[3]) E. Bertrand, Bull. Soc. min. **5**, 75 (1882).

[4]) A. de Gramont, Bull. Soc. min. **21**, 95 (1898) und C. R. **126**, 1513 (1898).

[5]) Vgl. R. Helmhacker, Österr. Ztschr. f. Berg.- u. Hüttenw. **27**, 35 (1879) und J. H. L. Vogt, Z. prakt. Geol. **1**, 261 (1893).

[6]) Ch. A. Münster, Arch. f. Math. u. Nat. **14**, 240; Ref. Z. Kryst. **20**, 402 (1892).

W. L. Austin[1]) hat für die Bildung der Nickelsilicate aus Oregon eine hydrothermale Entstehung angenommen, ohne indes für diese Ansicht genügende Gründe anführen zu können.

Rewdanskit.

Mit diesem Namen wurde von R. Hermann ein Nickel-Mangnesiumsilicat belegt, das größere Mengen Eisenoxydul enthält.

Analysen.

	1.	2.
δ	2,77	—
MgO	11,50	29,9
MnO	Spuren	—
FeO	12,15	—
NiO	18,33	6,2
Al_2O_3	3,25	22,0
Fe_2O_3	—	
Sb_2O_3	Spuren	—
SiO_2	32,10	20,5
H_2O	9,50	23,4[2])
Sand	13,00	—
	99,83	102,0

1. Rewdanskit vom Rewdansk im Ural; anal. R. Hermann, Journ. prakt. Chem. **102**, 406 (1867).

2. Rewdanskit[3]) beim Dorfe Psemjonowka im südlichen Teil des Kubangebietes im Kaukasus; anal. N. M. Slawsky bei N. Besborodko, N. JB. Min. etc. Beil.-Bd. **34**, 791 (1912).

Die letzte Analyse wurde an so geringer Materialmenge ausgeführt, daß sie auf Genauigkeit keinen hohen Anspruch erheben darf; außerdem besteht mit dem Rewdanskit R. Hermanns so wenig Ähnlichkeit, daß kaum von einer Identität der beiden gesprochen werden kann.

Der Rewdanskit R. Hermanns entspricht im allgemeinen der Formel:

$$R_3Si_2O_7 . 2H_2O.$$

Eigenschaften. Das Mineral bildet undeutlich geschichtete Stücke und hat erdiges Aussehen; die Farbe ist schmutzig grün; es klebt an der Zunge und ist nach der Beschreibung ein Gel.

In Schwefelsäure ist das Mineral leicht löslich.

Pimelit oder Chrysopraserde.

Das von G. Karsten[4]) als Pimelit beschriebene Nickelsilicat konnte mit der von M. Klaproth analysierten Chrysopraserde identifiziert werden,

[1]) W. L. Austin, Z. prakt Geol. **5**, 203 (1896).
[2]) Glühverlust.
[3]) N. Besborodko nennt das Mineral Rewdinskit.
[4]) G. Karsten, Mineral. Tab. 2. Aufl. 1808, 26.

insoweit G. Karsten eine erdige Varietät und eine feste unterschied. Es ist aber nicht bekannt, auf welche Varietät sich die Analyse bezieht.

Analyse.

	3.
MgO	1,25
CaO	0,42
NiO	15,63
Al_2O_3	5,00
Fe_2O_3	4,58
SiO_2	35,00
H_2O	38,12
	100,00

3. Chrysopraserde von Frankenstein in Schlesien; anal. M. Klaproth, Beiträge 2, 139 (1797).

Eigenschaften. Dieses Mineral ist eine opalähnliche Masse von apfelgrüner Farbe, durchscheinend; die zerreibliche, erdige Varietät ist undurchsichtig, zeisiggrün. Die Dichte ist 2,23—2,28.

H. Fischer[1]) beschrieb eine nach optischen Untersuchungen amorphe Varietät. E. Bertrand[2]) fand dagegen, daß es Pimelit gibt, der das Interferenzbild optisch einachsiger, sphärolithischer Körper zeigt.

Wahrscheinlich handelt es sich hier um eine amorphe und eine kristalline Phase (Verhältnis Opal–Chalcedon).

Vorkommen. Der Pimelit kommt zusammen mit Chrysopras vor und bildet Überzüge auf Saccharit und Razoumoffskin.

Einen wachsglänzenden, fettigen Pimelit, welcher der Beschreibung nach der festen (verhärteten) Pimelitvarietät G. Karstens angehört, hat später Bär analysiert; die Analyse stimmt aber mit der M. Klaproths so wenig überein, daß man annehmen muß, die beiden Analysen bezögen sich doch auf verschiedene Mineralien.

	4.
MgO	14,66
NiO	2,78
Al_2O_3	23,04
Fe_2O_3	2,69
SiO_2	35,80
H_2O	21,03
	100,00

4. Pimelit von Frankenstein; anal. Bär, Naturw. Verein Halle 1851, 188; zitiert nach C. Hintze, Handb. d. Min. II, 806.

Der hohe Al_2O_3-Gehalt ist auffällig, vielleicht war das Mineral unrein; eine Identifizierung mit Karsten-Klaproths Pimelit ist nach dieser Analyse vollkommen ausgeschlossen.

A. Breithaupt[3]) bestimmte die Dichte des Pimelits mit 2,280—2,289.

[1]) H. Fischer, Kritische Studien, 1869, 59.
[2]) E. Bertrand, Bull. Soc. min. 5, 75 (1882).
[3]) A. Breithaupt, Min. 1841, 351.

Analysenmethoden der Kupfer-, Zink- und Bleisilicate.

Von **M. Dittrich** † (Heidelberg).

Cu-Silicate: Dioptas.

Hauptbestandteile: SiO_2, Cu, H_2O.
Nebenbestandteile: Fe.

Kieselsäure. Das Mineral wird durch Salzsäure zersetzt und die Kieselsäure, wie Bd. I, S. 181 u. 7 beschrieben, abgeschieden.

Kupfer. In das auf etwa 150 ccm eingedampfte Filtrat von der Kieselsäure wird zur Fällung des Kupfers Schwefelwasserstoff in der Hitze eingeleitet und das Einleiten so lange fortgesetzt, bis die Lösung erkaltet ist. Der Niederschlag wird abfiltriert, mit Schwefelwasserstoffwasser gewaschen und getrocknet. Er kann entweder durch Glühen im Wasserstoffstrom im Rosetiegel in Cu_2S übergeführt werden (Bd. I, S. 459) oder nach Veraschen im Porzellantiegel, Lösen in Salpetersäure und Abdampfen in Schwefelsäure in Sulfat umgewandelt werden. Aus der erhaltenen Lösung kann dann das Kupfer elektrolytisch abgeschieden werden.

Eisen. Dasselbe wird im Filtrat vom Kupfer nach Oxydation durch Ammoniak gefällt und in Fe_2O_3 übergeführt.

Zn-Silicate: Troostit, Kieselzink, Klinoëdrit, Willemit.

Hauptbestandteile: SiO_2, Zn, Mn, Ca, H_2O.
Nebenbestandteile: Fe.

Kieselsäure. Die Zersetzung der Mineralien erfolgt durch Salzsäure.

Zink, Eisen. Im Filtrat von der Kieselsäure wird das Zink durch Natriumcarbonat abgeschieden (siehe Bd. I, S. 408). Ist gleichzeitig Eisen zugegen, so fällt auch dieses mit aus; seine Trennung erfolgt, wie Bd. I, S. 408 u. 409, angegeben.

Mangan. Ist außer Zink noch Mangan vorhanden, so gießt man das Filtrat von der Kieselsäure in eine aus gleichen Teilen starken Ammoniaks und 30%igen Wasserstoffsuperoxyds bestehende Mischung, welche sich in einer größeren Porzellanschale befindet, und erwärmt die entstandene Fällung einige Zeit auf dem Wasserbade; dadurch scheidet sich das Mangan als Superoxyd ab, während Zink in Lösung geht. Zur sicheren Trennung wiederholt man die Fällung. Das Mangan wird durch Glühen in Mn_3O_4 übergeführt (siehe Bd. I, S. 403).

In dem eingedampften Filtrate wird das Zink durch Natriumcarbonat gefällt und als Zn gewogen (siehe Bd. I, S. 407).

Calcium. Bei Gegenwart von Calcium geht dieses mit Zink in Lösung. Die Trennung erfolgt, wie Bd. I, S. 409 angegeben.

Pb-Silicate: Kentrolith, Barysilit, Melanotekit.

Hauptbestandteile: SiO_2, Pb, Mn, Fe.

Kieselsäure. Die Mineralien werden durch Salzsäure zersetzt. Die Zersetzung muß in einer Porzellanschale vorgenommen werden, da Chlor entweicht. Die wie Bd. I, S. 565 abgeschiedene Kieselsäure wird gut mit heißem Wasser ausgewaschen.

Blei. Im Filtrat von der Kieselsäure wird das Blei durch Einleiten von Schwefelwasserstoff in der Hitze gefällt, der Niederschlag mit Schwefelwasserstoffwasser gewaschen und getrocknet. Das Filtrat wird gesondert verascht, der Rückstand mit Salpetersäure behandelt, die Hauptmenge zugegeben, an der Luft schwach geröstet und durch Abdampfen mit Salpetersäure und Schwefelsäure in $PbSO_4$ übergeführt. Dies wird durch nicht allzu starkes Glühen zur Gewichtskonstanz gebracht.

Mangan, Eisen. Im Filtrat von Blei wird Mangan durch Ammoniak und Wasserstoffsuperoxyd gefällt und durch Glühen in Mn_3O_4 übergeführt (siehe Bd. I, S. 508). Ist gleichzeitig Eisen zugegen, so erfolgt seine Trennung wie eben dort beschrieben.

Kupfersilicate.

Von **C. Doelter** (Wien).

In der Natur kommen Kupfersilicate selten vor und sind wenig verbreitet; Kupferoxyde und Kieselsäure scheinen wenig Neigung zu stabilen Verbindungen zu haben. Daher kennen wir eigentlich nur ein wichtiges Kupfersilicat, den Dioptas mit seinen Varietäten; ein neueres, sehr seltenes Mineral ist der Plancheit.

Dioptas.

Synonyma: Kupfersmaragd, Smaragdochalcit.
Trigonal-rhomboedrisch. $a:c = 1:0,53417$.

Analysen.

	1.	2.	3.	4.	5.
CuO	50,10	49,51	50,18	50,48	49,20
Fe_2O_3	0,42	—	0,13	—	FeO 1,11
SiO_2	36,47	48,93	38,25	38,09	37,84
H_2O	11,40	11,27	11,39	11,43	11,73
$CaCO_3$	0,35	—	—	—	CaO 0,15
	98,74	99,71	99,95	100,00	100,10*)

1. u. 2. Kirgisensteppe; anal. A. Damour, Ann. chim. phys. **10**, 485 (1844).
3. Von ebenda; anal. F. Zambonini, Z. Kryst. **34**, 229 (1901).
4. Theoretische Zusammensetzung nach F. Zambonini.
5. Anal. G. Tschermak, Sitzber. Wiener Ak. **114**, 462 (1905). *) 0,07 MgO $\delta = 3,047$.

Formel. Aus der Analyse ergibt sich: $CuSiO_3 . H_2O$.

Es entsteht aber die Frage, wie der Wassergehalt zu deuten sei. Nach C. F. Rammelsberg bleibt der Dioptas bis 400° unverändert, erst beim Glühen treten 11,59% Wasser aus. C. F. Rammelsberg nimmt daher an, daß er ein Orthosilicat sei:

$$H_2CuSiO_4.$$

G. Tschermak schreibt die Formel:

$$(HOCu)HSiO_3.$$

Später hat G. Tschermak[1]) nach seiner Methode die Kieselsäure des Dioptas isoliert und gefunden, daß sie Orthokieselsäure ist.

F. Zambonini[2]) hat ausgedehnte Untersuchungen über den Wassergehalt

[1]) G. Tschermak, Sitzber. Wiener Ak. **115**, 217 (1906).
[2]) F. Zambonini, Atti R. Accad. Napoli **14**, 44 (1908).

ausgeführt. Er macht auf eine alte Arbeit von Lühr im Krautschen Laboratorium aufmerksam, welche bezüglich der Wasserabgabe zu anderen Resultaten gelangt als C. F. Rammelsberg. Neue Versuche von F. Zambonini haben ergeben, daß das Wasser bei 95° zu entweichen beginnt und allmählich entweicht. Die Kurve ist eine kontinuierliche.

Bei 478° entweichen die letzten 4%. Bei 398° findet eine schwache Veränderung der Farbe statt, welche Veränderung allmählich fortschreitet.

Das Wasser des Dioptas ist als gelöstes zu betrachten, daher die Formel zu schreiben wäre:

$$CuSiO_3 . H_2O.$$

Es würde sich also um ein Metasilicat handeln.

Ähnlich wie der Dioptas von der Kirgisensteppe verhält sich nach F. Zambonini jener vom Kongo. Dem Genannten zufolge wäre auch Dioptas nicht isomorph mit Phenakit (Be_2SiO_4) und Zn_2SiO_4.

Chemisch-physikalische Eigenschaften. Sowohl durch Salz- als auch durch Salpetersäure ist Dioptas unter Gallertbildung abscheidbar.

Über mikroskopische Reaktion siehe J. Lemberg.[1])

Kalilauge greift nach A. Damour nicht an, dagegen wirken Ammon und Ammoniumcarbonat lösend, die Lösung ist blau. Vor dem Lötrohr unter Grünfärbung der Flamme schwarz werdend. Mit Soda erhält man ein Kupferkorn. Die Kieselsäure scheidet sich dabei aus.

Smaragdgrün, Glasglanz.

Dichte 3,047. Härte 5. Doppelbrechung stark, positiv.

Brechungsquotienten: $N_\omega = 1,6580$, $N_\varepsilon = 1,7079$. Pyroelektrisch.

Vorkommen. In der Kirgisensteppe kommt er im Kalkstein vor, an anderen Fundorten mit Quarz.

Synthese.

A. C. Becquerel[2]) hat durch Einwirkung von Kaliumsilicat auf Kupfernitrat, welche in zwei getrennten Gefäßen sich befanden und durch einen Pergamentpapierstreifen miteinander reagieren konnten, Dioptas erhalten.

Die Reaktion war:

$$K_2SiO_3 + Cu(NO_3)_2 + H_2O = CuSiO_3 . H_2O + 2KNO_3.$$

Es bildeten sich bläuliche Kristalle mit rhomboedrischer Endigung, welche in Säuren löslich waren.

Die Analyse ergab:

CuO	49,51
SiO_2	38,93
H_2O	11,27
	99,71

Chrysokoll (Kieselkupfer).

Synonyma: Kieselmalachit, Kupferblau, Asperolith, Kupfergrün. Gemenge mit anderen Mineralien sind: Kupferpecherz und Hepatinerz.

Amorph; kolloide Varietät des Kupfersilicats.

---

[1]) J. Lemberg, Z. Dtsch. geol. Ges. **52**, 488 (1900).
[2]) A. C. Becquerel, C. R. **67**, 1081 (1868).

Ältere Analysen:

	1.	2.	3.	4.	5.
CuO . . .	25,17	43,07	40,00	37,31	40,81
Al_2O_3 . . .	2,27	—	—	—	—
Fe_2O_3 . . .	0,40	1,09	1,00	0,40	—
SiO_2 . . .	49,73	35,14	36,54	31,45	31,94
H_2O	19,36	20,36	20,20	31,18	27,25
Gangart . .	—	—	2,10	—	—
$CuCl_2$ . . .	1,99	—	—	—	—
	98,92	99,66	99,84	100,34	100,00

1. Von Lipari; anal. A. Stübel bei R. Blum, Pseudomorphosen (Stuttgart 1863), 260.
2. Von Strömsheim; anal. Th. Scheerer, Pogg. Ann. **65**, 289.
3. Von Bogoslowsk (Ural); anal. Fr. v. Kobell, ebenda **18**, 254.
4. Von Nischne-Tagilsk; anal. A. E. Nordenskjöld bei C. F. Rammelsberg, Mineralchem. 1875, 441.
5. Asperolith von dort; anal. R. Hermann, Bull. Soc. nat. Moscou **39**, 32 (1866).

Neuere Analysen.

	6.	7.	8.	9.	10.
δ	—	—	—	2,3	—
CaO . . .	Spur	—	—	—	0,5
CuO . . .	44,43	26,03	30,28	33,22	30,4
Al_2O_3 . . .	Spur	10,78	6,27	—	—
Fe_2O_3 . . .	—	—	0,84	—	1,2
Mn_2O_3 . . .	—	—	2,22	—	—
SiO_2 . . .	35,41	37,19	31,58	34,08	49,1
H_2O . . .	18,72	25,76	28,71	31,65	18,0
$CuCl_2$ . . .	—	—	—	—	0,9
	98,56	99,76	99,90	98,95	100,1

6. Von Nicolosi (Ätna); anal. G. Freda, Gazz. chim. It. **14**, 339 (1884).
7. Von Utah anal. J. R. Santos bei J. W. Mallet, Ch. N. **36**, 167 (1877).
8. Old Dominion (Gila Arizona); anal. R.. Robertson bei P. Dunnington 1301 (1884).
9. Ivanhoe-Mine (Arizona); anal. J. M. Mallet, Ch. N. **44**, 203 (1881).
10. Boleo (Calif.); anal. E. Jannetaz, Bull. Soc. min. **9**, 211 (1886).

	11.	12.	13.	14.	15.	16.
MgO . . .	0,37	0,82	—	—	—	—
CaO . . .	0,81	0,80	—	2,31	3,99	—
FeO . . .	—	—	—	1,82		—
CuO . . .	24,95	39,15	29,5	39,89	31,91	34,90
ZnO . . .	0,09	0,10	—	—	—	—
PbO . . .	0,26	0,41	—	—		—
Al_2O_3 . . .	0,55	3,65	1,2	0,42	} 9,23	3,80
Fe_2O_3 . . .	0,27	0,48	—	1,50		—
SiO_2 . . .	67,07	46,45	52,2	26,69	25,94	31,65
H_2O . . .	5,82	7,99	16,7	24,00	26,15	26,30
	100,19	99,85	99,6	97,00[1])	100,00[2])	100,00[3])

[1]) Unbestimmt (Verlust) 0,37 %.
[2]) " " 2,78 %.
[3]) " " 3,35 %.

11. u. 12. Beide von Nieder-Californien; anal. W. M. Hutchings, Ch. N. 1877, 36.
13. Andacollo (Chile); anal. E. Domeyko, Miner. 1897, 262.
14. u. 15. Beide vom Cerro blanco (Chile); anal. N. Pellegrini, Gazz. chim. It. **9**, 283 (1879).
16. Clifton Morenci Distr. (Arizona); anal. W. Lindgren u. W. F. Hillebrand, Am. Journ. **18** (4), 448 (1904); Z. Kryst. **42**, 298 (1907).

Zinkhaltige Chrysokolle.

	17.	18.	19.	20.
MgO	0,25	0,38	Spur	Spur
CaO	2,26	2,39	3,78	3,22
CuO	27,54	20,97	12,24	10,22
ZnO	5,31	8,10	1,58	1,59
Al_2O_3	2,36	0,55	15,08	17,31
SiO_2	30,84	28,62	37,15	39,42
H_2O	30,90	37,28	30,00	28,85
SO_3	0,40	0,61	0,78	0,63
	99,86	98,90	100,61	101,24

Sämtliche von Campiglia (Toscana); anal. E. Manasse, Proc. verb. Soc. Sc. nat., Pisa 1906, 14. Jan. Ref. N. JB. Min. etc. 1907, II, 38. 17. Smaragdgrüne Varietät, 18. bläulichgrüne Kruste, 19. meergrüne Var., 20. hellblaue pulverige Var.

Die beiden letzteren Analysen mit hohem Tonerdegehalt sind offenbar Gemenge.

Eine neue Varietät des Chrysokolls wurde von H. F. Keller in neuester Zeit beschrieben. Es sind türkisblaue emailartige Überzüge. Härte 3,5, während die Härte der anderen etwas niedriger ist, Strich blaßgrünlich; offenbar ist es eine reinere Varietät.

	21.	22.	23.
δ	2,532		
MgO	0,83	1,01	—
CaO	1,64	1,67	—
FeO	1,38	1,33	—
CuO	28,85	28,69	31,39
Al_2O_3	0,58	0,47	—
SiO_2	46,14	45,89	47,31
H_2O	20,15	20,32	21,30
	99,57 [1])	99,38	100,00

21. u. 22. Von Huiquintipa, Provinz Tarapaca (Chile); anal. H. F. Keller, Proced. Amer. Philos. Soc. **48**, 65 (1899); nach Referat Z. Kryst. **53**, 405 (1914).
23. Theoretische Zusammensetzung nach der Formel $CuO.2SiO_2.3H_2O$.

Es entweichen 13,41 % des Wassers unterhalb 125°, der Rest erst beim Glühen. Es kann daher daher das Mineral betrachtet werden als saures Metasilicat des Kupfers.

Formel. Die wenigsten Analysen sind an reinem Material ausgeführt, so daß es schwer ist, eine Formel zu geben. Bei einigen reineren ergeben sich folgende Atomverhältnisse:

		Cu : Si : H_2O
Lipari	Nr. 1	1 : 2 : 2,6
Boleo	Nr. 10	1 : 2 : 2,3
Nicolosi	Nr. 6	1 : 1 : 2.

[1]) Im Referat unrichtig angegeben.

Die meisten älteren Analysen an reinerem Material führen, wie der vom Ätna, zu der Formel

$$CuSiO_3 . 2H_2O.$$

Daher wären Dioptas und Crysokoll bis auf den Wassergehalt identisch. Bezüglich des Wassergehaltes würde dasselbe gelten wie für Dioptas.

H. F. Keller berechnet: $CuH_2(SiO_3)_2 . H_2O$.

Was die stark tonerdehaltigen anbelangt, so läßt sich schwer sagen, wie die Tonerde darin aufzufassen ist. P. Groth ist der Ansicht, daß ein Silicat $CuAl_2Si_2O_8$ vorliegen kann; es könnten aber auch Gemenge sein.

Eigenschaften. Erdig bis opalartig, grüne und blaue Farben. Strich grünlichweiß. Häufig durch Beimengungen braun oder schwarz. Dichte 2—2,2. Härte verschieden zwischen 2 und 4. Lötrohrverhalten wie Dioptas.

Plancheit (Planchéit).

Analysen.

	1.	2.
FeO	Spur	—
CuO	59,20	59,46
SiO_2	37,16	36,04
H_2O	4,50	4,50
	100,86	100,00

1. Begleiter des Dioptas von Mondouli (Franz. Kongo); anal. F. Pisani bei A. Lacroix, Bull. Soc. min. **31**, 250 (1908); C. R. **146**, 722 (1908).
2. Theoretische Zusammensetzung.

Daraus wird die **Formel** abgeleitet:

$$15 CuO . 12 SiO_2 . 5 H_2O = Cu_{15}Si_{12}H_{10}O_{41}.$$

Demnach läge hier ein Silicat vor, welches zwischen Ortho- und Metasilicat gelegen wäre. Die Formel kann mit jener des Ganomalits verglichen werden;

$$12 PbO . 8 (Ca, Mn)O . 12 SiO_2 \text{ oder } (Ca, Mn)_8Pb_{12}Si_{12}O_{41}.$$

Oder aber es könnte der Plancheit ein basisches Metasilicat sein:

$$H_2Cu_7(Cu . OH)_8(SiO_3)_{12}.$$

Hierbei wäre es jedoch sehr wichtig, durch genauere Versuche zu untersuchen, ob das Wasser Konstitutionswasser ist oder Kristallwasser, oder aber adsorbiertes.

Eigenschaften. Die **Dichte** ist 3,36. Bildet Konkretionen; Brechungsquotient etwas höher als der des Dioptases. Pleochroitisch.

Demidowit.

Analyse.

MgO	1,53
CuO	33,14
Al_2O_3	0,53
SiO_2	31,55
H_2O	23,03
P_2O_5	10,22
	100,00

Überzug auf Malachit von Nischne-Tagilsk (Ural); anal. N. v. Nordenskjöld, Bull. soc. nat. Moscou **29**, 128 (1856); Russ. min. Ges. 1875–78, 161; Phil. Mag. **14**, 397. Siehe A. Kenngott in N. v. Kokscharow, Mat. Min. Russl. **5**, 318.

Es liegt kein reines Mineral vor und hat man also kaum ein Silicophosphat zu vermuten; wahrscheinlicher ist es, daß ein Gemenge von Silicat mit Phosphat vorliegt, vielleicht auch ein Gemenge von Kupferphosphat mit Opal.

Eigenschaften. Dichte 2,25. Härte 2. Vor dem Lötrohr leicht in der Reduktionsflamme zu schwarzer, glänzender Schlacke schmelzbar. Im Kölbchen Wasser abgebend, schwarz werdend.

Pilarit.

Analyse.

CaO	2,5
CuO	19,0
Al_2O_3	16,9
SiO_2	38,6
Glühverlust	21,7
	98,7

Aus Chile; anal. D. M. Kramberger, Z. Kryst. **5**, 260 (1881).

D. M. Kramberger schließt auf die **Formel**

$$CaCu_5Al_6Si_{12}O_{39} . 24H_2O .$$

Wenn wirklich kein Gemenge, sondern ein homogenes Mineral vorliegen würde, so hätten wir hier ein Kupfer–Aluminiumsilicat, indessen ist ein Gemenge wahrscheinlich.

Dichte 2,62. Härte 3. Grünlichblau, matter Glanz, im Wasser zerfallend.

Zinksilicate.

Von **K. Endell** (Berlin).

Von den wasserfreien, einfachen Zinksilicaten ist in der Natur nur das Zinkorthosilicat, der Willemit bekannt. Er bildet leicht Mischkristalle mit dem Manganorthosilicat und wird dann als Troostit bezeichnet. Geringe Beimengungen von Zinkorthosilicat enthalten auch andere Silicate.

Zinkmetasilicat, $ZnSiO_3$, wurde bisher nur synthetisch dargestellt.

Das einzige wasserhaltige einfache Zinksilicat ist das Kieselzinkerz, das teils als basisches Metazinksilicat, teils als Hydroorthosilicat aufgefaßt wird.

Ein wasserhaltiges Zinkfluorsilicat und Kaliumzinksilicate wurden synthetisch hergestellt.

Als Calciumzinksilicate kommen in der Natur vor Hardystonit und Clinoedrit.

Willemit (Zinkorthosilicat).

Rhomboedrisch. $a:c = 1:0{,}6612$ (Ch. Palache).

Analysenresultate.

Ältere Analysen.

	1.	2.	3.	4.	5.
MnO	—	—	—	0,35 (MnO + FeO)	0,37 (MnO + FeO)
FeO	—	—	0,78		
ZnO	72,97	68,40	68,77	72,91	71,51
Al_2O_3	—	—	1,44	—	—
Fe_2O_3	—	0,75	1,48	—	—
SiO_2	27,03	27,05	26,97	26,90	27,86
H_2O	—	0,30	1,25	—	—
	100,00	96,50	100,69	100,16	99,74

1. Theoretische Zusammensetzung.
2. Von Altenberg (Deutschland); anal. Lévy, Ann. d. Mines IV, **4**, 507 (1843).
3. Von Altenberg (Deutschland); anal. Th. Thomsen, Outl. Min. **1**, 545.
4. Von Stolberg (Deutschland); anal. K. Monheim, Nat. hist. Ver. Bonn **5**, 162 (1848).
5. Von Musartut (Grönland); anal. A. Damour, in A. Des Cloiseaux Min. **1**, 554 (1862).

Neuere Analysen.

	6.	7.	8.
δ	4,11	—	4,151
MnO	0,41 (MnO + FeO)	0,96	6,98
FeO		3,57	0,90
CoO	Spur[1]	Spur	—
ZnO	74,18	69,02	63,98
SiO_2	26,01	27,73	27,89
	100,60	101,28	99,75

6. Von Musartut (Grönland); anal. J. Lorenzen, Meddels. o. Groenland. Kopenhagen **7** (1884).
7. Von Konnerud (Norwegen); anal. V. M. Goldschmidt, Vid. Selsk. Scrift. Kristiania **1**, 390 (1911).
6. Von Franklin Furnace; anal. G. Tschermak, Sitzber. Wiener Ak. mat.-naturw. Kl. **115**, 220 (1906).

Formel. Aus den Analysen ergibt sich die Formel Zn_2SiO_4.

Chemische und physikalische Eigenschaften.

Schmelzpunkt. Vor dem Lötrohr ziemlich schwer schmelzbar. G. Stein[2]) fand an angeblich synthetischem Zn_2SiO_4 einen thermischen Haltepunkt während der Abkühlung bei 1484°.

Löslichkeit. In verdünnter, kalter Salzsäure löslich. Die dabei entstehende Kieselsäure ist nach G. Tschermak[3]) Orthokieselsäure. Essigsäure

[1]) Nach freundlicher Privatmitteilung von G. Silberstein enthält auch dieser blaue Willemit CoO.
[2]) G. Stein, Z. anorg. Chem. **55**, 164 (1907).
[3]) G. Tschermak, Sitzber. Wiener Ak. **114**, 455 (1905).

gelatiniert nicht. Kalte gesättigte Lösung von Citronensäure greift nach H. C. Bolton[1]) an.

Dichte. 4,0—4,18; 4,25 bei synthetischem Material nach A. Gorgeu.[2])

Farbe. Durchsichtig bis durchscheinend; farblos, gelblich, braun, auch blau.

Lösungswärme. Kristallisations- und Bildungswärme. O. Mulert[3]) fand für das amorphe Zn_2SiO_4 + 99,54 ± 1,17 Kal. pro Mol, für das kristallisierte Zn_2SiO_4 + 90,5 ± 0,296 pro Mol, woraus sich die Kristallisationswärme des Zn_2SiO_4 zu 0,04053 Kal. pro 1 g oder zu 9,04 Kal. pro Mol berechnen läßt.

Mit Hilfe der für das Zinkoxyd und geschmolzenes Kieselsäureanhydrid gefundenen Lösungswärmen wird die Bildungswärme des glasigen Zn_2SiO_4 zu − 23,74 Kal. pro 1 Mol berechnet. Die Bildungswärme des kristallisierten Zn_2SiO_4 aus kristallisiertem $ZnSiO_3$ und ZnO wurde zu − 17,20 Kal. pro 1 Mol berechnet.

Spezifische Wärme. Für Zn_2SiO_4 von O. Mulert nach dem Koppschen Gesetz berechnet: 0,14.

Optische Eigenschaften. Bestimmungen der Brechungsindices liegen vor von O. B. Bøggild,[4]) P. Gaubert[5]) und Ch. Palache.[6])

	D-Linie	Li-Linie	Beobachter
N_ω	1,6928	—	Bøggild
	1,6931	—	Gaubert
	1,6939	1,68897	Palache
N_ε	1,7234	—	Bøggild
	1,7118	—	Gaubert
	1,72304	1,71812	Palache

Doppelbrechung positiv.

An Willemit von Konnerud fand V. M. Goldschmidt[7])

$N_\gamma — N_\alpha$ für rot = 0,0236
„ „ Tageslicht = 0,0237
„ „ grün = 0,024
„ „ blau = 0,025

Dispersion der Doppelbrechung ist demnach sehr schwach; $v > \varrho$.

Die Doppelbrechung scheint mit steigendem Gehalt an MnO, FeO abzunehmen.

Willemit von	$\gamma - \alpha$	% MnO + FeO	Beobachter
Musartut	0,0306	ca. 0,5%	Bøggild
Konnerud	0,0237	„ 4,6%	Goldschmidt
Franklin	0,0187	6—13%	Gaubert

[1]) H. C. Bolton, Ch. N. **43**, 34 (1881).
[2]) A. Gorgeu, C. R. **104**, 120 (1887).
[3]) O. Mulert, Z. anorg. Chem. **75**, 218—220 (1912).
[4]) O. B. Bøggild, „Mineralogia Groenlandica" 1905, S. 278.
[5]) P. Gaubert, Bull. Soc. min. **30**, 104—108 (1907).
[6]) Ch. Palache, Z. Kryst. **47**, 581—582 (1910).
[7]) V. M. Goldschmidt, a. a. O.

Fluoreszenz und Phosphoreszenz. Leuchtet hell auf unter der Einwirkung von Radiumemanation nach Ch. Baskerville und L. B. Lockhardt.[1]) Künstlicher Willemit zeigt nach Ch. Baskerville[2]) erst dann die Phosphoreszenz des natürlichen, wenn man geringe Mengen eines Metalloxydes beimengt. Phosphoreszenz unter der Einwirkung von α- und β-Strahlen des Radiums beobachtete E. Marsden.[3]) Th. Liebisch[4]) konnte unter der Einwirkung von ultraviolettem Licht an den typischen braunen Kristallen von Altenberg weder Fluoreszenz noch Phosphoreszenz wahrnehmen (vgl. dagegen Troostit).

Synthese.

Nach G. A. Daubrée[5]) werden durch Einwirkung von Chlorsilicium auf Zinkoxyd in der Rotglut Kristalle von den Eigenschaften des Willemits erzeugt. Ste. Claire-Deville[6]) fand jedoch bei der Wiederholung dieses Versuches, daß die erhaltene Masse aus 79,8 % SiO_2 und 20,2 % ZnO besteht und es nicht gelingt, auf diese Weise Willemit zu erzielen; er entsteht jedoch, wenn Kieselfluorwasserstoffsäure über Zink geleitet wird. Noch günstiger für die Bildung deutlicher hexagonaler Kristalle (Analyse 1) ist die Einwirkung von Fluorsilicium auf Zinkoxyd bei einer Temperatur, die zwischen Rot- und Weißglut liegt. Ferner erhält man nach Deville Willemit bei der Reaktion von Fluorzink auf Kieselsäure.

J. J. Ebelmen[7]) erhitzte ZnO, SiO_2-Mischungen im Molekularverhältnis des Willemits mit Borsäure in Platintiegeln 5 Tage im Muffelofen. Er fand zwei Kristallarten, von denen die einen transparent und 2—3 cm lang, die anderen opak und heiß waren. Kristallographische Messungen waren unmöglich, doch schienen die Kristalle nicht rhomboedrisch zu sein wie Willemit.

A. Gorgeu[8]) schmolz 1 Teil Kieselsäurehydrat mit 30 Teilen eines innigen Gemisches von 1 Äquivalent Na_2SO_4 und $^1/_2$—1 Äquivalent $ZnSO_4$ und erhielt nach Behandeln mit siedendem Wasser Prismen mit stumpfem Rhomboeder (Analyse 2).

Analysen von künstlichem Zn_2SiO_4.

	1.	2.
δ . . .	—	4,25
ZnO . . .	73,6	73,6
SiO_2 . . .	26,7	26,4
	100,3	100,0

G. Stein[9]) will Zn_2SiO_4 durch einfaches Schmelzen der Komponenten im Porzellanrohr erhalten haben. Das gefundene spezifische Gewicht der erhaltenen Substanz 3,7 ist unwahrscheinlich niedrig; voraussichtlich ist ZnO

---

[1]) Ch. Baskerville und L. B. Lockhardt, Am. Journ. **20**, 95 (1905).
[2]) Ch. Baskervile, Ch. N. **95**, 255 (1907).
[3]) E. Marsden, Proc. Roy. Soc. A. **83**, 548—561 (1910).
[4]) Th. Liebisch, Sitzber. Berliner Ak. 1912, S. 231 u. 237.
[5]) G. A. Daubrée, C. R. **39**, 135 (1854).
[6]) Ste. Claire-Deville, C. R. **52**, 1304 (1861).
[7]) J. J. Ebelmen, Traveaux scientif. 1855, I, 186.
[8]) A. Gorgeu, a. a. O.
[9]) G. Stein, a. a. O.

verdampft. Bei schneller Abkühlung erstarrt die Schmelze zu einem durchsichtigen Glas.

Bildung im festen Zustand. Die Bildungstemperatur liegt weit unter der Schmelztemperatur. Durch Erhitzen einer trockenen äquimolekularen Mischung von ZnO und SiO_2 24^h auf 1075° und 1200° bildet sich nach K. Endell[1]) 45—60% Zn_2SiO_4, wenn die in kalter n-HCl lösliche Kieselsäure auf das Orthosilicat umgerechnet wird. Das in HCl unlösliche $ZnSiO_3$ entsteht dabei nicht, der unlösliche Rückstand ist reine SiO_2. Da das Pulver nach dem Erhitzen völlig locker ist, hat die Reaktion im festen Zustand stattgefunden.

Zufällige Bildungen von Willemit. Als kristallisierter Ofenbruch aus der Karlshütte bei Biedenkopf in Hessen wird Willemit von P. Groth[2]) angegeben; als Hüttenprodukt erwähnt ihn W. M. Hutchings.[3])

Vorkommen. Willemit kommt auf Erzgängen zusammen mit anderen Zinkmineralien vor, wie Zinkblende, Zinkspat und Kieselzinkerz.

Isomorphe Mischungen von Zn_2SiO_4 mit den Orthosilicaten von Mn, Fe und Mg.

Troostit (Zink-Mangan-Orthosilicat).

Rhomboedrisch; $a : c = 1 : 0{,}66975$ (A. Des Cloizeaux).

Analysen.

	1.	2.	3.	4.	5.	6.
δ	—	—	—	4,16	4,11	4,188
MgO . .	2,91	—	1,66	Spur	1,14	—
CaO. . .	—	—	1,60	—	—	—
MnO . .	9,22	2,90	3,73	5,73	12,59	6,97
FeO . . .	Spur	0,87	5,35	0,06	0,62	0,23
ZnO. . .	60,07	68,83	59,93	66,83	57,83	65,82
SiO_2 . . .	26,80	27,40	27,91	27,40	27,92	27,20
H_2O. . .	1,00	—	—	0,18	0,28	—
	100,00	100,00	100,18	100,20	100,38	100,22

1. Von Franklin N. J. (N.-Amerika); R. Hermann, Erdm. u. Marsh. Journ. Chem. **47**, 9 (1849).

2. Von Franklin N. J. (N.-Amerika); anal. A. Delesse, Ann. d. Mines IV, **10**, 213 (1846).

3. Von Franklin N. J. (N.-Amerika); anal. Wurtz, Proc. Am. Assoc. 4, 147.

4. u. 5. Von Stirling (N.-Amerika); anal. W. G. Mixter, Am. Journ. Sc. **46**, 230 (1868).

6. Von Franklin (N.-Amerika); anal. C. H. Stone, School of Mines Quaterly **8**, 148 (1887).

	7.	8.	9.	10.	11.	12.
δ	4,188	4,182	4,165	4,132	—	—
MnO . .	7,78	4,92	8,33	6,30	10,04	6,98
FeO . . .	0,51	0,31	0,49	1,24	1,80	0,90
ZnO. . .	65,04	66,68	63,88	64,38	60,61	63,98
SiO_2. . .	26,92	28,30	27,48	27,14	27,75	27,89
	100,25	100,21	100,18	99,06	100,20	99,75

[1]) K. Endell, Z. angew. Chem. **26**, 582 (1913).
[2]) P. Groth, Mineral. Samml. Straßburg, 203.
[3]) W. M. Hutchings, Geol. Mag. **7**, 31 (1890).

7—10. Von Franklin (N. J. (N.-Amerika); anal. C. H. Stone, School of Mines, Cuaterly **8**, 148 (1887).

11. Von Franklin N. J. (N.-Amerika); anal. G.A. Koenig, Proc. Akad. Philadelphia 1889, S. 187.

12. Von Franklin N. J. (N.-Amerika); anal. G. Tschermak, Sitzber. Wiener Ak. **114**, 217 (1906).

Formel. Von der Aufstellung einer theoretischen Zusammensetzung und einer entsprechenden Formel muß abgesehen werden, da variable isomorphe Mischungen der Orthosilicate Zn_2SiO_4, Mn_2SiO_4, Fe_2SiO_4 vorliegen.

Chemische und physikalische Eigenschaften.

Vor dem Lötrohr unvollkommen schmelzbar. Gelatiniert mit Säuren.

Dichte 3,89—4,29; an durchscheinenden Kristallen bestimmte Cornwall[1]) 4,25—4,29. Härte 6. Farbe: gelblich, grau, grün, braun, rot.

Optische Eigenschaften siehe Willemit.

Fluoreszenz und Phosphoreszenz. Unter Einwirkung von ultraviolettem Licht, Röntgenstrahlen und Radiumstrahlungen fluoresziert und phosphoresziert besonders die grüne Varietät nach G. F. Kunz und Ch. Baskerville.[2]) Das Abklingen der Phosphoreszenz wurde von E. L. Nichols und E. Meritt[3]) verfolgt. Nach Th. Liebisch[4]) erscheint das Emissionsspektrum bei gewöhnlicher Temperatur kontinuierlich von 620—510 $\mu\mu$ mit einem Maximum der Helligkeit im Grün. Bei der Temperatur der flüssigen Luft zerfällt das Spektrum in zwei Gebiete, die durch eine schmale Lücke im Gelb bei 575 $\mu\mu$ voneinander getrennt sind.

Wärmeleitfähigkeit. Bedeutet K_a die Wärmeleitfähigkeit in der Richtung der Hauptachse, K_γ diejenige in der Richtung der Basis, so beträgt $\sqrt{\frac{K_\alpha}{K_\gamma}} = 0,854$ nach E. Jannetaz.[5])

Vorkommen: wie Willemit.

Zinkmetasilicat $ZnSiO_3$

(bisher nur synthetisch dargestellt).

Kristallform: Wahrscheinlich rhombisch (H. Traube); hexagonal (H. S. van Klooster).

Analysen.

	1.	2.	3.
ZnO	57,44	56,11	57,87
Fe_2O_3	—	0,81	
SiO_2	42,56	42,85	41,91
	100,00	99,77	99,78

1. Theoretische Zusammensetzung: $ZnSiO_3$.
2. Hüttenprodukt; anal. A. Stelzner u. H. Schulze, Jahrb. f. Berg- u. Hüttenw. i. Sachsen 1881.
3. Synthetisch; anal. H. Traube, Ber. Dtsch. Chem. Ges. **26**, 2735 (1893).

[1]) Cornwall, Am. Chemist 1873, 126.
[2]) G. F. Kunz u. Ch. Baskerville, Science N. S. **18**, 769 (1903).
[3]) E. L. Nichols u. E. Meritt, Phys. Rev. **23**, 37 (1906).
[4]) Th. Liebisch, Sitzber. Berliner Ak. 1912, 231—237.
[5]) E. Jannetaz, C. R. **114**, 1352 (1892).

Chemische und physikalische Eigenschaften.

Schmelzpunkt. 1429° nach G. Stein.[1])

Dichte. Kristallisiert 3,42; glasig 3,86. $ZnSiO_3$ ist bisher das einzige bekannte Silicat, dessen Dichte im glasigen Zustand größer ist als im kristallisierten.

Löslichkeit. Unlöslich in Salzsäure.

Lösungswärme und Bildungswärme. Die Lösungswärme des kristallisierten $ZnSiO_3$ wurde von O. Mulert[2]) zu 51,48 ± 0,49 Kal. pro 1 Mol bestimmt. Daraus wurde die Bildungswärme des krist. $ZnSiO_3$ aus $ZnO + SiO_2$ (amorph) zu +2,49 Kal. pro 1 Mol berechnet.

Spezifische Wärme. Von O. Mulert[7]) nach dem Koppschen Gesetz berechnet: 0,16.

Mischkristallbildung. Nach H. S. van Klooster[3]) bildet $ZnSiO_3$ eine kontinuierliche Mischungsreihe mit $CdSiO_3$; das Minimum wurde bei 25% $ZnSiO_3$ gefunden. Die isomorphe Mischbarkeit mit Li_2SiO_3 ist begrenzt.

Optische Eigenschaften. Nach A. Stelzner und H. Schulze hexagonal mit lebhaften Interferenzfarben. Nach H. Traube wasserhelle anscheinend rhombische Prismen mit domatischer Endigung, isomorph dem $MgSiO_3$. H. S. van Klooster[3]) beobachtete an künstlichem $ZnSiO_3$ einachsig positives Interferenzbild, gerade Auslöschung in der Prismenfläche und hexagonale Tafeln; starke Doppelbrechung.

Fluoreszenz und Phosphoreszenz unter der Einwirkung von Röntgen- und Radiumstrahlen nach K. Endell.[4])

Synthese.

J. Ebelmen[5]) erhitzte ZnO, SiO_2-Mischungen im Verhältnis des Metasilicats im B_2O_3-Fluß 5 Tage in Platintiegeln in einem Muffelofen und erhielt „voluminöse, unscharf begrenzte Kristalle".

H. Traube trocknete amorphes Zinksilicat (erhalten durch Zusatz einer möglichst wenig überschüssiges Alkali enthaltenden Lösung von Na_2SiO_3 zu $ZnSO_4$) und erhitzte es mit dem 8-fachen Gewicht geschmolzener B_2O_3 im Platintiegel 10 Tage im Porzellanofen; aus der Schmelze wurde durch Auslaugen mit Wasser das $ZnSiO_3$ als weißes kristallines Pulver gewonnen (Anal. 3).

G. Stein, H. S. van Klooster und O. Mulert schmolzen die entsprechende Mischung im Porzellanrohr und ließen die Schmelze unter Rühren erstarren.

Zufällige Bildungen. A. Stelzner und H. Schulze (Anal. 2) sowie V. Steger[6]) fanden $ZnSiO_3$ in umgewandelten Destillationsgefäßen der Zinköfen neben Zinkspinell und Tridymit. Die Kristalle der Zinkkristallglasuren[7]) sind nach K. Endell[4]) wahrscheinlich gleichfalls $ZnSiO_3$, eventuell mit geringen Beimengungen anderer Stoffe. Diese Kristalle treten fast stets aus der Glasur

[1]) G. Stein, Z. anorg. Chem. **55**, 159—165 (1907).
[2]) O. Mulert, Z. anorg. Chem. **75**, 220 u. 239 (1912).
[3]) H. S. van Klooster, Z. anorg. Chem. **69**, 142—147 (1910).
[4]) K. Endell, Sprechsaal f. Keram. **44**, 3 (1911) und N. JB. Min. etc. 1913, II, 142—144.
[5]) J. Ebelmen, Traveaux scientif. 1855, I, 186.
[6]) V. Steger, Abhdl. Naturs. Ges. Görlitz **19**, Okt. (1886).
[7]) Literatur über Zinkkristallglasuren bei J. Wolf, Sprechsaal f. Keram. **46**, 237 (1913).

heraus, was mit der Steinschen Beobachtung zusammenhängen mag, daß die Dichte des Glases größer ist als die der Kristalle. Sie sind unlöslich in HCl, haben gerade Auslöschung, positiv einachsiges Interferenzbild, hohe Doppelbrechung und fluoreszieren unter der Einwirkung von Radiumstrahlen. Fig. 37 zeigt diese Kristalle in natürlicher Größe.

Fig. 37. Zinksilicatkristallglasur. Natürl. Größe.

Durch geringe Zusätze von CoO, NiO, CuO, MnO werden die Kristalle blau, blaugrün und braun gefärbt. CoO als färbende Substanz des Willemits erwähnt auch V. M. Goldschmidt. Bemerkenswert ist, daß die NiO enthaltenden Zinkkristallglasuren in den glasigen Teilen braun, in den entglasten blaugrün gefärbt sind. Primär gebänderte, sphärolitische Zinksilicatbildungen in Porzellanglasuren nach H. Marquardt sind von K. Endell beschrieben und abgebildet.

Kieselzinkerz (wahrscheinlich Zinkhydroorthosilicat) $H_2Zn_2SiO_5$.

Rhombisch pyramidal $a:b:c = 0,7834:1:0,4778$ (A. Schrauf) (hemimorph).

Synonyma: Kieselgalmei, Calamin, Hemimorphit, Zinkglas.

Analysen.

	1.	2.	3.	4.	5.	6.	7.
δ . . .	—	3,36	3,18	3,21	3,338	—	—
(Na_2O) .	—	0,73	—	—	—	—	—
ZnO . .	67,51	64,83	67,13	66,00	67,88	67,42	65,05
(CuO) . .	—	—	—	0,50	—	—	—
Fe_2O_3 . .	—	0,72	—	—	—	—	2,12
SiO_2 . .	25,01	24,36	28,37	25,62	23,95	25,01	24,32
(P_2O_5) . .	—	0,51	—	—	—	—	—
H_2O . .	7,48	8,46	4,45	7,88	8,13	8,32	7,86
	100,00	99,61	99,95	100,00	99,96	100,75	99,35

1. Theoretische Zusammensetzung: $H_2Zn_2SiO_5$.
2. Von Scharley (Deutschland); anal. H. Wieser, Verh. k. k. geol. R.A. 1871, 112.
3. u. 4. Von Campiglia (Italien); anal. E. Bechi bei G. d'Achiardi, Min. Tosc. 2, 214 (1873).

5. Von Wythe Co. Va. (N.-Amerika); anal. Mac Irby, Ch. N. **28**, 272 (1873).
6. Von Pulaski Co. (N.-Amerika); anal. F. A. Genth, Ann. Phil. Soc. **23**, 46 (1885).
7. Von Friedensville (N.-Amerika); anal. Eyermann, Am. Journ. **37**, 501 (1889).

	8.	9.	10.	11.	12.	13.
δ	3,40	3,627	—	—	—	3,481
(CaO)	—	—	1,21	—	0,12	—
ZnO	67,15	66,28	66,05	67,15	67,55	67,32
(PbO)	—	2,17	—	—	—	—
(CuO)	—	—	1,22	0,61	—	—
Fe_2O_3	—	—	—	—	0,19	0,06
(Al_2O_3)	—	—	—	—		0,30
SiO_2	25,33	24,81	24,51	23,32	24,15	25,00
H_2O	7,47	7,39	7,10	8,59	7,95	7,67
	99,95	99,65	100,09	99,67	99,96	100,35

8. Von New River (N.-Amerika); anal. A. Jones bei F. P. Dunnington, Am. Chem. Journ. 1892, 620.

9. Von Neue Helene b. Scharley (Deutschland); anal. H. Traube, Z. Dtsch. geol. Ges. **46**, 66 (1894).

10. u. 11. Von Missouri (N.-Amerika); anal. Winslow, Bull. geol. Surv. U.S. **132** (1896).

12. Von Franklin (N.-Amerika); anal. G. Steiger. Am. Journ. IV, **8**, 245 (1899).

13. Von Grua (Norwegen); anal. V. M. Goldschmidt, Vidensk. Selsk. Scrift. **1**, 400 (1911).

Formel. Da das „Wasser" erst bei Rotglut abgegeben wird, liegt nach P. Groth[1]) sowie F. W. Clarke und G. Steiger[2]) ein basisches Zinkmetasilicat vor von der Formel:

$$(ZnOH)_2SiO_3.$$

C. F. Rammelsberg,[3]) J. F. Wiik, W. Vernadsky[4]) und G. Tschermak[5]) halten dagegen die folgende Formel für wahrscheinlicher, die einem Hydroorthosilicat entspricht:

$$Zn_2SiO_4 . H_2O.$$

Nach F. Zambonini[6]) enthält das Kieselzinkerz zwei Arten von Wasser. Das eine entweicht kontinuierlich bis ca. 500°, ohne daß die Kristalle an Durchsichtigkeit verlieren (vgl. auch A. Fock bei P. Groth.[1]). Es handelt sich um gelöstes Wasser. Der zweite Teil wird erst bei sehr hoher Temperatur abgegeben, wobei das Mineral zerstört wird. Es ist als Konstitutionswasser zu betrachten und beträgt 3,73%, während $^1/_2$ H_2O nach der Formel $2ZnO.SiO_2.H_2O$ 3,78% entspricht. Da das Konstitutionswasser gerade die Hälfte des Gesamtwassers ausmacht, muß die Formel geschrieben werden:

$$4ZnO . 2SiO_2 . H_2O + H_2O.$$

---

[1]) P. Groth, Tab. Übers. 1882, 84.
[2]) F. W. Clarke u. G. Steiger, Am. Journ. **8**, 245 (1899).
[3]) C. F. Rammelsberg, Hdb. d. Mineralchem. (II. Suppl. 1895), 203.
[4]) W. Vernadsky, Z. Kryst. **34**, 37 (1901).
[5]) G. Tschermak, Sitzber. Wiener Ak. **114**, 455—466 (1905).
[6]) F. Zambonini, Atti Ac. Sc. Napoli **16**, 1—127 (1908). Ref. Z. Kryst. **49**, 83—84 (1911).

Die neue Formel kann als basisches Diorthosilicat mit 1 Mol gelösten Wassers gedeutet werden, d. h.

$$Zn_2(ZnOH)_2Si_2O_7 + H_2O \text{ (ca.)}.$$

Diese Formel würde auch erklären, warum Klinoedrit $(CaOH)(ZnOH)SiO_3$ und Kieselzinkerz keine kristallographische Ähnlichkeit haben, was weniger verständlich wäre, wenn dem Kieselzinkerz die Formel $(ZnOH)_2SiO_3$ zukäme. Für die Auffassung F. Zamboninis spricht auch die von K. Vrba[1]) erwähnte kristallographische Ähnlichkeit mit dem Berylliumhydroorthosilicat Bertrandit.

Chemische und physikalische Eigenschaften.

Schmelzpunkt. Vor dem Lötrohr kaum schmelzbar.

Dichte 3,2—3,5. Härte 4—5.

Farbe. Farblos bis weiß in reinem Zustand, doch auch grau, gelb, braun, grün und blau.

Löslichkeit. Löslich in Säuren, auch Essigsäure und konz. KOH. Die durch HCl abgeschiedene Kieselsäure ist nach G. Tschermak[2]) entsprechend der Wassermenge beim Knickpunkt Orthokieselsäure. Zitronensäure in kalter gesättigter Lösung greift nach H. C. Bolton[3]) gleichfalls an. Unlöslich in ammoniakalischer Lösung von $(NH_4)_2CO_3$ nach H. Brandhorst.[4])

Optische Eigenschaften. Optisch positiv, starke Doppelbrechung. Bestimmungen der Brechungsindices liegen vor von V. v. Lang[5]), A. Des Cloizeaux[6]) und U. Panichi.[7])

	N_α	N_β	N_γ	$2V$	$2E$	Beob.
Rot . .	1,61069	1,61416	1,63244	47° 30′	81° 7′	V. v. Lang
Gelb .	1,61358	1,61696	1,63597	46° 9′	78° 39′	V. v. Lang
Gelb .	1,615	1,618	1,635	45° 57′	78° 20′	A. Des Cloizeaux
Gelb . .	1,61376	1,61673	1,6355	—	—	U. Panichi
Grün .	1,61706	1,6202	1,63916	44° 42′	76° 3′	V. v. Lang

Rot	$N_\gamma - N_\alpha = 0,02175$	V. v. Lang
Gelb	$N_\gamma - N_\alpha = 0,02174$	U. Panichi
Grün	$N_\gamma - N_\alpha = 0,02210$	V. v. Lang

Nach U. Panichi werden N_α und N_γ bei der Temperatur der flüssigen Luft nur sehr wenig kleiner, während N_β um 0,0032 abnimmt. Die starke Abnahme von N_β bedingt eine Zunahme des Achsenwinkels. Bei Temperaturerhöhung tritt dementsprechend nach A. Des Cloizeaux[8]) Verkleinerung des Achsenwinkels ein.

Hemimorph. Bibliographie der kristallographischen Verhältnisse bei M. Seebach und F. P. Paul.[9])

---

[1]) K. Vrba, Z. Kryst. **15**, 199 (1889).
[2]) G. Tschermak, a. a. O.
[3]) H. C. Bolton, Ch. N. **43**, 41 (1881).
[4]) H. Brandhorst, Z. f. angew. Chem. **17**, 513 (1904).
[5]) V. v. Lang, Sitzber. Wiener Ak. **37**, 382 (1859).
[6]) A. Des Cloizeaux, Ann. d. Mines **14**, 337 (1858).
[7]) U. Panichi, Mem. R. Ak. d. Linc. [5] **6**, 38—74 (1906).
[8]) A. Des Cloizeaux, Nouv. Rech. 1867, 556.
[9]) M. Seebach u. F. P. Paul, Z. Kryst. **51**, 151—153 (1912).

Pyroelektrizität. Sehr stark pyroelektrisch nach P. Riess und H. Rose.[1]) Elektrizitätserregung beim Zusammenpressen und Nachlassen des Druckes nach J. und P. Curie,[2]) W. Hankel.[3]) Die elektrische Erregung ist nach M. Bauer und R. Brauns[4]) (bei fallender Temperatur) um so stärker, je länger die Erwärmung dauerte.

Fluoreszenz und Phosphoreszenz. Fluoresziert unter der Einwirkung ultravioletter Strahlen. Gliederung des Emissionsspektrums bei — 180° in zwei Gebiete wie bei Troostit nach Th. Liebisch.[5]) Phosphoresziert beim Reiben.

Synthese. Bisher nicht versucht.

Die zufällige Bildung eines wasserhaltigen Zinksilicats als Kesselstein erwähnen H. und W. F. Lowe;[6]) sie geben folgende Analyse:

MgO	2,23
CaO	1,05
ZnO	62,88
CuO	0,42
Al_2O_3	1,50
Fe_2O_3	0,70
SiO_2	19,10
CO_2	2,17
H_2O + org. Substanz	8,60
	98,65

Das verwendete Wasser war weich, von schwach alkalischer Reaktion und frei von Zink; es enthielt in 100000 Teilen 1,06 Teile SiO_2; es wurde in einem galvanisierten Eisentankgefäß aufgesammelt. Hier war die einzige Möglichkeit, wo das Wasser Zink hätte aufnehmen können.

Vorkommen. Kieselzinkerz kommt gewöhnlich mit Zinkspat zusammen auf Gängen und Lagern in geschichteten Kalksteinen vor. Die angeblichen Mineralien Vanuxemit und Moresnetit stellen vermutlich mechanische Gemenge von zersetztem Kieselzinkerz mit Ton dar.

Kalium-Zinksilicate

(nur synthetisch nach A. Duboin).[7])

Synthese. Man trägt nacheinander SiO_2 und gefälltes ZnO in geschmolzenes KF ein, läßt nach erfolgter Lösung die Schmelze erkalten, schmilzt die Masse von neuem mit KCl zusammen, hält die entstehende klare Flüssigkeit 3 Tage lang auf einer Temperatur zwischen dunkler und heller Rotglut, wobei sich die Wände des Tiegels mit einer Kristallkruste bedecken, und behandelt nach dem Erkalten mit Wasser. Die Trennung der erhaltenen Verbindungen a) und b) geschieht durch Na_2HgJ_4-Lösung von der Dichte 3,46.

---

[1]) P. Riess u. H. Rose, Pogg. Ann. **59**, 368 (1843).
[2]) J. u. P. Curie, Bull. Soc. min. **3**, 91 (1880).
[3]) W. Hankel, Wied. Ann. **13**, 640 (1881).
[4]) M. Bauer u. R. Brauns, N. JB. Min. etc. I, 11, 1889.
[5]) Th. Liebisch, a. a. O., 232 (vgl. S. 785).
[6]) H. Lowe u. W. H. Lowe, Journ. of the Soc. chem. Ind. **30**, 1440 (1911).
[7]) A. Duboin, C. R. **141**, 254 (1905).

a) $K_2O . 6ZnO . 4SiO_2$.

Analysen.

	1.	2.	3.	4.
K_2O	11,44	12,01	12,40	12,43
ZnO	59,33	59,55	59,60	58,99
SiO_2	29,23	28,65	28,62	—
	100,00	100,21	100,62	

1. Theoretische Zusammensetzung: $K_2O . 6ZnO . 4SiO_2$.
2.—4. Anal. A. Duboin, C. R. 141, 254 (1905).

Die gut ausgebildeten prismatischen Kristalle haben die Dichte 3,68 und sind leicht angreifbar durch Salzsäure.

b) $8K_2O . 9ZnO . 17SiO_2$.

	1.	2.	3.	4.	5.
K_2O . . .	30,03	30,65	—	30,56	30,49
ZnO . . .	29,27	28,90	29,34	29,91	29,89
SiO_2 . . .	40,70	39,96	39,98	39,41	39,82
	100,00	99,51	—	99,88	100,20

1. Theoretische Zusammensetzung: $8K_2O . 9ZnO . 17SiO_2$.
2.—5. Analysen von vier Fraktionen nach der Dichte getrennt. A. Duboin, a. a. O.

Prismatisch ausgebildete Kristalle von der Dichte 2,96, die leicht in HCl löslich sind.

Zinksilicat Crown ist nach J. M. Eder und E. Valenta[1]) für ultraviolettes Licht besser durchlässig als das gewöhnliche Silicatflint.

Calcium-Zinksilicate.

Hardystonit $Ca_2ZnSi_2O_7$.

Tetragonal (J. E. Wolff).

Analysen.

	1.	2.	3.
δ	—	3,396	—
Na_2O	—	—	1,10
K_2O	—	—	0,78
CaO	35,65	33,85	34,22
MgO	—	1,62	0,26
MnO	—	1,50	1,26
ZnO	25,84	24,30	23,38
Fe_2O_3	—	0,57	0,43
Al_2O_3	—	—	0,91
SiO_2	38,51	38,10	37,78
Glühverlust . .	—	0,52	0,34
	100,00	100,46	100,46

[1]) J. M. Eder u. Valenta, Sitzber. Wiener Ak. 61, 285 (1894).

1. Theoretische Zusammensetzung: $Ca_2ZnSi_2O_7$.
2. Von Franklin N. J. (N.-Amerika); anal. J. E. Wolff, Proc. Am. Ac. Sc. IV, **34**, 479 (1899).
3. Von Franklin N. J. (N.-Amerika); anal. J. E. Wolff, ebenda IV, **36**, 113 (1910).

Chemische und physikalische Eigenschaften. Vor dem Lötrohr schwer schmelzbar. Gelatiniert mit Salzsäure. Weiß mit Glasglanz. Dichte 3,396. Härte 3—4.

Optische Eigenschaften. Brechungsquotienten nach J. E. Wolff:

	Na-Licht	Li-Licht
N_ω	1,6691	1,6758
N_ε	1,6568	1,6647
$N_\varepsilon - N_\omega$	0,0123	0,0111

Doppelbrechung negativ.

Vorkommen. Der Hardystonit kommt zusammen mit Willemit, Rhodonit uud Franklinit vor.

Klinoëdrit $H_2ZnCaSiO_4$.

Monoklin-domatisch. $a:b:c = 0{,}68245:1:0{,}3226$ (S. L. Penfield).
$\beta = 76^0\,4'$

Analysen:

	1.	2.
δ	—	3,33
MgO	—	0,07
CaO	26,04	26,25
MnO	—	0,50
ZnO	37,67	37,44
$(Fe, Al)_2O_3$	—	0,28
SiO_2	27,92	27,22
H_2O	8,37	8,56
	100,00	100,32

1. Theoretische Zusammensetzung: $H_2ZnCaSiO_4$.
2. Von Franklin N. J. (N.-Amerika); anal. H. W. Foote, Am. Journ. **5**, 289 (1898).

Formel. Der Klinoëdrit kann als basisches Calcium-Zinkmetasilicat: $(ZnOH)(CaOH)SiO_3$ aufgefaßt werden.

Chemische und physikalische Eigenschaften. Schmilzt zu gelblichem Email. Gelatiniert mit Salzsäure. Dichte 3,33. Härte 5,5. Farbe: farblos bis weiß und amethystfarben.

Optisch negativ, geringe Doppelbrechung. Stark pyroelektrisch.

Vorkommen. Der Klinoëdrit kommt zusammen mit Willemit, braunem Granat, Axinit, Datolit und Phlogopit vor, was für pneumatolytische Bildung spricht.

Bleisilicate.

Von **Hj. Sjögren** (Stockholm).

Natürliche Bleisilicate waren im Mineralreich lange unbekannt. Die ersten, die von A. E. Nordenskjöld 1877 in den bekannten Långbans Eisen- und Mangangruben in Wärmland gefunden und beschrieben worden sind, waren Ganomalith und Hyalotekit. Kurz darauf wurde an derselben Lagerstätte ein Bleieisensilicat, Melanotekit, angetroffen, das von G. Lindström beschrieben worden ist. Beinahe gleichzeitig beschrieben A. Damour und G. vom Rath aus einer Mineraliensendung von Chile ein Bleimangansilicat, das sie mit dem Namen Kentrolith bezeichneten; auch dieses wurde kurz darauf in den wärmländischen Mangangruben Långban und Jakobsberg angetroffen.

Die Bleisilicate zeichnen sich durch ein hohes spezifisches Gewicht von etwa 6 und durch mittelmäßige Härte aus. Die natürlichen Bleisilicate sind, gleich dem künstlichen Bleiglas, stark lichtbrechend. Sie kristallisieren im tetragonalen oder rhombischen System. Sie sind sehr leicht schmelzbar und schmelzen teilweise in der gewöhnlichen Kerzenflamme; sie werden auch durch Säuren, sowohl Chlorwasserstoffsäure als Salpetersäure, leicht zersetzt und zeigen auch gegen die Atmosphärilien wenig Widerstandskraft. In der Natur verursachen sie bei ihrer Zersetzung die Bildung von metallischem Blei und Cerussit. Was die Paragenesis betrifft, so treten sie mit Vorliebe in Begleitung von Manganerzen auf, und die meisten sind in den schwedischen Mangangruben gefunden worden. Auch Nasonit, der bisher nur von einer einzigen Lokalität, nämlich Franklin Furnace N. J., bekannt ist, kommt in Gesellschaft von Manganmineralien vor.

In chemischer Beziehung werden die meisten Bleisilicate von der intermediären Kieselsäure $H_6Si_2O_7$ (Mesosilicic acid, S. L. Penfield und C. H. Warren) abgeleitet. Barysilit ist ein normales Salz und Ganomalith und Nasonit sind basische Salze dieser Säure.

Das reine Bleimetasilicat wurde erst kürzlich in der Natur gefunden und Alamosit benannt.

Alamosit.

Von **E. Dittler** (Wien).

Monoklin. $a:b:c = 1,375:1:0,924$. $\beta = 84^0\,10'$.

Das Mineral Alamosit wurde von C. Palache und H. E. Merwin bei Alamos, Sonora, Mexico in einem Erzgang mit Quarz, Eisenoxyden und mit anderen Bleiverbindungen (besonders Cerussit) zusammen gefunden.

Analyse:

δ	6,488 ± 0,003
Ungelöster Rückstand (Quarz)	0,08
Rückstand aus dem Bleioxyd	0,53
CaO	Spur
FeO	0,09
PbO	78,13
SiO_2	21,11
	99,94

Alamosit aus Alamos, Sonora, Mexico; anal. C. Palache u. H. E. Merwin, Am. Journ. of science **27**, 401 (1909).

Die Analyse läßt das Mineral als $PbSiO_3$ erkennen.

Eigenschaften. Die Gangart des Minerals enthält neben den oben erwähnten Verbindungen Cerussit und winzige Partien von blaßgrünem Leadhillit, daneben auch Wulfenit. Der Alamosit bildet radialstrahlige, faserige Aggregate von mehr oder minder ausgesprochener kugeliger Form; er ist schneeweiß, in seltenen Fällen durchsichtig und farblos, wenn dünne freie Fasern in Hohlräumen zwischen den kugeligen Aggregaten sich einzeln entwickeln konnten.

Kristallographisch besitzt das Mineral große Ähnlichkeit mit Wollastonit ($a:b:c = 1{,}053:1:0{,}976$, $\beta = 84^0 30'$). Ob beide Mineralien isomorph sind, ist eine offene Frage. Zugunsten dieser Auffassung spricht die Ähnlichkeit der chemischen Zusammensetzung und das Verhalten gegen Säuren, die Identität des Kristallsystems und Habitus, die Ähnlichkeit von β und der c-Achse und schließlich die analoge optische Orientierung. Gegen die Isomorphie spricht die Verschiedenheit der a-Achse und die Spaltbarkeit. Es ist eine gewisse Analogie mit dem System Anglesit-Anhydrit vorhanden.

Der Alamosit ist vollkommen spaltbar nach (010), also quer zu den Fasern. Der Glanz ist Diamantglanz. Die Ebene der optischen Achsen ist die Symmetrieebene, die Licht- und Doppelbrechung ist stark, aber nicht ermittelt.

Das Mineral ist in Salpetersäure unter starker Gelatinierung löslich; es schmilzt beim 3. Schmelzgrad zu einer grünlichgelben Perle, die in der Kälte farblos ist; auf der Kohle erfolgt Reduktion zu Blei.

Vom Barysilit ist das Mineral optisch leicht zu unterscheiden.

Barysil (Barysilit).

Von **Hj. Sjögren** (Stockholm).

Rhomboedrisch. $a:c = 1:0{,}4863.$[1])

Dieses Mineral wurde zuerst in der Mangangrube Harstigen in Wärmland (Schweden) angetroffen und von A. Sjögren und C. H. Lundström beschrieben und analysiert. Später wurde es auch in den Mangangruben von Långban angetroffen, welches Vorkommen von Hj. Sjögren beschrieben wurde. Barysil ist auch in der Mangangrube Jakobsberg unweit Nordmarken (Schweden) beobachtet worden, eine Untersuchung dieses Minerals ist bis jetzt nicht publiziert.

Analysen.

	1.	2.	3.	4.	5.	6.
δ	6,11	—	6,55	—	6,72	6,71
Na_2O	—	—	—	—	0,08	0,40
MgO	1,09	0,50	0,67	0,57	0,03	0,10
CaO	1,29	0,48	0,33	0,23	0,60	0,52
MnO	4,14	3,41	3,58	3,67	3,34	2,83
FeO	0,44	0,16	0,15	0,12	0,04	—
ZnO	—	—	—	—	—	0,90
PbO	73,39	77,73	77,95	77,64	79,51	77,70
SiO_2	17,85	17,03	16,93	16,83	16,42	16,50
H_2O	1,20	0,66	0,66	0,54	0,02	0,08
SO_2	—	—	—	—	—	0,62
Cl	Spur	—	—	Spur	Spur	0,12
	99,40	99,97	100,27	99,60	100,04	99,77

[1]) G. Flink bei Hj. Sjögren, Geol. För. Förh. **27**, 460 (1905).

1. Von der Harstigsgrube, Wärmland; anal. A. Sjögren, Vet. Ak. Öfv. 1888, 8, das Material etwas hydratisiert.

2. u. 3. Von der Harstigsgrube, Wärmland; anal. C. H. Lundström, Vet. Ak. Öfv. 1888, 9.

4. Von der Harstigsgrube, Wärmland; anal. A. Sjögren, l. c.

5. Von den Långbansgruben; anal. R. Mauzelius, Geol. För. Förh. **27**, 459 (1905).

6. Von Jakobsberg, Schweden; anal. N. Sahlbom. Die Analyse ist hier zum erstenmal veröffentlicht.

Formel. Die an vollständig frischem Material vorgenommene Analyse Nr. 5, (H_2O nur 0,02, welches schon bei 100° entweicht), zeigt ein Verhältnis zwischen SiO_2 und RO(PbO, FeO, MnO, MgO, CaO, Na_2O) = 2,00 : 3,08, welches der Formel $3PbO.2SiO_2$ entspricht. Das Material für die Analysen 1, 2 und 3 ist etwas hydratisiert gewesen, was teils daraus hervorgeht, daß das Mineral seine Durchsichtigkeit verloren hat, teils aus den Wassergehalten, die in der Analyse Nr. 1 1,20 $^0/_0$ betragen (als Glühverlust bestimmt). Betrachtet man den Wassergehalt als sekundär und berücksichtigt ihn also nicht, so ist das molekulare Verhältnis zwischen SiO_2 und RO auch in diesen Analysen sehr nahe von 2 : 3. Der Barysilit ist somit ein intermediäres Silicat der Säure $H_6Si_2O_7$.

G. Cesàro[1]) war der Ansicht, daß H_2O in der Zusammensetzung des Minerals enthalten sei, und ist dadurch zu dem Ergebnis gekommen, daß das Mineral ein intermediäres Silicat von Blei und Mangan, aus der Kieselsäure $H_{10}Si_3O_{11}$ hergeleitet, sei, in welchem PbO teilweise durch MgO, CaO, H_2O ersetzt werde. Gegen diese Auffassung spricht der Umstand, daß das Verhältnis des Wassers offenbar dem Grade der Zersetzung des Minerals entspricht, so daß Analyse 1, die der Angabe nach an einem etwas oxydierten und hydratisierten Mineral ausgeführt ist, einen Wassergehalt von 1,20 $^0/_0$ zeigt, während die Analyse Nr. 5, die an einer vollständig frischen Probe ausgeführt ist, genau der Zusammensetzung $Pb_3Si_2O_7$ entspricht.

Chemische Eigenschaften. Das Mineral löst sich leicht in Chlorwasserstoffsäure und Salpetersäure, und scheidet erst nach dem Eindampfen Kieselsäure aus; es schmilzt in der bloßen Kerzenflamme zu einem durchsichtigen, bräunlichen Glas. Barysilit ist gegen atmosphärische Einflüsse wenig widerstandsfähig und wird, der Luft und dem Wasser ausgesetzt, trübe und grau.

Physische Eigenschaften. Der Barysilit ist in frischem Zustand weiß und hat an Spaltungsflächen einen starken Diamant- oder Perlmutterglanz. Er zeigt eine sehr ausgeprägte Spaltbarkeit nach der Basisfläche und kommt in blätterigen Massen vor und ist zuweilen, wie in der Långbansgrube, in äußerst feinen Schuppen ausgebildet, welche die Finger bei der Berührung der Stücke wie mit Silber färben. Er ist optisch negativ.

Paragenesis. Der Barysilit beweist durch sein ganzes Auftreten, daß er ein der letzten Bildungsperiode der schwedischen Manganlagerstätten angehöriges sekundäres Mineral ist und als solches mit metallischem Blei, Hydrocerusit, Pyroaurit, Pyrochroit, Baryt u. a. Mineralien gleichzeitig auftritt. Er kommt in Hohlräumen und Spalten der aus Granat, Tephroit, Kalkspat, Dolomit und Eisen- und Manganoxyden bestehenden Erzmasse in den Långbans- und Pajsbergsgruben vor.

---

[1]) G. Cesàro, Mem. Soc. Sciences Liège, T. 5, **6**, 16 (1904).

Ganomalith.

Tetragonal. $a:c = 1:0,707$ (approximativ).

Dieses Mineral wurde 1876 von A. E. Nordenskjöld in einer Sammlung aus den Långbansgruben in Wärmland entdeckt und war das am frühesten bekannte natürliche Bleisilicat.[1]) Späterhin ist es auch in der Jakobsbergs Mangangrube, ebenfalls in Wärmland, angetroffen worden.[2])

Analysen.

	1.	2.	3.
δ	—	—	5,738[3])
$K_2O + Na_2O$	—	—	0,10
MgO	—	—	0,11
CaO	9,27	10,52	9,34
MnO	—	—	2,29
CuO	—	—	0,02
PbO	69,95	68,89	68,80
Al_2O_3	—	—	0,07
Fe_2O_3	—	—	0,12
SiO_2	20,22	20,59	18,33
P_2O_5	—	—	0,04
Cl	—	—	0,24
Glühverlust	—	—	0,57
	99,44	100,00	100,03

1. u. 2. Von Jakobsberg in Wärmland; anal. J. Wiborgh bei A. Sjögren, Geol. För. Förh. **6**, 537 (1883).

3. Von Jakobsberg in Wärmland; anal. G. Lindström, Geol. För. Förh. **6**, 663 (1883).

Formel. Für die Berechnung der Zusammensetzung und der Konstitution des Minerals kann nur die Analyse Nr. 3 in Betracht kommen, weil die Analysen Nr. 1 und 2 an Material ausgeführt sind, das nicht vollständig von Manganophyll befreit worden ist, wie A. Sjögren anführt. Aus der an reinem Material ausgeführten Analyse Nr. 3 berechnete G. Lindström die Formel

$$3PbO.2RO.3SiO_2,$$

wo RO hauptsächlich aus CaO und MnO, zu einem kleineren Teil aber aus MgO, K_2O, CuO usw. besteht. Diese Formel wurde auch von J. D. Dana[4]) akzeptiert. Volle Klarheit über die Zusammensetzung des Ganomaliths erhielt man jedoch erst nach der Entdeckung des Nasonits, der sich als aus der intermediären Kieselsäure $H_6Si_2O_7$, mit der einwertigen Gruppe PbCl für H eintretend, ableitbar ergab. Im Ganomalith ist dagegen auf analoge Weise PbOH enthalten, wie die Formel:

$$Pb_4(PbOH)_2 R_4 (Si_2O_7)_3$$

zeigt.

Die Analyse Nr. 3, umgerechnet mit Einführung von CaO für die kleinen Mengen MnO und MgO, unter Ausschließung von CuO, Al_2O_3, Fe_2O_3, Al-

[1]) A. E. Nordenskjöld, Geol. För. Förh. **3**, 121 (1876).

[2]) A. Sjögren, Geol. För. Förh. **6**, 531 (1883).

[3]) Mittel aus drei Bestimmungen: 5,722, 5,730, 5,762.

[4]) J. D. Dana, System of Mineralogy, 5th ed. 1898.

kalien und P_2O_5, die zusammen nur 0,35 % betragen, und einer äquivalenten Menge Wasser (Hydroxyl) für Cl, gibt, wie aus der folgenden Vergleichung erhellt, eine gute Übereinstimmung mit dem theoretischen Werte:

	Analyse Nr. 3 Umgerechnet	Theoretische Werte für $Pb_4(PbOH)_2Ca_4(Si_2O_7)_3$
CaO	11,40	11,55
PbO	69,46	68,97
SiO_2	18,51	18,56
H_2O	0,63	0,92
	100,00	100,00

Chemische und physische Eigenschaften. Ganomalith schmilzt in dünnen Splittern in bloßer Kerzenflamme; das Mineral löst sich leicht in heißer Salpetersäure unter Ausscheidung von gelatinöser Kieselsäure. Er besitzt drei gegeneinander senkrechte Spaltungsrichtungen, prismatische und basische. Er ist stark doppelbrechend, optisch positiv. Härte 3.

Paragenesis. Ganomalith kommt zusammen mit Manganmineralien in den Långbans- und Jakobsbergsgruben vor. In Långban tritt er in kalkigen Massen zusammen mit Tephroit, Schefferit, Richterit, Manganophyll, Mangangranat, sowie den Manganerzen Hausmannit und Braunit auf. Er verursacht bei seiner Zersetzung die Entstehung von Cerussit und gediegenem Blei. In Jakobsberg kommt er in dem aus Calcit und Hausmannit bestehenden Manganerz zusammen mit Manganophyll vor.

Nasonit.

Kristallisiert tetragonal.

Analysen.

	1.
δ . . .	5,425
CaO	11,20
MnO	0,83
FeO	0,10
ZnO	0,82
PbO	65,68
SiO_2	18,47
H_2O	0,26
Cl	2,81
	100,17
ab O für Cl . . .	−0,63
	99,54

1. Mittel aus zwei Analysen aus Franklin, N. J.; anal. C. H. Warren bei C. H. Warren u. S. L. Penfield, Am. Journ. [4] 8, 346 (1899).

Formel. In der obenstehenden Analyse ist das molekulare Verhältnis zwischen $SiO_2 : (Pb + Zn + Mn + Fe + Ca)O : (Cl + OH) = 3{,}00 : 5{,}03 : 1{,}05$, was dem einfachen Verhältnis 3 : 5 : 1 sehr nahekommt und, unter Beachtung daß zwei Atome Cl einem Säureatom entsprechen, zu der generellen Formel

$$R_{10}Cl_2Si_6O_{21}$$

oder unter Vernachlässigung der kleinen Mengen ZnO, FeO, MnO und H_2O zu:

$$Pb_6Ca_4Cl_2(Si_2O_7)_3$$

oder

$$Pb_4(PbCl)_2Ca_4(Si_2O_7)_3$$

führt, welche Formel von S. L. Penfield und C. H. Warren gegeben wird.

Wird bei der Analyse, unter der Annahme, daß der unbedeutende Zinkgehalt von 0,82% von beigemengtem Klinoedrit ($H_2CaZnSiO_4$) herrührt und dieser mit den entsprechenden Mengen SiO_2, CaO und H_2O ebenfalls abgezogen, so erhält man folgende Übereinstimmung zwischen der Analyse und den Werten, welche die Formel fordert:

	Analyse 1 umgerechnet	Theoretische Werte für $Pb_6Ca_4Cl_2(Si_2O_7)_3$
CaO	11,59	11,33
PbO	67,32	67,68
SiO_2	18,32	18,21
Cl	3,57	3,59
	100,80	100,81
O = Cl_2	0,80	0,81
	100,00	100,00

Das Charakteristische für Nasonit ist somit, daß es von der intermediären Kieselsäure $H_6Si_2O_7$ abgeleitet wird und das einwertige Radikal PbCl enthält.

S. L. Penfields und C. H. Warrens Untersuchung des Nasonits warfen auch über die Zusammensetzung der übrigen nahe verwandten Bleisilicate, hauptsächlich des Ganomalits, Licht.

Chemische und physische Eigenschaften. Das Mineral wird leicht zu einem halbdurchsichtigen Glas geschmolzen und löst sich in verdünnter Schwefelsäure, die bei der Abdampfung gelatinöse Kieselsäure abscheidet. Es zeigt eine sehr undeutliche Spaltbarkeit in drei einander senkrechten Richtungen, die bewirkt, daß das Mineral beim Zertrümmern sich in kubischen Stücken absondert, die im polarisierten Licht optisch einachsig sind. Die Doppelbrechung ist stark und von positivem Charakter. Die Härte ist ungefähr 4; der Glanz Fettglanz bis Diamantglanz.

Paragenesis. Das Mineral kommt in der wegen ihres Reichtums an interessanten Zink- und Manganmineralien bekannten Franklins Zinkgrube in New Jersey vor. Es erscheint hauptsächlich zusammen mit Willemit, Vesuvian, Datolit, Baryt, Granat, braunschwarzem Phlogopit und Franklinit. Von besonderem Interesse ist, daß es, gleich dem nahestehenden Mineral Ganomalit, gleichfalls in Begleitung von metallischem Blei und Kupfer erscheint.

Molybdophyllit.

Von **E. Dittler** (Wien).

Das Mineral ist hexagonal und wurde von G. Flink zusammen mit Hausmannit im körnigen Kalk oder Dolomit von Långbanshyttan aufgefunden.

Analyse.

	1.
δ	4,717
Na_2O	0,82
K_2O	0,69
MgO	11,71
PbO	61,09
Al_2O_3	0,46
SiO_2	18,15
H_2O	6,32
	99,24

1. Molybdophyllit von Långbanshyttan (Schweden); anal. G. Flink, Bull. of the geol. Inst. Upsala **9**, 5 (Part I) (1900). Ref. Z. Kryst. **36**, 197 (1902).

Aus der Analyse des Minerals ergibt sich:

$$SiO_2 : \overset{II}{R}O : H_2O = 1 : 1{,}96 : 1{,}16;$$

die Formel des Minerals wäre danach:

$$\overset{II}{R}_2SiO_4 + H_2O.$$

Eigenschaften. Der Molybdophyllit tritt in unregelmäßigen blätterigen Massen von schwach grünlicher Farbe auf. In dünnen Blättern ist das Mineral farblos, wasserhell, biegsam, doch etwas spröder als Glimmer.

Das Mineral besitzt sehr vollkommene Spaltbarkeit nach (0001), ist optisch einachsig und negativ doppelbrechend.

Die Brechungsquotienten für Gelb sind:

$$N_\omega = 1{,}8148, \quad N_\varepsilon = 1{,}7611;$$

die **Doppelbrechung**

$$N_\omega - N_\varepsilon = 0{,}0537.$$

Die Härte des Minerals ist 3—4.

Vor dem Lötrohr schmilzt das Mineral schwierig zu einer grauen porzellanähnlichen Masse, gibt mit Soda auf Kohle gelben Beschlag und ein Bleikorn und im Röhrchen Wasser. Das Mineral unterscheidet sich von dem ihm nahestehenden Barysilit durch seinen Wassergehalt.

Synthetische Darstellung der einfachen Bleisilicate.

Durch Zusammenschmelzen von Bleikarbonat mit Kieselsäure stellte L. Bourgeois[1]) das Bleimetasilicat her; auch S. Hilpert und R. Nacken[2]) versuchten seine Darstellung und bestimmten den Schmelz- und Erstarrungspunkt zu 770°.

Die Kristallisationsgeschwindigkeit dieses Silicates erreicht nach R. Nacken 100° unter dem Schmelzpunkt das Maximum mit 18 mm pro Stunde.

E. Dittler beobachtete bei 12 stündigem Erhitzen eines Bleimetasilicatglases bei 670°, daß dasselbe nur scheinbar entglast, indem das anfangs klare Glas

[1]) L. Bourgeois, Ann. chim. phys. **29**, 445 (1883).
[2]) S. Hilpert und R. Nacken, Ber. Dtsch. Chem. **33**, 2567 (1910).

langsam weiß wird. Unter dem Mikroskop ist es undurchsichtig und porzellanartig, aber nur zum Teil kristallin geworden; man findet in der porzellanartigen Masse vereinzelte winzige doppelbrechende Nadeln von wenig schiefer Auslöschung und γ in der Längsrichtung.

Nach 72 Stunden hatte sich die Anzahl der Kerne etwas vermehrt, im übrigen bestand das Präparat noch größtenteils aus Glas. Ohne Impfen erhält man also keine vollständige Kristallisation.

Der Barysilit wurde von E. Dittler[1]) synthetisch herzustellen versucht. Man erhält aus der von 800° an langsam abgekühlten Schmelze bei 680° lange gerade auslöschende Nadeln mit γ in der Längsrichtung.

Ähnlich dem Barysilit ist ein beim Rösten von Galenit, der mit Quarz gemengt wurde, entstandenes Hüttenprodukt, dessen Analyse ungefähr auf die Formel $7PbO.4SiO_2$ führt, das aber neben Blei noch andere Metalle, insbesondere Calcium, enthält.[2])

H. C. Cooper und Mitarbeiter[3]) sind der Ansicht, daß der Barysilit vielleicht das Eutektikum (schmilzt unter 700°) zwischen Pb_2SiO_4 und $PbSiO_3$ darstellt. Dagegen fanden S. Hilpert und R. Nacken, daß dieser Verbindung ein kleines Maximum der Kurve entspricht, das thermisch wegen der geringen Temperaturdifferenzen nur schwer nachweisbar ist und aus diesem Grunde leicht mit einem Eutektikum verwechselt werden kann.

Das Bleiorthosilicat Pb_2SiO_4 (schmilzt bei 740°) bleibt beim raschen Abkühlen ohne Rühren und Impfen glasig. Bei langsamer Abkühlung (24° in der Minute) tritt bei 630° Kristallisation ein.[4])

E. Dittler[5]) stellte dieses Silicat ebenfalls her und A. Himmelbauer fand bei der optischen Untersuchung die Hauptmasse aus feinen Nadeln bestehend, die schiefe Auslöschung und γ in der Längsrichtung besitzen. Es ist nicht sicher, ob vollständige Homogenität erzielt wird. Etwas Bleioxyd verdampft auch immer beim Schmelzen.

Die Untersuchung einer Schmelze von der Zusammensetzung Pb_3SiO_5 deutet auch diese als eine Verbindung; sie kristallisiert in dünnen Blättchen ohne Bleioxyd (?) In der Kurve $PbO.PbSiO_3$ entspricht das Silicat einem Eutektikum (schmilzt bei 717°).

Komplexe Bleisilicate.

Von **Hj. Sjögren** (Stockholm).

Diese Silicate sind solche, welche neben Blei noch ein dreiwertiges Metall Fe, Mn, B enthalten. Unserer Einteilung nach gehören sie zu den komplexen Silicaten; da es jedoch überhaupt nur wenig Bleisilicate gibt, so wurde von einer Trennung Abstand genommen. (Der Herausgeber).

---

[1]) E. Dittler, Unveröff. Beobachtung.
[2]) E. S. Dana und S. L. Penfield, Am. Journ. **30**, 138 (1885).
[3]) H. C. Cooper, L. Shaw u. N. E. Loomis, Am. Journ. **42**, 461 (1909); siehe auch dieses Handbuch, Bd. I, 753.
[4]) S. Hilpert u. R. Nacken, Ber. Dtsch. Chem. Ges. **33**, 2567 (1910).
[5]) E. Dittler, Unveröff. Beobachtung.

Melanotekit.

Rhombisch. $a:b:c = 0,6216:1:0,9041$.[1])

Analysen.

	1.	2.
δ	5,73	—
Na_2O	0,54	0,33
K_2O	0,24	0,18
MgO	0,59	0,33
CaO	0,02	—
MnO	0,69	0,57
FeO	0,75	—
CuO	0,20	—
BaO (?)	0,11	—
PbO	55,26	58,42
Fe_2O_3	23,18	22,81
SiO_2	17,32	17,22
P_2O_5	0,07	—
Cl	0,14	—
Glühverlust	0,93	—
	100,04	99,86

1. Von Långban; anal. G. Lindström, Vet. Ak. Öfv. **35**, 53 (1880). Die Analyse ist durch Abzug von 2,56% das Analysenmaterial verunreinigendem gelbem Granat korrigiert.

2. Von Långban; anal. G. Lindström, Vet. Ak. Öfv. **35**, 53 (1880). Eine Korrektion von 3,30% wegen fremden, unlöslichen Materials ist in Rechnung gezogen.

Formel. In beiden Analysen ist das molekulare Verhältnis zwischen PbO, Fe_2O_3 und SiO_2 annähernd wie 2:1:2, was die Formel

$$2PbO.Fe_2O_3.2SiO_2$$

oder

$$Pb_2Fe_2Si_2O_9$$

ergibt, welche derjenigen des isomorphen Kentroliths entspricht.

Chemische und physikalische Eigenschaften. Melanotekit kommt in Långban ausschließlich massig, mit Spaltbarkeit in zwei zueinander senkrechten Richtungen vor. In der Pajsbergs Mangangrube tritt er auch in Kristallen auf, die eine Bestimmung der Kristallform und des Achsensystems erlauben (siehe oben). Härte 6,5. Schmilzt vor dem Lötrohr zu einer schwarzen Kugel. Wird durch Salpetersäure leicht gelöst. Fettglänzend. Stark pleochroitisch: mit grünen, gelbbraunen und rotbraunen Absorptionsfarben.[1])

Paragenesis. Melanotekit kommt zusammen mit gediegenem Blei und innig mit Magnetit und gelben Granat gemischt in den Långban- und Pajsberg-Mangangruben in Wärmland vor.

[1]) H. G. Nordenskjöld, Geol. För. Förh. **16**, 159 (1894).

Kentrolith.

Rhombisch $a:b:c = 0{,}6334:1:0{,}8830$ (G. v. Rath).[1])

Analysen.

	1.	2.	3.
δ	6,14	6,068	5,34
MnO_2	24,50	—	18,87
PbO	59,79	55,72	60,02
SiO_2	15,95	17,68	17,71
Fe_2O_3	—	5,58	1,55
Mn_2O_3	—	16,59	—
CuO	—	—	Spuren
MnO	—	3,05	—
CaO	—	0,91	0,33
MgO	—	—	Spuren
H_2O	—	—	1,79
	100,24	99,53	100,27

1. Aus Chile (näherer Fundort unbekannt); anal. A. Damour, Bull. Soc. min. **3**, 32 (1880).

2. Aus den Långbans-Gruben in Wärmland; anal. G. Flink, Sv. Vet. Akad. Handl. Bihanget **16**, Afdeln. 2. N:4, 14 (1890).

3. Aus der Bena de Padru Kupfergrube, unweit Ozieri, Sardinien; anal. D. Lovisato, R. Acc. d. Linc. **14**, 696 (1905).

Formel: A. Damour, der so unbedeutendes Material zu seiner Verfügung hatte, daß er nicht den Oxydationsgrad des Mangans bestimmen konnte, stellte zwei alternative Formeln, welche Mangan entweder als Oxyd oder als Superoxyd enthalten, auf. Die entsprechenden Formeln lauten dann:

(1) $$2PbO . Mn_2O_3 . 2SiO_2$$
und
(2) $$PbO . MnO_2 . SiO_2 .$$

Das Material für die Analyse 3 ist, wie aus dem niedrigen spezifischen Gewicht hervorgeht, nicht ganz rein gewesen; wahrscheinlich war es auch, wie aus dem Wassergehalt ersichtlich ist, etwas zersetzt. Für die Ableitung der Formel hat man sich deshalb hauptsächlich an die Analyse Nr. 2 zu halten.

G. Flink bestimmte in der Analyse Nr. 2 die Oxydationsstufe des Mangans und fand, daß Mangan hauptsächlich als Oxyd (16,59 %), aber zum Teil als Oxydul (3,05 %) enthalten ist. Hieraus geht die Formel (1) als die richtige hervor. Für dieselbe spricht auch die Übereinstimmung mit dem Melanotekit, dem entsprechenden Eisensilicat mit der Formel

$$2PbO . Fe_2O_3 . 2SiO_2 .$$

Die Formel des Kentroliths läßt sich auch

$$Pb_2 . 2(MnO) . Si_2O_7$$

schreiben.

---

[1]) G. v. Rath, Bull. Soc. min. **3**, 113 (1880), sowie Z. Kryst. **5**, 32 (1880).

Chemische und physikalische Eigenschaften. Der Kentrolith schmilzt bei niedriger Temperatur und löst sich leicht in Salpetersäure. Härte 5. Fettglänzend bis diamantglänzend. Ist stark pleochroitisch mit von braungelb bis zu dunkel rotbraun wechselnden Farben. Stark doppelbrechend.

Paragenesis. In Långban kommt der Kentrolith hauptsächlich zusammen mit Braunit sowie mit Richterit und Baryt vor; in der Jakobsbergs-Mangangrube tritt er in kleinen, auf Inesit angewachsenen Kristallen auf. Das chilenische Mineral kommt zusammen mit Baryt, Apatit und Quarz vor. Das Mineral aus Bena de Padru tritt als kleine Kristallgruppen mit Zonenstruktur auf und bildet beinahe kugelförmige Aggregate; außer in bezug auf das Eigengewicht weicht das Mineral aus dieser Lagerstätte auch bezüglich der Härte ab, die statt 5 weniger als 4 ist.

Hyalotekit.

Analysen.

	1.	2.
δ	3,81	—
Na_2O	—	0,17
BeO	—	0,75
K_2O	—	0,89
MgO	—	0,09
CaO	7,00	7,82
MnO	—	0,29
CuO	—	0,09
BaO	20,66	20,08
PbO	25,30	25,11
Al_2O_3	—	0,18
Fe_2O_3	—	0,06
SiO_2	39,62	39,47
B_2O_3	—	3,73
F	—	0,99
Cl	—	0,06
Glühverlust	0,82	0,59
		100,37

1. Aus Långban; anal. A. E. Nordenskjöld, Geol. För. Förh. **3**, 382 (1887). Analyse unvollständig.
2. Aus Långban; anal. G. Lindström, Vet. Ak. Öfv. **44**, 589 (1887).

Formel. Für die Bestimmung der Formel hat man sich hauptsächlich an die Analyse Nr. 2 zu halten, mit welcher die in der unvollständigen Analyse Nr. 1 gemachten Bestimmungen eine sehr gute Übereinstimmung aufweisen. Berücksichtigt man die unbedeutenden Quantitäten Tonerde und Eisenoxyd nicht, so geht aus der Analyse hervor, daß das molekulare Verhältnis der übrigen Bestandteile ist:

$$B_2O_3 : RO : SiO_2 : (F, Cl) = 2 : 8{,}08 : 12{,}30 : 1.$$

Hieraus leitet G. Lindström die Formel ab:

$$15RO . 2B_2O_3 . 24SiO_2 . RF_2 \quad \text{oder} \quad R_8B_2(SiO_2)_{12}F.$$

J. D. Dana kommt durch Vernachlässigung des Fluorgehaltes zu der approximativen Formel:

$$R_9B_2(SiO_2)_{12},$$

entsprechend einem Metasilicat.

G. Cesàro, der die Zusammensetzung erörtert, stellt die Annahme auf, daß F an R zu einer einwertigen Atomgruppe $\overset{II}{R}F$ gebunden ist und kommt dadurch zu der Formel

$$12SiO_2 . B_2O_3 . 8RO,$$

wo R sowohl $\overset{I}{R}$, $\overset{II}{R}$ und auch die einwertige Gruppe RF umfaßt.

Welcher dieser Formeln man den Vorzug geben soll, läßt sich gegenwärtig nicht entscheiden.

Chemische und physische Eigenschaften. Hyalotekit ist vor dem Lötrohr leicht schmelzbar; wird nicht durch Chlorwasserstoff- oder Schwefelsäure zersetzt, er hat zwei deutliche Spaltungsrichtungen, die annähernd einen Winkel von 90° zueinander bilden, und eine weniger deutliche in derselben Zone. Härte zwischen 5 und 5,5. Glasglanz bis Fettglanz. Optisch zweiachsig mit positivem Charakter der Doppelbrechung.[1])

Paragenesis. Kommt in den Långbansgruben in Wärmland zusammen mit Manganerzen und anderen Bleimineralien, wie z. B. Hedyphan, vor.

Die Stellung des folgenden Minerals ist unsicher, da es kein reines Silicat, sondern ein komplexes Salz von Si, Th und U ist.

Pilbarit.

Von **E. Dittler** (Wien).

Amorph, gummiartiges Kolloid.

E. Simpson beschrieb dieses Mineral aus dem Distrikt Pilbara Goldfield.

Analysen.

δ	4,4–4,7
Na_2O	0,04
K_2O	0,09
MgO	0,21
CaO	0,57
MnO	Spur
PbO	17,26
Al_2O_3	0,15
Fe_2O_3	0,20
Y_2O_3	0,49
Ce_2O_3	0,19
SiO_2	12,72
ThO_2	31,34
UO_2	27,09
P_2O_5	1,08
Ta_2O_5	0,47
H_2O	7,66
He	Spur
	99,56

Pilbarit von Pilbara Goldfield, W.-A.; anal. E. Simpson, Ch. N. **102**, 2663 (1910)

[1]) A. Des Cloizeaux, Bull. Soc. min. **1**, 9 (1878).

Die **Formel** des Minerals auf Grund obiger Analyse ist:

$$PbO . UO_3 . ThO_2 . 2SiO_2 . 4H_2O.$$

Der Verfasser betrachtet das Mineral als ein wasserhaltiges Bleisilicat, das Uran und Thor enthält und pseudomorph nach einem wasserfreien Bleisilicat entstanden ist.

Eigenschaften. Das Mineral besitzt glänzend gelbe Farbe. Die Härte liegt zwischen 2,5 und 3. Das Mineral ist leicht löslich in starker Salzsäure und wird von Salpeter- und Schwefelsäure vollständig zersetzt.

Radioaktivität: Stark radioaktiv. Das gepulverte Mineral gibt 0,22—0,26 ccm Helium, das ungepulverte 0,38—0,39 ccm.

Röblingit.

Von **H. Leitmeier** (Wien).

Der Röblingit ist kein reines Silicat, da er auch Schwefel in ziemlichen Mengen enthält. Da aber seine Konstitution noch wenig geklärt ist, soll er hier angereiht werden.

Kristallsystem: nicht bestimmbar.

Analysen.

	1.	2.
Na_2O	0,43	0,36
K_2O	0,16	0,09
CaO	25,91	25,98
MnO	2,46	2,51
SrO	1,33	1,46
PbO	31,07	30,99
SiO_2	23,51	23,66
SO_2	9,01	8,99
H_2O	6,36	6,35
	100,24	100,39

1. und 2. Röblingit von Franklin Furnace, New Jersey; anal. H. W. Foote bei S. L. Penfield u. H. W. Foote, Am. Journ. **3**, 413 (1897) und Z. Kryst. **28**, 578 (1897).

Aus diesen Analysen ergibt sich folgendes Verhältnis:

$$SiO_2 : SO_2 : PbO : RO : H_2O$$
$$5 : 2 : 2 : 7 : 5.$$

Daraus würde sich die etwas komplizierte Formel ergeben:

$$H_{10}Ca_7Pb_2Si_5S_2O_{28}.$$

Da das H_2O erst bei höherer Temperatur weggeht, so ist es als Hydroxyl zu betrachten.

Man kann die Formel als eine Verbindung von 5 Mol. eines Silicats H_2CaSiO_4 und zweien eines basischen Sulfits $CaPbSO_4$ ansehen.

In nachstehendem unter 3 ist die theoretische Zusammensetzung nach dieser Formel und unter 4 die Analyse so umgerechnet gegeben, daß für

MnO, SrO und die Alkalien äquivalente Mengen von CaO eingesetzt sind; das ganze ist auf 100% umgerechnet:

	3.	4.
CaO	29,4	29,0
PbO	31,3	32,9
SiO_2	23,8	22,1
SO_3	9,1	9,4
H_2O	6,4	6,6
	100,0	100,0

Die Formel kann aber nach S. L. Penfield und H. W. Foote noch nicht als die endgültige angesehen werden.

Es ist nicht wahrscheinlich, daß ein Gemenge vorliegt, oder daß der Röblingit viel fremdes Material enthält. Es wurde auf folgende Weise zu ermitteln versucht, ob ein Gemenge eines (schwereren) Bleisilicatminerals und eines (leichteren) Calciumsilicats vorliege; gleichförmig gepulvertes Korn wurde in Methylenjodid von $\delta = 3{,}29$ untersucht und gefunden, daß es gleichmäßig zu Boden sank. Ein solches Gemenge ist sonach unwahrscheinlich, denn ein derartiges Calciumsilicat würde eine Dichte von ca. 3 haben.

Eigenschaften. Der Röblingit bildet weiße kompakte Massen, die aus einem Aggregate von sehr kleinen prismatischen Kristallen bestehen.

Die Dichte ist 3,433; die Härte ist etwas unter 3.

Vor dem Lötrohre schmilzt das Mineral (etwa beim 3. Schmelzgrade) zu einer grauen Kugel. Die Schmelze gibt Bleikorn und die Manganreaktion.

Der Röblingit ist in verdünnten Säuren leicht löslich; beim Verdampfen hinterbleibt gelatinöse Kieselsäure.

Vorkommen. Der Röblingit tritt nahe dem Kontakte von Granit und weißem Kalkstein auf, wo sich große Adern und Linsen von Granatfels finden. Er kommt zusammen vor mit: Granat, Zirkon, Titanit, Phlogopit, Axinit, Willemit, Datholith, Baryt, Calcit, Arsenopyrit, Sphalerit, Rhodonit und Rhodochrosit. Der Röblingit tritt auch in Hohlräumen von porösem Axinit auf.

Autorenregister.[1])

Die Zahlen beziehen sich auf die Seiten.

[1]) In diesem Register sind einige Fehler der Schreibung der Autornamen, namentlich in bezug auf die Vornamen, richtig gestellt.

Sachregister.